DICTIONNAIRE

DE BOTANIQUE

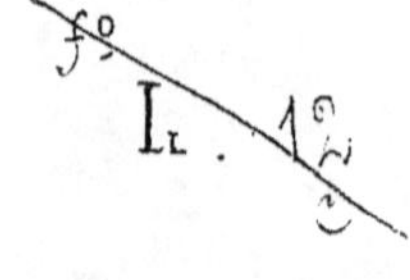

INDICATIONS ABRÉVIATIVES

DU NOM DES PRINCIPAUX COLLABORATEURS DU DICTIONNAIRE DE BOTANIQUE

MM. H. Baillon.......	H. Bn	MM. Mussat..........	M.	MM. Ascherson.......	A.
de Seynes.......	De S.	Fournier........	E. F.	Rohrbach........	R.
de Lanessan.....	L.	Poisson.........	P.	Manoury........	Ch. M.
Tison..........	T.	Soubeiran.......	S.	Franchet........	A. Fr.
Bocquillon.......	Bq.	Rafinesque	Raf.	B. de Montgazon.	B. M.
Bureau.........	B.	Weddell.........	W.	Durand..........	Dd
Dutailly........	Dy	Ramey..........	Ry	Heim..........	F. H.
Nylander........	Nyl.				

Imprimeries réunies, rue Mignon, 2, Paris.

DICTIONNAIRE
DE BOTANIQUE

PAR

M. H. BAILLON

AVEC LA COLLABORATION DE

MM. J. DE SEYNES, J. DE LANESSAN, E. MUSSAT, W. NYLANDER, E. TISON
J. POISSON, E. FOURNIER, L. SOUBEIRAN, H. BOCQUILLON, G. DUTAILLY, E. BUREAU, CH. MANOURY
H.-A. WEDDELL, B. DE MONTGAZON, L. DURAND, A. FRANCHET, F. HEIM, ETC., ETC.

DESSINS DE A. FAGUET

TOME QUATRIÈME

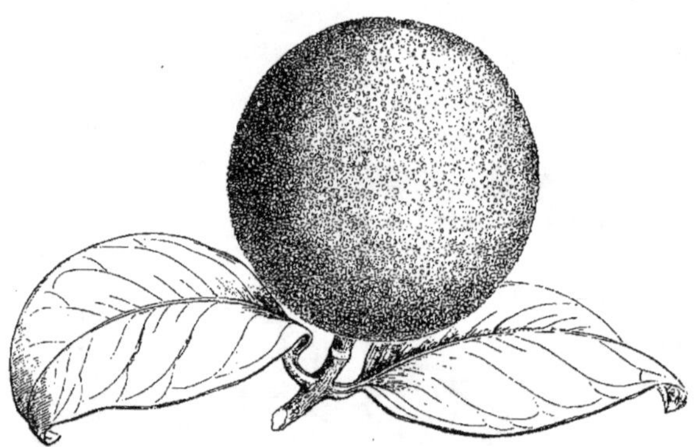

PARIS

LIBRAIRIE HACHETTE ET CIE

79, BOULEVARD-SAINT-GERMAIN, 79

1892

Droits de traduction réservés

DICTIONNAIRE
DE BOTANIQUE

S

SAAD

SAADE. Graminée persane, fourragère, indéterminée.

SAA-GAA-BAN. L'un des noms indigènes de l'*Apios tuberosa*.

SABADA. En Nigritie, le *Sorghum saccharatum* POIR.

SABADILLA (BRANDT, in *Hayn. Arzneig.*, XIII, t. 27). Synonyme de *Schœnocaulon* A. GRAY.

SABADILLA. Synonyme de Cévadille.

SABAGALA. En Perse, les *Nelumbo* T.

SABAGOL. Nom languedocien du *Genista scoparia* LAMK.

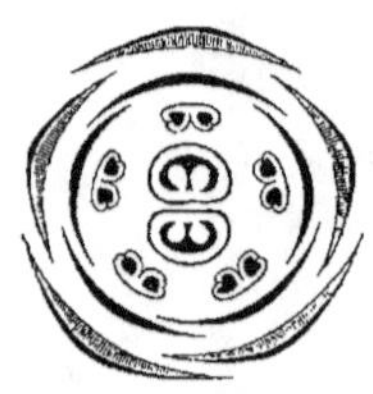

Sabia. — Fleur, coupe longitudinale. Diagramme floral.

SABAK. Nom arabe du *Cynodon Dactylon* L.

SABANG. A Java, le POIVRE.

SABARDO, ASBARDO. Au Maroc, le *Kleinia pteroneura* DC.

SABAZIA (CASS., in *Dict.*, XLVI, 480). Genre de Composées-Hélianthées, formé de 7, 8 herbes américaines; distingué par des feuilles opposées; des capitules longuement pédonculés, petits ou moyens; des réceptacles convexes; des fleurs du rayon fertiles; des paillettes embrassant les fleurs; des achaines à peine comprimés; des branches stylaires obtuses dans les fleurs hermaphrodites. (H. B. K., *Nov. gen. et spec.*, IV, t. 389, 394. — H. BN, *Hist. des pl.*, VIII, 213.)

SABBATA (ARRAB., ex *Steud. Nom.*, II, 489). Genre incertain de Composées-Cichoriées.

SABBATIA (ADANS., *Fam. des pl.*, II, 503). Genre de Gentianacées-Chironiées, formé d'une dizaine d'herbes américaines; distingué par des fleurs à calice 5-10-lobé; les lobes étroits; une corolle rotacée, à 5-12 lobes; des étamines à anthère demeurant droite, ou arquée ou tordue; un style à lobes stigmatifères linéaires. On cultive dans les jardins botaniques ou comme ornemental le *S. campestris*, à jolies fleurs roses. (*Bot. Mag.*, t. 1600, 5015. — H. BN, *Hist. des pl.*, X, 134.)

SABBATIA (MŒNCH, *Meth.*, 386). Synonyme de *Micromeria* BENTH.

SABI

SABDARIFFA (DC., *Prodr.*, I, 453). Sect. du genre *Hibiscus*.

SABIA (COLEBR., in *Trans. Linn. Soc.*, XII, 355). Genre de Dicotylédones, à fleurs hermaphrodites ou polygames; le calice 4, 5-mère, et la corolle dialypétale, imbriquée. Les étamines, au nombre de 4, 5, sont superposées aux pétales et ont une anthère didyme ou à loges adnées, extrorses ou introrses. L'ovaire est généralement 2-lobé, avec 2 styles, et, dans chaque loge, 2 ovules ascendants ou horizontaux. Les carpelles, secs ou drupacés, sont séparés par un style subbasilaire et renferment une graine réniforme, à albumen mince. Ce sont environ 10 arbustes grimpants, asiatiques, à feuilles alternes et entières; à fleurs axillaires ou disposées en cymes simples ou composées. (H. BN, *Hist. des pl.*, V, 345, 373, fig. 342, 343.)

SABIACÉES. Synonyme de Sabiées.

SABICE. Nom français (LAMK) des *Sabicea* AUBL.

SABICEA (AUBL., *Guian.*, I, 192, t. 75, 76). Genre de Rubiacées-Génipées, dont les fleurs, hermaphrodites, rarement polygames, 3-6-mères, sont disposées en cymes axillaires composées, souvent contractées. Elles ont des lobes calicinaux souvent inégaux, une corolle valvaire et un ovaire infère dont les loges sont souvent en même nombre que les divisions de la corolle auxquelles elles sont superposées, souvent en nombre moindre. Le style est partagé supérieurement en un même nombre de branches, et le fruit est charnu ou coriace, polysperme. Ce sont des arbustes ou des sous-arbrisseaux, ou dressés, ou plus souvent volubiles, d'ordinaire tomenteux, de l'Amérique tropicale, de l'Afrique

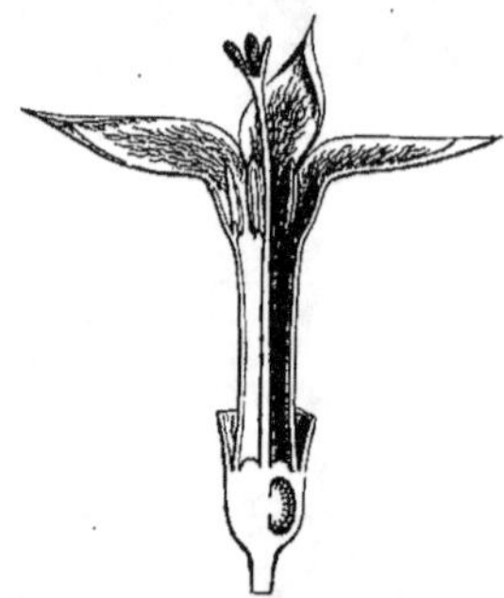

Sabicea. — Fleur, coupe longitudinale.

tropicale occidentale et des iles de sa côte orientale, à feuilles opposées, stipulées. On en compte une trentaine d'espèces, y compris le *Patima* AUBL. (Voy. *Hist. des plant.*, VII, 319, 451, n. 111, fig. 310.) [H. BN.]

SABICU (BOIS DE). Celui d'une Légumineuse de Cuba, le *Lysiloma Sabicu* BENTH. (*Hook. Icon.*, t. 1722.)

SABIÉES. Série de la famille des Sapindacées (H. BN, *Hist. des pl.*, V, 345, 393), comprenant les g. *Sabia* et *Meliosma*.

SABINA (Hall., in *Rupp. Fl. jen.*, 336). Synonyme de *Juniperus* T.

SABINA. Section (Endl.) du genre *Juniperus* T.

SABINA BACCIFERA (Matth.). Le *Juniperus Sabina* L.

SABINE (Jos.). A écrit, dans les *Horticultural Transactions* de Londres, sur les fruits comestibles de Sierra-Leone [1824].

SABINE. Le *Juniperus Sabina* L.

SABINEA (DC., in *Ann. sc. nat.*, sér. 1, IV, 92). Genre de Légumineuses-Papilionacées-Galégées, formé de 2, 3 arbres ou arbustes, des Antilles ; distingué, dans le groupe des Téphrosiées, par des fleurs à large étendard, à style grêle et glabre ; une gousse non ailée ; des feuilles paripennées ; des fleurs en cymes sur les nœuds des branches. (Vahl, *Symb.*, III, t. 70. — H. Bn, *Hist. des pl.*, II, 269.)

SABINE COMMUNE, S. FEMELLE, S. STÉRILE. Le *Juniperus Sabina fœmina* L.

SABINE MALE. Synonyme de Savinier.

SABLET. Nom girondin de l'*Agaricus arenarius*.

SABLIER. — Voy. Hura (III, 87).

SABLIER ÉLASTIQUE. L'*Hura crepitans* L.

SABLINE. Nom français des *Arenaria* L.

SABO. A la Martinique, le *Fevillea scandens* L.

SABOCIRO. Le *Sapindus senegalensis* Perr.

SABOT. Nom français (Lamk) des *Cypripedium* L.

SABOT DE NOTRE-DAME. Le *Cypripedium Calceolus* L.

SABOT DE VÉNUS, S. DE LA VIERGE. Les *Cypripedium* L.

SABOT TUBÉREUX. Le Polypore-Amadouvier.

SABSAB (Adans., *Fam.*, II, 31). Synonyme de *Paspalum* L.

SABUGUEIRO. En Portugal, les Sureaux.

SABULINA (Reichb., *Ic. Fl. germ.*, t. 204). Synonyme de *Alsine* Wahlb. (*Arenaria* L.).

SACACA. Nom vitien du *Codiœum variegatum* et de ses var.

SACAMITE. Le gruau de Maïs.

SACARACHA. Nom, à Los Pastos, de l'*Arracacia moschata* DC.

SACASIL. Au Mexique, le *Polypodium vulgare* L.

SACCARDIA (Cooke, *Grevill.* [1878], VII, 49). Genre de Périsporiacés, à périthèces globuleux, noirs, issus d'un mycélium arachnoïde, fugace, quelquefois ombiliqués, mais astomes. Les thèques sont ovalo-sphériques, à 8 spores elliptiques et hyalines, muraliseptées. Deux espèces, observées sur les feuilles de Chêne, aux États-Unis. [De S.]

SACCARDINULA (Speg., *Fung. guar.*, I, 257). Genre de Sphériacés, à très petits périthèces agglomérés, noirs, hémisphériques, munis d'un petit ostiole qui se déchire avec l'âge. Les thèques, sphériques ou ovoïdes, ont leur membrane très épaissie au sommet ; elles contiennent 8 spores elliptiques, hyalines, à deux loges, partagées chacune par une cloison verticale et une cloison horizontale. La seule espèce connue se développe sur des feuilles d'*Ilex*, dans la République Argentine. [De S.]

SACCARDOELLA (Speg., in *Michel.*, I, 461). Genre de Sphériacés, dont la seule espèce connue se rencontre très rarement sur l'écorce des vieux Chênes en Italie. Les périthèces, assez grands, carbonacés, munis d'un ostiole papillé, sont complètement immergés dans l'écorce. Les thèques, entremêlées de paraphyses, contiennent 8 spores allongées, fusiformes, pluriloculaires, présentant à chacune de leurs extrémités un appendice sétiforme. [De S.]

SACCELLIUM (H. B., *Pl. œquin.*, I, 47, t. 13). Genre de Boraginacées-Ehrétiées, à fleur 5-mère ; la corolle imbriquée ; à drupe incluse dans le calice accru, rostrée au sommet ; les cotylédons fortement corrugués. L'ovaire a 2 loges 2-ovulées, avec une fausse cloison centripète, interposée aux 2 ovules. Le *S. lanceolatum* est péruvien. (H. Bn, in *Bull. Soc. Linn. Par.*, 818 ; *Hist. des pl.*, X, 394.)

SACCHARAPIA (Dochn., *Obstk.*, II, 49). « Genre » de Poiriers.

SACCHAREÆ. Division des Graminées-Andropogonées. (B. H., *Gen.*, III, 1081.)

SACCHARINA (Stackh., in *Mém. Mosc.* [1809], II, 53, 65). Synonyme (part.) de *Laminaria* Lamx.

SACCHAROMYCES (Mey., in *Wiegm. Arch.*, IV, 109). Agents de la fermentation alcoolique, ces végétaux microscopiques ont été d'abord considérés comme des Algues, avant d'être classés parmi les Champignons thécasporés. Ils sont constitués par une cellule simple, en général ovale, qui bourgeonne activement dans un liquide sucré. Chaque bourgeon devient une cellule semblable à celle qui lui a donné naissance et qui bourgeonne à son tour. Avant de se détacher les unes des autres, ces cellules forment des associations souvent dichotomiques ou en glomérules. Dans un milieu moins nutritif, les cellules de *Saccharomyces* donnent naissance à leur intérieur, par formation libre, à 3 ou 4 cellules arrondies qui, une fois mises en liberté par la destruction de la cellule mère, prennent les mêmes dimensions et se comportent de la même manière. On compte une dizaine d'espèces de vrai *Saccharomyces*, qui se rencontrent dans les moûts de bière, de vin, de fruits divers, dans la pâte de farine en fermentation, etc. On a rapporté à ce genre les *Mycoderma*, dont la sporulation endogène est cependant différente, ainsi que divers Oidiés et Torulacés. (Voy. Rees, *Alkohol.* — Hans., *Carsl. Labor.* [1879-1888]. — H. Bn, *Tr. Bot. méd. crypt.*, 186, 223, 224.) [De S.]

SACCHAROMYCETACEÆ (Rees, *Bot. Unters.* [1870]. — Sacc., *Syll.*, VIII, 916). — Voy. Saccharomyces.

SACCHAROMYCÈTE. — Voy. Saccharomyces.

SACCHAROPHORUM (Neck., *Elem.*, III, 209). Section du genre *Saccharum* L.

SACCHARUM (L., *Gen.*, n. 73). Genre de Graminées-Andropogonées, qui, en ne tenant pas compte des types secondaires qu'on en a détachés, ne renferme plus qu'une douzaine de grandes espèces, des régions chaudes du globe, dont la plus célèbre est la Canne à sucre (*S. officinarum* L.) ; distingué par des panicules amples, subétalées ou spiciformes, enveloppées de longs poils ; les axes plus ou moins articulés ; les épillets unis par paires : l'un sessile et l'autre pédicellé, très petits ; des glumes non aristées. On sait que la matière sucrée est contenue dans le parenchyme persistant de la tige non fistuleuse. (K., *Enum.*, I, 474. — Pal.-Beauv., *Agrost.*, 6, t. 4, fig. 10. — Hayne, *Arzneig.*, IX, t. 30, 31. — H. Bn, *Tr. Bot. méd. phaner.*, 1375.)

SACCIDIUM (Lindl., *Gen. et spec. Orchid.*, 301). Synonyme de *Holothrix* L.-C. Rich.

SACCOBOLUS (Boud., *Ascob.*, 38). Genre de Pézizés, démembré du genre *Ascobolus*, et dont la cupule sessile, presque toujours glabre, un peu charnue, plan-convexe, présente un disque ponctué de noir brillant par les thèques courtes, larges et atténuées à la base, presque cunéiformes. Elles sont entourées de nombreuses paraphyses cloisonnées, parfois ramifiées, aussi longues que les thèques. Les spores, au nombre de 8 dans chaque thèque, ont un épispore céracé, très rarement ridé ; elles sont renfermées dans un sac cellulaire commun. On en connaît une douzaine d'espèces européennes, fimicoles, toutes plus petites que les Ascoboles. [De S.]

SACCOCALYX (Coss. et Dur., in *Ann. sc. nat.*, sér. 3, XX, 80, t. 5). Section du genre *Satureia* L.

SACCOCHILUS (Bl., *Fl. jav. Præf.*, 8). Synonyme de *Saccolabium* Bl.

SACCOGLOTTIS (Mart., *Nov. gen. et spec.*, II, 146). Genre d'Humiriées, à androcée icosandre, avec dix étamines fertiles et dix staminodes interposés. Nous en avons fait (*Adansonia*, X, I, 208 ; X, 368 et *Hist. des pl.*, V, 53) une section du genre *Houmiri* Aubl.

SACCOLABIUM (Bl., *Bijdr.*, 292). Genre d'Orchidacées-Vandées, formé d'une vingtaine d'herbes épiphytes, sans pseudo-bulbes, de l'Asie et l'Océanie tropicales ; distingué par des fleurs à sépales et pétales très étalés ; un gynostème apode ; un labelle à base développée en sac ou en éperon ; des caudicules ordinairement grêles ; des grappes simples ou composées. On en cultive plusieurs espèces très recherchées dans nos serres chaudes. (*Bot. Mag.*, t. 4772, 5326, 5433, 5595, 5635, 5681, 5767, 6222.)

SACCONI (Agost.). Auteur, à Vienne [1697], d'un *Ristretto* *delle piante, con suvi nomi antichi e moderni, della terra, aria e sito, etc.* (in-4 de 127 p.).

SACCONIA (Endl., *Gen.*, 541). Synonyme de *Chione* DC.

SACCOPETALUM (Benn., *Pl. jav. rar.*, 165, t. 35). Section du genre *Miliusa* Lesch., à gibbosité des pétales les plus grands plus prononcée. (H. Bn, *Hist. des pl.*, I, 244.)

SACCOPHORUS (Pal.-Beauv., *Prodr. Æthéog.*, 32). Synonyme de *Buxbaumia* W. et M.

SACCOPLECTUS (Œrst., *Gesn. centr.-amer.*, 43). Synonyme de *Alloplectus* Mart.

SACCOPODIUM (Sorok., *Hedw.* [1877], 88). Genre de Saprolégniés, dont une espèce connue est parasite sur les *Cladophora* et les *Spirogyra*, en Russie. Le mycélium ramifié, non cloisonné, donne naissance à des sporanges groupés sur des filaments dressés. Ces sporanges globuleux donnent passage, par leur sommet papillé, à des zoospores très petites, elliptiques, non ciliées. [De S.]

SACCORHIZA (De la Pyl., *Fl. Terre-neuve*, 23). Synonyme de *Haligenia* Dcne.

SACCOSTELMA (H. Bn, *Hist. des pl.*, X, 246). Section du genre *Cynanchum* L.

SACCOTHECIEI (Bon., *Abh. der Mykol.*, 82). Famille de Sphériacés, comprenant le genre *Saccothecium* Fr. et Mont.

SACCOTHECIUM (Fr. et Mont., in *Ann. sc. nat.*, sér. 3, I, 340). Genre de Sphériacés, démembré du genre *Sphæria*, à cause de la forme des thèques, amples, en forme de sac, et des spores grandes et quadriloculaires. Rentre aujourd'hui dans le genre *Metasphæria*. [De S.]

SACCOTHECIUM (Fr., *Summ. veg. Scand.*, 398). Genre de Sphériacés, qui paraît fondé sur une erreur d'observation, les spores grandes, pluriloculaires, ayant été prises pour des thèques primaires. Les espèces de ce genre peuvent donc être rapportées au genre *Massaria*. [De S.]

SACC TREE. Le *Lepurandra saccidora*, à Bombay.

SACCULARIA (Kell., in *Proc. Calif. Acad.*, II, 17). Synonyme de *Galvesia* J.

SACCULUS (Fée). Synonyme de *Sphacelia* Lév.

SAC EMBRYONNAIRE. Le sac embryonnaire est la cellule-mère de l'oosphère. C'est, par conséquent, dans son intérieur que se constitue l'embryon. Dans l'immense majorité des cas, lorsqu'il est solitaire, il occupe, dans l'ovule, l'axe du nucelle et se trouve, pour parler plus exactement, au centre même de développement du mamelon ovulaire, au point où se produit naturellement l'élongation la plus intense des parois cellulaires. Observé à l'état adulte dans les *Rheum*, les *Helianthemum*, les *Orchis*, le *Monotropa*, etc., sa situation est exactement médiane. Mais dans un certain nombre d'ovules anatropes, surtout dans ceux des *Verbascum*, des *Syringa*, des Cucurbitacées, le sac apparaît nettement latéral. Dans certaines Balanophorées, comme les *Sarcophytum*, où il n'existe plus de nucelle, ou plutôt chez lesquelles le nucelle est constitué par une cellule unique surmontant un funicule également unicellulé, c'est cette cellule terminale qui représente le sac embryonnaire, lequel, par conséquent, se trouve complètement à nu dès son apparition. Les *Viscum*, enfin, n'ont plus d'ovules apparents et différenciés, et nous verrons plus loin comment naissent leurs sacs embryonnaires aux dépens de certaines cellules voisines du sommet végétatif de l'axe de la fleur sur lequel on les observe à leur plein développement.

Cela dit sur la position du sac adulte, parlons de sa forme. Il peut être presque sphérique, comme dans les Rubiacées. Dans le *Rosa canina*, il est ovale. Il est piriforme dans l'*Helleborus fœtidus*. Dans le *Prunus avium*, il a l apparence d'un haltère, c'est-à-dire qu'il se compose d'une partie moyenne resserrée et de deux extrémités élargies en forme de sphère. Dans le *Lupinus truncatus*, il est recourbé à la façon d'une cornemuse. Dans les Boraginées, chez lesquelles il est également recourbé, il émet, sur sa concavité, un large cæcum qui s'allonge en détruisant devant lui les tissus du tégument ovulaire. Dans d'autres plantes, il existe plusieurs de ces cæcum

simples ou ramifiés, qui fonctionnent comme des suçoirs destinés à augmenter la surface absorbante du sac. Quelquefois ce n'est plus le sac qui empiète sur les éléments périphériques ; ce sont, au contraire, ceux-ci qui usurpent sur lui. C'est ce qui se voit dans le *Trachystemon orientale*, où les éléments nucellaires qui enveloppent immédiatement le sac peuvent s'accroître vers son intérieur et y faire hernie comme des sortes de thylles. Il peut même arriver, par exemple, dans le *Funkia ovata*, le *Nothoscordum fragrans*, le *Cælebogyne*, etc., que le tissu du nucelle bourgeonne au contact du sac et donne naissance à des embryons adventifs qui viennent proéminer dans sa cavité et s'y développent absolument comme des embryons normaux.

Les parois du sac, généralement lisses et uniformément épaissies, se couvrent parfoies de stries transversales, dans le *Campanula Medium* par exemple, et dans un assez grand nombre d'autres plantes gamopétales.

A son début, le sac embryonnaire ne se différencie par aucun caractère saillant des éléments voisins du nucelle. Il a toujours, sauf le cas cité plus haut du *Sarcophytum*, une cellule sousépidermique pour origine, et il est à peine besoin d'ajouter que cette cellule est d'ordinaire située sur l'axe du nucelle, comme le sera plus tard le sac après son entier développement. Dans le cas le plus simple, chez les *Tulipa* et les *Lilium* par exemple, cette cellule originaire se transforme directement, et sans subir aucune partition, en un sac embryonnaire. D'une manière générale, c'est ce qui se passe lorsque l'ovule n'a qu'une seule enveloppe. Quand, au contraire, il y en a deux, on voit le plus souvent l'utricule sous-épidermique se diviser par une cloison tangentielle en deux nouveaux éléments : l'un, extérieur, qui constitue ce que l'on appelle l'initiale de la coiffe du sac ; l'autre, intérieur, qui tantôt deviendra directement le sac et tantôt se cloisonnera lui-même avant de produire finalement le sac embryonnaire. Parlons, en premier lieu, de l'évolution de ce dernier, avant d'examiner les divers tissus qui l'environnent et qui sont destinés à le protéger d'abord, à le nourrir ensuite.

Nous venons de dire que la moitié interne d'une cellule sous-épidermique forme parfois directement le sac embryonnaire. Ce cas est assez rare. Fréquemment, au contraire, cette moitié interne se cloisonne en deux à six éléments : deux dans les *Commelina* et les *Narcissus* ; trois dans les *Iris*, *Yucca*, *Canna* ; quatre dans les *Bilbergia*, dans diverses Graminées, etc. ; six chez certaines Rosacées. On voit très nettement dans les *Œnothera*, *Saxifraga*, *Berberis*, *Ceratocephalus*, *Clematis*, *Capsella*, que ces cellules filles, disposées au nombre de trois en une rangée axile, se produisent de haut en bas, autrement dit de dehors en dedans. Dans les *Cuphea*, *Malva*, *Helleborus*, *Delphinium*, où l'on compte quatre de ces cellules en une file centrale, deux d'entre elles naissent par les partitions de chacune des deux autres. Toutes ces cellules sont séparées les unes des autres par des cloisons généralement épaisses, réfringentes, et ayant une tendance marquée à se gélifier rapidement.

Quel que soit d'ailleurs le nombre des éléments ainsi constitués par la segmentation de la moitié profonde de la cellule nucellaire sous-épidermique, c'est, dans la plupart des Monocotylédones et des Dicotylédones, le plus intérieur de ces éléments qui devient le sac embryonnaire. Chez les *Agraphis*, au contraire, chez les *Loranthus*, les *Rosa*, les *Pyrethrum*, etc., le sac ne termine pas inférieurement la file cellulaire, mais est constitué par l'avant-dernière cellule ou même par une cellule encore moins profondément située. Dans ce cas, il occupe un point plus ou moins rapproché du centre de la file, et les cellules de cette file qui lui sont inférieures ou supérieures ont reçu le nom d'*anticlines*. Les anticlines supérieures constituent souvent une coiffe spéciale du sac, sur laquelle nous reviendrons plus loin.

On voit, par ce qui précède, que jamais le sac embryonnaire ne s'est formé par plus d'une cellule, et notamment qu'il ne dérive point de la fusion de deux cellules, comme l'avaient cru divers anatomistes. A peine les cloisons qui le séparent des cellules de la même file ont-elles apparu, ou, si l'on veut, aussitôt que son individualisation est terminée, on le voit se développer dans la plupart des cas avec une extrême rapidité et se distinguer presque immédiatement par ses dimensions et son contenu des éléments environnants. On se reportera à l'article Reproduction pour la description des diverses cellules qui ne tardent guère à apparaître dans son intérieur, soit chez les Cycadées, les Conifères, les Gnétacées, soit chez les Phanérogames supérieures. Nous ne nous occupons ici que du sac considéré indépendamment de ses produits, et, à ce point de vue, nous devons l'étudier dans ses modifications diverses à l'époque de la fécondation. Sa portion supérieure se ramollit à ce moment; et, lorsque le tube pollinique arrive à son contact, il se déprime et se colle à lui si intimement que l'on ne saurait plus apercevoir de limite entre leurs deux membranes. A ce moment, elles se gélifient l'une et l'autre à un tel degré, que le noyau mâle peut les traverser sans que l'on puisse distinguer, au point où il les a franchies, la plus légère trace de son passage. C'est pour cela précisément que la fécondation directe, par la fusion intime des deux noyaux, a été visée pendant si longtemps.

Le noyau mâle n'est pas le seul organe qui puisse traverser le sac au moment de la fécondation. Dans quelques plantes (*Salvia pratensis, Gladiolus communis*, etc.), les synergides, qui dans le *Gladiolus* sont recouvertes d'une membrane cellulosique striée longitudinalement, percent la paroi du sac et s'allongent en dehors de lui, comme pour aller au-devant du tube pollinique, auquel dans certains cas elles paraissent servir de guide vers la vésicule embryonnaire.

De même que les synergides peuvent perforer le sac, celui-ci peut, à son tour, s'allonger à travers l'épiderme du nucelle et faire saillie en dehors de lui, en contact direct avec les enveloppes ovulaires. C'est ce qui se voit dans les Campanulées, les Lobéliées et les Lonicérées, dans lesquelles le sac, après avoir dissocié l'épiderme du nucelle, s'insinue fort avant dans le micropyle. Dans le *Capsella Bursa-pastoris*, l'épiderme qui revêt le sac se gélifie au sommet et sur les flancs de ce sac, et ne tarde guère à disparaître. Le sac se montre alors à nu au sommet des restes du nucelle dans lequel il est comme enchâssé à sa base et au-dessus duquel il s'allonge en forme de doigt de gant recourbé, protégé seulement par les enveloppes ovulaires. Dans le *Crocus vernus*, les synergides, après être sorties du sac, comme dans les *Gladiolus*, perforent ensuite la paroi du nucelle et s'allongent dans le micropyle.

En regard des ovules qui n'ont qu'un seul sac embryonnaire, il faut placer ceux qui en présentent plusieurs. Citons d'abord ceux des Cycadées et des Conifères. Dans ce cas, au lieu d'une seule file de cellules-sœurs du sac, il en existe plusieurs, parallèles entre elles et parallèles à l'axe du nucelle. Dans les *Zamia*, par exemple, on voit nettement plusieurs files cellulaires se constituer dans l'ovule, comme si chacune d'elles allait produire un sac embryonnaire. Mais, en réalité, de tous ces sacs en espérance, qui rappellent probablement un état antérieur de la plante, un seul vient à bien et les autres avortent. C'est ce qui se passe aussi dans un grand nombre de Rosacées, dans les *Helianthemum*, les *Persea*, dans certains *Sempervivum*. Dans les *Eriobotrya*, par exemple, il existe trois séries parallèles de cellules dont il semblerait que chacune soit en mesure de devenir le point d'origine d'un sac embryonnaire fertile. Dans certaines Crucifères, les sacs embryonnaires ainsi formés côte à côte font saillie hors du nucelle comme autant de tubes, étroits à leur base et claviformes à leur extrémité. Ils paraissent égaux et de pareille valeur. Un seul cependant réussit dans les conditions normales. Dans les *Viscum*, il existe également des sacs multiples; mais leur mode particulier de distribution mérite qu'on s'y arrête.

D'après M. Treub, le *Viscum album* n'aurait plus d'ovules ni même de placenta différencié. Très près du sommet végétatif de l'axe de la fleur, plusieurs cellules, séparées les unes des autres par un nombre variable d'assises cellulaires, se subdi-

viseraient en files distinctes comme précédemment, et la plus inférieure des cellules de chaque file deviendrait un sac embryonnaire. Dans ce *Viscum*, ces sacs sont en nombre égal à celui des feuilles carpellaires, et l'on comprend alors l'interprétation des botanistes qui nient la multiplicité des sacs embryonnaires dans le Gui de nos pays, et affirment que chaque sac correspond à un ovule mal différencié. Mais, dans le *Viscum articulatum*, cette explication ne semble plus de mise, puisqu'il n'existe plus, dans cette espèce, entre les carpelles et les sacs embryonnaires, les rapports de nombre et de position que l'on constate dans les fleurs du Gui ordinaire.

Quoi qu'il en soit de ces végétaux parasites, à organisation ambiguë, il n'en est pas moins bien établi que, dans un assez grand nombre de plantes, des sacs embryonnaires multiples peuvent exister côte à côte sur une circonférence dont le diamètre serait perpendiculaire à l'axe de l'ovule. Outre ces sacs transversalement dispersés, il en est d'autres qui dans d'autres végétaux se distribuent au contraire suivant l'axe même de l'ovule et qui siègent toujours immédiatement au-dessus ou au-dessous des sacs précédents : ce sont ceux qui peuvent être constitués par les *anticlines* dont nous avons indiqué plus haut le mode de formation. Il est tout naturel que ces anticlines, en leur qualité de cellules-sœurs des sacs normaux, jouissent parfois des mêmes propriétés spéciales; et, de fait, dans les *Narcissus*, les *Cercis*, les Rosacées, les *Melica*, les *Convallaria*, etc., on voit plusieurs anticlines s'agrandir, diviser leur noyau, tendre, en d'autres termes (probablement par atavisme), à devenir de vrais sacs embryonnaires; mais de tous ces sacs, distribués longitudinalement, un seul produira un embryon bien conformé, comme dans les cas précédents. Chez les *Fuchsia*, les anticlines disparaissent même très promptement. Dans certaines circonstances, les segmentations qui s'y effectuent amènent la formation d'un endosperme que l'on a comparé à un prothalle stérile. C'est le cas des Labiées, dont les deux anticlines supérieures se divisent après la fécondation pour constituer un endosperme superposé au sac embryonnaire. C'est le cas encore des Scrophulariées et des Éricacées, chez lesquelles l'endosperme est produit par l'unique anticline supérieure. Des faits analogues s'observent chez les Aristolochiées, les Santalacées, les Loranthacées. D'autres fois, les anticlines, et nous parlons maintenant de celles qui sont inférieures au sac, ont un rôle tout différent à jouer. Elles ne se subdivisent plus, comme les supérieures; mais on voit pousser sur leurs flancs un ou plusieurs diverticulum qu'elles envoient dans les tissus du nucelle, du tégument et même du placenta (anticlines intérieures des Scrophularinées, Santalacées, *Lathræa*). Dans le *Thesium* notamment, l'anticline inférieure s'enfonce dans la chalaze, gagne le funicule et pénètre dans le placenta. Dans l'*Osyris*, l'*Opilia*, ce diverticulum peut même se terminer par une petite griffe ramifiée qui, physiologiquement, agit comme une racine.

Dans un assez grand nombre de plantes (Conifères, *Loranthus*, Rosacées, etc.), à côté d'anticlines ayant une tendance à devenir de vrais sacs embryonnaires, on observe simultanément des sacs embryonnaires issus de files cellulaires multiples, tels que ceux dont nous avons parlé plus haut. On peut donc dire que dans ces plantes il existe au centre du nucelle un massif cellulaire, en forme de disque épais, dont la plupart des éléments ont une prédisposition manifeste à se transformer en sacs embryonnaires. Mais d'ordinaire dans ce cas compliqué, comme dans les précédents, un seul de ces sacs donne naissance à l'embryon.

Qu'il y ait un ou plusieurs sacs embryonnaires, ils sont, dans la plupart des cas, surmontés d'un nombre variable de calottes protectrices dont nous avons déjà dit un mot en parlant de la moitié supérieure de la cellule-mère du sac embryonnaire. Ces calottes peuvent être au nombre de trois : 1° une calotte épidermique formée par le cloisonnement tangentiel de l'épiderme du nucelle; 2° une calotte constituée par la segmentation de la moitié extérieure de la cellule sous-épidermique dont la moitié intérieure produit le sac; 3° une calotte en contact immédiat avec le sac et dont les éléments constitutifs sont représentés par les anticlines supérieures. De ces trois sortes de calottes qui se superposent exactement, la première est peut-être la moins fréquente. Elle se rencontre pourtant dans les *Delphinium*, *Ribes*, *Sparmannia*, *Blitum*, *Saxifraga*, *Rheum*, *Anemone*, *Aponogeton*, *Centradenia*, chez les Primulacées et certaines Aristolochiées où les cloisons épidermiques sont peu abondantes, tandis qu'elles sont nombreuses dans les *Geum*, les *Iris*, dans l'*Agrostemma Githago*, etc. Pour préciser davantage, disons ici que dans l'*Adonis vernalis* l'épiderme ne se divise qu'en deux assises, tandis qu'il en a quatre dans les *Aconitum*, les *Polygala*, le *Daphne Mezereum*, et plus de quatre dans les Pomacées et les Amygdalées. L'initiale de la calotte sous-épidermique ne se divise pas dans le *Lunaria annua*. Elle se cloisonne au contraire à plusieurs reprises dans le *Fuchsia fulgens*, où les segmentations s'effectuent surtout vers l'extérieur : de telle sorte que sur une section longitudinale du nucelle les cellules de cette coiffe paraissent disposées en éventail. C'est cette calotte qui, dans les *Cerasus*, *Cydonia*, *Carex*, concourt avec l'épiderme à former la longue pointe nucellaire qui va à la rencontre du boyau pollinique.

Enfin, au-dessous de ces deux calottes, les anticlines supérieures en forment une troisième; mais il faut bien dire que si les trois coiffes se différencient par leur origine, elles se ressemblent absolument par la suite de leur évolution. Toutes trois, en effet, se gélifient avant l'arrivée du tube pollinique au sac. Elles sont à ce moment employées comme aliment par le sac, qui se remplit d'amidon et de matières grasses au fur et à mesure que les éléments qui l'environnent se liquéfient. Le tube pollinique lui-même trouve dans ces cellules gélifiées un aliment et un tissu conducteur. Dans l'*Arum maculatum* et l'*Hordeum distichum*, la gélification de la calotte est précédée d'une sécrétion de gomme dans ses cellules. Bientôt la coiffe, qui dans certains cas se réduit à une sorte de petite pelote de tissu mortifié, disparaît en se détruisant de bas en haut, c'est-à-dire du sac vers l'épiderme du nucelle.

Après cette étude du sac adulte, de son apparition, de son développement et des tissus dont il se nourrit, un seul point nous reste à traiter, c'est celui de sa signification morphologique. Or il nous semble que tout concourt à prouver que le sac embryonnaire est l'homologue de la macrospore des Cryptogames supérieures. Cela se constate surtout à merveille chez les Cycadées, Conifères et Gnétacées, dans lesquelles un prothalle, porteur d'archégones, apparaît dans le sac embryonnaire comme le prothalle dans les macrospores des Cryptogames. Entre les plantes considérées à tort comme gymnospermes et les Monocotylédones et Dicotylédones, il n'existe pas, quoi qu'on en ait dit, un hiatus infranchissable, et le prothalle inclus dans le sac des Conifères est représenté dans les Phanérogames supérieures par les antipodes et les deux cellules centrales, mères de l'endosperme, tandis que les archégones sont remplacés par la vésicule embryonnaire et les synergides qui ne nous paraissent être que des vésicules embryonnaires avortées. On trouvera sur ce sujet de plus longs développements au mot REPRODUCTION. Nous appellerons toutefois, en terminant, l'attention sur le sac du *Sarcophytum*, qui représente à lui tout seul l'ovule, moins le funicule, et qui rappelle si exactement en même temps l'oogone des végétaux inférieurs. Cette simple remarque suffira pour faire saisir et comprendre les homologies du sac embryonnaire à travers toute la série végétale. [Dy.]

SACH (Joh.-H.-Karl). Auteur [1804] de *Deutschlands wilde Gewächse*, etc. (in-8 de 383 p.).

SACHA GUASCA. Nom de l'*Alsomitra brasiliensis* Cogn.

SACHARACACHA. Synonyme de *Aracacha.*

SACHAROMYCES (MEYEN. — STREINZ, *Uouzercl.* — H. HOFFM., *Index*). — Voy. SACCHAROMYCES.

SACHOCOL. Nom argentin de l'*Asterostigma vermitoxicum* GRISEB. et du *Spathicarpa sagittifolia* SCHOTT, employés au traitement des blessures du bétail.

SACHS (Fr.-Jak.). A écrit [1738] *De Ulmo* (in-4 de 36 pages).

SACHSIA (GRISEB., *Cat. pl cub.*, 150). Section du genre *Placus* LOUR. (H. BN, *Hist. des pl.*, VIII, 189.)

SACHS VON LEWENHAIMB (Phil.-Jak.). Médecin de Breslau, est l'auteur [1661] d'un *Ampelographia* (in-8 de 670 p. et præf.).

SACIDIUM (NEES. — KUNZ., *Myc.*, Heft II, 64. — SACC., in *Michel.*, II, 9). Genre de Sphéropsidés, à périthèces anhystes, de consistance membraneuse, dimidiés, clypéiformes, finement ponctués, astomes, noirs. Les spores sont globuleuses ou ovales, hyalines ou légèrement teintées. Ce genre, qui ne diffère des *Leptothyrium* que par la nature anhyste du périthèce, comprend, d'après M. Saccardo, 21 espèces, vivant le plus souvent sur des feuilles, des pétioles, des tiges, etc., sous toutes les latitudes. [DE S.]

SACKEA (ROSTKOV., in *Sturm Deutschl. Fl. Fung.*, V, 4, t. 15, 16). Synonyme de *Bovista* Fn.

SACKI. Bière de Riz, fabriquée dans l'Inde.

SAC OOSPORIGÈRE. L'Oosporange.

SACOPODIUM. Dans Pline, le *Sagapenum.*

SACOULE. Dans Avicenne, le Grand Cardamome.

SAC POLLINIQUE. Nom donné aux logettes de l'anthère.

SACRAMALOU. Aux Antilles, nom d'un *Phytolacca?*

SACRED BARK. Aux États-Unis, le *Rhamnus Purshiana.*

SACRED BEAN. Nom anglais des *Nelumbo* T.

SAC SPORIGÈRE. Le Sporange.

SADANSKOA. Nom, en Abyssinie, de l'Aneth des moissons.

SADAR. Nom arabe des Micocouliers.

SADDU. Synonyme de *Sdau-phnóm.*

SADEAR, S'DIA. Noms marocains du *Teucrium Polium* L. et de plusieurs autres Germandrées.

SADEKUSA. Nom japonais du *Polygonum Maakianium* RGL.

SADEL. Nom arabe de la Rue.

SADLER (Jos.). Professeur à Pesth [1791-1849], a publié une flore de Pesth [1818] et *Descriptio plantarum epiphyllospermarum Hungariæ*, etc. [1820]; puis [1825] *De Stipæ noxa; Floræ Comitatus Pesthini* [1825-26]; *De Filicibus veris Hungariæ, Transsylvaniæ, Croatiæ et Litoralis hungarici* [1830]; et, avec Jankovcsich, *Synopsis specierum hungaricarum Amanitæ* [1838], in-8, imprimé à Pesth.

SADRA BEIDA. Nom, au Sénégal, de l'*Acacia albida* DEL.

SADRÉE. Le *Satureia hortensis* L.

SADYMIA (GRISEB., *Fl. brit. W.-Ind.*, 25). Genre proposé pour le *Samyda villosa* de Swartz, mais non adopté.

SÆLANTHUS (FORSK., *Fl. æg.-arab.*, 33; *Ic.*, t. 2, 4). Synonyme de *Vitis* T.

SAENDIAN. Nom turc des Chênes.

SA-FA-LANG. Nom chinois ancien du Safran.

SAFED-SIRIS. L'*Albizzia procera* BENTH.

SAFFRAN SAUVAGE. Nom ancien du Chardon-bénit.

SAFFRON. Nom anglais du *Crocus sativus* L.

SAFII. A Sierra-Leone, les *Pachylobus* DON.

SAFRAN. — Voy. CROCUS (II, 273).

SAFRAN (MEDIC., in *Act. Theod.-pal.* [1790], VI, 473). Genre établi pour le *Crocus sativus* L.

SAFRAN BATARD, S. FAUX, S. D'ALLEMAGNE. Le *Carthamus tinctorius* L., dont on emploie les corolles, portant souvent les étamines, à falsifier le vrai Safran, qui se distingue immédiatement par la forme de ses branches stylaires et son odeur particulière.

SAFRAN DES INDES. Nom vulgaire des *Curcuma* L.

SAFRAN DES PRÉS. Le Colchique d'automne.

SAFRAN DE TERRE. Le *Curcuma longa* L.

SAFRAN-FAUX. Le Colchique d'automne. L'*Amaryllis lutea* L.

SAFRAN-MARRON. Nom vulgaire du *Canna indica* L.

SAFRANON. Le *Carthamus tinctorius* L.

SAFRAN (RACINE DE). Le rhizome des *Curcuma* L.

SAFRANUM. Le *Carthamus tinctorius* L.

SAFSAF. En Égypte, le Saule pleureur. C'est aussi le nom ancien des Chalefs.

SAGADENON (GALIEN). L'*Opobalsamum* pur.

SAGAI. Le *Pugionum cornutum* Gærtn., plante potagère.

SAGAPENUM. Gomme-résine d'Ombellifère, dont la production a été attribuée, mais sans preuve suffisante, au *Ferula persica*. On le tirait de la Perse, d'où on l'envoie encore, dit-on, quelquefois à Bombay; mais là même il est à peu près impossible de le trouver pur. Il forme des masses molles et épaisses de larmes agglutinées, et ressemblerait assez au *Galbanum* mou, n'était sa couleur brunâtre foncé et son odeur, analogue à celle de l'Asa-fœtida, mais moins accentuée. Il sert ou plutôt servait à préparer la Thériaque et le Diachylon gommé. [H. Bn.]

SAGARA. Nom biscayen de la Pomme.

SAGE (Balth.-Georg.). Auteur, à Paris [1776], de *Analyse des blés et expériences propres à faire connaître la qualité du Froment*, etc. (in-8 de 118 p.).

SAGE. Nom anglais des Sauges.

SAGE. Nom, aux Antilles anglaises, du *Lantana Camara* L.

SAGENARIA (Sternb., *Vers.*, I, 10; II, 177). Genre de *Lycopodiacites*. Pour Unger (*Syn. pl. foss.*, 129; *Chlor. protog.*, LVII), c'est une section du genre *Lepidodendron*. Corda (*Fl. d. Vorw.*, 20, t. 6) en fait un genre de Sagénariacées.

SAGENOPTERIS (Ad. Br. — A. Braun, in *Flora* [1847], I, 84). Genre de Marsiléacées fossiles ou de Fougères. (Ad. Bn., in *Dict. d'Orb.*, XIII, 82.)

SAGERÆA (Dalz., in *Hook. Kew Journ. Bot.*, III, 207). Genre d'Anonacées-Uvariées, formé de 3, 4 arbres indiens, voisins des *Uvaria*; distingué par des sépales imbriqués et peu volumineux; un réceptacle presque plat, avec 3-6 carpelles, et, en dehors des étamines fertiles, peu nombreuses, parfois des écailles stériles, peu nombreuses aussi. (H. Bn, *Hist. des plant.*, I, 202, 281, fig. 230.)

Sageræa. — Fleur.

SAGERETIA (Ad. Bn., in *Ann. sc. nat.*, sér. 1, X, 359, t. 13, fig. 2). Genre de Rhamnacées-Rhamnées, formé d'une dizaine d'arbustes américains, asiatiques et océaniens; à fleurs de *Rhamnus*, avec des tiges inermes ou spinescentes; des feuilles opposées ou alternes; des inflorescences en grappes composées, terminales, à rameaux opposés et divariqués. (H. Bn, *Hist. des pl.*, VI, 79.)

SAGESSE DES CHIRURGIENS. Le *Sisymbrium Sophia* L.

SAGETTE. Synonyme de Sagittaire.

SAGIGOKE. Nom japonais du *Mazus rugosus* Lour.

SAGINA. En Italie, le Sarrasin.

SAGINA (L., *Gen.*, n. 178). Genre de Caryophyllacées-Cérastiées, formé de 7, 8 humbles herbes, des pays froids et tempérés; distingué par des pétales entiers, petits ou nuls; des

Sagina. — Fleur, entière et coupe longitudinale. Fruit déhiscent.

styles et des valves de fruit en même nombre que les sépales, mais alternes avec eux. On trouve communément chez nous les humbles *S. procumbens* et *apetala* L. (H. Bn, *Hist. des pl.*, IX, 91, 114, fig. 133-135.)

SAGISO. Nom japonais de l'*Habenaria radiata* Lindl.

SAGITTA. Dans Pline, etc., la Sagittaire.

SAGITTAIRE (*Sagittaria* L., *Gen.*, n. 1067). Genre d'Alismacées-Alismées, à fleurs diclines; le périanthe 6-mère, 2-série, blanc; les étamines au nombre de 9 ou davantage; le gynécée formé de ∞ carpelles rapprochés en tête, avec un ovule ascendant, à micropyle extérieur dans chaque ovaire. Le fruit est

formé de ∞ achaines comprimés; l'embryon replié sur lui-même. Ce sont des herbes aquatiques, à axes aériens dressés, avec des feuilles allongées, lancéolées ou sagittées; les fleurs en grappes ou épi composés de petits groupes souvent verticillés-3-nés.

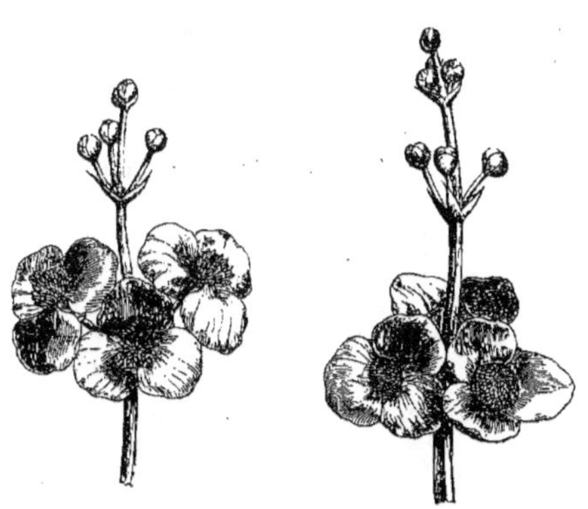

Sagittaire. — Inflorescences mâle et femelle.

Ces plantes sont assez riches en latex; on en voit même dans les pétales intacts. Elles habitent les régions tempérées du globe, au nombre d'une quinzaine. Le *S. sagittifolia* L. est commun dans nos eaux. De belles espèces américaines ont été introduites et naturalisées aux environs de Bordeaux. [H. Bn.]

SAGMEN (Hill, *Ht. kew.*, 66). Synon. de *Lopholoma* Cass.

SAGMINALIS HERBA. Nom ancien de la Verveine officinale.

SAGNAN. Nom, à Luzon, de l'Elémi des Philippines.

SAGNIVA. A Madagascar, l'*Æschynomene sensitiva* DC.

SAGONE. Nom français (Lamk) des *Sagonea* Aubl.

SAGONEA (Aubl., *Guian.*, I, 285, t. 111). Syn. de *Hydrolea* L.

SAGOT (Paul). Médecin de la marine et professeur à Cluny, publia en 1862 des Principes de géographie agricole et plusieurs notices et mémoires sur la culture, la domestication, etc., des plantes utiles. Il séjourna plusieurs années à la Guyane et y forma une assez belle collection. Il a commencé la publication d'une Flore de la Guyane. On lui doit aussi un opuscule sur les Bananiers. Il est mort en 1889. Son herbier est au Muséum.

SAGOTIA (H. Bn, in *Adansonia*, I, 51). Genre d'Euphorbiacées uniovulées, formé d'un arbuste, très variable, de la Guyane et du nord du Brésil, à fleurs pétalées, ∞-andres; les anthères introrses; les sépales de la fleur femelle accrus après l'anthèse; le fruit 3-coque; les grappes terminales. (H. Bn, *Hist. des pl.*, V, 186.)

SAGOTIA (Walp., in *Linnæa*, XXIII, 737). Section du genre *Desmodium* Desvx.

SAGOU BLANC. Synonyme de Manioc.

SAGOU DES NÈGRES. Le *Penicillaria spicata* W.

SAGOUIER. Pour Sagoutier.

SAGOUTIER. Les *Sagus* et le *Cycas circinalis* L.

SAGRA (Ramon de la). Mort à Cortaillodes en 1871, dirigea la publication d'une *Histoire encyclopédique de l'île de Cuba*, dans laquelle les Cryptogames furent traitées par Montagne [1845-55] et les Phanérogames par A. Richard.

SAGRÆA (DC., *Prodr.*, III, 170). Section du genre *Maieta* Aubl. (H. Bn, *Hist. des pl.*, VII, 57.)

SAGRÆA (Naud., in *Ann. sc. nat.*, sér. 3, XVIII, 92). Synonyme de *Ossæa* DC.

SAGRIÉJÉ, SAGRIECHA, SABRUIÈCHA. Noms languedociens des *Satureia hortensis* L. et *montana* L.

SAGUASTER MAJOR (Rumph., *Herb. amboin.*, I, 64, t. 14). Synonyme de *Caryota* L.

SAGUASTER MINOR (Rumph., *Herb. amboin.*, I, 57, t. 15). Synonyme de *Harina* Hamilt.

SAGUERO. A Cuba, l'*Arrow-root*.

SAGUERUS (Roxb., *Fl. ind.*, III, 626). Syn. de *Arenga* Labill.

SAGUNG. A Java, le Maïs.

SAGUNGATE. Nom, aux Philippines, des *Tectona* L. F.

SAGUS (Bl., *Rumphia*, II, 146, part., t. 86, 126, 127). Synonyme de *Metroxylon* Rottb.

SAGUWERIFERA (Valent.). Synonyme de *Gomutus* Rumph.

SAHAFARAN. Nom arabe (Bauh.) du Safran.

SAHAGUNIA (Liebm., in *K. D. Vid. Selsk Skr. Kjob.*, ser. 5, II, 316). Synonyme de *Acanthinophyllum* Allem. (I, 18). Mais *Sahagunia* a pour lui la priorité.

SAHLBERG (Carl). Professeur à Abo, auteur [1803] de *De progressu cognitionis plantarum cryptogamicarum* (in-4 de 20 p.). Il est mort en 1840.

SAHLBERGIA (Neck., *Elem.*, n. 418). Synonyme de *Genipa* (*Gardenia* L.).

SAHO. Nom mongol du *Pugionium cornutum* Gærtn.

SAHUC. Nom méridional de l'Hièble.

SAHUQUÈRO. Nom agenais de l'*Agaricus albo-rufus*.

SAIEL. Nom arabe de l'*Acacia arabica* L.

SAIGNO. En Provence, le *Typha latifolia* L.

SAIHAI-RAN. Nom japonais du *Cremastra Wallichiana* Lindl.

SAI-HEE. Nom japonais du Bigaradier.

SAIN. L'*Hibiscus cannabinus* L.

SAIN. Synonyme de *Sagnan*.

SAIN-BOIS. — Voy. Daphne, Garou.

SAIN-BOIS-FOIN. L'Esparcette.

SAINEGRAIN. Le Fenugrec.

SAINFOIN. — Voy. Hedysarum.

SAINFOIN COMMUN, S. DES PRÉS. Synonymes d'Esparcette.

SAINFOIN D'ESPAGNE, S. A BOUQUETS. L'*Hedysarum coronarium* L.

SAINFOIN D'HIVER, S. D'ESPAGNE. L'Ajonc.

SAINT-AMANS (Jean-Florimond Boudon de). Né et mort à Agen [1748-1831], a écrit [1789] *Fragments d'un voyage sentimental et pittoresque dans les Pyrénées*; puis [1789] *Recherches sur les causes et les remèdes de la maladie qui détruit les arbres…*; et [1821] *Flore agenaise* (632 p. et 12 pl.)

SAINT (BOIS). Le *Guaiacum sanctum* L.

SAINT-DABEOC'S HEATH. Nom anglais du *Daboecia polifolia*.

SAINTE-NEIGE. Le Chiendent.

SAINT-GERMAIN (J.-J. de). Auteur [1784] du *Manuel des végétaux* (in-8 de 378 et 191 p.).

SAINT-GERMAIN. Variété de Poire.

SAINT-HELENS TEA. En Angleterre, le *Frankenia portulacifolia* Spreng.

SAINT-JAN GRASS. A Sainte-Croix, le *Cipura plicata* Griseb.

SAINT-JEAN (BATON DE). Le *Polygonum orientale* L.

SAINT-JOHNS'-BREAD. Nom anglais de l'Ergot de Seigle.

SAINT JOHN'S-WORT. Nom anglais des Millepertuis.

SAINTLEGERIA (J. de Cordem., in *Adansonia*, III, 300). Synonyme de *Tricercandra* A. Gray.

SAINT-MARTINO. Nom de l'*Agaricus procerus* Scop.

SAINTMORYSIA (Endl., in *Walp. Rep.*, II, 638). Synonyme de *Athanasia* L.

SAINT-MOULIN (V.-J. de). Auteur [1827] de *Commentatio botanica de quibusdam arboribus in Belgio cultis*, et [1828] *Monographia Quercus Roboris* (in-4 et 2 pl.).

SAINT-SAUVEUR. Vigne hybride, dite issue du *Vitis æstivalis*.

SAIRANTHUS (G. Don, *Gen. Syst.*, IV, 467). Genre de Solanacées, proposé à tort pour le *Nicotiana glutinosa* L. et non adopté de nos jours.

SAIROCARPUS (Nutt., herb.). Syn. de *Antirrhinum* Adans.

SAISIN (Thunb.). Synonyme (Maxim.) de *Cocculus diversifolius* Miq.

SAIVALA (Wall., *Cat.*, n. 5047). Synon. de *Blyxa* Dup.-Th.

SAJI-HAGUMA. Nom japonais de l'*Ainsliœa apiculata* Sch. bip.

SAJI-OMODAKA. Nom japonais du Plantain-d'eau.

SAJOR. En Malaisie, plusieurs herbes potagères.

SAJOR (Rumph., *Herb. amboin.*, I, t. 70, fig. 2). Synonyme de *Sajorium* Endl.

SAJOR BAGUALA (Rumph.). Le *Plukenetia volubilis* L.

SAJORE. Nom français (Lamk.) des *Plukenetia* L.

SAJORIUM (Endl., *Gen.*, Suppl., III, 98). Syn. de *Plukenetia* L.

SAKACHERA. Nom sanscrit du Henné.

SAKAIF. Nom arabe du Coquelicot.

SAKÉ. Boisson alcoolique préparée au Japon avec le Riz.

SAKERAN. Nom arabe de l'Héliotrope.

SAKERSIA (Hook. F., *Gen.*, I, 757, n. 85). Section du genre *Dissochæta* Bl. (H. Bn, *Hist. des pl.*, VII, 51.)

SAKES. En Turquie, le Mastic.

SAKI BOOFUN. Nom japonais du *Platyraphe japonica* Miq.

SAKIR-SHIRIN (*Mastic doux*). Synonyme de *Kundarun*.

SAKIVA. Au Japon, la Squine.

SAKKARA. Nom tamoul (Royle) de la Canne à sucre.

SAKOURA-IBARA (Rosier-Cerisier). Nom japonais du *Rosa platyphylla* Red.

SAKUMNIA. Nom arabe de la Scammonée.

SAKURA. Nom japonais des Cerisiers.

SAKURA-SO. Nom japonais du *Primula cortusoides* L.

SAKURA-TADE. Au Japon, le *Polygonum japonicum* Meissn.

SAL. Le *Shorea robusta* Roxb.

SALA. A Sumatra, les Rotang.

SALABERTIA (Neck., *Elem.*, II, 238). Synonyme de *Tapiriri*.

SALABUGALA. Nom indien des *Nelumbo* T.

SALACCA (Reinw.). Pour *Zalacca*.

SALACIA (L., *Mantiss.*, 293). Genre de Célastracées-Hippocratéées, très voisin des *Hippocratea*, distingué par des tiges le plus souvent dressées; des cymes florales contractées, souvent groupées sur des axes axillaires spéciaux; un fruit indéhiscent, à 1-∞ graines non ailées. (H. Bn, *Hist. des pl.*, VI, 46.)

SALACISTIS (Reichb. F., *Xen. orchid.*, I, 214, t. 87). Synonyme (?) de *Hæteria* Bl. (B. H., *Gen.*, III, 604.)

SALADE DE BLÉ, S. D'HIVER, S. DE CHANOINE, S. VERTE, S. ROYALE. La Mâche.

SALADE DE CHOUETTE. Le *Veronica Beccabunga* L.

SALADE DE MER. Nom vulgaire de l'*Ulva Lactuca* L.

SALADE DE TAUPE. Le Pissenlit.

SALADELLE. En Provence, le *Statice Limonium* L.

SALAGO. Nom, aux Philippines, des *Wickstrœmia* Endl.

SALAI, SALEH. Noms indiens du *Boswellia thurifera* Colebr.

SALAMBA. Le *Dialium nitidum* Guillem. et Perr.

SALAP, SALOP. Synonymes de Salep.

SALAXIS (Salisb., in *Trans. Linn. Soc.*, VI, 317). Genre d'Éricacées-Éricées-Salaxidées, formé d'une douzaine d'arbustes éricoïdes, de l'Afrique australe; distingué par des fleurs à calice irrégulier, 4-fide; une corolle très courte; 4 étamines incluses, à filet court; un ovaire surmonté d'un style à large dilatation stigmatifère et 1-4-loculaire; les loges 1-ovulées. (H. Bn, *Hist. des pl.*, XI, 126, 168, fig. 118, 119.)

SALAZARIA (B. H.). Pour *Salizaria* Torr.

SALBEY. En Allemagne, les Sauges.

SALDANHA (Vellos., *Fl. flum.*, 141; Atl., III, t. 157, 158). Synonyme de *Hillia* Jacq.

SALDANHÆA (Bur., in *Adansonia*, VIII, 354, t. 7, 11, 12). Genre de Bignoniacées-Bignoniées, formé de 2 lianes du Brésil; distingué par un calice à 5 dents courtes; un androcée didyname; un fruit assez allongé, à valves dures et rugueuses, parcourues par 2 côtes dorsales élevées; des feuilles à 2-5 folioles; des cymes sessiles ou courtement pédonculées, insérées sur les nœuds défoliés des branches. (H. Bn, *Hist. des pl.*, X, 31.)

SALDINIA (A. Rich., *Rubiac.*, 126). Section du genre *Lasianthus* Jack, à ovaire 2-loculaire. (H. Bn, *Hist. des pl.*, VII, 410.)

SALÉ (BOIS). Le *Conyza retusa* Lamk.

SALEFUR. Nom arabe du Safran.

SALEP. A Porto-Rico, l'*Arrow-root*.

SALERO. Nom provençal de l'*Agaricus albo-brunneus*. C'est aussi le nom, à Nice, du *Boletus granulatus* L.

SALGUERO. Nom portugais du *Salix alba* L.

SALIB-MISERI. Salep de l'Inde, produit par des *Eulophia* Bn.

SALICACÉES, SALICINÉES. Famille de Dicotylédones-Apétales, formée des genres Saule et Peuplier; à fleurs dioïques, en chatons; les mâles à 2-∞ étamines; les femelles à ovaire libre, 1-loculaire, avec 2 placentas pariétaux, 1-∞-ovulés; le fruit sec et la graine accompagnée d'une aigrette de soies nées sur son support. Le périanthe, nul dans les Saules, est petit, irrégulier et même contesté dans lés Peupliers. Ce sont des arbres à feuilles alternes, avec des stipules libres, communs surtout dans les régions tempérées. (H. Bn, *Hist. des pl.*, IX, 246.)

SALICAIRE. Le *Lythrum Salicaria* L. C'est aussi le nom français des autres *Lythrum* (III, 288).

SALICOR. La soude extraite des Salicornes.

SALICOR. Le *Salsola Soda* L.

SALICORNE (*Salicornia* T., *Inst.*, *Cor.*, 51, t. 485). Genre de Chénopodiacées, type d'une série des *Salicorniées*, à fleurs hermaphrodites ou polygames, plongées dans des cavités des articles superposés de l'axe de l'inflorescence, avec un calice sacciforme, obpyramidal, à sommet tronqué et à orifice 3, 4-denté; 1,2 étamines; un gynécée libre, à ovaire 1-loculaire, 1-ovulé;

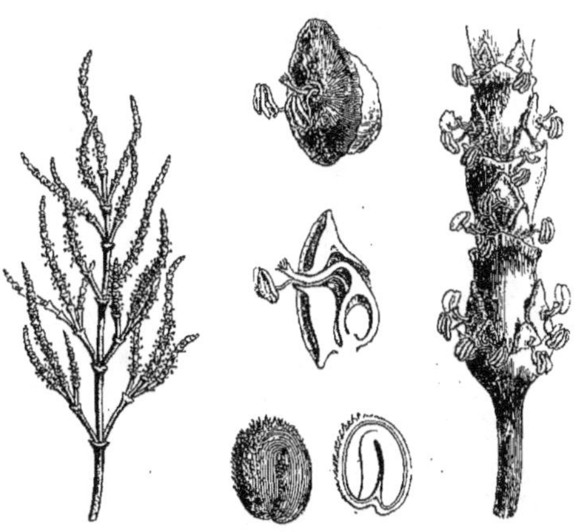

Salicorne. — Branche florifère. Inflorescence. Fleur, entière et coupe longitudinale. Graine, entière et coupe longitudinale.

un fruit membraneux, indéhiscent, avec une graine sans albumen; l'embryon condupliqué, charnu. Ce sont 7, 8 herbes charnues, des bords de la mer, annuelles, vivaces ou frutescentes à leur base; les rameaux opposés, articulés; chaque entre-nœud, terminé par une gaine qui représente 2 feuilles opposées. On mange, surtout confit au vinaigre, le *S. herbacea* L., l'un des Perce-pierre de nos côtes. (H. Bn, *Hist. des pl.*, IX, 140, 163, 183, fig. 189-194.)

SALICORNIÉES. Série des Chénopodiacées. (H. Bn, *Hist. des plant.*, IX, 159.)

SALICOTTE. Le *Salsola Soda* L.

SALIE. En Hollande, les Sauges.

SALIÈGE, ARIÈGE. Noms languedociens du *Smilax aspera* DC.

SALIETTE. Le *Conyza retusa* Lamk.

SALIGOT. Le *Trapa natans* L.

SALIGOT TERRESTRE. Le *Tribulus terrestris* L.

SALIMORI. Nom indien du Sébestier.

SALIQUIER. Nom français (Lamk) des *Cuphea* P. Br.

SALIS. Nom arabe de la Livèche.

SALISBURIA (Sm., in *Trans. Linn. Soc.*, III, 330). Synonyme de *Ginkgo* L.

SALISIA (Lindl., *Swan Riv. App.*, 10). Synonyme de *Kunzea* Reichb.

SALISIA (Reg., in *Bot. Zeit.* [1851], 894). Synonyme de *Gloxinia* Liér.

SALIUNCA. Nom ancien de plusieurs Valérianes.

SALIVAIRE. La Pyrèthre officinale.

SALIVALIS. L'Impératoire.

SALIVARIA (DC., *Prodr.*, V, 624). Section du g. *Spilanthes.*

SALIVE DE COUCOU. Le Nostoc commun.

SALIVETTE. Le *Pyrethrum aphyllum.*

SALIX. Nom latin des Saules.

SALIZARIA (Torr., *Bot. Emor. Exp.*, 133, t. 39). Genre de Labiées-Bétonicées, formé d'un arbuste du Mexique et du Texas, voisin des *Scutellaria*, mais distingué par un calice enflé-vésiculeux. (H. Bn, *Hist. des pl.*, XI, 43.)

SALKEN (Adans., *Fam.*, II, 322). Synonyme de *Dalbergia* L.

SALLETTE. Nom ancien des Oseilles.

SALLOA (Hassk., herb.). Le *Cocculus angustifolius* Hassk.

SALMACIA (Bory, *Dict.*, XV, 75). Syn. de *Spirogyra* Link.

SALMACIS (Webb, *Phyt. canar.*, III, 320). Sous-genre du genre *Danae* Medic.

SALMALJA (Schott, *Melet.*, 35). Section du genre *Bombax* L.

Salpiglossis. — Branche florifère.

SALMEA (DC., *Cat. H. monsp.*, 140). Genre de Composées-Hélianthées, formé d'une douzaine d'arbustes américains, à feuilles opposées; distingué par des capitules globuleux ou ovoïdes, disposés en cymes composées, corymbiformes; sans fleurs de rayon; les fruits comprimés, à bords aigus, ailés ou ciliés. On en cultive quelques-uns dans les jardins botaniques. (*Bot. Mag.*, t. 2062. — H. Bn, *Hist. des pl.*, VIII, 208.)

SALMEOPSIS (Benth., *Gen.*, II, 381). Section du genre *Salmea* DC. (H. Bn, *Hist. des pl.*, VIII, 208.)

SALM–HORSTMAR (Fried. Fürst v.). Auteur [1856], à Brunswick, de *Versuche und Resultate ueber die Nahrung der Pflanzen* (in-8 de 39 p.).

SALMIA (Cav., *Icon.*, III, 24, t. 246). Synonyme de *Sanseviera* Thunb.

SALMIA (W., in *Ges. Naturf. Fr. Berl. Mag.*, V, 399). Synonyme de *Carludovica* R. et Pav.

SALMILLE. Nom ancien du Cerfeuil.

SALMON (Will.). Auteur [1710-11] de *Botanologia; the english herbal or history of plants*, etc. (2 vol. in-fol. c. ic. xyl.).

SALMONIA (Scop., *Introd.*, 209). Synonyme de *Vochysia* J.

SALOMONIA (Lour., *Fl. coch.*, 14). Section du genre *Polygala* L. Plantes vertes ou parfois (*Epirizanthes*) parasites et colorées. (H. Bn, *Hist. des pl.*, V, 74.)

SALOP. Synonyme de Salep.

SALPIANTHUS (H. B., *Pl. æquin.*, I, 154, t. 44). Synonyme de *Boldoa* Cav.

SALPICHROMA (Miers, *Ill.*, I, 133). Syn. de *Salpichroa* Miers.

SALPIGLOSSIS (R. et Pav., *Prodr. Fl. per. et chil.*, 94, t. 19). Genre de Scrofulariacées, qui donne son nom à une série des *Salpiglossées*, et qui est proche allié des Solanacées, auxquelles on l'a aussi rapporté. Ses fleurs irrégulières ont une corolle campanulée, plissée, et un androcée didyname, avec un court staminode postérieur. L'ovaire a 2 loges ∞-ovulées, avec un disque

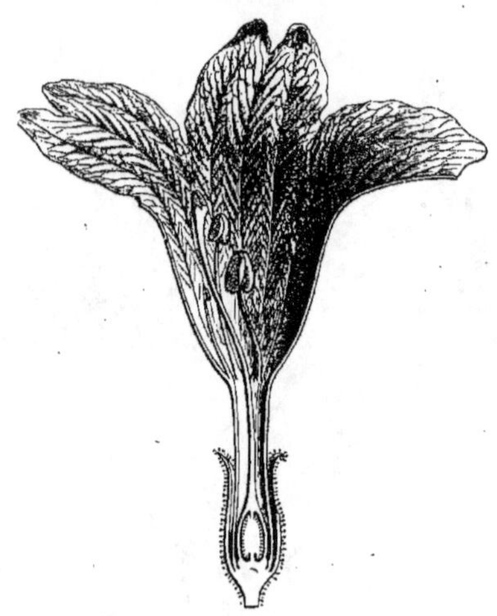

Salpiglossis. — Fleur, coupe longitudinale.

charnu, et devient une capsule à 2 valves parallèles à la cloison. Les graines ont un embryon arqué. Ce sont 2, 3 herbes chiliennes, annuelles, visqueuses, à feuilles entières ou pinnatifides ; à cymes lâches, racémiformes. On cultive comme ornemental et annuel le *S. sinuata*, dont les corolles présentent toutes les nuances possibles. (H. Bn, *Hist. des pl.*, IX, 360, 413, fig. 466, 467.)

SALPINGA (Mart., in *DC. Prodr.*, III, 112 ; *Nov. gen. et spec.*, III, t. 256). Section du genre *Bertolonia* Radd. (H. Bn, *Hist. des pl.*, VII, 45.)

SALPINGOGLOTTIS (C. Koch). Pour *Salpiglossis* R. et Pav.

SALPIXANTHA (Hook., *Bot. Mag.*, t. 4158). Synonyme de *Geissomeria* Lindl.

SALSA (Feuill., *Observ.*, II, 746, t. 7). Synonyme de *Herreria* Ruiz et Pav.

SALSA. Nom portugais du Persil.

SALSA. Nom souvent donné, dans l'Amérique équinoxiale, aux Salsepareilles usitées.

SALSEPAREILLE (*Smilax* T., *Inst.*, 654, t. 421). Genre de Liliacées-Smilacées, distingué dans ce groupe par des fleurs dioïques, à 3 sépales et 3 pétales alternes, libres; des fleurs mâles à 6 étamines hypogynes et plus rarement à 7-15. Il n'y a pas de rudiment de gynécée, tandis que dans la fleur femelle l'androcée est représenté par 1-6 staminodes. Le gynécée est à 1-3 loges ovariennes, avec 1-3 branches stylaires, et chaque loge renferme 1, 2 ovules descendants, orthotropes ou à peu près. Le fruit est une baie, à une ou plusieurs graines à albumen dur. On décrit (A. DC., *Smil.*, 45) près de 200 espèces de ce genre. Ce sont des arbustes sarmenteux, épineux, à rhizome

épais, de toutes les régions chaudes du globe. Leurs feuilles sont alternes, à nervation de Dicotylédone, à pétiole portant 2 vrilles. Les inflorescences sont des cymes axillaires. M. Vandercolme a fait avec nous une étude soignée de l'organisation de ce genre (in *Adansonia*, X, 74, t. 1-4). Ce sont des plantes très usitées en médecine comme sudorifiques, dépuratives, etc., notamment les *S. medica* Cham. et Schlcutl, *officinalis* K., *syphilitica* K., *cordato-ovata* Rich., *pseudosyphilitica* K., *China* L. (Squine), *glabra* Roxb., *lancæfolia* Roxb., *Pseudo-*

Salsepareille. — Branche florifère.

China L., et même notre *S. aspera* L. Les sortes les plus usitées sont désignées sous les noms de S. de la-Jamaïque, de Honduras, de la Vera-Cruz, du Para, de Guaiaquil, etc. (H. Bn, *Tr. Bot. méd. phanér.*, 1392, fig. 3422-3424.)

SALSEPAREILLE APRE, S. D'EUROPE. Le *Smilax aspera* L.

SALSEPAREILLE D'ALLEMAGNE. Le *Carex arenaria* L.

SALSEPAREILLE D'AMÉRIQUE, S. GRISE, S. DU CANADA, S. DE VIRGINIE. L'*Aralia nudicaulis* L.

SALSEPAREILLE DE L'INDE. Le *Periploca indica* L.

SALSEPAREILLE DES PAUVRES. Nom vulgaire des pédoncules hypertrophiés et piriformes des *Anacardium*, surtout de celui de l'*A. occidentale* L.

SALSEPAREILLE NATIONALE. Le Houblon.

SALSIFIC, SALSIFIX. Pour Salsifis.

SALSIFIS. Plantes diverses, de la famille des Composées, dont la racine, ordinairement pivotante, charnue, est alimentaire, parfois amère. Les principaux Salsifis connus sont : le S. blanc ou S. des jardins, qui est le *Tragopogon porrifolium* L. Il passe pour diurétique, pectoral, apéritif; le S. d'Espagne ou S. noir, d'été, le *Scorzonera hispanica* L.; le S. des prés ou S. sauvage, le *Tragopogon pratense* L.; le S. de Bohême, le

Scorzonera humilis, espèce des prairies humides, qui est répu
tée sudorifique en Allemagne et qui sert en teinture; le S. velu
(*Tragopogon villosum* L.), dont les tiges sont laiteuses et que
cependant les Kalmoucks mangent, dit-on, crues. [H. Bn.]

SALSIGRAME. Nom français (Lamk) des *Geropogon* L.

SALSILLA. Nom américain des *Bomarea* Mirb.

SALSIRORA. Le *Drosera rotundifolia* L.

SALSOLA. Nom latin des Soudes.

SALSOLACÉES. Synonyme de Chénopodiacées.

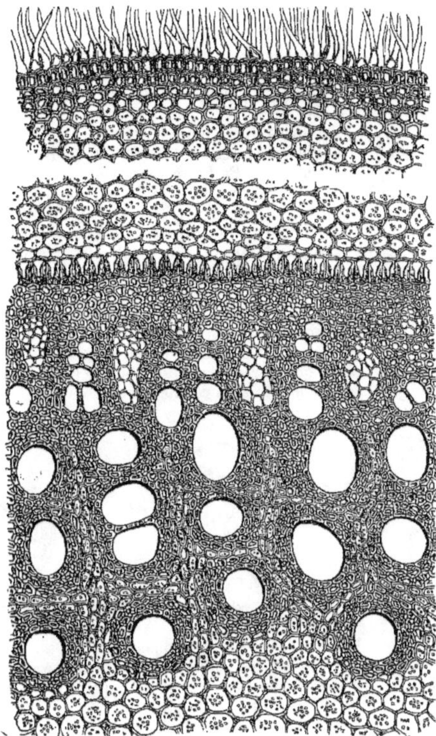

Salsepareille. — Racine, coupe transversale.

SALSOLARIA (Moq., *Chenop. Enum.*, 134). Section du genre
Salsola L.

SALSOLÉES. Série des Chénopodiacées. (H. Bn, *Hist. des pl.*,
IX, 142, 159, 186.)

SALSORIE. Nom des Soudes sur les bords de la Méditerranée.

SALSOVIE. Le *Salsola Soda* L.

SALT BUSH. Nom anglais de l'*Atriplex nummularia*.

SALTER (Th.-Bell). A écrit [1839] *Short account of the botany of Poole and his neighbourhood* (in-8).

SALTIA (R. Br., in *Salt Abyss.*, 376). Synon. de *Cometes* L.

SALTIA (R. Br., in *Wall. Pl. as. rar.*, I, 17). Genre de
Chénopodiacées-Amarantées, formé d'un arbuste d'Arabie;
distingué, dans le groupe des Achyranthées, par des fleurs
dioïques, solitaires dans l'aisselle des bractées; la femelle
accompagnée de 2 fleurs stériles, transformées en appendices
rameux; l'ovaire glabre et les feuilles alternes. (T. Anders., in
Journ. Linn. Soc., V, Suppl., t. 3. — H. Bn, *Hist. des pl.*,
IX, 202.)

SALUCA. Nom brame du *Nymphœa Lotus* L.

SALUTIEA (Coll., in *Mém. Ac. Torin.* [1849], X, 208).
nonyme (part.) de *Achimenes* P. Br.

SALUZZIA (Coll., in *Congr. d. Genoa* [1846]). L'*Achim
longiflora*.

SALVADORA (Garcin, in *Act. angl.* [1749]. — L., *Gen.*
6, 163). Genre type d'une famille des *Salvadoracées*, sou
rangée près des Primulacées, etc., à cause de sa gamopét
C'est un type réduit des *Azima*, dans lequel la corolle 4-r

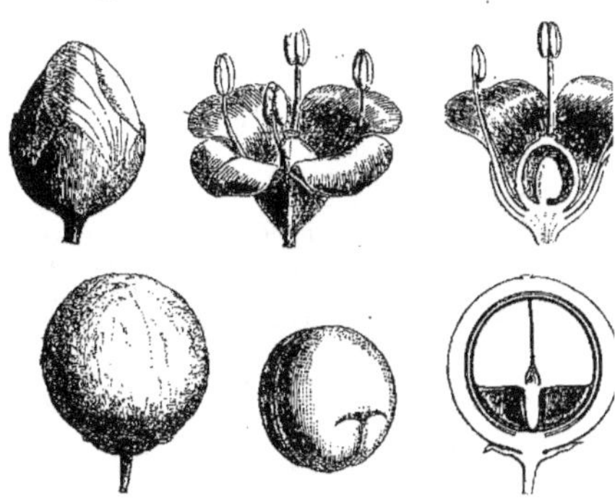

Salvadora. — Bouton. Fleur, entière et coupe longitudinale. Fruit, entier et c
longitudinale. Embryon.

porte 4 étamines alternes, et le gynécée est réduit à une
1-ovulée. Ce sont les filets staminaux qui unissent entre
les pétales. Ce sont 1, 2 arbustes de l'Asie et de l'Afrique
picales. (H. Bn, *Hist. des pl.*, VI, 15, fig. 22-27.)

SALVADORÉES. Série des Célastracées (H. Bn, *Hist. des*
VI, 29). Synonyme de Azimées.

SALVADOR-Y BOSCA (Juan). Pharmacien de Barcelone, a pu
[1796] *Noticia historica de la familia de Salvador d
ciudad de Barcelona por Don Pedro Andres Pourret* (in-

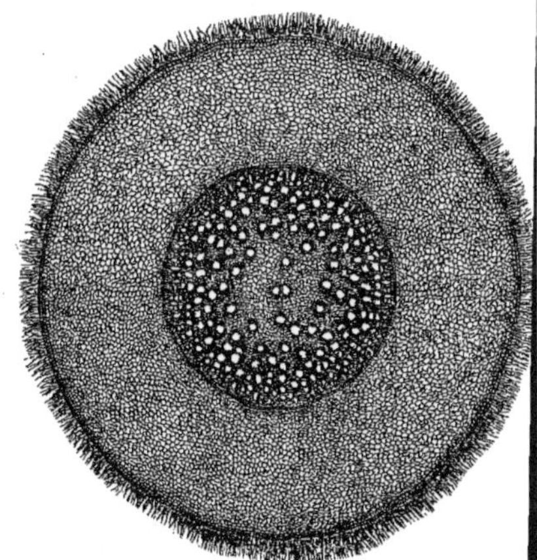

Salsepareille. — Racine, coupe transversale.

SALVARATSE. Nom de pays, appliqué à tort à l'*Harpag
tum Grandidieri* H. Bn.

SALVERTIA (A. S.-H., in *Mém. Mus.*, VI, 266; IX,
Genre de Vochysiées, formé d'un arbre du Brésil, à fe
verticillées; distingué des *Vochysia* par une corolle de 5 p
et un ovaire à 3 loges 2-ovulées. (Mart., *Nov. gen. et sp*
t. 93. — H. Bn, *Hist. des pl.*, V, 93, 101, fig. 124-126.)

SALVIA. Nom latin des Sauges.

SALVIA CIMARRONA. Synonyme espagnol de *Halberweet*.

SALVIA MACHO. Nom, au Chili, de l'*Eupatorium Salvia* COLL.

SALVIA REAL. Nom vulgaire mexicain du *Budleia globosa* LAM.

SALVIASTRUM (SCHEELE, in *Linnæa*, XXII, 584). Section du genre *Salvia* T. (H. BN, *Hist. des pl.*, XI, 62.)

SALVIATUS (GRAY, *Arr. brit. pl.*, 1, 679). Synonyme de *Frullania* RADD.

SALVIA VITÆ. La Rue des murailles.

SALVINIELLA (HUEBEN., *Hepat. germ.*, 31). Synonyme de *Hemiseuma* BISCH.

SALZMANN (Phil.). Né à Erfurth en 1781, voyagea au Brésil et récolta surtout des plantes aux environs de Bahia. Il mourut en 1851 à Montpellier, où se trouve aujourd'hui son herbier-type. (Voy. *Bot. Zeit.* [1853], 4.)

SALZMANNIA (DC., *Prodr.*, IV, 617). Genre de Rubiacées-Chiococcées, qui a beaucoup d'affinités avec les *Chiococca* et *Scolosanthus* d'une part, et de l'autre avec les *Cremaspora*. Ses fleurs 4-mères ont une petite corolle en entonnoir, valvaire ou légèrement imbriquée, à gorge glabre; 4 étamines incluses, et un ovaire infère, à 2 loges. Les ovules sont, dans chaque loge, solitaires, descendants et à raphé dorsal. Le fruit est drupacé, monosperme. La seule espèce du genre (*S. nitida*) est un arbuste du Brésil, glabre, résineux, à petites feuilles coriaces, opposées, à stipules interpétiolaires courtes; à petites cymes axillaires, denses, avec des pédicelles très courts et de petites bractéoles. (Voy. *Hist. des plant.*, VII, 303, 428, n. 71.) [H. BN.]

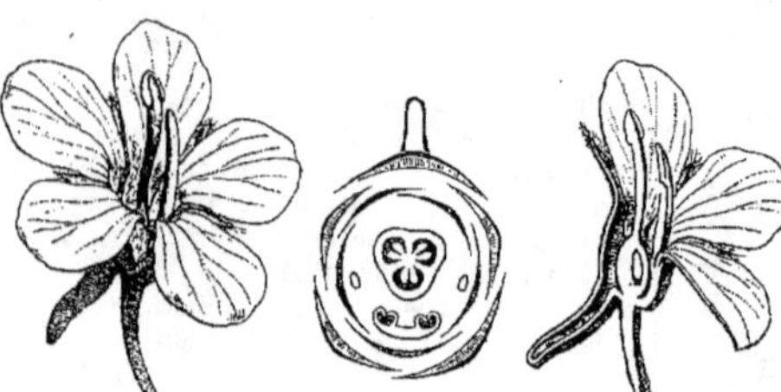

Salvertia. — Fleur, entière et coupe longitudinale. Diagramme.

SALZWEDEBIA. Genre créé pour le *Genista sagittalis* L. par les auteurs du *Flora der Wetterau*. C'est (REICHB., *Consp.*, 153) une section du genre *Genista* T.

SAMA. Nom abyssin de l'*Urtica simensis* HOCHST., que mangent les indigènes.

SAMA. Nom mexicain (LIEBM.) du *Forchammeria pallida* LB.

SAMAAR-GUEDIR. Au Fazozl, le *Kigelia pinnata* DC.

SAMADERA (GÆRTN., *Fruct.*, II [1791], 352, t. 159). Synonyme de *Samandura* L.

SAMAGH-HEJAZI. Nom, à la côte de Samhara, d'une gomme arabique, de qualité supérieure.

SAMAMA (RUMPH., *Herb. amboin.*, III, 37, t. 19). Nom indien du *Cephalanthus occidentalis* L.

SAMANDURA. A Ceylan, l'*Heritiera littoralis* L.

SAMANDURA (L., *Fl. zeyl.* [1747], 202). Genre de Simarou-bées, dont les fleurs 3-5-mères, hermaphrodites, sont con-struites comme celles des *Quassia*, avec un réceptacle plus court, et dont le fruit est formé d'une ou plusieurs drupes, défi-nitivement coriaces ou subéreuses, plus ou moins sèches, indé-hiscentes, aplaties, carénées-subailées et contenant chacun une graine à embryon exalbuminé, analogue à celui des *Quassia*. Les deux espèces connues de ce genre sont originaires de l'Asie tropicale méridionale, de l'Archipel malais, de Mada-gascar. Toutes leurs parties sont amères. Leurs feuilles sont simples, alternes, entières, coriaces, glabres, avec deux glandes latérales vers la base de la face inférieure du limbe. Ce genre a pour synonymes : *Biporeia* DUP.-TH., *Niota* LAMK, *Mauduytia* COMMERS., *Samadera* GÆRTN., *Vitmannia* VAHL. (Voy. H. BN, *Hist. des pl.*, IV, 491.)

SAMANEA (DC., *Prodr.*, II, 440). Section du g. *Pithecolobium*.

SAMARA (L., *Mantiss.*, II, 144, part.). Synonyme de *Embelia* J. (II, 512). Plusieurs auteurs préfèrent aujourd'hui le nom de *Samara*.

SAMARA (Sw., *Prodr.*, I, 261). Synonyme de *Myrsine* L.

SAMARE (*Samara*). Achaine ailé.

SAMAROCELTIS (POISS., in *C. rend. Ass. fr. av. sc.* [1887], 593). Synonyme de *Phyllostylon* CAPAN. (Ulmacées).

SAMAROPYXIS (MIQ., *Fl. ind. bat.*, Suppl., 464). Synonyme de *Hymenocardia* WALL.

SAMBAC. Le *Jasminum Sambac* L.

SAMBEQUIER. Synonyme de Sureau.

SAMB'HALU. Synonyme de *Nisinda*.

SAMBON. Nom, aux Philippines, des *Blumea* DC.

SAMBRANIE. Nom telinga du Benjoin.

SAMBU. Nom méridional des Sureaux.

SAMBUCÉES. Série (14) des Rubiacées. (H. BN, *Hist. des pl.*, VII, 367.)

SAMBUCUS. Nom latin des Sureaux.

SAMBUCUS AQUATICA (MATTH.). Le *Viburnum Opulus* L.

SAMBU-ROSA. En Provence, la Viorne Obier.

SAMBUT-UT-HIND. Nom arabe, d'après Jones, du *Nardosta-chys Jatamansi* DC.

SAMENKNOTEN. En Allemagne, le *Nœud séminal* des *Chara*.

SAMERARIA (DESVX, *Journ.*, III, 161). Synonyme de *Isatis* L.

SAMIN. Nom, d'origine hébraïque, des Jasmins.

SAMODIA (BAUD., in *Ann. sc. nat.*, sér. 2, XX, 350). Genre proposé pour le *Samolus ebracteatus* K.

SAMOLUS (T., *Inst.*, 143, t. 60). Genre de Primulacées, à fleur construite comme elle l'est en général dans cette famille, sinon que le réceptacle est concave, l'ovaire en partie ou en totalité infère, et la corolle pourvue de cinq appendices péta-

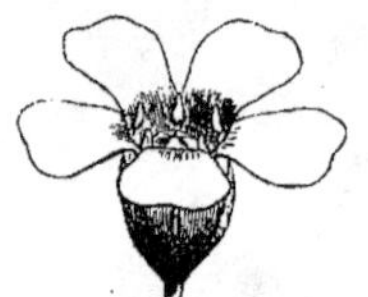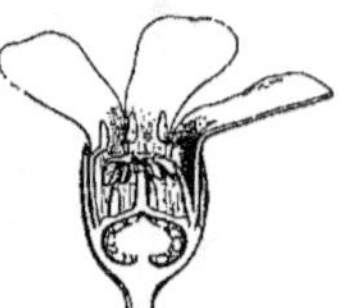

Samolus. — Fleur, entière et coupe longitudinale.

loïdes qui répondent aux sinus de ses lobes. Les 7, 8 *Samolus* connus sont des herbes des rivages tempérés de l'hémisphère boréal. Le seul *S. Valerandi* L., petite herbe de nos marais, est cosmopolite. [H. BN.]

SAMPACCA (RUMPH., *Herb. amboin.*, II, 199). Synonyme de *Michelia* L.

SAMPACCA. Synonyme de Champac.

SAMPAGOU. Le *Magnolia* (*Michelia*) *Champaca* H. BN.

SAMPAGUITA. Nom, aux Philippines, des Jasmins.

SAMPALOC. Nom, aux Philippines, des Tamariniers.

SAMPALU. Aux Philippines, le Tamarin.

SAMPANG. Arbre utile (PERS.) des Philippines, indéterminé.

SAMSAN. Nom arabe du Sésame.

SAMUDRA (ENDL., *Gen.*, 655). Sect. du genre *Argyreia* LOUR.

SAMYDA (L., *Gen.*, 543). Genre de la famille des Samydacées ou, suivant une autre manière de voir, de la tribu des Samy-dées, dans la famille des Bixacées. Comme dans ces dernières, l'ovaire y est uniloculaire, avec un nombre variable de placen-tas pariétaux, multiovulés. Mais autour de lui le réceptacle s'élève en forme de tube, sans lui adhérer, et se couronne d'un calice pétaloïde, à quatre, cinq ou six divisions fortement imbri-quées. Les étamines, au nombre de huit à quinze, forment par la plus grande partie de leurs filets un tube périgyne, uni dans une étendue variable avec le périanthe. Le fruit est une baie plus ou moins coriace, loculicide, renfermant de nombreuses graines enveloppées d'un arille charnu, coloré, et dont l'embryon axile est entouré d'un albumen charnu. Ce sont des arbustes des Antilles et des régions américaines voisines. On en décrit trois ou quatre espèces, dont les feuilles sont distiques, et dont

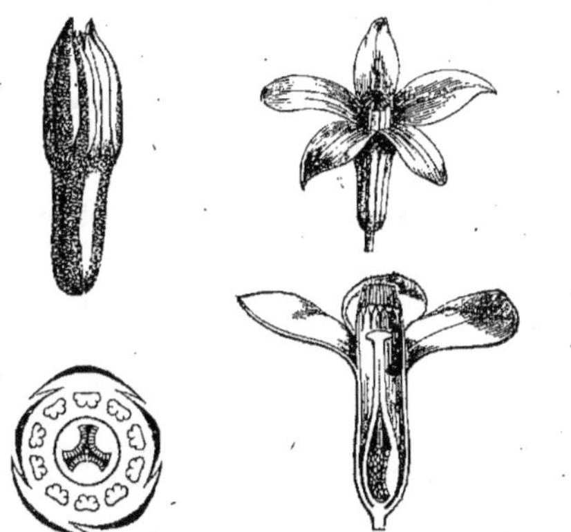

Samyda. — Bouton. Fleur, entière et coupe longitudinale. Diagramme.

les fleurs, verdâtres, blanches ou rosées, sont axillaires, solitaires ou réunies en cymes. (Voy. *Hist. des plant.*, IV, 270, 306, fig. 303-306.) [H. Bn.]

SAMYDA. Nom grec du *Betula alba* L.

SAMYDACÉES. Synonyme de Samydées, série des Bixacées. (H. Bn, *Hist. des pl.*, IV, 270, 293.)

SAMZELIUS (Abr.). Auteur [1760], à Orebro, de *Blomster-Krants af the allmännaste och märkvärdigaste uti Neriket befintliga Växter, hopflätade och ekannerligen*, etc. (in-12 de 84 p.).

SANAMUNDA. Le *Geum urbanum* L.

SANAMUNDA (MAGNOL., *Char.*, lib. 1, sect. 1). Synonyme de *Passerina* L.

SANATODOS. Le Bédégar du Rosier.

SANAYE-TADE. Nom japonais du *Polygonum Persicaria* L.

SAN CAPILLA. Au Pérou, le *Morenia fragrans* RUIZ et PAV.

SANCHEZIA (R. et PAV., *Prodr.*, 5, t. 32; *Fl. per. et chil.*, I, 7, t. 8). Genre d'Acanthacées-Ruelliées, du groupe des Trichanthérées, caractérisé par un calice imbriqué, à 5 sépales presque libres; une corolle à long tube cylindrique; le limbe presque régulier et tordu; 2 étamines fertiles, exsertes, à loges de l'anthère parallèles, indépendantes, mucronées en bas; un ovaire à 2 loges 4-ovulées; les ovules dressés; un fruit capsulaire. Ce sont 7, 8 arbres, de l'Amérique méridionale tropicale, à grandes feuilles opposées, à fleurs en fausses grappes, accompagnées d'une bractée et de 2 bractéoles. On en cultive 2 belles espèces dans nos serres, notamment le *S. nobilis*. (*Bot. Mag.*, t. 5588, 5594.) [H. Bn.]

SANCTUM LIGNUM. Le Gaïac.

SANDADOUR. Racine ténifuge de l'Afrique occidentale. C'est, croit-on, le *Prosopis dubia* GUILLEM. et PERR.

SANDAIGASA. Nom japonais du *Barnardia japonica* R. et SCH.

SANDAL. A Maurice, le *Noronhia Broomeana* HORNE.

SANDAL (BOIS). A Rodrigues, le *Carissa Xylopicron* DUP.-TH.

SANDALIO DE ARIAS Y COSTA (Ant.). A publié [1816] *Lecciones de agricultura* (professées en 1815 au Jardin de Madrid), in-4.

SANDAL-WOOD. Aux Antilles anglaises, le *Bucida capitata* L.

SANDA-MALAM. En Malaisie, la Tubéreuse.

SANDANDOUR. *Acacia* (?) du Sénégal, à suc astringent.

SANDANKEWA. Nom japonais d'un *Viburnum*.

SANDARAQUE D'ALLEMAGNE. Résine du Genévrier commun.

SANDARON, SANDAROUSSE. Résine d'une Conifère, qui se vend en Égypte et qu'Olivier croit identique à la Sandaraque. C'est cette substance qui a reçu le nom de Sandaraque orientale.

SANDAROUSSI. Nom donné au Zanzibar à une résine très aromatique, stimulante, fournie par le *Balsamea zanzibarica* H. Bn. (Voy. H. Bn, in *Adansonia*, XI, 180.)

SANDBOX-TREE. Nom anglais de l'*Hura crepitans* L.

SAND-DRAGON. Le *Rumex sanguineus* L.

SANDEB. En Égypte, la Rue.

SANDÉEN (Pet.-Fred.). A écrit à Lund [1865] une brochure sur les Polygonées, et [1867] *Om individualiteten hos de högra wäxterna* (in-8). Il est mort à Lund en 1868.

SANDERSONIA (HOOK., *Bot. Mag.*, t. 4716). Genre de Liliacées-Uvulariées, formé d'une espèce de l'Afrique australe, à rhizome tubéreux et à feuilles lancéolées, parfois terminées par une vrille courte; un axe aérien dressé, généralement simple; des fleurs axillaires, à périanthe globuleux-urcéolé, orangé; les 6 lobes très courts. [H. Bn.]

SANDERS WOOD. Un des noms anglais du Santal.

SANDFORDIA (J. DRUMM., in *Hook. Kew Journ.*, VII, 53). Synonyme de *Geleznovia* TURCZ.

SANDI (Al.-Fr.). Auteur [1837], à Bellune, d'une Énumération des plantes de cette ville (in-8 de 32 p.).

SANDI. Nom, au Vénézuela, du *Piratinera utilis* H. Bn.

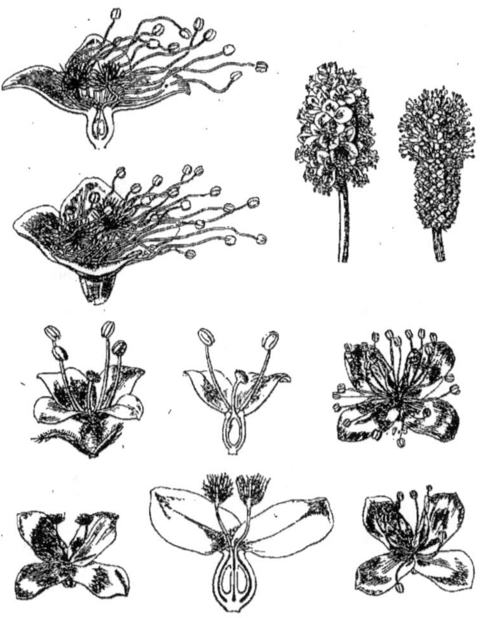

Sangsorbes. — Inflorescences. Fleurs mâles, femelles et hermaphrodites, entières et coupes longitudinales.

SANDIFORT (G.). A écrit [1822], à Hazenberg, *Elenchus plantarum quæ in horto lugduno-batavo coluntur* (in-8 de 92 p.).

SAND-OLIVE (*Olivier des sables*). Nom donné par les colons anglais du Cap au *Dodonœa Thunbergiana* ECKL. et ZEYH. C'est l'un des *Bois de Reinette* des Français.

SANDOOR. Nom indigène du *Sandoricum indicum* L.

SANDORICUM (CAV., *Diss.*, VII, 359, t. 202, 203). Genre de Méliacées-Trichiliées, formé de 5, 6 arbres de l'Océanie tropicale; distingué par un calice tubuleux, adné à la base de l'ovaire; une corolle imbriquée; 10 étamines à anthère incluse; une baie sphérique, indéhiscente; des feuilles 3-foliolées. (A. JUSS., *Mém. Meliac.*, t. 5. — H. Bn, *Hist. des pl.*, V, 503.)

SANDRAGON. Le *Ribes sanguineum* L.

SANDRIEDGRASS. En allemand, le *Carex arenaria* L., qui sert à préparer une fausse Salsepareille.

SANDWORT. Nom anglais des *Arenaria* L.

SANGA. L'*Arbor vernicis* RUMPH.

SANGATSU-DAIKON. Nom japonais du *Raphanus sativus* L. var. *vernalis*.

SANG-DRAGON. — Voy. Dracæna, Pterocarpus.

SANGHIN. Nom niçois de l'*Agaricus deliciosus* L.

SANGHIN BLANC. Nom niçois des *Agaricus lacteus, controversus* et *vellereus* Phœb.

SANGHIN BLANC PELOUS. A Nice, l'*Agaricus scrobiculatus.*

SANGHIN MOROU. Nom niçois des *Agaricus adustus, plumbeus* et *azonites.*

SANGHIN ROUS. Nom niçois des *Agaricus Volemus* et *thejolamus.*

SANGIORGIO (Paolo). Auteur [1808], à Milan, de *Elementi di botanica compilati,* etc., et [1809-10] de *Istoria delle piante medicali* (4 vol. in-8).

SANGIUS (Rumph.). Le *Dillenia speciosa* L.

SANGKHAPHULI. Nom tamoul du *Vinca parviflora* Retz.

SANGOJU-NASUBI. Nom japonais de la Tomate.

SANGOL. Synonyme de *Pareira-brava.*

SANGORI. Nom brame du *Bombax pentandrum* L.

SANGRE DE TORO. En Colombie, le *Centronia hæmantha* Tri.

SANGSAM. En Égypte, le Sésame.

SANG-SHIH SEE. Nom japonais du *Gardenia florida* L.

SANGSORBE (*Sanguisorba* L., *Gen.*, n. 146). Genre de Rosacées-Agrimoniées, à fleurs hermaphrodites ou polygames ; le réceptacle concave. Le calice est 4-mère, imbriqué, coloré. L'androcée est formé de 4 étamines oppositisépales, ou 5-∞, à filet court ou long et grêle. Le gynécée comprend 1-4 carpelles à ovaire 1-ovulé, et les fruits sont des achaines. Ce genre comprend les *Poterium* comme section et, par conséquent, le vulgaire *S. Poterium* H. Bn, condiment si connu sous le nom de Pimprenelle. Le nom du genre vient de l'ancienne réputation de ses espèces astringentes comme hémostatiques. Ce sont des herbes ou des arbustes épineux, à feuilles imparipennées, à inflorescences souvent capituliformes. (H. Bn, *Hist. des plant.,* 357, 463, fig. 397-406.)

SANGSORBIER. Nom français des *Sanguisorba* L.

SANGUANI. Nom italien de l'*Agaricus deliciosus* L.

SANGUE DE DRACO. Nom de plusieurs *Croton* à suc rouge.

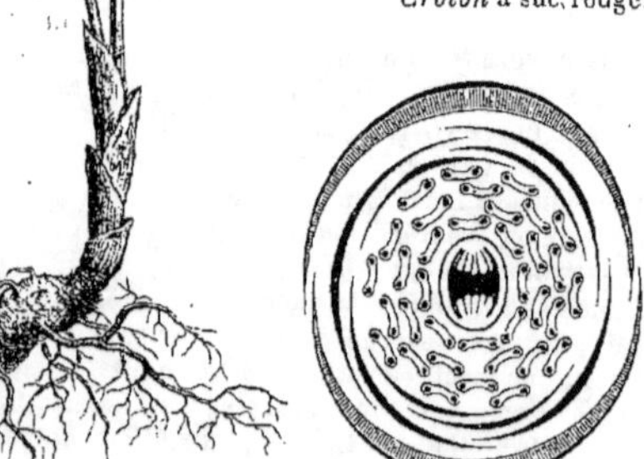

Sanguinaria. — Port. Diagramme floral.

SANGUE DE DRAGO. Nom donné à Angola, par les colons portugais, au Kino du *Pterocarpus erinaceus* Poir., qu'ils emploient, dit-on, comme astringent.

SANGUE DE TORO. En Colombie, le *Centronia hæmantha* Tri.

SANGUENITE. Le *Santolina Chamæcyparyssus* L.

SANGUESCA. En Espagne, le Framboisier.

SANGUI. Nom méridional du *Cornus sanguinea* L.

SANGUIN. L'*Agaricus* (*Lactarius*) *deliciosus* L.

SANGUIN, SANGUINELLE. Le *Cornus sanguinea* L.

SANGUINAIRE. Nom, en Algérie, du *Paronychia argentea.* C'est, chez nous, le *Sanguinaria canadensis* L., le *Geranium sanguineum* L. et le *Polygonum aviculare* L. La S. d'Allemagne est le *Scleranthus perennis* L.

SANGUINALIS. Les Sanguinaires et la Renouée des oiseaux.

SANGUINARIA. Au Mexique, l'*Illecebrum Paronychia* L.

SANGUINARIA (L., *Gen.*, n. 645). Genre de Papavéracées-Papavérées, formé d'une herbe vivace, de l'Amérique du Nord, à latex rouge, à rhizome rampant, d'où sortent une ou quelques feuilles basilaires et des fleurs pédonculées, solitaires. La double corolle est le siège de dédoublements qui font que les pétales blancs sont au nombre de 8-12. Le *S. canadensis* L., cultivé dans les jardins botaniques, est usité, surtout en Amérique, comme évacuant. (H. Bn, *Hist. des plant.,* III, 114, 136, 141, fig. 128, 129 ; *Tr. Bot. méd. phanér.,* 735.)

SANGUINARIA MINOR. Le *Paronychia vulgaris.*

SANGUINE. L'*Hamelia patens* L.

SANGUINE DE MER. A Miquelon, le *Mertensia maritima.*

SANGUINELLA (Gleich., ex *Steud. Nom.*, I, 748). Synonyme de *Hemarthria* R. Bn.

SANGUINELLE. Le *Cornus sanguinea* L.

SANGUINETTE. Le *Digitaria sanguinalis* W.

SANGUINETTI (Pietro). Directeur du Jardin botanique de Rome, mort en 1868, a écrit : *Centuriæ* 3 *Prodromo Floræ romanæ addendæ* [1837] ; *Floræ romanæ Prodromus alter* [1867] (in-4 de 971 p.).

SANGUINIÈRE. Nom français (Lamk) des *Sanguinaria* L.

SANGUINOLE. — Voy. Digitaria.

SANGUISORBA. Nom latin des Sangsorbes.

SANHILARIA (Leandr., ex DC., *Prodr.,* VII, 26). Synonyme de *Stifftia* Mik.

SANICLE (*Sanicula* T., *Inst.,* 326, t. 173). Genre d'Ombellifères-Hydrocotylées-Saniculées, formé d'une dizaine d'herbes européennes, asiatiques, africaines et américaines ; distingué par des fleurs en petites ombelles (?) disposées en grappe composée, avec des bractées petites, parfois radiantes, et des fleurs

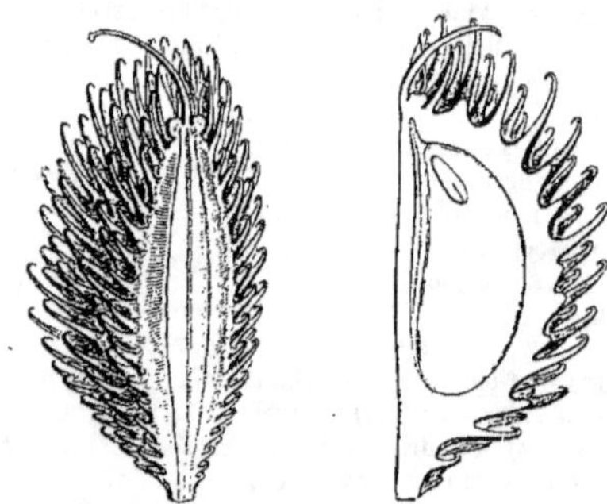

Sanicle. — Achaine, entic et coupe longitudinale.

polygames-monoïques ; un fruit lisse et un peu comprimé latéralement. Les feuilles sont basilaires, lobées ou profondément divisées, et l'inflorescence termine une hampe nue à sa base. Le *S. europæa* L. est très commun dans nos bois, célèbre jadis comme panacée, aujourd'hui peu usité. (H. Bn, *Hist. des pl.,* VII, 148, 535, fig. 177, 178 ; *Herbor. par.,* 302.)

SANICLE D'AMÉRIQUE. L'*Heuchera americana* L.

SANICLE DE MONTAGNE. La Benoîte officinale.

SANICLE FEMELLE, S. DE MONTAGNE. L'*Astrantia major* L.

SANICLE (PETITE). L'*Adoxa Moschatellina* L.

SANICULA (MATTH.). Le *Primula Auricula* L.

SANICULÉES (*Saniculeæ* KOCH). Tribu des Ombellifères. (Voy. H. BN, *Hist. des pl.*, III, 175.)

SANILUM. En Égypte, la Scammonée.

SANKAYO. Nom japonais du *Diphylleia Grayi* FR. et SAV.

SANKIRA. Au Japon, la Squine.

SAN MARTINO (J.-B.). Publia, à Vicence [1785], *Memoria sopra la Nebbia dei vegetabili* (in-8). Il mourut en 1800.

SAN MIQUEL. Nom donné dans l'arrondissement de Saint-Pons (Hérault), à l'*Agaricus procerus* SCOP.

SANNEN-NA. Nom japonais d'une variété de Chou.

SANOUS. Nom des graines du *Nigella sativa* L.

SANPRIGNANO. En Provence, la Jusquiame noire.

SANSAN. A Constantinople, le Hêtre commun.

SANSEVIELLA (REICHB., *Consp.*, 44). Synonyme de *Reineckia* K.

SANSEVIERIA (THUNB., *Prodr. Fl. cap.*, 65). Genre d'Hæmodoracées, formé d'une dizaine d'herbes vivaces, de l'Afrique australe et tropicale et de l'Inde ; distingué, parmi les Ophiopogonées auxquelles on l'a rapporté, par un tube long et grêle au périanthe ; 6 étamines à filet grêle ; un ovaire libre, à large base ; les loges 1-ovulées et l'ovule dressé. On en cultive quelques curieuses espèces dans les serres. (*Bot. Mag.*, t. 1179, 2634, 5093.) [H. BN.]

SANSHICHISO. Nom vulgaire japonais du *Gynura pinnatifida* DC.

SANSHOSO. Nom vulgaire japonais du *Pellionia radicans* WEDD.

SANSIO. Au Japon, le *Zanthoxylum piperitum* DC.

SANT. L'*Acacia arabica* L.

SANTAL (*Santalum* L., *Gen.*, ed. II, 165, n. 383). Genre type de la famille des Santalacées, à fleurs régulières, hermaphrodites, à réceptacle concave. Sur les bords de la coupe réceptaculaire s'insèrent : 4 pétales, épais, de forme triangulaire, valvaires, munis à leur face interne d'un faisceau de longs poils flexueux ; 4 étamines épipétales, à filet dressé, à anthère biloculaire, introrse, déhiscente par 2 fentes longitudinales. Toute la face interne du réceptacle est tapissée d'une couche glanduleuse, qui, dans l'intervalle des pétales, proémine, sous forme de 4 glandes en écailles. L'ovaire, libre seulement dans ses deux tiers supérieurs, occupe le fond du réceptacle ; il a la forme d'un cône, atténué supérieurement en un style creux, à 3 lobes stigmatifères ; il est uniloculaire, avec un placenta basilaire, central-libre, supportant 3 ou 4 ovules descendants, orthotropes, sans téguments. Le fruit, surmonté des débris du périanthe, est une drupe, à chair peu épaisse, extérieurement lisse, avec une graine à albumen charnu, à embryon axile, dont la radicule est supère. Les Santals sont des arbres à rameaux opposés, ainsi que les feuilles, dépourvues de stipules, ovales ou lancéolées, simples. Les inflorescences sont des grappes ramifiées de cymes, terminales ou placées à l'aisselle des feuilles supérieures. Le Santal blanc (*S. album* L.) est un petit arbre de l'Inde et des îles de la Sonde ; on le cultive aujourd'hui en Chine, en Égypte et en Amérique. On a prétendu que ces arbres étaient parasites sur les racines d'autres plantes. Si ce parasitisme existe, il ne doit être nécessaire que dans le jeune âge, car dans nos serres le développement peut parfaitement se faire en l'absence de toute plante nourricière. Le bois de cet arbre, débarrassé de l'aubier par les termites qui y établissent leur demeure après l'abatage, est jaune brun, d'une odeur pénétrante, d'une saveur forte. Par la distillation, on en retire une essence qui donne au bois pulvérisé des propriétés antiblennorrhagiques et anti-inflammatoires dans les cas de dermatoses ; le

Santal blanc est surtout réputé pour cet usage. On emploie également en Nouvelle-Calédonie : *S. austro-caledonicum* VIEILL. ; en Australie, *S. cycnorum* MIQ., *spicatum* DC. ; aux Fidji, *S. Yasi* SEEM. Dans toutes ces contrées, ces arbres deviennent rares, par suite des abatages réitérés auxquels on se livre inconsidérément. (Voy. H. BN, in *Adansonia*, II, 341 ; III, 111 ; IX, 19 ; *Tr. Bot. méd. phanér.*, 1320, fig. 3302-09.) [F. H.]

SANTALACÉES. Famille à fleurs le plus souvent monopérianthées, asépales, et à ovaire infère, par suite de la concavité du

Santal. — Rameau florifère.

réceptacle. Elle ne diffère des Loranthacées que par le mode plus net de placentation centrale-libre et, en général, par le nombre d'ovules, plus ou moins descendants, supérieur à 1. (H. BN, in *Adansonia*, III, 110.)

SANTALARIA (DC., *Prodr.*, II, 419). Section du g. *Pterocarpus*.

SANTAL DE MADAGASCAR. — Voy. SANTALINA.

SANTAL DES FIDJI. Bois du *Santalum Yasi* SEEM.

SANTAL (FAUX). A la Nouvelle-Calédonie, le *Myoporum tenuifolium* FORST.

SANTAL (FAUX) DE CRÈTE. L'*Abelicea* ou *Zelkova*.

SANTAL FAUX. L'*Hedera umbellata* DC.

SANTALIN. Nom français (LAMK) des *Sirium* L.

SANTALINA (H. Bn, in *Bull. Soc. Linn. Par.*, 842). C'est une Rubiacée, le *S. madagascariensis*, qui fournit le Bois de Santal de Madagascar. Ses feuilles sont opposées, saliciformes, avec des stipules unies en tube, et des fleurs en cyme bipare composée; la corolle tordue, 4, 5-mère; les loges ovariennes à 2 ovules descendants, insérés sur les bords d'un placenta ascendant, avec un troisième ovule apical, peu développé. Le fruit est drupacé, à noyau mince. La graine a un albumen plissé et ruminé. (H. Bn, *loc. cit.*, 853.)

SANTAL NOIR. La variété noire du Bois d'Agalloche.

SANTALOIDES (L., *Fl. zeyl.*, 192). Synon. de *Rourea* Aubl.

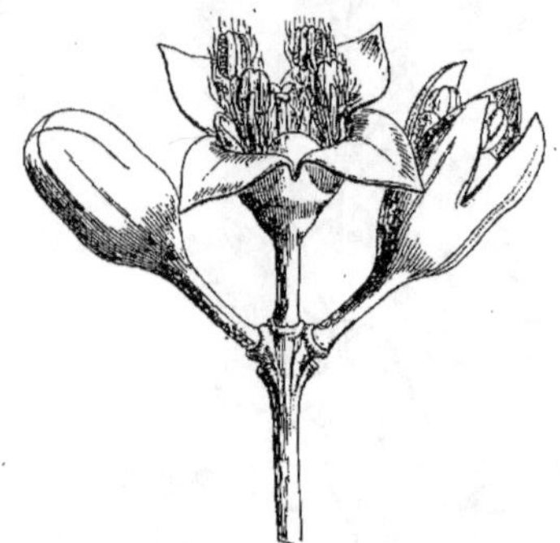

Santal. — Cyme florale.

SANTAL ROUGE D'AFRIQUE. Nom du bois du *Pterocarpus angolensis* DC.

SANTAL ROUGE TENDRE. Le *Pterocarpus gummifer* Bert.

SANTALS CITRIN et **ROUGE.** Attribués à des *Santalum*, au *Pterocarpus santalinus*, etc. M. Pierre les croit fournis par deux Méliacées, les *Epicharis Loureiri* et *Bailloni*. (*Bull. Soc. Linn. Par.*, 289. — H. Bn, *Tr. Bot. méd. phanér.*, 974.)

SANTA-LUCIA. Nom, au Brésil, de l'*Ophthalmoblapton macrophyllum* Allem.

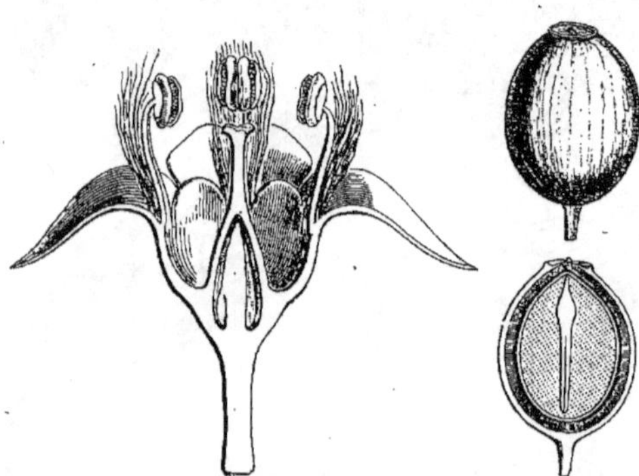

Santal. — Fleur, coupe longitudinale. Fruit, entier et coupe longitudinale.

SANTA-MARIA (Le P. Fern. de). Auteur, à Manille [1815] d'un *Manuel de medicinas caseras*, etc. (in-8 de 343 p.).

SANTA-MARIA. Synonyme de *Calophyllum Calaba* Jacq.

SANTAN. Nom, aux Philippines, des *Ixora* L.

SANTÉ DU CORPS. Le *Nasturtium officinale* DC.

SANTHIER. Rubiacée astringente, indéterminée, du Sénégal.

SANTIA (Savi, in *Mem. Soc. ital. sc.*, VIII, II, 479). Synonyme de *Polypogon* Desf.

SANTIA (W. et Arn., *Prodr.*, 422). Syn. de *Lasianthus* Jack.

SANTIRIA (Bl., *Mus. lugd.-bat.*, I, 209, fig. 40). Section du genre *Canarium*, formée de 5, 6 arbres balsamifères, de l'Asie

et l'Océanie tropicales; distingué des *Canarium*, dont il est voisin, par un petit calice cupuliforme, un disque épais; une inflorescence à rameaux divariqués. Le fruit est une drupe à noyau 1-4-loculaire. (H. Bn, *Hist. des pl.*, V, 313.)

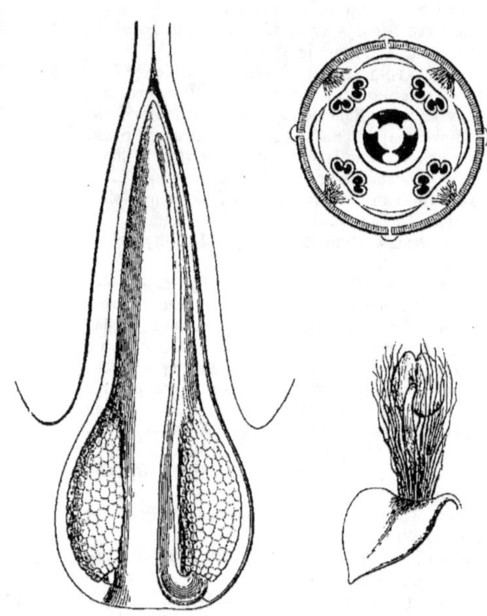

Santal. — Ovaire, coupe longitudinale. Diagramme floral. Pétale et étamine.

SANTOL. Nom, aux Philippines, des *Sandoricum* Cav.

SANTOLINA (T., *Inst.*, 460, t. 260). Genre de Composées-Hélianthées-Anthémidées, formé d'environ 70 espèces d'herbes ou de sous-arbrisseaux, de l'hémisphère boréal des deux mondes; distingué par des capitules pédonculés, discoïdes ou radiés; l'involucre ovoïde, subglobuleux, campanulé ou subhémisphérique; la corolle souvent pourvue d'un appendice cuculé à sa base; les fruits à 2-5 angles. Nous avons uni à ce genre les *Millefolium* T. ou *Achillea* L. et *Ptarmica* T., qui ont ordinairement les fleurs dimorphes et le fruit comprimé. (H. Bn, *Hist. des pl.*, VIII, 279; *Herb. par.*, 205.)

SANTOLINE COTONNEUSE, S. GARDE-ROBE. Le *Santolina Chamæcyparissus* L.

SANTOLINOIDES (Vaill., in *Act. Acad. par.* [1719], 312). Synonyme (?) de *Cephalophora* Cav.

SANTONICUM GALLICUM (Bauh.). L'*Artemisia palmata* L.

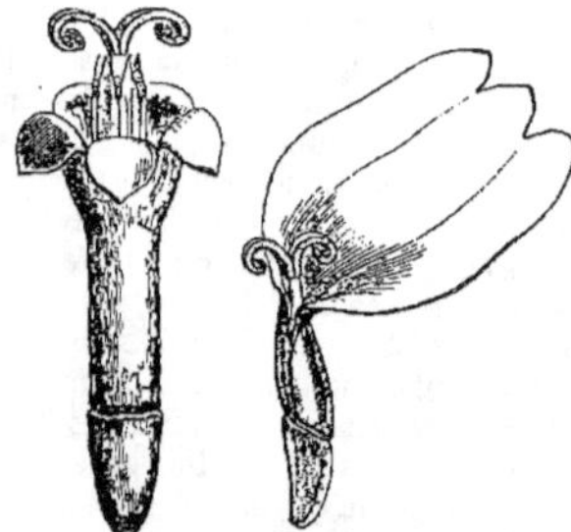

Santolina. — Fleuron. Demi-fleuron.

SANTONICUM SEMEN. Le *Semen-contra*.

SANTOREGGIA. En Italie, la Sarriette.

SANVE. Le *Brassica (Sinapis) arvensis* H. Bn.

SANVITALIA (Gualt., in *Lamk Journ. Hist. nat.*, II, 176, t. 33). Genre de Composées, formé de 3, 4 herbes mexicaines, à fleurs de *Zinnia*; distingué par un réceptacle à peu près plat; les fleurs du disque fertiles; les fruits chauves ou surmontés de 1, 2 arêtes; les intérieurs parfois ailés. Les feuilles sont opposées, entières, et les capitules sont solitaires. (*Bot. Reg.*, t. 707. — H. BN, *Hist. des pl.*, VIII, 219.)

SANVITALIOPSIS (SCH. BIP., in *Pl. Liebm.*). Synonyme (B. H.) de *Zinnia* L.

SAORIA. Vermicide d'Abyssinie, fruit du *Mæsa picta* HOCHST.

SAOTCHAON. Sorte de Thé noir.

SAOUARI (AUBL., *Guian.*, 599, t. 240). Synonyme de *Caryocar* L. et section de ce genre, à feuilles 3-foliolées.

SAOUBIO. Nom provençal des *Salvia* T.

SAOUGRAS. Nom languedocien du *Cercis Siliquastrum* L.

SAOUSSAIROUS. Nom languedocien du *Crithmum maritimum* L.

SAOUVIA. Nom languedocien du *Salvia officinalis* L.

SAOUVIA SAOUVAJA, S. **BOUSCASSA.** Noms languedociens du *Phlomis Lychnitis* L.

SAP, SAPE. Pour Sapin.

SAPAN (BOIS DE). Celui du *Cæsalpinia Sappan* L.

SAPETZA (Jos.). Auteur [1864] de *Die Flora von Neutitschein*, et [1867] d'une liste des plantes de Karlstadt (in-4).

SAPHENARIA (ACHAR., *Meth. Lich.*, XXX, 84). Section du genre *Lecidea* ACHAR.

SAPHTIS. En Égypte, la Jusquiame noire.

SAPIENTISSIMA ARBORUM. Dans Pline, le Mûrier.

SAPIN A POIX, S. **ÉLEVÉ**, S. **DE NORVÈGE**, S. **GENTIL**, S.-**PESSE.** Le *Pinus Abies* L.

SAPIN ARGENTÉ, S. **BLANC**, S. **A FEUILLES D'IF**, S. **COMMUN**, S. **D'AUVERGNE**, S. **DE NORMANDIE**, S. **DE STRASBOURG**, S. **DES VOSGES**, S. **EN PEIGNE.** Le *Pinus* (*Abies*) *pectinata* LAMK.

SAPIN-BAUMIER. Le *Pinus balsamea* LAMB.

SAPINDACÉES. Famille de Dicotylédones-Dialypétales, rangée par quelques auteurs dans une cohorte des *Sapindales* (B. H., *Gen.*, I, XII), distingué par des étamines en nombre différent de celui des pétales, ou égal, ou double, insérées souvent en dedans du disque; un style unique; 1, 2 ovules ascendants dans chaque loge, ou ∞ ovules transversaux; des feuilles souvent composées. Nous avons (*Hist. des pl.*, V, 377) partagé cette famille en 8 séries : Sabiées, Staphyléées, Sapindées, Pancoviées, Acérinées, Dodonéées, Aitoniées, Mélianthées. Elle a été depuis longtemps l'objet des études particulières de M. Radlkofer, qui récemment (in *Dur. Ind. phanér.*, 71) y a énuméré 122 genres (outre les Hippocastanées, Mélianthées, Acérées et Staphyléacées), distribués en 14 séries, des Paulliniées, Thouiniées, Sapindées, Aphaniées, Lépisanthées, Mélicoccées, Schleichérées, Néphéliées, Cupaniées, Kœlreutériées, Cossigniées, Dodonéées, Doratoxylées, Harpulliées. [H. BN.]

SAPIN DE LA NOUVELLE-ZÉLANDE. Le *Dacrydium cupressinum* SOLAND.

SAPIN DOUBLE. Le *Pinus nigra* LAMB.

SAPINDUS. Nom latin des Savonniers.

SAPINETTE. Nom de quelques *Pinus* des sections *Picea* et *Abies*. La *S. blanche* est le *Pinus alba* AIT. (*Abies alba* MICHX). La *S. noire* ou *S. à la bière* est le *P. nigra* AIT. (*Picea nigra* LINK.). [H. BN.]

SAPINETTE DES MALOUINES. Le *Baccharis tridentata*.

SAPIN GENTIL. L'Epicéa.

SAPIN PARASOL. Le *Sciadopitys verticillata* SIEB. et ZUCC.

SAPIN ROUGE. Le *Pinus sylvestris* L.

SAPINIT. Nom, aux Philippines, des *Rubus* L.

SAPINUS (ENDL., *Syn. Conif.*, 82). Sous-genre du g. *Pinus*.

SAPIOPSIS (H. BN, *Et. gén. Euphorbiac.*, 512). Section du genre *Excœcaria* L.

SAPIUM (P. BR., *Hist. Jam.*, 338). Section du genre *Excœcaria* L. (H. BN, *Hist. des pl.*, V, 135.)

SAPOKAYER. Pour Sapucaier. Le *Lecythis Ollaria* L.

SAPONACEA. Nom brésilien du fruit d'un *Sapindus*.

SAPONAIRE. A Maurice, le *Vinca rosea* L.

SAPONAIRE (*Saponaria* L., *Gen.*, n. 564). Genre de Caryophyllacées-Lychnidées, qui a presque tous les caractères des *Lychnis* et des Silénées, et dont la fleur 5-mère a un calice ovoïde, oblong ou tubuleux, à nervures peu visibles.

L'ovaire a deux loges dont les cloisons se détruisent plus ou moins complètement, et le fruit est une capsule à 4 dents ou 4 valves courtes. La graine est attachée par son bord. Les Saponaires sont des herbes annuelles ou vivaces, à feuilles opposées, avec les caractères de végétation des *Silene* ou des *Gypsophila*, et des cymes, parfois contractées, en faux corymbes. Il y en a une trentaine d'espèces, en Europe, dans l'Asie tempérée et la région méditerranéenne. La plus connue est la S. officinale, herbe vivace de nos pays, qui sert à remplacer le savon et qui est souvent em-

Saponaire. — Fleur. Branche florifère.

ployée en médecine comme mucilagineuse. (H. BN, *Hist. des pl.*, IX, 87, 104, 110, fig. 115, 116; *Tr. Bot. méd. phanér.*, 1175.)

SAPONAIRE. Synonyme de *Ischar*.

SAPONAIRE BLANCHE. Le *Lychnis dioica* L.

SAPONAIRE D'ÉGYPTE. Le *Gypsophila Struthium* L.

SAPONAIRE D'ILLYRIE, S. **DU LEVANT**, S. **D'ÉGYPTE**, S. **DE HONGRIE**, S. **D'ESPAGNE.** Le *Leontice Leontopetalum* L.

SAPONARIA. Au Mexique, l'*Anagallis arvensis* L.

SAPONIÈRE. Synonyme de Saponaire.

SAPOR. Nom, au Guatemala, d'un *Mais*, probablement le *M. Caragua*.

SAPOTA (PLUM.). — Voy. SAPOTILLIER.

SAPOTACÉES. Famille de Dicotylédones-Gamopétales, à fleurs régulières et à réceptacle convexe. La corolle y est généralement imbriquée et elle porte 4, 5 étamines fertiles, superposées à ses divisions. On observe souvent, en outre, des staminodes alternes. Ceux-ci peuvent manquer, et parfois aussi le nombre des étamines s'élève au delà de celui des lobes du périanthe. L'ovaire supère est creusé de 1-5 loges, rarement plus, superposées aux sépales et renfermant chacune un ovule ascendant, à micropyle extérieur et inférieur. Le fruit est une baie, et les graines ont souvent un long et large hile qui occupe une grande portion de leur bord interne, tranchant sur le reste de la surface de la semence qui est lisse et poli. La graine ascendante a ou n'a pas d'albumen. Ce sont des arbres et arbustes des régions chaudes du globe, riches d'ordinaire en suc laiteux. Ce latex constitue souvent des *Gutta-percha*, substances extensibles, mais non élastiques. Les feuilles sont généralement alternes, avec ou sans stipules, et les fleurs sont solitaires ou en cymes, souvent implantées sur le bois des tiges. On a divisé généralement cette famille en Bassiées (Illipées), Lucumées, Mimusopées,

Buméliées, Chrysophyllées. Ce dernier groupe devra peut-être disparaître. M. Radlkofer a proposé (in *Dur. ind. Phanér.*, 252) une classification bien plus compliquée et que nous ne pourrons conserver. M. Pierre étudie depuis longtemps les diverses plantes de cette famille et nous proposera peut-être avant peu un mode de groupement plus acceptable. [H. Bn.]

SAPOTE. Nom espagnol du *Lucuma mammosa* Gærtn.

SAPOTE BLANCO. Nom mexicain du *Casimiroa edulis* Llav.

SAPOTILLIER-NEGRO. Le *Chrysophyllum Caïnito* L.

SAPOTILLE. A Saint-Domingue, le *Mimusops Pierreana* H. Bn, var. *domingensis*. C'est aussi le nom du fruit du *Sapota Achras* Mill.

SAPOTILLIER (*Sapota* Plum., *Gen.*, 43, t. 4. — Mill. — Gærtn., *Fruct.*, II, 103, t. 104). C'est le genre *Achras* de Linné; nom que certains auteurs ont préféré. Ses fleurs sont régulières, avec 2 calices 3-mères et une corolle suburcéolée, à 8 lobes. Il y a 6 étamines superposées aux lobes de la corolle, 6 staminodes pétaloïdes, alternes avec les étamines, et un ovaire

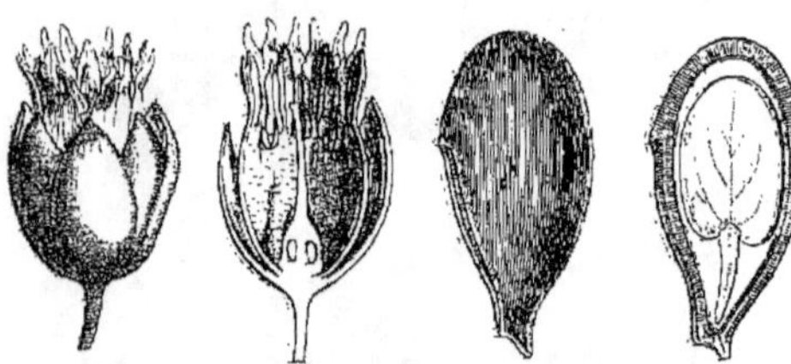

Sapotillier. — Fleur, entière et coupe longitudinale. Graine, entière et coupe longitudinale.

supère à 10-12 loges. Le fruit est une baie comestible, la Sapotille, à graines aplaties, albuminées; un long hile linéaire, introrse. Le *S. Achras* Mill. est cultivé dans tous les pays tropicaux, où l'on mange sa baie. C'est un bel arbre, à suc laiteux, à feuilles pétiolées, coriaces, glabres; à fleurs axillaires, pédoncu-lées, ordinairement solitaires. [H. Bn.]

SAPPADILLE. L'*Anona muricata* L.

SAPPANIA (DC., *Prodr.*, II, 482). Section du g. *Cæsalpinia*.

SAPRANTHUS (Seem., *Journ.*, IV, 369, t. 54). Synonyme de *Uvaria* L. (H. Bn, *Hist. des pl.*, I, 199.)

SAPRIA (Griff., in *Trans. Linn. Soc.*, XIX, 314, t. 34, 35). Genre d'Aristolochiacées-Rafflésiées, dont les fleurs, construites comme celles des *Rafflesia*, se distinguent par le sommet du style indivis, conique, et un périanthe formé de 2 séries de 5 lobes chacune. La seule espèce connue vit au Bengale, en parasite, sur les racines des Vignes. (H. Bn, *Hist. des pl.*, IX, 26.)

SAPROLEGNIA (Nees ab Esenb. — Pringsh., *Jahrb.*, I, 291). Genre de Saprolegniés, à filaments non étranglés, ramifiés, à zoosporanges claviformes. Les oogones sont polyspores, rarement monospores. Les anthéridies sont petites, ovales ou claviformes, portées par des rameaux plus petits que le filament mère. Une douzaine d'espèces vivent en Europe sur des corps organisés ou leurs détritus : Insectes, Reptiles, Poissons, Mousses et Hépatiques, etc. [De S.]

SAPROLEGNIACÉES (*Saprolegniaceæ* De Bary). — Voy. Saprolegniés.

SAPROLEGNIÉS. Famille de Champignons-Oosporés, considérés autrefois comme des Algues, à cause de leur habitat généralement aquatique. Ils présentent des filaments ramifiés : les uns mycéliens; les autres formant à leur sommet un renflement, qui se sépare par une cloison. C'est un sporange dans lequel se développent des zoospores, qui s'échappent par un orifice apical. Le sporange, une fois vidé, se laisse traverser par le filament, qui s'allonge, s'accroît et se renfle pour former un nouveau sporange, et ainsi de suite. Plus tard les filaments produisent des oogones plus ou moins globuleux et des anthéridies sous forme de branches allongées, nées au-dessous de l'oogone. Les anthéridies s'appliquent sur l'oogone, le percent par un

prolongement effilé jusqu'à la rencontre du protoplasma, groupé en oosphère. Après avoir été fécondée par le protoplasma de l'anthéridie, mis en contact avec elle, l'oosphère forme une oospore ou se segmente en plusieurs oospores. D'autres fois, le protoplasma du filament qui supporte l'oogone se segmente pour former des anthérozoïdes, qui sont expulsés par un orifice, juste au-dessous de l'oogone; ils rencontrent l'orifice de l'oogone, y pénètrent et fécondent l'oosphère. De ces deux modes de fécondation découle le groupement des genres en deux tribus : 1° les Monoblépharidés : à anthérozoïdes et à zoospores uniciliés, comprenant les *Monoblepharis*, *Achlyoge-tum*, *Myzocytium*, *Ancylistes*; 2° les Saprolegnidés : sans anthérozoïdes et à zoospores biciliées, comprenant les *Lepto-mitus*, *Rhipidium*, *Saprolegnia*, *Pythium*, *Dictyuchus*, *Achlya*, *Aphanomyces*. [De S.]

SAPROPHILÉES (Lév., in *Dict. d'Orb.*, VIII, 493). Tribu des Champignons-Cystosporés.

SAPROPHYTE. On qualifie ainsi les Champignons vivant des produits de la décomposition des substances organiques ou des corps organisés, par opposition à Champignons Parasites.

SAPROSMA (Bl., *Bijdr.*, 956). Genre de Rubiacées-Urago-gées, très voisin des *Lasianthus* (dont il est peut-être congénère) et dont il a les inflorescences axillaires et les feuilles opposées ou verticillées, les fleurs sessiles ou pédicellées. L'ovaire a 2 loges 1-ovulées; il est souvent entouré de bractéoles connées, formant cupule; et la corolle est valvaire-indupliquée, avec le bord aminci dans sa portion rentrante. Ces plantes fétides rappellent donc aussi par là les *Serissa* et les *Pæderia*. Ce sont des arbustes glabres ou pubescents, de l'Asie et de l'Océanie tropicales. (Voy. *Hist. des plant.*, VII, 288, 411, n. 40.) [H. Bn.]

SAPUCAIA, SAPUCAJO. Le *Lecythis Sapucajo* Aubl.

SABBAR. En Égypte, le *Cadaba farinosa* Forsk.

SARACA (L., *Mantiss.*, n. 1267). Genre de Légumineuses-Cæsalpiniées-Amherstiées, formé de 4, 5 arbres inermes, de l'Asie tropicale; distingué par des feuilles composées-paripin-nées; des inflorescences composées latérales; des fleurs à calice 4-mère et à 3-9 étamines. (H. Bn, *Hist. des pl.*, II, 181.)

SARACHA (R. et Pav., *Prodr.*, 31, t. 34; *Fl. per. et chil.*, II, t. 179, 180). Genre de Solanacées-Solanées, formé d'une douzaine d'herbes américaines; distingué par une corolle large-ment 5-fide; 5 anthères plus courtes que leur filet; un calice accru autour du fruit charnu. Également étalé; des cymes 1-∞-flores. (H. Bn, *Hist. des pl.*, IX, 328.)

SARACHA. Nom arabe de l'Osmonde.

SARADUÉGA, SARADUÉGA. Noms languedociens du *Chelido-nium majus* L.

SARAIGNET. Variété de Froment.

SARANA. Le *Lilium kamtschatcense* L.

SARANDI BLANCO. Nom uruguayen du *Phyllanthus zizi-phoides* H. Bn.

SARANDI NEGRO. Nom uruguayen du *Cephalanthus Sarandi* Cham. et Schlecht.

SARANNA. Le *Lilium kamtschatcense* L.

SARANTHE (Korn., in *Bull. Mosc.* [1862], 1, 58). Section du genre *Maranta* Plum.; synonyme (B. H.) de *Myrosma* L. f.

SARAQUIER. Nom français des *Saracha* R. et Pav.

SARÉ. Au Malabar, le *Terminalia Catappa* L.

SARASHINA-SHOMA. Nom japonais de l'*Actæa simplex*.

SARATH. Nom arabe des Cyprès.

SARCANDA. Synonyme indien de Santal.

SARCANDRA (Gardn., in *Calc. Journ. Nat. Hist.*, VI, 348). Section du genre *Chloranthus* Sw.

SARCANTHÆ (B. H., *Gen.*, III, 463). Sous-tribu (7) des Orchidacées-Vandées.

SARCANTHEMUM (Cass., in *Bull. philom.* [1818]; in *Dict.*, XLVII, 349). Synonyme de *Psiadia* Jacq.

SARCANTHUS (Andrs., *Galapag. Veg.*, 200). Synonyme de *Heliotropium* T.

SARCANTHUS (Lindl., *Coll. bot.*, t. 39 B; *Gen. et spec. Or-*

chid., 233). Genre d'Orchidacées-Vandées, formé d'une quinzaine d'herbes épiphytes, sans pseudo-bulbes, de l'Asie et l'Océanie tropicales; distingué par un labelle dont l'éperon est plus ou moins partagé en dedans par une lame longitudinale, avec ou sans callosité postérieure; des grappes simples ou composées, à petites fleurs pressées. On en cultive en serre plusieurs espèces. (*Bot. Mag.*, t. 3571, 4639, 5217, 5630.) [H. Bn.]

SARCILLE. Le *Rumex Acetosella* L.

SARCILLETTE. Synonyme de Sarcille.

SARCINA (Goodsir, in *Edinb. Medic. Journ.* [1842], 430). Genre de Champignons-Schizomycètes, autrefois rangé, comme les levures, parmi les Algues; consiste en cellules globuleuses ou ovoïdes au moment où elles se divisent, groupées en faisceaux cubiques de 8 cellules, qui s'associent entre eux et forment des masses unies par une substance intercellulaire mucilagineuse qui se durcit. Des endospores se forment à l'intérieur des cellules. On en connaît une quinzaine d'espèces, qui vivent dans les cavités des organes splanchniques de l'homme et des animaux, dans le malt ou les eaux sales des fabriques de sucre à terre et dans des étangs. (H. Bn, *Tr. Bot. méd. cryptog.*, 184, fig. 256.) [De S.]

SARCINANTHUS (Œrst., in *Vid. Medd. Nat. For. Kjob.* [1875], 196; *Amer centr.*, t. 2). Synonyme de *Carludovica* R. et Pav.

SARCINELLA (Sacc., *Michel.*, II, 31). Genre d'Hyphomycètes, à filaments bruns, rampants, rameux, cloisonnés, portant des spores de deux formes : les unes brunes, en forme de ballots arrondis, à 4 ou 8 loges; les autres hyalines, allongées, falciformes, pluriloculaires. La seule espèce connue, rencontrée sur des feuilles languissantes de Troëne, de Charme, de Chèvrefeuille, serait, d'après son auteur, l'état conidien du *Dimerosporium*. [De S.]

SARCOBATÉES, SARCOBATIDEÆ. Série des Chénopodiacées. (H. Bn, *Hist. des pl.*, IX, 144, 159, 196.)

SARCOBATUS (Nees, in *Pr. Neuw. Reis.*, I, 510; II, 447). Genre de Chénopodiacées, qui a donné son nom à la série anormale des Sarcobatées et qui a des fleurs unisexuées. Les mâles sont représentées par de courtes étamines, à anthère didyme, dispersées sur l'axe d'un chaton cylindro-conique terminal, et entremêlées de bractées peltées. Les femelles ont un ovaire uniloculaire, en partie infère (?) et en partie supère, couronné de 2 branches stylaires. Au point d'union des deux parties se trouve un calice (?) orbiculaire qui s'accroît autour du fruit

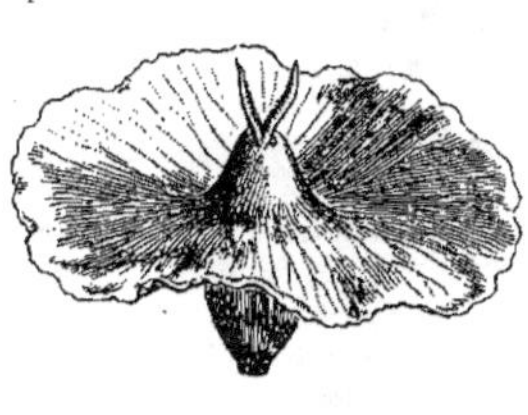

Sarcobatus. — Fleur femelle, coupe longitudinale. Fruit entier et coupe longitudinale.

sec. Il y a un ovule dressé, incomplètement campylotrope, qui devient, dans le fruit sec, une graine à embryon vert, planspiralé, à radicule infère. Le *S. vermiculatus*, seule espèce du genre, est un arbuste rameux, épineux, de l'Amérique du Nord, à feuilles alternes et sessiles. Ses fleurs femelles sont axillaires et solitaires. (Seub., in *Bot. Zeit.* [1844], t. 7. — H. Bn, *Hist. des pl.*, IX, 144, 196, fig. 200-202.)

SARCOCA (Rafin., *Fl. tell.*, n. 628). Synonyme (part.) de *Phytolacca* T.

SARCOCALYX (Walp., in *Linnæa*, XIII, 479). Synonyme de *Sarcophyllus* Thunb.

SARCOCALYX (Zipp., in *Bull. Feruss.*, XVIII, 92). Synonyme de *Exocarpus* Labill.

SARCOCAMPSA (Miers, in *Trans. Linn. Soc.*, XXVIII, 407). Genre d'Hippocratées, établi pour les *Salacia campestris*, *sylvestris*, etc.

SARCOCAPNOS (DC., *Syst.*, II, 129; *Prodr.*, I, 129). Genre de Papavéracées, voisin des Fumeterres; distingué par un petit fruit aplati, indéhiscent, 2-sperme. Ce sont 4 herbes de l'Europe austro-occidentale et du nord-ouest de l'Afrique (H. Bn, *Hist. des pl.*, III, 144). Ce serait probablement plutôt une section (?) du genre *Fumaria* T.

SARCOCARPE. Nom donné au mésocarpe quand il est charnu, ou plutôt à la portion extérieure et charnue des drupes, recouverte par l'épiderme. C'est surtout le sarcocarpe qui constitue la portion comestible des fruits.

SARCOCARPI (Pers., *Syn.*, XIII). Ordre de Champignonsangiocarpes, plus ou moins charnus.

SARCOCARPON (Bl., *Bijdr.*, 21). Synonyme de *Schizandra* Michx.

SARCOCAULON (DC., *Prodr.*, I, 638). Section du genre *Monsonia* (voy. ce mot), parfois élevée au rang de genre. Les *Sarcocaulon* sont des herbes charnues, épineuses, subaphylles, de l'Afrique australe. (H. Bn, *Hist. des plant.*, V, 6.)

SARCOCEPHALUS (Afzel., ex Sab., in *Trans. Hort. Soc.*, V, 422, t. 18). Genre de Rubiacées-Cinchonées, voisin des *Ourouparia* et *Nauclea*, mais s'en distingue avant tout par la façon dont les fleurs se comportent relativement à l'axe globuleux ou ovoïde de l'inflorescence. En effet, leurs ovaires, comme ceux des *Morinda*, sont insérés dans des fossettes de l'axe commun de l'inflorescence auquel ils sont adnés; et le fruit composé qui en résulte représente cette inflorescence tout entière devenue charnue. Les corolles 5, 6-mères sont imbriquées ou valvaires, et l'ovaire 2-loculaire a, dans chaque loge, $1-\infty$ ovules descendants, insérés sur un placenta descendant. Dans la section *Anthocephalus*, les loges ovariennes sont partagées en logettes incomplètes par une fausse-cloison. Le syncarpe renferme des noyaux $1-\infty$-spermes, membraneux ou crustacés. Ce sont des arbres ou des arbustes, rarement grimpants, de l'Asie, l'Océanie et l'Afrique tropicales et de Madagascar, à feuilles opposées, souvent coriaces, parfois très grandes, avec stipules interpétiolaires. Les inflorescences, ou faux-capitules de cymes, pédonculés, axillaires ou terminaux, sont, dans les *Breonia* que nous avons rapportés à ce genre, pourvus d'un involucre spathiforme qui les enveloppe d'abord entièrement et est surmonté d'une longue corne coriace. Ce genre renferme encore pour nous les *Cephalidium*, *Platanocarpus*. Le fruit du *S. esculentus* Afzel. se mange à Sierra-Leone, où il porte les noms de *Doy* et *Amelliky*. Le bois du *S. Russeggeri* sert chez les Niam-niams à fabriquer les sièges employés aux conjurations des sorciers. Le *S. Cadamba* passe dans l'Inde pour un antidiarrhéique puissant. L'écorce astringente et fébrifuge de *Doundaké* est celle du *S. esculentus* Sab. (Voy. *Hist. des plant.*, VII, 354, 387, 496.) [H. Bn.]

SARCOCHILUS (R. Br., *Prodr.*, 332). Genre d'Orchidacées-Vandées, formé d'une trentaine d'herbes épiphytes, sans pseudobulbes, de l'Asie et l'Océanie tropicales; distingué par un labelle à base brièvement incombante ou adnée; le limbe polymorphe, charnu, souvent infléchi au sommet, pourvu loin de la base, sur le dos, d'un éperon ou d'une gibbosité; avec un caudicule linéaire ou oblong; des pédoncules généralement simples. (Reichb. F., *Xen. orchid.*, t. 86; *Otia hamburg.*, 35; in *Trans. Linn. Soc.*, XXX, 145; in *Walp. Ann.*, I, 781; VI, 497.) [H. Bn.]

SARCOCHLAMYS (Gaudich., *Voy. Bonite*, t. 89). Genre d'Urticacées-Urticées, formé d'un arbuste indien et malais; distingué par des glomérules floraux en épis denses, interrompus; un périanthe fructifère accru, oblique, à orifice contracté et denté; un style pénicillé; des feuilles alternes, étroites, rugueuses, blanches en dessous. (Wedd., *Mon. Urtic.*, t. 16. — H. Bn, *Hist. des pl.*, III, 528.)

SARCOCLINIUM (Wight, *Ic.*, V, 24, t. 1887, 1888). Section (B. H., *Gen.*, II, 303) du genre *Agrostistachys* Dalz. (H. Bn, in *Adansonia*, XI, 93.)

SARCOCOCCA (Lindl., in *Bot. Reg.*, t. 1012). Genre de Buxées, dont les fleurs sont construites comme celles des Buis, mais dont les feuilles sont alternes, et les fruits, bacciens, indéhiscents. Les 4 ou 5 espèces connues sont de l'Inde, de Java, de Sumatra. L'une d'elles est cultivée dans nos jardins ; c'est le *S. pruniformis* Lindl. (Voy. H. Bn, *Mon. des Buxac. et Styloc.*, 48, t. 3, fig. 15-30; *Hist. des plant.*, VI, 48.) [H. Bn.]

SARCOCOLLA (K., in *Linnæa*, V, 677). Genre de Pénæacées, formé de 9, 10 arbustes de l'Afrique tropicale ; distingué des *Penæa* par des lobes du périanthe fortement récurvés ; un style non ailé ; des ovules ascendants, au nombre de 2-4. Les fleurs sont plus grandes que celles des *Penæa* (H. Bn, *Hist. des pl.*, VI, 95, 98). La sarcocolle du commerce ne paraît pas, quoi qu'on en ait dit, produite par une plante de ce genre.

SARCOCOLLIER. Nom français (Lamk) des *Penæa* L.

SARCOCORDYLIS (Wall., *Cat.*, n. 7249). Synonyme de *Balanophora* Forst.

SARCOCYPHULA (Harv., *Thes. cap.*, II, 58, t. 191). Genre établi pour le *Sarcostemma aphyllum* R. Br.

SARCODACTYLIS (Gærtn. f., *Fruct.*, III, 39, t. 185). Genre établi pour le *Citrus decumana* L.

SARCODEA (Karst., *Symb. myc.*, 232). Syn. de *Ombrophila*.

SARCODERMA (Ehrenb., in *Poggend. Ann.* [1830], 504). Synonyme de *Palmella* Lgb.

SARCODES (Torr., *Pl. Frem.*, 17, t. 10). Genre d'Éricacées-Ptérosporées, formé d'une herbe vivace et parasite, de Californie. Ses fleurs sont celles des *Pterospora* ; mais ses anthères sont mutiques et ses graines n'ont pas d'ailes. M. Oliver fils vient de publier [1890] sur cette plante un très intéressant mémoire. (H. Bn, *Hist. des pl.*, XI, 206.)

SARCODÉS (Bert., in *Dict. enc. sc. méd.*, art. Champignons). Champignons pourvus d'un réceptacle charnu.

SARCODISCUS (Griff., *Notul.*, IV, 380 ; *Icon.*, t. 546). Synonyme de *Kibara* Endl.

SARCODON (Quél., in *C. rend. Assoc. fr. av. sciences* [1882]). Genre formé pour des Hydnes chromospores, à chapeau charnu, à spores subanguleuses. [De S.]

SARCODUM (Lour., *Fl. coch.*, 462). Genre de Légumineuses-Papilionacées-Galégées, formé d'une plante grimpante, cochinchinoise, à inflorescences et fleurs de *Milletia*, avec un fruit charnu, subcylindrique et des folioles nervées-striées, comme celle des *Tephrosia*. (H. Bn, *Hist. des pl.*, II, 267.)

SARCOGLOTTIS (Presl, *Rel. Hænk.*, I, 95, t. 15). Synonyme de *Spiranthes* L.-C. Rich.

SARCOGONELLA (Meissn., in *DC. Prodr.*, XIV, I, 147). Section du genre *Muehlenbeckia* Meissn.

SARCOGONUM (Don, in *Sweet Hort. brit.*, ed. 3). Synonyme de *Muehlenbeckia* Meissn.

SARCOLÆNA (Dup.-Th., *Hist rég. il. Afr. austr.*, 37, t. 9, 10). — Voy. Chlænacées et *Bull. Soc. Linn. Par.*, 564, 571.

SARCOLIPES (Eckl. et Zeyh., *Enum.*, 290). Synonyme de *Crassula* L.

SARCOLOBUS (R. Br., in *Mem. Werner. Soc.*, I, 34). Genre d'Asclépiadacées-Marsdéniées, formé de 2, 3 lianes indiennes et malaises ; distingué par des fleurs à corolle tordue ; le bord droit recouvrant ; sans couronne ; des caudicules polliniques allongés, tordus au sommet ; des graines sans aigrette. (H. Bn, *Hist. des pl.*, X, 276.)

SARCOMERIS (Naud., in *Ann. sc. nat.*, sér. 3, XV, t. 40). Synonyme de *Pachyanthus* A. Rich.

SARCOMORPHIS (Boj., herb.). Synonyme de *Salsola* L.

SARCOMPHALUS (P. Br., *Hist. Jam.*, 179). Genre de Rhamnacées-Zizyphées, formé de 2, 3 arbustes des Antilles, distingué par des anthères extrorses et des tiges inermes ou épineuses. Le fruit est drupacé. (H. Bn, *Hist. des pl.*, VI, 76.)

SARCOMYCI (Pers., *Myc. eur.*, I, 95). Champignons, dont le réceptacle est organisé en pseudo-parenchyme.

SARCOPETALUM (F. Muell., *Fl. Vict.*, 26, t. suppl. 3). Genre de Ménispermacées-Cissampélées, formé d'une espèce australienne ; distingué par un petit calice ; 3-6 pétales épais et charnus, presque globuleux ; un androcée à colonne divariquée en 2, 3 lobes au sommet. (H. Bn, *Hist. des pl.*, III, 35.)

SARCOPHYLLUM (E. Mey., *Comm. pl. afr. austr.*, 32). Synonyme de *Lebeckia* Thunb.

SARCOPHYLLUS (Thunb., *Fl. cap.*, 573). Synonyme de *Aspalathus* L.

SARCOPHYSA (Miers, in *Ann. Nat. Hist.*, ser. 2, IV, 190 ; *Ill.*, t. 48). Synonyme de *Juanulloa* R. et Pav.

SARCOPHYTE (Sparm., in *K. Vet. Ak. Handl. Stock.*, XXVII, 300, t. 7). Genre de Balanophoracées, qui a donné son nom à une tribu des *Sarcophytées*, et qui est formé d'une plante parasite, charnue, épaisse, de l'Afrique australe ; distingué par des fleurs dioïques ou parfois monoïques ; le périanthe des mâles à 3, 4 lobes, nul dans la fleur femelle ; les étamines au nombre de 3, à anthères ∞-locellées ; le style nul ; l'ovaire à 1-3 ovules descendants, 1-loculaire. (H. Bn, *Hist. des pl.*, VI, 502, 511, fig. 486.)

Sarcophyte. — Fleur mâle.

SARCOPODÉES (Roze, in *Bull. Soc. bot. Fr.*, XXIII, 50). Division des Agaricinés, dans laquelle le tissu du stipe et du chapeau est homogène.

SARCOPODIUM (Ehrenb., *Sylv. myc.*, 12). Genre d'Hyphomycètes, à filaments dressés, tortueux, agrégés en touffes disciformes, mélangés à des filaments courts, non septés, qui portent une spore bacillaire, droite ou arquée, hyaline. Six espèces, les unes teintées de brun, les autres de couleur claire, sur du bois ou des tiges sèches, en Europe. M. Saccardo considère ces Champignons comme l'état conidien de Pezizés du genre *Tapesia* Pers. [De S.]

SARCOPODIUM (Lindl., *Fol. orchid.* [1853], § 1). Synonyme de *Dendrobium* Sw.

SARCOPOTERIUM (Spach, in *Ann. sc. nat.*, sér. 3, V, 43). Genre établi pour le *Poterium spinosum* L.

SARCOPTERYX (Radlk., in *Dur. Ind. phanér.*, 79). Genre de Sapindacées, comprenant le *Sapindus squamosus* Roxb. et 4 autres espèces océaniennes.

SARCOPUS. Section (B. H., *Gen.*, III, 383) du genre *Laportea* Gaudich.

SARCOPYRAMIS (Wall., *Tent. Fl. nepal.*, 32, t. 23). Genre de Mélastomacées-Mélastomées-Sonerilées, formé d'une herbe des montagnes de l'Inde ; distingué par des feuilles glabres, des fleurs à calice glabre, et à 8 étamines, dont les anthères courtes sont 2-lobées au sommet. (H. Bn, *Hist. des pl.*, VII, 46.)

SARCORHOPALUM (Rabenh., in *Bot. Zeit.* [1851], 627). Genre d'Urédinés, formé pour une espèce trouvée aux Indes sur une fronde d'*Aspidium*, et caractérisé par un stroma charnu, allongé ou en forme de clavaire, dont le sommet arrondi se creuse plus ou moins. Les écidiospores, sphériques et lisses, sont agglomérées en une masse enchevêtrée de paraphyses. [De S.]

SARCOROPHALUM (Sacc., *Syll.*, VII, tab., p. XXXII). — Voy. Sarcorhopalum.

SARCOSCYPHA (Fr., *Syst. myc.*, II, 78). Sous-genre de Pezizés, caractérisé par une cupule charnue, pédicellée, assez grande, légèrement tomenteuse à l'extérieur, qui est blanc ou de couleur claire. Le disque hyménifère est le plus souvent rouge vif, orangé ou jaune. Les thèques, accompagnées de paraphyses, renferment 8 spores elliptiques, hyalines. Une vingtaine d'espèces peuvent être groupées dans cette division. [De S.]

SARCOSIPHON (Bl., *Mus. lugd. bat.*, I, 65, t. 18). Synonyme (?) de *Geomitra* Becc.

SARCOSPERMA (Hook. f., *Gen.*, II, 655, n. 4). Genre de Sapotacées, voisin des *Sideroxylon*, distingué par des fleurs 5-mères, à 5 étamines et à 5 staminodes, petits et insérés sur la corolle, plus haut que les étamines. Ce sont 2 arbres asiatiques, à stipules caduques, à graine sans albumen, à cotylédons conferruminés; à rameaux axillaires florifères et aphylles. (G.-B. CLKE, in *Hook. f. Fl. brit. ind.*, III, 535.)

SARCOSTACHYA (J., in *Dict.*, L, 379). Pour *Stachytarpheta*.

SARCOSTEGIA (BENTH., *Niger Fl.*, 335). Section du genre *Parinari* AUBL.

SARCOSTEMMA (DCNE, in *DC. Prodr.*, VIII, 539, spec. amer.). Synonyme de *Philibertia* H. B. K.

SARCOSTEMMA (R. BR., in *Mem. Werner. Soc.*, I, 50). Genre d'Asclépiadacées-Asclépiadées, formé de 5, 6 espèces aphylles et charnues, de l'Ancien Monde; distingué par une corolle subrotacée; une couronne extérieure annulaire ou à 10 lobes courts; une intérieure à 5 écailles carénées, compliquées ou sacciformes. (H. BN, *Hist. des pl.*, X, 255.)

SARCOSTIGMA (W. et ARN., in *Edinb. N. Phil. Journ.*, XIV, 299). Genre de Térébinthacées-Phytocrénées, formé de 3 lianes, de l'Asie et l'Afrique tropicales; distingué par des fleurs dioïques, en épis interrompus; les carpelles surmontés d'un stigmate sessile; les anthères plus courtes que les filets; l'embryon non albuminé, à cotylédons charnus et épais. (R. BR., in *Benn. Pl. jav. rar.*, t. 47. — MIERS, *Contrib.*, t. 18, 19. — H. BN, in *DC. Prodr.*, XVII, 15; *Hist. des pl.*, V, 338.)

SARCOSTOMA (BL., *Bijdr.*, 339, t. 45). Synonyme (?) de *Dendrobium* SW. (B. H., *Gen.*, III, 500.)

SARCOSTYLES (PRESL, *Rel. Hœnk.*, II, 53, t. 60). Synonyme de *Cornidia* R. et PAV.

SARCOTHECA (BL., *Mus. lugd. bat.*, I, 241). Synonyme de *Hugonia* L. Espèce de l'Archipel Indien, sans crochets, à jeunes graines à peu près superposées. (H. BN, *Hist. des pl.*, V, 47.)

SARCOTHECA (TURCZ., in *Bull. Mosc.* [1858], 1, 474). Synonyme de *Schinus* L.

SARCOTOECHIA (RADLK., in *Dur. Ind. Phanér.*, 79). Genre proposé pour deux *Cupania* australiens.

SARCOYUCCA. Section (B. H., *Gen.*, III, 778) du genre *Yucca* L.

SARCOZYGIUM (BGE, in *Linnæa*, XVII, 7, t. 1). Section du genre *Zygophyllum* L. (H. BN, *Hist. des pl.*, IV, 417.)

SARDANA. Nom, en Sibérie, de la racine comestible de l'*Hedysarum sibiricum* POIR.

SARDI-MUSCHAK. Nom persan du *Ranunculus edulis* BOISS.

SARDINE. Le *Reseda Luteola* L. et le *Lolium perenne* L.

SARDINELLA (BATT., *Fung. agr. arim.*, 75). Nom italien de l'*Agaricus Orcellus* BULL.

SARDINIA (VELL., *Fl. flum.*, III, t. 163). Synonyme de *Guettarda* L.

SARDOA (*Herba*). Le *Ranunculus sceleratus* L. (?).

SAREA (FR. — RABENH.). Synonyme de *Helotium* TODE.

SARELLE. Le *Melampyrum sylvaticum* L.

SARFUSA. Nom forézien du Cerfeuil.

SARGAÇO. Synonyme (ACOSTA) de Sargasse.

SARGASSE (*Sargassum* AGH, *Spec. Alg.*, I, 1; *Aphor.*, 101; *Syst. Alg.*, XXXVIII, 293). Genre d'Algues-Fucacées, formé de grandes plantes marines, flottant parfois sur des étendues considérables (mers des Sargasses); caractérisé par un thalle rameux, à divisions filiformes, simples ou pinnatifides; des sporothalles racémiformes; des conceptacles qui s'ouvrent par un opercule conique et tombant de bonne heure; des vésicules stipitées qui aident la plante à flotter. Leurs usages sont ceux de nos Varecs. Pour Fries (*Pl. homon.*, 326), ce n'est qu'un sous-genre des *Fucus*. (Voy. KUETZ., in *Linnæa*, XVII, 98; *Phyc. gen.*, 360; *Phyc. germ.*, 282; *Spec. Alg.*, 606.) [H. BN.]

SARGASSITES (AD. BR., in *Dict.*, LVII, 31). Genre de Fucoïdées fossiles. (ENDL., *Gen.*, n. 122 i. — STERNB., *Vers.*, II, 36. — UNG., *Syn. pl. foss.*, 7.)

SARIAVA (REINW., in *Syll. Ratisb.*, II, 12). Synonyme (B. H., *Gen.*, II, 669) de *Lodhra* GUILLEM.

SARIAVA (REINW.). Synonyme de *Symplocos* L.

SARIBUS (BL., *Rumph.*, II, 48, t. 95, 96). Synonyme de *Livistona* R. BR.

SARIBUS. Le *Corypha umbraculifera* L.

SARIBUS (RUMPH., *H. amboin.*, I, t. 8). Synon. de *Licuala*.

SARISSUS (GÆRTN., *Fruct.*, I, 118, t. 25). Synonyme de *Hydrophylax* L.

SARKURA. Nom sanscrit (ROYLE) de la Canne à sucre.

SARMENTARIA (NAUD., in *Ann. sc. nat.*, sér. 3, XVIII, 140). Synonyme (B. H.) de *Adelobotrys* DC.

SARMENTARIA. Nom ancien de l'Herbe aux gueux.

SARMENTEUX. Tiges des lianes grimpantes mais non volubiles, dont la Vigne est souvent considérée comme le type.

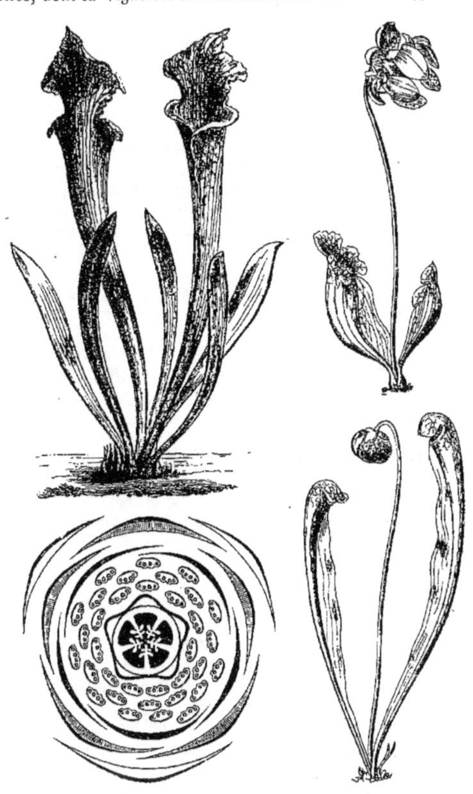

Sarracena. — Ports. Diagramme floral.

SARMIENTA (R. et PAV., *Prodr.*, 4; *Fl. per. et chil.*, I, 8, t. 7). Genre de Cyrtandrées, voisin des *Mitraria*, mais dont la fleur, élégante, coccinée, n'a que 2 étamines fertiles, exsertes, avec 3 petits staminodes. On dit son fruit sec et déhiscent en travers. Le *S. repens*, joli arbuste grimpant ou rampant, du Chili, est cultivé dans nos serres (*Bot. Mag.*, t. 6720). Ses pédoncules grêles portent en haut, tout près de la fleur, 2 bractéoles qui représentent l'involucelle des *Mitraria*. (H. BN, *Hist. des pl.*, X, 103.)

SARNA (KARST., in *N. Act. nat. Cur.*, XXVI, 920, t. 65). Synonyme de *Apodanthes* POIT.

SAROSANTHERA (KORTH., *Verh. Nat. Gesch. Bot.*, 103, t. 16). Synonyme de *Adinandra* JACK.

SAROTES (LINDL., *Swan Riv. Veg.*, 19). Synonyme de *Guichenotia* J. GAY.

SAROTH. Synonyme de *Curcuma* L.

SAROTHAMNUS (WIMM., *Fl. schles.*, ed. 2, 148). Section du genre *Genista* (H. BN, in *Bull. Soc. Linn. Par.*, 325). Le type est le *G. scoparia* LAMK, employé en médecine, surtout comme drastique. (H. BN, *Tr. Bot. méd. phanér.*, 662.)

SAROTHECA (NEES, in *Mart. Fl. bras.*, IX, 113, t. 18; in *DC. Prodr.*, XI, 382). Section du genre *Justicia* L.

SAROTHRA (L., *Gen.*, n. 383). Synonyme de *Hypericum* T.

SAROTHRE. Nom français (LAMK) des *Sarothra* L.

SAROTHROSTACHYS (KL., in *Wiegm. Arch.*, VII, 185). Synonyme de *Sebastiania* SPRENG.

SARRABAT. Jésuite, qui, sous le nom de De la Baïsse, a publié en 1733, à Bordeaux, une dissertation souvent citée sur la circulation de la sève.

SARRACENA (T., *Inst.*, 657, t. 476). Genre de *Sarracénées*, formé d'une demi-douzaine d'herbes vivaces, des marais de l'Amérique du Nord; distingué par des feuilles creusées en ascidies de forme variée, et des fleurs solitaires, pédonculées, accompagnées d'un calicule de 3 bractées. Le réceptacle floral est convexe et porte 5 sépales imbriqués et 5 pétales alternes, imbriqués, à base dilatée en cuilleron. Les étamines sont hypogynes, en nombre indéfini, à anthère biloculaire et introrse. Le gynécée a un ovaire à 5 loges ∞-ovulées et est surmonté d'un style dilaté en parasol, dont les 5 angles ont un sinus à petit tubercule stigmatifère. Les loges ovariennes sont oppositisépales. Le fruit est loculicide, et les graines sont albuminées. Les *Sarracena* sont souvent cultivés pour la beauté de leurs fleurs et de leurs urnes. Nous avons établi que ces dernières répondent à une feuille peltée très profondément déprimée. (*Cterend. Ac. sc.*, LXXI, 630; *Adansonia*, IX, 331; *Hist. des pl.*, III, 89, 103, fig. 102-107.)

SARRACÈNE. Nom français (LAMK) des *Sarracena* T.

SARRACÉNÉES. Série des Nymphæacées, formée du seul genre *Sarracena* T. (H. BN, *Hist. des pl.*, III, 95, 103).

SARRACENIA (L.). Pour *Sarracena* T.

SARRACENIACEÆ (LA PYL.). Famille de Dicotylédones-dialypétales; synonyme de Sarracénées.

SARRACHA (REICHB.). Pour *Saracha* R. et PAV.

SARRASIN (J.-ANT.). Médecin de Lyon, traducteur de Dioscorides, mourut en 1598. On lui a dédié le genre *Sarracena*.

SARRASIN DE TARTARIE. Le *Polygonum tartaricum* L.

SARRASINE. Nom ancien des Aristoloches.

SARRATIA (MOQ., in *DC. Prodr.*, XIII, II, 255). Synonyme de *Amblogyne* RAFIN. (*Amarantus* L.).

SARRAZIN. Le *Polygonum Fagopyrum* L.

SARRAZINE. L'*Aristolochia Clematitis* L.

SARRAZINIA (HFFMG). Pour *Sarracena* T.

SARRE. Synonyme de *Sart*.

SARRE-LACHE. L'un des noms, en Nivernais, de la Bugrane.

SARRELLE. Le *Melampyrum arvense* L.

SARRETE. Nom français (LAMK) des *Serratula* L.

SARRIÈTE, SARRIETTE. Noms français des *Satureia* T.

SARRIETTE DES BOIS. Le *Melampyrum sylvaticum* L.

SARRIETTE DES JARDINS, S. ANNUELLE. Le *Satureia hortensis*.

SARRIETTE JAUNE. Le *Melampyrum pratense* L.

SARRIETTE SAUVAGE. Le *Galeopsis Ladanum* L.

SARRIETTE VIVACE. Le *Satureia montana* L.

SARRON, SERRON. Noms du *Blitum Bonus-Henricus* L.

SARSA. Nom américain des Salsepareilles.

SARSA-PALUDA. Synonyme, à Costa-Rica, de *Sarson*.

SARSAPARILLA. Les Salsepareilles.

SARSARI. Synonyme de *Ogkert*.

SARSEPAREILLE. Pour Salsepareille.

SARSON. Nom, à Costa-Rica, de la Salsepareille du pays.

SART. Dans l'Aunis, les Varecs.

SARTORELLI (J.-B.). Auteur [1816], à Milan, de *Degli alberi indigeni ai boschi del Italia superiore* (in-8 de 454 p.).

SARTORI (Fr.). Auteur, à Vienne [1808], d'une nomenclature des plantes de Styrie (in-8 de 107 p.).

SARTORIA (BOISS., *Diagn. or.*, IX, 109). Synonyme de *Onobrychis* GÆRTN.

SARTVELLIA (BERK. et CURT., *Introd. Crypt. Bot.*, 317, 325). Genre formé pour une espèce de Pucciniés, à spore biloculaire, avec prolongements nombreux et courts, et qui a été rencontrée à Surinam. [DR S.]

SARTWELLIA (A. GRAY, *Pl. Wright.*, I, 122, t. 6). Genre de Composées-Hélianthées-Héléniées, formé d'une herbe mexicaine, dressée et duriuscule, distinguée, dans le groupe des Flavériées, par des feuilles opposées et entières; des capitules très petits, en cyme corymbiforme dense; des involucres à bractées libres; des fruits du rayon 1-sériés, entourés des bractées; une aigrette cupuliforme, frangée-denticulée. (H. BN, *Hist. des pl.*, VIII, 243.)

SARU, SARUB. Noms arabes des Cyprès.

SARUDAHIKO. Nom japonais du *Lycopus europæus* L.

SARURU. Nom de l'*Osmoxylon umbelliferum*, des Moluques, recherché pour son bois et sa résine odorante.

SARY (THÉOPHR.). Le *Papyrus*.

SARZILEJO. Le *Rhexia canescens* K.

SAS. En Égypte, le Platane.

SASA. Au Japon, le *Bambusa senanensis* FN. et SAV.

SASA. En Syrie, le *Lilium candidum* L.

SASAGE. Nom japonais d'une variété du *Dolichos umbellatus* L.

SASAGHÉ. Nom, au Japon, du *Vicia Faba* L.

SASALI (ADANS., *Fam.*, II, 305). Synonyme de *Microcos* L.

SASAMO. Nom japonais du *Potamogeton oxyphyllus* MIQ.

SASANAGI. Nom japonais d'un *Monochoria* indéterminé.

SASANKIVA. En Pologne, la Pulsatille.

SASANQUA (KÆMPF., *Amœn. exot.*, 853). — Voy. CAMELLIA.

SASA-YURI. Nom japonais du *Lilium japonicum* L.

SASSA (BRUCE, *Voy.*). Le *Zygia*? *Sassa* BENTH.

SASSAF. En Égypte, les Saules.

SASSAFRAS (NEES, *Laur. Exp.*, 17; *Syst. Laur.*, 487). Genre de Lauracées-Ocotées, formé d'un arbre de l'Amérique du Nord; distingué par des fleurs dioïques, à 9 étamines fertiles; les anthères à 4 logettes valvicides, généralement sans staminodes. Les inflorescences, lâches et racémiformes, occu-

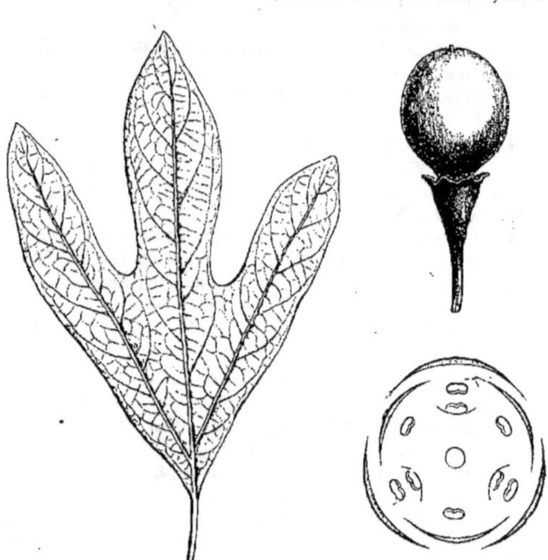

Sassafras. — Feuille. Diagramme floral. Fruit.

pent la base des jeunes pousses. Les feuilles aromatiques sont polymorphes. Le *S. officinalis* NEES, cultivé dans nos jardins botaniques, est célèbre comme médicament, surtout par son bois sudorifique et dépuratif. (H. BN, *Hist. des pl.*, II, 439, 479, fig. 253-255; *Tr. Bot. méd. phanér.*, 692.)

SASSAFRAS AUSTRALIEN. L'*Atherosperma moschata* LABILL.

SASSAFRAS DE CAYENNE. Le *Licaria guianensis* AUBL.

SASSAFRAS DE L'ORÉNOQUE. L'*Ocotea cymbarum* H. B.

SASSAFRAS DES INDES. Le *Laurus porrecta* ROXB.

SASSAFRAS DU BRÉSIL. L'*Ocotea cymbarum* H. B.

SASSAFRIDIUM (MEISSN., in *DC. Prodr.*, XV, I, 171). Genre de Lauracées; synonyme (MEZ, *Laur. amer.*, 220) de *Ocotea* AUBL. (H. BN, *Hist. des pl.*, II, 440, 479.)

SASSAFRIMORPHE. Section (B. H., *Gen.*, III, 163) du genre *Lindera* Thunb.

SASSEA (Kl., *Begon.*, 132, t. 12 C). Synonyme de *Begonia* L.

SASSIFICA. Le *Tragopogon porrifolium* L.

SASSIFRAGIA. Synonyme ancien de Sassafras.

SASSIK-KURAI, KARAI. Noms kirghis du *Ferula Asa-fœtida*.

SASSY. Nom de l'*Erythrophlœum guineense* Afz.

SATANOCRATER (Schweinf., in *Verh. Zool. Bot. Ges. Wien*, XVIII, 676). Genre d'Acanthacées-Ruelliées-Strobilanthées, distingué par 5 sépales rapprochés en tube et répliqués ; une corolle bilabiée, à long tube dilaté vers la gorge ; des loges ovariennes 2-ovulées et des fleurs assez grandes, axillaires et solitaires. L'espèce unique est de l'Afrique tropicale. (H. Bn, *Hist. des pl.*, X, 435.)

SATARIA. Nom latin ancien des Peucédans.

SATHAR. En Syrie, le *Satureia capitata* L.

SATIA. Apocynacée du Sénégal, remède de l'éléphantiasis.

SATIAS. Variété de Mangue.

SATIN-BLANC. Synonyme de Satinée.

SATINÉE. Le *Lunaria annua* L.

SATINÉ RUBANÉ. Nom, à la Guyane, du *Piratineira (Ferolia) guianensis* Aubl.

SATIRE. Le *Phallus impudicus* L.

SATIRION. Nom français (Lamk) des *Satyrium* Sw.

SATIRION FEMELLE. L'*Orchis Morio* L.

SATIRION MALE. L'*Orchis mascula* L.

SATIUM. Nom indien de l'*Alstonia scholaris* R. Bn.

SATO-IMO. Nom, au Japon, du *Colocasia esculenta* Schott.

SATSUMA-GIKU. Nom japonais de la Reine-Marguerite.

SATSUMA-IMO. Nom japonais de la Patate douce.

SATSUMA NADESHIKO. Nom japonais du *Dianthus chinensis* L., var. *hortensis*.

SATSUMA-NINJIN. L'un des noms japonais du *Melandrium firmum* Rohrb.

SATTUL. Nom malais des *Sandoricum* Cav.

SATUREIA (L., *Gen.*, n. 707). Genre de Labiées-Menthées, qui a aussi donné son nom à une tribu des *Saturéinées*, et qui est formé de 23, 24 herbes ou sous-arbrisseaux de la région méditerranéenne (une espèce est de la Floride). Il est distingué par un calice 10-nervé ; une corolle bilabiée ; les lèvres plus ou moins prononcées ; des étamines didynames, ascendantes. Les *S. hortensis* L., annuel, et *montana* L., vivace, sont cultivés comme aromatiques, stimulants, condimentaires. (H. Bn, *Hist. des pl.*, XI, 13, 52, fig. 38, 39.)

SATUBI. Nom hindou de la Rue.

SATURNIA (Maratt., *Diss. Romul. et Saturn.*, 18, t. 3). Synonyme de *Moly* Mœnch.

SATYRE. Nom vulgaire du *Phallus impudicus* et des *Orchis*.

SATYRIA (Kl., in *Linnœa*, XXIV, 21). Genre d'Éricacées-Thibaudiées, formé d'environ 6 arbustes américains ; très voisin des *Thibaudia* et distingué par une corolle arrondie ; des étamines monadelphes ; des anthères alternativement plus longues et plus courtes. (H. Bn, *Hist. des pl.*, XI, 187.)

SATYRIA (Scop., *Introd.*, 90). Synonyme d'Orchidées.

SATYRINUS (Bosc. — Fries, *Summ. veg. Scand.*, 434). — Voy. Satyrus.

SATYRION. Nom ancien des Orchis.

SATYRION ROUGE. L'*Erythronium Dens canis* L.

SATYRIDIUM (Lindl., *Gen. et spec. Orchid.*, 345). Synonyme de *Satyrium* Sw.

SATYRIUM. Nom ancien des *Erythronium* L.

SATYRIUM (Séguier, *Pl. Veron.*, 1745). — Voy. Phallus.

SATYRIUM (Sw., in *K. Vet. Acad. N. Handl. Stockh.*, XXI, 214). Genre d'Orchidacées-Orchidées-Disées, formé de 40-50 herbes terrestres, de l'Asie et de l'Afrique ; distingué par des tiges à feuilles souvent peu nombreuses ; des épis ordinairement riches ; un labelle large, concave, dressé, pourvu de 2 éperons ou 2 gibbosités ; une colonne à région stigmatique subterminale et concave ou bilabiée. (Bauer, *Ill. Orch. fruct.*, t. 12-14.— *Bot. Mag.*, t. 1512, 2172, 6625.) [H. Bn.]

SATYRUS (Bosc, *Champ. Amer.*, 4). — Voy. Phallus.

SATZUMA. Sorte de Prunier japonais, à fruit volumineux.

SAUBINETIA (Remy, in *C. Gay Fl. chil.*, IV, 282, t. 49). Synonyme (B. H., *Gen.*, 380) de *Verbesina* L.

SAUCE. Nom espagnol des Saules.

SAUCO. En Espagne, les Sureaux.

SAUCO. Nom chilien du *Panax lœtevirens*. C'est le nom, à la Nouvelle-Grenade, du *Rhus Sauco* Tul.

SAUCO. Nom vulgaire mexicain du *Sambucus mexicana* Presl.

SAUCO HEDIONDO. Nom argentin du *Zanthoxylum sorbifolium* A. S.-H.

SAUERIA (A. DC. — Kl., in *Abh. Akad. Wiss. Berl.*, 40, t. 2 A). Section du genre *Begonia* L.

SAUGE (*Salvia* L., *Gen.*, n. 16). Genre de Labiées, dont les fleurs hermaphrodites ont un calice gamosépale, irrégulier, bilabié. Sa lèvre antérieure est formée de deux lobes aigus ; la postérieure de trois. La corolle est bilabiée, à tube muni, en dedans, d'un anneau de poils. Des 2 lèvres du limbe, l'inférieure est recouverte par la postérieure dans le bouton. La lèvre antérieure est formée de 3 lobes, dont le moyen ressemble assez au labelle de nos Orchidées ; il est échancré à son sommet et recouvert par les lobes latéraux, sensiblement plus étroits et plus courts que lui. La lèvre postérieure est formée de 2 lobes, unis en une sorte de casque, à concavité antérieure. L'androcée

Sauge. — Branche florifère. Fleur, entière et coupe longitudinale.

est didyname, porté sur la corolle, à 2 étamines antérieures grandes et à 2 staminodes latéraux. L'anthère est à 2 loges, dont une seule fertile ; très distantes, séparées qu'elles sont par un long connectif arqué, inséré à moitié de sa longueur sur le filet, tronqué à cet endroit et comme articulé avec le connectif. L'ovaire est libre, inséré sur un renflement réceptaculaire glanduleux, et proéminent, sous la forme d'une crête, dans l'intervalle des demi-carpelles. Ceux-ci sont au nombre de 4, à ovule ascendant, subbasilaire, anatrope, à micropyle extérieur et inférieur. Le style est gynobasique, arqué et bifide à la partie supérieure, à lobes très inégaux. Le fruit est formé de 1-4 achaines noirâtres. Les Sauges sont des herbes, parfois frutescentes. Plusieurs comptent parmi les plantes les plus répandues de certaines de nos campagnes. Leurs branches carrées portent des feuilles, pétiolées à la base, sessiles plus haut, duveteuses. Leur inflorescence est un faux-épi de glomérules pauciflores. Comme espèces utiles citons : *S. pratensis* L., *S. Sclarea* L. (Toute-bonne), *S. Horminum* L., aromatiques et stimulants. La Sauge officinale (*S. officinalis* L.) est originaire de la région Méditerranéenne ; c'est le type du genre, dont le nom vient de *salvare*. C'est assez dire les propriétés curatives que leur attribuaient les anciens. Leur huile essentielle les fait encore aujourd'hui employer dans notre pharmacopée (Vinaigre aromatique, Baume tranquille, etc.) ; mais ce n'est que dans le Midi qu'elles sont couramment employées comme anticatarrhales et même fébrifuges. (Voy. H. Bn, *Tr. Bot. méd. phanér.*, 1247, fig. 3174-3176; *Hist. des pl.*, XI, 17, 62.) [F. H.]

SAUGE-AMÈRE. Le *Teucrium Chamœdrys* L.

SAUGE DE BETHLÉEM. Le *Pulmonaria officinalis* L.

SAUGE DE MONTAGNE. Les *Lantana aculeata* et *Camara* L.

SAUGE DE PROVENCE. Le *Salvia officinalis*, var. *tenuior*.

SAUGE DES BOIS. Le *Teucrium Scorodonia* L.

SAUGE DES MONTAGNES. Le *Teucrium Scorodonia* L.

SAUGE DU PORT DE LA PAIX. La Cascarille.

SAUGE (GRANDE). Le *Conyza lobata* L. C'est aussi l'un des noms du *Salvia officinalis* L.

SAUGE (PETITE). Le *Salvia officinalis*, var. *minor*.

SAUGE SAUVAGE. Le *Teucrium Scorodonia* L.

SAUL. En Islande, le *Fucus palmatus* L.

SAUL (Roxb., ex *Steud. Nom.*, II, 516). Syn. de *Vatica* L.

SAULE (*Salix* T., *Inst.*, 590, t. 364). Genre type de la famille des Salicacées, à fleurs dioïques, nues, groupées en chatons et placées chacune à l'aisselle d'une des bractées ; insérées, en spirale, sur l'axe du chaton. La fleur mâle est, le plus souvent, réduite à 2 étamines latérales, à filets libres ou légèrement connés à la base, à anthères biloculaires, extrorses, déhiscentes par 2 fentes longitudinales. 2 corps glanduleux séparent ces étamines : l'un antérieur, l'autre postérieur. L'antérieur peut

Saule. — Rameaux florifères, mâle et femelle.

faire défaut. Le nombre des étamines peut d'ailleurs s'élever à 15 dans certaines espèces. La fleur femelle comprend : un gynécée, parfois sessile, parfois stipité, à ovaire uniloculaire, surmonté d'un style bifide et renfermant 2 placentas pariétaux, alternes avec les branches stylaires, c'est-à-dire antérieur et postérieur. Sur la partie inférieure de ces placentas, se trouvent insérés un nombre d'ovules variable suivant les espèces : le plus souvent de 2 à 8, parfois un seul, dans tous les cas ana-

tropes, à micropyle inférieur et extérieur. Une glande, qui correspond à celle des fleurs mâles, se trouve fréquemment entre l'ovaire et l'axe d'inflorescence. Le fruit est capsulaire; ses valves, en général au nombre de deux, portent un placenta sur leur face interne, avec plusieurs graines, entourées d'une aigrette, qui s'insère sur un pied, supportant primitivement l'ovule. Chaque graine contient un embryon étroit, à radicule infère, à cotylédons de forme variable ; elle est dépourvue d'albumen. Certains Saules, au lieu d'un gynécée dicarpellé, l'ont tri- ou quadricarpellé. Le nombre de valves des fruits correspond toujours au nombre des carpelles. Les Saules sont des arbres ou des arbustes, extrêmement rabougris dans les con-

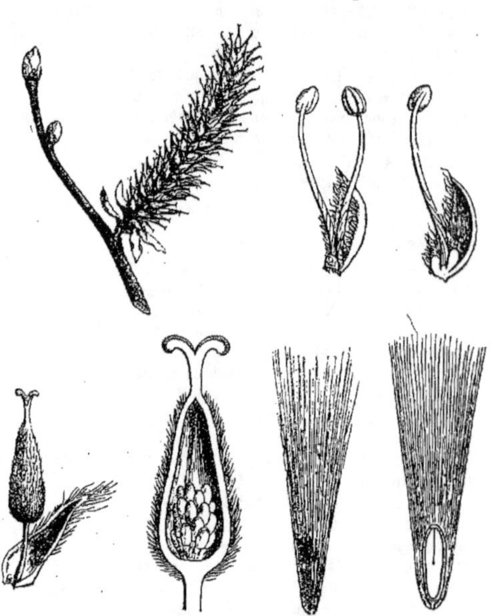

Saule. — Fleur mâle, entière et coupe longitudinale. Chaton femelle. Fleur femelle, coupe longitudinale. Graine, entière et coupe longitudinale.

trées septentrionales. Leurs feuilles sont alternes, étroites, le plus souvent sensiblement entières, penninerves, bistipulées. Les fleurs sont souvent précoces et devancent alors l'épanouissement des feuilles. Les 150 espèces environ de Saules connues appartiennent toutes aux régions tempérées et surtout froides de l'hémisphère boréal. L'Océanie, la Malaisie et les îles du Pacifique n'en contiennent aucune. Le *S. alba* L. est l'Osier blanc; le *S. vitellina* L., l'Osier franc ou jaune; le *S. viminalis*, l'Osier vert; le *S. Caprea*, le Saule Marceau, toutes espèces vulgaires de nos marais; elles sont astringentes, vantées comme antifébrifuges à cause du tannin et d'un glucoside, la salicine, dont les dérivés, acide salicylique et salycilates, jouissent de propriétés antirhumatismales et antipyrétiques très marquées. (Voy. *Hist. des pl.*, IX, 246, 250, 252, fig. 284-92; *Tr. Bot. méd. phanér.*, 1178.) [F. H.]

SAULE PLEUREUR, S. DE BABYLONE. Le *Salix babylonica* L.

SAULOMA (Hook. et Wils., *Fl. N. Zeal.*, II, 122). Section du genre *Hookeria* Sm.

SAULX. Nom ancien des Saules.

SAUMAISE (Cl.), en latin Salmasius, auteur [1689] de *Plinianæ exercitationes in Caji Julii Solini Polyhistoria ex veteribus libris emendatus* (2 vol. in-fol.).

SAUMERIO. Au Pérou, le *Croton coriaceum* K.

SAUNDERS (Sam.). Auteur [1792] de *A short and easy introduction to scientific and philosophic Botany.* — W.-Wils. Saunders fut le fondateur du recueil intitulé *Refugium botanicum*, dont M. Baker [1870] a écrit le vol. III.

SAUNDERSIA (Reichb. f., *Beitr. Orch.*, 17, t. 6 ; in *N. Act. nat. cur.*, XXXV ; *Xen. orchid.*, t. 117). Genre mal connu d'Orchidacées, rapporté à la série des Vandées, et dont une figure, due à Descourtils, se trouve à Kew, dans l'herbier de Lindley. (B. H., *Gen.*, III, 561.)

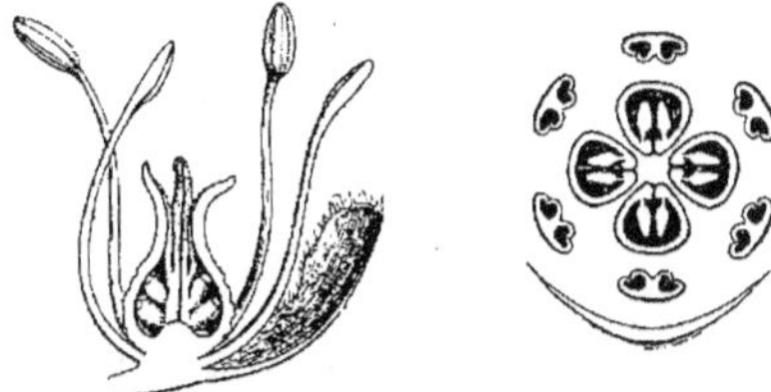

Saururus. — Fleur, coupe longitudinale. Diagramme.

SAUNE BLANCHE. Le *Lapsana communis* L.

SAUPILZ. Nom allemand du *Boletus luridus* Schœff.

SAUR (Joh.). Auteur [1631], à Erfurth, de *Botanica astrologica, d. i. Herbarum collectio astrologica* (in-4.).

SAURACH. En Allemagne, l'Épine-vinette.

SAURAUJA (W., in *N. Schr. Ges. Nat. Fr. Berl.*, III, 406, t. 4). Genre de Ternstrœmiacées, qui donne son nom à une série des *Sauraujées*, et dont les fleurs, ordinairement hermaphrodites, ont 5 sépales et 5 pétales imbriqués ; ∞ étamines et un ovaire supère, à 3-5 loges ∞-ovulées, avec autant de branches stylaires. Le fruit est une baie, parfois peu charnue et déhiscente. Les graines, plongées dans une pulpe, sont albuminées. Ce sont environ 60 arbustes tropicaux, à feuilles alternes, souvent serrées, à fleurs en grappes de cymes. On en cultive plusieurs dans les serres. (H. Bn, *Hist. des pl.*, IV, 234, 258, fig. 265, 266.)

Saurauja. — Inflorescence. Fleur, coupe longitudinale.

SAURAVIA (Spreng., *Anl.*, II, II, 818). Synonyme de *Saurauja* W.

SAURION. Nom ancien des Moutardes.

SAURITIS. Nom ancien de l'*Anagallis arvensis* L.

SAUROGLOSSUM (Lindl., in *Bot. Reg.*, t. 1618). Synonyme de *Spiranthes* Rich.

SAUROMATUM (Schott, *Melet.*, I, 17 ; *Gen. Aroid.*, t. 11). Genre d'Aracées-Arées, formé de 5, 6 herbes tubéreuses, de l'Asie et l'Afrique tropicales ; distingué, dans le groupe des Euarées, par une spathe à tube dont les bords sont connés ; les feuilles pédatiséquées ; les ovaires 2-4-ovulés. On a quelquefois cultivé ces plantes. (*Bot. Mag.*, t. 4465.) [H. Bn.]

SAUROPUS (Bl., *Bijdr.*, 595). Genre d'Euphorbiacées-Phyllanthées, formé d'au moins 12 arbustes, de l'Asie et l'Océanie tropicale ; distingué par des fleurs mâles à sépales épaissis à la base ou garnis en ce lieu d'une écaille saillante ; 3 étamines unies inférieurement en colonne, sans rudiment du gynécée dans la fleur mâle. Les organes végétatifs sont ceux des *Phyllanthus*. (H. Bn, *Et. gén. Euphorbiac.*, t. 27 ; *Hist. pl.*, V, 255.)

SAURURE (*Saururus* L., *Gen.*, n. 464). Genre de Pipéracées,

qui donne son nom à une série des *Saururées*, et qui [dis]tingue par des fleurs nues, à 4-8 étamines, à filets libres, sous le gynécée. Celui-ci est formé de 3, 4 carpelles 2-4-ovulés. Le fruit est sec, et ses 3, 4 carpelles s'ouvrent comme des follicules. Ce sont 1, 2 herbes vivaces, à feuilles cordées, à inflorescence en grappe. (H. Bn, *Hist.* III, 465, 481, 492, fig. 498, 499.)

SAURUROPSIS. Genre de Saururées, établi par Turcz[.] (in *Bull. Soc. Mosc.*, V, 21) pour une espèce chinoise *chinensis*. Nous avons considéré cette plante comme ne f[ormant] qu'une section dans le genre *Saururus* L. En tous cas, s[on] véritable serait celui de *Spathium*, créé par Loureiro e[n] Les caractères distinctifs de cette section sont les su[ivants :] toutes les fleurs sont pédicellées ; leurs anthères sont ext[rorses] et leurs filets staminaux articulés. (Voy. *Hist. des pl.*, III

SAUSÉNADO. Nom languedocien de l'*Agaricus melleus*

SAUSSIRON. Nom lorrain de l'*Agaricus campestris* L.

SAUSSUREA (DC., in *Ann. Mus.*, XVI, 198, t. 10-13) de Composées-Carduées, formé d'une soixantaine d[e] vivaces, de l'Europe, l'Asie et l'Amérique du Nord ; di[stingué] par des capitules étroits, en cymes corymbiformes, ou sol[itaires] assez gros ; des involucres inermes ; des fruits à aigre[tte for]mée d'une série de soies égales, plumeuses, avec parfoi[s quel]ques autres soies plus petites, extérieures et simples. (R[chb.] *Ic.*, *Fl. germ.*, t. 816-818. — H. Bn, *Hist. des pl.*, VI

SAUSSURÉA (Salisb., in *Trans. Linn. Soc.*, VIII, 11) [Sy]nyme de *Funkia* Spreng.

SAUSSURIA (Mœnch, *Meth.*, 388). Synonyme de *Sc[abiosa] peta* Benth.

SAUTIERA (Dcne, *Herb. timor.*, 55). Genre d'Acant[h.-] Ruelliées, distingué, dans le groupe des Strobilanthées, [à] calice à 2 longues lèvres ; une corolle à limbe longue[ment] étroitement 2-labié ; des étamines à filets unis inférieu[rement] par une membrane adnée en arrière. C'est un sous-arb[riss.] de Timor, à fleurs en épis foliés et terminaux de glom[érules.] (H. Bn, *Hist. des pl.*, X, 436.)

SAUTO-OULAME. En Provence, le *Chondrilla juncea* L[.]

SAUVAGEA (L., *Gen.*, ed. 2, 241). Pour *Sauvagesia* L[.]

SAUVAGEON. Arbre, généralement fruitier, obtenu de [graine] et non greffé.

SAUVAGÈSE. Nom français (Lamk) des *Sauvagesia* L.

SAUVAGESIA (L., *Gen.*, n. 286). Genre de Violacées [qui a] donné son nom à une famille, puis à une tribu des S[auvage]siées, et dont les fleurs sont hermaphrodites et régulière[s sur] un réceptacle convexe. Leur calice est formé de cinq [sépales] disposés en quinconce dans le bouton ; et leur corolle, [de cinq] pétales alternes, égaux, subsessiles, tordus dans la préfl[oraison.] En dedans de cette corolle se trouvent cinq lames pé[taloïdes] tordues, alternes avec les véritables pétales et formant [là] une seconde corolle intérieure. On a considéré ces lam[es tan]tôt comme les lobes d'un disque, et tantôt comme de[s] staminodes pétaloïdes. On a aussi accordé la même sign[ification] à des languettes grêles, à sommet glanduleux, qui so[nt soli]taires, ou, plus souvent, groupées en faisceaux en de[hors des] cinq lames pétaloïdes intérieures. Souvent le sommet [de ces] baguettes a la forme d'une anthère, petite et stérile. [Les éta]mines fertiles, alternipétales, sont au nombre de cinq [; elles] sont libres, hypogynes, formées chacune d'un filet c[ourt et] d'une anthère biloculaire, extrorse, déhiscente par deu[x fentes] longitudinales. En dedans d'elles se trouve le gynécée [,] formé d'un ovaire uniloculaire, avec trois placentas p[ariétaux] pluriovulés, surmonté d'un style unique, à sommet stig[matifère] entier, non renflé. Le fruit est une capsule loculicide, [dont les] trois panneaux portent intérieurement des graines petit[es, funi]culées, à albumen charnu et à embryon allongé, axile. [Les *Sau*] *vagesia* sont de petites plantes herbacées, à feuilles a[lternes,] rarement opposées, simples, accompagnées de stipule[s cillées] ou glanduleuses. Leurs fleurs sont axillaires, solitaires [ou réu]nies en grappes terminales. Leur corolle est élégante, [blanche,] rosée ou violacée. Ce sont surtout des plantes de l'A[mérique] tropicale, où l'on en trouve une dizaine d'espèces. Toutefois l'une d'entre elles, le *S. erecta* L., a été observée aussi dans plusieurs régions de l'ancien monde, notamment à Madagascar et

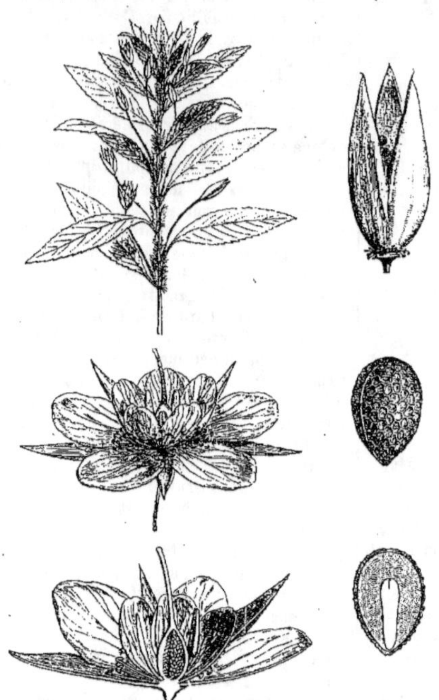

Sauvagesia. — Rameau florifère. Fleur, entière et coupe longitudinale. Fruit déhiscent. Graine, entière et coupe longitudinale.

dans l'Afrique tropicale occidentale. C'est une herbe utile; on la dit mucilagineuse et astringente. (H. BN, *Hist. des pl.*, IV, 339, 346, 354, fig. 370-375.)

SAUVAGÉSIACÉES, SAUVAGÉSIÉES. Série des Violacées, formée des genres *Sauvagesia, Lavradia, Neckia, Schuurmansia* et (?) *Vausasegia*. (H. BN, *Hist. des pl.*, IV, 339, 343, 354.)

SAUVALLEA (WIGHT, in *Sauv. Fl. Cub.*, 156). Genre de Commélinacées-Tradescantiées, formé d'une herbe grêle, de Cuba; distingué par des spathes 1-flores, compliquées, terminales; des loges d'anthère oblongues, séparées par un étroit connectif, d'abord descendantes, puis divariquées; 2 loges ovariennes 2-ovulées. (C.-B. CLKE, *Commel.*, 315.) [H. BN.]

SAUVE. Le *Sinapis arvensis* L.

SAUVE-VIE. L'*Asplenium Ruta muraria* L.

SAUVI. En Provence, le *Salvia officinalis* L.

SAUVILLOT. Le Troène commun.

SAUZ. Nom vulgaire mexicain du *Salix pentandra* L.

SAUZE, SAUZÉ. Noms provençaux des Saules.

SAÜZENADO. Nom toulousain des *Agaricus ilicinus, attenuatus* et *melleus* L.

SAUZ LLORON. Nom vulgaire mexicain du *Salix babylonica* L.

SAVA (ADANS., « *Fam. pl.*, II »). Synonyme de *Onosma* L.

SAVANILLA. L'un des noms du *Ratanhia* de la Nouvelle-Grenade ou de Savanilles.

SAVASTANA (SCHRANK, *Baier. Fl.*, I, 100, 337). Synonyme de *Hierochloe* GMEL.

SAVASTANIA (SCOP., *Introd.*, 213). Syn. de *Tibouchina* AUBL.

SAVASTANO (FR.-EULAL.). Auteur, à Naples [1712], de *Botanicorum seu institutionum rei herbariæ libri* 4 (in-8 de 147 p.).

SAVATT. Le *Poivrea aculeata* DC.

SAVEUR. Quelques auteurs, notamment Guillemin, ont composé des mémoires ou des thèses sur la saveur des plantes; il y en a de mucilagineuses, sucrées, nauséeuses, amères, etc. : question qui intéresse, on le comprend, la botanique médicale.

SAVIA (RAFIN., in *Desvx Journ.*, II, 171). Synonyme de *Amphicarpæa* DC.

SAVIA (W., *Spec. pl.*, IV, 771). Genre d'Euphorbiacées 2-ovulées (Phyllanthées), formé d'une dizaine d'arbustes glabres, de l'Asie et l'Afrique tropicales; distingué par des fleurs mâles à rudiment central de gynécée, avec 5 étamines libres; un disque annulaire, cupuliforme ou lobé; un gynécée 3-mère. Les graines ont un albumen charnu et des cotylédons plats. Les feuilles sont alternes, et les fleurs sont axillaires, solitaires ou disposées en cymes contractées. (H. BN, *Et. gén. Euphorb.*, 571, t. 22; *Hist. des pl.*, V, 235.)

SAVIGNON. Le *Cornus sanguinea* L.

SAVIN. Nom anglais de la Sabine.

SAVINE. Pour Sabine.

SAVINIER. Le *Juniperus Sabina mas* L.

SAVINIONA (WEBB, *Phyt. canar.*, I, 30, t. 1 B). Synonyme de *Lavatera* L.

SAVIN-OIL. Nom anglais de l'huile de Sabine.

SAVONAIRE. Synonyme de Saponaire.

SAVONNIER (*Sapindus* L., *Gen.*, n. 419). Genre qui donne son nom à la famille des Sapindacées et à la série des *Sapindées*. Ses fleurs sont régulières, hermaphrodites ou polygames, à 4, 5 sépales et à 4, 5 pétales, doublés d'une écaille intérieure, imbriqués. Il y a 8-10 ou 4-7 étamines intérieures au disque et

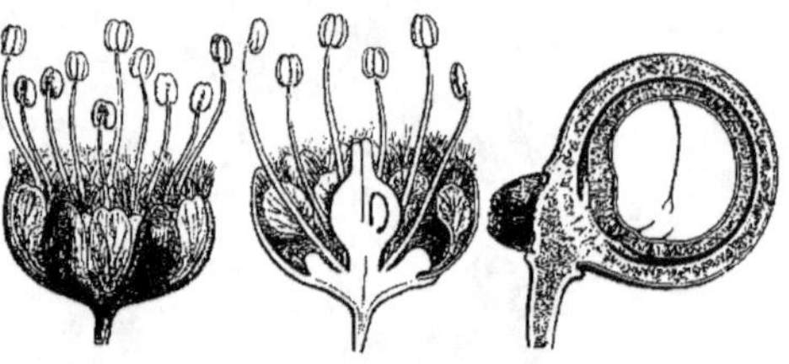

Savonnier. — Fleur, entière et coupe longitudinale. Fruit, coupe longitudinale.

un ovaire à 3 ou 2-4 loges 1-ovulées; l'ovule ascendant, à micropyle extérieur ou intérieur. Le fruit est coriace ou charnu, formé de 1-4 coques, à graine non albuminée; l'embryon arqué. Ce sont des arbres des pays tropicaux, riches, surtout les fruits, en un mucilage qui fait mousser l'eau. (H. BN, *Hist. des pl.*, V, 348, 385, 394, fig. 351-353.)

SAVORÉE. Le *Satureia hortensis* L.

SAVORY. Nom anglais des Sariettes.

SAVOURÉE. Synonyme de Sadrée.

SAVOYARDE. Le *Coptis trifolia* SALISB.

SAWA-GIKU. Nom japonais du *Senecio nikoensis* MIQ.

SAWA-GIKYO. Nom japonais du *Lobelia sessilifolia* LAMB.

SAWA-OGURUMA. Nom japonais du *Senecio campestris* DC., var. *subdentatus* MAXIM.

SAWA-RAN. Nom japonais de l'*Arethusa japonica* A. GRAY.

SAWASHION. Nom japonais du *Penthorum sedoides* L.

SAWASHIRO-GIKU. Nom japonais de l'*Aster rugulosus* MAX.

SAWATATARABI. Nom japonais de l'*Adenostemma viscosum*.

SAWA-TORANOWO. Au Japon, le *Lysimachia leucantha* MIQ.

SAWA-ZERI. Nom japonais du *Sium nipponicum* MAXIM.

SAW-BREAD. Nom anglais des *Cyclamen* T.

SAXEGOTHEA (LINDL., in *Journ. Hort. Soc. Lond.*, VI, 258, c. xyl.). Genre de Conifères-Podocarpées, formé d'un arbre du Chili méridional; distingué par des fleurs mâles en chatons subglobuleux, avec quelques écailles imbriquées; des femelles renversées, portées sur un pied charnu, adné à la bractée et bientôt fort accru. Le cône est hérissé des sommets des bractées. La plante est parfois cultivée. [H. BN.]

SAXIFRAGA (Fuchs). La Rue des murailles.

SAXIFRAGA ALTERNIS SPECIEI (Matth.). Le *Satureia hortensis* L.

SAXIFRAGA AUREA. Nom ancien des *Chrysosplenium* T.

SAXIFRAGACÉES. Famille, par enchaînement, de Dicotylédones-Dialypétales, qui ont ordinairement l'ovaire infère et des placentas pariétaux. Nous l'avons divisée en 20 séries : Saxifragées, Penthorées, Céphalotées, Parnassiées, Francoées, Hydrangiées, Philadelphées, Escalloniées, Vénanées (Brexiées), Pittosporées, Ribésiées, Bauérées, Cunoniées, Codiées, Bruniées, Hamamélidées, Liquidambarées, Platanées, Myosurandées, Daliscées. Mais la série des Pittosporées, à ovaire supère, sera mieux placée désormais parmi les Bixacées. Il y a d'ailleurs d'autres Saxifragacées, à ovaire libre. Il y en a aussi d'apétales et d'autres dans laquelle les loges ovariennes sont complètes. Ces loges peuvent être ∞-ovulées, mais aussi pauci- ou uniovulées. La corolle peut faire défaut, ou, exceptionnellement, être gamopétale ou réellement réduite à un seul pétale. Il y a des Saxifragacées à carpelles indépendants ; et c'est ce qui fait qu'il est impossible de tracer une limite absolue entre cette famille d'une part et de l'autre les Rosacées et les Crassulacées. Ce sont ou des herbes, ou des plantes ligneuses, frutescentes ou même arborescentes, à feuilles simples ou plus ou moins composées, avec ou sans stipules, à fruit sec ou charnu, à graines pourvues ou dépourvues d'albumen. En somme, comme pour tant d'autres grandes familles naturelles, on peut dire de celle-ci qu'elle ne possède aucun caractère exclusivement absolu. (H. Bn, *Hist. des pl.*, III, 325, XXI.)

SAXIFRAGA LUTEA (Fuchs). Le Mélilot.

SAXIFRAGA MAGNA (Matth.). Le *Silene Saxifraga* L.

SAXIFRAGA VERA (Matth.). Le *Satureia Juliana* L.

SAXIFRAGE (*Saxifraga* T., *Inst.*, 252, t. 129). Genre type de la famille des Saxifragacées, dont l'organisation des fleurs est tellement variable, suivant les espèces, que si l'on ne trouvait pas tous les intermédiaires possibles entre des formes très diverses, on serait tenté de créer, pour chaque groupe, un genre nouveau. Examinons successivement plusieurs de ces types. Les *S. crassifolia, cordifolia*, par exemple, présentent des fleurs hermaphrodites, à réceptacle peu dilaté, à calice formé de 5 sépales, imbriqués en quinconce ; à corolle de 5 pétales, égaux, libres, imbriqués ; 10 étamines, insérées sur les bords de la coupe réceptaculaire, opposées, 5 aux sépales, 5 aux pétales ; ces dernières plus petites ; toutes libres, à anthère biloculaire, introrse, déhiscente par deux fentes longitudinales. Le gynécée est libre, supère. Les 2 carpelles qui le composent sont indépendants ou unis seulement dans leur portion inférieure ; l'un antérieur, l'autre postérieur. Chacun d'eux a un ovaire uniloculaire, muni à sa base d'un très léger disque, surmonté d'un style à sommet renflé. Dans chaque carpelle, un placenta pariétal supporte un nombre indéfini d'ovules anatropes. Le fruit, sec, formé de 2 follicules indépendants, contient de nombreuses graines allongées, à albumen charnu, à embryon axile. Les *S. rotundifolia* et quelques autres ont un gynécée complètement libre. Entre l'ovaire et l'insertion des étamines se trouve un disque très renflé. Les 2 carpelles qui constituent le gynécée sont unis par leur face interne, formant ainsi un ovaire biloculaire, à placentas portés par la cloison. Les espèces où l'ovaire, libre, est biloculaire à la base, séparé en 2 parties à la portion supérieure, où les placentas se prolongent d'une façon indépendante, forment une transition très nette entre ces 2 types : citons les *S. cymbalaria, rotundifolia*, etc. Le réceptacle devenant plus concave prend, dans quelques cas, la forme d'une cupule, dont les bords présentent le périanthe et l'androcée ; et le fond, le pistil libre. Avec un réceptacle sacciforme, nous passons aux formes où les carpelles s'insèrent plus haut et par une plus large portion. L'ovaire devient alors presque totalement infère, à placentas axiles, uniloculaire seulement dans la portion supérieure. Citons enfin les espèces à corolle irrégulière, dont le *S. sarmentosa*, plante ornementale de nos jardins, est le type. La corolle est alors formée de 2 grands pétales, et de

3 petits, parfois rudimentaires ; ou d'un grand pétale, avec 2 moyens et 2 petits. La constitution de la corolle, ses dimensions, ainsi que celles du calice, la structure de la tige et des feuilles, permettent de partager ce genre ainsi compris en 17 sections. Nous renvoyons le lecteur curieux de se rendre compte de leur valeur et de leurs caractères à la révision qu'en a faite M. Engler (*Ind. crit. spec. atque syn. gen. Saxifraga. — Vindob.* [1869]). Les Saxifrages sont des herbes annuelles ou plus souvent vivaces, à portions souterraines en rhizomes, ou chargées de bulbilles (*S. granulata*). Leurs

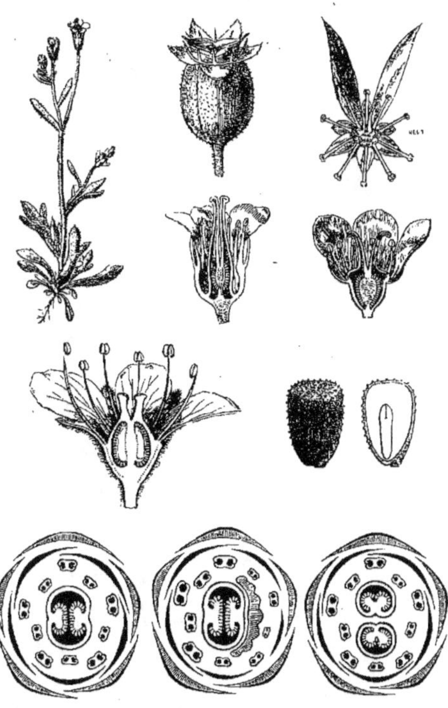

Saxifrage. — Port. Fleurs, entières et coupes longitudinales. Diagrammes. Fruit déhiscent. Graine, entière et coupe longitudinale.

feuilles, alternes ou opposées, ont une forme variable, à pétiole engainant, mais dépourvu de stipules. Les fleurs, de teinte blanchâtre ou rosée, fréquemment jaunes, sont parfois solitaires, en général groupées en cymes, terminales ou axillaires. Les Saxifrages ont jadis passé pour lithontriptiques, sauf le *S. crassifolia*, qui peut s'employer, dit-on, comme substitutif du thé. Les Saxifrages, répandues dans les régions tempérées et surtout froides ou alpines des deux continents, n'ont pas d'usages véritablement importants. (Voy. H. Bn, *Hist. des plant.*, III, 326, 424, fig. 356-364.) [F. H.]

SAXIFRAGE BLANCHE. Le *Saxifraga granulata* L.

SAXIFRAGE DES PRÉS, S. DES ANGLAIS, S. DES ALLEMANDS. Le *Meum Silaus* H. Bn.

SAXIFRAGE DES ROMAINS. Nom ancien des *Chrysosplenium*.

SAXIFRAGE DORÉE. Les *Chrysosplenium* T.

SAXIFRAGE MARINE. Le *Crithmum maritimum* L.

SAXIFRAGE (PETITE). Le *Carum (Pimpinella) Saxifraga*.

SAXIFRAGE PYRAMIDALE. La Joubarbe des toits.

SAXIFRAGE ROUGE. La Filipendule.

SAXIFRAGE ROUGE (PETITE). Le *Saxifraga tridactylites* L.

SAXOFRIDERICIA (R. Schomb., *Rap. u. Saxofr.* [1845], 13,

t. 2). Genre de Rapatées, formé de 5 grandes herbes, du Brésil et de la Guyane; distinguées des *Rapatea*, dont elles ont les bractéoles, par 2-∞ ovules dans chaque loge, insérés latéralement ou près de la base; des anthères inappendiculées, déhis-

Scabieuse. — Branche florifère et fructifère.

centes par des pores ou des fentes obliques; de larges bractées involucrantes. (Kœrn., in *Linnæa*, XXXVII, 452.) [H. Bn.]

SAYA-VER. Synonyme de *Chaya-ver*.

SAYORU. Au Japon, le Sceau de Salomon.

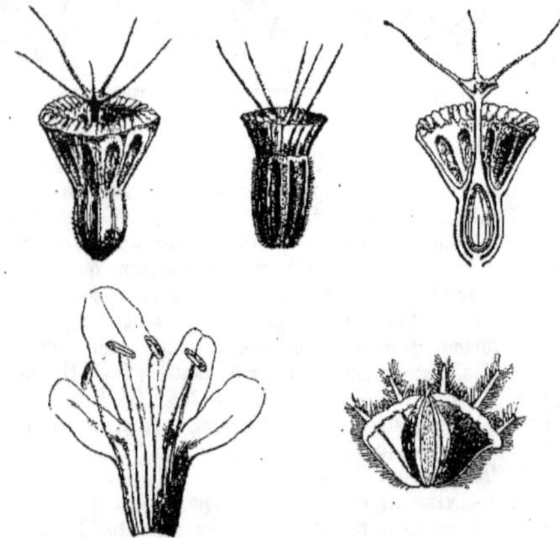

Scabieuses. — Corolle étalée. Fruits.

SAYRI. L'un des noms péruviens du Tabac.

SAZAYE-OBAKO. Nom japonais d'un Plantain.

SBARAGLIA (G.-Geron.). Professeur à Bologne, a publié [1723] *Raccolta di quistioni intorno a cose di botanica*, etc.

SBRISA. Nom italien de la Fistuline.

SCABIEUSE (*Scabiosa* T., *Inst.*, 463, t. 263, 264). Genre de Dipsacacées-Dipsacées, à fleurs à peu près de Cardère; distingué par un involucre à bractées foliacées ou rarement rigides ou paléacées (*Cephalaria*), libres ou unies à la base; des écailles du réceptacle étroites, courtes ou 0; des corolles 4, 5-fides. Ce sont des plantes herbacées, rarement frutescentes, de l'Europe, l'Asie et l'Afrique; à fruit sec, à graine de *Dipsacus*. On cultive beaucoup le *S. atropurpurea* ou Fleur de veuve. Le *S. succisa* passe pour très vénéneux. Le nom générique vient de *scabies* (gale), beaucoup d'espèces passant pour antipsoriques. (H. Bn, *Hist. des pl.*, VII, 521, 528, 530, fig. 415-422.)

SCABIEUSE FAUSSE. Le *Jasione montana* L.

SCABIOSA (T.). Nom latin des Scabieuses.

SCABIOSA MAJOR (Matth.). Le *Centaurea Scabiosa* L.

SCABIOUS. Pour Scabieuse.

SCABIOUS. Nom impropre, aux États-Unis, des *Erigeron heterophyllum* et *philadelphicum*, qui sont des médicaments.

SCABRITA (L., *Mantiss.*, 3). Synonyme de *Nyctanthes* L.

SCADICCAALI. Dans l'Inde, l'*Euphorbia Tirucalli* L.

SCÆVOLA (L., *Mantiss.*, n. 1294). Genre de Campanulacées-Goodéniées, formé d'une soixantaine d'herbes et arbustes, des rivages maritimes de l'ancien monde; distingué par une corolle

Scævola. — Fleur, entière et coupe longitudinale. Fruit, entier et coupe transversale.

irrégulière, fendue sur le dos, à lobes non auriculés, étalés; les anthères libres; les ovules souvent au nombre de 2; le fruit 4-valve. On les cultive rarement dans les jardins botaniques. (H. Bn, *Hist. des pl.*, VIII, 342, 370, fig. 188-191.)

SCAGLIOLA. Nom italien du *Phalaris canariensis* L.

SCALESIA (Arn., in *Lindl. Introd.*, ed. 2, 443). Genre de Composées-Hélianthées, formé d'une dizaine d'arbustes scabres, des Galapagos; distingué par des fleurs du rayon peu nombreuses ou 0; des capitules pédonculés, moyens; un involucre largement campanulé-suburcéolé; des fruits sans aigrette. (Anders., in *Eug. Res. Bot.*, II, t. 7. — H. Bn, *Hist. des pl.*, VIII, 217.)

SCALIA (Sims, in *Bot. Mag.*, t. 956). Syn. de *Podolepis* Labill.

SCALIGER (Jos.-Just.). Savant de Leyde [1540-1609], auteur de *Animadversiones* sur le Commentaire de Guilandinus. — Jul.-Cæs. Scaliger, né à Vérone et mort à Agen [1484-1558], a écrit sur la botanique d'Aristote [1556], puis [1557] *Exotericarum exercitationum liber* 15 *de subtilitate ad H. Cardan*; des Commentaires sur Théophraste [1566] et *Animadversiones in historias Theophrasti* [1584].

SCALIGERIA (DC., *Mém. Ombell.*, 70; *Prodr.*, IV, 248). Synonyme de *Bulbocastanum* Lagasc.

SCALIGERIA (DC., *Prodr.*, IV, 248). Synonyme de *Conopodium* Koch.

SCALIOPSIS (Walp., in *Linnæa*, XIV, 318). Genre proposé pour le *Podolepis longipedata* A. Cunn.

SCALIUS (Gray, *Arr. brit. pl.*, I, 670). Synonyme de *Haplomitrium* Nees.

SCALOPODORA (Ehrh., *Phytoph.*, n. 80). Synonyme de *Umbilicaria* Hoffm.

SCAMER. Nom arabe du Fenouil.

SCAMMONÉE. Le *Convolvulus Scammonia* L.

SCAMMONÉE D'ALLEMAGNE. Le *Calystegia sepium* R. BR.

SCAMMONÉE D'AMÉRIQUE. Le Jalap. Le même nom se donne aussi parfois à l'*Ipomœa Mechoacana*.

SCAMMONÉE DE BOURBON. La gomme-résine purgative de *Katapal-valli*. Aux îles Mascareignes, c'est le nom du *Periploca mauritiana* POIR. et du *Secamone emetica* RETZ.

SCAMMONÉE DE MONTPELLIER. Le *Cynanchum monspeliacum*?

SCAMMONÉE DE SMYRNE. Le *Secamone ægyptiaca* R. BR.

SCAMMONÉE D'EUROPE. Le *Calystegia sepium* R. BR.

SCAMMONIA (SPACH, *Suit. à Buff.*, IX, 97). Sous-genre du genre *Convolvulus* T.

SCANARIA. Nom ancien du Cerfeuil.

SCANDALIDA (ADANS., *Fam. des pl.*, II, 326). Synonyme de *Tetragonolobus* SCOP.

SCANDEDERIS (DUP.-TH.). Pour *Scaredederis* DUP.-TH.

SCANDELLA. Nom italien de l'Orge.

SCANDICINÉES (*Scandicineæ* KOCH). Tribu des Ombellifères. (Voy. H. BN, *Hist. des pl.*, VII, 174.)

SCANDIX (T., *Inst.*, 326, t. 173). Genre d'Ombellifères-Carées, dont les fleurs hermaphrodites ou polygames ont des stylopodes plus ou moins dilatés à la base, parfois ondulés, et sont d'ailleurs semblables à celles des *Chærophyllum*. Le fruit est oblong-linéaire, prolongé supérieurement en un bec long ou même très long, comprimé perpendiculairement à la cloison, avec un carpophore simple ou bifide. Les côtes primaires sont presque égales, quelquefois assez larges. Les bandelettes sont solitaires dans chaque vallécule, minces, peu visibles ou nulles. La face de la graine porte un profond sillon autour duquel ses bords sont plus ou moins involutés. Ce sont des herbes annuelles de toutes les régions de l'hémisphère boréal de l'ancien monde, à feuilles décomposées-pennées, à ombelles composées ou rarement simples. Les involucres sont nuls ou réduits à une bractée; les involucelles sont formées de nombreuses bractées, entières ou disséquées. On en distingue 8 ou 9 espèces. (H. BN, *Hist. des pl.*, VII, 233.)

SCAPANIA (DUMORT., *Syll. Jungerm.*, 38). Section du genre *Radula* NEES, ayant pour types les *J. resupinata, undulata*, etc. Pour Nees, c'est une section du genre *Plagiochila* DUM.

SCAPE (*Scapus*). Synonyme de Hampe.

SCAPHA (NORONH. — CHOIS., *Mém. Ternstrœm.*, 30). Synonyme de *Saurauja* W.

SCAPHESPERMUM (EDGEW., in *Trans. Linn. Soc.*, XX, 58). Section du genre *Seseli* L. (H. BN, *Hist. des pl.*, VII, 217.)

SCAPHISPATHA (AD. BR., ex SCHOTT, *Prodr. Syst. Aroid.*, 214). Genre mal connu d'Aracées-Colocasiées, formé d'une herbe bolivienne, à filets staminaux unis en colonne égale aux anthères et portant 4 sillons; à ovaire 1-loculaire; le placenta basilaire et 4-ovulé. (ENGL., *Arac.*, 526.) [H. BN.]

SCAPHIUM (SCHOTT, *Melet.*, 33). Section du genre *Sterculia* L.

SCAPHOPETALUM (MAST., in *Journ. Linn. Soc.*, X, 27). Genre de Malvacées-Buettnériées, voisin des *Guazuma*, formé d'arbuscules de l'Afrique tropicale; distingué par des pétales obovales-cucullés, sans limbe, dit-on; des étamines unies en urcéole, avec 5 staminodes interposés à autant de groupes de 3 anthères. (H. BN, *Hist. des pl.*, IV, 132.)

Scandix.
Fruit.

SCAPHOPHORUM (EHRENB., *Fung. de Chamisso it.*, 18). L'auteur, croyant voir des spores à l'intérieur de basides, a donné ce nom à un *Schizophyllum* et suppose son Champignon voisin des *Hysterium* TODE. [DE S.]

SCAPHYGLOTTIS (PŒPP. et ENDL., *Nov. gen. et spec.*, I, 58, t. 97-100). Genre d'Orchidacées-Épidendrées, formé de 7,

8 espèces épiphytes et pseudobulbeuses, de l'Amérique tropicale; distingué par un labelle indépendant du gynostème assez long; 4 polliniés 1-sériées; des fleurs petites, groupées à la base des feuilles linéaires. On en cultive quelques jolies espèces dans nos serres. (*Bot. Reg.*, t. 1901. — *Bot. Mag.*, t. 4071.) [H. BN.]

SCAPUS. Nom latin de la Hampe.

SCARABILLO. Nom toulousain du *Cantharellus cibarius* FR.

SCAREDEDERIS (DUP.-TH., *Orch. il. Afr. austr.*, t. 91). Synonyme de *Dendrobium* SW.

SCARELLA (J.-B.). Auteur [1676], à Padoue, de *Postille ad alcuni capi della storia botanica del S.-G. Zanoni*. Il a aussi écrit [1687] *Lettera apologetica intorno ad una pianta anonima* (l'*Isnardia*) et une brochure sur l'*Aloe americana* [1710].

SCARIOLA (DC., *Prodr.*, VII, I, 133). Section du g. *Lactuca*.

SCARIOLE, SCAROLE. Légume attribué au *Lactuca Scariola* L. C'est bien souvent, dans les cultures, un *Cichorium*.

SCARLET INDIAN SHOT. Nom anglais du *Canna Lamberti*.

SCAVISSON. L'écorce du *Cinnamomum Cassia* NEES.

SCEAU DE LA VIERGE, DE NOTRE-DAME. Le *Tamus communis* L.

SCEAU DE SALOMON. Nom vulgaire des *Polygonatum* T. Le S. de Salomon proprement dit est le *P. vulgare* DESF. Le *P. multiflorum* DESF est le Petit Sceau de Salomon.

SCEAU D'OR. L'*Hydrastis canadensis* L.

SCEBRAM. Nom ancien des Euphorbes.

SCELERATA. Nom de diverses Renoncules vénéneuses.

SCELOCHILUS (KL., in *Allg. Gartenz.* [1841], 261). Genre d'Orchidacées-Vandées, formé de 3, 4 herbes épiphytes et pseudobulbeuses, des Andes; distingué, dans le groupe des Oncidiées, par un labelle à éperon double ou didyme, court et saillant dans une gibbosité ou un éperon du calice. La grappe est simple ou subrameuse et pauciflore. (PŒPP. et ENDL., *Nov. gen. et spec.*, t. 72.) [H. BN.]

SCEPA (LINDL., *Introd.*, ed. 2, 441). Synon. de *Aporosa* BL.

SCÉPACÉES, SCÉPÉES. Famille de Dicotylédones apétales. Dans le vol. IV du *Bulletin de la Société botanique de France*, nous avons fait voir que la famille des Scépacées appartenait aux Euphorbiacées et devait, par conséquent, disparaître. Cette opinion a été adoptée par tous, mais on n'en a presque jamais cité l'auteur. [H. BN.]

SCEPANIUM (EHRH., *Phytoph.*, n. 55). Synonyme de *Prosopia* REICHB.

SCEPASMA (BL., *Bijdr.*, 582). Genre d'Euphorbiacées 2-ovulées (H. BN, *Et. gén. Euphorb.*, t. 25), aujourd'hui considéré comme une section des *Phyllanthus*. (H. BN, *Hist. pl.*, V, 252.)

SCEPIN (Const.). Auteur [1758], à Leyde, de *De acido vegetabili, cum annotationibus botanicis* (in-4 de 44 p.).

SCEPINIA (NECK., *Elem.*, I, 78). Genre disjoint des *Pteronia* L.

SCEPOCARPUS (WEDD., in *DC. Prodr.*, XVI, I, 98). Synonyme (B. H., *Gen.*, III, 383) de *Urera* GAUDICH.

SCEPSEOTHAMNUS (CHAM., in *Linnæa*, IX, 248). Synonyme de *Amaioua* AUBL. (H. BN, *Hist. des plant.*, VII, 434.)

SCEPTRANTHUS (GRAH., in *Edinb. N. Phil. Journ.*, XX, 413). Genre proposé pour le *Cooperia pedunculata* HERB.

SCEPTRE DE FLORE. Nom vulgaire de l'inflorescence du *Xanthorrhœa hastilis* SM., de l'Australie.

SCEPTROCNIDE (MAXIM., in *Bull. Ac. Pétersb.*, XXII, 238; *Mél. biol.*, IX, 623). Genre d'Urticacées-Urticées, formé d'une grande herbe du Japon; distingué par des étamines adnées aux sépales. Dans la fleur femelle, il y a 2 petits sépales et 2 grands, ovales. Le style est linéaire. Les inflorescences sont des glomérules groupés en grappe simple ou composée. [H. BN.]

SCEPTROMYCES (CORD., in *Sturm Deutschl. Fl.*, XI, 7). Genre d'Hyphomycètes, à filaments mycéliens rampants, étroits, cloisonnés, donnant naissance, au voisinage des cloisons, à des rameaux courts, ténus, en verticille, qui portent un grand nombre de spores disposées en épi serré, oblong. Les spores sont globuleuses et munies d'un petit pédicule. Une espèce se rencontre en Bohême, sur les inflorescences mâles de Cyprès.

SCEPTRUM (B. H., *Gen.*, III, 516). Sect. du g. *Earina* LINDL.

SCEPTRUM (Ledeb., *Fl. ross.*, III, I, 302). Sous-genre du genre *Pedicularis* T.

SCEPTRUM-CAROLINUM (L., *Fl. lapp.*, 197). Synonyme de *Prosopia* Reichb.

SCERBIN. Nom hébreu du Cèdre du Liban.

SCEURA (Forsk., *Fl. æg.-arab.*, 37). Syn. de *Avicennia* L.

SCHABEL (A.). Auteur [1837] d'un *Flora von Ellwangen*, in-8.

SCHACHT (Herm.). Né en 1814, fut professeur à Bonn, où il mourut en 1864, après un voyage à Madère, débuta par un *Entw. des Pflanzen-Embryon* [1850] et un traité du Microscope [1851], traduit en français et en anglais. En 1852, il donna sa *Physiologische Botanik*, et en 1860 son livre sur les arbres, *Der Baum*, traduit par E. Morren en français. Son *Beiträge z. Anatomie und Physiologie der Gewächse* est de 1854. En 1856, il étudia la maladie des pommes de terre. En 1859, il publia un *Lerbuch der Anatomie und Physiologie der Gewächse*, et en 1859 un *Grundriss der Anatomie und Physiologie der Gewächse*. Après son voyage, il écrivit *Madeira und Teneriffe mit ihrer Vegetation*.

SCHACHTIA (Karst., in *Linnæa*, XXX, 156; *Fl. columb.*, I, 89, t. 44). Genre de Rubiacées-Génipées, voisin des *Genipa* ou des *Amaioua*, et imparfaitement connu, à fleurs dioïques, dont la corolle hypocratérimorphe est à 6-9 lobes tordus, avec même nombre d'étamines et un ovaire à 2 loges multiovulées. Le fruit est une baie cortiquée, surmontée du calice, hispide et à pulpe farcie de graines albuminées. Le *S. dioica*, seule espèce connue, est un arbre hérissé, de la Nouvelle-Grenade, à entre-nœuds renflés, à feuilles opposées, à stipules unies en gaine finalement fendue d'un côté; à fleurs terminant de courts rameaux axillaires; les mâles solitaires; les femelles en cymes et courtement pédicellées. C'est peut-être bien un *Genipa*. (Voy. *Hist. des plant.*, VII, 313, 438, n. 90.) [H. Bn.]

SCHACK. Nom syrien de l'*Acacia arabica* L.

SCHADJARET EL ARHLEB. En Arabie, l'*Ærua lanata* L.

SCHAERE. — Voy. Cheybeh.

SCHÆFER (M.) Auteur [1826-1829] d'un *Trierische Flora*, en 3 volumes.

SCHÆFFER (Karl). Médecin à Halle, où il mourut en 1675, a écrit [1662] *Deliciæ botanicæ hallenses*. — Jak.-Christ. Schæffer, né à Querfurt en 1718 et mort à Regensburg en 1790, est l'auteur de *Epistola de studii botanici faciliori ac tutiori methodo; Isagoge in botanicam expeditionem* [1759]; *Erleichterte Arznerkräuterwissenschaft* [1759]. — Jak.-Christ. Schæffer, né à Regensburg, est l'auteur de : *Der Gichtschwamm mit grünschleimigen Hute* [1760]; *Botanica expeditior* [1760]; *Icones et descriptio fungorum quorundam singularium*, etc. [1761]; *Fungorum qui in Bavaria et Palatinatu circa Ratisbona nascuntur Icones*, etc. [1762-74], 4 vol. in-4.

SCHÆFFERIA (Jacq., *St. amer.*, 259). Genre de Célastracées-Évonymées, formé de 2 arbustes américains ; distingué par des feuilles alternes ou fasciculées et des fleurs de Fusain, 4-mères, à calice et corolle imbriqués ; les branches stylaires 2-partites et bien développées. (Karst., *Fl. columb.*, I, t. 91. — H. Bn, *Hist. des pl.*, VI, 37.)

SCHÆFFNERA (Sch. bip., in exs. *Kotsch.*). Synonyme de *Dicoma* Cass.

SCHÆRER (Ludw.-Emm.). Ecclésiastique de Belp, dans le canton de Berne, s'est occupé des Lichens et a publié : *Lichenum helveticorum Spicilegium* [1823-42]; *Lichenes Helvetiæ exsiccati* [1823-54]; *Enumeratio critica Lichenum europæorum quos ex nova methodo digerit* [1850].

SCHAETZELLA (Sch. bip., in *Ott. et Dietr. Gartenzeit.*, XVII, 192). Synonyme de *Hinterhubera* Sch. bip.

SCHÆTZELLIA (Kl., in *Ott. et Dietr. Gartenz.* [1849], 81). Synonyme de *Onoseris* DC.

SCHAFCHAMPIGNON. Nom allemand de l'Agaric champêtre.

SCHAFEF. Nom hébreu des Rues.

SCHAFEUTER, SCHAFLOCHERPILZ. Noms allemands du *Polyporus ovinus* Schæff., espèce comestible.

SCHAFFNERA (Benth., in *Hook. Icon.*, t. 1378; *Gen.*, III,

1124). Genre de Graminées-Zoysiées, formé d'une herbe annuelle, du Mexique; distingué par des fleurs de Euzoysiée; les épillets subfasciculés dans les aisselles, avec 2 glumes, dont l'inférieure est 2, 3-aristée; la supérieure 2-lobée, avec une arête entre les lobes. [H. Bn.]

SCHAIR. Nom indigène du *Peucedanum Shair* H. Bn.

SCHAKED. Nom hébreu des Amandes.

SCHAMBLUME. Nom allemand des *Æschynomene* L.

SCHAMSIA (Bronn., *Traub. Rheinth.*, 11). « Genre », pour l'auteur, de Vignes.

SCHANGINIA (C.-A. Mey., in *Ledeb. Fl. alt.*, I, 394). Synonyme de *Suæda* Forsk. et section de ce genre.

SCHAREEJ. Nom, à Tripoli (Rauw.), de la Pastèque.

SCHARFF (Benj.). Auteur [1679], à Francfort, de *Arceuthologia, sive Juniperi descriptio curiosa*, etc., et [1839] de *Flora halberstadensis excursoria* (in-8 de 119 p.).

SCHASMARIA (Achar., *Syn. Lich.*, 271). Section du genre *Cenomyce* Achar.

SCHAUER (Joh.-Konr.). Professeur à Eldena, puis à Greifswald [1843-1848], a écrit : *Die Melaleuken der deutschen Gärten* [1835]; deux mémoires sur les Chamélauciées; *de Regelia, Beaufortia et Calothamno; Der Kœnigliche Garten zu Breslau* [1843]; *Die Stockfäule der Kartoffeln* [1846]. C'est lui qui a rédigé les Verbénacées pour le *Prodromus* (XI).

SCHAUERA (Nees, in *Lindl. Introd.*, ed. 2, 202). Synonyme de *Aydendron* Nees.

SCHAUERIA (Hassk., in *Flora* [1842], II, Beil., 25). Synonyme de *Hyptis* Jacq.

SCHAUERIA (Nees, *Ind. sem. H. vratisl.* [1838]). Genre d'Acanthacées-Justiciées, formé d'environ 8 arbustes ou herbes du Brésil; distingué par des fleurs diandres, sans staminodes; les sépales linéaires ou sétacés; les lobes de la corolle étroits; le tube grêle; des épis terminaux, simples ou composés. (*Bot. Reg.*, t. 1027. — *Bot. Mag.*, t. 2816. — H. Bn, *Hist. pl.*, X, 447.)

SCHAUMPILZE. Nom allemand des *Spumaria* Pers.

SCHAWARI. Nom guyanais du *Caryota tomentosa*, palmier dont le bois sert pour la charpente et les constructions navales.

SCHAWRZWURZE. En Allemagne, la Consoude officinale.

SCHEBA. Nom arabe du *Semen-contra*.

SCHEBER. Nom hébreu du Froment.

SCHEBLÉ. Nom vulgaire, en Abyssinie, du *Phytolacca abyssinica* Hoffm., qui passe pour un ténifuge énergique. On emploie à cet usage, dans le pays, la racine et les fruits.

SCHEDONNARDUS (Steud., *Syn. pl. glum.*, I, 146). Genre de Graminées-Chloridées, formé d'une herbe américaine, annuelle; distingué par de nombreux épillets échelonnés sur un axe commun; 2 glumes vides, étroites; une glumelle fertile, plus longue et mutique; un petit rachis d'épillet non prolongé au delà de la fleur. C'est le *Lepturus paniculatus* Nutt. (*Gen.*, I, 81). Bentham croit cependant le genre plus proche des *Gymnopogon* que des *Lepturus*. (*Hook. Icon.*, t. 1360.) [H. Bn.]

SCHEELEA (Karst., in *Linnæa*, XXVIII, 264; *Fl. columb.*, I, 135, t. 67; II, 145, t. 176). Genre de Palmiers-Cocoïnées, formé de 6, 7 Palmiers inermes, américains; distingué par des feuilles pennatiséquées, des fleurs mâles à pétales claviformes ou cylindracés; 6 étamines plus courtes; un fruit à 1, 3 graines. Pour M. Drude, ce sont des *Maximiliana* et *Attalea*. [H. Bn.]

SCHEERIA (Seem., *Bot. Her.*, 184). Section du genre *Achimenes* P. Br.

SCHEFFER (Rud.-H.-C.-C.). Débuta [1867] par une thèse sur les Myrsinées de l'Archipel Indien, puis alla diriger à Java le jardin de Breitenzorg, où il publia [1869] ses *Observationes phytographicæ* et où il mourut malheureusement encore jeune.

SCHEFFIELDIA (Scop., *Introd.*, 183). Pour *Sheffieldia* Forst.

SCHEFFLERA (Forst., *Char. gen.*, 45, t. 23). Genre d'Ombellifères-Araliées, dont les fleurs, polygames ou hermaphrodites, sont à peu près celles des *Aralia*, avec un calice denté, entier ou nul; 4, 5 pétales et plus rarement un nombre supérieur, valvaires ou se détachant par la base, à la façon d'une coiffe. Les étamines sont en nombre égal aux pétales, avec lesquels elles alternent et s'insèrent sous un disque épigyne déprimé ou conique. L'ovaire infère a 2-∞ loges surmontées d'un style à autant de divisions plus ou moins profondes, souvent très courtes, obtuses ou capitellées au sommet. Dans chaque loge se trouve un ovule descendant, anatrope, à micropyle supérieur et extérieur, coiffé parfois d'un obturateur que forme le funicule dilaté. Le fruit est une drupe à 2-∞ noyaux; et chacun d'eux renferme une graine descendante, à albumen homogène, lisse ou rugueux à la surface. Ce sont des arbres ou des arbustes, parfois grimpants, à feuilles généralement alternes,

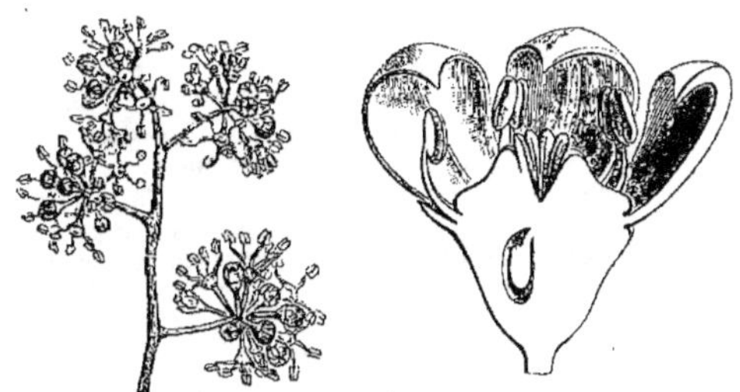

Schefflera. — Inflorescence. Fleur, coupe longitudinale.

ou en partie opposées, entières ou palmatilobées, plus ordinairement composées, digitées ou rarement pennées, avec des fleurs réunies en ombelles ou en capitules eux-mêmes disposés en grappes ou en corymbes plus ou moins ramifiés, avec des bractées plus ou moins développées formant involucelles et des pédicelles non articulés. Nous avons rattaché à ce genre les *Heptapleurum, Paratropia, Dendropanax, Brassaia, Actinomorphe, Dipanax, Meiopanax, Brassaia, Astropanax, Agalona.* Les 90 espèces connues habitent toutes les régions chaudes du globe. (Voy. *Adansonia*, XII, 138, 145; *Hist. des plant.*, VII, 160, 247, n. 98, fig. 200, 201.) [H. Bn.]

SCHEFFLÈRE. Nom français (Lamk) des *Schefflera* Forst.

SCHEIBENPILZE. Nom allemand des Discomycètes.

SCHEIDWEILERIA (Kl., *Begon.*, 58, t. 4 C). Synonyme de *Begonia* L.

SCHEK-IN (Tabac de roche). Nom, en Chine, du *Primulina Tabacum* Hance, qui a réellement une forte odeur de tabac.

SCHELAMANIK. Nom, au Kamtchatka, du *Neillia opulifolia.*

SCHELHAMMERA (Mœxch, *Meth.*, Suppl., 116). Genre établi pour le *Carex cyperina* L.

SCHELHAMMERA (H. Bn., *Prodr.*, 273). Genre de Liliacées-Uvulariées, formé de 2 herbes vivaces, de l'Australie orientale; distingué par une tige courte et souvent ramifiée; des fleurs terminales, à périanthe étalé; 6-mère; une capsule loculicide. (*Bot. Mag.*, t. 2712.)

SCHELHAMMERIA (Heist., *H. helmst.*, 36). Synonyme de *Cheiranthus* L.

SCHELLINGIA (Steud., in *Flora* [1850], 231, t. 4). Synonyme de *Ægopogon* H. B.

SCHELLOLEPIS (J. Sm., in *Hook. Journ. Bot.*, IV, 56). Section du genre *Goniophlebium* Bl.

SCHELVER (Fried.-Jos.). A écrit : *Kritik der Lehre von den Geschlechtern der Pflanze*, Heidelberg [1812], et [1822] *Lebens- und Formgeschichte der Pflanzenwelt* (in-8 de 269 p.).

SCHELVERIA (Nees et Mart., in *Flora* [1821], 299). Synonyme de *Angelonia* H. B.

SCHENA (Rheed., *Hort. malab.*, 35, fig. 18). Synonyme de *Amorphophallus dubius* Bl.

SCHENCK A GRAFENBERG (Joh.-G.). Auteur [1600] d'un *Hortus patavinus* (in-8), qui eut deux éditions.

SCHENEDEGI. Nom arabe du Chènevis.

SCHENK (Jos.-Theod.). Professeur à Iéna [1619-1671], auteur de *De re herbaria* [1653]; *Historia plantarum generalis* [1658]; *Catalogus plantarum horti medici jenensis* [1659];

Marathrologia, sive de Fœniculo [1665], et *De Cinnamomo* [1670]. Il a aussi écrit sur la flore d'Égypte, etc.

SCHENKIA (Griseb., in *Bonplandia*, I, 226). Synonyme de *Erythræa* L.

SCHENNA. Nom arabe du Henné.

SCHENODORUS (Pal.-Beauv., *Agrostogr.*, 99, t. 19, fig. 2). Section du genre *Festuca* L.

SCHEPPERIA (Neck. — DC., *Prodr.*, I, 224). Synonyme de *Cadaba* Forsk.

SCHEPTALA. Nom persan (Pall.) du Pêcher.

SCHERBIUS (Joh.). Auteur [1790], à Iena, de *De Lysimachia purpureæ sive Lythri Salicariæ*, etc. — Melch. Serbius avait publié à Basle, en 1731, *De loco et situ plantarum* (in-4).

SCHERER (Joh.-Andr.). Professeur à Vienne, a écrit [1787] *Beobachtungen und Versuche das pflanzenähnliche Wesen in den Warmen Karlsbader und Tœplitzer Wässern*, etc.

SCHERU-VALLI CONIROM (Rheed., *Hort. malab.*, VII, 7, t. 4). Synonyme de *Cansjera* Juss.

SCHESCH. Nom hébreu du Cotonnier.

SCHETTÉ (Adans., *Fam. pl.*, II, 146). Synonyme de *Ixora* L.

SCHETTI (Burm., *Thes. zeyl.*, t. 57). Nom de l'*Ixora grandiflora* Ker.

SCHEUCHZER (Joh-Jak.). Né à Zurich en 1672, y enseigna la botanique et la physique, et y mourut en 1733. On lui doit : *Herbarium diluvianum* [1709]; *Physica sacra iconibus illustrata* [1732-35], où il traite des plantes dont il est question dans la Bible. — Joh. Scheuchzer, professeur de physique à Zurich [1684-1738], a écrit : *Agrostographiæ helveticæ Prodromus* [1708]; *Operis agrostographici Idea* [1719]; *Agrostographia* [1719], in-4, comprenant les Graminées, Juncées, Cypéracées et les groupes alliés.

SCHEUCHZERIA (L., *Gen.*, n. 452). Genre de Naiadacées-Juncaginées, formé d'une herbe jonciforme, des marais d'Europe, d'Asie et de l'Amérique du Nord; distingué par des fleurs hermaphrodites, accompagnées de bractées et 6-andres; les carpelles pauciovulés. (Nees, *Gen. Fl. germ.*, Monoc., II, n. 24. — Reichb., *Ic. Fl. germ.*, X, t. 412. — Gren. et Godr., *Fl. de Fr.*, III, 310.) [H. Bn.]

SCHEUZÈRE. Nom français (Lamk) des *Scheuchzeria* L.

SCHIA. Nom, dans le Fezzan, de l'*Artemisia odoratissima*, dont les chameaux se montrent très friands.

SCHIAKA. Aux Carolines, le *Kawa.*

SCHIAREA. En Italie, la Sclarée.

SCHIBA EL AGOOZ. Nom marocain de l'*Artemisia arborescens.*

SCHUCHTKRULL (Ol.-Nic.-Christ.). Né et mort à Copenhague [1801-1831], a écrit [1831] *De officinelle Planter*, etc. (in-8).

SCHIDIOMYRTUS (Schau., in *Linnæa*, XVII, 237). Section du genre *Bæckea* L.

SCHIDOSPERMUM (Griseb., in *Pl. Lechl. exs.*, n. 2382). Synonyme de *Chlorophytum* Ker.

SCHIECKEA (Karst., in *Bot. Zeit.* [1848], 398). Genre de Sapindacées (?) très douteux, non rangé dans la famille par M. Radlkofer.

SCHIECKIA (Meissn., *Gen.*, 397; *Comm.*, 300). Genre d'Hæmodorées, formé d'une herbe vivace, de l'Amérique tropicale; distingué par une inflorescence en grappe composée, thyrsiforme, finement velue; des fleurs à 3 sépales décurrents; un ovaire libre et glabre, à loges 3-5-ovulées; les graines souvent géminées dans chaque loge. (H. B. K., *Nov. gen. et spec.*, t. 698.) [H. Bn.]

SCHIEDE (Chr.-Jul.-W.). Voyageur au Mexique, où il est mort en 1836, a écrit [1825] *De plantis hybridis sponte natis.* Ses plantes figurent dans la plupart des grands herbiers de l'Europe.

SCHIEDEA (A. Rich., *Rubiac.*, 106). Synonyme de *Machaonia* H. B. (H. Bn, in *Bull. Soc. Linn. Par.*, 198; *Hist. des plant.*, VII, 421.)

SCHIEDEA (Bartl., ex DC. *Prodr.*, IV, 567). Synonyme de *Richardia* Houst.

SCHIEDEA (Cham. et Schlchtl., in *Linnæa*, I, 46). Genre de Caryophyllacées-Cérastiées, formé de 6 herbes ou sous-arbrisseaux des Sandwich ; distingué par des pétales ou staminodes superposés aux étamines et 3-5 valves entières au fruit. (*Hook. Icon.*, t. 649, 650. — H. Bn, *Hist. des pl.*, IX, 115.)

SCHIERA (Giov.-Maria). Auteur [1750], à Milan, de deux dissertations sur la sexualité des plantes et leur direction verticale.

SCHILDBACH (Karl). A écrit [1788], à Cassel, *Beschreibung einer Holz-Bibliotek* (in-8 de 16 p.).

SCHILLERA (REICHB., *Consp.*, 204). Synon. de *Eriolœna* DC.

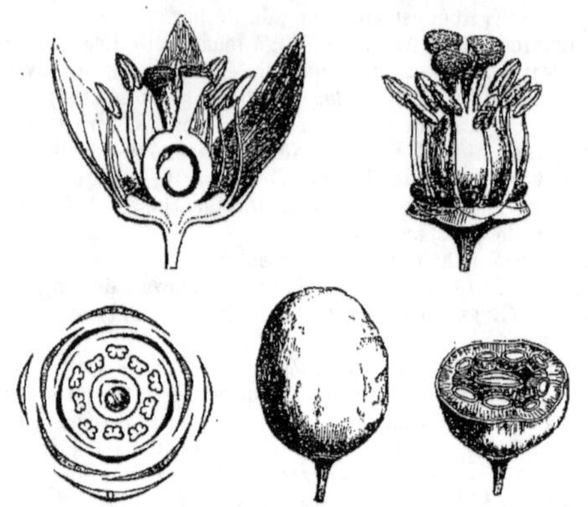

Schinus. — Fleur, coupe longitudinale et sans le périanthe. Diagramme. Fruit, entier et coupe transversale.

SCHILLERIA (K., in *Linnœa*, XIII, 726). Section du genre *Piper* L.

SCHILLING (Gottfr.-Wilh.). Auteur [1778], à Leyde, de *Descriptio plantarum 3 in curatione leprœ adhiberi solitarum.* — J.-J. SCHILLING a publié [1752], à Duisbourg, un *Phytologia.* — Sam. SCHILLING, professeur à Breslau, a écrit [1840] *Gemeinnütziges Handbuch der Botanik*, etc. (in-8 de 476 p. et 60 pl.).

SCHIMA (REINW., in *Bl. Bijdr.*, 129). Genre de Ternstrœmiacées-Gordoniées, formé d'environ 4 arbres, de l'Asie et l'Océanie tropicales ; distingué par des sépales un peu inégaux ; une corolle dialypétale ; un fruit déhiscent ; des graines plates, ailées sur le dos, à embryon pourvu d'une radicule infère, infléchie, et de cotylédons plats. Le genre est d'ailleurs voisin des *Gordonia.* (*Bot. Mag.*, t. 4539. — H. Bn, *Hist. des pl.*, IV, 254.)

SCHIMERT (Joh.-Pet.). A écrit [1776] *De Systemate sexuali.*

SCHIMMELKEIMER. Nom allemand des *Erysiphe* MURR.

SCHIMMELPILZE. Nom allemand des Hyphomycètes.

SCHIMPER (Karl-Fried.). Auteur [1835] d'un travail sur les *Symphytum.* — W.-Phil. SCHIMPER, né à Dosenheim en 1808, est beaucoup plus célèbre. Il s'occupa surtout de botanique fossile et des Mousses. Avec Mougeot il avait publié, en 1844, une Monographie des plantes fossiles du grès bigarré des Vosges, puis seul, *Le terrain de transition des Vosges.* Son traité de Paléontologie végétale est fort estimé. Ses nombreux ouvrages sur les Mousses, notamment son mémoire sur les Sphaignes [1857], devaient aboutir à son splendide ouvrage : *Bryologia europœa*, composé en collaboration avec Ph. Bruck et Th. Gümbel [1836-55]. En 1860, il donna un *Synopsis Muscorum europœorum*, fort prisé des bryologues, et en 1866 un travail sur les Mousses de la Nouvelle-Calédonie. Après la guerre de 1870 il demeura à Strasbourg, où il avait professé de longues années, en optant pour la nationalité allemande. — Le nom de son cousin, W. SCHIMPER, demeurera toujours attaché à l'exploration botanique de l'Abyssinie, où il fut longtemps médecin du négus Théodoros.

SCHIMPERA (HOCHST. et STEUD., in *Endl. Gen.*, 889). Genre de Crucifères-Isatidées, formé de 2 herbes d'Orient, annuelles ; voisin des *Euclidium* et distingué par un petit fruit, obliquement obovoïde, surmonté d'un rostre allongé, oblique et largement ensiforme. (H. Bn, *Hist. des pl.*, III, 262.)

SCHINAR. En Égypte, les Platanes.

SCHINNE (J.-E.-C. van). Auteur [1809] d'un Catalogue du jardin botanique de Rotterdam.

SCHINNONGIA (SCHRANK, in *Denkscr. Regensb. Ges.* [1822], II). Genre douteux d'Iridacées (*Flora* [1822], II, 495).

SCHINOPSIS (ENGL., in *Mart. Fl. bras., Anac.*, 403 ; *Anacard.*, 462, 15, fig. 6-10). Synonyme de *Quebrachia* GRISEB. Mais ce dernier nom n'a pas l'antériorité.

SCHINOSTROPHUM. L'un des noms anciens du Chanvre.

SCHINUS (L., *Gen.*, n. 1130). Genre de Térébinthacées-Anacardiées, formé de 12 arbres ou arbustes américains ; distingué par un calice non accrescent ; 5 pétales imbriqués ; 10 étamines ; un ovaire surmonté de 3 styles, 1-loculaire, avec 1 ovule descendant ; le fruit drupacé, globuleux, non ailé, vitté. Les feuilles sont composées-pennées, ponctuées de glandes à essence odorante. Le *S. Molle*, si fréquemment cultivé comme ornemental dans la région Méditerranéenne, est le Poivrier d'Amérique, Faux-Poivrier ou *Moile.* Ses fruits servent à falsifier le poivre. Ses folioles déposées sur l'eau s'y meuvent par saccades, mouvement dû aux fusées d'essence dégagées par leurs glandes entamées. (H. Bn, *Hist. des pl.*, V, 314, fig. 296-301.)

SCHINZ (Chr.-Salom.). Professeur à Zurich, auteur [1800] de *Praktischer Commentar zu J. Gessners phytographischen Tafeln*, etc. — Salom. SCHINZ, mort à Zurich en 1784, avait écrit *Primæ lineæ botanicæ ex tabulis... J. Gessneri* (in-fol.).

SCHINZA (DENNST., *Schl. Hort. malab.*, 7). Synonyme de *Caperonia* A. S.-H.

SCHINZIA (NÆG., in *Linn.* [1842], 278). — Voy. PHYTOMYXA.

SCHINZINIA (FAYOD, *Hist. nat. Agar.*, 365). Genre d'Agaricinés-Chromospores, voisin des *Plutcus*, mais qui en diffère par la fermeté du tissu. La spore est ovoïde, à hile allongé. Une seule espèce, de l'Afrique australe. [DE S.]

SCHISCHM. Le *Cassia Absus* L.

SCHISMA (DUMORT., *Comm. bot.*, 114). Genre de Jungermanniacées-Mastigophorées, formé d'herbes terrestres, la plupart tropicales ; distingué par une fructification femelle terminant un ramule allongé ; l'involucre gamophylle, 6-8-fide, sans involucelles ; plusieurs sporanges à coiffe ovoïde, cachée au fond de l'involucre. Le sporange est globuleux, 4-valve. Les anthéridies sont subsolitaires dans l'aisselle des feuilles involucrales enflées à la base ; elles sont globuleuses. (NEES, *Leberm.*, I, 107 ; III, 573. — ENDL., *Gen.*, n. 472[17].)

SCHISMATOGLOTTIS (ZOLL. et MOR., *Verz.*, 83). Genre d'Aracées-Philodendrées, formé d'une quinzaine d'herbes malaises, vivaces ; distingué par un spadice non appendiculé, avec quelques fleurs mâles supérieures et stériles ; un fruit entouré du tube turbiné de la spathe ; son limbe détaché en travers ; des ovaires à un seul ovule anatrope. (ENGL., *Arac.*, 349.) [H. Bn.]

SCHISMATOPERA (KL., in *Wiegm. Arch.*, VII, 178). Section du genre *Pera* MUT.

SCHISMATURUS (CORDA, *Ic. Fung.*, VI, 22, t. 4). Sous-genre du genre *Lysurus* FR.

SCHISMAXON (STEUD., *Pl. Lechl.*, in *Bot. Zeit.* [1856], 391). Genre proposé pour le *Xyris subulata* R. et PAV.

SCHISMOCERAS (PRESL, *Rel. Hœnk.*, I, 96, t. 13, fig. 2). Synonyme de *Dendrobium* SW.

SCHISMUS (PAL.-BEAUV., *Agrost.*, 73, t. 15, fig. 4). Genre de Graminées-Festucées, formé de 3, 4 herbes annuelles, de la Méditerranée et de l'Orient ; distingué par une panicule étroite, à branches dressées ; des épillets petits ; des glumes mutiques, enveloppant les glumelles plus petites. (CAV., *Ic.*, t. 44. — K., *Enum.*, I, 384.) [H. Bn.]

SCHISTACHNE (FIG. et NOT., in *Mem. Ac. Turin*, ser. 2, XII, 252). Synonyme de *Stipagrostis* B. H.

SCHISTANTHE (KZE, in *Linnœa*, XVI, *Littb.*, 109). Synonyme de *Alonsoa* R. et PAV.

SCHISTIDIUM (BRID., *Meth. Musc.*, 20). Genre de Mousses-Bryacées, à coiffe mitriforme ou conique-campanulée, laciniée à sa base ou çà et là fendue en long. L'urne est terminale, régulière à sa base, avec un opercule un peu convexe et l'orifice nu.

Ce sont des Mousses épigées, de toutes les régions chaudes du globe. (ENDL., *Gen.*, n. 489. — HOOK., *Musc. exot.*, 41, 106.)

SCHISTOCALYX (DUN., in *DC. Prodr.*, XIII, I, 508). Section du genre *Lycium* L.

SCHISTOCARPÆA (F. v. MUELL., *Victor. Natur.* [mars 1891]). Genre de Rhamnacées, voisin des *Colubrina*, dont il pourrait être une section. Les fleurs sont 5-mères. L'exocarpe crustacé est 3-valve, et l'endocarpe parcheminé est aussi déhiscent. La graine n'a pas d'albumen. Le *S. Johnsoni* est australien.

SCHISTOCHILA (B. H., *Gen.*, III, 529). Section du genre *Epidendrum* L.

SCHISTOCHILA (DUMORT., *Rec. obs. Jungerm.*, 15). Synonyme de *Gottschea* NEES.

SCHISTOCODON (SCHAU., in *Pl. Meyen.; N. Act. nat. cur.*, XIX, Suppl., 362). Synonyme de *Toxocarpus* W. et ARN. (*Secamone* R. BR.).

SCHISTOGYNE (HOOK. et ARN., in *Hook. Journ. Bot.*, I, 292). Genre d'Asclépiadacées-Asclépiadées, formé de 4 lianes de l'Amérique méridionale; distingué par des fleurs à corolle campanulée-rotacée, profondément 5-fide; une couronne à écailles plates, obtuses, 2-fides ou ligulées; un style à rostre 5-7-partite. (DELESS., *Ic. sel.*, V, t. 74. — H. BN, *Hist. des pl.*, X, 256.)

Schizandra. — Rameau florifère mâle.

SCHISTOMITRIUM (DOZ. et MOLKENB., *Musc. Arch. ind.* [1844], 67). Genre de Mousses-Bryacées, qui a pour synonyme *Syrrhopodon* et *Spirula* des mêmes auteurs. (MTGNE, in *Dict. d'Orbign.*, XI, 415.)

SCHISTOPHRAGMA (BENTH., in *Endl. Gen.*, 679). Synonyme de *Conobea* AUBL.

SCHISTOSTEGA (WEB. et MOHR, *Taschenb.* [1803], 92, t. 6). Genre de Mousses-Bryacées, à coiffe entière, mitriforme; à urne terminale, apophysée; l'opercule convexe, obtus et se rompant à la fin radialement; le péristome nul. C'est une Mousse annuelle, qui croît sur le sol, dans l'Europe moyenne, et qui a des tiges dimorphes : les stériles pourvues de feuilles confluentes en fronde pinnatifide; les feuilles des frondes fertiles pinnées. (BRUCH et SCHIMP., *Bryol. eur.*, XVII. — C. MUELL., *Syn. Musc.*, I, 38.)

SCHI-TSE. Nom chinois des *Diospyros* DALECH.

SCHITTA. Nom arabe de l'*Acacia arabica* L.

SCHIVERECKIA (ANDRZ. — DC., *Syst.*, II, 300). Section du genre *Alyssum* L.

SCHIZACHYRIUM (NEES, *Agrost. bras.*, 331). Section du genre *Andropogon* L.

SCHIZÆA (SM., in *Mem. Ac. Torin.*, V, 419, t. 19, fig. 9). Genre de Fougères, qui a donné son nom à une tribu des *Schizæacées* et qui s'y distingue par des sporanges sessiles, sur 2-4 rangées, recouvrant un côté d'épis distiques qui forment des filaments fertiles distincts au sommet des frondes. Le genre est d'ailleurs très nettement caractérisé par son port. On en distingue 16 espèces tropicales. (HOOK. et BAK., *Syn. Fil.*, 428, t. 8, fig. 64.)

SCHIZÆACEÆ (MART., *Pl. crypt. bras.*, 112). Sous-ordre des Fougères, caractérisé par des sporanges 2-valves, s'ouvrant latéralement en bas, surmontés d'un anneau operculiforme complet. Les frondes sont circinées dans la vernation. Outre les *Schizæa*, on y comprend les genres *Anemia, Morria, Lygodium, Trochopteris.* (HOOK. et BAK., *Syn. Fil.*, 428-439.)

SCHIZANDRA (MICHX, *Fl. bor.-amer.*, II, 218, t. 47). Genre qui donne son nom à la série des Magnoliacées-*Schizandrées*, et qui, en y comprenant les *Kadsura*, est formé d'au moins 12 lianes, de l'Amérique et de l'Asie tropicales et tempérées;

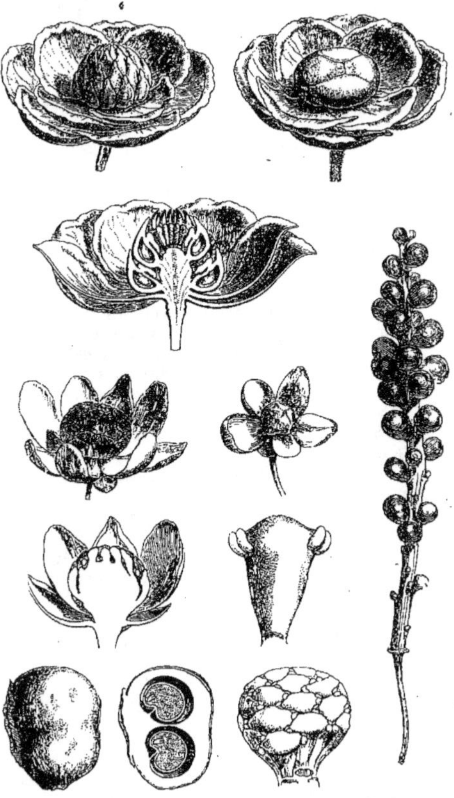

Schizandra. — Fleurs mâles et femelles, entières et coupes longitudinales. Androcée. Étamine. Fruit multiple. Carpelle mûr, entier et coupe longitudinale.

distingué par des fleurs unisexuées, des carpelles unis en tête courte ou en cylindre racémiforme, allongé, charnus et indéhiscents. (DC., *Prodr.*, I, 103. — H. BN, *Hist. des pl.*, I, 146, 189, fig. 179-190.)

SCHIZANDRÉES, SCHIZANDRACÉES. Série des Magnoliacées, dans laquelle l'axe floral, court au début, demeure tel ou s'allonge comme celui des Magnoliées. L'ordre spiral des parties devient alors manifeste. Les carpelles sont 2-ovulés; les ovules descendants, à micropyle extérieur. Le fruit est charnu. Les fleurs sont unisexuées. La tige est généralement grimpante. (H. BN, *Hist. des pl.*, I, 172.)

SCHIZANGIUM (BARTL., ex *Pfeiff. Nom.*, II, 1078). Synonyme de *Mitracarpum* ZUCC.

SCHIZANTHE (*Schizanthus* R. et PAV., *Prodr.*, 6, t. 1; *Fl. per. et chil.*, t. 17). Genre de Scrofulariacées-Salpiglossées, souvent rapporté aux Solanacées, formé de 6, 7 herbes annuelles, du Chili, souvent cultivées; distingué par des fleurs

Schizanthe. — Fleur, entière et coupe longitudinale.

irrégulières; la corolle à tube cylindrique : le limbe à lobes inégaux, 2-4-partites, souvent plus longs que le tube; l'androcée didyname; les valves du fruit 2-fides. Ce sont des plantes à poils visqueux. (*Bot. Mag.*, t. 3108, 3370, 3371, 5599, 5608. — H. BN, *Hist. des pl.*, IX, 362, 415, fig. 468, 469.)

SCHIZANTHERA (TURCZ., in *Bull. Mosc.* [1862], II, 322). Synonyme de *Chænopleura* RICH.

SCHIZANTHUS (HAW.). Section du genre *Narcissus* T.

SCHIZEILEMA (HOOK. F., *Handb. N.-Zeal. Fl.*, 87). Section du genre *Azorella* LAMK.

SCHIZOBASIS (BAK., in *Trim. Journ.* [1873], 105). Genre de Liliacées-Asphodélées, formé de 5 plantes bulbeuses, africaines; distingué par une hampe grêle, dressée, plus ou moins ramifiée; des fleurs de *Bowiea;* des graines glabres; des feuilles solitaires ou peu nombreuses et disparues à peu près complètement lors de l'anthèse. L'*Asparagus cuscutoides* BAK. est de ce genre. (BAK., in *Trans. Linn. Soc.*, I, 245.)

SCHIZOCALYX (HOCHST., in *Flora* [1844], *Beil.*, I). Synonyme de *Dobera* J.

SCHYZOCALYX (O. BERG, in *Linnæa*, XXVII, 319). Synonyme de *Calycorectus* O. BERG.

SCHIZOCALYX (SCHEELE, in *Flora* [1843], 575). Synonyme de *Origanum* T.

SCHIZOCALYX (WEDD., in *Ann. sc. nat.*, sér. 4, I, 73. — B. H., *Gen.*, II, 39, n. 30). Section du genre *Calycophyllum* DC., à calice entier, puis fendu d'un côté; à étamines insérées au tube de la corolle; à stipules se détachant par la base, à la façon d'un couvercle. (H. BN, *Hist. des plant.*, VII, 490.)

SCHIZOCAPSA (HANCE, in *Trim. Journ. Bot.* [1881], 292). Genre qui a tous les caractères des *Tacca*, mais dont le fruit est, dit-on, déhiscent, à 3 valves spongieuses. C'est une plante chinoise. [H. BN.]

SCHIZOCARPUM (SCHRAD., *Ind. sem. H. gœtt.* [1830]; in *Linnæa*, VI, *Litt. Ber.*, 73; XII, 407). Genre de Cucurbitacées-Cucurbitées, à fleurs monoïques de *Cucurbita*, avec des étamines 3-adelphes (2-2-1) à anthères 3-plissées en long; une fleur femelle à disque épigyne 3-lobé;

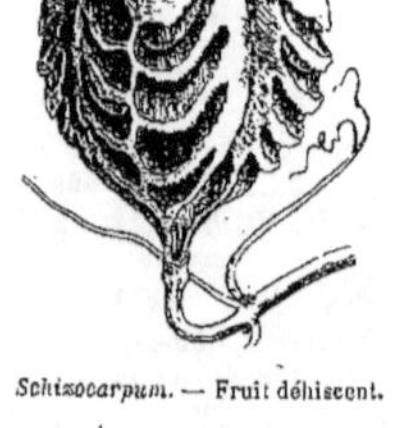

Schizocarpum. — Fruit déhiscent.

∞ ovules horizontaux; un fruit sec, dont l'endocarpe est percé de fenêtres obliques et s'ouvre finalement en 3 valves cohérentes à leur sommet. Les graines sont courtes, entières ou crénelées sur les bords. Ce sont 2 herbes américaines, annuelles, à feuilles entières ou 3-lobées, avec des vrilles bifides et des fleurs axillaires

et solitaires. (H. BN, *Hist. des pl.*, VIII, 396, 434, fig. 251.)

SCHIZOCARYA (SPACH, in *Nouv. Ann. Mus.*, IV, 325). Synonyme de *Gaura* L.

SCHIZOCASIA (SCHOTT, in *Bonplandia*, X, 148). Genre d'Aracées, mal connu, rapporté par M. Engler (*Arac.*, 645) aux *Alocasia*, plus tard maintenu par lui (*Bot. Jahrb.*, I, 185) et placé avec doute (B. H., *Gen.*, III, 978) à la fin des Colocasiées. Il est formé de 2 espèces de l'Océanie tropicale. [H. BN.]

SCHIZOCENTRON (MEISSN., *Gen., Comm.*, 355). Synonyme de *Heeria* SCHLCHTL.

SCHIZOCEPHALUM (PREUSS, in *Linnæa* [1852], XXV, 77). Synonymé de *Haplographium* BERK. et BR.

SCHIZOCHILUS (SOND., in *Linnæa*, XIX, 78). Genre d'Orchidacées-Ophrydées, uni aux *Brachycorythis* par G. Reichenbach (in *Flora* [1867], 116), maintenu par d'autres (B. H., *Gen.*, III, 632), à cause de son éperon descendant et de la forme de son rostellum. Ce sont 4 herbes africaines. [H. BN.]

SCHIZOCHITON (SPRENG., *Syst., Cur. post.*, 151). Synonyme de *Chisocheton* BL.

SCHIZOCHLÆNA (LINDL., *Veg. Kingd.*, 80). Pour *Schizocæna* SM., section du genre *Cyathea* SM.

SCHIZOCODON (SIEB. et ZUCC., in *Abh. Akad. Wiss. Mun.*, III, 723, t. 3). Section du genre *Shortia* TORR. et GR. (H. BN, *Hist. des pl.*, XI, 209.)

SCHIZODERMA (CHEV., *Fl. par.*, 438). Syn. de *Dichæna* FRIES.

SCHIZODERMA (KUNZ., *Syst. Orb. veg.*, I, 194). Genre d'Ustilaginés, dont la plupart des espèces ont été rapportées au *Sorosporium* RUD.

SCHIZODIUM (LINDL., *Gen. et spec. Orch.*, 358). Genre d'Orchidacées-Ophrydées, formé d'environ 10 herbes terrestres, de l'Afrique australe; distingué par un sépale postérieur éperonné; un gynostème de *Disa*, mais avec un stigmate distant du labelle; des tiges grêles, à feuilles basilaires petites et ovales, nettement pétiolées. (REICHB. F., in *Linnæa*, XX, 694.) [H. BN.]

SCHIZODON (SW., *Adn.*, 91). Synonyme de *Schloteimia* BRID.

SCHIZOGÈNE (Formation). Celle des cavités ou lacunes qui se produisent par déchirure des phytocystes.

SCHIZOGLOSSUM (E. MEY., *Comm. pl. afr. austr.*, 218). Genre d'Asclépiadacées-Asclépiadées; section, pour nous, du genre *Asclepias* L. (H. BN, *Hist. des pl.*, X, 226.)

SCHIZOGRAMMA (LINK, *Fil. Hort. berol.*, 136). Synonyme de *Gymnogramme* DESVX.

SCHIZOGYNE (CASS., in *Dict.*, LVI, 23). Section du genre *Inula* L.

SCHIZOLÆNA (DUP.-TH., *Hist. vég. isl. austr. Afr.*, 43, t. 12). — Voy. CHLÆNACÉES et H. BN, in *Bull. Soc. Linn. Par.*, 565, 571. Nous connaissons actuellement cinq espèces de ce genre, dont une douteuse, dans la flore de Madagascar.

SCHIZOLEPIS (F. BRAUN, in *Flora* [1847], I, 186). Genre d'Abiétinées fossiles.

SCHIZOLEPIS (SCHRAD., ex NEES, in *Mart. Fl. bras.*, II, I, 186, t. 26). Synonyme de *Scleria* BERG.

SCHIZOLEPTON (FÉE, *Gen. Fil.*, 89). Genre de Fougères-Vittariées, proposé pour le *Schizoloma cordatum* GAUDICH.

SCHIZOLOBIUM (VOG., in *Linnæa*, XI, 399). Genre de Légumineuses-Cæsalpiniées-Eucæsalpiniées, formé d'un ou deux arbres américains; distingué par un calice imbriqué; des pétales onguiculés; un ovaire adné d'un côté au tube réceptaculaire, 1-sperme; l'endocarpe persistant autour de la semence. (H. BN, *Hist. des pl.*, II, 115, 185.)

SCHIZOLOMA (GAUDICH., in *Ann. sc. nat.*, sér. 1, III, 507). Synonyme (HOOK. et BAK.) de *Lindsæa* SM.

SCHIZOMERIA (DON, in *Edinb. N. Phil. Journ.*, IX, 94). Genre de Saxifragacées-Cunoniées, formé d'un arbre australien; distingué par des fleurs à calice valvaire; des pétales dentés; un fruit drupacé, pourvu à sa base du calice accru, monosperme; des feuilles simples. (H. BN, *Hist. des pl.*, III, 378, 450.)

SCHIZOMYCETACEÆ (NÆG. — SACC., *Syll. Fung.*, VIII, 923). — Voy. SCHIZOMYCÈTES.

SCHIZOMYCÈTES. Nom donné par Nægeli aux Champignons de

levure et à des végétaux, comme les Bactéries, qui confinent aux Algues ou même rentrent dans cette classe, et que réunit le caractère commun de se propager par scissiparité. Les Champignons de levure représentent les Thécasporés élémentaires; nous les conservons dans cette division, où ils forment le groupe des Schizomycés, sans leur adjoindre les Bactériacés. [DE S.]

SCHIZONELLA (SCHRŒT., *Pilz. Fl. Schles.*, 275). Genre d'Ustilaginés, constitué pour une espèce parasite d'un *Carex*, dont les filaments sporifères se développent dans l'épiderme de la face supérieure de la feuille. Les groupes noirs, pulvérulents, sont disposés en petites stries confluentes. Les spores didymes, d'un brun olivâtre, ponctué, sont disposées en séries et reliées entre elles par un étranglement. Chaque loge donne naissance à un promycélium cylindrique et septé, produisant des sporidies oblongues ou fusiformes. [DE S.]

SCHIZONEPHOS (GRIFF., *Notul.*, IV, 383). Synonyme de *Muldera* MIQ.

SCHIZONEURA (SCHIMP. et MOUG., *Pl. foss. Vosg.*, 48). Genre de Smilacées fossiles (UNG., *Syn. pl. foss.*, 171). Pour d'autres (AD. BN.), ce sont des Astérophyllitées.

SCHIZONIA (PERS., *Mycol. eur.*, III, 14). Synonyme de *Schizophyllum* FR., qui a prévalu, quoique postérieur.

SCHIZONOTUS (LINDL., in *Wall. Cat.*, 703). Synonyme de *Sorbaria* SER.

SCHIZOPEPON (MAXIM., *Prim. Fl. amur.*, 110, t. 6). Genre de Cucurbitacées-Févillées, formé d'une plante du Japon et de

Schizopepon. — Fleur hermaphrodite, entière et coupe longitudinale.

la Mandchourie, grimpante, à feuilles cordées et longuement pétiolées; les fleurs remarquables par leur hermaphroditisme, avec un réceptacle qui renferme l'ovaire et se dilate au-dessus de lui en cupule. Il porte 5 sépales et 5 pétales valvaires, et 5 étamines 3-adelphes (2-2-1), à anthères 1-loculaires et extrorses, ellipsoïdes. L'ovaire est à 3 loges, avec, dans chacune d'elles, 1, 2 ovules descendants, à micropyle supérieur, intérieur ou latéral. Le fruit est une baie dont les cloisons disparaissent, 1-3-sperme et s'ouvrant finalement en 3 valves à partir du sommet. (H. BN, *Hist. des pl.*, VIII, 382, 427, fig. 226, 227.)

SCHIZOPETALON (SIMS, in *Bot. Mag.*, t. 2379). Genre de Crucifères-Sisymbriées, formé de 5 herbes du Chili, assez souvent cultivées; distingué par des pétales déchiquetés, pinnatifides; un embryon à cotylédons droits ou 2-fides et convolutés. Les feuilles sont entières, sinuées ou pinnatifides. (HOOK., *Exot. Fl.*, t. 74. — H. BN, *Hist. des pl.*, III, 187, 247, fig. 216.)

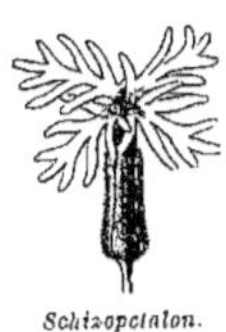

Schizopetalon. Fleur.

SCHIZOPHRAGMA (SIEB. et ZUCC., *Fl. jap.*, 58, t. 26). Genre de Saxifragacées-Hydrangées, formé d'un arbuste du Japon; distingué par une corolle de 5 pétales valvaires; un style à sommet stigmatifère 4, 5-lobé; un fruit capsulaire, à graines scobiformes; des feuilles opposées; des inflorescences d'*Hydrangea*. (H. BN, *Hist. des pl.*, III, 344.)

SCHIZOPHYLLACÉES (ROZE, in *Bull. Soc. bot. Fr.*, XXIII, 11).

Famille d'Agaricinés, à lamelles fendues et dédoublées, renfermant le seul genre *Schizophyllum* FR.

SCHIZOPHYLLÉES (ROZE, in *Bull. Soc. bot. Fr.*, XX 8). Division comprenant les Agaricinés à lamelles fendu

SCHIZOPHYLLUM (FR., *Syst. myc.*, I, 330). Genre d'Agarinés-leucospores, à chapeau sessile unilatéral sec et coriace surface supérieure pileuse, à lamelles fendues longitudinalement suivant la tranche. L'hyménium n'occupe que la face interne. Les basides courts, à 4 stigmates, portent des spores globuleuses. Le *S. commune* FR. est cosmopolite. La plupart des espèces exotiques décrites s'éloignent à peine de celle-là. [DE

SCHIZOPHYLLUM (NUTT., in *Trans. phil. Amer. Soc.*, ser. VII, 452). Synonyme de *Lipochœta* DC.

SCHIZOPHYLLUS (FR., *Obs.*, I, 103). — Voy. SCHIZOPHYLLI

SCHIZOPHYTES. Nom sous lequel nous avons désigné (? *Bot. méd. phanér.*, 138) les Schizomycètes qui sont rappor par les uns aux Algues et par les autres aux Champignons de de Bary les a nettement distingués. [H. BN.]

SCHIZOPLEURA (LINDL. — ENDL., *Gen.*, 1228). Synonyme *Beaufortia* R. BR.

SCHIZOPOGON (REICHB., *Conspect.*, 52). Genre proposé po l'*Andropogon distachyos* L.

SCHIZOPSIS (BUR., in *Adansonia*, V, 301, t. 10, 11). Syr nyme de *Tynanthus* MIERS.

SCHIZOPTERA (TURCZ., in *Bull. Mosc.* [1851], I, 181). Secti (?) du genre *Silphium* L. (H. BN, *Hist. des pl.*, VIII, 23

SCHIZOPTERIS (AD. BR., in *Dict.*, LVII, 71; *Hist. v foss.*, I, 383). Genre de Fougères fossiles, rapportées a *Hymenophyllaceites* (STERNB., *Vers.*, II, 111) et a *Neuropterides* (UNG., *Syn.*, 58).

SCHIZOSTACHYUM (NEES, *Agrost. bras.*, 535). Genre Graminées-Bambusées, formé d'environ 8 plantes arbore centes ou frutescentes, de l'Asie et l'Océanie tropicale distingué, dans le groupe des Mélocannées, par des ép lets pressés sur les axes de l'inflorescence simple ou r meuse; le rachis de l'épillet prolongé au delà de fleur; de nombreuses glumes vides sous la fleur; 2, 3 g mellules; un fruit à péricarpe dur ou crustacé. (MUNF in *Trans. Linn. Soc.*, XXVI, 135.) [H. BN.]

SCHIZOSTEMMA (DCNE, in *Ann. sc. nat.*, sér. 2, I 344). Synonyme de *Oxypetalum* R. BR.

SCHIZOSTEPHANIUM (REICHB., *Fl. exc.*, 89). Synonyr de *Pancratium* HERB.

SCHIZOSTEPHANUS (HOCHST., in exs. *Schimp.*, n. 1687). Syn nyme (B. H., *Gen.*, II, 762) de *Cynoctonum* E. MEY.

SCHIZOSTIGMA (ARN., in *Hook. Journ. Bot.*, III, 275). Syn nyme de *Cucurbitella* WALP.

SCHIZOSTIGMA (ARN., in *Ann. Nat. Hist.*, III, 20). Genre Rubiacées-Génipées, à fleurs ordinairement 5-mères, avec l divisions du calice égales ou inégales, foliiformes, pétiolées persistantes; la corolle valvaire; un androcée isostémoné; ovaire infère, à 5-7 loges multiovulées, et un fruit indéhiscen charnu ou coriace. Ce sont des herbes glabres, soyeuses ou h sutes, de Ceylan et de l'Afrique tropicale occidentale, à feuill opposées, stipulées, à fleurs disposées en cymes ou glomérul axillaires. Nous avons réuni à ce genre, comme sections afr caines, les *Temnopteryx* et *Pentaloncha* HOOK. F. : ce q porte à 3 le nombre des espèces. (*Hist. des pl.*, VII, 320, 45 n. 113.) [H. BN.]

SCHIZOSTOMA (CES. et DE NOT., *Schem. Sfer.*, 220). Genre Sphériacés, à périthèces carbonacés, noirs, munis d'un larg ostiole. Les thèques allongées, entremêlées de paraphyses, ren ferment 8 spores ovoïdes ou allongées, biloculaires, brunes. U dizaine d'espèces, sur le bois pourri, dans les deux hémisphère

SCHIZOSTOMA (EHRB.). Synonyme de *Tulostoma* PERS.

SCHIZOSTYLIS (BACKH. et HARV., in *Bot. Mag.*, t. 5422) Genre d'Iridacées-Ixiées, formé de 2 herbes vivaces, à rhi zome (?), de l'Afrique australe; distingué par des branche stylaires subulées, bien plus longues que le corps du style; de spathes lancéolées, verdàtres. Le périanthe est régulier, et le anthères sont linéaires, sagittées. (Leme, *Ill. hort.*, t. 394. — *Fl. des serres*, t. 1637.) [H. Bn.]

SCHIZOTECHIUM (Fenzl, in *Endl. Gen.*, 969). Synonyme de *Stellaria* L. et section de ce genre, à ovaire pauciovulé.

SCHIZOTHECA (Ehrenb., ex Schweinf., *Beitr. Fl. œthiop.*, 293). Synonyme de *Thalassia* Soland.

SCHIZOTHECIUM (Corda, *Anleit.*, 147). Genre de Sphéropsidés, mal défini, qui paraît à Fries avoir été décrit d'après un *Sordaria* dont les thèques auraient été résorbées.

SCHIZOTHYRELLA (Thum., *Myc. univ.*, n. 1684). Genre de Sphéropsidés, à périthèces immergés ou émergents, membraneux, déhiscents en lanières qui s'ouvrent en rayonnant à partir du centre, laissant à découvert un nucleus coloré, de consistance céracée. Les spores en chaînettes sont baculiformes, septées, hyalines ou légèrement teintées; elles se divisent suivant les cloisons. Deux espèces : une sur les feuilles de chêne, dans les Ardennes, l'autre sur du bois pourri, dans la République Argentine. [De S.]

SCHIZOTHYRIUM (Desmaz., in *Ann. sc. nat.*, XI, 360). Genre d'Hystérinés, à périthèces simples, à demi émergents, très petits, aplatis ou légèrement convexes, s'ouvrant par une fente longitudinale. Les thèques dressées contiennent 8 spores ovoïdes ou piriformes, légèrement teintées. Une douzaine d'espèces foliicoles, presque toutes européennes. [De S.]

SCHIZOTRICHIA (Benth., *Gen.*, II, 410, n. 492). Genre de Composées-Hélianthées-Héléniées, formé d'un arbuste (?) péruvien; distingué par des feuilles opposées, crénelées; des capitules disciformes et hétérogames; un involucre de bractées libres; une aigrette à écailles sétacées-partites. (H. Bn, *Hist. des pl.*, VIII, 254.)

SCHIZOXYLON (Pers., *Ann. soc. Wett.*, I, 11). Genre de Discomycètes, à cupule d'abord globuleuse, noire, s'ouvrant en ostiole arrondi qui s'agrandit et laisse voir un disque de couleur sale, tandis que la surface extérieure devient plus pâle et furfuracée. Les thèques cylindriques, entremêlées de paraphyses, contiennent 8 spores baculiformes ou filiformes, pluriloculaires, se séparant en autant d'articles distincts qu'il y a de cloisons. 15 espèces, en Europe et dans l'Amérique du Sud, sur du bois, des rameaux, des chaumes. [De S.]

SCHIZOXYLUM (Tul., *Sel. Fung. Carpol.*, III, 148). — Voy. **Schizoxylon**.

SCHKUHRIA (Mœnch, *Meth.*, 566). Synon. de *Siegesbeckia* L.

SCHKUHRIA (Roth, *Cat.*, I, 116). Genre de Composées-Hélianthées-Héléniées, formé de 7, 8 herbes annuelles, américaines; distingué par des feuilles alternes ou parfois opposées, disséquées ; des capitules à long pédoncule, ordinairement petits, radiés ou homogames; des involucres à bractées peu nombreuses, colorées ou scarieuses sur les bords; des branches stylaires obtuses ou très courtement appendiculées; des aigrettes de 8-10 paillettes, opaques sur le milieu. (Wedd., *Chlor. andin.*, I, t. 14. — Link et Ott., *Ic. pl. rar.*, t. 30. — H. Bn, *Hist. des pl.*, VIII, 244.)

SCHLAGINTWEITIA (Griseb., *Comm. Hierac.*, 76). Synonyme de *Hieracium* T.

SCHLANGENKRAUT. Nom allemand des *Calla* L.

SCHLÆPFER (Georg). Auteur, à Trogen [1829], de *Versuch einer naturhistorischen Beschreibung des Cantons Appenzell.* (in-8). Il est mort en 1835, âgé de 38 ans.

SCHLAUCHFADEN. Nom allemand de l'*Ulva Lactuca* L.

SCHLAUCHPILZE. Nom allemand des Discomycètes.

SCHLAUCHTRAGER. Nom allemand des *Mucor* Micheli.

SCHLAUCHWERFER. Nom allemand des Ascoboles.

SCHLECHTENDAHLIA (W., *Spec.*, III, 2125). Synonyme de *Adenophyllum* Pers. (H. Bn, *Hist. des pl.*, VIII, 253.)

SCHLECHTENDAL (Diedr.-Fred. v.). Né en 1767 et mort en 1842 à Paderborn. Sa biographie a été écrite par son fils. — D.-Fr.-L. v. Schlechtendal [1794-1866] fut professeur à Halle. Il a composé des notices sur les Renonculacées, les *Erineum*; une *Flore de Berlin*; des *Adumbrationes plantarum*. Il a écrit, avec Bouché, sur la Pomme de terre sauvage. Avec Schenk et Langethal, il a composé une *Flore d'Allemagne*. On lui doit aussi : *Hortus halensis* [1841-53]; *De Aseroes genere* [1847]; des remarques sur les *Hemerocallis* [1854], sur le genre *Amygdalus* [1854]; sur le *Pontederia azurea* [1861]. Il a traité les Élæagnacées pour le *Prodromus* de De Candolle, et longtemps dirigé la rédaction de la *Botanische Zeitung* et du *Linnæa*.

SCHLECHTENDALIA (Less., in *Linnæa*, V, 242). Genre de Composées-Mutisiées, formé d'une herbe brésilienne, rigide, dressée; distingué par de grands capitules disposés en cyme corymbiforme ; des involucres à bractées rigides, aristées, ∞-nerves; des corolles à peine 2-labiées; les lobes dressés; des aigrettes de 8 paillettes sétacées et acuminées. (H. Bn, *Hist. des pl.*, VIII, 104.)

SCHLECHTENDALIA (Spreng., *Syst., Cur. post.*, 295). Synonyme de *Mollia* Mart.

SCHLEGEL (Paul-Marq.). Professeur à Iena, auteur [1639] de *Programma de electioribus rei herbariæ scriptoribus*, etc.

SCHLEGELIA (Miq., in *Bot. Zeit.* [1844], 785; *St. surin.*, 116, t. 36). Genre de Bignoniacées-Crescentiées, formé de 4, 5 lianes, de l'Amérique tropicale ; distingué par des fleurs, souvent insérées sur le bois, à calice tronqué, à corolle sub-2-labiée; l'ovaire sessile, 1-loculaire, à 2 placentas pariétaux, ∞-ovulés, ou à 2 loges dans la plus grande partie de son étendue. Le fruit est charnu. (H. Bn, in *Bull. Soc. Linn. Par.*, 694; *Hist. des pl.*, X, 55.)

SCHLEICHER (J.-C.). Né à Bex, auteur [1800] d'un Catalogue des plantes de Suisse (in-8), qui eut 4 éditions.

SCLEICHERA (W., *Spec.*, IV, 1096). Genre de Sapindacées, dont on a donné le nom à une tribu des *Schleichérées* (Rdlkf.) et qui est formé d'un arbre asiatique, distingué par un petit calice 4-6-fide, sans corolle; un fruit sec, 1-3-loculaire, à graines arillées. (H. Bn, *Hist. des pl.*, V, 403.)

SCHLEIDEN (Matth.-Jak.). Illustre savant allemand, né à Hambourg en 1804, célèbre par ses travaux sur les Cactées, les feuilles, etc., a écrit un *Grundzüge* qui fit longtemps autorité. Il rendit son nom populaire par son ouvrage philosophique *la Plante et sa vie* (*Die Pflanze und ihre Leben*), traduit dans toutes les langues. Avec Nægeli, il rédigea longtemps un journal de botanique scientifique. Il s'est occupé aussi de la Salsepareille. Il avait adopté les théories de son oncle Horkel sur l'embryogénie. Tourmenté par une foule de savants inférieurs, ce grand botaniste, aussi profond philosophe que remarquable observateur, abandonna la science des végétaux pour se consacrer à l'étude de la philosophie. La collection très intéressante de ses dessins fait aujourd'hui partie des inappréciables richesses du *British Museum*.

SCHLEIDENIA (Endl., *Gen.*, 646). Syn. de *Heliotropium* T.

SCHLEIDENITES (Ung., *Syn. pl. foss.*, 266). Genre de bois fossile, rapporté (*Chlor. protog.*, XC) aux Légumineuses (?).

SCHLEIFENTAG (Gabr.). Auteur [1625], à Leipsig, de *De plantis* (in-4).

SCHLEIMPILZE. Nom allemand des Myxomycètes.

SCHLIMIA (Reg., *Descr. pl. nov.*, III, 5). Synonyme de *Lisianthus* Aubl.

SCHLIMMIA (Pl., in *Lind. Cat.* [1852], ex *Paxt. fl. Gard.*, III, 115, fig. 287). Genre d'Orchidacées-Vandées, formé de 3 herbes épiphytes, pseudobulbeuses, des Andes de Colombie ; allié aux *Maxillaria* et aux *Lycomormium*, distingué par son périanthe à sépale postérieur libre, étroit, concave, caréné ; les latéraux très larges, unis à la colonne en un menton sacciforme; un labelle lobé, incombant au pied de la colonne ; 2 pollinies céracées. (Reichb. f., in *Gardn. Chron.*, ser. 2, VI, 708, ic. ; VII, 141.) [H. Bn.]

SCHLITZBRAND. Nom allemand des *Rœstelia* des Pomacées.

SCHLOSSERIA (Mill., ex *Steud. Nom.*). Syn. de *Coccoloba* L.

SCHLOSSERIA (Vuk., in *Œstr. Bot. Wochenbl.*, VII [1857], 350). Synonyme de *Palimbia* Bess.

SCHLOTHEIM (Ern.-Fried. v.). Auteur [1804], à Gotha, de *Ein Beitrag zur Flora d. Vorwelt* (in-4 de 68 p. et 14 pl.); de *Die Petrefactenkunde auf ihrem jetzigen Standpunkte* *durch die Beschreibung seiner Sammlung versteinerter und fossiler Ueberreste*, etc. [1820], et de *Nachträge zur Petrefactenkunde* [1822-23], in-8 de 244 p. et 37 pl.)

SCHLOTHEIMIA (BRID., *Musc. eur.*, Suppl., II, 16). Genre de Mousses-Bryacées, à coiffe conique-mitriforme, glabre, lisse, à 4-6 appendices basilaires. L'urne est terminale, symétrique à sa base, à opercule acuminé ; le péristome double, avec les dents de l'extérieur au nombre de 16, rapprochées par paires, révolutées en spirale ; l'intérieur en forme de couronne membraneuse, conique-plissée, finalement irrégulièrement multifide. Ce sont des Mousses très ramifiées, qui croissent sur les arbres, entre les tropiques et dans les régions subtropicales de l'hémisphère austral. (ENDL., *Gen.*, n. 512. — C. MUELL., *Syn. Musc.*, I, 751.) [H. BN.]

SCHLOTHEIMIA (STERNB., *Vers.*, I, II, 32). Synonyme de *Asterophyllites* AD. BR.

SCHLÜMBACH (Fried.-Alex. v.). A écrit [1810-11], à Nuremberg, *Abbildung der haüptsächlichsten in-und ausländischen Nadelbäume*, etc. (in-4 de 131 p. et 18 pl.).

SCHLUMBERGERIA (E. MORR., in *Belg. hort.* [1878], 311 ; [1879], 225, 360, t. 19). Genre de Broméliacées-Tillandsiées, formé de 2 espèces de l'Amérique méridionale ; distingué seulement des *Caraguata* par une inflorescence ramifiée et plus lâche (B. H., *Gen.*, III, 659). Pour Morren, le *Puya virescens* (*Bot. Mag.*, t. 4991) est de ce genre. [H. BN.]

SCHMALTZ (Fried.). Mort à Dresde en 1847, a écrit *Theorie des Pflanzenbaus*, et [1842] *Anleitung zur Kenntniss und Anwendung eines neuen Ackerbausystems* (in-8 de 107 p.).

SCHMALZIA (DESVX, *Journ.*, II, 170). Synonyme de *Lobadium* RAFIN.

SCHMALZLING. Nom allemand du *Boletus luteus* FR.

SCHMARDÆA (KARST., *Fl. columb.*, I, 187, t. 93). Synonyme de *Elutheria* RŒM.

SCHMEERWUZ. En Allemagne, la Grande-Consoude.

SCHMID (Chr.). Auteur [1677] de *Resurrectio rerum (vegetabilium) artificialis* (in-4), publié à Leipzig.

SCHMIDEL (Cas.-Christ.). Professeur à Erlangen [1718-1892], auteur des *Icones plantarum* [1747], qui eurent deux éditions ; de *De medulla radicis ad florem pertingente epistola* [1759] et de *Dissertationes botanici argumenti*, sur les *Oreoselinum, Buxbaumia, Blasia, Jungermannia*. Ce sont les sujets, revisés par lui, de thèses auxquelles il avait présidé.

SCHMIDÈLE. Nom français (LAMK) des *Schmidelia* L.

SCHMIDELIA (L., *Mantiss.*, 67). Genre de Sapindacées-Sapindées, formé d'environ 80 arbustes des régions tropicales ; distingué par des fleurs à 4 sépales concaves ; un fruit divisé en 1-3 coques indéhiscentes, petites, subglobuleuses ; des feuilles à 3 et parfois à 5 folioles. (H. BN, *Hist. des pl.*, V, 415.)

SCHMIDIA (WIGHT, *Icon.*, t. 1848). Synonyme de *Thunbergia* L. F.

SCHMIDT. Un grand nombre de botanistes ont porté ce nom ; les principaux sont : J.-Ant. SCHMIDT, auteur d'une *Flore de Heidelberg* et d'un essai sur la *Flore des îles du Cap Vert*. C'est lui qui a décrit les Labiées et les Scrofulariacées du *Flora brasiliensis*. — Fr. Wilib. SCHMIDT a écrit une *Flore de Bohême*. — Fr. SCHMIDT a écrit *Œstreichs allgemeine Baumzucht* [1792-1822]. — Joh.-Karl SCHMIDT, conservateur à Berne de l'herbier Shuttleworth, est l'auteur d'une *Allgemeine œkonomisch-technische Flora* [1827-29]. — Joh.-Joach. SCHMIDT rédigea, en 1799, *Botanisches Jahrbuch für Jederman*, qui n'eut qu'un volume. — W.-Ludw.-Ewald SCHMIDT, auteur d'une *Flore de Poméranie* [1840] et d'une thèse *De Erythræa*, est mort à Stettin en 1843.

SCHMIDTIA (MŒNCH, *Meth.*, Suppl., 217). Synonyme de *Tolpis* ADANS.

SCHMIDTIA (STEUD., in *Schm. Fl. Cap. vir. Ins.*, 144). Genre de Graminées-Festucées, formé de 2 herbes africaines, multicaules ; distingué par un panicule lâche, à épillets 4-6-flores ; les glumelles 9-lobées, avec 5 lobes extérieurs en forme d'arêtes, et 4 intérieurs alternes, hyalines ; des styles capillaires. [H. BN.]

SCHMIDTIA (TRATT., ex RŒM. et SCH., *Syst.*, II, 11, 276). Synonyme de *Coleanthus* SEID.

SCHMINCKE (Joh.-Heinr.). Professeur à Rinteln, auteur [1714] de *Dissertatio de cultu religioso arboris Jovis, præsertim in Hassia* (in-4 de 28 p.), publié à Marbourg.

SCHMITZ (J.-Jos.). Auteur, avec M. E. Regel, d'un *Flora bonnensis* [1841]. Il mourut en 1845.

SCHMITZOMIA (FR.). — Voy. SCHIZOXYLON.

SCHNEEBERGER (Ant.). Professeur à Cracovie où il mourut en 1587, a écrit *Catalogus stirpium quarundam*, etc. [1557] et *Catalogus medicamentorum simplicium*, etc. [1561], in-8.

SCHNEEGLOCKEN. Nom allemand du Perce-neige.

SCHNEEPIA (SPEG., *Fung. guar.*, I, 259). Genre d'Hystérinés, formé par une espèce trouvée sur les feuilles vivantes d'un *Styrax*. Les périthèces linéaires, s'ouvrant par une fente, sont disposés en rayons au centre d'un stroma orbiculaire, scutiforme, qui forme une tache noire de 1 à 5 mill. à la surface des feuilles. Les thèques cylindriques, entourées de paraphyses, contiennent 8 spores elliptiques, brunes, didymes. [DE S.]

SCHNEEVOGT (G.-Woorhelm). A publié à Amsterdam [1793] des *Icones plantarum rariorum*, avec dessins de Schwegman.

SCHNEKKER (Joh.-Dan.). Auteur [1777] de *Idea generalis ordinis plantarum verticillatarum* (in-4 de 32 p.).

SCHNELLA (RADD., *Pl. bras. Add.*, 32). Section du genre *Bauhinia* L.

SCHNELLENBERG (Tarq.), en latin OCYORUS, médecin à Dortmunde, a écrit [1546] *Experimenta von zwentzig Pestilentz Wurzeln und Kreutern*, etc., qui eut plusieurs éditions.

SCHNIERBRAND. Nom allemand de la Carie du Blé (*Tilletia Caries* TUL.).

SCHNITTSPAHN (G.-Fried.). Directeur des jardins du palais à Darmstadt [1810-1865], a écrit une flore phanérogamique de la Hesse, qui eut 4 éditions, de 1839 à 1865.

SCHNITTSPAHNIA (SCH. BIP., in *Flora* [1842], 436). Synonyme de *Landtia* LESS.

SCHNIZLEIN (Adelb.). Professeur à Erlangen, où il mourut en 1868, a écrit une thèse sur les Typhacées [1845] et un mémoire plus complet sur cette famille [1845], puis une *Flore de Bavière* [1847]. Avec Frickhinger, il a composé un travail sur la végétation du Jura et du Keuper ; *Die Farnpflanzen der Gewächshaüser* [1854] ; une notice sur le jardin d'Erlangen [1857] ; des travaux sur les familles naturelles ; puis [1848-70] son *Iconographia familiarum naturalium* (4 vol.), contenant 277 planches et autant de feuillets de texte. — Karl-Fried.-Chr. W. SCHNIZLEIN avait écrit [1804], à Erlangen, sur le *Sedum acre* L. (in-8 de 44.p.).

SCHNIZLEINIA (STEUD., in *Schimp. Herb. abyss.*, n. 1365). Synonyme de *Hypoxis* L.

SCHOBERA (SCOP., *Introd.*, 158). Synon. de *Heliophytum* DC.

SCHOBERIA (C.-A. MEY., in *Ledeb. Fl. alt.*, I, 396). Synonyme de *Suæda* FORSK.

SCHODRAOCOLI (RHEED.). L'*Euphorbia canariensis* L.

SCHOELLKRAUT. En Allemagne, la Chélidoine.

SCHOENANTHE. L'*Andropogon Schœnanthus* L.

SCHOENEFELDIA (K., *Rev. Gram.*, 283, t. 53). Genre de Graminées-Chloridées, formé d'une herbe multicaule, de l'Afrique tropicale ; distingué par des épillets à une fleur fertile ; 1-4 épis au sommet d'un pédoncule commun ; des épillets longuement aristés ; leur axe non prolongé au delà de la fleur ; la glumelle florifère plus courte que les glumes. (TRIN., *Sp. Gram.*, t. 359.)

SCHOENFELD (Melch.). Auteur [1619] de *De plantis in genere*.

SCHOENHEIT (Fr.-Chr.-Heinr.). Pasteur à Singen, auteur d'un *Taschenbuch der Flora Thüringens* [1850]. Il mourut en 1870.

SCHOENIA (STEETZ, in *Pl. Preiss.*, I, 480). Section du genre *Helichrysum* GÆRTN. (H. BN, *Hist. des pl.*, VIII, 175.)

SCHOENIDIUM (NEES, in *Linnæa*, IX, 291). Genre proposé pour le *Ficinia lateralis* K.

SCHOENISSA (SALISB., *Fragm.*). Synonyme de *Allium* T.

SCHOENLEIN (Joh.-Luk.). Professeur à Berlin, auteur [1865] d'un *Abbildungen von fossilen Pflanzen aus dem Keuper Frankens* (in-fol. de 22 p. et 13 pl.). Il est mort en 1864.

SCHOENLEINIA (KL., in *Hayn. Arzn.*, XIV, sub t. 15). Section du genre *Bathysa* PRESL, à filets staminaux barbus. (H. BN, *Hist. des plant.*, VII, 474.)

SCHOENOBIBLOS (MART. et ZUCC., *Nov. gen. et spec.*, I, 65). Genre de Thyméléacées-Thymélées, formé de 1, 2 espèces, du Brésil, de la Guyane et du Vénézuela ; dont l'autonomie a été contestée ; distingué des *Pimelæa*, près desquels on le place par de grandes feuilles et 4 étamines. Les inflorescences sont ombelliformes. Une des espèces du genre entre dans la préparation d'une des sortes de Curare. (H. BN, *Hist. des pl.*, VI, 136.)

SCHOENOCAULON (A. GRAY, in *Ann. Lyc. N.-York*, IV, 127). Genre de Liliacées-Vératrées, formé de 5 plantes bulbeuses, de l'Amérique du Nord ; distingué par des fleurs en longs épis, subsessiles, 2-morphes ; les folioles du périanthe étroites, et les 6 étamines plus longues ; l'ovaire libre dès sa base. Le *S. officinale* A. GRAY est la plante qui donne les fruits et graines connus sous le nom de Cévadille, et dont on extrait la Vératrine pour l'usage médical. (BENTL. et TRIM., *Med. pl.*, t. 287. — H. BN, *Tr. Bot. méd. phaner.*, 1406.)

SCHOENOCEPHALIUM (SEUB., in *Mart. Fl. bras.*, III, I, 130, t. 18, 19). Genre de Rapatéacées, formé de 2 herbes du Brésil ; voisin des *Stegolepis*, mal connu et distingué par des bractées défléchies, cachées en majeure partie, des anthères ouvertes par 2 pores, non appendiculées ; des loges ovariennes 2-ovulées. [H. BN.]

SCHOENOCEROS. Section (B. H., *Gen.*, III, 864) du genre *Xerotes* R. BR.

SCHOENODORUS (GRISEB., *Spic. Fl. rumel.*, II, 247). Section des *Festucoides* Coss. et DUR.

SCHOENODUM (LABILL., *N. Holl.*, II, 79, t. 229, pl. fœm.). Synonyme de *Leptocarpus* R. BR.

SCHOENODUM (LABILL., *N. Holl.*, II, 97, t. 29). Synonyme (part.) de *Lyginia* R. BR.

SCHOENOLÆNA (BGE, in *Pl. Preiss.*, I, 289). Synonyme de *Xanthosia* RDGE.

SCHOENOLAGUROS. Nom ancien des *Eriophorum* L.

SCHOENOLIRION (TORR., in *Bot. Emor. Exp.*, 220). Genre de Liliacées-Asphodélées, formé de 3 herbes vivaces, à rhizome, de l'Amérique du Nord ; distingué par des sépales 3-nerves, marcescents, de même que les pétales ; un style court ; une inflorescence simple ou plus souvent peu rameuse. [H. BN.]

SCHOENOPLECTUS (REICHB., *Ic. Fl. germ.*, t. 303-308). Section du genre *Scirpus* T.

SCHOENOPRASUM (H. B. K., *Nov. gen. et spec.*, I, 277). Section du genre *Allium* T.

SCHOENOPSIS (PAL.-BEAUV., in *Lestib. Ess. Cyper.*, 34). Section du genre *Cladium* P. BR.

SCHOENORCHIS (BL., *Bijdr.*, 361, sect. 1 ; *Rumphia*, IV, 51, t. 193, 198 B). Genre d'Orchidacées-Vandées, formé d'une herbe épiphyte, de Java, voisine des *Saccolabium*, sauf que le gynostème est pourvu à sa base de 2 appendices linéaires et dressés. Les feuilles sont arrondies et les fleurs sont disposées en grappes courtes. [H. BN.]

SCHOENOXEROS. Section du genre *Xerotes* R. BR. (B. H., *Gen.*, III, 864.)

SCHOENOXIPHIUM (NEES, in *Linnœa*, IX, 305, part.). Genre de Cypéracées-Caricées, formé d'une herbe vivace, de l'Afrique australe ; distingué par des épillets 1-sexués ; l'axe portant au sommet des glumes vides ou des fleurs mâles ; l'utricule des épillets femelles fermé jusqu'à son orifice qui est 2-denté. (K., *Enum.*, II, 529.) [H. BN.].

SCHOENUS (L., *Gen.*, n. 65, part.). Genre de Cypéracées-Rhynchosporées, dont les fleurs, hermaphrodites et nues, sont généralement composées de 3 étamines et d'un gynécée de *Carex*. Il y a rarement de 2 à 6 étamines. Le fruit est un achaine triquètre ou tricosté. Ce sont environ 60 herbes vivaces, à port variable, de toutes les régions tempérées du globe. Leurs fleurs sont disposées en épillets, eux-mêmes souvent groupés en capitules ou en corymbes, en grappes simples ou composées. Chaque épillet est formé d'un assez grand nombre d'écailles alternes, dont les inférieures, au nombre de 1-6, sont stériles. Sous l'ovaire il y a souvent 6 soies qui peuvent manquer. [H. BN.]

SCHOEPF (Joh.-Dav.). A écrit [1787], à Erlangen, un *Materia medica americana potissimum regni vegetabilis* (in-8 de 170 p.).

SCHOEPFER (Fr.-Xav.). Professeur à Inspruck, auteur [1805] d'un *Flora œnipontana* (in-8 de 396 p.).

SCHOEPFIA (SCHREB., *Gen.*, 129). Genre d'Olacées ou Santalées, formé d'une dizaine d'arbustes américains et asiatiques ; distingué par des fleurs d'*Anacolosa* ; l'ovaire en partie infère, à 3 loges incomplètes, 1-ovulées ; les pétales connés en corolle cylindracée ou campanulée ; le fruit drupacé. (H. BN, in *Adansonia*, III, 117.)

SCHOEPFIUS (Joh.). A écrit [1622] *Hortus elmensis, Ulmischer Paradiss-Garten, …Register der Simplicien*, etc. (in-8).

SCHOLLER (Fried.-Adam). Auteur [1775] d'un *Flora barbiensis* (in-8 de 310 p.). Il est mort à Bayreuth en 1785.

SCHOLLERA (ROHR, in *Skr. Naturh. Selsk. Kjob.*, II, 210). Synonyme de *Microtea* Sw.

SCHOLLERA (ROTH, *Fl. germ.*, I, 170). Synonyme de *Oxycoccus* PERS.

SCHOLLERA (SCHREB., *Gen.*, 785). Synonyme de *Heteranthera* R. et PAV.

SCHOLLIA (JACQ. F., *Ecl.*, I, 5, t. 2). Synon. de *Hoya* R. BR.

SCHOLTZ (Lor.). Médecin de Breslau [1552-1599], publia en 1587 un *Hortus Vratislaviæ*. — Heinr. SCHOLTZ, médecin à Breslau [1812-1859], est l'auteur d'un *Enumeratio Filicum in Silesia sponte nascentium* [1836] et d'un *Flora der Umgegend von Breslau* [1843], in-8 de 336 p.

SCHOLTZIA (SCHAU., in *Linnœa*, XVII, 241). Section du genre *Bæckea* L. (H. BN, *Hist. des pl.*, VI, 358.)

SCHOMBURGK (Rob.-Herm.). Né à Unstrut en 1804, visita la Guyane avec son frère et donna *A description of British Guiana*, etc. [1840]. On lui doit aussi une relation de son voyage à la Guyane et sur l'Orénoque ; une description du *Calycophyllum Stanleyanum* [1845], du *Rapatea Alexandrinœ*, de l'*Alexandra Imperatricis* et du *Saxo-Fridericia regalis*.

SCHOMBURGKIA (DC., *Prodr.*, VII, 293 ; *Mém. Comp.*, t. 9). Syn. de *Geissopappus* BENTH. (H. BN, *Hist. des pl.*, VII, 257.)

SCHOMBURGKIA (LINDL., *Sert. orch.*, t. 10, 13). Genre d'Orchidacées-Épidendrées, formé d'une douzaine d'herbes épiphytes, américaines ; distingué par des sépales plus ou moins ondulés, de même que les pétales ; un labelle à lobes latéraux finalement aplatis ; des pseudo-bulbes à 1-3 feuilles ; des grappes lâches. Reichenbach en a fait des *Bletia*. On en cultive quelques-uns dans nos serres. (*Bot. Mag.*, t. 3729, 4476, 5172.) [H. BN.]

SCHOPFIE. Nom français (LAMK) des *Schœpfia* SCHREB.

SCHORIGERAM (ADANS., *Fam. des pl.*, II, 355). Synonyme de *Tragia* PLUM.

SCHOSCHAN. Nom hébreu du Lis blanc.

SCHOTIA (JACQ., *Coll.*, I, 93). Genre de Légumineuses-Césalpiniées-Amherstiées, formé de 4 arbres africains ; distingué par des fleurs à 4 sépales et 5 petits pétales subsessiles et exserts ; 10 étamines, libres ou unies à la base ; une gousse plate, coriace et ne s'ouvrant que tardivement ou même jamais. Les feuilles sont paripennées, et les inflorescences composées sont courtes. (H. BN, *Hist. des pl.*, II, 100, 180.)

SCHOTT (Heinr.-Wilh.). Directeur du Jardin impérial de Schœnbrunn, près Vienne, était né en 1794 à Brünn et mourut en 1865. Il fut, avec Endlicher, l'auteur des *Meletemata botanica* [1832] ; puis il écrivit sur les Rutacées, les Fougères, les Renoncules de la section *Allophanes*, les Primevères autrichiennes. Ses études de prédilection le portèrent vers les Aroïdées dont les serres de Schœnbrunn contenaient une magnifique collection. Ainsi parurent : *Synopsis Aroidearum* [1856] ; *Icones Aroidearum* [1857] ; *Genera Aroidearum* [1858] ; *Prodromus Systematis Aroidearum* [1860]. Les *Analecta botanica* [1854] sont l'œuvre commune de Schott, Nyman et Kotschy.

SCHOUABLÉ. Nom français (LAMK) des *Schwalbea* L.

SCHOUENKE. Nom français (LAMK) des *Schwenkia* L.

SCHOUSBOE (P.-K.-A.). Consul à Maroc, écrivit [1800] *Iagttagelser over Vextriget i Marokko* (in-4 de 204 p. et 7 pl.).

SCHOUSBOEA (SCHUM., *Beskr. guin. Pl.*, 449). Synonyme de *Alchornea* SW.

SCHOUSBOEA (W., *Spec.*, 578). Synonyme de *Cacoucia* AUBL.

SCHOUTENIA (KORTH., in *Ned. Kruidk. Arch.*, I, 313). Genre de Tiliacées-Tiliées, formé de 2 arbres ou arbustes, de l'archipel Indien et de Siam; distingué par un calice accru, membraneux et étalé sous le fruit; des étamines libres, toutes fertiles. L'espèce que nous avons décrite (in *Adansonia*, XI, 370), sous le nom de *S. Godefroyana*, est un peu anormale par son calice, sa corolle plus grande, ses étamines plus nombreuses, etc., et forme une section particulière (*Touschenia*), dont quelqu'un fera peut-être un genre. (H. BN, *Hist. des pl.*, IV, 185.)

SCHOUTENSIA (ENDL., *Prodr. Fl. norfolk.*, 79). Synonyme de *Synoum* A. JUSS.

SCHOUW (Joak.-Fred.). Né et mort à Copenhague [1787-1852], s'occupa surtout de topographie botanique. Il a écrit: *Dissertatio de sedibus plantarum originariis* [1816]; un *Manuel de géographie botanique* [1822]; *Plantegeographisk Atlas* [1244]; *Tableau de la végétation de l'Italie* [1839]; d'autres traités sur la distribution des plantes, et [1837] son *Natur-Skildringer; en Rœkke af almeenfattelige Forelœsninger* (in-8 de 176 p.), qui eut deux éditions.

SCHOUWIA (DC., *Syst.*, II, 643). Genre de Crucifères-Lépidiées, formé de 3 herbes annuelles, d'Arabie; distingué par des feuilles auriculées, embrassantes; une grande silique oblongue, à valves largement ailées; avec ∞ graines; les cotylédons longitudinalement condupliqués. (JAUB. et SP., *Ill. pl. or.*, t. 296, 297. — H. BN, *Hist. des pl.*, III, 288.)

SCHOYU. Sauce végétale, préparée au Japon avec le *Soja hispida* MŒNCH.

SCHRADER (Fried.). Professeur à Helmstadt, mort en 1704, écrivit en 1681 une dissertation sur l'usage du microscope, et en 1690 un *Programma* qui comprend une classification nouvelle. — Chr.-Fried. SCHRADER publia en 1772 un *Index plantarum horti botanici pædagogii regii Glauchensis*, et en 1780 un *Genera plantarum selecta*, à l'usage des débutants. — Heinr.-Ad. SCHRADER [1767-1836], professeur à Gœttingue, est l'auteur d'un *Spicilegium Florœ germanicœ* [1794], d'un *Sertum Hannoveranum* [1795-98]. On lui doit encore : *Systematische Sammlung kryptogamischer Gewächse; Nova genera plantarum* [1797]; un *Flora germanica* [1806] et des notices sur les *Verbascum*, les Aspérifoliées, le *Blumenbachia*, les Chénopodiacées, les Véroniques en épis. En 1832, il écrivit un mémoire sur les Cypéracées du Cap. Il avait fondé un *Journal de Botanique*, qui parut de 1799 à 1803 et auquel succéda son *Nouveau Journal* [1806-1810]. En 1838 ont été imprimés dans le *Linnœa* des *Reliquiœ Schraderianœ*. — Joh.-Christ. SCHRADER était médecin à Berlin. Il a composé en 1792 un ouvrage sur les plantes médicinales de l'Allemagne du Nord, et, en collaboration avec Neumann, *Zwei Preischriften über die eigentliche Beschaffenheit und Erzeugung der erdigen Bestandtheile in den verschiednen inländischen Getraidearten.* — J.-Ed.-Jul. SCHRADER, bibliothécaire royal à Berlin, a publié en 1834, *De Monocotyledonearum et Dicotyledonearum circa gemmarum explicationem differentia* (in-8 de 23 p.).

SCHRADERA (VAHL, *Ecl. amer.*, 1, 35, t. 5). Genre de Rubiacées-Génipées, à fleur 4-10-mère, avec une corolle hypocratérimorphe, épaisse, coriace, valvaire. Les 4-10 étamines, insérées à la gorge de la corolle, sont incluses ou exsertes, et l'ovaire infère est à 2-4 loges multiovulées. Le fruit est une baie fusiforme, à 2-4 loges multiovulées. Les graines sont albuminées, petites, granuleuses à la surface. Ce sont 3 ou 4 arbustes glabres, de l'Amérique tropicale (« et ins. Gorgona »), à feuilles opposées, pétiolées, épaisses, coriaces, stipulées, et à petites fleurs blanches, réunies, au sommet d'un pédoncule terminal épais, en un faux capitule de glomérules ou cymes contractées, au-dessous duquel il y a d'épaisses bractées libres ou connées à la base et formant involucre. (Voy. *Hist. des plant.*, VII, 321, 454, n. 117.) [H. BN.]

SCHRADERELLA (ROSTAF., *Mon.*, 231). Sous-genre du g. *Cribraria*, distingué par les protubérances rétiformes du péridium.

SCHRADERIA (MŒNCH, *Meth.*, 378). Genre établi pour le *Salvia canariensis* AIT.

SCHRANCKIA (W., *Spec.*, IV, 1041). Genre de Légumineuses-Mimosées-Eumimosées, formé d'une dizaine d'herbes ou sous-arbrisseaux, d'Amérique et d'Afrique; distingué par des épis cylindriques et globuleux; des gousses sub-4-gones, à valves entières et se séparant à la maturité d'un septum persistant qu'elles peuvent dépasser. Le genre est d'ailleurs très voisin des *Mimosa*. (H. BN, *Hist. des pl.*, II, 34, 66.)

SCHRANK (Fr. v. Paula). Né en 1747, fut professeur à Munich, où il mourut en 1835. Son début fut un *Beiträge zur Naturgeschichte* [1776]. En 1781, il écrivit une centaine de remarques sur le *Species* de Linné. Vinrent ensuite : *Anfrangsgrunde der Botanik* [1785], une *Flore de Bavière* [1789]; les *Primitiæ Florœ Salisburgensis*, avec une dissertation sur les différences entre les animaux et les plantes [1792] ; de nombreux mémoires sur des sujets variés, et [1811-18] un *Flora monacensis* (4 vol. in-fol.). En collaboration avec K.-E. v. Moll, il composa en 1785, *Naturhistorische Briefe über Œstreich, Salzburg, Passau und Berchtesgaden.* Sa biographie a été écrite par De Martius, en 1836.

SCHRANKIA (MEDIC., *Pflanzeng.*, 42). Synonyme de *Rapistrum* BOERH.

SCHREBER (J.-Christ.-Dan. v.). Professeur à Erlangen [1739-1810], a décrit et figuré les plantes récoltées en Orient par Gundelsheimer, compagnon de Tournefort; et en 1769-1810 *Beschreibung der Gräser nebst ihren Abbildungen nach der Natur* (3 vol.). En 1770, il écrivit des observations sur les *Phascum*; en 1773, *Plantœ verticillatœ unilabiatœ;* en 1790-92 *De Persea Ægyptiorum commentationes.* Sous prétexte que la plupart des noms génériques d'Aublet n'étaient pas conformes aux règles de la nomenclature, Schreber les raya et les remplaça par des noms de son cru : ce qui lui a valu, aux yeux de bien des botanistes, une réputation peu enviable. Il est même malheureux que l'on ait injustement conservé jusqu'à nos jours quelques-uns de ces noms. On doit des notices sur ce botaniste à Harles [1810], Schrank [1846] et de Martius.

SCHREBERA (RETZ., *Obs.*, VI, 25, fig. 3). Synonyme de *Elœodendron* JACQ. F.

SCHREBERA (ROXB., *Pl. corom.*, II, I, t. 101). Genre d'Oléacées-Syringées, formé de 4 arbres asiatiques et africains; distingué par une corolle imbriquée, à lobes plus courts que le tube; 2 étamines incluses ou exsertes; des loges ovariennes à 3, 4 ovules; un fruit capsulaire et loculicide, à graines non albuminées. (HARV., *Thes. cap.*, t. 163. — WELW., in *Trans. Linn. Soc.*, XXVII, t. 15. — H. BN, *Hist. des pl.*, XI, 236, fig. 232-234.) [H. BN.]

SCHREBERA (THUNB., in *Nov. Act. upsal.*, I, 91, t. 5, fig. 1). Synonyme de *Hartogia* THUNB.

SCHRÉBÈRE. Nom français (LAMK) des *Schrebera* THUNB.

SCHREIBEIRSIA (POHL, in *Flora* [1825], 183). Synonyme de *Augusta* POHL.

SCHRENCKIA (FISCH. et MEY., in *Schrenck Enum.*, 63). Section du genre *Coriandrum* T. (H. BN, *Hist. des pl.*, VII, 227.)

SCHROEDER (Heinr.-Ernst). A publié [1774], à Halle, *Gedanken vom Nutzen der Botanik in Ansehung eines jeden Gelehrten wegen der damit zu seiner Gesundheit verbundenen Leibesbewegung.* — Jul. SCHRŒDER est l'auteur [1865] d'un ouvrage de chimie végétale.

SCHROETERIA (WINT., *Die Pilze*, 117). Genre d'Ustilaginés, à filaments fertiles cloisonnés, produisant au niveau de chaque cloison une paire de spores colorées, germant comme les *Tilletia* et donnant naissance à des sporidies secondaires, quelquefois en chaînettes. 3 espèces, dans les placentas, les ovules de Véroniques en Europe, et dans des pétioles de *Cissus*, à la Guyane, la région de l'Amazone et Saint-Domingue. [DE S.]

SCHTSCHUROWSKIA (Reg. et Schmalh., *Descr. pl. nov. a O. Fedtschenko in Turkestania lect.*, 40). Genre d'Ombellifères-Caucalinées, très voisin des *Coriandrum*. Lé calice est à 5 dents égales; les pétales extérieurs non rayonnants. Le fruit, ovale-globuleux, présente 10 stries. Les méricarpes ne se séparent pas à la maturité, et l'un d'eux est stérile. Côtes primaires et secondaires filiformes; bandelettes nulles. Herbe vivace, du Turkestan, à fleurs polygames. [A. Fr.]

SCHUBERT (Mich.). Professeur à Varsovie, a écrit un catalogue des plantes du jardin de l'Université de cette ville [1820]; un travail sur l'anatomie et la germination des plantes [1824], et un autre sur les arbres forestiers de la Pologne [1827]. Tous ces ouvrages sont rédigés en polonais.

SCHUBERTIA (Bl., *Bijdr.*, 884). Synonyme de *Horsfieldia* Bl.

SCHUBERTIA (Mart., *Nov. gen. et spec.*, I, 55, t. 33). Synonyme de *Araujia* Brot.

SCHUBERTIA (Mirb., in *N. Bull. Soc. philom.*, III, 123). Synonyme de *Taxodium* L.-C. Rich.

SCHUCH (Chr.-Theoph.). Auteur [1858] de *Gemüse und Salate der Alten in gesunden und Kranken Tagen* (in-8 de 48 p.).

SCHUEBLERIA (Mart., *Nov. gen. et spec.*, II, 113, t. 186-188). Synonyme de *Curtia* Cham. et Schlchtl.

SCHUECHIA (Endl., *Gen.*, 1178). Synonyme de *Qualea* Aubl.

SCHUEK. Nom syrien du Coquelicot.

SCHUERMANNIA (F. Muell., in *Linnæa*, XXV, 386). Synonyme de *Darwinia* Rdge.

SCHUFIA (Spach, in *Nouv. Ann. Mus.*, IV, 330). Section du genre *Fuchsia* L. et sur l'autonomie de laquelle Desmoulins a écrit une notice.

SCHULTES (Jos.-Aug.). Professeur à Landeshut [1773-1831], fut l'auteur de deux *Flore d'Autriche* [1794 et 1800]. Son fils avait publié une *Flore de Bavière* en 1811 et une histoire de la botanique. En 1806, il donna un catalogue du jardin de l'Université de Cracovie.

SCHULTESIA (Mart., *Nov. gen. et spec.*, II, 103, t. 180-182). Genre de Gentianacées-Chironiées, formé d'une quinzaine au plus d'herbes annuelles, américaines (et ? africaines); distingué par un calice tubuleux ou pyramidal, à 4 larges ailes; une corolle en entonnoir, 4-lobée; un style à lobes stigmatiques larges. (H. Bn, *Hist. des pl.*, X, 137.)

SCHULTESIA (Roth, *Enum. pl. phan. germ.*, I. — A. DC., *Mon. Camp.*, 129). Synonyme de *Wahlenbergia* Schrad.

SCHULTESIA (Schrad., in *Gætt. Gel. Anz.* [1821], 708). Synonyme de *Gomphrena* L.

SCHULTESIA (Spreng., *Pl. pugill.*, II, 17). Synonyme de *Chloris* Sw.

SCHULTHI. Nom bengalais du *Zerumbet*.

SCHULTZ. Nom de nombreux botanistes allemands. Les plus célèbres sont K.-Heinr. Schultz, dit *Schultzenstein*, auteur d'un mémoire sur la Cyclose, couronné à Paris; d'un autre sur l'Anaphytose, etc.; et K.-Heinr. Schultz, dit *Bipontinus*, qui se consacra toute sa vie à l'étude des Composées. Il est mort en 1867 à Deidelheim, âgé de 62 ans. Le *Neues System der Morphologie der Pflanzen* est du premier (1847).

SCHULTZIA (Nees, in *Nov. Act. nat. cur.*, XI, 63). Synonyme de *Herpetacanthus* Nees.

SCHULTZIA (Spreng., *Umb. Prodr.*, 30). Genre d'Ombellifères, réduit au rang de section dans le genre *Meum* T. (H. Bn, *Hist. des pl.*, VII, 210.)

SCHULZE (Joh.-Heinr.). Professeur à Altdorf et à Halle [1687-1744], a écrit sur la Coloquinte, la Scille, l'*Asarum*, la Mélisse, le Muguet, le Framboisier, l'Ipecacuanha, etc. — J. Ern.-Ferd. Schulze est l'auteur [1788] de *Toxicologia veterum*, etc. (in-4).

SCHULZERIA (Bres., *Schulz. nov. gen.*, 7). Genre d'Agaricinés-leucospores, ayant les caractères des Lépiotes, mais dépourvu de valve et d'anneau. Deux espèces épigées. [De S.]

SCHULZIA (Spreng.). — Voy. Schultzia.

SCHUM. Nom hébreu de l'*Allium sativum* L.

SCHUMACHER (Christ.-Fred.). Botaniste danois [1757-1830], auteur [1801-3] d'un *Enumeratio plantarum in partibus*

Saellandiæ septentrionalis et orientalis. En 1804, il publia une *Flore de Copenhague*, et en 1825-26 une *Flore médicale.* En collaboration avec J.-D. Herholdt, il a écrit un livre sur les plantes officinales. Il est surtout connu par son ouvrage sur les plantes de la Guinée de Thönning, imprimé à Copenhague en 1827, sous le titre de *Beskrivelse af Guineiske Planter*, etc.

Schumacheria. — Rameau florifère.

SCHUMACHERIA (Spreng., *Gen.*, 232). Synonyme de *Wormskioldia* Schum. et Thönn.

SCHUMACHERIA (Vahl, in *Kjob. Selsk. Skr.*, VI, 122). Genre de Dilléniacées-Hibbertiées, formé de 3 arbustes sarmenteux, de Ceylan; distingué par des fleurs à 5 sépales, avec 5 pétales imbriqués; des étamines 1-latérales et 2, 3 carpelles à long style, indépendants, 1-ovulés. (H. Bn, *Hist. des plant.*, I, 101, 129, fig. 140, 141.)

SCHUMIM. Nom hébreu (Rosenm.) de l'*Allium sativum* L.

SCHUMMEL (Theod.-Emil.). Professeur à Breslau, a écrit [1840] *Ueber die giftigen Pilze.*

SCHUNDA-PANA (Rheed., *Hort. malab.*, t. 11). Synonyme de *Caryota* L.

Schumacheria. — Fleur.

SCHUR (Phil.-Joh.-Ferd.). Auteur [1866], à Vienne, de *Enumeratio plantarum Transsylvaniæ* (in-8 de 984 p.).

SCHUSSELPILZ. Nom allemand des Pezizes.

SCHUSTER (Joh.-Chr.). Professeur à Pesth, a écrit [1808] un *Terminologia botanica* (in-8), qui eut deux éditions.

SCHÜTTE. Maladie produite sur le Pin par un Champignon.

SCHUTTLEWORTHIA (Meissn., *Gen.*, 290; *Comment.*, 198). Synonyme de *Verbena* L.

SCHUTZSCHIEDE (Casp.). Couche protectrice corticale de la racine, encore nommée Gaine protectrice des faisceaux radiculaires.

SCHUURMANSIA (Bl., *Mus. lugd.-bat.*, I, 177, t. 32). Genre de Violacées-Sauvagésiées, formé de 2 arbustes de l'archipel Indien; distingué des *Sauvagesia* par ∞ staminodes libres, linéaires ou subulés. (H. Bn, *Hist. des pl.*, IV, 355.)

SCHUURMANS-STEKHOVEN (H.). Auteur d'un *Kruidkundig Handbock* de la flore de Hollande [1815-18] et d'un *Kruidkundig Kunst-Woordenbock* [1825], in-4 de 198 p.

SCHUYL (Flor.). Publia en 1668 un *Catalogue du jardin botanique de Leyde* (in-12). Il mourut dans cette ville en 1669.

SCHWABE (Sam.-Heinr.). Apothicaire à Dessau, auteur d'un *Flora anhaltina* [1838-39], 2 vol. in-8 de 419 p.

SCHWABEA (ENDL., *Nov. st. Dec.*, 81). Genre d'Acanthacées-Justiciées, formé de 2 herbes de l'Afrique tropicale ; voisin des *Justicia* et distingué par un calice de 5 sépales indépendants et des graines comprimées, pourvues de poils marginaux du côté du hile et sur le bord opposé. Les fleurs, de taille moyenne, sont disposées en glomérules axillaires ou en épis pressés de glomérules. (H. BN, *Hist. des pl.*, X, 442.)

Schwabea. — Fleur, coupe longitudinale.

SCHWADEN. En Allemagne, le *Glyceria fluitans* R. BR.

SCHWÆGRICHEN (Chr.-Fried.). Professeur à Leipzig, auteur [1799] d'un *Topographiæ botanicæ et entomologicæ lipsiensis*, en 4 parties, est surtout connu par son *Historiæ Muscorum Hepaticorum Prodromus* [1814], in-8 de 39 p. et 1 pl. col.

SCHWÆGRICHENIA (SPRENG., *Syst.*, II, 26). Syn. de *Anigozanthos* LABILL.

SCHWALBE (Chr.-Georg). A écrit [1715], à Leyde, *De China officinarum* (in-4 de 21 p.).

SCHWALBEA (*Gen.*, n. 744). Genre de Scrofulariacées-Rhinanthées, formé d'une herbe vivace, de l'Amérique du Nord ; distingué par des calices à 5 lobes ; les 2 antérieurs hautement unis ; le postérieur très petit ; un androcée didyname ; des loges ovariennes ∞-ovulées ; un fruit ovoïde, à ∞ graines linéaires. (H. BN, *Hist. des pl.*, IX, 481.)

SCHWAMP-MAHOGONY. Nom que les colons australiens donnent à l'*Eucalyptus botryoides* et à l'*E. robusta* SM.

SCHWANNIA (ENDL., *Gen.*, 4058). Genre de Malpighiacées-Gaudichaudiées, formé de 5 lianes du Brésil ; distingué par des

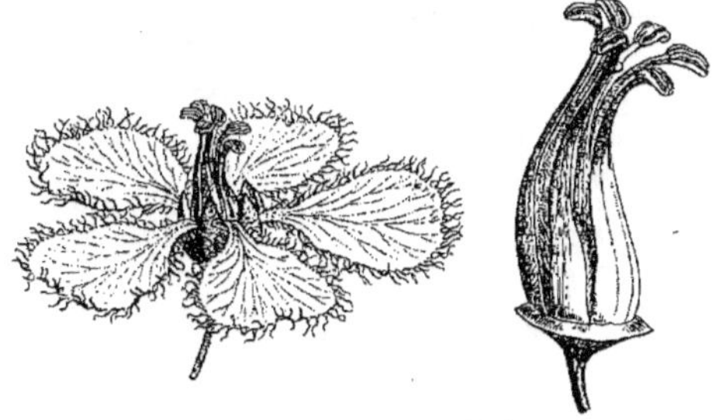

Schwannia. — Fleur, entière et sans le périanthe.

pétales fimbriés ; un androcée à 6 étamines fertiles ; des fruits formés de 1-3 samares. (A. JUSS., *Malpigh.*, t. 22. — H. BN, *Hist. des pl.*, V, 468.)

SCHWARTZIA (VELLOS., *Fl. flum.*, V, t. 84). Synonyme de *Norantea* AUBL.

SCHWARZE SCHLANGENWURZEL. L'*Actæa racemosa* L.

SCHWEIGGER (Aug.-Fried.). Auteur d'une *Flore d'Erlangen* [1804-1811] ; d'un *Catalogue du jardin de Kœnigsberg* ; d'un essai anatomico-physiologique sur les Corallines et [1820] de *De plantarum classificatione naturali* (in-4 de 32 p.).

SCHWEIGGERA (E. MEY.). Sect. du g. *Antholyza* L. (KLATT).

SCHWEIGGERA (MART., *Nov. gen. et spec.*, III, 106, t. 297). Synonyme de *Renggeria* MEISSN.

SCHWEIGGERIA (SPRENG., *N. Entd.*, II, 167). Genre de Violacées-Violées, formé de 2 arbustes américains ; distingué des *Viola* par 5 sépales inégaux, dont 3 largement cordés ; un fruit ovoïde ; des graines à peu près globuleuses ; des inflorescences axillaires. (H. BN, *Hist. des pl.*, IV, 353.)

SCHWEINFURTHIA (A. BRAUN, in *Mon. Ak. Wiss. Berl.* [1866],

872, c. ic.). Genre de Scrofulariacées-Antirrhinées, formé de 3 herbes d'Afrique et d'Orient ; à peine distinct des Mufliers, dont on le sépare par une petite corolle subsacciforme à la base ; le palais saillant à la gorge ; des étamines à loges d'anthère confluentes au sommet ; une capsule membraneuse et fragile, à loge postérieure petite et comprimée ; l'antérieure irrégulièrement rompue. (H. BN, *Hist. des pl.*, IX, 429.)

SCHWEINITZ (Ludw.-Dav. v.). Né en Pensylvanie [1780], auteur d'un *Specimen Floræ Americæ septentrionalis cryptogamicæ* [1821], d'une *Monographie des Carex américains*, éditée par Torrey [1825], et d'un récit d'une expédition à la source de la Rivière Saint-Pierre, etc. [1825].

SCHWEINITZIA (ELL., in *Nutt. Gen. amer. Add.; Bot. S.-Carol. and Georg.*, I, 478). Genre d'Éricacées-Monotropées, distingué par des fleurs à 5 sépales, un disque 10-crénelé ; des anthères transverses dans le bouton, pendantes en dedans lors de l'anthèse ; des graines à tégument appliqué sur le noyau. C'est une herbe parasite, des parties les plus chaudes de l'Amérique du Nord. (A. GR., *Chlor. bor.-amer.*, I, 15, t. 2. — H. BN, *Hist. des pl.*, XI, 206.)

SCHWEINITZIA (GREV., in *Edinb. N. phil. Journ.*, XVI, 258, t. 6). Synonyme de *Podaxon* FRIES.

SCHWEINITZIELLA (SPEG., *Fung. guar.*, II, 43). Genre de Sphériacés, formé pour une espèce trouvée dans la République Argentine, sur des feuilles vivantes de *Styrax*. Dans un stroma noir, lisse, de 1 à 2 millimètres, sont contenus de 6 à 10 périthèces très petits, astomes. Les thèques, claviformes, accompagnées de paraphyses serrées, renferment 8 spores fusiformes, courbées, hyalines. [DE S.]

SCHWENCKE (Mart.-Wilh.). Né et mort à La Haye [1705-1785], a écrit un catalogue des plantes officinales du jardin de cette ville ; un mémoire sur le *Cicuta aquatica* ; un *Kruidkundige Beschrijving der in- en uitlandsche gewassen* [1766] et une notice sur le genre que Linné a nommé *Schwenckia* [1766].

SCHWENKFELDA (SCHREB., *Gen.*, 123). Syn. de *Sabicea* AUBL.

SCHWENCKFELT (Kasp.). A écrit un *Catalogue des plantes fossiles de la Silésie* [1600] et *Hirschbergischen Warmen Bades, in Schlesien unter dem Riesen Gebürge gelegen*, etc. [1607], qui eut deux éditions ; la deuxième en 1619.

SCHWENKIA (L., *Gen.*, n. 1233). Genre de Scrofulariacées-Salpiglossées, formé d'une vingtaine d'herbes ou sous-arbrisseaux, américains et africains ; distingué par une corolle peu irrégulière, à tube étroit ; ses lobes réduits à des dents étroites ; mais dans leurs intervalles sont des lobes accessoires, répondant aux sinus et auxquels sont superposées les étamines au nombre de 2-4. Les fleurs sont solitaires ou disposées en grappe terminale composée. (H. B. K., *Nov. gen. et spec.*, t. 178-181. — *Fl. bras.*, VIII, t. 40. — H. BN, *Hist. des pl.*, IX, 413.)

SCHWERIN (Joh.-Dav.). A écrit [1711], à Hambourg, *Nahmregister derjenigen in- und ausländischen Bäume, Pflanzen, Blumen*, etc., cultivés dans le Jardin de la ville de Hambourg.

SCHWERINIA (KARST., *Fl. columb.*, I, 35, t. 17). Synonyme de *Meriania* SW.

SCHWEYCKERT (J. M.). A donné [1791] un *Catalogue du jardin de Carlsruhe* (in-8), classé suivant le système de Linné.

SCHWEYCKERTA (GMEL., *Fl. bad.*, I, 447). Synonyme de *Limnanthemum* GMEL.

SCHWILGUÉ (C.-I. A.). Auteur [1805] d'un *Traité de matière médicale* qui eut trois éditions ; la dernière publiée par Nysten en 1818 (2 vol. in-8).

SCHWINGEL. Nom allemand des Fétuques.

SCHYCHOWSKY (Ivan). Professeur à Moscou, a écrit *De Digitali purpurea* [1829], in-8 de 66 p., et *De fructus plantarum phanerogamarum natura* [1832], in-8 de 57 p.

SCHYCHOWSKYA (ENDL., in *Ann. Mus. vindob.*, I, 187, t. 13). Synonyme de *Fleurya* GAUDICH.

SCHYPHOSYCE (H. BN, in *Adansonia*, XI, 293). Genre d'Ulmacées-Artocarpées, formé d'une herbe de l'Afrique tropicale occidentale ; distingué par des fleurs monoïques, avec une étamine, et une fleur femelle à 2 longues branches stylaires exsertes ;

les fleurs mâles disposées en glomérules dans un petit réceptacle cupuliforme-tubuleux; le périanthe femelle 2-mère. (H. Bn, *Hist. des pl.*, VI, 207.)

SCHYZOSTEPHIUM (Krebs, ex Less., *Syn.*, 251). Section (?) du genre *Chrysanthemum* T. (H. Bn, *Hist. des pl.*, VIII, 277.)

SCIADANEMIA (Reichb., *Nom.*, 236). Synonyme de *Omalocarpus* DC.

SCIADANTHUS (Coss. et Dur., in *Bull. Soc. bot. Fr.*, II, 367). Section du genre *Fraxinus* T.

SCIADENDRON (Nutt., in *Hook. Kew Misc.*, V, 364). Section du genre *Rhododendron* L.

SCIADICARPUS (Hassk., in *Flora* [1042], *Beibl.*, II, 20). Synonyme de *Kibara* Endl.

SCIADOCALYX (Reg., *Gartenfl.*, III, 257, t. 81). Synonyme de *Isoloma* Benth.

SCIADODAPHNE (Reichb., *Nom.*, 70). Synonyme de *Umbellularia* Nees.

SCIADODENDRON (Griseb., in *Bonplandia* [1857], 7). Genre d'Araliées, à corolle imbriquée et à gynécée 8-10-mère, dont nous n'avons fait (*Hist. des pl.*, VII, 156) qu'une section du genre *Aralia* T. [H. Bn.]

SCIADOPANAX (Seem., *Journ. Bot.*, III, 73, t. 27). Section du genre *Panax* L. (H. Bn, *Hist. des pl.*, VII, 251.)

SCIADOPHILA (Phil., in *Linnæa*, XXVIII, 618). Section du genre *Rhamnus* L.

SCIADOPHYLLUM (Bl., *Bijdr.*, 875). Synonyme de *Heptapleurum* Gærtn.

SCIADOPHYLLUM (P. Br., *Jam.*, 190, t. 19). Genre d'Ombellifères-Araliées, dont les fleurs sont celles des *Schefflera*, avec un calice court, entier, tronqué, sinueux ou denté, 4-6 pétales ordinairement détachés par la base et formant coiffe; 4-10 étamines et un ovaire en totalité ou en partie infère, 3-10-loculaire, avec autant de branches stylaires, libres ou unies dans une étendue variable. Les loges sont uniovulées, et le fruit contient 3-10 noyaux monospermes. Ce sont des arbres ou arbustes, de l'Amérique tropicale, à feuilles digitées, stipulées, et à inflorescences composées, rameuses, ombellifères ou capitulifères, analogues à celles des *Paratropia* (*Schefflera*) dont ce genre est à peine distinct et ne devrait peut-être pas être séparé, son origine américaine l'ayant seul fait conserver jusqu'ici. On en distingue une vingtaine d'espèces, et quelques-unes sont cultivées dans les serres comme plantes d'ornement. (Voy. *Hist. des pl.*, VII, 248, n. 99.) [H. Bn.]

SCIADOPITYS (S. et Zucc., *Fl. jap.*, II, 1, t. 101, 102). Genre de Conifères-Araucariées, formé d'un arbre du Japon, à « phyllodes » (A. Dickson) linéaires, disposés en faux-verticilles et occupant l'aisselle d'une écaille; distingué par des anthères à 2 loges et des fleurs femelles au nombre de 7-8; les fleurs femelles (ovules des gymnospermistes) renversées, dilatées en aile. Les fruits sont disposés en un cône qui atteint jusqu'à 3 pouces de longueur. (*Fl. serres*, t. 1483.) [H. Bn.]

SCIADOSERIS (Kze, in *Bot. Zeit.* [1851], 349). Synonyme de *Odontotrichum* Zucc. (H. Bn, *Hist. des pl.*, VIII, 259.)

SCIADOTÆNIA (Miers, in *Ann. Nat. Hist.*, ser. 2, VII, 43). Genre de Ménispermacées-Pachygonées, établi pour un arbre de la Guyane, à grande feuilles, à pédoncules femelles allongés, 1-flores; les carpelles, au nombre de 9-12, stipités, avec une cicatrice stylaire rapprochée de la base. Les sépales sont au nombre de 9-12, avec 6 pétales et 6 staminodes. Nous ne connaissons pas la fleur mâle. (H. Bn, *Hist. des pl.*, III, 9, 37.)

SCIAPHILA (Bl., *Bijdr.*, 514; *Mus. lugd.-bat.*, I, 321, fig. 48). Genre de Triuridacées, formé d'environ 14 espèces, des deux mondes; distingué des *Triuris* par un périanthe lobé ou partite, 3-5-mère; des anthères sessiles ou à peu près à la base du périanthe; un style situé à la base du fruit ou à peu près. (Miers, in *Trans. Linn. Soc.*, XXI, t. 7, fig. 1-9.) [H. Bn.]

SCIARA. Nom grec de la Cardère.

SCIARODIUM (C. Muell., *Syn. Musc.*, II, 526). Section du genre *Conomitrium* Mtgne.

SCILLA. Nom ancien de l'*Hedysarum coronarium* L.

SCILLE (*Scilla* L., *Gen.*, n. 419). Genre de Liliacées, qui donne son nom à la tribu des *Scillées* et qui est formé de près de 100 plantes bulbeuses, de l'ancien monde; distingué par des fleurs à périanthe étalé ou campanulé-connivent; les 6 étamines à filets aplatis ou filiformes. Les fleurs sont bleues, roses ou blanches. En comprenant dans ce genre les *Endymion* et *Urginea* comme sections, il nous présente surtout comme plantes intéressantes, le *S. non scripta* (*Endymion nutans* Dumort. — *Agraphis nutans* Link), notre Jacinthe des bois, et la *S. maritime*, dont les squames servent tant en médecine et sont aussi un poison irritant. (Bak., in *Journ. Linn. Soc.*, XIII, 228. — H. Bn, *Tr. Bot. méd. phanér.*, 1387, fig. 3409-3411.)

SCILLEÆ. Tribu (13) des Liliacées. (B. H., *Gen.*, III, 750.)

SCILLE BLANCHE, S. PETITE. Le *Pancratium maritimum* L.

SCILLE DE MONTAGNE. L'*Hœmanthus coccineus* L.

SCILLE MALE. Le *Scilla maritima* L. La S. mâle est la variété *rubra*, et la S. femelle la variété *alba* (à squames blanches).

SCILLOPSIS (Leme, in *Illustr. hort.*, III, *Misc.*, 33). Synonyme de *Lachenalia* Jacq.

SCIMPIUZA. Nom ancien du Tussilage ou Pas-d'âne.

SCINA (Domen.). Botaniste de Palerme [1765-1837]. Sa biographie a été publiée en 1839, à Pise, dans le *Novo Giornale de Letterati*.

SCHINCHUS (Diosc.). Le *Ruscus aculeatus* L.

SCINDAPSUS (Schott, *Melet.*, 21; *Gen. Aroid.*, t. 81). Genre d'Aracées-Callées, formé de 8, 9 lianes, de l'Asie et l'Océanie tropicales; distingué par des spadices sessiles, à spathe non persistante; un ovaire 1-loculaire,

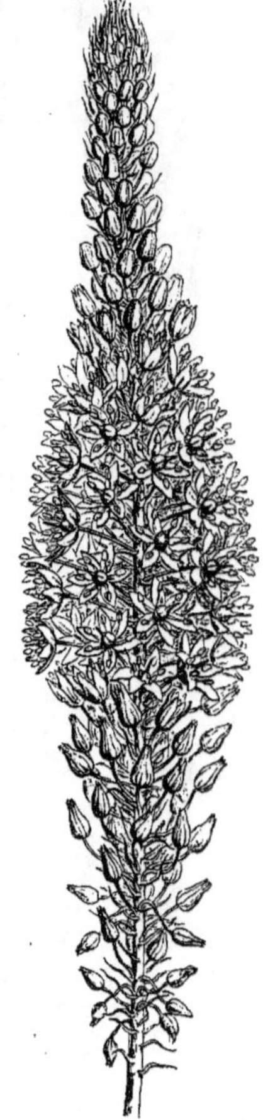

à 1 ovule basilaire; des fruits rapprochés, à graine non albuminée et à embryon macropode. Plusieurs espèces de ce genre se cultivent dans nos serres. (Engl., *Arac.*, 252; in *Bull. Soc. hort. Tosc.* [1879], 270.) [H. Bn.]

SCINIATOSPORIUM (Rabenh., *Deutsch. Fl.*, I, 47). Pour *Scimatosporium* Cord.

SCINIATOSPORIUM (Reinsch, *Contr. ad Algol. et Fungol.*, 95). Genre d'Hyphomycètes. Le mycélium rampe à la surface des *Hypnum* et donne naissance à des filaments dressés, cloisonnés, stériles, et à des filaments terminés par une grosse spore ovale, cloisonnée dans toutes les directions. [De S.]

SCIOBIA (Reichb., ex Endl., *Gen.*, Suppl., IV, II, 37). Synonyme de *Sciophila* Gaudich.

SCIOBIA (Reichb., *Nom.*, 66). Synonyme de *Procris* Commers.

SCIODAPHYLLUM (J., *Gen.*, 461). Pour *Sciadophyllum* P. Br.

SCIOLERINA. Nom ancien du *Lavandula Stœchas* L.

SCION. « Pousse de l'année », d'après Duchartre (*Elém.*, 193).

SCIOPHILA (Gaudich., in *Freycin. Voy.*, *Bot.*, 493, t. 120). Synonyme de *Procris* J.

SCIOPHILA (Hell., *Fl. Wicerb.*, 185). Syn. de *Maianthemum*.

SciophyLLA (Wid., *Prim. Fl. Werthem.*, 147). Synonyme de *Maianthemum* Wigg.

SciothAMNUS (Endl., *Gen.*, 780). Genre d'Ombellifères, rapproché par MM. Bentham et Hooker des *Galbanophora* Koch. Synonyme (?) de *Peucedanum*. (H. Bn, *Hist. des pl.*, VII, 99.)

Scipi. Nom forézien de l'Oignon de cuisine.

Scipoule. Le *Scilla maritima* L.

Sciridium. — Voy. Seiridium.

Scirpeæ. Tribu (1) des Cypéracées. (B. H., *Gen.*, III, 1038.)

Scirpidium (Nees, in *Linnæa*, IX, 293). Section du genre *Heleocharis* R. Br.

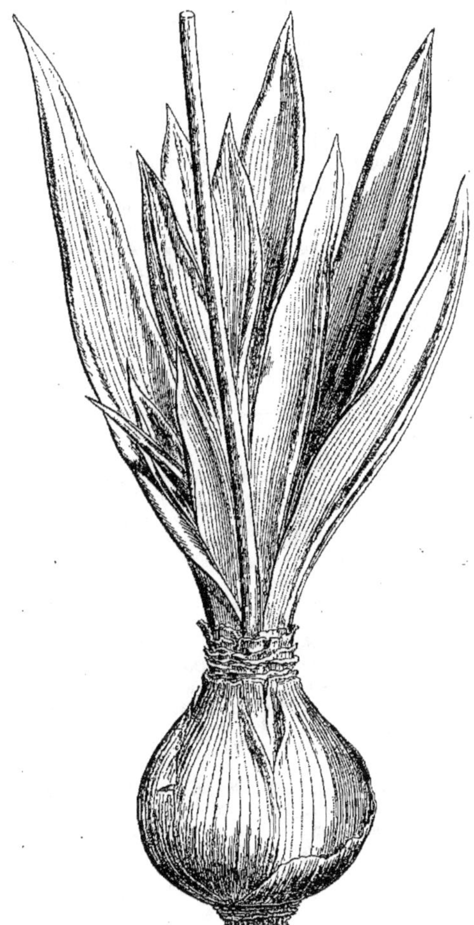

Scille maritime. — Base de la plante.

SCIRPODENDRON (Zipp. — Kurz, in *Journ. As. Soc. Beng.*, XXXVIII, 84). Genre de Cypéracées-Hypolytrées, formé d'une herbe vivace, de l'Asie et l'Océanie tropicales; distingué par une inflorescence très composée, à épillets rapprochés, avec des fleurs à 6 (ou ∞?) étamines; un ovaire à style 3-fide; un fruit sec, exsert, apiculé de la base du style, non costé; 2 écailles hypogynes extérieures carénées-compliquées, et 2 intérieures planes ou concaves. (Miq., *Ill. Fl. Arch. ind.*, t. 28.) [H. Bn.]

SCIRPUS (L., *Gen.*, n. 67). Genre de Cypéracées, qui donne son nom à une tribu des *Scirpées*, et qui a des fleurs à 3 étamines ou moins, sous un ovaire dont le style se détache bientôt et a 2, 3 branches stigmatifères. Sous l'ovaire se trouvent souvent 6, ou 3-8 soies, ou 0. Parfois elles sont dilatées en écailles linéaires, plumeuses. Le fruit est sec, nu au sommet ou mucroné. Ce sont des herbes, souvent aquatiques, à épillets solitaires, fasciculés ou subombellés, rarement terminaux et solitaires, ou disposés en panicule terminale. On en a admis jusqu'à 300 espèces. Le *S. lacustris* est le Jonc des marais. (K., *Enum.*, II, 157. — Gren. et Godr., *Fl. de Fr.*, III, 369.) [H. Bn.]

SCIRRHIA (Fuck., *Symb. myc.*, 220). Genre de Pyrénomycètes, voisin des *Dothidea*, caractérisé par des stromas linéaires, apparaissant à travers des fentes parallèles le long des feuilles ou des chaumes. Les périthèces, nichés dans les stromas, renferment de longues thèques octospores. Les spores sont oblongues, hyalines, biloculaires. Sept espèces, dont cinq européennes, sur des chaumes, des feuilles de *Phragmites*, des tiges mortes de Prêles; une de Ceylan et une de l'Afrique occidentale. [De S.]

SCIRRHIELLA (Speg., *Fung. guar.*, I, n. 258). Genre démembré des *Scirrhia*, formé pour une espèce à spores elliptiques, alternes, distiques, un peu incurvées. Sur les chaumes pourrissant de Bambous. [De S.]

SCITAMINÉES (L., *Ord. nat.*). Famille de Monocotylédones, dans laquelle on comprend souvent aujourd'hui les Musées et Cannées de Jussieu; les Musacées, Zingibéracées et Marantacées (voy. ces mots) des auteurs plus modernes. (Horan., *Prodr. Mon. Scitam.* [1862]. — B. H., *Gen.*, III, 636, *Ord.* 170.)

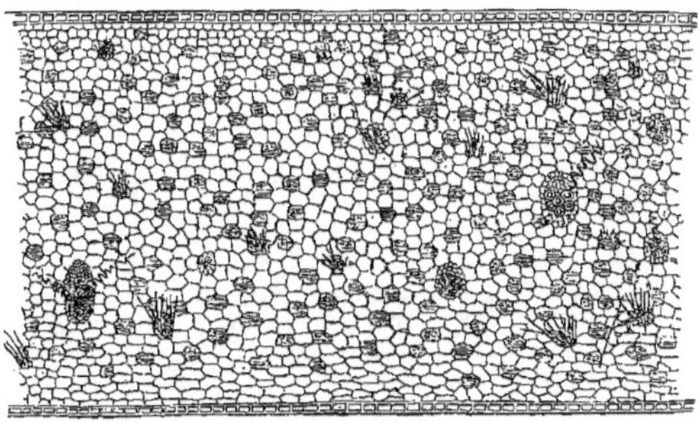

Scille. — Tissu d'une squame du bulbe.

SCITAMINITES (Sternb., *Vers.*, I, 4). Synonyme de *Cromyodendron* Sternb.

Sciuris (Nees et Mart., in *Nov. Act. nat. cur.*, XI, 151, t. 18, 20, part.). Synonyme de *Ticorea* Aubl.

SCLAREA (Mœnch, *Meth.*, 374). Section du genre *Salvia* T.

Sclarée. Le *Salvia Sclarea* L.

SCLEPSION. Section (B. H., *Gen.*, III, 383) du genre *Laportea* Gaudich.

SCLERACHNE (R. Br., in *Benn. Pl. jav. rar.*, 15, t. 4). Genre de Graminées-Maydées, formé d'une espèce javanaise, rameuse, à feuilles plates et étroites; distingué par des épis subinclus dans la gaine de la feuille florale: l'un d'eux mâle, unique, terminal; les femelles 1, 2, placés plus bas; la glumelle fructifère indurée et enveloppant le fruit. Ce genre est d'ailleurs assez mal connu. [H. Bn.]

SCLERACHNE (Torr., ex Trin., in *Mém. Ac. Pétersb.*, sér. 6, VI, 273). Synonyme de *Thurberia* Benth.

SCLERANDRACHNE (M. Arg., in *DC. Prodr.*, XV, II, 236). Section du genre *Andrachne* L.

SCLERANGIUM (Lév., in *Ann. sc. nat.*, sér. 3, IX, 130). Genre de Gastéromycètes, basé sur la structure lacuneuse de la gleba, structure qui, tout en persistant un peu plus longtemps que chez les Lycoperdons, n'en est pas moins commune à tous les Lycoperdacés. Il n'y a donc pas de motifs suffisants pour distinguer ce genre des *Scleroderma* Pers. [De S.]

SCLÉRANTHE (*Scleranthus* L., *Gen.*, n. 562). Genre de Caryophyllacées, qui donne son nom à une série des *Scléranthées* distingué par des fleurs toutes semblables, à périanthe 4, 5-fide;

les étamines périgynes ; l'ovaire 1-ovulé ; le fruit entouré du réceptacle, sec, à graine pourvue d'un embryon courbe, extérieur à l'albumen. Ce sont environ 10 herbes rigides, annuelles

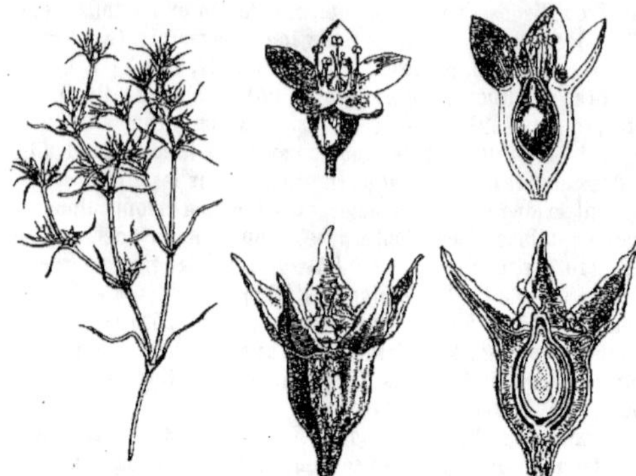

Scléranthe. — Port. Fleur, entière et coupe longitudinale. Fruit, entier et coupe longitudinale.

ou vivaces, à feuilles opposées, connées, subulées, rigides, piquantes ; les fleurs en cymes ou glomérules axillaires. Les *S. annuus* et *perennis* L. abondent dans nos plaines arides. (H. Bn, *Hist. des pl.*, IX, 99, 126, fig. 151-155.)

SCLERANTHUM (Semen). Nom donné par Mœnch (*Meth.*, 3) à certaines induvies.

SCLERELLA (Reichb., *Consp.*, 56). Section du genre *Scleria*.

SCLÉRENCHYME. Tissu formé de phytocystes scléreux et pierreux.

SCLERIA (Berg., in *K. Vet. Acad. Handl. Stockh.*, XXVI [1765], 142, t. 4, 5). Genre de Cypéracées, qui donne son nom à une tribu des *Sclériées*, caractérisée par des fleurs 1-sexuées ; les femelles hermaphrodites, à la base de l'épillet et solitaires, ou en épis 1-flores distincts à la partie inférieure de l'inflorescence ; distingué par des épillets petits et en fascicules petits et axillaires ou groupés en cymes ou en épis de cymes, terminaux ou axillaires ; le fruit, souvent blanc ; le gynophore non développé ou dilaté en une sorte de disque. (K., *Enum.*, II, 339. — Bœckel., in *Linnæa*, XXXVIII, 435, part.) [H. Bn.]

SCLERIEÆ. Tribu (4) des Cypéracées. (B. H., *Gen.*, III, 1038.)

SCLERNAX (Rafin., ex Lem., in *Dict.*, XLV, 490). Genre incertain de Rivuliniées.

SCLERORASIS (Cass., in *Dict.*, XLVIII, 145). Synonyme de *Senecio* T. (H. Bn, *Hist. des pl.*, VIII, 258.)

SCLEROCALYX (Nees, in *Benth. Sulph. Bot.*, 145). Genre d'Acanthacées-Ruelliées, du groupe des Trichanthérées, à cymes terminales, subcapitées ; les fleurs pourvues d'une corolle à gorge très oblique, campanulée-ventrue ; les étamines didynames, à peine exsertes ; les loges ovariennes 2-ovulées. Ce sont des plantes du Mexique. (H. Bn, *Hist. des pl.*, X, 430.)

SCLEROCARPI (Pers., *Syn.*, XII). Synon. de *Pyrenomycetes*.

SCLEROCARPUS (Jacq., in *Act. helv.*, IX, 34, t. 2 ; *Ic. rar.*, t. 176). Genre de Composées-Hélianthées, formé de 10, 11 herbes annuelles ou vivaces, d'Amérique, d'Afrique et d'Asie ; distingué par des feuilles opposées ou en partie alternes ; des capitules pédonculés, à paillettes du réceptacle enveloppant les fleurs après l'anthèse et fermées ; les fleurs du rayon stériles ; les fruits tombant avec leur paillette enveloppante. (H. Bn, *Hist. des pl.*, VIII, 216.)

SCLEROCARYA (Hochst., in *Flora* [1847], *Bes. Beil.*, 1). Genre de Térébinthacées-Spondiées, formé de 2, 3 arbres africains ; distingué par des fleurs polygames ; les mâles à 12-15 étamines ; les femelles à ovaire 2, 3-loculaire ; 2, 3 styles écartés les uns des autres ; un fruit drupacé ; des feuilles imparipennées, à folioles opposées et entières. (Guill. et Perr.,

Fl. Seneg. Tent., t. 41. — H. Bn, *Hist. des pl.*, V, 309.)

SCLEROCARYUM (A. DC., *Prodr.*, X, 142). Section du genre *Echinospermum* Sw. (*Lappula* Mœnch).

SCLEROCEPHALUS (Boiss., *Diagn. or.*, III, 12 ; *Fl. or.*, I, 748). Genre de Caryophyllacées-Paronychiées, formé d'une herbe, d'Orient et d'Afrique ; distingué par des fleurs unies avec les feuilles florales en une sorte de capitule épineux. (H. Bn, *Hist. des pl.*, IX, 128.)

SCLEROCHÆTIUM (Nees, in *Linnæa*, IX, 302). Synonyme de *Elynanthus* Nees. (B. H., *Gen.*, III, 1064.)

SCLEROCHITON (Harv., in *Hook. Lond. Journ.*, I, 27 ; *Thes. cap.*, t. 145). Genre d'Acanthacées-Acanthées, formé de 2 arbustes africains ; distingué par 5 sépales rigides ; le postérieur plus grand ; une corolle à tube court ; des anthères ovales-triangulaires ; des fleurs axillaires et solitaires ou terminales et peu nombreuses ; des feuilles et des bractées entières. (H. Bn, *Hist. des plant.*, X, 439.)

SCLEROCHLAMYS (F. Muell., in *Trans. phil. Inst. Vict.*, II, 76). Section du genre *Kochia* Roth.

SCLEROCHLOA (Pal.-Beauv., *Agrost.*, 97 (part.), t. 19, fig. 4) ; Genre de Graminées-Festucées, formé d'une herbe annuelle, humble, européenne et asiatique ; distingué par une inflorescence courte, formée d'épillets comprimés, rigides, pressés, rejetés d'un côté, subsessiles ; les glumelles carénées et tronquées ou émarginées à leur sommet membraneux. (Reichb., *Ic. Fl. germ.*, t. 58, fig. 1516. — Gren. et Godr., *Fl. de Fr.*, III, 538.) [H. Bn.]

SCLEROCHLOA (Reichb., *Icon. Fl. germ.*, t. 58, fig. 1517, 1518). Synonyme de *Scleropoa* Griseb.

SCLEROCHORTON (Boiss., *Fl. or.*, II, 968). Genre d'Ombellifères-Peucédanées (?), à fleurs polygames, à fruits assez analogues à ceux des *Seseli*, allongés, subarrondis, avec les méricarpes comprimés. Ils portent 5 côtes saillantes, et chaque vallécule renferme 6 ou 7 bandelettes très ténues et flexueuses. La commissure est large et porte environ 10 bandelettes. La face séminale est concave. Ce sont des herbes vivaces, de Grèce, de Perse, etc., à feuilles rigides, découpées en lanières pétioliformes, à ombelles composées, à fruits entourés à la base des pédicelles ou des fleurs mâles stériles. (Voy. H. Bn, *Hist. des pl.*, VII, 218.)

SCLEROCOCCOS (Bartl., ex DC., *Prodr.*, IV, 413). Synonyme de *Xanthophytum* Reinw.

SCLEROCOCCUM (Fr., *Syst. Orb. veg.*, I, 172). Genre de Tuberculariés, formé pour une espèce lichénicole, dont le stroma noir, globuleux, dur, donne naissance à de petites spores d'un brun foncé, à deux loges qui se séparent au niveau de la cloison.

SCLEROCOCCUS (Bartl., *Ord.*, 210). Syn. de *Metalobus* Bl.

SCLEROCROTON (Hochst., in *Flora* [1845], 85). Section du genre *Excœcaria* L.

SCLEROCYSTIS (Berk. et Br., *Fung. Ceyl.*, 137). Genre incertain de Champignons, rapproché des Mucorinés, dont les hyphes se groupent comme dans un *Coremium*, pour former un stipe supportant un capitule de sporanges elliptiques, tomenteux et durs. [De S.]

SCLERODEPSIS (Cooke, in *Grevill.*, XIX, 49). — Voy. Trametes.

SCLERODERMA (Pers., *Syn.*, 150). Genre de Gastéromycètes, à péridium globuleux, coriace, souvent verruqueux, à déhiscence irrégulière, contenant une glèbe compacte, qui devient souvent dure en séchant, comme le péridium. Les spores globuleuses, verruqueuses ou hispides, rarement lisses, sont portées sur des basides trapus, à stérigmates très courts ou nuls. Le mycélium, qui porte le réceptacle, est d'ordinaire radiciforme et se feutre quelquefois en un faux stype. Une quinzaine d'espèces terrestres, mais croissant souvent près des troncs d'arbres, plus rarement dans le bois pourri, sous toutes les latitudes. [De S.]

SCLERODERRIS (Fr., *Syst. myc.*, II, 178). La plupart des espèces de ce genre de Discomycètes avaient été distribuées dans les genres *Cenangium* et *Tympanis*. M. Saccardo l'a reconstitué d'après le caractère des spores, en plaçant sous ce nom les *Cenangium* à spores pluriloculaires : les unes hyalines, dans la première section comprenant une vingtaine d'espèces; les autres colorées, comprenant 4 espèces dans la deuxième section. (Voy. Sacc., *Syll.*, VIII, 594.) [De S.]

SCLERODICTYON (C. Muell., *Syn. Musc.*, I, 315). Section du genre *Bryum* Dill.

SCLEROGLOSSUM (Moug. et Nestl., in *exs.*). Synonyme (part.) de *Acrospermum* Tode.

SCLEROGLOSSUM (Pers., *Comment.*, 68). — Voy. Acrospermum Tod.

SCLÉROIDE. Nom donné par Léveillé aux mycéliums durs ou sclérotes.

SCLEROLÆNA (R. Br., *Prodr.*, 410). Genre de Chénopodiacées-Chénopodiées-Chénoléées, formé de 6 arbuscules australiens; distingué par un périanthe fructifère chargé de 2 épines divariquées; les fruits souvent groupés en capitule globuleux et dense; l'androcée et le gynécée des *Enchylæna*. (H. Bn, *Hist. des pl.*, IX, 178.)

SCLEROLEIMA (Hook. f., in *Lond. Journ.*, V, 144, t. 14). Synon. de *Abrotanella* Cass. (H. Bn, *Hist. des pl.*, VIII, 283.)

SCLEROLEPIS (Cass., in *Dict.*, XLVIII, 155). Genre de Composées-Eupatoriées, qui est peut-être une section du genre *Eupatorium* T., à feuilles verticillées. (H. Bn, *Hist. des plant.*, VIII, 132.)

SCLEROLEPIS (Monn., *Ess. Hierac.*, 81). Synonyme de *Rodigia* Spreng.

SCLEROLOBIUM (Vog., in *Linnæa*, XI, 395). Genre de Légumineuses-Cæsalpiniées, qui donne son nom à une sous-série des *Sclérolobiées*, et qui est formé d'une dizaine d'arbres du Brésil et de la Guyane; distingué des feuilles pari- ou impari-

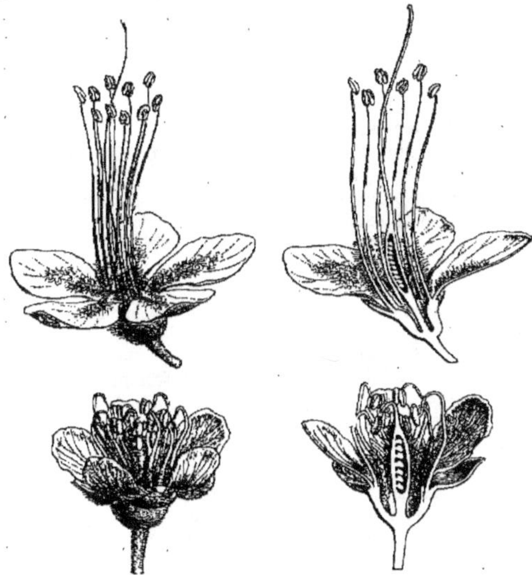

Sclerolobium. — Fleurs, entières et coupes longitudinales.

pennées, non ponctuées; des inflorescences en grappes denses; des fleurs à sépales libres et imbriqués; des pétales petits, ovales ou linéaires; une gousse aplatie et indéhiscente. (H. Bn, *Hist. des pl.*, II, 90, 176, fig. 56-59.)

SCLEROMA (Fr., *Nov. Symb. myc.*, 19). Tribu des *Lentinus.*

SCLEROMITRA (Corp., *Anleit.*, 193). — Voy. Pistillaria.

SCLEROMITRION (W. et Arn., *Prodr.*, 412). Synonyme de *Hedyotis* L.

SCLÉROMYCÉES (Ad. Br., *Enum. des g. de pl.* [1843]). Ordre de Champignons; synonyme de Pyrénomycètes.

SCLERONEMA (Ad. Br. et A. Gr., in *Ann. sc. nat.*, sér. 5, II,

SCLERONEMA (Benth., in *Journ. Linn. Soc.*, VI, 109). Genre de Malvacées, tribu des Bombacées, qui rappelle beaucoup par son organisation florale les *Hampea* et les *Matisia*. Il en a le bouton en forme de courte massue, avec 4, 5 divisions valvaires au calice, autant de pétales tordus, et une courte colonne androcéenne, bientôt partagée en filets épais, terminés chacun par une anthère uniloculaire. Le pistil, logé dans la cavité de la colonne androcéenne, a un ovaire à 2-4 loges; chacune d'elles contenant deux ovules ascendants, presque basilaires. Le *S. Spruceana*, seule espèce connue, est un bel arbre de l'Amérique tropicale, à feuilles alternes, simples, ellipsoïdes, penninerves, subtrinerves à la base. Ses fleurs sont solitaires ou au nombre de 2, 3, pédicellées, dans l'aisselle des feuilles, avec un court calicule de 2, 3 bractéoles, sous le calice. (H. Bn, *Hist. pl.*, IV, 158.)

SCLERONEURON (Hampe, in *Linnæa*, XX, 96). Section du genre *Hookeria* Sm.

SCLEROOLÆNA (H. Bn, in *Adansonia*, X, 234). Synonyme de *Xyloolæna* H. Bn.

SCLEROON (Benth., in *Bot. Reg.* [1843], *Misc.*, 65). Synonyme (B. H.) de *Petitia* Jacq.

SCLEROPHYLAX (Miers, in *Hook. Lond. Journ.*, VII, 18; *Ill.*, I, 115, t. 25, 26). Genre rapporté avec doute aux Solanacées et qui a leur fleur, avec corolle pentamère infundibuliforme et calice à divisions inégales, rigides ou spinescentes, mais qui, dans chacune de ses 2 loges ovariennes, ne renferme qu'un ovule descendant, à micropyle intérieur. Ce sont des arbustes rameux, de l'Amérique méridionale extratropicale, à port de *Tetragonia*, à fleurs axillaires, solitaires et sessiles. (H. Bn, *Hist. des pl.*, IX, 321.)

SCLEROPHYLLUM (Gaud., *Fl. helv.*, V, 47). Synonyme de *Phæcasium* Cass.

SCLEROPOA (Dumort., ex *Steud. Nom.*, II, 544). Genre proposé pour le *Poa rigida* L.

SCLEROPOA (Griseb., *Spicil. Fl. rum.*, II, 431.) Syn. de *Poa.*

SCLEROPODIUM (Bruch et Schimp., *Bryol. eur.*, VI). G. de Mousses, créé pour les *Hypnum Illecebrum, cæspitosum*, etc.

SCLEROPOGON (Phil., *Sert. Mendoc.*, II, 47). Genre de Graminées-Festucées, formé de 4 herbes vivaces, du Chili et du Mexique; distingué par des inflorescences peu rameuses; les mâles et les femelles de forme très différente. Les épillets sont en effet unisexués. Les glumelles des fleurs mâles ont 3 dents, et celles des fleurs femelles 3 longues arêtes. C'est ce genre que E. Fournier a nommé *Lesourdia*, et qui a été figuré (t. 3, 4) dans le *Bulletin de la Société botanique de France* (vol. XXVII). [H. Bn.]

SCLEROPTERIS (Scheidw., in *Allg. Gartenzeit.* [1839], 407). Synonyme de *Cirrhæa* Lindl.

SCLEROPUS (Schrad., *Ind. sem. Hort. gœtt.* [1835]). Synonyme de *Amarantus* T.

SCLEROPYRON (Arn., in *Mag. Zool. and Bot.*, II, 549). Genre de Santalacées, rapporté par M. A. de Candolle aux *Pyrularia* (*Prodr.*, XIV, 629), conservé par d'autres (B. H., *Gen.*, III, 228) comme distinct. (Wight, *Icon.*, t. 241. — Bedd., *Fl. sylv.*, t. 304.)

SCLEROSCIADIUM (Koch, in *DC. Prodr.*, IV, 140; *Mém.*, 43, t. 1). Genre d'Ombellifères; section du genre *Œnanthe* T. (H. Bn, *Hist. des pl.*, VII, 213.)

SCLEROSPERMA (Mann et Wendl., in *Trans. Linn. Soc.*, XXIV, 427, t. 38 C; 40 A). Genre de Palmiers-Arécées, formé d'un humble arbuste du Gabon, acaule, à feuilles pinnatiséquées; les divisions prémordues; à spadice simple, fusiforme; les fleurs très nombreuses et pressées; les supérieures mâles, ∞-andres; les inférieures groupées en glomérules de 3 fleurs, dont la centrale femelle. [H. Bn.]

SCLEROSPORA (Schrœt., *Krypt. Fl. Schles.*, 236). Genre de Péronosporés, à filaments conidiophores dressés, peu ramifiés; à conidies ovales, laissant échapper les zoospores par une papille apicale, et caractérisé par l'épispore très épais, brun, à plusieurs couches, de l'oospore globuleuse. Une espèce, obser-

SCLÉROTE (*Sclerotium*). Corps solide, de forme et de dimension variables, qui est comme une condensation du mycélium des Champignons et qui donne naissance à des organes reproducteurs, soit à sa surface, soit à l'intérieur de son tissu. — Voy. CHAMPIGNONS.

SCLEROTHAMNUS (R. BR., in *Ait. Hort. kew.*, ed. 2, III, 16). Synonyme de *Eutaxia* R. BR.

SCLEROTHECA (A. DC., *Prodr.*, VII, 356). Section du genre *Lobelia* L. (H. BN, *Hist. des pl.*, VIII, 331.)

SCLEROTHRIX (PRESL, *Symb.*, II, 3, t. 53). Genre de Loasacées-Loasées, formé de 2, 3 herbes dressées, américaines; distingué par des fleurs à étamines groupées en phalanges oppositipétales, alternes avec autant de staminodes; des feuilles opposées; un ovaire infère et tordu. (H. BN, *Hist. des pl.*, VIII, 466.)

SCLEROTINIA (FUCK., *Symb. myc.*, 330). Genre de Pezizés, formé pour les espèces de *Peziza*, dont la cupule naît d'un sclérote. Elles ont pour caractère commun un long pédicule; mais les autres caractères, entre autres celui de la forme des spores, ne les distinguent pas des espèces voisines et ne leur donnent pas une homogénéité suffisante pour qu'on puisse reconnaître comme bien défini le genre *Sclerotinia*. M. Saccardo en énumère 23 espèces, dont plusieurs possèdent un mode de reproduction conidienne, sous forme de *Botrytis*, émanés du sclérote. [DE S.]

SCLEROTIOPSIS (SPEG., *Fung. argent.*, IV, n. 282). Genre de Sphéropsidés, à périthèces immergés, sclérotiformes, astomes, renfermant des spores elliptiques, à extrémités aiguës, portées sur des sporophores filiformes. Une seule espèce habite les feuilles pourries d'*Eucalyptus Globulus*, dans la République Argentine. [DE S.]

SCLEROTIUM (TODE, *Meckl.*, 2). Genre de Champignons, qui n'est plus admis aujourd'hui. — Voy. SCLÉROTE.

SCLEROXYLON (W., *Enum. Hort. berol.*, 249). Synonyme de *Myrsine* L.

SCOBEDIA (LABILL., ex *Steud. Nom.*, II, 544). Genre incertain de Labiées.

SCOBIFORME. Qui a l'apparence de la sciure de bois. Se dit surtout des graines des Orchidacées, etc.

SGOLECIASIS (ROUM. et FAUTR., *Rev. myc.* [oct. 1889], 199). Genre de Mélanconiés, fondé pour une espèce trouvée sur les tiges d'une espèce de *Scirpus;* voisine du *Septoria lacustris* S. et TH. Le stroma est formé de filaments filiformes et de très nombreuses spores jaunâtres, courbées en pointe aux deux extrémités.

SCOLECIOCARPUS (BERK., *Fung. Zeyl.*, 13). Genre de Gastéromycètes, formé pour une espèce de l'Afrique australe, à péridium membraneux et contenant des péridioles petits, irréguliers, tomenteux, remplis de petites spores globuleuses, longuement pédicellées. [DE S.]

SCOLÉCITE (TUL.). Corps vermiforme du réceptacle des Champignons-Ascomycètes à leur début.

SCOLECOPELTIS (SPEG., *Fung. Puigg.*, I, 196). Genre de Sphériacés, fondé pour une espèce du Brésil, vivant sur le péricarpe et les feuilles vivantes du Citronnier. Les périthèces dimidiés, scutelliformes, glabres, ostiolés, renferment des thèques sans paraphyses, contenant 8 spores filiformes, hyalines, divisées par des cloisons qui se désarticulent. [DE S.]

SCOLECOSPORÆ (SACC., *Consp. Gen. Pyren.*). Section formée dans les diverses familles de Pyrénomycètes et fondée sur le caractère des spores à forme vermiculaire, bacillaire ou filiforme, hyalines ou fuligineuses.

SCOLECOSPORIUM (LIB., in *Michel.*, II, 355). Genre de Mélanconiés, formé pour une espèce dont les spores pluriloculaires, fuligineuses, fusiformes, atténuées au sommet en un rostre plus pâle et supportées sur de courts sporophores, se présentent à la surface d'un stroma noir et compact. Ce stroma se rencontre sur l'écorce du Hêtre, accompagné du *Massaria macrospora* DESM., dont il paraît être l'état conidien. [DE S.]

SCOLECOTRICHUM (KUNZ., *Mucoloa*, I, 10). Genre d'Hypho-

mycètes, à filaments courts, olivâtres, souvent groupés en faisceaux, portant à l'extrémité, latéralement et au sommet, des spores brunâtres, biloculaires. 12 espèces, sur des feuilles, des rameaux ou des chaumes. [DE S.]

SCOLIOPUS (TORR., *Bot. Wippl. Exped.*, 89, t. 22). Genre de Liliacées-Médéolées, formé de 2 herbes vivaces, de l'Amérique du Nord; distingué par des tiges à 2 feuilles apicales; des fleurs sessiles, en fausse-ombelle, entre les feuilles; des sépales étalés; des pétales linéaires; un ovaire à 3 placentas pariétaux; un fruit membraneux, finalement déchiré. [H. BN.]

SCOLIOSTOMA (KL., in *Linnæa*, X, 315). Section du g. *Erica*.

SCOLOBUS (RAFIN., in *Journ. phys.*, LXXXIX, 259). Synonyme de *Thermopsis* R. BR.

SCOLOCHLOA (B. H., *Gen.*, III, 1197). Section du genre *Graphephorum* DESVX.

SCOLOCHLOA (MERT. et KOCH, *Deutsch. Fl.*, I, 528). Synonyme de *Arundo* L.

SCOLOPACIUM (ECKL. et ZEYH., *Enum.*, 59). Synonyme de *Erodium* LHÉR.

SCOLOPENDRE (*Scolopendrium* L. — SM., in *Mem. Ac. Torin.*, V, 410). Genre de Fougères, qui donne son nom à une tribu des *Scolopendriées*, et qui est caractérisé par des sores d'Aspléniée, mais disposés de telle façon que les involucres sont situés par paires en face l'un de l'autre et se recouvrent de ce côté par leur bord libre suivant lequel se fait aussi la déhiscence. Dans le *Synopsis Filicum* de Hooker et Baker (246), ce genre comprend les *Schaffneria*, *Antigramme*, et l'ensemble comporte 9 espèces. Notre *S. officinale*, commun dans l'Ouest et dans le Midi, plus rare au Centre, est remarquable par ses feuilles entières et ses sores linéaires, parallèles aux nervures secondaires. Il est officinal, vulnéraire, anticatarrhal, vermifuge, etc. (H. BN, *Tr. Bot. méd. cryptog.*, 22, fig. 34.)

SCOLOPENDRE VRAIE. Le *Ceterach officinarum* L.

SCOLOPENDRIA (MAGNOL, *Char. pl. lib.*, 3, 4). Synonyme de *Biserrula* L.

SCOLOPENDRIA (RUMPH., *Herb. amboin.*, VI, t. 37). Synonyme de *Ophioderma* BL.

SCOLOPENDRITES (GŒPP., *Syst. Fil. foss.*, 174). Synonyme de *Crematopteris* SCHIMP.

SCOLOPENDRIUM VERUM (des officines). Le *Ceterach*.

SCOLOPIA (SCHREB., *Gen.*, 335). Genre de Bixacées-Flacourtiées, formé d'une quinzaine d'arbres africains, asiatiques et australiens, souvent épineux; distingué par des fleurs à 4-6 petits sépales, valvaires ou imbriqués; 4-6 pétales; des anthères appendiculées. On en cultive quelques-uns dans les serres. Leurs fruits sont des baies, pulpeuses intérieurement. (H. BN, *Hist. des pl.*, IV, 309.)

SCOLOPIER. Nom français (LAMK) des *Scolopia* SCHREB.

SCOLOSANTHUS (VAHL, *Ecl. amer.*, I, 11, t. 10). Genre de Rubiacées-Chiococcées, voisin des *Chiococca*, à fleurs 4-mères, avec une corolle en entonnoir, à lobes imbriqués; 4 étamines à anthères extrorses ou déhiscentes sur les bords, à filets insérés tout en bas de la corolle ou sur le réceptacle et inférieurement monadelphes; un ovaire infère, à 2 loges; un disque peu développé; un style subentier ou 2-lobé, et, dans chaque loge ovarienne, un ovule descendant, à raphé dorsal. Le fruit drupacé a 1, 2 noyaux, à graine albuminée. Ce sont des arbustes inermes ou spinescents, des Antilles, à petites feuilles opposées, stipulées; à petites fleurs axillaires, solitaires ou groupées en cymes. (Voy. *Hist. des plant.*, VII, 298, 420, n. 58.) [H. BN.]

SCOLOSPERMUM (LESS., in *Linnæa*, V, 152). Synonyme de *Ballimora* L.

SCOLYME (*Scolymus* T., *Inst.*, 480, t. 273). Genre de Composées, série des Chicorées, dont la fleur ne présente, avec celle du genre Chicorée, qu'un nombre de caractères différentiels minime. Les fleurs sont tantôt irrégulières, hermaphrodites, ligulées-dentées, à anthères courtement auriculées ou mucronées, à branches stylaires recourbées. Les fruits sont comprimés, caducs en même temps que la bractée axillante qui les enserre à la base, couronnés par un court anneau et munis au sommet de 2, 3 ou 4 soies latérales, filiformes et caduques. Les Scolymes sont des herbes glabres, à feuilles alternes, rigides, pinnatifides, chaque lobe se terminant par une épine; ou dentées, fréquemment tachées de blanc, à capitules terminaux ou latéraux sessiles. Les bractées de l'involucre sont imbriquées, en petit nombre, bisériées, mucronées, devenant plus ténues et plus larges à mesure que l'on avance vers le centre de la fleur. Le réceptacle de l'inflorescence est convexe ou conique. Ce sont des plantes de la région Méditerranéenne, à latex abondant. Le Cardon (*S. hispanicus* L.) est alimentaire et cultivé comme tel; sa racine est réputée diurétique, astringente, active dans les cas de dermatoses. Ses fleurs servent à falsifier parfois le Safran. Le *S. maculatus* L. a des propriétés identiques. (Voy. H. Bn, *Hist. des pl.*, VIII, 21, 113; *Tr. Bot. méd. phanér.*, fig. 86.) [F. H.]

SCOLYMOCEPHALUS (Herm., *Dendr.*, t. 9). Synonyme (part.) de *Protea* L.

SCOLYMOS. Nom ancien de la Cynoglosse.

SCOPAIRE. Nom français (Lamk) des *Scoparia* L.

SCOPARIA (L., *Gen.*, n. 143). Genre de Scrofulariacées-Digitalées, formé de 5, 6 espèces herbacées ou ligneuses, des deux Amériques; distingué, dans le groupe des Sibthorpiées, par un

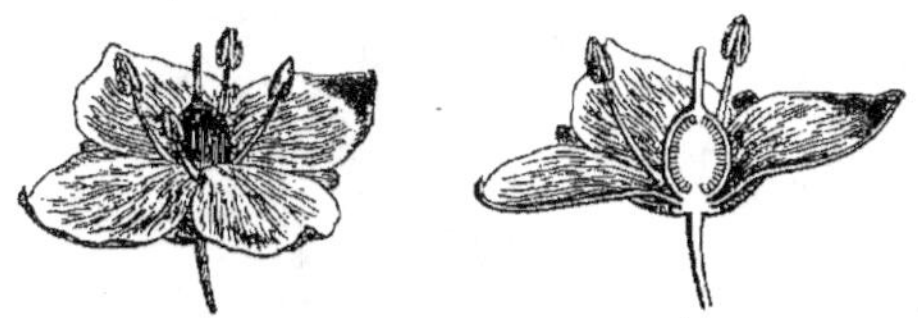

Scoparia. — Fleur, entière et coupe longitudinale.

calice de 4, 5 sépales; une corolle 4-fide; un fruit membraneux, à 2 valves parallèles à la cloison, infléchies sur les bords. Les feuilles de ces plantes sont opposées ou verticillées. (H. Bn, *Hist. des pl.*, IX, 463.)

SCOPETINO. En Toscane, plusieurs Bolets comestibles.

SCOPION (Diosc.). Le *Momordica Elaterium* L.

SCOPOLI (Joh.-Ant.). Professeur à Pavie [1723-1788], est l'auteur d'un *Methodus* [1754], du *Flora carniolica* [1760], de *Anni historico-naturales* [1769-72], de *Deliciæ Floræ et Faunæ insubricæ* [1786-88], de *Fundamenta botanica* [1783], de *Introductio ad historiam naturalem* [1777]. C'est son ouvrage le plus souvent cité, mais il est rare et rarement consulté, car on a souvent refusé à Scopoli la priorité de certains genres à laquelle il a pleinement droit. Rœmer et Freyer ont écrit sur Scopoli des notices biographiques intéressantes.

SCOPOLIA (Adans., *Fam.*, II, 419). Synonyme de *Ricotia* L.

SCOPOLIA (Forst., *Char. gen.*, 139, t. 70). Synonyme de *Griselinia* Forst.

SCOPOLIA (Jacq., *Obs.*, I, 32, t. 20). Genre de Solanacées-Hyoscyamées, formé de 3 herbes vivaces, d'Europe et d'Asie; distingué par un calice campanulé; une corolle campanulée, plissée, presque entière; une pyxide; des feuilles membraneuses; des fleurs solitaires, à pédoncules récurvés. On cultive dans les jardins botaniques le *S. carniolica*, une des plantes les plus précoces du printemps. (H. Bn, *Hist. des pl.*, IX, 350.)

SCOPOLIA (L. f., *Suppl.*, 60). Synonyme de *Daphne* L.

SCOPOLIA (Sm., *Ic. ined.*, II, 34). Syn. de *Vepris* Commers.

SCOPOLIER. Nom français (Lamk) des *Scopolia* Forst.

SCOPOLINA (Schult., *Œstr. Fl.*, I, 335). Synonyme de *Scopolia* Jacq.

SCOPULARIA (Chauv., *Rech.*, 122). Syn. de *Chamædoris* Mont.

SCOPULARIA (Lindl., in *Bot. Reg.*, sub t. 1701). Synonyme de *Holothrix* L.-C. Rich.

SCOPULARIA (Preuss, *Fung. Hoyersw.*, n. 116). Genre d'Hyphomycètes, comprenant une seule espèce vivant sur le bois du Pin décortiqué. Un mycélium rampant cloisonné se ramifie et pénètre dans le bois; il donne naissance à des fila-

ments dressés, noirâtres, se terminant en branches fines nombreuses qui forment un pinceau couvert d'une couche de mucilage; des conidies ovoïdes, hyalines, se développent à l'extrémité de chaque branche et forment dans leur ensemble une petite tête ovale. [De S.]

SCOPULINA (Dumort., *Comm.*, 115). Synon. de *Pellia* Raddi.

SCORAX. La gomme de l'Olivier.

SCORDIUM (Cav., *Icon.*, I, t. 31). Section du genre *Teucrium*.

SCORDIUM. Le *Teucrium Scordium* L.

SCORDIUM FAUX. Le *Teucrium Scorodonia* L.

SCORDOLASER. L'Asa fœtida.

SCORDOTIS. Nom ancien du *Teucrium Scordium* L.

SCORESBY (Will.). A donné, à la suite d'un journal de voyage, une liste des plantes de la côte orientale du Groenland [1823].

SCORIAS (Fr., *Syst. myc.*, III, 290). Genre de Périsporiacés, à périthèces cornés, piriformes, mous, gélatineux par l'humidité, très fragiles, secs; les thèques obovales, claviformes, pédiculées, à enveloppe épaisse, contiennent 4 spores fusiformes, hyalines, quadriloculaires. Le mycélium persistant, noir, opaque, spongieux, est aggloméré par un abondant mucilage noirâtre. Une seule espèce, observée aux États-Unis, sur les troncs, les rameaux et les racines des Hêtres. [De S.]

SCORIAS (Rafin., in *Desvx Journ.*, II, 170, ex Endl., *Gen.*, 1126). Synonyme de *Carya* Nutt.

SCORIOMYCES (Ell. et Sacc., *Misc. myc.*, II, 18). Production subcéracée, de couleur claire, développée à l'extrémité des filaments de Rhizomorphes, présentant à l'intérieur des aréoles remplies de spores et qu'il est assez difficile de classer. Sauf la consistance, elle paraîtrait se rapprocher des formes de *Ceriomyces* affectées par le *Fibrillaria subterranea* Pers. (Voy. De S., *Rech. s. végét. infér.*, II, Polypores [1888], 44.) [De S.]

SCORODENDRON (B. H.). Pour *Scorododendron* Bl.

SCORODODENDRON (Bl., *Rumphia*, III, 149). Section du genre *Lepisanthes* Bl. (Rdlkf.).

SCORODON (Koch, *Syn.*, 716). Section du genre *Allium* T.

SCORODON. Nom grec ancien de l'Ail.

SCORODONIA (G. Don, *Gen. Syst.*, IV, 507). Section du genre *Scrofularia* T.

SCORODONIA. La Sauge des bois.

SCORODONIA (Mœnch, *Meth.*, 384). Sect. du g. *Teucrium*.

SCORODONIÆ (*Herba*). Nom officinal du *Petiveria alliacea* L.

SCORODOPRASUM (Matth.). L'*Allium Ampeloprasum* L.

SCORODOPRASUM (Micheli, *Nov. gen.*, 24, t. 24). Synonyme de *Porrum* T.

SCORODOSMA (Bge, *Rel. Lehm.*, in *Mém. sav. étr. Acad. Pétersb.*, VII, 309). Synonyme de *Ferula* et section du genre Peucédan, à bandelettes nombreuses, ordinairement très ténues ou presque imperceptibles. Le type de cette section est le *P. Asa-fœtida*, de Perse et des pays voisins, que M. de Bunge a nommé *S. fœtidum*. (Voy. *Hist. des pl.*, VII, 97, 185.) [H. Bn.]

SCORODOTHLASPI. Nom ancien du *Thlaspi alliaceum* L.

SCORODOTIS. Le *Teucrium Scordium* L.

SCORODOXYLUM (Nees, in *Benth. Pl. Hartweg.*, 236). Synonyme de *Ruellia* L.

SCORPIOIDALE (H. Bn, in *Bull. Soc. Linn. Par.*, 405). Inflorescence disposée comme les cymes scorpioïdes, sinon que les fleurs sont situées latéralement au niveau des feuilles caulinaires, comme il arrive dans beaucoup de Solanacées, etc.

SCORPIOIDE. — Voy. Cyme, Inflorescence.

SCORPIOIDES (Rouss., *Fl. Calv.*). Synonyme de *Bostrychia* Mont.

SCORPIOIDES (T., *Inst.*, 402, t. 226). Syn. de *Scorpiurus* L.

SCORPIRIS (Spach, *Suit. à Buff.*, XIII, 16). Synonyme de *Thelisia* Salisb.

SCORPIURA (Stackh., *Ner. brit.*, ed. 2). Genre proposé pour le *Fucus amphibius* Turn.

SCORPIURUS (Benth., *Pl. Jungh.*, 224). Section du genre *Desmodium* Desvx.

SCORPIURUS (L., *Gen.*, n. 886). Genre de Légumineuses-Papilionacées-Hédysarées, formé de 5, 6 herbes européennes, asiatiques et africaines; distingué, dans le groupe des Coro-nillées, par une corolle à carène rostrée; une gousse arrondie, involutée-circinée, sillonnée longitudinalement; des feuilles simples et des pédoncules 1-pauciflores. (Gren. et Godr., *Fl. de Fr.*, II, 309. — H. Bn, *Hist. des pl.*, II, 309.)

SCORPIURUS (Moris. — Hall., *Helv.*, II, 519). Synonyme de *Myosotis* Dill.

SCORPIUS (Clus. — Mœnch, *Meth.*, 134). Syn. de *Genista* L.

SCORPIUS (Medic., *Vorles.*, II, 369). Synonyme de *Arthro-lobium* Desvx.

SCORPIUS (Spach, in *Ann. sc. nat.*, sér. 2, XIX, 122). Sec-tion des *Amygdalus* (*Prunus* T.).

SCORTECHINIA (Hook. f., *Icon.*, t. 1706). Genre rapporté avec doute aux Euphorbiacées-Phyllanthées, formé d'arbres ma-lais, à feuilles alternes, entières ou subserrées; les fleurs petites, en grappes de cymes, apétales, 4, 5-mères; les mâles à 4-8 éta-mines, avec glandes alternes et un rudiment de gynécée. L'ovaire a 3, 4 loges (?), avec 2 ovules descendants dans chaque, dit-on. Le fruit est une capsule, à graine pauvre en albumen, pendante d'une colonne centrale. C'est peut-être une Olacée, et ses fleurs demandent à être étudiées.

SCORTECHINIA (Sacc., *Syll. Fung. Add.*, 67). Genre de Sphériacés, démembré des *Trichosphæria* pour une espèce cor-ticole, d'Australie. Un large stroma brun, diffus, donnant nais-sance à des filaments bruns, filiformes, non septés, ornés de dents à leur extrémité, contient les périthèces minuscules, sans papilles, s'ouvrant tardivement. Les thèques claviformes, portées sur un long pédicelle, ne sont pas accompagnées de paraphyses et contiennent 8 spores distiques, fusiformes, hyalines, se ter-minant en pointe des deux côtés. [De S.]

SCORTEI (Fr., *Epicr.*, 2ᵉ, 465). Sous-division du genre *Ma-rasmius* Fr., comprenant les espèces à stipe solide, fibreux à l'intérieur, recouvert à l'extérieur d'une villosité fugace.

SCORZONELLA (Nutt., in *Trans. Amer. Phil. Soc.*, ser. 2, VII, 426). Section du genre *Scorzonera* T. (H. Bn, *Hist. des pl.*, VIII, 114.)

SCORZONÈRE (*Scorzonera* T., *Inst.*, 476, t. 269). Genre de Composées, de la série des Chicorées, présentant, par sa fleur, les caractères généraux du genre type de la série. Les fleurs sont irrégulières, à corolle ligulée, dentée au sommet. Les anthères sont acuminées à la base, ou courtement sétacées, auriculées; les divisions stylaires, finalement recourbées. Les fruits sont glabres, parcourus de côtes, contractés à la base, ou stipités, munis de soies simples ou barbelées, souvent plumeuses, libres ou connées à la base. Ce sont des herbes vivaces ou plus rare-ment annuelles, glabres, hirsutes ou duvetcuses; à feuilles alternes, entières, linéaires, parfois larges, pinnatilobées ou séquées; à capitules terminaux, longuement stipités, solitaires ou groupés, en petit nombre, en cymes lâches. Les bractées de l'involucre, en nombre indéfini, sont imbriquées, sensiblement égales, ou les extérieures plus courtes. Le réceptacle de l'inflo-rescence est plan ou légèrement convexe, nu, alvéolé ou villeux. Ce sont des plantes étrangères aux régions tropicales, mais ré-pandues dans les contrées tempérées des deux mondes. Les racines des Scorzonères sont alimentaires; le S. d'Espagne (*S. hispanica* L.), le Salsifis blanc (*S. porrifolia* H. Bn) de nos jardins sont particulièrement recherchés. Cette dernière plante est pour certains botanistes le type d'un genre, sous le nom de *Tragopogon porrifolium* L.; elle doit en réalité rentrer dans le genre Scorzonère, à titre de section. La richesse des ra-cines en latex en fait des médicaments réputés diurétiques et astringents. (H. Bn, *Hist. des pl.*, VIII, 21, 113, 295.) [F. H.]

SCORZONÈRE D'ESPAGNE. Le *Scorzonera hispanica* L.

SCORZONEROIDES (Vaill., in *Act. Acad. par.* [1721], 209). Synonyme de *Oporinia* Don.

SCORZONNÈRE. La racine du *Craniolaria annua* L.

SCOSA-MATS. Nom japonais du *Pinus Kæmpferi* Lamb.

SCOTANTHUS (Naud., in *Ann. sc. nat.*, sér. 4, XVI, 173, t. 3). Synonyme de *Gymnopetalum* Arn. (H. Bn, *Hist. des pl.*, VIII, 445.)

SCOTANUM (Adans., *Fam.*, II, 459). Synon. de *Ficaria* Dill.

SCOTCH-FIR. Nom anglais du *Pinus sylvestris* L.

SCOTCH-THISTLE. Nom anglais de l'*Onopordon Acanthium*.

SCOTINO. Nom anglais du *Rhus Cotinus* L.

SCOTOPHYLLA (Nutt., in *Amer. Phil. Trans.* [1843], 271). Section du genre *Pyrola* T. (*P. aphylla*).

SCOTT (J.-R.). Auteur [1820] de *Introductory Lecture to a course of botanical lectures, excursions and demonstrations*.

SCOTTEA (R. Br., in *Ait. H. kew.*, ed. 2, IV, 269). Synonyme de *Bossiæa* Vent.

SCOULERIA (Hook., *Bot. Misc.*, I, 33, t. 18) Section (C. Muell., *Syn. Musc.*, II, 654) du genre *Gümbelia* Hampe.

SCOURGEON. Pour Escourgeon.

SCRAP (ceara). Nom anglais du *Manihot Glaziovii*, plante qui donne le Caout-chouc de Ceara.

SCREW-PINE. Nom an-glais des Vaquois.

SCREW-POD MES-QUITE. Nom indigène du *Prosopis pubescens* Benth., qui sert d'ali-ment au bétail.

SCROBICARIA (Cass., in *Dict.*, XLIII, 456). Genre de Composées, établi pour le *Gynoxys ilicifolia* Wedd.

SCROFULAIRE (*Scro-fularia* T., *Inst.*, 166, t. 74 [*Scrophularia*]). Genre qui a donné son nom à la famille des Scrofulariacées. Ses fleurs sont hermaphro-dites, irrégulières. Sur le réceptacle convexe s'insèrent un calice ga-mosépale, dont les cinq divisions, scarieuses en haut, sont imbriquées en quinconce; une co-

Scrofulaire. — Branche florifère.

rolle irrégulière, personée, dont le tube renflé supporte cinq lobes inégaux, imbriqués; les deux postérieurs plus grands, se recouvrant et enveloppant les deux latéraux, qui recouvrent eux-mêmes l'antérieur; des étamines didynames, portées par la corolle: les plus grandes antérieures, à filet courbé, plus ou moins épais, à anthère confluente, déhiscente par une fente transversale. L'étamine postérieure avorte et devient un staminode, en forme de languette aplatie. L'ovaire est entouré à sa base d'un disque si-nueux et biloculaire: l'une des loges antérieure, l'autre postérieure, à style renflé en tête à sa partie supérieure. Un placenta déborde dans chaque loge, de chaque côté de la cloison, et sup-porte un nombre indéfini d'ovules ana-tropes. Une capsule septicide succède à cet ovaire, et donne passage à des

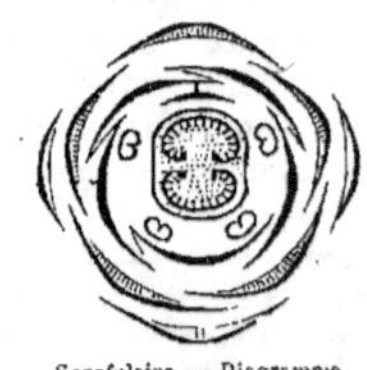

Scrofulaire. — Diagramme floral.

graines rugueuses, à albumen charnu, à embryon axile. Les Scrofulaires sont des herbes, à odeur nauséabonde, à tiges carrées, munies parfois d'ailes à leurs angles, à feuilles oppo-sées; les supérieures parfois alternes, entières ou dentées sur les bords. Les inflorescences sont des grappes de cymes termi-nales ou placées à l'aisselle des feuilles supérieures. Les cent espèces, environ, de ce genre sont originaires de l'Orient et des bords de la Méditerranée principalement; elles existent aussi dans les régions tempérées de l'hémisphère boréal. Ce sont des plantes qui ont eu leur heure de vogue en médecine, comme toniques, sudorifiques et vermifuges. Nos *S. nodosa* L. (Herbe aux écrouelles), *aquatica* L. (Herbe aux hémorrhoïdes), communs dans les marais et dans les lieux boisés

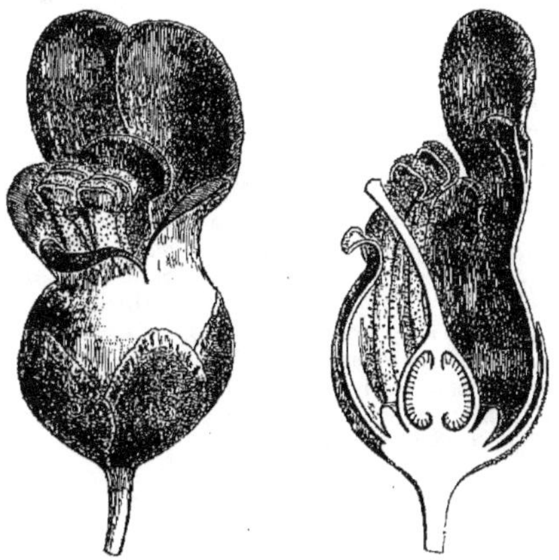

Scrofulaire. — Fleur, entière et coupe longitudinale.

et frais, et le *S. canina* L. sont les plus employés. (Voy. H. Bn, *Hist. des plant.*, IX, 382, 430, fig. 523-526; *Tr. Bot. méd. phanér.*, 1232.) [F. H.]

SCROFULAIRE DES BOIS. Le *Scrofularia nodosa* L.

SCROFULARIACÉES. Famille de Dicotylédones-Gamopétales, voisine des Solanacées, dont elle ne se distingue que par l'irrégularité en général plus grande de la corolle et un androcée ordinairement didyname. Entre les deux groupes, les limites sont tout à fait de convention, comme le prouve l'étude des Verbascées, attribuées, selon les auteurs, ou aux Solanacées, ou aux Scrofulariacées. Nous avons divisé ces dernières en 18 séries : Salpiglossées, Verbascées, Aptosimées, Leucophyllées, Myoporées, Sélagées, Hebenstreitiées, Globulariées, Alonsoées, Calcéolariées, Antirrhinées, Scrofulariées, Sésamées, Chænostomées, Gratiolées, Digitalées, Gérardiées et Rhinanthées. Il n'y a aucun caractère valable pour séparer des autres Scrofulariacées les Sélagées et Myoporées, le nombre des ovules ne pouvant être invoqué. De même, les Sésamées ne peuvent être maintenues rapprochées des Martyniées qui sont des Gesnériacées et en diffèrent par le gynécée des Scrofulariacées les plus élevées en organisation. (H. Bn, *Hist. des pl.*, IX, 360, Fam. 87.)

SCROFULARIA INDICA (offic.). Le *Picria Fel terræ* Lour.

SCROFULARIA MINOR (Bauh.). Nom ancien de la Ficaire.

SCROTALARIA (Ser., *mss. ol., ex ips.*). Synonyme de *Scorodonia* Mœnch.

SCRUB WOOD. A Sainte-Hélène, l'*Aster glutinosus* Roxb.

SCULLCAP. Aux États-Unis, le *Scutellaria lateriflora* L.

SCUPERNONG. Pour *Scuppernong*.

SCUPPERNONG. Nom d'une Vigne américaine, issue, croit-on, du *Vitis rotundifolia*.

SCURIA (Rafin., in *Journ. phys.*, LXXXIX, 106). Synonyme (part.) de *Carex* L.

SCURRULA (G. Don, *Gen. Syst.*, III, 421). Synonyme de *Dendrophthoe* Mart.

SCURRULA (L., *Spec.*, I, 110). Synon. (part.) de *Loranthus*.

SCUTELLAIRE (*Scutellaria* L., *Gen.*, n. 734). Genre de Labiées-Lamiées, formé d'environ 90 herbes annuelles ou vivaces, des régions tempérées ou des montagnes des pays tropicaux; distingué par un calice à 2 lèvres, persistant autour du fruit et portant en arrière une écaille ou une bosse. La lèvre antérieure n'est pas gibbeuse et tombe de bonne heure. Les fruits, supportés par un pied bien marqué, sont globuleux-déprimés, attachés par le milieu de leur face inférieure. La graine est transversale, et l'embryon a une radicule incombante aux cotylédons.

L'ovule est très particulier. (H. Bn, in *Bull. Soc. Linn. Par.*, 713; *Iconogr. Fl. fr.*, n. 57; *Hist. des pl.*, XI, 7, 42.)

SCUTELLARIA (Baumg. — Lem., in *Dict.*, XLVIII, 221). Synonyme de *Lecanora* Achar.

SCUTELLE. Nom donné à certaines apothécies des Lichens.

SCUTELLINIA (Cooke, in *Phill. Brit. Discom.*, 217). Sous-genre de *Lachnea*, à cupule sessile, tomenteuse à l'extérieur à marge ciliée.

SCUTELLULARIA (Schreb., *Gen.*, II, 767). Synonyme de *Patellaria* Hoffm.

SCUTELLUM (Gærtn.). L'écusson de l'embryon des Graminées. Voy. Graminées (II, 735).

SCUTELLUM (Speg., *Fung. arg.*, IV, n. 161). Genre de Sphériacés, à périthèces nus, glabres, carbonacés, dimidiés, lenticulaires ou scutiformes, souvent munis d'un ostiole. Les thèques sans paraphyses, obovales, contiennent 8 spores cylindriques, légèrement claviformes, biloculaires, fuligineuses. Deux espèces du Brésil, sur des feuilles très coriaces. [De S.]

SCUTICARIA (Lindl., *Bot. Reg.* [1843], *Misc.*, 14). Genre d'Orchidacées-Vandées, formé de 2 herbes épiphytes, du Brésil et de la Guyane, cultivées; distingué par un large labelle, à lobes latéraux dressés, très grands; un gynostème assez épais; un rétinacle transversal, avec caudicule très court ou nul. La feuille est très longue, subcylindrique et charnue. (*Bot. Reg.*, t. 1986. — *Bot. Mag.*, t. 3573.) [H. Bn.]

SCUTISPORIUM (Preuss, *Fung. Hoyersw.*, n. 41). Synonyme de *Stemphylium* Wallr.

SCUTULA (Lour., *Fl. cochinch.* [ed. 1790], 235). Synonyme de *Memecylon* L.

SCUTULA (Tul., *Mém. Lich.*, 118). Genre de Discomycètes, parasites sur les Lichens. La cupule sessile, céracée, immarginée à la base, porte un hyménium composé de thèques et de paraphyses agglutinées. Les spores hyalines, biloculaires, sont au nombre de 4 dans chaque thèque. Cinq espèces, sur le thalle des *Peltigera*, *Stereocaulon*, *Solorina*, etc. [De S.]

SCUTULARIA (Karst., *Rev.*, 155). Genre de Discomycètes, formé aux dépens des *Patellaria* pour les espèces à cupule coriace, presque cornée, noire, dont les thèques, entremêlées de paraphyses, contiennent 8 spores filiformes, pluriloculaires, à peu près hyalines. On en a distingué une douzaine d'espèces vivant sur le bois, les rameaux décortiqués. [De S.]

SCYBALIUM (Schott et Endl., *Melet.*, 3, t. 2). Genre d'Hélosidées, formé de 4 herbes charnues, parasites, de l'Amérique tropicale; distingué par des pédoncules pourvus d'écailles; un spadice à bractées imbriquées; un périanthe mâle 3-lobé; un fruit sec, à une graine albuminée. (Eichl., in *Act. Congr. bot. Par.* [1868], t. 2; in *Mart. Fl. bras.*, IV, II, t. 7, 8.) [H. Bn.]

SCYPHÆA (Presl, *Symb.*, I, 7, t. 4). Syn. de *Mahurea* Aubl.

SCYPHANTHUS (Don, in *Sweet Brit. fl. Gard.*, ser. 1, t. 238). Synonyme de *Grammatocarpus* Presl.

SCYPHARIA (Miers, in *Ann. Nat. Hist.*, ser. 3, VI, 8; *Contrib.*, t. 42). Synonyme de *Colletia* Commers.

SCYPHARIA (Quél., *Ench.*, 281). Genre de Pezizés; synonyme de *Sarcoscypha* Fr.

SCYPHELLANDRA (Thw., *En. pl. Zeyl.*, 21). Section du genre *Rinorea* Aubl. (H. Bn, *Hist. des pl.*, IV, 349.)

SCYPHIPHORA (Gærtn. f., *Fruct.*, III, 91, t. 196). Genre de Rubiacées-Génipées, dont les fleurs, hermaphrodites ou polygames, 5- ou plus souvent 4-mères, ont une corolle tordue, un disque épigyne lobé et un ovaire à loges 2, 3-ovulées. Avec 3 ovules, il y en a souvent 2 supérieurs, ascendants, et un inférieur ascendant. Le fruit est une drupe à 2 noyaux et des fausses cloisons transversales divisant ceux-ci en logettes monospermes. Le *S. hydrophilacea*, seule espèce du genre, est l'*Epithinia malayana* Jack. C'est une plante frutescente, glabre, qui rappelle certaines Rhizophorées par ses rameaux noueux, gommeux; ses feuilles opposées, coriaces, glabres, avec stipules interpétiolaires. Ses fleurs sont disposées en cymes axillaires, pédonculées. On trouve cette espèce sur les plages maritimes de l'Inde, de l'archipel Indien, de l'Australie, de la Nouvelle-Calédonie. (Voy. H. Bn, in *Bull. Soc. Linn. Par.*, 174 ; *Hist. des plant.*, VII, 444, n. 101.) [H. Bn.]

scyphiphorus (Vent.). Pour *Scyphophorus* Achar.

scyphium (Rost.). Synonyme de *Badhamia* Berk.

scyphocoronis (A. Gray, in *Hook. Kew Journ.*, IV, 225). Genre de Composées-Hélianthées-Inulées, formé d'une herbe australienne, naine, glanduleuse ; distingué par des capitules à involucre formé de quelques bractées peu inégales, herbacées ; des fruits à aigrette (?) cupuliforme, tronquée et herbacée. (Hook., *Icon.*, t. 854. — H. Bn, *Hist. des pl.*, VIII, 176.)

scyphofilix (Dup.-Th., *Gen. nov. madag.*, n. 2). Synonyme (?) de *Pachypleuria* Presl.

scyphogyne (Ad. Bn., *Voy. Coq.*, t. 54). Genre d'Éricacées-Éricées, formé d'une quinzaine d'arbuscules, de l'Afrique australe ; distingué, dans le groupe des *Salaxis*, par un calice 4-mère ; une corolle oblongue et 4-fide ; 3, 4 étamines à filets grêles ; un ovaire à 1-4 loges 1-ovulées, avec un style surmonté d'une large tête en forme de coupe. Les fleurs sont ou ne sont pas accompagnées de bractées. (H. Bn, *Hist. des pl.*, XI, 128, 170, fig. 121-133.)

scyphonychium. L'un des genres séparés en 1879 des *Cupania* par M. Radlkofer, et fondé sur un arbre brésilien. (Dur., *Ind. Phanér.*, n. 1430.)

scyphostachys (Thw., *Enum. pl. Zeyl.*, 157). Genre de Rubiacées-Génipées, à petites fleurs hermaphrodites, 4-mères, analogues à celles des *Pouchetia* et *Petunga*, c'est-à-dire en petit d'un *Gardenia*, portées par un pédoncule axillaire ou supra-axillaire, qui se termine par un petit épi. La corolle, étroitement infundibuliforme, est tordue, et les loges ovariennes sont pauciovulées. Les bractées de l'inflorescence, membraneuses, obliques et imbriquées, prennent un grand développement et enveloppent étroitement les fleurs avant leur épanouissement. Le fruit est une petite baie oligosperme. Ce sont des arbustes dressés, rameux, à feuilles opposées, allongées, coriaces, stipulées. On en décrit 2 espèces. (Voy. *Hist. des plant.*, VII, 315, 441, n. 96.) [H. Bn.]

scyphostigma (Rœm., *Syn.*, I, 80, 94). Syn. de *Turræa* L.

scyphularia (Fée, *Gen. Fil.*, 324). Genre proposé pour les *Davallia triphylla* et *pentaphylla* Bl.

scyrtocarpus (Miers, in *Lindl. Veg. Kingd.*, 693 a). Genre d'Ébénacées, dont on ne connaît que le nom.

scytala (E. Mey., in exs. *Drège*). Section du genre *Oldenburgia* Less.

scytalanthus (Walp., in *Pl. Meyen.*, 361). Synonyme de *Skytanthus* Meyen.

scytalia (Gærtn., *Fruct.*, I, 197, t. 42). Genre proposé pour le *Nephelium Litchi* Cambess.

scytalion (Diosc.). Le *Cotyledon Umbilicus* L.

scytalis (E. Mey., *Comm.*, 144). Synonyme de *Vigna* Sav.

scytanthus (T. Anders. — B. H., *Gen.*, II, 1093). Synonyme de *Thomandersia* H. Bn.

scytanthus (Hook., *Icon.*, t. 605, 625). Synonyme de *Hoodia* Sweet.

scythica (Théophr.). Nom (?) de l'*Orobus tuberosus* L.

scythion. Nom grec de la Réglisse.

scytinium (Achar., *Lich. univ.*, 642). Section du genre *Collema* Wigg.

scytochloria (Harv., *Man. brit. Alg.*, 152). Section du genre *Rivularia* Roth.

scytodephyllum (Pohl, ex *Flora* [1825], I, 183). Genre dont le nom seul est connu.

scytophyllum (Eckl. et Zeyh., *Enum.*, 124). Section du genre *Celastrus* L., dont les espèces ont un fruit légèrement charnu et habitent l'Afrique australe. (Voy. *Hist. des plant.*, VI, 37.) [H. Bn.]

scytopteris (Presl, *Pterid.*, 202). Section du g. *Niphobolus*.

sczegleewia (Turcz., in *Bull. Mosc.* [1858], I, 233). Synonyme de *Pterospermum* Schreb.

sczukinia (Turcz., in *Bull. Mosc.* [1840], 165). Genre proposé pour le *Swertia diluta* Turcz.

sdau-pnnom. Nom cochinchinois de l'*Epicharis Bailloni* Pierre, qui donne un Bois de Santal jaune ou rouge.

s'dia. Synonyme de *Sadear*.

seabindeveed. Nom anglais du *Calystegia Soldanella* R. Bn.

sea-crow. Synonyme de *Sea-Kale*.

seaforthia (R. Br., *Prodr. Fl. N. Holl.*, I, 267). Synonyme de *Ptychosperma* Labill.

sea-grape. Nom anglais des *Coccoloba* L.

sea-holm. — Voy. Holm.

sea-kale. Nom anglais du *Crambe maritima* L.

seala (Adans., *Fam. d. pl.*, II, 131). Synonyme de *Pectis* L.

sea-lavender. Aux États-Unis, les *Statice* L.

sea-lavender. Nom du *Tournefortia gnaphalodes* R. Bn.

sea-mallow. Nom anglais du *Lavatera arborea* L.

sea-milkwort. Nom anglais du *Glaux maritima* L.

sea-pink. Nom anglais des *Armeria* DC.

seba (Albertus). Dans son *Locupletissima rerum naturalium thesauri accurata descriptio*, etc. [1734-1765] se trouvent çà et là des descriptions et figures de plantes.

seba. Nom sanscrit de la Pomme.

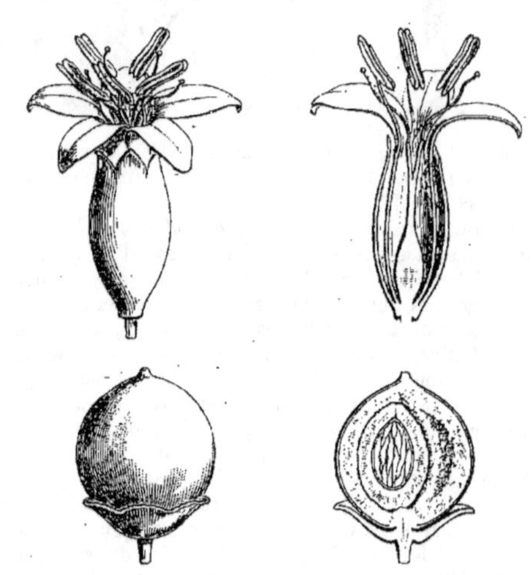

Sébestier. — Fleur, entière et coupe longitudinale. Fruit, entier et coupe longitudinale.

sebacina (Tul., in *Ann. sc. nat.* [1872]). Sous-genre du genre Tremelle, ayant la même disposition des basides, la même forme de spores, mais dont le réceptacle est fibreux, coriace, au lieu d'être gélatineux. [De S.]

sebadilla, sébadille. Synonymes de Cévadille.

sebæa (R. Br., *Prodr.*, 451). Genre de Gentianacées-Exacées, à fleurs 4, 5-mères, caractérisées par des sépales à carène ou à aile étroite ; une corolle à tube cylindrique ou renflé, les lobes du limbe étalés. Les 5 étamines ont des anthères à sommet glanduligère. Le style a une extrémité supérieure globuleuse ou courtement claviforme. Ce sont, au nombre de près de 20, des herbes annuelles, à fleurs solitaires ou disposées en cymes corymbiformes. (Griseb., in *DC. Prodr.*, IX, 52. — H. Bn, *Hist. des pl.*, X, 128.)

sebanakii. Nom arabe (Del.) de l'Épinard.

sebastiana (Bert., *Opusc.* [1822], 37). Synonyme de *Chrysanthellum* Rich.

sebastiani (Ant.). Auteur de *Romanarum plantarum fasciculus primus* [1813] et *alter* [1815], a écrit avec Mauri un *Floræ romanæ Prodromus* [1818], in-8 de 351 p. et 10 pl.

sebastiania (Spreng., *N. Entd.*, II, 118, t. 3). Section du genre *Excæcaria* L. (H. Bn, *Hist. des pl.*, V, 135.)

sebastiano-schaueria (Nees, in *Mart. Fl. bras.*, IX, 158 ; in *DC. Prodr.*, XI, 313). Genre d'Acanthacées-Justiciées, formé d'une herbe brésilienne ; distingué par des fleurs de *Jus-*

ticia, à lobes de la corolle étroits, à 2 étamines dont les anthères dorsifixes, attachées vers le milieu de leur hauteur, sont 1-loculaires; les loges ovariennes 2-ovulées; l'inflorescence lâche, spiciforme et terminale. (H. Bn, *Hist. des pl.*, X, 459.)

SEBASTIAO D'ARRUDA. Nom brésilien du *Physocalymma florida* Poul, qui donne, dit-on, un des Bois de rose du Brésil.

SEBEOK DE SZENT-MIKLOS (Alex.). A écrit à Vienne [1779] : *De medico-botanica de Tataria hungarica* (in-8 de 29 p. et 1 pl.). — Voy. Jacq., *Miscellanea austriaca*, II, 274.

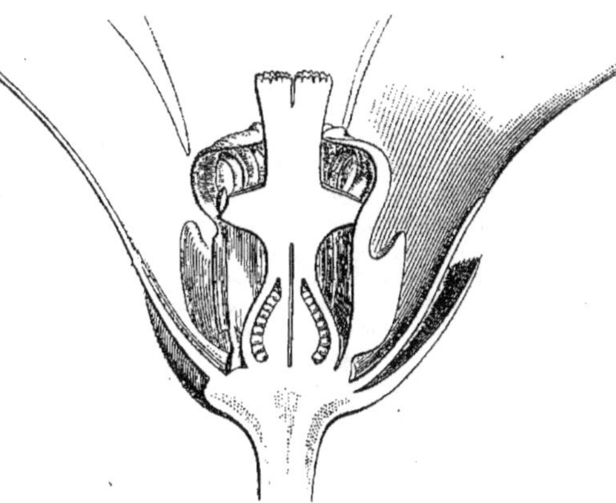

Secamone. — Fleur, coupe longitudinale.

SEBEOKIA (Neck., *Elem.*, II, 13). Synonyme de *Gentiana* T.

SÉBESTE. Fruit du Sébestier.

SEBESTEN (Adans., *Fam. pl.*, II, 177). Synonyme de *Cordia.*

SEBESTENA (Dill., *Hort. eltham.*, 340). Synonyme (part.) de *Cordia* L.

SÉBESTIER. Nom français des *Cordia* L.

SECA-DANA. Dans l'Inde, nom de la graine de l'*Ipomœa Nil* L.

SÉCADON. En Languedoc, l'*Agaricus oreades* Bull. A Toulouse, c'est l'*Agaricus tortilis*.

SECAL. Nom celtique (Reynier) du Seigle.

SECALE. Nom latin des Seigles.

SECALIS MATER. L'Ergot de Seigle.

SECAMONE (R. Br., in *Mem. Werner. Soc.*, I, 55). Genre d'Asclépiadacées, qui donne son nom à une série des *Sécamonées* et la constitue pour nous à lui seul; distingué par des anthères dans chaque loge desquelles il y a 2 pollinies. Ce sont une quarantaine d'arbustes ou de sous-arbrisseaux, grimpants ou non,

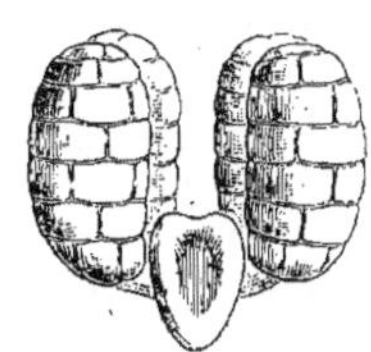

Secamone. — Pollinies.

originaires de toutes les régions tropicales de l'ancien monde. Quelques-uns sont médicamenteux, principalement évacuants, comme le *S. emetica* R. Br. (H. Bn, *Hist. des pl.*, X, 236, 242, 292, fig. 179, 180.)

SECHI. Le *Sechium edule* L.

SECHIOPSIS (Naud., in *Ann. sc. nat.*, sér. 5, VI, 23). Genre de Cucurbitacées-Séchiées, formé d'une plante grimpante, du Mexique; distingué par des fleurs mâles 5-mères et des femelles 3-mères; les étamines 3-adelphes (2-2-1); le *fruit* samaroïde, à 3 ailes. (H. Bn, *Hist. des pl.*, VIII, 429.)

SECHIUM (P. Br., *Nat. Hist. Jam.*, 355). Genre de Cucurbitacées, qui donne son nom à la série des *Séchiées;* représenté par une herbe annuelle, grimpante, à fleurs monoïques; les mâles à réceptacle cupuliforme; les étamines au nombre de 5, avec des anthères sinueuses, 1-loculaires; les femelles à ovaire infère, lagéniforme, 1-loculaire, 1-ovulé. L'ovule est descendant. Le fruit est la Chayote, grosse baie, rugueuse en dehors, à grosse graine sans albumen.

Sechium. — Bouton mâle.

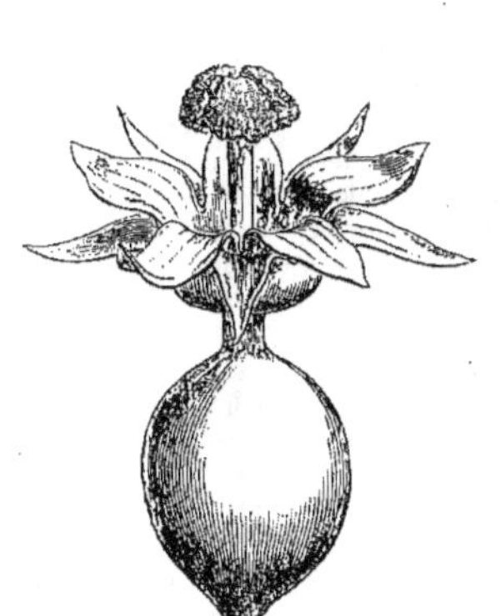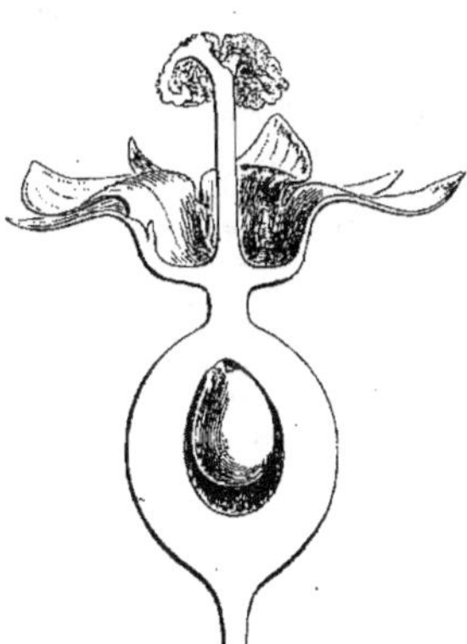

Sechium. — Fleur mâle. Fleur femelle, entière et coupe longitudinale.

SEBIFERA (Lour., *Fl. cochinch.*, 637). Synonyme de *Litsea* Lamk (*Tetranthera* Jacq.).

SEBIPIRA (Mart., *Reis.*, 787). Synon. de *Bowdichia* H. B. K.

SEBIPIRA-GUAÇU (Pison). Nom, au Brésil, du *Bowdichia major* Mart.

SEBIZIA (Mart., *Herb. Fl. bras.*, n. 1050). Synonyme de *Lappia* Jacq. (*Leretia* Vell.).

SEBO. L'un des noms provençaux de l'Ognon.

SEBOPHORA (Neck., *Elem*, II, 188). Synonyme de *Myrisca* L.

SECACUL. Le *Pastinaca dissecta* Vent.

Le fruit est comestible, et pour lui la plante se cultive dans les pays chauds; elle est d'origine américaine. Les feuilles sont anguleuses ou lobées, et la plante se soutient à l'aide de vrilles 2-5-fides. (H. Bn, *Hist. des pl.*, VIII, 383, 428, fig. 228-233.)

SECONDAT (J.-B. baron de). Auteur [1785] de *Mémoires sur l'histoire naturelle du Chêne*, etc. Il mourut à Bordeaux en 1796.

SECONDATIA (A. DC., *Prodr.*, VIII, 445). Genre d'Apocynacées-Nériées, formé d'environ 5 arbustes grimpants, américains; distingué par des cymes souvent denses, à fleurs assez petites; avec un calice à 5 glandes intérieures; une corolle hypocratérimorphe; un disque de 5 écailles libres ou unies; un style à sommet dépourvu d'anneau ; des graines surmontées d'une aigrette. [H. Bn.]

SECONDINE. Le « tégument » intérieur de l'ovule.

SECOTIUM (Kunze, in *Flora* [1840], 321). Genre de Lycoperdacés, de la tribu des Podaxinés. Le péridium muni d'un stipe se déchire à la hauteur de la partie médiane du stipe et se détruit en laissant libre un péridium interne de forme irrégulièrement globuleuse, qui est traversé par le stipe auquel il n'adhère qu'à son sommet. La gleba est divisée en nombreuses logettes inégales, irrégulières, sans capillitium; les spores ovales sont colorées; l'hyménium présente des basides claviformes à 2 ou 4 stérigmates et des cystides oblongs. Une quinzaine d'espèces épigées, en Afrique, dans l'Amérique du Nord, en Australie, plus rarement en Europe. [De S.]

SECRÉTAN (Louis). A publié [1833] à Lausanne, une *Mycographie suisse* (3 vol. in-8). Il est mort en 1839.

SECRETANIA (M. ARG., in *DC. Prodr.*, XV, p. II). — Voy. Minquartia (III, 362).

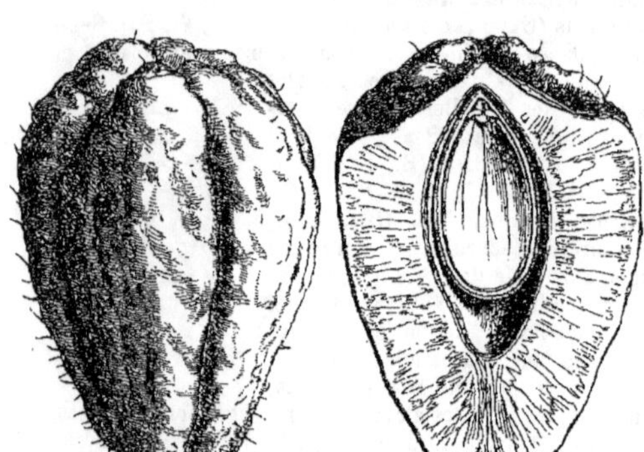

Sechium. — Fruit, entier et coupe longitudinale.

SÉCRÉTION. Il est assez difficile de donner une définition suffisante d'une fonction physiologique avant d'avoir exposé son histoire, de même qu'en commençant l'étude d'une science il est presque impossible de donner de cette science une définition adéquate, capable de laisser dans l'esprit du lecteur une idée nette de son objet. Il est cependant certains cas où cette définition préliminaire s'impose, sous peine de s'exposer à faire rentrer dans le cadre de cette fonction des phénomènes qui affecteraient des relations plus intimes avec une fonction distincte de celle-ci, ou, au contraire, d'en séparer d'autres faits dont les rapports avec elle sont incontestables. Les premiers observateurs des végétaux décrivirent chez eux un ensemble de phénomènes groupés sous la dénomination générale de phénomènes de sécrétion, phénomènes auxquels chacun serait tenté, encore aujourd'hui, de donner ce nom, s'il avait à les décrire pour la première fois. De ce nombre est l'écoulement de l'eau chargée de principes sucrés, à la surface d'organes de forme variable, répartis dans les fleurs ou sur diverses parties végétatives, organes qui ont reçu le nom général de nectaires; de liquides doués de propriétés digestives, comme dans les plantes carnivores ; d'essences odorantes, ou encore à l'écoulement et ensuite à la solidification de substances molles ou franchement solides, telles que les gommes, les résines qui suintent à la suite d'ouvertures naturelles ou accidentelles pratiquées au corps de bon nombre de végétaux, ou encore à la formation à la surface de certaines feuilles (*Tamarix*) ou d'organes reproducteurs de Cryptogames (Myxomycètes), de dépôts de sels minéraux, dus à l'évaporation de dissolutions salines transsudées par les plantes. Mais ces faits sont relativement rares dans le règne végétal, et remarquons même que l'épanchement au dehors du végétal

d'essences, de gommes, de résines, n'est le plus souvent que consécutif à une lésion accidentelle et qu'il n'y a véritablement que la transsudation des substances cireuses (pruine) ou de composition complexe et de consistance résineuse (blastocolle des bourgeons) qui mérite le nom de phénomène général. L'écoulement de l'eau ou des substances qu'elle contient en dissolution est un phénomène intermittent, lié à une perturbation, le plus souvent temporaire, de la transpiration. De sorte que le mot sécrétion appliqué seulement à l'ensemble de ces phénomènes aurait une compréhension singulièrement restreinte. D'ailleurs, quel nom imposer, dans cette hypothèse, aux substances de même composition, incluses, pendant toute la durée de la vie du végétal, à l'intérieur de ses tissus et qui ne se répandent à l'extérieur que par suite de circonstances accidentelles? Les oléo-résines, les camphres, les essences, les latex accumulés en quantité parfois si considérable ne méritent-ils pas le même nom ? Il semble logique de le leur donner; mais, en cela même, nous commençons à nous écarter du sens que le vulgaire est tenté d'assigner au mot sécrétion. En effet, ce terme a été emprunté à la physiologie animale; et si tout le monde est bien d'accord pour assigner le nom de sécrétions aux produits liquides déversés à la surface extérieure du corps ou à cette surface interne que nous appelons le tube digestif, le vulgaire ne serait guère porté à donner le même nom aux produits déposés plus ou moins temporairement dans les cavités closes. Cependant le même terme a prévalu en physiologie animale: que le liquide soit versé à l'extérieur du corps ou dans une cavité close, peu importe, c'est un produit sécrété. Nous trouvons donc dans les deux règnes une remarquable analogie, et c'est un point important d'établir toujours, autant que faire se peut, un parallélisme rigoureux dans la signification des termes destinés à désigner des fonctions répandues aussi bien chez les plantes que chez les animaux. N'a-t-on pas accepté longtemps l'antithèse entre la respiration animale et la respiration végétale? L'erreur qui consistait à désigner sous le nom de respiration végétale l'activité chimique de la substance chlorophyllienne, ne doit-elle pas d'avoir été si répandue à cette circonstance que certains botanistes avaient perdu de vue les saines données de la physiologie générale ? Nous désignerons donc sous le nom de *produits sécrétés* les produits liquides versés à l'extérieur de la plante ou à l'intérieur de ses tissus dans des cavités closes. Devons-nous restreindre cette dénomination aux corps liquides et ne pas l'étendre aux corps franchement solides, tels que les sels minéraux cristallisés à la surface ou dans la profondeur des tissus végétaux ? Entre ces corps de constitution physique différente, nous trouvons tous les intermédiaires. Les sels dissous méritent-ils, tant qu'ils sont en dissolution, le nom de sécrétions, et doivent-ils le perdre lorsqu'ils se séparent de l'eau qui les tenait en dissolution ? Entre les produits franchement liquides et les produits franchement solides et incristallisables, tels que les résines concrètes, les graisses, les cires, existe-t-il autre chose qu'une différence d'état physique? Donc, pour nous, les sécrétions seront aussi bien des corps solides que des corps semi-fluides ou liquides. L'acception du mot sécrétion est bien définie tant que nous nous bornons à ces données de physiologie grossière; mais pénétrons plus avant dans l'essence du phénomène. Tous les actes accomplis dans un être vivant ne sont-ils pas la résultante des actes élémentaires de ses éléments anatomiques ? Si le végétal sécrète, c'est que la cellule végétale est un élément sécréteur. La sécrétion, comme toute fonction physiologique, devient donc un acte cellulaire. Mais, dans toute cellule, la totalité de son contenu n'est point vivante. Le liquide contenu dans les vacuoles cellulaires doit encore être considéré comme un produit de sécrétion de cette cellule; et, en effet, le suc cellulaire, d'abord peu important dans la cellule jeune, va peu à peu en augmentant, à mesure que sa vitalité diminue, jusqu'à envahir sa presque totalité lorsqu'elle approche du terme de son existence. Ce suc contient de nombreuses substances en dissolution ou en suspension. Des granules solides existent également interposés entre les microsomes protoplasmiques. Tous ces corps doivent être considérés comme des produits de sécrétion, sauf les particules protoplasmiques agglomérées en corpuscules, dont la vitalité nous est rendue bien évidente par le fait de leur production, par exemple les leucites. Mais à quel caractère reconnaîtrons-nous un produit sécrété par une cellule d'un produit étranger à son activité? Chaque élément cellulaire vit dans un milieu intérieur, pour employer l'heureuse expression de Cl. Bernard, et ce milieu contient des matériaux solides, liquides et gazeux, venus de l'extérieur tels quels, ou dus à l'activité des éléments voisins, ou produits par les réactions dont la cellule considérée est le siège. C'est à ces derniers produits, et à eux seuls, que nous devons appliquer le nom de produits sécrétés, en isolant par la pensée l'élément anatomique considéré. En dernière analyse, le phénomène sécrétion se traduirait à nous par la présence dans le liquide ambiant ou dans la trame protoplasmique de la cellule de produits exclusivement dus à son activité. Peu importe l'état physique sous lequel ces productions apparaissent. Théoriquement, cette définition est simple; et, si elle a l'inconvénient de faire rentrer une foule de corps dans la catégorie des matières sécrétées, elle a du moins l'avantage de grouper sous le même nom tous les produits qui reconnaissent une communauté d'origine remarquable : l'activité cellulaire de l'élément considéré. Mais, en pratique, mille difficultés se présentent quand nous voulons déterminer exactement quelle matière est due à l'activité de notre cellule et quelle autre provient de l'extérieur, au sens le plus large du mot.

La distinction semble plus simple chez le végétal que chez l'animal. Chez ce dernier, nombre de cellules n'ont pas de membrane et baignent dans le liquide ambiant qui les pénètre à son aise. La cellule végétale, au contraire, dans l'immense majorité des cas, se construit une demeure : la membrane qui l'isole. Nous pourrions dire : est produit de l'activité cellulaire, toute matière contenue à l'intérieur de la membrane. Vient-elle à dépasser cette membrane, le doute s'établit; mais cette barrière est loin d'empêcher les communications avec les éléments voisins. Les ponctuations, les phénomènes d'osmose permettent l'entrée des liquides étrangers; d'où impossibilité presque absolue de limiter à l'activité de l'élément considéré la production des matériaux que cet élément contient. D'une façon générale, nous pourrons affirmer qu'un corps est sécrété par une plante, lorsque sa constitution chimique ou son état physique l'empêchera d'être directement dialysable à travers la membrane cellulaire, car alors sa présence à l'intérieur de la plante sera consécutive à une métamorphose plus ou moins profonde qu'il aura subie, tout au moins temporairement, sous l'influence des cellules végétales. Ainsi les grains d'amidon accumulés dans une cellule peuvent provenir de l'activité de cellules très éloignées; ils méritent cependant le nom de produits de sécrétion, puisque leur dépôt dans la cellule considérée a été consécutif à une déshydratation du glucose provenant de parties éloignées du végétal. Ainsi délimités, les produits de sécrétion comprennent toutes les particules non vivantes de la plante, à l'exception de quelques corps minéraux ou organiques, parfaitement dialysables, empruntés à l'extérieur; et on sait si la liste de ces corps est restreinte : la membrane cellulaire, les grains d'amidon, les corps gras, les glucosides, la dextrine, les gommes, les tannins et les matières colorantes, les amides, les alcaloïdes, les ferments solubles, avec les produits de leur activité, les peptones, sont des produits de sécrétion. Nous croyons que, pour donner du phénomène de la sécrétion une définition générale et adéquate, on est logiquement conduit à grouper sous ce chef l'ensemble des réactions accomplies dans les tissus de la plante et dont le résultat est la formation de matières différentes de celles que le végétal puise dans son milieu nourricier. Ces longs préliminaires n'ont d'autre but que de montrer la généralité que nous croyons devoir attribuer à ce phénomène, et notre intention n'est pas de poursuivre l'étude approfondie des divers corps que nous avons énumérés, de leur rôle et de leur mode de développement, ces questions ayant été traitées aux articles relatifs aux corps en question, et il nous faut aborder maintenant l'étude morphologique de l'appareil sécréteur.

Considérons une cellule sécrétante : elle emmagasinera ses produits de sécrétion dans les mailles de son protoplasma, où ils s'accumuleront sans jamais traverser la membrane; ou bien ils transsuderont peu à peu au travers de cette membrane et iront s'accumuler dans les intervalles qui existent entre cette cellule et les cellules voisines, autrement dit dans les méats intercellulaires. D'où deux formes primordiales élémentaires de l'appareil sécréteur, correspondant à deux modes de sécrétion, d'ailleurs intimement reliés l'un à l'autre par tous les intermédiaires : sécrétion intracellulaire et sécrétion extracellulaire.

Commençons par le premier de ces modes.

I. *Sécrétion intracellulaire.* — Les cellules épidermiques, soit qu'elles demeurent à l'état de cellules plates ou qu'elles se développent vers l'extérieur en poils sécréteurs, sont fréquemment remplies d'un suc cellulaire coloré, qui contribue à donner à certaines feuilles et aux pétales de nombreuses fleurs leur riche coloration. Dans d'autres plantes, ils se chargent d'essence, d'oléo-résine; les cellules mamelonnées de l'épiderme des pétales de Rose en sont un bon exemple; les cellules terminales des poils des *Pelargonium* et de nombreuses Labiées, des Cistes, sont dans le même cas. C'est en brisant la paroi de ces cellules que l'on met en liberté l'essence; d'où l'odeur dégagée par ces organes lorsqu'on les froisse entre les doigts. Dans bon nombre de cas, le produit peut d'ailleurs séparer la cuticule de la membrane, en s'infiltrant entre ces deux couches, et les séparer ainsi l'une de l'autre. Nous avons affaire, dans tous ces cas, à une glande épidermique monocystique intracellulaire. Les poils de l'Ortie, à liquide irritant par l'acide formique qu'il contient, en sont aussi un exemple.

Supposons que plusieurs de ces cellules, douées de propriétés identiques, se groupent côte à côte, nous aurons une glande polycystique épidermique intracellulaire. Les poils capités de nombreuses Labiées sont ainsi terminés par un groupe de cellules identiques dont l'essence soulève la cuticule : le Thym en est un exemple. D'autres poils en écusson ont aussi la surface de leur plateau terminal tapissée par une assise identique de cellules extravasant leur liquide sécrété entre la cuticule et la membrane. Exemple : le Groseillier noir (*Ribes nigrum*); c'est à ce type que se rattachent les glandes abondamment répandues sur les bractées et l'induvie des fleurs femelles du Houblon, et qui constituent le Lupulin. Le développement de ces organes, bien étudié par M. Trécul, nous permet d'assister au passage d'une glande épidermique, monocystique au début, à une glande polycystique. Elle affecte d'abord la forme d'une cupule dont l'épaisseur est formée par une seule assise de cellules. Peu à peu la cuticule de ces cellules est séparée de leur membrane cellulosique par un liquide huileux, jaunâtre, contenant une essence à odeur forte et de la lupuline. Cette cuticule, en se distendant, forme un dôme au-dessus de la cupule primitive, dôme légèrement mamelonné; chaque mamelon correspond à la face supérieure convexe d'une des cellules primitives. Les cellules épidermiques de diverses plantes peuvent contenir des cristaux : les plus curieux de ces corps s'observent dans les *Citrus*, par exemple, où ils portent le nom de cristaux de Penzig. Ce sont des cristaux d'oxalate de chaux, octaédriques et jouissant de la propriété de réfléchir dans toutes les directions les rayons lumineux incidents, sur le parenchyme assimilateur de la feuille. L'épiderme de beaucoup de Monocotylédones et de Dicotylédones contient ainsi des cristaux appartenant à des systèmes divers, solubles dans l'acide chlorhydrique, insolubles dans l'acide acétique : l'épiderme de la Vanille en est un bon exemple; on n'a pas de données précises sur leur rôle. Les poils rudes de nombreuses plantes, les stomates des Prêles, etc., doivent aussi cette rigidité à l'incrustation de leur paroi par des particules minérales.

Les cellules parenchymateuses peuvent offrir les mêmes phénomènes. Dans bon nombre de plantes, ces glandes internes unicellulaires fabriquent des essences utilisées la plupart en médecine. Telles sont les cellules à essence de l'écorce du *Canella alba*, les glandes des feuilles du *Peumus Boldus*, les réservoirs monocystiques à essence de la zone libérienne des *Cinnamomum*, ceux de la feuille du *Laurus nobilis*, etc. Ces cellules peuvent renfermer bien d'autres produits de sécrétion : de l'oxalate de chaux en macles sphériques, ou en cristaux isolés, des gommes. Parfois les deux substances s'associent (cellules à raphides), comme dans les squames de la Scille ; le même organe de cette plante nous offre des cellules gorgées d'une matière brunâtre, amère, à laquelle la Scille doit peut-être ses propriétés ; c'est à cet état que l'on rencontre, dans les cellules parenchymateuses de nombreuses plantes, les principes médicamenteux. Citons seulement : les cellules à mucilage de la feuille des Malvacées, les cellules sous-jacentes à l'assise pilifère dans la racine de Valériane, dont le contenu n'est autre que l'extrait médicamenteux de Valériane. Les alcaloïdes en grande partie sont contenus dans des cellules parenchymateuses. Les cellules de la moelle, des rayons médullaires et du parenchyme cortical du rhizome de Rhubarbe sont chargées de chrysophane, matière jaune à laquelle cette plante doit sans doute une partie de ses propriétés. Il existe aussi d'autres produits importants qui ne sont pas formés dans la plante, mais prennent naissance quand les contenus de cellules voisines, mis en liberté par rupture de leurs membranes, agissent les uns sur les autres. De ce nombre sont les essences sulfurées que produisent les Crucifères. La localisation de ces principes a été étudiée récemment par M. Guignard, qui, par une réaction particulière propre aux ferments végétaux, à l'exclusion des ferments animaux, a pu délimiter exactement la situation des cellules productrices de ces essences. La racine de Raifort, par exemple, renferme dans son cylindre central, et plus encore dans son écorce, des cellules spéciales contenant le ferment dit myrosine, qui, mis en présence du myronate de potassium ou sinigrine contenu indistinctement dans toutes les cellules, donne naissance à l'essence de moutarde (isosulfocyanate d'allyle), au glucose et au sulfate acide de potassium. La même réaction se produit dans la graine de la Moutarde noire. La Moutarde blanche, au lieu de sinigrine, contient de la sinalbine (isosulfocyanate d'orthoxybenzyle) ; il s'y forme un sulfate à base de sinapine. La composition chimique des essences de Crucifères varie d'une espèce à une autre ; mais la réaction qui leur donne naissance est partout due à l'activité d'un ferment. Pour l'étude de la localisation de ces principes nous ne pouvons que renvoyer à l'intéressante étude de M. Guignard (*Journ. de Bot.*, 16 novembre et 1ᵉʳ décembre 1890). On doit au même botaniste l'étude de la localisation de l'émulsine dans les amandes et le Laurier-cerise, émulsine qui, jouant le rôle de ferment en présence de l'amygdaline, la dédouble en glucose, acide cyanhydrique et essence d'amandes amères (aldéhyde benzoïque). L'émulsine se rencontre dans le cylindre central de la partie axile d'une amande, localisée dans le péricycle. Dans le Laurier-cerise où le péricycle est sclérifié, elle se localise dans l'endoderme (voy. *Journ. de Bot.*, 1ᵉʳ et 16 janvier 1890). Mais toutes ces cellules sont sensiblement isodiamétriques. Il en existe d'autres dont les dimensions longitudinales sont extrêmement considérables. La moelle de Sureau et son écorce renferment des cellules allongées qui peuvent s'étendre d'un entre-nœud à l'autre et se terminent en pointe effilée aux deux bouts. La membrane, d'abord mince, s'épaissit peu à peu et son contenu se colore en brun à mesure qu'augmente la richesse en tannin du suc cellulaire de cet élément anormal. Ces cellules à contenu tannifère et parfois laiteux se rencontrent également chez les Renouées, divers Quinquinas, des Composées : Bardane, Chardons, etc. C'est à ce type que se rattachent également les cellules à latex des Euphorbiacées, des Ulmacées, des Apocynées et Asclépiadées. Ces cellules, au lieu de rester linéaires comme les précédentes, se ramifient sans qu'aucune

anastomose se produise entre les branches et continuent à s'accroître depuis la plantule où elles sont déjà représentées jusqu'à la plante adulte. On peut être frappé d'étonnement en songeant aux dimensions longitudinales qu'une pareille cellule peut atteindre dans un arbre comme le *Castilloa elastica* (Ulmacées) ou un *Hevea* (Euphorbiacées) d'où s'écoule une quantité de latex suffisante pour l'extraction du caoutchouc ; 20 ou 30 mètres de longueur ne sont pas des dimensions exagérées pour une telle cellule, continue et ramifiée depuis la base de l'arbre jusqu'à ses ramifications ultimes, où elle vient aboutir à quelques centimètres au-dessous de la surface du méristème en voie de différenciation. Mais un élément qui affecte de telles dimensions doit trouver en lui-même des moyens de soutien, au milieu des parenchymes qu'il parcourt. Aussi voyons-nous sa membrane, de mince qu'elle était dans le jeune âge, devenir épaisse, tout en demeurant brillante et molle, comme il convient à une membrane de cellulose pure, mais condensée. Une mince bande de protoplasma s'étend au dedans de cette paroi, protoplasma réfringent et granuleux, présentant tous les caractères d'un protoplasma vivant, avec des noyaux nombreux, plusieurs pouvant présenter dans la préparation, si on opère avec l'extrémité de la cellule sécrétante dans un méristème, des phénomènes de reproduction. Ceci suffit à nous montrer que l'élément sécréteur est bien un élément vivant, actif ; c'est un fait sur lequel M. Van Tieghem a attiré l'attention et qui va à l'encontre de l'assertion de De Bary (*Vergleichende Anatomie*). Le contenu de la cellule sécrétante est un latex, c'est-à-dire un liquide opaque, laiteux fréquemment, et qui doit son opacité à ce qu'il tient en suspension un grand nombre de globules réfractant la lumière dans diverses directions. Ces globules sont formés de caoutchouc dans les genres *Castilloa* et *Hevea*, ainsi que dans tous les genres d'Apocynées, *Hancornia*, *Vahea*, etc., toutes plantes dont on retire aujourd'hui cette substance. Le latex des Euphorbes contient aussi une autre substance, sur la présence de laquelle nous aurons à revenir en traitant du rôle de ce latex. L'amidon, qui s'y présente sous forme de bâtonnets, est bien particulier. Ces cellules laticifères ne sont pas spéciales aux Phanérogames ; les Cryptogames cellulaires en présentent aussi. Chez les Champignons, les laticifères dérivent, par un procédé identique à celui qui leur donne naissance chez les Phanérogames, des types qui ne contiennent d'abord que quelques globules de latex et offrent, de distance en distance, des cloisons qui disparaissent, en général, par la suite, le diamètre du laticifère s'accroissant dans leur intervalle dans bon nombre de cas. Ils sont simples ou ramifiés, à direction rectiligne dans le stipe, en tire-bouchon dans le chapeau, où ils viennent se terminer dans la couche sous-hyméniale et même faire saillie au dehors. Leur contenu est rarement transparent (Russules), le plus souvent opaque. Les Lactaires sont un bon type de ce second cas, et il n'y a qu'à pratiquer une blessure au stipe ou au chapeau des espèces de ce genre pour voir s'en écouler, en abondance, des gouttes de latex blanc ou coloré suivant les espèces, et dont la présence a fait donner son nom au genre. Nombre d'autres Champignons contiennent également des laticifères. Citons des Volvaires, Amanites, Bolets, Polypores. Les Fistulines nous offrent un bel exemple de cellules laticifères ramifiées, dont les branches communiquent entre elles par des anastomoses. Les éléments sécréteurs, au lieu de rester isolés dans les parenchymes, peuvent s'y disposer en séries longitudinales et contenir, comme les cellules parenchymateuses isolées, une foule de produits. Le passage entre ces deux formes de tissu sécréteur nous est nettement fourni par les cellules à latex, diversement coloré, des Papavéracées : les *Glaucium*, les *Macleya*, la Sanguinaire nous offrent dans leur racine et dans leurs tiges des cellules à latex isolées ou superposées en files, suivant que l'on considère des niveaux différents d'un même membre. Chez la Chélidoine, la disposition en file prédomine ; mais les cloisons transversales des diverses cellules se résorbent de bonne heure, et leurs contenus peuvent se mélanger. Ces éléments contiennent du latex résineux dans les Convolvulacées et les Sapotacées, du latex chargé de tannin, ou un liquide simplement tannifère, avec parfois des globules de résine ; ces trois types se rencontrent chez les Légumineuses. Dans les Monocotylédones, les files des cellules gommeuses, avec raphides d'oxalate de chaux, sont fréquentes. Les Liliacées et les Amaryllidées, des Palmiers en présentent de bons exemples ; l'oxalate de chaux, si fréquent dans le parenchyme de la tige des Dicotylédones, peut s'y rencontrer aussi, particulièrement localisé, dans des files longitudinales de cellules. Les faisceaux fibro-vasculaires des feuilles d'Aloès sont accompagnés de files cellulaires, à contenu brunâtre et noircissant au contact de l'air, qui en se concrétant en masse donne la gomme résine d'Aloès.

Les *Allium* ont le parenchyme de leurs feuilles et leurs écailles bulbaires parcourues par des files simples ou accolées de cellules laticifères, à membrane pourvue de ponctuations latérales. Ces files peuvent communiquer entre elles par de courtes branches transversales anastomotiques.

Ceci nous conduit aux files de cellules toujours unies entre elles par des anastomoses plus ou moins obliques. Les cloisons transversales peuvent persister ; mais c'est un cas rare, que l'on ne rencontre guère que chez certaines Rosacées. La résorption est en général précoce, et l'on ne voit plus qu'un réseau à mailles inégales, où les dimensions longitudinales sont cependant prédominantes. C'est le cas de certaines Composées ; la racine du Salsifis en est un exemple classique.

Mais l'appareil sécréteur peut en outre pousser des bourgeons latéraux qui, lorsqu'ils ont acquis un certain développement, s'anastomosent entre eux ou avec des branches mères, ou se terminent simplement en cul-de-sac dans le parenchyme. A ce type doivent être rapportés les laticifères de nombreuses plantes : ceux du *Papaya*, riches en *papaïne*, sorte de ferment digestif, capable de transformer les albuminoïdes en peptones ; ceux du Pavot, d'où s'écoule le suc laiteux, concrété à l'air et qui n'est autre chose que l'opium ; ceux des Chicoracées, riches en tannin, de certaines Aroïdées médicinales telles que la Colocase, de diverses Lobéliacées, dont la plus remarquable est la *Lobelia Caoutschuch*, qui possède un latex riche en globules de caoutchouc.

Toutes les formes d'appareil sécréteur que nous venons d'examiner, peuvent, en dernière analyse, se réduire à un élément sécréteur, accumulant dans son intérieur des produits très divers. Mais ces produits, tout en restant les mêmes, peuvent, au lieu de rester ainsi enfermés dans le corps de la cellule, transsuder à travers sa membrane et venir se déposer, soit à l'extérieur de la plante si la cellule est superficielle, soit dans des méats intercellulaires si elle est profonde. D'où une seconde forme d'appareil sécréteur, à sécrétion externe.

II. *Sécrétion extracellulaire.* — Considérons, comme précédemment, l'épiderme. Sur les bourgeons de nombreuses Amentacées (Aulne, Noisetier, Bouleau, Charme, Peuplier), de Polygonacées (Rhubarbe, *Rumex*), nous trouvons des plages épidermiques, dont les cellules expulsent au dehors, en soulevant et faisant éclater la cuticule, une sorte de glu, dite blastocolle, qui joue un rôle important contre les intempéries atmosphériques. Ce sont encore des cellules épidermiques qui sécrètent les sucs digestifs à la surface des organes des plantes dites carnivores : la Dionée, les Drosères, où elles sont groupées au sommet de poils capités ; la Grassette (*Pinguicula vulgaris*), où la feuille est munie de poils, les uns pédicellés, les autres sessiles ; ces derniers recouverts de cellules rayonnantes dont les sucs digestifs, élaborés par le protoplasma, transsudent à travers la cuticule. Dans les graines albuminées, ce sont également les cellules épidermiques des cotylédons qui sécrètent les diastases, qui digèrent, de proche en proche, les matières de réserve de la graine, et produisent le phénomène connu sous le nom de digestion de l'albumen.

Un ensemble de cellules épidermiques, formant une assise à la surface de l'écusson des poils de *Rhododendron*, par exemple, expulsent leur produit de sécrétion, qui est ici une résine,

non à l'extérieur, mais dans des méats situés entre le corps de cellules sécrétantes voisines, méats qui, par le fait même d cette sécrétion, s'agrandissent peu à peu et compriment le éléments qui les limitent dans leur portion médiane, tandi que leurs deux extrémités restent en contact.

La transsudation de produits sécrétés à travers la membran de l'élément sécréteur affecte également les parenchymes d la plante. Ainsi les amas parenchymateux situés au-dessou de stomates aquifères laissent souvent écouler, dans de nom breuses plantes, lorsque la transpiration est ralentie, le liquid sucré connu sous le nom de miellée : au niveau des coussinet de nombreuses Fougères, où les stomates déversent ce liquide sur le pétiole, les stipules et le limbe de diverses plantes, où c suc transsude à travers la cuticule.

Dans un parenchyme sous-épidermique ou profond, on trouv des amas de cellules sécrétrices, sensiblement globulaires dont les cellules centrales semblent se détruire avec l'âge. Pa suite de cette fonte cellulaire, il se forme une cavité central où s'accumulent les produits de sécrétion et les débris des élé ments sécréteurs. En vertu de la réfringence de leur contenu ces cavités apparaissent comme autant de points translucides dans les feuilles et les divers organes de nombreux végétaux Myrtacées, Rutacées, Citrées et Zanthoxylées, Hypéricacées, etc Ces glandes à essence y sont dites ponctuations pellucides Le même phénomène peut se produire dans un massif épi dermique externe, tel que les poils massifs du *Dictamnu Fraxinella*, creusés, à l'âge adulte, d'une cavité pleine d'huil essentielle ; cette cavité semble encore se former par destruc tion de cellules centrales du massif sécréteur ; d'où le nom d *formation lysigène* donné à ce mode de formation par les au teurs allemands, et particulièrement par De Bary. Ce dernie auteur a largement contribué à rendre classique cette opinio sur le mode de formation de ces glandes massives, adoptan ainsi l'ancienne opinion de Mirbel qui, après avoir étudié le glandes du *Ptelea trifoliata*, émit l'hypothèse que leur cavit centrale se formait grâce à la destruction d'un tissu délica qui en indiquait primitivement la place. C'est du reste à cett théorie que se ralliait également M. Martinet, qui concluait d ses recherches sur les organes sécréteurs que les glandes in ternes des Rutacées, Myrtacées, Hypéricacées et Myoporinées s formaient toujours par résorption d'un tissu préexistant.

Cependant, quelques années auparavant, M. Frank avait dé crit dans ces mêmes plantes un processus de formation tou différent pour ces glandes. Pour lui, les cellules sécrétrice épanchent peu à peu dans leurs méats l'huile essentielle ; ce méats se distendent par suite du principe de la transmissio égale des pressions dans tous les sens d'une masse liquide ; il prennent peu à peu la forme sphérique, et la cavité de la gland est constituée. Les cellules de bordure de cette cavité, en s cloisonnant tangentiellement, augmentent peu à peu son dia mètre, la cavité a pris naissance d'après le mode *schizogèn*

Enfin M. Haberlandt soutient que, dans ce même genr *Ruta*, la cavité se forme par le mode schizogène et s'agrand par le mode lysigène, les cellules de bordure se segmenta dans le premier stade et tombant en déliquium dans le second

Ainsi, pour les Rutacées, Myrtacées, Hypéricinées et pou les Myrsinées, les auteurs professent des opinions opposé quant au mode de formation des glandes.

Ces glandes, au lieu de rester sphériques, peuvent deven ovoïdes, puis affecter des dimensions longitudinales plus cons dérables que les dimensions transversales, et enfin, à la limit devenir de longues lacunes continues dans une très gran longueur du corps de la plante, et bordées d'une ou plusieu assises cellulaires. Nous nous trouvons alors en présence d canaux sécréteurs. Le passage entre ces deux formes extrêm est net dans les feuilles de diverses Guttifères, Composée Conifères, qui ne contiennent que des glandes allongées, tand que les organes axiles contiennent des canaux sécréteurs. serait tenté de croire, d'après ces faits, que la raison de c deux formes de tissu sécréteur n'est peut-être qu'une rais mécanique, empêchant la lacune de se propager à travers des tissus adaptés peut-être à d'autres fonctions, telles que celle de soutien par exemple. Quoi qu'il en soit, l'analogie entre ces deux formes est incontestable, et c'est pourquoi on a donné à ces lacunes glandulaires le nom de *poches sécrétrices*. Entre les poches sécrétrices et les canaux sécréteurs il n'y a qu'une différence de dimension. Mais alors n'est-il pas naturel de chercher à éclaircir le mode de formation si contesté de ces poches, par l'étude du mode de formation des canaux sécréteurs? Ici les divergences cessent. Lorsqu'on voit un canal sécréteur se former en un point du parenchyme, on assiste à l'écartement de quatre cellules, provenant de la bipartition répétée d'une cellule primitive par deux cloisons cruciales. Ces quatre cellules s'écartent, limitant un méat où s'accumule le produit sécrété ; ce méat devient sphérique et la différenciation se continuant suivant une ligne idéale verticale, au lieu d'une lacune, on se trouve en présence d'un canal dont le diamètre s'agrandit peu à peu, au fur et à mesure que les cellules de bordure se cloisonnent tangentiellement.

N'est-il pas alors logique de supposer que les poches reconnaissent le même mode de formation que les canaux, c'est-à-dire le mode schizogène, à l'exclusion du mode lysigène? Certains auteurs admettent que toutes les poches sécrétrices et tous les canaux sécréteurs se forment par le mode schizogène, et que le prétendu mode de formation lysigène doit être relégué au rang d'hypothèse.

Ces conclusions adoptées, nous voyons nettement que le tissu sécréteur est un tissu vivant. Dans les cellules sécrétrices isolées, on constate facilement la présence d'un noyau dans chacune des cellules laticifères, disposées en files ou en réseaux. Si les cloisons viennent à disparaître, les divers corps protoplasmiques confluent en une masse où l'on continue à distinguer autant de noyaux qu'il y avait primitivement d'éléments distincts ; il se forme un *symplaste* sécréteur. Le tissu sécréteur est donc bien vivant, ainsi que nous l'avons dit précédemment, dans les laticifères. Le mode de développement des poches sécrétrices et des canaux sécréteurs en est encore une preuve, puisqu'ils reconnaissent pour cause la bipartition répétée d'une cellule primitive. Les cellules de bordure des canaux sécréteurs peuvent donner d'ailleurs des preuves évidentes de leur vitalité. Elles se cloisonnent non seulement radialement, de manière à augmenter le diamètre du canal sécréteur, mais aussi tangentiellement, et il se forme ainsi autour des canaux des assises de cellules aplaties, à parois minces dans le plus grand nombre des cas, mais épaississant leur membrane dans d'autres. L'ensemble de ces éléments forme ainsi une gaine protectrice au canal sécréteur et lui sert d'appareil de soutien. Dans le cas où ce rôle de soutien devient inutile (racines souterraines, aquatiques), la gaine amincit ses parois ou disparaît même, dit-on, complètement. Les cellules de bordure peuvent aussi bourgeonner vers le centre du canal, et le bourgeon prend, dans certains cas, un développement suffisant pour obturer la lumière du canal. Une pareille production est dite thylle, par analogie avec les productions analogues qui obstruent les vaisseaux du bois dans certaines plantes et dans certaines conditions.

Il nous faut maintenant étudier brièvement la répartition des canaux sécréteurs et des poches sécrétrices dans les divers tissus du corps des plantes où on les a signalés. Cette étude est d'autant plus importante que, dans ces dernières années, on a attribué à la répartition de ces organes une importance trop considérable pour la détermination systématique des affinités végétales. C'est là un vaste sujet, mais nous ne pouvons ici que l'effleurer rapidement.

Les canaux et les poches n'étant que deux formes différentes d'un seul et même appareil, nous devons nous attendre à les rencontrer non seulement dans des plantes voisines, mais aussi dans une même plante, soit simultanément, soit isolément, suivant qu'on considère tel ou tel membre. Nous avons déjà dit qu'il ne faut peut-être voir dans ce phénomène qu'une disposition plus favorable à l'équilibre de la plante ou simplement

déterminée par les pressions inégales que subissent, dans les bourgeons, les organes axiles et appendiculaires, à leur période de différenciation. Quoi qu'il en soit, les poches ne se rencontrent jamais dans la racine, mais seulement dans la tige et les feuilles; souvent même elles sont très rares dans la première.

Les Myoporées, Rutacées, Myrtacées et Myrsinées ne contiennent que des poches sécrétrices. Les Composées, Hypéricacées, Guttifères, Aroïdées renferment à la fois poches et canaux. Les canaux seuls se rencontrent chez les Ombellifères et les Araliacées, les Pittosporées, les Simarubées, les Anacardiacées, les Cannées et les Butomées. Nous ne pouvons entrer dans le détail de ces localisations, ni insister sur le rôle que peut jouer la connaissance de ces faits dans la détermination des affinités naturelles des divers groupes végétaux où on les rencontre. Nous nous contenterons d'indiquer d'un mot la caractéristique, à ce point de vue particulier, des diverses familles étudiées.

Étudions d'abord la distribution des canaux dans la racine des principaux groupes. Certaines Clusiacées (*Clusia*) ont des canaux sécréteurs localisés seulement dans l'écorce. Les canaux des Composées sont enchâssés dans l'épaisseur de l'endoderme, en face des faisceaux libériens. Au dos de chaque faisceau libérien, quelques cellules endodermiques formant un croissant se dédoublent par une cloison tangentielle, laissant à la partie interne les plissements de cette assise; leurs angles s'arrondissent et l'oléo-résine s'accumule dans ces méats. Au lieu de trouver un seul canal dans ce croissant, il arrive souvent qu'on en rencontre un certain nombre, parfois une vingtaine. Les Ombellifères et les Araliacées ont des canaux de deux sortes : les uns sont situés dans l'assise périphérique du cylindre central, formant un arc en face de chaque faisceau ligneux, en nombre impair. Le médian, superposé au faisceau ligneux le plus étroit, est quadrangulaire. Les latéraux sont triangulaires ; les autres sont placés chacun en face du bord externe du faisceau libérien. Ces canaux sus-libériens deviennent intralibériens dans les *Pittosporum*, où la répartition des autres canaux est identique à celle observée dans les deux groupes précédents.

Les canaux pénètrent également dans le liber chez diverses Conifères, chez les Térébinthacées et Burséracées et quelques Clusiacées; ils manquent en face des faisceaux ligneux. Le canal sécréteur des *Cedrus* et des *Abies* est unique et occupe l'axe de la moelle.

Dans la tige, l'écorce renferme des canaux sécréteurs chez les Taxinées et les Cupressinées, la plupart du moins, car le genre *Taxus* en est entièrement dépourvu; ils apparaissent, en outre, dans le liber chez les *Araucaria*, et, dans le bois chez les *Larix, Picea, Pinus;* dans la moelle, chez le *Gingko*. Bon nombre d'Aroïdées en renferment également dans l'écorce et dans la moelle. Les Ombellifères et les Araliacées ont un canal en face de chaque faisceau libéro-ligneux et à la surface du fruit (bandelettes). Ce ne sont là que des exemples empruntés aux familles les plus connues. C'est surtout dans les familles exotiques que l'on a voulu établir des coupes à l'aide de ce caractère de localisation des canaux dans telle ou telle partie du corps de la plante. C'est là, certes, un caractère qui doit être peu variable, suivant le milieu, vu la précoce différenciation des éléments sécréteurs dans la plantule. On doit donc, en botanique systématique, user de ce caractère en le mettant dans la balance avec les caractères organographiques ou anatomiques ; mais se fonder uniquement sur la localisation de l'appareil sécréteur pour indiquer les affinités d'une plante nous semble bien aventuré. Nous ne croyons pas que c'est en établissant une continuelle antithèse entre les caractères organographiques et anatomiques qu'on en tirera un réel profit pour la science. L'une et l'autre méthode, a-t-on répété souvent dans ces derniers temps, peuvent conduire à la vérité; à notre humble avis, c'est la réunion des caractères empruntés à l'une et à l'autre qui permettra de mieux définir et l'espèce et le genre.

Nous sommes arrivés à réduire à deux formes primitives les divers types d'appareil sécréteur que nous rencontrons dans le règne végétal : la forme sécrétrice intracellulaire et la forme sécrétrice extracellulaire. Ce sont là, nous a-t-il semblé, les deux formes auxquelles ces appareils se laissent ramener le plus logiquement ; mais, en nous plaçant à un point de vue plus élevé, nous devons nous demander s'il n'y aurait pas lieu de faire rentrer dans une seule et même catégorie ces deux formes. C'est l'opinion de M. Trécul, qui croit à « la nécessité de la réunion des canaux sécréteurs aux vaisseaux du latex ». Voici les raisons qu'il invoque en faveur de sa manière de voir : 1° la distribution des laticifères et des canaux sécréteurs est analogue ; 2° les tubes ou canaux des deux sortes sont également sécréteurs ; 3° le contenu des canaux sécréteurs a les propriétés du latex ; 4° le rôle physiologique de tous ces sucs est identique. La distribution identique des canaux et des laticifères n'a rien qui doive nous étonner. Une cellule ne devenant un élément sécréteur actif qu'autant qu'elle ne joue pas d'autre rôle (soutien, conduction) dans la plante, nous pouvons énoncer cette loi générale : que les appareils sécréteurs sont exclusivement localisés dans les parenchymes. Peu importe que la sécrétion soit extra- ou intracellulaire. Canaux et laticifères sont également sécréteurs. En effet, nous avons vu que les deux formes de l'appareil sécréteur sont toutes deux des formes d'appareils vivants, l'acte sécrétoire étant une manifestation de la vitalité de la cellule. Le contenu des canaux a les mêmes propriétés physiques que le latex. Considérons les deux types les plus hautement différenciés des deux formes extra- et intracellulaires. Les laticifères proprement dits, c'est-à-dire les files de cellules simples ou anastomosées, ou même les cellules laticifères isolées, telles que celles des Euphorbes, ne méritent véritablement ce nom que tant qu'ils contiennent un liquide opaque, d'apparence laiteuse, tenant en dissolution des principes chimiques, fort différents il est vrai, mais offrant toujours ce caractère d'être sous forme de globules : soit des carbures d'hydrogène analogues au caoutchouc, soit des globules de résine ; en un mot, le latex est une émulsion. A ce type nettement caractérisé, opposons celui des canaux sécréteurs. Ceux-ci contiennent, dans la grande majorité des cas, des substances oléo-résineuses et des essences dont le type le plus parfait est l'essence de térébenthine, bref, des terpènes ou des substances ternaires faiblement oxygénées. C'est là un autre type d'appareil sécréteur qui, par sa constitution morphologique et son contenu chimique, est bien différent du premier.

Mais, au lieu de placer en regard deux appareils différenciés dans des directions différentes, cherchons s'il n'existe pas entre eux des termes de passage. Des cellules identiques comme forme et comme disposition, isolées ou anastomosées en réseaux comme les véritables cellules laticifères, contiennent, au lieu d'un latex franc, tel que nous l'avons défini, un contenu transparent ou légèrement opalin, où les carbures d'hydrogène associés au tannin peuvent faire entièrement défaut, tandis que ce dernier élément se substitue à eux. Par degrés, nous redescendons lentement à la cellule parenchymateuse sécrétrice, forme primordiale de tout appareil sécréteur, laquelle cellule contient toutes les substances que renferment les laticifères : tannin, amidon, alcaloïdes, etc., les globules de caoutchouc exceptés, que l'on ne rencontre que dans le laticifère type. En même temps elle peut contenir, soit réunies aux éléments précédents, soit seules, les essences, les huiles essentielles, oléo-résines qui s'épanchent fréquemment au dehors des membranes, substances qui nous conduisent au second type sécréteur : le canal ou la poche ; même progression pour les substances gommeuses existant fréquemment dans les éléments isolés (cellules gommeuses à raphides) : dans les cellules en files chez les Monocotylédones d'une part, dans des canaux sécréteurs d'autre part, comme chez les Cycadées, ce dernier cas se présentant d'ailleurs rarement. Les deux appareils intra- et extracellulaires se sont donc différenciés dans deux directions différentes ; ils spécialisent peu à peu leur contenu à mesure que la forme type tend à prédominer

chez eux ; mais il est logique de reconnaître, en même temps que leurs divergences, leurs analogies, et par suite de les désigner par un seul terme. M. Trécul, à l'opinion duquel nous nous rangeons, en adoptant ses vues morphologiques sur l'unité d'origine et de composition, mais non ses vues physiologiques sur l'unité de rôle des éléments sécréteurs, a proposé pour désigner l'ensemble des deux formes le nom de laticifères. C'est, nous semble-t-il, une expression extrêmement défectueuse, car nous croyons qu'il y aurait un réel avantage à réserver ce nom aux éléments contenant un latex vrai, en en privant même les éléments dont le contenu n'a plus même caractère, et que l'on désigne couramment cependant sous ce nom (cellules tannifères par exemple).

N'est-il pas préférable de s'en tenir à un terme général et vague, tel que celui d'élément sécréteur, pour l'ensemble des cellules isolées sécrétantes, et de celui de vaisseaux du suc propre, mot introduit dans la science par M. Trécul lui-même et qui rappelle bien que le liquide, soit des laticifères, soit des canaux, offre des caractères tranchés et variables suivant les plantes ou tout au moins suivant les différents groupes végétaux? Mais cela n'est qu'affaire de mots. Peu importent les termes, tant qu'ils ne servent pas à désigner des appareils totalement différents ; l'essentiel est qu'une idée nette des analogies et des différences des deux formes d'appareil sécréteur se fixe dans l'esprit du lecteur. Les faits que nous avons cités et les considérations qu'ils nous ont inspirées, sont suffisants pour atteindre ce but.

Physiologie des éléments sécréteurs. — Nous venons de voir que M. Trécul regarde les sucs sécrétés comme des liquides déversés provisoirement à l'intérieur ou à l'extérieur de cellules, et destinés à servir ultérieurement à la nutrition de la plante et à l'édification de nouveaux tissus : en un mot, les produits sécrétés sont des réserves, aussi bien les latex que les gommes, les résines, les huiles essentielles, les tannins, les alcaloïdes, etc. C'est surtout à propos des laticifères que M. Trécul soutenait, dès 1857, cette théorie séduisante et que l'on serait tenté d'étendre à toutes les sécrétions indistinctement. Le latex des Euphorbiacées est riche en bâtonnets d'amidon, et il y a lieu de s'étonner que la plante, d'ordinaire si avare de ses richesses nutritives, dépose ainsi, sans emploi ultérieur, une substance aussi précieuse pour elle. M. Trécul croyait, dans le principe, que les laticifères communiquaient avec les vaisseaux au contact desquels ils se rencontrent fréquemment.

Ces communications ne sont admises aujourd'hui que pour les Papayées, et cette disposition a peut-être pour conséquence une utilisation, à certains moments, de la papaïne, dont les propriétés peptogènes sont bien connues. Dans toutes les autres plantes, les communications entre les laticifères et les vaisseaux n'existent pas, et même la plupart des anatomistes nient tout rapport entre ces deux appareils. Mais quand bien même il n'existe pas entre les laticifères et le système conducteur de la plante de connexions intimes, cela ne peut en aucune façon préjuger du rôle du latex. L'amidon déposé dans les parenchymes, même éloignés de l'appareil conducteur, n'est-il pas une substance de réserve? En face de l'opinion de M. Trécul, se dresse celle, déjà bien ancienne, qui ne veut voir dans les produits sécrétés que des matières excrémentitielles, déversées dans des cavités closes où elles restent emprisonnées pendant toute la durée de la vie de la plante. On fonde une opinion sur « la compensation qui s'établit souvent entre les laticifères et les canaux sécréteurs » ; ces derniers, peu développés chez les Chicoracées, y seraient suppléés physiologiquement par des laticifères, tandis que l'inverse se produit chez les Tubuliflores. Cet ordre de considérations, très intéressant en lui-même, ne nous semble pas cependant devoir entraîner la conviction quant au rôle physiologique des substances sécrétées. Nous avons précédemment fait ressortir les différences chimiques qui existent entre les latex et les contenus des canaux sécréteurs. Ne serait-il pas prudent, dans l'état actuel de la science, de se ranger à une opinion mixte et d'admettre que certains produits de sécrétion sont des matériaux de réserve, tandis que les autres sont des produits franchement excrémentitiels?

Examinons brièvement quel peut être le rôle probable de ces divers produits. Commençons par le latex. De nombreux expérimentateurs ont cherché à éclaircir le rôle de ces sucs dans les végétaux; mais il faut reconnaître que, malgré ces efforts, la lumière est loin d'être faite sur cet intéressant point de physiologie végétale.

Pour Faivre le latex est une réserve. Voici ses arguments : 1° La composition du latex indique un liquide riche en matières de réserve grasses et azotées. Les végétaux nous montrent, en général, une loi organique d'économie; et les quelques cas, tels que celui des feuilles qui, à l'automne, emportent dans leur limbe une petite quantité d'amidon, des fruits qui contiennent une provision de principes sucrés supérieure à celle qui serait strictement nécessaire à la maturation, ne sont pas de nature à infirmer la règle. Car, dans ce dernier cas, ne prend-on pas, implicitement, comme exemple, les fruits cultivés dont les pratiques horticoles ont manifestement dévié la nutrition à notre profit? Quand bien même on s'en tient aux fruits sauvages, la surabondance des matériaux utiles à la formation de l'embryon n'est-elle pas un surcroît de richesse qui pourra parfaitement servir à la plante future, lorsque des conditions climatiques permettront à l'embryon, lors d'une année très favorable, de prendre un développement plus considérable que celui qu'il acquiert à l'état normal? N'est-il pas d'ailleurs nombre de botanistes qui veulent voir dans l'accumulation de ces principes sapides une cause de dissémination des fruits par les animaux? Quoi qu'il en soit, il est vraiment trop facile d'avoir recours à des arguments par analogie, et de déclarer inutile une substance dont on ignore entièrement le rôle. 2° Le second argument de Faivre ne nous semble guère probant. « Le latex, dit-il, apparaît dans les plantules dès leur germination, et se constitue en dehors de la lumière et de la présence de la chlorophylle. » L'apparition précoce de cet élément ne suffit nullement à le faire rentrer dans la classe des substances excrémentitielles ou dans celle des substances de réserve. Supposons, en effet, que la plantule soit soumise à une évaporation énergique, que l'absorption aqueuse ne puisse la compenser, les laticifères doivent être les derniers éléments à perdre leur contenu liquide; car ils contiennent, ne fût-ce qu'en faible proportion, des substances organiques et sans doute minérales, à coefficient isotonique élevé, et par suite soutirent de l'eau aux parenchymes qui les entourent. Aussi voyons-nous, dans les expériences, les observateurs ne constater la disparition totale du liquide dans les laticifères que quand les plantules commencent déjà à arriver à un degré assez avancé de dessiccation. A ne considérer que ce fait que sa proportion est indépendante de l'action chlorophyllienne, on est conduit à le regarder comme une substance provenant de la métamorphose régressive des matières plastiques protéiques, et la balance peut aussi bien pencher du côté de ceux qui veulent y voir un produit excrété que du côté de ceux qui le jugent matière excrémentitielle. Ne voyons-nous pas, en physiologie générale, les albuminoïdes se dédoubler en matières de réserve et en produits de désassimilation, produits même, en général, toxiques pour l'être qui les a produits? D'ailleurs, en s'en tenant à cet ordre de considérations, ne doit-on pas s'étonner, si le latex est une réserve que l'embryon utilise au fur et à mesure, qu'il n'existe pas dans la graine et qu'il n'apparaisse que pendant le développement de la plantule. Ce caractère d'apparaître après les échanges nutritifs énergiques qui caractérisent les premiers temps de la germination, pourrait tendre tout aussi bien à n'y faire voir qu'une substance de rejet. 3° L'étiolement des jeunes plantes produit la disparition du latex. Ce dernier se conduit donc, dans ces circonstances, comme les substances de réserve. Ici s'élève une objection de fait. Faivre affirme la disparition, pendant l'étiolement, du latex chez le *Tragopogon*; tandis que, d'après des expériences plus récentes, on a constaté sur la Scorsonère « en étudiant des coupes de cotylédons qui sont devenus

presque blancs, et dont la partie supérieure commence même à se dessécher, que les laticifères sont complètement remplis de latex ». Ces divergences tiennent-elles à la diversité des types étudiés? La chose est peu probable, étant données les affinités de ces deux types. Il nous est vraisemblablement interdit, n'ayant pas fait d'observations personnelles sur ce sujet, de chercher à accorder ces deux opinions opposées; mais il est un point qui nous semble essentiel, et sur lequel les observateurs précités sont muets, c'est la richesse du latex quant aux substances qu'il tient en suspension. Le latex des Chicoracées est un véritable latex tel que nous l'avons défini, une émulsion de globules tellement nombreux, qu'en se concrétant ils donnent le lactucarium employé en médecine. Suivre, en fonction des divers agents physiques, les variations de ce corps serait, nous semble-t-il, résoudre la question. Le nombre des globules pourrait servir de terme de comparaison, ou, ce qui revient au même, l'opacité du liquide qui est due aux réfractions multiples subies par la lumière en traversant ces milliers de corpuscules. Il y a là une série de recherches capables peut-être d'apporter des preuves précises à l'une ou l'autre des opinions. Faivre, qui croyait à la disparition du latex, n'a-t-il pas vu dans ses préparations des laticifères à contenu presque transparent, c'est-à-dire dépourvus de globules, et ceux qui adoptent l'opinion opposée ne fondent-ils pas leur croyance sur l'observation de laticifères contenant certes un liquide, mais un liquide dépourvu des matières mêmes sur le rôle desquelles porte la discussion? C'est là une interprétation qui nous semble plausible, mais qui n'a qu'une valeur toute théorique et à priori. A moins, en effet, de placer la plante dans une atmosphère sèche, il n'y a pas de raisons pour que les laticifères perdent leur contenu aqueux et on ne conçoit même pas la possibilité de l'assertion prise à la lettre : absence totale de liquide dans les réseaux laticifères. L'évaluation des substances dissoutes et en suspension peut seule trancher la question. Aussi cet argument n'est-il probant ni dans un sens ni dans l'autre. Il en est de même du suivant. « L'action des rayons jaunes, dit Faivre, favorise la production du latex, comme elle favorise dans les grains de chlorophylle la formation de l'amidon et de la graisse. » Le terme de production de latex ne peut avoir de signification précise que dans les évaluations que nous venons d'indiquer. Mais mettons cette question à part. Faivre admettait que les rayons jaunes, par suite de leur action sur la chlorophylle, activent la production de l'amidon aux dépens des corpuscules verts; mais c'est faire assez malheureusement appel à un argument par analogie, reposant sur un des faits les plus mal établis et les plus battus en brèche dans ces derniers temps, la formation de l'amidon aux dépens des chloroleucites. En outre, il semble résulter de cette assertion que les rayons jaunes du spectre favorisent, plus que les rayons de réfrangibilité différente, la production du latex. Il est certes très intéressant de chercher à localiser dans le spectre la région où cette production est à son maximum; mais la précision dans les résultats dépend singulièrement ici du manuel opératoire. Nous ignorons celui de Faivre; mais il ne peut avoir eu recours qu'à deux méthodes, soit à celle des solutions colorées, bichromate de potasse pour le cas actuel, et cette solution laisse passer non seulement des rayons jaunes, mais une notable proportion de rayons rouges; soit à celle du spectre, et, pour obtenir des effets marqués, il a dû opérer avec une fente large. Or dans ce cas il se produit des phénomènes de diffraction dont le résultat est de laver non uniformément de blanc toutes les régions du spectre (blanc d'ordre supérieur pour employer l'expression des physiciens), et les résultats sont absolument de valeur nulle. Le maximum d'énergie et par suite l'intensité maxima de l'action photochimique se produisent toujours, quel que soit le phénomène en expérience, dans la portion moyenne du spectre, lorsqu'on opère avec une fente d'une largeur appréciable.

La question de savoir si le latex est une réserve ou une substance excrémentitielle est donc pendante. Aussi d'autres observateurs ont-ils cherché à attribuer aux laticifères un rôle différent de celui de simples magasins à réserves et les ont-ils considérés surtout comme des appareils conducteurs.

Tout d'abord, l'anatomie comparée des plantes pourvues de laticifères révèle ce fait intéressant : que ceux-ci accompagnent très généralement le système conducteur de la plante, passent avec les nervures dans le limbe et présentent des ramifications qui se mettent en rapport intime avec les cellules à chlorophylle, comme pour recevoir plus facilement les matériaux élaborés par elles. Autre fait encore plus significatif : il existe des rapports inverses de développement entre l'appareil conducteur et l'appareil laticifère dans toutes les plantes examinées. D'après ces faits, les laticifères nous apparaissent comme suppléant les tubes criblés du liber, et le latex comme suppléant la sève libérienne.

Les expériences des physiologistes viennent à l'appui de cette manière de voir. L'étude approximative des variations des substances contenues dans le latex de l'*Euphorbia Lathyris* a fait l'objet d'un travail de M. Schullerus (*Abhandl. d. bot. Vis. d. Prov. Brandenburg*, XXIV [1882]). Le résultat de cette étude est que la richesse du latex en matériaux divers varie avec les divers stades du développement. Très grande dans les moments d'édification active des nouveaux tissus, elle devient très faible dans les moments de repos. Le laticifère soutire donc aux divers tissus les matières propres à l'édification des méristèmes et les y conduit rapidement. Les matières grasses et amylacées, d'après cet auteur, ne se trouvent qu'à l'état transitoire dans les laticifères, tandis qu'ils contiennent toujours une certaine proportion d'albuminoïdes.

Les expériences de M. Treub (in *Ann. du Jard. de Buitenzorg*, III, I, 37) ont porté aussi sur une espèce d'Euphorbe, et il a suivi le sort des bâtonnets d'amidon si abondants dans le latex de ces plantes. En étiolant la moitié supérieure seulement d'un cotylédon, le savant botaniste a vu l'amidon disparaître entièrement dans le parenchyme de cette partie et persister en petite quantité dans les laticifères. Si l'étiolement porte, au contraire, sur la portion inférieure du cotylédon, l'amidon disparaît du parenchyme et subsiste dans les laticifères. L'axe hypocotylé mis dans l'obscurité perd immédiatement tout son amidon. Les racines normalement à l'obscurité, mises à la lumière, en développent immédiatement dans leurs laticifères. De tous ces faits il résulte que « les laticifères des Euphorbes aident à la translocation des matières amylacées, et leur amidon est de l'amidon transitoire ».

Si cette hypothèse est admise, bon nombre de faits en apparence inexplicables reçoivent une solution inattendue. Si vraiment le latex est une substance de déchet, comment expliquer la présence d'une pepsine et de peptones dans le Papayer ? Dans l'hypothèse de M. Treub, au contraire, ces matières cheminent vers les parties jeunes, où elles vont apporter des albuminoïdes directement assimilables. De même s'expliquerait la présence du tannin, indispensable, dit-on, pour la formation de bon nombre de pigments végétaux, pigments qui doivent jouer un rôle considérable comme sensibilisateurs et modificateurs des actions photochimiques dans les divers organes de la plante ; des alcaloïdes, si vraiment elles sont susceptibles d'être ramenées à des corps azotés plus simples, qui peuvent ainsi rentrer par une voie détournée dans la molécule protoplasmique, etc. Il nous reste maintenant, pour compléter la théorie, à chercher quelles peuvent être les causes d'impulsion du latex. Une des plus actives doit être la transpiration. S'opérant dans les parties élevées de la plante, elle doit aspirer le contenu supérieur d'une cellule laticifère ou d'un réseau qui est équivalent à une cellule au point de vue physiologique, tandis que la pression de l'eau absorbée par les racines agit dans le même sens, par refoulement. Il faut sans doute aussi faire jouer un grand rôle aux phénomènes de thermo-diffusion (voy. CIRCULATION). Lorsque les radiations solaires tombent sur le limbe d'une feuille contenant de la chlorophylle, l'absorption élective par cette substance des radiations douées de la plus grande somme de forces vives détermine une élévation de chaleur considérable et par suite une aspiration de l'air extérieur dans les méats, et, comme conséquence, le refoulement du latex vers les organes jeunes où il va servir à l'édification des jeunes tissus. Une feuille de *Ficus*, insolée sur son limbe, laisse écouler par la section de son pétiole une notable quantité de son latex. L'absence de ces deux causes motrices, transpiration et thermodiffusion active en présence de la chlorophylle, explique peut-être pourquoi les observateurs cités plus haut n'ont pas rencontré le transport du latex des cotylédons vers la gemmule dans des embryons étiolés à l'obscurité, et par suite privés de chlorophylle, placés en outre forcément dans une atmosphère à état hygrométrique élevé. Le rôle de conduction explique nettement l'utilité pour la plante de cellules laticifères dont les dimensions longitudinales sont vraiment prodigieuses, en même temps que la disparition des cloisons cellulaires dans les réseaux pluricellulaires. Le résultat de ces dispositions est une conduction prompte et facile. Dans l'état actuel de la science, nous croyons pouvoir nous rallier à l'opinion des botanistes qui voient dans les laticifères des voies de conduction des matériaux nutritifs, qui s'y accumulent en proportions notables, aux époques de formation rapide de nouveaux tissus.

Quant aux canaux sécréteurs, il faut avouer qu'à l'heure actuelle il nous est impossible de nous rendre compte, d'une façon satisfaisante, de leur rôle dans l'organisme végétal. Nos idées ne pourront être fixées à cet égard que lorsque les progrès des recherches chimiques nous auront appris les métamorphoses que sont susceptibles de subir les matières organiques contenues dans ces canaux. Malheureusement, la constitution des essences, des huiles essentielles, est une des questions les plus complexes et les plus obscures de la chimie organique, et peut-être de longtemps encore serons-nous obligés de nous en tenir, sur ce sujet délicat, à la plus extrême réserve. A défaut de la connaissance parfaite des métamorphoses des matières contenues dans les canaux sécréteurs, tout au moins faudrait-il, avant de conclure à une hypothèse quelconque sur leur rôle, fonder cette hypothèse sur des dosages tout au moins approximatifs de ces matières aux divers âges de la plante, suivant les conditions du milieu, toutes données qui nous font totalement défaut.

On a bien prétendu voir dans les essences des moyens de défense des plantes contre la dent des animaux herbivores ou contre les ravages des insectes. Dans quelle mesure cette hypothèse est-elle vérifiée, ce n'est qu'une longue série de recherches sur les rapports des végétaux odorants, tels que les Labiées, et des animaux qui peuvent avoir la tentation de s'en repaître, qui seront de nature à entraîner la conviction. Mais, quand bien même ce rôle protecteur serait démontré pour les cellules sécrétrices des poils ou pour les papilles épidermiques, il nous semble assez invraisemblable de l'étendre aux produits de sécrétion interne. Or ces produits ont même composition que ceux déversés au dehors, et il semble infiniment plus rationnel de ne voir dans ce phénomène de sécrétion que l'élimination définitive ou temporaire de produits nuisibles, tout au moins sous cette forme, à la cellule où ils ont pris naissance. Si même les poils des Labiées et les glandes externes des Rutacées jouent un rôle important dans la protection de la plante, en enduisant avec la plus grande facilité sa surface d'essences, grâce à la facile rupture de leurs parois, cette protection n'est-elle pas surtout d'ordre physique ?

Maints observateurs ont répété l'expérience qui consiste à enfermer une Fraxinelle dans une cloche et à enflammer le mélange d'air et d'essence qui se forme à son intérieur : donc cette plante est constamment enveloppée d'une atmosphère riche en essence. Or les expériences de Tyndall ont montré que le mélange à l'air de semblables essences affaiblit considérablement le pouvoir diathermane de l'air, c'est-à-dire la facilité avec laquelle il laisse passer les radiations calorifiques. Peut-être l'utilité de cette atmosphère saturée d'essence n'est-elle que de protéger la plante contre un rayonnement trop actif pendant les nuits claires, rayonnement qui pourrait abaisser sa température à un degré incompatible avec sa vie.

Nous n'insisterons pas sur le rôle des sels cristallisés dans les cellules. L'oxalate de chaux est-il une substance d'épuration des éléments anatomiques? Est-il susceptible d'être repris par l'organisme végétal? Autant de points de doute. On a prétendu s'appuyer sur son extrême insolubilité pour prouver sa non-utilisation après son dépôt; mais cet argument perd singulièrement de sa valeur si l'on veut se souvenir que ce sel est parfaitement soluble dans les liquides albumineux : c'est un fait bien connu en chimie pathologique. Dans l'épiderme de la feuille des *Citrus* existent des cristaux octaédriques d'oxalate dont le rôle a été bien défini par M. Penzig : ce sont des cristaux dits d'illumination, qui reflètent dans les divers sens la lumière incidente et la répartissent ainsi, sans perte sensible, sur les cellules chlorophylliennes assimilatrices. Les raphides si abondants dans les Monocotylédones auraient pour mission, d'après certains auteurs, de protéger les organes qui les renferment contre la voracité de certains animaux, par exemple les escargots. Quiconque a porté à ses lèvres une feuille d'*Arum* sait la sensation brûlante qu'elle fait éprouver aussitôt, sensation douloureuse, due surtout à l'implantation des cristaux aciculaires d'oxalate dans la muqueuse. Ces cristaux produisent-ils le même effet sur les animaux? C'est un fait à vérifier. Il existe d'ailleurs nombre de plantes entièrement évitées par les animaux et qui n'ont aucun moyen semblable de protection. Nous nous arrêtons sur ce terrain glissant, qui pourrait bien nous conduire à la pente des rêveries scientifiques.

Pour nous résumer, les appareils sécréteurs sont des ensembles d'éléments vivants, qui épanchent à leur intérieur des produits qui, par la suite, y demeurent inclus ou s'extravasent à leur extérieur. S'il est possible et même nécessaire, au point de vue anatomique, de distinguer plusieurs types d'appareils sécréteurs, il importe de ne jamais perdre de vue qu'en n'envisageant que l'acte sécrétoire en lui-même, toute différence fondamentale s'efface et que les types opposés se relient intimement par de nombreux intermédiaires. Les expériences physiologiques, seulement dirigées sur les laticifères, nous amènent à y voir des appareils de conduction et des réservoirs momentanés de produits utilisés par les jeunes tissus. Pour les canaux, l'obscurité la plus grande règne sur leur rôle. Et vouloir faire jouer un rôle physiologique identique à ces types différents d'éléments sécréteurs est peut-être s'écarter de la vérité : à priori il n'y a aucune nécessité d'admettre une identité de fonction. La diversité est bien plus probable, à ne considérer que les différentes matières contenues dans ces appareils. La sécrétion est une manifestation de la vie de la cellule, et les produits qui en sont la conséquence doivent, chez les végétaux comme chez les animaux, jouer des rôles bien distincts et parfois même opposés. [F. H.]

SECTACROA. Fleurs du Muscadier.

SECUA. Au Brésil, le *Paullinia sorbilis* MART.

SECUA. Le *Fevillea Javilla* K., plante fébrifuge.

SECUL. Aux Moluques, le *Sandoricum indicum* CAV.

SECURIDACA (GÆRTN., *Fruct.*, II, 337, t. 153). Synonyme de *Securigera* DC.

SECURIDACA (L., *Gen.*, n. 852). Genre de Polygalacées-Polygalées, formé d'environ 25 arbustes des régions tropicales; distingué par 2 grands sépales, souvent colorés, aliformes; un ovaire 1-loculaire; un fruit samaroïde, pourvu d'ailes ou de crêtes. (DELESS., *Ic. sel.*, III, t. 22. — H. BN, *Hist. pl.*, V, 90.)

SECURIDACA MAJOR (MATTH.). Nom (?) d'un *Coronilla*.

SECURIDACA MINOR (MATTH.). Le *Trigonella polycerata* L.

SECURIGERA (DC., *Fl. de Fr.*, IV, 609; *Prodr.*, II, 313). Synonyme de *Bonaveria* SCOP., qui a pour lui l'antériorité [1777]. C'est un genre de Légumineuses-Papilionacées-Lotées, formé d'une herbe de la région Méditerranéenne et de l'Orient, à port de *Coronilla*; distingué par un calice court; un androcée 10-andre, à étamine vexillaire libre; à gousse allongée, linéaire, falciforme, acuminée, à peine déhiscente et épaissie sur les bords; des feuilles ∞-foliolées. Le *B. Securidaca* est le *Coro-*

nilla Securidaca L. et le *Securigera Coronilla* DC. (GREN. et GODR., *Fl. de Fr.*, I, 502. — H. BN, *Hist. des pl.*, II, 292.)

SECURILLA (PERS., *Enchir.*, II, 314). Synonyme de *Bonaveria* SCOP.

SECURINA (MEDIC., *Vorles.*, II, 368). Synonyme de *Bonaveria* SCOP.

SECURINEGA (J., *Gen.*, 388). Genre d'Euphorbiacées-Phyllanthées, à fleurs monoïques et dioïques; distinguées par des fleurs mâles 5-mères, 5-andres; les anthères généralement introrses, insérées sous un rudiment de gynécée central. L'ovaire a 3 loges 2-ovulées, et le style a 3 branches 2-fides. Ce sont des arbustes de presque toutes les régions chaudes des deux mondes. (H. BN, *Et. gén. Euphorbiac.*, 588, t. 26, fig. 33-38; *Hist. des pl.*, V, 241.)

SECURINEGASTRUM (M. ARG., in *DC. Prodr.*, XV, p. II, 447). Section du genre *Securinega* J.

SEDAH. A Alep, le *Ruta montana* AIT.

SEDANGAN. Nom javanais du *Livistona subglobosa* MART.

SEDANO. Nom italien de l'Ache.

SEDAR. Nom arabe des Micocouliers.

SEDDERA (HOCHST. et STEUD., in *Schimp. It. arab.*, n. 977). Synonyme de *Saltia* R. BR.

SEDEM-U-BUCKI. Le *Zizyphus Baclei* GUILLEM. et PERR.

SEDEN, SEDINA. Le Sandragon.

SEDGE. Un des noms anglais des *Carex* L.

SEDGWICKIA (GRIFF., in *Asiat. Res.*, XIX, 98, t. 15, 16). Synonyme de *Altingia* NOR.

SEDON. Nom français (inusité) des *Sedum* T.

SEDOUM. Synonyme de *Sidem*.

SEDUM (T., *Inst.*, 262, t. 140). Genre de Crassulacées, qui représente le type le plus parfait de cette famille, bien mieux que le genre *Crassula* qui lui a donné son nom. Les fleurs des *Sedum* sont, en général, hermaphrodites et régulières, à réceptacle en forme de cône surbaissé; le calice, formé le plus souvent de 5 sépales libres ou unis à leur partie inférieure, suivant une longueur variable, affectant la préfloraison valvaire ou imbriquée. Les pétales, en même nombre, sont alternes avec les sépales, imbriqués ou tordus. L'androcée se compose de 10 étamines en 2 verticilles : celles du premier épisépales, celles du deuxième épipétales, à filet libre, à anthère sensiblement basifixe, biloculaire, déhiscente par deux fentes longitudinales, introrse ou latérale. Le gynécée se compose de 5 carpelles épipétales, presque entièrement libres. Au

Sedum (Orpin). — Port.

dos de chacun d'entre eux se trouve une glande squamiforme d'origine réceptaculaire. L'ovaire est uniloculaire, terminé par un style à extrémité stigmatifère. Il renferme, dans son angle interne, un placenta pariétal, bilabié, avec un nombre indéfini d'ovules bisériés, anatropes, ascendants, à micropyle extérieur. Le fruit se compose de 5 follicules, mettant en liberté des graines longues, à albumen charnu, avec un embryon à radicule infère. Ajoutons que certaines espèces présentent des modifications dans le nombre des pièces des verticilles; elles sont construites sur le type 4; d'autres ont leur réceptacle sensiblement plan, d'où la périgynie du périanthe et de l'androcée. Les étamines peuvent parfois être connées aux carpelles. Les *Sedum*, dits Orpins dans nos campagnes, sont des herbes humbles ou parfois élevées, à organes charnus qui les font désigner sous le

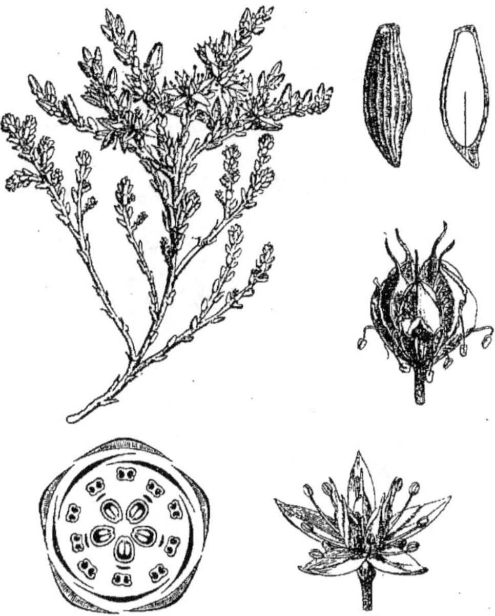

Sedum. — Port. Fleur. Diagramme. Fruit. Graine, entière et coupe longitudinale.

nom de plantes grasses, à feuilles alternes ou opposées, sans stipules, gorgées de suc, de forme variable. Les fleurs, fréquemment jaunes, parfois blanchâtres ou rosées, rarement violacées, sont groupées en cymes unilatérales; parfois, mais rarement, elles sont solitaires et axillaires. Ce sont des plantes des régions tempérées et froides des deux mondes, plus rares cependant en Amérique. On emploie dans nos campagnes les Orpins comme topiques. Les *S. album* L., *reflexum* L., *Telephium* L. servent à préparer des cataplasmes émollients ou parfois des potages alimentaires. Le *S. glaciale* est, dit-on, antiscorbutique. Ce doit être surtout par leur richesse en eau que ces plantes sont actives. (H. Bn, *Hist. des pl.*, III, 305, 322, fig. 331-337.)[F. H.]

SEDUM AQUATILE (Dod.) Le *Stratiotes aloides* L.

SEDUM ARBORESCENS (Bont., *Hist. nat. et med.*, 125). Orchidée employée en Malaisie comme médicament.

SEDUM MAJUS. Nom ancien des Joubarbes.

SEECEPIRA. Le *Pentaclethra* de l'Afrique tropicale.

SEEGRASS. Nom allemand des Zostères.

SEEHA. Nom arabe du *Tribulus terrestris* L.

SEEKAMM. Nom allemand du *Limnanthemum nymphoides* Link.

SEEKASTANIE. Nom allemand du *Laminaria bullosa* Lamx.

SEE LAVANDER. Nom anglais du *Statice Limonium* L.

SEEMANN (Berthold). Né à Hanovre en 1825, écrivit en 1851 une *Nomenclature populaire des plantes américaines*; une notice sur les *Acacia* introduits [1852]; fut employé aux jardins de Kew et chargé de la partie botanique du voyage de l'*Herald*

[1852-57]. Avec son frère, il publia un journal intitulé *Bonplandia*. On lui doit aussi des travaux sur les Palmiers; les Fougères d'Angleterre; la flore populaire du Hanovre; un rapport sur sa mission aux îles Fidji, et un beau *Flora vitiensis* [1865-68]. En 1863, il fonda à Londres le *Journal of Botany* dont il publia neuf volumes [1863-71], et dont la direction passa, après sa mort [1871], à MM. Trimen, puis Britten.

SEEMANNIA (Reg., *Gartenfl.*, IV, 183, t. 126). Genre de Gesnériacées-Gesnériées, formé de quelques herbes de l'Amérique tropicale, construit comme les *Gesnera*, mais distingué surtout par les lobes de la corolle à bords épais et en préfloraison valvaire. (H. Bn, in *Bull. Soc. Linn. Par.*, 709; *Hist. des pl.*, X, 82.)

SEEMOURIA (Sweet, *Geran.*, t. 18). Syn. de *Pelargonium* Lh.

SEENUS (Jos. von). Écrivit en 1805, à Nuremberg et Altdorf, la relation de son voyage en Istrie et en Dalmatie, avec une partie botanique.

SEEROSE. Nom allemand des Nénuphars.

SEE-SIDE BEECH. Nom, aux Antilles anglaises, de l'*Exostema floribundum* Rœm. et Sch.

SEETZENIA (R. Br., in *Denh. et Clapp. Voy. App.*, 231). Genre de Rutacées-Zygophyllées, formé d'une petite herbe africaine et asiatique; distingué par des fleurs apétales, à sépales valvaires, avec 5 étamines. Les petites feuilles sont 3-foliolées dans le *S. prostrata* H. Bn (*S. africana* R. Br.), qui est le *Zygophyllum prostratum* Thunb. (H. Bn, *Hist. des pl.*, IV, 505.)

SEGAL. Nom celtique (Theis) du Seigle.

SEGAPOO-SHANDANUM. Nom tamoul du *Pterocarpus santalinus* L., employé en teinture et dans la médecine.

SEGAX. Le Sandragon.

SEGERO. Nom poullo (Afrique centrale) du *Cucurbita maxima* Duch., dont les fruits servent à faire des vases énormes.

SEGETELLA (Hoffm. — Hedw., *Gen.*, 209). Synonyme de *Spergularia* Pers.

SÉGLIN. Le *Bromus secalinus* L.

SEGMENTATION. — Voy. Phytocyste, Noyau, Sac embryonnaire.

SÉGUIER (J.-Fr.). Né à Nîmes en 1703, publia en 1740 son *Bibliotheca botanica*, catalogue de tous les auteurs et ouvrages de botanique, suivi [1760] d'un *Auctuarium*, puis d'un supplément [1745]. En 1745 et 1754, il donna trois ouvrages relatifs à la flore de Vérone. Il mourut à Nîmes en 1784.

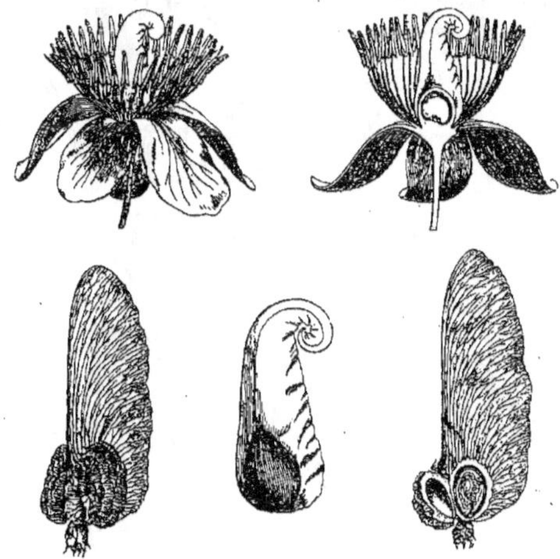

Seguieria. — Fleur, entière et coupe longitudinale. Gynécée. Fruit, entier et ouvert.

SEGUIERIA (L., *Gen.*, n. 676). Genre de Phytolaccacées-Rivinées, formé de 8-10 arbustes sarmenteux, de l'Amérique tropicale; distingué par des fleurs hermaphrodites, à 5 sépales réfléchis; à plusieurs étamines; à fruit sec, surmonté d'une grande aile verticale qu'on voit déjà sur les côtés du style, en forme de faucille. (H. Bn, *Hist. des pl,*, IV, 36, 54, fig. 53-57.)

SEGURELHA. Nom portugais des Sarriettes.

SEHIMA (FORSK., *Fl. æg.-arab.*, 178). Syn. de *Ischæmum* L.

SEHLMEYER (Joh.-Fried.). Apothicaire de la cour à Cologne [1788-1856], a écrit un *Index* (in-8 de 60 p.) des Hyménomycètes décrits par Fries dans son *Epicrisis*.

SEIDEL (Jak.). Auteur [1610], à Greifswald, de *Theses de causis, speciebus... partibus et facultatibus plantarum* (in-4).

SEIDELBAST. En Allemagne, le Bois gentil.

SEIDELIA (H. Bn, *Et. gén. Euphorbiac.*, 465, t. 9). Genre d'Euphorbiacées 1-ovulées, formé d'une petite herbe de l'Afrique australe, rapporté parfois aux *Mercurialis* et aux *Tragia*; distingué par 2, 3 étamines à loges d'anthère globuleuses; un calice femelle 3-fide; un style à 3 branches simples. Les fleurs sont en glomérules axillaires ou subterminaux, très petites.

SEIDLIA (KOSTEL., *Med.-pharm. Bot.*, 1945). Synonyme (part.) de *Vateria* L.

SEIDLITZIA (BGE, in *Boiss. Fl. or.*, IV, 950). Genre de Chénopodiacées-Salsolées, voisin des *Salsola*, formé d'une herbe annuelle de l'Orient; distingué par un calice mâle 5-partite; un calice femelle 5-lobé; les lobes ailés sur le dos. Il n'y a pas de staminodes; les feuilles sont opposées, et le périanthe femelle est souvent irrégulier. (H. Bn, *Hist. des pl.*, IX, 187.)

SEIFENKRAUT. Nom allemand des Saponaires.

Seigle. — Port. Inflorescence. Épillet. Fleur. Fruit.

SEIGLE (*Secale* T., *Inst.*, 513, t. 294). Genre de Graminées-Hordéées, très voisin des Blés, auxquels quelques auteurs l'ont réuni; distingué par des épillets ordinairement 2-flores, échelonnés sur l'axe de l'inflorescence et sessiles, de façon que les fleurs paraissent disposées sur 4 séries longitudinales. Le *S. cereale* L., tant cultivé chez nous, et dont les usages sont si connus, est peut-être la seule espèce, quoiqu'on en distingue souvent une autre. Leur origine véritable est inconnue. Le *Seigle ergoté* (voy. ERGOT, CLAVICEPS) est employé en médecine (PAL.-BEAUV., *Agrost.*, t. 20. — REICHB., *Ic. Fl. germ.*, t. 24. — NEES, *Gen. Fl. germ., Monoc.*, I, n. 81. — HOST, *Gram. austr.*, II, t. 40; IV, t. 11. — VIS., *Fl. dalm. Suppl.*, t. 1. — GREN. et GODR., *Fl. de Fr.*, III, 598. — H. Bn, *Tr. Bot. méd. phanér.*, 1362, fig. 3388.)

SEIGLE CORNU, S. A ÉPERON, S. ERGOTISÉ, S. ERGOTÉ, S. NOIR, S. LUXURIANT. L'Ergot de Seigle.

SEIGLE DE POLOGNE. Le *Triticum polonicum* L.

SEIGLE FAUX. L'*Avena elatior* L.

SEIGLE (PETIT), S. DE MARS, S. DE PAQUES, S. DU PRINTEMPS, S. TRÉMOIS, S. MARAIS. Le *Secale cereale* L.

Sélaginelle. — Port.

SEIGNE-NEZ. L'*Achillæa Millefolium* L.

SEIMATOSPORIUM (COND., in *Sturm Deutsch. Fl.*, 13, t. 40). Genre d'Hyphomycètes, indéterminé, qui paraît synonyme de *Coryneum* NEES.

SEIOEH DE PACHARA. Nom landais du *Boletus edulis* BULL.

SEIRAN. Nom japonais du *Dracocephalum Ruyschianum* L.

SEIRIDIUM (NEES, *Syst. Pilze*, 22). Genre de Mélanconiés, à stroma noir, émergent; les conidies oblongues, pluriloculaires, fuligineuses, sont réunies bout à bout par l'étranglement de la cellule mère et forment ainsi des chaînettes à l'extrémité des filaments conidiophores. Quatre espèces, en Europe, sur les rameaux de Saules et de Rosiers; dans l'Amérique du Nord, sur les tiges de *Smilax* et les rameaux de *Liquidambar*. [DE S.]

SEIROSPORI (DE BY, *Braudpilze*, 96). Division des Urédinés, comprenant les genres *Coleosporium* et *Podocystis*.

SEISEH PORAS. Nom landais du *Boletus œreus*.

SEISMOSARCA (COOKE, in *Grev.*, XVIII [1889], 25). Genre d'Hyménomycètes-homobasidiés, à réceptacle de Trémelle, mais à basides de Théléphorés. Paraît voisin des *Coniophora*. Une espèce épixyle, d'Australie.

SEITENFRUCT. En Allemagne, l'*Ectocarpus littoralis* AGH.

SEITS (Tob.-Ant.). A publié [1822] *Allgemeine œkonomische Samen- und Früchtelehre*, etc. (in-8), et [1825] *Die Rosen nach ihren Früchten* (Prague, in-16).

SÉJÉ-MARI, SAJE-MARI. Noms languedociens du *Tamus communis* L.

SEKIKA (KÆMPF., *Amœn.*, 870). Synon. de *Hydatica* NEES.

SEKIKOKU. Nom japonais du *Dendrobium moniliforme* THUNB.

SEKRA (ADANS., *Fam.*, II, 492). Synon. de *Cincidotus* BRID.

SÉLAGINÉES, SÉLAGINACÉES. Famille de Gamopétales; série, pour nous, des Scrofulariacées. (H. Bn, *Hist. des pl.*, IX, 422.)

SÉLAGINELLE (*Selaginella* Pal.-Beauv., *Prodr. Æthéog.*, 101). Genre de Lycopodiacées, longtemps confondu avec les Lycopodes et qui donne son nom à une des divisions des *Sélaginellées* (Reichb.). Ce sont des Lycopodiacées-anisosporées, dont les caractères distinctifs sont énumérés au mot Lycopodiacées (III, 285). On en connaît un grand nombre, étudiées monographiquement par M. Baker, appartenant aux régions tempérées et surtout tropicales du monde entier. L'élégance de leur feuillage les fait presque toutes cultiver dans les serres (Spring, in *Flora* [1838], 148; in *Mart. Fl. bras.*, I, 117; in *Bull. Ac. Brux.* [1854], 135, 225; *Pl. Jungh.*, III, 275). Pour Mettenius, les Sélaginelles constituent une famille distincte de Cryptogames vasculaires, avec les *Isoetes* (*Fil. H. lips.*, 16, 122).

SELAGINITES (Ad. Br., in *Dict.*, LVII, 90; *Prodr.*, 84). Genre de Lycopodiacées fossiles. (Endl., *Gen.*, n. 698. — Ung., *Syn.*, 140; in *Endl. Gen.*, Suppl. II, 5 (Lépidodendrées?).)

SELAGINOIDES (Dill., *Hist. Musc.*, 460). Synonyme de *Selaginella* Pal.-Beauv.

SELAGO (Adans., *Fam.*, II, 268). Synonyme (part.) de *Polycnemum* L.

SELAGO (Burm., *Prodr. Fl. cap.*, 17). Synonyme (part.) de *Stœbe* Less.

SELAGO (L., *Gen.*, n. 769). Genre un peu exceptionnel de Scrofulariacées, à fleurs irrégulières; le calice quinconcial ou sans sépale postérieur; la corolle à limbe oblique ou 2-labié, cochléaire; l'androcée didyname, avec parfois un staminode, et des anthères 1-loculaires. L'ovaire biloculaire porte en arrière

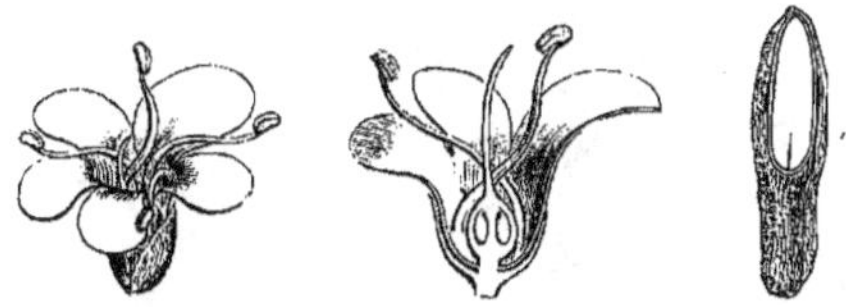

Selago. — Fleur, entière et coupe longitudinale. Graine, coupe longitudinale.

une glande basilaire, avec, dans chaque loge, 1 ovule descendant, à micropyle intérieur et supérieur. Le style est atténué ou à 2 petits lobes stigmatiques. Le fruit se sépare à sa maturité en 2 coques, et la graine descendante est albuminée. Ce sont

Selago. — Rameau florifère. Fleur, entière et coupe longitudinale.

environ 60 plantes frutescentes ou suffrutescentes, éricoïdes, de l'Afrique et de Madagascar. La plupart de leurs feuilles sont alternes, et les fleurs sont axillaires ou en épis terminaux. (H. Bn, in *Adansonia*, XII, 361, t. 9, fig. 1, 2; *Hist. des pl.*, IX, 371, 422, fig. 491-496.)

SELAGO. Nom ancien de la Camphrée.

SELAS (Spreng., *Syst.*, II, 216). Synonyme de *Gela* Lour.

SELATIUM (G. Don, in *Trans. Linn. Soc.*, XVII, 196). Synonyme de *Gentiana* T.

SELBSTHEIL. En Allemagne, la Brunelle.

SELBY (Prideaux-John). Haut shérif du Northumberland, auteur [1841-42] de *A history of british forest trees, indigenous or introduced* (in-8).

SELBYA (Rœm., *Syn.*, 166). Genre créé pour le *Milnea montana* Jack.

SELENÆA (Nitzsch. — Lindl., *Veg. Kingd.*, 13). Synonyme de *Pediastrum* Meyen.

SELENECMON (Diosc.). La Pivoine.

SELENIA (Nutt., in *Journ. Ac. Philad.*, V, 132, t. 6). Genre de Crucifères-Alyssées, formé de 2 herbes annuelles, du Texas et de l'Arkansas; distingué par des feuilles pinnatiséquées; des fleurs jaunes en grappes; un fruit sessile, polysperme, à graines ailées et 2-sériées; à style ensiforme. (H. Bn, *Hist. des pl.*, III, 269.)

SELENIPEDIUM (Reichb. f., *Xen. orch.*, I, 3, t. 2, 27, 44, 62, 181). Genre d'Orchidacées-Cypripédiées, formé d'une dizaine d'herbes terrestres, américaines; voisin des *Cypripedium* dont on l'a quelquefois considéré comme une forme altérée; le labelle modifié, sessile, étalé, enflé-calcéiforme, mais à ovaire 3-loculaire et à placentation axile. On en cultive de très beaux dans les serres. (*Bot. Mag.*, t. 5466, 5614, 5970, 6217.)

SELENOCARPÆA (Eckl. et Zeyh., *Enum.*, 10). Synonyme de *Heliophila* L.

SELENOCERA (Zipp., in *Linnæa*, XV, 316). Synonyme de *Spiradiclis* Bl.

SELENOLOBIUM (Benth., *Pl. Jungh.*, 256). Section du genre *Dalbergia* L. f.

SELENOPTERIS (Corda, *Beitr. Fl. d. Vorw.*, 84, t. 52). Genre de plantes fossiles, du groupe des Rachioptéridées. (Ad. Br., in *Dict. d'Orb.*, XIII, 86.)

SELENOSPORIUM (Cord., *Icon. Fung.*, I, 7; *Anleit.*, 164). Genre de Tuberculariés, dont M. Saccardo a fait un sous-genre du genre *Fusarium* Link. (Voy. *Syll. Fung.*, IV, 694.)

SELEPHION. Nom égyptien des Orties.

SELGAM. Nom arabe du Colza.

SELGY, SIRGY. Noms d'une variété de Dattier d'Égypte.

SELIDON. Nom danois de la Chélidoine.

SELIG (Chr.-Wilh.). Auteur [1802], à Erlangen, de *De Galii rotundifolii charactere botanico usuque medico* (in-8 de 40 p.).

SELIGERIA (Bruch, Schimp. et Guemb., *Bryol. eur.*, fasc. 33-36). Genre de Mousses-Bryacées, qui a donné son nom à une tribu des *Séligériacées*. Ce sont de petites herbes, subacaules, à feuilles lancéolées-subulées; les fleurs monoïques; celles des deux sexes terminales et gemmiformes; les anthéridies peu nombreuses, avec ou sans paraphyses; la coiffe petite, cucullée et lisse; l'urne dressée sur un pédicelle, droite ou courbe, demi-globuleuse avec un grand opercule, convexe-conique, surmonté d'un rostellum oblique; le péristome à 16 dents, articulées en travers. Les caractères du genre sont figurés à la pl. 110 de l'ouvrage indiqué. [H. Bn.]

SELIN. Nom français (Lamk) des *Selinum* L.

SELINIA (Karst., *Symb. Myc. fenn.*, III). Genre de Sphériacés, à stroma rouge, verruqueux, tomenteux, contenant un petit nombre de périthèces. Les thèques larges contiennent de 4 à 8 spores ovales, larges, hyalines. Une espèce, en Allemagne et en Angleterre, sur les excréments de ruminants. [De S.]

SELINITIS. Nom grec du Lierre terrestre.

SELINO. A Constantinople, le Céleri.

SELINOCARPUS (A. Gray, *Brief char. of Nyctag. Tex. and Mex.*, 4). Nyctaginacée du Nouveau-Mexique, dont les caractères sont ceux des *Mirabilis*, avec des fleurs 2- ou 5-andres, et qui s'en distinguent surtout en ce que l'induvie formée par la base du calice autour du fruit se dilate en trois, quatre ou cinq ailes membraneuses, verticales, qui donnent à l'ensemble l'apparence du fruit de certaines Ombellifères. Les *S. diffusus* et *chenopodioides* sont jusqu'ici les deux seules espèces connues de ce genre. (Voy. *Hist. des plant.*, IV, 19.)

SELINOIDES (DC., *Prodr.*, IV, 180). Section du genre *Peucedanum* T., caractérisée par des tiges herbacées, des involucres formés de bractées nombreuses, et des ailes du fruit larges et minces. (Voy. *Hist. des pl.*, VII, 100.) [H. Bn.]

SELINON (Rafin.). — Pour **Selinum** L.

SELINOPSIS (Coss. et Dur., in *exs. alger.*). Section du genre *Carum*; synonyme de *Eucarum* H. Bn. (*Hist. des pl.*, VII, 118.)

SELINORITIUM. Nom ancien des Ronces. •

SELINUM (Lag., *Amen.*, II, 91). Synonyme de *Cnidium* Cuss.

SELINUM (L., *Gen.*, n. 337). Genre d'Ombellifères; section pour nous du genre *Meum* T., à bandelettes solitaires dans chaque vallécule. (H. Bn, *Hist. des pl.*, VII, 210.)

SELLE (A. Braun). Dans les *Isoetes*, le mur transversal qui sépare de la fosse du sac sporigère la fovéole placée plus haut.

SELLIERA (Cav., *Icon.*, V, 49, t. 474). Section du genre *Goodenia* Sm. (H. Bn, *Hist. des pl.*, VIII, 339.)

SELLIGA. En Suisse, le *Valeriana celtica* L.

SELLIGUEA (Bory, in *Dict. class.*, VII, 587). Synonyme (Hook. et Bak.) de *Gymnogramme* Kze.

SELLIGUEA (Presl, *Pterid.*, 215). Syn. de *Diagramme* Bl.

SELLOA (H. B. K., *Nov. gen. et spec.*, IV, 265, t. 395). Genre de Composées-Hélianthées, formé d'une herbe vivace, du Mexique; voisin des *Eclipta*, mais à port spécial, à feuilles la plupart basilaires; l'axe subaphylle, portant 1-4 capitules; les corolles ligulées, 3-dentées, 1-sériées; les fruits 5-gones, surmontés de 3-5 arêtes. (H. Bn, *Hist. des pl.*, VIII, 214.)

SELLOA. Nom, dans l'Anti-Liban, du *Ferula Hermionis* Boiss.

SELLOCHARIS (Taub., in *Flora* [1889], 421). Genre de Légumineuses-Papilionacées-Lotées, formé d'une espèce du Brésil.

SELLOWIA (Roth, *Nov. spec.*, 162). Synon. de *Ammania* L.

SELLUNIA. L'un des genres séparés des *Vicia* par M. Alefeld.

SELONIA (Reg., *Enum. pl. Semen.*, 134. t. 6). Synonyme de *Eremurus* Bieb.

SELONIA (Rgl, in *Bull. Mosc.* [1868], 457, t. 6; in *Ann. sc. nat.*, sér. 5, XI, 92). Genre de Liliacées.

SELUNI. Nom persan d'une variété de Dattier.

SELWYNIA (F. Muell., *Fragm.*, IV, 153). Genre proposé pour le *Cocculus Selwynii* F. Muell. (B. H., *Gen.*, I, 961. — H. Bn, *Hist. des pl.*, III, 5.)

SEM. Nom générique indien des Légumineuses.

SEMABA. A Java, les *Casuarina*.

SEMANY. Nom d'une variété de Dattier d'Égypte.

SEMBONYARI. Nom japonais du *Gerbera anandria* Sch. bip.

SEMECARPUS (L. f., *Suppl.*, 285). Genre de Térébinthacées-Anacardiées, formé d'une vingtaine d'arbres asiatiques et australiens; distingué par des feuilles simples; des pétales imbriqués; 5 étamines, 3 branches stylaires; un fruit drupacé et reposant sur une dilatation charnue du pédicelle accru ou hypocarpe. Le *S. Anacardium* L. f. est l'Anacardier d'Orient, à fruit caustique et évacuant. (H. Bn, *Hist. des pl.*, V, 324; *Tr. Bot. méd. phanér.*, 960.)

SEMEIANDRA (Hook. et Arn., *Beech. Voy. Bot.*, 291, t. 59). Section du genre *Lopezia* Cav., à fleurs gynandres; le style adné aussi au réceptacle. (H. Bn, *Hist. des pl.*, VI, 472.)

SEMEIOCARDIUM (Zoll., in *Nat. Tijdschr. Ned. Ind.*, XVII). Synonyme de *Polygala* T. (B. H., *Gen.*, I, 974.)

SEMEIONOTIS (Schott, in *Wien. Zeistschr.*, ex *Linnæa*, VI, Littbl., 55). Synonyme (B. H.) de *Triptolemœa* Mart.

SEMELE (K., in *Abh. K. Ak. Wiss. Berl.* [1842], 49; *Enum.*, V, 277). Section du genre *Ruscus*, dont le type est le *R. androgynus*, et qui porte ses cymes florales dans l'aisselle des feuilles réduites que portent les coussinets des bords du cladode. [H. Bn.]

SEMELIER. Nom français des *Bauhinia* Plum.

SEMELLE DU PAPE. Les *Opuntia*, surtout l'*O. vulgaris* Mill.

SEMENCE (*Semen*). Synonyme de Graine.

SEMEN CINÆ. Nom officinal du *Semen-contra*. On le nomme encore *S. sanctum, Zedoariæ, lumbricorum* et *santonicum*.

SEMENCINE. Le *Semen-contra*.

SEMEN SANCTUM (Matth.). L'*Artemisia santonica*.

SEMENTINA. Nom ancien du *Semen-contra*.

SEMENZINI. A Pise, un Champignon comestible.

SÉMÉRIOANE. Variété de Pastèque, de la Cafrerie.

SEME-SANTO. En Italie, le *Semen-contra*.

SEMETH. Nom égyptien du Cresson alénois.

SÉMÉZAN. Graines de Pavot enduites de sucre.

SEMIARILLARIA (R. et Pav., *Prodr.*, 54, t. 9). Synonyme de *Paullinia* L.

SEMIFLOSCULOSI (L., *Cl. pl.*, 355). Classe de plantes.

SEMI-FLOSCULUS. En latin le Demi-fleuron.

SEMINALIS. Nom ancien de la Renouée des oiseaux.

SEMIRAMISIA (Kl., in *Linnæa*, XXIV, 25). Genre d'Éricacées-Thibaudiées, formé d'un arbuste colombien; distingué par un ovaire infère, court; un calice membraneux et large; 10 étamines supères, dont les anthères ont des tubes déhiscents par des fentes; des fleurs solitaires et axillaires. (H. Bn, *Hist. des pl.*, XI, 186.)

SEMMEDI (Joh.-Curv.). A publié [1722], à Wurtemberg, *Pugillus rerum indicarum*, etc.

SEMNOS. Nom grec du Gattilier.

SEMONVILLEA (J. Gay, in *Bull. Féruss.*, XVIII, 442). Section du genre *Limeum* L. (H. Bn, *Hist. des pl.*, IV, 30.)

SEMPERVIVIE. Nom anglais de l'*Aloe vulgaris* L.

SEMPERVIVUM (L., *Gen.*, n. 612). Genre de Crassulacées, distingué des *Sedum* par des fleurs 5-∞-mères, à petites squamules; l'androcée diplostémoné. Ce sont des plantes grasses, de l'Europe, l'Asie et l'Afrique, à rosettes régulières

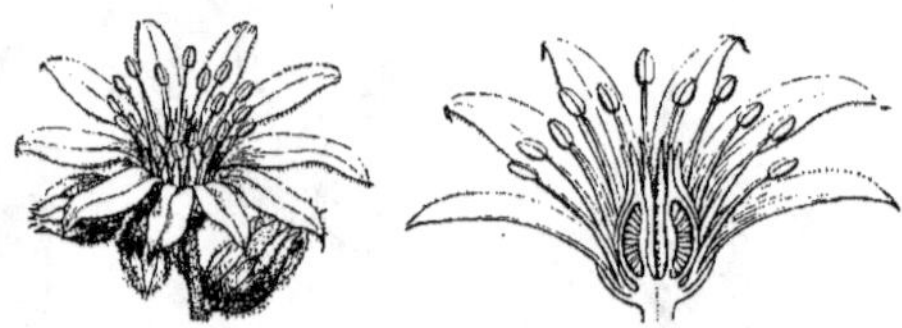

Sempervivum. — Fleur, entière et coupe longitudinale.

de feuilles charnues, à fleurs en cymes, blanches, jaunes, verdâtres ou rouges. Sous le nom de Joubarbes, elles servent au traitement topique des brûlures et contusions, à cause de la grande quantité d'eau que contiennent leurs feuilles. (H. Bn, *Hist. des pl.*, III, 308, 322, fig. 338-340.)

SEMPERVIVUM MINIMUM (Matth.). Le *Sedum acre* L.

SEMPERVIVUM MINUS (Matth.). Le *Sedum album* L.

SEMPSEN. Nom arabe du Sésame.

SEMURION. Nom arabe du Persil.

SENA (Matth.). Le *Cassia obovata* Collad.

SENA, SENNA. Synonymes de Séné.

SENACIA (Lamk, *Ill.*, II, n. 2712, 2713). Synonyme de *Maytenus* J. Les *Senacia* comprennent également, dit-on, des *Celastrus* et des *Pittosporum*.

SÉNACIER. Nom français (Lamk) des *Senacia* Lamk.

SENAGRUEL. L'*Aristolochia serpentaria* L.

SENAP. La Moutarde noire.

SENAPEA (Aubl., *Guian.*, II, Suppl., 22, t. 381). Genre dont le *British Museum* ne possède qu'une feuille, et qui demeure douteux, quoi qu'en ait pensé Miers.

SENAPIUM. Nom, au moyen âge, de la Moutarde noire.

SENBURI. Nom japonais du *Pleurogyne rotata* Griseb.

SENCKENBERG (Joh.-Chr.). Médecin à Francfort-sur-le-Mein, mort à Francfort en 1772, fut l'auteur de *De Lilii convallium ejusque imprimis baceæ viribus* [1737].

SENCKENBERGIA (Gærtn., Mey. et Sch., *Fl. wetter.*, II, 413). Synonyme de *Dileptium* DC.

SENDAI-HAGI. Nom japonais du *Thermopsis fabacea* DC.

SENDAISO. Nom japonais du *Saxifraga sendaica* Maxim.

SENDAI-TAIGEKI. Nom japonais de l'*Euphorbia Jolkini* Boiss.

SENDAN. Au Japon, l'Azederach.

SENDEF. Nom turc de la Rue.

SENDORKUM, COOSSUMBA. Noms tamouls du *Carthamus tinctorius* L., très employé dans l'Inde pour teindre la soie en rose, rouge ou violet.

SENDRE. Le *Sinapis arvensis* L.

SENDTNER (Otto). A écrit [1845], à Munich, *De Cyphomandra; Beobachtungen über die Klimatische Verbreitung der Laubmoose durch das österreichische Küstenland* [1850] et des travaux sur la végétation et la topographie botanique de la Bavière. On lui doit la description des Célastracées et Solanacées du *Flora brasiliensis* de De Martius.

SENDTNERA (ENDL., *Gen.*, Suppl., I, n. 472[16]). Genre de Jungermannes-Mastigophorées, formé de petites herbes, généralement tropicales, à fructifications femelles latérales sur un rameau particulier près du sommet de la tige; l'involucre polyphylle; le sporange globuleux, 4-valve jusqu'à sa base; les élatères adhérentes aux parois des valvules; les anthéridies au nombre de 2, 3, subglobuleuses, à filet long et ∞-septé. Pour Nees (*Leberm.*, III, 89), ce sont des *Mastigophora*. Pour d'autres, c'est un synonyme de *Lepidozia* NEES (III, 223). [H. BN.]

SÉNÉ. Nom de nombreux *Cassia* purgatifs. Le *S. d'Europe* est le Baguenaudier. Le *S. des prés* est la Gratiole. Le *S. des provençaux* est le *Glotaleria Alypum* L. Le *S. sauvage* est le *Coronilla Emerus* L.

SENEBIER (Jean). Né et mort à Genève [1742-1809], s'est beaucoup occupé de physique végétale, notamment dans ses mémoires sur l'action de la lumière solaire dans la végétation [1782 et 1788]; sa *Physiologie végétale* en 5 vol. [1800], et son livre sur les *Rapports de l'air avec les êtres organisés* [1807].

SENNEBIERA (NECK., *Elem.*, II, 120). Syn. de *Ocotea* AUBL.

SENEBIERA (POIR., *Dict.*, VII, 75). Syn. de *Coronopus* RUPP.

SENECILLIS (GÆRTN., *Fruct.*, II, t. 173). Section du genre *Senecio* T. (H. BN, *Hist. des pl.*, VIII, 259.)

SENECIO (T.). Nom latin des Seneçons.

SENECIO CÆRULEA (offic.). L'*Erigeron acre* L.

SÉNÉCIONÉES. Sous-série des Composées-Hélianthées.

SENEÇON (*Senecio* T., *Inst.*, 456, t. 260). Genre de Composées-Hélianthées-Sénécionées, formé d'environ 900 espèces, herbacées ou frutescentes; distingué par des capitules radiés, hétérogames; les fleurs du rayon parfois nulles ou rudimentaires; les styles des fleurs hermaphrodites à branches tronquées, parfois arrondies au sommet ou surmontées d'un appendicule; des fruits glabres ou velus, à 5-10 côtes, des feuilles basilaires ou alternes; des capitules terminaux, en cyme racémiforme ou corymbiforme, ou solitaires; un involucre étroit ou large, formé de bractées étroites, égales et obtuses ou courtement aiguës au sommet, ou inégales; les extérieures petites ou passant par tailles graduelles aux intérieures plus grandes. Notre *S. commun* est une des herbes les plus vulgaires du pays

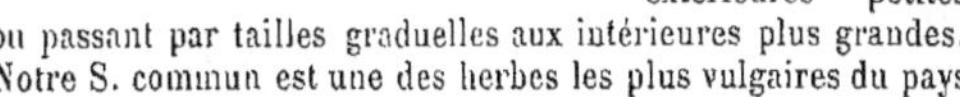

Seneçon. — Port.

et il fleurit même en hiver. (H. BN, *Hist. des plant.*, 56, 258, fig. 97; *Iconogr. Fr. fr.*, n. 16; *Herbor. paris.*, 61, 200.)

SENEÇON EN ARBRE. Le *Baccharis Dioscoridis* L.

SÉNÉ DE LA JAMAIQUE. Le *Cæsalpinia pulcherrima* W.

SÉNÉ DES PRÉS. La Gratiole officinale.

SÉNÉ DES PROVENÇAUX. — Voy. GLOBULAIRE.

SÉNÉ D'EUROPE, S. VÉSICULEUX. Le Baguenaudier.

SENEGA (DC., *Prodr.*, I, 330). Section du genre *Polygala*.

SÉNÉGA. Le *Monnina polystachya* R. et PAV.

SENEGRÉ. Nom ancien du Fenugrec.

SÉNÉGRÉ, SINÉGRÉ. Noms languedociens du *Trigonella Fœnum-græcum* L.

SENELLIER. L'Aubépine.

SENEMBRL. Le *Dioscorea*.

SENEFELDERA (MART., in *Flora* [1841], II, *Beibl.*, 29). Genre d'Euphorbiacées, très voisin des *Excœcaria*. Les fleurs y sont monoïques, réunies en épis ramifiés de glomérules. Dans les fleurs mâles, il y a un calice trimère, imbriqué, et de 6 à 8 étamines centrales, insérées sur une saillie conique du réceptacle. Dans les fleurs femelles, il y a un ovaire à 3 loges uniovulées. Le fruit est capsulaire, et les graines sont caronculées. La seule espèce connue est le *S. multiflora*, du Brésil, arbre glabre, à feuilles alternes, pétiolées, entières, glanduleuses en dessous. (*Et. gén. Euphorbiac.*, 535, t. 9, fig. 30-31; *Hist. des plant.*, V, 227.) [H. BN.]

SÉNÉ ORIENTAL. Le *Colutea orientalis* LAMK.

SÉNÉ SAUVAGE, S. BATARD. Le *Coronilla Emerus* L.

SENESSON. Orthographe ancienne pour Seneçon.

SÉNEVÉ. Dans la Bible, on croit que c'est le *Salvadora persica*. Chez nous, c'est le *Brassica arvensis*. Les *S. blanc* et *noir* sont les Moutardes de ce nom.

SÉNEVÉ DES CHAMPS. Le *Sinapis arvensis* L.

SENFKRAUT. En Allemagne, le *Barbarea vulgaris* R. BR.

SENFTENBERGIA (CORDA, *Fl. d. Vorw.*, 91, t. 57, fig. 1-6). Genre de Schizæacées fossiles. Presl (*Suppl. Pterid.*, 357) en faisait un genre de Mohriacées.

SENGER (Gerh.-Ant.). Pasteur à Reck où il mourut en 1822, est l'auteur de *Die älteste Urkunde der Papierfabrikation in der Natur entdeckt*, etc., ouvrage imprimé à Dortmund sur du papier fabriqué avec diverses conferves.

SENGOO. Nom, au Japon, du *Porphyroscias decursiva* MIQ.

SENICLE. Synonyme de Vulvaire.

SENICLE COMMUN, S. MALE. Le *Sanicula europæa* L.

SENILLE. Le *Chenopodium album* L.

SENILLE FAUSSE. La Renouée des oiseaux.

SENITES (ADANS., *Fam.*, 39). Synonyme de *Zeugites* SCHREB.

SENJU-GANPI. Nom japonais du *Lychnis stellarioides* MAXIM.

SENJU-GIKU. Nom japonais du *Tagetes erecta* L.

SENKEBERGIA (NECK., *Elem.*, I, 366). Genre séparé des *Besleria* L.

SENKENBERGIA (SCHAU., in *Linnæa*, XIX, 711). Genre de Nyctaginacées, formé de 4 herbes du Mexique; considéré par A. Gray comme une section du genre *Boerhaavia*; distingué par des fleurs en grappes, 3-5-andres; l'induvie du fruit costée ou gibbeuse; le fruit stipité, claviforme ou obovoïde; les feuilles opposées. [H. BN.]

SENNA. Nom, au Japon, du *Cassia occidentalis* L. (?)

SENNA (T., *Inst.*, 648, t. 390). Synonyme de *Cassia* L.

SENNA DO CAMPO. Le *Cassia cathartica* MART.

SENNAGIR. Nom arabe du *Lygeum Spartum* LŒFL.

SENNA-JEBELI (Séné de montagne). Nom, en Nubie, du *Cassia acutifolia* DEL.

SENNARI-BODZURI. Au Japon, le *Physalis ciliata* SIEB.

SENNE-GRAIN. Le Fenugrec.

SENNERA. Nom arabe du *Lygeum Spartum* LŒFL.

SENNICHISO. Nom japonais du *Gomphrena globosa* L.

SENNINKOKU. Nom japonais de l'*Amarantus caudatus* L.

SENNO. Nom japonais du *Lychnis Senno* SIEB. et ZUCC.

SENOURA. — Voy. CINOIRAS.

SENOUSSE. Le *Chenopodium album* L.

SENRA (CAV., *Diss.*, II, 83, t. 35, fig. 3). Section du genre *Hibiscus* L. (H. BN, *Hist. des pl.*, IV, 95.)

SENRIGOSNA. Nom japonais du *Rehmannia glutinosa* LIB.

SENSIBILITÉ. — Voy. PHYTOBLASTE.

SENSITIVE. Le *Mimosa pudica* L., espèce souvent cultivée et célèbre par les mouvements de ses feuilles et de leurs diverses parties. C'est dans le renflement moteur de leur base qu'on place le siège de leur sensibilité : question qui a été longuement controversée. L'espèce est d'origine américaine et souvent cultivée. — Voy. MOUVEMENT.

SENTEJO. Nom portugais du Seigle.

SENTI, BOIS SENTI. Nom, à Maurice, du *Scutia obcordata* BVN.

SENTICOSÆ (L., *Phil. bot.*, 31). Ordre (35) des plantes (Rosacées).

SENTIS (F. MUELL., *Fragm.*, IV, 47). Genre établi pour le *Pholidia divaricata* F. MUELL.

SENTOSO. Nom japonais du *Chamœle tenera* MIQ.

SENTOSTAPHYLLINUM. Nom ancien de la Betterave.

SEP. Dans les Vosges, les Sapins.

SEP. Nom ouoloff du *Vetiveria odorata* DUP.-TH., dont les racines servent souvent, dit-on, à donner un goût aromatique à l'eau que boivent les nègres.

SÉPALE (*Sepalum*). Foliole du calice.

SÈPE, SEPS. Pour Cep, Cèpe.

SEPEDONIUM (LK, *Obs. myc.*, I, 16). Genre d'Hyphomycètes, à filaments rampants, peu ramifiés, qui se développent en abondance sur les Champignons en putréfaction. Des spores sphériques, assez grandes, à épispore épais et verruqueux, colorées, naissent solitaires ou en groupe au sommet des filaments. D'autres branches donnent naissance à une seconde forme conidienne, plus petite, allongée, fusiforme et biloculaire. Sur les 14 espèces connues, plusieurs sont rattachées avec certitude comme appareil conidien ou chlamydospores aux genres *Hypomyces* et *Mortierella*. [DE S.]

SEPHALICA (JON., in *Asiat. Res.*, IV, 244). Synonyme de *Nyctanthes arbor tristis* L.

SEPINCOLA (EHRH., *Phytoph.*, n. 90). Genre proposé pour le *Lichen Sepincola* EHRH.

SEPTADE. Nom français (LAMK) des *Septas* L.

SEPTARIA (FR., *Syst. myc.*, III, index). Pour *Septoria* FR.

SEPTAS (L., *Gen.*, n. 465). Synonyme de *Crassula* L.

SEPTAS (LOUR., *Fl. coch.*, 392). Synonyme de *Herpestis* GÆRTN. F.

SEPTIFOLIUM (offic.). La Tormentille.

SEPTINERVIA. Le *Plantago major* L.

SEPTOBASIDIÉS (PAT.). Hyménomycètes, à basides cloisonnés, formant la division des Hétérobasidiés.

SEPTOCYLINDRIUM (BON., *Handb.*, 35). Genre d'Hyphomycètes, à filaments courts, portant des chapelets de conidies cylindriques, atténuées aux deux extrémités, pluriloculaires, hyalines ou faiblement colorées. Vingt-deux espèces, sur le bois, les tiges, les feuilles languissantes ou mortes, surtout en Europe. [DE S.]

SEPTOGLÆUM (SACC., in *Mich.*, II, 11). Genre de Mélanconiés, à petit stroma de couleur pâle, se développant sous l'épiderme qui se fend pour lui livrer passage. Les conidies sont oblongues, hyalines, pluriloculaires ; c'est ce dernier caractère qui distingue ce genre des *Glœosporium*. Dix espèces se rencontrent sur les feuilles. Trois seulement sont européennes ; les autres appartiennent à la Californie et à l'Amérique boréale. [DE S.]

SEPTOMYXA (SACC., *Syll. Fung.*, III, 766). Genre de Mélanconiés, qui ne diffère des *Myxosporium* que par l'existence d'une cloison dans les conidies. Trois espèces, sur l'écorce, le bois, l'épicarpe des Courges. [DE S.]

SEPTONEMA (CORDA, *Ic. Fung.*, I, 9). Genre d'Hyphomycètes, à filaments rampants, donnant naissance à de courts filaments dressés, portant des chapelets de conidies allongées, pluriloculaires, brunes. Vingt-cinq espèces, sur le bois, les écorces, les feuilles, en Europe et dans l'Amérique du Nord. [DE S.]

SEPTONÉMÉES (*Septonemeœ* CORDA, *Anleit.*, 20. — SACC., *Syll. Fung.*, IV, 397). Tribu des Hyphomycètes, de la division des *Micronemeœ*, comprenant les *Septonema* et les *Polydesmus*.

SEPTORIA (FR., *Syst. myc.*, III, 480). Genre de Sphéropsidés, à périthèces subépidermiques, apparaissant au milieu de taches décolorées formées sur les feuilles, globuleux, aplatis, membraneux, munis d'un ostiole. Les spores bacillaires ou filiformes sont pluriloculaires, hyalines. Près de 650 espèces vivent sur des feuilles vivantes ou languissantes de plantes ligneuses ou herbacées, sur des fruits, des frondes, etc. Le plus grand nombre appartient aux régions froides et tempérées de l'Europe, de l'Asie et de l'Amérique. Elles accompagnent quelquefois des périthèces de Sphériacés ou d'autres Sphéropsidés. [DE S.]

SEPTOSPORIUM (CORDA, in *Sturm Deutschl. crypt. Fl.*, t. 17). Genre d'Hyphomycètes, à filaments les uns longs et stériles, les autres courts, portant des conidies brunes, ovoïdes ou piriformes, muraliseptées. Une dizaine d'espèces, européennes ou de l'Amérique du Nord, sur le bois, les sarments, les écorces.

SEPTOTRICHUM (CORDA, *Anleit.*, 6). Filaments stériles, classés parmi les Hyphomycètes, mais qui ne sont que des productions épidermiques de végétaux plus ou moins hypertrophiées ou déformées. [DE S.]

SEPTUM. Cloison. D'où *septal*, qui appartient aux cloisons. Les placentas, par exemple, sont septaux (*septalia*) dans les Butomes, les Pavots et bien des Lardizabalées. Les stigmates sont septaux dans les Éricacées en général. Certaines Papavéracées ont à la fois des stigmates carpellaires et des stigmates septaux. [H. BN.]

SEPULTARIA (COOKE, *Mycogr.*, 259). Sous-genre de Pézizes, à cupule plus ou moins hypogée.

SEQUET. Nom toulousain du *Boletus edulis* BULL. jeune.

SEQUOIA (ENDL., *Syn. Conif.*, 197). Genre de Conifères-Taxodiées, formé de deux arbres californiens ; distingué par des écailles florifères femelles entières sur les bords ; les fleurs ordinairement au nombre de 5 (3-6), souvent horizontales ou renversées après l'anthèse ; des cônes à écailles ligneuses, dilatées en un disque épais, déprimé au milieu de son dos et à peine mucroné. On cultive dans nos jardins et parcs l'espèce type ou *S. sempervivens*. Le *S. gigantea* est d'introduction plus récente et ne supporte pas nos plus rudes hivers. Il est célèbre par sa longévité et ses dimensions colossales. De là son nom vulgaire de Pin géant de Californie. (A. GRAY, in *Sill. Journ.*, ser. 2, XVII, 440 ; XVIII, 287 ; *Address* [1872]. — *Bot. Mag.*, t. 4777, 4778.) [H. BN.]

SEQUOITES (AD. BR., in *Dict. d'Orb.*, XIII, 117). Genre d'Abiétinées fossiles, dont le type est le *Cupressites taxiformis* UNG.

SÉRAN-COTTÉ. Nom tamoul du *Semecarpus Anacardium* L., dont l'huile est un vésicant actif et sert, dans le pays, à marquer en noir le linge d'une manière indélébile.

SERANGIUM (WOOD. — SALISB., *Gen. pl. Fragm.*, 5). Synonyme de *Monstera* ADANS.

SERANXIA (NECK., *Elem.*, III, 348). Genre disjoint des *Lichen* L.

SERAPHYTA (FISCH. et MEY., in *Bull. sc. Acad. Pétersb.*, VII [1840], 25). Genre d'Orchidacées-Épidendrées, formé d'une herbe épiphyte, de l'Inde, l'*Epidendrum diffusum*, voisin des *Amblostoma* et cultivé. (*Bot. Mag.*, t. 3565.) [H. BN.]

SERAPIAS (L., *Gen.*, n. 1012). Genre d'Orchidacées-Orchidées, voisin des *Orchis*, dont on le distingue par un labelle sans éperon ; le lobe moyen ordinairement linguiforme ; la base pourvue d'une lame glanduleuse ; les anthères à connectif prolongé au delà des loges ; les rétinacles dans un même saccule. Ce sont 4, 5 plantes terrestres, de l'Europe méridionale et de la région Méditerranéenne, et il y en a une en Amérique. Ces espèces s'hybrident souvent entre elles. (REICHB., *Ic. Fl. germ.*, t. 438-442. — *Bot. Mag.*, t. 5868, 6255.) [H. BN.]

SERAPINUM. Nom du *Sagapenum* au moyen âge.

SÉRAPION. En 1531, fut publié, par les soins d'O. Brunfels, *Insignium medicorum J. Serapionis Arabis de simplicibus* *medicinis opus præclarum et ingens*, avec les livres d'Averrhoès et de Rhasès. L'édition princeps est de 1475, in-fol. (Milan) et a pour titre : *Liber Serapionis aggregatus in medicinis simplicibus.*

SERATCH-THROAT. Nom anglais du *Xanthosoma atrovirens* C. Koch.

SÉRATONE. Nom français des *Crotonopsis* Michx.

SERBIN. Le *Juniperus Lycia* L.

SERCAUDA. Le Bois de Santal.

SERD. Nom persan d'une variété de Dattier.

SERDA (Adans., *Fam.*, II, 11). Synonyme de *Dædalea* Pers.

SERENÆA (Hook. f., *Gen.*, III, 926, n. 91). Genre de Palmiers-Coryphées, formé d'une humble espèce, de la Californie et de la Floride, qui est le *Sabal serrulata* R. et S.

SERENTE. Le *Pinus Abies* L.

SERENTO. En Provence, le *Pinus Abies* L.

SERGEANT (*Serjanius*). Botaniste calaisien du dix-septième siècle. Plumier dit de lui, en lui dédiant le genre *Serjania :* « Reverendus Pater Philippus Sergeant Caletanus, Ordinis Minimorum Provinciæ Franciæ, Botanices peritus, medicinæ peritior, quam viginti quinque annorum decursu Romæ tam feliciter exercuit, ut parvis æque ac magnis ob charitatem semper extiterit gratissimus. Tota lugens amisit Roma, tota exultans suscepit Lutetia. »

SERGILUS (Gærtn., *Fruct.*, II, t. 174). Genre créé pour le *Baccharis scoparia* Pers.

SERI. Nom japonais de l'*Œnanthe stolonifera* DC.

SERIAN. Nom japonais du *Spilanthes oleracea* L.

SERIANA (Schum., in *Act. Soc. hafn.*, III, 2, 126, t. 11). Pour *Serjania* Plum.

SERIANA (W.). Pour *Serjania* L.

SERIANTHES (Benth., in *Hook. Lond. Journ.*, III, 225). Genre de Légumineuses-Mimosées-Ingées, formé de 2 espèces africaines et océaniennes; distingué par des grappes corymbiformes de fleurs assez grandes, ∞-andres; une gousse presque droite, plane, ligneuse, indéhiscente, à cloisons transversales interséminales. On en cultive une espèce dans nos serres. (Seem., *Fl. vit.*, t. 14. — H. Bn, *Hist. des pl.*, II, 70.)

SERIBA-YAMABUKISO. Nom japonais du *Stylophorum japonicum* Miq., var. *dissectum* Fr. et Sav.

SERICEUS. — Voy. Pubescence.

SERICOBONIA (Lind. et Andr., *Ill. hort.*, XXII, t. 198). Nom générique donné à tort à un hybride supposé d'un *Libonia* et d'un *Jacobinia*. Les auteurs ne savaient pas que les *Libonia* ne sont que des *Jacobinia* Moric.

SERICOCARPUS (Nees, *Aster.*, 148). Section du genre *Aster* T. (H. Bn, *Hist. des pl.*, VIII, 34.)

SERICOCOMA (Fenzl, in *Endl. Gen. Suppl.*, III, 33; in *Linnæa*, XVII, 323). Genre de Chénopodiacées-Amarantées, formé d'une dizaine d'herbes ou arbustes africains; distingué par des fleurs hermaphrodites accompagnées de fleurs stériles dont les divisions sont transformées en épines simples ou rameuses et longuement soyeuses; l'ovaire laineux; les feuilles opposées et alternes; l'inflorescence spiciforme ou capituliforme. (H. Bn, *Hist. des pl.*, IX, 204.)

SERICODES (A. Gray, *Pl. Wright.*, I, 28). Genre de Rutacées-Zygophyllées, formé d'un arbuste du Mexique; distingué par des fleurs 5-mères, à pétales entiers; un fruit à 5 coques indéhiscentes; des feuilles simples, fasciculées. (H. Bn, *Hist. des pl.*, IV, 507.)

SERICOGRAPHIS (Nees, in *Mart. Fl. bras.*, IX, 107). Section du genre *Jacobinia* Moric.

SERICOREMA (B. H., *Gen.*, III, 30). Section du genre *Sericocoma* Fenzl.

SERICOSPORA (Nees, in *DC. Prodr.*, XI, 444). Genre d'Acanthacées, dit-on, des Antilles, mal connu.

SERICOSTOMA (Stocks, in *Wight Icon.*, t. 1377). Genre de Boraginacées-Boraginées, formé de 3 arbuscules d'Orient; distingué par ses petites feuilles blanchâtres; sa corolle à tube cylindrique, la gorge villeuse; le limbe étalé; ses fruits lisses

ou rugueux, attachés sur une aréole oblique, sessile ou stipitée. (Hook., *Icon.*, t. 804. — H. Bn, *Hist. des pl.*, X, 384.)

SERICROSTIS (Rafin., in *Ser. Bull.* [1830], 220). Synonyme de *Muehlenbergia* Trin.

SERICURA (Hassk., *Hort. bogor.*, 17). Genre créé pour le *Pennisetum macrostachyum* Ad. Br.

SERIDIA (J., *Gen.*, 173). Section du genre *Centaurea* L.

SERIDIUM (Opiz, *Deutsch. crypt. Fl.*). Synonyme de *Torula*.

SERIELLA (Fr., *Summ. veg. Scand.*, 373). — Voy. Teichospora.

SERINCADE. En Turquie, le *Narcissus poeticus* L.

SERINGAT (*Philadelphus* L., *Gen.*, n. 614). Genre de Saxifragacées, qui a donné son nom à la série des *Philadelphées*, et qui a ses fleurs construites comme celles des *Deutzia*, sinon que les pétales sont au nombre de 4, 5; que les étamines épigynes sont en nombre indéfini; que les filets staminaux sont linéaires;

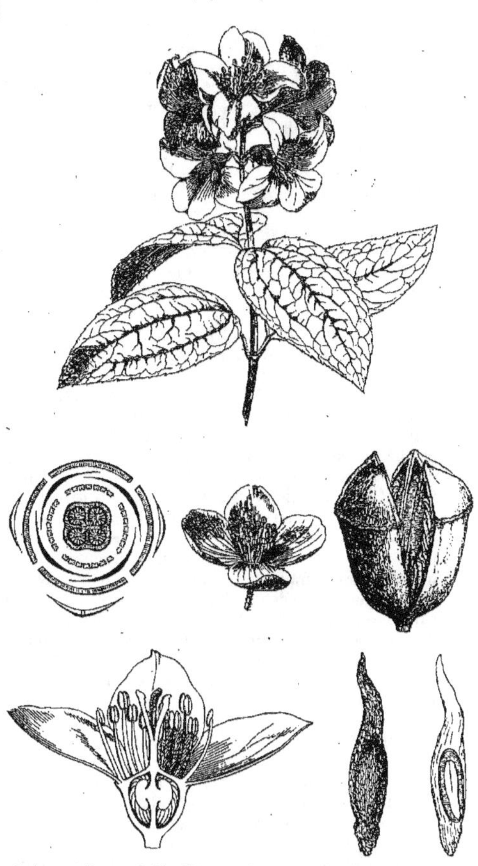

Seringat. — Rameau florifère. Fleur, entière et coupe longitudinale. Diagramme. Fruit déhiscent. Graine, entière et coupe longitudinale.

que les styles sont au nombre de 1-5. Ce sont des arbustes de l'Europe, des montagnes de l'Inde et de l'Amérique du Nord. Le véritable Seringat est le *P. coronarius* L., à belles fleurs blanches, odorantes, cultivé partout. On cultive aussi le *P. grandiflorus*, à fleurs moins odorantes. (H. Bn, *Hist. des pl.*, III, 347, 434, fig. 397-403.)

SERINGE (Nicol.-Ch.). Professeur à Lyon [1776-1856], publia de 1818 à 1831, ses *Mélanges botaniques*, comprenant des mémoires sur les Céréales de la Suisse, les Renoncules, les inflorescences (Rœper), la culture et l'emploi des céréales. En 1825, il écrivit son *Mémoire sur les Cucurbitacées,* et en 1830 celui sur les *Mélastomacées;* une notice sur le *Maclura* [1837], des *Éléments de botanique* [1841]; les descriptions et figures des *Céréales européennes* [1841-47]; la *Flore des jardins et des grandes cultures* [1847-49] et une *Nouvelle disposition des familles par classes* [1656]. Il donna avec Guillard un *Essai de formules botaniques* en 1835, et fut le collaborateur du *Prodromus* pour les Aconits, Caryophyllacées, Rosacées et Cucurbitacées.

SERINGEIRA. Au Brésil, l'*Hevea guianensis* AUBL.

SERINGIA (J. GAY, in *Mém. Mus.,* VII, 442, t. 16, 17). Genre de Malvacées-Lasiopétalées, formé de 2 arbustes australiens, à port de *Commersonia;* distingué par un calice non coloré, non accrescent; des pétales squamiformes, très petits ou 0; des anthères déhiscentes par des fentes longitudinales; un fruit loculicide, 3-5-valve. (H. BN, *Hist. des pl.,* IV, 137.)

SERINGIA (SPRENG., *Syst.,*I,441). Syn. de *Ptelidium* DUP.-TH.

SERINGUE (BOIS DE). L'*Hevea guianensis* AUBL.

SERINGUEIRO. Au Brésil, les *Hevea* AUBL.

SERINIA (RAFIN., *Fl. ludov.,* 149). Syn.(?) de *Apogon* ELL.

SERIOLA (L., *Gen.,* n. 917). Synonyme de *Hypochœris* L. (H. BN, *Hist. des pl.,* VIII, 110.)

SERIPHIUM (L., *Gen.,* n. 1003). Synonyme de *Stœbe* L.

SERIRAKAVONO. Nom, aux Fidji, de l'*Alsodeia Storckii* SEEM.

SERIS (LESS., in *Linnœa,* V, 253, part.). Genre de Composées-Mutisiées, formé de 2 herbes dures, du Brésil; distingué par des feuilles basilaires, alternes, entières ou sinuées-dentées; des capitules disposés en cymes lâches et corymbiformes; des involucres à folioles laineuses sur le dos. Les autres caractères sont d'ailleurs ceux des Gochnatiées en général. (H. BN, *Hist. des pl.,* VIII, 94.)

SERIS. Nom grec des Chicorées.

SERIS (W., in *Ges. Naturf. Berl. Mag.* [1807], 139). Synonyme de *Onoseris* DC.

SERISHO. Nom japonais de l'*Acorus gramineus* AIT.

SERISSA (COMMERS., ex J., *Gen.,* 209). Genre de Rubiacées-Anthospermées, à fleurs hermaphrodites, 4-6-mères, avec une corolle en entonnoir, à 4-6 lobes valvaires, avec le tube et la gorge chargés de papilles. Il y a 4-6 étamines à anthères dorsifixes, et un ovaire infère, à 2 loges, surmonté d'un disque épigyne déprimé et d'un style à deux branches papilleuses exsertes. Chaque loge renferme un ovule dressé, à micropyle extérieur et inférieur. Le fruit, légèrement charnu en dehors, a, dit-on, deux noyaux, avec des graines à albumen charnu. Ce sont des arbustes rameux, glabres, à odeur fétide, à feuilles opposées ou subfasciculées, petites, avec des stipules connées, et des fleurs solitaires ou en glomérules, axillaires ou terminales. Le *S. fœtida,* plante souvent cultivée en Chine et au Japon, a les fleurs le plus ordinairement doubles et stériles. A ce genre se rapportent les *Dysoda* LOUR. et *Democritea* DC. (Voy. *Hist. des plant.,* VII, 269, 398, n. 16.) [H. BN.]

SERISSA (THW., *Enum. pl. Zeyl.,* 150). Synonyme de *Saprosma* BL.

SÉRISSE. Nom français (LAMK) des *Serissa* COMMERS.

SERJANIA (PLUM. — SCHUM. — H. B. K., *Nov. gen. et spec.,* V, 107, t. 441). Genre de Sapindacées-Sapindées, formé d'environ 150 lianes de l'Amérique chaude; distingué par des feuilles pennées ou 3-foliolées, ordinairement sans stipules; des fleurs à loges ovariennes 1-ovulées; des samares indéhiscentes et séminifères au sommet. M. Radlkofer fait de ces plantes des Paulliniées de la sous-tribu des Eupaulliniées. (H. BN, *Hist. des pl.,* V, 418.)

SERKIS. L'*Artemisia pontica* L.

SERMOLINO. En Italie, le Serpolet.

SERMONTAIN. Le *Seseli tortuosum* L.

SEROPHYTON (BENTH., *Sulph. Bot.,* 52). Synonyme de *Argithamnia* SW.

SERPÆA (GARDN., in *Hook. Lond. Journ.,* VII, 296). Synonyme de *Dimerostemma* CASS. (H. BN, *Hist. des pl.,* VIII, 202.)

SERPAO. Nom portugais du Serpolet.

SERPENTAIRE. Le *Dracunculus vulgaris* SCHOTT. C'est aussi l'un des noms vulgaires de l'*Arum maculatum* L.

SERPENTAIRE DE VIRGINIE. L'*Aristolochia Serpentaria* L.

SERPENTAIRE MALE, S. FEMELLE. La Bistorte, à cause de la forme de son rhizome ondulé.

SERPENTAIRE (PETITE). Nom de l'*Ophioglossum vulgatum* L.

SERPENTARIA (RAFIN. — REICHB., *Consp.,* 85). Section du genre *Aristolochia* T.

SERPENTARIA BRASILIENSIS. Nom officinal du *Chiococca anguifuga* MART.

SERPENTARIÆ (ENDL., *Enchir.,* 217). Classe comprenant les Aristolochiées et les Népenthées.

SERPENTARIA MAS (FUCHS). La Bistorte.

SERPENTARIA MINOR. Nom ancien de l'*Arum Dracunculus.*

SERPENTIN. Les *Cereus flagelliformis* et *serpentinus* LAG.

SERPENTINARIA (GRAY, *Arr. brit. pl.,* I, 299). Synonyme de *Mougeotia* AGH.

SERPENTINE. L'*Arum maculatum* L.

SERPENTINE. La Serpentaire de Virginie. C'est parfois aussi le nom du *Scorzonera hispanica* L.

SERPENTINE. L'Estragon.

SERPENTS (ARBRE AUX). L'*Ophioxylon serpentinum* L.

SERPET. Nom égyptien (LORET) du *Nymphæa cærulea* SAVIG.

SERPETRO (NIC.). Auteur [1653], à Venise, de *Il mercato delle maraviglie della natura, overo Istoria naturale* (in-4), où il est traité des plantes à partir de la page 196.

SERPICULA (L., *Mantiss.,* 16). Genre d'Onagrariacées-Serpiculées, formé de 2, 3 herbes aquatiques, de l'Asie, l'Afrique et l'Amérique; distingué par des fleurs monoïques; les mâles

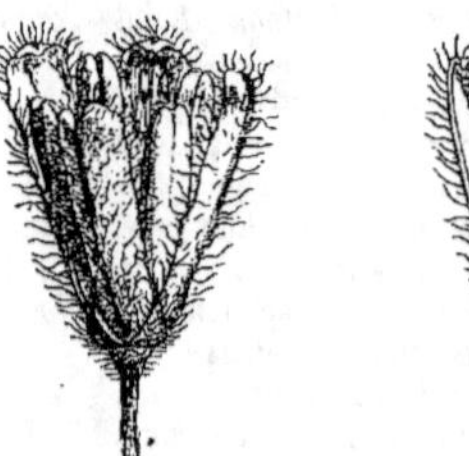

Serpicula. — Fleur, entière et coupe longitudinale.

pédicellées, à 4 pétales, nuls dans les femelles; 8 étamines; 4 loges ovariennes incomplètes, 1-ovulées; des divisions stigmatiques papilleuses ou plumeuses. (H. BN, *Hist. des pl.,* 478, 498, fig. 466, 467.)

SERPICULA (ROST. et SCHM., *Fl. Sedin.,* 370). Synonyme de *Elodea* RICH.

SERPILLUM (T., *Inst.,* 196). Synonyme (part.) de *Thymus* L.

SERPOLET. Le *Thymus Serpyllum* L.

SERPOULÉT. Nom provençal du *Thymus Serpyllum* L.

SERPULA (PERS., *Syn.,* 496). Synonyme de *Merulius* HALL.

SERPULARIA (FRIES, *Syst. myc.,*III, I, 197). Tribu des *Licea.*

SERPYLLUM (PERS., *Enchir.,* II,130). Section du g. *Thymus.*

SERQUIS. Sorte d'Indigo égyptien.

SERQUIS. Synonyme de *Serkis.*

SERRA (Bonav.). Botaniste de Palma [1728-1784] qui, d'après M. Colmeiro (*Bot. esp.,* 166), a écrit une *Flore de Majorque.*

SERRA, SERRÆA, SENRÆA. Pour *Senra* CAV.

SERRADELLE. Nom de l'*Ornithopus sativus* BROT.

SERRAFALCUS (PARL., *Pl. nov.,* 75). Synonyme de *Zeobromus* GRISEB., section du genre *Bromus* L.

SERRAGINE. L'*Ajuga reptans* L.

SERRARIA (BURM., *Afr.,* 264, t. 99). Syn. de *Serruria* SALISB.

SERRATA. Nom ancien du *Teucrium Chamædrys* L.

SERRATIA (BERGAM., ex *Pfeiff. Nom.,* II, 1145). Genre incertain de Champignons.

SERRATULA (D. DON, *Fl. nepal.,* 168). Synon. de *Aplotaxis.*

SERRATULA (L., *Gen.*, 924, part.). Section du genre *Carduus* T. (H. Bn, *Hist. des pl.*, VIII, 4; *Herbor. paris.*, 178.)

SERRATULA (RUMPH., *Herb. amboin.*, V, t. 170). Synonyme de *Picria* LOUR.

SERRATULE. Le *Carduus tinctorius* SCOP.

SERRES (J.-Jos.). Officier d'artillerie, mort en 1858, a écrit une *Flore abrégée de Toulouse* [1836], in-8 de 237 p., et [1855] *Description, culture et taille des Mûriers* (in-8).

SERRES (Olivier de). Né à Villeneuve, dans le Vivarais [1539], mort à Pradel [1619], est l'auteur du célèbre *Théâtre d'agriculture et mesnage des champs* [1600], qui eut 4 éditions.

SERRESIA (MONTROUS., in *Mém. Ac. Lyon*, X, 179). Genre attribué avec doute aux Violacées.

SERRETA. En Languedoc, la Sarrète.

SERRON. L'un des noms du Bon-Henri.

SERRONIA (GAUDICH., in *Deless. Icon.*, III, t. 90). Synonyme de *Ottonia* SPRENG. (*Piper*).

SERRULARIA (TREVIS., in *Linnæa*, XXII, 139). Sous-genre du genre *Chauvinia* BORY.

SERRURIA (SALISB., *Par. lond.*, sub t. 67; in *Knight Prot.*, 78). Genre de Protéacées-Protéées, formé d'environ 50 arbustes de l'Afrique tropicale; distingué par des inflorescences en capitules terminaux, subglobuleux, ∞-flores; des fleurs hermaphrodites, régulières; un style à stigmate terminal et tronqué; des feuilles linéaires-arrondies, généralement disséquées. (H. Bn, *Hist. des pl.*, II, 425.)

SERSALISIA (R. Br., *Prodr.*, 529). Genre de Sapotacées, que l'on considérait (B. H., *Gen.*, II, 654) comme synonyme (part.) de *Lucuma* MOL. Le *S. sericea* est australien. (BENTH., *Fl. austral.*, IV, 279. — H. Bn, *Hist. des pl.*, XI.)

SERSIFIX. Pour Salsifis.

SERTA. Dans Caton, le Mélilot.

SERTIFERA (LINDL. — REICHB. F., in *Linnæa*, XLI, 63). Genre d'Orchidacées-Épidendrées, formé de 1, 2 espèces terrestres, de l'Amérique du Sud; distingué, dans le groupe des Vanillées, par des sépales libres, dressés-étalés; un labelle sessile, très largement ventru, divisé en dedans par une lamelle transversale. La fleur est petite; la tige dressée, et les feuilles subplissées. [H. Bn.]

SERTOLARA (IMPER. — NARD., in *Isis* [1834], 674). Synonyme de *Halimeda* LAMX.

SERTUERNERA (MART., *Nov. gen. et spec.*, II, 36, t. 136-138). Synonyme de *Pfaffia* MART.

SERTULA. Dans Pline, le Mélilot.

SERTULARIA (GLED., in *Mém. Ac. Berl.* [1751], 135). Genre de Litophytes, incertain.

SÉRU. Nom arabe des Cyprès.

SERUDEREI. Nom japonais du Cresson alénois.

SERVAIS (Gasp.-Jos. de). Auteur [1789], à Mechelen, de *Korte Verhandeling van de boomen, heesters en houtagtige Kruid-gewassen*, etc. (in-8 de 237 p. et 1 pl.).

SERVANTINE. Variété de Figue.

SERVILLA. Nom ancien du Chervi.

SESAMASTRUM (MICHELI, *Nov. gen.*, 36). Genre incertain.

SÉSAME (*Sesamum* L., *Gen.*, n. 782). Genre rapporté à diverses familles et, en particulier, aux Bignoniacées. M. Baillon le place, comme tête de série, dans les Scrofulariacées. Les fleurs sont irrégulières, hermaphrodites, à réceptacle convexe, portant un calice de 5 sépales valvaires, sensiblement libres, une corolle gamopétale, irrégulière, bilabiée : la lèvre inférieure recouverte par les lobes latéraux, eux-mêmes valvaires avec les lobes postérieurs ; un androcée de 4 étamines didynames, à filet porté par la corolle, à anthère biloculaire, introrse, déhiscente par 2 fentes longitudinales; un staminode en languette représente la cinquième étamine. L'ovaire est entouré à sa base d'un disque, surmonté d'un style bifide; il est biloculaire, contenant à l'angle interne de chaque loge 2 séries verticales d'ovules anatropes, horizontaux, opposés par leurs raphés. Une fausse-cloison, gagnant peu à peu le centre, partage chaque loge en deux demi-loges. Si cette fausse-cloison se dé-

double, le placenta devient libre à un âge avancé; il porte, lors de l'ouverture du fruit, qui est une capsule loculicide, des graines oblongues, légèrement comprimées, brièvement ailées parfois aux deux bouts. La graine contient un embryon droit, à cotylédons ovales, épais, et un albumen assez réduit. Les Sé-

Sésame. — Branche florifère.

sames sont des herbes annuelles ou vivaces, dressées, parfois rampantes, glabres ou le plus souvent hispides, à feuilles opposées dans le bas, alternes dans le haut, dentées ou 3-5-fides. Les fleurs sont sessiles ou pédonculées, axillaires. Le pédicelle porte

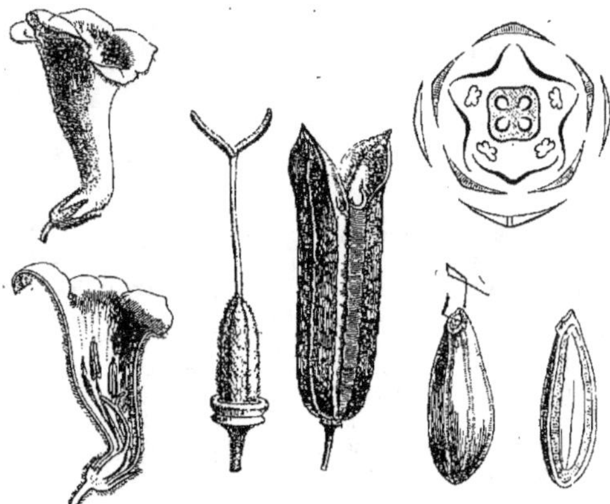

Sésame. — Fleur, entière et coupe longitudinale. Diagramme. Gynécée. Fruit déhiscent. Graine, entière et coupe longitudinale.

2 bractéoles latérales avec un mamelon axillaire, rudiment d'une fleur. Il y a une dizaine d'espèces de Sésames, tous africains, et dont la culture réussit dans les régions tropicales. Le *S. indicum* L. a une graine dont on extrait l'huile de Sésame. (Voy. *Hist. des pl.*, IX, 387, 440, fig. 534-40.) [F. H.]

SESAMELLA (REICHB., *Consp.*, 186). Syn. de *Astrocarpus* NECK.

SESAMI (*Semen*). Les fruits du Gattilier.

SESAMOIDES (T., *Inst.*, 424, t. 238). Syn. de *Astrocarpus* NECK.

SESAMOIDES PARVUM (MATTH.). Le *Catanance cœrulea* L.

SESAMOPTERIS (DC., *Prodr.*, IX, 251). Synonyme de *Sesamum* L. et section de ce genre.

SESAMOTHAMNUS (WELW., in *Trans. Linn. Soc.*, XXVII, 49,

t. 18). Genre de Scrofulariacées-Sésamées, voisin des Sésames, mais à très grandes et longues fleurs; à calice irrégulier, légèrement imbriqué; à 4, 5 étamines fertiles; à graines comprimées et ailées. Tous les autres caractères sont ceux des Sésames; mais le port est très différent dans ces arbustes de l'Afrique tropicale, qui ont un tronc court et difforme, des feuilles réduites à une épine, et des rameaux axillaires courts, gemmiformes, pourvus de nombreuses petites feuilles. (H. Bn, *Hist. des pl.*, IX, 441.)

SESBAN (Adans., *Fam.*, II, 327). Synon. de *Sesbania* Scop.

SESBANA (R. Br.). Pour *Sesbania* Scop.

SESBANIA (Pers., *Syn.*, II, 316). Genre de Légumineuses-Papilionacées-Galégées, formé de 15, 16 arbustes ou herbes, des régions chaudes des deux mondes; distingué, dans le groupe des Robiniées, par un style non barbu, à petit sommet stigmatique; une gousse oblongue ou bien plus ordinairement allongée, non ailée, ou à 2-4 ailes, coupée intérieurement, dans l'intervalle des graines, d'isthmes transversaux continus avec l'endocarpe. (H. Bn, *Hist. des pl.*, II, 272.)

SESELI (L., *Gen.*, n. 360). Genre d'Ombellifères-Peucédanées, dont les fleurs, le plus souvent hermaphrodites, ont des sépales aigus, courts ou nuls, et des pétales égaux ou inégaux, entiers, presque entiers, retus, émarginés ou bilobés. Les stylopodes sont coniques, élevés ou surbaissés, entiers ou ondulés

Seseli. — Fleur, coupe longitudinale. Fruit, coupe transversale.

sur les bords. Le fruit est oblong ou ovoïde-oblong, avec un rostre court, ou sans rostre, glabre ou chargé de duvet, à section transversale arrondie, ou légèrement comprimé sur le dos. Les côtes primaires sont courtes, à peu près égales, ou quelquefois les latérales plus larges (comme dans la section *Todaroa*); moins souvent toutes élevées ou épaisses, subéreuses (*Xatardia*). Les côtes secondaires, nulles ordinairement, s'élèvent un peu dans la sect. *Portenschlagia*. Les bandelettes sont solitaires, rarement géminées, parfois larges (*Portenschlagia*), et il y en a quelquefois de minces dans les côtes primaires (*Bubonopsis, Stenocœlium*). Quelquefois les méricarpes sont plus élargis (*Scaphespermum*) ou plus allongés que dans les *Seseli* type. Le carpophore se divise de haut en bas dans une étendue variable. La graine a la face plane, légèrement concave ou bien concave (*Diplolophium*). Les *Seseli* sont des herbes bisannuelles ou vivaces, des régions tempérées de l'hémisphère boréal du vieux monde, de l'Afrique tropicale orientale, glabres ou à duvet variable, avec des feuilles ternatipennées, disséquées ou décomposées, ou plus rarement décomposées-pennées. Leurs ombelles sont composées, avec les bractées de l'involucre libres ou unies par la base en cupule, ou petites, ou nulles. Les involucelles sont formés de bractéoles nombreuses, ou en petit nombre, ou nulles. Ce sont des plantes aromatiques, stimulantes, souvent riches en matière résineuse active. Le *S. macedonicum* (*Bubon macedonicum* L.) est une des plus célèbres. De même les *S. montanum, pratense*; le *S. gummiferum*, le *S. Libano-*

tis (*Libanotis vulgaris* DC.) et le *S. Hippomarathrum* L. (Voy. *Hist. des plant.*, VII, 115, 192, 217, fig. 115-116.) [H. Bn.]

SESELI ÆTHIOPI (Matth.). Le *Tenoria fruticosa* Spreng. ?

SESELI ÆTHIOPICUM (Matth.). Le *Seseli Libanotis* Koch.

SÉSÉLI COMMUN. L'*Angelica Levisticum* All. C'est aussi l'un des noms du *Sium Sisarum* L.

SÉSÉLI DE CRÈTE, S. DE CANDIE. Le *Tordylium officinale* L.

SÉSÉLI DE MARSEILLE. Le *Seseli tortuosum* L.

SÉSÉLI DE MONTAGNE. L'*Angelica Levisticum* All.

SÉSÉLI DE MONTPELLIER. Le *Silaus pratensis* Bess.

SÉSÉLI D'ÉTHIOPIE. L'*Opopanax Chironium* L.

SÉSÉLI DU PÉLOPONÈSE. Le *Ligusticum peloponesense* L. et le *Molopospermum cicutarium* DC.

SESELI MASSILIENSE (Matth.). Le *Ligusticum ferulaceum* L.

SÉSÉLINÉES (H. Bn, *Hist. des pl.*, VII, 174). Sous-série des Ombellifères-Peucédanées.

SÉSÉLINÉES (*Seselineæ* Koch). Tribu des Ombellifères. (Voy. H. Bn, *Hist. des pl.*, VII, 174.)

SESENEON. Nom égyptien du Chardon à foulon.

SESES. A Marseille, les Pois chiches.

SESHEN. Nom égyptien (V. Loret) du *Nymphæa Lotus* L.

SESIA (Adans., *Fam.*, II, 10). Synonyme de *Dædalea* Pers.

SESLÈRE. Nom français (Lamk) des *Sesleria* Scop.

SESLERIA (Nutt., *Gen.*, 1, 64, nec Scop.). Synonyme de *Buchloe* Engelm. et *Calanthera* Nutt. (nec K.).

SESLERIA (Scop., *Fl. carniol.*, I, 63). Genre de Graminées-Festucées, dont l'inflorescence, supportée par un long axe nu, a la forme d'une sphère, d'un ovoïde court ou d'un cylindre; elle est formée d'épillets subsessiles, qui ont chacun 2 glumes et 2-6 fleurs fertiles. Quand il y en a plus de deux, la supérieure peut être stérile ou rudimentaire, comme dans le *S. cærulea* Ard., espèce indigène. Les glumelles sont le plus souvent découpées de dents inégales, parfois mucronées ou aristées. Les styles sont libres ou unis jusqu'à une hauteur variable. Le caryopse est libre, ovoïde ou oblong, glabre ou pubescent au sommet. On connaît 7, 8 *Sesleria*, herbes généralement vivaces, de l'Europe et de l'Asie occidentale. (K., *Enum.*, I, 321. — Pal.-Beauv., *Agrostogr.*, 78, t. 16, fig. 7. — Gren. et Godr., *Fr. de Fr.*, III, 453.) [H. Bn.]

SESLERIACEÆ (Koch, *Syn.*, 788). Tribu des Graminées.

SESLERIEÆ. Sous-tribu (4) des Graminées-Festucées. (B. H., *Gen.*, III, 1076.)

SESLERIEÆ (Reichb., *Nom.*, 39). Section des Festucées.

SESSÉ (Martin). Directeur du Jardin botanique de Mexico, où il mourut en 1809, est célèbre par la publication, avec Moçinno, des figures de plantes mexicaines dont A.-P. de Candolle a fait prendre des copies, offertes par lui aux grands herbiers de l'Europe. (Colmeir., *Bot. esp.*, 184.)

SESSEA (R. et Pav., *Prodr.*, 21, t. 33; *Fl. per. et chil.*, t. 115, 116). Genre de Solanacées, voisin des *Cestrum*, distingué par un fruit septicide. Ce sont 6, 7 arbustes des Andes de l'Amérique méridionale. (H. Bn, *Hist. des pl.*, IX, 359.)

SESSÉE. Nom français (Lamk) des *Sessea* R. et Pav.

SESSILISPORA (Fayod, *Agar.*, in *Ann. sc. nat.*, sér. 7, IX, 364). Division du genre *Pluteus* Fr., comprenant les espèces à spores sessiles sur le baside.

SESSLERIA (Spreng.). Pour *Sesleria* Scop.

SESTINI (Domen., abbé). Auteur [1774-84], à Florence, de *Lettere scritte dalla Sicilia e dalla Turchia* (7 vol. in-12).

SESTINIA (Boiss. et Hohen., in *Kotsch. exs.*, n. 571). Synonyme de *Wendlandia* Bartl. (H. Bn, *Hist. des pl.*, VII, 474.)

SESTOCHILOS (Bred., *Orch. Kuhl et V. Hass.*, c. ic.). Synonyme de *Bulbophyllum* Dup.-Th.

SESUVIUM (L., *Gen.*, n. 624). Genre de Portulacacées-Aizoïdées, à fleurs apétales; les sépales et les étamines périgynes.

Ces dernières sont au nombre de 5, alternisépales, ou en nombre indéfini. L'ovaire est libre, à 3-5 loges, généralement incomplètes, pluriovulées. Les 3, 4 *Sesuvium* connus sont herbacés ou suffrutescents, charnus, à feuilles opposées, sans vraies stipules. Les fleurs sont axillaires, solitaires, en glomérules ou en cymes. Ce sont des plantes littorales de tous les pays chauds du globe (H. Bn, *Hist. des pl.*, IX, 59, 73). Quelques auteurs (B. H., *Gen.*, I, 855) en font des Ficoïdées. [H. Bn.]

SETA. Soie. D'où *setaceus*, sétacé.

SE TANTONG. Nom, à Bornéo, du Bornéol amassé dans les fissures du tronc du *Dryobalanops aromatica* Gærtn.

SETARIA (Achar., *Lich. suec.*, 219. — Michx, *Fl. bor.-amer.*, II, 331). Synonyme de *Evernia* Achar.

SETARIA (Pal.-Beauv., *Fl. owar. et ben.*, II, 80, excl. tab.). Genre de Graminées-Panicées, très voisin des *Panicum* auxquels bien des auteurs le réunissent; distingué par une inflorescence spiciforme, dense, parfois étroitement thyrsoïde; des épillets à axes transformés en soies rigides, persistant sous l'articulation. Les glumes etglumelles sont celles des Panicées. Ce sont des herbes des régions chaudes et tempérées des deux mondes. Il y a plusieurs espèces indigènes. (K., *Enum.*, I, 149; *Rev. Gram.*, t. 37, 118, 212. — Gren. et Godr., *Fl. de Fr.*, III, 456. — H. Bn, *Herbor. paris.*, 389.)

SETHIA (H. B. K., *Nov. gen. et spec.*, V, 175). Synonyme de *Erythroxylon* L.

SET-KOTZ-MO-KAH. Nom japonais du Sureau noir.

SETSUBUNSO. Nom japonais de l'*Anemone Raddeana* Rgl.

SETUL. Aux Moluques, le *Sandoricum indicum* Cav.

SETWALL. Nom anglais ancien de la Valériane.

SEU, SÉU. Synonymes de Sureau.

SEUBERTIA (K., *Enum.*, IV, 475). Syn. de *Triteleia* Lindl.

SEUBERTIA (S.-Wats., in *Hook. Lond. Journ.*, III, 602). Synonyme de *Kyberia* Neck.

SEUTERA (Reichb., *Consp.*, 131). Synon. de *Cynanchum* L.

SEUTHON. Nom grec de la Carde-Poirée.

SEUTLOMALACHE. Nom ancien de l'Épinard ou de la Bette (?).

SEVADA (Moq., in *DC. Prodr.*, XIII, II, 154). Synonyme (?) de *Suæda* Fonsk.

SEVADA. — Voy. Cévade.

SÉVADILLE. Pour Cévadille.

SEVAMANAKOU. Nom tamoul du *Ricinus inermis* Willd., variété très cultivée dans l'Inde.

SÈVE. Le liquide nourricier des plantes. On distingue encore la S. élaborée, descendante ou nourricière, de la S. ascendante, brute ou non élaborée. — Voy. Circulation (II, 53).

SEVERINIA (Ten., *Ind. sem. H. neap.* [1840]). Synonyme de *Atalantia* Corr.

SEVERINO (M.-Aur.). Professeur d'anatomie à Naples [1580-1656], auteur [1649] de *Epistolæ duæ*, traitant « *de lapide fungifero* » et « *de lapide fungimappa* » (in-4).

SÉVOLA. Nom français (Lamk) des *Scævola* L.

SEWERIA (Neck., *Elem.*, II, 98). Synon. de *Tigarea* Aubl.

SEWERZOWIA (Reg. et Schmalh., in *Act. H. petrop.*, V, 580). Genre de Papilionacées-Galégées, présentant beaucoup d'analogie avec les *Astragalus* et les *Biserrula*. Il diffère de l'un et de l'autre par son calice, dont toutes les dents sont groupées dans la partie inférieure du tube. La gousse est elliptique, trigone, carénée à la face ventrale, cloisonnée par l'introflexion de la suture. A la maturité, elle se sépare en deux valves naviculaires, bordées de longues dents sur la carène. C'est une petite herbe annuelle, du Turkestan. [A. Fr.]

SEXII. En Gascogne, le *Boletus æreus* Bull.

SEYBO. Nom uruguayen de l'*Erythrina Crista-galli* L.

SEYDLER (Chr.-Ænoth.). Auteur [1815], à Halle, de *Analecta pharmacognostica* (in-8 de 32 p.).

SEYMERIA (Pursh, *Fl. Am. sept.*, II, 736). Genre de Scrofulariacées-Gérardiées, formé de 8, 9 herbes, de l'Amérique du Nord et de Madagascar, noircissant en séchant; distingué par des sépales étroits, égaux au tube de la corolle ou plus longs; un tube de la corolle généralement court; des anthères nues,

subexsertes; un fruit comprimé au sommet. (Seem., *Her. Bot.*, t. 59, 60. — H. Bn, *Hist. des pl.*, IX, 469.)

SEYNESIA (Sacc., *Syll. Fung*, II, 668). Genre de Sphériacés, voisin des *Asterina* et des *Microthyrium*, sans mycélium apparent, à périthèces dimidiés, munis d'un ostiole central dont la déhiscence est le plus souvent étoilée. Les thèques piriformes, devenant cylindriques, dépourvues de paraphyses, contiennent 8 spores didymes, fuligineuses. M. Spegazzini rapporte aux *Asterina* 3 espèces du *Sylloge* de M. Saccardo (*Addit.*, 250, 251). Il en reste 8, vivant sur des feuilles de Solanées, Laurinées, Myrtacées, Palmiers, dans les régions équatoriales ou australes. [De S.]

SFERRA CAVALLO (Matth.). L'*Hippocrepis multisiliquosa*.

SFI. Nom, au Japon (Kæmpf.), du *Citrus trifoliata* L.

SHADDOCK. Nom anglais du Pamplemoussier.

SHAGUMASAIKO. Nom japonais de l'*Anemone cernua* Thunb.

SHA-JIKUSO. Nom japonais du *Trifolium Lupinaster* L.

SHAKU. Nom japonais du Cerfeuil.

SHAKUA (Boj., *Hort. maur.*, 82). Synonyme de *Poupartia* Commers. (H. Bn, *Hist. des pl.*, V, 258.)

SHAKUYAKU. Nom japonais du *Pæonia officinalis* Thunb.

SHALLONIUM (Rafin., in *Journ. Phys.*, LXXXIX, 260). Genre proposé pour le *Gaultheria Shallon* Pursh.

SHAMBALIT. Nom, à Meshad, des tubercules du *Merendera persica* Boiss., sortes d'Hermodactes.

SHANDER. Nom anglais de plusieurs *Sporobolus*.

SHARIVA. Le *Periploca indica* L.

SHARROCK (Rob.). A écrit [1660], à Oxford, *The history of the propagation and improvement of vegetables by the concurrence of art and nature* (in-8 de 255 p.).

SHAUDANUM. Nom tamoul du *Santalum album* L.

SHAW (Thom.). Professeur à Oxford [1692-1751], a écrit [1738] *Travels or observations relating to several parts of Barbary and the Levant*, et [1738] un Catalogue des plantes qu'il avait recueillies en Afrique et en Asie.

SHAWIA (Forst., *Char. gen.*, 95, t. 48). Genre de Composées-Astérées, que, malgré les considérations fantaisistes de certains auteurs, nous ne pouvons ne pas préférer à *Olearia* Mœnch, dont il est synonyme et auquel il est bien antérieur. C'est un genre océanien, à fleurs d'*Aster*, distingué par des bractées ∞-sériées et non appendiculées à l'involucre, sèches ou scarieuses sur les bords. Les fruits sont arrondis ou à peine comprimés. Ce sont environ 80 arbustes, à feuilles uninerves ou penninerves. (H. Bn, *Hist. des pl.*, VIII, 139.)

SHEA (Beurre de). Matière grasse produite par une Sapotacée, le *Vitellaria paradoxa* Gærtn. (*Butyrospermum Parkii* Kch.).

SHEADENDRON (Bertol., *Ill. pl. Mozamb.*). Synonyme de *Combretum* L.

SHEARERIA (Le Moore, in *Trim. Journ.* [1875], IV, 227, t. 165). Genre de Composées, placé par l'auteur près des *Rhynchospermum* et que d'autres (B. H., *Gen.*, II, 1234) rangent près des *Adenocaulon*. C'est une herbe annuelle, de Chine, à involucre ovoïde, bientôt ouvert, de 4, 5 bractées inégales; les fleurs femelles ligulées 2-4; les hermaphrodites 1-3. Les capitules sont petits et terminaux. (H. Bn, *Hist. des pl.*, VIII, 239.)

SHEASHONG. Au Népaul, l'*Elæagnus arborea* Roxb.

SHE-CABBAGE-TREE. Nom, à Sainte-Hélène, du *Lachanodes prenanthifolia* DC.

SHECUT (John.-L.-E.-W.). Auteur [1806], à Charlestown, d'un *Flora carolinæensis*, historique, médical et économique.

SHEEP-BUSH. Nom anglais du *Pentzia virgata*, de l'Afrique australe.

SHEEP-PLANT. Pour les colons de la Nouvelle-Zélande, le *Raoulia mamillaris* Hook. f.

SHEEP'S SORREL. Nom anglais du *Rumex Acetosella* L.

SHEFFIELDIA (Forst., *Char. gen.*, t. 9). Synonyme de *Samolus* L.

SHEFFIELDIE. Nom français (Lamk) des *Sheffieldia* Forst.

SHELLAC. Une des sortes de Gomme-laque.

SHELL-PLANT. Nom anglais de l'*Alpinia nutans* Rosc.

SHENT. Nom égyptien (LORET) de l'*Acacia Farnesiana* W.

SHEORA. — Voy. SYORA.

SHEPHERDIA (NUTT., *Gen. pl. N.-Amer.*, II, 240; *N.-Amer. Sylv.*, t. 35). Genre d'Élæagnacées-Élæagnées, formé de 3 arbustes de l'Amérique du Nord; distingué des *Elæagnus* par des fleurs dioïques, 8-andres et des feuilles opposées. On cultive parfois le *S. canadensis*. (H. BN, *Hist. des pl.*, II, 489, 496, fig. 285-288.)

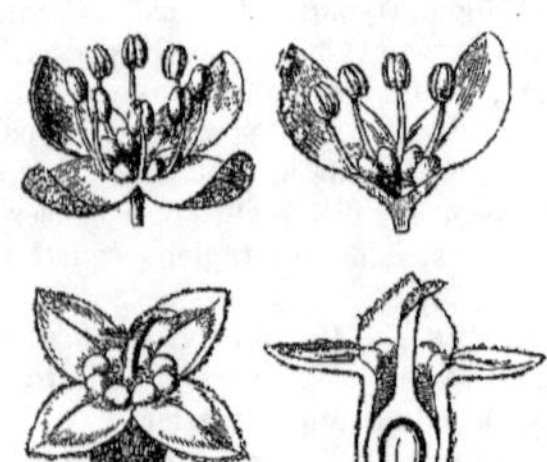

Shepherdia. — Fleurs mâle et femelle, entières et coupes longitudinales.

SHERARD (Will.). Ce célèbre botaniste était né en 1659 et mourut à Eltham en 1728. (Pour sa biographie, voy. *Act. lit. Suecice* [1722], 540.)

SHERARDIA (ADANS., *Fam. des pl.*, II, 198). Synonyme de *Stachytarpheta* VAHL.

SHERARDIA (DILL., *Gen.*, 3. — B. H., *Gen.*, II, 151). Genre de Rubiacées, dont nous n'avons fait qu'une section du genre *Asperula*, et remarquable par les bractées soulevées jusqu'en haut de ses ovaires et qui simulent un calice. Son nom générique, ayant pour lui l'antériorité, devrait, en somme, être préféré à celui de *Asperula*. (Voy. H. BN, in *Payer Fam. nat.*, 231; *Hist. des pl.*, VII, 261, 391.)

SHERARDIASTRUM (BOISS., *Diagn. or.*, III, 35). Section des *Galium*.

SHIBA-EL AGOOZ. Nom, au Maroc, de l'*Artemisia arborescens*.

SHICOLA (RŒM., *Syn.*, III, 112). Genre proposé pour le *Photinia dubia* LINDL.

SHIDE-SHAJIN. Nom japonais du *Phyteuma japonicum* MIQ.

SHIEINEAIN. Nom d'un Radis Daïkon du Japon.

SHIKA-GIKU. Nom japonais du *Tripleurospermum ambiguum* LED.

SHIKA-HANGE. Nom japonais du *Pinellia angustata* SCHOTT.

SHIMAI-KICH-CHILIK-GADDALU, SHIMAI-KICH-CHILIK-KIZHAU-GU. Noms tamoul et télangou de l'*Hedychium spicatum* SMITH.

SHIMOBASHIRA. Nom japonais du *Keiskea japonica* MIQ.

SHIMURA-NINJIN. Nom japonais du *Carum neurophyllum* MAX.

SHINAGAWA-HAGI. Nom japonais du Mélilot.

SHIN-EE. Nom japonais du *Magnolia Yulan* DESF.

SHIN-LEAF. Aux États-Unis, les Pyroles.

SHINU-GIKU. Au Japon, le *Chrysanthemum coronarium* L., dont les capitules servent de légume et de médicament.

SHIO-YAKISO. Nom japonais du Bec-de-grue.

SHIR. Nom, en Perse, du premier produit que donne, après incision de sa racine, le *Peucedanum Asa-fœtida* H. BN.

SHIRAKUKI-NA. Nom japonais du *Brassica Rapa* L.

SHIRATAMA-YURI. Nom japonais du *Lilium speciosum* THUNB.

SHIR-KHIST. Nom persan d'une sorte de manne récoltée sur des *Cotoneaster* et des *Atraphaxis*.

SHIRO-HANA-NO-HEBI-ICHIGO. Nom japonais du *Fragaria chilensis* EHRH.

SHIRO-INUTADE. Nom japonais du *Polygonum Persicaria* L.

SHISSO. Nom japonais du *Perilla arguta* BENTH.

SHOREA (ROXB., in *Gœrtn. Fruct.*, III, t. 186). Genre de Diptérocarpées, dont les fleurs sont celles des *Hopea*, avec 15 ou un grand nombre d'étamines, mais dont le fruit est entouré de 3 à 5 ailes formées par les sépales accrus. Deux d'entre elles sont souvent plus petites que les 3 autres. Les 20 ou 25 espèces de *Shorea* connues sont des arbres de l'Asie tropicale.

SHORT (Ch.-Wilk.). Professeur à Louisville [1794-1863], auteur [1836] de *A sketch of the progress of botany in Western America.*— Thom. SHORT, médecin d'Édimbourg, a écrit [1747] *Medicina britannica* (in-8 de 352 p.).

SHORTIA (TORR. et GR., in *Sillim. Journ.*, XLII, 48; ser. 2, XLV, 402). Genre d'Éricacées-Galacées, formé de 3, 4 espèces du Japon, du Thibet et de la Géorgie; qui a les caractères des *Galax* et que l'on distingue par une corolle campanulée ou infundibuliforme, plus ou moins profondément divisée; 5 staminodes et 5 étamines à anthère 2-loculaire. Les *Schizocodon* et *Berneuxia* ne sont que des sections de ce genre. (H. BN, *Hist. des pl.*, XI, 158.)

SHRINGATA (JONES, in *As. Res.*, II, 350). Syn. de *Trapa* L.

SHUFTALOU. Nom persan de la Pêche.

SHULTZIA (RAFIN., ex *Desvx Journ. Bot.* [1808], I, 219). Synonyme de *Obolaria* L.

SHUMAC. Pour Sumac.

SHUN-GIKU. Nom japonais du *Chrysanthemum coronarium* L.

SHUROSO. Nom japonais du *Veratrum nigrum* L.

SHUTAR-KHAR. Synonyme de *Khar-i-buzi*.

SHUTEREIA (CHOIS., *Conv. or.*, 103). Syn. de *Hewittia* W. et ARN.

SHUTERIA (W. et ARN., *Prodr.*, 207). Genre de Légumineuses-Papilionacées-Phaséolées, formé de 5 herbes indiennes, volubiles; distingué par des fleurs à bractées persistantes et striées; un calice à divisions supérieures unies; une étamine postérieure libre à tout âge; des anthères uniformes; des graines sans arille. (H. BN, *Hist. des pl.*, II, 251.)

SHUTTLEWORTHIA (MEISSN., *Gen.*, 290; *Comm.*, 198). Synonyme de *Verbena* T.

SHYA-GA. Nom japonais de l'*Iris japonica* THUNB.

SI. Au Japon, le *Diospyros Kaki* L.

SIA-DANA. Condiment employé dans l'Afghanistan, d'après Royle, et qui est une Nigelle, le *Cumin noir* des Écritures.

SIAGONANTHUS (PŒPP. et ENDL., *Nov. gen. et spec.*, I, 40, t. 69). Synonyme de *Ornithidium* SALISB.

SIAGONARRHEN (MART. — BENTH., *Labiat.*, 133). Section du genre *Hyptis* JACQ.

SIAH-CHOB. Nom afghan du *Cotoneaster nummularia*, qui donne une manne, dite *Shir-Kisht*.

SIALANG. Grand arbre de Sumatra, sur les branches duquel les abeilles sauvages font leur nid. D'où le nom d'*Arbre à abeilles* donné aussi à ce végétal (*Tour du Monde* [2 oct. 1880], 216, où le port de l'arbre est figuré). [T.]

SIAL CARBOUNADO. Nom bas-languedocien de l'Ergot.

SIALITE. Nom français (LAMK) des *Dillenia* L.

SIALLOUS. Dans le Midi, les Agarics de la section *Suillus*.

SIALODES (ECKL. et ZEYH., *Enum.*, 329). Syn. de *Galenia* L.

SIANG-TCHOUN. Nom chinois du *Cedrela sinensis* J.

SIBADO. Nom provençal de l'*Avena sativa* L.

SIBADO PÉLUCO. Nom provençal de l'*Avena nuda* L.

SIBBALD (Rob.). Professeur à Édimbourg, auteur [1684] de *Scotia illustrata, sive Prodromus Historiæ naturalis* (in-fol.).

SIBBALDE. Nom français des *Sibbaldia* L.

SIBBALDIA (L., *Gen.*, n. 393). Section du genre *Potentilla* T. (H. BN, *Hist. des pl.*, I, fig. 423-427.)

SIBANGEA (OLIV., in *Hook. Icon.*, t. 1411). Genre d'Euphorbiacées biovulées, voisin des *Hemicyclia*, à fleurs dioïques et apétales : les mâles à 3 étamines insérées autour d'un large rudiment concave de gynécée; les femelles à ovaire 1-loculaire et 2-ovulé. Le fruit est couronné des restes du style pelté, et 1-sperme. C'est un petit arbre, à feuilles alternes, à glomérules insérés dans l'aisselle des feuilles tombées. La plante est du Gabon. [H. BN.]

SIBER (Urb.-Gottfr.). A écrit [1699], à Schoneeberg, *De Moly Hermetis herba* (in-4).

SIBESTIER DOMESTIQUE. Le *Cordia Mixa* L.

SIBI (KÆMPF., *Amœn.*, 855). Nom, au Japon, du *Lagerstrœmia indica* L. Synonyme de *Sibia* DC.

SIBIA (DC., *Prodr.*, III, 93). Section du genre *Lagerstrœmia* L.

SIBIRI. Écorce fébrifuge de la Guyane.

SIB-NEDJEM. Nom égyptien (LORET) de l'*Acorus Calamus* L.

SIBOG. Nom, aux Philippines, des *Acacia* T.

SIBTHORP (John). Né à Oxford en 1758, est l'auteur d'un *Flora oxoniensis* [1794], d'un *Floræ græcæ Prodromus* [1806-13], et, avec J.-E. Smith, du célèbre *Flora græca* [1806-40], splendide et coûteux ouvrage qui comporte 10 vol. in-fol. (PRITZ., *Thes.*, 297.)

SIBTHORPIA (L., *Gen.*, n. 775). Genre de Scrofulariacées-Digitalées, formé de 6 petites herbes, européennes, africaines, asiatiques et américaines; distingué par un calice 4-8-fide; une corolle 4-8-fide; une capsule à valves contraires à la cloison; des tiges rampantes; des feuilles alternes, orbiculaires ou incisées. Le *S. europæa* L. croît dans l'ouest de la France, de la Normandie aux Landes. (H. BN, *Hist. des pl.*, IX, 464.)

SIBUCAO. Nom, aux Philippines, des *Cæsalpinia* PLUM.

SIBURATIA (DUP.-TH., *Gen. nov. madag.*, 12). Synonyme (DC.) de *Mæsa* FORSK.

SICANA (NAUD., in *Ann. sc. nat.*, sér. 4, XVIII, 180). Section du genre *Cucurbita* L. (H. BN, *Hist. des pl.*, VIII, 395.)

SICAROST. Sorte de Manne des Indes.

SICELION. Dans Pline, le *Plantago Psyllium* L. (?)

SICELIUM (P. BR., *Jam.*, 144). Syn. de *Coccocypselum* P. BR.

SICILIANA (BAUH.). Synonyme de *Hypericum* T.

SICIOTE. Nom français (LAMK) des *Sicyos* L.

SICKINGIA (W., in *Ges. Naturf. Fr. Berl. N. Schr.*, III, 445; in *Schrad. Journ. Bot.* [1800], II, 291). Section du genre *Chimarrhis* JACQ. (H. BN, in *Adansonia*, XII, 302; *Hist. des plant.*, IV, 493.)

SICKLER (FRIED.-K.-Ludw.). Auteur [1802], à Francfort-sur-le-Mein, de *Allgemeine Geschichte der Obstkultur von den Zeiten der Urwalt an bis auf die gegenwärtigen herab* (in-8).

SICKLERA (RŒM., *Syn.*, 49). Genre douteux, établi pour le *Murraya longifolia* BL.

SICKLERA (SENDTN., in *Flora* [1846], 194). Synonyme de *Brachistus* MIERS.

SICKMANN (Joh.-Rud.). Auteur [1836] d'une *Flore des environs de Hamburg* (in-8 de 80 p.). Il est mort en cette ville en 1849.

SICKMANNIA (NEES, in *Linnæa*, IX, 292). Genre proposé pour le *Ficinia radiata* K.

SICKU. Nom, au Japon (KÆMPF.), de l'*Hovenia dulcis* THUNB.

SICYDIUM (A. GRAY, in *Bost. Journ. Nat. Hist.*, VI, 194). Genre de Cucurbitacées-Cucurbitées, formé de 2, 3 herbes de l'Amérique du Nord; distingué par des pétales étroits et entiers; 3 étamines; un style à sommet stigmatifère 3-lobé. (H. BN, *Hist. des pl.*, VIII, 430.)

SICYOCARPUS (BOJ., *Hort. maurit.*, 214). Synonyme de *Marsdenia* R. BR.

SICYOMORPHA (MIERS, in *Trans. Linn. Soc.*, XXVIII, 410). Section du genre *Hippocratea* L.

SICYOS (L., *Gen.*, n. 1094). Genre de Cucurbitacées-Sechiées, formé d'une vingtaine d'herbes américaines et océaniennes; distingué par des fleurs 5-mères; les femelles en glomérules; les mâles en grappe; le fruit petit, aplati et échiné. (H. BN, *Hist. des pl.*, VIII, 428.)

Sicyos. — Rameau florifere.

SICYOSPERMA (A. GRAY, *Pl. Wright. texan.*, II, 62). Section du genre *Sicyos* L. (H. BN, *Hist. des pl.*, VIII, 428.)

SIDA (L., *Gen.*, n. 837). Genre de Malvacées-Malvées, formé d'environ 80 arbustes ou herbes, des deux mondes; distingué par des fleurs sans calicule ou exceptionnellement quelques bractées sétiformes; des carpelles nus ou connivents par leur bec. Ce sont des plantes émollientes et mucilagineuses. (H. BN, *Hist. des pl.*, IV, 139.)

SIDALCEA (A. GRAY, *Pl. Fendler.*, 18). Genre de Malvacées-Malvées, formé d'environ 8 herbes, de l'Amérique du Nord, à port d'*Althæa;* distingué par des fleurs sans calicule; la colonne de l'androcée double; l'extérieure 5-adelphe; les carpelles non rostrés. (H. BN, *Hist. des pl.*, IV, 139.)

SIDAWAYA. A Java, le Laurier-Rose.

SIDDHI. Nom hindoustani d'un Chanvre à haschich.

SIDE. Nom phénicien du Grenadier.

SIDE, SORO. Noms japonais d'un *Carpinus* indéterminé.

SIDÉES. Sous-série des Malvacées-Malvées, à carpelles disposés sur un seul verticille et 1-ovulés; l'ovule descendant.

SIDEKOBUSI. Au Japon, le *Magnolia glauca* L. (?)

SIDEM. Au Sénégal, le *Zizyphus orthacantha* DC.

SIDERANTHUS (FRAS. — NEES, in *Pr. Neuw. Reis.*). Synonyme de *Haplopappus* CASS.

SIDERITIS (L., *Gen.*, n. 712). Genre de Labiées-Lamiées, formé de 45 espèces, des Canaries et de la région Méditerranéenne; distingué, dans le groupe des Marrubiées, par un calice 5-denté; une corolle à tube inclus; la lèvre postérieure subplane. Les étamines antérieures ont des anthères souvent dimidiées, et celles des postérieures ont 2 loges divariquées. Les achaines sont arrondis au sommet. Les verticillastres sont axillaires ou disposés en épis. Il y en a 4 en France. (GREN. et GODR., *Fl. de Fr.*, II, 697. — H. BN, *Hist. des pl.*, XI, 41.)

SIDERITIS. Nom ancien du Lycope d'Europe.

SIDERODENDRON (SCHREB., *Gen.*, 71). Section américaine du genre *Ixora* L., à ovules assez souvent descendants. (H. BN, in *Bull. Soc. Linn. Par.*, 219; *Hist. des pl.*, VII, 407.)

SIDERODRE. Nom français (LAMK) des *Siderodendron* SCHR.

SIDEROXYLOIDES (JACQ., *Amer.*, 19, t. 175, fig. 9). Synonyme de *Siderodendron* SCHREB.

SIDEROXYLON (BURM., *Pl. cap.*, 235). Syn. de *Curtisia* AIT.

SIDEROXYLON (L., *H. Cliff.*, 69) Genre de Sapotacées, qui a donné son nom à une tribu des *Sidéroxylées* et qui a les caractères des *Bumelia*, sinon que sa corolle n'a pas de lobes complémentaires. Les graines sont généralement dressées et pourvues d'albumen. A ce genre ont été rapportés comme sections les *Calvaria*, *Argania* et *Mastichodendron*. Ce sont des arbres et arbustes des deux mondes, qui habitent les pays chauds. (H. BN, *Hist. des pl.*, XI.)

SIDEROXYLUM (L., *Gen.*, ed. 1, 58). Pour *Sideroxylon* L.

SIDHEE, SUBJEE. Noms indiens du Haschich.

SIDION. Synonyme de *Malicorium*.

SIDRA. Le *Zizyphus Spina-Christi* W.

SIEBER (Fr.-Wilh.). Né et mort à Prague [1785-1844], fut un voyageur infatigable et récolta beaucoup de plantes qui se trouvent dans les principaux herbiers d'Europe. On lui doit *Herbarium Floræ ægyptiacæ* [1820], *Herbarium Floræ creticæ* [1820], *Reise nach der Insel Creta* [1817] et *Reise von Cairo nach Jerusalem* [1823].

SIEBERA (J. GAY, in *Mém. Soc. Hist. nat. Par.*, III, 343). Section du genre *Xeranthemum* T. (H. BN, *Hist. des plant.*, VIII, 83.)

SIEBERA (REICHB., *Consp.* [1828], 145, nec J. GAY). Genre d'Ombellifères-Hydrocotylées, à fleurs polygames, à pétales valvaires ou imbriqués, avec des branches stylaires grêles et des stylopodes déprimés, disciformes. Le fruit, comprimé perpendiculairement à la cloison, a des côtes primaires grêles, souvent arquées; la dorsale parfois saillante et bordante. Les autres caractères sont ceux des *Trachymene* avec lesquels ce genre a été confondu. Il est formé d'arbustes grêles ou d'herbes vivaces, à feuilles entières ou squamiformes; les inférieures quelquefois disséquées; et les inflorescences sont des ombelles simples ou composées au sommet des ramules, avec des involucres formés de nombreuses petites bractées. On en distingue 14 espèces australiennes. (Voy. *Hist. des pl.*, VII, 236, n. 74.) [H. BN.]

SIEBERA (SCHRAD., ex REICHB., *Ic. Fl. germ.*, V, t. 204). Synonyme de *Arenaria* L.

SIEBERIA (PRESL, in *Oken Isis* [1838], 275). Synonyme de *Anredera* J.

SIEBERIA (Spreng., *Anleit.*, II, 282). Synonyme de *Habenaria* W.

SIEBOLD (K. v.). Professeur à Munich, écrivit [1844] *De finibus inter regnum animale et vegetabile.* — Fr.-Phil. Siebold, mort à Munich en 1865, est l'auteur de *Tabulæ synopticæ usus plantarum* [1827]; *Synopsis plantarum œconomicarum universi regni japonici* [1827]; *Einige Worte über den Zustand der Botanik auf Japan*, etc. [1829]. Avec Zuccarini, il a donné les premières indications précises, depuis Thunberg, sur la Flore du Japon. — Ph.-Fr. v. Siebold est l'auteur, avec Zuccarini, du *Floræ japonicæ familiæ naturales* [1843-46], et en 1835-44 il a publié le magnifique *Flora japonica*, etc. (in-fol.). Son nom est indissolublement attaché à l'histoire du Japon, et il a formé à Leyde un magnifique musée pratique japonais. C'est Miquel qui a publié les derniers fascicules de sa Flore japonaise. On voit encore au Muséum de Paris le premier *Paulownia* du Japon introduit par Siebold.

SIEBOLDIA (Hffmg, *Nachtr. Verz.* [1842], 28). Genre proposé pour le *Clematis florida* Thunb.

SIEGESBECK (Joh.-G.). Auteur [1736] de *Primitiæ Floræ petropolitanæ*, puis [1737] de *Propempticum de Maianthemo*; un *Programma de Tetragono Hippocratis* [1737]; *Botanosophiæ verioris brevis Sciagraphia* [1737] et *Vaniloquentiæ botanicæ specimen*, publié en 1741.

SIEGESBECKIA (L., *Gen.*, n. 973). Genre de Composées-Hélianthées, formé de 2 herbes, généralement annuelles, des régions tropicales; distingué, dans le groupe des Verbésinées, par des fleurs du rayon 1-sériées, à petit limbe ligulé ou subcampanulé; un réceptacle petit, avec involucre dont les 5 bractées extérieures sont étroites et glanduleuses. Les feuilles sont opposées, et les capitules sont disposés en grappes de cymes lâches. (H. Bn, *Hist. des pl.*, VIII, 211.)

SIEGLINGIA (Bernh., *Verz. Pfl. Erf.*, 44). Synonyme de *Uralepis* Nutt.

SIEJOS. Cierges fabriqués à Bogota, d'après Purdie, avec le *Langsdorffia hypogæa* Mart.

SIEMPREVIVA. En Espagne, les Grassettes et Joubarbes. C'est aussi le nom vulgaire mexicain de l'*Echeveria imbricata*.

SIEMSSENIA (Steetz, in *Pl. Preiss.*, I, 467). Synonyme de *Podolepis* Labill.

SIÉNABALLI. Nom, dans l'Inde, d'un Laurier gigantesque.

SIENNIK (Marc.). Auteur [1568], à Kirnowa, d'un *Herbarz* (in-fol. de 628 p.).

SIERSTORPF (Kasp.-Heinr.-Freih. v.). Auteur de travaux sur les arbres, sur l'effet de l'hiver, etc., publiés à Brunswick et à Hanovre de 1750 à 1813.

SIEVEKINGIA (Reich. F., *Beitr. Syst. Pflanzenk.*, 3). Genre d'Orchidacées, de Costa-Rica, voisin, dit-on, des *Kegelia* Reichb.

SIEVERSIA (W., in *Berl. Mag.*, V, 398). Synonyme de *Geum* L.

SIGALINE. Le *Parkinsonia aculeata* L.

SIGER. Nom malais du Giroflier.

SIGESBÈQUE. Nom français (Lamk) des *Siegesbeckia* L.

SIGILLARIA (Ad. Br., in *Mém. Mus.*, VIII). Les *Sigillaria* sont des plantes fossiles vasculaires qu'on trouve abondamment dans le terrain houiller. Leur nom vient de la forme des cicatrices laissées sur le tronc par la chute des feuilles, cicatrices qu'on a comparées à l'empreinte d'un cachet (*sigillum*). Ces végétaux étaient arborescents. Leur tronc, qui s'élevait d'une partie souterraine désignée sous les noms de *Stigmaria* et *Stigmariopsis*, était le plus souvent simple, plus rarement dichotome, et portait au sommet un panache de feuilles linéaires. Les feuilles se détachaient successivement, et le tronc était et se voit encore couvert de cicatrices caractéristiques. Ces cicatrices sont polygonales et portées sur un coussinet non décurrent. A leur surface on remarque trois cicatricules : une centrale, punctiforme, vasculaire; et deux latérales, semi-lunaires, formées par des canaux gommeux. Sur les tiges décortiquées on ne voit souvent que la cicatrice punctiforme; mais, à la partie inférieure du tronc, ce sont au contraire les cicatrices latérales qui deviennent très apparentes. Elles ont évidemment grossi et sont tantôt distinctes, tantôt plus ou moins confondues. Ces bases de tronc ont été longtemps décrites comme un genre séparé, sous le nom de *Syringodendron*.

On distingue dans l'ancien genre *Sigillaria*, d'après la position des cicatrices foliaires sur les tiges, quatre types distincts. Ad. Brongniart, dans son Tableau des genres de végétaux fossiles, en a fait quatre genres différents, dont il a composé une famille des *Sigillariées*. Il y a entre ces quatre types de tels intermédiaires, qu'il vaut peut-être mieux y voir quatre sections d'un même genre.

Voici ces sections avec leurs caractères :

Pas de côtes, cicatrices contiguës	*Clathraria.*
Pas de côtes, cicatrices écartées	*Leiodermaria.*
Cicatrices contiguës, placées sur des côtes longitudinales	*Favularia.*
Cicatrices écartées, placées sur des côtes longitudinales	*Rhytidolepis.*

Outre les cicatrices des feuilles, on en voit, sur certains échantillons, de plus petites, arrondies ou allongées de haut en bas, avec cicatricule vasculaire; elles répondent à des racines adventives. D'autres, plus grandes, arrondies et marquées aussi d'une cicatricule, proviennent de la chute des épis reproducteurs, qu'on a désignés sous le nom de *Sigillariostrobus*. On connaît la structure de la tige de plusieurs espèces. La plus anciennement décrite est celle du *Sigillaria Menardi*, dont Ad. Brongniart a fait le sujet d'un important mémoire; mais il a distingué par erreur cette espèce sous le nom de *S. elegans*. Elle appartient au sous-genre *Clathraria*. Cet éminent paléontologiste y a aussi figuré, de dedans en dehors : 1° une moelle; 2° un bois centripète formé de faisceaux vasculaires distincts constitués par de petits vaisseaux rayés; 3° un bois centrifuge formé de lames rayonnantes séparées par des rayons médullaires et constitué par de grands vaisseaux rayés, scalariformes; 4° un tissu cellulaire, partie intérieure de l'écorce, traversé par des faisceaux foliaires qui naissent entre les deux bois; 5° un prosenchyme formé de cellules allongées en séries rayonnantes; 6° un parenchyme de cellules serrées. La tige d'une autre espèce, le *S. spinulosa*, qui appartient au sous-genre *Leiodermaria*, a été étudiée par M. Renault. Elle ne diffère guère de la précédente que par le bois centrifuge, non en faisceaux, et par le prosenchyme disposé en réseau dans les mailles duquel on trouve du tissu cellulaire. Les feuilles des *Sigillaria* (*Sigillariophyllum* Grand'Eury) sont longues, rigides et dressées. Leur section transversale montre en dessus une gouttière longitudinale; en dessous, une arête médiane saillante, et, de part et d'autre de cette arête, une rainure aboutissant de chaque côté de la base d'insertion. Ces rainures abritent les stomates, qui y sont tous rassemblés. Il n'y a qu'un seul faisceau vasculaire, préservant un bois centripète et un bois centrifuge. On savait depuis longtemps que les *Sigillaria* avaient des fructifications en épis; mais on ignorait quelles sortes d'organes ces épis avaient portées, lorsque, en 1884, M. Zeiller constata, sur des épis appartenant à quatre espèces de Sigillaires à côtes, des macrospores groupées à la base des bractées. Mais, en 1885, M. Renault décrivit un épi de *S. Menardi* ou *spinulosa* comme portant, sous la partie basilaire de chaque bractée, des sacs polliniques.

La véritable place des *Sigillaria*, ou du moins d'une partie des *Sigillaria*, dans la classification, reste donc douteuse.

La découverte de M. Zeiller, incontestable et portant sur d'assez nombreux échantillons, établit la nature cryptogamique des *Sigillaria* à côtes (sous-genres *Favularia* et *Rhytidolepis*), qui viennent se placer non loin des *Isoetes*; mais, pour les *Sigillaria* dépourvus de côtes (sous-genres *Leiodermaria* et *Clathraria*), on reste en suspens. L'observation de M. Renault tendrait à les placer dans les Phanérogames-Gymnospermes; mais cette observation porte jusqu'ici sur un seul échantillon, et il faut avouer qu'il y a une telle identité, pour le port et les cicatrices foliaires, entre les *Sigillaria* à côtes et sans côtes, qu'il est bien difficile de les écarter les unes des autres.

Le premier *Sigillaria* se montre dans le dévonien moyen de l'Amérique du Nord. Il est à côtes étroites. Ces plantes demeurent très rares dans le dévonien supérieur et dans le carbonifère inférieur, où l'on ne trouve guère que des espèces sans côtes. Les *Favularia* et *Rhytidolepis* sont représentés dans le terrain carbonifère moyen par de très nombreuses espèces, sans cependant que les autres formes y soient rares. Les unes et les autres sont en décroissance dans le carbonifère supérieur. Dans le terrain permien, on ne trouve plus qu'une ou deux espèces sans côtes, et le groupe semble même se prolonger jusqu'au grès bigarré avec une espèce qui a été signalée par M. Weiss, et qui rentrerait dans les *Leiodermaria*. [B.]

SIGILLARIA (RAFIN., in *Journ. Phys.*, LXXXIX, 261). Synonyme de *Smilacina* DESF.

SIGILLARIÉES. Ad. Brongniart, dans son *Tableau des genres de végétaux fossiles*, admet une famille des Sigillariées, comprenant les Sigillariées, les Diploxylées et les Stigmariées de Corda. On sait maintenant que les Stigmariées ne sont que les parties souterraines des Sigillariées. Il reste donc dans la famille deux groupes ou tribus, qui ont pour caractère commun d'avoir dans la tige un cylindre ligneux formé d'un double bois : bois centripète et bois centrifuge, constitués l'un et l'autre par des trachéides rayées. Le bois centripète forme un cylindre continu dans les Diploxylées; il est disposé en faisceaux distincts et à section lunulée dans les Sigillariées proprement dites. [B.]

SIGILLARIOCLADUS (GRAND'EURY, *Fl. carb. Loire*). Nom donné aux rameaux feuillés des *Sigillaria* AD. BR.

SIGILLARIOPHYLLUM (GRAND'EURY, *Fl. carb. Loire*). Famille de *Sigillaria* AD. BR.

SIGILLARIOPSIS (B. REN.). Genre de Poroxylées. Ce groupe, voisin de celui des Sigillariées, n'est connu que par sa structure. Les plantes peu nombreuses qui le composent n'ont pu être étudiées que sur des échantillons silicifiés. On ne les connaît pas à l'état d'empreinte. Le genre *Sigillariopsis* ne renferme qu'une espèce, le *S. Decaisnei*. M. Renault en a donné une description et des figures très détaillées. La tige montre, autour de la moelle, deux bois : 1° un bois intérieur centripète, sans rayons médullaires, dont les faisceaux ont, comme ceux des *Sigillaria*, une section lunulée, mais sont formés, en dehors, de trachéides rayées; en dedans, de trachéides ponctuées; 2° un bois extérieur centrifuge, dont les éléments sont en séries rayonnantes, séparées par des rayons médullaires, et qui est formé, en dedans, de trachéides rayées, et, en dehors, de trachéides ponctuées. Les feuilles qui entourent la tige sont, à la base, épaisses et convexes en dessous, à sommet triangulaire. Elles ont deux faisceaux à la base, un seul au sommet. Les faisceaux sont formés d'un bois centripète et d'un bois centrifuge, constitués l'un et l'autre par des trachéides rayées et des trachéides ponctuées. Ce genre provient du terrain permien d'Autun. [B.]

SIGILLARIOSTROBUS (SCHIMP.). Épis de Sigillaires. Plusieurs de ces épis avaient été décrits et figurés en 1855 par Goldenberg, en 1875 par M. Feistmantel et en 1877 par M. Grand' Eury; mais on n'avait pu constater de quelle nature étaient les organes de fructification, lorsque, en 1884, M. Zeiller donna les descriptions et les figures de cinq espèces, dont plusieurs étaient représentées par des échantillons portant à la base de leurs bractées un groupe de macrospores. Ces macrospores sont marquées de trois stries divergentes, souvent raccordées par trois arcs de cercle légèrement saillants. Ce caractère, ainsi que les aspérités qui revêtent la surface dans plusieurs des espèces, leur donnent une grande analogie avec les macrospores du genre *Isoetes*. Les bractées ont leur portion basilaire rétrécie en coin, munie d'un pli médian et, dans la plupart des cas, séparée du limbe par un pli transversal. Aucun de ces cônes n'a été trouvé en place; mais M. Zeiller a constaté sur leur pédoncule des cicatrices caractéristiques de Sigillaires. Ils naissent latéralement des tiges, groupés en certain nombre à un même niveau en verticilles irréguliers. Leur pédoncule était en conséquence fréquemment courbé et le plus souvent aussi couvert de feuilles courtes qui passaient graduellement aux bractées.

Les bractées sont plus raides et plus étalées que dans les épis des *Lepidodendron*. [B.]

SIGILLUM MARIÆ. La Vigne vierge.

SIGINGALIOS. Le *Dracunculus vulgaris* SCHOTT.

SIGMATOCALYX (REICHB. F., in *Bot. Zeit.* [1852], 769. — GRISEB., *Symb. Fl. argent.*, 336). Genre d'Orchidacées, rapporté aux Malaxidées et voisin, dit-on, des *Stelis*. Les folioles extérieures et intérieures du périanthe y sont subégales. Le labelle est divergent dès sa base et très courtement onguiculé. La colonne est inclinée vers le labelle, dilatée au sommet, appendiculée aux deux bords. L'anthère est biloculaire, et il y a deux pollinies, sans caudicule. Le *S. brachycion* GRISEB. habite la République Argentine. Ce genre est formé de petites herbes épiphytes, à petits pseudobulbes aériens, axillaires, à feuilles graminiformes, à grappes axillaires pauciflores, capillaires. [H. BN.]

SIGMOIDEOMYCES (THAXT., in *Botan. Gaz.*, XVI, 22 [1891]). Genre d'Hyphomycètes, dont les spores hérissées sont portées sur une cellule sphérique, comme chez les *Aspergillus*. Mais cette cellule, au lieu d'être terminale, se détache latéralement de filaments ramifiés, contournés, terminés par des branches courtes et courbées; d'où le nom de *dispiroides* donné à la seule espèce, découverte aux États-Unis sur du bois pourri. [DE S.]

SIGNATURE. Expression indiquant que les propriétés des végétaux sont dénoncées par un caractère organographique qu'ils présentent. L'Abécédaire devait apprendre à lire aux enfants, parce qu'on lisait sur la plante, soi-disant, les premières lettres de l'alphabet. Le suc de Carotte devait guérir l'ictère, à cause de la couleur de la racine. Les *Orchis* étaient aphrodisiaques, à cause de la forme de leurs pseudo-bulbes. La Pulmonaire devait être souveraine contre les affections des poumons, parce que ses feuilles présentaient les mêmes taches blanches que le poumon de certains animaux. Les plantes à rhizome rampant, imitant les ondulations des serpents, devaient guérir des morsures de ces reptiles, etc., etc. Toutes ces sornettes ont été rassemblées par Camerarius (*De symbola et emblemata*) et par Crausse de Mellingen (*Dissertatio de signatura vegetabilium*), en 1697.

SIGNET DE SALOMON. Les *Polygonatum* ADANS.

SIGWART (G.-Fried.). Professeur à Tubinge, où il mourut en 1795, a écrit [1769] *De vegetabilium ulteriori indagine ejusdemque necessitate et utilitate* (in-4 de 22 p.).

SII-TAKE (littéralement Champignon du *Sii*; le *Sii* est le *Quercus cuspidata*). Nom japonais d'une variété d'Agaric, cultivée sur le tronc abattu et convenablement préparé de divers *Quercus* et *Carpinus*. Cette variété d'Agaric serait très rapprochée de nos *Agaricus fusipes* FR., *contortus* BULL., *ilicinus* DC., *cylindraceus* DC., *attenuatus*, etc. (Voy. DE CASTILLON, in *Roumeguère Rev. mycol.*, 6.) [T.]

SI-KAKU TAKE. Nom, au Japon, d'un Bambou carré.

SIKU. Au Japon, l'*Hovenia dulcis* THUNB.

SILAR. Aux Célèbes, le *Corypha Gebanga* BL.

SILAUM (MAGNOL, *Char. pl.*, lib. 1, sect. 2). Syn. de *Silaus.*

SILAU-ROSSFENCHEL. Nom allemand du *Silaus pratensis* BESS.

SILAUS (BESS., in *Ræm. et Sch. Syst.*, VI, 36). Genre d'Ombellifères, réduit au rang de section du genre *Meum* T. (H. BN, *Hist. des pl.*, VII, 210.)

SILAVE. Nom du *Meum Silaus* H. BN.

SILAVOUNE-RIVOUTSCH. Nom, au nord de Madagascar, du *Desmodium mauritianum* DC., employé là comme tonique.

SILBERKRAUT. En Allemagne, l'Ansérine.

SILÈNE (*Silene* L., *Gen.*, n. 567). Genre de Caryophyllacées, série des Lychnées. Leurs fleurs diffèrent à peine de celles des *Lychnis*. Leur calice est plus ou moins renflé, à lobes imbriqués. La corolle est de 5 pétales à limbe bifide ou lacinié; sa préfloraison est imbriquée ou tordue. Les étamines, au nombre de 10, sont insérées sur un podogyne de forme variable : celles opposées aux pétales sont plus courtes. L'ovaire est triloculaire, surmonté de 3 branches stylaires. Le fruit est une capsule, à 3-6 dents au sommet, déhiscente en 3-6 valves. Tous les autres caractères sont ceux des *Lychnis*. Ce sont des herbes annuelles ou vivaces, d'aspect divers, à feuilles opposées, à fleurs solitaires ou groupées en cymes, bipares ou unilatérales. Les Silènes sont des plantes des régions tempérées du globe ; ils ont peu d'usages. Les *S. inflata, Otites* et *italica* sont comes-

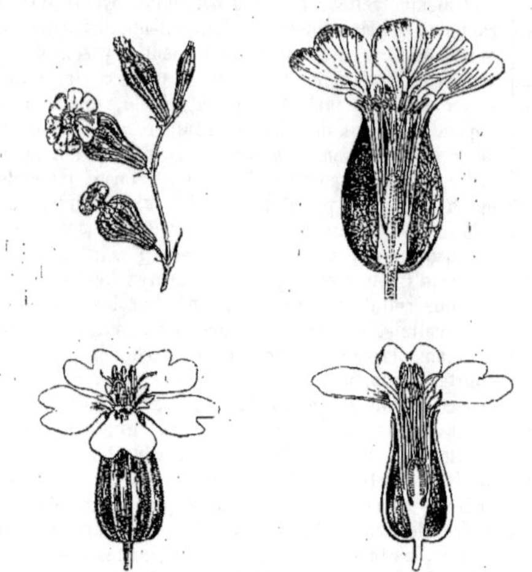

. Silènes. — Inflorescence. Fleur, entière et coupes longitudinales.

tibles ; le *S. viscosa* est émétique ; en Orient, le *S. macrosolen* d'Abyssinie est réputé tænicide. Plusieurs sont ornementaux. (Voy. H. Bn, *Hist. des pl.*, IX, 85, 109, fig. 112-14.) [F. H.]

SILENOPHYLLUM (Grisbb., *Gent.*, 99). Section du g. *Chironia*.

SILENOPSIS (Willk., in *Bot. Zeit.* [1847], 237). Synonyme de *Petrocoptis* A. Braun.

SILER (Scop., *Fl. carniol.*, I, 217). Section du genre *Meum* T., à bandelettes larges dans chaque vallécule (H. Bn, *Hist. des pl.*, VII, 210). On cultive souvent dans nos jardins le *S. trilobum*, espèce aromatique.

SILEX (Dumort.). Pour *Siler* Scop.

SILIA. En Pologne, le *Lilium candidum* L.

SILICULE (*Silicula*). — Voy. Silique.

SILIGO. (Duby. — Math., *Fl. belg.*, I, 630). Synonyme de *Triticum* T.

SILIQUA (T., *Inst.*, 578, t. 344). Synonyme de *Ceratonia* L.

SILIQUA DULCIS. La Caroube.

SILIQUÆ (Matth.). Le Caroubier (*Ceratonia Siliqua* L.).

SILIQUA HIRSUTA. La gousse des *Mucuna* Marcgr.

SILIQUARIA (Forsk., *Fl. æg.-arab.*, 78). Synonyme de *Cleome* L.

SILIQUA SILVESTRIS (Clus.). Le *Cercis Siliquastrum* L.

SILIQUASTRE. Nom ancien des *Capsicum* L.

SILIQUASTRUM (Fuchs). Le *Capsicum annuum* L.

SILIQUASTRUM (Pline). Synonyme, à ce qu'on croit, de *Capsicum* (Καψικόν), à cause de la forme allongée du fruit des Piments de jardin anciennement connus.

SILIQUASTRUM (T., *Inst.*, 646, t. 414). Synonyme de *Cercis* L.

SILIQUE (*Siliqua*). Fruit, tel que celui des Crucifères, étroit, allongé, sec, déhiscent par quatre fentes, en trois pièces, dont deux sont des valves ; et le troisième, le *replum*, fausse-cloison placentifère. La Silicule est une Silique plus courte, dont la longueur égalerait au plus trois ou quatre fois la largeur.

SILIQUE ROUGE. Le fruit du Caroubier.

SILIQUORANDIA (H. Bn, in *Adansonia*, XII, 210 ; *Hist. des pl.*, VII, 310). Section du genre *Genipa* (*Gardenia*) Plum., à longs fruits étroits, moniliformes, avec les graines 1-sériées, séparées par des étranglements. Ce fruit est indéhiscent. Espèces de la Nouvelle-Calédonie.

SILJ. Nom illyrien de l'Avoine.

SILK-CATTUN. Nom du *Calotropis procera* R. Bn.

SILK-COTTON-TREE. Nom anglais des *Eriodendron* DC.

SILK-WEED. Nom anglais des *Asclepias* L.

SILLÉN (Nicol.-Jak.). A publié en 1827, à Upsal, une flore de la paroisse suédoise de Brankyrka (in-8 de 48 p.).

SILLI. En Italie, synonyme de *Suilli*.

SILLIA (Karst., *Myc. fenn.*, I, 20). Genre de Sphériacés, établi pour l'ancien *Sphæria ferruginea* Pers. Les caractères qui le distinguent des *Cryptospora* sont peu importants : couleur rougeâtre de l'intérieur du stroma, émergeant au lieu d'être subépidermique ; tout au plus seraient-ils de nature à établir un sous-genre. [De S.]

SILPHIE. Nom français (Lamk) des *Silphium* L.

SILPHIOSPERMA (Steetz, in *Pl. Preiss.*, I, 433). Synonyme de *Brachycome* Cass.

SILPHIUM (L., *Gen.*, n. 986). Genre de Composées-Hélianthées, formé de 10-12 herbes vivaces, de l'Amérique du Nord ; distingué par un large involucre et des fruits ailés, comprimés par le dos ; les ailes prolongées au sommet en arêtes courtes ou en dents. Ce sont des plantes élevées, ramifiées, à feuilles souvent grandes, à capitules groupés en cymes corymbiformes. On en cultive de très belles espèces. (*Bot. Mag.*, t. 3354, 3355, 3525. — H. Bn, *Hist. des pl.*, VIII, 234.)

SILPHIUM PERSICUM. Nom ancien de l'*Asa-fœtida*.

SILVA DO PRAYA. Nom portugais du *Cæsalpinia* (*Guilandina*) *Bonducella* Roxb.

SILVÆA (Hook. et Arn., *Beech. Bot.*, 211). Synonyme (B. H.) de *Trigonostemon* Bl.

SILVÆA (Meissn., in *DC. Prodr.*, XV, I, 84). Synonyme (B. H.) de *Endiandra* R. Bn.

SILVÆA (Phil., *Fl. atacam.*, 21, t. 1 C.). Genre de Portulacacées-Portulacées, monandre et voisin des *Monocosmia*. On lui décrit 2 sépales persistants et 3, 4 pétales. Son fruit est indéhiscent. On en décrit 4 espèces herbacées, du Chili. (H. Bn, *Hist. des pl.*, IX, 72.)

SILVER FIR. Nom anglais du *Pinus Abies* Du Roi.

SILVER-WATTLE. L'un des noms vulgaires, en Australie, de l'*Acacia dealbata* Link.

SILVERWOOD. En Angleterre, l'Ansérine.

SILVERY-FERN. Le *Gymnogramme Calomelanos* Kaulf.

SILVI. Nom du *Gouania domingensis* L.

SILVIA (Allem., *Diss.* [1845?], c. ic.). Syn. de *Silvæa* Meissn.

SILVIA (Benth., in *DC. Prodr.*, X, 513 ; *Gen.*, II, 972). Genre de Scrofulariacées-Gérardiées, formé de 2 sous-arbrisseaux mexicains ; distingué par un calice à tube plus long que les lobes ; des étamines à anthère glabre et subincluse ; des tiges couchées ; des feuilles entières ou disséquées. (H. Bn, *Hist. des pl.*, IX, 468.)

SILVIA (Vell., *Fl. flum.*, 55 ; Atl., I, t. 149). Synonyme de *Escobedia* R. et Pav.

SILVIANTHUS (Hook. f., *Icon. pl.*, t. 1048 ; *Gen.*, II, 64, n. 97). Genre de Rubiacées-Oldenlandiées, voisin des *Carlemannia* (dont il est peut-être plutôt une section), à fleurs 4, 5-mères, avec une corolle infundibuliforme, à lobes valvaires-indupliqués. Tous les caractères de ces fleurs sont d'ailleurs ceux des *Oldenlandia*, sinon qu'il n'y a que 2 étamines insérées sur le tube de la corolle, et que les capsules 2-loculaires, polyspermes, s'ouvrent d'une façon toute particulière, en ce sens qu'elles ont 5 panneaux qui se séparent de bas en haut. Le *S. bracteatus* est un arbuste glabre, des montagnes de l'Inde, à feuilles opposées, sans stipules, à fleurs en cymes axillaires, denses et subsessiles, avec des bractées oblongues et obtuses. (Voy. *Hist. des pl.*, VII, 468, n. 143.) [H. Bn.]

SILYBUM (Rauw.). Synonyme de *Gundelia* T.

SILYBUM (Vaill. — Gærtn., *Fruct.*, II, 378, t. 162, part.). Section du genre *Carduus* T. (H. Bn, *Hist. des pl.*, VIII, 6, fig. 6, 7). Le type vulgaire en est le Chardon-Marie.

SIMABA (Aubl., *Guian.*, I, 400, t. 153). Genre de Simarubées, voisin, pensait-on, des *Quassia*, dont il différait, disait-on, par la préfloraison valvaire de la corolle, la forme cannelée ou lobée de son réceptacle, et les ailes de ses rachis foliaires. Nous avons fait voir (in *Adansonia*, VIII, 88) que ces caractères ne sont pas réels ou n'ont pas d'importance, et que les *Simaba* doivent constituer une section américaine du genre *Quassia*. La plus connue des espèces de *Simaba* est le Cédron.

SIMAMASSA-SOUQUI. Nom malgache du *Cremaspora* (*Polysphæria*) *tubulosa* H. Bn (in *Adansonia*, XII, 234), grand arbre dont la feuille est employée au traitement de la gale. [H. Bn.]

SIMARONNA. Sorte de Vanille.

SIMARUBA (Aubl., *Guian.*, II, 856, t. 331). Genre de Rutacées-Quassiées. Leurs fleurs ressemblent beaucoup à celles des *Quassia* de la section *Aruba*; elles sont dioïques, à calice court, muni de 5 dents ou lobes, imbriqués. Les pétales sont libres, tordus. Les étamines, au nombre de 10, avortent dans la fleur femelle; elles sont munies à l'intérieur d'un appendice. Au-dessus de leur insertion, le réceptacle est dilaté en forme de demi-sphère déprimée. Les carpelles, au nombre de 5, sont ceux des *Quassia*; ils sont insérés au sommet du réceptacle et restent stériles dans la fleur mâle. Les fruits sont des drupes sessiles, dont la graine est celle des *Quassia*. Ce sont des arbres, à bois amer, à feuilles alternes, pennées, dont les folioles entières sont alternes. Les fleurs sont disposées sur des rameaux terminaux ou axillaires, en cymes simples ou composées. Les *Simaruba* habitent l'Amérique tropicale, sur les collines et les terrains humides. Ils sont assez rares dans nos serres. Le *S. officinalis* DC. est un bel arbre, d'une vingtaine de mètres, dont on emploie, surtout dans la pharmacopée américaine, l'écorce amère, qui doit à une résine et à une huile essentielle ses propriétés toniques, stomachiques, fébrifuges, diurétiques. Dans notre pays, sa vogue, d'abord très grande, a diminué, à cause des accidents qu'elle peut provoquer à doses un peu fortes. C'est la Jamaïque qui en exporte la plus grande quantité sur les marchés anglais. (Voy. H. Bn, *Hist. des pl.*, IV, 407, 490; *Tr. Bot. méd. phanér.*, 873.) [F. H.]

SIMARUBÉES. Synonyme de Quassiées.

SIMBAL. Nom arabe du Spicanard.

SIMBLOCLINE (DC., *Prodr.*, V, 297). Synonyme de *Diplosthephium* H. B. K.

SIMBLUM (Kl., in *Hook. Bot. Misc.*, 19, II, 164). Genre de Phalloïdés, à réceptacle creux, grillagé, supporté par un stipe. L'hyménium tapisse, comme dans les *Clathrus*, la partie intérieure des branches creuses et rugueuses qui forment le grillage. Le réceptacle est renfermé dans une volve dont les débris sont plus ou moins persistants. Sept espèces épigées, toutes exotiques. [De S.]

SIMBOLEE. Nom indien du *Bergera Kœnigii* L., dont les graines fournissent une huile médicamenteuse.

SIMBULETA (Forsk., *Fl. æg.-arab.*, 115). Synonyme de *Anarrhinum* Desf.

SIMETHIS (K., *Enum.*, IV, 618). Genre de Liliacées-Asphodélées, formé d'une herbe vivace, rhizomateuse, de la région Méditerranéenne; distingué par une tige aphylle et lâchement ramifiée, avec des fleurs dont les 6 étamines s'attachent à la base des divisions du périanthe; les filets barbus dans leur portion supérieure; les loges ovariennes 2-ovulées; le fruit tardivement loculicide. (Red., *Lil.*, t. 215. — Brot., *Phyt. lusit.*, t. 44.) [H. Bn.]

SIMFITO PETREO. En Espagne, le *Coris monspeliensis* L.

SIMIRA (Aubl., *Guian.*, I, 170, t. 65). Synonyme de *Mapouria* Aubl. (*Uragoga* L.).

SIMIRE. Au Japon, le *Viola odorata* L.

SIMIRIBI. Nom galibi d'un Bois d'Amarante.

SIMLER (Jos.). A écrit *Vallesiæ descriptio libri duo* (in-8).

SIMMONDSIA (Nutt., in *Hook. Journ.* [1844], 400, t. 16). Genre de Buxées, primitivement rapporté avec doute aux Garryacées, et dont les fleurs unisexuées sont apétales. Les mâles ont un calice imbriqué et 10 à 12 étamines centrales, 2-sériées. Les femelles ont 4 ou 5 sépales, dilatés à la base, enveloppant l'ovaire qui a 3 loges uniovulées. Son fruit est une capsule loculicide, à 3 loges monospermes. Les graines sont dépourvues

d'albumen. Les *S.* sont des arbustes à feuilles opposées, à peu près semblables à celles des Buis. La première espèce connue, longtemps cultivée sous le nom de *Buxus chinensis*, est le *S. californica* Nutt. Le *S. pabulosa* Kellog (in *Proc. Calif. Ac. sc.*, II, 21), étant décrit comme pourvu de pétales, est peut-être d'un tout autre genre. Les oiseaux en mangent les fruits. (Voy. *Hist. des plant.*, VI, 48.) [H. Bn.]

SIMOCHEILUS (Kl., in *Linnæa*, XII, 236). Genre d'Éricacées-Éricées, formé de plus de 30 arbustes éricoïdes, de l'Afrique australe; distingué, dans le groupe des Salaxées, par des fleurs 4-mères; le calice denté; les 4 étamines à filets grêles, à anthères exsertes; l'ovaire à 1-4 loges, avec un petit sommet stigmatifère au style. Les fleurs sont 3-bractéolées ou sans bractées. (H. Bn, *Hist. des pl.*, XI, 170.)

SIMONI. Nom guyanais de l'*Hymenæa Courbaril* L., dont la gomme est employée, dans la colonie, en guise de Copal. Son bois est précieux pour l'ébénisterie. L'écorce sert aux Indiens à faire les canots *wood-sknis*.

SIMONILLO. Au Mexique, le *Calea Zacatechichi* DC.

SIMONISIA (Nees, in *Mart. Fl. bras.*, IX, 144, t. 23). Synonyme de *Beloperone* Nees.

SIMON JANUENSIS ou **GENUENSIS.** Auteur [1473] de *Synonyma medicinæ seu Clavis sanationis*, qui eut deux éditions.

SIMPHONIA. Nom ancien des Amarantes.

SIMPLES. Les plantes médicinales.

SIMS (John). Né à Londres en 1792 et mort en 1838, est très connu par le rôle qu'il a joué dans la création du *Botanical Magazine*.

SIMSIA (Pers., *Syn.*, II, 478). Syn. (part.) de *Encelia* Adans.

SIMSIA (R. Br., in *Trans. Linn. Soc.*, X, 152). Synonyme de *Stirlingia* Endl.

SIMSIMUM (Bernh., in *Linnæa*, XVI, 42). Synonyme de *Sesamopteris* DC.

SIMULO. Fruits d'un *Capparis* américain, médicinal et cru à tort le *C. coriacea*.

SINAPI. Nom ancien des Moutardes, Vélars et Roquettes.

SINAPIDENDRON (Lowe, *Pl. Madeir.*, 86). Section du genre *Brassica* T.

SINAPIEÆ (Reichb., *Handb.*, 260). Division des Brassicées.

SINAPIS (L., *Gen.*, 197, n. 543). Nom latin des Moutardes, dont les diverses espèces peuvent être ramenées à 3 types, considérés par divers botanistes comme des genres distincts. Ces types ne sont, en réalité, que des sections, qui peuvent elles-mêmes rentrer dans le genre *Brassica*. Si l'on admet cette idée, le genre Moutarde ne garde plus son autonomie et rentre dans le genre Chou. La Moutarde noire (*Melanosinapis communis* Spenn., *Fl. friburg.*) a des siliques non stipitées ou très brièvement stipitées, appliquées contre l'axe qui les porte; les valves à nervure médiane carénée, à graines chagrinées, encastrées dans des alvéoles de la fausse-cloison. La Moutarde sauvage (*Sinapis arvensis* L.) est caractérisée, ainsi que la grande majorité des espèces de Moutardes qui se ramènent à ce type, par une silique sessile, arrondie ou tétragone, à rostre court, à graines globuleuses, lisses. La Moutarde blanche (*Sinapis alba* L.) a des fruits étalés, oblongs, bosselés, à valves munies dorsalement de 3 nervures saillantes et anastomosées. Le rostre est fréquemment falciforme. Les graines sont peu nombreuses, globuleuses, finement réticulées. C'est à l'aide de ces caractères que l'on a voulu édifier la section *Leucosinapis* (Spach). Ces sections, on le voit, sont fondées sur des caractères différentiels trop minimes pour être conservées. Les Moutardes sont des herbes, d'Europe et d'Asie, à feuilles polymorphes, à fleurs jaunes. On utilise les graines de la M. noire, broyées en farine, comme condiment sur nos tables, et comme rubéfiant en médecine. L'embryon dégage, lorsqu'on broie ses cellules en présence d'eau, et surtout de quelques gouttes d'acide, une essence sulfurée. La réaction est due à un ferment : la *myrosine* agissant sur le *myronate de potasse* ou *sinigrine*, préformé dans la graine, et le dédoublant en sulfocyanure d'allyle, sulfate de potasse et glucose. La localisation de ces principes a fait l'objet d'un intéressant mémoire de M. Guignard (*Journ. de Bot.* [1890]). On emploie également comme condiment la graine de la M. blanche. La M. sauvage ou Sanve partage, bien qu'à un moindre degré, les propriétés rubéfiantes de la M. noire. (Voy. H. Bn, *Hist. des pl.*, III, 193, fig. 235-41; *Tr. Bot. méd. phanér.*, 753.) [F. H.]

SINAPI SATIVUM. Nom ancien des *Barbarea*.

SINAPISTRUM (Medic., *Phil. bot.*, I, 108). Synonyme de *Gynandropsis* DC.

SINAPISTRUM. Nom ancien des *Cleome* L.

SINAPISTRUM (Reichb., *Fl. exc.*, 693). Synonyme de *Ceratosinapis* DC.

SINAPISTRUM (T., *Inst.*, 231, t. 116). Synonyme de *Cleome* L.

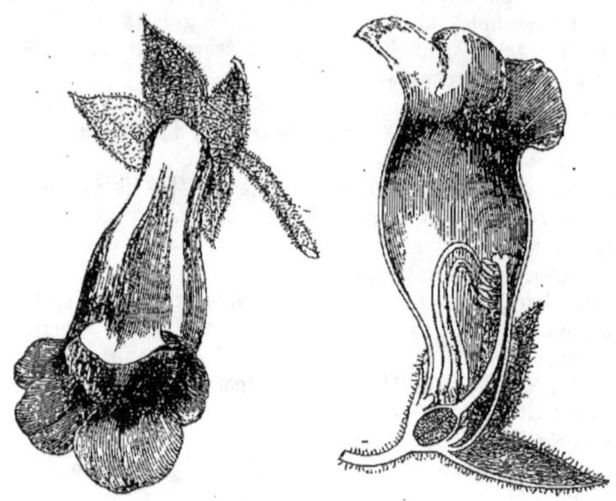

Sinningia. — Fleur, entière et coupe longitudinale.

SINAPOU. A Cayenne, le *Galega sericea* Lamk.

SINA SIN. Nom, dans l'Uruguay, du *Parkinsonia aculeata* L.

SINCLAIR (G.). Jardinier du duc de Bedford à Woburn Abbey, a publié [1816] *Hortus gramineus woburnensis*, etc., traduit plusieurs fois en allemand. Il est mort en 1834.

SINCLAIRIA (Hook. et Arn., *Bot. Beech.*, 433). Synonyme de *Liabum* Adans.

SINDHOVORA. Synonyme de *Nisinda*.

SINDHUCA. Synonyme de *Nisinda*.

SINDION. Synonyme de *Malicorium*.

SINDOC. Nom, aux Philippines, de plusieurs *Cinnamomum*.

SINDORA (Miq., *Fl. ind. bat.*, Suppl., 287). Genre de Légumineuses-Cæsalpiniées-Cynométrées, formé de 2, 3 arbres, de l'Asie et l'Océanie tropicales; distingué par un calice échiné, valvaire ou légèrement imbriqué; des étamines brièvement 1-adelphes, dont 2 fertiles; les autres rudimentaires; un fruit court, 2-valve, avec une seule graine. L'ovaire est 2-ovulé, et les fleurs rappellent beaucoup celles des *Copaifera*. Les feuilles sont paripennées, à 2, 3 paires de folioles. Les fleurs sont disposées en petites grappes composées. (H. Bn, *Hist. des pl.*, II, 146, 194. — Benth., in *Hook. Icon.*, t. 1017, 1018.)

SINDRIA. Nom sarde (Mor.) de la Pastèque.

SINEDRI-SINEDRI. A Madagascar, l'*Oxalis sessilis* Ham.

SINÉPI (Diosc.). Nom grec de la Moutarde noire.

SINFITO. Au Mexique, le *Potentilla aurea* L.

SING. Nom ouoloff de l'*Acacia Sing* Guillem. et Perr., dont les racines longues et flexibles servent à faire des manches de lance et des instruments de pêche.

SINGANA (Aubl., *Guian.*, I, 574, t. 230). Genre d'affinités douteuses (Légumineuses?). (B. H., *Gen.*, I, 104.)

SINGDOUR. Nom, au Sénégal, de l'écorce de l'*Acacia Sing*.

SINGHARA. Nom indien du *Trapa bispinosa* Roxb., qui est cultivé pour ses fruits alimentaires.

SINGHÉNÉ. Le *Cassia Sieberiana* DC., réputé purgatif.

SINGLO. Nom d'une variété de Thé.

SINICUICHE. Au Mexique, le *Nesæa salicifolia* K.

SINISTRINE. Synonyme de Inuline.

SINISTROPHORUM (Schrank, herb.). Synonyme (Endl.) de *Myagrum* T.

SINISTRORSUM. Indique la direction de la spire phyllotaxique qui s'élève en passant de droite à gauche.

SINK. Acacia (?) astringent du Sénégal.

SINNETIA (Sweet). Pour *Sinnotia* Sweet.

SINNGRUN. En Allemagne, le *Vinca minor* L.

SINNI. Nom tamoul de l'*Acalypha betulina* Retz.

SINNINGIA (Nees, in *Ann. sc. nat.*, sér. 1, VI, 297). Genre de Gesnériacées, très voisin des *Gloxinia* et des *Achimenes*, formé d'une quinzaine d'espèces brésiliennes; distingué par un rhizome tubéreux, des branches aériennes très courtes, avec feuilles basilaires; un fruit capsulaire en partie infère; des anthères collées les unes aux autres en cercle ou en carré, avec des loges distinctes et largement ouvertes, confluentes au sommet. Cultivées sous le nom de *Gloxinia*, ces plantes ont beaucoup varié et produit de belles fleurs blanches, bleues ou rouges, assez souvent régulières, à corolles parfois 6-8-mères. (H. Bn, *Hist. des pl.*, 62, 83, fig. 53, 54.)

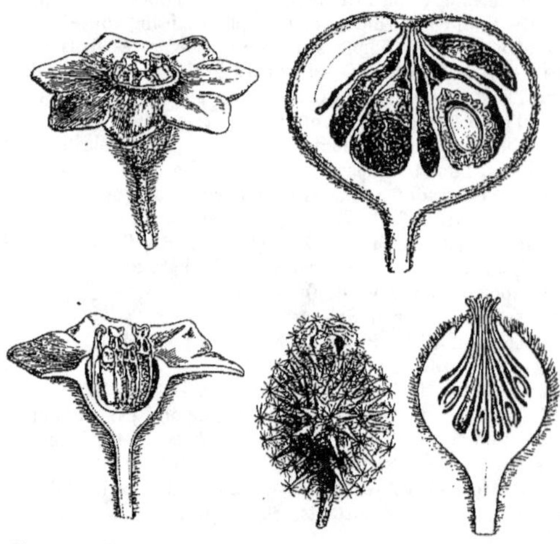

Siparuna. — Fleurs mâle et femelle, entières et coupe longitudinale. Fruit, coupe longitudinale.

SINOSTROPHUM (Schrank, *Prim. Fl. Salisb.*, 163). Synonyme de *Camelina* Crantz.

SINSA. En Languedoc, le *Polyporus igniarius* Fr.

SIN-SAN. Nom japonais du *Skimmia japonica* Thund.

SINTOC. Nom spécifique d'un *Cinnamomum*. (Voy. H. Bn, *Hist. des pl.*, II, 462.)

SINZA. Nom brame du Tamarin.

SIOLMATRA (H. Bn, in *Bull. Soc. Linn. Par.*, 458). Section (?) du genre *Alsomitra* Rœm.

SION (Adans.). Pour *Sium* T.

SIONA (Salisb., *Gen. Fragm.*, 67). Genre proposé pour l'*Arthropodium fimbriatum* R. Br.

SIONANNA. Nom indien de l'*Ophioxylon serpentinum* L.

SIOURE, SUVE. Noms languedociens du *Quercus Suber* L.

SIP, SUP. Nom, au Cachemyr, du *Peucedanum Narthex* H. Bn.

SIPANE. Nom français (Lamk) des *Sipanea* Aubl.

SIPANEA (Aubl., *Guian.*, I, 147, t. 56). Genre de Rubiacées-Portlandiées, à fleurs 5-mères, avec calice à lobes étroits ou lancéolés, persistants; corolle infundibuliforme ou hypocratérimorphe, à gorge glabre ou poilue, à limbe tordu, étalé; 5 étamines incluses ou exsertes; ovaire infère, à 2 loges multiovulées, avec placenta pelté, et un fruit loculicide, à graines nombreuses, albuminées, réticulées ou fovéolées. Ce sont des herbes annuelles ou vivaces, de l'Amérique tropicale, assez souvent aquatiques, à feuilles opposées ou verticillées, stipulées ou non; à cymes terminales ou axillaires, corymbiformes. On en distingue une douzaine d'espèces. (Voy. *Hist. des plant.*, VII, 337, 478, n. 160.) [H. Bn.]

SIPARUNA (Aubl., *Guian.*, 864, t. 333). Genre de Monimiacées-Tambourissées, formé d'une soixantaine d'arbres ou arbustes, de l'Amérique tropicale; distingué par un sac floral ouvert à son sommet; les bords de l'ouverture, garnis de folioles conniventes, ou simplement ondulé. Il persiste autour du fruit. La fleur mâle a des étamines à anthères déhiscentes par deux panneaux, finalement confluents. L'ovule est ascendant, subbasilaire. Les fruits sont d'abord charnus. Les feuilles sont opposées ou verticillées, odorantes, et les fleurs sont disposées en cymes, ordinairement axillaires. Ce sont parfois des plantes vulnéraires. Il y a au Brésil un *S. Thea* Seem. (H. Bn, *Hist. des pl.*, I, 314, 336, 344, fig. 352-356.)

SIPEIRA. Synonyme de *Green hart*. Nom de l'*Ecorce de Beeberu* (Bancroft).

SIPHANTHERA (Pohl, *Pl. bras. Ic.*, t. 84, 85). Synonyme de *Meissneria* DC.

SIPHISIA (Rafin., *Med. Fl.*, I, 62). Synonyme de *Hocquartia* Dumort.

SIPHO (Endl., *Gen.*, 345). Section du genre *Aristolochia* T.

SIPHOCALYX (Endl., *Gen.*, 824). Section du genre *Ribes* L.

SIPHOCAMPYLUS (Pohl, *Pl. bras. Icon.*, II, 104, t. 160-167, 169-179). Genre de Campanulacées-Lobéliées, formé de 80-90 herbes ou arbustes, de l'Amérique tropicale; distingué par des fleurs à verticille staminal attaché à la base du tube floral; 2 anthères à sommet pénicillé; une capsule bivalve vers son sommet. On en cultive plusieurs belles espèces dans les serres des jardins botaniques. (H. Bn, *Hist. des pl.*, VIII, 363.)

SIPHOCODON (Turcz., in *Bull. Mosc.* [1852], II, 175). Genre de Campanulacées-Campanulées, formé d'une espèce de l'Afrique australe; distingué, dans le groupe des Roellées, par une corolle à tube grêle; un fruit court, s'ouvrant en travers, au-dessous des lobes du calice; des tiges junciformes et subaphylles (H. Bn, *Hist. des pl.*, VIII, 360.)

SIPHOMERIS (Boj., in *Rapp. Soc. Hist. nat. Maur.* [1826-1829]; *Hort. maur.*, 170). Synonyme de *Pæderia* L. Espèces des îles orientales de l'Afrique tropicale. (H. Bn, in *Bull. Soc. Linn. Par.*, 190; *Hist. des plant.*, VII, 404.)

SIPHONACANTHUS (Nees, in *Mart. Fl. bras.*, IX, 45, t. 1). Synonyme de *Stephanophysum* Pohl.

SIPHONANDRA (Kl., in *Linnæa*, XXIV, 24). Synonyme de *Ceratostemma* J.

SIPHONANDRA (Turcz., in *Bull. Mosc.* [1848], 1, 581). Synonyme de *Chiococca* P. Br.

SIPHONANTHEMUM (Amm., in *Comm. Ac. petrop.* [1736], 213). Genre incertain.

SIPHONANTHERA (Pohl, ex *Flora* [1825], I, 183). Genre incertain.

SIPHONANTHUS (L., *Gen.*, ed. 2, 526). Synonyme de *Ovieda*.

SIPHONEUGENIA (O. Berg, in *Linnæa*, XXVII, 344). Synonyme (?) de *Eugenia* L.

SIPHONIA (Benth., *Pl. Hartweg.*, 84, 351). Synonyme de *Lindenia* Benth.

SIPHONIA (Schreb., *Gen.*, 656). Synonyme de *Hevea* Aubl.

SIPHONIOPSIS (Karst., *Pl. columb.*, 139, t. 69). Synonyme de *Cola* Schott.

SIPHONODON (Griff., in *Calc. Journ. Nat. Hist.*, IV, 247, t. 14). Genre douteux de Célastracées-Célastrées, formé de 2 arbustes océaniens; distingué par des fleurs hermaphrodites, 5-mères, à réceptacle épais et cupuliforme; les étamines 1-adelphes à la base; l'ovaire en partie infère, ∞-loculaire; les loges 1-ovulées; le style subgynobasique; le fruit drupacé; les feuilles alternes. (Hook. f., in *Trans. Linn. Soc.*, XXII, 133, t. 26. — H. Bn, *Hist. des pl.*, VI, 40.)

SIPHONOGLOSSA (Œrst., in *Vid. Medd. Nat. For. Kjob.* [1854], 59). Genre d'Acanthacées-Justiciées, très voisin des *Justicia*, formé de 4, 5 sous-arbrisseaux, du Mexique et des Antilles; distingué par un calice 4, 5-partite; une corolle à tube étroit, bien plus long que le limbe; une capsule à graines plates-comprimées; des fleurs sessiles et axillaires. (H. Bn, *Hist. des pl.*, X, 441.)

SIPHONOGYNE (Cass., in *Dict.*, L, 493). Synonyme de *Cryptogyne* Cass.

SIPHONOLOCHIA (Reichb., *Consp.*, 85). Syn. de *Sipho* Endl.

SIPHONOMORPHA (Otth, in *DC. Prodr.*, I, 377). Section du genre *Silene* L.

SIPHONOSTEGIA (Benth., in *Hook. et Arn. Beech. Voy. Bot.* 203, t. 44). Genre de Scrofulariacées, voisin des *Schwalbea*, formé de 3 herbes de l'Asie extratropicale; distingué par un calice à tube 10-12-costé; les 5 lobes subégaux; des anthères oblongues, à loges parallèles; une capsule oblongue-linéaire, ∞ graines réticulées; des fleurs disposées en grappes terminales. (H. Bn, *Hist. des pl.*, IX, 482.)

SIPHONOSTOMA (Griseb., in exs. *Lechl.*, n. 2053). Synonyme de *Ceratostemma* J.

SIPHONYCHIA (Torr. et Gr., *Fl. N.-Amer.*, I, 173). Genre de Caryophyllacées-Paronychiées, formé d'une herbe annuelle, de l'Amérique du Nord; distingué par un calice 5-fide, à lobes mutiques; des étamines fortement périgynes; un ovaire surmonté d'un style grêle; une graine dont l'embryon a la radicule supère. (H. Bn, *Hist. des pl.*, IX, 122.)

SIPHOPHASEOLUS (H. Bn, in *Bull. Soc. Linn. Par.*, 379). Section du genre *Phaseolus* L.

SIPHOPODIUM (Reinsch, *Contr. Alg. et Fung.*, in *Bot. Jahrb.* [1873], 230). Genre de Chytridinés, formé pour une espèce parasite des frondes vivantes d'Hépatiques, caractérisée par un réceptacle unicellulaire, élargi à la base, divisé au sommet en rameaux nombreux qui portent des spores unicellulaires sphériques. Le filament cellulaire constituant tout le réceptacle a une membrane très épaisse, colorée en brun. [De S.]

SIPHOTYCHIUM (Rost., *Mon.*, 32). Genre de Myxomycètes voisin des *Reticularia*, comprenant une seule espèce épixyle à péridium cylindracé, sessile, traversé par une columelle centrale d'où partent de rares filaments du capillitium. Les spores brunes sont finement hispides. [De S.]

SIPIRI. Nom guyanais du *Nectandra Rodiæi* Schomb., plante vantée comme fébrifuge et dont le bois est considéré comme un des meilleurs bois de construction navale.

SIPO-CRUZ. Nom brésilien du *Strychnos triplinervia* Mart.

SIR. En Perse, l'*Allium sativum* L.

SIREN-BOOM. Nom javanais de l'*Antiaris toxicaria* Lesch.

SIRET. Nom, à Java, de l'*Andropogon citratus* DC.

SIRI. A Java, les Schœnanthes.

SIRIANANGUÉ. Nom tamoul du *Polygala glabra* Rottl.

SIRIBALLI. Nom donné vulgairement à un bois, fort beau, de la Guyane, qui est fourni probablement par un *Ocotea*. Peutêtre est-ce le *Sipiri*.

SIRIBOA (Rumph., *Herb. amboin.*, V, t. 117). Syn. de *Piper*.

SIRICHHOUT. Nom, au Cap de Bonne Espérance, du *Tarchonanthus camphoratus* L.

SIRICIUS (Joh.). A écrit [1705], à Schleswig, *Historisch physische und medizinische Beschreibung derer im Fürstlic Gottorpischen Garten*, etc.; une réfutation des injures de W.-U. Waldschmidt, et [1709] *Bajæ cimbricæ seu Carmen d Aloe americano* (in-fol.).

SIRIDIUM (Bon.). — Voy. Seiridium.

SIRIHUELAS. Nom, aux Philippines, des *Spondias* L.

SIRII FOLIUM (Rumph., *Herb. amboin.*, V, 336, t. 116). Synonyme de *Piper Betle* L.

SIRI JAMA NINSIN. Nom japonais du *Chamæle tenera* Miq.

SIRIUM (Schreb., *Gen.*, 82). Synonyme de *Santalum* L.

SIRIVA. Nom donné par les Indiens Guarayos au *Gulielma insignis* Mart.

SIROCOCCUS (Preuss, *Fung. Hogersw.*, n. 306). Genre de Sphéropsidés, à périthèces émergents, le plus souvent astomes globuleux ou aplatis, noirs, contenant un nucléus blanc, form

de chaînettes de spores subsphériques, portées par des sporophores filiformes. Trois espèces, sur des cônes de Sapins ou des
tiges mortes d'*Adenostylis*. [DE S.]

SIRODESMIUM (DE NOT., *Micr. ital.*, dec. V, 16). Genre formé
aux dépens des *Sporodesmium* et des *Septonema*; il offre la
même organisation fondamentale que ces derniers, mais les
spores sont cloisonnées dans divers sens, ce qui leur donne
l'aspect grillagé. Elles sont quelquefois rugueuses à l'extérieur.
Une douzaine d'espèces se rencontrent sur le bois, les tiges,
les feuilles, les chaumes, sous toutes les latitudes. On n'en
compte que deux en Europe. [DE S.]

SIRO OURI. Nom, au Japon, d'un Melon comestible.

SIRROU-CAUCHORIE-VER. Nom tamoul du *Tragia cannabina* L.
employé contre les inflammations par les médecins indiens.

SIRROU-COURINDJA. Nom tamoul du *Periploca sylvestris* RETZ.,
dont la racine est employée à l'intérieur et à l'extérieur contre
la morsure des serpents.

SIRROU-KOTTEI-KARAADAI. Nom tamoul de l'*Ethulia divaricata* L. employé dans la médecine indienne.

SIRS. Nom arabe du *Cæsalpinia Bonducella* ROXB.

SIRUQUA. Nom mexicain du *Thenardia solanacea* K.

SISAI. Au Japon, nom d'une petite Algue comestible.

SISARO. Nom espagnol du Chervi.

SISARUM (TAUSCH, in *Flora* [1834], 355). Genre d'Ombelli-
fères, proposé pour le *Sium Sisarum* L., et section du genre
Carum L., caractérisée par le développement des involucres.
(Voy. H. BN, *Hist. des pl.*, VII, 121.)

SISARUM (T., *Inst.*, 308, t. 163). Synonyme de *Sium* T. (H.
BN, *Hist. des pl.*, VII, 222.)

SISÉLI DE MONTPELLIER. Le *Silaus pratensis* L.

SISER (GRISEB., *Spic. Fl. rumel.*,
I, 376). Section du genre *Pastinaca*.

SISER (MATTH.). Le *Sium Sisarum*
L. Le *Siser* II est la Carotte.

SISERS. En Hollande, le Pois
chiche.

SISIMBRIO. Nom vulgaire mexicain
du *Sisymbrium taraxifolium* DC.

SISMONDEA (DELP., in *Mem. Ac.
Torin.*, ser. 2, XIV, 394, t. 1). Synonyme de *Dioscorea* L.

SISON (L., *Gen.*, n. 349). Genre
d'Ombellifères, série des Carées,
dont les fleurs sont à peu près celles
des *Carum*, asépales, avec des pétales à acumen longuement infléchi;
des stylopodes épais et déprimés. Le

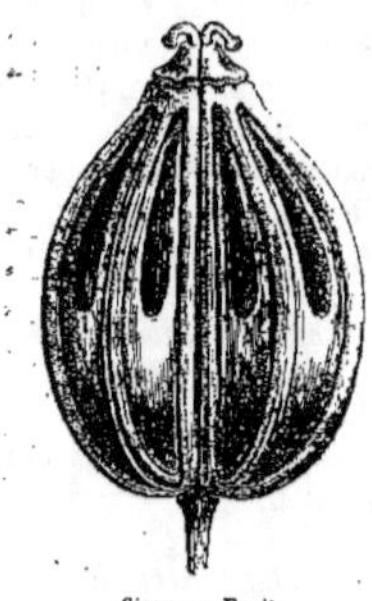

Sison. — Fruit.

fruit est brièvement ovoïde, subdidyme, comprimé vers la commissure. Les côtes primaires sont subégales, obtuses, et il y a
des bandelettes solitaires dans les vallécules, plus courtes que
celles-ci, renflées en bas, obtuses, parfois interrompues. Le
carpophore est bipartite, et la graine a sa face plane ou légèrement concave. Ce sont des herbes grêles, annuelles ou bisannuelles, à feuilles pennées, incisées-dentées ou multifides; à
ombelles composées, avec les bractées de l'involucre peu nombreuses, sétacées, et celles des involucelles très petites ou
nulles. Elles croissent en Europe et en Orient. (Voy. H. BN,
Hist. des pl., VII, 122, 221, n. 41, fig. 122.) [H. BN.]

SISSOA (BENTH., *Pl. Jungh.*, 254). Section du g. *Dalbergia*.

SISSOLIA (RUPP.). Pour *Nissolia* T.

SISTOTREMA (PERS., *Syn.*, 551). Genre d'Hydnés, à dents
aplaties, lamelliformes, tantôt entières, tantôt bifides ou tri-
fides, irrégulièrement disposées à la face inférieure du réceptacle, qui est lui-même de forme irrégulière ou dimidié. Les
basides à 6 stérigmates portent des spores petites, ovoïdes, hyalines. Huit espèces vivent à terre ou sur les troncs d'arbres, en
Europe, aux États-Unis, à Java et dans les Indes. [DE S.]

SISTRE. Nom languedocien du *Meum athamanticum* JACQ.

SISTRO. Dans les Cévennes, l'*Athamantha Meum* L.

SISYMBRE (*Sisymbrium* L., *Gen.*, n. 813). Genre de Crucifères, type d'une sous-série des Sisymbriées, dans la série des
Cheiranthées. Il se différencie surtout par son embryon, dont
la radicule est ordinairement incombante, c'est-à-dire repliée
contre la face extérieure d'un des cotylédons, au lieu
de l'être contre leur commissure. C'est là le principal
caractère de la série. Les Sisymbres sont des herbes
fréquemment annuelles, glabres ou à poils non bifurqués, à feuilles entières, lobées, pinnatifides ou séquées. Les fleurs, généralement jaunes, sont parfois
blanches ou rosées, à pétale muni d'un assez long
onglet, à style obtus ou bilobé au sommet. Le fruit
est une silique, linéaire, arrondie ou comprimée,
dont les valves sont 1-3-nerves. Les Sisymbres ont eu
leur heure de réputation en médecine : le *S. Sophia* L.
(Sagesse des chirurgiens) a un suc réputé antiscorbutique. Le *S. Alliaria* SCOP. (*Alliaria officinalis* ANDR.)
est l'Alliaire de nos bois, où elle abonde dans les en-
droits ombragés. Outre ses propriétés
culinaires qui la font rechercher comme
l'ail, ses graines sont sinapisantes, antiscorbutiques. L'extrémité des inflorescences a été préconisée contre l'asthme.
Ce sont des plantes délaissées aujour-
d'hui, ainsi que le *S. polyceratium* L.,
qui est, dit-on, vraisemblablement
l'*Erysimum* de Dioscoride, diurétique
célèbre dans l'antiquité pour le traite-
ment des cystites. (Voy. H. BN, *Hist. des pl.*, III, 186, 239;
Tr. Bot. méd. phanér., 750, fig. 2358-59.) [F. H.]

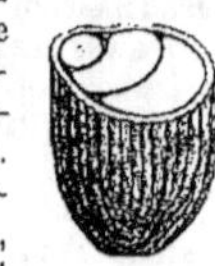

*Sisymbre. — Fruit. Graine,
coupe transversale.*

SISYMBRE BRULANT. Le *Brassica (Diplotaxis) tenuifolia*.

SISYMBRELLA (SPACH, *Suit. à Buff.*, VI, 422). Synonyme de
Nasturtium R. BN.

SISYMBRIASTRUM (GREN. et GODR., *Fl. de Fr.*, I, 80). Section
du genre *Diplotaxis* DC.

SISYMBRIUM. Nom ancien de plusieurs Menthes sauvages.

SISYMBRIUM AQUATICUM (MATTH.). Le *Cardamine amara* L.

SISYMBRIUM AQUATICUM ALTERUM (MATTH.). Le *Cardamine
pratensis* L.

SISYMBRIUM HORTENSE (MATTH.). Le *Mentha rotundifolia* L.

SISYMBRIUM SYLVESTRE (MATTH.). Le *Mentha aquatica* L.

SISYNDITE (E. MEY., in exs. *Drège*). Genre de Rutacées-
Zygophyllées, formé d'un arbuste spartioïde, de l'Afrique australe; distingué par des fleurs assez analogues à celles des
Tribulus, avec 5 pétales entiers et un fruit 5-cuque, à coques
déhiscentes en dedans. Les feuilles sont opposées et composées-
pennées. (HARV., *Thes. cap.*, t. 120. — H. BN, *Hist. des pl.*,
IV, 506.)

SISYRANTHUS (E. MEY., *Comm. pl. afr. austr.*, 197). Genre
d'Asclépiadacées, formé de 3 herbes dressées, de l'Afrique australe, à fleurs d'*Orthanthera*; distingué par une corolle suburcéolée ou campanulée; une couronne de 5 écailles ovales,
dressées, adnées, un peu épaisses, à bords récurvés. (HARV.,
Thes. cap., t. 115, 116. — H. BN, *Hist. des pl.*, X, 284.)

SISYRINCHIEÆ (B. H., *Gen.*, III, 683). Tribu (2) des Iridées.

SISYRINCHIUM (L., *Gen.*, n. 1017). Genre d'Iridacées, qui a
donné son nom à un groupe des *Sisyrinchiées*, et qui est formé
d'une cinquantaine d'herbes à rhizome, de l'Amérique tropicale
et tempérée; distingué par des fleurs réunies en cymes dans
une spathe terminale ou un groupe de spathes; des filets staminaux rarement libres et ordinairement unis en tube; des
branches stylaires simples et minces; des fruits exserts des
spathes; des racines adventives fasciculées, sur la base du rhizome. On en cultive plusieurs espèces dans les jardins botaniques. (BAK., in *Journ. Linn. Soc.*, XVI, 115.) [H. BN.]

SISYROCARPUM (KL., ex *Walp. Rep.*, VI, 401). Genre proposé
pour le *Gloxinia tigridia* OHL.

SITAKI. Agaric (?) comestible du Japon.

SI-TAKI. — Voy. TAKI.

SITAMANA-PATCHERICI. Nom tamoul de l'*Euphorbia macrophylla* ROTTL., que les Indiens croient vermifuge.

SITANION. Nom (Diosc.) d'une variété de Froment.

SITANION (Rafin., in *Journ. Phys.*, LXXXIX, 103). Section du genre *Elymus* L.

SITASIVA. Nom sanscrit de l'Aneth.

SITOBOLIUM (Desvx, in *Mém. Soc. Linn. Par.*, VI, 174). Synonyme (Hook. et Bak.) de *Dicksonia* Lhér.

SITOCODIUM (Salisb., *Gen. pl. Fragm.*, 27). Synonyme de *Camassia* Lindl.

SITODIUM (Gærtn., *Fruct.*, I, 344, t. 71, 72). Synonyme de *Artocarpus* Forst.

SITOLOBIUM. Pour *Sitobolium* Desvx.

SITOPSIS (Jaub. et Sp., in *Ann. sc. nat.*, sér. 3, XIV, 532). Sous-genre des *Ægilops* L.

SITOSPELOS (Adans., *Fam.*, II, 36). Synonyme de *Elymus* L.

SITZ, SITZ-DSPU. Noms japonais du *Rhus Vernix* L.

SIU. Au Japon, la Salicaire.

SIUM (Fuchs). Le *Veronica Beccabunga* L.

SIUM (T., *Inst.*, 308, t. 162). Genre d'Ombellifères, série des *Carum*, dont les fleurs sont analogues à celles des *Sison*, avec des sépales dentiformes, aigus; des stylopodes coniques, déprimés et entiers. Le fruit est ovoïde ou oblong, parfois subdidyme, comprimé contrairement à la cloison, plus ou moins resserré vers la cloison. Les carpelles sont obtusément 5-gones, avec des côtes subégales, obtuses ou épaissies, un épicarpe parfois (dans la section *Berula*) épaissi et granuleux, surtout vers les vallécules; des bandelettes nombreuses; un carpophore entier, mince ou presque nul, et des styles réfléchis ou divariqués, parfois capitellés. La coupe transversale de la graine est subarrondie. Ce sont des herbes glabres, de l'hémisphère boréal des deux mondes et de l'Afrique austral, à feuilles pennées; les pinnules dentées; à ombelles terminales ou latérales, avec des bractées et des bractéoles en nombre indéfini à l'involucre et aux involucelles. Les *S. latifolium* et *angustifolium* L. sont apéritifs et antiscorbutiques. (H. Bn, *Hist. des pl.*, VII, 123, 222, n. 44.)

SIUM VULGARE (Matth.). Le *Nasturtium officinale* R. Br.

SIZYGITES. — Voy. Syzygites.

SJAMI. Nom arabe (Forsk.) du Chou.

SJIKURIE. Nom arabe (Forsk.) de la Chicorée.

SJIORO. Nom japonais du *Clavaria muscoides* L., du *Boletus suberosus* L. et du *Lycoperdon Tuber* L.

SJIRE (Banks, in *Icon. sel. Kæmpf.*, 46). Nom du *Lilium cordifolium* Thunb.

SJO. Au Japon, le *Broussonetia papyrifera* Vent.

SJUBI. En Chine, l'*Hibiscus Manihot* L.

SJURO (Kæmpf., *Amœn. ex.*, 898). Synonyme de *Rhapis* L. F. C'est aussi le nom japonais du *Chamærops excelsa* Thunb.

SKALMIKA (Pohl, ex *Flora* [1825], I, 183). Genre non décrit.

SKEOUANE. Nom indien du *Cornus coriacea*, dont les sauvages de l'Orégon fument les feuilles séchées au feu et pulvérisées, soit mêlées par moitié au tabac, soit pures.

SKEPPERIA (Berk., *On some new Fung.*, 130). Genre des Théléphorés, formé pour une espèce trouvée dans le Vénézuéla, sur des rameaux morts. Un stipe court et latéral porte un chapeau convoluté en mitre, comme dans les Helvelles. L'hyménium plus pâle présente des basides et des cystides. Les dimensions du réceptacle ne dépassent pas 1 à 2 millimètres [De S.]

SKIMI. Nom japonais de l'*Illicium religiosum* Sieb.

SKIMME. Nom français (Lamk) des *Skimmia* Thunb.

SKIMOTSUKESO. Nom japonais du *Spiræa palmata* Thunb.

SKINNER (Steph.). Auteur à Londres [1671] de *Etymologicon botanicum seu explicatio nominum omnium vegetabilium.*

SKITNETCHI. Nom, à Sainte-Croix, du *Jatropha Curcas* L.

SKITOPHYLLUM (La Pyl., in *Desvx Journ.* [1813]). Synonyme (part.) de *Rhizodium* Brid.

SKOFITZIA (Hassk., in *Œsterr. Bot. Zeitschr.* [1872], 147). Synonyme de *Mandonia* Hassk.

SKOLEMORA (Arrud., ex *Steud. Nom.*, II, 597). Genre incertain.

SKULL-CAP. Nom anglais des Scutellaires.

SLACKIA (Griff., *It. not.*, 187). Synonyme de *Decaisnea* Hook. f. et Th. Le nom de *Slackia* devrait être conservé.

SLACKIA (Griff., *Notul.*, III, 162; *Icon.*, t. 243). Synonyme de *Iguanura* Bl.

SLADENIA (Kurz, ex Dyer, in *Hook. f. Fl. brit. Ind.*, I, 281). Genre de Ternstrœmiacées, placé près des *Adinandra*, dans la série des Ternstrœmiées, et distingué par une douzaine d'étamines et 3 loges à l'ovaire. C'est un arbuste du Yunnan, à feuilles serrées, à cymes dichotomes. On ne connait pas jusqu'ici le fruit. [H. Bn.]

SLANUTAK. Nom illyrien du Pois chiche.

SLATERIA (Desvx, *Journ. bot.*, I, 243). Synonyme de *Ophiopogon* Ker.

SLEVOGT (Joh.-Adr.). Professeur à Iéna [1653-1726], a publié de nombreux *Programmata academica*, sur l'*Ægilops*, le *Datura*, le Polypode, la Jusquiame, le *Momordica*, l'*Astrantia*, etc. Pritzel donne, en outre (*Thes.*, ed. 2, p. 298), la liste des thèses soutenues à Iéna sous sa présidence, sur l'*Opobalsamum*, la Rue, les Gentianes, les Scrofulaires, etc.

SLIPPERY-ELM. Aux États-Unis, l'*Ulmus fulva* Michx.

SLIVA. Nom bohème des Prunes.

SLIVONIK. Nom russe des Prunes.

SLOANA (Endl.). Pour *Sloanea* L.

SLOANE. Médecin de Londres, dont les célèbres et précieuses collections botaniques font partie aujourd'hui du British Museum. Plumier lui a dédié le genre *Sloana* et a dit de lui : « Cl. D. Hans Sloane anglus, D. medicus peritissimus, Coll. reg. med. Lond. necnon Soc. reg. Lond. soc., illustrissimi principis Ducis Albemarliæ, Jamaicæ gubernatoris, medicus. Res omnes naturales, potissimum plantas insularum Maderæ, Barbados, Nieves, Sancti Christophori et Jamaicæ sedulo observavit, observatasque chartæ commisit, quarum extat peramplus Catalogus, Londini, 1696, in octavo. Integram ejus Historiam naturalem in dies expectamus. »

SLOANEA (Lœfl., *It.*, 311). Synonyme de *Apeiba* Aubl.

SLOE. Nom anglais du *Prunus spinosa* L.

SLOETIA (Teysm. et Binn., in *Tydschr. Nat. Ver.* [1863]. — Kurz, in *Journ. Linn. Soc.*, VIII, 167, t. 13). Genre d'Ulmacées-Morées, formé d'un grand arbre malais; distingué, dans le groupe des Dorsténiées, par un réceptacle linéaire, nu d'un côté, et de l'autre portant de nombreux glomérules de fleurs mâles. Les fleurs femelles forment çà et là le centre de ces glomérules. Le périanthe femelle est 4-mère. Les feuilles sont entières et penninerves. (H. Bn, *Hist. des pl.*, VI, 198.)

SMALBLAD. Nom, au Cap, de l'*Hartogia capensis* Thunb.

SMALL BURNET. En Angleterre, la Pimprenelle.

SMALL HONEWORT. En Angleterre, l'Ammi des boutiques.

SMALL-PEPPER. Nom anglais du *Capsicum baccatum* L.

SMALL-TROVO. Nom, à Sainte-Croix, du *Lycopersicum cerasiforme* Dun.

SMEATHMANNIA (Soland., ex R. Br., in *Tuck. Congo*, 439). Sect. du g. *Paropsia* Nor. (H. Bn, *Hist. des pl.*, VIII, 486.)

SMEGMADERMOS (R. et Pav., *Prodr.*, 133, t. 31). Synonyme de *Quillaja* Mol.

SMEGMANTHE (Fenzl, in *Endl. Gen.*, 972). Section du genre *Saponaria* L.

SMEGMARIA (W., *Spec.*, IV, 1123). Synonyme de *Quillaja.*

SMEGMATHAMNION (Fenzl, in *Reichb. Ic. Fl. germ.*, VI, t. 244). Synonyme de *Bootia* Neck.

SMELOPHYLLUM (Radlk. [1878]; in *Dur. Ind.*, 75). Genre de Sapindacées-Lépisanthées, établi pour une plante de l'Afrique austral, qui est un *Sapindus* pour Sonder.

SMELOWSKIA (C.-A. Mey., in *Ledeb. Fl. alt.*, III, 165). Genre de Crucifères-Sisymbriées, anomal, formé de 4 espèces, de Sibérie et des Montagnes Rocheuses; distingué par des tiges vivaces, cespiteuses, tomenteuses; des feuilles pinnatiséquées; des fleurs longuement pédicellées; des fruits linéaires, elliptiques ou presque carrés, peu allongés. (Ledeb., *Ic. Fl. ross.*, t. 151. — H. Bn, *Hist. des pl.*, III, 241.)

SMERBEL. En Allemagne, le Bon Henri.

SMIELOWSKY (Timoth.). Professeur de pharmacie à Saint-Pétersbourg, auteur [1806] d'un *Hortus petropolitanus* (in-fol.).

SMIGUET. A Narbonne, le *Smilax aspera* L.

SMIKI. Au Japon, l'*Illicium religiosum* SIEB.

SMILACÉES, SMILACEÆ. Tribu (1) des Liliacées (B. H., *Gen.*, III, 749). Série des Liliacées, distinguée par des tiges grimpantes ou sarmenteuses ; des feuilles 3-5-nerves ; des fleurs diclines, à anthères souvent 1-loculaires, à ovules orthotropes ou semi-anatropes.

SMILACINA (DESF., in *Ann. Mus.*, IX, 51, t. 9). Genre de Liliacées, rapporté aux Polygonatées, formé d'une vingtaine d'herbes vivaces, de l'Asie et de l'Amérique du Nord ; distingué par des rhizomes traçants ou courts ; des axes aériens feuillés, portant en haut des grappes simples ou ramifiées de fleurs à verticilles 3-mères ; une baie globuleuse. Ce sont les *Tovaria* de Necker; et ce dernier nom, quoique rejeté, a la priorité. On en cultive souvent 2 espèces vivaces dans nos jardins botaniques. (*Bot. Mag.*, t. 899, 1043.) [H. BN.]

SMILACINA (K., *Fl. ber.*, II, 269). Syn. de *Maianthemum* WIGG.

SMILACITES (AD. BR., in *Dict.*, LVII, 129). Genre de Liliacées fossiles. (ENDL., *Gen.*, 137. — UNG., *Syn. pl. foss.*, 171; *Chl. prot.*, 67.)

SMILALES (LINDL., *Nix.*, 35). Groupe de la Monocotylédonie.

SMILAX (T.). Nom latin des Salsepareilles.

SMILAX HORTENSIS (FUCHS). Le Haricot.

SMILAX HORTENSIS (MATTH.). Nom (?) d'un *Phaseolus* L.

SMILAX LÆVIS (FUCHS). Le Liseron (*Calystegia*) des haies.

SMIRNA. L'arbre à la Gomme Sassa (STACKH.).

SMIRNOWIA (BGE, in *Act. Hort. petrop.*, V, 338). Genre de Papilionacées-Galégées, constitué par une seule espèce, du Turkestan, à port d'*Eremospartum*, mais dont les feuilles sont simples. Il en diffère surtout par son légume enflé-vésiculeux, polysperme, présentant un sillon de chaque côté et semibiloculaire par l'introflexion des deux sutures. Le style cylindrique, barbu sur le dos, le sépare des *Colutea* et *Sphærophysa*. [A. FR.]

SMITH (Christ.). Voyageur norvégien, mort au Congo en 1816, a écrit un Journal de son voyage, publié en 1819. R. Brown a décrit, dans le Congo de Tuckey, un certain nombre des plantes récoltées par Christ. Smith.

SMITHIA (AIT., *Hort. kew.*, ed. 1, III, 496, t. 13). Genre de Légumineuses-Papilionacées-Hédysarées, voisin des *Æschynomene*, formé d'une vingtaine d'herbes ou arbustes, de l'Asie et l'Afrique tropicale, y compris Madagascar; distingué par un calice 2-partite et une gousse rétractée-plissée à l'intérieur du périanthe. (WIGHT, *Icon.*, t. 986. — *Bot. Mag.*, t. 4283. — ENDL., *Iconogr.*, t. 125. — H. BN, *Hist. des pl.*, II, 302.)

SMITHIA (GMEL., *Syst.*, 388). Synonyme de *Humbertia* COMM.

SMITHIA (SCOP., *Introd.*, 322). Synonyme de *Quapoya* AUBL.

SMODINGIUM (E. MEY., in *exs. Drèg.*). Genre de Térébinthacées-Anacardiées, formé d'abord d'un arbuste de l'Afrique australe ; distingué par des fleurs à pétales imbriqués ; 5 étamines; un ovaire surmonté de 3 styles; un fruit drupacé, ailé et vitté; des feuilles 3-foliolées (H. BN, *Hist. des pl.*, V, 320). Le genre se trouve aussi au Mexique. (H. BN, in *Adansonia*, XI, 182.)

SMOLLAGE. Nom anglais de l'Ache.

SMULTRON. Nom scandinave du Fraisier.

SMYRNÉES (*Smyrneæ* KOCH). Tribu des Ombellifères. (Voy. H. BN, *Hist. des pl.*, VII, 174.)

SMYRNIOPSIS (BOISS., in *Ann. sc. nat.*, sér. 3, II, 72; *Fl. or.*, II, 927). Section du genre *Smyrnium* T., à côtes primaires, même les latérales, saillantes. (H. BN, *Hist. des pl.*, VII, 229.)

SMYRNIUM (ELL., *Sk. Carol.*, I, 359). Synonyme de *Zizia* KOCH.

SMYRNIUM (T., *Inst.*, 315, t. 168). Genre d'Ombellifères-Carées, à fleurs hermaphrodites, ou plus souvent polygames, avec un calice petit ou nul; des pétales entiers ou émarginés; des stylopodes coniques ou déprimés, entiers ou ondulés sur les bords (dans la section *Eulophus*). Le fruit est ovoïde ou plus large que long, rarement plus long que large (dans la section *Eleutherospermum*), à commissure étroite; ou didyme, ou

comprimé perpendiculairement à la cloison. Les méricarpes ont la coupe transversale arrondie. Les côtes primaires dorsale et intermédiaires et parfois les latérales sont proéminentes, ailleurs toutes peu visibles. Les bandelettes sont solitaires, en petit nombre ou nombreuses, et le carpophore est bipartite. La graine, ovoïde ou subglobuleuse, a la face profondément excavée, et l'embryon a des cotylédons ovales, arrondis ou (dans les *Anosmia*) linéaires-oblongs. Ce sont des herbes glabres, bisannuelles ou vivaces, à feuilles basilaires 3-natipennées ou ternées-décomposées, avec les segments étroits (dans les *Eulophus*) ou larges, dentés-lobés; des ombelles composées, à involucres nuls ou formés de bractéoles nombreuses, ou peu nombreuses, ou petites. On en connaît une dizaine d'espèces, de l'Europe, de l'Asie occidentale, du Japon, de l'Afrique du Nord,

Smyrnium. — Fruit.

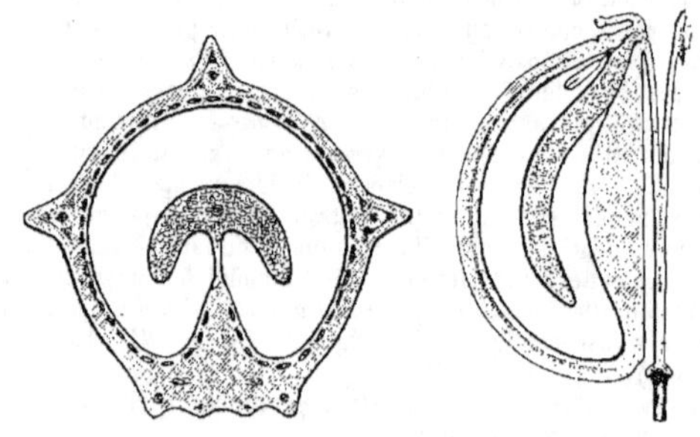

Smyrnium. — Méricarpe, coupes transversale et longitudinale.

des deux Amériques. L'*Anosmia*, d'abord rapporté à ce genre, est un *Conium* (ASCH.). Plusieurs espèces sont cultivées dans nos jardins, notamment le *S. olusatrum* L. ou Maceron commun, herbe potagère. (Voy. *Hist. des pl.*, VIII, 228.) [H. BN.]

SMYTHEA (SEEM., in *Bonplandia* [1861], 255). Genre de Rhamnacées, dont tous les caractères sont ceux des *Ventilago* (auxquels même on l'a rapporté), mais qui s'en distingue par un fruit plus court, plus épais et plus large, capsulaire, déhiscent en deux valves suivant la ligne médiane de ses deux faces. Les deux ou trois *Smythea* connus habitent les îles Viti, Bornéo, etc. (Voy. *Hist. des plant.*, VI, 81.) [H. BN.]

SMYTTÈRE (Ph.-Jos.-Emm. de). Auteur [1829] de *Tableaux synoptiques d'histoire naturelle* et d'une *Physiologie pharmaceutique et médicale*, puis [1837] d'un *Précis élémentaire de botanique médicale* (in-8 de 280 p.).

SNAGROEL. L'*Aristolochia serpentaria* L.

SNAKE-BUSH. Nom anglais du *Rivina lævis* L.

SNAKE-FLOWER. Nom anglais du *Zinnia multiflora* L.

SNAKE-NUT. Nom de l'*Ophiocaryon paradoxum* SCHOMB.

SNAKE-ROOT. Le *Spigelia marylandica* L.

SNAKE-ROOT. Nom anglais du *Colubrina reclinata* AD. BR. et de l'*Actæa racemosa* L.

SNAKE-WEED. Aux États-Unis, le *Prenanthes altissima* L.

SNAPPING HAZEL-NUT. Nom, aux États-Unis, de l'*Hamamelis virginica* L.

SNATT. Nom indigène du *Celastrus senegalensis* LMK.

SNOTTER. En Bothnie, le *Rubus Chamæmorus* L.

SNOW-BERRY. Nom anglais du *Chiococca anguifuga* MART. C'est aussi le nom anglais des *Symphoricarpus*.

SNOWDROP. Nom anglais du Perce-neige. C'est, à Sainte-Croix, l'*Amaryllis tubispatha* KER.

SNOWFTAKE. Nom anglais des Perce-neige.

SOALA (BLANCO, *Fl. d. Filip.*, 437). Genre douteux (B. H., *Gen.*, I, 170) de Clusiacées.

SOANDRON. Synonyme de *Cephan-mahi* (I, 701).

SOAN-TSAO. En Chine, le *Zizyphus soporifera* SCH.

SOAP-PLANT. Nom anglais du *Chlorogalum Pomeridianum.*

SOAP-STICK. Nom anglais du *Gouania domingensis* L.

SOAPWORT. En Angleterre, la Saponaire.

SOARESIA (F.-ALLEM., in *Palest. scient. Rio-Jan.* [1858], 142, c. ic.). Synonyme de *Clarisia* R. et PAV.

SOARESIA (SCH. BIP., in *Pollichia* [1863], 376). Genre de Composées-Vernoniées, formé d'une herbe du Brésil, à fleurs de *Vernonia;* distingué par de grands « glomérules » axillaires, sessiles, disposés sur un petit réceptacle commun. Les fruits ont une double aigrette persistante; les paillettes extérieures courtes; les intérieures allongées et subséteuses. (H. BN, *Hist. des pl.*, VIII, 120.)

SOARIA. En Abyssinie, le *Mæsa picta* HOCHST., ténifuge.

SOB. Au Sénégal, le *Spondias Monbin* L.

SODA. Nom japonais du Sarrasin (*Polygonum Fagopyrum* L.).

SOBANA. Nom japonais du *Campanula Trachelium* L.

SOBA-TADE. Nom japonais du *Polygonum humile* MEISSN.

SOBOLEWSKI (Greg.). Auteur [1799] d'un *Flora petropolitana, sistens plantas... sponte crescentes* (in-8).

SOBOLEWSKIA (BIEB., *Fl. taur.-cauc.*, Suppl., 421). Genre de Crucifères-Isatidées, formé de 4 herbes, de l'Asie Mineure; distingué par un fruit non ailé, arqué, arrondi, claviforme ou à sommet renflé et creux. (DELESS., *Ic. sel.*, II, t. 80. — H. BN, *Hist. des pl.*, III, 263.)

SOBRALIA (R. et PAV., *Prodr. Fl. per. et chil.*, 120, t. 26; *Syst.*, 231). Genre d'Orchidacées-Néottiées, formé d'une trentaine d'herbes terrestres, non tubéreuses, des Andes, depuis le Pérou jusqu'au Mexique; distingué, dans le groupe des Vanillées, par des tiges dressées, à feuilles plissées, à fleurs sans calicule; les sépales connés à la base. Ce sont des plantes à belles et grandes fleurs, souvent cultivées dans les serres chaudes. (*Bot. Mag.*, t. 4446, 4570, 4682, 4882.) [H. BN.]

SOBREYRA (R. et PAV., *Prodr. Fl. per.*, 109, t. 23). Synonyme de *Enhydra* LOUR.

SOBRYA (PERS., *Syn.*, II, 473). Synonyme (part.) de *Enhydra* LOUR.

SOC. En Chine, le Bois de Garo.

SOCCHI. Au Pérou, le *Macrocnemum tinctorium* H. B.

SOCCUS (RUMPH., *Herb. amboin.*, I, 104). Synonyme de *Artocarpus* L.

SOCHIKU. Nom japonais de l'*Asparagus officinalis* L.

SOCIALES. Plantes qui vivent en société, « qui forment (ERRERA) par leur association dense des fourrés impénétrables ».

SOCIELLOUS. Dans le Midi, les Bolets comestibles.

SOCINUS (Ab.). Né et mort à Basle [1728-1808], a écrit des *Theses anatomico-botanicæ* (in-4 de 8 p.).

SOCIVIKA. Nom illyrien de la Fève.

SOCK. En Chine, le Bois de Garo.

SOCONUZCO. Nom d'une variété de Cacao.

SOCOTORA (BALF. F., in *Proc. Roy. Soc. Edinb.* [1883], 77; *Bot. Soc.*, 157, t. 46). Genre de Dicotylédones, qui a des fleurs de Périplocée, mais qui est rapporté par l'auteur aux Apocynacées, à cause, dit-il, de l'absence de corpuscules. L'espèce unique est grimpante et aphylle. C'est peut-être une Asclépiadacée. (H. BN, *Hist. des pl.*, X, 240.)

SOCOYOL. Nom mexicain de plusieurs *Oxalis* L.

SOCRATEA (KARST., in *Linnæa*, XXVIII, 263). Genre de Palmiers-Arécées, formé de 3, 4 arbres inermes, du Brésil et de la Nouvelle-Grenade; distingué par des feuilles pinnatiséquées et des fleurs analogues à celles des *Iriartea*, mais ∞-andres; des stigmates subterminaux sur le fruit; un embryon terminal (DRUDE, in *Mart. Fl. bras.*, III, II, t. 126). C'était alors une section du genre *Iriartea* R. et PAV. [H. BN.]

SOCRATESIA (KL., in *Linnæa*, XXIV, 22). Synonyme (B. H.) de *Cavendishia* LINDL.

SOCZWECKA. Nom polonais de la Fève.

SODA (DUMORT., *Fl. belg.*, 23). Section du genre *Salsola* L.

SODA. En Italie et en Espagne, les *Salsola* L.

SODADA. Section du genre Câprier, à tige buissonnante, épineuse et aphylle. Forskhal cite son *S. decidua* comme ayant des fruits rafraîchissants avant leur maturité, après toutefois qu'on les a fait cuire. (MÉR. et DEL., *Dict. Mat. méd.*, VI, 386.)

SODE. En Danemark, le *Gentiana lutea* L.

SODETS. Au Japon, dit-on, le *Cycas revoluta* L.

SODIO (KÆMPF., *Amœn.*, 898). Synonyme de *Rhapis* L. F.

SODIO. Nom japonais (KÆMPF.) du *Chamærops excelsa* THUNB.

SODIROA (ANDR., in *Bull. Soc. bot. Fr.*, XXIV, 167). Genre de Broméliacées, formé de 3 espèces des Andes, pendantes des arbres; à fleurs construites comme celles des *Tillandsia*, mais distinguées par des sépales unis en tube jusque vers le milieu, étalés en haut; des pétales à onglet très étroit; des feuilles graminiformes et des inflorescences apicales et pauciflores. (B. H., *Gen.*, III, 668.) [H. BN.]

SODSAI. Synonyme tartare de *Ginseng.*

SO-E. Nom chinois des fibres du *Chamærops excelsa* THUNB.

Solandra. — Fleur, entière et coupe longitudinale.

SOEMMERINGIA (MART. [1828], *Diss. Sœm.*). Genre de Légumineuses-Hédysarées, formé d'une herbe annuelle, du Brésil, à fleurs d'*Æschynomene;* distingué par l'étendard scarieux et persistant après la floraison. (H. BN, *Hist. des pl.*, II, 301.)

SOENNERBERG (Jak.). Médecin de Lund, a écrit [1798] *Dijudicatio emendationum Systematis sexualis Linnæi* (in-4).

SOFFAR. En Nubie, l'*Acacia Seyal* DEL.

SOFRO. Nom provençal du *Crocus sativus* L.

SOGAF. L'*Acanthus edulis* FORSK.

SOGALGINA (CASS., in *Bull. philom.* [1818]; in *Dict.*, XLIX, 397). Synonyme de *Galinsoga* H. B. K.

SOHN. — Voy. ROHN.

SOHUNJUNA. La racine du *Moringa pterygosperma* GÆRTN.

SOIE (*Seta*). Dans les Mousses, le pied grêle de l'urne. Soies, poils soyeux, qui recouvrent souvent les surfaces épidermiques. — Voy. PUBESCENCE.

SOIE (BOIS DE). Le *Muntingia Calabura* L.

SOIE VÉGÉTALE. Synonyme de Fil de Pitte.

SOILETTE. Variété de Froment.

SOJA (SAVI, *Mem. Phas.*, II, 16). Synonyme de *Glycine* L.

SOKUDZU. Nom japonais du *Sambucus Thunbergiana* BL.

SOL. En Islande, le *Fucus palmatus* L.

SOL (RIV. — RUPP., *Fl. jen.*, 154). Synon. de *Helianthus* L.

SOLA. En Chine, l'*Æschynomene aspera* L.

SOLAMEN SCABIOSORUM. Nom ancien de la Fumeterre.

SOLANACÉES. Famille de Dicotylédones-gamopétales, à corolle régulière ou à peu près; à ovaire supère, à androcée isostémoné, épisépale; la corolle régulière et le fruit sec ou charnu. Nous avons (*Hist. des pl.*, IX, 281, fig. 343-465) divisé cette famille en 12 séries : Solanées, Atropées, Strychnées, Loganiées, Spigiliées, Buddléiées, Potaliées, Daturées, Hyoscyamées, Nolanées, Cestrées, Nicotianées. [H. Bn.]

SOLANASTRUM. Nom ancien du *Solanum sodomeum* L.

SOLANDER (Dan.). Né en 1736 et mort en 1782, était bibliothécaire du British Museum et a fait, notamment avec Banks, beaucoup de recherches sur les collections. Un grand nombre de ses observations sur les plantes de l'herbier de Banks existent manuscrites au British Museum et devraient être publiées.

SOLANDRA (L. F., *Suppl.*, 176). Synonyme de *Hydrocotyle* T.

SOLANDRA (Murr., in *Comm. Gœtt.* [1784], 21, t. 1). Synonyme de *Laguna* Cav.

SOLANDRA (Sw., in *Act. Stockh.* [1787], 300, t. 11 ; *Fl. ind. occ.*, t. 9). Genre de Solanacées-Atropées, formé de 4 arbustes grimpants, de l'Amérique tropicale ; distingué par un long calice tubuleux ; une grande corolle en entonnoir ; des fleurs solitaires. On cultive le *S. grandiflora*, à belles fleurs jaunâtres, odorantes. (H. Bn, *Hist. des pl.*, IX, 292, 340, fig. 373, 374.)

SOLANÉE-PARMENTIÈRE. La Pomme de terre.

SOLANIFLORA. Nom ancien du *Circœa lutetiana* L.

SOLANUM (T., *Inst.*, 148, t. 62). Nom latin des Morelles, genre de Solanacées-Eusolanées, qui a donné son nom à la famille. Les caractères généraux sont ceux des Solanées vraies: une corolle à tube presque nul, rotacée ou largement campanulée, un limbe à 5 lobes plus ou moins aigus, plissés dans le

laires, ou rugueuses ou finement alvéolées, comprimées par pression réciproque. Les Morelles sont des herbes ou des arbustes, dressés ou parfois grimpants, hérissés quelquefois d'aiguillons, à feuilles alternes, entières, pinnatilobées ou séquées, dont la disposition est souvent modifiée par entraîne-

Solanum tuberosum. — Branche florifère.

ment. Les fleurs sont disposées en cymes terminales ou latérales, ou opposées aux feuilles; position qu'expliquent également les phénomènes d'entraînement. Ce sont des plantes surtout américaines, mais qui se rencontrent également dans les régions

Solanum tuberosum. — Base de la plante.

chaudes et tempérées des deux mondes. Citons comme espèces utiles : la Pomme de terre (*S. tuberosum* L.), originaire (?) de l'Amérique septentrionale, vivace dans son pays, mais cultivée comme annuelle chez nous, à cause de la rigueur de nos hivers. La partie comestible est constituée par les tubercules dus au

Solanum Dulcamara. — Branche florifère.

jeune âge; des étamines à filet court, à anthères collées ou légèrement unies en un tube conique, déhiscentes au sommet par un simple pore, qui se prolonge, le plus souvent, par une fente plus ou moins longue, suivant les espèces. Le fruit est une baie, normalement à 2 loges, rarement à 4, entourée à sa base par le calice persistant, à graines réniformes ou orbicu-

renflement de certains rameaux souterrains, dont le parenchyme se gorge de fécule. Soustraits à l'action de la lumière, ils n'acquièrent pas l'amertume des parties vertes, ni leur toxicité, due à la présence d'un alcaloïde ; la Tomate (*S. Lyco-*

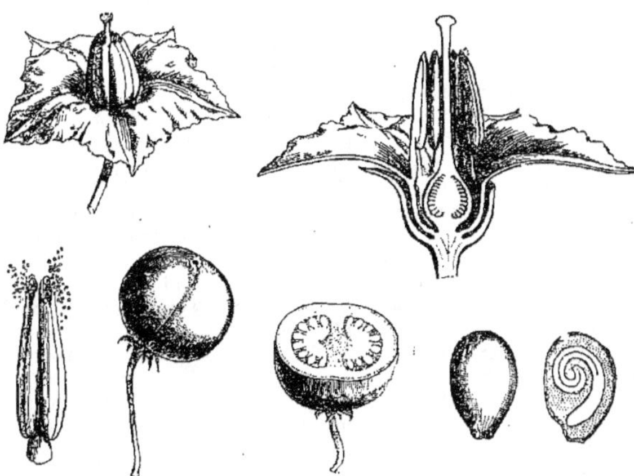

Solanum tuberosum. — Fleur, entière et coupe longitudinale. Étamine. Fruit, entier et coupe transversale. Graine, entière et coupe longitudinale.

persicum L.), à fleurs jaunes, à anthères non collées, mais unies entre elles par des poils marginaux, à ovaire multiloculaire. La présence de ces caractères en a fait pour certains auteurs le type d'un genre *Lycopersicum* (*L. esculentum* Dun.), qui doit

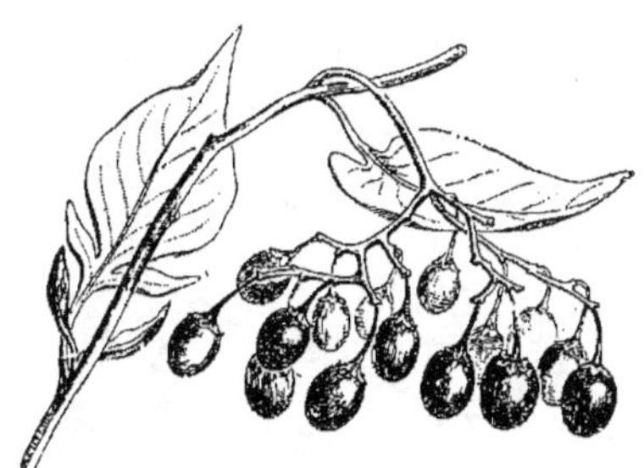

Solanum Dulcamara. — Branche fructifère.

rentrer dans le genre *Solanum*. On recherche comme culinaires les fruits de la Tomate, que l'on a préconisés contre la diathèse urique. La Douce-amère (*S. Dulcamara* L.), à tige ligneuse, affectant souvent la forme d'une liane, à feuilles ovales-acu-

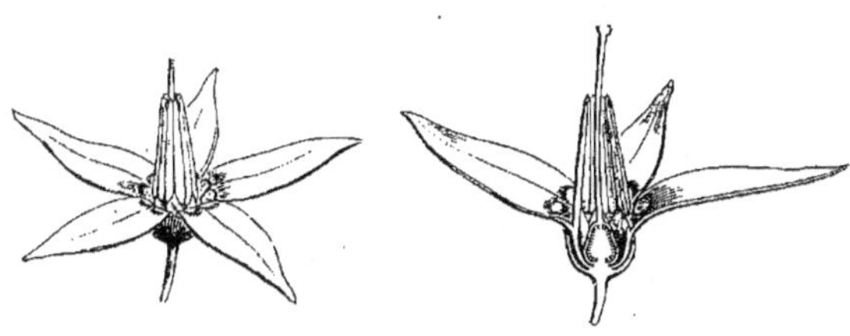

Solanum Dulcamara. — Fleur, entière et coupe longitudinale.

minées, cordées à la base ; les supérieures triséquées, très polymorphes, à fleurs violacées, disposées en cymes latérales, à fruit vert, devenant rouge, rarement jaune à maturité, fournit à la médecine ses branches amères, renfermant de la solanine et de la dulcamarine. On l'emploie comme diurétique, dépuratif.

La Morelle noire (*S. nigrum* L.), mauvaise herbe de nos jardins, entre dans la composition du Baume tranquille. L'Aubergine (*S. esculentum* Dun.), parfois considérée comme type d'un genre *Melongena* (Mill.), est recherchée dans le Midi pour son fruit culinaire. (H. Bn, *Hist. des pl.*, 282, 327, fig. 346-51 ; *Tr. Bot. méd. phanér.*, 1189.) [F. H.]

SOLANUM FURIOSUM, S. LETHALE. Noms anciens de la Belladone.

SOLANUM HALICACABUM (Matth.). L'Alkékenge.

SOLANUM INSANUM. La Mélongène.

SOLANUM QUADRIFOLIUM. Nom ancien de la Parisette.

SOLANUM SCANDENS. La Douce-amère.

SOLANUM VESICARIUM (Dod.). L'un des noms anciens du *Physalis Alkekengi* L.

SOLARIA (Phil., in *Linnæa*, XXIX, 72). Genre de Liliacées-Alliées, formé d'une plante chilienne, à bulbe tuniqué ; distingué, dans le groupe des Gilliésiées, par un périanthe campanulé, à lobes étalés ; les intérieurs plus courts ; les filets staminaux dilatés et connés. Les 3 supérieurs sont dépourvus d'anthère. C'est le *Symea* Bak. (in *Saund. Ref. bot.*, t. 260). [H. Bn.]

SOLARIS (*Herba*). L'Héliotrope.

SOLATRUM. Saladin d'Ascoli, dans un *Commentarium aromatoriorum*, publié en 1488, cite un *S. minus* et un *S. furiale*. On croit que ce dernier est la Belladone. Jérôme Brunschwyg, dans son *Destillier Buch* [1515], cite aussi la Belladone sous le nom de *Solatrum mortale* ou *Dolwurtz*.

SOLDANELLA (Dod.). Le *Calystegia Soldanella* R. Br.

SOLDANELLE (*Soldanella* T., *Inst.*, 82, t. 16). Genre de Primulacées-Primulées, formé de 3, 4 herbes, des Alpes d'Europe ; distingué par des fleurs 5-mères, à corolle campanulée-infundibuliforme, 5-lobée ; les lobes laciniés-lacérés ; la gorge nue ou pourvue d'écailles émarginées ; le fruit capsulaire, en cône allongé, à opercule apical. Les feuilles sont basilaires, arrondies ; et les fleurs, solitaires ou subombellées, sont portées par une hampe grêle. (H. Bn, *Iconogr. Fl. fr.*, n. 51 ; *Hist. des pl.*, XI.)

SOLDEVILLA (Lag., *Elench. pl. Hort. matr.*, 24). Synonyme de *Hispidella* Barn.

SOLDIER-WOOD. A Sainte-Croix, le *Calliandra purpurea*.

SOLE (W.). Apothicaire à Bath, a écrit [1798] *Menthæ britannicæ* (in-fol. min. de 55 p. et 24 pl.).

SOLEA (Spreng., *Pug.* ; *Syst.*, I, 521. — Ging., in *DC. Prodr.*, I, 306). Synonyme de *Hybanthus* Jacq.

SOLEIL. — Voy. Hélianthe.

SOLEIL (GRAND). L'*Helianthus annuus* L.

SOLEIL RIGIDE. L'*Harpalium rigidum* Cass.

SOLEIL VIVACE. Le Topinambour (*Helianthus tuberosus* L.).

SOLEIROLIA (Gaudich., in *Freycin. Voy.*, *Bot.*, 504 ; *Voy. Bon.*, t. 114). Synonyme de *Helxine* Req.

SOLELACHNE (Steud., *Syn. pl. glum.*, I, 12). Synonyme de *Spartina* Schreb.

SOLÉMALIGUET. Nom indien, d'après Leschenault, du *Pentapanax Leschenaultii* Seem. (*Panax* DC.).

SOLENA (Lour., *Fl. cochinch.*, 514). Synonyme de *Melothria* L.

SOLENA (W., *Spec.*, I, 961). Synonyme de *Posoqueria* Aubl.

SOLENACANTHUS (Œrst., in *Vid. Medd. Nat. For. Kjob.* [1854], 123). Genre créé pour le *Ruellia longiflora* Vahl.

SOLENACHNE (Steud., *Syn. pl. glum.*, I, 12). Synonyme de *Spartina* Schreb.

SOLENANDRA (Hook. f., *Icon.*, t. 1150 ; *Gen.*, II, 43, n. 41). Synonyme de *Exostema* Pers. Les filets staminaux y sont rapprochés, mais non soudés. (H. Bn, in *Bull. Soc. Linn. Par.*, 199 ; *Hist. des plant.*, VII, 492.)

SOLENANDRA (Pal.-Beauv., ex Vent., *Malm.*, t. 69). Synonyme de *Galax* L.

SOLENANTHA (G. Don, *Gen. Syst.*, II, 39). Synonyme de *Hymenanthera* R. Br.

SOLENANTHUS (Ledeb., *Fl. alt.*, I, 193; *Ic. Fl. ross.*, t. 26). Genre de Boraginacées-Boragées, formé de 10 herbes vivaces, d'Europe et d'Asie; distingué par des corolles tubuleuses, à lobes courts, dressés ou subétalés; des fruits de *Cynoglossum*, dont le genre est très voisin. (Lehm., *Asperif. Ic.*, t. 41. — Desf., in *Ann. Mus.*, X, t. 36. — H. Bn, *Hist. des pl.*, X, 379.)

SOLENARIUM (Spr., *Pug.*, I, 66). Synon. de *Glonium* Muhl.

SOLÈNE. Nom français (Lamk) des *Solenia* Agh.

SOLENIA (Agh, *Spec. Alg.*, I, II, 417). Section du g. *Ulva* L.

SOLENIA (Hoffm., *Deutsch. Fl.*). Genre de Polyporés, assez voisin des *Cyphella*, et qui, pour cette raison, est quelquefois rangé dans les Théléphorés. Le mycélium donne directement naissance à des tubes membraneux, séparés et libres, portant à l'intérieur un hyménium à basides claviformes, tétraspores. Les spores sont incolores, globuleuses ou ovoïdes, quelquefois courbes. Des conidies se rencontrent sur le mycélium, entre les tubes. Cette organisation rappelle celle des Fistulines réduites à un état rudimentaire. Les 24 espèces connues vivent sur le bois, l'écorce, les tiges et feuilles coriaces, en Europe, en Algérie, aux Indes et dans l'Amérique du Nord. [De S.]

SOLENIDIUM (Lindl., *Orch. Lind.*; in *Paxt. Fl. Gard.*, III, t. 102). Genre d'Orchidacées-Vandées, réuni aux *Oncidium* par Reichenbach fils; distingué par un gynostème largement ailé à sa base, et une grappe lâche de fleurs à longs pédicelles. C'est une plante des Andes de la Nouvelle-Grenade. [H. Bn.]

SOLENIOPSIS (Massal., *Piant. foss. Vicent.* [1851]). Genre d'Algues fossiles; synonyme de *Halymenites* Sternb.

SOLENISCIA (DC., *Prodr.*, VII, 737). Synonyme de *Styphelia* Sm. et section de ce genre.

SOLENITES (Lindl. et Hutt., *Foss. Fl.*, II, t. 121). Genre d'Isoétées fossiles (Ung., *Syn. pl. foss.*, 115; *Chlor. protog.*, LIII); synonyme (?) de *Flabellaria* Phill.

SOLENIXORA (H. Bn, in *Bull. Soc. Linn. Par.*, 242). Section du genre *Ixora* L., caractérisée par un tube de la corolle très allongé et étroit, et un ovule nettement descendant, à micropyle intérieur et supérieur. Espèce de Madagascar.

SOLENOCARPUS (W. et Arn., *Prodr.*, 171). Genre de Térébinthacées-Anacardiées, formé d'un arbre indien; distingué par une corolle valvaire, un androcée 10-andre; un ovaire surmonté d'un style unique; des feuilles composées-pennées. (H. Bn, *Hist. des pl.*, V, 315.)

SOLENOCERA (Zipp. — B. H., *Gen.*, II, 29). Genre douteux de Rubiacées ou de Loganiées (?). (H. Bn, *Hist. des pl.*, VIII, 364.)

SOLENODONTA (Cast., *Pl. Mars.*, I, 202). — Voy. Puccinia.

SOLENOGYNE (Cass., in *Dict. sc. nat.*, V [1828], 174). Synonyme de *Lagenophora* Cass. (III, 191), qui a la priorité [1818] et constitue une section du genre *Bellis* T. (H. Bn, *Hist. des pl.*, VIII, 144.)

SOLENOMELUS (Miers, in *Trans. Linn. Soc.*, XIX, 95, t. 8). Genre d'Iridacées-Sisyrinchiées, formé de 2 herbes à rhizome, du Chili; à spathe terminale, avec un périanthe à tube étroit; des étamines unies en tube, avec des anthères courtes et dressées; un style indivis, papilleux-cilié à son sommet. On les cultive assez souvent, sous le nom de *Sisyrinchium*. (*Bot. Mag.*, t. 2965. — *Fl. serres*, t. 255.) [H. Bn.]

SOLENOPEZIA (Sacc., *Syll. Fung.*, VIII, 477). Genre de Discomycètes, à cupule petite, sessile, urcéolée, céracée, tomenteuse extérieurement, brune ou de couleur claire. Les thèques, entourées de paraphyses, contiennent 8 spores ovoïdes, allongées, biloculaires, hyalines. Sept espèces, la plupart extra-européennes, sur du bois pourri ou des tiges mortes. [De S.]

SOLENOPHORA (Benth., *Pl. Hartweg.*, 68). Genre de Gesnériacées-Gesnériées, voisin des *Gesneria*, formé de 4 arbustes mexicains, et distingué par de grandes fleurs, jaunes ou coccinées et un fruit totalement infère, capsulaire. (H. Bn, *Hist. des pl.*, X, 79.)

SOLENOPSIS (Presl, *Prodr. Mon. Lobel.*, 32). Synonyme de *Laurentia* Neck.

SOLENOPTERIS (Wall., herb.). Synonyme de *Loxogramma* Bl.

SOLENORUELLIA (H. Bn, *Hist. des pl.*, X, 445). Genre d'Acanthacées, voisin des *Rhinacanthus*, formé d'une herbe du Mexique; distingué par des fleurs à 2 bractées involucrantes, connées et formant un tube oblique, obové-oblong, 10-nerve, 2-labié au sommet et chargé de poils capités.

SOLENOSPORIUM. — Voy. Selenosporium.

SOLENOSTEMMA (Hayne, *Arzneigew.*, IX, t. 38). Genre d'Asclépiadacées, dont la seule espèce connue était l'*Argel*.

SOLENOSTEMON (Schum. et Thonn., *Beskr. Guin. Pfl.*, 271). Genre de Labiées-Ocimées, formé de 2, 3 herbes, de l'Afrique tropicale et du Brésil; distingué par un calice décline autour du fruit; la dent postérieure ovale, et les 2 antérieures unies en une lèvre infléchie. Les 4 étamines sont unies en gaine. (H. Bn, *Hist. des pl.*, XI, 68.)

SOLENOSTEMON. Section du genre *Coleus* Lour.

SOLENOSTERIGMA (Kl. — Schott, *Syn. Aroid.*, I, 81). Groupe du genre *Philodendron* Schott.

SOLENOSTIGMA (Endl., *Prodr. Fl. norfolk.*, 41). Synonyme de *Celtis* T.

SOLENOSTIGMA (Kl., in hb. *Krauss*). Syn. de *Retzia* Thunb.

SOLENOSTROBUS (Endl., *Gen.*, Suppl., IV, 11). Genre de Cupressinées fossiles. (Ad. Br., in *Dict. d'Orb.*, XIII, 122.)

SOLENOTÆ (Spreng., *Syst.*, IV, 313). Famille d'Algues.

SOLENOTHECA (Nutt., in *Trans. Amer. Phil. Soc.*, ser. 2, VII, 375). Genre établi pour le *Tagetes tenuifolia* Cav.

SOLENOTINUS (DC. — Œrst., in *Vid. Medd. Nat. For. Kjob.* [1860], 294, t. 6. fig. 1-4). Section du genre *Viburnum* T.

SOLENOTUS (Stev., in *Nouv. Mém. Mosc.* [1834], III, 105). Section du genre *Astragalus* T.

SOLIDAGO (L., *Gen.*, n. 955). Genre de Composées-Astérées, formé d'environ 60 herbes, de l'Europe, l'Amérique et l'Asie tempérées; distingué par des fleurs jaunes, 2-morphes; celles du rayon ligulées, femelles, 1-sériées ou 0; celles du disque hermaphrodites. Le réceptacle est obconique, alvéolé, et l'involucre

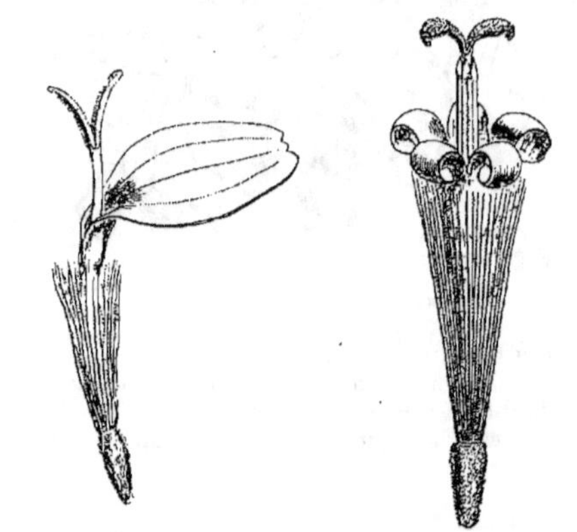

Solidago. — Demi-fleuron. Fleuron.

est formé de ∞ bractées inégales. Les fruits sont glabres, rugueux, arrondis ou costés. Ce genre est représenté vulgairement chez nous par la Verge-d'or (*S. Virga aurea* L.), herbe commune de nos bois. (H. Bn, *Hist. des pl.*, VIII, 38, 153, fig. 52, 53; *Herbor. paris.*, 193.)

SOLIDAGO (P. Br., *Jam.*, t. 33, fig. 2). Synonyme (part.) de *Liabum* Adans.

SOLIER (Ant.-Jos.-Jean). Rédigea, avec M. Derbès, un des plus remarquables mémoires qui aient été publiés sur la reproduction des Algues. Il mourut à Marseille en 1851.

SOLIERA (Clos, in *C. Gay Fl. chil.*, IV, 489, t. 53). Genre de Labiées-Menthées, formé d'une petite herbe vivace, chilienne; distingué, dans le groupe des Mélissées, par un calice campanulé, à 5 dents rigides, subégales ; un androcée didyname ; une corolle à lèvre postérieure subplane. (H. Bn, *Hist. des pl.*, XI, 57.)

SOLINAO. Nom, aux Philippines, des *Mæsa* Forsk.

SOLIVA (R. et Pav., *Prodr. Fl. per.*, 113, t. 24). Genre de Composées-Hélianthées-Anthémidées, formé actuellement d'une quinzaine d'humbles herbes, de l'Amérique du Sud, de l'Europe méridionale et de l'Australie ; distingué par des capitules sessiles entre les feuilles ; les fleurs femelles apétales ; la corolle des fleurs hermaphrodites sub-4-dentée ; les fruits surmontés du style induré ou de 2 pointes. Les fleurs hermaphrodites sont stériles. Quelques espèces sont cultivées dans les jardins botaniques. (H. Bn, *Hist. des pl.*, VIII, 282.)

SOLLYA (Lindl., *Bot. Reg.*, t. 1466). Genre de Pittosporées, formé de 2, 3 sous-arbrisseaux flexueux ou volubiles, d'Australie ; distingué par des anthères plus longues que leurs filets et conniventes autour du gynécée. Les loges s'ouvrent en dedans par des fentes. On en cultive dans nos serres froides de jolies espèces à fleurs bleues. (*Bot. Reg.* [1840], t. 3. — *Bot. Mag.*, t. 3523. — H. Bn, *Hist. des pl.*, III, 444.)

SOLMSIA (Hampe, in *N. Giorn. bot. ital.* [1872], 273). Genre de Mousses, qui, s'il était conservé, pourrait prendre le nom de *Neosolmsia*, à cause du suivant.

SOLMSIA (H. Bn, in *Adansonia* [1871], X, 34 ; *Hist. des pl.*, IV, 197). Genre qui a les caractères de végétation et de floraison des *Microsemma* Labill., mais avec un calice valvaire et pas de corolle ; ce pourquoi nous l'avions attribué aux Tiliacées, tandis que le *Microsemma* était rapporté aux Ternstrœmiacées. Mais nous avons depuis reconnu que l'un et l'autre pouvaient bien mieux se placer parmi les Aquilariées. Ce sont 2, 3 arbustes de la Nouvelle-Calédonie. [H. Bn.]

SOLOMÉ. Nom, en Sénégambie, du *Dialum nitidum* Guillem.

SOLOMÉ. Synonyme de *Salamba*.

SOLONIS. Variété du *Vitis cordifolia*.

SOLORI (Adans., *Fam. pl.*, II, 327). Synonyme de *Dalbergia*.

SOLSTITIARIA (Hill, *H. kew.*, 62). Genre créé pour le *Centaurea solstitialis* L.

SOLTMANNIA (hb. ber., ex Naud.). Synonyme de *Miconia* R. P.

SOLUM. — Voy. Sorum.

SOMA. Dans l'Inde, le *Cocculus suberosus* Lamk.

SOMALIA (Oliv., in *Hook. Icon.*, t. 1528). Genre (?) d'Acanthacées-Justiciées, qui a les caractères des *Justicia*, avec des loges ovariennes 1-ovulées. Ce sont 1, 2 arbustes ou herbes, de l'Afrique tropicale. (H. Bn, *Hist. des pl.*, X, 440.)

SOMARAJI. Nom du *Pæderia fœtida* L.

SOMBRA DEL TORO. L'*Acanthosyris falcata* Griseb.

SOMBRERILLO DE AGUA. Nom vulgaire, au Mexique, de l'*Hydrocotyle americana* L.

SOMERA (Salisb., *Gen. pl. Fragm.*, 26). Genre proposé pour le *Scilla italica* L.

SOMMEA (Bory, in *Ann. gén. sc. phys.*, VI, 92, t. 87). Synonyme de *Acicarpha* J.

SOMMEIL. — Voy. Mouvements.

SOMMERA (Schlchtl, in *Linnæa*, IX, 602). Section du genre *Hippotis* R. et Pav., à calice inégalement 3-5-lobé. Les graines de ces plantes sont petites et nombreuses, et non grandes, comme on l'a affirmé. (H. Bn, *Hist. des plant.*, VII, 456.)

SOMMERAUERA (Hoppe, in *Flora* [1819], 26). Synonyme de *Arenaria* L.

SOMMERFELDTIA (Schum. et Thönn., *Beskr. pl. guin.*, 331). Synonyme de *Drepanocarpus* Mey.

SOMMERFELT (Sör.-Christ.). Botaniste norvégien [1794-1838], a écrit un *Supplément à la flore de Laponie de Wahlenberg* [1826], in-8 de 331 p. et 3 pl. col. ; puis [1827] *Physisk økonomisk beskrivelse over Saltdalens Præstægield i Nordlandene*, in-4 de 148 p. (Voy. *Cat. sc. pap.*, V, 748.)

SOMMERFELTIA (Less., *Syn. Comp.*, 189). Genre de Composées-Astérées, formé d'un arbuscule, du Brésil extratropical ; à fleurs d'*Aster ;* la base de la plante garnie de feuilles pressées, pinnatiséquées-subulées, subépineuses ; l'aigrette à soies grêles,

très caduques ; l'involucre formé de bractées aiguës, pauciriées. (H. Bn, *Hist. des pl.*, VIII, 140.)

SOMMET (*Apex*). Tout organe a un sommet géométrique d'importance secondaire. Le sommet organique en a beaucoup plus. Il est parfois plus ou moins rapproché de la base, figure, comme dans les gynécées à style gynobasique, réceptacles concaves ou plus ou moins déformés, etc.

SOMMIERA (Becc., *Malais.*, I, 66). Genre de Palmiers-Arécées, formé d'une espèce papoue, à feuilles profondément 2-fides ; distingué, dans le groupe des Iguanurées, par des fleurs mâles à 6 anthères versatiles ; un fruit épais, coriace, verruqueux, tesselé ; une graine à albumen continu. C'est une plante peu élevée et inerme. [H. Bn.]

SOMMITÉ. Sommet fleuri des plantes.

SOMO. Au Japon, la Badiane.

SOMP. Au Sénégal, le *Balanites ægyptiaca* Del.

SOMPAR. Nom, dans l'Inde, du *Colbertia obovata* Bl., dont fruit donne un mucilage adoucissant et employé par les femmes pour arrêter la chute des cheveux.

SOMPHOCARYA (Torr., ex *Steud. Nom.*, I, 546). Synonyme de *Heleocharis* Lestib.

SOMPHOXYLON (Eichl., in *Mart. Fl. bras., Menisp.*, 20, t. 37). Genre de Ménispermacées, dont la place est incertaine vu qu'on n'en connaît que les fleurs mâles 3-andres. C'est une liane du Brésil. (H. Bn, *Hist. des pl.*, III, 20.)

SONADORA. Nom vulgaire mexicain du *Phasca mollis* H. B.

SONCHIDIUM (DC., *Prodr.*, VII, I, 247). Section du g. *Dubyæ*.

SONCHIDIUM (Pom., *Nouv. mat. Fl. atl.*, 6). Genre proposé pour les *Sonchus maritimus* et *palustris* L.

SONCHORUS. Synonyme de Galanga.

SONCHUS (T., *Inst.*, 474, t. 268). Nom latin des Laiterons. Section du genre *Lactuca* T. (H. Bn, *Hist. des pl.*, VIII, 116 ; *Herbor. paris.*, 191.)

SONCHUS LÆVIS ALTERA (Matth.). Le *Prenanthes muralis* L.

SONCORUS (Rumph., *Herb. amboin.*, t. 69, fig. 2). Synonyme de *Kæmpferia* L.

SONDARIA (Dennst., *Schl. Hort. malab.*, 31). Genre établi pour le *Sondari* Rheed. (*Hort. malab.*, V, t. 40).

SONDER (W.). Médecin de Hambourg, écrivit en 1846 une *Révision des* Heliophila ; puis [1851] un *Flora hamburgensis*, *Die Algen des tropischen Australiens*, et rédigea, avec Harvey un *Flora capensis*, dont la publication a malheureusement été arrêtée au volume III. (*Cat. sc. pap.*, V, 749.)

SONDERA (Lehm., *Pugill.*, 8, 44). Genre établi pour le *Drosera heterophylla* Lindl.

SONERILA (Roxb., *Fl. ind.*, I, 176). Genre de Mélastomacées qui donne son nom à une tribu des *Sonérilées*, et qui est formé de plus de 50 espèces, de l'Inde ; distingué par un calice séteux ou glabre ; des étamines au nombre de 3, ou parfois 6, égales, connectif non prolongé en bas. Le nombre des loges ovariennes

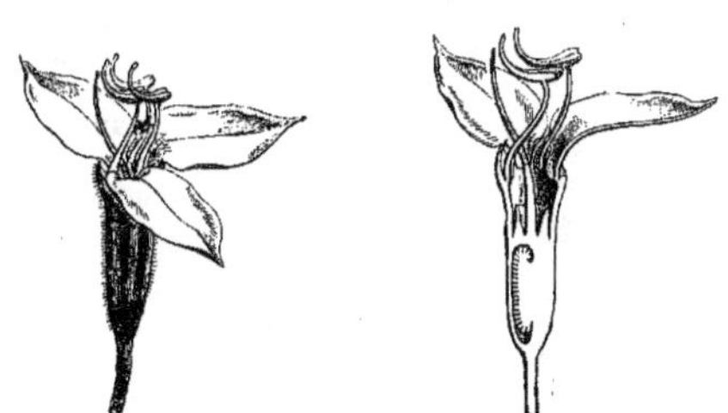

Sonerila. — Fleur, entière et coupe longitudinale.

est égal à celui des pétales. Ce sont des herbes et de petits arbrisseaux, à fleurs disposées en cymes scorpioïdes. On en cultive de jolies espèces et variétés, à feuilles parfois tachetées de blanc. (*Bot. Mag.*, t. 4978, 5026, 5104, 5354. — H. Bn, *Hist. des pl.*, VII, 11, 46, fig. 17, 18.)

SONGALA. Nom, au Fouta-Dhiallon, d'une Vigne dont les indigènes, au dire de Mollien, faisaient déjà du vin au commencement de ce siècle.

SONGE ROUGE. Nom, à Rodrigues, du *Colocasia antiquorum* SCHOTT. Le Songe blanc est l'*Alocasia macrorhiza* SCHOTT.

SONGIUM (RUMPH.). Synonyme de *Dillenia* L.

SONISSOU. Nom provençal du *Senecio vulgaris* L.

SONNENTHAU. Nom allemand des *Drosera* L.

SONNENWENDE. Nom allemand des Héliotropes.

SONNERAT (Pierre). Né à Lyon en 1749, fit des voyages scientifiques dont il rapporta de nombreux herbiers, aujourd'hui au Muséum de Paris, et dont il écrivit les résultats dans : *Voyage à la Nouvelle-Guinée* [1776], in-4 de 206 p. et 120 pl., et *Voyage aux Indes orientales et à la Chine* [1782], in-4.

SONNERATIA (L. F., *Suppl.*, 38). Genre de Lythracées-Lythrées, formé de 5, 6 arbres et arbustes, du littoral de l'Asie et l'Afrique tropicales, Madagascar et l'Australie ; distingué par un calice à 4-8 lobes ; 4-8 ou 0 pétales ; ∞ étamines ; un fruit charnu, ∞-loculaire. (WIGHT, *Icon.*, t. 340. — H. BN, *Hist. des vl.*, VI, 373.(

SONNINIA (REICHB., *Consp.*, 131). Syn. de *Diplolepis* R. BR.

SONNINI DE MANONCOUR (Ch.-Sigisb.). Auteur [1788] d'un *Mémoire sur la culture... du Chou-navet de Laponie*, et [1799] d'un *Voyage dans la haute et basse Égypte*. Son *Traité des Asclépiadées* date de 1810 (in-8 de 146 p. et 2 pl. col.).

SONNTAG (Christ.). Auteur [1710] à Altdorf, de *Paralipomena quibus ligna Sittim explicata et applicata sistuntur* (in-4). Né en 1654, il mourut à Altdorf en 1717.

SONT. Nom nubien de l'*Acacia arabica* W.

SONT, SONTI. Noms tellingas du Gingembre.

SONZAYA (MARCH., in *Adansonia*, VIII, 27, 64, t. 4 *bis*). Synonyme de *Canarium* L., dont il ne se distingue que par ses étamines monadelphes. (H. BN, *Hist. des pl.*, V, 313.)

SOODBROD. En Allemagne, le Caroubier. •

SOOJA, SOOJU. Noms, au Japon, d'une sauce préparée avec le *Glycine hispida* S. et ZUCC. ; d'où est venu le nom générique de *Soja*, attribué à tort à cette plante.

SOOKASA. Nom sanscrit (PIDDINGT.) du Concombre.

SOONGO-SOONGO. Nom, à Madagascar, de l'*Euphorbia splendens* BOJ.

SOOPARI. Nom, au Bengale, du *Wendlandia longifolia* DC.

SOOR, SOORSPILZ. Noms allemands de l'*Oïdium albicans*, le Champignon du Muguet.

SOO-TSIKU (KÆMPF., *Amœn. exot.*, 898). Synonyme de *Rhapis* L. F.

SOPHANDRA (MEISSN., *Gen., Comm.*, 152). Pour *Lophandra* DON.

SOPHIA (ADANS., *Fam. des pl.*, II, 417). Synonyme de *Sisymbryum* L.

SOPHIA (L., *Amœn.*, VIII, 259). Synonyme de *Carolinea* L. F.

SOPHIA CHIRURGICORUM. Nom ancien du *Sisymbrium Sophia* L.

SOPHISTEQUES (COMMERS., herb.). Synonyme de *Ouratea* AUBL.

SOPHO. En Égypte, la Marjolaine.

SOPHOCLESIA (KL, in *Linnæa*, XXIV, 29). Genre d'Éricacées-Vacciniées, formé d'une dizaine d'arbustes épiphytes, des Andes d'Amérique et des Antilles ; distingué par un réceptacle arrondi ; une corolle supère, tubuleuse ; des graines scobiformes. (HOOK., *Icon.*, t. 717. — H. BN, *Hist. des plant.*, XI, 188.)

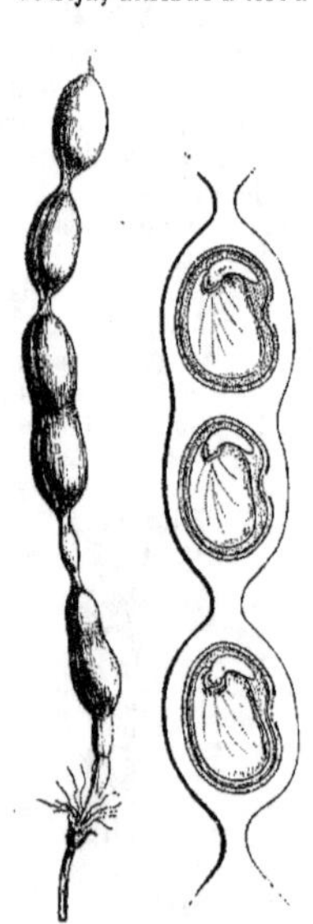

Sophora. — Fruit, entier et coupe longitudinale.

SOPHORA (L., *Gen.*, n. 508). Genre de Légumineuses-Papilionacées, qui donne son nom à une série des *Sophorées*, distinguée par des étamines libres. Ce sont des herbes ou des arbres. Leurs fleurs sont en grappes terminales, simples ou composées. Leur fruit est épais, subarrondi ou 4-ailé, moniliforme, indéhiscent ou s'ouvrant tard et incomplètement. Dans la section *Stryphnolobium*, il est charnu, comme ci-contre. Les *Edwardsia* SALISB. appartiennent aussi à ce genre. (*Bot. Reg.*, t. 1185. — *Bot. Mag.*, t. 3390. — H. BN, *Hist. des pl.*, II, 230, 358, fig. 195, 196.)

SOPHOROCAPNOS (TURCZ., in *Bull. Mosc.* [1848], I, 570). Genre proposé pour le *Corydalis pallida*.

SOPHRAGINE. En Italie, la Laitue.

SOPHRA VIVOLO. En Italie, le *Sedum Telephium* L.

SOPHROCATTLEYA. Nom donné par M. Rolfe à un « genre » hybride de *Sophronitis* et de *Cattleya*.

SOPHRONANTHE (BENTH., in *Lindl. Intr. Nat. Syst.*, ed. 2, 445). Synonyme de *Gratiola* L.

SOPHRONIA (LICHT., in *Ræm. et Sch. Syst.*, I, 482). Synonyme de *Lapeyrousia* POURR.

SOPHRONIA (LINDL., in *Bot. Reg.*, t. 1129). Synonyme de *Sophronitis* LINDL.

SOPHRONIA (PERS., *Voy. Uran.* [1826], 178). — Voy. DICTYOPHORA.

SOPHRONITIS (LINDL., *Bot. Reg.*, t. 1129). Genre d'Orchidacées-Épidendrées, formé de 4, 5 herbes épiphytes, brésiliennes ; distingué par des folioles du périanthe aplaties, sauf le labelle, qui a des lobes latéraux connivents, cachant le gynostème, et un limbe linguiforme. Ce sont de jolies plantes, souvent cultivées. (*Fl. serres*, t. 1716. — *Bot. Mag.*, t. 3677, 3709.) [H. BN.]

SOPLOUNARIO. Nom provençal du *Saponaria officinalis* L.

SOPUBIA (HAMILT., in *Don Prodr. Fl. nepal.*, 88). Genre de Scrofulariacées-Gérardiées, formé de 8, 9 herbes africaines, asiatiques et océaniennes ; distingué, dans le groupe des Eugérardiées, par un calice 5-denté, campanulé ; des anthères dont une loge rudimentaire est petite, stipitée ; des feuilles généralement disséquées, à divisions linéaires. (H. BN, *Hist. des pl.*, IX, 472.)

SOPULINA (JUSS., *Dict.*, XLVIII, 218). Pour *Sopubia* HAMILT.

SORA-MAME. Nom japonais de la Fève.

SORAMI. Nom français (LAMK) des *Soramia* AUBL.

SORAMIA (AUBL., *Guian.*, t. 219). Syn. de *Doliocarpus* ROLAND.

SORANTHE (SALISB., in *Knight Proteac.*, 71). Synonyme de *Sorocephalus* R. BR.

SORANTHUS (LEDEB., *Fl. alt.*, I, 344 ; *Icon. Fl. ross.*, t. 82). Synonyme de *Ferula* T.

SORBARIA (SER., in *DC. Prodr.*, II, 545). Section du g. *Spiræa*.

SORBASTRILLA. En Italie, la Pimprenelle.

SORBES. Nom appliqué aux fruits du Sorbier des oiseleurs (*Sorbus aucuparia* L.), mais plus souvent encore à ceux du Cormier domestique, qui est le *Sorbus domestica* L. (*Cormus domestica* SPACH). On les appelle aussi *Cormes*, qu'il ne faut pas confondre avec *Cornes*, fruits du *Cornus mas* L.

SORBIER (*Sorbus* T., *Inst.*, 633). Section du genre *Pyrus* T. (H. BN, *Hist. des pl.*, I, 406). Les fruits charnus y sont caractérisés par un endocarpe peu consistant et généralement d'une faible épaisseur.

SORBIER DES ALPES. Le *Pyrus Aria* EHRH.

SORBIER DOMESTIQUE. Le Cormier (*Sorbus domestica* L.).

SORBUS SYLVESTRIS. Nom ancien du Sorbier des oiseleurs.

SORCIER. Nom vulgaire du *Boletus cyanescens* BULL.

SORDARIA (CES. et DE NOT., *Schem. Sfer.*, 52). Genre de Sphériacés, formé pour des *Sphæria* coprophiles, à périthèces globuleux, coniques ou piriformes, tantôt séparés, tantôt réunis dans un pseudostroma crustacé ; noirs, villeux ou glabres, à ostiole obtus. Les thèques pédiculées renferment 8 spores elliptiques, fuligineuses, munies d'un ou de deux appendices hyalins. Plusieurs espèces possèdent des conidies ou des microconidies. Une trentaine d'espèces connues croissent sur les excréments de divers animaux, plus rarement sur le bois, les rameaux, les tiges pourries ; le plus grand nombre en Europe ; quelques-unes dans les deux Amériques. [DE S.]

SORE (*Sorus*). L'ensemble des sporanges des Fougères.

SORÉDIE. — Voy. LICHENS.

SOREDOSPORA (CORDA, *Ic. Fung.*, I, 12; *Anleit.*, 34). Synonyme de *Stemphylium* WALLR.

SOREMA (LINDL., *Bot. Reg.* [1844], sub t. 46). Synonyme de *Nolana* L.

SORGHI. Nom indien des *Sorghum* MŒNCH.

SORGHO, S. D'AFRIQUE. Le *Sorghum vulgare* W.

SORGHUM (MŒNCH. — PERS., *Syn.*, I, 101). Genre de Graminées-Andropogonées. Sous-genre pour les auteurs les plus modernes (HACK., *Androp.*, 499) du genre *Andropogon*. Le type est l'*A. Sorghum* BROT., graminée à fruits alimentaires, très variable et très souvent cultivée. L'*A. saccharatus* KŒRN. est une variété célèbre comme plante à sucre. A la section se rapportent les *A. serratus* THUNB., *australis* SPRENG., *nutans* L, *Balansæ* HACK., *leptos* STEUD., etc. [H. BN.]

SORGUM (MICHELI). Pour *Sorghum* MŒNCH.

SORIA (ADANS., *Fam. des pl.*, II, 421). Synonyme de *Euclidium* R. BR.

SORIAU. Le *Lonicera Xylosteum* L.

SORIDIUM (MIERS, in *Trans. Linn. Soc.*, XXI, 47, 49, t. 6, 7, fig. 10-28). Synonyme de *Sciaphila* BL.

SORINDEIA (DUP.-TH., *Gen. nov. madag.*, 23). Genre de Térébinthacées-Anacardiées, formé d'une demi-douzaine d'arbustes, de Java, de l'Asie tropicale et de Madagascar; distingué par des fleurs à pétales valvaires; ∞ étamines dans les mâles et 5 dans les fleurs hermaphrodites; un fruit drupacé et comprimé. (H. BN, *Hist. des pl.*, V, 315.)

SORINDRANA. Nom malgache du *Smithia Chamæcrista* BENTH.

SORINGHI. Nom, à Tuléar, du *Didierea* H. BN.

SORNION (ADANS., *Fam. des pl.*). Synonyme de *Hydnum* L.

SORO. — Voy. SIDE.

SOROCEA (A. S.-H., in *Mém. Mus.*, VII, 473). Genre d'Ulmacées-Artocarpées, formé de 3, 4 arbustes laiteux, américains; distingué par des fleurs mâles disposées en fausses grappes, 4-andres, avec un calice 4-mère; des fleurs femelles à ovaire infère, insérées dans des cavités des axes. Bentham a uni à ce genre nos *Pseudosorocea*, qui appartiennent cependant à un type bien distinct. (Voy. *Hist. des pl.*, 210.) [H. BN.]

SOROCEPHALUS (R. BR., in *Trans. Linn. Soc.*, X, 139). Genre de Protéacées-Protéées, formé d'une dizaine d'arbustes, de l'Afrique australe; distingué par des capitules 1-6-flores, petits, disposés en épi ou en corymbe dense, avec un fruit sec, à pied ou à base indurée et persistante; le sommet stigmatique du style terminal et peu volumineux. Les fleurs sont d'ailleurs à peu près celles des *Nivenia*. (ANDR., *Bot. Rep.*, t. 517. — H. BN, *Hist. des pl.*, II, 425.)

SOROCYBE (FR., *Summ. Veg. Scand.*, 468). — Voy. DEMATIUM.

SOROLLA (Ildef.). A écrit [1642] *Epitome Medices. De differentiis herbarum ex... Theophrasti* (in-8 de 94 f.).

SOROSIA (TUL., in *Ann. sc. nat.*, sér. 3, I, 98). Section du genre *Nidularia* FR.

SOROSPORIUM (RUD., in *Linnæa*, IV [1829], 116). Genre d'Ustilaginés, à filaments agglomérés, devenant gélatineux et portant des spores en glomérules, enveloppées dans un épispore gélatineux, puis se séparant. A la germination, le promycélium est filiforme. Dix-huit espèces sont décrites, parasites sur les feuilles et plus souvent sur les organes floraux de diverses plantes, sous toutes les latitudes. [DE S.]

SOROSTACHYS (STEUD., *Syn. pl. glum.*, II, 71). Genre proposé pour le *Cyperus pulchellus* R. BR.

SOROTHELIA (WINT., in *Hedwig.* [1886], 10). Genre de Sphériacés, proposé pour une espèce parasite sur le thalle d'un Lichen. Les périthèces minuscules, très noirs, hémisphériques, sont réunis en groupes maculiformes, arrondis ou irréguliers. Les thèques, entourées de paraphyses, contiennent chacune 8 spores didymes et brunes. [DE S.]

SORREL. En Angleterre, l'Oseille.

SORREL TREE. Aux États-Unis, les *Oxydendrum* DC.

SORRENBOOM. En Hollande, le Sorbier.

SORUM, SOLUM. Noms nègres du *Dialium nitidum* G. et PERR.

SORVEIRA. Nom brésilien du *Collophora utilis* MART.

SOSDI. Nom magyar des Surelles.

SOSIQUI. Nom donné par les Indiens Cayuvavas au *Mauritia vinifera* MART.

SOTETSU-NA. Nom japonais du *Brassica Rapa* L.

SOTOR (FENZL. — SEEM., in *Hook. Kew Journ.*, VI, 272). Synonyme de *Kigelia* DC.

SOUARI (ENDL.). Pour *Saouari* AUBL.

SOUDEYRANIA (NECK., *Elem.*, I, 365). Genre disjoint des *Barleria* L.

SOUCHE. Portion souterraine, épaissie, des plantes. C'est souvent le Rhizome, quoique le nom s'applique souvent aussi improprement aux racines des plantes vivaces.

SOUCHET DES INDES. Le *Curcuma longa* L.

SOUCHET DES MARAIS. Le *Scirpus maritimus* L.

SOUCHET LONG. Le *Cyperus longus* L.

SOUCHET SULTAN. Le *Cyperus esculentus* L.

SOUCHON. Pour *Saotchaon*.

SOUCI (*Calendula* L., *Gen.*, n. 990, part.). Genre de Composées, qui donne son nom à une série des *Calendulées*, et qui

Souci. — Rameau florifère. Demi-fleuron, entier et coupe longitudinale. Fruit compost. Achaine, coupe longitudinale.

a, dans ses capitules, des fleurs de deux sortes : celles du rayon femelles et fertiles, à corolle ligulée; celles du disque mâles ou hermaphrodites, stériles. L'involucre a deux rangs de bractées. Le style des fleurs ligulées a deux branches atténuées au sommet. Dans les fleurs régulières, l'ovaire est stérile, et le sommet du style est conique, entier ou 2-denté papilleux. Les fruits sont incurvés, dissemblables, muriqués. Ce sont 5, 6 herbes, annuelles ou vivaces, à duvet glanduleux, odorant, à feuilles alternes; les capitules stipités. Elles habitent l'Europe moyenne, l'Orient, la région Méditerranéenne, les îles occidentales du nord de l'Afrique. Chez nous, on trouve communément le S. des vignes (*C. arvensis* L.) et on cultive le S. des jardins (*C. officinalis* L.), emménagogues peu usités. On falsifie le Safran avec les fleurs du dernier, qui servent aussi à colorer le beurre. Le S. pluvial, à capitules hygroscopiques, est un *Dimorphotheca*. (H. Bn, *Hist. des pl.*, VIII, 42, 194, fig. 59-63; *Tr. Bot. méd. phanér.*, 1152.)

SOUCI D'EAU. Le Populage des marais (*Trollius palustris* H. Bn) et le *Lysimachia vulgaris* L.

SOUCI DES BLÉS, S. DES CHAMPS. La Norée.

SOUCI DES VIGNES. Le *Calendula arvensis* L. Le S. des jardins est le *C. officinalis* L.

SOUDAN (NOIX DE). Synonyme de Noix de Cola.

SOUDANI FOULE. L'*Arachis hypogæa* L., en Égypte.

SOUDE (*Salsola* L., *Gen.*, n. 311). Genre de Chénopodiacées, qui donne son nom à la série des *Salsolées*, distingué par des fleurs hermaphrodites, 4, 5-mères; les sépales indurés autour du fruit et dilatés en aile horizontale, scarieuse. Il y a 1-5 étamines et un fruit sec, à graine horizontale ou renversée; l'em-

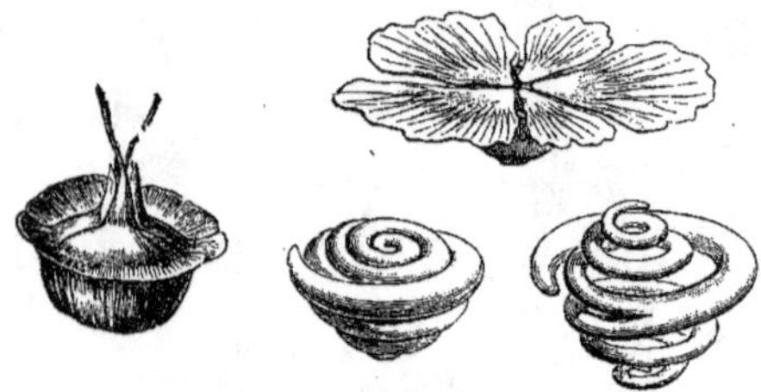

Soude. — Fruit, jeune et mûr. Embryon, en place et déroulé.

bryon spiralé, sans albumen. Ce sont des plantes herbacées ou ligneuses, des régions tempérées des deux mondes, à feuilles alternes ou opposées. Elles tirent leur nom de l'usage qu'on en faisait pour l'extraction de la soude. (H. Bn, *Hist. des pl.*, IX, 142, 165, 186, fig. 195-199.)

SOUDE D'ALEXANDRIE. Celle qu'on extrait du *Mesembryanthemum copticum* L.

SOUDIN. Nom du *Cyphomandra betacea*.

SOUDURE. On admettait autrefois que les organes de végétation et de floraison pouvaient se souder entre eux. Un calice gamosépale passait pour avoir ses pièces soudées entre elles; de même une corolle gamopétale, un androcée adelphe ou syngénèse, etc.; de même une inflorescence *entraînée* sur un rameau, etc. Les soudures entre organes adultes des plantes n'existent probablement jamais d'une façon certaine. Ils se collent parfois l'un à l'autre; mais on peut généralement les décoller sans lésions. Il convient donc de se montrer très réservé sur l'emploi du mot *Soudure*.

SOUFRE VÉGÉTAL. Les spores du *Lycopodium clavatum* L.

SOUID. Nom arabe du *Suæda vermiculata* Forsk., dont les tiges sont incinérées à Ouargla, pour fournir du carbonate de soude et de potasse, employé dans la préparation du tabac.

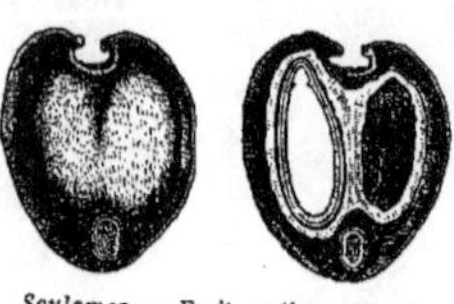

Soulamea. — Fruit, entier et coupe longitudinale.

SOULAMEA (Lamk, *Dict.*, I, 448). Genre de Rutacées-Quassiées, arbres très amers, océaniens, à feuilles simples ou composées-pennées; les fleurs

polygames, souvent 3-mères, diplostémonées, à 2 loges ovariennes 2-ovulées. Le fruit, coriace, comprimé, plus ou moins ailé, renferme 2 graines albuminées. (H. Bn, *Hist. des pl.*, IV, 413, 501, fig. 491, 492.)

SOULAMOU. Nom du *Soulamea amara* Lamk. *Soulamou* veut dire, paraît-il, *Médicament par excellence*.

SOULANGE-BODIN (Et.). Mort à Paris en 1846, âgé de 72 ans, auteur de plusieurs mémoires relatifs à l'horticulture, etc.

SOULANGIA (Ad. Br., in *Ann. sc. nat.*, sér. 1, X, 377, t. 10, fig. 3). Section du genre *Phylica* L.

SOULAVIE (J.-L. Giraud-). Auteur [1783] d'une *Histoire naturelle de la France méridionale* (in-8 de 399 p. et 2 pl.), dont la deuxième partie traite des plantes.

SOULEYETIA (Gaudich., *Voy. Bonite*, t. 19). Genre douteux de Pandanées. (Solms, in *Linnæa*, XLII, 107.)

SOULIER DE NOTRE-DAME. Les *Cypripedium* L.

SOULSIE. Nom ancien des Soucis.

SOUM. Nom hébreu de l'Ail.

SOUMLO. — Voy. Cambo.

SOUMP. Nom ouoloff du *Balanites ægyptiaca* Del.

SOUNI. Nom, aux îles Mariannes, du *Colocasia esculenta* Sch.

SOUNIOUNIOS. Nom, au Japon, d'une sorte de Prune.

SOURBEIRETTE. L'Alchimille commune.

SOURCI DE VÉNUS. La Millefeuille.

SOUR-EYES. Nom anglais du *Canavalia gladiata* DC.

SOUR-GRASS. Nom anglais du *Panicum fuscum* Sw.

SOUROUBEA (Aubl., *Guian.*, 244, t. 97). Synonyme de *Ruyschia* Jacq.

SOUR-SOP. Nom anglais de l'*Anona muricata* L.

SOUSAN. Nom arabe du *Pancratium maritimum* L.

SOUS-ARBRISSEAU (*Suffrutex*). — Voy. Tige.

SOUSINON (Diosc.). Le *Lilium candidum* L.

SOUTHWELLIA (Salisb., *Par. lond.*, n. 69). Synonyme de *Sterculia* L.

SOUTU-FAFAN. A Rodrigues, le *Bryophyllum calycinum* Sal.

SOUVENEZ-VOUS DE MOI. Le *Myosotis palustris* L.

SOUZA (Vell., *Fl. flum.*, 273; Atl., VII, t. 1-3). Synonyme de *Sisyrinchium* L.

SOWA. Nom hindou de l'Aneth.

SOWERBÆA (Sm., in *Trans. Linn. Soc.*, IV, 218; V, 160, t. 6). Genre de Liliacées, rapporté au groupe des Johnsoniées, formé de 3 herbes vivaces, australiennes; distingué par des tiges junciformes et des feuilles basilaires; des fleurs pédicellées dans le capitule; un périanthe 6-mère et 3 étamines; des loges ovariennes pauciovulées; un fruit loculicide. (Red., *Lil.*, t. 341. — *Bot. Mag.*, t. 1104.) [H. Bn.]

SOW-THISTLE. En Angleterre, les Laiterons.

SOY. Au Japon, le *Glycine Soja*.

SOYA (Benth.). Pour *Soja* Mœnch.

SOYAH. Synonyme de *Suvà*.

SOY-BEAN. Nom anglais du *Soja hispida* Mœnch (*Glycine*).

SOYÉ. Nom forézien du *Sambucus nigra* L.

SOYERIA (Monn., *Ess. Hier.*, 75). Synonyme de *Crepis* L. (H. Bn, *Hist. des pl.*, VIII, 108.)

SOYER-WILLEMET (Hub.-Fél.). Né et mort à Nancy [1791-1867], où il était bibliothécaire en chef; écrivit [1826] un mémoire sur le nectaire; des *Observations sur quelques plantes de France* [1828]; des notices sur les *Euphrasia*, *Erica*, *Gnaphalium*, *Cerastium* et, avec Godron, une Revue des Trèfles de la section *Chronosemium*, in-8 de 35 p. (*Cat. sc. pap.*, V, 765.)

SOYMIDA (A. Juss., *Mém. Méliac.*, 98, t. 11). Genre de Méliacées-Swiétiniées, formé d'un arbre de l'Inde, le *S. febrifuga*; distingué par des feuilles paripinnées; des fleurs à 5 pétales; le tube de l'androcée cupuliforme, avec 10 lobes 2-dentés; un disque large et un fruit septifrage, à graines prolongées en aile aux deux extrémités. (H. Bn, *Hist. des pl.*, V, 491, 505.)

SOZUSA. Nom grec ancien de l'Armoise.

SPAANSCHE KARS. Nom hollandais des Capucines.

SPACH (Édouard). Né à Strasbourg en 1801, mourut en 1879 au Muséum de Paris, où il était garde des galeries de botanique, après avoir longtemps été l'aide de B.-Mirbel. Il a publié, comme *Suites à Buffon*, un immense recueil intitulé *Histoire naturelle des végétaux phanérogames* (14 vol. in-8 avec atlas), ouvrage riche en observations originales d'une exactitude remarquable. Cet homme laborieux, bon et droit, a écrit la plus grande partie des *Illustrationes plantarum orientalium* du comte Jaubert et de nombreuses monographies dans les *Annales des sciences naturelles*. (*Cat. sc. pap.*, V, 767.)

SPACHEA (A. Juss., *Malpigh.*, 71, t. 8). Genre de Malpighiacées-Malpighiées, formé de 6 arbuscules, de l'Amérique tropicale; distingué par des fleurs à calice 8-10-glanduleux; des étamines à filet hérissé, à anthère sans appendice. Il y a 2, 3 branches stylaires obtuses. Les feuilles sont ponctuées ou glanduleuses en dessous. (H. Bn, *Hist. des pl.*, V, 455.)

SPACHIA (Lilj., in *Linnæa*, XV, 262). Synon. de *Fuchsia* L.

SPADACTIS (Cass., in *Dict.*, XLVII, 510). Synonyme de *Atractylis* L. (H. Bn, *Hist. des pl.*, VIII, 82.)

SPADICE (*Spadix*). Inflorescence entourée d'une spathe (Aracées, Typhacées, Palmiers, etc.).

SPADICEÆ (Scop., *Introd.*, 67). Groupe des *Obsoletæ*, comprenant des Naiadacées, Aracées, Casuarinées, etc. Pour Lindley, le groupe comprenait en outre les Balanophorées, Pandanées, Pistiacées, etc.

SPADICIFLORÆ (Endl., *Gen.*, 232). Groupe comprenant les Aracées, Typhacées et Pandanées. Agardh y a ajouté les Palmiers et les Cycadées.

SPADONI (Paolo). Professeur à Macorata, a écrit un opuscule sur le *Linum Beauharnaisianum* [1808]; *Pellegrinazione alle gessaje di S. Angelo, S. Gaudenzio*, etc. [1813], et *Xilologia picena applicata alle arti* [1826], in-8 de 316, 288, 275 p.

SPADONIA (Fr., *Syst. myc.*, III, 203). Genre de Discomycètes, comprenant une seule espèce épigée, du Brésil. Un stipe renflé, réticulé, blanc, porte un chapeau convexe en forme de mitre, tuberculeux, tenace et couvert de spores d'une teinte noirâtre olivacé. L'existence et les caractères des thèques, n'étant pas mentionnés, rendent douteuse la place de ce genre. [De S.]

SPADONIA (Less., *Syn. Comp.*, 99). Synonyme de *Moquinia* DC. (H. Bn, *Hist. des pl.*, VIII, 91.)

SPADONISMA (DC., *Prodr.*, VII, I, 23). Section du g. *Moquinia*.

SPADOSTYLES (Benth., in *Ann. Wien. Mus.*, III, 81). Synonyme de *Pultenæa* Sm.

SPAENDONCEA (Desf., *Dec. phil.*, VII, 259). Syn. de *Cadia*.

SPAENDONCK (Ger. van). Professeur de dessin des plantes au Muséum de Paris, a publié : *Fleurs dessinées d'après nature;* et l'on a lithographié d'après ses dessins [1825] un recueil de fleurs, intitulé *Souvenirs de Van Spaendonck* (in-4 de 20 pl.).

SPALLANZANIA (DC., *Prodr.*, IV, 406). Syn. de *Mussaenda* L.

SPALLANZANNI (A.-Laz.). Célèbre professeur de Pavie [1729-1799], est l'auteur des *Opuscoli di fisica animale e vegetabile* [1766], de *Fisica animale e vegetabile* [1782], et de *Expériences pour servir à l'histoire de la génération des animaux et des plantes*, publié à Genève en 1786, par les soins de Michaelis, et traduit, la même année, en allemand.

SPALOWSKY (Joach.-Joh.-Nepom.). Médecin de Vienne, mort en 1797, auteur [1777] de *De Cicuta, Flammula Jovis, Aconito, Pulsatilla*, etc. (in-8 de 44 p. et 9 pl.).

SPALTOFFNUNGEN. Nom allemand des Stomates.

SPALTPFLANZEN. Nom allemand des plantes scissipares.

SPALTPILZE. Nom allemand des Schizomycètes.

SPANACHION. Nom grec ancien de l'Épinard.

SPANANTHE (Jacq., *Coll.*, III, 247; *Ic. rar.*, II, t. 350). Section du genre *Azorella* Lamk, à fruit biscutellé, à côtes latérales occupant la face du fruit, à inflorescence ramifiée-dichotome. (Voy. *Hist. des pl.*, VII, 143, 237, fig. 166.) [H. Bn.]

SPANIOPTILON (Less., *Syn. Comp.*, 10). Synonyme de *Cnicus* T. (H. Bn, *Hist. des pl.*, VIII, 5.)

SPANISH-MOSS. Nom anglais du *Tillandsia usneoides* L.

SPANOGHEA (Bl., *Rumphia*, III, 173). Genre de Sapindacées-Sapindées, formé de 2, 3 arbres, de l'Océanie tropicale; distingué

par un calice cupulaire et valvaire, à 4, 5 dents, sans corolle; 8 étamines; un fruit rompu transversalement; des graines arillées; des feuilles imparipinnées. Pour M. Radlkofer (*Dur. Ind.*, 77), c'est une section du genre *Alectryon* Gærtn. et, pour nous, du g. *Nephelium* L. (H. Bn, *Hist. des pl.*, V, 395.)

SPANOTRICHUM (E. Mey., in exs. *Drèg.*). Synonyme (?) de *Osmites* L. (H. Bn, *Hist. des pl.*, VIII, 163.)

SPARASSIS (Fr., *Syst. myc.*, I, 464). Genre de Clavariés, à réceptacle très ramifié et à rameaux aplatis, foliacés, présentant un hyménium à basides tétraspores sur les deux surfaces. Cette forme du réceptacle permet de les considérer comme des Théléphores clavariformes. Les spores ovoïdes sont hyalines. On n'en connaît qu'un petit nombre d'espèces épigées, en Europe et dans l'Amérique du Nord. [De S.]

SPARATTANTHELIUM (Mart., *Herb. Fl. bras.*, 280). Genre de Lauracées-Gyrocarpées, formé de 5, 6 arbres de l'Amérique tropicale; distingué des *Gyrocarpus* par un périanthe à 4-6 folioles caduques; 4-6 étamines, à anthère valvicide, sans glandes basilaires. Le fruit n'est pas ailé. (H. Bn, *Hist. des pl.*, II, 447, 485.)

SPARATTOSPERMA (Mart.—DC., *Prodr.*, IX, 203). Genre de Bignoniacées-Técomées, comprenant deux espèces du Brésil, dont une douteuse. Le type est le *Bignonia leucantha* Vell. Ce sont des arbres à feuilles digitées. Le calice s'ouvre par une fente longitudinale. La corolle a des lobes ondulés-crépus. L'ovaire a jusqu'à 8 séries longitudinales d'ovules dans chaque loge. Le fruit, qui est linéaire, presque arrondi, s'ouvre en deux valves perpendiculaires à la cloison. Celle-ci porte des graines dont la tête est linéaire et dont l'aile est remplacée par des poils très allongés, surtout sur les parties latérales de la graine. (H. Bn, *Hist. des pl.*, X, 43.) [B.]

SPARATTOSYCE (Bur., in *Ann. sc. nat.*, sér. 5, XI, 376, t. 6; in *DC. Prodr.*, XVII, 288). Genre d'Ulmacées-Artocarpées, formé de deux arbres de la Nouvelle-Calédonie; distingué des Figuiers par des réceptacles d'inflorescence femelle finalement rompus et s'étalant. Les fleurs paraissent dioïques. (H. Bn, *Hist. des plant.*, VI, 210.)

SPARAXIS (Ker, in *Kœn. et Sims Ann.*, I, 225). Genre d'Iridacées-Ixiées, formé d'une demi-douzaine de plantes bulbeuses, de l'Afrique australe; distingué par un périanthe à tube court, dilaté à la gorge; le limbe peu irrégulier; le style à 3 branches grêles. Les bractées de l'inflorescence sont scarieuses, portent des lignes brunes et sont fimbriées-dentées au sommet. Ces jolies plantes sont souvent cultivées comme ornementales. (*Bot. Mag.*, t. 381, 541, 545, 779, 1482.—*Bot. Reg.*, t. 258.) [H. Bn.]

SPARCETTE. Pour Esparcette.

SPARGANION (Adans.). Pour *Sparganium* T.

SPARGANIUM (T., *Inst.*, 530, t. 302). Genre de Typhacées, à fleurs unisexuées, réunies en masses globuleuses et monoïques. Les fleurs mâles sont formées de 2-∞ étamines libres, à anthère dressée, déhiscente sur les bords, et accompagnées de folioles aplaties et allongées, auxquelles elles sont parfois (mais non toujours) superposées. Dans les fleurs femelles, l'ovaire, à 1, 2 loges, est surmonté de 1, 2 branches stylaires, et chaque loge renferme un ovule descendant, à raphé dorsal. Le fruit est spongieux, indéhiscent, à 1, 2 graines pourvues d'un embryon axile et d'un albumen farineux. Les 5, 6 espèces connues sont des herbes aquatiques, à feuilles alternes, allongées, à inflorescences simples ou rameuses sur les axes desquelles sont sessiles les groupes floraux des deux sexes; les mâles supérieurs et plus nombreux. Les *S. simplex, ramosum* sont des espèces communes de nos eaux. Les *S. minimum* et *natans* sont bien plus rares. (*Icon. Fl. fr.*, n. 338; *Herbor. par.*, 377.) [H. Bn.]

SPARGANOPHORUS (Michx, *Fl. bor.-amer.*, II, 95, t. 42). Synonyme de *Sclerolepis* Cass.

SPARGANOPHORUS (Vaill., in *Act. Ac. Par.* [1718], 368). Genre de Composées-Vernoniées, formé d'une herbe annuelle, de l'Amérique tropicale, introduite en Afrique; distingué par des fruits à 3, 4 angles, couronnés d'une cupule cartilagineuse, sans aigrette; des anthères auriculées; des feuilles alternes; des

capitules axillaires ou latéraux, solitaires ou disposés en glomérules. (H. Bn, *Hist. des plant.*, VIII, 126.)

SPARGEL. En Allemagne, l'Asperge.

SPARGEL-KARTOFLE. La Pomme de terre-Asperge.

SPARGOUTE (*Spergula* L., *Gen.*, n. 586). Genre de Caryophyllacées-Cérastiées, dont on a donné le nom à une famille;

Spargoute. — Port. Fleur, entière et coupe longitudinale.

distingué par des fleurs
de Céraiste, à 5-10 éta-
mines; les filets épaissis
et glanduleux à la base.
L'ovaire a 5 loges; les
cloisons presque complè-
tement disparues. Les
graines sont en nombre
indéfini, marginées ou
subailées. Ce sont des
herbes annuelles, rami-
fiées, à feuilles étroites,
opposées et accompagnées
de feuilles secondaires,
formant faux-verticille;
des stipules interfoliaires
scarieuses-membraneuses
ou très courtes; des fleurs
en cymes terminales, racé-
miformes. Ces plantes habitent les régions tempérées des deux
mondes. Nous en avons 3 en France (Gren. et Godr., *Fl. de
Fr.*, I, 274). Elles servent à faire des prairies artificielles.
(H. Bn, *Hist. des pl.*, IX, 92, 106, 116, fig. 136-138.)

SPARMANÉ. Nom français (Lamk) des *Sparmannia* L. f.

SPARMANNIA (L. f., *Suppl.*, 41). Genre de Tiliacées-Tiliées,
formé de 4, 5 arbres ou arbustes africains et de Madagascar;
distingué par des sépales libres et des étamines en nombre
indéfini; les extérieures stériles; un fruit sphérique ou ovoïde,
échiné, loculicide. On cultive dans nos serres le *S. africana*
L. f., la première plante qui nous ait servi, en 1856, à démon-
trer l'effet des anesthésiques sur la sensibilité des anthères.
(H. Bn, *Hist. des pl.*, IV, 167, 189, fig. 186-190; in *Bull. Soc.
Linn. Par.*, 542.)

SPART, SPARTE. Le *Stipa tenacissima* L. et le *Lygeum
Spartum* L.

SPART ALVARDE. Le *Lygeum Spartum* L.

SPARTHIANTHUS (Link, *Enum. Hort. berol.*, II, 223). Synonyme de *Spartium* L.

SPARTI HERBA. Nom ancien du *Lygeum Spartum* L.

SPARTINA (Schreb., *Gen.*, 43). Genre de Graminées-Panicées, formé de 5, 6 herbes, de toutes les parties du monde; distingué par ∞ épis simples, unilatéraux; 3 bractées; un style
grêle, bifide en haut. (K., *Enum.*, I, 277. — Pal.-Beauv.,
Agrost., 25, t. 7.) [H. Bn.]

SPARTIUM (L., *Gen.*, n. 858). Section du genre *Genista* T.
(H. Bn, in *Bull. Soc. Linn. Par.*, 325.)

SPARTIUM (Spach, in *Ann. sc. nat.*, sér. 2, XIX, 285, t. 16).
Synonyme de *Retama* Boiss.

SPARTOCYTISUS (Webb, *Phyt. canar.*, 49, t. 46, 47). Synonyme de *Cytisus* L.

SPARTOIDE (Fayod, in *Ann. sc. nat.*, sér. 7, IX, 195).
Désigne le mycélium en forme de cordon ou de cordelette.

SPARTOTHAMNUS (A. Cunn., in *Loud. Hort. brit.*, 600). Genre
de Verbénacées-Verbénées, voisin des *Cloanthes*, formé d'un
arbuste australien; distingué par des fleurs presque régulières,
axillaires et solitaires; le calice petit, 5-fide; 4 étamines; un
fruit drupacé; les feuilles opposées par paires distantes. (H. Bn,
Hist. des pl., XI, 105.)

SPARTOTHAMNUS (Webb. — Walp., *Ann.*, I, 224, part.).
Synonyme de *Spartocytisus* Webb.

SPATALANTHUS (Sweet, *Brit. fl. Gard.*, I, t. 300). Synonyme
de *Geissorhiza* Ker et (?) de *Romulea* Maratt.

SPATALLA (Salisb., *Par. lond.*; in *Knight Prot.*, 73). Genre
de Protéacées-Protéées, formé d'une quinzaine d'arbustes éri-

coïdes, de l'Afrique australe; distingué par des capitules 1-
4-flores, groupés sur un épi terminal; un style à sommet terminal, dilaté ou très oblique ou latéral; des feuilles entières.
(H. Bn, *Hist. des pl.*, II, 426.)

SPATELLARIA (Reichb., *Consp.*, 189). Synonyme de *Am-
phirrhox* Spreng.

SPATHACANTHUS (H. Bn, *Hist. des pl.*, X, 444). Genre d'Aca-
thancées-Justiciées, formé d'un arbuste mexicain; distingué par
un calice membraneux, valvaire, spathacé, fendu d'un côté. La
corolle a un tube fortement arqué, et l'androcée est didyname.
Les feuilles sont pétiolées et largement lancéolées dans le
S. Hahnianus H. Bn, seule espèce connue.

SPATHACEÆ (L., *Phil. bot.*, 28). Ordre (9) des plantes.

SPATHANDRA (Guill. et Perr., *Fl. Sen. Tent.*, I, 313, t. 71).
Synonyme de *Memecylon* L. et section de ce genre, caractérisée
par des fleurs nombreuses (bleues), réunies en grappes ramifiées de cymes terminales et axillaires. Il n'y en a qu'une
espèce (*S. cœrulea*), de l'Afrique tropicale occidentale, abon-
dante près de notre comptoir du Gabon. [H. Bn.]

SPATHANDRA (Reichb., *Consp.*, 64). Section du g. *Xerotes*.

SPATHANTHEUM (Schott, in *Bonplandia* [1850], 165). Genre
d'Aroidacées-Spathicarpées, formé de 2 herbes vivaces, de l'A-
mérique tropicale; distingué des *Spathicarpa* par un ovaire à
4-∞ loges 1-ovulées. On a rapporté à ce genre le *Gamochlamys
heterandra* Bak. [H. Bn.]

SPATHANTHUS (Desvx, in *Ann. sc. nat.*, sér. 1, XIII, 45,
t. 4). Genre de Rapatéacées, formé d'une herbe de la Guyane;
distingué des *Rapatea* par des épis unilatéraux, sessiles; la
spathe dressée; l'ovaire 3-lobé; le fruit capsulaire et 1-sperme.
(Rudge, *Pl. Guian.*, t. 11. — *Fl. bras.*, III, I, t. 18.) [H. Bn.]

SPATHE (P. Br., *Jam.*, 187). Synonyme de *Spathelia* L.

SPATHE (*Spatha*). Grande bractée qui enveloppe une inflorescence en spadice ou une portion d'inflorescence.

SPATHELIA (L., *Gen.*, n. 373). Genre de Rutacées-Taririées,
formé de 3 arbres des Antilles; distingué par des feuilles imparipinnées; des fleurs sans disque, à 5 étamines alternipétales;
les ovules 2-nés dans chaque loge; le fruit subdrupacé. (H. Bn,
Hist. des pl., IV, 499.)

SPATHELIER. Nom français (Lamk) des *Spathelia* L.

SPATHELLE. Spathe secondaire et partielle de certains spadices (Palmiers, etc.).

SPATHEPTERIS (Presl, *Suppl. Pterid.*, 355). Genre établi
pour l'*Anemia verticillata* Sw.

SPATHICARPA (Hook., *Bot. Misc.*, II, 147, t. 77). Genre d'A-
racées, dont on a donné le nom à la série des *Spathicarpées*,
où il se distingue par un ovaire 1-loculaire, à un seul ovule
basilaire. Ce sont 7, 8 plantes brésiliennes, parfois cultivées
dans nos serres. (Schott, *Gen. Aroid.*, t. 67. — *Fl. bras.*, III,
II, t. 51. — Peyr., *Aroid. Maxim.*, t. 12-15.) [H. Bn.]

SPATHICARPEÆ. Tribu (8) des Aroïdées. (B. H., *Gen.*, III, 961.)

SPATHICARPÉES. Série des Aracées, distinguée par un spadice adné à la spathe dans toute sa longueur; les fleurs en séries
longitudinales; les séries contiguës à la spathe femelle et les
moyennes mâles. Il n'y a pas de périanthe, et les étamines sont
connées en un corps pelté. Les femelles ont des staminodes et
des ovules orthotropes. [H. Bn.]

SPATHIOSTEMON (Bl., *Bijdr.*, 621). Syn. de *Homonoia* Lour.

SPATHIPHYLLEÆ. Sous-tribu (4) des Aracées-Orontiées.
(B. H., *Gen.*, III, 962.)

SPATHIPHYLLOPSIS (Teysm. et Binn., in *Nat. Tijdschr.
Neerl. Ind.*, XXVII, 16). Synonyme de *Massovia* C. Koch.

SPATHIPHYLLUM (Schott, *Melet.*, I, 22; *Gen. Aroid.*, t. 93;
Aroid., I, t. 1-6). Genre d'Aracées-Orontiées, formé d'une
vingtaine d'herbes subacaules, de l'Amérique, et 2 de Malaisie;
distingué par une spathe foliacée, accrescente; des loges ovariennes à 2-8 ovules, avec un stigmate 2-4-lobé; les placentas
axiles; les feuilles oblongues ou lancéolées. On en cultive plusieurs espèces. (Engl., *Arac.*, 219, 641.) [H. Bn.]

SPATHIRHACHIS. Section (Klatt) du genre *Sisyrinchium* L.
(B. H., *Gen.*, III, 699.)

spathium (Edgew., in *Journ. As. Soc. Bengal.* [1842], 145). Synonyme de *Aponogeton* Thunb.

spathium. Loureiro (*Fl. cochinch.*, 217) a désigné sous ce nom une plante chinoise qui n'est autre que celle nommée par Turczaninow *Saururopsis*. Ses affinités avec les *Saururus* sont en effet très étroites. Decaisne l'a rapportée à ce genre, et nous en avons fait le type d'une de ses sections. (Voy. *Adansonia*, X, 71; *Hist. des plant.*, III, 467.)

spathodea (Pal.-Beauv., *Fl. owar. et ben.*, I, 47, t. 27). Ce nom ne doit rester qu'au *S. campanulata*, appartenant aux Bignoniacées, tribu des Técomées. C'est un arbre à feuilles imparipinnées. Ses fleurs sont de grande taille, à calice s'ouvrant par une seule fente, comme une spathe; à corolle très renflée en avant. Le fruit est elliptique, à deux loges. Il s'ouvre par une seule fente, de telle sorte que les graines d'une des loges s'échappent par cette ouverture, et celles de l'autre loge par le sommet du fruit. Ces graines sont aplaties et ailées. (Seem., *Journ.* [1865], t. 40. — *Bot. Mag.*, t. 5091. — H. Bn, *Hist. des pl.*, X, 46.) [B.]

spathodithyros (Hassk., *Comm.*, 138, 187. — C.-B. Clrke). Section du genre *Commelina* Plum. (B. H., *Gen.*, III, 848.)

spathoglottis (Bl., *Bijdr.*, 400). Genre d'Orchidacées-Épidendrées, formé d'une dizaine d'espèces asiatiques et océaniennes; distingué, dans le groupe des Ériées, par des sépales étalés; un long gynostème apode; des inflorescences lâches; des feuilles allongées, à nervures élevées. On en cultive quelques espèces dans les serres. (*Bot. Mag.*, t. 6354. — *Bot. Reg.* [1845], t. 19.) [H. Bn.]

spatholobus (Hassk., in *Flora* [1842], II, *Beibl.*, 52). Genre de Légumineuses-Papilionacées-Phaséolées, formé d'une dizaine de lianes, de l'Amérique tropicale; distingué, dans le groupe des Galactiées, par des fleurs en grappe largement ramifiée; un calice à lèvre supérieure 2-dentée, et un fruit ailé, semblable à celui des *Butea*. (H. Bn, *Hist. des pl.*, II, 250.)

spathopeplus (Kœrn., in *Linnæa*, XXVII, 599). Sous-genre du genre *Eriocaulon* L.

spathoscaphe (Œnst., in *Vid. Medd. Nat. For. Kjøb.* [1845], 29, t. 7, fig. 29-37). Sect. du g. *Nunnezharia* R. et Pav.

spathotecoma (Bur., *Mon. Bignon.*, 49). Synonyme de *Newbouldia* Seem.

spathula. Nom ancien des Iris.

spathula (Tausch. — Reichb., *Consp.*, 59). Section du genre *Iris* T.

spathularia (C. Muell., *Syn. Musc.*, II, 229). Sous-section des *Glossophyllum* C. Muell.

spathularia (Pers., *Tent. disp.*, 36). Genre de Discomycètes, à réceptacle charnu membraneux, vertical, claviforme, plus ou moins comprimé sur deux faces, comme une spatule, recouvert par l'hyménium et porté par un stipe de couleur différente, plus rarement concolore. Cinq espèces, dans les terrains marécageux ou humides des forêts européennes et dans les régions boréales de l'Asie et de l'Amérique. [De S.]

spathulea (Fr., *Pl. hom.*, 89). Syn. de *Spathularia* Pers.

spathyema (Rafin., in *Desvx Journ. bot.*, II, 171). Synonyme de *Symplocarpus* Salisb.

spathysia (Nees, *Eur. Leberm.*, IV, 178). Synonyme de *Dumortiera* Reinw.

spatiruachis (Klatt). Section du genre *Sisyrinchium* L. (B. H., *Gen.*, III, 699.)

spatula foetida (Dod.). L'*Iris fœtidissima* L.

spatularia (Haw., *En. Saxifr.*, 47). Syn. de *Saxifraga* T.

spatule. La Flambe des marais.

spatule puante. Nom ancien de l'*Iris fœtidissima* L.

spear-grass. A la Nouvelle-Zélande, le *Wild-Spicanard*.

spearmint. Nom anglais du *Mentha viridis* L.

spearwood. Nom australien de l'*Eucalyptus doratoxylon*.

spechtwurzel. En Allemagne, la Fraxinelle.

speciosæ (Scop., *Introd.*, 184). Groupe des *Stabulatæ*.

specklinia (Lindl., *Gen. et spec. Orchid.*, 8). Synonyme de *Pleurothallis* R. Br.

specularia (Heist., *Syst. pl.*, 8). Section du genre *Campanula* T., représentée surtout par le *C. Speculum*. (H. Bn, *Hist. des pl.*, VIII, 320, fig. 141-145; *Herbor. par.*, 315.)

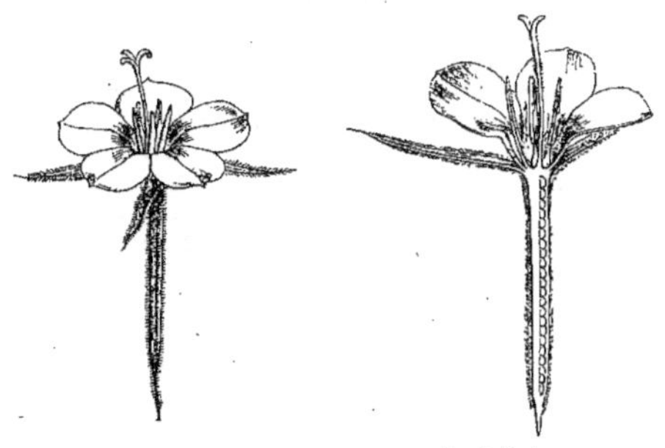

Specularia. — Fleur, entière et coupe longitudinale.

specularia (Sol., ex *Pfeiff. Nom.*, II, 1211). Synonyme de *Monopsis* Salisb.

speculum veneris (Ray. — Ger.). Synonyme de *Specularia* Heist.

speedwell. Nom anglais des Véroniques.

speenkruid. En Hollande, la Ficaire.

spegazzinia (Sacc., *Michel.*, II, 37). Genre de Tuberculariés, à stroma convexe, noir, serré, à filaments conidiophores pluricellulaires, terminés par un stérigmate qui porte une conidie brune, quadriloculaire, cloisonnée en croix. Trois espèces, dont une douteuse, sur les feuilles et les chaumes de Graminées, en Italie, au Vénézuéla, à Cuba et en Californie. [De S.]

spegazzinula (Sacc., *Syll. Fung.*, II, 537). Genre de Sphériacés, comprenant une seule espèce vivant sur les rameaux de *Celtis* tombés à terre. Les périthèces, de consistance légèrement charnue, présentent un large ostiole plus ou moins allongé, de couleur claire. Les thèques, stipitées, contiennent 8 spores didymes, fuligineuses, et sont entourées de paraphyses filiformes qui dépassent les thèques. [De S.]

speichelwurz. En Allemagne, la Pyrèthre.

speira (Corda, *Icon. Fung.*, I, 9). Genre d'Hyphomycètes, à mycélium peu ramifié, tortueux, à peine coloré, donnant naissance à des spores brunes, cloisonnées en forme de treillis qui se divisent en articles pluriloculaires. Neuf espèces, sur du bois, des rameaux ou des feuilles en pourriture, en Europe et dans l'Amérique du Nord. [De S.]

speirantha (Bak., in *Journ. Linn. Soc.*, XIV, 562). Genre douteux de Liliacées-Convallariées, formé d'une herbe vivace, chinoise, à fruit inconnu. On l'a décrit comme *Albuca* (*Bot. Mag.*, t. 4842).

speiranthes (Hassk.). Pour *Spiranthes* Rich.

speirema (Hook. f. et Thoms., in *Journ. Linn. Soc.*, II, 27). Section du genre *Pratia* Gaudich. (H. Bn, *Hist. des pl.*, VIII, 366.)

speirema (Rafin., ex Moq., *Salsol.*). Synonyme de *Bucholtzia*, section du genre *Telanthera* R. Br.

speiron. Dans Pline, le *Viburnum Lantana* L. (?)

speiselorchel. En Allemagne, l'*Helvella esculenta* Pers.

speiseltruffel. Nom allemand de la Truffe.

speitenfel. Nom allemand du *Russula emetica*.

spelæomyces (Fres., *Beitr. z. Mykol.*, 106). Mycélium analogue aux *Rhizomorpha*, *Ozonium*, etc.

spelta (Endl., *Gen.*, 103). Section du genre *Triticum* T.

spenceria (Trim., *Journ. Bot.* [1879], 97, t. 201). Genre de Rosacées, fondé sur une plante chinoise, à fleurs hermaphrodites; le réceptacle turbiné; 5 sépales avec un calicule de 5 folioles; 5 pétales; une trentaine d'étamines, sub-1-sériées, et 1, 2 carpelles insérés au fond du réceptacle, avec un ovule descendant. C'est une herbe vivace, à fleurs jaunes de *Geum* ou de Potentille ; et le genre ne pourra peut-être pas être conservé. Il l'est cependant par M. Focke (in *Engl. et Pr. Nat. Pflanzenfam., Lief.* 24, t. 43.)

SPENNER (Frid.-K.-Leop.). Professeur de Fribourg en Brisgau [1798-1841], auteur du *Flora friburgensis* [1825-29], de *Handbuch der angewandten Botanik* [1834 36] et d'un ouvrage posthume [1836], *Deutschlands phanerogamische Pflanzengattungen in Analytischen Bestimmungstabellen*, etc. (in-8).

SPENNERA (MART., in *DC. Prodr.*, III, 115 ; *Nov. gen. et spec.*, III, t. 255). Synonyme de *Aciotis* DON.

SPERANSKIA (H. BN, *Et. gén. Euphorb.*, 388). Genre d'Euphorbiacées, que nous avions établi pour le *Croton tuberculatum* BGE, de la Chine du Nord, mais que M. Müller d'Argovie a fait rentrer dans les *Argithamnia* Sw. Ce sont 2 plantes vivaces, distinguées par des pétales courts ; 10-15 étamines libres ; des anthères à loges subglobuleuses ; une inflorescence terminale, racémiforme. (OLIV., in *Hook. Icon.*, t. 1577.)

SPERGELLA (REICHB., *Ic. Fl. germ.*, t. 202, 203). Synonyme de *Sagina* L.

SPERGOULE. Synonyme de Spargoute.

SPERGULA (RUPP.). Nom latin des Spargoutes.

SPERGULARIA (PERS., *Syn.*, I, 504. — ENDL., *Gen.*, n. 5218). Synonyme de *Tissa* ADANS.

SPERGULASTRUM (MICHX, *Fl. bor.-amer.*, 1, 275). Synonyme de *Larbrea* A. S.-H.

SPERGULE, SPERJULE. Synonymes de Spargoute.

SPERLING (Otto). Médecin de Copenhague, écrivit [1642] un *Hortus Christianæus* (in-12). — Joh. SPERLING [1603-1658] habitait Wittemberg et fut l'auteur [1648] de *Exercitatio de traductione formarum* (in-4). Son *Carpologia physica posthuma* ne parut qu'en 1661, par les soins de Kirchmayer. Ses *Meditationes* sur les *Exotica* de Scaliger datent de 1656.

SPERLINGIA (VAHL, in *Skr. Nat. Selsk. Kjob.*, VI, 113). Synonyme de *Hoya* R. BR. (H. BN, *Hist. des pl.*, X, 277.)

SPERMACHITON (LLAN., *Fragm. Fl. filip.*, 25). Synonyme (?) de *Sporobolus* R. BR.

SPERMACOCE (L., *Gen.*, n. 110). Genre de Rubiacées, qui a donné son nom à la série des *Spermacocées*, et dont les fleurs, hermaphrodites ou polygames, ont un réceptacle concave. Sur ses bords s'insèrent un calice supère, 2-4-mère, à lobes égaux

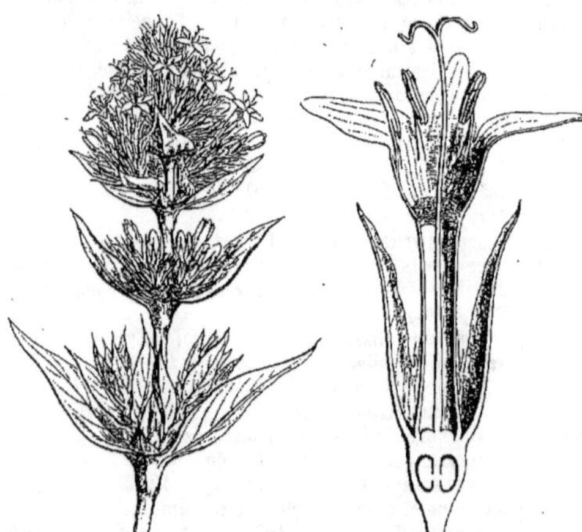

Spermacoce. — Inflorescence. Fleur, coupe longitudinale.

ou inégaux, souvent entremêlés de denticules inégaux ; et une corolle, tubuleuse, infundibuliforme ou hypocratérimorphe, à 4-6 lobes valvaires. Les étamines, en même nombre, s'insèrent sur le tube de la corolle ou au niveau de sa gorge glabre, poi-

luc ou velue. Leurs anthères sont dorsifixes, introrses, incluses ou exsertes. L'ovaire infère est 2-loculaire (rarement 3, 4-loculaire), surmonté d'un disque variable, entier ou bilobé, et d'un style de longueur très variable, entier ou plus ou moins profondément divisé dans sa portion stigmatifère. Dans chaque loge ovarienne s'insère, vers le milieu ou plus ou moins haut sur la cloison ou dans l'angle interne, un ovule complètement ou incomplètement anatrope, ascendant, avec le micropyle en bas et en dehors, parfois un peu latéral. Le fruit, crustacé ou coriace, est ordinairement à deux coques qui se séparent à la maturité, s'ouvrant en dedans, suivant toute leur longueur ou seulement en haut, ou bien en travers ou plus ou moins obliquement, ou demeurant indéhiscentes (comme il arrive dans les *Dasycephala* et *Diodia*). La graine ascendante a un albumen charnu, dur ou corné, et un embryon axile, à radicule infère, arrondie, à cotylédons foliacés, plus rarement étroits. Les *Spermacoce* sont des herbes annuelles, vivaces ou frutescentes, des régions chaudes de presque tout le globe. On en compte 150 espèces environ, glabres ou chargées d'un duvet très variable, à feuilles opposées, rarement 3-nées, sessiles ou pétiolées, penninerves ou subrectinerves ; les stipules connées avec elles en une gaine découpée en soies ou languettes ; à fleurs disposées en cymes ou glomérules composés, formant des faux-verticilles axillaires ou des faux-capitules terminaux, avec des bractées très variables, formant parfois involucre, quelquefois accompagnées (dans les *Octodon*) de bractées paléiformes, ciliées, renflées vers le sommet. Plusieurs espèces sont, dans les pays tropicaux, assez fréquemment employées comme évacuantes, notamment le *S. Poaya* du Brésil. (Voy. *Hist. des plant.*, VII, 262, 371, 391, n. 3, fig. 235, 236.) [H. BN.]

SPERMACOCÉES. Série (?) de la famille des Rubiacées. (H. BN, *Hist. des plant.*, VII, 365.)

SPERMADICTYON (ROXB., *Pl. coromand.*, III [1819], 32, t. 236). Synonyme de *Hamiltonia* ROXB.

SPERMADOPHORE. Synonyme de Carpophore.

SPERMATIE. Terme par lequel Tulasne a désigné des corps reproducteurs chez les Lichens et les Champignons. De petite dimension, à membrane souvent épaissie, uniloculaires, les spermaties développées soit dans un réceptacle à forme de périthèces, soit librement sur un mycélium (Agaricinés), se comportent comme des conidies et germent quand elles sont placées dans les conditions voulues ; elles ne peuvent être assimilées à des organes mâles, et elles rentrent dans la catégorie des microconidies. (Voy. CHAMPIGNONS.)

SPERMATODIUM (FÉE, in *Pfeiff. Nom.*, II, 1215). Synonyme de *Verrucaria* PERS.

SPERMATOPHYTES (*Spermatophyta*). Synonyme de Phanérogames.

SPERMATOZOIDE. Synonyme de Anthérozoïde.

SPERMATURA (REICHB., *Consp.*, 141). Synonyme de *Osmorhiza* RAFIN.

SPERMAXYRUM (LABILL., *Pl. N.-Holl.*, II, 84, t. 233). Synonyme de *Olax* L.

SPERMODERME. Synonyme de Tégument séminal.

SPERMODERMIA (TODE, *Fung. Meckl.*, I, 1). Genre de Tuberculariés, à stroma devenant subéreux, à conidies minuscules, globuleuses, noires, serrées à la périphérie du stroma. Ce genre assez douteux ne compte qu'une espèce, venant sous l'écorce des Chênes, en Europe. [DE S.]

SPERMODON (PAL.-BEAUV., in *Lestib. Ess. Cyper.*, 27). Synonyme de *Ptilochæta* NEES.

SPERMOEDIA (FR., *Syst. myc.*, II, 268). Synonyme de *Sclerotium* TODE.

SPERMOGONIE. Terme par lequel Tulasne a désigné les réceptacles fongiques renfermant des spermaties. La spécificité de ces derniers organes n'étant pas démontrée, la spermogonie ne peut plus guère être considérée que comme une pycnide à conidies plus petites. [DE S.]

SPERMOLEPIS (AD. BR. et GR., in *Bull. Soc. bot. Fr.*, X, 574). Synonyme de *Arillastrum* PANCH.

SPERMOLEPIS (Rafin., in *Ser. Bull.* [1830], 217). Synonyme de *Leptocaulis* Nutt.

SPERMOMORPHIA (Link.). Synonyme de *Sclerotium* Tode.

SPERMOPHORIUM (in Peyl., *Brandp.*, 13). Désigne le Sporophore.

SPERMOPHYLLA (Neck., *Elem.*, I, 24). Synonyme (?) de *Ursinia* Gærtn. (H. Bn, *Hist. des pl.*, VIII, 198.)

SPERMOPTERA (DC., *Prodr.*, VI, 65). Section du genre *Chrysanthemum* T.

SPEZAD. Nom breton de la Groseille à maquereau.

SPHACELE (Benth., in *Bot. Reg.*, sub t. 1289; *Gen.*, II, 1193). Genre de Labiées-Menthées, formé d'une vingtaine de sous-arbrisseaux, de l'Amérique et des Sandwich; distingué par des fleurs à calice enflé; les dents aristées ou mutiques; le tube de la corolle poilu en dedans; les anthères à loges linéaires ou divariquées. (*Bot. Mag.*, t. 2993. — H. Bn, *Hist. des pl.*, XI, 60.)

SPHACELIA (Lév., in *Ann. Soc. Linn.* [1826]). Nom de genre, donné aux conidies du *Claviceps purpurea* Tul. et de l'*Epichloe typhina* Pers.

SPHACELIDIUM (Fée, *Mém. Ergot* [1843], 47). Synonyme de *Sphacelia* Lév.

SPHACELLOS. Dans Théophraste, la Sauge.

SPHACELOTHECA (De Bary, *Vergl. Morph. Pilze*, 187). Genre d'Ustilaginés, comprenant une seule espèce, qui se développe dans les ovaires de Polygonées et de diverses autres plantes d'Europe et d'Amérique. Le mycélium forme un corps charnu, central, autour duquel se développent en grand nombre des spores globuleuses ou elliptiques, de couleur foncée. Ces spores germent en formant un promycélium cloisonné, donnant naissance à de nombreuses sporidioles qui s'unissent par conjugation. [De S.]

SPHACELUS (Riv. — Hall., in *Rupp. Fl. jen.*, 231). Synonyme de *Sideritis* T.

SPHACOPHYLLUM (Benth., in *Hook. Icon.*, t. 1135). Section (?) du genre *Buphthalmum* T. (H. Bn, *Hist. des pl.*, VIII, 163.)

SPHÆRALCEA (A. S.-H., *Pl. us. Bras.*, t. 52). Genre de Malvacées-Malvées, formé d'environ 25 espèces, américaines et africaines; distingué par des fleurs d'*Abutilon;* les carpelles nus en dedans; les fleurs accompagnées de 3 bractéoles. (H. Bn, *Hist. des pl.*, IV, 143.)

SPHÆRALIDIA (Fée, in *Ann. sc. nat.*, sér. 1, XVII, 5). Section du genre *Chiodecton* Achar.

SPHÆRANGIUM (Presl, *Mon. Lobel.*, 19). Section des *Rapuntium* T.

SPHÆRANTHOIDES (Cunn., ex DC. *Prodr.*, V, 456). Synonyme (?) de *Monenteles* Labill.

SPHÆRANTHOS (Vaill.). — Voy. Sphæranthus.

SPHÆRANTHUS (Vaill., in *Act. Ac. par.* [1719], 289). Genre de Composées-Hélianthées-Inulées, formé de 7-8 espèces, d'Asie, d'Afrique et d'Australie; distingué par des tiges herbacées, ailées par décurrence des feuilles; des capitules petits et groupés en glomérules terminaux; les corolles femelles filiformes; le fruit sans aigrette. (Lamk, *Ill.*, t. 718. — H. Bn, *Hist. des pl.*, VIII, 192.)

SPHÆREÆ (Rabenh., *Myc. europ. Abild.*). Division des *Sphæriaceæ* Agh.

SPHÆREDA (Lindl. et Hutt., *Foss. Fl.*, III, t. 159). Genre fossile, d'affinités incertaines. (Ung., *Syn. pl. foss.*, 259.)

SPHÆRELLA (Ces. et De Not., *Schem. Sfer.*, 62). Genre de Sphériacés, remanié par M. Saccardo, à périthèces minces, globuleux, aplatis, tantôt sous-épidermiques, tantôt émergents, à papille nulle ou courte. Les thèques, sans paraphyses, contiennent 8 spores elliptiques, biloculaires, hyalines ou à peine teintées. On connaît chez plusieurs espèces des conidies et des pycnides. On en compte environ 320 espèces, répandues surtout dans l'hémisphère boréal et vivant sur les feuilles, les rameaux, les chaumes, les troncs d'arbre, les fruits, les plantes cryptogames, le papier et les détritus végétaux. [De S.]

SPHÆRELLA (Fries, *Summ. veg. Scand.*, II, 395). Sous-genre du genre *Sphæria* Hall.

SPHÆRELLA (Sommerf., *Mag. f. Naturwed.*, IV, 249). Synonyme de *Protococcus* Agh.

SPHÆRICEPS (Welw. et Curr., *Fung. angol.*, 290). Genre de Lycoperdacés, comprenant une seule espèce, des dunes sablonneuses d'Angola. Le péridium blanc, lisse, sphérique, déhiscent par une fente transversale, est porté par un stipe fibreux, central, d'abord blanc, puis brunissant. La gleba se compose d'un capillitium filiforme, d'expansions membraneuses et d'un grand nombre de spores globuleuses et de couleur de rouille. [De S.]

SPHÆRIDIOPHORA (Desvx, *Journ.*, III, 125, t. 6). Synonyme de *Indigofera* L.

SPHÆRIDIUM (Fres., *Beitr.*, 46). Genre de Tuberculariés, à stroma globuleux, fragile, resserré et quelquefois un peu pédiculé à la base. Les conidies cylindriques, en chapelets simples ou ramifiés, sont portées par des filaments de même diamètre. Sept espèces, sur des débris végétaux pourrissants ou sur des excréments. [De S.]

SPHÆRIEI (Tul., *Sel. Fung. Carpol.*). Division des Pyrénomycètes, ayant pour type le genre *Sphæria* Hall.

SPHÆRINE (Herb., *Amar.*, 106, t. 12, 13, 16, 18). Synonyme de *Bomarea* Mirb.

SPHÆRIOMORPHIUM (Link.). Synonyme de *Dothidea* Fr.

SPHÆRITA (Dang., in *Ann. sc. nat.*, sér. 7, IV, 241). Genre de Chytridinés, comprenant une seule espèce, parasite à l'intérieur des Rhizopodes. Les zoosporanges globuleux, à membrane mince, se remplissent de zoospores un peu allongés, munis d'un cil antérieur recourbé. [De S.]

SPHÆRITIS (Eckl. et Zeyh., *Enum.*, 299). Syn. de *Crassula* L.

SPHÆROBOLUS (Tode, *Meckl.*, I, 43). Genre de Gastéromycètes, à péridium double, d'abord fermé. L'extérieur s'ouvre en étoile; l'intérieur s'ouvre circulairement, se boursoufle, et ses bords se renversent et lancent ainsi un péridiole unique, globuleux, clos, et qui renferme les spores globuleuses ou ovales. Cinq espèces, fimicoles, lignicoles ou épigées, se trouvent sous toutes les latitudes. [De S.]

SPHÆROCAPNOS (DC., *Syst.*, II, 131). Section du g. *Fumaria*.

SPHÆROCARDAMUM (Schau., in *Linnæa*, XX, 720). Genre de Crucifères-Camélinées, formé d'une herbe du Mexique; distingué par des feuilles atténuées en bas et un fruit subsphérique, à 2 valves obtuses et 2-spermes. (H. Bn, *Hist. des pl.*, III, 276.)

SPHÆROCARPA (Schum., *Enum. pl. Sel.*, II, 220). Section du genre *Craterium* Trent.

SPHÆROCARPÆA (Griseb. — Endl., *Gen.*, 1400). Section du genre *Lisianthus* Aubl.

SPHÆROCARPOS (Gmel., *Syst.*, I, 9). Synon. de *Globba* L.

SPHÆROCARPUS (Adans., *Fam.*, II, 15). Genre d'Hépatiques; synonyme de *Sphærocarpos* Micheli (*Nov. gen. pl.*, t. 3), attribué aux Ricciées et distingué par des anthéridies globuleuses, éparses dans le tissu de la fronde et mutiques. Les fleurs femelles sont à la surface et ont une coiffe piriforme, perforée au sommet. Le pied du sporange est très court, et le style tombe de bonne heure. (Bisch., in *N. Act. Leop.*, XVII, 2, p. 1037,1039. — Nees, *Eur. Leberm.*, IV, XXXII, 361. — Rabenh., *Krypt.*, II, 3, p. 4.) [H. Bn.]

SPHÆROCARPUS (Bull., *Champ.*, 134). Synonyme de *Physarum* Pers. et d'autres genres de Myxomycètes.

SPHÆROCARYA (Wall., in *Roxb. Fl. ind.*, ed. Car., II, 371). Synonyme (B. H.) de *Pyrularia* Michx.

SPHÆROCARYUM (Nees, ex Steud. *Nom.*, II, 620). Le *Panicum elegans* Wight.

SPHÆROCEPHALA (Alb. et Schwein., *Consp. Fung.*, 353). Section du genre *Stilbum* Tode.

SPHÆROCEPHALOS (Hall., *Helv.*, I, 9). Synonyme (?) de *Trichia* Hall.

SPHÆROCEPHALUM (Wigg., *Prodr. Fl. holsat.*, 87). Genre proposé pour le *Mucor sphærocephalus* L.

SPHÆROCEPHALUS (Batt., *Fung. arimin.*). Synonyme d'*Agaricus focalis* Fr.

SPHÆROCEPHALUS (Lag., ex DC., *Prodr.*, VII, 52). Synonyme de *Nassauvia* Commers. (H. Bn, *Hist. des pl.*, VIII, 97.)

SPHÆROCEPHALUS (Rupp. — DC., *Prodr.*, VII, I, 52). Synonyme de *Echinops* L.

SPHÆROCHLOA (Pal.-Beauv., in *Ann. sc. nat.*, sér. 1, XIII, t. 5, fig. 1). Synonyme de *Eriocaulon* L.

SPHÆROCISTA (Preuss, *Fung. Hoyersw.*, in *Linnæa*, passim). Les espèces de ce genre de Sphéropsidés ont été distribuées dans les genres *Phoma*, *Sphæronema*, *Dendrophoma* et *Dothierella*.

SPHÆROCLINIUM (DC., *Prodr.*, VI, 50). Section du genre *Matricaria* T.

SPHÆROCLINIUM (Meissn., in *Linnæa*, XIV, 409). Section du genre *Lachnæa* Meissn.

SPHÆROCLINIUM (Sch. bip., *Tanacet.*, 20). Synonyme de *Matricaria* T. (H. Bn, *Hist. des pl.*, VIII, 274.)

SPHÆROCOCCA (DC., *Prodr.*, I, 615). Section du g. *Melicocca*.

SPHÆROCODON (Benth., *Gen.*, II, 772, n. 107). Genre d'Asclépiadacées-Marsdéniées, formé de 2 lianes africaines; distingué par des fleurs à corolle globuleuse ou subcampanulée, à lobes courts; la couronne à 5 écailles charnues ou glanduliformes; le tube de l'androcée contracté sous les anthères. (H. Bn, *Hist. des pl.*, X, 269.)

SPHÆROCOMA (T. Anders., in *Journ. Linn. Soc.*, V, 16, t. 15). Genre de Caryophyllacées-Polycarpées, formé de 2 arbuscules, de l'Arabie Heureuse; distingué par des fleurs à 5 sépales carénés et mucronés; 5 pétales entiers; 5 étamines; un ovaire à 2 ovules et un style 2-fide. Le fruit, membraneux et indéhiscent, est monosperme. Les feuilles sont opposées et fasciculées; les fleurs disposées en capitules globuleux, finalement sétigères et échinés. (H. Bn, *Hist. des pl.*, IX, 120.)

SPHÆROCROTALE (Endl., *Gen.*, 1262). Sect. du g. *Crotalaria*.

SPHÆRODENDRON (Seem., *Journ. Bot.*, III, 33, t. 26). Synonyme de *Cussonia* Thunb.

SPHÆRODERMA (Fuck., *Symb.*, 3ᵉ app., 23). Genre de Pyrénomycètes, à périthèce globuleux, d'une teinte jaunâtre, porté sur un stroma mince, diffus, papyracé. Les thèques contiennent de 4 à 8 spores, grandes, elliptiques, brunes. Six espèces lignicoles, fimicoles ou fungicoles, européennes. [De S.]

SPHÆRODIUM (Presl, *Hymen.*, 123). Section du genre *Hymenophyllum* Sm.

SPHÆROGASTER (Paol., ex Sacc., *Syll. Fung.*, VIII, 898). Section du genre *Tuber* T., comprenant les espèces à spores sphériques non réticulées, mais échinées.

SPHÆROGASTERES (Wallr., *Fl. germ.*, 389). Division des Gastéromycètes, comprenant des Myxomycètes, et analogue aux Trichogastres.

SPHÆROGONA (Link, in *Abh. Berl. Akad.* [1824], 190). Synonyme de *Sphæroplea* Agh.

SPHÆROGRAPHIUM (Sacc., *Syll. Fung.*, III, 596). Genre de Sphéropsidés, à périthèces coniques ou spiniformes, noirs, contenant des spores fusoïdes, filiformes, hyalines, le plus souvent pédicellées. Une dizaine d'espèces, presque toutes de l'Amérique du Nord, sur l'écorce, les tiges et les rameaux morts. [De S.]

SPHÆROGYNE (Naud., in *Ann. sc. nat.*, sér. 3, XV, 331; XVI, t. 24). Synonyme (B. H.) de *Tococa* Aubl.

SPHÆROLINA (Fuck., *En. Fung. nassov.*, 77). Synonyme de *Rhaphidospora* Fr. — Mont. (*Ophiobolus* Riess.).

SPHÆROLOBIUM (Sm., in *Ann. bot.*, I, 509). Genre de Légumineuses-Papilionacées-Podalyriées, formé d'une douzaine d'arbustes australiens; distingué par un calice à lèvre supérieure très grande; des pétales à onglet très court; une gousse subsphérique et stipitée; des graines sans arille; des feuilles simples, étroites ou nulles. (*Bot. Mag.*, t. 969. — H. Bn, *Hist. des pl.*, II, 354.)

SPHÆROMA (DC., *Prodr.*, I, 435). Section du genre *Malva*.

SPHÆROMA (Harv., *Fl. cap.*, I, 166). Synonyme de *Sphæralcea* A. S.-H. Le *Sphæroma* Schlchtl en est aussi synonyme.

SPHÆROMERIA (Nutt., in *Trans. Am. Phil. Soc.*, ser. 2, VII, 401). Syn. de *Tanacetum* T. (H. Bn, *Hist. des pl.*, VIII, 277.)

SPHÆROMORPHÆA (DC., *Prodr.*, VI, 140). Synonyme de *Centipeda* Lour. (H. Bn, *Hist. des pl.*, VIII, 284.)

SPHÆROMYCES (Mont. et Dur., *Fl. Alger.*, I, 343). Genre de Tuberculariés, formé pour une espèce qui se rencontre en Algérie sur le bois pourri de Saule. Du mycélium rampant, ramifié, s'élèvent des filaments dressés, très courts, formant un petit coussinet et portant sur des divisions conidiophores s'irradiant du même point, des conidies en chaînettes, gris foncé, sphériques et subanguleuses. [De S.]

SPHÆROMYXA (Spreng., *Syst. veg.*, IV, 405). Synonyme de *Sphæronæma* Fr.

SPHÆRONÆMA (Fr., *Syst. myc.*, II, 535). Genre de Sphéropsidés, à périthèces membraneux, coriaces ou carbonacés, tantôt émergents, tantôt subépidermiques, globuleux et munis d'un ostiole plus ou moins proéminent. Les spores ovoïdes, hyalines ou légèrement teintées, sont expulsées par l'ostiole souvent réunies en un globule de consistance molle. Environ 80 espèces, sur le tronc, l'écorce des rameaux, les feuilles d'un grand nombre de plantes d'Europe et de l'Amérique du Nord. Un petit nombre d'espèces sont originaires des régions chaudes. Plusieurs ont été reconnues comme les pycnides de *Cenangium*, de *Ceratostoma* et d'autres Thécaspores. [De S.]

SPHÆRONÆMELLA (Karst., *Hedw.* [1884], 17). Genre de Sphéropsidés, à périthèces très minces, mous, irrégulièrement globuleux, glabres, de couleur claire, à ostiole en forme de rostre, devenant durs et cornés en séchant. Neuf espèces, sur du bois, des débris de Conifères, des Champignons charnus, en Europe, dans l'Amérique du Nord et à Ceylan. [De S.]

SPHÆRONEMEÆ (Pay., *Bot. crypt.*, 80). Tribu des Sporocadées et, pour beaucoup d'auteurs, synonyme de Sphæropsidés.

SPHÆRONÉMÉS (Lév., art. *Mycologie*, in *Dict. d'Orbigny*). Section des Clinosporés-endoclines, correspondant aux Sphæropsidés.

SPHÆROPEZIA (Sacc., *Consp. gen. Disc.*, 14). Genre de Discomycètes, à cupule céracée, coriace, noire, s'ouvrant en lanières fendues, présentant un disque foncé. Les thèques claviformes, entremêlées de paraphyses, contiennent 8 spores allongées, hyalines, tri- ou pluriloculaires. Quatre espèces, présentant de l'analogie avec les *Phacidium*, se rencontrent dans les Alpes, l'Allemagne, la Suède, sur les feuilles de *Vaccinium*, de *Dryas*, d'*Andromeda* et d'*Empetrum*. [De S.]

SPHÆROPEZIELLA (Karst., *Rev.*, 157). Genre de Discomycètes, dont M. Saccardo a fait une section du genre *Scutularia*. (*Syll. Fung.*, VIII, 809.)

SPHÆROPHORA (Bl., *Mus. lugd.-bat.*, I, 179, fig. 36). Synonyme de *Morinda* Vaill.

SPHÆROPHORA (Sch. bip., in *Pollichia* [1863], 402). Section du genre *Chresta* Arrab. (H. Bn, *Hist. des pl.*, VIII, 124.)

SPHÆROPHYSA (DC., *Mém. Légum.*, 288). Genre de Légumineuses-Papilionacées-Galégées, formé de 3 herbes ou sousarbrisseaux d'Orient; distingué par un style garni en dedans de barbes, avec un stigmate terminal; une gousse membraneuse et enflée, supportée par un long pied. Le genre est d'ailleurs très voisin des *Swainsona* Salisb.

SPHÆROPHYTUM (Neck., *Elem.*, III, 308). Synonyme (part.) de Fougères.

SPHÆROPSIS (Flot., in *Bot. Zeit.* [1847], 65). Synonyme de *Thelocarpon* Nyl.

SPHÆROPSIS (Lév., *Voy. Demid.*, 112). Genre de Sphéropsidés, à périthèces globuleux, papillés, membraneux ou carbonacés, noirs. Les spores ovoïdes, fuligineuses, sont portées sur des filaments bacillaires. Une centaine d'espèces, dont plusieurs ont été confondues avec des *Diplodia*, sur les feuilles, les rameaux, l'écorce ou le bois de végétaux très variés, dans toutes les parties du monde, mais surtout dans l'Amérique septentrionale. [De S.]

SPHÆROPTERIS (Bernh., in *Schrad. Journ.*, II, 112). Synonyme de *Cyathea* Sm.

SPHÆROPUS (Bœckel., in *Flora* [1873], 89). Section du genre *Scleria* Berg.

SPHÆROPUS (PAULET, in *Guib. Hist. drog. simpl.*, ed. 4, II). Synonyme de *Claviceps purpurea* TUL.

SPHÆRORHIZON (HOOK. F., in *Trans. Linn. Soc.*, XXII, 50, t. 10). Synonyme de *Scybalium* SCHOTT et ENDL.

SPHÆROSACME (WALL., in *Roxb. Fl. ind.*, II, 423). Synonymie (part.) de *Lansium* RUMPH. et de *Amoora* ROXB.

SPHÆROSCHÆNUS (NEES, in *Pl. Meyen.*, 97). Synonyme de *Morisia* NEES (*Rhynchospora* VAHL).

SPHÆROSICYOS (HOOK. F., *Gen.*, I, 824). Section du genre *Lagenaria* SER. (H. BN, *Hist. des pl.*, VIII, 444.)

SPHÆROSOMA (KL., in *Dietr. Fl. boruss.*, n. 467). Genre de Discomycètes, à réceptacle globuleux, inégal, presque hypogé, charnu, formant à l'intérieur des circonvolutions limitant des loges incomplètes, tapissées par l'hyménium. Les thèques cylindriques contiennent 8 spores globuleuses, hyalines, verruqueuses. Ce genre, voisin des Tubéracés, comprend 3 espèces européennes, croissant dans les bois ou sous les feuilles sèches conservées. [DE S.]

SPHÆROSPERMA (PREUSS, in *Linnæa*, XXV, 733). — Voy. MASSARIA.

SPHÆROSPORA (SACC., *Mich.*, I, 594). Genre de Pézizes, à spores régulièrement sphériques, hyalines.

SPHÆROSPORA (KLATT, in *Linnæa*, XXXII, 725). Synonyme de *Acidanthera* HOCHST.

SPHÆROSPORA (SWEET, *Hort. brit.*, 501). Syn. de *Gladiolus*.

SPHÆROSPORIUM (SCHWEIN., *Syn. Amer. Fung.*, 303). Genre de Tuberculariés, formé pour une espèce de l'Amérique du Nord, qui vient sur les écorces pourries de Chênes ou de Saules. Le réceptacle se compose de petites touffes agrégées ou confluentes, insérées sur un stroma élevé qui porte les conidies jaunâtres, puis rousses. C'est un genre douteux, que M. Saccardo pense pouvoir être rapporté aux *Coccospora*. [DE S.]

SPHÆROSTACHYS (MIQ., *Syst. Piper.*, 375; *Ill.*, t. 68). Synonyme de *Piper* L. et section de ce genre.

SPHÆROSTEMA (BL., *Bijdr.*, 22; *Fl. jav. Schiz.*, XIII, t. 3-5). Synonyme de *Schizandra* MICHX.

SPHÆROSTIGMA (ENDL., *Gen.*, 1189). Synon. de *OEnothera*.

SPHÆROSTILBE (TUL., *Sel. Fung. Carp.*, III, 99). Genre de Pyrénomycètes, à stroma charnu, de couleur claire, donnant naissance à de petites clavules qui se résolvent en une grande quantité de conidies ovales ou lancéolées, réunies en globule par une substance molle et fluide. Les périthèces, petits, globuleux, sessiles, finement verruqueux, mous et rouges, sont réunis au sommet du stroma ou à la base des clavules. Les thèques, presque toujours sans paraphyses, contiennent 8 spores ovoïdes, biloculaires, droites ou courbes, hyalines ou légèrement teintées. Une vingtaine d'espèces, dont plusieurs peu connues, sur l'écorce des troncs ou des rameaux de Saules, d'Érables, d'Ormeaux, de Frênes, de Hêtres, de Lauriers, de Mûriers, les stipes de Palmiers, etc., sous toutes les latitudes. [DE S.]

SPHÆROSTILIS (H. BN, *Et. gén. Euphorb.*, 466, t. 21; *Hist. des pl.*, V, 221). Genre d'Euphorbiacées, voisin des *Plukenetia* L., formé d'une liane de Madagascar et distingué par 3 étamines 1-adelphes, à anthères dressées; un calice femelle à peine imbriqué; un gros style sphérique; des fleurs en grappes.

SPHÆROSTOMÆ (FR., *Summ. veg. Scand.*, 394). Section des *Sphæriacei* FR.

SPHÆROSTYLIDIUM (A. BRAUN, *Ueb. Chytr.* [1856]). Genre de Chytridinés, qui ne diffère des *Phlyctidium* que par l'ostiole tubuleux du sporange. On en connaît deux espèces, parasites dans des cellules d'Algues.

SPHÆROTELE (LINK, KL. et OTT., *Icon. pl. sel.*, t. 38). Synonyme de *Urceolina* REICHB.

SPHÆROTELE (PRESL, *Rel. Hænk.*, 119, t. 16, fig. 2). Synonyme de *Stenomesson* HERB.

SPHÆROTHALAMUS (HOOK. F., in *Trans. Linn. Soc.*, XVIII, 156, t. 20). Genre d'Anonacées-Uvariées, mal connu, voisin des *Uvaria*, distingué par de longs pétales spathulés et de larges sépales imbriqués. On croit, avec doute, les carpelles 2-ovulés. C'est un arbre de Bornéo. (H. BN, *Hist. des pl.*, I, 201, 281.)

SPHÆROTHECA (CHAM. et SCHLCHTL, in *Linnæa*, II, 605). Synonyme de *Conobea* AUBL.

SPHÆROTHECA (DESVX. —REICHB., *Consp.*, 3). Synonyme de *Peridermium* LINK.

SPHÆROTHECA (LÉV., in *Ann. sc. nat.* [1851], XV, 138). Genre de Périsporiacés, réuni par Tulasne avec les *Erysiphe*, et que M. Saccardo en a séparé par ce caractère que les périthèces des *Sphærotheca* sont monothéciques, et ceux des *Erysiphe* polythéciques. [DE S.]

SPHÆROTHROMBIUM (KUETZ., mss., ex ips., in *Linnæa*, VIII, 370). Synonyme de *Micraloa* BIAS.

SPHÆROTHYLAX (BISCH., in *Flora* [1844], 426, t. 1). Synon. de *Anastrophea* WEDD. (I, 166), qui a pour lui l'antériorité. Le genre comprend une espèce du Cap et une autre d'Abyssinie, type de la section *Anastrophea*. (H. BN, *Hist. des pl.*, IX, 271.)

SPHÆROTHYRIUM (WALLR., *Fl. crypt.*, II, 431). Synonyme de *Stegilla* REICHB.

SPHÆROTRACHYS (FAYOD, in *Ann. sc. nat.*, sér. 7, IX, 374). Genre d'Agaricinés-chromospores, réunissant les Cortinaires des sections *Myxacium*, *Inoloma*, etc., ayant pour caractère commun des spores arrondies et rugueuses.

SPHÆROTUBER (PAOL., in *Sacc. Syll. Fung.*, VIII, 892). Section du genre *Tuber* T., comprenant les espèces à spores globuleuses, réticulées-alvéolées.

SPHÆROZONE (ZOB., in *Corda Ic. Fung.*, VI, 53). — Voy. SPHÆROSOMA.

SPHÆROZOSMA (BALF., in *Trans. Edinb. Soc.* [1845], II, 167). Synonyme de *Isthmosira* KUETZ.

SPHÆROZOSMA (CORDA, *Ic. Fung.*, V, 27). — Voy. SPHÆROSOMA.

SPHÆRULA (PAT., *Tab. anal. Fung.*, I, 27). Genre de Clavariés, créé pour une forme intermédiaire entre les *Pistillaria* et les *Pistillina*, qui offre un réceptacle globuleux, déprimé à la partie inférieure, au point où s'attache le stipe cylindrique et mince. L'hyménium couvre toute la partie convexe et présente des basides à 4 stérigmates allongés et portant des spores ovoïdes, hyalines. La seule espèce connue est minuscule, blanche, à stipe brunâtre; elle se rencontre dans le Jura, sur des tiges et des feuilles mortes de Ronces. [DE S.]

SPHÆRULINA (SACC., *Michel.*, I, 399). Genre de Sphériacés, à périthèces globuleux ou lenticulaires, munis d'un pore apical, contenant des thèques, sans paraphyses, à 8 spores hyalines, pluriloculaires. Par ce dernier caractère, l'auteur distingue ce genre des *Sphærella* CES. et de NOT.; et l'absence des paraphyses empêche de le confondre avec les *Leptosphærella* SACC. Une vingtaine d'espèces, sur des tiges, des feuilles mortes. [DE S.]

SPHAGNOECETIS (NEES, *Syn. Hepat.*, 148). Genre de Jungermannes, établi pour le *Jungermannia Sphagni* DICKS. (RABENH., *Krypt.*, II, 3, p. 33). Syn. de *Odontoschisma* DUMORT.

SPHAGNUM (DILL., *Nov. gen.* [1719], 86, t. 2). Genre de Mousses, qui donne son nom à une famille ou ordre des *Sphagnacées* ou *Sphagnées*, et qui est formé de plantes molles, spongieuses, flasques, dressées quand elles croissent dans l'air, flottantes dans l'eau, habitant le plus souvent les marais; ramifiées, avec les divisions fasciculées sur la tige. Les feuilles sont imbriquées, diaphanes ou translucides, concaves et non nervées. Les urnes ou sporanges sont courtement pédicellés au sommet des rameaux, sans anneau. L'opercule est aplati et se soulève souvent avec élasticité. L'orifice du sporange est nu. Les fleurs mâles sont claviformes, et les femelles disciformes. La coiffe persiste, et elle se rompt vers son milieu. La vaginule cache le pied très court, et elle est qualifiée d'apophysiforme. A la maturité du sporange, il n'y a pas de columelle. Dans ce genre, les feuilles élégantes ont deux sortes de phytocystes : les uns losangiques, à contour sinueux, grands, avec d'épaisses lignes spiralées et ponctuées, vides et incolores; les autres étroits et disposés en files et rattachés à un réseau dont les mailles entourent les phytocystes perforés. Ces éléments étroits renferment de la chlorophylle. Le protonema passe à l'état de prothalle lobé, duquel naît la tige du jeune *Sphagnum*. Ce qu'on appelle fleur femelle est un groupe d'archégones, dont un seul ordinairement prend tout son développement, et la soie est constituée par l'extrémité même de la branche; d'où le nom de pseudopode. Le sporange forme une sorte de calotte hémisphérique au sommet du fruit, et il n'y a pas de péristome vrai. Il y a aussi des capsules à petites spores exceptionnelles dans les *Sphagnum*, qui sont donc hétérosporés. Tous ces caractères ont porté plusieurs auteurs, notamment Schimper, à distinguer une famille spéciale de Sphagnacées. On emploie souvent les *Sphagnum* comme support pour la culture des Orchidées, etc. (Rabenh., *Krypt.*, II, III, 73. — Fr., *Summ. veg. Scand.*, I, 97. — C. Muell., *Syn. Musc.*, I, 88. — Hampe, in *Linnæa*, XX, 66.)

Sphenoclea. — Branche florifère.

SPHAIGNE. Nom français des *Sphagnum* Dill.

SPHALANTHUS (Jack, *Mal. Misc.*, ex *Hook. Comp. Bot. Mag.*, I, 155). Synonyme de *Quisqualis* L.

SPHALLEROCARPUS (Bess., in *DC. Mém. Ombell.*, V, 60, t. 2 N; *Prodr.*, IV, 230). Synonyme de *Bulbocastanum* Lagasc.

SPHALMOPTERIS (Corda, *Fl. d. Vorw.*, 76). Genre fossile de Protoptéridées, établi pour l'*Anomopteris Mougeotii* Ad. Br.

SPHANELLOPSIS (Steud., ex *Pfeiff. Nom.*, II, 1229). Synonyme de *Davya* DC.

SPHEDAMNOCARPUS (Pl. — B. H., *Gen.*, I, 256, n. 25). Genre mal défini de Malpighiacées-Banistériées, formé de 3 arbustes sarmenteux, africains; distingué par des inflorescences ombelliformes; des calices non glanduleux; des ovaires surmontés de 3 styles grêles, incurvés; des feuilles opposées ou verticillées. (H. Bn, *Hist. des pl.*, V, 462.)

SPHENANDRA (Benth., in *Lindl. Nat. Syst.*, ed. 2, 445). Genre de Scrofulariacées-Chænostomées, formé d'une herbe de l'Afrique australe; distingué par un calice 5-partite; une corolle subrotacée, à tube très court; les bractées florales libres. (H. Bn, *Hist. des pl.*, IX, 446.)

SPHENANTHA (Schrad., in *Linnæa*, XII, 416). Synonyme (B. H.) de *Cucurbita* T.

SPHENANTHERA (Hassk., in *Bot. Zeit.* [1857], 180; H. *Bog.*, 345). Synonyme de *Begonia* L. (H. Bn, *Hist. des pl.*, VI, 193.)

SPHENELLA (Kuetz., in *Linnæa*, VIII, 556). Sous-genre du genre *Frustulia* Agh.

SPHENOCARPUS (Rich., *Anal. fruit*, 92). Synonyme de *Laguncularia* Gærtn.

SPHENOCARPUS (Wall., *Cat.*, 236). Synonyme de *Magnolia*.

SPHENOCLEA (Gærtn., *Fruct.*, I, 113, t. 24). Genre de Campanulacées, qui donne son nom à une série des *Sphénocléées*; formé d'une herbe dressée, des marais tropicaux; distingué par

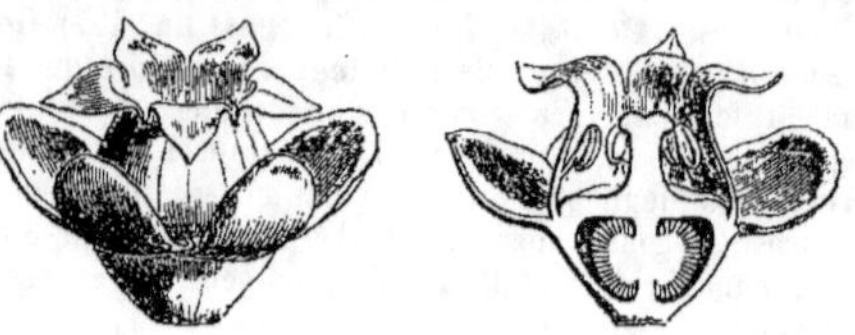

Sphenoclea. — Fleur, entière et coupe longitudinale.

des fleurs en épis denses; les tiges feuillées; la fleur 5-mère; le fruit déhiscent en pyxide, ∞-sperme. (H. Bn, *Hist. des pl.*, VIII, 327, 361, fig. 158-161.)

SPHENODESMA (Jack, *Mal. Misc.*, I, n. 1, 19). Genre de Verbénacées-Avicenniées, formé d'environ 8 arbustes sarmenteux, de l'Inde et de la Malaisie; distingué des *Symphorema* par un involucre 6-mère; une corolle 5-mère, régulière ou à peu près; l'androcée isostémoné; le placenta libre et 4-ovulé. (H. Bn, *Hist. des pl.*, XI, 121.)

SPHENOGYNE (R. Br., in *Ait. H. kew.*, ed. 2, V, 142). Synonyme de *Ursinia* Gærtn. (H. Bn, *Hist. des pl.*, VIII, 198.)

SPHENOPECOPTERIS (Sternb., *Vers.*, II, 158). Section du genre *Pecopteris* Sternb.

SPHENOPHORA (Kuetz., in *Linnæa*, VIII, 567). Section du genre *Gomphonema* Agh.

SPHENOPHYLLITES (Ad. Br., in *Mém. Mus.*, VIII, 209, 234, 306, t. 2, fig. 8). Synonyme de *Sphenophyllum* Ad. Br.

SPHENOPHYLLUM (Ad. Br., in *Dict.*, LVII, 76; *Prodr.*, 28; in *Dict. d'Orb.*,

Sphenoclea. — Fruit déhiscent.

VII, 787; XI, 746; XIII, 101). Genre fossile, que l'auteur attribuait aux Marsiléacées, puis aux Astérophyllitées. Il est représenté, dans les terrains lithanthracitiques où on l'observe, par des tiges simples ou rameuses, articulées, chargées de feuilles verticillées, généralement au nombre de 6-12, cunéiformes, entières, tronquées au sommet et denticulées, parfois bilobées; les loges 2-partites ou laciniées; ou 2-fides; les lobes linéaires et étroits. La place de ces végétaux a été et est encore fort discutée. Les uns (Ren., *Cours bot. foss.*, II, t. 13-16) en font des Hydroptérides, voisines des Salviniées; les autres (V. Tiegh., in *Bull. Soc. bot. Fr.* [1883]) les considèrent comme des « Lépidodendrinées-Diploxylées », c'est-à-dire des Cryptogames vasculaires hétérosporés. [H. Bn.]

SPHENOPTERIS (Ad. Br., in *Mém. Mus.*, VIII, 223). Genre de plantes fossiles, dont l'auteur fit d'abord une section des *Filicites*. En 1825, Sternberg (*Vers.*, I, XV) le considéra comme un genre de Fougères vraies, sous le nom de *Sphænopteris*. En 1836, Gœppert (*Syst. Fil. foss.*, 173) en constitua le type d'une division des Fougères fossiles, qu'il nomma *Sphenopterides*. Pour F. Braun (in *Flora* [1847], I, 83), c'est simplement un genre de Polypodiacées. (Voy. Ung., *Syn. pl. foss.*, 59; *Chlor. protog.*, XXXIX, 124, t. 37, fig. 5. — Ad. Br., in *Ann. sc. nat.*, XV; *Hist. vég. foss.*, I, 169; in *Dict. d'Orb.*, XI, 747; XIII, 69.)

SPHENOPUS (Trin., *Fund. Agrost.*, 135). Genre de Graminées-Festucées, formé d'une herbe annuelle, délicate; distingué, dans le groupe des Eragrostées, par une inflorescence rameuse, grêle; des épillets 2-4-flores; une glume inférieure très petite. C'est une plante méditerranéenne. On la prenait d'abord pour un *Poa*. (Gou., *Ill. et obs.*, t. 2, fig. 1. — Gren. et Godr., *Fl. de Fr.*, II, 554.) [H. Bn.]

sphenosciadium (A. Gray, in *Proc. Amer. Acad.*, VI, 536). Synonyme de *Selinum* L. Les fruits ont les ailes plus atténuées à la base que ceux des vrais *Selinum*. (H. Bn, *Hist. des pl.*, VII, 210.)

sphenostemon (H. Bn, in *Bull. Soc. Linn. Par.*, 53; in *Adansonia*, XI, 307; *Hist. des pl.*, XI, 220). Genre d'Ilicacées-Ilicées, formé de deux arbres ou arbustes néo-calédoniens; distingué par des fleurs unisexuées; 4 pétales épais, carénés en dedans; 4 étamines épaisses en forme de coin, à 2 loges disjointes; un ovaire à 2 loges 1-ovulées; l'ovule descendant; les feuilles alternes; les fleurs disposées en grappes à rachis anguleux ou comprimé. [H. Bn.]

sphenostigma (Bak., in *Journ. Linn. Soc.*, XVI, 124). Genre d'Iridacées-Sisyrinchiées, formé de 5 herbes bulbeuses, de l'Amérique tropicale; distingué par une spathe terminale, ou quelques-unes pédonculées; des étamines à filet libre; des branches stylaires entières, lancéolées ou cunéiformes. Le fruit est exsert de la spathe. Ce sont des *Alophia* dans le *Flora brasiliensis* (III, I, t. 65).

sphenostyles (E. Mey., *Comm. pl. afr. austr.*, 147). Synonyme de *Vigna* Sav.

sphenotoma (R. Bn., *Prodr.*, 556). Synonyme de *Dracophyllum* Labill.

sphenozomia (Pomel, *Mat. p. serv. à la fl. foss. du terr. jur. de la France*, in *Amtl. Ber. d. Vers. deutsch. naturf.*, Achen [1849], 345). Synonyme de *Sphenozamites* Ad. Br., d'après M. de Saporta.

sphère directrice. Nom donné par M. Guignard aux sphères attractives ou leucites qui passent pour diriger la bipartition des noyaux. On les a déjà baptisées de diverses façons, et il faut s'attendre encore à d'autres désignations.

sphérenthe. Nom français (Lamk) des *Sphæranthus* Vaill.

sphériacés (*Spheriacei* Fr. — De Not., *Spheriaceæ*. — Sacc.). Famille de Pyrénomycètes, représentée, dans le *Synopsis* de Persoon, par 184 espèces : ce qui est presque le nombre des genres actuels. Celui des espèces s'élève à près de 5000. Les caractères des genres formés successivement étaient tirés tantôt du réceptacle, tantôt des organes de reproduction. M. Saccardo, prenant pour base un caractère unique, celui des spores, a pu construire un système clair et commode, qui est exposé dans son *Conspectus generum Pyrenomycetum italicorum* [1875], et dans son *Genera Pyrenomycetum schematice delineata* [1883]. Les Sphériacés ont des spores hyalines ou colorées; et les unes et les autres peuvent être cloisonnées ou non, formant ainsi seize combinaisons différentes, qui servent à grouper en autant de sections les 143 genres admis par l'auteur. Leur caractère commun est d'avoir des périthèces noirs, de consistance variée, mais distincts du stroma quand il existe, et s'ouvrant par un ostiole arrondi. Cette caractéristique doit être élargie, si l'on conserve dans les Sphériacés les Hypocréacés à périthèces céracés, membraneux, de couleur plus claire; les Dothidéacés dont les périthèces sont confluents avec le stroma, et quelques autres types, dont M. Saccardo a formé des familles séparées. Outre les périthèces thécasporés, les Sphériacés possèdent souvent des conidies issues de leur mycélium ou du revêtement externe des périthèces, et d'autres conidies, connues depuis Tulasne sous le nom de Stylospores et de Spermaties, développées dans des conceptacles analogues au périthèce ou sur des filaments mêlés aux thèques. Ces Champignons sont surtout saprophytes. Quelques espèces sont parasites; on les rencontre sur les végétaux, les insectes, les excréments et beaucoup de corps de nature végétale ou animale. [De S.]

sphérie (*Sphæria* Hall., *Hist. stirp.*, III, 120). Genre de Pyrénomycètes, dont Fries a rangé 528 espèces dans 27 tribus, subdivisées elles-mêmes. Les tribus ou les sections sont devenues des genres. Réduit dans le *Summa vegetabilium Scandinaviæ*, il l'a été toujours plus. Cesali et de Notaris, ainsi que Tulasne, ont limité le genre par les caractères suivants : péri-

thèces épars ou réunis sur un coussinet, petits, globuleux, obtus ou rarement papillés, durs et noirs; thèques octospores, accompagnées de paraphyses; spores ovales ou fusiformes, pluriloculaires, de couleur brune ou brun verdâtre. Ces caractères sont ceux de la section des *Phæophragmiæ* de M. Saccardo; ils se retrouvent dans les *Dictyosporæ*. De là l'impossibilité de maintenir ce genre sans provoquer des confusions. L'auteur du *Sylloge* n'a conservé le nom de *Sphæria* qu'aux espèces de Sphériacés, imparfaitement connues, parmi lesquelles on doit s'attendre à rencontrer des Sphéropsidés, par suite de l'ignorance où l'on est sur l'existence des thèques. 420 espèces sont énumérées dans un appendice. (*Syll. Fung.*, II, 367.) [De S.]

sphéro-cristaux. Cristaux sphériques ou à peu près, comme les masses d'Inuline, etc.

sphéropsidés (*Sphæropsidei* Lév., in *Ann. sc. nat.* [1845, 1846]). Division de la classe des *Stromatospori*, comprenant des Pyrénomycètes non thécasporés, dont les spores se développent au sommet de filaments contenus dans le périthèce. Beaucoup de Sphéropsidés ne sont que des pycnides d'autres Champignons, et il est probable qu'il en est de même pour tout ce groupe très considérable. [De S.]

sphérothèque. Synonyme de Macrosporange.

sphinctacanthus (Benth., *Gen.*, II, 1118). Genre d'Acanthacées-Justiciées, formé d'un sous-arbrisseau de l'Inde; distingué par un calice à divisions acuminées; une corolle à tube ovoïde-enflé, resserré à la gorge; les divisions des lèvres étroites; les feuilles amples et les épis grêles, interrompus. (H. Bn, *Hist. des pl.*, X, 449.)

sphinctanthus (Benth., in *Hook. Journ. Bot.*, III, 212. — B. H., *Gen.*, II, 84). Section du genre *Genipa* L. (*Gardenia*), à fleurs terminales, solitaires ou peu nombreuses, à tube de la corolle contracté au sommet. Espèces de l'Amérique tropicale. (H. Bn, *Hist. des pl.*, VII, 310.)

sphincterostigma (Schott, *Melet.*, 19). Section du genre *Philodendron* Schott.

sphincterostoma (Stschegl., in *Bull. Mosc.* [1859], I, 22). Synonyme de *Andersonia* R. Br.

sphinctocystis (Hass., *Brit. freshw. Alg.*, 436). Synonyme de *Surirella* Turp.

sphinctolobium (Vog., in *Linnæa*, XI, 417). Synonyme de *Lonchocarpus* H. B. K.

sphinctostoma (Benth., in exs. *Spruce*, n. 1487). Synonyme de *Marsdenia* R. Br.

sphinctrina (Fr., *Pl. hom.*, 120). Genre de Discomycètes, à réceptacle globuleux, d'un noir luisant, sessile, ou à stipe très court, s'ouvrant par un ostiole punctiforme. Le disque pointillé très foncé offre des thèques cylindriques qui contiennent 8 spores ovales ou fusiformes, fuligineuses. Sept espèces, sur des rameaux morts de Mûriers, sur la gomme de Cerisiers, ou parasites sur des Lichens et des *Xylaria*, dans les deux hémisphères. [De S.]

sphinctrosporium (Kze, in *Fr. Summ. veg. Scand.*, 501). Synonyme de *Cladotrichum* Corda.

sphingium (E. Mey., *Comm. pl. afr. austr.*, 65). Synonyme de *Melolobium* Eckl. et Zeyh.

sphondylastrum (Torr. et Gr., *Fl. N.-Amer.*, I, 528). Section du genre *Myriophyllum* Vaill.

sphondylentha (Presl). — Voy. Spondylantha.

sphondylia (Duby, in *DC. Prodr.*, VIII, 34). Section du genre *Primula* T.

sphondylium (Hoffm., *Umb. Gen.*, 129). Section du genre *Heracleum* L.

sphondylium (Matth.). La Grande Berce.

sphondylium (T., *Inst.*, 319, t. 170). Synonyme de *Heracleum* L.

sphondylocladium (Costant., *Mucéd. simpl.*, 122). — Voy. Spondylocladium, orthographe adoptée par les mycologues et qui est d'accord avec la racine σπόνδυλος, vertèbre ou verticille. Se dit aussi σφόνδυλος; mais c'est une forme poétique, qu'il n'y a pas de motif de préférer à l'autre. [De S.]

SPHONDYLOCOCCA (W.). Pour *Spondylococca* MITCH.

SPHRADIGIA (THW., in *Hook. Kew Journ.*, VII, 269, t. 10). Synonyme de *Cyclostemon* BL.

SPHRANTHUS (WIGHT). Pour *Sphæranthus* VAILL.

SPHYRANTHERA (HOOK. F., in *Hook. Icon.*, I. 1702). Genre d'Euphorbiacées uniovulées, à fleurs mâles 12-20-andres, ombellées; les femelles inconnues. Le *S. lutescens* (*S. capitellata* HOOK. F.) est le *Codiæum*? *lutescens* S. KURZ.

SPHYROSPERMUM (PŒPP. et ENDL., *Nov. gen. et spec.*, I, 4, t. 8). Genre d'Éricacées-Vacciniées, formé de 4, 5 arbustes, des Andes; distingué par des fleurs à réceptacle cylindrique; une corolle courtement campanulée; un fruit à graines scobiformes. Les 8-10 étamines sont 1-adelphes à la base. (*Hook. Icon.*, t. 112. — H. BN, *Hist. des pl.*, XI, 184.)

SPIC. Le *Lavandula Spica* L.

SPICA (BENTH., *Labiat.*, 148). Section du genre *Lavandula*.

SPICA. L'épi. *Spicatus*, disposé en épi.

SPICA CELTICA. Le Nard celtique.

SPICANARD COMMUN. La Lavande officinale.

SPICANARD (FAUX). Nom de l'*Allium victoriale* L.

SPICANARD (*Spica Nardi*). Le *Nardostachys Jatamansi* DC.

SPICANT (TRAG. — RUPP., *Fl. jen.*, 325). Synonyme (part.) de *Blechnum* L.

SPICARIA (BENTH., *Labiat.*, 78). Section du g. *Hyptis* JACQ.

SPICARIA (GRISEB., *Gent.*, 147). Section du g. *Erythræa* RN.

SPICARIA (HARZ, *Hyphom.*, 50). Genre d'Hyphomycètes. Le mycélium rampant donne naissance à des filaments dressés, cloisonnés, incolores ou plus rarement bruns, présentant deux verticilles de rameaux qui se ramifient quelquefois en verticilles secondaires. Les spores, ovoïdes, hyalines, sont portées à l'extrémité des rameaux en longs chapelets, quelquefois ramifiés à leur extrémité. Huit espèces, dont six européennes, sur du bois, des feuilles ou des parenchymes végétaux pourris. [DE S.]

SPICE. Le *Phalaris canariensis* L.

SPICE-BERRY. Nom anglais du *Gaultheria procumbens* L.

SPICILLARIA (A. RICH., *Rubiac.*, 172). Syn. de *Petunga* DC.

SPICIVISCUM (ENGELM., ex *Pfeiff. Nom.*, II, 1233). Synonyme de *Phoradendron* NUTT.

SPICOSTA (PRESL, *Epim.*, 474 [114]). Genre proposé pour les *Blechnum boreale* et *onocleoides*.

SPICULA. L'épillet ou spicule. Spicule est aussi un cristal en forme d'aiguille.

SPICULÆA (LINDL., *Swan Riv. App.*, 56). Genre établi pour le *Drakæa ciliata* REICHB. F.

SPICULAIRES (cellules). Quelques Conifères, mais surtout le *Welwitschia mirabilis*, renferment des cellules fusiformes ou rameuses, dont la paroi très épaisse contient dans sa partie extérieure de nombreux cristaux. Quand on les a dissous dans l'acide chlorhydrique, la membrane conserve une cavité exactement semblable à la forme du cristal. C'est à ces cellules qu'on donne le nom de *spiculaires*.

SPICULARIA (CHEVALL., *Fl. par.*, 94). Section du g. *Exidia*.

SPICULARIA (ENDL., *Gen.*, 19). Section du genre *Botrytis* M.

SPICULARIA (PERS., *Myc. eur.*, I, 39). Genre d'Hyphomycètes, formant des touffes lâches. Les filaments fructifères sont dressés, cloisonnés, jaunâtres, et se divisent à leur sommet en rameaux divergents, courts, fusiformes, unicellulaires, qui portent à l'extrémité des spores en capitules quelquefois insérées sur une cellule renflée et courte. Les spores sont hyalines, pédicellées. Une seule espèce a été observée sur les feuilles des vignes des bords du Rhin, qu'elle rend malades en empêchant la maturation du raisin. [DE S.]

SPICULE (BERT., art. *Champ.*, in *Dict. sc. méd.*). Terme proposé pour désigner le petit pédicelle que présentent quelquefois les spores et qui est un vestige du stérigmate.

SPICZYNSKI (Hieron.). Auteur [1556] de *O ziolach tutecznych i zamorskich*, etc. (Herbes indigènes et exotiques), publié à Cracovie (in-fol.).

SPIDER-WORT. Nom anglais des *Tradescantia* RUPP.

SPIEGEL (Adr.). Professeur à Padoue [1758-1625], où il pu-

blia [1633] son *Isagoges in rem herbariam libri 2*, qui eut deux éditions.

SPIELMANN (Jak.-Reinh.) Professeur à Strasbourg [1722-1783], écrivit [1766] un *Prodromus Floræ argentoratensis*; des *Institutiones materiæ medicæ* [1774] et un *Pharmacopœa generalis* [1783]. Sous sa présidence furent passées d'intéressantes thèses sur les Cardamomes, les plantes vénéneuses de l'Alsace, l'*Acacia officinalis*, les légumes de l'Alsace, la Végétation et la Mousse de Corse.

SPIELMANNIA (CUSS., nec MED.). Synonyme de *Apinella* NECK.

SPIELMANNIA (MEDIC., in *Act. theod.-pal.*, III [1175], 196, t. 10). Synonyme de *Oftia* ADANS.

SPIÉSIA (NECK., *Elem.*, III, 13). Synonyme de *Oxytropis* DC.

SPIESS (Joh.-K.). Auteur [1721], à Helmstædt, où il était professeur, d'un *Programma* sur la Vanille, appelée alors *Siliquæ Convolvuli americani*; de *Rosmarini coronarii Historia medica* [1718], et de deux opuscules *De Avellana mexicana* [1721] et *De Valeriana* [1724].

SPIESSENHOFF (K.-Eug.-Luchini v.). Auteur [1742], à Heidelberg, de *Solanum caule inermi flexuoso... vulgo Dulcamara*, etc. (in-4 de 28 p.).

SPIGÈLE, SPIGÉLIE. Nom français (LAMK) des *Spigelia* L.

SPIGELIA (L., *Gen.*, n. 209). Genre de Solanacées, qui donne son nom à la série un peu anormale des *Spigéliées*, jadis rapportée aux Loganiacées. Les fleurs 5-mères ont une corolle tubuleuse, à 5 lobes valvaires; 5 étamines; un ovaire à 2 loges ∞-ovulées. Le fruit est capsulaire, didyme, comprimé, et s'ouvre en travers. Les graines sont peltées et albuminées;

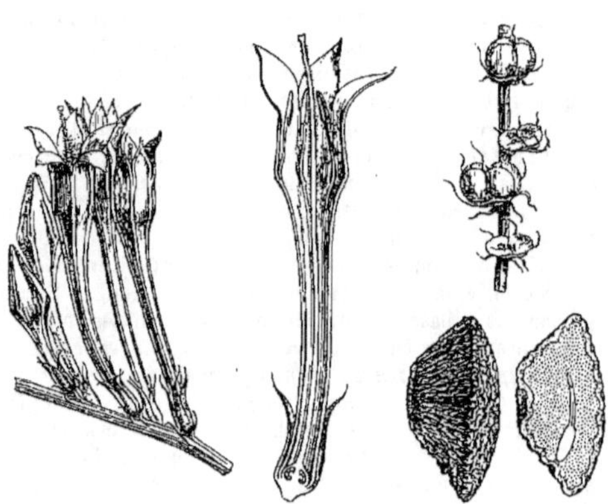

Spigelia. — Portion d'inflorescence. Fleur, coupe longitudinale. Fruits. Graine, entière et coupe longitudinale.

l'embryon droit. Ce sont des herbes ou des sous-arbrisseaux, des deux Amériques, à feuilles opposées, souvent 3-5-nerves à la base; à cymes spiciformes et unilatérales. Les *S. marylandica* et *Anthelmia* sont célèbres à la fois comme poisons et comme médicaments. (H. BN, *Hist. des pl.*, IX, 300, 325, 345; fig. 407-411; *Tr. Bot. méd. phanér.*, 1222.)

SPIKENARD. Nom de l'*Aralia racemosa* L.

SPIKENARD-BALLOTA. En Angleterre, le *Ballota suaveolens*.

SPILACRON (CASS., in *Dict.*, I, 238). Synonyme de *Centaurea* L. (H. BN, *Hist. des pl.*, VIII, 84.)

SPILANTHE (*Spilanthes* L., *Mantiss.*, 475). Genre de Composées-Hélianthées, formé d'environ 20 herbes, annuelles ou vivaces, des régions chaudes du globe; distingué par des capitules pédonculés, finalement coniques ou ovoïdes, à fleurs du rayon fertiles ou nulles; les branches stylaires tronquées; les fruits souvent ciliés; les soies des aigrettes très grêles ou nulles. Le Cresson du Para, tant vanté comme antiscorbutique et odontalgique, est le *S. oleracea* JACQ. (H. BN, *Hist. des pl.*, VIII, 48, 206, fig. 71, 72.)

SPILE. La tache ou cicatrice ombilicale des Graminées.

SPILMANE. Nom français (LAMK) des *Spielmannia* MEDIC.

SPILOBOLUS (LINK, ex TUL., *Sel. Fung. Carpol.*, II, 154). Synonyme de *Hercospora* TUL.

SPILOCÆA (FR., *Syst. myc.*, III, 503). Genre dont l'autonomie n'est pas certaine et qui paraît se rapporter à des mycéliums, en particulier de *Fusicladium*.

SPILOPHORA (WITTST., *Et. Hdw.*, 831). Pour *Stilophora* ACH.

SPILOSPHÆRIA (RABENH., in *Fuck. Symb. myc.*, 382). Genre mal déterminé, dont l'espèce décrite paraît être un *Septoria*.

SPILOTOSPERMUM (SCH. BIP., in *Linnæa*, XIX, 332). Sous-genre du genre *Carduus* T.

SPILOXENE (SALISB., *Fragm.*, 44). Genre établi pour l'*Hypoxis stellata* L.

SPIN (Marquis de). A écrit [1809], à Turin, le *Jardin de Saint-Sébastien*, qui eut trois éditions et un supplément.

SPINA. Nom latin de l'Épine; d'où *spinescens*, épineux, transformé en épine, et *spinosus*, épineux.

SPINA (SCOP., *Fl. carn.*, I, 344). Section du genre *Mespilus* T.

SPINA ALBA. L'*Onopordon Acanthium* L.

SPINA ARABICA. L'*Acacia arabica* W.

SPINA BORDA. Le *Scolymus hispanicus* L.

SPINA CERVINA (DILL., *Nov. gen.*, 145). Synonyme de *Cervispina* RIV.

SPINACHIA. En Italie, l'Épinard.

Spilanthe. — Branche florifère. Pleuron.

SPINACHIA (MORIS. — HERM.). Pour *Spinacia* T.

SPINACIA (T., *Inst.*, 533, t. 108). Genre de Chénopodiacées-Chénopodiées, formé d'environ 5 herbes annuelles, originaires d'Orient; distingué par des fleurs femelles sans bractéoles, à calice 3, 4-denté. Le tube du périanthe s'indure et se ferme autour du fruit. On cultive surtout le *S. oleracea* L., l'Épinard commun. (H. BN, *Hist des pl.*, IX, 136, 173, fig. 177-182.)

SPINA DOMESTICA. La Bourgène.

SPINAGE. Nom anglais de l'Épinard.

SPINA INFECTORIA. La Graine d'Avignon.

SPINA INFECTORIA (MATTH.). Le *Rhamnus catharticus* L.

SPINARCOL. Nom italien de l'*Hydnum repandum* L.

SPINAROLI. Nom italien des Mousserons.

SPINA SITIENS. Dans Pline, l'*Acacia Seyal* DEL. (?).

SPINA SOLUTIVA. Le *Rhamnus catharticus* L.

SPINASTELLA. La Chausse-trape.

SPINAT. Nom allemand des Épinards.

SPINDELBAUM. En Allemagne, le Fusain.

SPINDLETREE. En Angleterre, le Fusain.

SPINE-CACTUS. Nom anglais des *Echinocactus* LINK et OTT.

SPINELLE. Nom français (LAMK) des *Spinifex* L.

SPINELLUS (V. TIEGH., in *Ann. sc. nat.* [1875], 66). Genre de Mucorinées, à filaments mycéliens ramifiés, brunissant avec l'âge comme les filaments dressés, verticillés, ornés de pointes aiguës qui sont issues du mycélium. Les zygospores presque noires sont en forme de barils. Les spores ovales, allongées,

colorées, sont renfermées dans des sporanges globuleux, noircissant à la maturité, portés sur un pédicelle allongé, non septé, souvent renflé à la base. Trois espèces, vivant sur des Agarics en putréfaction. [DE S.]

SPINESCENS. Épineux, chargé d'épines, transformé en épine.

SPINIFEX (L., *Mantiss.*, 163). Genre de Graminées-Panicées, formé de 4 herbes asiatiques et océaniennes; distingué par des épis dioïques, accompagnés de bractées et capituliformes. Les mâles sont en épis à l'intérieur de chaque bractée, et les femelles sont solitaires. Il y a 4 bractées à chaque fleur. C'est un genre tout à fait anormal dans la famille. (PAL.-BEAUV., *Agrost.*, t. 25, fig. 1. — LABILL., *N.-Holl.*, t. 230, 231. — BENTH., in *Hook. Icon.*, t. 1243, 1244.) [H. BN.]

SPINNENDISTEL. En Allemagne, le Chardon-bénit.

SPINULARIA (ROUSS., ex *Desvx Journ. bot.*, I, 43). Synonyme de *Desmaretia* LAMX.

SPINUS (RŒM., *Fam. nat. Syn.*, III, 5). Section du genre *Prunus* T.

SPINUS ALBUS. Nom officinal de l'Aubépine.

SPIRACANTHA (H. B. K., *Nov. gen. et spec.*, IV, 28, t. 313). Genre de Composées-Vernoniées, formé d'un arbuste de l'Amérique tropicale; distingué par un involucre de 2 bractées transparentes qui enveloppent la fleur; une aigrette à soies inégales, courtes et caduques; des glomérules peu volumineux et formés de capitules peu nombreux, enveloppés d'une feuille spinescente, et fasciculés dans les aisselles foliaires. (H. BN, *Hist. des pl.*, VIII, 125.)

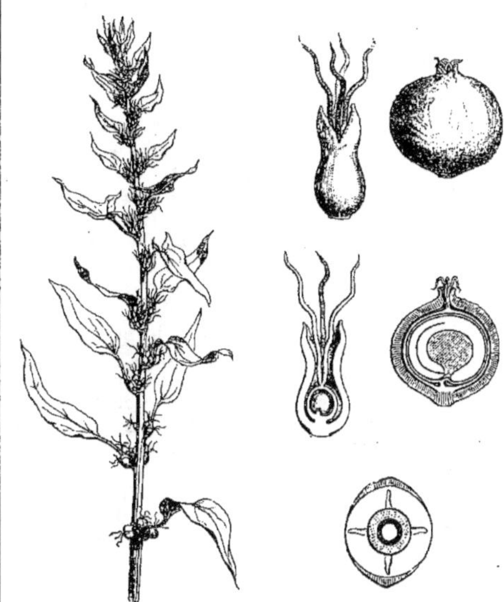

Spinacia. — Branche florifère. Fleur femelle, entière et coupe longitudinale. Fruit induvié, entier et coupe longitudinale. Diagramme.

SPIRADICLIS (BL., *Bijdr.*, 975). Genre de Rubiacées-Oldenlandiées, à fleurs hermaphrodites ou polygames, 4, 5-mères, disposées en cymes racémiformes, souvent unilatérales, comme celles des *Ophiorrhiza*, auxquelles elles ressemblent beaucoup. Leur réceptacle floral est concave, généralement parcouru par 4 côtes saillantes, et la corolle a 4, 5 lobes valvaires. L'ovaire infère a 2 loges, parfois incomplètes, surmontées d'un disque 2-4-lobé, et les placentas pluriovulés sont ascendants, comme dans les *Ophiorrhiza*. Le fruit est une capsule loculicide, puis septicide. Ce sont des herbes de l'Asie tropicale, à feuilles opposées, stipulées. On en distingue deux espèces. (Voy. *Hist. des plant.*, VII, 329, 464, n. 136.) [H. BN.]

SPIRÆANTHEMUM (A. GRAY, *Un.-St. expl. Exp. Bot.*, 666, t. 83). Genre de Saxifragacées-Cunoniées, formé de 5, 6 arbustes océaniens à fleurs 4, 5-mères, à 4-10 étamines; 2-5 carpelles libres, 1- ou pauciovulés; des feuilles simples et des grappes composées. (H. BN, *Hist. des pl.*, III, 374, 448.)

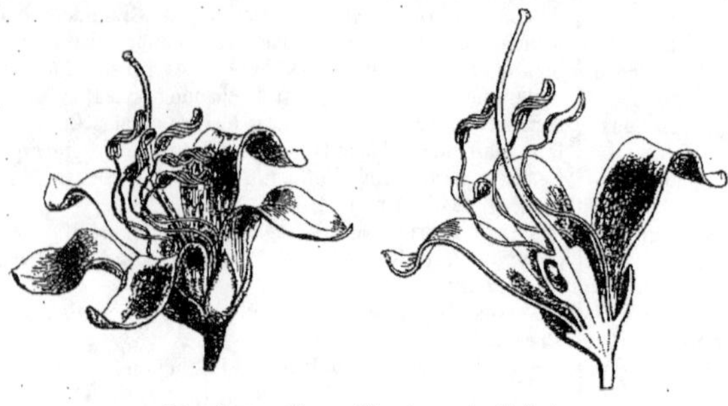

Spiranthera. — Fleur, entière et coupe longitudinale.

SPIRÆOPSIS. Miquel (*Fl. ind. bat.*, I, p. I, 719) a nommé *S. celebica* une Saxifragacée-Cunoniée que Blume avait décrite sous le nom de *Dirhynchosia* (*Mél. bot.* [août 1855], n. 1) et que nous avons démontré n'être pas différente des *Weinmannia*. (H. BN, *Hist. des pl.*, III, 380.)

SPIRAGYNE (NECK., *Elem.*, II, 14). Syn. de *Crossopetalum* DC.

SPIRALEPIS (DON, in *Mem. Werner. Soc.*, V, 551). Synonyme de *Leontonyx* CASS. (H. BN, *Hist. des pl.*, VIII, 175.)

SPIRANTHEÆ (B. H., *Gen.*, III, 463). Sous-tribu (3) des Orchidacées-Néottiées.

SPIRANTHERA (A. S.-H., in *Bull. philom.* [1823], 130; *Pl. rem. Brés.*, 147, t. 17). Genre de Rutacées-Cuspariées, formé d'un arbuste brésilien, à feuilles 3-foliolées; distingué par un calice court, des pétales imbriqués, subégaux; des étamines libres, toutes fertiles, à filet grêle, au nombre de 5; le gynécée d'un *Erythrochiton* et un fruit à 2-5 coques. (H. BN, *Hist. des pl.*, IV, 380, 453, fig. 402-404.)

SPIRANTHERA (BOJ., *Hort. maurit.*, 226). Synonyme de *Ipomœa* L.

SPIRANTHERA (HOOK., in *Bot. Mag.*, n. 2523). Synonyme de *Pronaya* HUEG.

SPIRANTHES (L.-C. RICH., in *Mém. Mus.*, IV, 50). Genre d'Orchidacées-Néottiées, formé d'environ 80 herbes terrestres, des régions tempérées des deux mondes; distingué par des fleurs groupées en épi qui semble unilatéral et tordu en spirale; des fleurs à labelle inférieur, souvent pendant; les pétales supérieurs unis en casque avec le sépale postérieur; les sépales latéraux obliquement insérés ou décurrents; un gynostème souvent décurrent à la base sur l'ovaire. Nous avons de ce genre 2 espèces communes, les *S. autumnalis* et *œstivalis*, le premier remarquable par la situation relative de son pseudo-bulbe et de la branche foliée latérale à l'axe florifère. (GREN. et GODR., *Fl. de Fr.*, III, 267.) [H. BN.]

Spiranthera.
Gynécée.

SPIRARIA (SER., in *DC. Prodr.*, II, 544). Section du g. *Spiræa*.

SPIRASTIGMA (LHÉR., ex *Pfeiff. Nom.*, II, 1239). Synonyme de *Pitcairnia* LHÉR.

SPIRE, S. GÉNÉRATRICE. — Voy. PHYLLOTAXIE (III, 565).

SPIRÉE (*Spiræa* T., *Inst.*, 618, t. 389). Type de la série des Spiréées, dans la famille des Rosacées. Leurs fleurs sont polygames-dioïques, plus souvent hermaphrodites, régulières. Les espèces ligneuses offrent un réceptacle cupuliforme, évasé, couvert d'un tissu glanduleux. Sur ses bords s'insèrent : un calice de 5 sépales, valvaires; une corolle de 5 pétales, sessiles, alternes, imbriqués ou tordus; 20 étamines; 5 épipétales,

5 épisépales et 10 autres de part et d'autre de ces dernières. Leur filet libre est infléchi dans le jeune âge; l'anthère biloculaire introrse, déhiscente par 2 fentes longitudinales. Le disque présente, entre l'androcée et les carpelles, 10 lobes, opposés par paires aux sépales. Les carpelles, au nombre de 5, sont épipétales, formés d'un ovaire libre, uniloculaire, terminé par un style à tête stigmatique; contenant, dans l'angle interne, un placenta bilabié, portant un nombre indéfini d'ovules, anatropes, horizontaux ou légèrement descendants. Le fruit est multiple, entouré du réceptacle et du calice, formé de 5 follicules, à graines renfermant un embryon charnu, dépourvu d'albumen. Ce type est le plus complet du genre; il nous est offert par le *S. lanceolata* POIR., de nos jardins. Toutes les espèces de ce type ont des feuilles alternes, simples, bistipulées, à fleurs en corymbes. Mais cette forme est loin d'être constante dans les 150 espèces du genre. Les fleurs sont parfois construites sur le type 4. Le réceptacle affecte la forme d'une outre, d'un tube, d'un cône renversé; le nombre des étamines peut atteindre 30; le disque devient rudimentaire ou à lobes très développés. Les étamines prennent leur insertion, dans certains cas, sur toute la surface interne du réceptacle. Les carpelles peuvent doubler de nombre et devenir moitié épisépales, moitié épipétales; 5 parfois existent seuls, superposés aux sépales; enfin il peut y en avoir un nombre indéfini ou

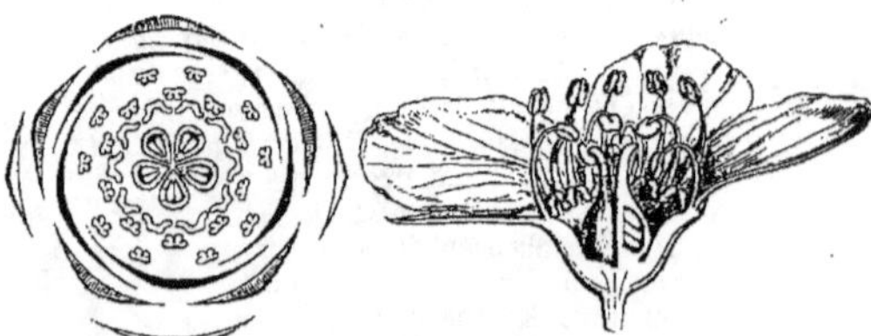

Spirée. — Branche florifère.

très faible, 2 ou 3. Les ovaires peuvent être connés dans la moitié inférieure. L'ovaire semble alors unique, pluriloculaire, à placentation axile. Les ovules peuvent se réduire à 2, descendants, complètement ou incomplètement anatropes, ou l'un des deux relevé. Enfin, on peut n'en trouver parfois qu'un seul.

Spirée. — Diagramme. Fleur, coupe longitudinale.

Les Spirées sont des arbustes ou des herbes, parfois suffrutescentes, à feuilles alternes, simples et entières ou composées-pennées ou décomposées. Les stipules manquent parfois. Les fleurs sont en grappes, épis ou corymbes, simples ou composés, ou en grappes de cymes axillaires ou terminales. Elles sont originaires des contrées tempérées ou froides de l'hémisphère nord. La Reine des prés (*S. Ulmaria* L.) a une racine astringente, fébrifuge. Ses fleurs contiennent une essence riche en acide salicyleux et hydrure de salicyle. La Filipendule (*S. Filipendula* L.), à racines renflées, est également employée au même titre, avec quelques autres espèces. (Voy. H. BN, *Hist. des pl.*, I, 384, 469, fig. 439-41; *Tr. Bot. méd. phanér.*, 549.) [F. H.]

SPIRELEPIDODENDRUM (RITG., *Schr. Marb. Ges.*, II, 103). Synonyme (part.) de *Lepidodendron* AD. BR.

SPIRICULE. Le fil ou cordon spiralé des trachées et des phytocystes en général.

SPIRIDANTHES (FENZL, in *Endl. Gen.*, Suppl., II, 105). Synonyme de *Monolopia* DC. (H. BN, *Hist. des pl.*, VIII, 246.)

SPIRIDENS (NEES, in *N. Act. Leop.*, XI, I, 141). Genre de Mousses, formé de grandes plantes observées dans l'archipel Indien; distingué par une coiffe cuculliforme; une urne latérale, subinsymétrique, à opercule conique; le rostre allongé; le péristome double; 16 dents à l'extérieur; à l'intérieur même nombre de cils, issus d'une membrane réticulée, libres au sommet. Les dents extérieures sont linéaires-lancéolées et tordues en haut en spirale. (ARN., in *Mém. Soc. Linn. Par.*, V, 297. — FUERNR., in *Flora*, II, *Erg. Bl.*, 60. — ENDL., *Gen.*, n. 593. — C. MUELL., *Syn. Musc.*, II, 120, sect. *Neckereæ*.)

SPIRILLUS (J. GAY, in *C. rend. Ac. sc.*, avr. 1854). Synonyme de *Potamogeton* L.

SPIRITO-SANTO. Nom, à Panama, des *Peristeria* HOOK.

SPIROCARPÆA (DC., *Prodr.*, I, 475). Section du g. *Helicteres*.

SPIROCARPOS (SER., in *DC. Prodr.*, II, 174). Section du genre *Medicago* L.

SPIROCERAS (JAUB. et SP., in *Ann. sc. nat.*, sér. 2, XVIII, 232). Section du genre *Cicer* T.

SPIROCHÆTA (TURCZ., in *Bull. Mosc.* [1851], I, 166). Synonyme de *Distreptus* CASS.

SPIROCONUS (STEV., in *Bull. Mosc.* [1851], I, 576). Synonyme de *Trichodesma* R. BR.

SPIRODELA (SCHLEID., in *Linnæa*, XIII, 391). Synonyme de *Lemna* L.

SPIRODISCUS (EICHW., in *Bull. Mosc.*, XX, 285). Synonyme (A. BRAUN) de *Ophiscytium* NÆG.

SPIROGYNE (ENGL., *Arac.*, 523). Section du genre *Stylochiton* LEPR.

SPIROLOBÉES (C.-A. MEY.). Groupe renfermant les Basellées, Suædées et Salsolées. Pour A.-P. de Candolle, c'est un sous-ordre des Crucifères, formé des Buniées et Érucariées.

SPIRONEMA (HOCHST., in *Flora* [1842], 225). Synonyme de *Ovieda* L.

SPIRONEMA (LINDL., *Bot. Reg.* [1840], *Misc.*, 26, t. 47). Genre de Commelinacées-Tradescantiées, formé d'une herbe du Mexique; distingué par une grappe ramifiée, longue, portant des glomérules capituliformes, globuleux; des étamines exsertes, avec des anthères à connectif aplati et subtranslucide, cordé, avec auricules portant les loges de l'anthère; un ovaire à 3 loges 2-ovulées. (LINDL., in *Act. Soc. sc. fenn.*, X, t. 4.) [H. BN.]

SPIROPODIUM (F. MUELL., *Fragm.*, I, 33). Synonyme de *Placus* LOUR. (H. BN, *Hist. des pl.*, VIII, 189.)

SPIRORHYNCHUS (KAR. et KIR., in *Bull. Mosc.* [1842], I, 160). Genre de Crucifères-Isatidées, formé d'une herbe soongarienne, annuelle; distingué par un fruit allongé et costé, surmonté d'un très long style; une graine pendante; des cotylédons incombants. (H. BN, *Hist. des pl.*, III, 264.)

SPIROSPERMUM (DUP.-TH. — DC., *Syst. veg.*, I, 514). Genre de Ménispermacées, de Madagascar, voisin des *Cocculus*, avec des fleurs à 6 sépales et 6 pétales 2-sériés; 6 étamines; distingué surtout par ses fruits orbiculaires, aplatis, dont la graine renferme un embryon cylindrique et allongé, enroulé en spirale. Le *S. penduliflorum* est grimpant. (H. BN, *Hist. des pl.*, III, 6, 34; *Fl. Madag.*, Atl., I, t. 47, 48.)

SPIROSTACHYS (SOND., in *Linnæa*, XXIII, 106). Synonyme (H. BN) de *Excæcaria* L., que Bentham rapporte à tort à l'*E. Agallocha* L.

SPIROSTACHYS (S.-WATS., in *Proc. Amer. Acad.*, IX, 125). Genre de Chénopodiacées-Salicorniées, formé de 3 arbustes américains, subaphylles; distingué par un calice pyramidal, à orifice découpé de 4, 5 petits lobes; des chatons alternes, à écailles persistantes; des graines dont l'embryon a la radicule infère. (H. BN, *Hist. des pl.*, IX, 184.)

SPIROSTACHYS (UNG.-STERNB., *Vers. Syst. Salic.*, 100). Synonyme de *Heterostachys* UNG.-STERNB. (GRISEB., *Pl. Lor.*, 37.)

SPIROSTEMON (GRIFF., *Notul.*, IV, 80). Synonyme de *Parsonsia* R. BR.

SPIROSTIGMA (NEES, in *Mart. Fl. bras.*, IX, 83; in *DC. Prodr.*, XI, 308). Section du g. *Ruellia* L., à lame antérieure du style aplatie et révolutée. (H. BN, *Hist. des pl.*, X, 409.)

SPIROSTYLIS (PRESL, in *Ræm. et Sch. Syst.*, VII, 163). Synonyme de *Loranthus* L.

SPIROTECOMA (H. BN, *Hist. des pl.*, X, 49). Section (?) du g. *Radermachera*, dont le type est le *Tecoma spiralis* WRIGHT.

SPIROTHEROS (RAFIN., in *Ser. Bull. bot.*, 224). Genre établi pour l'*Andropogon Melanocarpus* ELL.

SPIROTROPIS (TUL., in *Arch. Mus.*, IV, 113). Genre de Légumineuses-Papilionacées-Sophorées, formé d'un arbre de la Guyane, à feuilles imparipennées; distingué par des fleurs à calice cylindrique, finalement déchiré en deux jusqu'à sa base; à carène finalement convolutée; des fruits linéaires-oblongs, plats et non ailés. (H. BN, *Hist. des pl.*, II, 364.)

SPIROXYLON (HART., in *Bot. Zeit.* [1848], 172). Genre de Cupressinées fossiles.

SPIRULA (DOZ. et MOLK., *Musc. Arch. Ind.*, t. 26). Synonyme de *Schistomitrium* DOZ. et MOLK.

SPITZELIA (SCH. BIP., in *Flora* [1833], 725). Synonyme de *Picris* L. (H. BN, *Hist. des pl.*, VIII, 107.)

SPIXIA (LEANDR.-SACRAM., in *D. Akad. Wiss. Munch.*, VII, 231, t. 13). Synonyme, ainsi que nous l'avons depuis longtemps démontré, de *Pera* MUT. [H. BN.]

SPIXIA (SCHR., *Pl. rar. H. monac.*, t. 80). Synonyme de *Centratherum* CASS. (H. BN, *Hist. des pl.*, VIII, 121.)

SPLACHNON (ADANS., *Fam.*, II, 13). Synonyme de *Ulva* L.

SPLACHNUM (L., *Amœn.* [1751], III). Genre de Mousses, qui donne son nom à une division des *Splachnées* et *Splachnacées*, et qui est formé de petites plantes des localités humides des deux mondes, annuelles ou plus souvent vivaces; distingué par une coiffe campanulée, entière ou subentière; une urne terminale, apophysée; un opercule obtus; un péristome simple, à 16 dents, unies par paires, parcourues d'une ligne longitudinale et finalement réfléchies. (BRID., *Bryol.*, I, 239. — ENDL., *Gen.*, n. 503. — RITG., *Marb.*, II, 107. — C. MUELL., *Syn. Musc.*, I, 143. — BRUCH et SCHIMP., *Bryol. eur.*, fasc. 23, 24.)

SPLANC. Nom français (LAMK) des *Splachnum* L.

SPLANCHNOMYCES (CORDA, *Anleit.*, 107). Synonyme de *Hymenogaster* VITT. et de *Rhizopogon* TUL.

SPLANCHNOMYCETES (CORDA, *Anleit.*, 107). Famille de Thécasporés-hypogés, qui rentre dans les Hyménogastrés de Vittadini.

SPLANCHNONEMA (CORDA, *Anleit.*, 131). Synonyme de *Massaria* DE NOT.

SPLENION. Nom grec ancien du Ceterach et de la Cynoglosse.

SPLEN-WORT. Nom anglais des *Asplenium* L.

SPLIT (CÆSALP., *De pl. trib.* 6). Synonyme de *Corydalis* VENT.

SPLIT. En Italie, la Fumeterre.

SPLITGERBER (Fried.-Ludw.). Né et mort à Amsterdam [1801-1845], auteur de *Enumeratio Filicum et Lycopodiacearum quas in Surinamo legit* [1840], de *Observationes de Voyria* [1840]; *Notice sur une nouvelle espèce de Vanille* [1841]; *De plantis novis surinamensibus* [1842] et *Description du genre Urania* [1843], in-4 de 8 p. et 2 pl.

SPLITGERBERA (MIQ., *Comm. phyt.*, 133, t. 14). Synonyme de *Bœhmeria* JACQ.

SPODIAS. Dans Théophraste, le Prunellier.

SPODIAS (HASSK.). Pour *Spondias* L.

SPODIOPOGON (TRIN., *Fund. Agrost.*, 192, t. 17). Genre de

Graminées-Andropogonées, formé de 3 espèces asiatiques ; distingué, dans le groupe des Saccharées, par une inflorescence lâche, à divisions courtes ; les épillets 3-nés au sommet, avec quelquefois 1, 2 paires accessoires. La glumelle fertile est aristée. Le genre est bien voisin des *Pollinia* Trin. [H. Bn.]

SPOGOPSIS (Michx). Pour *Ipomopsis* Rich.

SPON (Jacq.). Médecin de Lyon [1647-1685], a écrit [1685] *Tractatus novi de potu Caphé, de Chinensium Thé et Chocolata, et Bevanda asiatica, hoc est physiologia potus Café*, publié en 1705 par Manget. L'ouvrage a aussi paru en allemand.

SPONDIAS (L., *Gen.*, n. 397). Genre de Térébinthacées, qui donne son nom à une série des *Spondiées*, et dont les fleurs régulières sont 4, 5-mères ; le réceptacle convexe ; les sépales libres ou unis ; les pétales valvaires ; l'androcée diplostémoné, avec un grand disque 5-lobé ; les 5 carpelles oppositipétales, libres ou non, avec 2 ovules descendants, dont l'un avorte sou-

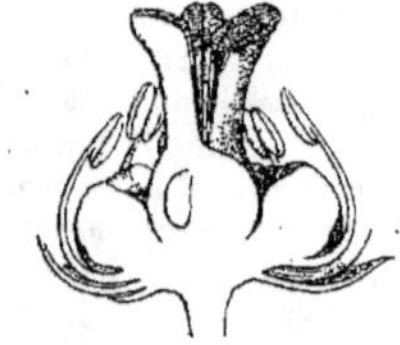

Spondias. — Fleur, entière et coupe longitudinale.

vent. Le fruit est drupacé, à noyau pierreux, à graine sans albumen. Le *S. pleiogyna*, dit arbre fruitier en Australie, a jusqu'à 15 loges ovariennes. Les feuilles sont composées-imparipinnées. Ce sont des arbres à fruits comestibles (*S. lutea, S. purpurea* Mill., etc.), antidiarrhéiques, rafraîchissants, etc. (H. Bn, *Hist. des pl.*, V, 257, 305, 308, fig. 260, 261.)

SPONDILANTHES (Presl). — Voy. Schrœteria.

SPONDILIO. En Italie, la Grande-Berce.

SPONDIOIDES (Smeathm., herb.). Synon. (part.) de *Connarus*.

SPONDYLANTHA (Presl, *Rel. Hœnk.*, II, 35, t. 53). Genre établi pour une Vigne malade, attaquée par un Champignon.

SPONDYLASTRUM (Torr. et Gr., *Fl. N.-Amer.*, I, 529). Section du genre *Myriophyllum* L.

SPONDYLIUM (Dod.). Nom ancien de la Berce.

SPONDYLIUM (T., *Inst.*, 319, t. 178). Synonyme de *Heracleum*, nom générique que Linné a eu le tort de substituer à celui de *Sphondylium*.

SPONDYLOCLADIUM (Mart., *Flor. crypt. Erlang.*, 355). Genre d'Hyphomycètes, à mycélium rampant, donnant naissance à des filaments dressés, rigides, noirâtres, cloisonnés, qui portent latéralement et au sommet des spores sessiles, verticillées, obovales, effilées, à l'extrémité libre, triloculaires, brunes. Deux espèces, sur des rameaux pourrissants et des tubercules gâtés de Pomme de terre. [De S.]

SPONDYLOCOCCA (Mitch., in *Act. phys.-med. Ac. nat. cur.*, VIII, 218). Synonyme de *Callicarpa* L.

SPONDYLOPHYLLUM (Torr. et Gr., *Fl. N.-Amer.*, I, 529). Section du genre *Myriophyllum* L.

SPONGAS. Nom grec du Laurier-Rose.

SPONGIA (March., in *Mém. Acad. scienc.* [1727], 12). — Voy. Æthalium.

SPONGIA (Scop., *Fl. carn.*, II, 441). Syn. de *Dasycladus* Agh.

SPONGIOLA (Batt.). Nom italien du *Boletus edulis* Bull.

SPONGIOLE, SPONGIGNOLE. La Morille.

SPONGIOLE. — Voy. Racine.

STONGIOSI (Fr., *Epicr.*). Section du genre *Polyporus* Fries, dans les divisions des *Mesopus* et *Anodermeus*.

SPONGIPELLIS (Pat., *Hymen. d'Eur.*, 140). Genre de Polyporés, fondé pour des espèces lignicoles, à chapeau sessile, dimidié, dont le tissu est blanc, spongieux ; les tubes allongés, à pores petits ; les spores ovoïdes, arrondies, incolores. M. Sac-

cardo en fait une section des Polypores. (*Syll. Fung.*, VI, 132.)

SPONGIUM. Synonyme de *Spongas*.

SPONGOSTEMMA (Reichb., *Consp.*, 92). Section du g. *Scabiosa*.

SPONGOTRICHUM (Nees, *Aster.*, 176). Synonyme de *Shawia* Forst. (H. Bn, *Hist. des pl.*, VIII, 139.)

SPONIA (Commers., ex Dcne, *Herb. timor.*, 170). Synonyme de *Trema* Lour.

SPONIOCELTIS (Pl., in *Ann. sc. nat.*, sér. 3, X, 263). Section du genre *Celtis* T.

SPOON-TREE (Arbre à cuillers). Nom de l'*Elæodendron xylocarpum* DC.

SPORADANTHUS (F. Muell., in *Trans. N. Zeal. Inst.*, VI, 389). Synonyme de *Lepyrodia* R. Bn.

SPORADOSPORA (Reinsch, *Contr. ad. Algol. et Fungol.*, 95). Genre d'Hyphomycètes, formé pour une espèce qui se développe dans le Jura sur les frondes de *Jungermannia*, en formant un mycélium ramifié, flexueux, à anastomoses fréquentes, portant des spores isolées, ovoïdes, insérées sur de courts pédicelles et effilées en pointe au sommet. [De S.]

SPORANGE (*Sporangium*). Le sac qui renferme les spores. Terme qui désigne en mycologie une cellule à l'intérieur de laquelle se forment des spores, mais qui n'est pas renfermée, comme la thèque, dans un réceptacle et ne se groupe pas en hyménium. [De S.]

SPORANGIA (Fries). Employé quelquefois pour désigner les thèques.

SPORANGIDIUM (Bischoff). Synonyme de Thèque.

SPORANGIOLA (Link.). Les loges des *Polysaccum* Desp.

SPORANGIOPHORE. L'écusson en tête de clou des Prêles.

SPORE. Organe de reproduction. — Voy. Champignons, Cryptogames, etc.

SPORÉE. Synonyme de Spargoute.

SPORENDONEMA (Desm., in *Ann. sc. nat.* [1826], XI, 246). Genre d'Hyphomycètes, présentant des filaments à l'intérieur desquels se développe un chapelet de spores, mises en liberté par la destruction de la paroi de la cellule mère au niveau du plan de séparation entre deux spores. Deux espèces, dont la plus connue se présente sous forme de taches rouges sur la croûte de fromage. [De S.]

SPORENTRAGER. Désigne en allemand le Sporophore.

SPORIDESMIUM (Link, *Sp. pl.*, II, 120). Pour *Sporodesmium*.

SPORIDANGIA (Caspary, *Ueb. Fruchte ein. Schin.*, in *Monatsb. d. Berl. Acad. d. Wiss.* [mai 1855]). Forme d'oospores, que Caspary avait cru reconnaître chez les *Peronospora*, mais dont l'existence n'a pu être vérifiée depuis. De Bary suppose que ce sont des oogones encore jeunes.

SPORIDIE (*Sporidia* Berk.). Terme par lequel on désigne quelquefois la spore endogène des Thécasporés.

SPORIDOCHIUM (Link). Terme qui désigne tantôt le pédicule d'un réceptacle fongique, tantôt le réceptacle lui-même, à forme columnaire. [De S.]

SPORISORIUM (Ehrh., in *Link, Spec. pl.*, II, 86). Synonyme de *Tilletia* Tul.

SPORLEDERA (Bernh., in *Linnæa*, XVI, 41). Synonyme de *Ceratotheca* Endl.

SPORLEDERA (Hampe, in *Linnæa*, XI, 279). Sect. du g. *Bruchia*. (C. Muell., in *Bot. Zeit.* [1847], 99 ; *Syn. Musc.*, I, 18.)

SPOROBOLEÆ. Sous-tribu (3) des Graminées-Agrostidées. (B. H., *Gen.*, III, 1076.)

SPOROBOLUS (R. Br., *Prodr.*, 169). Genre de Graminées-Agrostidées, formé d'environ 80 espèces, généralement vivaces, des pays tempérés et tropicaux ; à inflorescence large ou étroite, avec des glumes et glumelles mutiques. Le fruit, souvent dénudé, a un péricarpe lâche, et généralement ce dernier s'ouvre en se déchirant d'une façon variable, de manière à laisser libre la graine qui peut être alors projetée. On cultive quelques espèces dans les jardins botaniques, et le *S. pungens* K. est indigène dans le midi de la France. (K., *Enum.*, I, 209 ; *Rev. Gram.*, t. 45, 46, 123-127.) [H. Bn.]

SPOROCADEÆ (Cord., *Anleit.*, 140). Famille des Sphéropsidés, comprenant les genres *Sporocadus, Pestalozzia, Prosthemium*.

SPOROCADEI (Bon., *Abh. Mykol.*, 79). Famille de Sphéropsidés, dont les genres présentent des spores pluriloculaires.

SPOROCADUS (Cord., *Anleit.*, 140). Genre de Sphéropsidés, aujourd'hui confondu avec les *Diplodia* Fr.

SPOROCEPHALUM (Chevall., *Fl. par.*, 60, t. 3). Section du genre *Botrytis* Micheli.

SPOROCYBACEI (Fr., *Summ. veg. Scand.*, II, 467). Tribu des Gymnomycètes Fr., comprenant les genres à spores libres, uniloculaires, portées sur sporophore, correspondant aux *Stilbinei* du *Systema mycologicum*.

SPOROCYBE (Fr. — Sacc., in *Mich.*, II, 33). Genre d'Hyphomycètes, à stipe fibreux, rigide, brun, portant à son sommet un capitule globuleux ou allongé, formé par les spores globuleuses ou ellipsoïdes, brunes. Une trentaine d'espèces, sur le bois, l'écorce, les tiges, les feuilles, les fruits, les Champignons et quelquefois à terre. La moitié habitent l'Europe, les autres l'Amérique boréale et centrale. [De S.]

SPOROCYBEI. Section des *Sporocybacei* Fr., pour les genres à spores agglomérées, mais non agglutinées.

SPORODERMA (Mont., *Syll.*, 291). Genre de Tuberculariés, à stroma lenticulaire, indéterminé, formé de sporophores rayonnants, incolores, cloisonnés, ramifiés. L'extrémité des rameaux périphériques est moniliforme et se résout en spores globuleuses, d'abord bleuàtres, puis olivàtre foncé, agglomérées à la périphérie. Une espèce s'est développée sur des tiges de Trèfle et de Luzerne qui avaient macéré dans l'eau de chlore plusieurs mois, après avoir été passées à la soude et à l'hypochlorite de chaux. [De S.]

SPORODESMIACEI (Fr., *Summ. veg. Scand.*, 504). Section de la famille des *Haplomycetes*.

SPORODESMIEI (Fr., *Summ. veg. Scand.*, 505). Sporodesmiacés à spores pluriloculaires et qui ne se segmentent pas.

SPORODESMIUM (Link. — Sacc., *Syll. Fung.*, IV, 407). Genre d'Hyphomycètes, à mycélium rare, à sporophores courts portant une spore ovoïde ou allongée et de grande dimension, quelquefois pédicellée, cloisonnée jusqu'à prendre l'apparence d'un grillage, fuligineuse. Une soixantaine d'espèces, lignicoles ou corticoles, dont quelques-unes sont rattachées à des Sphériacés, dont elles sont les appareils conidiens, se rencontrent en Europe et dans l'Amérique septentrionale. [De S.]

SPORODINIA (Lk, *Spec. pl.*, VI, I, 94). Genre de Mucorinés, à filaments dressés, cloisonnés, ramifiés en dichotomies, dont les dernières divisions portent des sporanges globuleux, à columelle hémisphérique, renfermant de grandes spores à épispore épais. Les oospores grandes, brunes, se forment par la conjugation de rameaux dressés, naissant du même mycélium. Cinq espèces, qui se développent sur les Champignons et les détritus végétaux en putréfaction. [De S.]

SPORODUM (Cord., *Anleit.*, 47). Genre d'Hyphomycètes, voisin des Torulacés, mais indéterminé et qui n'a pas été conservé.

SPOROGEMME (A. Braun). L'oogone des *Chara*.

SPOROGONE. Synonyme de Sporange.

SPOROIDE (Hoffm.). Désigne les spores tomentacées, fréquentes chez les Puccinés.

SPOROMEGA (Cord., *Icon. Fung.*, V, 34). Genre d'Hystérinés, à périthèces épais, s'ouvrant après la déhiscence linéaire de manière à présenter une sorte de disque hyménial. Les thèques, claviformes, contiennent 8 spores filiformes, parallèles, hyalines, réunies à leur base. Les paraphyses sont filiformes. Six espèces, sur des rameaux morts, quelquefois sous l'épiderme de jeunes rameaux. [De S.]

SPOROMESTI (Nees, *Syst. d. Pilze*, t. ad p. 142). Division des *Trichoderma*, comprenant les Myxomycètes.

SPOROMYCETES (Wallr., *Fl. germ.*, II, 174). Synonyme de *Coniomycetes* Mart.

SPORONEMA (Desm., in *Ann. sc. nat.* [1847], VIII, 182). Genre de Sphéropsidés, à périthèce d'abord sous-épidermique et clos, puis émergeant et s'ouvrant par plusieurs fentes rayonnant à partir du centre. Le nucléus mou, souvent de couleur différente, apparaît comme un disque; il est formé de sporophores filiformes, souvent ramifiés, et de spores ovoïdes ou allongées, hyalines. Huit espèces européennes, observées surtout en France sur les rameaux, les feuilles, les poires non mûres pourrissant à terre. [De S.]

SPOROPHLEUM (Lk, *Sp. plant.*, I, 45). Synonyme de *Arthrinium* Kunze.

SPOROPHORE. Synonyme de Baside pour quelques auteurs. Mais ce mot désigne d'habitude le filament non spécialisé qui porte des spores.

SPOROPHORÉS. Division des Oosporés, comprenant les groupes qui n'ont pas de zoospores. — Voy. Mycologie.

SPOROPHYME (Duv.-Jouve). Le prothalle des Prêles.

SPOROPHYTES. Les Cryptogames.

SPORORMIA (De Not., *Micr. ital.*, déc. V, n. 6). Genre de Sphériacés. Le périthèce membraneux, noir, le plus souvent glabre, à ostiole papillé, renferme des thèques allongées qui contiennent 8 spores brunes, ayant de 4 à 18 loges, qui se séparent et s'isolent. Une trentaine d'espèces minuscules, la plupart coprophiles. [De S.]

SPORORMIELLA (Pirot., *Monogr. Spor.*, 142). Sous-genre de *Sporormia* De Not., à spores quadriloculaires.

SPOROSCHISMA (Berk et Br., in *Gard. Chron.* [1847], 540). Genre d'Hyphomycètes, à mycélium rampant, cloisonné, coloré, donnant naissance à des filaments dressés, bruns, à l'intérieur desquels se développent les spores en files qui se désarticulent, soit avec la cellule mère, soit isolément; et dans ce cas elles sortent par l'extrémité béante de cette cellule. Trois espèces, sur le bois pourri et le parenchyme du fruit de l'Ananas. [De S.]

SPOROSE. M. Duval-Jouve désigne sous ce nom (σπορά, spore; ῶσις, action d'expulser, de chasser) l'émission des spores des Cryptogames vasculaires. [T.]

SPOROTHECA (Cord., in *Sturm Deutschl. Fl.*, III, 2, 113). Genre douteux de Champignons placés par l'auteur dans les Sphériacés; rapporté par Fries aux Sporodesmiacés. (*Summ. veg. Scand.*, 507.)

SPOROTRICHÉS (*Sporotrichei* Lév., in *Dict. hist. nat.*, art. *Mycol.*). Division des Trichosporés, à filaments ramifiés, recouverts de spores sur toute leur surface.

SPOROTRICHUM (Lk, *Sp. pl.*, I, 1. — Sacc., *Syll. Fung.*, IV, 96). Genre d'Hyphomycètes, à filaments rampants, cloisonnés ou non, d'égal diamètre, ramifiés, portant des spores solitaires, ovoïdes ou globuleuses, hyalines ou légèrement teintées à l'extrémité ou le long des rameaux. Une centaine d'espèces, les unes à filaments incolores, les autres colorées en jaune, fauve, ou rougeâtre, sur des feuilles, des Champignons et toute espèce d'organes végétaux en décomposition, ou sur des corps d'origine animale, sous toutes les latitudes. [De S.]

SPORULA (Rich.). Synonyme de Spore.

SPRAGUEA (Torr., in *Smiths. Contr.*, VI, 4, t. 1). Genre de Portulacacées-Portulacées, formé d'une herbe de Californie; distingué par des fleurs 3-andres dont le calice est formé de sépales devenant scarieux autour du fruit et orbiculaires-cordés. Sinon, les caractères sont ceux des *Claytonia*. Synonyme pour M. Greene (*Pittonia*, I, 46), de *Calyptridium* Nutt. (H. Bn, *Hist. des pl.*, IX, 70.)

SPREKELIA (Heist., *Beschr. v. Brunsv.*, 19). Genre d'Amaryllidacées-Amaryllées, formé d'une plante bulbeuse, du Mexique; distingué des *Zephyranthes* par une hampe 1-flore, à spathe développée; une fleur sans tube; la foliole postérieure du périanthe ascendante, et l'inférieure concave, logeant les étamines. Il y a des squamelles interposées aux filets staminaux. [H. Bn.]

SPREKELIA. Nom ancien du Perce-neige.

SPRENGEL. Nom de plusieurs botanistes allemands. — Joach.-Fred. Sprengel a écrit en 1754, *Vorstellung der Kräuterkunde in Gedachtnisstafeln* (in-4). — Kurt Sprengel [1766-1833], professeur à Halle, est l'auteur de l'*Anleitung zur Kentniss der Gewächse*, en deux parties, formées l'une de 3 et l'autre de 2 suites. On lui doit aussi le *Neue Entdeckungen* (3 vol. in-8), paru de 1820 à 1822. Son ouvrage le plus connu est l'édition 16 du *Systema* de Linné, 4 vol., avec des *Curæ posteriores*. La publication s'étend de 1825 à 1828. Il a aussi écrit un *Flora halensis*; l'histoire des pères de la botanique allemande; *De frumentorum, maxime Secales, antiquitatibus;* un *Geschichte der Botanik* [1816]; un *Prodrome des Ombellifères* [1813]; un *Jahrbücher der Gewächskunde* [1818-1820]; un travail sur les Graminées, les Narcisses, etc., et une grande *Histoire de la botanique*, en 2 vol. [1807, 1808]. — Chr.-Conr. SPRENGEL, recteur à Spandau [1750-1816], est l'auteur de *Das entdeckte Geheimniss der Natur im Bau und in der Befruchtung der Blumen* [1793] et de *Die Nützlichkeit der Bienen und die Nothwendigkeit der Bienenzucht*, etc. [1811]. — Karl SPRENGEL, mort en 1859, a écrit *Meine Erfahrungen im Gebiete der allgemeinen und speziellen Pflanzenkultur* [1847]. — Ant. SPRENGEL, mort en 1851, est l'auteur de *Anleitung zur Kenntniss aller in der Umgegend von Halle wildwachsender phanerogamischen Gewächse* [1848] et d'un *Commentatio de Psarolithis*, genre de bois fossile [1828]. A.-P. de Candolle a toujours nié qu'il fût le collaborateur de K. Sprengel dans la publication du *Grundzüge* qui porte son nom et qui a été traduit en 1821, à Édimbourg, sous le nom de *Elements of the philosophy of plants.*

SPRENGÈLE. Nom français (LAMK) des *Sprengelia* SM.

SPRENGELIA (SCHULT., *Obs.*, 134). Syn. de *Melhania* FORSK.

SPRENGELIA (SM., *Tracts*, 272, t. 2). Genre d'Éricacées-Épacrées, formé de 3 arbustes australiens; distingué des *Cosmelia*, très voisins, par une corolle à tube très court et à lobes imbriqués, puis étalés. L'androcée est hypogyne; le fruit loculicide; les feuilles larges, concaves et engainantes. (LODD., *Bot. Cab.*, t. 262. — ANDR., *Bot. Rep.*, t. 2. — TURP., in *Dict. sc. nat.*, Atl., t. 73. — H. BN, *Hist. des pl.*, XI, 195.)

SPRENGER (Phil.-Steph.). Auteur [1597] de *Horti medici Catalogus arborum ac fruticum*, etc. (in-4 de 44 p.).

SPRENGROD. En Danemark, le *Cicuta aquatica* LAMK.

SPRINGGRASS. Nom anglais des Flouves.

SPRINGIA (M. ARG., in *V. Heurck Pl. nov.*, 142). Synonyme (B. H.) de *Ichnocarpus* R. BR.

SPRINGKRAUT. En Allemagne, l'Épurge.

SPRUCEA (BENTH., in *Hook. Kew Journ.*, V, 230; *Gen.*, II, 43, n. 44). Section du genre *Chimarrhis* JACQ. (H. BN, in *Adansonia*, XII, 302; *Hist. des plant.*, VII, 493.)

SPRUCEA (HOOK. et WILS., ex *Pfeiff. Nom.*, II, 1251). Synonyme de *Holomitrium* BRID.

SPRUCE-FIR. Nom anglais du *Pinus Picea* DU ROI.

SPRUNNERA (SCH. BIP. (part.), in exs. *Kotsch. assyr.*, n. 576). Synonyme de *Codonocephalum* FENZL. (H. BN, *Hist. des pl.*, VIII, 160.)

SPUGNIOLE. La Morille.

SPUGNIOLO, SPUGNOLO. Noms italiens de la Morille comestible.

SPUMARIA (PERS., *Syn. Fung.*, 12). Genre de Myxomycètes, à æthalium entouré d'une croûte calcaire; spongieux, large, diffus, à filaments du capillitium épais, formant un réseau qui réunit la columelle aux parois. Les spores finement spinulescentes sont noires. Une espèce se développe communément à terre, parmi les Graminées, sur les chaumes, les tiges, les Mousses. [DE S.]

SPURGE. Nom anglais des Euphorbes.

SPURREY. Nom anglais des Spargoutes.

SPYRIDIUM (FENZL, in *Hueg. Enum.*, 24). Genre de Rhamnacées-Rhamnées, formé d'une trentaine d'arbustes australiens; distingué par des fleurs dont le réceptacle se prolonge jusqu'à l'ovaire, avec des pétales qui enclosent les étamines superposées; un fruit infère, capsulaire; des fleurs en cymes capituliformes, entourées de bractées imbriquées. (HOOK. F., *Fl. tasm.*, I, t. 11. — H. BN, *Hist. des pl.*, VI, 87.)

SQUAMA. Écaille, bractée.

SQUAMÆTAXUS (SEN., *Pin.*, 168). Syn. de *Saxegothea* LINDL.

SQUAMARIA. Nom ancien du *Plumbago europæa* L.

SQUAMARIA (RIV. —RUPP., *Fl. jen.*, 232). Syn. de *Lathræa* L.

SQUAMARIA (ZANARD., *Alg. adriat.*, 133). Synonyme de *Peyssonellia* DCNE.

SQUAME (*Squama*). Synonyme d'Écaille.

SQUAMULE. Synonyme de Glumellule.

SQUASH. Nom anglais du *Cucurbita Melopepo* L.

SQUILL. Nom anglais de la Scille.

SQUILLA (GLED., in *Mém. Ac. Berl.* [1749], 124). Synonyme de *Scilla* L.

SQUILLA (STEINH., in *Ann. sc. nat.*, sér. 2, VI, 276). Section du genre *Urginea* STEINH., dont le *Scilla maritima* L. est le type.

SQUILLE ROUGE. Le *Scilla maritima* L.

SQUINANTHON. Synonyme ancien de Schœnanthe.

SQUINE Le *Smilax China* L.

STAAVIA (THUNB., *Prodr. Fl. cap.*, 41). Genre de Saxifragacées-Bruniées, formé de 5, 6 arbustes éricoïdes, de l'Afrique australe; distingué des *Brunia* par un fruit à 2 coques déhiscentes en dedans; des inflorescences capituliformes, involucrées; un style à 1, 2 sillons. (WENDL., *Coll.*, t. 22, 82. — H. BN, *Hist. des pl.*, III, 386, 455.)

STABEROHA (K., *Enum.*, III, 442). Genre de Restiacées, formé de 6 espèces, de l'Afrique australe, dont M. Masters (*Rest.*, 323) a fait une section du genre *Thamnochortus* BERG. D'autres (B. H., *Gen.*, III, 1034) le conservent.

STACHELSCHWAMM, STACHELPILZ. Noms allemands de l'*Hydnum repandum* L.

STACHIOPHORBE (LIEBM., ex B. H., *Gen.*, III, 910). Synonyme de *Nunnezharia* R. et PAV.

STACHYACANTHUS (NEES, in *Mart. Fl. bras.*, IX, 65). Genre douteux d'Acanthacées.

STACHYANTESIS. Section du genre *Kœmpferia* L. (B. H., *Gen.*, III, 642.)

STACHYANTHUS (DC., *Prodr.*, V, 84). Synonyme de *Eremanthus* LESS.

STACHYARPAGOPHORA (VAILL., in *Act. Ac. par.* [1722], 204). Synonyme de *Achyranthes* L.

STACHYARRHENA (HOOK. F., *Icon. pl.*, t. 1868; *Gen.*, II, 80, n. 146). Genre de Rubiacées-Génipées, dont les petites fleurs, analogues à celles des *Amaioua*, sont dioïques, 5-mères, 5-andres, à corolle tordue. Dans la fleur femelle, l'ovaire infère est à 4-∞ loges, pluriovulées, à lobes placentaires révolutés. Le fruit est une baie, dit-on, couronnée du calice, à graines nombreuses, avec le testa subfibreux-celluleux. Ce sont des arbustes glabres, de la région de l'Amazone, au nombre de 2, 3, à feuilles opposées, pétiolées, oblongues, coriaces, avec les nervures divariquées, des stipules intrapétiolaires, connées en cupule, et des fleurs blanches ou jaunâtres, disposées en épis terminaux, dressés et chargés de glomérules. (Voy. *Hist. des plant.*, VII, 313, 438, n. 91.) [H. BN.]

STACHYASTRUM (ENGELM. et GR., in *Bost. Journ.*, V, 256). Section du genre *Benzonia* SCHUM.

STACHYBOTRYS (CORDA, *Anleit.*, 57). Genre d'Hyphomycètes. Le mycélium rampant, noirâtre, donne naissance à des filaments dressés qui se développent souvent en alternant, tantôt d'un côté, tantôt de l'autre du rameau mycélien; ces filaments cloisonnés sont terminés par une touffe de courtes cellules oblongues ou claviformes qui portent chacune une spore uniloculaire ou triloculaire, brune. Huit espèces, observées sur du papier humide, du bois pourri, etc. [DE S.]

STACHYCARPUS (B. H., *Gen.*, III, 435). Synonyme de *Prumnopitys* PHIL.

STACHYCARPUS (ENDL., *Syn. Conif.*, 218). Section du genre *Podocarpus* LHER.

STACHYCEPHALUM (SCH. BIP., ex BENTH., in *Hook. Icon.*, t. 1102). Section du genre *Clibadium* L. (H. BN, *Hist. des pl.*, VIII, 238.)

STACHYCHRYSUM (BOJ., *H. maur.*, 114). Synon. de *Acacia*.

STACHYCRATER (TURCZ., in *Bull. Mosc.* [1858], 464). Synonyme de *Osmelia* THEV.

STACHYDE. Nom français des *Stachys* L.

STACHYDIUM (Boiss., in *DC. Prodr.*, XV, II, 65). Section du genre *Euphorbia* L.

STACHYDOTYPUS (Dumort.). Pour *Stachyotypus* Benth.

STACHYGYNANDRUM (Ad. Br., in *Dict class.*, IX, 557). Section du genre *Lycopodium* L. (Endl., *Gen.*, n. 696 c.)

STACHYLIDIUM (Lk, *Obs.*, I, 13). Genre d'Hyphomycètes. Le mycélium rampant, rare, produit des filaments dressés, ramifiés en verticilles. Les spores sont agglomérées en un capitule au sommet des rameaux courts; elles sont globuleuses ou ovales, hyalines, comme les sporophores, tandis que le filament primaire est coloré. Une dizaine d'espèces, observées sur du bois pourri, des tiges, des rameaux, du papier. [De S.]

STACHYLIS (Pers., *Myc. eur.*, I, 37). Synonyme de *Stachylidium* Link.

STACHYMÆRIS (Ham., in *Mém. Soc. Linn. Lyon* [1832], I, 17). Section du genre *Scutellaria* L.

STACHYMORPHA (Otth, in *DC. Prodr.*, I, 371). Section du genre *Silene* L.

STACHYOBOTRYS (Benth., *Labiat.*, 672). Section du genre *Teucrium* T.

STACHYOBOTRYS (Corda, *Anleit.*, 57). — Voy. Stachybotrys.

STACHYOBIUM (Lindl., in *Paxt. Fl. Gard.*, 1, sub t. 27). Section du genre *Dendrobium* Sw.

STACHYOCNIDE (Bl., *Mus. lugd. bat.*, II, 227, t. 55). Synonyme de *Pouzoulzia* Gaudich.

STACHYOCOCONIA (Reichb., *Nom.*, 103). Section du genre *Wahlenbergia* Schrad.

STACHYOPHORBE (Kl., in *Allg. Gartenz.* [1853], 363). Section du genre *Chamædorea* W.

STACHYOPOGON (Kl., in *Pr. Waldem. Reis.*, *Bot.*, t. 94). Synonyme de *Aletris* L.

STACHYOPTERIDES (W., *Rem. ueb. Farrenkr.*). Synonyme (part.) d'Équisétacées et Lycopodiacées.

STACHYOTYPUS (Benth., *Labiat.*, 541). Section des *Stachys*.

STACHYPHORA (C. Koch, in *Linnæa*, XXI, 625). Section du genre *Luzula* DC.

STACHYS (L., *Gen.*, n. 749). Genre de Labiées-Bétonicées; synonyme de *Betonica* L. Ce dernier nom a (avec les conventions reçues) pour lui l'antériorité. Le genre est caractérisé par un calice à 5 dents, souvent presque égales; une corolle à tube cylindrique, exsert ou inclus; des étamines finalement déjetées de côté, didynames, à loges de l'anthère divergentes et rarement parallèles. Les fruits sont obtus. Ce sont environ 160 herbes, parfois suffrutescentes, à feuilles entières et dentées, à verticillastres 2-∞-flores. On les trouve dans toutes les régions tempérées. Les plus communes de notre pays sont les *Betonica sylvatica, arvensis, annua, recta, palustris*, décrits d'ordinaire sous le nom de *Stachys*. (H. Bn, *Hist. des pl.*, X, 4, 34.)

STACHYS (Matth.). Le *Sideritis syriaca* L. (?).

STACHYTARPHA (Link, *Enum. Hort. berol.*, I, 18). Pour *Stachytarpheta* Vahl.

STACHYTARPHETA (Vahl, *Enum.*, 1, 205). Genre de Verbénacées-Verbénées, formé d'une quarantaine d'espèces, d'Amérique, d'Asie et d'Afrique; distingué par un calice 5-denté; une corolle irrégulière, à 5 lobes; 2 étamines fertiles, dont l'anthère à loges divaricatées; un fruit sec, allongé; des fleurs disposées en épis. On en cultive 1, 2 dans les jardins botaniques. (H. Bn, *Hist. des pl.*, XI, 103.)

STACHYURUS (Sieb. et Zucc., *Fl. jap.*, 42, t. 18). Genre de Bixacées, rapporté d'ordinaire aux Ternstræmiacées; distingué par des fleurs 4-mères, à 4 pétales, 8 étamines et un ovaire supère, à 4 placentas pariétaux oppositipétales, ∞-ovulés. Le fruit est charnu, et la graine est pourvue d'un arille charnu. Ce sont des arbustes de l'Asie tempérée, à feuilles serrées, avec stipules, à fleurs en épis ou grappes axillaires, précoces et enveloppées de bractées. On cultive dans les jardins botaniques le *S. præcox*, du Japon. (H. Bn, in *Bull. Soc. Linn. Par.*, 951.)

STACKHOUSE (John). Mort en 1819, à l'âge de 79 ans, est l'auteur d'un *Nereis britannica* [1795-1801]; de *De Libanoto, Smyrna et Balsamo Theophrasti* [1814]; de *Illustrationes Theophrasti* [1811] et d'extraits du *Voyage de Bruce*, etc., relatifs au Baume et à la Myrrhe [1815].

STACKHOUSIA (Lamx. — Lem., in *Dict.*, L, 380). Synonyme de *Scytothalia* Grev.

STACKHOUSIA (Sm., in *Trans. Linn. Soc.*, IV, 218). Genre de Célastracées, type, pour nous, d'une série des *Stackhousiées* et, pour la plupart des auteurs, d'une famille des *Stackhousiacées*, rangée dans la Gamopétalie. Ce sont, y compris les *Tripterococcus*, une dizaine d'herbes ou de sous-arbrisseaux australiens, distingués par des fleurs hermaphrodites et isostémones, à pétales allongés, rapprochés en tube (et simulant une corolle

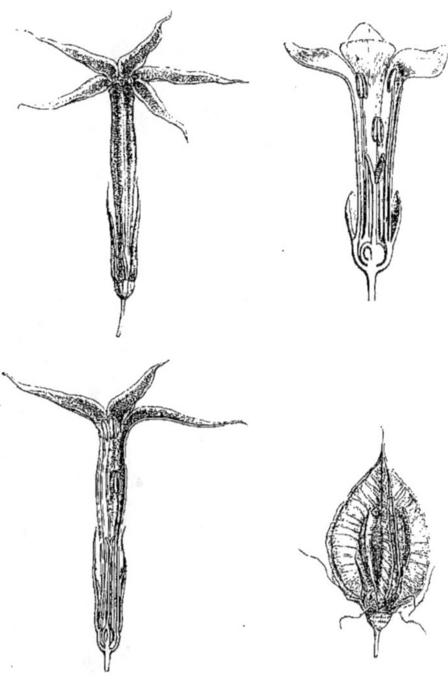

Stackhousia. — Fleurs, entières et coupe longitudinale. Fruit.

gamopétale) dans une portion de leur étendue, insérés avec les étamines inégales en dehors des bords d'un disque concave. Les loges ovariennes, au nombre de 2-5, sont 1-ovulées; l'ovule ascendant. Les coques du fruit sont indéhiscentes et se séparent d'une columelle centrale. Les graines sont albuminées. (Schniz., *Iconogr.*, t. 250. — H. Bn, *Hist. des plant.*, VI, 7, 23, 43, fig. 8-11.)

STACTÉ. Nom donné par Dioscoride à la Myrrhe liquide, et peut-être (Guibourt) au Styrax liquide.

STADÆLIA (H. Bn). — Voy. Læstadia (III, 189).

STADMANE. Nom français (Lamk) des *Stadmannia* Lamk.

STADMANNIA (Lamk, *Ill.*, t. 312). Genre de Sapindacées-Sapindées, formé d'un arbre de Maurice; distingué, dans le groupe des *Euphoria*, par un calice subsphérique, à 5 dents, sans corolle; les étamines longuement exsertes; le fruit charnu, mais finalement déhiscent; la graine arillée; les feuilles paripennées. C'est pour nous une section du genre *Nephelium* L. (H. Bn, *Hist. des pl.*, V, 395.)

STÆBE (Hill, *H. kew.*, 65). Synonyme (part.) de *Centaurea*.

STÆBE (J., *Gen.*, 180). Pour *Stœbe* L.

STÆCHADO-MENTHA (L., *Fl. zeyl.*, 194). Nom donné au *Ghonakola* d'Hermann (*Zeyl.*, I, 57).

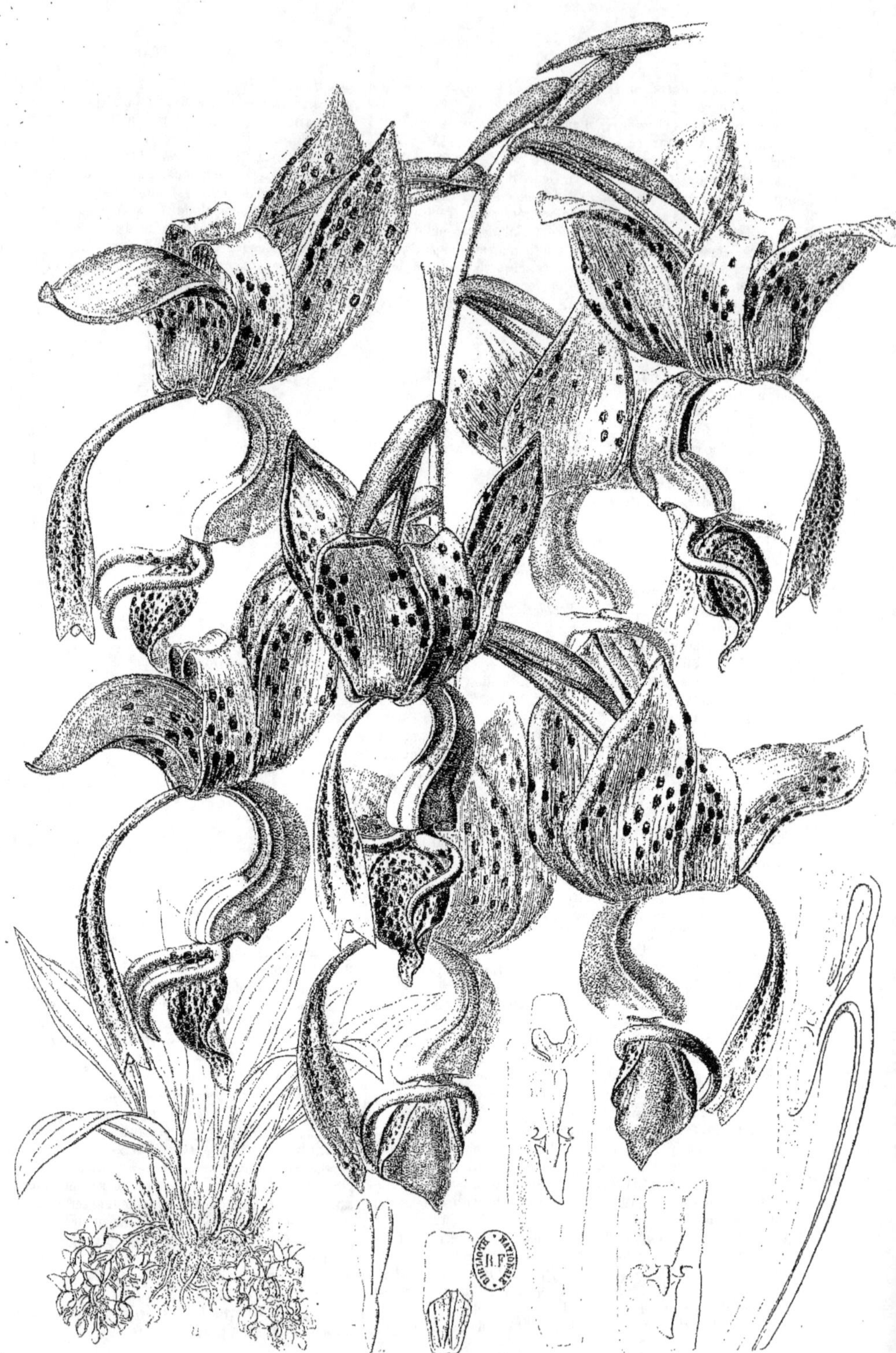

A. Faguet pinx — L. Fa...

STANHOPEA BUCEPHALUS

a. Port.—b. Inflorescence, de grandeur naturelle.—c. Gynostème, l'opercule relevé.

d. Gynostème, coupe longitudinale.—e. Sommet du gynostème, vu de haut

f. Opercule.—g. Pollinies

STÆHELIN (Joh.-Heinr.). Vécut à Bâle [1668-1726]. — Son fils Bened. STÆHELIN [1695-1750] a écrit des *Theses physico-anatomico-botanicæ* [1721], un *Tentamen medicum* [1724], *Observationes anatomico-botanicæ* [1731] et *Theses miscellaneæ* [1751]. — Joh.-Rud. STÆHELIN [1724-1796] est l'auteur de divers *Specimen observationum botanicarum et medicarum*.

STÆHELINA (L., *Gen.*, n. 938). Genre de Composées-Carduées, dont les fleurs sont à peu près celles des Chardons; formé de 5, 6 espèces de la région Méditerranéenne, et distingué par des aigrettes à soies 1-sériées, unies à la base en paillettes sétacées-rameuses; des tiges suffrutescentes; des capitules étroits, solitaires ou groupés en cymes corymbiformes; les involucres inermes. (H. BN, *Hist. des pl.*, VIII, 79.)

STÆHELINIA (HALL., *Helv.*, II, 624). Synonyme de *Bartsia* L.

STÆLIA (CHAM. et SCHLCHTL., in *Linnæa*, III, 364, t. 3, fig. 3). Section du genre *Spermacoce* L., à fruit déhiscent de dedans en dehors et de haut en bas. (H. BN, *Hist. des pl.*, VII, 264.)

STAFFANSFROE. En Suède, la Staphisaigre.

STAGMARIA (JACK, *Mal. Misc.*; *Hook. Comp.*, I, 267). Synonyme de *Gluta* L.

STAGONOPSIS (SACC., *Syll. Fung.*, III, 621). Genre de Nectrioidés, formé pour une espèce de l'Alabama, qui se rencontre sur les *Cornus*. Les périthèces céracés, mous, globuleux, sont de couleur claire. Les spores sont oblongues, presque fusiformes et pluriloculaires, hyalines. [DE S.]

STAGONOSPORA (SACC., *Syll. Fung.*, III, 445). Genre de Sphéropsidés, à périthèces sphériques, membraneux ou un peu carbonacés, noirs, à ostiole papillé. Les spores ovales ou allongées sont pluriloculaires, hyalines. Une cinquantaine d'espèces, jusqu'ici rattachées aux *Hendersonia*, dont elles ne diffèrent que par la non-coloration des spores. Elles sont foliicoles et lignicoles. [DE S.]

STAGSHORN. Nom anglais du *Lycopodium clavatum* L.

STALAGMITES (MURR., *Comm. gœtt.*, IX, 173, part.). Synonyme de *Xanthochymus* ROXB.

STALEA (WALP., *Rep.*, II, 611). Pour *Halea* TORR. et GRAY.

STALENUS (Joh.-Lars). Évêque de Wexio en Suède, a écrit [1634] un *Disputatio philosophica de plantis* (in-4 de 10 p.).

STAMEN. L'étamine; d'où *staminal*, qui appartient à l'étamine, à l'androcée.

STAMINODE (*Staminodium*). Étamine avortée, rudimentaire.

STAMMARIUM (W. — DC., *Prodr.*, V, 102). Section du genre *Lorentea* LAG.

STAMNARIA (FUCK., *Symb.*, 309). Genre de Discomycètes, à petite cupule stipitée, cornée, diaphane, glabre, urcéolée, à ouverture étroite, scarieuse, de couleur différente. Les thèques grandes contiennent 8 spores distiques, oblongues, hyalines. Deux espèces, observées sur les tiges sèches d'*Equisetum* et sur les feuilles pourries du *Carex vesicaria*. [DE S.]

STANGERIA (T. MOORE, in *Hook. Lond. Journ.*, V, 228). Genre de Cycadacées-Encéphalartées, formé de 1, 2 espèces de l'Afrique australe; type d'un groupe des *Stangériées*, que caractérisent un cône à écailles alternes et imbriquées; une courte tige enflée, dite napiforme; des feuilles à segments pennés, costés, nervés; les nervures horizontales, simples ou divisées, de chaque côté de la côte. On cultive surtout dans les serres le *S. paradoxa*. (*Bot. Mag.*, t. 5121.) [H. BN.]

STANHOPEA (FROST, ex *Bot. Mag.*, t. 2948, 2949). Genre d'Orchidacées-Vandées, formé d'une vingtaine d'herbes épiphytes, de l'Amérique tropicale, à pseudobulbes charnus, avec une grande feuille plissée, pétiolée, et des fleurs superbes, en grappe lâche et pendante. La fleur se distingue par des sépales subégaux, étalés; un labelle épaissi; souvent subtordu ou ondulé, à pied charnu; des pollinies à caudicule aplati, avec un rétinacle squamiforme. Le gynostème est droit, charnu. On cultive plusieurs de ces belles plantes, dont la fleur, souvent parfumée, dure malheureusement peu. (*Bot. Mag.*, t. 3359, 4197, 4885, 5278, 5289, 5300.) [H. BN.]

STANHOPEASTRUM (REICHB. F., in *Bot. Zeit.* [1852], 927; *Xen. Orch.*, t. 43). Section du genre *Stanhopea* FROST.

STANHOPIEÆ (B. H., *Gen.*, III, 463). Sous-tribu (4) des Vandées.

STANLEYA (NUTT., *Gen.*, II, 21). Genre de Crucifères-Sisymbriées, formé de 5, 6 herbes californiennes, à port d'*Arabis*; distingué par des sépales longs et étroits; des anthères tordues; une silique à long pied; des feuilles entières ou pinnatifides. (A. GRAY, *Gen. ill.*, t. 65. — H. BN, *Hist. des pl.*, III, 244.)

STANNIA (KARST., *Ausw. N. Gew.*, 27, t. 9; *Fl. columb.*, t. 16, 25). Synonyme de *Posoqueria* AUBL.

STAPÈLE. Nom français (LAMK) des *Stapelia* L.

STAPELIA (L., *Gen.*, n. 307). Genre d'Asclépiadacées, qui donne son nom à la série des *Stapéliées*. Ses fleurs ont 5 sé-

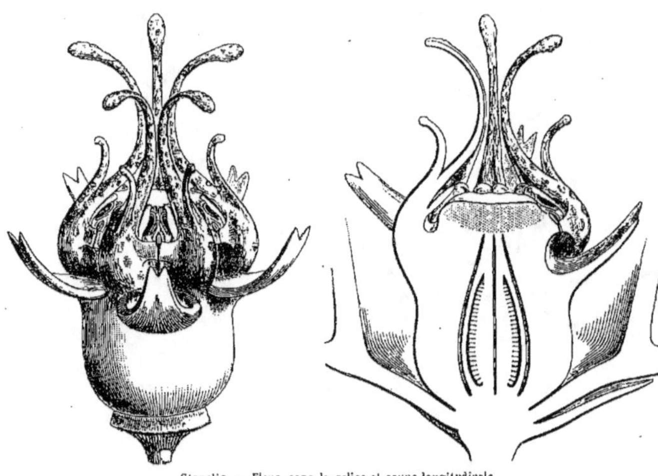

Stapelia. — Fleur, sans le calice et coupe longitudinale

pales, avec glandes intérieures; une corolle rotacée et valvaire, une couronne double; les lobes de l'extérieure entiers ou

Stapelia. — Fleur.

2, 3-lobulés; ceux de l'intérieure dressés ou cornus. Les pollinies sont ascendantes. Les follicules renferment des graines chevelues. Ce sont des plantes grasses, de l'Afrique australe, souvent cultivées; les tiges cactiformes, 4-gones, aphylles ou à peu près; les fleurs disposées en cymes souvent réduites à une fleur. (H. BN, *Hist. des pl.*, IX, 231, 279, fig. 173-175.)

STAPELL (Joh.-Fried.). Auteur [1663], à Lübeck, d'un traité souvent cité sur les Tulipes (in-12).

STAPHIDIASTRUM (NAUD., in *Ann. sc. nat.*, sér. 3, XVII, 325). Synonyme de *Sagræa* DC.

STAPHIDIUM (NAUD., in *Ann. sc. nat.*, sér. 3, XVII, 305). Synonyme (part.) de *Clidemia* DON.

STAPHILIER. Nom français (LAMK) des *Staphylea* L.

STAPHIS. Nom ancien du Raisin.

STAPHIS (PLINE). Synonyme de Staphisaigre.

STAPHISAGRIA (SPACH, *Suit. à Buff.*, VII). Section du genre *Delphinium* T. (H. BN, *Hist. des pl.*, I, 28.)

STAPHISAIGRE. Le *Delphinium Staphisagria* L.

STAPHYLEA (L, *Gen.*, n. 374). Genre de Sapindacées, qui donne son nom à une série des *Staphylées* et aussi à une famille des *Staphyléacées*, et qui a les fleurs des *Triceros*, avec une coupe réceptaculaire moins profonde, avec disque intérieur aux étamines; un ovaire à 2, 3 loges, indépendantes ou unies en partie et ∞-ovulées. Le fruit est vésiculeux. Ce

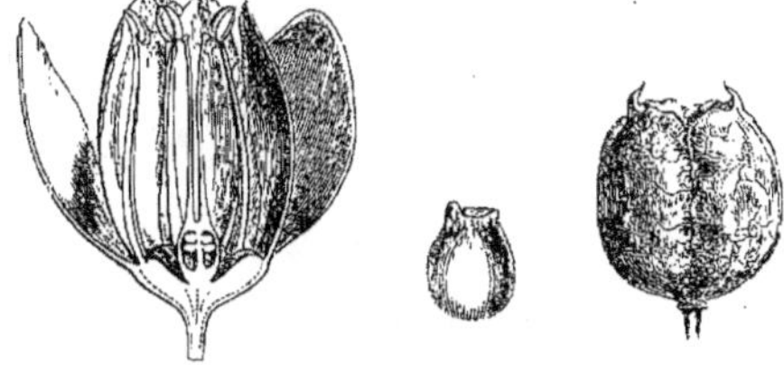

Staphylea. — Fleur, coupe longitudinale. Fruit. Graine.

sont 3, 4 arbustes des régions tempérées de l'Europe, l'Asie et l'Amérique du Nord, à feuilles opposées, avec stipules,.3-5-foliolées ou imparipinnées, à grappes simples ou composées. On cultive dans nos parcs plusieurs *Staphylea*, dits Nez-coupé, à cause de la forme de leur fruit vésiculeux. (H. BN, *Hist. des pl.*, V, 344, 392, fig. 335, 339-341.)

STAPHYLINUS. Dans Pline, le Panais ou la Carotte (?).

STAPHYLINUS (RIV. — RUPP., *Fl. jen.*, 265). Synonyme de *Daucus* T.

STAPUYLIUM (DUMORT., *Anal. fam.*, 35). Genre incertain d'Ombellifères.

STAPHYLODENDRON. Dans Pline, le *Staphylea pinnata* L.

STAPHYLODENDRON (HERM., *Parad.*, 232). Syn. de *Royena* L.

STAPHYLODENDRON (T., *Inst.*, 616, t. 386). Synonyme de *Staphylea* L.

STAPHYLOPTERIS (PRESL, in *Sternb. Vers.*, II, 172). Genre douteux de Fougères fossiles, dont le type est le *Filicites polybotrya* AD. BN. (in *Dict. d'Orb.*, XI, 804; XIII, 83).

STAPHYLORHODES (TURCZ., in *Bull. Mosc.* [1862], II, 231). Genre douteux (B. H., *Gen.*, I, 606) de Rosacées.

STAPHYLOSYCE (HOOK. F., *Gen.*, I, 828, n. 26). Synonyme de *Physedra* HOOK. F.

STAR-APPLE. L'un des noms anglais, dans les colonies américaines, des *Chrysophyllum*, notamment du *C. Cainito* L.

STARBACHIA (REUM, in *Bidr. till. kœnned. on Sv. Ascom.* par K. Starbach). Genre de Discomycètes, à cupule d'abord fermée, s'ouvrant ensuite et à bords ruguleux. Les thèques cylindriques, entremêlées de paraphyses ramifiées qui les dépassent, contiennent 8 spores hyalines. L'espèce sur laquelle ce genre fut fondé, est parasite sur le bois de Pin en Suède. [DE S.]

STARBIA (DUP. TH., *Gen. n. mad.*, 7). Syn. de *Alectra* THUNB.

STARCH. Nom anglais de la Fécule.

STARCKEN (Joh.-G.-Wilh.). A écrit [1705], à Helmstadt:

Gyros Convolvuli evolvere tentabit (in-4 de 96 p. et 1 pl.).

STAR-FLOWER. Aux États-Unis, les *Trientalis* RUPP.

STAR-GRASS. L'*Aletris farinosa* L.

STAR JESSAMINE. Nom anglais du *Jasminum pubescens* W.

STARKEA (W., *Spec.*, III, 2216). Synon. de *Liabum* ADANS.

STARK-MAHART. Nom anglais du *Rivina lævis* L.

STARODOURKA. En Russie, les *Consiligo* DC.

STAR OF BETLEHEM. Nom anglais des Ornithogales.

STAR-THISTLE. En Angleterre, la Chausse-trape.

STATICE (L., *Gen.*, n. 388, part.). Genre de Plumbaginacées, qui a les fleurs des *Plumbago* en général, avec des styles distincts au niveau des angles de l'ovaire, avec les sommets stigmatifères linéaires ou capités; des tiges cespiteuses, très courtes, parfois suffrutescentes; des feuilles basilaires, planes; des fleurs en cymes unipares, groupées sur les axes d'une grappe plus ou moins ramifiée et dense. Plantes des plages maritimes du monde presque entier ou des déserts salés de l'Orient et de la région Méditerranéenne, parfois cultivées comme ornementales On en connaît plus de 100 espèces. Nous en avons, sur nos côtes, environ 25 jolies espèces. (GREN. et GODR., *Fl. de Fr.*, II, 738. — PAYER, *Leç. Fam. nat.*, 12.) [H. BN.]

STATION (des plantes). — Voy. TOPOGRAPHIE VÉGÉTALE.

STATOMARATHRUM (REICHB., *Nom.*, 140). Section du genre *Seseli* L.

STAUBBRANDPILZE. Les Urédinés, tels que la Rouille.

STAUBLING, STAUBBUF. Nom allemand des *Lycoperdon* T.

STAUNTONIA (DC., *Syst. veg.*, I, 513). Genre de Berbéridacées-Lardizabalées, formé de 2 lianes, de la Chine et du Japon; distingué par des fleurs apétales, à 6 sépales; des ovules nombreux, insérés sur la paroi des carpelles, plongés dans de nombreuses papilles; des fruits globuleux, déhiscents en dedans; des feuilles digitées, à 3-7 folioles; des grappes axillaires. (SIEB. et ZUCC., *Fl. jap.*, I, t. 76. — H. BN, *Hist. des pl.*, III, 72.)

STAURACANTHUS (LINK, in *Schrad. N. Journ.*, II, II, 52). Synonyme de *Ulex* L.

STAURAGOGA (H. BN, in *Adansonia*, XII, 329; *Hist. des pl.*, VII, 286). Section du genre *Uragoga* L., à fruits pourvus de 4 grandes ailes verticales et dont la section transversale a, par suite, la forme d'une croix de Saint-André. C'est une espèce des îles Mariannes.

STAURANTHERA (BENTH., *Scroph. ind.*, 57; *Gen.*, II, 1016). Genre de Gesnériacées-Cyrtandrées, à fleurs irrégulières; le calice campanulé et la corolle 2-labiée, à tube large et court. Les 4 étamines ont leurs anthères collées en un toit qui recouvre le gynécée. Le fruit est sec et se brise en travers. Ce sont des herbes de l'Asie et de l'Océanie tropicales, à feuilles opposées, souvent très inégales; à cymes pédonculées, composées, régulières ou unilatérales. On en cultive quelques belles espèces dans nos serres. (*Bot. Mag.*, t. 5409. — H. BN, *Hist. des pl.*, X, 105.)

STAURANTHUS (LIEBM., in *Vid. Medd. Kjob.* [1853], 91). Genre de Rutacées-Zanthoxylées, formé d'un arbre mexicain; distingué par des fleurs à calice 4-denté, à 4 étamines; un ovule solitaire dans une loge unique; des feuilles 1-foliolées, persistantes. Le style est discoïde, et le fruit est subbaccien. On a aussi rapporté le *S. perforatus* aux Citrées. (H. BN, *Hist. des pl.*, IV, 484.)

STAURITIS (REICHB. F., in *Hamburg. Gartenzeit.* [1862], 34). Pour *Stauropsis* REICHB. F.

STAUROCHÆTA (SACC., *Fung. Ven.*, ser. IV, 40). Genre de Sphéropsidés, à périthèces membraneux ou carbonacés, globuleux, noirs, astomes, couverts de poils rigides, étoilés. Les spores sont ovoïdes, oblongues, légèrement teintées de brun. Deux espèces, observées sur des rameaux d'Orme et sur des galles de Chêne desséchées. [DE S.]

STAUROGALION (TAUSCH, in *Flora* [1835], I, 339). Sous-section des *Eugalium* DC.

STAUROGETON (REICHB., *Consp.*, 44). Section du g. *Lemna*.

STAUROGLOTTIS (SCHAU., in *Pl. Moyen.*, 432). Synonyme de *Luisia* GAUDICH.

STAUROGYNE (Wall., *Pl. as. rar.*, II, 80, t. 186). Synonyme de *Ebermaiera* Nees.

STAUROPHALLUS (Mont., in *Ann. sc. nat.*, sér. 3, III, 272). Genre peu déterminé de Phalloïdés, formé pour une espèce du Sénégal, à réceptacle blanc, stipité, hémisphérique ou quadrilobé au sommet.

STAUROPHORA (W., in *Berl. Mag.*, III, 101). Synonyme de *Lunularia* Micheli.

STAUROPHRAGMA (Fisch. et Mey., *Ind. sem. H. petrop.*, IX, 90). Genre proposé pour le *Verbascum natolicum*. (H. Bn, *Hist. des pl.*, IX, 366.)

STAUROPSIS (Reichb. f., in *Hamb. Gartenz.* [1860], 117; *Xen. orchid.*, II, 7). Genre d'Orchidacées-Vandées, formé de 7, 8 herbes épiphytes, sans pseudobulbes, de l'Océanie tropicale; distingué par des sépales et pétales étalés, subégaux; un labelle étroit, continu, ne dépassant pas le calice; des pollinies à caudicule plat; des inflorescences simples ou ramifiées. On en cultive quelques-uns. (*Bot. Mag.*, t. 5189.) [H. Bn.]

STAUROPTERA (Ehrenb., *Amer.*, 134). Sect. du g. *Stauroneis*.

STAUROSPERMUM (Thonn., in *Schum. Beskr. guin. pl.*, 73). Synonyme de *Mitracarpum* Zucc.

STAUROSPHÆRIA (Rabenh., *Herb. myc.*, n. 736). Genre de Sphéropsidés; synonyme de *Camarosporium* Schulz.

STAUROSTIGMA (Scheidw., in *Ott. et Dietr. Allg. Gartenz.*, XVI, 129). Genre d'Aracées-Dieffenbachiées, formé de 6 herbes tubéreuses, de l'Amérique tropicale; distingué par un ovaire à 3-5 loges; les loges uniovulées; le stigmate 3, 4-lobé, sessile; l'ovule anatrope; les feuilles pinnatiséquées. On en cultive plusieurs en serre chaude. (*Bot. Mag.*, t. 5972.) [H. Bn.]

STAUROTHYRAX (Griff., *Notul.*, IV, 476). Synonyme de *Cicca*.

STAVESACRE. Nom anglais de la Staphisaigre.

STAWELLIA (F. v. Muell., *Fragm.*, VII, 85). Genre de Liliacées-Johnsoniées, formé d'une herbe cespiteuse, de l'Australie occidentale; distingué par des fleurs en capitules, à périanthe dimorphe dans un même capitule; 3 étamines; des loges ovariennes 2-ovulées; des feuilles basilaires, filiformes. [H. Bn.]

STEANVAREN. En Hollande, le Ceterach des officines.

STEATOPIA (Dochn., *Obstk.*, II, 56). « Genre » de Poiriers.

STÉBÉ. Nom français (Lamk) des *Stœbe* L.

STEBULOT. Nom arabe du Châtaignier.

STECCHERINO. Nom italien de l'*Hydnum repandum* L.

STECCHERINUM (Mich. — Gray, *Arr. brit. pl.*, I, 651). Genre disjoint des *Hydnum* L.

STECCHERIUS. En Toscane, l'*Hydnum repandum* L.

STÉCHADE. Nom vulgaire du *Lavandula Sœtchas* L.

STECHADOS CITRIN. Nom ancien du *Lavandula Stœchas* L.

STECHMANN (Joh.-Paul). Auteur [1775], à Gœttingue, de *De Artemisiis* (in-4 de 50 p.).

STECHMANNIA (DC., *Prodr.*, VI, 546). Synonyme de *Jurinœa* Cass. (H. Bn, *Hist. des pl.*, VIII, 80.)

STÈCHOS. Le *Lavandula Stœchas* L.

STECHPALME. En Allemagne, le Houx.

STECK (Abrah.). A écrit [1757], à Strasbourg, *De Sagu* (in-4).

STEEGER (J.-A.). Auteur [1822], à Dantzig, de *Ansichten aus dem Pflanzenreiche* (in-8 de 111 p.).

STEELE (Rich.). A écrit [1793], à York, *An essay upon gardening*, etc. (in-4 de 102 p. et 3 pl.).

STEENHAMMERA (Reichb., *Fl. germ. exc.*, I, 337). Synonyme de *Mertensia* Roth.

STEETZ (Joach.). Médecin de Hambourg [1804-1862], auteur [1847] de *Revisio generis Comesperma*, et [1853] de *Die Familie der Tremandren* (in-8 de 111 p.).

STEETZIA (Lehm., *Pl. Preiss.*, II, 129). Synonyme de *Pallavicinius* Gray.

STEETZIA (Sond., in *Linnæa*, XXV, 450). Synonyme de *Shawia* Forst.

STEFFENSIA (Gœpp., *Syst. Fil. foss.*, 269; *Gatt. Foss. Pfl.*, I, 59; *Syn. pl. foss.*, 72; *Chlor. protog.*, XLII). Genre de Fougères fossiles, rapporté par l'auteur aux Sphénoptéridées, puis aux *Polypodiacites*; synonyme (part.) de *Polypodites* Gœpp.

STEFFENSIA (K., in *Linnæa*, XIII, 609). Synon. de *Piper* L.

STEGANIA (R. Br., *Prodr.*, 152). Synonyme de *Lomaria* W.

STEGANOCARPUS (Torr., *Pop. Exp. Bot.*, 13 (169), t. 7). Synonyme de *Coldenia* L.

STEGANOSPORIUM (Corda, *Icon. Fung.*, III, 22). Genre de Mélanconiés, à stroma subépidermique, puis émergent, noir, compact, présentant des sporophores bacillaires, entremêlés de filaments stériles. Les spores solitaires sont ovoïdes ou piriformes, pluriloculaires et muriformes, souvent colorées. On en a décrit une douzaine d'espèces qui vivent sur les rameaux morts et l'écorce. [De S.]

STEGANOTÆNIA (Hochst., in *Flora* [1844], I; *Bes. Beit.*, 4). Synonyme de *Alvardia* Fenzl.

STEGANOTROPIS (Lehm., *Ind. sem. Hort. hamburg.* [1826]). Genre établi pour le *Centrosema virginianum* Benth.

STEGASMA (Corda, *Icon. Fung.*, V, f. 13). Synonyme de *Perichæna* Fr.

STEGIA (DC., *Fl. fr.*, IV, 835). Synonyme de *Lavatera* L.

STEGIA (Fr., *Obs.*, II, 352). Genre de Discomycètes, à cupule disciforme, céracée, brune, noirâtre, s'ouvrant par un opercule formé de sa partie supérieure soudée à l'épiderme au-dessous duquel elle a pris naissance. Les thèques claviformes, entourées de paraphyses souvent lancéolées, contiennent 8 spores ovoïdes, allongées, hyalines. On en a décrit sept espèces européennes, la plupart foliicoles. [De S.]

STEGILLA (Reich., in *Rabenh. Deutschl. Crypt. Fl.*, I, 163). Synonyme de *Stegia* Fr.

STEGIUM. Nom donné par Miers à l'ensemble des prolongements apicaux des filets qui dans les Asclépiadacées recouvrent souvent le sommet du style.

STEGNOCARPUS (DC., *Prodr.*, IX, 559). Section du genre *Coldenia* L.

STEGNOGRAMMA (Bl., *Enum. pl. jav.*, II, 172). Synonyme (Hook. et Bak.) de *Polypodium* T.

STEGNOSPERMA (Benth., *Bot. Sulph.*, 17, t. 12). Genre anormal de Portulacacées, rapporté aussi (B. H.) aux Phytolaccacées, formé d'un arbuste américain, à feuilles alternes; distingué par des fleurs à 5 sépales et à 5 pétales tombant de bonne heure, avec 10 étamines, 3-5 carpelles 1-ovulés, et un fruit uniloculaire. Les fleurs se rapprochent par leur organisation de celles des *Orygia* Forsk. (A. Rich., *Fl. cub.*, t. 44 ter. — H. Bn, *Hist. des pl.*, IX, 79.)

STEGOLEPIS (Kl., ex Kœrn., in *Linnæa*, XXXVII, 480). Genre de Rapatées, formé de 3, 4 plantes de la Guyane, à bractéoles de *Rapatea*; distingué par des loges ovariennes à 1-∞ ovules; des anthères non appendiculées, obliquement poricides; les bractées involucrantes nulles ou membraneuses et se détachant de bonne heure. [H. Bn.]

STEGONOSPORIUM (Bon., *Handb.*, 60 et Table). Pour *Steganosporium* Corda.

STEGOSIA (Lour., *Fl. coch.*, 51). Synonyme de *Rottboellia*.

STEGOZOON (Griseb., *Spic. Fl. rumel.*, I, 329). Section du genre *Sempervivum* L.

STEIGE (Joach.), en latin *Steigius*. Auteur [1657], à Witteberg, de *Beschreibung des Lindenbaums* (in-4).

STEIGER (Jak.-Rob.). Auteur [1860] d'une *Flore du canton de Lucerne* (in-8 de 635 p.) Il mourut à Lucerne en 1862.

STEIGERIA (M. Arg., in *Linnæa*, XXXIV, 25). Synonyme de *Baloghia* Endl.

STEIGSITZER. Nom allemand du *Boletus luteus* Fr.

STEIN (Joh.-Heinr.). Auteur [1787] d'une *Flore de Wetsphalie* (in-8 de 76 p.), et [1787] de *Geschichte einer künstlichen Befruchtung der Levkoyen* (in-8 de 45 p.).

STEINCHISMA (Rafin., in *Ser. Bull. bot.*, I). Genre proposé pour les *Panicum divaricatum* et *hians*.

STEINERIA (Kl., *Begon.*, 64, t. 5). Synonyme de *Begonia* L.

STEINHAUERA (Presl. — Sternb., *Vers.*, II, 202, t. 49, 57). Genre de Conifères fossiles, rapporté par les uns aux Cupressinées (Ung., *Syn. pl. foss.*, 194) et par les autres aux Abiétinées (Endl., *Syn. Conif.*, 302). Pour Ad. Brongniart (in *Dict.*

d'Orb., XIII, 120), c'est plutôt un genre voisin des *Morinda* ou des Artocarpées.

STEINHEIL (Ad.). Né à Strasbourg en 1810, mort en mer aux Antilles [1839], a écrit : *De l'individualité considérée dans le règne animal* [1836], in-4 de 18 p.; *Qu'entend-on par endosmose et exosmose?* [1838], et *Observations sur la végétation des dunes à Calais* [1838]. (*Cat. sc. pap.*, V, 815.)

STEINHEILIA (Dcne, in *Ann. sc. nat.*, sér. 2, IX, 339, t. 12 E). Genre d'Asclépiadacées-Asclépiadées, formé d'une herbe d'Arabie; distingué par des branches aériennes basses, blanchâtres; une corolle 5-carénée; une couronne adnée, libre au sommet, à 5 lobes connivents et fermant la gorge de la corolle; un tube staminal assez long, et des anthères pourvues de 2 cornes. (Deless., *Ic. sel.*, V, t. 61. — H. Bn, *Hist. des pl.*, X, 264.)

STEINPILZ. Nom allemand du *Boletus edulis* Bull.

STEINSAAME. En Allemagne, les Grémils.

STEIRACTIS (DC., *Prodr.*, V, 345). Synonyme de *Shawia* Forst. (H. Bn, *Hist. des pl.*, VIII, 139.)

STEIREMA (Rafin., *Fl. tell.*, 40). Syn. de *Bucholzia* Mart.

STEIROCAULOS (Griseb., *Spic. Fl. rumel.*, II, 405). Section du genre *Juncus* T.

STEIROCHÆTE (A. Br. et Casp., *Krankh. Pfl.*, 28). Genre d'Hyphomycètes, à filaments stériles, issus d'un pseudostroma subépidermique, dressés, non cloisonnés, bruns. A leur base se développent des conidies hyalines, oblongues, en chapelet. Deux espèces, très voisines des *Colletotrichum*, sur les tiges de Mauves et de Graminées. [De S.]

STEIROCHLOA (Griseb., *Spic. Fl. rumel.*, II, 407). Section du genre *Juncus* T.

STEIROCOMA (DC., *Prodr.*, VI, 257). Section du g. *Disparago*.

STEIROCOMA (DC., *Prodr.*, VII, I, 36). Section du genre *Dicoma* Cass.

STEIRODISCUS (Less., *Syn.*, 251). Section du genre *Bellis* T. (H. Bn, *Hist. des pl.*, VIII, 145.)

STEIROGLOSSA (DC., *Prodr.*, VI, 38). Synonyme de *Brachycome* Cass.

STEIRONEMA (Rafin. — Baudo, in *Ann. sc. nat.*, sér. 2, XX, 346). Genre proposé pour le *Lysimachia ciliata* L. et à lobes de la corolle involutés, avec staminodes.

STEIROSTILPNA (DC., *Prodr.*, VI, 258). Sect. du g. *Disparago*.

STEIROTIS (Rafin., in *Ann. gén. sc. phys.*, VI, 79). Synonyme de *Loranthus* L.

STEKHOVIA (De Vr., *Gooden.*, 166, t. 22). Synonyme de *Goodenia* Sm.

STELECHOCARPUS (Bl., *Fl. jav.*, Anon., t. 23). Genre établi pour l'*Uvaria Burahol* Bl. (H. Bn, *Hist. des pl.*, I, 201.)

STELECHOSPERMUM (Bl., *Fl. jav. Dipter.*). Genre rapporté aux Diptérocarpées (?) et aux Clusiacées. (B. H., *Gen.*, I, 170.)

STELECHOTRICHUM (Ritg., in *Schr. Marb. Ges.*, II, 91). Synonyme de *Cephalotrichum* Link.

STELEOCORYS (Endl., *Gen.*, 218). Section du g. *Corysanthes*.

STELEPHORUS (Meissn., *Comm.*, 318). Synonyme de *Phlœum*.

STELEPHUROS (Adans., *Fam.*, II, 31). Synon. de *Phlœum* L.

STELEPHUROS. Dans Théophraste, le Platane.

STELESTYLIS (Drude, in *Mart. Fl. bras.*, III, II, 230, t. 53). Genre de Cyclanthacées-Carludovicées, formé d'une plante brésilienne, à grandes feuilles 2-fides; distingué par des fleurs femelles émergées du spadice; 2 divisions du périanthe plus larges que les autres; un style en pyramide; des ovules descendants, pourvus d'un long funicule. [H. Bn.]

STELIS (Sw., in *K. Vet. Ak. Nya Handl. Stock.*, XXI, 248). Genre d'Orchidacées-Épidendrées, formé de plus de 100 plantes de l'Amérique tropicale; distingué des *Pleurothallis* dont il est voisin par des sépales étalés; des pétales petits et embrassant le gynostème; 2 pollinies et des feuilles pétiolées. On en cultive de curieuses petites espèces dans les serres chaudes. (*Bot. Mag.*, t. 3975, 6521.) [H. Bn.]

STELLA (Massee, in *Journ. Mycol.* [1889], 184). Genre de Gastéromycètes, intermédiaire entre les *Geaster* et les *Scleroderma* Pers.

STELLA (Medic., *Vorles.*, II, 377). Genre proposé pour l'*Astragalus sesameus* L.

STELLAIRE (*Stellaria* L., *Gen.*, n. 568). Genre de Caryophyllacées-Cérastiées, qui a les caractères des Céraistes (I, 701) et qu'on n'en sépare que d'une façon tout à fait artificielle. La distinction se fait surtout (théoriquement) à l'aide des pétales, généralement bifides; des branches stylaires, générale-

Stellaire. — Port.

ment au nombre de 2, 3; du fruit, globuleux, ovoïde ou oblong, qui se sépare, au moins jusqu'au milieu de sa hauteur, en valves entières ou dédoublées. Mais il y a des espèces à 5 styles (oppositipétales) et d'autres à pétales entiers ou à peu près. Les 60-70 espèces décrites habitent toutes les régions

Stellaire (*Myosoton*). — Fleur, entière et coupe longitudinale.

tempérées des deux mondes; elles ont les caractères de végétation et d'inflorescence des *Cerastium*. On réunit à ce genre les *Malachium*, *Larbrea*, *Leucostemma*, *Brachystemma*, *Schizothecium*, *Adenonema*, *Krascheninikowia* (voy. ces mots). (H. Bn, *Hist. des pl.*, IX, 90, 113, fig. 128-130.)

STELLARA (Fisch., herb., ex Endl.). Synonyme de *Boschniakia* C.-A. Mey.

STELLARIA. Nom officinal de l'Alchimille et du Petit Muguet.

STELLARIA (Raj. — Rupp., *Fl. jen.*, 50). Syn. de *Callitriche* L.

STELLARIOIDES (Medic., in *Act. theod.-pal.* [1790], 369). Synonyme de *Ornithogalum* T.

STELLARIS (Reichb., in *Flora* [1822], II, 538). Section du genre *Ornithogalum* T.

STELLARIS (Steinh., in *Ann. sc. nat.*, sér. 2, VI, 286). Genre proposé pour le *Scilla numidica* Poir. Le *Stellaris* Mœnch (*Meth.*, 303) est formé de plusieurs genres distincts de Scillées.

STELLATÆ (Ray, *Syn. st. brit.*, 223). Classe (12) des plantes.

STELLATI (Vinc.). Auteur, à Naples [1809], de *Istituzioni di filosofia botanica* (in-8).

STELLER (G.-W.). Académicien de Pétersbourg [1709-1746].

a écrit [1774] *Beschreib. von dem Lande Kamtschatka* (in-8).

STELLERA (GMEL. — L., *Amœn. acad.*, I, 399, part.). Genre de Thymélæacées, formé de 6 herbes ou arbuscules asiatiques; distingué par un périanthe à tube grêle; un disque unilatéral; un androcée diplostémoné; un fruit sec; des feuilles alternes. (H. BN, *Hist. des pl.*, VI, 132.)

STELLERA (TURCZ., in *Bull. Mosc.* [1840], 167). Genre proposé pour le *Swertia tetrapctala* PALL.

STELLÉRINE. Nom français (LAMK) des *Stellera* GMEL.

STELLIOLA. — Voy. IMPERATO.

STELLULINA (LINK., *Handb.*, III, 261). Sect. du g. *Zygnema*.

STELMACRYPTON (H. BN, in *Bull. Soc. Linn. Par.*, 812). Genre d'Asclépiadacées-Périplocées, établi pour le *Pentanura Khasiana*, du Yunnan, qui n'appartient certainement pas à ce dernier genre, car sa corolle porte une couronne de 5 squames radiantes, en boutonnière; les lèvres adnées à la corolle et peu proéminentes. (Voy. *Hist. des pl.*, X, 300.)

STEMLER (Joh.-Gottl.). Auteur [1810], à Iena, de *Specimen parallelismi inter systema Linneanum et Jussieuanum* (in-4).

STEMMACANTHA (CASS., in *Bull. philom.* [1817]; in *Dict.*, I, 460). Synon. de *Serratula* L. (H. BN, *Hist. des pl.*, VIII, 4.)

STEMMADENIA (BENTH., *Sulph. Bot.*, 124, t. 44). Genre d'Apocynacées, très voisin des *Tabernæmontana* (auquel on le réunira peut-être), formé de 7, 8 plantes américaines; distingué par des sépales à glandes intérieures ∞; des anthères sagittées; 2 carpelles à ovaires libres; 2 follicules; ∞ graines à albumen sillonné, charnu. Les feuilles sont opposées, et les fleurs sont terminales, solitaires ou disposées en cymes pauciflores. (H. BN, *Hist. des pl.*, X, 196.)

STEMMARIA (PREUSS, in *Sturm Deutschl. Fl.*, III, 6, 133). Genre d'Hyphomycètes, qui paraît être un *Coremium* ou un *Isaria*. [DE S.]

STEMMATELLA (WEDD., in *Bull. Soc. bot. Fr.*, XII, 82). Genre de Composées-Hélianthées, formé d'une petite herbe bolivienne, voisin des *Jægeria* et des *Eclipta;* distingué par des fruits du rayon qui, comme ceux des *Parthenium*, demeurent étroitement inclus entre une bractée de l'involucre et 2 paillettes du réceptacle. (H. BN, *Hist. des pl.*, VIII, 211.)

STEMMATIUM (PHIL., *Descr. nov. plant.*, II [1873], 75). Synonyme de *Tristagma* PŒPP. et ENDL.

STEMMATOPTERIS (CORDA, *Fl. d. Vorw.*, 76). Genre de Protoptéridées fossiles, établi pour le *Sigillaria peltigera* AD. BR.

STEMMATOSIPHON (POHL, *Pl. bras. Ic.*, VII, t. 8, 9). Synonyme de *Symplocos* L.

STEMMATOSPERMUM (PAL.-BEAUV., *Agrost.*, 144, t. 25, fig. 5). Synonyme de *Nastus* J.

STEMMODONTIA (CASS., in *Dict.*. XLVI, 407). Synonyme de *Wedelia* JACQ. (H. BN, *Hist. des pl.*, VIII, 205.)

STEMODIA (L., *Gen.*, n. 777). Genre de Scrofulariacées-Gratiolées, formé d'environ 25 herbes ou sous-arbrisseaux, de toutes les régions chaudes; distingué par des sépales égaux ou peu inégaux; 4 étamines fertiles; un fruit capsulaire, dont les placentas deviennent libres ou demeurent unis en une colonne non ailée. Les fleurs sont axillaires et solitaires ou groupées en épi terminal. (*Bot. Reg.*, t. 1470. — *Bot. Mag.*, t. 3134. — H. BN, *Hist. des pl.*, IX, 453.)

STEMODIACRA (P. BR., *Jam.*, 261, t. 22). Synonyme de *Lindenbergia* LINK et OTT.

STEMONA (LOUR., *Fl. cochinch.*, 404). Genre de Liliacées, plus connu sous le nom de *Roxburghia* BANKS, et qui se distingue par son ovaire 1-loculaire, avec 2-∞ ovules basilaires. Le fruit est capsulaire, 2-valve; les graines arillées; les tiges volubiles, avec des feuilles alternes, et les fleurs axillaires, solitaires ou 2, 3-nées. Le périanthe se compose de 4 folioles, et l'androcée diplostémoné est formé d'étamines surmontées d'un prolongement du connectif. Nous avons étudié le développement de la fleur (in *Adansonia*, I, 245) sur une espèce assez souvent cultivée chez nous, dans les serres chaudes, sous le nom de *Roxburghia gloriosoides*. (SM., *Ex. Bot.*, t. 57. — WALL., *Pl. as. rar.*, t. 282. — *Bot. Mag.*, t. 1500.) [H. BN.]

STEMONACANTHUS (NEES, in *Mart. Fl. bras.*, IX, 53, t. 4). Synonyme de *Ruellia* L.

STEMONITIS (GLED., *Meth.*, 140). Genre de Myxomycètes, à péridiums en groupes cylindracés, à stipe court, sétacé, fistuleux, prolongé en une longue columelle d'où s'irradie le capillitium réticulé, qui forme à sa terminaison un treillis parallèle à la paroi du péridium. Spores lisses, brunes ou d'un brun violet plus ou moins foncé. Huit espèces, observées sur le bois pourri, sous toutes les latitudes. [DE S.]

STEMONOMYCES (MONT., *Fl. Alger.*, I, 351). Synonyme de *Trichosporum* DON.

STEMONOPORUS (THW., in *Hook. Journ.*, VI, 67, t. 2). Synonyme de *Vateria* L. (Diptérocarpées). Le nom a été conservé à une section du genre dans laquelle les anthères, obtuses au sommet, n'ont pas les loges séparées à ce niveau. [H. BN.]

STEMONURUS (BL., *Bijdr.*, 648). Genre de Mappiées; synonyme de *Lasianthera* (PAL.-BEAUV., *Fl. owar. et ben.*, I, 85, t. 51) qui a pour lui la priorité. C'est un genre de l'Afrique, l'Asie et l'Océanie tropicales, formé de 10 arbres; distingué des *Mappia* par des filets staminaux longuement pénicillés au voisinage des anthères; les poils s'infléchissant, dans le bouton, au-dessus de l'anthère. L'ovaire a 2 ovules descendants dans sa loge unique, et le fruit est drupacé. Nous avons uni à ce genre les *Gomphandra* WALL. (H. BN, in *Adansonia*, XI, 191; *Hist. des pl.*, V, 329.)

STEMOPTERA (MIERS, in *Proc. Linn. Soc.*, I, 62). Synonyme de *Apteria* NUTT.

STEMPHIS. Nom égyptien des Renouées.

STEMPHYLIUM (WALLR., *Fl. crypt.*, 300). Genre d'Hyphomycètes, à filaments rampants, ramifiés, entremêlés, hyalins ou fuligineux, portant des spores ovoïdes ou presque globuleuses, pluriloculaires, muriformes, foncées. Une vingtaine d'espèces, sur le bois, l'écorce, les rameaux, les tiges, les feuilles, le papier, les œufs pourris; en Europe, dans l'Amérique du Nord, l'île de Cuba, l'Australie. [DE S.]

STENACHÆNIUM (BENTH., *Gen.*, II, 289, n. 178). Section du genre *Placus* LOUR. (H. BN, *Hist. des pl.*, VIII, 189.)

STENACTINIUM (NÆG., *Gatt. einzell. Alg.*, 128). Section du genre *Phycastrum* KUETZ.

STENACTIS (CASS., in *Dict.*, L, 483). Synonyme de *Erigeron* L. (H. BN, *Hist. des pl.*, VIII, 143.)

STENANDRIUM (NEES, in *Lindl. Introd.*, ed. 2, 444; in *DC. Prodr.*, XI, 281). Genre d'Acanthacées-Justiciées, formé d'une vingtaine d'herbes subacaules, de l'Amérique chaude et de Madagascar; distingué par des épis portés sur un pédoncule en forme de hampe; les bractées imbriquées, souvent larges; des fleurs à corolle dont le tube se dilate brièvement en haut; les anthères à une loge; les feuilles basilaires ou rapprochées sur la portion inférieure de la tige. (H. BN, *Hist. des pl.*, X, 461.)

STENANTHEMUM (REISS., in *Linnæa*, XXIX, 295). Genre de Rhamnacées, formé de 5 arbustes australiens; voisin des *Spyridium* et distingué par un calice mince, souvent resserré au-dessus de l'ovaire; des fleurs disposées en faux-capitules, avec des bractées imbriquées; le tube floral prolongé au-dessus de l'ovaire. (H. BN, *Hist. des pl.*, VI, 88.)

STENANTHERA (R. BR., *Prodr.*, 538). Synonyme de *Astroloma* R. BR.

STENANTHIUM (A. GRAY, in *Ann. Lyc. N.-York*, IV, 119). Genre de Liliacées-Vératrées, voisin des *Zygadenus* et formé de 5 plantes bulbeuses, de l'Amérique du Nord et de l'Asie; distingué par un périanthe à tube courtement turbiné; des étamines bien plus courtes que le calice; un ovaire à base adnée au réceptacle; des grappes simples ou composées. On en a fait aussi un sous-genre du genre *Veratrum* T. (F. SCHON., *Reis. Am. Bot.*, t. 4. — *Gartenflora*, t. 1035. — *Bot. Mag.*, t. 1599.) [H. BN.]

STENANTHUS (ŒRST., *Gesn. centr.-amer.*, 48, t. 5). Synonyme de *Columnea* PLUM. (H. BN, *Hist. des pl.*, X, 88.)

STENARRHENA (DON, *Prodr. Fl. nepal.*, 111). Synonyme de *Salvia* T.

STENASTER. Section (Bak.) du genre *Crinum* L. (B. H., *Gen.*, III, 726.)

STENGEL (Karl). A écrit [1647] *Hortensius et Dea Flora cum Pomona... historice, tropologice et anagogice descripti* (2 vol. in-12, de 384 et 537 p.).

STENGELIA (Neck., *Elem.*, II, 258). Synonyme (part.) de *Mourera* Aubl.

STENGELIA (Sch. bip., in *Flora* [1841], I, *Intel.*, 26). Synonyme de *Teichostemma* R. Br. (H. Bn, *Hist. des pl.*, VIII, 24.)

STENGELKNOTEN. Le *Nœud caulinaire* des *Chara.*

STENHAMMER (Christ.). Auteur [1833] de *Novæ Schedulæ criticæ de Lichenibus suecanis.* M. Th. Fries a écrit en 1866 la biographie de ce botaniste suédois (*Bot. Notis.*, 1).

STENIA (Lindl., *Bot. Reg.*, sub t. 1991 [1838], t. 20). Genre peu connu d'Orchidacées-Vandées; distingué par des fleurs de Maxillariée, à sépales étalés; le labelle sessile, charnu, presque en sac; les caudicules larges et pubescents; des pseudobulbes à 1, 2 feuilles. Ce sont 2 herbes épiphytes, de la Colombie et de la Guyane. (*Ill. hort.*, XVIII, t. 80.) [H. Bn.]

STENOBROMUS (Griseb. — B. H., *Gen.*, III, 1201). Section du genre *Bromus* L.

STENOBRYUM (Wils. — Spruce, in *Ann. and Mag. Nat. Hist.*, ser. 2, III, 359). Section du genre *Bryum* Dill.

STENOCÆLIUM (Ledeb., *Fl. alt.*, I, 297; *Ic. Fl. ross.*, II, t. 175). Synonyme de *Bubon* L.

STENOCALYX (O. Berg, in *Linnæa*, XXVII, 309; XXIX, 216; XXX, 698). Synonyme de *Plinia* L.

STENOCARPUS (R. Br., in *Trans. Linn. Soc.*, X, 201). Genre de Protéacées-Embothryées, formé de 14 espèces océaniennes; distingué par des fleurs en ombelles; un disque hypogyne cupuliforme ou nul; des loges ovariennes ∞-ovulées; des semences ailées. Ce sont des arbres à feuilles alternes, parfois cultivés chez nous en serre froide ou tempérée. (*Bot. Mag.*, t. 4263. — H. Bn, *Hist. des pl.*, II, 411.)

STENOCEPHALUM (Sch. bip., in *Pollichia* [1863], 385). Section du genre *Vernonia* Schreb. (H. Bn, *Hist. des pl.*, VIII, 25.)

STENOCHASMA (Griff., *Notul.*, III, 431; *Ic. pl. as.*, t. 358, 359). Synonyme de *Amomum* L.

STENOCHILUM (W., herb.). Synon. de *Lamourouxia* H. B. K.

STENOCHILUS (R. Br., *Prodr.*, 517). Synonyme de *Pholidia* R. Br. (H. Bn, *Hist. des pl.*, IX, 421.)

STENOCHLÆNA (J. Sm., in *Hook. Journ. bot.*, III, 401; IV, 149). Genre créé pour l'*Acrostichum scandens* L.

STENOCHLOA (Nutt., in *Journ. Ac. Philad.*, ser. 2, I, 189). Synonyme de *Dissanthelium* Trin.

STENOCLINE (DC., *Prodr.*, VI, 218). Section du genre *Helichrysum* Gærtn. (H. Bn, *Hist. des pl.*, VIII, 175.)

STENOCOELIUM (Ledeb., *Fl. alt.*, I, 297; *Icon. Fl. ross.*, II, 23, t. 175). Section du genre *Seseli* L. (H. Bn, *Hist. des pl.*, VII, 217.)

STENOCORYNE (Lindl., *Bot. Reg.* [1843], *Misc.*, 53). Genre d'Orchidacées, proposé pour le *Bifrenaria longicornis* Lindl.

STENOCYBE (Nyl., in *Korb. Syst.*, 306). Genre de Discomycètes, à cupule claviforme, turbinée, stipitée, noire, cornée, à déhiscence punctiforme. Les thèques cylindriques, entremêlées de paraphyses filiformes, contiennent 8 spores oblongues, quadriloculaires, fuligineuses. Deux espèces européennes, croissant sur des rameaux d'arbres et des thalles de Lichens. [De S.]

Stenogastra.
Gynécée.

STENODISCUS (Reiss., in *Linnæa*, XXIX, 295). Genre établi pour le *Cryptandra ulicina* Hook. f.

STENODON (Naud., in *Ann. sc. nat.*, sér. 3, II, 146, t. 3; XII, 215, t. 12). Section du genre *Chætostoma* DC. (H. Bn, in *Adansonia*, XII, 95; *Hist. des pl.*, VII, 43.)

STENOGASTRA (Hanst., in *Linnæa*, XXVI, 205). Synonyme de *Sinningia* Nees.

STENOGLOSSUM (H. B. K., *Nov. gen. et spec.*, I, 355, t. 87). Genre d'Orchidacées-Épidendrées, formé d'une plante épiphyte, des Andes; distingué, dans le groupe des *Sténoglossées*, par des fleurs de *Diothonea*, mais à limbe du labelle linéaire.

STENOGLOTTIS (Lindl., in *Comp. Bot. Mag.*, II, 209). Genre d'Orchidacées-Orchidées, formé d'une herbe terrestre, de l'Afrique australe; distingué, dans le groupe des Habénariées, par des feuilles basilaires; des fleurs petites, à clinandre épaissi sur ses bords; l'anthère terminée par un lobe court, apical. On le cultive quelquefois dans les serres. (*Bot. Mag.*, t. 5872. — Harv., *Thes. cap.*, t. 56.)

STENOGONUM (Nutt., in *Journ. Ac. Philad.*, ser. 2, I, 170). Genre proposé pour l'*Eriogonum salsuginosum* Hook.

STENOGYNE (Benth., in *Bot. Reg.*, sub t. 1292). Genre de Labiées-Prasiées, formé d'une quinzaine d'herbes, des îles Sandwich; très voisin des *Phyllostegia* Benth. et distingué seulement par un calice subrégulier; une corolle à tube dilaté dès la base ou au sommet; la lèvre postérieure de son limbe concave; des anthères à loges divariquées; des lobes stylaires subulés; des verticillastres floraux axillaires et sub-6-flores. (H. Bn, *Hist. des pl.*, XI, 71.)

STENOLEPIS (Cass., in *Dict.*, XLI, 337). Sous-genre du genre *Carduus* T.

STENOLOBIEÆ (M. Arg. — B. H., *Gen.*, III, 242). Tribu des Euphorbiacées, distinguée par l'étroitesse des cotylédons.

STENOLOBIUM (Benth., in *Ann. Wien. Mus.*, II, 125). Synonyme de *Calopogonium* Desvx.

STENOLOBIUM (D. Don, in *Edinb. Phil. Journ.* [1823], 263). Genre de Bignoniacées-Técomées, comprenant 3 espèces de l'Amérique tropicale. Ce sont des arbustes à feuilles imparipinnées et à fleurs en grappes. Le calice est à 5 dents égales; la corolle infundibuliforme; les étamines didynames, incluses. L'ovaire, entouré d'un disque annulaire à sa base, n'a que deux séries d'ovules dans chaque loge. Le fruit est linéaire, en forme de silique, comprimé, à valves perpendiculaires à la cloison qui porte sur chaque face des graines attachées sur deux séries et qui se recouvrent de bas en haut. Ces graines sont entourées d'une aile mince et transparente. On cultive surtout le *S. stans.* (H. Bn, *Hist. des pl.*, X, 414.) [B.]

STENOLOBUS (Presl, *Pterid.*, 129). Synonyme (part.) de *Davallia* Sm.

STENOLOMA (Fée, *Gen. Fil.*, 330). Genre de Fougères, dont chez nous le type est le *Davallia aculeata* Sw.

STENOLOPHUS (Cass., in *Dict.*, I, 499). Synonyme de *Centaurea* L. (H. Bn, *Hist. des pl.*, VIII, 84.)

STENOMERIA (Turcz, in *Bull. Mosc.* [1852], II, 312). Genre d'Asclépiadacées, souvent rapporté aux Périplocées, voisin des *Melinia* et *Enslenia*, formé de 2 lianes de Colombie et distingué par une corolle à tube cylindrique, grêle; les lobes très étroits; une couronne à écailles étroites, courtes, attachées au milieu du tube de l'androcée; un style à sommet longuement rostré. (H. Bn, *Hist. des pl.*, X, 256.)

STENOMERIS (Pl., in *Ann. sc. nat.*, sér. 3, XVIII, 319). Genre de Dioscoréacées, formé de 2 lianes, des Philippines; distingué par des fleurs en grappes composées courtes et lâches; les folioles du périanthe sétacées-acuminées; les 3 loges ovariennes ∞-ovulées; le fruit sub-3-ailé. [H. Bn.]

STENOMESSON (Herb., *App.*, 40; *Amar.*, 198). Genre d'Amaryllidacées-Amaryllées, formé de près de 20 espèces, de l'Amérique tropicale, à bulbe tuniqué; distingué par des fleurs à périanthe longuement tubuleux, droit ou arqué; les lobes dressés ou étalés, courts; les filets staminaux unis en une coupe lobée sur ses bords; les loges ovariennes ∞-ovulées. (Bak., in *Saund. Ref. bot.*, t. 308. — *Bot. Mag.*, t. 2640, 2644, 3221, 3803, 3865, 3867.) [H. Bn.]

STENONEMA (Hook., ex B. H., *Gen.*, I, 75). Genre de Crucifères, rapporté avec doute aux Alyssées et supposé voisin des *Porphyrocodon.* C'est une herbe suffrutescente, de Colombie, à fruit mal connu, ovoïde, ∞-sperme, à style très long. (H. Bn, *Hist. des pl.*, III, 272.)

STENONIA (DIDR., in *Vid. Medd. Nat. For. Kjob.* [1857], 146). Synonyme de *Serophyton* BENTH.

STENONIA (ENDL., *Syn. Conif.*, 290; *Gen.*, Suppl., IV, 13). Genre d'Abiétinées fossiles.

STENONIA (H. BN, *Et. gén. Euphorbiac.*, 578, t. 22, fig. 2-9). Genre d'Euphorbiacées, très voisin des *Amanoa*, auxquels nous l'avons même dans ces derniers temps (*Hist. des plant.*, V, 236) rapporté comme section. Il se distingue des *Amanoa* proprement dits par son calice valvaire et le peu de hauteur de la portion de son réceptacle qui supporte les organes sexuels. Il en résulte que la périgynie y est peu accentuée. Le seul *Stenonia* connu jusqu'ici était le *S. Boiviniana*, arbre des îles Comores, à feuilles alternes, à fleurs dioïques, disposées en cymes axillaires, à pédicelles divergents, situées souvent dans l'aisselle des cicatrices des feuilles de l'année précédente. Son fruit est encore inconnu. [H. BN.]

STENOPETALUM (R. BR. — DC., *Syst.*, II, 513). Genre de Crucifères-Camélinées, formé de 7, 8 herbes australiennes, annuelles; distingué par des sépales et des pétales étroits et longs; un fruit arrondi ou globuleux; des feuilles linéaires, entières ou pinnatiséquées. (HOOK., *Icon.*, t. 618, 620. — H. BN, *Hist. des pl.*, III, 276.)

STENOPHYLLOSERIS (SCH. BIP., in *Linnæa*, XV, 725). Section du genre *Lactuca* T.

STENOPHYLLUM (C. MUELL., *Syn. Musc.*, I, 606). Section du genre *Barbula* HEDW.

STENOPHYLLUM (SCH. BIP., in *herb. petrop.*, ex B. H., *Gen.*, II, 391). Synonyme de *Meyeria* DC.

STENOPHYLLUS (RAFIN., in *Ser. Bull.*, I). Le *Cyperus stenophyllus* ELL.

STENOPTERA (PRESL, *Rel. Hœnk.*, I, 95, t. 14). Genre d'Orchidacées-Néottiées, formé de 3 herbes terrestres, de l'Amérique tropicale; distingué par un calice en tube étroit à sa base; des inflorescences grêles ou denses; des feuilles basilaires en rosette. Le gynostème est allongé, et le clinandre est élevé et membraneux. (H. B. K., *Nov. gen. et spec.*, t. 73.) [H. BN.]

STENORRHYNCHUS (L.-C. RICH., in *Mém. Mus.*, IV, 59). Synonyme de *Spiranthes* L.-C. RICH. (B. H., *Gen.*, III, 597.)

STENOSEMIA (PRESL, *Pterid.*, 237). Synonyme (HOOK. et BAK.) de *Acrostichum* HALL.

STENOSEMIS (E. MEY., ex SOND., *Fl. cap.*, II, 547). Synonyme de *Anesorhiza* CHAM. et SCHLCHTL.

STENOSIPHON (SPACH, in *Nouv. Ann. Mus.*, IV, 326). Section du genre *Gaura* L. (H. BN, *Hist. des pl.*, VI, 469.)

STENOSIPHONIUM (NEES, in *Wall. Pl. as. rar.*, III, 75; in *DC. Prodr.*, XI, 105). Section du genre *Strobilanthes* BL., à loges souvent 2-ovulées. (H. BN, *Hist. des pl.*, X, 434.)

STENOSOLENIUM (TURCZ., in *Bull. Mosc.* [1840], 253). Synonyme de *Arnebia* FORSK.

STENOSPERMATIUM (SCHOTT, *Gen. Aroid.*, 70). Genre d'Aracées-Callées, formé de 6, 7 herbes ou sous-arbrisseaux américains; distingué par un spadice stipité; un ovaire à 2 loges 4-6-ovulées; des graines albuminées; un fruit charnu, ouvert par un opercule. Toutes les fleurs sont hermaphrodites. (*Fl. bras.*, III, II, t. 18. — M.-MAST., in *Gardn. Chron.* [1875], I, fig. 116.)

STENOSPERMUM (SWEET. — AD. BR., *Enum.*, 123). Genre de Leptospermées, non décrit.

STENOSTACHYS (TURCZ., in *Bull. Soc. imp. nat. Mosc.*, II, 330). Synonyme (?) de *Deyeuxia* CLAR. — PAL.-BEAUV.

STENOSTEMUM (J., in *Mém. Mus.*, VI, 377). Synonyme de *Guettarda* L.

STENOSTEPHANUS (NEES, in *Mart. Fl. bras.*, IX, 91; in *DC. Prodr.*, XI, 310). Genre d'Acanthacées-Justiciées, formé de 4 sous-arbrisseaux américains; distingué par 5 sépales linéaires et valvaires; une corolle bilabiée, à 4 lobes inégaux; 2 étamines à anthère 1-loculaire; un style subentier au sommet; une capsule stipitée; des feuilles lancéolées; des cymes courtement stipitées, disposées en grappe terminale, ou longuement stipitées dans les *Hansteinia* que nous rapportons comme sec-

tion à ce genre. (Voy. *Bull. Soc. Linn. Par.*, 855; *Hist. des pl.*, X, 454.) [H. BN.]

STENOSTOMUM (GÆRTN. F., *Fruct.*, III, 69). Synonyme de *Guettarda* L.

STENOTÆNIA (BOISS., in *Ann. sc. nat.*, sér. 3, I, 339.—H. BN, *Hist. des pl.*, VII, 206). Section du genre *Malabaila* HOFFM., dont le type est l'*Opopanax orientale* BOISS. (*Pastinaca Opopanax* SIBTH., nec L.).

STENOTAPHRUM (TRIN., *Fund. Agrost.*, 175). Genre de Graminées-Panicées, formé de 2, 3 plantes radicantes, des plages maritimes; distingué par des épis à rachis aplati, finalement parfois articulé; les épillets disposés sur les faces ou formant de courts rameaux. Il y a 3 bractées sous les organes sexuels ou une quatrième très petite. (K., *Rev. Gram.*, t. 211. — TRIN., *Spec. Gram.*, t. 211. — *Fl. bras.*, II, II, t. 39.) [H. BN.]

STENOTHECA (MONN., *Ess. Hierac.*, 71). Synonyme de *Hieracium* T. (H. BN, *Hist. des pl.*, VIII, 109.)

STENOTIUM (PRESL, *Mon. Lobel.*, 12). Sect. des *Rapuntium*.

STENOTROPIS (HASSK., *Retzia*, I, 183). Synonyme de *Erythrina* L.

STENOTUS (NUTT., in *Trans. Am. Phil. Soc.*, ser. 2, VII, 334). Syn. de *Haplopappus* CASS. (H. BN, *Hist. des pl.*, VIII, 156.)

STENURUS (SALISB., *Gen. pl. Fragm.*, t. 5). Synonyme de *Biarum* SCHOTT.

STENYGRA (BAUDO, in *Ann. sc. nat.*, sér. 2, XX, 346). L'*Anagallis rubricaulis* HILS. et BOJ.

STEPHAN (Fried.). A publié [1791], à Leipsig, *De Pediculari comosa*; en 1795, à Moscou, *Icones plantarum mosquensium*, et en 1792 *Enumeratio stirpium agri mosquensis*, puis [1838] une liste des plantes cultivées dans son jardin, etc.

STEPHANANDRA (S. et ZUCC., in *Abh. Münch. Akad.*, III, 739, t. 4, fig. 2). Genre de Rosacées-Spiréées, formé d'un arbuste japonais; distingué par des feuilles incisées; des inflorescences corymbiformes; des fleurs à un carpelle, avec 2 ovules descendants; des graines albuminées. (H. BN, *Hist. des pl.*, I, 471.)

STEPHANANTHUS (LEHM., *Ind. sem. Hort. hamburg.* [1826], 18). Synon. de *Baccharis* L. (H. BN, *Hist. des pl.*, VIII, 151.)

STEPHANE. Nom grec ancien du *Ruscus Hypoglossum* L.

STEPHANIA (LOUR., *Fl. coch.*, 608). Genre de Ménispermacées-Cissampélées, formé de 3, 4 lianes, de l'Asie, l'Afrique et

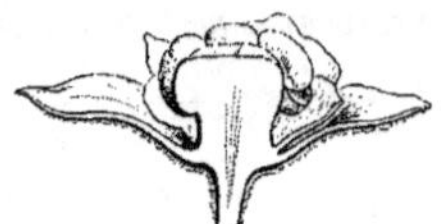

Stephania. — Fleur mâle, entière et coupe longitudinale.

l'Océanie tropicales; distingué par des fleurs à 3-5 pétales épais, courts; un androcée à colonne peltée; des inflorescences ombelliformes. (H. BN, *Hist. des pl.*, III, 19, 42, fig. 31, 32.)

STEPHANIA (W., *Spec.*, 239). Synon. de *Steriphoma* SPRENG.

STÉPHANIDE (BERT., art. *Champ.*, in *Dict. enc. sc. méd.*). Terme désignant les verticilles sporifères (*Arthrobotrys* CORDA) de certains Hyphomycètes.

STEPHANIUM (SCHREB., *Gen.*, 124). Synonyme de *Palicourea* AUBL. (*Uragoga* L.).

STEPHANOCARPUS (SPACH, in *Ann. sc. nat.*, sér. 2, VI, 368). Synonyme de *Halimium* SPACH.

STEPHANOCHILUS (CASS. et DUR., in *exs. alger.*). Synonyme (?) de *Volutaria* CASS. (H. BN, *Hist. des pl.*, VIII, 85.)

STEPHANOCOELIUM (KUETZ., in *Bot. Zeit.* [1847], 54). Synonyme de *Chauvinia* BORY.

STEPHANOCOMA (LESS., *Syn.*, 56, part.). Synonyme de *Berkheya* EHRH. (H. BN, *Hist. des pl.*, VIII, 200.)

STEPHANOGASTRA (KARST. et TRI., in *Linnæa*, XXVIII, 425). Synonyme de *Centronia* DON.

STEPHANOMA (WALLR., *Fl. crypt.*, II, 269). Genre de Tuberculariés, qui ne paraît être qu'un réceptacle de Pezize envahi par un Hyphomycète à conidies anguleuses, en étoile. [De S.]

STEPHANOPAPPUS (Less., in *Linnæa*, VI, 234). Synonyme de *Nestlera* Spreng.

STEPHANOPHYLLUM (Guillem., in *Deless. Icon.*, III, t. 98). Syn. de *Pæpalanthus* Mart.

STEPHANOPHYSUM (Pohl, *Pl. bras. Ic.*, II, 83, t. 155, 156). Synonyme (part.) de *Ruellia* L.

STEPHANOPODIUM (Pœpp. et Endl., *Nov. gen. et spec.*, III, 40, t. 246). Genre d'Euphorbia-cées-Dichapétalées, formé de 4, 5 arbres de l'Amérique tropicale; distingué par une corolle régulière ou irrégulière, gamopétale; 5 étamines fertiles; un fruit drupacé. (H. Bn, *des Hist. pl.*, V, 141, 234, fig. 226; in *Mart. Fl. bras.*, *Dichapet.*, c. tab.)

STEPHANOPYXIS (Ehrenb., in *Ber. Berl. Akad.* [1844], 262). Sous-genre des *Pyxidicula*.

STEPHANOSPERMUM. — Voy. Cordaites (II, 210).

STEPHANOSTACHYS (Kl., in *Allg. Gartenz.* [1852], 363). Sect. peu tranchée du g. *Nunnezharia* R. et Pav.

STEPHANOSTOMA (Zipp., ex Mackl., in *Bijdr. tot Nat. Wet.*, V, 142). Genre non décrit.

Stephanopodium. Fleur, coupe longitudinale.

lières. Les thèques allongées, cylindriques, contiennent 8 spores globuleuses, lisses, hyalines. On en connaît deux espèces hypogées, européennes. [De S.]

STEPPIA (Sch. bip., in *Walp. Rep.*, VI, 163). Section du genre *Prestinaria* Sch. bip.

STERBECKIA (Schreb., *Gen.*, I, 360). Synonyme de *Singana* Aubl.

STERBEECK (Fr. v.). Botaniste d'Anvers [1631-1693], auteur de *Theatrum fungorum* [1675] et de *Citricultura* [1682], in-4.

STERBEECKIA (Dumort., *Comm.*, 33). Genre établi pour le *Peziza cornucopioides* L.

STERCULIA (L., *Gen.*, n. 1086). Genre de Malvacées, qui donne son nom à la série des *Sterculiées*, et est formé de 50 à 60 arbres tropicaux, des deux mondes; distingué par des fleurs polygames ou unisexuées, apétales; le calice 5-mère; les étamines groupées en petit nombre vers le sommet d'une colonne, souvent surmontée d'un rudiment de gynécée. Dans les fleurs femelles, celui-ci est formé de 5 carpelles libres, à 2-∞ ovules. Le fruit se compose de carpelles secs, étalés, coriaces ou membraneux, déhiscents de bonne heure, avec, sur les bords, 1-∞ graines albuminées. Les feuilles sont entières, lobées ou composées-digitées. L'inflorescence est généralement rameuse. Les *S. urens* et *Tragacanthæ* ont un suc qui se concrète en une

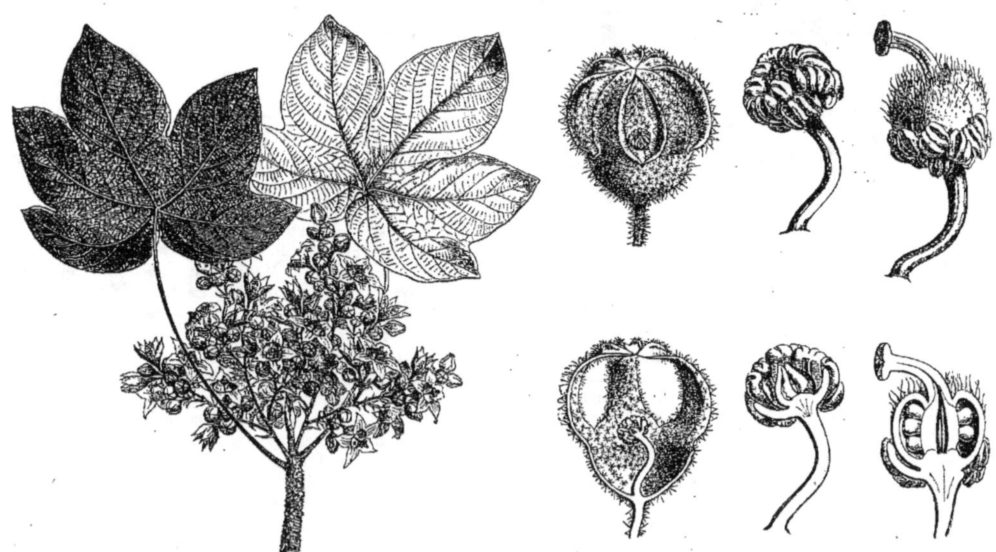

Sterculia. — Rameau florifère. Fleur mâle, entière et coupe longitudinale. Androcée, entier et coupe longitudinale. Fleur femelle, entière et coupe longitudinale.

STÉPHANOTE (Lamk). Nom français des *Stephanotis* Dup.-Th.

STEPHANOTIS (Dup.-Th., *Gen. nov. madag.*, 11). Section du genre *Marsdenia* R. Br. (H. Bn, *Hist. des pl.*, X, 230.)

STEPHANOTRICHUM (Naud., in *Ann. sc. nat.*, sér. 3, IV, 54). Synonyme de *Clidemia* Don.

STEPHANSKORNER. Nom allemand de la Staphisaigre.

STEPHEGYNE (Korth., in *Verh. Nat. Gesch.* [1839-1842], 160, t. 35). Synonyme de *Mitragyne* Korth.

STEPHENS. Auteur, avec G. Bruneus, d'un *Catalogue du jardin d'Oxford* et d'un autre des arbres du jardin médical.

STEPHENSEN (Maga.). A publié, en 1808, *De til Menneske-Fode i Island brugelige Tang-Arter og i Sördeleshed Söl*, à Copenhague (in-4 de 34 p. et 4 pl.).

STEPHENSIA (Tul., in *Compt. rend. Acad. sc.*, XXI, 1433). Genre de Tubéracés, à réceptacle globuleux, tomenteux, muni d'une fossette basilaire et d'une lacune excentrique. Le pseudo-parenchyme est parcouru par des veines blanchâtres, irrégu-

sorte d'Adraganthe. Le *S. scaphigera* a des graines dites de *Tampaiang*, vantées contre la diarrhée et la dysenterie, de même que celles du *S. alata*. (H. Bn, *Hist. des pl.*, IV, 57, 110, 121, fig. 78-87; in *Adansonia*, X, 161.)

STERCULIER. Nom français (Lamk) des *Sterculia* L.

STERCUS DIABOLI. L'Asa-fœtida.

STEREOCHILUS (Lindl., in *Journ. Linn. Soc.*, III, 38). Synonyme de *Sarcochilus* R. Br.

STEREODERMA (Bl., *Fl. jav. Pr.*, 9). Syn. de *Pachyderma* Bl.

STEREODON (Brid., *Bryol.*, II, 550). Section du g. *Hypnum*.

STÉRÉOME (Schwend.). Ensemble des arcs fibreux qui occupent, l'un l'extérieur du liber; l'autre l'extérieur du bois du faisceau. C'est encore le *Stéérème* (Guill.) et probablement le *Stéorome* (Pierre, *Not. bot.*, 16, etc.).

STEREOPHYLLUM (Karst., *Hedwig.* [1889], 190). Genre de Théléphorés, formé pour une espèce que ses caractères peuvent faire envisager comme un sous-genre du *Stereum* Pers.

STEREOSANDRA (Bl., *Mus. lugd.-bat.*, II, 176). Genre d'Orchidacées-Néottiées, formé d'une herbe terrestre, de Java; distingué, dit-on, dans le groupe des Diuridées, par des fleurs sans calycule, avec un court gynostème; un clinandre à peine saillant; des pollinies à long caudicule. [H. Bn.]

STEREOSPERMUM (Cham., in *Linnæa*, VII, 720). Genre de Bignoniacées-Técomées, dont les fleurs sont celles des *Tecoma*, à calice ouvert de bonne heure ou d'abord clos, avec un fruit cylindrique ou à peu près et 2 valves semi-circulaires. Le placenta est épais, cylindrique et présente des deux côtés des cavités superposées dans lesquelles se nichent des graines à embryon plus ou moins condupliqué. Ce sont des arbres de l'Asie et de l'Afrique tropicales, à feuilles simples ou composées-pennées. (Bur., in *Adansonia*, II, t. 4; *Mon. Bignon.*, 50, t. 29. — H. Bn, *Hist. des pl.*, X, 49.)

STEREOTHALIA (Trevis., in *Linnæa*, XXII, 446). Synonyme de *Stereocladon* Hook. et Harv.

STEREOXYLON (R. et Pav., *Prodr.*, 38, t. 6; *Fl. per.*, t. 234, 238). Synonyme de *Escallonia* L.

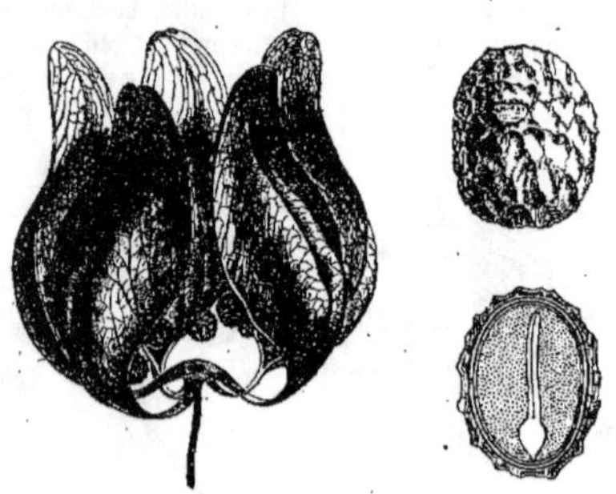

Sterculia. — Fruit. Graine, entière et coupe longitudinale.

STÉRÉOXYLONE. Nom français (Lamk) des *Stereoxylon* R. et P.

STEREUM (Pers., *Obs. myc.*, I, 35. — Fr., *Epicr.*, 2ᵉ, 638). Genre de Téléphorés, à chapeau coriace, persistant ou subéreux, à stipe très court ou sessile, dimidié, ou résupiné. L'hyménium est séparé de la couche externe, villeuse ou lisse, par une zone intermédiaire compacte, fibrilleuse, quelquefois d'une couleur différente. Les basides allongées sont tétraspores; les spores ovoïdes, lisses, incolores. Deux cents espèces, dont un petit nombre sont ubiquistes. Environ cent cinquante appartiennent aux régions tropicales; les autres aux régions tempérées : Europe, Amérique du Nord. Quelques représentants jusque dans le Canada, la Suède, la Norvège, la Sibérie. [De S.]

STERGETRON. Le *Sempervivum tectorum* L.

STERIGMA (DC., *Syst.*, II, 579). Genre de Crucifères, analogue aux *Hesperis* et placé parmi les Raphanées; formé de 5 herbes asiatiques, vivaces, et distingué par un fruit arrondi, arqué; un style court, à sommet stigmatifère largement bilobé. (Deless., *Ic. sel.*, II, t. 83. — H. Bn, *Hist. des pl.*, III, 253.)

STERIGMANTHE (Kl. et Grcke, *Tricocc.*, 252). Synonyme de *Euphorbia* L.

STÉRIGMATE, STÉRIGME. Désigne une petite expansion grêle du sommet du baside qui supporte les spores et leur forme une sorte de pédicelle. — Voy. Baside.

STERIGMATOCYSTIS (Cram., *Viert. natur. Gesell.* — Fres., *Beitr.*, 83). Genre d'Hyphomycètes, à mycélium rampant, d'où naissent des filaments dressés, non cloisonnés, renflés au sommet en vésicule sphéroïde. Sur cette vésicule se développent des sporophores qui ne restent pas simples, comme chez les Aspergilles, mais qui se divisent en rameaux verticillés, portant des chapelets de spores globuleuses. Quelques-uns possèdent un autre mode de reproduction : le mycélium développe des sclérotes qui présentent au bout d'un certain temps des thèques sporigènes à l'intérieur de leur tissu, comme dans le

genre *Penicillium*. Une vingtaine d'espèces, dont plusieurs avaient été confondues avec les *Aspergillus*; elles se rencontrent sur les matières organiques ou les corps organisés en putréfaction. Quelques-unes donnent lieu à des décompositions spéciales : le *S. nigra* décompose le tannin en glucose et en acide gallique. (H. Bn, *Tr. Bot. méd. crypt.*, 241.) [De S.]

STERIGMOSTEMON (Bieb., *Fl. taur.-cauc.*, Suppl., 444). Synonyme de *Sterigma* DC.

STERIPHA (Banks, in *Gærtn. Fruct.*, II, 84, t. 94). Synonyme de *Dichondra* Forst.

STÉRIPHE. Nom français (Lamk) des *Steripha* Banks.

STERIPHE (Phil., in *Linnæa*, XXXIII, 141). Genre de Composées-Astérées, placé avec doute près des *Hysterionica* W. et formé d'un sous-arbrisseau chilien, distingué par des feuilles linéaires; des cymes corymbiformes de capitules; des involucres turbinés, à bractées ∞-sériées; des fleurs du rayon neutres, à ligule très petite; une aigrette de ∞ soies 1-sériées. (H. Bn, *Hist. des pl.*, VIII, 156.)

STERIPHOMA (Spreng., *Syst.*, Cur. post., 130). Genre de Capparidacées-Capparidées, formé de 3 arbustes, de l'Amérique tropicale; distingué par des fleurs à calice tubuleux-campanulé; 4 pétales; des étamines longuement exsertes; des feuilles 1-foliolées. On cultive parfois dans les serres le *S. paradoxum*, à belles fleurs orangées. (H. Bn, *Hist. des pl.*, III, 176.)

STERIS (Adans., *Fam.*, II, 155). Synonyme de *Viscaria* Riv.

STERIS (Diosc.). Nom ancien, à ce qu'on croit, du *Lychnis Viscaria* L.

STERIS (L., *Mantiss.*, n. 1254). Synonyme de *Hydrolea* L.

STERLER (Alois). A publié [1821] un *Catalogue du jardin de Nymphenburg*, et en 1820 un *Europas Medicinische Flora* (in-fol. de 80 p. et 80 pl. col.).

STERNANIS, STERNANYS. Noms germaniques de l'Anis étoilé.

STERNBERG (Comte Gasp.). Né à Prague en 1761, mort en 1838, a écrit sur ses voyages dans les Alpes, au Tyrol, en Istrie. Il est l'auteur d'une *Révision illustrée des Saxifrages* [1810], de travaux sur la flore de Bohème, d'un *Catalogue des plantes des Commentaires de Mathiole sur Dioscorides*, et d'un grand ouvrage de *Botanique fossile*, datant de 1820-1838, traduit en français sous le titre d'*Essai d'un exposé géognostico-botanique de la Flore du monde primitif*, par Fr.-Gabr. de Bray. (*Cat. sc. pap.*, V, 824.)

STERNBERGIA (Artis, *Antedil. Phyt.*, t. 8). Genre d'Équisétacées fossiles (voy. *Flora* [1827], I, 24. — Ad. Bn., in *Dict. d'Orb.*, LVII, 137. — Gœpp., *Syst. Fil. foss.*, 439). Synonyme de *Artisia* Sternb.

STERNBERGIA (W. et Kit., *Pl. rar. hung.*, II, 172, t. 159). Genre d'Amaryllidacées, dont le type est l'*Amaryllis lutea*, si fréquemment cultivé. Il comprend une demi-douzaine d'espèces, de l'Europe orientale et de la région Méditerranéenne, et se distingue par un périanthe en entonnoir; un fruit charnu, presque indéhiscent; des graines arrondies, arillées; une hampe courte et généralement uniflore. On trouve le *S. lutea* près de Toulon. (Reichb., *Ic. Fl. germ.*, t. 372, 373. — Gren. et Godr., *Fl. de Fr.*, III, 252.)

STERNBOVIST. Nom allemand des *Geaster* Micheli.

STERNLEBERKRAUT. L'un des noms allemands du Petit Muguet des bois (*Asperula odorata* L.).

STERNSCHNUPPE. Nom allemand du *Nostoc commune* Vauch.

STERNUTAMENTORIA. Nom ancien des *Achillea Millefolium* L. et *Ptarmica* L.

STEROPA (Fries, *Obs. myc.*, I, 90). Section du genre *Merulius*, comprenant les *M. tremellosus* et *Crucibulum*.

STERREBECKIA (Link, *Diss.*, II, 44). Genre de Gastéromycètes, que Fries avait rangé dans les *Geaster* et dont plus tard il a reconnu les caractères distinctifs (*Sum. veg. Scand.*, 443). La plupart des botanistes ont adopté le nom, postérieur cependant, de *Mycenastrum* Desv. (voy. ce mot). M. Saccardo en a fait une section du genre *Scleroderma*. (*Syll. Fung.*, VII, 138.) [De S.]

STERREBEELLIA (Fr., *Obs. mycol.*, II, 313). Syn. de *Poronia*.

STERRHYMENIA (GRISEB., *Pl. Lorentz.*, 183). Synonyme de *Sclerophylax* MIERS.

STEUARTIA (CATESB., *Nat. Hist. Carol.*, III, 13). Genre de Ternstrœmiacées, à fleurs de *Thea* ou de *Gordonia*, avec 5 styles libres ou unis en partie; les loges ovariennes 2-ovulées;

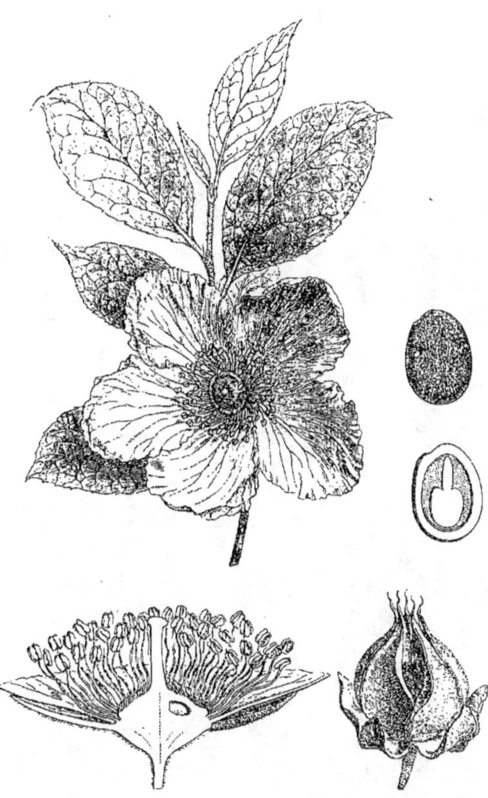

Steuartia. — Rameau florifère. Fleur, coupe longitudinale. Fruit déhiscent. Graine, entière et coupe longitudinale.

le fruit loculicide. Ce sont des arbustes, à feuilles alternes, non persistantes; à fleurs axillaires et solitaires; parfois cultivés dans nos jardins botaniques. Ils sont de l'Amérique du Nord et du Japon. (H. BN, *Hist. des pl.*, IV, 230, 254, fig. 256-260.)

STEUDELIA (MART., *Nov. gen. et spec.*, II, t. 68, 69). Synonyme de *Leonia* R. et PAV.

STEUDELIA (PRESL, *Symb.*, I, 3, t. 2). Synonyme de *Adenogramma* REICHB.

STEUDELIA (SPRENG., *N. Entd.*, III, 59). Synonyme de *Erythroxylon* L.

STEUDNERA (C. KOCH, in *Wochenschr. Gartn.* [1662], 114). Genre d'Aracées-Dieffenbachiées, formé de 3, 4 herbes de Birmanie; distingué par des feuilles ovales-oblongues, peltées; un ovaire 1-loculaire, ∞-ovulé; le style à sommet stigmatifère 3-5-lobé en étoile; des ovules orthotropes. On en cultive quelques-uns dans les serres. (*Fl. serr.*, t. 2201. — *Bot. Mag.*, t. 6076, part.) [H. BN.]

STEVARTIA (FORSK., *Fl. æg.-arab.*, 126). Synonyme de *Sida* L.

STEVEN (Christ.). Mort à Sympheropol en 1863, à l'âge de 82 ans, a écrit [1822] un *Monographia Pedicularis* et [1857] *Verzeichniss der auf der taurischen Halbinsel wildwachsenden Pflanzen* (in-8 de 412 p. et 2 pl.).

STEVENA (ANDRZ., ex DC.). Synonyme de *Berteroa* DC.

STEVENIA (AD. et FISCH., in *Ledeb. Fl. ross.*, 1, 123). Synonyme de *Arabis* L.

STEVENSIA (NECK., *Elem.*, III, 348). Genre disjoint des *Lichen* L.

STEVENSIA (POIT., in *Ann. Mus.*, IV, 235, t. 60). Section du genre *Rondeletia* PLUM., à fleurs 6-8-mères. (H. BN, *Hist. des plant.*, VII, 473.)

STEVENSONIA (DUNC., *Cat. H. maurit.*, 87). Genre de Palmiers-Arécées, formé d'un grand arbre des Seychelles; distingué, dans le groupe des Iguanurées, par des fleurs à 15-20 étamines; les anthères versatiles; l'ovaire 1-loculaire; le fruit ovoïde, à noyau lisse; la graine à albumen ruminé; les segments des feuilles confluents en lames 2-fides. [H. BN.]

STEVIA (CAV., *Icon.*, IV, 32, t. 354-356). Genre de Composées-Eupatoriées, formé de 75-80 plantes herbacées ou suffrutescentes, américaines; distingué, dans le groupe des Agératées, par des capitules 5-flores, disposés en grappes ou en cymes corymbiformes; l'involucre formé de 5, 6 bractées; le fruit surmonté de 5-10 paillettes, courtes, très petites, ou toutes ou en partie aristées. On cultive quelques *Stevia*, dont les feuilles ont parfois une odeur anisée. (H. BN, *Hist. des pl.*, VIII, 133.)

STEVOGTIA (NECK., *Elem.*, II, 23). Genre disjoint des *Convolvulus* L.

STEWARTE. Nom français (LAMK) des *Steuartia* CATESB.

STEWARTIA. Pour *Steuartia* CATESB.

STIBADOTHECA (KL., in *Abh. Ak. Wiss. Berl.* [1854], 128, t. 12 A). Synonyme de *Begonia* L.

STIBAS (COMMERS., herb.). Synonyme de *Phyllachne* FORST.

STIBASIA (PRESL. — CORDA, *Fl. d. Worw.*, 92). Synonyme (HOOK. et BAK.) de *Marattia* SW.

STICHERUS (PRESL, *Pterid.*, 51). Genre créé pour le *Mertensia lævigata* W.

STICHONEURON (HOOK. F. et THOMS., *Gen.*, III, 747, n. 3). Genre indien, représenté par une plante vivace, que nous avions rapportée avec doute (*Hist. des pl.*, III, 357, 440) aux Saxifragacées, mais dont l'auteur fait une Stémonée, voisine des *Croomia;* distingué par une tige dressée, paucifoliée; des pédoncules ∞-flores au sommet; des fleurs 4-mères, à ovaire infère; des placentas pariétaux, ∞-ovulés; des ovules descendants; des anthères non appendiculées. Les feuilles sont penninerves et veinées en travers. [H. BN.]

STICHOPHYLLUM (PHIL., *Fl. atacam.*, 19, t. 1 D). Synonyme de *Pycnophyllum* RIM.

STICHORCHIS (DUP.-TH. — LEM., in *Dict.*, LI, 1). Synonyme de *Malaxis* SW.

STICKMANNIA (NECK., *Elem.*, III, 171). Synonyme de *Dichorisandra* MIK.

STICKWURZ. En Allemagne, la Bryone dioïque.

STICTEÆ (FR. — SACC., *Syll. Fung.*, VIII, 647. — *Stictei* LÉV.). Division des Discomycètes, comprenant des genres à petits réceptacles se développant dans l'intérieur du substratum, comme les Sphériacés, pour émerger à la maturité, différant des Phacidiés par la couleur du réceptacle, claire au lieu d'être noire. [DE S.]

STICTIS (PERS., *Obs.*, II, 73). Genre de Discomycètes, à cupule céracée, souvent plane, avec des bords entiers ou laciniés, plus pâles. Les thèques, entourées de paraphyses, contiennent 8 spores filiformes, hyalines. Soixante-cinq espèces sur le bois, l'écorce, les rameaux, sous toutes les latitudes.

STICTOGEUM (SER., in *Mém. Gen.* [1823], II, 139). Synonyme de *Coluria* R. BR.

STICTONEIS (KUETZ., *Spec. Alg.*, 91). Sect. du g. *Stauroneis*.

STICTOPHACIDIUM (REHM, *Ascom.*, n. 916). Genre de Discomycètes, formé pour une espèce ayant un réceptacle de *Stictis*, mais les paraphyses fourchues, cloisonnées et les spores colorées. [DE S.]

STICTOPHYLLA (DC., *Prodr.*, VI, 285). Sect. du g. *Polychætia*.

STICTOPHYLLUM (EDGEW., in *Trans. Linn. Soc.*, XX, 78). Synonyme de *Tricholepis* DC. Section du genre *Centaurea* L. (H. BN, *Hist. des pl.*, VIII, 85.)

A. FAGUET, Pinx!   E. FRAILLERY, Imp   PORTAIL, Chromol

STEUARTIA VIRGINICA

Rameau florifère (grand. nat.)

STICTOSIPHONIA (HOOK. et HARV., *Crypt. antarct.*, 77). Sous-genre du genre *Bostrychia* MTGNE.

STIEFF (Joh.-Ernst). A écrit [1741], à Leipzig, *De vita nuptiisque plantarum* (in-4 de 24 p.). Il mourut à Breslau en 1793.

STIEFIA (MEDIC., *Phil. bot.*, II, 40). Le *Salvia colorata* L.

STIELBRAND. Nom allemand de la Puccinie du charbon.

STIFFTIA (MIK., *Del. bras.*, t. 1). Genre de Composées-Mutisiées, formé de 4, 5 espèces ligneuses, du Brésil et de la Guyane; distingué, dans le groupe des Gochnatiées, par des feuilles alternes, entières, coriaces; des capitules solitaires et grands ou plus petits et disposés en grappes composées; des involucres à bractées imbriquées, glabres, coriaces, apprimées; des fruits allongés et glabres. On cultive quelquefois dans nos serres tempérées le magnifique *S. chrysantha.* (*Bot. Mag.*, t. 4438. — H. BN, *Hist. des plant.*, VIII, 93.)

STIFTIA (CASS.). Pour *Stifftia* MIK.

STIGMANTHUS (LOUR., *Fl. cochinch.*, 146). Genre douteux de Rubiacées ? (H. BN, *Hist. des pl.*, VII, 364.)

STIGMAPHYLLON (A. JUSS., in *A. S.-H. Fl. Bras. mer.*, III, t. 170, 171). Genre de Malpighiacées-Banistériées, formé d'une cinquantaine de lianes, de l'Amérique tropicale; distingué par des fleurs à calice pourvu de 8 glandes; 6 étamines fertiles; des branches stylaires dilatées en lame foliée ou oncinée. Les feuilles sont opposées et alternes, avec des stipules peu développées et des pétioles portant 2 glandes. (H. BN, *Hist. des pl.*, V, 460.)

STIGMARIA (AD. BR., in *Mém. Mus.*, VIII, 209, 228). Genre fossile. — Voy. SIGILLARIA (IV, 73.)

STIGMAROTA (LOUR., *Fl. cochinch.*, 633). Synonyme de *Flacourtia* COMMERS.

STIGMATE. Tissu stigmatique ou formé de papilles stigmatiques, qui occupe ou une portion du sommet de l'ovaire, ou, bien plus souvent, une région du style, le plus ordinairement son sommet dilaté, ou lobé, ou partagé en branches dites stigmatifères. — Voy. GYNÉCÉE.

STIGMATEA (FR., *Summ. veg. Scand.*, 421). Genre de Sphériacés, à périthèces noirs, minuscules, subépidermiques, déterminant des taches sur le feuilles vivantes qu'ils habitent et renfermant un nucléus blanc formé de paraphyses ou pseudoparaphyses et de thèques allongées qui contiennent 8 spores ovoïdes, biloculaires, teintées de jaune. Une vingtaine d'espèces, la plupart européennes, dont quelques-unes présentent des conidies sous forme de *Fusidium* ou de *Ramularia*. [DE S.]

STIGMATELLA (BERK., *Intr. Bot. crypt.*, 313). Genre de Tuberculariés, à stroma globuleux, compacte, formé de filaments fertiles, filiformes, fasciculés, portant de grandes conidies globuleuses, hyalines, adhérant aux filaments par un pédicelle accuminé, persistant. Deux espèces, à stromas de couleur clairé: l'une en Angleterre sur du bois pourri; l'autre parasite, sur des Lichens, dans la Caroline du Sud. [DE S.]

STIGMATOCOCCA (W., in *Schult. Mant.*, III, 3, 55). Genre rapporté avec doute (B. H., *Gen.*, II, 888) aux Solanacées.

STIGMATOLEMMA (KALCHBR., in *Grevillea*, X [1882], 104). — Voy. POROTHELIUM.

STIGMATOMYCES (KARST., *Hedwig.* [1888], 141). Genre de Laboulbéniacés, formé pour une espèce vivant sur le corps des mouches, en Russie et en Autriche. Le périthèce conoïde, allongé, est porté sur un pédicelle cylindrique, formé de deux cellules; il est atténué au sommet, muni d'un ostiole bilobé. Les thèques fusiformes, groupées en pinceaux, contiennent 8 spores fusiformes, biloculaires, hyalines. Les pseudo-paraphyses qui entourent le réceptacle, sont courbes au sommet et munies de 5 à 6 petites pointes. [DE S.]

STIGMATOSPHÆRA (WESTEND., *Herb. belg.*, n. 27, 171, 655). Genre de Champignons, dont l'autonomie n'a pas été reconnue.

STIGMATOSTEMON. Nom donné par Mœnch (*Meth.*, 3), « si *stamina vel anthera stigmati sunt adnata* ».

STIGMATOSTYLES (MEISSN., in *Hook. Lond. Journ.*, II, 93). Synonyme de *Rhynchosia* LOUR.

STIGMATOTHECA (SCH. BIP., in *Webb Phyt. canar.*, II, 255).

Syn. de *Chrysanthemum* T. (H. BN, *Hist. des pl.*, VIII, 276.)

STIGMATULA (SACC., *Syll. Fung.*, I, 543). Section des *Stigmatea*, comprenant les espèces à spores uniloculaires.

STIGMEA (FRIES, *Syst. myc.*, II, 556). Section du genre *Xyloma* PERS.

STIGMELLA (LÉV., *Voy. Demid.*, 111). Genre d'Hyphomycètes, dont le mycélium rampe sur les feuilles, formant de petites agrégations de spores ovoïdes, cloisonnées en grillages brunâtres. Trois espèces européennes, sur des feuilles de Chênes, d'Ormeaux, de Sauges. [DE S.]

STIGMINA (SACC., *Mich.*, II, 22). Genre d'Hyphomycètes, formant, sur les feuilles vivantes ou tombées à terre, de petites masses de conidies ovoïdes, brunes ou olivâtres, pluriloculaires, portées sur de petits sporophores. Trois espèces, en Europe et en Californie, sur des feuilles de Platane et de *Thermopsis*.[DE S.]

STILAGINÉES (LINDL., *Veg. Kingd.*, 259). Synonyme d'Antidesmées (Euphorbiacées).

STILAGINELLA (TUL., in *Ann. sc. nat.*, sér. 3, XV, 240). Synonyme de *Hieronyma* ALLEM.

STILAGO (SCHREB., *Gen.*, 608). Synonyme de *Antidesma* L.

STILBANTHUS (HOOK. F., in *Hook. Icon.*, t. 1286). Genre de Chénopodiacées-Amarantées, formé d'une liane de l'Himalaya, à fleurs d'*Achyranthes*; distingué par un calice à folioles scarieuses, brillantes, laineuses au sommet. Les feuilles du *S. scandens* sont opposées. (H. BN, *Hist. des pl.*, IX, 208.)

STILBE (BERG., *Fl. cap.*, 30, t. 4). Genre de Verbénacées, qui a donné son nom à une série des *Stilbées* et même à une famille des *Stilbacées*. Il comprend 4 arbustes éricoïdes, de l'Afrique australe. Leurs fleurs sont hermaphrodites, à calice 5-denté ou 5-lobé, presque régulier ou 2-labié. La corolle gamopétale a un tube étroit, et 5 lobes peu inégaux; les 2 postérieurs parfois unis dans une certaine étendue. Les 4 étamines sont peu inégales, à anthère introrse. Il y a parfois un stami-

Stilbe. — Rameau florifère. Fleur, coupe longitudinale. Gynécée, coupe longitudinale.

node postérieur. L'ovaire a 2 loges, dont une avorte souvent et ne renferme qu'un ovule rudimentaire. Sinon elle contient, comme l'autre, un ovule dressé, à micropyle extérieur et inférieur. Le fruit est sec, indéhiscent et renferme une graine à albumen charnu. Les feuilles sont verticillées par 4-6, linéaires et rigides. Au sommet des rameaux, les fleurs axillaires et solitaires forment une sorte de capitule. (H. BN, in *Payer Leç. Fam. nat.*, 221; *Hist. des pl.*, XI, 83, 109, fig. 90-92.)

STILBÉ. Nom français (LAMK) des *Stilbum* et des *Stilbe* BERG.

STILBEÆ (SACC., *Syll. Fung.*, IV, 562). Famille d'Hyphomycètes, comprenant les *Stilbum*, *Isaria* et les genres affines.

STILBINUM (HOFFM., *Ind. Fung.*). — Voy. STILBUM.

STILBOCARPA (HOOK. F., *Fl. Nov. Zel.*, I, 95). Section du genre *Aralia* T., dont le type est l'*A. polaris*.

STILBODENDRON. — Voy. STILBODENDRUM.

STILBODENDRUM (Bon., *Handb. d. allg. Mykol.*, 117). Genre d'Hyphomycètes, à filaments fertiles, dichotomes, renflé à la bifurcation et au sommet des rameaux qui portent des spores sphériques, hyalines. Le *S. nodosum*, la seule espèce décrite, ressemble à un *Sporodinia* et paraît d'une autonomie douteuse. [De S.]

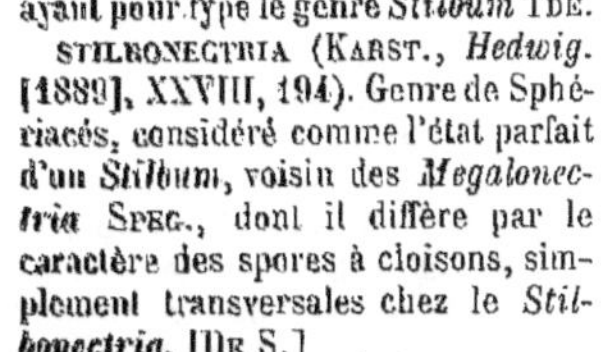
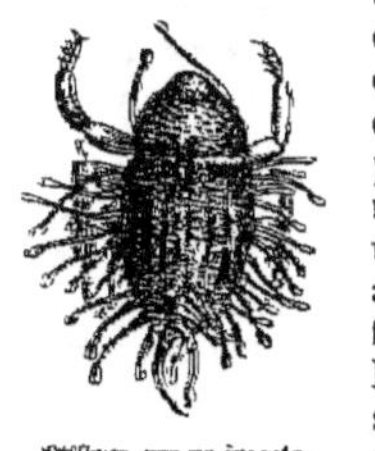

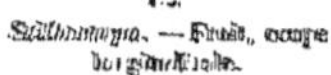
Stilbomyia. — Fruit, coupe longitudinale.

STILBOIDEI (Fr., *Syst. myc.*, I, p. XLVII). Ordre d'Hyphomycètes, ayant pour type le genre *Stilbum* Tde.

STILBONECTRIA (Karst., *Hedwig.* [1889], XXVIII, 194). Genre de Sphériacés, considéré comme l'état parfait d'un *Stilbum*, voisin des *Megalonectria* Speg., dont il diffère par le caractère des spores à cloisons, simplement transversales chez le *Stilbonectria*. [De S.]

STILBOSPORA (Pers., *Syn. Fung.*, 96). Genre de Mélanconiés, à stroma subépidermique, disciformes ou conoïdes, noirs, donnant naissance à des spores oblongues ou fusiformes, pluriloculaires, fuligineuses. Une quinzaine d'espèces, sur l'écorce ou les rameaux morts. [De S.]

STILBUM (Tode, *Fung. Meckl.*, I, 10). Genre d'Hyphomycètes, dont le stroma est formé par la coalescence de filaments parallèles, comme chez les *Coremium*, et se renfle en un capitule conidiophore. Les conidies, très petites, sont à l'origine enveloppées d'un mucilage. Soixante-cinq espèces, dont un grand nombre sont coprophiles. Les autres vivent sur du bois pourri, des feuilles mortes, des Champignons, en Europe, dans l'Amérique du Nord et sous les tropiques. Plusieurs sont rattachées à des Sphériacés dont elles constituent un organe conidiophore. [De S.]

Stilbum, sur un insecte.

STILLINGFLEET (Benj.). Auteur à Londres [1811] de *Literary life and select works... on some of the plants of Theophrastus* (de Cuvr), et *Miscellaneous tracts relating to natural history* [1759], in-8 de 391 p. et 11 pl. Il était mort en 1811.

STILLINGFLEETIA (Boj., *Hort. maurit.*, 284). Synonyme de *Excoecaria* L.

STILLINGIA (Garden. — L., *Mantiss.*, n. 1279). Section du genre *Excoecaria* L. (H. Bn, *Hist. des pl.*, V, 135.)

STILOCHITON (Lepr., in *Ann. sc. nat.*, sér. 2, II, 184, t. 5). Genre d'Aracées, formant à lui seul une tribu des *Stilochitonées*. Ce sont 3 herbes vivaces, de l'Afrique tropicale et australe; distinguées par un spadice sans appendice, avec les fleurs supérieures mâles et les inférieures femelles; le périanthe mâle annulaire, et le femelle cupuliforme; des étamines distinctes; un ovaire uniloculaire, à ∞ ovules anatropes; des feuilles simples. (Kotsch. et Peyr., *Pl. Tinn.*, t. 20. — Schott, *Gen. Aroid.*, t. 68; *Aroid.*, t. 14.) [H. Bn.]

STILOCHITONEÆ. Tribu des Aroïdées. (B. H., *Gen.*, III, 958.)

STILPNOGYNE (DC., *Prodr.*, VI, 293). Section du genre *Senecio* T. (H. Bn, *Hist. des pl.*, VIII, 260.)

STILPNOPAPPUS (Mart., in *DC. Prodr.*, V, 75). Section du genre *Vernonia* Schreb. (H. Bn, *Hist. des pl.*, VIII, 25.)

STILPNOPHYLLUM (Hook. f., *Icon.*, t. 1147; *Gen.*, II, 33, n. 13). Genre de Rubiacées; section (?) du genre *Remijia* DC., à corolle valvaire, munie de poils ascendants, à anthères dorsifixes, exsertes. Le type est l'*Elæagia lineata* Spruce, plante à feuilles opposées (de Laurier), de l'Amérique tropicale. (H. Bn, *Hist. des plant.*, VII, 480.)

STILPNOPHYTUM (Less., *Syn.*, 264). Sect. du g. *Athanasia* L.

STIMPSONIA (C. Wright, ex A. Gray, in *Mem. Amer. Acad.*, sér. 2. VI, 404, not.). Genre de Primulacées, formé d'une herbe japonaise, annuelle, à fleurs d'*Androsace*, mais à petites feuilles alternes et à fleurs axillaires. Son port a été comparé à celui du *Veronica Chamædrys* L. [H. Bn.]

STIMULUS. Poil brûlant, comme dans l'Ortie, les *Tragia*, les *Cnidoscolus*, les *Loasa*, etc.

STING BISOM. Nom anglais du *Cyperus articulatus* L.

STINKASTER. Nom anglais de l'*Inula suaveolens* Jacq.

STINK-CASHA. A Sainte-Croix, l'*Acacia macracantha* H. B. K.

STINKNOUT. L'*Oreodaphne bullata* Nees.

STINK-TREE. Nom anglais du *Piscidia Erythrina* L.

STINK-WOOD (Bois puant). Nom, à Van Diemen, du *Zieria macrophylla* B.

STIPA (L., *Gen.*, n. 90). Genre de Graminées-Agrostées, formé d'environ 80 plantes cespiteuses, des régions chaudes des deux mondes; distingué, dans un groupe des *Stipées*, par des fleurs ordinairement pourvues de 3 glumellules; la glumelle fructifère étroite et acuminée; l'arête entière, ordinairement articulée avec la glume, souvent longue ou très longue, tordue ou flexueuse, rarement continue. Le *S. tenacissima* L., type, pour certains auteurs, d'un genre *Machrochloa*, est l'*Alfa* du commerce, dont l'exploitation joue un si grand rôle en Algérie. (Pal.-Beauv., *Agrost.*, 18, t. 6. — K., *Enum.*, I, 179; *Rev. Gram*, t. 43, 124. — Steud., *Syn. pl. glum.*, I, 124. — Gren. et Godr., *Fl. de Fr.*, III, 492.) [H. Bn.]

STIPAGROSTIS (Nees. — B. H., *Gen.*, III, 1141). Section du genre *Aristida* L.

STIPE (*Stipes*). Tige ligneuse, indivise, telle que celle des Palmiers, etc.

STIPEÆ. Sous-tribu des Agrostidées. (B. H., *Gen.*, III, 1076.)

STIPECOMA (M. Arg., in *Mart. Fl. bras.*, VI, 175, t. 53). Genre d'Apocynacées-Nériées, voisin des *Echites*; distingué par un calice à 5 glandes intérieures; une corolle hypocratérimorphe; un disque cupulé, 5-lobé; un style non annulé; des follicules linéaires; des graines plumeuses; des feuilles peltées; des pédoncules 2-fides. (H. Bn, *Hist. des pl.*, X, 216.)

STIPELLARIA (Benth., in *Hook. Kew Journ.*, VI, 2). Section du genre *Alchornea* Sw.

STIPELLE. Organe analogue à la stipule, qui accompagne assez souvent les folioles des feuilles composées.

STIPOPSIS (Steud., *Syn. pl. glum.*, I, 377). Section du genre *Andropogon* L.

STIPULARIA (Haw., *Syn. succ.*, 103). Syn. de *Tissa* Adans.

STIPULARIA (P.-Beauv., *Fl. ow. et ben.*, II, 26, t. 75). Genre de Rubiacées-Génipées, très voisins des *Sabicea* (dont elles sont peut être congénères), n'en différant guère que par leurs cymes axillaires contractées, enveloppées de bractées formant un grand involucre cyathiforme. Leur ovaire est 2-5-loculaire; leur corolle infundibuliforme, valvaire; leurs anthères sessiles; leur fruit charnu ou coriace. Ce sont des arbustes tomenteux ou soyeux, de l'Afrique tropicale occidentale; on en connaît 3 espèces. Leurs feuilles sont opposées, allongées, avec des stipules interpétiolaires développées. (Voy. *Hist. des plant.*, VII, 320, 451, n. 112.) [H. Bn.]

STIPULE. — Voy. Feuille.

STIPULICIDA (Michx, *Fl. bor.-amer.*, I, 26, t. 6). Genre de Caryophyllacées-Polycarpées, composé d'une herbe de l'Amérique du Nord; distingué par des fleurs de *Polycarpæa*, à style 3-fide; mais à feuilles basilaires, en rosette; les stipules dentées ou multifides. (A. Gray, *Gen. ill.*, t. 107. — H. Bn, *Hist. des pl.*, IX, 119.)

STIRLINGIA (Endl., *Gen.*, 339; Suppl., IV, II, 81; *Iconogr.*, t. 23). Genre de Protéacées-Protéées, formé de 5 arbustes australiens; distingué par

Stirlingia. — Fleur. Diagramme.

des fleurs en capitules; des anthères cohérentes en cône autour du gynécée, sans écailles hypogynes (H. Bn. *Hist. des pl.*, II, 399, 427, fig. 236, 237). On a donné le nom de ce genre à une série des *Stirlingiées*, comprenant aussi les *Conosper-mum* Sm. et *Synaphea* R. Br.

STIRPE (*Stirps*). Nom donné par certains botanistes à un groupe d'espèces voisines, tel qu'à travers des différences mor-phologiques « il offre toujours une unité d'aspect assez grande pour que beaucoup de botanistes ne veuillent rien voir au-dessous de lui comme unité distincte » (A. Clavaud). Pour beaucoup d'auteurs la plupart des espèces linnéennes sont des stirpes; ils les décomposent alors en ce qu'ils nomment des espèces. De même, beaucoup d'espèces dites de nos jours *Jordaniennes*, seraient des fractions d'un stirpe souvent repré-senté par une ancienne espèce linnéenne. A. Braun nomme espèce ce que plusieurs nomment stirpe; et les sous-espèces sont les espèces de ces partisans du stirpe.

STISSER (Joh.-Andr.). Professeur à Helmstadt [1657-1700], auteur de *Botanica curiosa* [1697] et de *Horti medici Helmsta-diensis Catalogus* [1699], in-8 de 224 p. et 12 pl.

STISSERA (Gis., *Præl.*, 199, 207, 228). Syn. de *Curcuma* L.

STISSERIA (Scop., *Introd.*, 199). Synonyme de *Mimusops* L.

STIVERBUSH. Nom anglais du *Cassia bicapsularis* L.

STIXIS (Lour., *Fl. coch.*, I, 295). Genre de Capparidacées-Capparidées, formé d'une demi-douzaine d'arbustes, de l'Indo-Chine et des Philippines; distingué par des fleurs apétales, à 6 sépales; un fruit drupacé, 1-sperme; des feuilles simples; des fleurs axillaires ou en grappes composées terminales. On décrit généralement ces plantes sous le nom de *Roydsia*. Mais *Stixis* a l'antériorité. (H. Bn, *Hist. des pl.*, III, 175.)

STIZA (E. Mey., *Comm. pl. afr. austr.*, 31). Synonyme de *Lebeckia* Thunb.

STIZOLOBIUM (Pers., *Syn.*, II, 298). Syn. de *Mucuna* Adans.

STIZOLOPHUS (Cass., in *Dict.*, LI, 49). Syn. de *Centaurea* T.

STIZOPHYLLUM (Miers, in *Proc. Hort. Soc. lond.*, III, 197). Genre de Bignoniacées américaines, voisin des *Bignonia*, mais à calice membraneux, subenflé, obtusément inéquilobé; une corolle à tube dilaté-campanulé en haut; un disque conique-déprimé; un fruit linéaire, grêle, tomenteux; des graines plu-risériées, hyalines-membraneuses. Ce sont des lianes à feuilles 3-foliolées ou pourvues de vrilles, à ponctuations pellucides, à inflorescences courtes et axillaires. (H. Bn, *Hist. des pl.*, X, 30.)

STOBÆA (Thunb., *Prodr. Fl. cap. Præf.*). Synonyme de *Berkheya* Ehrh.

STOCKSIA (Benth., in *Hook. Kew Journ.*, V, 304). Genre de Sapindacées-Sapindées, formé d'un arbuste du Belouchistan; distingué par des fleurs à 5 sépales largement imbriqués; 4 pétales dressés; des loges ovariennes 2-ovulées; des feuilles simples. (H. Bn, *Hist. des pl.*, V, 420.)

STOEBE (L., *Gen.*, n. 1001). Genre de Composées-Hélianthées-Inulées, formé d'une vingtaine d'arbuscules africains; distingué, dans le groupe des Relhaniées, par des capitules tous uniflores; la fleur hermaphrodite; le fruit couronné d'une aigrette de soies plumeuses; des feuilles alternes, éricoïdes et rigides; des capitules groupés en glomérules sphériques ou oblongs. (H. Bn, *Hist. des pl.*, VIII, 184.)

STOEBE (Pers., *Enchir.*, II, 485). Section du g. *Centaurea*.

STOECAS (Matth.). Le *Lavandula Stœchas* L.

STOECHAS (T., *Inst.*, 204, t. 95). Synonyme de *Lavandula* L.

STOECHAS ARABIQUE. Le *Lavandula Stœchas* L.

STOECHAS CITRIN. L'*Helichrysum Stœchas* Cass.

STOECHAS CITRINA (Matth.). Le *Gnaphalium orientale* L.

STOECHAS D'ALLEMAGNE. Le *Gnaphalium arenarium* L.

STOECHAS POURPRE. Le *Lavandula Stœchas* L.

STOEREBA (Crantz, *De duab. arb.* [1768], 25). Synonyme de *Dracæna* L.

STOERKIA (Crantz, *De duab. arb.* [1768]). Syn. de *Dracæna*.

STOHR (Joh.-Mor.). Auteur [1695], à Leipzig, de *Poma sodo-mitica ad illustrationem Sapientiæ* (in-4 de 2 p.).

STOKES (Jonath.). Auteur de *A botanical Materia medica* [1812] et de *Botanical Commentaries* [1830], in-8 de 272 p.

STOKESIA (Lhér., *Sert. angl.*, 27). Genre de Composées, rapporté avec doute aux Vernoniées, formé d'une herbe améri-

caine; distingué par de grands capitules pédonculés, avec des fleurs à belle corolle bleue, étalée au-dessus du milieu de sa hauteur, subligulée; les corolles extérieures plus grandes; les fruits à 3, 4 angles, avec une aigrette de 4, 5 paléoles, longues et caduques. Le *S. cyanea* est parfois cultivé dans les serres. (*Bot. Mag.*, t. 4966. — H. Bn, *Hist. des pl.*, VIII, 127.)

STOLIDIA (H. Bn, in *Adansonia*, II, 359). Genre d'Olacées, formé d'un arbuste de Maurice, à fleurs de *Strombosia*; l'ovaire 4, 5-mère et la corolle imbriquée. (B. H., *Gen.*, I, 996.)

STOLON. Rameau feuillé, souvent grêle, partant de la base des tiges et se couchant sur le sol où il s'enracine souvent.

STOLZ (Joh.-Christ.). Auteur [1802], à Strasbourg, d'une *Flore des plantes qui croissent dans les départements du Haut- et Bas-Rhin* (in-8 de 61 p.).

STOMARRHENA (DC., *Prodr.*, VII, 738). Syn. de *Astroloma*.

STOMATE. Les stomates sont des phytocystes-cellules modi-fiés et que l'on rencontre sur l'immense majorité des organes, non seulement des Phanérogames, mais des Cryptogames supé-rieurs (tiges, feuilles, périanthe, filets des étamines, ovaires; urnes des Mousses, fronde des Hépatiques). Mais les lieux d'élection des stomates sont les organes foliaires, où ils jouent un rôle physiologique de première importance. Dans les feuilles submergées, les stomates font souvent complètement défaut. Dans les feuilles flottantes on n'en trouve ordinairement qu'à la face supérieure en contact avec l'atmosphère. Sur les feuilles aériennes, les stomates, parfois clairsemés, parfois fort nom-breux (on en a compté près d'un million sur une seule feuille), se trouvent principalement à la face inférieure, épars, sans ordre apparent ou groupés en îlots irréguliers (Saxifrage). Si l'on excepte les stomates des Hépatiques (*Marchantia*), formés par la réunion de 4 à 6 séries verticales, composées chacune de 4 à 8 cellules superposées, limitant entre elles un véritable canal, les stomates se composent essentiellement de 2 cellules juxtaposées (cellules de bordure), en forme de croissants et laissant entre leurs deux faces concaves en regard une ouver-ture plus ou moins allongée, l'ostiole. Les rapports des sto-mates avec les cellules épidermiques sont variables. Le plus souvent ils sont placés dans le même plan qu'elles, à leur point de réunion; parfois aussi ils sont logés au fond d'une sorte de puits (*Pinus*) ou d'une véritable crypte tapissée de poils (*Ne-rium*). La disposition inverse se rencontre dans l'*Aneimia*, où les cellules stomatiques surplombent le plan de l'épiderme. Dans tous les cas, au-dessous du stomate se trouve une chambre sous-stomatique, sorte de lacune plus ou moins développée entre les éléments du parenchyme. Le long de l'ostiole, les cellules stomatiques présentent le plus souvent 2 arêtes proémi-nentes : l'une supérieure, l'autre inférieure, formant deux sortes de lèvres rapprochées l'une de l'autre et qui, sur une coupe transversale, apparaissent sous la forme de quatre dents. Entre chaque arête et la fente se trouve une rainure détermi-nant ainsi deux chambres : l'une supérieure, l'autre inférieure. Il en résulte, que vu de face, le stomate peut montrer 2 ou 4 ellipses, suivant que l'ouverture plus ou moins considérable de la fente permet de voir par transparence la chambre anté-rieure seulement ou les deux chambres à la fois. Les stomates se forment aux dépens de cellules-mères. Lorsque les cellules épidermiques se différencient du méristème primitif, un certain nombre de ces cellules se divisent en deux cellules-filles, dont l'une devient la cellule initiale du stomate, l'autre une simple cellule épidermique. Dans le cas le plus simple (*Iris*), l'initiale se divise en deux par une cloison perpendiculaire à la surface de l'épiderme et qui, se dédoublant bientôt, limite la face con-cave des deux cellules de bordure. Celles-ci contiennent un abondant protoplasma qui ne tarde pas à s'imprégner de grains de chlorophylle, donnant parfois naissance à des grains d'ami-don, tandis que le reste de l'épiderme demeure incolore. Il se peut que les cellules voisines de l'initiale détachent par des cloisons courbes un certain nombre de segments; les cellules stomatiques sont alors entourées d'un nombre variable de cel-lules de forme semblable à la leur. Mais un grand nombre de plantes présentent un degré plus grand encore de complication : l'initiale se divise en un certain nombre de cellules évoluant, l'une en cellule-mère, les autres en cellules annexes. La loi suivant laquelle se développent ces cloisons successives paraît assez constante dans certaines familles (Renonculacées, Crucifères, Rubiacées). Dans le cas où les cellules stomatiques se trouvent au-dessous du plan superficiel de l'épiderme, l'enfoncement du stomate dans les tissus ne se produit qu'ultérieurement, par suite de la localisation de la croissance à la face supérieure de l'épiderme ou de la multiplication tangentielle des cellules épidermiques en plusieurs lits horizontaux, lorsque l'épiderme est composé. En un mot, les stomates sont autant de points où l'épiderme demeure toujours simple et à son niveau primitif. Au point de vue physiologique, on doit distinguer deux sortes de stomates : les uns, stomates aérifères, servent à régler les échanges gazeux entre l'atmosphère extérieure et les espaces intercellulaires des tissus profonds. Les autres, stomates aquifères, présentant toujours avec les premiers une différence bien marquée de forme et de grandeur, se rencontrent fréquemment à l'extrémité des nervures des feuilles et sur un grand nombre de nectaires; ils servent à l'excrétion d'une quantité d'eau parfois considérable (*Colocasia*). Le réglage des échanges gazeux s'effectue d'une manière automatique, grâce à l'ouverture ou à la fermeture de l'ostiole. L'explication ancienne de la fermeture de l'ostiole par pression sur les cellules stomatiques, lors de la turgescence des tissus voisins, se trouve être en désaccord avec les besoins physiologiques; car, s'il est un moment où la plante doit rejeter au dehors une plus grande quantité de vapeur d'eau, c'est certes au moment de la turgescence maxima des tissus. C'est à M. Schwendener que revient l'honneur d'avoir établi que c'est grâce à l'inégale épaisseur des parois des cellules stomatiques que s'effectue l'ouverture de l'ostiole. Lorsque, par suite de la pression intracellulaire, la cellule stomatique entre en turgescence, la face interne beaucoup plus épaisse résiste à l'extension, tandis que la face externe, mince, s'allonge et augmente d'autant l'ouverture de l'ostiole. Tout se passe comme si l'on injectait dans un tube de caoutchouc inégalement épaissi de l'eau sous pression : le tube devient alors concave du côté le plus épais. Quant aux arêtes d'épaississement, elles agissent comme des rails servant à diriger le mouvement et à empêcher la surface de la cellule de se gauchir. [F. H.]

STOMATOCALYX (M. ARG., in *DC. Prodr.*, XV, II, 1142). Synonyme de *Pimeleodendron* HASSK.

STOMIUM. Fente de déhiscence du sporange des Fougères.

STONECROP. Nom anglais des *Sedum* T.

STONE-GINGER. Nom anglais du *Peperomia acuminata* MIQ.

STONES. Nom commercial du noyau de certains *Parinari* d'Afrique, dont la graine est oléagineuse.

STOORIA (NECK., *Elem.*, I, 132). Synonyme de *Lobelia* L.

STOPINACA (RAFIN., ex DC.). Synonyme de *Polygonella* MICHX.

STORAX. Substances balsamiques (par corruption de *Styrax*), employées en médecine. Le S. Calamite est la meilleure sorte usitée, produite par le *Styrax officinale* L., mais seulement en Orient. Le S. amygdaloïde est le Styrax-Benjoin. Les S. de Bogota proviennent du *S. tomentosum*. Au Brésil, on extrait du Storax des *S. ferrugineum* et *reticulatum;* au Pérou, du *S. racemosum;* à la Guyane, des *S. pallidum, guianense,* etc. (H. BN, *Tr. Bot. méd. phanér.*, 770, 1326.)

STORCKIELLA (SEEM., in *Bonplandia* [1861], 363, t. 6). Genre de Légumineuses-Césalpiniées-Cassiées, formé de 2, 3 arbres océaniens, à feuilles imparipennées; distingué par des grappes composées; un calice imbriqué; une corolle généralement 4-mère; 10 étamines à anthère linéaire; un fruit comprimé, oblong ou subfalciforme, coriace, 2-valve. Le périanthe peut être 3-6-mère; et dans la section *Doga* il n'y a que 4 étamines. Les graines ont un albumen charnu. Le genre est d'ailleurs très voisin des *Martia*. (H. BN, *Hist. des pl.*, II, 131, 189; in *Adansonia*, IX, 204.)

STORK'S-BILL. Nom anglais des *Erodium* LHÉR.

STORMHAT. Nom scandinave de l'Aconit Napel.

STORMS (JAN). Auteur, à Louvain [1608], de *Rosa hierochuntina liber* 1, *in quo de ejus natura... disseritur* (in-8).

STOORIA (NECK., *Elem.*, I, 131). Genre disjoint des *Lobelia*.

STORTHOCALYX (RADLK., ex *Dur. Ind.*, 79). Genre de Sapindacées, établi pour 5 *Cupania* des auteurs, originaires d'Océanie.

STRABO (Walafrid). En 1512, fut publié, à Nuremberg, son livre intitulé : *Strabi, Fuldensis monachi, Hortulus, apud Helvetios in sancti Galli monasterio repertus, carminis elegantia tum delectabilis, quum doctrinæ cognoscendarum quarundam herbarum varietate utilis.* L'ouvrage fut réédité en 1834 à Wurzburg (in-8 de 105 p.).

STRABONIA (DC., *Prodr.*, V, 481). Synonyme de *Pulicaria* GÆRTN. (H. BN, *Hist. des pl.*, VIII, 159.)

STRACHEYA (BENTH., in *Hook. Kew Journ.*, V, 306). Genre de Légumineuses-Papilionacées-Hédysarées, formé d'un sous-arbrisseau de l'Himalaya; distingué par un fruit comprimé, largement linéaire, à sutures continues, échinées-dentées; les articles muriqués et ne se séparant que tardivement et difficilement. (H. BN, *Hist. des pl.*, II, 297.)

STRAINER-VINE. Nom anglais du *Luffa cylindrica* RŒM.

STRAKÆA (PRESL, *Epim.*, 221). Synon. de *Bragantia* LOUR.

STRAMEN CAMELORUM. Les Schœnanthes.

STRAMMONIUM, STRAMONIA. Noms, à Venise, à l'époque de la Renaissance, du *Datura Metel* L., qui y était cultivé. On a attribué l'origine de ces noms aux mots Στρύκνον μανικόν appliqué par Dioscoride à la Belladone.

STRAMOINE (*Datura* L., *Gen.*, n. 246). Genre de Solanacées, qui donne son nom à une série des *Daturées*. Les fleurs y ont un calice gamosépale, à 5 angles saillants, à divisions indupliquées. Souvent il se déchire en travers, et sa base indurée persiste autour du fruit. La corolle en entonnoir a 5 lobes indupliqués, tordus. Elle porte 5 étamines à anthère introrse. L'ovaire a 2 loges partagées en 2 logettes par une fausse-cloison centripète, incomplète en haut. Les placentas axiles sont ∞-ovulés. Le fruit, inerme ou plus souvent hérissé d'aiguillons, est indé-

Stramoine. — Branche florifère et fructifère.

hiscent ou déhiscent en 4 valves. Les graines sont comprimées, réniformes, à albumen charnu et à embryon arqué. On connaît une demi-douzaine de *Datura*, ligneuses ou herbacées, à feuilles alternes, à fleurs solitaires, latérales aux feuilles. Ces plantes habitent les régions chaudes et tempérées des deux mondes. Elles sont vénéneuses. Les *D. Stramonium* L. (*Pomme-épineuse*) et *Tatula* L. s'emploient surtout comme antiasmathiques. Les *D. arborea, Metel, fastuosa, alba, ferox* sont également des médicaments puissants et des poisons dangereux. Plusieurs espèces passent pour produire un genre particulier de folie. (H. BN, *Hist. des pl.*, IX, 307, 323, 349, fig. 431-436; *Tr. Bot. méd. phanér.*, 1203.)

STRAMONIA (BAUH.). Le *Datura Stramonium* L.

STRAMONIUM. Section (B. H., *Gen.*, II, 902) du genre *Datura*.

STRAMONIUM (T., *Inst.*, 118, t. 43). Synonyme de *Datura* L.

STRANGE (John). Auteur, à Pise [1764], de *Lettera supra l'origine della Carta naturale di Cortona*, etc., traduit dans le vol. I du *Journal de Physique*. Il mourut à Ridge en 1799.

STRANGEA (MEISSN., in *Hook. Kew Journ.*, VII, 66). Synonyme (?) de *Molloya* MEISSN. (H. BN, *Hist. des pl.*, II, 414.)

STRANGOSPORA (ARN., in *Flora* [1855], II, 507). Genre proposé pour le *Sarcogyne pinicola* MASS.

STRANGWEJA (BERTOL., *Descr. nov. gen.* [1835]), in *Mem. Soc. ital. Moden.*, XXI). Synonyme de *Foxia* PARL.

STRANVÆSIA (LINDL., *Bot. Reg.*, t. 1956). Genre de Rosacées-Pyrées, formé d'un arbre des montagnes de l'Inde ; distingué par des fleurs à calice persistant, 5-mères, avec un ovaire 5-loculaire, à loges 2-ovulées ; le fruit drupacé, loculicide, à 5 valves ; le noyau osseux. On le cultive souvent dans les jardins botaniques. (H. BN, *Hist. des pl.*, I, 476.)

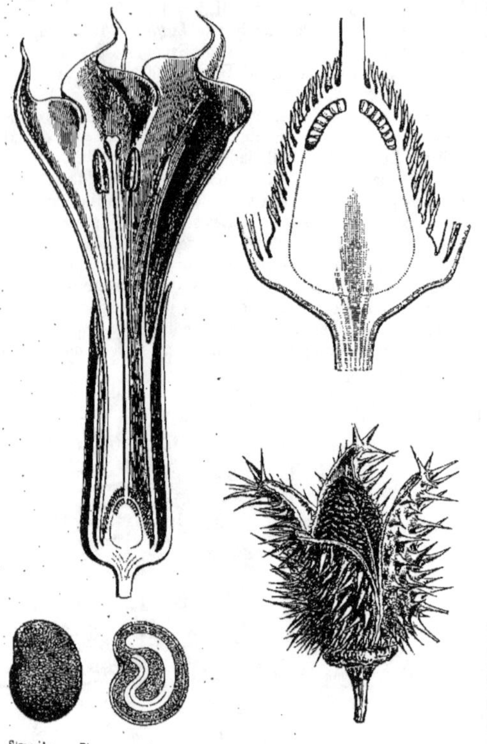

Stramoine. — Fleur, coupe longitudinale. Ovaire, coupe longitudinale. Fruit déhiscent. Graine, entière et coupe longitudinale.

STRASBURG (Joh.-G.). Auteur [1633], à Kœnigsberg, de *Positiones anatomicæ et botanicæ* (in-4). Il mourut en 1681.

STRASBURGERIA (H. BN, in *Adansonia*, XI, 372). Genre dont les affinités avec les Ternstrœmiacées nous ont paru évidentes, en même temps que nous reconnaissons celles avec les Sapotacées et les Vénanées. L'espèce type est un arbre de la Nouvelle-Calédonie (*S. calliantha* H. BN), à feuilles alternes ; les fleurs axillaires et solitaires. Le calice a 8-10 folioles, et la corolle 5 pétales, avec 10 étamines à anthère versatile. Le gynécée a un ovaire pyramidé-10-costé, avec style unique et 5 loges à 2 ovules descendants ; le micropyle extérieur. Le fruit est charnu, et les graines ont un hile large et opaque, un albumen charnu et un embryon à cotylédons inférieurs assez épais. [H. BN]

STRATEUMA (SALISB., in *Trans. Hort. Soc. lond.*, I, 290). Synonyme de *Orchis* T.

STRATIOTEÆ. Tribu 3 (B. H., *Gen.*, III, 449) des Hydrocharidacées.

STRATIOTES (DILL., *Gen.*, 9). Synonyme de *Hydrocharis* L.

STRATIOTES (GESN. — VAILL., in *Act. Acad. par.* [1719], 20). Synonyme de *Hottonia* L.

STRATIOTES (L., *Gen.*, n. 687). Genre d'Hydrocharidacées, qui donne son nom à un groupe des *Stratiotées*; formé d'une seule plante européenne, vivace, submergée, à spathes unisexuées, 2-phylles ; les mâles 2-∞-flores ; les femelles 1-flores. Il y a au périanthe un calice et une corolle 3-mères ; de 10 à 15 étamines ; un ovaire rostré et surmonté d'un style à 6 branches 2-fides. La fleur femelle a un réceptacle concave, et son ovaire est infère, à placentas pariétaux très saillants. Le fruit charnu est exsert de la spathe et réfléchi. Le *S. aloides* L. a des feuilles sessiles et pressées, qui rappellent celles des Broméliacées, à serratures piquantes. Les fleurs sont portées par des hampes de longueur variable, élevant la fleur hors de l'eau. La plante abonde dans certains fossés de nos départements du Nord, et elle se cultive dans les jardins botaniques ; mais on n'observe souvent, en une localité donnée, que des pieds de l'un des deux sexes. Elle a jadis été plantée par A. Weddell dans quelques mares de la forêt de Marly. (GREN. et GODR., *Fl. de Fr.*, III, 307. — L.-C. RICH., in *Mém. Inst.* [1811], t. 6. — NEES, *Gen. Fl. germ., Mon.*, III, n. 51. — REICHB., *Ic. Fl. germ.*, t. 61. — H. BN, *Herbor. paris.*, 436.)

STRATIOTES MILLEFOLIUM (FUCUS). La Millefeuille.

STRATIOTES TERRESTRIS. La Millefeuille.

STRAUSS (Lor.). Auteur [1666], à Giessen où il était professeur, de *Disputatio physico-medica de potu Coffi* (in-4).

STRAUSSIA (DC., *Prodr.*, IV, 502). Section du genre *Uragoga* L., à cymes longuement pédonculées, à pédicelles courts et articulés, à anthères basifixes. Cette section est formée d'espèces océaniennes. (H. BN, in *Adansonia*, XII, 327 ; *Hist. des plant.*, VII, 285.)

STRAVADIUM (J., *Gen.*, 326). Synonyme de *Barringtonia*.

STRAWBERRY. En Angleterre, le Fraisier.

STRAWBERRY-FERN. Nom anglais de l'*Hemionitis palmata* L.

STRAWBERRY-SAXIFRAGE. Nom, en Angleterre, du *Saxifraga sarmentosa* L.

STREBANTHUS (RAFIN., in *Ser. Bull. bot.*, I, 218). Synonyme de *Eryngium* T.

STREBLANTHERA (STEUD., in *Flora* [1844], 29). Synonyme de *Trichodesma* R. BR.

STREBLIDIA (LINK, *Hort. berol.*, I, 276). Synonyme de *Chætospora* R. BR. Section du genre *Schœnus* L.

STREBLOCARPUS (ARN., in *Ann. sc. nat.*, sér. 2, II, 235). Synonyme de *Mærua* FORSK.

STREBLOCHÆTA (HOSCHT., in *Schimp. exs. abyss.*, n. 412, 683). Synonyme de *Himantochæte* NEES.

STREBLORHIZA (ENDL., *Prodr. Fl. norfolk.*, 92). Genre de Légumineuses-Papilionacées-Galégées, formé d'une liane de l'île Norfolk ; distingué, dans le groupe des Robiniées, par des feuilles imparipinnées ; des fleurs à 5 pétales étroits, à style glabre ; une large gousse, à valves coriaces. (LINDL., in *Bot. Reg.* [1841], t. 54.)

STREBLOSA (KORTH., in *Ned. Kruidk. Arch.*, II, 245). Section du genre *Uragoga* L., à tiges grimpantes, à feuilles pubescentes. Plante de l'archipel Indien. (H. BN, in *Adansonia*, XII, 325 ; *Hist. des pl.*, VII, 285.)

STREBLOTRICHUM (PAL.-BEAUV., *Prodr. Æthéog.*, 27, 89). Synonyme de *Barbula* HEDW.

STREBLUS (LOUR., *Fl. cochinch.*, 614). Genre d'Ulmacées-Morées, formé d'un arbre asiatique et océanien ; distingué par des tiges inermes, des feuilles penninerves, subdentées ; des fleurs mâles disposées en capitule de glomérules accompagné de 2 bractées ; des fleurs femelles à calice enveloppant l'ovaire et imbriqué. (BUR., in *DC. Prodrom.*, XVII, 218. — H. BN, *Hist. des pl.*, VI, 195.)

STRECKERA (Sch. bip., in *Flora* [1834], 483). Synonyme de *Leontodon* L. (H. Bn, *Hist. des pl.*, VIII, 109.)

STRELESKIA (Hook. f., in *Hook. Lond. Journ.*, VI, 266). Synonyme de *Wahlenbergia* Schrad.

STRELITZ. Nom français (Lamk) des *Strelitzia* Ait.

STRELITZIA (Ait., *H. kew.*, I, 285, t. 2). Genre de Musacées, formé de 4, 5 grandes plantes vivaces, à tige courte ou dressée et allongée, de l'Afrique australe; distingué par des fleurs irrégulières, grandes et belles, à sépales libres; le pétale extérieur large, court et concave; les latéraux étroits et allongés, unis d'un côté, et de l'autre prolongés en un long appendice. Le fruit est loculicide, et les graines arillées. On cultive en serre ces superbes plantes. (*Bot. Mag.*, t. 119, 120, 4167, 4168.) [H. Bn.]

STREMPEL (K.-Fried.). A écrit [1822], à Berlin, *Filicum berolinensium Synopsis* (in-8 de 48 p. et 1 pl.).

STREMPELIA (A. Rich., *Rubiac.*, 100). Section du genre *Uragoga* L., à stipules ciliées, tronquées au sommet, à cymes ombelliformes. Espèces des deux mondes. (H. Bn, *Hist. des plant.*, VII, 284.)

STREMPELIOPSIS (Benth., *Gen.*, II, 702, n. 36). Genre d'Apocynacées-Vincées, formé d'une espèce de Cuba, dressée; distingué par des cymes terminales; les fleurs sans disque; les étamines à anthère aiguë; les graines longuement atténuées aux deux extrémités. Le type du genre est le *Rauvolfia? strempelioides* Grised. (*S. Benthami* H. Bn, *Hist. des pl.*, X, 182.)

Streptocarpus. — Fleur, entière et coupe longitudinale.

STREPHEDIUM (Pal.-Beauv., *Prodr. Æthéog.*, 30, 89). Synonyme de *Funaria* Hedw.

STREPHIUM (Schrad., in *Nees Agrost. bras.*, 298). Synonyme de *Lithachne* Pal.-Beauv.

STREPHODON (Ser., in *DC. Prodr.*, I, 414). Section du genre *Cerastium* L.

STREPHOGYNE (Reichb., in *Mössl. Handb.*, ed. 2, II, 1563). Section du genre *Gymnadenia* R. Br.

STREPHONEMA (Hook. f., *Gen.*, I, 782). Genre formé de 2 arbres de l'Afrique tropicale; rapporté aux Lythrariacées, puis aux Rosacées; distingué par des fleurs à réceptacle concave, portant 5 sépales, 5 pétales et 10 étamines. L'ovaire est surmonté d'un long style, et sa loge unique contient 2 ovules, descendants ou parfois légèrement ascendants. Les feuilles sont opposées ou alternes, et les fleurs sont axillaires ou insérées sur le bois, disposées en faux corymbes, simples ou composés. (H. Bn, *Hist. des pl.*, I, 424, 479.)

STREPHOPTERIS (Presl. — Sternb., *Vers.*, II, 120). Genre de Fougères fossiles, rapporté aux *Polypodiacites*. Pour Unger (*Syn. pl. foss.*, 104; *Chlor. protog.*, L), c'est un genre de Pécoptéridées. (Ad. Br., in *Dict. d'Orb.*, XIII, 76.)

STREPITA (Dochn., *Obstk.*, I, 53). « Genre » de Pommiers.

STREPSIA (Nutt., *Gen. amer.*, I, 208). Synonyme de *Tillandsia* L.

STREPTACHNE (H. B. K., *Nov. gen. et spec.*, I, 124, t. 40). Synonyme de *Aristida* L.

STREPTACHNE (R. Br., *Prodr.*, I, 174). Sect. du g. *Stipa* L.

STREPTANTHERA (Sweet, *Brit. fl. Gard.*, t. 207; ser. 2, t. 122). Genre d'Iridacées-Ixiées, formé de 2 plantes bulbeuses, de l'Afrique australe; distingué par des spathes striées de brun, comme celles des *Sparaxis*; des anthères finalement tordues; un style allongé, à branches subbilobées, dilatées-cunéiformes au sommet. (Lodd., *Bot. Cab.*, t. 1359. — Paxt., *Mag. Bot.*, I, 8, c. fig.)

STREPTANTHUS (Nutt., in *Journ. Ac. Philad.*, V, 134, t. 7). Genre de Crucifères-Arabidées, formé d'une vingtaine d'herbes américaines; distingué par des fleurs d'*Arabis*, mais avec un calice ordinairement développé; des pétales à onglet plus ou moins tordu; les grandes étamines parfois unies entre elles; des feuilles entières ou lyrées; des corolles généralement pourprées. (H. Bn, *Hist. des pl.*, III, 233.)

STREPTIUM (Roxb., *Pl. corom.*, II, 25, t. 146). Synonyme de *Priva* Adans.

STREPTOCALYX (Beer, *Bromel.*, 141). Genre de Broméliacées Broméliées, formé de 3 plantes de l'Amérique tropicale; distingué par des inflorescences terminales et composées; des fleurs à larges sépales, fortement imbriqués, libres; à pétales unis inférieurement en un long tube. Les feuilles sont serrées-épineuses. [H. Bn.]

STREPTOCARPUS (Lindl., *Bot. Reg.*, t. 1173). Genre de Gesnériacées-Cyrtandrées, formé d'environ 12 espèces, de l'Afrique australe et de Madagascar; distingué par des fleurs à tube de la corolle allongé et dilaté en haut; 2 étamines fertiles; un fruit étroit, allongé, tordu en spirale; une tige le plus souvent subnulle, avec une grande feuille basilaire qu'on dit de nature cotylédonaire, et des fleurs en cyme 1-∞-flore, au sommet d'un pédoncule dressé. On en cultive dans les serres de jolies espèces. (*Bot. Mag.*, t. 3005, 4850, 4862, 5251. — H. Bn, *Hist. des pl.*, X, 67, 94, fig. 65-70.)

STREPTOCAULON (W. et Arn., *Contrib.*, 64). Genre d'Asclépiadacées - Périplocées, formé de 6 lianes de l'Asie et l'Océanie tropicales; distingué par des cymes 3-chotomes; des fleurs à corolle rotacée; le bord droit des lobes recouvrant; une couronne à écailles filiformes; l'ovaire supère et les follicules non ailés. (H. Bn, *Hist. des pl.*, X, 298.)

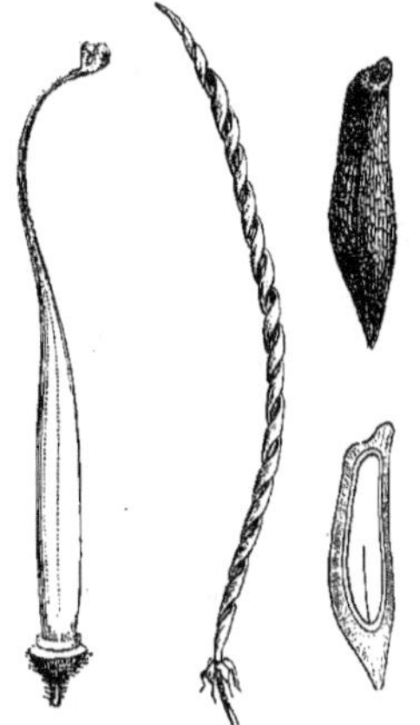

Streptocarpus. — Gynécée. Fruit déhiscent. Graine, entière et coupe longitudinale.

STREPTOCHÆTA (Schrad., ex Nees, *Agrost. bras.*, 536). Genre de Graminées-Panicées, formé d'une espèce brésilienne, dressée, subrameuse; distingué par des fleurs à 5-7 étamines; un style à 3 branches; des épillets étroits, groupés en épi dit à tort simple. Il y a 12 bractées, dont la supérieure seule est fertile. (Trin., *Spec. Gram.*, t. 296, 277. — *Fl. bras.*, II, III, 217, t. 56.) [H. Bn.]

STREPTODESMIA (A. Gr., *Bot. Amer. expl. Exp.*, I, 427, t. 47). Synonyme de *Adesmia* DC.

STREPTOGLOSSA (Steetz, ex F. Muell., in *Trans. Bot. Soc. Edinb.*, VII, 491). Synonyme de *Pterigeron* DC. (H. Bn, *Hist. des pl.*, VIII, 189.)

STREPTOGYNE (Pal.-Beauv., *Agrost.*, 80, t. 16, fig. 8). Genre de Graminées-Festucées, formé d'une plante des régions tropicales des deux mondes; distingué, dans le groupe des Centothécées, par une longue inflorescence spiciforme, 1-latérale; les épillets longs, pauciflores et sessiles; les glumelles longues et convolutées, rigides; les branches stylaires grêles, très longuement exsertes et finalement tordues. (K., *Rev. Gram.*, t. 70. — Trin., *Spec. Gram.*, t. 298. — Griff., *Ic. pl. as.*, t. 152.) [H. Bn.]

STREPTOLIRION (Edgew., in *Trans. Linn. Soc.*, XX, 90, t. 2). Genre de Comméliacées-Tradescantiées, formé d'une espèce volubile, de l'Himalaya; distingué par des feuilles cordées; une inflorescence composée, terminale, portant quelques cymes unipares sur un axe simple; des anthères à loges qui bordent un large connectif; un ovaire à 3 loges 2-ovulées. (Wight, *Icon.*, t. 2081. — C.-B. Clke, *Comm. et Cyrt. beng.*, t. 40.) [H. Bn.]

STREPTOLOMA (Bge, in *Arb. Naturf. Ves. Rig.*, I, 155; *En. pl. Lehm.*, 31, t. 4). Genre de Crucifères-Sisymbriées, formé d'une herbe grêle, de la région Caspienne, distingué par des fleurs à longues étamines, subappendiculées à la base; un fruit siliqueux, tordu. (H. Bn, *Hist. des pl.*, III, 244.)

STREPTOPETALUM (Hochst., in *Flora* [1841], 665). Synonyme de *Wormskioldia* Schum. et Thonn. (*Turnera* L.).

STREPTOPOGON (Wils., ex Mitt., in *Hook. Kew Gard. Misc.*, III, 51). Genre de Mousses, voisin des *Barbula*, proposé pour le *Tortula erythrodonta* Tayl.

STREPTOPUS (Michx, *Fl. bor.-amer.*, I, 200, t. 18). Genre de Liliacées, attribué au groupe des Polygonatées, formé de 4 herbes vivaces, d'Europe, d'Asie et de l'Amérique du Nord; distingué par un tube nul ou très court au périanthe; ses 6 divisions étalées en partie ou en totalité; un ovaire surmonté d'un style 3-fide. On cultive dans les jardins botaniques le *S. amplexifolius*, qui habite nos Alpes, les Vosges et les Pyrénées. (Gren. et Godr., *Fl. de Fr.*, III, 228. — Nees, *Gen. Fl. germ.*, Mon., II, n. 59. — Reichb., *Ic. Fl. germ.*, t. 431.) [H. Bn.]

STREPTORHAMPHUS (Bge, *Rel. Lehm.*, 205). Synonyme de *Lactuca* T. (H. Bn, *Hist. des pl.*, VIII, 115.)

STREPTOSEMA. L'un des nombreux genres extraits par Presl (*Bot. Bem.*, in *Abh. Böhm. Ges.*, III, 558) du genre *Aspalathus* L.

STREPTOSOLEN (Miers, in *Ann. Nat. Hist.*, ser. 2, V, 208; *Ill.*, t. 55). Genre établi pour le *Browallia Jamesoni* Hook. La plante a été introduite dans nos cultures ornementales. (H. Bn, *Hist. des pl.*, IX, 416.)

STREPTOSTACHYS (Desvx, in *Nouv. Bull. Soc. philom.*, II [1810], 190). Synonyme de *Panicum* L.

STREPTOSTIGMA (Rgl, in *Gartenflora* [1853], 322, t. 68). Synonyme de *Cacabus* Bernh.

STREPTOTHAMNUS (F. v. Muell., *Fragm. phyt. Austral.*, III, 27). Genre de Bixacées australiennes, mal connu, distingué par 5 sépales, 5 pétales, ∞ étamines à anthères linéaires; une tige volubile. (H. Bn, *Hist. des pl.*, IV, 270.)

STREPTOTHECA (Arn., *Disp. meth.*, 43). Synonyme de *Aulacomnion* Schwaegr.

STREPTOTHECA (Vuillem., in *Journ. bot.* [1887], 33). Genre d'Ascobolés, voisin des *Ryparobius*, dont il se distingue par la petitesse de l'opercule de la thèque et par l'épaississement en forme d'anneau que la thèque présente vers son sommet. On en décrit une seule espèce, le *S. Bondieri*, trouvée sur des crottes de renard. [De S.]

STREPTOTHRIX (Corda, *Anleit.*, 43). Genre d'Hyphomycètes, à filaments fertiles, dressés, brunâtres, à rameaux alternes, tordus, portant à leur sommet, sur une extrémité amincie, des spores globuleuses ou ovoïdes, d'un brun rougeâtre. Trois espèces, en Europe et dans l'Amérique du Nord, sur des troncs ou des branches de Conifères. Une espèce a été reconnue à l'état fossile. [De S.]

STRICKERIA (Korb.). — Voy. Teichospora.

STRICTUS. Étroit, resserré, pressé.

STRIGA (Lour., *Fl. coch.*, 22). Genre de Scrofulariacées-Gérardiées, formé de 16-18 herbes, souvent parasites, des régions tropicales de l'ancien monde; distingué par des fleurs à calice tubuleux, 5-mère; une corolle à tube brusquement arqué vers son milieu; les 2 lobes postérieurs souvent plus courts;

un fruit capsulaire et oblong. (H. Bn, *Hist. des pl.*, IX, 473.)

STRIGIA (DC., *Prodr.*, V, 126). Section du genre *Kuhnia* L.

STRIGILIA (Cav., *Diss.*, VII, 358). Synonyme de *Styrax* T.

STRIGLIA (Adans., *Fam. des pl.*, II, 10). Synonyme (part.) de *Dædalea* Pers.

STRIGODIUM (C. Muell., *Syn. Musc.*, II, 434). Sous-section du genre *Rigodium* Kze.

STRIGOSELLA (Boiss., *Diagn. or.*, ser. 2, IV, 22). Synonyme de *Malcolmia* R. Br.

STRIGOSUS. — Voy. Pubescence.

STRINGATA. Le *Trapa bispinosa* Roxb.

STRINGY BARK. En Australie, l'*Eucalyptus obliqua* Lhér. et aussi les *E. piperita*, *pilularis* et *tetrodonta*.

STROBELBERGER (Joh.-Steph.). A publié [1610], à Iena : *Recens nec antea sic visa Galliæ politica-medica descriptio, in qua de qualitatibus..... plantis et herbis rarioribus.... ingenue disseritur;* et [1628] de *Mastichologia*, etc. (in-8 de 109 p.).

STROBIDIA (Miq., *Fl. ind. bat.*, Suppl., 614). Genre de Zingibéracées-Zingibérées, formé d'une plante de Sumatra, mal connue; distingué par une inflorescence terminale, composée, à bractées caduques; l'ovaire infère, ellipsoïde; la corolle pourvue d'un tube court; le filet staminal très court; son anthère pourvue d'un connectif prolongé au delà des loges en un appendice incurvé et ellipsoïde. [H. Bn.]

STROBILA (G. Don, *Gen. Syst.*, IV, 327). Synonyme de *Arnebia* Forsk.

STROBILACANTHUS (Grised., in *Bonplandia*, VI, 10). Genre d'Acanthacées-Justiciées, de Panama, mal connu. Synonyme (?) de *Aphelandra* R. Br. (H. Bn, *Hist. des pt.*, X, 450.)

STROBILANTHES (Bl., *Bijdr.*, 781, 796). Genre d'Acanthacées-Ruelliées, à fleurs construites à peu près comme celles des *Ruellia;* le tube de la corolle droit ou arqué, longuement dilaté en haut; le limbe tordu; 2-4 étamines; les postérieures petites, rudimentaires ou 0; les loges ovariennes généralement 2-4-ovulées. Le fruit est 2-loculaire dès la base ou à peu près, 1-4-sperme; les rétinacles des graines aigus ou subclaviformes. Ce sont des arbustes ou des herbes, des régions chaudes de l'Asie et l'Océanie, à feuilles opposées; à épis floraux portant des fleurs sessiles en général et solitaires dans l'aisselle de chaque bractée, avec 2 bractéoles latérales. Le *S. flaccidifolia* est le *Room*, tinctorial. (H. Bn, *Hist. des pl.*, X, 434.)

STROBILE (*Strobilus*). Synonyme de Cône.

STROBILITES (Schimp. et Moug., *Pl. foss. Vosg.*, 21, t. 6). Genre de Conifères fossiles; synonyme de *Füchselia* Endl. Pour Unger (*Syn. pl. foss.*, 204; *Chlor. protog.*, LXXV), il appartient aux Abiétinées. De même pour Endlicher (*Gen.*, n. 1806 [1]).

STROBILOCARPOS (Kl., in *Linnæa*, XIII, 380). Synonyme de *Grubbia* Berg.

STROBILOMYCES (Berk., *Outl.*, 236). Genre de Polyporés, à tubes non séparables du chapeau : ce qui le distingue des *Boletus*. Le chapeau et le stipe sont écailleux, charnus, tenaces; les pores irréguliers. L'hyménium présente de grandes basides claviformes, portant 4 spores colorées, ruguleuses, et des cystides allongés en pointe. Cinq à six espèces épigées, en Europe, en Asie, en Amérique et en Australie. [De S.]

STROBILORHACHIS (Link, Kl. et Ott., *Ic. pl. rar.*, 117, t. 48). Synonyme de *Aphelandra* R. Br.

STROBILUS. Synonyme de Cône.

STROBOCALYX (Sch. bip., in *Pollichia* [1861], 170). Section du genre *Vernonia* Schreb. (H. Bn, *Hist. des pl.*, VIII, 24.)

STROBOIDES (Endl., *Syn. Conif.*, 286). S.-sect. des *Pityon*.

STROBON. Synonyme de *Ladanum*.

STROBUS (D. Don, *Prodr. Fl. nep.*, 54). Sect. du g. *Pinus* T.

STROEM (Hans). Auteur [1785], à Copenhague, de *Underretning om den islandske Moos, Mariegræsset*, etc. (in-8 de 22 p.).

STROEMIA (Vahl, *Symb.*, I, 19). Synon. de *Cadaba* Forsk.

STROGANOVIA (Kar. et Kir., in *Bull. Mosc.* [1840], 386). Genre de Crucifères-Lépidiées, formé d'une herbe soongarienne, vivace, élevée; distingué par une racine épaisse; un fruit enflé, obovoïde, à valves 1-nerves et 2-sperme. (H. Bn, *Hist. des pl.*, III, 286.)

STROMA. La portion fondamentale de la chlorophylle ; son support protoplasmique.

STROMA. Réceptacle fongique, de structure diverse, formant tantôt un coussinet dans lequel sont accolés les filaments mycéliens et donnant naissance par la surface extérieure à des filaments sporophores ; tantôt un corps plus compact, quelquefois scléreux, creusé de logettes à sa surface, logettes qui sont autant de conceptacles ou périthèces renfermant les thèques ou les spores nues. Quelquefois bombé, aplati ou même creusé, le stroma s'allonge d'autres fois et devient clavariforme, comme chez certains *Hypoxylon*. [De S.]

STROMANTHE (Sond., in *Hamb. Gart. Zeit.*, V [1849], 225). Genre de Zingibéracées-Marantées, formé de 3 espèces vivaces, du Brésil ; distingué par des pédoncules allongés, portant une inflorescence composée, lâche ; des bractées colorées, étalées, longtemps persistantes, de même que les bractéoles ; des pétales indépendants. On cultive deux de ces plantes dans nos serres chaudes. (*Bot. Mag.*, t. 4646.)

STROMATICI (Bon., *Abh. der Mykol.*, 83). Famille de Pyrénomycètes, comprenant les genres à conceptacles multiples logés dans un stroma commun ; ainsi les *Hypoxylon*. [De S.]

STROMATOSPHÆRIA (Grev., *Fl. crypt. Scot.*, IV). Synonyme de *Epichloe* Fn.

STROMBOCARPUS (A. Gray, *Pl. Lindheim.*, I, 35). Section du genre *Prosopis* L., à fruit spiralé. (H. Bn, *Hist. des pl.*, II, 30, fig. 21.)

STROMBODURUS (W., herb., ex Trin.). Synonyme de *Pentarraphis* H. B. K.

STROMBOSIA (Bl., *Bijdr.*, 1124 ; *Mus. lugd.-bat.*, I, t. 47). Genre d'Olacées, formé de 6, 7 arbres asiatiques et africains ; distingué par un calice accru après l'anthèse et adné au fruit. L'ovaire a un placenta central 3-5-ovulé ; mais il est libre seulement en haut, car les cloisons interovulaires s'élèvent très haut. (H. Bn, in *Adansonia*, II, 362 ; III, 127.)

STROMEYER (Joh.-Fried.). Professeur à Gœttingue, a écrit *Dissertatio botanico-medica sistens plantarum Solanacearum ordinem* [1772], in-4 de 80 p.

STRONGYLE (Lindl., in *Paxt. fl. Gard.*, I, sub t. 27). Section du genre *Dendrobium* Sw.

STRONGYLIA (Webb, *Phyt. canar.*, I, 29). Sect. du g. *Malva*.

STRONGYLIUM (Dittm., in *Sturm Deutschl. Fl.*, III, t. 38). Synonyme de *Reticularia* Bull.

STRONGYLOCALYX (Bl., *Mus. lugd.-bat.*, I, 89, t. 54). Synonyme de *Eugenia* L.

STRONGYLOCEPHALA (Alb. et Schwein., *Consp. Fung.*, 354). Section du genre *Stilbum* Tode.

STRONGYLODON (Vog., in *Linnæa*, X, 585). Genre de Légumineuses-Papilionacées-Phaséolées, formé de 3, 4 lianes océaniennes, asiatiques et de Madagascar ; distingué, dans le groupe des Érythrinées, par des fleurs à étendard allongé et à carène rostrée, égalant l'étendard. (A. Gray, *Un.-St. expl. Exp. Bot.*, t. 48, 49. — H. Bn, *Hist. des pl.*, II, 247.)

STRONGYLOMA (DC., *Prodr.*, VII, 52). Synonyme de *Nassauvia* Commers. (H. Bn, *Hist. des pl.*, VIII, 97.)

STRONGYLOSPERMA (Less., *Syn.*, 261). Synonyme de *Cotula* T. (H. Bn, *Hist. des pl.*, VIII, 284.)

STROPHA (Noronh., herb.). Synonyme de *Chloranthus* Sw.

STROPHIADES (Boiss., in *Ann. sc. nat.*, sér. 2, XVII, 73). Synonyme (?) de *Erysimum* L.

STROPHANTE. Nom français (Lamk) des *Strophanthus* DC.

STROPHANTHUS (DC., in *Bull. philom.*, ex *Ann. Mus.*, I, 408, t. 27). Genre d'Apocynacées-Nériées, à fleurs construites comme celles des *Nerium*, mais à lobes tordus de la corolle plus ou moins et quelquefois très longuement prolongés en pointe ou en queue grêle (sauf dans la section *Roupellia*) ; le fruit formé de 2 follicules divergents ou divariqués ; les graines surmontées d'une longue baguette dont le sommet est plumeux, avec aussi une petite aigrette à la base. Ce sont des ar-

bustes, fréquemment grimpants, à feuilles opposées, de l'Asie et l'Afrique tropicales et de la région du Cap. Plusieurs sont célèbres comme médicaments, souvent aujourd'hui substitués à la digitale dans le traitement des affections cardiaques. Ce sont d'ailleurs des poisons violents, notamment l'*Iné* ou *Onaïe* du Gabon. (H. Bn, *Hist. des pl.*, X, 158, 198, fig. 142 ; *Tr. Bot. méd. phanér.*, 1270.)

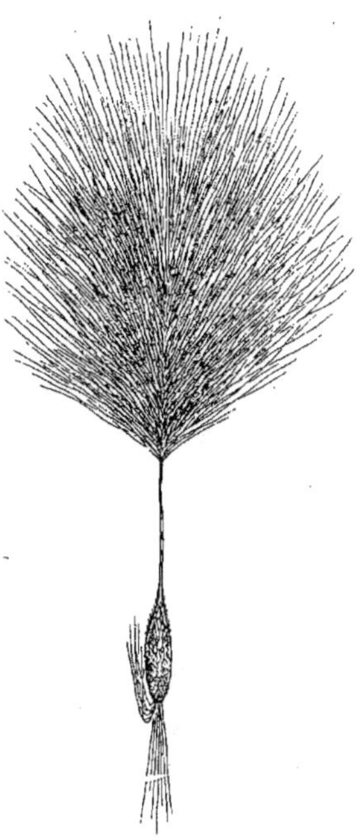

Strophanthus. — Graine.

STROPHARIA (Fries, *Summ. veg. Scand.*, II, 295). Sous-genre du g. *Pratella* Pers.

STROPHARIA (Fr., *Monogr.*, I, 408). Genre d'Agaricinés-chromospores, à spores noir-pourpre, ovales. Le stipe est confluent avec le chapeau et porte un anneau membraneux ou fibrilleux. Le chapeau, en général plan-convexe, a la surface supérieure tantôt visqueuse, tantôt simplement fibrilleuse. Les lamelles plus ou moins adnées sont colorées. On en décrit trente-huit espèces européennes, dont quelques-unes se retrouvent aux États-Unis et au sud de l'Afrique, quatorze à Ceylan, et cinq ou six autres réparties entre le sud de l'Afrique, le nord de l'Asie et de l'Amérique. [De S.]

STROPHIOLE (*Strophiola*). — Voy. Arille.

STROPHIOSTOMA (Turcz., in *Bull. Mosc.* [1840], 258). Synonyme de *Myosotis* T.

STROPHIS (Salisb., *Gen. pl. Fragm.*, 12). Synonyme de *Dioscorea* Plum.

STROPHOLIRION (Torr., *Bot. Whippl. Exped.*, 93, t. 23). Genre de Liliacées-Alliées, formé d'une plante bulbeuse, californienne, voisine des *Brodiæa* ; distingué par une hampe volubile ; un périanthe à tube subglobuleux, resserré à la gorge, muni de 6 côtes subvésiculeuses ; 3 étamines et 3 staminodes, insérés à la gorge ; des loges ovariennes 4-ovulées. [H. Bn.]

STROPHOPAPPUS (DC., *Prodr.*, V, 75). Synonyme (Mart.) de *Stilpnopappus* Mart.

STROPHOSTYLES (E. Mey., *Comm. pl. afr. austr.*, 147). Synonyme de *Vigna* Sav.

STROSSMAYERIA (Schulz., in *OEsterr. bot. Zeitschr.* [1881]). — Voy. Pezize.

STROUD (T.-B.). Auteur, à Greenwich [1821], de *Elements of Botany, physiological and systematical* (in-8 de 257 p.).

STROZZIUS (Gray, *Arr. brit. pl.*, I, 682). Synonyme (part.) de *Preissia* Nees.

STRUCHIUM (P. Br., *Jam.*, 312, t. 34, fig. 2). Synonyme de *Sparganophorus* Vaill. (H. Bn, *Hist. des pl.*, VIII, 126.)

STRUELECKIA. — Voy. Strzeleckia.

STRUKERIA (Vell., *Fl. flum.*, Atl., I, t. 20). Synonyme de *Vochysia* J.

STRUMA. Dans Pline, les Renoncules.

STRUMARIA (Jacq., *Ic. rar.*, t. 356-360). Genre d'Amaryllidacées, voisin des *Amaryllis*, formé de 6 plantes bulbeuses, de

l'Afrique australe; distingué par des fleurs èn cymes ombelliformes et ∝-flores; un périanthe campanulé, à tube très court;
des étamines à filet dressé, dilaté en bas ou au milieu, plus ou
moins adhérent à la base du style. (HERB., *Amar.*, 287,
t. 29, 30.) [H. BN.]

STRUMARIA. La Lampourde.

STRUMARIUM (RAFIN., in *Ann. gén. phys.* [1820], VI, 89).
Synonyme de *Xanthium* L.

STRUMBIA. Nom grec de la Sarriette.

STRUMEA. Nom ancien d'une plante antiscrofuleuse, qui est
peut-être, a-t-on pensé, la Ficaire.

STRUMELLA (SACC., *Mich.*, II, 36). Genre de Tuberculariés,
à stroma verruciforme, formé de filaments diversement ramifiés, donnant naissance à des conidies polymorphes. Une dizaine
d'espèces sur le bois pourri, l'écorce ou les rameaux. [DE S.]

STRUMPFIA (JACQ., *St. amer.*, 218). Genre de Rubiacées-
Cofféées, exceptionnel dans cette série en ce sens que sa corolle
5-mère est imbriquée et non tordue. Tous les caractères sont
d'ailleurs ceux des *Ixora*. Les 5 étamines sont monadelphes et
syngénèses, et l'ovaire a 2 loges 1-ovulées. Le fruit drupacé a
un noyau 1, 2-loculaire, avec une graine ascendante, albumi-

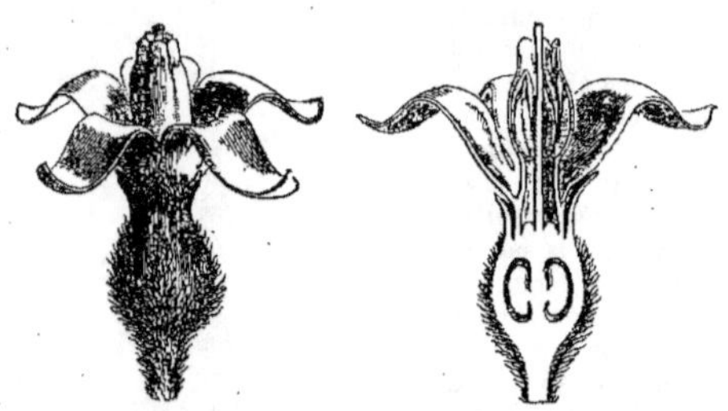

Strumpfia. — Fleur, entière et coupe longitudinale.

née, dans chaque loge. Le *S. maritima*, seule espèce du genre,
est un petit arbuste des plages maritimes des Antilles, à rameaux
3-chotomes, à feuilles verticillées-3-nées, linéaires, rigides, stipulées, à fleurs disposées en grappes terminales ou occupant
l'aisselle des feuilles supérieures des rameaux. (Voy. *Hist. des
plant.*, VII, 280, 408, fig. 260, 261.) [H. BN.]

STRUMPHIA (PERS., *Syn.*, 211). Pour *Strumpfia* JACQ.

STRUTHANTHUS (MART.). Section (B. H., *Gen.*, III, 212)
du genre *Loranthus* L.

STRUTHIA (V. ROY. — L., *Gen.*, ed. 2, n. 380). Synonyme de
Gnidia L.

STRUTHIOLA (L., *Mantiss.*, 4). Genre de Thyméléacées-
Thymélées, formé d'une vingtaine d'arbustes éricoïdes, de
l'Afrique australe; distingué par des fleurs axillaires; des anthères sessiles dans le tube du périanthe; des écailles glanduliformes, insérées à sa gorge, au nombre de 4-12. (H. BN, *Hist.
des pl.*, VI, 134.)

STRUTHIOPTERIS (W., in *Berl. Mag.* [1809], III, 160). Synonyme (HOOK. et BAK.) de *Onoclea* L.

STRUTHIUM (SER., in *DC. Prodr.*, I, 352). Synonyme de
Gypsophila L.

STRUTHOPTERIS (BERNH., in *Schrad. Journ.* [1800], II, 126).
Synonyme (part.) de *Osmunda* L.

STRUTT (Jam.-G.). Auteur [1831-36] de *Sylva britannica, or
portraits of forest trees*, etc. (in-4).

STRUVE (Fried.-Chr.). A écrit [1773], à Kiel, *Dissertatio
sistens vires plantarum cryptogamicarum medicas* (in-4).

STRUVEA (REICHB., *Nom.*, 222). Synonymé de *Torreya* ARN.

STRYCHNÉES. Série des Solanacées (H. BN), attribuée aux
Loganiacées, et comprenant les genres *Strychnos, Couthovia,
Gardneria, Peltanthera, Bonyuna, Antonia, Norrisia,
Usteria.* (Voy. *Hist. des pl.*, IX, 344.)

STRYCHNODAPHNE (NEES, in *Linnæa*, VIII, 39). Genre de
Lauracées; synonyme de *Ocotea* AUBL.

STRYCHNODENDROS. Le *Solanum Pseudo-Capsicum* L.

STRYCHNOS. Nom latin des Vomiquiers.

STRYCHNOS HALICACABUM. Nom ancien de l'Alkékenge.

STRYCHNUS. Dans Pline, la Morelle.

STRYCHNUS (L., *Gen.*, ed. 1, 54). Synonyme de *Strychnos* L.

STRYPHNODENDRON (MART., *Herb. Fl. bras.*, 117). Genre de
Légumineuses-Mimosées-Adénanthérées, formé de 5, 6 arbres
de l'Amérique tropicale; distingué par des épis cylindriques;
les fleurs sessiles; la gousse droite, plane, comprimée, cloisonnée entre les grains et (?) indéhiscente. Le *S. Barbatimao*,
très astringent, fournit, au Brésil, une des écorces dites « de
jeunesse et de virginité ». (H. BN, *Hist. des pl.*, II, 25, 63;
Tr. Bot. méd. phanér., 576.)

STRZELECKIA (F. MUELL., in *Hook. Kew Journ.*, IX, 308).
Section du genre *Flindersia* R. BR., comprenant les espèces
australiennes à rachis foliaire ailé.

STUARTELLA (FAB., *Spher. Vaucl.*, 95). Genre de Sphériacés, à périthèces carbonacés, en tubercules polyédriques. Les
thèques cylindriques contiennent 8 grandes spores colorées,
quadriloculaires, cymbiformes. Une seule espèce, rare sur
l'écorce des rameaux languissants de *Quercus Ilex*. [DE S.]

STUARTIA, STEWARTIA (L.). Pour *Steuartia* CATESB.

STUARTINA (SOND., in *Linnæa*, XXV, 521). Genre de Composées-Hélianthées-Inulées, formé d'une herbe annuelle et
blanchâtre, australienne; distingué par un port de *Gnaphalium;* des feuilles à long pétiole; des capitules en glomérules,
peu volumineux; des fruits oblongs, tous sans aigrette. (H. BN,
Hist. des pl., VIII, 173.)

STUBENDORFIA (SCHRENK, in *Linnæa*, XVIII, 218). Genre de
Crucifères-Lépidiées, formé d'une grande herbe soongarienne,
à port de Pastel; le fruit orbiculaire, 1-sperme, indéhiscent et
largement ailé. (H. BN, *Hist. des pl.*, III, 290.)

STURMIA (GÆRTN. F., *Fruct.*, III, t. 192). Synonyme de
Guettarda L.

STURMIA (PERS., *Syn.*, I, 76). Synonyme de *Mibora* ADANS.

STURMIA (REICHB., *Consp.*, 69; *Iconogr.*, t. 956). Synonyme
de *Liparis* L.-C. RICH.

STURTIA (R. BR., *App. Sturt Exp.*, 5). Syn. de *Gossypium* L.

STYBANTHUS (RAFIN.). Pour *Hybanthus* NECK.

STYGIARIA (EHRH., *Phytoph.*, n. 4). Le *Juncus stygius* L.

STYGNANTHE (HANST., in *Linnæa*, XXVI, 209). Synonyme
de *Columnea* L.

STYLAGO (SALISB., *Gen. pl. Fragm.*, 127). Synonyme de
Strumaria JACQ.

STYLANDRA (NUTT., *Gen. nov. amer.*, 170). Synonyme de
Podostigma ELL.

STYLANTHUS (REICHB. et ZOLL., in *Linnæa*, XXVIII, 312).
Synonyme de *Echinus* LOUR.

STYLAPTERA (A. JUSS., in *Ann. sc. nat.*, sér. 3, VI, 22).
Synonyme de *Penæa* L.

STYLARIA (DC., *Prodr.*, I, 242). Sect. du g. *Polanisia* RF.

STYLBOCARPA (DCNE et PL.). Synonyme de *Stilbocarpa* H. F.

STYLE. — Voy. FLEUR, GYNÉCÉE.

STYLESIA (NUTT., in *Trans. Am. Phil. Soc.*, ser. 2, VII, 377).
Synon. de *Eriophyllum* LAG. (H. BN, *Hist. des pl.*, VIII, 244.)

STYLIDIUM (LOUR., *Fl. cochinch.*, 220). Synonyme de *Marlea* ROXB. (*Alangium* LAMK).

STYLIDIUM (MONT., *Tribu des Podax.*, in *Ann. sc. nat.*
[1843]). Nom donné à la columelle qui traverse le péridium
des Podaxinés, formée par le stipe même du Champignon.

STYLIDIUM (SW., in *Ges. Nat. Fr. Berl. Mag.*, I, 47, t. 1, 2).
Genre de Campanulacées-Phyllachnées, dont on a donné le nom
à une famille particulière et à une tribu des *Stylidiées*. Les
fleurs, analogues à celles des *Phyllachne*, sont irrégulières, et
leur réceptacle est plus ou moins allongé, tubuleux. Il porte en
haut 5 sépales imbriqués et une corolle des plus irrégulières,
avec 5 lobes, dont un constitue une sorte de labelle. La base du
limbe porte une coronule. Il y a 2 étamines gynandres, connées
au style, à anthère extrorse, 2-loculaire. L'ovaire infère a deux
loges, plus ou moins inégales; l'une d'elles parfois même tout

à fait stérile. Leur cloison de séparation est absente en haut, et elles communiquent largement. Les ovules sont nombreux d'ailleurs, ascendants. Le style, long et grêle, entouré à sa base d'un disque épigyne, est articulé en bas et exécute, sous l'influence d'une excitation, de curieux mouvements élastiques, se repliant sur la fleur, pour se redresser ensuite. Le fruit est sec, indéhiscent ou déhiscent en 2 valves parallèles à la cloison. Ce sont des herbes australiennes et indiennes, parfois suffrutescentes, à petites feuilles basilaires, en rosette, ou plus haut alternes ou faussement verticillées. Les fleurs sont en grappes

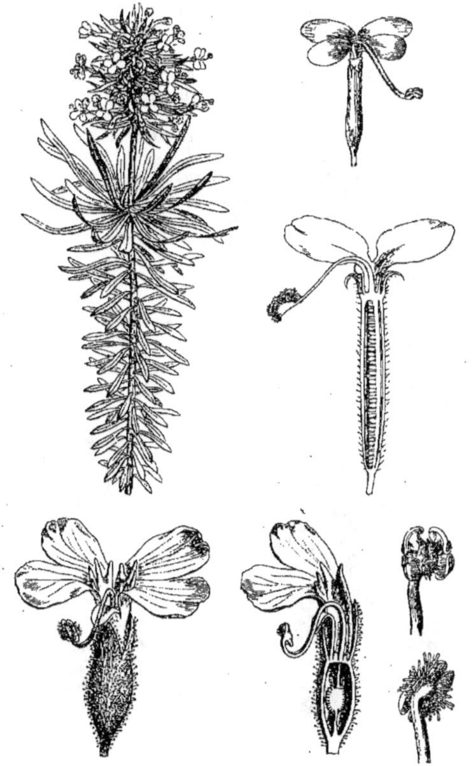

Stylidium. — Branche florifère. Fleurs, entières et coupes longitudinales. Androcée et sommet stigmatifère du style.

simples ou cymigères, spiciformes ou corymbiformes. Ce sont des plantes ornementales, parfois cultivées dans les serres. M. F. v. Mueller, n'admettant pas de distinction générique entre les *Hibbertia* et les *Candollea*, de la famille des Dilléniacées, a appliqué ce dernier terme générique aux *Stylidium* que Labillardière avait aussi nommés *Candollea*; et de là est venue pour la famille à laquelle ils appartiennent le nom de Candolléacées, adopté dans les *Pflanzenfamilien* de M. Engler. (Voy. H. Bn, in *Adansonia*, XII, 354, t. 2; in *Payer Leç. Fam. nat.*, 246; *Hist. des pl.*, VIII, 346, 372, fig. 198-204.)

STYLIMNUS (Rafin., in *Journ. Phys.*, 100). Synonyme de *Placus* Lour. (H. Bn, *Hist. des pl.*, VIII, 189.)

STYLIPUS (Rafin., *Neog.* [1825], 3). Synonyme de *Geum* L.

STYLIS (Lamk, *Dict.*, Suppl., V, 260). Synonyme de *Stylidium* Lour.

STYLISMA (Nutt. — Chois., in *DC. Prodr.*, IX, 450). Synonyme de *Bonamia* Dup.-Th. (H. Bn, *Hist. des pl.*, X, 327.)

STYLOBASIS (Schwab. — Lem., in *Dict.*, LI, 584). Synonyme de *Rivularia* Roth.

STYLOBASIUM (Desf., in *Mém. Mus.*, V, 37, t. 2). Genre de Rosacées-Chrysobalanées, rapporté aussi (Dcne) aux Phytolaccées, formé de 3 arbustes australiens et distingué par des fleurs apétales, à calice campanulé-turbiné, à anthères linéaires allongées, au nombre de 10. Le carpelle est unique et le fruit dur, 1-sperme. (H. Bn, *Hist. des pl.*, I, 481.)

STYLOBATES (Fr., *Epicr.*, 370). Genre d'Agaricinés, à réceptacle claviforme, capité, recouvert en tous sens par l'hyménium. Les lamelles inférieures sont petites, presque gélatineuses; celles qui se présentent à la partie supérieure du chapeau sont sinueuses et coalescentes au sommet du chapeau. Les spores sont inconnues. Deux espèces, observées à terre ou sur le bois pourri, l'une au Chili, l'autre en Guinée. [De S.]

Stylobasium. — Fleur, coupe longitudinale.

STYLOCERAS (A. Juss., *Tent. Euphorb.*, 53, t. 17). Genre de Célastracées-Buxées, que Bentham a persisté à laisser parmi les Euphorbiacées, et qui a des fleurs de Buis, asépales; les mâles ∞-andres; les femelles à ovaire 4-6-loculé, avec 2, 3 longs styles persistants. Le fruit est drupacé. Ce sont des arbustes, de la Nouvelle-Grenade et de la Bolivie, à feuilles alternes, coriaces; les fleurs mâles disposées en épis axillaires; les femelles axillaires, solitaires et peu nombreuses. On en distingue 3 espèces. (H. B. K., *Nov. gen. et spec.*, t. 637, 638. — H. Bn, *Et. gén. Euphorbiac.*, t. 26; *Mon. Bux. et Styloc.*, 77; *Hist. des pl.*, VI, 19, 49.)

STYLOCHÆTON (Lepr.). Pour *Stylochiton* Schott.

STYLOCLINE (Nutt., in *Trans. Am. Phil. Soc.*, ser. 2, VII, 338). Synon. de *Micropus* L. (H. Bn, *Hist. des pl.*, VIII, 185.)

STYLOCOMIUM (Brid., herb.). Synonyme de *Dawsonia* R. Br.

STYLOCORINA (Labill., *Sert. austro-caled.*, 47). Synonyme de *Olostyla* DC.

STYLOCORYNE (Cav., *Icon.*, IV, 45, t. 368, nec W. et Arn.). Synonyme de *Randia* Houst.

STYLOCORYNE (Wight et Arn., *Prodr.*, 400, nec Cav.). Synonyme de *Chomelia* L.

STYLODISCUS (Benn., *Pl. jav. rar.*, 133, t. 29). Synonyme de *Bischofia* Bl.

STYLOGLOSSUM (Bred., *Orchid. Kuhl et v. Hass.*). Synonyme de *Calanthe* R. Br.

STYLOGYNE (A. DC., in *Ann. sc. nat.*, sér. 2, XVI, 91). Synonyme (B. H.) de *Icacorea* Aubl.

STYLOLEPIS (Lehm., in *Linnæa*, V, 385). Synonyme de *Podolepis* Labill. (H. Bn, *Hist. des pl.*, VIII, 168.)

STYLONCERUS (Spreng., *Syst.*, III, 356). Synonyme de *Siloxerus* Labill. (H. Bn, *Hist. des pl.*, VIII, 180.)

STYLONEMA (DC., *Prodr.*, I, 196). Section du g. *Erysimum*.

STYLONITES (Fr., in *Kongl. Vet. Ac. Handl.* [1849]; *Summ. veg. Scand.*, II, 456. — Fr., *Fung. natal.*, 33). Genre de Myxomycètes, qui a les caractères d'un *Stemonitis* sans columelle, et d'un *Cribraria* à capillitium non adhérent au péridium. Ce péridium est globuleux, d'un rouge brun, porté sur un stipe. [De S.]

STYLOPAPPUS (Nutt., in *Trans. Am. Phil. Soc.*, ser. 2, VII, 431). Syn. de *Troximon* Nutt. (H. Bn, *Hist. des pl.*, VII, 110.)

STYLOPHORUM (Nutt., *Gen. amer.*, II, 7). Genre de Papavéracées, très voisin des Chélidoines (et n'en devant probablement constituer qu'une section). Ses espèces habitent l'Amérique du Nord et l'Asie. (H. Bn, *Hist. des pl.*, III, 141.)

STYLOPODE. Renflement de la base du style, qui, dans les Ombellifères, couronne l'ovaire à la façon d'un disque, et a servi quelquefois à fournir des caractères pour la classification de ces plantes. (Voy. *Hist. des pl.*, VII, 86.) [H. Bn.]

STYLOSANTHES (Sw., *Prodr.*, 108; *Fl. ind. occ.*, 1280, t. 25). Genre de Légumineuses-Papilionacées-Hédysarées, formé d'environ 15 herbes, des deux mondes; distingué, dans un groupe qui porte son nom (*Stylosanthées*), par un tube floral grêle, avec 4 sépales connés; le cinquième libre; des feuilles pennées, 3-foliolées ; des épis axillaires et terminaux, allongés ou globuleux. (H. Bn, *Hist. des pl.*, II, 311.)

STYLOSPORE. Terme par lequel Tulasne a désigné une forme de conidie se formant dans des périthèces spéciaux appelés pycnides. (Voy. ce mot et CHAMPIGNON.)

STYLOSTEMON. « Si stamina, dit Mœnch (*Meth.*, 3), vel antheræ stylo sunt inserta. »

STYLURUS (SALISB., in *Knight Prot.*, 115). Synonyme de *Grevillea* R. Bn.

STYLUS. Nom latin du Style.

STYPANDRA (R. Br., *Prodr.*, 278). Genre de Liliacées-Asphodélées, formé de 3 herbes vivaces, australiennes ; distingué, dans le groupe des Dianellées, par une capsule loculicide, à 3 valves ; des étamines à filets portant des poils laineux épais ; des graines albuminées, à embryon court ; des feuilles linéaires ; des inflorescences composées. (BAK., in *Journ. Linn. Soc.*, XV, 355.) [H. Bn.]

STYPHELIA (SM., *Bot. N.-Holl.*, 45, t. 14). Genre d'Éricacées, qui donne son nom à la série des *Styphéliées* ; formé d'une dizaine d'arbustes australiens et distingué par des feuilles presque ou tout à fait sessiles ; des fleurs axillaires, 4-nées sur un pédoncule ; les 3 inférieures imparfaites ou stériles ; la corolle à tube allongé, à gorge poilue ; à lobes du limbe étroits, révolutés, barbus en dedans ; les étamines à filet glabre, à anthère libre, dressée, et exsertes. On en cultive quelques-uns dans nos serres froides et tempérées. (*Bot. Mag.*, t. 1297. — H. Bn, *Hist. des pl.*, XI, 148, 198.)

STYPHÉLIE. Nom français (LAMK) des *Styphelia* SM.

STYPHNOLOBIUM (SCHOTT, in *Wien. Zeitschr.* [1830]. Section du genre *Sophora* L., à fruit charnu, comme le *S. japonica*. (*Hist. des pl.*, II, fig. 195, 196.)

STYPHONIA (MEDIC., *Phil. bot.*, II, 70). Synonyme de *Lavandula* L.

STYPHORRHIZA (EHRH., *Phytoph.*, n. 34). Syn. de *Bistorta* T.

STYPNION (RAFIN. — LEM., in *Dict.*, LI, 200). Synonyme de *Rivularia* ROTH.

STYPONEMA (SALISB., *Gen. pl. Fragm.*, 67). Synonyme de *Stypandra* R. BR.

STYRACÉES. Famille qui tire son nom de celui des *Styrax*, et qui, placée par tous les auteurs dans la Gamopétalie, affecte, selon nous, de très étroits rapports avec les Olacacées. Elle renferme comme genres principaux les *Pamphilia*, *Foveolaria*, *Symplocos* et *Halesia*. Les *Diclidanthera* lui sont aussi d'ordinaire rapportés. [H. Bn.]

STYRANDRA (RAFIN., in *Journ. phys.*, LXXXIX, 102). Synonyme de *Maianthemum* WIGG.

STYRAX. Nom latin des Aliboufiers (I, 108), dont plusieurs espèces sont des plantes utiles. (H. Bn, *Tr. Bot. méd. phanér.*, 1324.)

STYSANUS (CORDA, *Sc. Fung.*, I, 21). Genre de Stilbinées, à stroma dressé, claviforme, brun, composé de filaments parallèles, juxtaposés, formant un capitule de spores subglobuleuses ou fusiformes, à peine teintées. Le *Stysanus Stemonitis* PERS. se retrouve à l'état filamenteux, simple et non agrégé, dans l'*Hormodendron elatum* HARZ ; il est donc permis de suspecter la légitimité des espèces connues. On les rencontre sur le bois, les tiges, les fruits, les feuilles, les Champignons charnus. [DE S.]

SUÆDA (FORSK., *Fl. æg.-arab.*, 69, t. 13 B). Genre de Chénopodiacées-Salsolées, et dont on a parfois donné le nom à un groupe des *Suædées*, formé d'une quarantaine d'herbes et d'arbustes, des déserts salés, et distingué par des fleurs hermaphrodites ou unisexuées, avec des fleurs à périanthe 5-lobé ; un fruit sec, libre ou adné par sa base au périanthe ; des feuilles linéaires et charnues. Il y en a 3 espèces en France, notamment le *S. fruticosa* FORSK., assez commun sur les bords de nos deux mers et assez souvent cultivé. On les employait aux mêmes usages que les Soudes. (GREN. et GODR., *Fl. de Fr.*, III, 31. — H. Bn, *Hist. des pl.*, IX, 194.)

SUAFA. Aux Samoa, le *Tabernæmontana orientalis* R. BR.

SUAG. Nom arabe du *Salvadora persica* L.

SUAKIN GUM. Gomme de l'*Acacia stenocarpa* HOCHST.

SUALAN, SUWALEN. Noms vulgaires javanais du *Borassus flabelliformis* MART.

SUARDA (NOCCA, ex *Steud. Nom.*, II, 651). L'*Eugenia baruensis*.

SUARDIA (SCHR., *Pl. rar. Hort. monac.*, t. 58). Synonyme de *Melinis* PAL.-BEAUV.

SUARESIA (LEM., in *Dict.*, LI, 201). Synonyme de *Porella* DILL.

SUATT. Nom indigène du *Celastrus senegalensis* LAMK.

SUBDULCAMARA (DUN., in *DC. Prodr.*, XIII, I, 84). Sous-section du genre *Solanum* T.

SUBER. Nom latin du Liège.

SUBERI-HIYU. Nom japonais du Pourpier commun.

SUBÉRINE. Cellulose modifiée, brunissant par les réactifs ordinaires de la cellulose.

SUBÉRISATION, SUBÉRIFICATION. Transformation en liège des couches de cellulose.

SUBER PRIMUS (MATTH.). Le *Quercus Suber* L. Le *S. secundus* du même auteur est l'Yeuse.

SUBLET. Le *Lychnis dioica* L.

SUBLIMIA (COMMERS., ex B. H., *Gen.*, III, 912). Synonyme de *Hyophorbe* GÆRTN.

SUBMERGÉES. Plantes aquatiques qui vivent complètement plongées dans le liquide.

SUBORDINATION (des caractères). — Voy. TAXINOMIE.

SUBULAIRE (*Subularia* L., *Gen.*, n. 799). Genre de Crucifères, qui donne son nom à la série des *Subulariées* et qui se distingue de toutes les autres plantes de la famille par

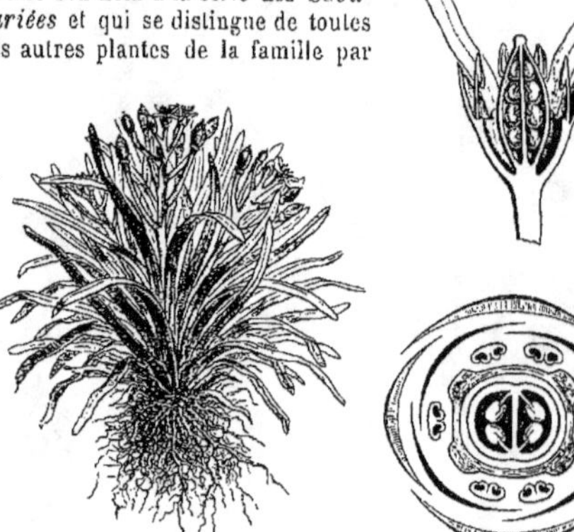

Subularia. — Port. Fleur, coupe longitudinale. Diagramme.

la concavité de son réceptacle, dont la conséquence est la périgynie de son calice et de sa corolle 4-mères et de son androcée 4-dyname. Un disque continu entoure l'ovaire ∞-ovulé qui devient une silicule turgide. On connaît 2 *Subularia*, petites herbes annuelles des lacs des montagnes d'Europe, d'Asie et de l'Amérique du Nord, à feuilles basilaires, linéaires, à petites grappes simples ou composées. Tous les caractères sont d'ailleurs ceux des Crucifères en général. (H. Bn, in *Adansonia*, X, 45, t. 6 ; *Hist. des plant.*, III, 210, 292.)

SUBULARIA (RAY., *Angl.* — ? DILL.). Synonyme de *Isoetes* L.

SUBULE. La pointe de l'arête des Graminées.

SUBULÉ (*subulatus*). Organe atténué graduellement de sa base à son sommet.

SUBUTA. Nom japonais des *Blyxa* NOR.

SUC. — Voy. CIRCULATION, PHYTOBLASTE, SÈVE.

SUCCARUM. Nom arabe ancien de la Jusquiame blanche.

SUC CELLULAIRE. — Voy. PHYTOBLASTE (III, 573).

SUCCION. Aspiration des liquides par les portions jeunes des racines. — Voy. SUÇOIR.

SUCCISA (MATTH.). Le *Scabiosa Succisa* L.

SUCCISA (Mœnch. — S.-F. Gray, *Arr. brit. pl.*, II, 476). Synonyme de *Scabiosa* T.

SUCCISA (Rupp., *Fl. jen.*, 211). Genre formé de plusieurs *Scabiosa* et *Cephalaria*.

SUCCOWIA (Dennst., *Schl. Hort. malab.*, 32). Synonyme de *Hiptage* Gærtn.

SUCCOWIA (Medic., *Pflanzengatt.*, 64). Genre de Crucifères-Cheiranthées-Brassicées, formé d'une herbe annuelle, méditerranéenne et des Canaries; distingué par des feuilles pinnatipartites; les grappes oppositifoliées; les pétales jaunes; le fruit globuleux, très hispide; le style subulé et rostré, à logettes 1-spermes. (H. Bn, *Hist. des pl.*, III, 278.)

SUCCUBE. La feuille des Jungermannes, quand elle est recouverte en partie par la feuille immédiatement supérieure.

SUCCULENTÆ (L., *Phil. bot.*, 32). Ordre (46) de plantes.

SUCCULENTÆ (*Plantæ*). Les plantes grasses.

SUCCUTA (Desmoul., *Et. Cusc.*, 74). Synonyme de *Cuscuta* T.

SUC DE MARTABAN. Vernis qui s'écoule des tiges du *Melanorrhœa usitata* Wall.

SUCEPIN (*Monotropa* L., *Gen.*, n. 536). Genre d'Éricacées, qui donne son nom à la série des *Monotropées*, souvent considérée comme famille. Ce sont des herbes parasites, colorées, à fleurs régulières, avec 4, 5 pétales imbriqués; 8-10 étamines hypogynes, 2-sériées, à anthère réniforme; un ovaire supère, à 4, 5 loges ∞-ovulées; les cloisons en partie incomplètes au centre. Le fruit est loculicide, et les graines ont un noyau cen-

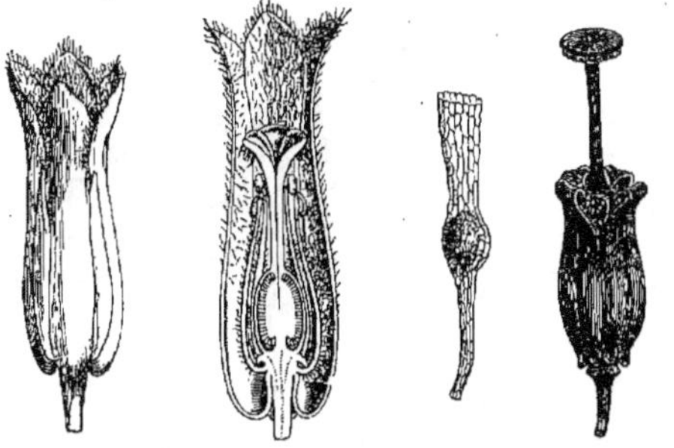

Sucepin. — Fleur, entière et coupe longitudinale. Fruit déhiscent. Graine.

tral, débordé en haut et en bas par un tégument lâche, allongé. Notre *M. Hypopithys* est assez commun, sur les racines des Pins et autres Conifères, des Castanéacées, etc. Il appartient à la section *Hypopithys*. Dans les vrais *Monotropa*, américains, la fleur est solitaire. Notre espèce a des fleurs en grappe, d'abord penchée. En dehors des fleurs il y a 2-6 bractées colorées, considérées parfois comme des sépales. (H. Bn, *Hist. des pl.*, XI, 152, 204, fig. 184-187; *Herbor. paris.*, 369.)

SUCHE AMARILLO. Au Pérou, le *Plumeria lutea* R. et Pav.

SUCHTELENIA (Kar., in *Bull. Mosc.* [1841], 16, t. 2). Genre de Boraginacées-Boragées, formé de 2 petites herbes, de l'Asie russe; distingué par un calice étalé au-dessous du fruit; une corolle subinfundibuliforme, portant des étamines incluses; des achaines adnés aux côtés d'un réceptacle subglobuleux et creux. (H. Bn, *Hist. des pl.*, X, 381.)

SUCKERS. Nom de l'*Opuntia curassavica* Mill.

SUCKLEYA (A. Gray, in *Proc. Amer. Acad.*, XI, 103). Genre de Chénopodiacées-Chénopodiées, formé d'une herbe charnue, des Montagnes Rocheuses; distingué par des fleurs femelles accompagnées de 2 bractéoles formant un sac aplati, à bords crêtés. L'achaine est renversé, et sa graine a une radicule supère. Les autres caractères sont ceux des *Eurotia* à fleurs monoïques. (H. Bn, *Hist. des pl.*, IX, 174.)

SUCKOW (G.-Ad.). Professeur à Heidelberg [1751-1813], a publié une *Œkonomische Botanik* [1777]; *Versuche über die Wirkungen verschiedner Luftarten auf die Vegetation* [1782];

Anfangsgründe der theor. u. angew. Botanik [1786], qui eut deux éditions; *Diagnose der Pflanzengattungen* [1792]. — Lor.-Joh.-Dan. Suckow, professeur à Iena, est l'auteur de *Bezeichnung der vornehmsten Pflanzen und ihrer Kultur zum Vortheile der Œkonomie* [1794], in-8 de 110 p.

SUÇOIR. Organe qui, comme dans les Cuscutes, s'implante dans les tissus de la plante nourrice pour soutenir et nourrir le parasite. Ici il se forme sur la tige. On l'a comparé à une racine adventive. On en a même vu se produire sur les boutons. On a aussi nommé suçoir la portion d'une plante telle que le Gui, qui s'enfonce dans une écorce, et l'on y a distingué des S. primaires et des S. secondaires. Les poils radiculaires ont aussi reçu le nom de suçoirs (*Succiatori*).

SUCOPIRA. A Angola, synonyme de *Owala*.

SUCOPIRA PARDA. Le *Bowdichia major* Mart.

SUCOTACOS. Nom ancien de la Pariétaire.

SUÇOTTES. Les fleurs sucrées du *Trifolium repens* L.

SUCRE. — Voy. Phytoblaste, G (III, 583).

SUCRE DES CHINOIS. Le Bois du *Cinnamomum Cassia* Nees.

SUCRÉ-VERT. Variété de Poire.

SUCRIER DE MONTAGNE. — Voy. Hedwigia (II, 22).

SUCRIER (FAUX). Le *Canna indica* L.

SUCRINJAN. Nom de l'Hermodacte des bazars indiens, qui vient, croit-on, du Kashmir.

SUCRIN. Variété de Melon.

SUCRION. L'*Hordeum distychon* L.

SUCUBA. Nom, au Para, de l'*Himatanthus rigida* W.

SUDAR. Le *Zizyphus Œnoplia* W.

SUDERMANIA (Lindbl., ex Fries, *Summ. veg. Scand.*, II, 449). Synonyme de *Lindbladia* Fries.

SUDZUKAKE-SO. Nom japonais du *Pœderota villosula* Miq.

SUDZUMENO-OGOKE. Le *Vincetoxicum purpurascens* Morr.

SUDZUMENO-YENDO. Nom japonais du *Vicia hirsuta* Koch.

SUDZUME-URI. Nom japonais du *Melothria Regelii* Ndn.

SUDZU-MUSHISO. Le *Strobilanthes oliganthus* Miq.

SUDZU-NARIYA. Nom japonais du *Crotalaria chinensis* L.

SUDZU-RAN. Synonyme de *Kaki-ran*.

SUDZU-SAIKO. Nom japonais du *Pycnostelma chinensis* Bge.

SUDZU-SHIROSO. Nom japonais de l'*Arabis flagellosa* Miq.

SUR. Synonyme de Sureau.

SUELDACONSUELA. Synonyme de *Sinfito*.

SUENONIUS (Joh.). A écrit [1776] *Specimen de usu plantarum in Islandia indigenarum in arte tinctoria* (in-8 de 32 p.).

SUENSONIA (Gaudich., herb.). Syn. (Endl.) de *Ottonia* Sprexg.

SUERCE. Nom français (Lamk.) des *Swertia* L.

SUESSHOLZ. En Allemagne, la Réglisse.

SUFFED-TIL. Le Sésame à graine blanche.

SUFFREN (De). A écrit, à Venise [1802] : *Principes de botanique* extraits des ouvrages de Linné et suivis d'un catalogue des plantes du Frioul et de la Carnia (in-8 de 208 p.).

SUFFRENIA (Bell., in *Act. taur.*, VII, 445, t. 1, fig. 1). Synonyme de *Ammania* L.

SUFFRUTEX. Sous-arbrisseau; d'où Suffrutescent.

SUFFY. Nom d'une variété de Dattier d'Égypte.

SUFRAGO (H. Bn). Pour *Suprago* Gærtn.

SUGAR-APPLE. Nom anglais de l'*Anona squamosa* L.

SUGAR-GRAPE. Aux États-Unis, le *Vitis rupestris* Scheel.

SUGEROKIA (Miq., in *Ann. Mus. lugd.-bat.*, III, 144). Synonyme de *Helionopsis* A. Gray.

SUGI. Nom japonais des *Cryptomeria* D. Don.

SUGILLARIA (Salisb., *Gen. pl. Fragm.*, 48). Synonyme de *Ledebouria* Roth.

SUGMINA. Nom ancien de la Verveine (?).

SUIBA. Nom, au Japon, de l'Oseille.

SUIF (Arbre à). L'*Excœcaria sebifera* H. Bn.

SUILLE. Nom français (Lamk) des *Suillus* Micheli.

SUILLUS (Micheli, *Nov. pl. gen.*, 126, t. 68, 69). Synonyme de *Boletus* Dill.

SUIRA. Au Pérou, le *Stereoxylon corymbosum* Pav.

SUISEN. Nom japonais du *Narcissus Tazetta* L.

SUISSARD. La Giroflée jaune.

SUJET. La plante sur laquelle on insère une greffe. — Voy. GREFFE (II, 738).

SUKADANKA. En Perse, l'*Allium Cepa* L.

SUKANA (ADANS., *Fam. des pl.*, II, 269. — RAFIN., ex MOQ.). Synonyme de *Celosia* L.

SUKANDAKA. Nom sanscrit (PIDDINGT.) de l'*Allium Cepa* L.

SUKANPO. Nom japonais de l'Oseille.

SUKKAR. Nom arabe (DEL.) de la Canne à sucre.

SULIPA (BLANCO, *Fl. d. Filip.*, 279). Genre douteux de Rubiacées (?) ou de Cyrtandrées (?). (H. BN, *Hist. des pl.*, VII, 364.)

SULITRA (MEDIK., *Vorles*, II, 366). Synon. de *Lessertia* DC.

SULKER. Nom flamand de l'Oseille.

SULLA. En Espagne, l'*Hedysarum coronarium* L.

SULLA (MEDIK., *Vorles*, II, 372). Syn. de *Echinolobium* DC.

SULLA, S. DE CALABRE. Synonyme de *Scilla* T.

SULLIVANTIA (TORR. et GR., in *Sillim. Journ.*, XLIII, 22, not.). Genre de Saxifragacées-Saxifragées, formé d'une herbe vivace, de l'Ohio; distingué par des fleurs à calice imbriqué; 5 pétales; 5 étamines courtes; un ovaire semi-supère, à 2 loges; une capsule ∞-sperme. (H. BN, *Hist. des pl.*, III, 427.)

SULTAN ZAMBACH (CLUS.). Synonyme de Lis.

SULU. Nom tartare de l'Avoine.

SULZERIA (RŒM. et SCH., *Syst.*, IV, 707). Synonyme de *Anabata* W.

SUMA. Au Brésil, l'*Anchietea salutaris* A. S.-H.

SUMA. L'*Acacia Suma* KURZ, arbre à cachou (I, 539).

SUMAC (*Rhus* L., *Gen.*, n. 369). Genre de Térébinthacées-Anacardiées, à fleurs polygames. Le réceptacle est déprimé, souvent discifère. Il y a 4-6 sépales; 4-6 pétales; 4-10 étamines; les anthères stériles dans les fleurs femelles. L'ovaire, 1-loculaire et 1-ovulé, est surmonté de 3 branches stylaires. Le fruit est drupacé, à graine sans albumen. Ce sont environ 110 arbres ou arbustes, des régions chaudes et tempérées du monde entier, à feuilles simples ou composées; à fleurs en grappes axillaires et terminales, plus ou moins composées. Les *R. radicans* et

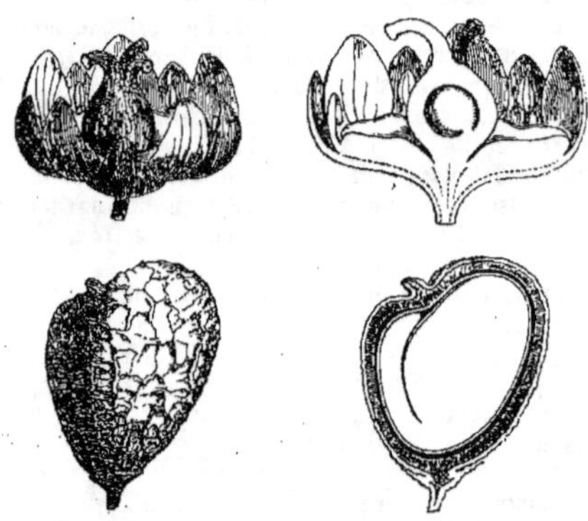

Sumac. — Fleur, entière et coupe longitudinale. Fruit, entier et coupe longitudinale.

Toxicodendron sont vénéneux, comme le *R. venenata* DC. Plusieurs *Rhus* sont des arbres à cire et à vernis. Le *R. copallinum* donne, a-t-on dit, le Copal du Mexique. Le *R. Vernix* L. est le véritable Vernis du Japon. Les *R. coriaria* et *typhinum* L. servent à préparer les peaux. Le *R. Cotinus* L. se cultive dans nos parcs, sous le nom d'Arbre à perruques. Le *R. Metopium* L. passe pour un puissant antidiarrhéique. En Chine et au Japon, les *R. semialata* et *japonica* SIEB., piqués par des pucerons, donnent les Galles de Chine. (H. BN, *Hist. des plant.*, V, 272, 298, 321, fig. 310-313.)

SUMAC-COPALLIN. L'*Hymenæa Courbaril* L.

SUMACH (RUPP., *Fl. jen.*, 122). Synonyme de *Rhus* L.

SUMACRUS (HEDW. F., *Gen.*, 206). Synonyme de *Sumac* DC.

SUMBAVIA (H. BN, *Ét. gén. Euphorb.*, 390; *Hist. des pl.*, V,

195). Genre d'Euphorbiacées, à fleurs d'*Echinus*, mais avec une corolle de 5 pétales. Ce sont 2 arbres malais, à duvet étoilé, à feuilles alternes, à grappes axillaires.

SUMBUL. Médicament astringent, antidiarrhéique et même, a-t-on dit, anticholérique. C'est le *Peucedanum* (*Euryangium*) *Sumbul*. (H. BN, *Tr. Bot. méd. phaner.*, 1041.)

SUMIRE-SUMOTORIBANA. Nom japonais du *Viola Patrinii* DC.

SUMIS. Nom arabe du *Nigella sativa* L.

SUMMERGRAPE. Aux États-Unis, le *Vitis æstivalis* MICHX.

SUMPFWURZ. Nom allemand des *Epipactis* R. BR.

SUNABIKISO. Nom japonais du *Tournefortia Argusi* L.

SUNAGA-KARA-TATSI. Variété à feuilles ponctuées en jaune du *Citrus trifoliata*.

SUNA-MUTKA. Nom du Séné de l'Inde.

SUNAPTEA (GRIFF., *Notul.*, IV, 56). Synonyme de *Vatica*.

SUNCHO. Nom argentin du *Baccharis salicifolia* PERS.

SUNDA-ASSA. Nom, dans l'Inde, du Tamarinier.

SUNDEK. A Malacca, le *Payena Croixiana* PIERRE.

SUNDEW. Nom anglais des *Drosera* L.

SUNFLOWER. En Angleterre, l'*Helianthus annuus* L.

Sureau. — Branche florifère.

SUNIPIA (LINDL., *Gen. et spec. Orchid.*, 179). Genre d'Orchidacées-Épidendrées, formé d'une herbe épiphyte, de l'Himalaya et de la Birmanie, à port de *Bulbophyllum*; distingué, dans le groupe des Dendrobiées, par une anthère éloignée du rostellum et à loges ouvertes à partir du sommet. [H. BN.]

SUNN. Nom, à Calcutta, des fibres textiles du *Crotalaria juncea* L. Ce sont ces mêmes fibres qui sont connues à Bombay sous le nom de Chanvre brun et de Chanvre de Madras.

SUP. — Voy. SIP.

SUPA. Nom, aux Philippines, des *Sindora* MIQ.

SUPERBE DE MALABAR. Le *Gloriosa* (*Methonica*) *superba* L.

SUPÈRE. Verticille placé, dans la fleur, au-dessus des autres. Quand le réceptacle est concave, les pièces du périanthe et de l'androcée sont généralement supères. Avec un réceptacle convexe et une insertion hypogynique, le gynécée est, au contraire, généralement supère.

SUPERPOSÉ. Dans les Primulacées, par exemple, les étamines sont superposées aux divisions de la corolle. Dans les Sapotacées, les loges ovariennes sont superposées aux sépales. On emploie généralement dans ce cas l'expression d'opposées. Mais Payer l'a trouvée, à bon droit, vicieuse. En effet. dans les Crucifères, les 2 sépales extérieurs ou intérieurs sont opposés l'un à l'autre, aux deux extrémités d'un même diamètre, etc.

SUPIER. Synonyme de Sureau.

SUPLINDLETREE. Nom, aux États-Unis, de l'*Evonymus atropurpureus* JACQ.

SUPPLE-JACK. Nom anglais de certains *Coccoloba* L.

SUPRAGO (GÆRTN., *Fruct.*, II, t. 166). Section du genre *Vernonia* SCHREB.

SURA. Nom indien de la Noix de Coco.

SURCULIGERA (C. KOCH, in *Linnæa*, XXIII, 611). Section du genre *Androsace* L.

SURCULUS. Nom latin du Surgeon.

SUREAU (*Sambucus* T., *Inst.*, 606, t. 376). Genre de Rubiacées, qui donne son nom à la série des *Sambucées*. Ce sont des arbres, arbustes ou plus rarement des herbes, qui ont des fleurs à ovaire infère, 3-5-loculaire. Le calice supère est aussi 3-5-mère. La corolle régulière est gamosépale, rotacée ou courtement campanulée, à 3-5 lobes valvaires ou imbriqués. Elle porte 5 étamines ; et l'ovaire a, dans chaque loge, un ovule descendant, à micropyle introrse. Le fruit est drupacé, à 3-5 noyaux monospermes, souvent pris pour des graines. Celles-ci sont descendantes et albuminées. Les Sureaux ont des feuilles oppo-

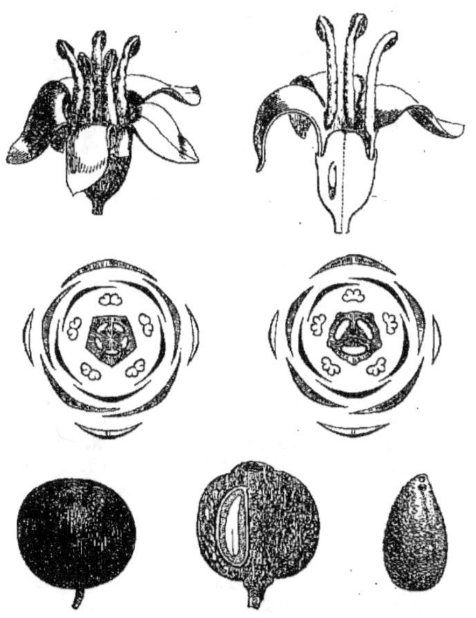

Sureau. — Fleur, entière et coupe longitudinale. Diagrammes à ovaires 3-mère et 5-mère. Fruit, entier et coupe longitudinale. Graine.

sées ou 3-nées, imparipennées, avec des stipules et souvent des stipelles bien développées. Leur inflorescence ombelliforme est un corymbe composé, portant ∞ cymes. Ce sont des plantes des régions chaudes et tempérées du globe presque entier. On emploie en médecine le Sureau noir (*Sambucus nigra* L.) et l'Hièble (*S. Ebulus* L.), le *S. racemosa* L. et d'autres espèces. Leur sarcocarpe est souvent riche en matière colorante, tinctoriale ; il sert à teinter et à falsifier les vins, etc. (H. BN, *Hist. des pl.*, VII, 359, 381, 501, fig. 382-389 ; *Tr. Bot. méd. phaner.*, 1108 ; *Herbor. paris.*, 76, 308.)

SUREAU AQUATIQUE, S. D'EAU, S. DES MARAIS. Le *Viburnum Opulus* L.

SUREAU COMMUN, GRAND SUREAU. Le *Sambucus nigra* L.

SUREAU DE MONTAGNE, S. A GRAPPES. Le *Sambucus racemosa* L.

SUREAU EN HERBE, S. PETIT. L'Hièble.

SUREAU-HERBE. Le *Sambucus Ebulus* L.

SUREGADA (ROXB., ex W., in *Ges. Nat. Fr. Berl. N. S.*, IV, 296). Genre d'Euphorbiacées 1-ovulées, formé d'une quinzaine d'arbres et arbustes asiatiques et africains ; distingué par des fleurs 1-sexuées ; les mâles ∞-andres, à anthères dorsifixes, à filets libres ; les femelles à branches stylaires étalées, 2-fides ou ∞-fides. Le fruit est globuleux, déhiscent tardivement ou

indéhiscent. Les feuilles sont alternes, et les fleurs, souvent nombreuses, sont disposées en glomérules ou en cymes oppositifoliés. (H. BN, *Et. gén. Euphorbiac.*, 395 ; in *Adansonia*, XI, 29 ; *Hist. des pl.*, V, 200.)

SURELLE. Nom français de divers *Oxalis* L. (III, 482).

SURELLE ACIDE. Nom vulgaire de l'*Oxalis Acetosella* L.

SUREN. Nom français du *Cedrela febrifuga* BL.

SURENGION. Nom, chez les médecins arabes (Avicenne, Sérapion, Mésué) des bulbes d'Hermodacte.

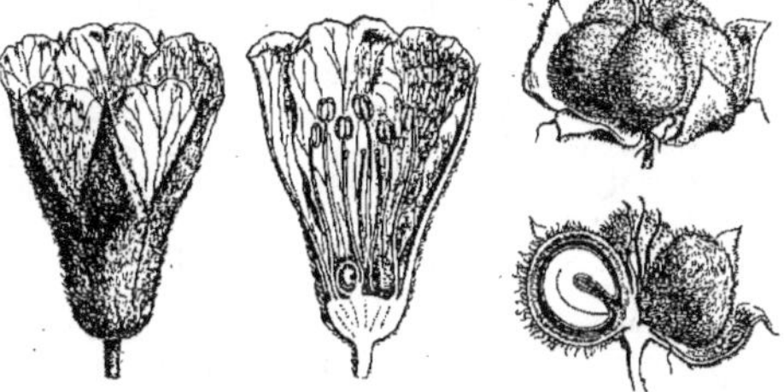

Suregada. — Fleur mâle.

SURENUS (RUMPH., *Hrb. amboin.*, III, 126). Syn. de *Cedrela*.

SURETTE, SURELLE. Le *Rumex acetosa* L.

SURGREFFAGE. Opération qui consiste à placer un rameau étranger sur une plante déjà greffée. On *surgreffe* les Poiriers, Pruniers, etc. Une variété de Poirier ne prenant pas, par exemple, sur le Cognassier, on la greffe sur une greffe d'un autre Poirier venant bien sur Cognassier, etc.

SURIAN (Jos.-Donat). Compagnon de Plumier, mort en 1691. Plumier dit de lui, en lui dédiant le genre *Suriana* : « Clariss. D. Josephus Donatus Surian, massiliensis, medicus, pharmacopœus, chymicus, botanicus ; alter tandem, si diu vixisset, Dioscorides americanus futurus : quippe qui Pharmacopœam americanam, quam ipse experientia comprobaverat, meditabatur exhibere. Opus cum ipso obiit Massiliæ. Extat tamen de eo ad calcem illius tractatus (*Traitté des Drogues*) per Nicolaum Lemery Parisiis editi, curiosus Catalogus plantarum americanarum, quas apud insulas americanas, ubi Botanici regii munere fungebatur, observaverat ; at nomenclaturis tantum barbaris ut plurimum designatas. » Son herbier est au Muséum de Paris.

SURIANA (PLUM., *Gen.*, 37). Genre de Rutacées, qui donne son nom à la série des *Surianées*. Les fleurs régulières ont un réceptacle à surface supérieure à peu près plane ; 5 sépales quinconciaux ; 5 pétales ; 10 étamines 2-sériées. Les 5 carpelles libres, oppositipétales, ont un ovaire courtement stipité, à style

Suriana. — Fleur, entière et coupe longitudinale. Fruit, entier et coupe longitudinale.

gynobasique, avec 2 ovules descendants dans chaque ovaire. Le fruit est formé de 1-5 drupes, et la graine a un gros embryon replié sur lui-même. Le *S. maritima* est un arbuste des plages maritimes tropicales, à feuilles alternes, glanduleuses-ponctuées, à fleurs disposées en fausses grappes de cymes uniparés. (H. BN, *Hist. des pl.*, IV, 427, 511, fig. 526-529.)

SURIER. Le Chêne-Liège.

SURIGUANAS. L'*Hibiscus tiliaceus* L.

SURINAM CHERRY. Nom anglais de l'*Eugenia uniflora* L.

SURINAM GOOSEBERRY. Nom anglais du *Pereskia aculeata*.

SURINDIA (TUL., in *Ann. sc. nat.*, sér. 4, VIII, 68). Section du genre *Nisa* NORONH.

SURINGARIA (PIERRE, in *Bull. Soc. Linn. Par.*, 635). Genre de Myrtacées, voisin des *Barringtonia*, à fleurs hermaphrodites, 4, 5-mères ; le réceptacle turbiné, avec 4, 5 pétales ; 7, 8 étamines devant chaque pétale ; un disque épigyne ; un ovaire à 3 loges 2-4-ovulées ; un fruit drupacé et des graines albuminées. Le *S. cambodiana* est un arbre à feuilles alternes; à fleurs en glomérule axillaire, capité, 3-bractéolées. [H. Bn.]

SURINJAN. Sorte d'hermodacte du Punjab; bulbes du *Colchicum luteum* Bak.

SURMONTO. Nom languedocien de la Livèche.

SURON. Le *Carum Bulbocastanum* Koch.

SURUGA-RAN. Synonyme de *O-ran*.

SURUM. Nom arabe du *Nigella sativa* L.

SURWALA (Rœm., *Syn.*, 108). Section du genre *Heynea* Roxb. (H. Bn, *Hist. des pl.*, V, 497.)

SUS. Nom arabe des Réglisses.

SUSAKKA. Synonyme de *Anona muricata* L.

SUSANNA. Nom, aux Antilles anglaises, des *Citharexylon* L.

SUSAR. Nom arabe du Buis.

SUSARIUM (Phil., in *Linnæa*, XXXIII, 248). Synonyme (part.) de *Symphiostemon* Miers.

SUSEAU. Pour Sureau.

SUSEN. Nom grec du Lis blanc.

SUSIANA (Spach, *S. à Buff.*, XIII, 70). Sous-genre du g. *Iris*.

SUSPENSEUR. La portion rétrécie de l'embryon, qui sert à le fixer par son sommet.

SUSSEA (Gaudich., *Voy. Bonite*, t. 24, 25, 39). Synonyme de *Pandanus* L. F.

SUSSODIA (Ham., ex Don, *Prodr. Fl. nepal.*, 104). Synonyme de *Colebrookia* Sm.

SUSSUELA. Nom, aux Moluques, de l'*Hoya imperialis* Lindl.

SUSSY-BAUM. L'*Erythrophlœum guineense* Afz.

SUSUM (Bl. — Schult., *Syst.*, VII, 95, 1493). Genre de Flagellariées, distingué par des fleurs dioïques, à 6 pétales secs et obtus; 6 étamines et un fruit charnu, 1-3-sperme. Les 2 espèces admises, de Ceylan, de la Malaisie, etc., ont une tige dressée, des feuilles lancéolées, multiveinées, terminées par une pointe rectiligne, et une inflorescence de *Flagellaria*. L'espèce javanaise passe pour vermifuge. [H. Bn.]

SUTERA (Roth, *Bot. Bem.*, 172, nec *Nov. pl. Spec.*). Synonyme de *Chænostoma* Benth.

SUTERA (Roth, *Nov. pl. Spec.*, 291). Genre de Scrofulariacées-Chænostomées, voisin des *Manulea*, distingué par des fleurs à 5 sépales libres; une corolle peu irrégulière, à tube étroit; 4 étamines didynames; un ovaire à 2 loges multiovulées, surmonté d'un style dont l'extrémité stigmatifère est courtement bifide. C'est une herbe de l'Afrique orientale, de l'Inde et de l'Arabie, à feuilles opposées, ou les supérieures alternes, disséquées ou incisées-pinnatifides; à fleurs axillaires ou disposées en grappes; les bractées indépendantes des fleurs. (H. Bn, *Hist. des pl.*, IX, 446.)

SUTERIA (DC., *Prodr.*, IV, 536. — B. H., *Gen.*, II, 130). Section du genre *Uragoga* L., à cymes terminales ou plus souvent axillaires, à large et épais calice campanulé, avec de grands lobes. Espèces américaines. (H. Bn, in *Adansonia*, IX, 326; *Hist. des plant.*, VII, 285.)

SUTHERLAND (James). Auteur [1692] de *Hortus medicus edinburgensis or a catal. in the phys. gard. at Edinburgh.*

SUTHERLANDIA (Gmel., *Syst.*, 1027). Synonyme de *Heritiera* Dryand.

SUTHERLANDIA (R. Br., in *Ait. H. kew.*, ed. 2, III, 327). Genre de Légumineuses-Papilionacées-Galégées, formé d'un arbuste de l'Afrique australe; distingué, dans le groupe des Colutéées, par des fleurs à étendard dressé et à carène aiguë; le style barbu en dedans dans sa longueur, stigmatifère à son sommet; le fruit membraneux et enflé, comme celui des Baguenaudiers. Il est assez souvent cultivé. (*Bot. Mag.*, t. 181. — Deless., *Ic. sel.*, III, t. 71. — H. Bn, *Hist. des pl.*, II, 275.)

SUTHERLANDIA (Rœusch., ex Steud. *Nom.*, II, 652). Genre incertain.

SUTILES. A Panama, sorte de Limon.

SUTRINA (Lindl., in *Ann. Nat. Hist.*, ser. 1, X, 184). Genre d'Orchidacées-Vandées, formé d'une herbe épiphyte, du Pérou; mal connu et distingué par des fleurs en grappe simple; les sépales latéraux cohérents en un menton basilaire court; le labelle dressé; la colonne largement ailée en haut; le rostellum pourvu d'un long appendice linéaire. [H. Bn.]

SUTTONIA (A. Rich., *Fl. N. Zel.*, 342, t. 38). Section du genre *Myrsine* L. Cependant certains auteurs (Pax) le conservent comme genre distinct, à cause de ses pétales libres.

SUTURE. Nom donné aux bords et à la ligne médiane des carpelles. Aux premiers répond la suture dite ventrale; à la dernière, la suture nommée dorsale.

SUVA. Nom guzarate de l'Aneth.

SUVÉ. Nom provençal du Chêne-Liège.

SUYER, SUZEAU. Noms anciens des Sureaux.

SUZYGIUM (P. Br., *Jam.*, 240, t. 7). Syn. de *Calyptranthes*.

SVAMPAR. Nom suédois des Champignons.

SVITRAMIA (Cham., in *Linnæa*, IX, 445). Section du genre *Tibouchina* Aubl. (H. Bn, *Hist. des pl.*, VII, 40.)

SWAGERMANN (E.-P.). A publié [1812], à Haarlem, *Verhandeling over dat Soort van Vaten in de Planten.*

SWAINSON (Will.). Voyageur à la Nouvelle-Zélande, où il mourut en 1855, à l'âge de 66 ans, a écrit : *Botanical Report on Victoria* [1853]. Il était né à Liverpool en 1789.

SWAINSONA (Salisb., *Par. lond.*, t. 28). Genre de Légumineuses-Papilionacées-Galégées, formé d'une vingtaine d'herbes océaniennes, parfois suffrutescentes; distingué, dans le groupe des Colutéées, par un style barbu en dedans ou sur le dos, stigmatifère au sommet; un fruit membraneux, enflé, stipité. On en cultive quelques espèces comme ornementales. (*Bot. Mag.*, t. 792, 1725, 4416. — H. Bn, *Hist. des pl.*, II, 275.)

SWALBEA (L.). Pour *Schwalbea* L.

SWALLOW-WORT. En Angleterre, le Dompte-venin.

SWAMMERDAM (Johan.). Né et mort à Amsterdam [1637-1680], ce savant célèbre a écrit un opuscule qui concerne la botanique : *De Filice mare Dodonæi dissertatio epistolaris*, imprimé avec ses *Biblia*, et qui a été traduit en anglais.

SWAMMERDAMIA (DC., *Prodr.*, VI, 164). Synonyme de *Helichrysum* Gærtn. (H. Bn, *Hist. des pl.*, VIII, 174.)

SWAMP-DOGWOOD. Nom anglais du *Cornus sericea* L.

SWAMP-GOOSEBERRY. Aux États-Unis, le *Ribes lacustre* Poir.

SWAMP-GUM. Variété de l'*Eucalyptus viminalis* Labill.

SWAMP-GUM-TREE. Nom australien de l'*Eucalyptus siderophloia* Benth.

SWAMP MAHOGANY. En Australie, l'*Eucalyptus robusta* Sm. et parfois aussi l'*E. resinifera* Sm.

SWAMP-POST OAK. Aux États-Unis, le *Quercus lyrata* Walt.

SWAMP SPANISH OAK. Aux États-Unis, le *Quercus palustris*.

SWAMP-WHITE OAK. Aux États-Unis, le *Quercus bicolor* W.

SWAMY. Le *Swietenia febrifuga* Roxb.

SWAN-RIVER DAISY. En Angleterre, les *Brachycome* Cass.

SWANTIA. Genre démembré par M. Alefeld des *Vicia* L.

SWANWORT. Nom anglais des *Cychnoches* Lindl.

SWART-MARAN. Aux Antilles, le *Sida rhombifolia* L.

SWARTSIA (Gmel., *Syst.*, 360). Synonyme de *Solandra* Sw.

SWARTZ (Olaus). Célèbre professeur de Stockholm [1760-1818], écrivit en 1781 une thèse : *Methodus Muscorum illustrata*. En 1783-87, il fit connaître les *Nova genera et species* de son voyage aux Antilles, puis [1791] des *Observationes botanicæ* sur les végétaux des mêmes régions, et [1794] des *Icones plantarum incognitarum quas in India occidentali detexit atque delineavit*. Le couronnement de cette œuvre est son *Flora Indiæ occidentalis*, en 3 vol. in-8 [1797-1806]. En 1799, il donne un ouvrage sur la classification des Mousses de la Suède; en 1805, un *Genera et species Orchidearum* (in-8); en 1806, un *Species Filicum* (in-8 de 445 p. et 5 pl.); en 1811, ses *Lichenes americani* (in-8 de 2 p. et 18 pl.); en 1814, un *Summa vegetabilium Scandinaviæ systematice coordinatorum* (in-8 de 74 p.). En 1829, on publia *Adnotationes botanicæ quas reliquit* O. Swartz (in-8 de 144 p. et 4 pl.), ouvrage posthume.

SWARTZIA (Ehrh., herb. crypt.). Synonyme de *Weisia* Hedw.

SWARTZIA (Hedw., *Musc. frond.*, I). Synonyme de *Trichostomum* Hedw.

SWARTZIA (Schreb., *Gen.*, II, 518). Syn. de *Tounatea* Aubl.

SWARZIA (Brid., *Muscol. rec.*, I, 161). Synonyme de *Desmatodon* Brid.

SWAYNE (Georg.) A publié [1790], à Bristol, *Gramina pascua*.

SWEERT (Eman.). Son *Florilegium* est de 1612, à Francfort-sur-le-Mein. Il fut réédité à Amsterdam, de 1620 à 1655.

SWEET (Rob.). Auteur d'un ouvrage intitulé *Geraniaceæ* [1820-30] et de nombreux livres d'horticulture : *Hortus suburbanus londinensis* [1818] ; *The botanical Cultivator* [1821] ; *The British flower-Garden*, 3 vol. [1823 29], avec une deuxième série, 4 vol. [1831-38] ; *Cistineæ* [1825-30] ; *Hortus britannicus* [1827], in-8 de 492 p., qui eut 3 éditions ; *The florists' Guide and cultivators' Directory* [1829-32] ; *Flora australasica* [1827-28] ; et, avec H. Weddell, un *British Botany*, formé de 12 fascicules in-fol. En 1824, il imprima un plaidoyer apologétique prononcé dans un procès qui lui fut intenté et où on l'accusait d'avoir recélé une caisse de plantes dérobées au Jardin de Kew.

SWEET-BARK. Nom anglais de la Cascarille.

SWEET-BRIAR. Nom anglais du *Rosa rubiginosa* L.

SWEET-BUSH. L'*Andropogon Schœnanthus* L.

SWEET-CORN. Nom, aux États-Unis, du Maïs sucré.

SWEET FLAG. Nom anglais de l'*Acorus Calamus* L.

SWEETIA (DC., *Prodr.*, II, 381). Synon. de *Galactia* P. Br.

SWEETIA (Spreng., *Syst.*, II, 171). Genre de Légumineuses-Papilionacées-Sophorées, formé de 10 arbres américains ; distingué par des feuilles pennées ; des fleurs en grappes composées ; des pétales petits, linéaires ou un peu plus larges ; un androcée exsert ; une gousse aplatie, à peine déhiscente et non résineuse ; des graines comprimées, sans albumen. (H. Bn, *Hist. des pl.*, II, 367.)

SWEET-LEAF. Aux États-Unis, les *Symplocos* L.

SWEET-LIME. Nom, à Sainte-Croix, du *Triphasia* Lour.

SWEET-PEPPER. Nom anglais du *Capsicum dulce*.

SWEET-PIGWEED. Nom anglais du *Chenopodium ambrosioides* L.

SWEET PISHAMIN. Nom anglais du *Diospyros virginica* et du *Carpodinus dulcis*.

SWEET SCABIOUS. Nom anglais de l'*Erigeron heterophyllum*.

SWEET-SOP. Nom anglais de l'*Anona squamosa* L.

SWEET WILLIAM. Nom anglais de l'*Ipomœa Quamoclit* L. et du *Dianthus barbatus* L.

SWEETWOOD BARK. L'écorce du *Croton Eluteria* Benn.

SWEET WOODRUFF. Nom anglais de l'*Asperula odorata* L.

SWERTIA (All., *Fl. pedem.*, I, 208). Syn. de *Tolpis* Adans.

SWERTIA (Labill., *N. Holl.*, t. 97). Syn. de *Villarsia* Vent.

SWERTIA (L., *Gen.*, n. 321). Genre de Gentianacées, dont on a parfois donné le nom à une tribu des *Swertiées ;* formé d'environ 50 herbes, d'Europe, d'Asie et d'Afrique ; distingué par des fleurs à corolle rotacée, tordue ; le bord droit des lobes recouvrant, avec 1 ou 2 fossettes nectarifères à la base des loges. L'ovaire 1-loculaire a 2 placentas pariétaux ; les bords des carpelles non intrus. Le style est court ou presque nul, sauf dans les *Frasera*, section pour nous de ce genre, où il est plus long et subulé. Dans la section *Veratrilla*, les fleurs sont dioïques et souvent 4-mères (H. Bn, *Hist. des pl.*, 142). On trouve exceptionnellement dans notre flore le *S. perennis*, à fleurs d'un pourpre bleuâtre terne. (*Herbor. paris.*, 253.)

SWIETENIA (L., *Gen.*, n. 575). Genre de Méliacées, qui donne son nom à la série des *Swieteniées*, et s'y distingue par des fleurs à 5 pétales ; l'androcée uni en un tube urcéolé et 10-denté ; le disque annulaire ; le fruit septicide ; les graines albuminées, pourvues en haut d'une longue aile. C'est un arbre des Antilles et de l'Amérique centrale, le *S. Mahogoni* L., qui donne un acajou à meubles de première qualité, coloré, odorant, exsudant une sorte de gomme. Son écorce est fébrifuge, astringente, antiputride. De son fruit s'extrait l'huile dite de Caraba. (H. Bn, *Hist. des pl.*, V, 478, 491, 504, fig. 471-476.)

SWIÉTÉNIÉES. Série des Méliacées, caractérisée par des étamines 1-adelphes, en nombre double de celui des pétales ; un

ovaire à loges pluriovulées ; un fruit capsulaire, loculicide ou plus souvent septifrage ; des graines ordinairement ailées, avec ou sans albumen ; une tige arborescente et des feuilles composées-pennées. (H. Bn, *Hist. des pl.*, V, 485.)

SWINDEN (N.). Auteur [1778], à Londres, de *The beauties of Flora displayed, or... pocket companion to the... garden.*

SWINTONIA (Griff., in *Rev. bot.*, II, 350). Genre de Térébinthacées-Anacardiées, formé d'un arbre de l'archipel Indien ; distingué par des fleurs à 5 sépales, à pétales accrescents, à 5 étamines ; un fruit sessile et drupacé ; des feuilles simples, entières et ponctuées. (H. Bn, *Hist. des pl.*, V, 317.)

SWINTRA. En Russie, l'*Arctostaphylos Uva-ursi* Spreng.

SWITZER (S.). Auteur [1735], à Londres, de *A dissertation on the true Cytisus of the ancients* (in-8), qui eut 2 éditions.

SYAGRUS (Mart., *Hist. nat. Palm.*, II, 129). Syn. de *Cocos*.

SYALITA (Rheed., *Hort. malab.*, III, 39, t. 38, 39). Synonyme de *Dillenia speciosa* Thunb.

SYAMA (Jon., in *As. Res.*, IV, 161). Syn. de *Pupalia* Mart.

SYCAMINOS. Nom grec du Sycomore.

SYCHINIUM (Desvx, in *Mém. Soc. Linn. Par.*, IV, 216, t. 12). Synonyme de *Dorstenia* Plum.

SYCHNONEURA (A. DC., *Prodr.*, XIV, I, 196). Section du genre *Myristica* L.

SYCHNOSEPALUM (Eichl., in *Mart. Fl. bras. Menisp.*, 202, t. 49). Genre de Ménispermacées, distingué par ∞ sépales, ∞-sériés ; 6 pétales ; 6 étamines, toutes ou les 3 intérieures connées ; les carpelles connés à la base ; les fruits (drupes) unis ; la graine sans (?) albumen. (Miers, in *Ann. Nat. Hist.*, ser. 3, XIX, 192. — H. Bn, *Hist. des pl.*, III, 37.)

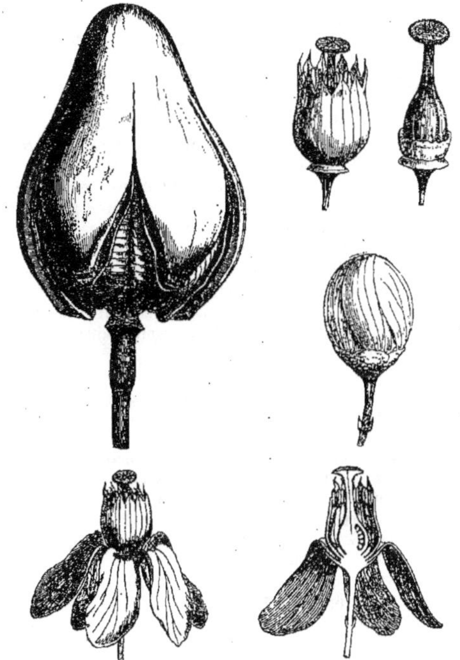

Swietenia. — Fleur, entière, coupe longitudinale et sans le périanthe. Gynécée. Fruit déhiscent.

SYCIDIUM (Miq., in *Lond. Journ. Bot.*, VII, 228). Section du genre *Ficus* T.

SYCIOS (Medic.). Pour *Sicyos* L.

SYCKOREA (Corda, in *Opiz Beitr.*, I, ex *Linnæa*, V, *Litt.*, 79). Synonyme de *Saccogyna* Dumort.

SYCOMORE. L'*Acer Pseudo-Platanus* L.

SYCOMORE. Nom d'un *Ficus*, le *F. Sycomorus* L., et de l'*Acer Pseudo-Platanus* L. Le *S. faux* est le *Melia Azederach* L.

SYCOMORE (FAUX). L'*Acer platanoides* L.

SYCOMORPHE. (MIQ., in *Ann. sc. nat.*, sér. 3, I, 35). Synonyme de *Ficus* T.

SYCOMORUS (GASP., *Ric. Caprif. e Fic.*, 86). Synonyme de *Eusyce* (*Ficus* T.).

SYCOMORUS (MATTH.). Le *Ficus Sycomorus* L.

SYCONE. Nom du réceptacle fructifère de la Figue, etc.

SYCOPSIS (OLIV., in *Trans. Linn. Soc.*, XXIII, 83, t. 8). Genre de Saxifragacées-Hamamélidées, établi pour un arbre de Khasia; distingué par des fleurs unisexuées, à 8 étamines; un ovaire semi-infère, à loges 1-ovulées; pas de corolle. (H. BN, *Hist. des pl.*, III, 394, 459.)

SYENA (SCHREB., *Gen.*, 39). Synonyme de *Mayaca* AUBL.

SYHETTI (RHEEDE). L'*Ixora coccinea* L.

SYKE. Dans Théophraste, le Caroubier (?).

SYKES (W.-Henry). A écrit des *Remarks on the origin of the popular belief in the Upas or Poison-tree of Java* (in-8).

SYKESIA (ARN., in *Nov. Act. nat. cur.*, XVIII, 351). Synonyme de *Gærtnera* LAMK. Espèces asiatiques.

SYLITHRA. Nom grec des Réglisses.

SYLITRA (E. MEY., *Comm. pl. afr. austr.*, 114). Genre de Légumineuses-Papilionacées-Galégées, formé d'un sous-arbrisseau de l'Afrique australe; distingué par des branches grêles; des feuilles 1-foliolées; des fleurs axillaires 2-nées; une étamine vexillaire collée aux autres, sauf en haut et en bas; un style glabre; une gousse membraneuse, aplatie (indéhiscente?); des graines non aillées. (HARV., *Thes. cap.*, t. 78. — H. BN, *Hist. des pl.*, II, 264.)

SYLLA. Synonyme de *Sulla*.

SYLLEPIS (FOURN., *Gram. mex.*, 52). Synonyme (B. H.) de *Imperata* CYR.

SYLLICI-PRIA. Dans Hérodote, le Ricin.

SYLLINUM (GRISEB., *Spic. Fl. rumel.*, I, 115). Section du genre *Linum* L.

SYLLYSIUM (MEY. et SCHAU., in *Nov. Act. nat. cur.*, XIX, Suppl., 334). Synonyme de *Eugenia* L.

SYLPHION, SYLPHIUM. La Cyrénaïque produisait, dans l'antiquité, une plante dont on extrayait une résine gommeuse fort recherchée, qu'on croit être le *Silphion* des Grecs et aussi, a-t-on dit, le *Laser* des Romains. D'où le nom de la Cyrénaïque : *Regio sylphifera*. La racine se mangeait confite. Quant à la résine, on lui attribuait des propriétés merveilleuses : elle guérissait de tous les poisons, des morsures venimeuses; elle rendait la jeunesse. Le trésor public en renfermait à Rome une certaine quantité, que J. César fit vendre pour payer son armée. Néron en fit venir un pied de la Cyrénaïque, le dernier probablement qu'on ait connu. On retrouve l'image de la plante sur quelques vieilles médailles. C'est une Ombellifère; mais on ne sait laquelle, et on suppose qu'elle a disparu de la Cyrénaïque. Le *Silphion* qu'on vend encore à Paris pour le traitement des affections pulmonaires, est, nous nous en sommes assuré, une Ombellifère dangereuse, le *Thapsia garganica* L. [H. BN.]

SYLVA. Nom portugais des Ronces.

SYLVIA (GAUD., *Helv.*, III, 490). Section du genre *Anemone*.

SYLVIE. L'*Anemone nemorosa* L.

SYLVIUS (Joh.). Auteur [1601] de *Oratio de Rosis*, in-4.

SYMBASIANDRA (W., herb., n. 1638). Synon. de *Hilaria* K.

SYMBIOSE. On a donné ce nom à la vie en commun de plusieurs êtres différents, notamment de plusieurs plantes entre elles, comme, dans la doctrine Schwendenerienne, l'association des Lichens et des Algues. On a aussi décrit des symbioses de zoophytes avec des Mousses, des Algues (K. Brandt), etc.

SYMBLOMERIA (NUTT., in *Trans. Amer. Phil. Soc.*, ser. 2, VII, 284). Synonyme de *Albertinia* SPRENG.

SYMBOLANTHUS (G. DON, *Gen., Syst.*, IV, 210). Section du genre *Lisianthus* AUBL.

SYMBRYON (GRISEB., *Cat. pl. cub.*, 64). Genre douteux de Pipéracées, voisin des *Peperomia* et représenté par un arbuste glabre, à feuilles alternes, à fleurs unisexuées (ou polygames?); les femelles seules connues, en épi composé, à ovaire sessile entre deux bractéoles acuminées. surmonté d'une surface stigmatique entière, peu volumineuses. Le seul *Symbryon* connu habite Cuba. (Voy. *Hist. des pl.*, III, 82.) [H. BN.]

SYMEA (BAK., in *Saund. Ref. bot.*, t. 260). Synonyme de *Solaria* PHIL.

SYMÉTRIE FLORALE. Il n'y a pas, comme on l'a dit, une *loi de la symétrie florale*, qu'on a définie, un peu vaguement : « la disposition relative des verticilles dont la fleur est formée »; il y a divers types de symétrie que, dans l'état actuel de nos connaissances, il n'est pas toujours aisé de rapprocher

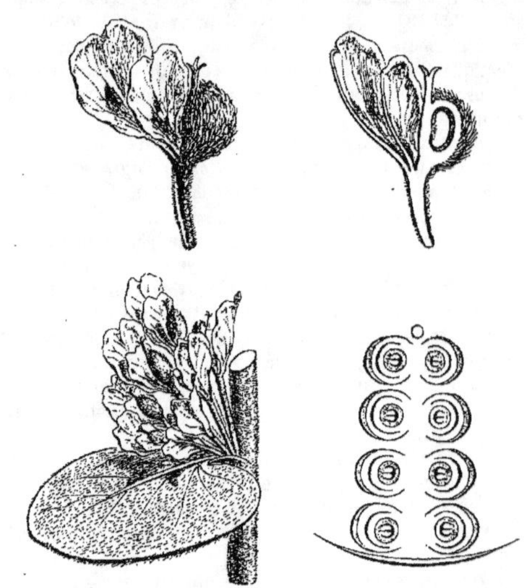

Cissampelos. — Fleur femelle. Pétale superposé au sépale et carpelle superposé au pétale.

l'un de l'autre. Nous exposerons les principaux, qui peuvent être graphiquement figurés par les plans ou diagrammes que l'on emploie souvent aujourd'hui pour représenter les rapports de position des organes ou des verticilles floraux, abstraction faite de leur forme et de leurs autres caractères extérieurs.

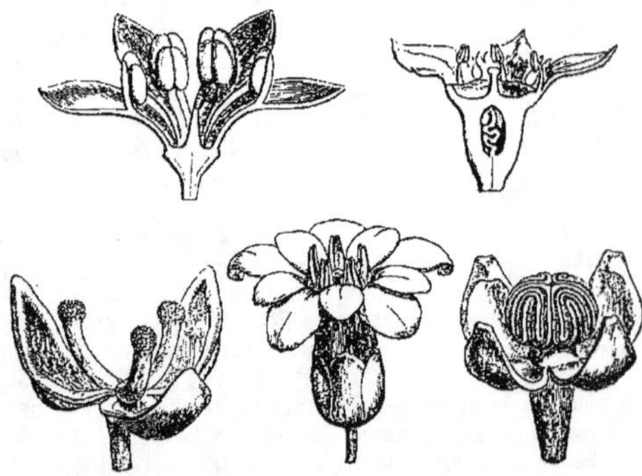

Loranthacées et Balanophorées. — Étamines superposées aux pétales.

Si nous examinons d'abord la fleur femelle d'un *Cissampelos*, nous voyons qu'elle est fort peu compliquée, puisqu'elle ne se compose que d'un sépale, d'un pétale et d'un carpelle. Or le pétale est placé en face (ou au-dessus), c'est-à-dire *superposé* au sépale, et le carpelle unique est également superposé au pétale.

Dans la fleur d'un Santal, d'un *Loranthus* ou d'un *Thesium*, où il n'y a pas de calice, on compte quatre, cinq ou six pétales et un même nombre d'étamines superposées.

Dans le *Ternstræmia brevipes*, où le calice a cinq pétales

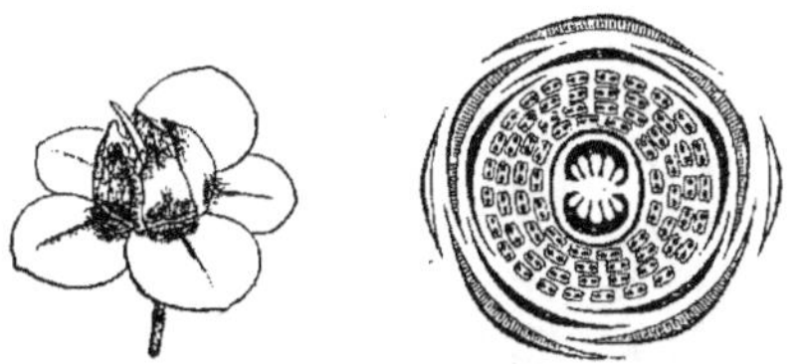

Ternstræmia brevipes. — Pétales quinconciaux superposés aux sépales.

disposés en quinconce, nous voyons cinq pétales superposés aux sépales et disposés également en quinconce. Les lois de la métamorphose ayant bien fait voir que les sépales et les pétales

Nerprun, Clusiacées et Malvacées. — Étamines superposées aux pétales.

sont des feuilles modifiées, le calice et la corolle se comportent ici comme le feraient dans une branche des feuilles qui seraient insérées suivant l'ordre exprimé par la fraction 2/5. A cinq feuilles florales considérées comme formant un groupe particu-

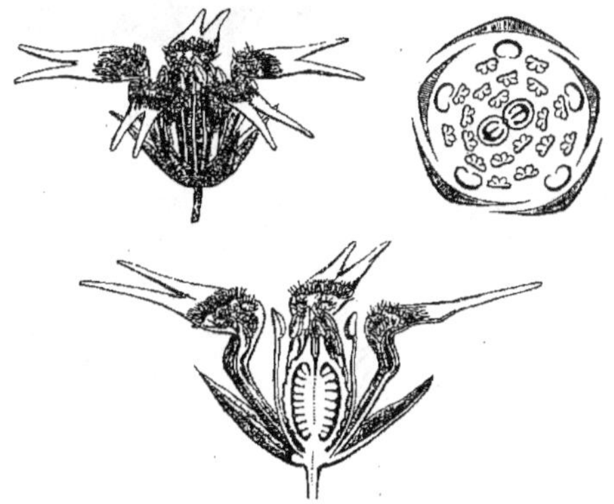

Garidelle. — Nectaires (« pétales ») superposés aux sépales.

lier sont exactement superposées une à une cinq autres feuilles qui viennent sur l'axe immédiatement au-dessus d'elles.

Les étamines de l'*Hermannia*, de la Vigne, des Primulacées, des Rhamnées, des Plumbaginées, de certaines Clusiacées, etc., sont oppositipétales.

Dans un très grand nombre de fleurs, les carpelles sont superposés aux étamines ; nous pouvons citer entre autres les Iris.

Circée. — Verticilles di-
mères en alternance
continue.   *Cabomba.* — Verticilles trimères
alternes ; les étamines dédou-
blées.   *Evonymus.* — Verticilles
tétramères, en alter-
nance continue.

Il est donc peu exact de dire que « la loi fondamentale qui régit la symétrie de la fleur est que les pièces de deux verti-

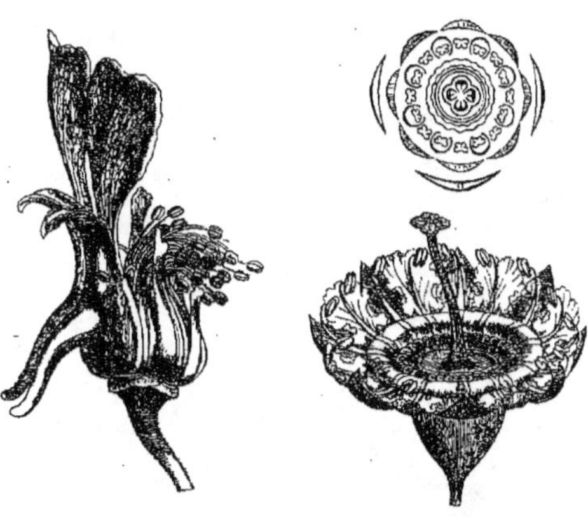

Staphysaigre. — Staminodes (cica-
trices) superposés aux sépales.   *Dialoma* (Loun.). — Verticilles floraux 3-mères,
sauf le gynécée.

cilles consécutifs *alternent* entre elles ». Il est rare, il est vrai, que les pétales n'alternent pas avec les sépales. Mais plus on

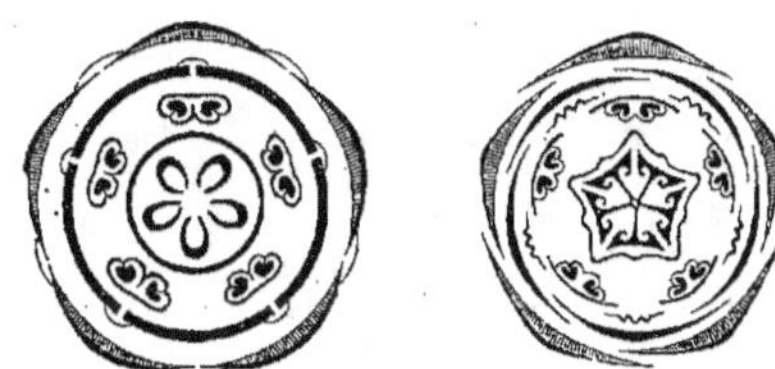

Canthium et *Venana.* — Verticilles en alternance continue.

se rapproche de l'intérieur de la fleur, plus il est fréquent de voir les pièces de deux verticilles voisins se superposer les unes

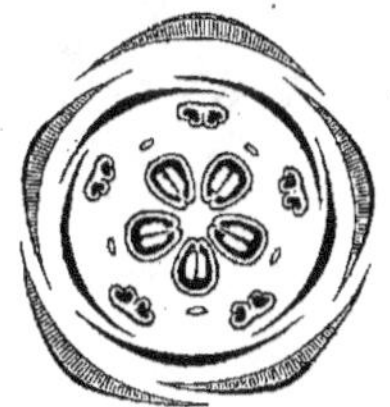

Crassulacées. — Alternance continue des verticilles (sauf pour les carpelles de *Sedum* à droite).

aux autres, et il arrive très souvent que, comme nous le disions, les carpelles soient exactement placés au-dessus des étamines qui les précèdent sur l'axe floral.

Rien n'est commun, nous venons de le voir, comme l'alternance des pétales avec les sépales. Il y a des superpositions apparentes. Ainsi dans les Berbéridées on observe quatre ou six pétales superposés à quatre ou six sépales, quatre ou six étamines superposées à autant de pétales. En réalité, il y a deux verticilles au calice, à la corolle, à l'androcée, et l'on a deux ou trois sépales dans une première rangée du calice, deux ou

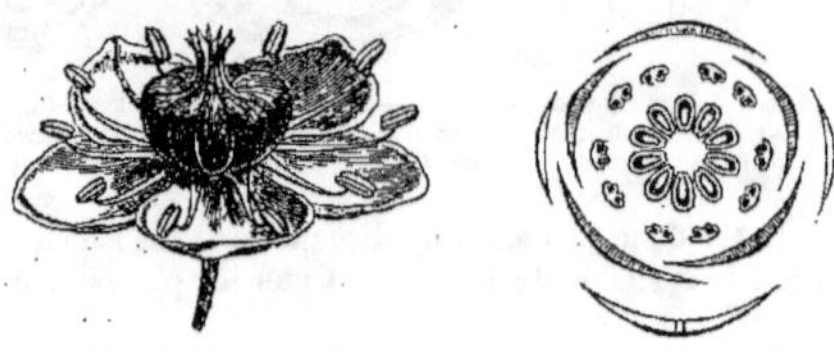

Phytolacca decandra. — Verticille unique à l'androcée, mais à étamines dédoublées.

trois autres sépales alternes avec les premiers, deux ou trois pétales alternes avec les sépales intérieurs, deux ou trois pétales du verticille intérieur alternes avec ceux du verticille extérieur, et ainsi de suite. On donne les pétales de certaines Renonculacées (Garidelle, Dauphinelles, etc.) comme superposés aux sépales; mais ce sont problablement des staminodes,

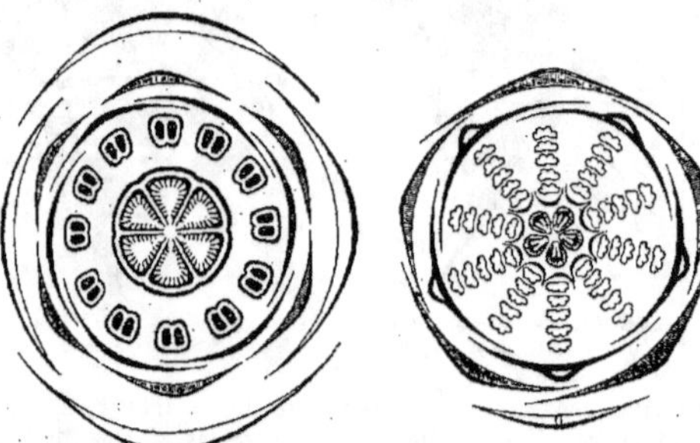

Blakea. — Verticilles hexamères alternes (sauf les carpelles).

Ancolie. — Androcée à verticilles nombreux, alternes.

c'est-à-dire des étamines pétaloïdes. Ailleurs, comme dans bien des Labiées, etc., une division de la corolle paraît superposée à une division du calice, parce que l'une d'elles représente en réalité deux sépales ou deux pétales, unis congénitalement, quelquefois même dans toute leur étendue.

Certaines Crassulacées, telles que le *Rochea,* sont souvent

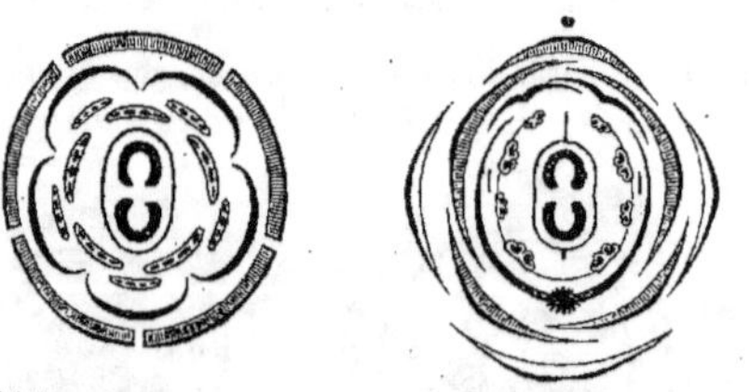

Platytheca et Polygala, l'un à fleur régulière; l'autre à fleur irrégulière.

citées comme exemples de fleurs dans lesquelles il y a alternance successive de tous les verticilles. On y voit en effet alterner les cinq carpelles avec les cinq étamines qui répondent elles-mêmes aux intervalles des cinq pétales alternes avec les cinq sépales.

La Circée a deux sépales, deux pétales alternes, deux étamines alternes avec les pétales, et deux carpelles alternes avec les étamines.

Le *Cabomba* a trois sépales, trois pétales, trois étamines (dédoublées) alternant avec les pétales et trois carpelles alternes avec les étamines.

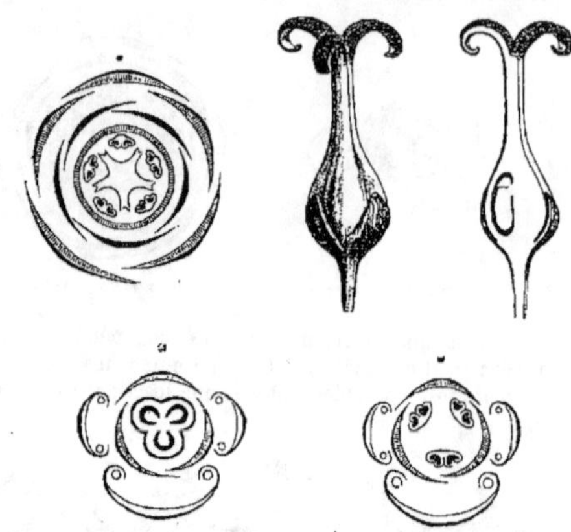

Euphorbiacées. — Étamines tantôt superposées et tantôt alternes aux sépales. Loges ovariennes alternes.

L'*Evonymus* a quatre verticilles de quatre pièces chacun, toutes disposées en alternance continue.

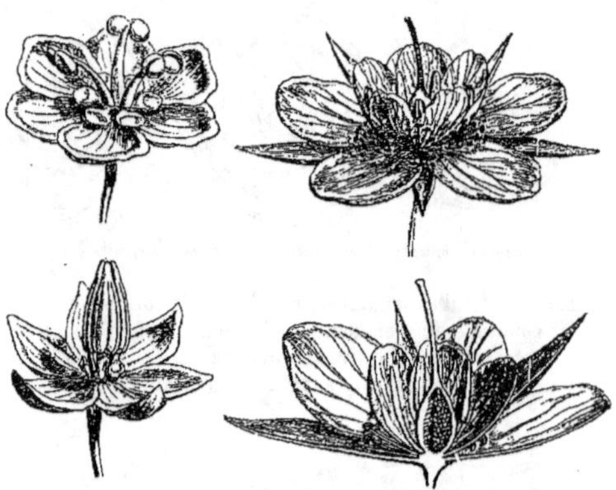

Phyllanthus. — Étamines superposées aux sépales extérieurs.

Sauvagesia. — Corolle dédoublée; chaque pétale remplacé par deux folioles superposées. Il y a aussi cinq glandes.

Si l'on a, comme dans les *Sedum,* deux verticilles à l'androcée, les étamines sont par moitié alternipétales et superposées

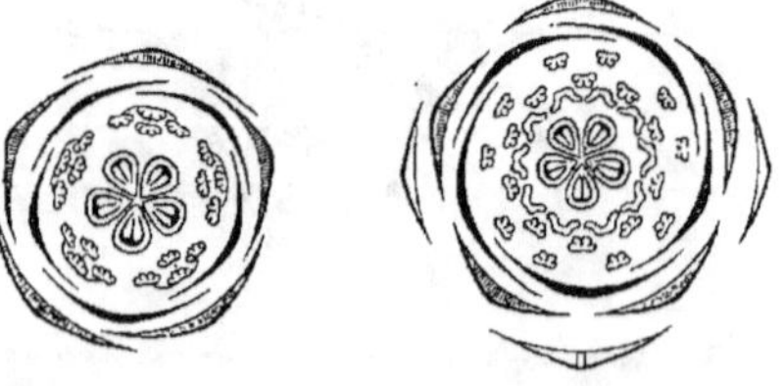

Candollea. — Étamines superposées par faisceaux aux sépales.

Spirée. — Verticilles de l'androcée au nombre de deux, mais avec dédoublements.

aux pétales par moitié. Mais les étamines alternes avec les sépales sont tantôt les intérieures, et tantôt les extérieures.

Il est fréquent aussi que dans l'androcée on observe des

superpositions plus apparentes que réelles. Ainsi, dans les Ancolies, dont les étamines sont nombreuses, elles peuvent paraître disposées sur dix lignes rayonnantes placées cinq en face des sépales et cinq en face des pétales. En réalité, il y a

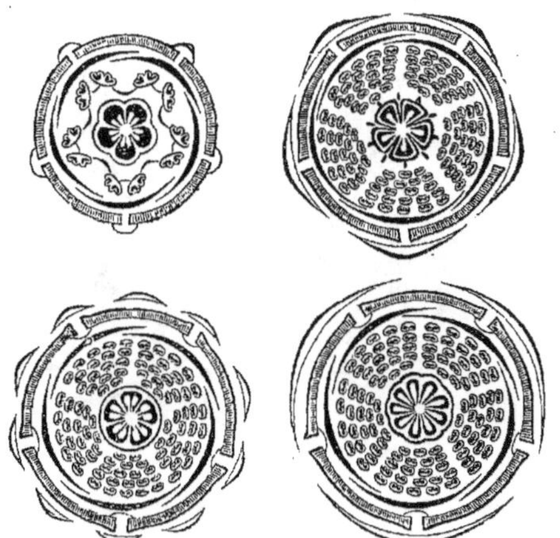

Malvacées. — Les étamines, plus ou moins dédoublées, sont disposées en cinq faisceaux oppositipétales.

de nombreux verticilles d'étamines alternes, savoir cinq étamines alternipétales, cinq autres appartenant à un verticille plus intérieur et alternes avec les précédentes, un troisième verticille de cinq étamines alternes avec celles du deuxième

Tilleul. — Faisceaux staminaux oppositipétales.

Francoa. — Verticilles alternant, sauf les carpelles.

verticille et venant, par conséquent, se placer en face de celles du premier, et ainsi de suite.

Quand une fleur devient accidentellement double ou pleine, les nombreuses folioles pétaloïdes qu'on considère comme des

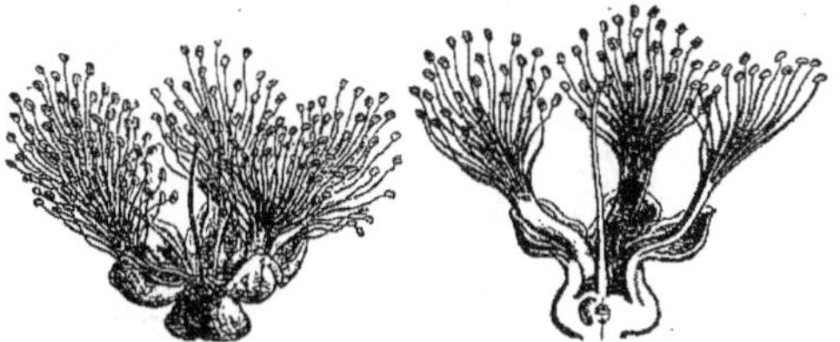

Melaleuca. — Chaque étamine est remplacée par un faisceau, sans que la symétrie florale soit modifiée.

étamines ou des carpelles modifiés, sont disposées tantôt dans l'ordre alterne, et tantôt dans l'ordre de superposition; il n'y a là aucune loi.

Dans les fleurs des *Platycodon* cultivés, il y a assez souvent double corolle; en pareil cas les divisions de la corolle inté-

rieure alternent avec celles de la corolle normale; mais comme les étamines alternent toujours avec les lobes de la corolle qui

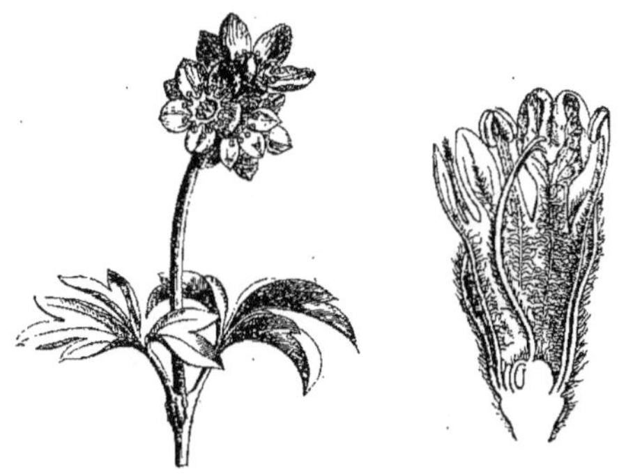

Adoxa. — Étamines à loges disjointes, super- posées cependant aux sépales.

Tapura. — Fleur irrégulière, à deux plans de symétrie.

les précède immédiatement, elles deviennent, dans le cas de corolle double, alternes avec les sépales, tandis qu'elles leur

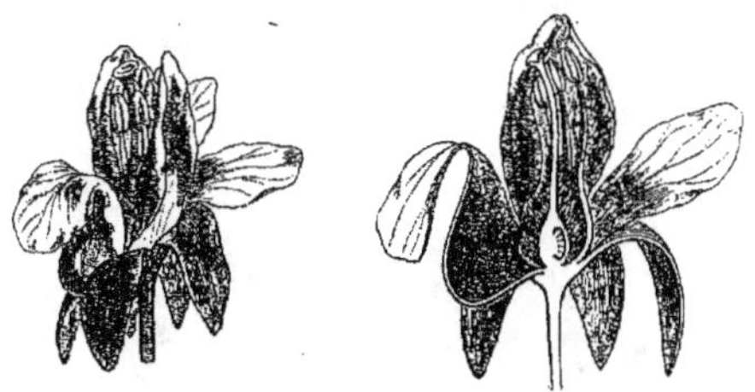

Trigonia. — Fleur irrégulière, à deux plans de symétrie, inclinés l'un sur l'autre à 36 degrés.

étaient superposées dans la fleur simple; et les cinq loges de l'ovaire présentent les mêmes variations dans leur situation

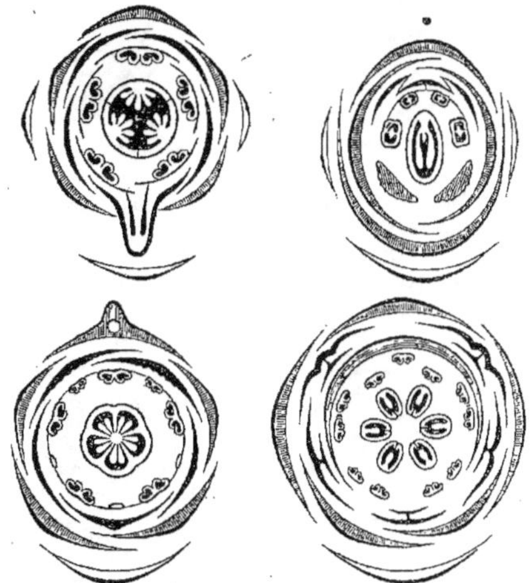

Fleurs irrégulières (*Viola, Krameria, Tropæolum, Astrocarpus*), à un seul plan commun de symétrie, antéro-postérieur.

relativement aux sépales et aux divisions de la corolle normale, attendu qu'elles demeurent toujours, que la corolle soit simple ou double, alternes avec les étamines.

Quand les organes floraux sont nettement disposés sur une ligne spirale continue, il n'y a plus ni alternance, ni superposition immédiate. Ainsi dans les *Magnolia*, les *Myosurus*, etc., on voit la symétrie du *Ternstrœmia brevipes* se répéter sur une grande étendue, parce qu'en même temps le réceptacle

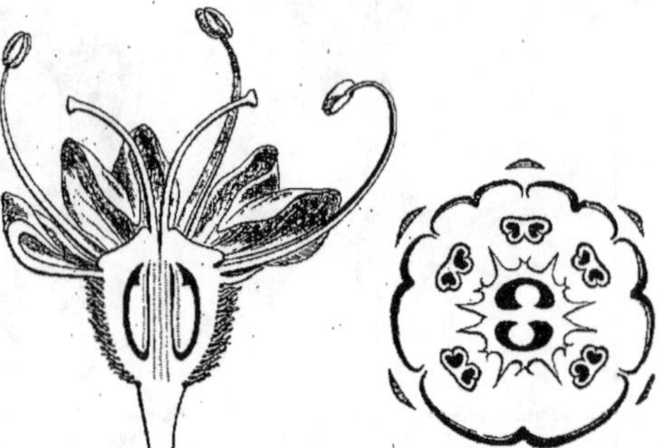

Carotte. — Fleur irrégulière et cependant symétrique.

floral est très allongé. Et, selon la fraction de divergence des appendices floraux, il y a un nombre variable de lignes verticales suivant lesquelles les appendices, sépales, pétales, étamines, carpelles, sont superposés les uns aux autres ; mais il

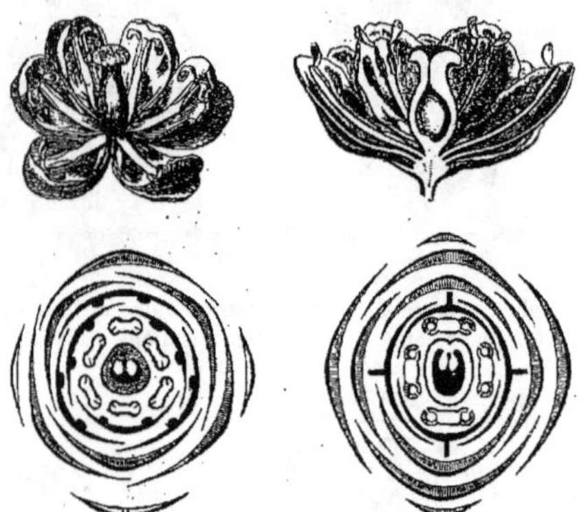

Berberis et Epimedium. — Fleurs à type 3 et 2 répétés.

n'y a jamais et il ne peut y avoir d'alternance *exacte* entre deux organes quelconques.

Dans les Monocotylédones, les loges ovariennes sont généralement superposées aux sépales extérieurs, quel que soit le

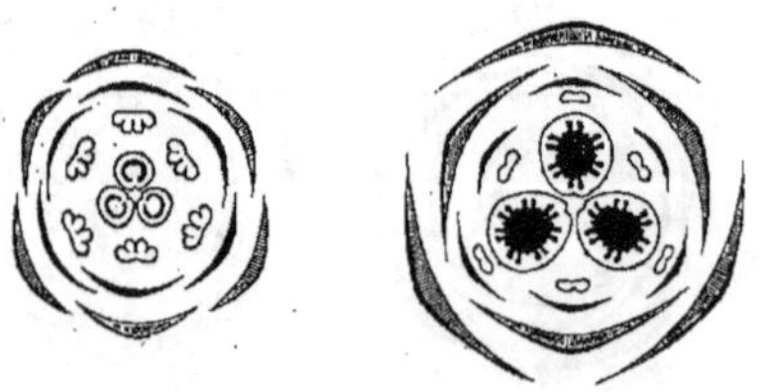

Cocculus et *Lardizabala*. — Fleurs à type 3 répété, et 3 carpelles.

nombre des verticilles de l'androcée. Ainsi les Lis et les Amaryllis qui ont six étamines sur deux rangs, et les Iris qui n'en ont que trois, ont les trois loges ovariennes dans la même situation par rapport aux sépales.

Dans les Dicotylédones, les carpelles sont plus souvent en

face des pétales qu'en face des sépales, mais bien souvent aussi ils alternent avec les premiers.

Quand il n'y a que deux carpelles dans une fleur d'ailleurs pentamère, ils sont presque toujours, l'un antérieur et l'autre postérieur.

Avec trois carpelles, deux sont antérieurs ou postérieurs.

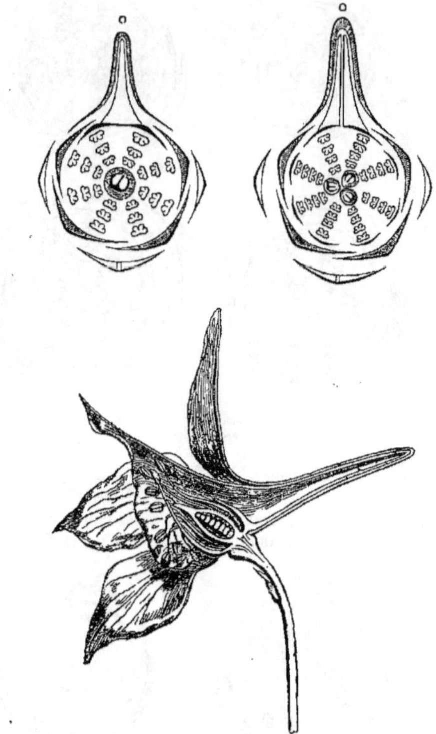

Delphinium. — Diagrammes et coupe longitudinale. Fleurs irrégulières, n'ayant aucun plan de symétrie.

Chacun de ces trois carpelles peut être exactement superposé à un sépale ou à un pétale, mais parfois, comme dans l'Aconit, aucun d'eux n'est exactement superposé à une des pièces du périanthe. De même dans le Pied d'Alouette des champs, le

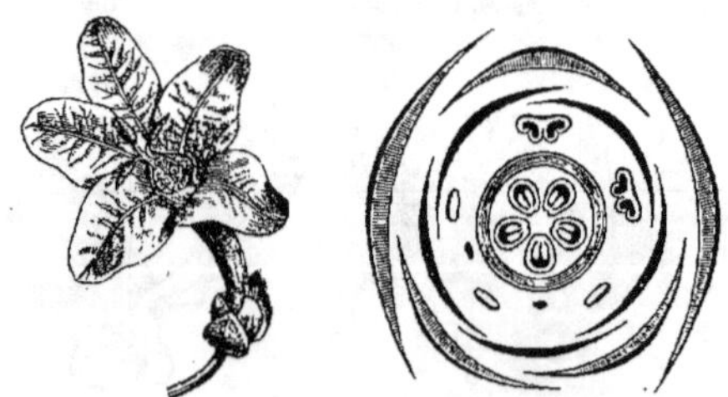

Ravenia. — Fleur à deux plans de symétrie. Androcée insymétrique.

carpelle unique n'est exactement ni en face d'un des sépales, ni en face du milieu de leurs intervalles.

Il y a des fleurs d'un même groupe très naturel, d'ailleurs absolument pareilles par leur symétrie florale et dont les carpelles n'ont pas la même situation. Ainsi, la Nielle des blés a cinq carpelles oppositipétales, et les *Lychnis*, que bien des auteurs ont cependant placés dans le même genre, les ont oppositisépales.

Beaucoup de fleurs mâles d'Euphorbiacées ont deux ou trois sépales avec deux ou trois étamines alternes, et d'autres, quoique appartenant à des genres extrêmement voisins, ont de deux à cinq étamines superposées aux sépales.

On a dit que les *dédoublements* modifient la symétrie florale.

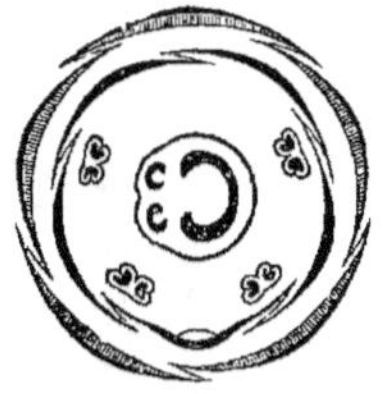

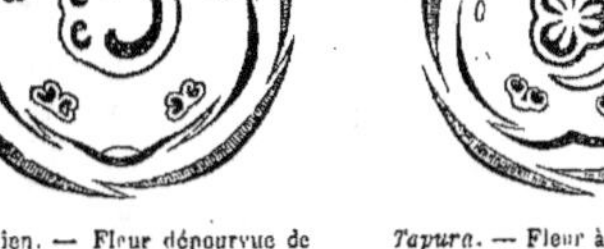

Nard indien. — Fleur dépourvue de tout plan de symétrie.

Tapura. — Fleur à deux plans de symétrie.

Mais le plus souvent ils ne l'altèrent pas. Certaines Malvacées, telles que les *Hermannia*, ont cinq étamines oppositipétales. La plupart des autres Malvacées ont les étamines nombreuses; mais un faisceau d'étamines tenant toujours la place d'une seule, la symétrie générale n'est pas modifiée. De même une paire d'étamines peut, comme dans les *Cabomba*, occuper la

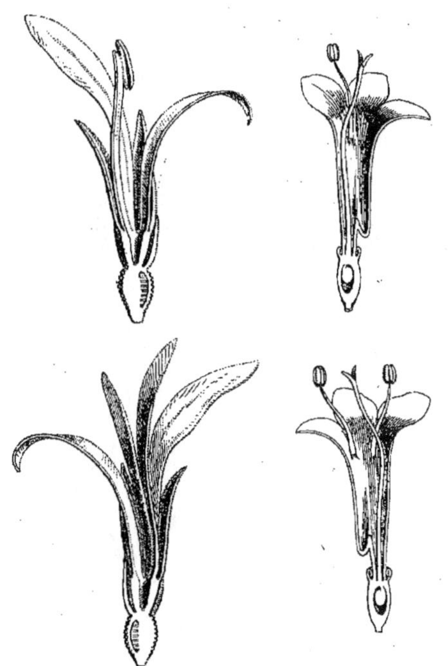

Balisier et Valériane. — Fleurs dépourvues de tout plan commun de symétrie.

place d'une seule étamine qui s'est dédoublée; la symétrie de la fleur n'en est pas altérée.

On a dit aussi que les *soudures* modifiaient la symétrie. Mais dans les fleurs citées comme exemples à l'appui, on peut dire qu'il n'y a jamais eu réellement de soudure.

On sait qu'on nomme *côté antérieur* de la fleur celui qui regarde la feuille ou la bractée axillante, et *côté postérieur* celui qui est tourné du côté de l'axe de l'inflorescence.

Dans les fleurs irrégulières, la fleur n'a souvent qu'un plan de symétrie; c'est ce plan antéro-postérieur qui passe par le milieu de l'axe et par le milieu de la feuille ou de la bractée axillante.

Mais les fleurs irrégulières ont souvent deux plans de symétrie; nous avons cité l'exemple des *Trigonia*, des *Tapura*.

Le plan de symétrie de la fleur femelle du *Cissampelos* est unique; il est perpendiculaire au plan antéro-postérieur de l'inflorescence.

Une fleur telle que celle de la Circée a deux plans de symétrie qui se coupent à angle droit et dont l'un est antéro-postérieur.

Dans une fleur tétramère régulière, il y a ordinairement aussi deux plans de symétrie, et l'un d'eux peut être antéro-postérieur. Mais parfois aussi, quoique rarement, ces deux plans sont exactement alternes avec le plan antéro-postérieur et celui qui lui est perpendiculaire. Il y a plutôt en réalité quatre plans de symétrie.

Une fleur régulière, trimère, tétramère, pentamère, etc., peut avoir autant ou plutôt deux fois autant de plans de symétrie qu'elle a de parties à chaque verticille.

Mais une fleur parfaitement symétrique peut être irrégulière, ses parties, symétriquement disposées autour de l'axe floral, étant cependant toutes dissemblables, et nous avons vu qu'une fleur irrégulière peut avoir un ou plusieurs plans de symétrie; on ne doit donc point confondre l'insymétrie avec l'irrégularité.

Il y a des fleurs irrégulières qui ne possèdent aucun plan de symétrie. Payer a cité comme exemple celle du Balisier, avec laquelle on ne peut obtenir deux moitiés symétriques, par quelque plan vertical que l'on coupe la fleur. Il y a même des fleurs décrites comme régulières qui n'ont pas non plus un seul plan de symétrie; telle est celle de la Garidelle. La fleur de la Valériane officinale est dans le même cas que celle du Balisier, et celle du Nard indien n'a pas non plus un seul plan de symétrie commun à tous les verticilles. [H. Bn.]

SYMMERIA (Benth., in *Hook. Lond. Journ.*, IV, 630). Genre de Polygonacées-Triplaridées, formé de 2, 3 arbustes, de l'Amérique tropicale et de l'Afrique tropicale occidentale; distingué par des fleurs mâles à calice 6-mère, avec ∞ étamines; un calice femelle fructifère pyramidal, subéreux charnu, accru autour du fruit; les angles développés en ailé coriace. La graine a un albumen ruminé. (*Fl. bras.*, V, I, t. 23.) [H. Bn.]

SYMMETRIA (Bl., *Bijdr.*, 1130). Synon. de *Diatoma* Lour.

SYMONS (Jelinger). A écrit [1798] *Synopsis plantarum insulis britannicis indigenarum*. Il est mort à Londres en 1851.

SYMPAGIS (Nees, in *Wall. Pl. as. rar.*, III, 84). Section du genre *Strobilanthes* Bl.

SYMPATHIE. On dit que les plantes ont des sympathies et des antipathies, vivant volontiers en société avec certains végétaux et en repoussant d'autres, ou nuisant à leur évolution, etc.

SYMPEGMA (Bge, in *Bull. Acad. Pétersb.*, XXV; *Mél. biol.*, X, 306). Genre de Chénopodiacées-Salsolées, formé d'un arbuscule, de l'Asie centrale; distingué par des fleurs à 5 sépales pourvus d'ailes; les anthères non appendiculées; les glomérules disposés en capitules. (H. Bn, *Hist. des pl.*, IV, 194.)

SYMPERIDIUM (Kl., *Fung. exot.*, 245). — Voy. Uromyces.

SYMPETALEIA (A. Gray, in *Proc. Amer. Ac.*, XII, 141. — S.-Wats., in *Proc. Amer. Ac.*, XXIV, 50). Le genre *Loasella* H. Bn (III, 268) serait celui-ci, a-t-on dit, quoique le nombre des étamines ne paraisse pas concorder.

SYMPHACHNE (Pal.-Beauv. — Desvx, in *Ann. sc. nat.*, sér. 1, XIII, 41, 47, t. 5, fig. 3). Synonyme de *Eriocaulon* L.

SYMPHAEPHON. Nom égyptien du Lis blanc.

SYMPHIOSIRA (Preuss., *Fung. Hoyersw.*, n. 60). Genre de Stilbinées, à stroma claviforme, se divisant au sommet en sporophores qui se bifurquent pour porter des conidies cylindriques, bi- ou triloculaires, se décortiquant. Une espèce, sur du bois de Pin pourri. [De S.]

SYMPHIOSTEMON. Synonyme d'Adelphie. « Si stamina, dit Mœnch (*Meth.*, 3), inter se sunt connata. »

SYMPHITUM (ALL.). Pour *Symphytum* T.

SYMPHIUM. L'Asa-fœtida, le *Laser* (?).

SYMPHOCALYX (BERL., in *Mém. Gen.* [1826], 56, t. 2). Section du genre *Ribes* L.

SYMPHONIA (L. F., *Suppl.*, 40, 303). Genre de Clusiacées, qui donne son nom à la série des *Symphoniées* et qui s'y dis-

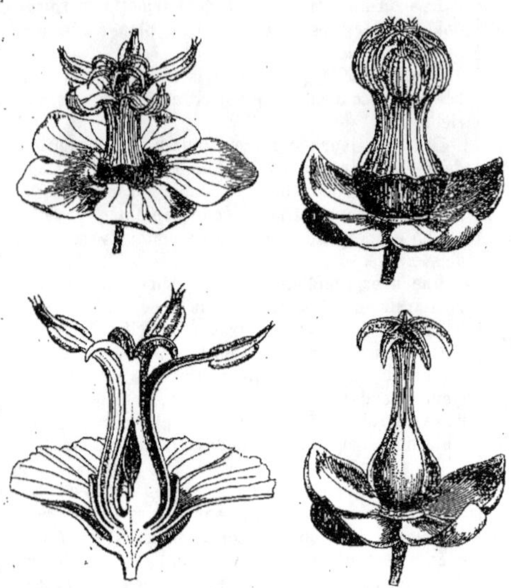

Symphonia. — Fleur, entière et coupe longitudinale; la corolle enlevée; les pétales et l'androcée enlevés.

tingue par des fleurs globuleuses ou à peu près, à 5 sépales courts; 5 pétales dressés et tordus; un androcée à 5 lobes oppositipétales; chaque lobe portant 3, 4 anthères extrorses. Le disque est extérieur à l'androcée. Ce sont de beaux arbres ou arbustes, de Madagascar, de l'Asie et de l'Afrique tropicales. L'*Hanzigne* malgache appartient à ce genre. (H. Bn, in *Bull. Soc. Linn. Par.*, 307; *Hist. des plant.*, VI, 399, 421, fig. 367-371.)

SYMPHONIACA. Nom ancien, en Italie (BEN. CRISPUS), de la Jusquiame noire.

SYMPHORANTHUS (MITCH., in *Act. nat. cur.*, VIII [1748], App., 212). Synonyme de *Polypremum* L.

SYMPHOREMA (ROXB., *Pl. corom.*, II, 46, t. 186). Genre de Verbénacées-Avicenniées, qui a aussi donné son nom à une tribu des *Symphorémées*, et que distinguent des fleurs régulières, à calice 4-8-denté, accru autour du fruit; une corolle à 5-8 lobes imbriqués et subégalement 2, 3-partites. Il y a ∞ étamines, alternes avec les lobes de la corolle, et le gynécée a 2 loges, séparées par une cloison qui généralement manque en haut. Chaque loge renferme 2 ovules descendants, suborthotropes, séparés par une fausse cloison. Le fruit est monosperme, et l'embryon charnu a des cotylédons inégaux et concaves, avec le placenta souvent intrus d'un côté. Ce sont 3 arbustes, de l'Inde et des Philippines, grimpants, à feuilles opposées; à cymes capituliformes disposées en grappe terminale composée, avec un involucre de 6 bractées, dont 2 plus grandes, et dont Wight a expliqué la disposition. (H. Bn, *Hist. des pl.*, XI, 90, 120, fig. 106-108.)

SYMPHORIA (PERS., *Syn.*, I, 214). Synonyme de *Symphoricarpos* DILL.

SYMPHORICARPA (NECK., *Elem.*, n. 220). Synonyme de *Symphoricarpos* DILL.

SYMPHORICARPOS. Nom latin des Symphorines.

SYMPHORINE (*Symphoricarpos* DILL., *H. eltham.*, 375). Genre de Rubiacées-Lonicérées, formé de 5, 6 arbustes américains, souvent cultivés et naturalisés chez nous; distingué par

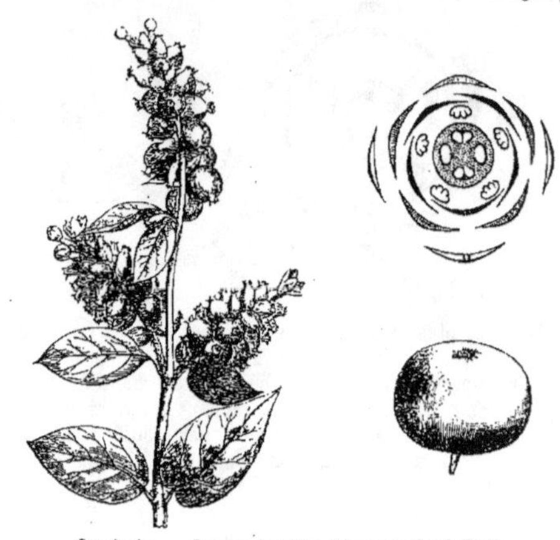

Symphorine. — Branche fructifère. Diagramme floral. Fruit.

des fleurs régulières, à ovaire infère, subglobuleux. Le calice a 4, 5 dents; et la corolle, en entonnoir, en cloche ou suburcéolée, a 4, 5 lobes imbriqués. L'androcée est isostémoné. Il y a 4 loges à l'ovaire, que couronne un disque. Deux de ces loges sont ∞-ovulées, et les deux autres 1-ovulées, seules fertiles. Le fruit est charnu, drupacé, blanc ou pourpré et ornemental. Les graines sont albuminées. Ce sont des arbustes à feuilles opposées, à fleurs en grappes ou épis, axillaires et terminaux, gloméruligères On cultive surtout comme arbustes d'ornement

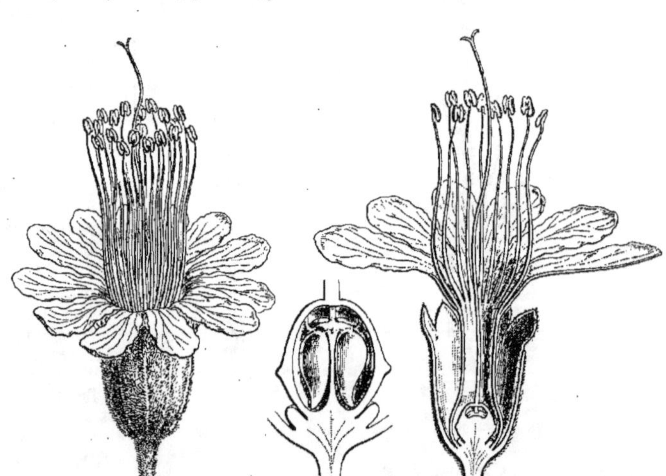

Symphorema. — Fleur, entière et coupe longitudinale. Ovaire, coupe longitudinale.

les *S. vulgaris* et *racemosa*. (H. Bn, *Hist. des pl.*, VII, 356, 498, fig. 365-369; *Iconogr. Fl. fr.*, n. 263.)

SYMPHRAGMIDIUM (STRAUSS, in *Sturm Deutsch. Fl.*, III, 34, 44). Synonyme de *Speira* CORDA.

SYMPHYANDRA (A. DC., *Mon. Camp.*, 365, t. 8). Section du genre Campanule. (H. Bn, *Hist. des pl.*, VIII, 319.)

SYMPHYANTHERA (MŒNCH). Synonyme de Syngénésie.

SYMPHYANTHUS (DC., *Prodr.*, IV, 296). Sect. du g. *Loranthus*.

SYMPHYDOLON (SALISB., *Gen. pl. Fragm.*, 142). Synonyme de *Gladiolus* T.

SYMPHYECARPON (POHL, ex *Flora* [1825], I, 183). Genre non décrit.

SYMPHYLLANTHUS (VAHL, *Skr. Nat. Hist. Selsk.*, VI, 86). Synonyme de *Dichapetalum* DUP.-TH.

SYMPHYLLIA (H. BN, *Et. gén. Euphorbiac.*, 473, t. 11). Section (B. H.) du genre *Adenochlœna* H. BN.

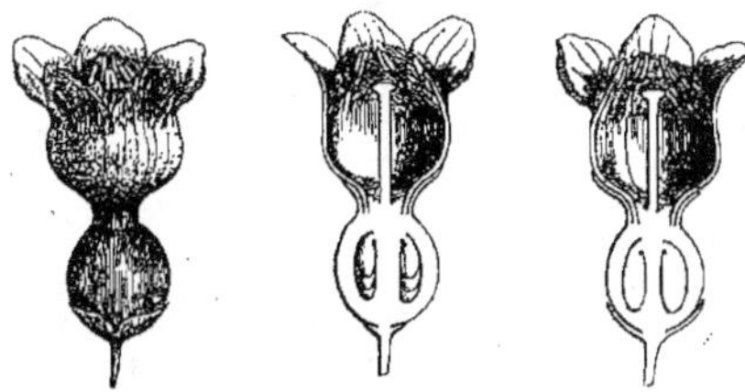

Symphorine. — Fleur, entière et coupes longitudinales.

SYMPHYLLOCARPOS (MAXIM., *Prim. Fl. amur.*, 151, t. 8, fig. 1). Genre de Composées, placé avec doute parmi les Hélianthées-Inulées, et formé d'une herbe annuelle, de la région de l'Amour; distingué par des feuilles glabres; des fleurs femelles ∞-sériées au rayon, enchâssées par les paillettes du réceptacle compliquées et unies à la base de l'ovaire; des fruits sans aigrette. (H. BN, *Hist. des pl.*, VIII, 185.)

SYMPHYODON (MTGNE, in *Ann. sc. nat.*, sér. 2, XVI, 279, t. 17). Synonyme (C. MUELL.) de *Entodon*, section du genre *Neckera* BRID.

SYMPHYOGINA (NEES et MTGNE, in *Ann. sc. nat.*, sér. 2, V, 66). Genre établi pour le *Jungermannia brasiliensis* NEES. Synonyme de *Hymenophyton* DUMORT.

SYMPHYOGLOSSUM (TURCZ., in *Bull. Mosc.* [1848], I, 255). Synonyme de *Cynanchum* L.

SYMPHYOLOMA (C.-A. MEY., *Verz. Pfl. Cauc.*, 127). Genre d'Ombellifères, série des Peucédanées, dont les fleurs sont à peu près celles des Berces, et dont le fruit subelliptique, fortement comprimé parallèlement à la cloison, a le bord simple, entier, en forme d'aile assez épaisse. Les méricarpes se touchent par les bords à la maturité; il n'y a pas de carpophore, ni de bandelettes, et les côtes dorsales et latérales-dorsales sont linéaires, à peine proéminentes. Le *S. graveolens* est une herbe subacaule, du Caucase oriental et du Daghestan, à feuilles basilaires pennées, à 1, 2 paires de folioles, avec des segments inégaux. Les fleurs sont réunies en ombelles simples ou peu composées, et les inflorescences naissent du collet de la plante. (Voy. *Hist. des plant.*, VII, 205.) [H. BN.]

SYMPHYOMERA (HOOK. F., in *Hook. Lond. Journ.*, VI, 116). Synonyme de *Cotula* L.

SYMPHYOMYRTUS (SCHAU., in *Pl. Preiss.*, I, 126). Synonyme de *Eucalyptus* LHÉR.

SYMPHYONEMA (R. BR., in *Trans. Linn. Soc.*, X, 157). Genre de Protéacées, voisin des *Persoonia*, formé de 2 herbes ou sous-arbrisseaux d'Australie; distingué par des fleurs en épis lâches, avec des filets staminaux adhérents autour du style, audessous des anthères; un ovaire à 2 ovules descendants; un fruit sec, oblong; des feuilles disséquées. (H. BN, *Hist. des pl.*, II, 420.)

SYMPHYOPAPPUS (TURCZ., in *Bull. Mosc.* [1848], I, 583). Section du genre *Eupatorium* T. (H. BN, *Hist. des plant.*, VIII, 129.)

SYMPHYOPETALUM (G. DRUMM., in *Hook. Kew Journ.*, VII, 54). Synonyme de *Nematolepis* TURCZ.

SYMPHYOPODA (DC., *Prodr.*, II, 515). Section du g. *Bauhinia*.

SYMPHYOSIRA (PREUSS, in *Linnæa* [1852], 742). Genre douteux de Clavariés.

SYMPHYOSTEMON (KL., in *Pet. Moss., Bot.*, 154, t. 28). Synonyme de *Polanisia* RAFIN.

SYMPHYOSTEMON (MIERS, in *Trans. Linn. Soc.*, XIX, 97). Genre d'Iridacées-Sisyrinchiées, formé de 2, 3 plantes de l'Amérique extratropicale, voisin des *Sisyrinchium*; distingué par des racines fasciculées; 1, 2 spathes, sessiles ou pédonculées, situées entre les feuilles; un périanthe en entonnoir; des étamines monadelphes en bas; des branches stylaires filiformes. M. Baker en fait une simple section du genre *Solenomelus* MIERS. (*Bot. Reg.*, t. 1283.)

SYMPHYOTRYCHUM (NEES, *Gen. et spec. Aster.*, 135). Genre établi (LINDL.) pour l'*Aster tardiflorus* NEES.

SYMPHYSIA (PRESL, *Epist. ad Jacq.*, c. ic. [1828]). Synonyme de *Hornemannia* VAHL.

SYMPHYSICARPUS (HASSK., in *Flora* [1857], 101). Synonyme de *Heterostemma* W. et ARN.

SYMPHYSODAPHNE (A. RICH., *Fl. cub.*, III, 190, t. 67). Synonyme de *Misanteca* CHAM. et SCHLCHTL.

SYMPHYSODON (DOZ. et MOLKENB., in *Ann. sc. nat.*, sér. 3, II, 314). Genre de Mousses, mal connu, considéré comme une espèce de *Pterobryum*. (C. MUELL., *Syn. Musc.*, II, 182.)

SYMPHYTUM (T.). Nom latin des Consoudes (I, 196).

SYMPHYTUM DENTARIUM. Le *Dentaria heptaphylla* L.

SYMPHYTUM MACULOSUM (DOD.). Le *Pulmonaria officinalis* L.

SYMPHYTUM MINIMUM (offic.). La Pâquerette commune.

SYMPHYTUM PETRÆUM (MATTH.). Le *Coris monspeliensis* L.

SYMPIEZA (LICHT., ex KL., in *Linnæa*, VIII, 655). Genre d'Éricacées-Éricées, formé de 5 arbuscules de l'Afrique australe; voisin des *Salaxis* et distingué par un calice à 4 dents ou à 2 lèvres; une corolle allongée et 2-fide; 4 étamines et un ovaire à 2 loges. Le style est étroit à son sommet. Les feuilles linéaires sont verticillées par 3. (H. BN, *Hist. des pl.*, XI, 169.)

SYMPLECIA (ACHAR., *Meth. Lich.*, 25). Section du genre *Opegrapha* PERS.

SYMPLEURA (MIERS, in *Lindl. Veg. Kingd.*, 593 a). Genre de Styracées, dont on ne connaît que le nom.

SYMPLOCARPUS (SALISB., in *Nutt. Gen. amer.*, I, 105). Genre d'Aracées-Orontiées, dont l'unique espèce est le *Pothos fœtida* (*Bot. Mag.*, t. 836, 3224); distingué, dans le groupe des Dracontiées, par un rhizome rampant; des feuilles cordées; un spadice globuleux; des fleurs à ovaire 1, 2-loculaire; des ovules descendants, attachés sur le sommet des loges. On cultive souvent l'espèce type. (SCHOTT, *Gen. Aroid.*, t. 90.) [H. BN.]

SYMPLOCOS (L., *Gen.*, n. 677). Genre attribué le plus souvent aux Styracées, et formé d'au moins 150 arbres ou arbustes, des régions tropicales, sauf en Afrique. Les fleurs ont un réceptacle concave dans lequel l'ovaire est plus ou moins plongé. Le calice, supère ou semi-supère, est généralement 5-mère, et la corolle gamopétale a de 6 à 10 divisions, souvent très profondes. L'androcée est formé de ∞ étamines, ∞-sériées et à anthère courte. L'ovaire, en partie ou en totalité infère, a 2-5 loges, avec 2 ovules descendants dans chacune d'elles. Le fruit, couronné des sépales, est charnu, avec ou sans noyau, et le plus souvent monosperme; la graine albuminée. Les feuilles sont alternes, entières ou dentées, ordinairement jaunâtres. Les fleurs sont axillaires, solitaires ou disposées en grappes ou en épis. (A. DC., *Prodr.*, VIII, 246. — H. BN, in *Payer Leç. Fam. nat.*, 252. — B. H., *Gen.*, II, 668, n. 1.)

SYMPLOQUE. Nom français (LAMK) des *Symplocos* L.

SYMPODE (*Sympodium*). Les tiges, notamment les rhizomes, formées de segments d'ordres successifs. — Voy. TIGE.

SYMPODIUM (KOCH, in *Linnæa*, XVI, 336). Genre proposé d'Ombellifères. Le *S. simplex* KOCH n'est qu'une variété du *Carum elegans* FENZL. (Voy. H. BN, *Hist. des pl.*, VII, 420.)

SYNACHYRUM (A. GRAY, in *Hook. Kew Gard. Misc.*, IV, 231). Section du genre *Helipterum* DC.

SYNACHINIA (REICHB., *Handb.*, 206). Genre proposé pour l'*Erica monadelpha*.

SYNADENIUM (BOISS., in *DC. Prodr.*, XV, p. II, 187). Section du genre *Euphorbia* L. (H. BN, *Hist. des pl.*, V, 108.)

SYNÆDRIS (LINDL., *Introd.*, ed. 2, 441). Genre créé pour le *Quercus cornea* LOUR.

SYNAMMIA (PRESL, *Pterid.*, 212). Genre de Fougères, proposé pour le *Grammitis elongata* Sw.

SYNANCHICA (DALECH.). Pour *Cynanchica*.

SYNANDRA (NUTT., *Gen. nov. pl. amer.*, II, 29). Genre de Labiées, à fleurs de *Macbridea* et de *Melittis*; le calice 4-lobé; la corolle 2-labiée; les étamines 2-dynames, avec les anthères des postérieures stériles; des achaines sub-3-gones, obtus et subailés aux angles. C'est une herbe de l'Amérique du Nord, à verticilles distants, 2-flores; les inférieurs axillaires. (H. BN, *Hist. des pl.*, XI, 45.)

SYNANDRA (SCHRAD., in *Pl. Max. Neuw. Reis.*, II, 343). Synonyme de *Aphelandra* R. BR.

SYNANDRODAPHNE (MEISSN. in *DC. Prodr.*, XV, I, 176). Synonyme (MEZ) de *Nectandra* ROTTB.

SYNANTHERA (DON, *Gen. Syst.*, IV, 650). Section du genre *Conradia* MART.

SYNANTHÉRÉES, SYNANTHÉRACÉES. Syn. de Composées (I, 165).

SYNANTHERIAS (SCHOTT., *Gen. Aroid.*, t. 28). Genre d'Aracées-Pythoniées, formé d'une herbe tubéreuse, de l'Inde; avec tous les caractères des *Amorphophallus*, dont il ne se distingue que par des fleurs neutres interposées, dans le spadice, aux fleurs femelles et aux fleurs mâles. (WIGHT, *Icon.*, t. 802.)

SYNANTHÉRINE. Nom donné à l'Inuline.

SYNANTHIE. Union anormale de deux ou plusieurs fleurs.

SYNAPHEA (R. BR., in *Trans. Linn. Soc.*, X, 155; *App. Flind. Voy.*, t. 7). Genre de Protéacées-Stirlingiées, formé de 8 arbustes australiens, à fleurs de *Conospermum;* distingué par une étamine postérieure stérile; unie au style; un fruit ovoïde ou oblong, sec; des feuilles entières ou lobées. (ENDL., *Iconogr.*, t. 32. — H. BN, *Hist. des pl.*, II, 402, 428, fig. 239.)

Synaphea. — Diagramme.

SYNAPHIA (NEES, *Boll. Schw.*, IV, 177). Synonyme de *Syncollesia* NEES.

SYNAPHLEBIUM (G. SM., in *Hook. Journ. Bot.*, III, 415). Synonyme (HOOK. et BAK.) de *Davallia* SM.

SYNAPISMA (STEUD.). Pour *Synaspisma* ENDL.

SYNAPSIS (GRISEB., *Cat. pl. cub.*, 187). Genre de Scrofulariacées-Scrofulariées, formé d'une herbe de Cuba, à feuilles opposées, de Houx; distingué par des fleurs axillaires 1-3, à calice campanulé et tronqué; à large tube de la corolle, dilaté en 5 lobes étalés; un androcée à staminode postérieur allongé. (H. BN, *Hist. des pl.*, IX, 439.)

SYNAPTANTHA (HOOK. F., *Icon. pl.*, t. 1146; *Gen.*, II, 61, n. 89). Genre de Rubiacées-Oldenlandiées, à fleurs tétramères, très analogues à celles d'un *Oldenlandia*, mais avec un ovaire qui n'est « adhérent » au réceptacle concave que dans sa moitié inférieure ou moins, la moitié supérieure demeurant libre. Elle est surmontée d'un style droit, à tête stigmatifère légèrement bilobée. Le fruit est capsulaire, loculicide et polysperme. Le *S. tillœacea* est une petite herbe australienne, à feuilles opposées, linéaires-oblongues, stipulées, à fleurs axillaires solitaires, 2-nées ou en cymes pauciflores. C'est l'*Hedyotis tillœacea* F. MUELL. (Voy. *Hist. des pl.*, VII, 328, 462, n. 132, fig. 318.) [H. BN.]

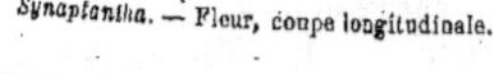

Synaptantha. — Fleur, coupe longitudinale.

SYNAPTOLEPIS (OLIV., in *Hook. Icon.*, t. 1074, 1194). Genre de Thyméléacées-Thymélées, formé de 2 arbustes africains; distingué par des fleurs de *Lophostoma*, en courtes cymes, à gorge du périanthe pourvue d'écailles courtes, tronquées et rapprochées en anneau; à disque hypogyne cupuliforme. (H. BN, *Hist. des pl.*, VI, 124.)

SYNARIZA (FRIES, *Summ. veg. Scand.*, II, 413). Sous-genre du genre *Cytispora* FRIES.

SYNARRHENA (FISCH. et MEY., in *Bull. Acad. Petersb.*, VIII [1841], 255). Synonyme de *Mimusops* L.

SYNARTHRON (CASS., in *Dict.*, LI, 457). Genre proposé pour le *Senecio appendiculata* DC.

SYNASPISMA (ENDL., *Gen.*, 1110). Syn. de *Codiœum* RUMPH.

SYNASSA (LINDL., in *Bot. Reg.*, sub t. 1618). Synonyme de *Spiranthes* L.-C. RICH.

SYNCARPÆ (LINDL., *Nix. pl.*, 20). Cohorte de Polypétales.

SYNCARPE (*Syncarpium*). Nom inutile de certaines inflorescences composées, comme celles du Mûrier, de l'Ananas, formées de glomérules rapprochés, etc.

SYNCARPHA (DC., in *Ann. Mus.*, XVI, 205, t. 5, fig. 31). Section du genre *Helipterum* DC.

SYNCARPIA (TEN., in *Mem. Soc. ital. Moden.*, XXII, t. 1). Genre de Myrtacées, formé de 2 arbres australiens; voisin des *Metrosideros* et distingué par des fleurs groupées en glomérules capituliformes au sommet d'un pédoncule commun; des étamines libres et 1-∞ ovules ascendants. Les feuilles sont opposées, et les inflorescences sont axillaires ou disposées en grappes terminales composées. (H. BN, *Hist. des pl.*, VI, 363.)

SYNCEPHALASTRUM (SCHNŒT., *Krypt. Flor. Schles.*, 217). Genre de Mucorinées, à mycélium rameux, pénétrant à l'intérieur du substratum et donnant naissance à des filaments dressés, ramifiés. Les sporanges cylindriques sont portés au sommet des rameaux et contiennent des spores globuleuses, hyalines. 2 espèces, observées sur le pain de riz et la gélatine. (DE S.)

SYNCEPHALENTHA (BARTL., *Ind. Sem. H. gœtt.* [1836], 6). Genre, imparfaitement connu, de Composées-Hélianthées-Héléniées, formé d'une herbe annuelle, de l'Amérique centrale; distingué par des feuilles alternes et pinnatiséquées; des glomérules pédonculés de capitules; des bractées de l'involucre hautement unies; des fruits surmontés d'une aigrette de paillettes sétacées et partites (H. BN, *Hist. des pl.*, VIII, 254). On a écrit (B. H.) *Syncephalanthus* et (REICHB.) *Syncephalanthe.*

SYNCEPHALIS (V. TIEGH. et LE MON., in *Ann. sc. nat.* [1873], 372). Genre de Mucorinées, à mycélium ramifié, anastomosé et portant souvent des conidies globuleuses sur des rameaux latéraux. Les filaments sporangifères sont beaucoup plus larges que ceux du mycélium, bifurqués au sommet; ils portent des sporanges simples ou divisés, et les spores sont contenues en série dans chaque sporange. Les zygospores petites, globuleuses, sont suspendues au sommet de deux rameaux. Dix-sept espèces, le plus souvent parasites, sur des Mucorinées, ou vivant sur des Champignons charnus et dans les excréments. [DE S.]

SYNCEPHALUM (DC., *Prodr.*, VI, 282). Genre de Composées-Hélianthées-Inulées, formé d'un sous-arbrisseau de Madagascar, à feuilles alternes, à capitules composés en cymes corymbiformes; les fleurs fertiles au nombre de 2, 3 dans un involucelle propre, avec une corolle régulière et tubuleuse; des fruits subpyramidaux, sans aigrette. (H. BN, *Hist. des pl.*, VIII, 183.)

SYNCHODENDRON (BOJ., in *DC. Prodr.*, V, 92). Genre de Composées-Hélianthées-Inulées, formé d'un ou quelques grands arbres, à feuilles alternes et entières; les capitules subsessiles fasciculés dans les aisselles des feuilles tombées. Ils sont unisexués; les fleurs stériles dans ceux qui sont androgynes ou mâles. Les involucres sont turbinés, formés de bractées ∞-sériées. Les fruits ont une aigrette soyeuse. Le port est celui des Vernoniées, et les fleurs sont celles des Tarchonanthées. Le bois du *S. Bernieri* H. BN est employé dans son pays. (H. BN, in *Bull. Soc. Linn. Par.*, 278; *Hist. des pl.*, VIII, 188.)

SYNCHORISTE (H. BN, *Hist. des pl.*, X, 442). Genre d'Acanthacées, voisin des *Justicia*, à 5 sépales linéaires, longuement ciliés; à corolle 2-labiée et à étamines didynames. Fruit à valves épaisses et fongueuses sur le dos, à 4 graines, cristées-marginées au sommet. C'est un petit arbuste malgache, à tige simple, à fleurs disposées en glomérules axillaires.

SYNCHRISIS. Nom grec ancien de l'*Ecballium Elaterium* A. R.

SYNCHYTRIUM (DE BARY et WOR., *Ber. nat. Ges.*, III, *Heft* 11, 22). Genre de Chytridinés, à plasmodie arrondie, issue du zoospore au moment de sa pénétration dans la cellule de la plante hospitalière. Une membrane épaisse l'entoure bientôt, et elle se transforme soit en cellule sporangifère, soit en sporange durable. Les zoosporanges à double enveloppe forment des zoospores ou germent en produisant des cellules mères de zoosporanges. Environ 25 espèces, observées dans les cellules de l'épiderme de diverses plantes vivantes. [DE S.]

SYNCLIOPIA. Nom, en Égypte, du *Lavandula Stœchas* L.

SYNCLISIA (BENTH., *Gen.*, I, 36). Genre de Ménispermacées-Cocculées, formé d'une plante de l'Afrique tropicale occidentale, dont les fleurs mâles, seules connues, ont 6 sépales extérieurs; 3 sépales intérieurs plus grands et connés; 6 très petits pétales, 2-sériés; 6-10 étamines, à loges d'anthère latéralement adnées. Les pédicelles floraux sont axillaires, solitaires ou plus rarement 2-nés. (H. BN, *Hist. des pl.*, III, 35.)

SYNCOELIUM (WALLR., *Fl. germ.*, II, 151). Genre de Torulacés, mal défini, qui peut se rapporter aussi bien aux Algues qu'aux Champignons. [DE S.]

SYNCOLLESIA (AGH, *Syst. Alg.*, 32). Genre d'Algues, rapporté depuis à divers Torulacés.

SYNCOLOSTEMON (E. MEY., *Comm. pl. afr. austr.*, 230). Genre de Labiées-Ocimées, formé de 5, 6 arbustes, de l'Afrique australe; distingué par un calice accru autour du fruit et alors presque dressé, à 5 dents égales, ou les 2 antérieures plus longues; à corolle pourvue d'un long tube exsert. Le style est entier ou 2-fide. (H. BN, *Hist. des pl.*, XI, 66.)

SYNCORYNE (FRIES, *Epicr.*, 576). Section du genre *Clavaria*.

SYNDESMANTHUS (KL., in *Linnæa*, XII, 238). Section du genre *Simocheilus* KL.

SYNDESMIS (WALL., in *Roxb. Fl. ind.*, II, 314). Synonyme de *Gluta* L.

SYNDESMON (HFFMSG, in *Flora* [1832], *Int. Bl.*, 34). Synonyme de *Anemone* T.

SYNDONISCE (ENDL.). Pour *Sindonysce* CORDA.

SYNECHANTHUS (H. WENDL., in *Bot. Zeit.* [1858], 145). Genre de Palmiers-Arécées, formé de 3 espèces américaines; distingué, dans le groupe des Nunnezhariées, par des spadices à axe très grêle; des feuilles à segments acuminés; des spadices interfoliacés; les fleurs mâles 3-6-andres; les femelles à corolle imbriquée-convolutée; le fruit monosperme, ellipsoïde; l'albumen continu. (*Bot. Mag.*, t. 6572.) [H. BN.]

SYNECHIA (FÉE, *Gen. Fil.*, 112). Section du genre *Adiantum* T.

SYNEDRELLA (GÆRTN., *Fruct.*, II, 456, t. 171). Genre de Composées-Hélianthées, formé de 2 herbes annuelles, de l'Amérique tropicale, de l'Asie et l'Afrique tropicales; distingué, dans le groupe des *Bidens*, par des capitules sessiles ou pédonculés, petits; des fleurs du rayon fertiles; des fruits aplatis, bordés d'ailes lacérées et 2, 3-aristées; des feuilles opposées. (H. BN, *Hist. des pl.*, VIII, 226.)

SYNEILESIS (MAXIM., *Prim. Fl. amur.*, 165). Genre établi pour le *Cacalia aconitifolia* BGE.

SYNELCOSCIADIUM (BOISS., in *Ann. sc. nat.*, sér. 3, I, 145; *Fl. or.*, II, 1050). Genre d'Ombellifères; section du genre *Tordylium* T., dans laquelle les carpelles sont en partie déformés, comme dans les *Hasselquistia*, mais aplatis. (H. BN, *Hist. des pl.*, VII, 207, not. 6.)

SYNÈME (*Synema*). Le labelle des Zingibéracées, supposé, par erreur (LESTIB.), formé d'étamines réunies.

SYNEXEMIA (RAFIN., *Neogenet.* [1825], 2). Synonyme de *Phyllanthus* L.

SYNGÉNÉSIE. Union des étamines par leurs anthères. D'où *Syngénèse*, comme l'androcée des Composées.

SYNGONIUM (SCHOTT, in *Wien. Zeitschr.*, III, 780 (part.); *Gen. Aroid.*, t. 48). Genre d'Aracées-Philodendrées, formé de 7, 8 lianes, de l'Amérique tropicale; à androcée conné en un corps prismatique, et des ovaires cohérents, à 1, 2 loges; les

ovules solitaires, basilaires et anatropes; les embryons macropodes, sans albumen; les feuilles pédatiséquées. (*Fl. bras.*, III, II, t. 26, 28. — PEYR., *Aroid. Maxim.*, t. 17, 18.)

SYNGRAMMA (G. SM., in *Lond. J. Bot.*, IV, 168, t. 7, 8), SYN-GRAMME (FEE). Synonyme (HOOK. et BAK.) de *Gymnogramme*.

SYNIMA (RADLK., ex *Dur. Ind.*, 79). Genre de Sapindacées-Cupaniées, fondé sur une espèce australienne de *Cupania* ou *Ratonia*.

SYNISOON (H. BN, in *Bull. Soc. Linn. Par.*, 208; *Hist. des plant.*, VII, 305, 433, n. 80). Genre de Rubiacées-Chiococcées, anormal même dans ce groupe, et dont les fleurs 5-mères ont un ovaire infère dans lequel chacune des 5 loges renferme 2 ovules parallèlement descendants, pendants d'un funicule court, avec le micropyle supérieur et intérieur. C'est là surtout ce qui sépare ce genre des *Retiniphyllum*, avec lesquels il a de grandes affinités. La corolle est tordue, et les anthères prolongées inférieurement en une lame foliacée. Le *S. Schomburgkianum*, seule espèce du genre connue, est un arbre (?) de la Guyane anglaise, à feuilles opposées, pétiolées, oblongues; à fleurs réunies en cymes terminales et corymbiformes. Leur calice tubuleux, gamosépale et entier, finit par se fendre d'un côté suivant sa longueur, à l'époque de l'anthèse. [H. BN.]

SYNLOBUS (DC., *Prodr.*, X, 15). Section du genre *Echium*.

SYNMERIA (GRAH., *Cat. pl. Bomb.*, *Add.*). Synonyme de *Habenaria* W.

SYNNEMA (BENTH., in *DC. Prodr.*, X, 538). Synonyme de *Cardanthera* HAMILT.

SYNNOTIA (SWEET, *Brit. fl. Gard.*, t. 150). Genre d'Iridacées-Ixiées, qui a tous les caractères des *Sparaxis*, avec un périanthe plus irrégulier. Ce sont 3 herbes bulbeuses, de l'Afrique australe, cultivées parfois dans les jardins (*Bot. Mag.*, t. 548). L'auteur avait d'abord écrit *Synnetia*. [H. BN.]

SYNOECIA (MIQ., in *Hook. Lond. Journ.*, VII, 469). Genre proposé pour les *Ficus falcata* THUNB. et *diversifolia* BL.

SYNOIQUE. Synonyme de Hermaphrodite. D'où *Synœcie*.

SYNORGANA (SCH., *Nat. Syst.*). Division des végétaux hétér-organés.

SYNORRHIZES (L.-C. RICH.). Les Conifères, dont la radicule semble unie au tissu de l'albumen.

SYNOSMA (RAFIN., ex *Steud. Nom.*, I, 244). Synonyme (part.) de *Cacalia* T.

SYNOSTEMON (F. MUELL., *Fragm. phyt. Austral.*, I, 32). Section du genre *Phyllanthus* L.

SYNOTIA (SWEET, *Brit. fl. Gard.*, I, t. 150). Synonyme de *Gladiolus* T.

SYNOTOMA (G. DON, *Gen. Syst.*, III, 746). Section du genre *Phyteuma* L.

SYNOUM (A. JUSS., *Mém. Méliac.*, 74, t. 4). Genre de Méliacées-Trichiliées, formé d'un petit arbre australien, à feuilles imparipennées; distingué par des fleurs à 4 pétales imbriqués; 8-10 étamines; un ovaire 3-loculaire, avec des ovules insérés sur un placenta descendant. Le fruit est loculicide. Les fleurs sont en grappes cymigères. (H. BN, *Hist des pl.*, V, 500.)

SYNPENICILLIUM (COSTANT., *Soc. Micol.*, IV, 67). Genre d'Hyphomycètes, formé pour un *Penicillium* qui ne se montre que sous la forme de fasciation, prise autrefois pour un genre (*Coremium*). Une espèce (*S. album*), rencontrée sur des excréments de panthère. [DE S.]

SYNPHYLLIUM (GRIFF., in *Madr. Journ. sc.*, 373, c. ic.). Synonyme de *Picria* LOUR.

SYNPTERA (LLAN., *Fragm. Fl. filip.*, 98). Synonyme de *Cleisostoma* BL. (B. H., *Gen.*, III, 581.)

SYNPYXIDEI (BON., *Abh. d. Mykol.*, 79). Famille de Sphéropsidés, dont les genres présentent des périthèces pluriloculaires.

SYNSEPALUM (A. DC., *Prodr.*, VIII, 183). Section du genre *Sideroxylon* L. Nous en faisons un genre à part. [H. BN.]

SYNSIPHON (REG., in *Act. H. petrop.*, VI, 490). Liliacée de l'Asie centrale, qui a les caractères des Colchiques, sinon que ses 3 branches stylaires sont hautement connées. [H. BN.]

SYNSPHÆRIA (Bon., *Handb. d. Myk.*, 271). Genre de Sphériacés composés, qui n'a pas été adopté.

SYNSPHÆRIACEI (Bon., *Abh. d. Mykol.*, 82). Famille de Sphériacés, comprenant les genres *Melogramma* Fr. et *Synsphæria* Bon.

SYNSPICARIA (Costant., in *Soc. Mycol.*, IV, 65). Fasciation de *Spicaria*, rapportée autrefois au genre *Isaria* Pers.

SYNSPORIUM (Preuss, *Fung. Hoyersw.*, n. 74). Genre d'Hyphomycètes, formé pour une espèce trouvée sur du papier humide où le mycélium forme des taches noires d'où s'élèvent des touffes de filaments dressés, cloisonnés, très noirs, qui portent, sur leurs rameaux de capitules, de grandes spores, d'abord claires, puis d'un brun noir. [De S.]

SYNSTERIGMATOCYSTIS (Costant., *Soc. mycol.*, IV, 65). Fasciation de *Sterigmatocystis*, rapportée jadis aux *Isaria* Pers.

SYNTAMIIDEÆ (Aresch., in *Nov. Act. upsal.* [1850], XIV, 385). Ordre des Ulvacées.

SYNTHERISMA (Walt., *Fl. carol.*, 76). Synon. de *Panicum*.

SYNTHLIPSIS (A. Gray, *Pl. Fendl.*, 116, nat.). Genre de Crucifères-Thlaspidées, formé de 2 herbes, du Mexique et du Texas; distingué par des fleurs de *Vesicaria*, avec un fruit comprimé et un embryon à cotylédons accombants, contraires à la fausse-cloison. (H. Bn, *Hist. des pl.*, III, 282.)

SYNTHYRIS (Benth., in *DC. Prodr.*, X, 454). Genre de Scrofulariacées-Digitalées, formé de 5, 6 herbes vivaces, américaines; distingué, dans le groupe des Véronicées, par des fleurs 2-andres, à corolle rotacée ou nulle, disposées en grappes ou en épis terminaux. (H. Bn, *Hist. des pl.*, IX, 466.)

SYNTRICHIA (Web. et Mohr., *Taschenb.*, 214, t. 8, fig. 4, 5). Genre de Mousses, formé d'herbes vivaces, de l'hémisphère boréal des deux mondes, des Alpes et des régions glaciales; à coiffe cuculliforme; l'urne terminale, à base symétrique; l'opercule subulé; le péristome simple, à 16 ou 32 dents capillaires, tordues en haut et unies en bas en une couronne membraneuse et tessélée. Pour Rabenhorst, c'est une section du genre *Barbula*. (Bruch, Schimp. et Gumb., *Bryol. eur.*, fasc. 46, 47.)

SYNTRICHOPAPPUS (Torr., *Whippl. Exp. Bot.*, 50, t. 15). Sect. du g. *Actinolepis* DC. (H. Bn, *Hist. des pl.*, VIII, 246.)

SYNTROPHOS. Nom grec des Ronces.

SYNZYGANTHERA (R. et Pav., *Prodr. Fl. per. et chil.*, 137, t. 50; *Syst.*, 273). Synonyme de *Lacistema* Sw.

SYOCTONUM (Bernh., *Allg. Thür. Gartenz.* [1847], n. 1). Genre séparé des *Chenopodium* T.

SYORHYNCHIUM (Hffmsg). Pour *Sisyrinchium* L.

SYPHARISSA (Salisb., *Gen. pl. Fragm.*, 37). Synonyme de *Urginea* Steinh.

SYPHOMYCETES (Sorok., in *Soc. nat. Kazan*, IV, n. 3). Ordre de Champignons, renfermant des Chytridinés et des Monadiens, dont la place est souvent incertaine, avec des Mucorinés, Saprolegniés, Péronosporés. C'est à peu près la division des Oosporés ou Oomycètes. [De S.]

SYRENIA (Andrz., ex Ledeb., *Fl. alt.*, I, 162). Genre de Crucifères-Sisymbriées, formé de 3, 4 herbes bisannuelles, de la Russie méridionale et d'Orient; distingué par des fleurs à sépales latéraux renflés en sac; des fruits linéaires, 4-gones et comprimés latéralement; un style grêle et rigide; les valves du fruit pourvues de côtes épaisses. (Reichb., *Ic. Fl. germ.*, II, t. 71. — H. Bn, *Hist. des pl.*, III, 243.)

SYRENIUSZ SYRENSKI (Simon), en latin Syrennius. Auteur, à Cracovie [1613], d'un *Viridarium*, ouvrage rare et curieux où sont décrits les caractères d'herbes, d'arbres, de racines, etc.

SYRENOPSIS (Jaub. et Spach, *Ill. pl. or.*, I, t. 3). Synonyme de *Iberidella* Boiss.

SYRIGOSIS (Neck., *El.*, III, 350). G. disjoint des *Lichen* L.

SYRIMANGA. Nom d'un *Piper*.

SYRINGA (Bauh.). Nom ancien du *Philadelphus coronarius* L. Le Lilas était le *S. flore cœruleo*.

SYRINGA (L., *Gen.*, n. 22). Genre d'Oléacées, qui donne son nom à une série des *Syringées*. Les fleurs hermaphrodites ont un calice 4-denté, et une corolle hypocratérimorphe, à 4 lobes

valvaires ou indupliqués. Il y a 2 étamines, attachées en haut du tube de la corolle, avec une anthère à 2 loges marginales. L'ovaire supère a 2 loges et est surmonté d'un style à sommet 2-lobé. Dans chaque loge sont 2 ovules descendants, à micropyle finalement tourné en haut, en dehors et de côté (H. Bn, in *Bull. Soc. Linn. Par.*, 319). Le fruit est capsulaire, un peu charnu dans le *S. sempervirens* Franch., loculicide; et les graines sont bordées d'une aile étroite, albuminées. Leur embryon a des cotylédons plats. Dans le *S. amurensis*, type de la section *Ligustrina*, le tube de la corolle est court, et les étamines sont exsertes. Ce sont 8, 9 arbustes de l'ancien monde, à

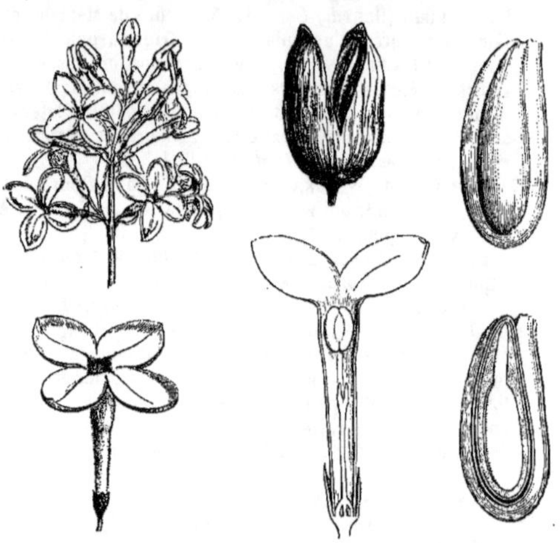

Syringa (Lilas). — Portion d'inflorescence. Fleur, entière et coupe longitudinale. Fruit déhiscent. Graine, entière et coupe longitudinale.

feuilles opposées; à grappes terminales et composées, ramifiées, de cymes bizarres. Le *S. vulgaris* L. aurait été introduit en Europe au seizième siècle, par Constantinople. Cependant on le croit spontané dans la région du Danube, comme l'ont établi Heuffel et Rochel. Le *S. Josikœa*, envoyé à Jacquin par la comtesse Josika, passe pour originaire de Clausenburg. Peut-être y a-t-il été introduit d'Asie, car il est souvent peu distinct de certaines formes cultivées du *S. Emodi*, de l'Himalaya. Le Lilas Varin a été attribué par feu Decaisne au *S. chinensis* W., mais ce n'est guère qu'une variété horticole du *S. persica* L. Il y a quatre ou cinq espèces en Chine et au Thibet, avec de nombreuses variétés horticoles. Le *S. vulgaris* a été employé comme tonique et fébrifuge; il est cependant irritant à trop haute dose. (H. Bn, *Hist. des pl.*, XI, 234, 249, fig. 226-231.)

SYRINGA (T., *Inst.*, 617, t. 389). Synon. de *Philadelphus* L.

SYRINGA CÆRULEA. Nom ancien du Sureau.

SYRINGODEA (Don, in *Edinb. N. Phil. Journ.*, XVII). Section du genre *Erica* T.

SYRINGODEA (Hook. f., in *Bot. Mag.*, t. 6072). Genre d'Iridacées-Sisyrinchiées, formé de 3 petites herbes, de l'Afrique australe; distingué par des scapes basilaires, sortant de l'intervalle des feuilles; des fleurs à tube très long et grêle, avec le limbe à lobes connivents ou étalés; les branches stylaires indivises, subulées, stigmatifères en haut et en dedans. [H. Bn.]

SYRINGODENDRON (Sternb., *Vers.*, I, I, 24). Genre de plantes fossiles, qu'Ad. Brongniart a finalement rapporté aux *Sigillaria* (in *Ann. sc. nat.*, sér. 1, IV, 46), et dont Unger (*Syn. pl. foss.*, 127) fait un genre de Sigillariées. Pour Sternberg, en 1825 (*Vers.*, I, 24), ce sont des *Palmacites*. Sur leurs cicatrices, voy. Ren., in *C. rend. Ac. sc.* [1887], 767.

SYRINGOSMA (Mart., in *Lindl. Veg. Kingd.*, 601). Synonyme (M. Arg.) de *Forsteronia* Mey.

SYRMATIUM (Vog., in *Linnæa*, X, 590). Synonyme de *Hosackia* Dougl. (*Lotus* T.).

SYRRHONEMA (MIERS, in *Ann. Nat. Hist.*, ser. 3, XIII, 124). Genre de Ménispermacées, mal connu, à fleurs mâles apétales, avec 9 sépales; 6-9 étamines. C'est une plante de Fernando-Po. (H. BN, *Hist. des pl.*, III, 20.)

SYRRHOPODON (NEES, in *Schwægr. Suppl.*, IV, t. 311 a). Synonyme de *Leucophanes* BRID.

SYRRHOPODON (SCHWÆGR., *Suppl.*, II, 110, t. 131, 132). Genre de Mousses, rapporté aux Orthobryées et aux Hyophilacées, formé par des plantes corticoles, de l'Inde; distingué par une coiffe subcampanulée, fendue à la base; une urne terminale, symétrique à sa base; un opercule presque plat ou rostré; un péristome simple, à 16 dents. (ENDL., *Gen.*, 49. — HAMPE, in *Bot. Zeit.* [1846], 268.)

SYSIMBRIUM (MEDIC., *Vorles*, IV, I, 334). Synonyme de *Barbarea* R. BR.

SYSPONE (GRISEB., *Spic. Fl. rumel.*, I, 5). Synonyme de *Genista* T.

SYSTÈME. — Voy. TAXINOMIE. On dit aussi le système du bois, ou S. central; et le S. cortical ou externe, pour l'écorce.

SYSTEMONODAPHNE (MEZ, *Laurac. amer.*, 78). Genre de Lauracées, proposé pour le *Gœppertia geminiflora* MEISSN., de la Guyane.

SYSTOTREMA (DC., *Fl. fr.*, II, 112). Section du genre *Hydnum* L. (Voy. SISTOTREMA.)

SYSTUPHIA (BURCH., *Trav.*, I, 546). Synonyme de *Ceropegia* L.

SYSTYLIUM (HORNSH., *Comm. Voit. et Syst.*, 15, t. 2). Genre de Mousses-Bryacées, des Alpes allemandes, à coiffe campanulée, apiculée; l'urne terminale, apophysée; l'opercule obtusément conique, finalement adné à la columelle exserte; le péristome simple, à 32 dents (HOOK., *Musc. exot.*, t. 98). Section des *Dissodon* (E. MUELL, *Syn. Musc.*, I, 137).

SYURUS (ENDL., *Gen.*, 105). Section du genre *Lepturus* BR.

SYZIGANTHUS (STEUD., *Syn. pl. glum.*, II, 153). Synonyme de *Melachne* SCHRAD.

SYZYGITES (EHR., *Verh. Ges. Nat. freund*, I, 98). — Voy. SPORODINIA.

SYZYGIUM (GÆRTN., *Fruct.*, I, 166, t. 33). Section du genre *Eugenia* L.

SZEGHEDIN. Nom hongrois d'une sorte de Tabac.

SZOVITZIA (FISCH. et MEY., *Ind. sem. Hort. petrop.*, I, 39). Genre d'Ombellifères-Carées, voisin des *Apinella*, à calice petit ou nul; à pétales obovales, avec lacinule terminale infléchie. Fruit obovoïde-oblong, légèrement comprimé perpendiculairement à la cloison, à côtes primaires filiformes, peu visibles, à côtes secondaires plus épaisses, subéreuses, plissées-lobées en

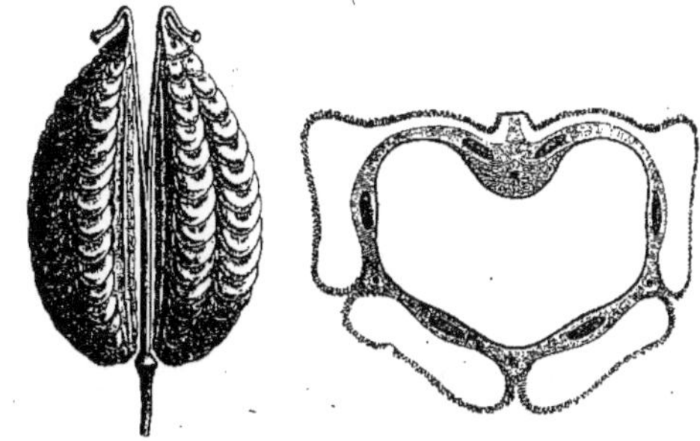

Szovitzia. — Fruit. Méricarpe, coupe transversale.

travers. Bandelettes solitaires, ténues. Carpophore entier ou bifide. Graine à face concave. Le *S. callicarpa*, seule espèce du genre, est une herbe annuelle, glabre, qui ressemble au Cumin, à feuilles alternes, 3-nati-disséquées; à ombelles composées, sans involucre, à bractéoles des involucelles petites et nombreuses. (Voy. *Hist. des pl.*, VII, 224, n. 48.) [H. BN.]

T

TAAGU. Chez les Osages, la Nicotiane.

TAAM. Nom arabe d'une variété de Sorgho.

TAATAHIARA. Nom, à Tahiti, du *Dicrocephala latifolia* DC.

TABAC (*Nicotiana* T., *Inst.*, 117, t. 41). Genre de Solanacées, qui donne son nom à la série des *Nicotianées*. Les fleurs

Tabac. — Branche florifère.

sont régulières, à calice herbacé, 5-fide; à corolle gamopétale, variable de forme, avec 5 lobes valvaires-indupliqués, parfois un peu inégaux. Les 5 étamines ont 2 loges indépendantes. L'ovaire, accompagné à sa base d'un disque, a 2 loges, rarement plus, et le style a son sommet renflé en lobes souvent lamelliformes. Les 2 gros placentas axiles sont ∞-ovulés. Le

fruit est capsulaire, à valves ordinairement 2-fides. Les graines fovéolées sont nombreuses, albuminées, à embryon droit ou arqué. Ce sont des plantes herbacées ou suffrutescentes, américaines, glutineuses, à feuilles alternes, à fleurs en grappes de cymes, de forme variable. On en compte une trentaine d'espèces. La plus célèbre est le *N. Tabacum* L., ou *Herbe à Nicot*, *H. à la reine*, *H. à tous maux*, *H. de Sainte-Croix*, *H. sainte*, *H. sacrée*, *H. du Grand-prince*, *Panacée antarctique*, si sou-

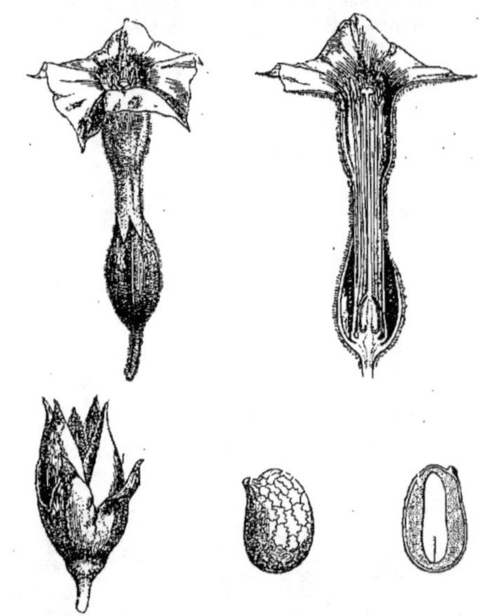

Tabac. — Fleur, entière et coupe longitudinale. Fruit déhiscent. Graine, entière et coupe longitudinale.

vent cultivée chez nous. Elle est connue depuis le milieu du seizième siècle, et les premiers pieds furent cultivés à Lisbonne en 1560. Ses principes actifs sont la Nicotine, la Nicotianine, etc. C'est un poison narcotico-âcre et un médicament. On emploie aux mêmes usages les *N. repanda* W., *quadrivalvis* Pursh, *multivalvis* Lindl., etc. Le *N. fruticosa* L., belle plante ornementale, en est une variété. Le *N. glauca* devient suffrutescent dans le Midi. Le *N. rustica* L., à fleurs verdâtres, est la Nicotiane des pharmacopées et fait partie du Baume tranquille. On a cru qu'il servait à fabriquer le tabac d'Orient, dit *Latakieh*; mais il paraît que celui-ci provient du *N. Tabacum* traité par la fumée du bois de Pin d'Alep. (H. Bn, *Hist. des pl.*, IX, 316, 323, 354, fig. 460-465; *Tr. Bot. méd. phanér.*, 1199.)

TABAC DE MONTAGNE, T. DES VOSGES, T. DES SAVOYARDS. Le *Doronicum Arnica* H. Bn.

TABAC DE VÉRINE, T. D'ASIE. Le *Nicotiana paniculata* L.

TABAC DE VIRGINIE. Le *Nicotiana fruticosa* L.

TABAC DU MEXIQUE, T. FEMELLE, T. SAUVAGE, T. (PETIT). Le *Nicotiana rustica* L.

TABAC DU MISSOURI. Le *Nicotiana quadrivalvis* PURSH.

TABAC GRAND, T. MALE, T. VRAI, T. DE LA FLORIDE, T. A LARGES FEUILLES. Le *Nicotiana Tabacum* L.

TABACHIN. Au Mexique, le *Cæsalpinia pulcherrima* W.

TABAC INDIEN. Le *Lobelia inflata* L.

TABACKHE. Nom nègre du *Sterculia cordifolia* CAV.

TABACO DEL MONTE. Nom argentin de l'*Eupatorium betoniciforme* BAK.

TABACUS (MŒNCH, *Meth.*, 418). Genre proposé pour le *Nicotiana glutinosa* L.

TABAIBA DULCE. Aux Canaries, l'*Euphorbia dulcis* L.

TABAIBA MORINA. Aux Canaries, l'*Euphorbia mauritanica* L.

TABAIBA SALVAJE. Aux Canaries, l'*Euphorbia canariensis* L.

TABAKÉ. Au Sénégal, le *Sterculia cordifolia* G. et PERR.

TABAKO. Nom japonais du *Nicotiana chinensis* FISCH.

TABALDI. Nom, au Soudan, du Baobab.

TABAN. Nom malais du *Palaquium Gutta* H. Bn.

TABAO. Nom, en Abyssinie, de l'*Hydrocotyle asiatica* L.

TABAQUILLO. Nom colombien du *Senecio formosus* DC. C'est aussi le nom argentin du *Polylepis racemosa* PAV.

TABASCHIR. Concrétions siliceuses qui se forment dans la cavité du chaume des Bambous.

TABASCINA (H. Bn, *Hist. des pl.*, X, 445). Genre d'Acanthacées-Justiciées, formé d'un arbuste du Mexique; distingué par des fleurs subrégulières, à 5 sépales valvaires; le postérieur plus grand; une corolle campanulée; 2 étamines; des loges ovariennes 2-ovulées; un long style arqué et capitulé; des feuilles longuement atténuées en pétiole; des cymes terminales, 2-pares.

TABASCON. L'*Eugenia Pseudo-Caryophyllus* DC.

TABAYRA. A Madère, l'*Euphorbia balsamifera* AIT.

TABEBUIA (GOM., *Obs.*, II, t. 2). Genre établi sur des arbres ou des arbrisseaux de l'Amérique tropicale, à feuilles simples ou digitées, qui ne diffèrent des *Tecoma* que par le calice bilabié ou irrégulièrement déchiré. Mériterait à peine de former une section du genre *Tecoma*. (H. Bn, *Hist. des pl.*, X, 42.) [B.]

TABELLARIA (EHRB., *Mikrosk. Anal.* [1839]). Genre de Diatomacées-Tabellariées, pourvues d'un pseudo-raphé. Les frustules sont composés de valves renflées à la partie médiane et aux extrémités; ils sont striés transversalement, mais dépourvus de côtes. La face frontale montre généralement des fausses-cloisons alternantes. Les frustules sont réunis en filaments en zigzag. (Voy. RABENH., *Fl. eur. Alg.*, 1, 25.) [CH. M.]

TABELLARIEÆ (KUETZ., *Bacill.*, 126). Tribu de Diatomacées-pseudo-raphidées, à frustules linéaires-lancéolés ou cunéiformes, qui présentent des vittæ moniliformes dans la face frontale. Les valves sont comme divisées en chambres par des côtes transversales; elles sont dépourvues de ligne médiane et finement striées transversalement sur toute la longueur. Les principaux genres qui constituent cette tribu sont les genres *Gammatophora, Rhabdonema, Tabellaria*, etc. (Voy. VAN HEURCK, *Microsc.*, 305.) [CH. M.]

TABERNÆMONTANA (L., *Gen.*, n. 301). Genre d'Apocynacées-Vincées, formé d'environ 130 espèces ligneuses, de toutes les régions tropicales; le calice garni en dedans de 5-∞ glandes; la corolle hypocratérimorphe, à lobes recouverts par leur bord droit; les étamines généralement de Plumériée, à anthère sagittée. Les 2 ovaires sont indépendants et ∞-ovulés. Les 2 follicules sont parfois charnus, indéhiscents ou béants en dedans. Les graines albuminées sont nichées dans une pulpe. Les feuilles sont opposées, et les fleurs disposées en cymes ter-

minales ou latérales, rarement presque solitaires. (H. Bn, *Hist. des pl.*, X, 195.)

TABERNÆMONTANUS. Auteur célèbre du *Neuw Kreuterbuch* [1588] et de *Eicones plantarum seu stirpium* [1590]. Plumier, en lui dédiant le genre *Tabernæmontana*, dit de lui : « Jacobus Theodorus a patria Tabernæmontanus dictus. Quippe Tabernis Montanis (Berg Zabern) oppido in ditione Principum Bipontinorum natus est. Vir diligens fuit, et rei herbariæ maxime studiosus : in eo præcipue laudandus, quod præter multarum plantarum sibi propriarum notitiam, de viribus etiam vulgaliorum optime scripserit. E vivis excessit Haidelbergæ, ann. 1590. »

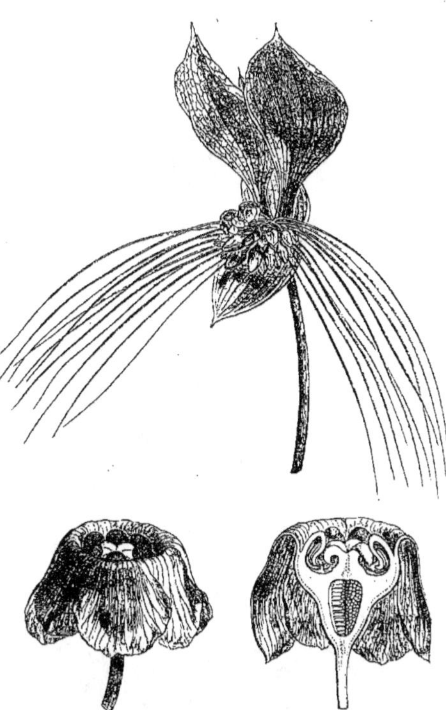

Tacca. — Inflorescence. Fleur, entière et coupe longitudinale.

TABERNANTHE (H. Bn, in *Bull. Soc. Linn. Par.*, 783; *Hist. des pl.*, X, 196). Genre d'Apocynacées, établi pour l'*Iboga* du Gabon, et qui a des fleurs de *Tabernæmontana*, mais avec un ovaire 1-loculaire et 2 placentas pariétaux, ∞-ovulés. C'est un sous-arbrisseau, à cymes pauciflores. Ce genre relie d'ailleurs entre elles les séries des Vincées et des Arduinées. [H. Bn.]

TABERNE. Nom français (LAMK) des *Tabernæmontana* PLUM.

TABIRAKO. Nom japonais de l'*Eritrichium pedunculare* DC.

TABLIER. Le labelle des Orchidées.

TABONUCO. Aux Antilles, le *Dacryodes hexandra* GRISEB.

TABOURET. La Bourse à Pasteur. C'est aussi le nom français des *Thlaspi* DILL.

TABUG. Nom, aux Philippines, des *Marsdenia* R. Bn.

TABULARIA (KUETZ., *Spec. Alg.*, 46). L'une des divisions du genre *Synedra*, dans laquelle l'auteur a placé les espèces dont les frustules si cohérents ont une disposition tabulaire. [CH. M.]

TACAI. Nom colombien (KARST.) du *Caryodendron orinocense*, dont les graines comestibles donnent une sorte de beurre.

TACAMAHACA (SPACH, in *Ann. sc. nat.*, sér. 2, XV, 32). Section du genre *Populus* T.

TACAMAHACA DE BOURBON, T. DE MADAGASCAR. Le *Calophyllum Calaba* W.

TACAMAQUE, TACAMAHAQUE. Noms de nombreux produits gommo-résineux, médicinaux. C'est d'abord celui du *Bursera gummifera*, puis celui de l'*Elaphrium tomentosum*, d'après Jacquin. Humboldt a nommé *Icica Tacamahaca* un *Bursera* de l'Amérique centrale. On a attribué à un *Icica* la *T. jaune terreuse*; et à l'*Elaphrium tomentosum*, la *T. rougeâtre*. La *T. de Bourbon* provient du *Calophyllum Tacamahaca*; et c'est, d'après Pomet, de Madagascar que vient la *T. angélique*. Ces drogues sont d'ailleurs aujourd'hui peu usitées. (Guib., *Drog. simpl.*, éd. 7, III, 529.)

TACATAC. Synonyme de *Olayan*.

TACAZZEA (Dcne, in *DC. Prodr.*, VIII, 492). Genre d'Asclépiadacées-Périplocées, formé de 4, 5 lianes de l'Afrique tropicale; distingué par des fleurs petites et en cymes opposées; des sépales obtus; une corolle subrotacée, à lobes recouvrant à droite; une couronne de 5 écailles sétacées-ligulées, accompagnées souvent de courtes squamelles latérales. (H. Bn, in *Bull. Soc. Linn. Par.*, 294; *Hist. des pl.*, X, 294.)

TACCA (Forst., *Char. gen.*, 69, t. 35). Genre qui donne son nom à une feuille des *Taccacées* et qui presque seul la constitue. Ce sont 7, 8 herbes à rhizomes tubéreux, de toutes les

Tacca. — Port.

régions tropicales. Leurs fleurs sont régulières, à ovaire infère; le périanthe, porté sur ses bords, formé de 6 folioles 2-sériées. Les étamines, au nombre de 6, très particulières, sont remarquables par la forme en capuchon de leur support. L'ovaire a 3 carpelles et 3 placentas pariétaux, ∞-ovulés. Le fruit est indéhiscent ou finalement 3-valve. Les feuilles sont entières, lobées

ou disséquées. Les fleurs, souvent vertes ou brunes, très singulières d'aspect, sont, au sommet d'une hampe commune, disposées en cymes unipares, ombelliformes. Chaque inflorescence, outre les fleurs fertiles, porte de longs filaments. Nous avons étudié le développement de ces curieuses plantes, souvent cultivées dans nos serres chaudes (in *Adansonia*, VI, 243), et nous avons conclu de leur étude organogénique qu'avec leur ovaire infère, à placentas pariétaux, elles représentent la forme régulière des Orchidacées. Ajoutons à cela que les fruits bleus développent, comme ceux des Vanilles, une certaine quantité de substance odorante, suave. La portion souterraine des *Tacca* sert aux mêmes usages que les *Taro* océaniens, de la famille des Aracées; elle est riche en matière féculente, qui peut être alimentaire. Les *Ataccia* Presl (I, 306) représentent une section à peine distincte du genre *Tacca*. [H. Bn.]

TACCARUM (Ad. Br. — Schott, *Gen. Aroid.*, t. 65). Genre d'Aracées-Dieffenbachiées, formé de 3, 4 herbes brésiliennes; distingué par des feuilles pinnatiséquées; des fleurs femelles à ovaire 3-6-loculaire; le stigmate capité; les loges à 1 ovule anatrope. Ce sont des plantes vivaces, assez souvent cultivées dans les serres. (*Fl. bras.*, t. 49. — Arcang., in *N. Giorn. bot. ital.*, XI, t. 8. — N.-E. Br., in *Gardn. Chron.* [1881], fig. 134.) [H. Bn.]

TACHAPHANTIUM (Bref., *Unters.*, Heft VII, 78). Synonyme de *Platyglœa* Schrœt.

TACHASCH. Nom hébreu de l'If.

TACHI. Nom galibi (Aubl.) des *Tachia* Aubl.

TACHIA (Aubl., *Guian.*, I, 75, t. 29). Genre de Gentianacées-Chironiées, formé de 3 arbustes, du Brésil et de la Guyane; distingué, dans le groupe des Lisianthées, par des fleurs axillaires, solitaires et sessiles; à calice tubuleux, 5-ailé ou 5-anguleux, 5-fide; une corolle longuement infundibuliforme; un style à sommet 2-lamellé. (H. Bn, *Hist. des pl.*, X, 140.)

TACHIA (Pers., *Syn.*, I, 459). Synonyme de *Tachigali* Aubl.

TACHIADENUS (Griseb., *Gen. et Spec. Gent.*, 200). Genre de Gentianacées-Exacées, formé d'environ 6 herbes ou sous-arbrisseaux, de Madagascar; distingué par des sépales ailés ou carénés; une corolle à tube long et étroit; les lobes étalés; des anthères obtuses au sommet et déhiscentes latéralement; un style à sommet 2-lamellé. (H. Bn, *Hist. des pl.*, X, 129.)

TACHI-AVI. Nom japonais de la Rose-Trémière.

TACHIBOTA (Aubl., *Guian.*, 287, t. 112). Genre douteux, rapporté parfois aux Bixacées. On a dit aussi que le *T. guianensis* est le *Salmalia racemosa* W.

TACHIBOTE. Nom français (Lamk) des *Tachibota*.

TACHIGALI (Aubl., *Guian.*, 372, t. 143). Genre de Légumineuses-Césalpiniées-Amherstiées, formé de 4, 5 arbres, de l'Amérique tropicale; distingué par des feuilles paripinnées; des fleurs en grappes simples ou composées; 5 sépales courts; 5 pétales; 10 étamines libres; une gousse aplatie, ténue et indéhiscente. Jussieu a nommé le genre *Tachigalia*. (Miq., *St. surin.*, t. 3. — Pœpp. et Endl., *Nov. gen. et spec.*, t. 265. — H. Bn, *Hist. des pl.*, II, 114, 185.)

TACHI-KAMEBASO. Nom japonais de l'*Eritrichium Guilielmi*.

TACHI-TSUBO-SUMIRE. Le *Viola Reichenbachiana*.

TACHUELO. Nom néo-grenadien des *Zanthoxylum rigidum* H. B. et *ochroxylum* DC. Le premier s'appelle encore *T. blanco*.

TACHYGONIUM (Næg., *Beit. zur. Wiss. Bot.*, 106). Genre d'Algues-Palmellacées, à cellules globuleuses qui, par suite des divisions cellulaires, se trouvent constituées en familles de quatre ou huit gonidies. (Voy. Rabenh., *Fl. eur. Alg.*, III, 7.) [Ch. M.]

TACOMARIE (Pïs., *Bras.*, 109). Nom de la Canne à sucre.

TACON. Nom de l'affection parasitaire qui détruit les Safrans. C'est aussi une maladie de la Vigne, produite, d'après de Bary, par un champignon, le *Sphaceloma ampelinum*, dont le mycélium occupe les tissus de la Vigne et donne naissance à de courts et nombreux filaments qui s'élèvent, pressés comme les soies d'un velours et se terminant par des spores qui sont disséminées à leur maturité (voy. PEYREADE).

TACONNET. Le Tussilage.

TACOPATLE. L'*Aristolochia mexicana.*

TACOUREA (H. Bn, in *Adansonia*, XII, 302; *Hist. des pl.*, VII, 333). Section du genre *Portlandia*, à fruit septicide, à courte aile séminale circulaire, à fleurs axillaires, solitaires.

TACPONG-DALAGA. Nom, aux Philippines, des *Icacorea* AUBL. (*Ardisia* L.).

TACSI, TACSELLI. Noms équatoriens du *Pernettya parviflora*, dont les fruits sont narcotiques.

TACSONIA (J., *Gen.*, 398). Section du genre *Passiflora* L., à axe floral allongé et plus ou moins cylindrique. On en cultive plusieurs espèces, à grandes et belles fleurs, dans les serres. (H. Bn, *Hist. des pl.*, VIII, 471.)

TACTANG-ANAC. Plante indéterminée des Philippines, qui donne une sorte de Gomme-gutte.

TACURE. Nom Saravecas de l'*Acrocomia Totai* MART.

TADA PANNA (RHEED., *Hort. malab.*, III, t. 13-21). Synonyme de *Cycas circinalis* L., au Malabar.

TADDO. Nom abyssin du *Rhamnus Taddo* A. RICH, qui sert à faire, avec du miel et de l'eau, une sorte d'hydromel très estimé des indigènes.

TADE. Nom japonais des Renouées.

TÆNAIS (SALISB., *Fragm.*, 115). Synonyme de *Crinum* L.

TÆNIDIUM (TARG.-TOZZ., *Cat. veg. Mar.*, 80, t. 1). Synonyme de *Posidonia* KŒN.

TÆNIOCARPUM (DESVX, in *Ann. sc. nat.*, sér. 1, IX, 420). Synonyme de *Pachyrhizus* RICH.

TÆNIOCHLÆNA (HOOK. F., *Gen.*, I, 433). Genre de Connaracées-Cnestidées, formé d'un arbuste malais; distingué par des fleurs à 5 sépales révolutés; 5 pétales linéaires, allongés; 5 carpelles; des fruits glabres en dedans; des graines arillées; des cotylédons plan-convexes. (H. Bn, *Hist. des pl.*, II, 19.)

TÆNIOLA (BON., *Handb. Myk.*, 36). Synon. de *Torula* PERS.

TÆNIOLA (SALISB., *Gen. pl. Fragm.*, 95). Synonyme de *Ornithogalum* T.

TÆNIOPETALUM (BGE, in *Mém. sav. étr. Acad. Pétersb.*, VII, 303, nec VIS.). Synonyme de *Xanthoselinum* SCHUR.

TÆNIOPETALUM (VIS., *Fl. dalmat.*, III, 49,). Section du genre Peucédan, où les pétales ont des bandelettes à suc gommo-résineux. (Voy. H. Bn, *Hist. des plant.*, VII, 97.)

TÆNIOPHYLLUM (BL., *Bijdr.*, 355, t. 70). Genre d'Orchidacées-Vandées, formé de 6 herbes épiphytes et naines, asiatiques et océaniennes; à fleurs à sépales connivents; 4 pollinies à pied court; des tiges paucifoliées ou à peu près aphylles. On en cultive quelques-uns dans les serres. (REICHB. F., *Xen. orchid.*, II, t. 77, 116.) [H. Bn.]

TÆNIOSAPIUM (M. ARG., in *DC. Prodr.*, XV, II, 1200). Synonyme (B. H.) de *Excœcaria* L.

TÆNIOSTOMA (SPACH, in *Ann. sc. nat.*, sér. 2, VI, 371). — Voy. HÉLIANTHÈME.

TÆTSIA (MEDIK., *Theod. spec.*, 82). Synonyme de *Cordyline* COMMERS.

TAF. En Suède, l'*Usnea plicata* DC.

TAFALLA (DON, in *Edinb. N. Phil. Journ.* [apr.-oct. 1831], 273). Genre de Composées-Hélianthées-Inulées, formé de 4 sousarbrisseaux des Andes, à feuilles alternes; distingué, dans le groupe des Gnaphaliées proprement dites, par des fleurs dioïques (de *Gnaphalium*), en capitules solitaires, sessiles, dioïques; les bractées de l'involucre peu nombreuses, 2-sériées; les soies de l'aigrette unies à la base en anneau. On en distingue 3, 4 espèces. (HOOK., *Icon.*, t. 78, 750. — H. Bn, *Hist. des pl.*, VIII, 172.)

TAFALLA (R. et PAV., *Prodr. Fl. per. et chil.*, 136, t. 29). Synonyme de *Hedyosmum* Sw.

TAFETONE. Nom vulgaire d'une Asclépiadacée, dont la tige contient des fibres textiles incorruptibles, dit-on, dans l'eau.

TAFFAFALA. Nom, en Abyssinie, du *Melothria scrobiculata* COGN., médicament réputé vermicide.

TAFRIFA. Nom, au Maroc, du *Statice mucronata* L.

TA-FUNG-TSZE. Nom chinois du *Lukrabo.*

TAGALAUI. Nom, aux Philippines, des *Parameria* BENTH.

TAGARASHI. Nom japonais de la Renoncule scélérate.

TAGARNINAS. Le *Scolymus hispanicus* L.

TAGASASTE. Nom, aux Canaries, du *Cytisus proliferus*, plante fourragère.

TAGÈTE. Nom français (LAMK) des *Tagetes* T.

TAGETES (T., *Inst.*, 488, t. 278). Genre de Composées-Hélianthées-Héléniées, formé d'une vingtaine d'herbes, originaires de l'Amérique, transportées dans l'ancien monde; distingué, dans le groupe des *Tagétées*, par des capitules ordinairement radiés, avec des bractées hautement connées à l'involucre. Les feuilles sont opposées, serrées ou pinnatiséquées. Les capitules sont solitaires et pédonculés, ou groupés en cymes corymbiformes. Le fruit est surmonté d'une aigrette de paillettes aristées, au nombre de 5, 6. Ce sont des plantes à odeur forte, peu agréable, souvent cultivées dans nos jardins comme ornementales, sous le nom d'Œillets d'Inde. (H. Bn, *Hist. des pl.*, VIII, 96, 253, fig. 96.)

Tagetes. — Branche florifère.

TAGOBO. Nom japonais du *Ludwigia prostrata* ROXB.

TAGUA. Nom, sur les bords du Rio Magdalena, du *Phytelephas macrocarpa* R. et PAV.

TAGUC. — Voy. CAMANDOG.

TAGUEREY. Nom tamoul du *Cassia Tora* L. dont les graines sont très employées, surtout pour la teinture en bleu.

TAGUIPAN. Nom tagol du *Caryota Cumingii* KOOD.

TAHALEB. Nom arabe des *Lemna*.

TAHEINOU. A Taïti (COOK), un *Tournefortia tinctoria*.

TA-HO-TSAO. Au Yunnan, le *Gerbera Delavayi* FN., dont le tomentum est textile.

TAHRIT. — Voy. TARA.

TAH WAH PAH. Nom donné par les Indiens Dakotas au *Nuphar advena*, dont les rhizomes servent à leur nourriture, soit rôtis, soit bouillis avec des poules sauvages. Ils font aussi avec les graines un gruau très estimé.

TAIMINGASA. Nom japonais du *Syneilesis palmata* MAXIM.

TAINIA (BL., *Bijdr.*, 354). Synonyme (REICHB. F.) de *Eria* LINDL. Bentham (*Gen.*, III, 515) conserve néanmoins le genre comme distinct.

TAIOIA (MARCGR.). Nom brésilien du *Perianthopodus Taguya*. C'est aussi le nom brésilien du *Wilbrandia drastica* MART., très employé, dit-on, contre la goutte et les affections vénériennes.

TAIPOO. Nom indien du *Melia Azadirachta* L., dont les graines donnent une huile amère, employée pour l'éclairage et dans la médecine indigène.

TAISEI. Nom japonais de l'*Isatis japonica* MIQ.

TAIUIA. Nom brésilien du *Wilbrandia verticillata* COGN.

TAJA. Aroïdée, qui entre, au Brésil, dans le Curare.

TAJ-PAT. Nom, dans l'Inde, des feuilles du *Malabathrum*.

TAKA. A Ualan, la Colocase comestible.

TAKAHOUT. Galles employées à préparer le maroquin, en Afrique.

TAKANA. Nom japonais du *Brassica (Synapis) integrifolia*.

TAKANOTSUME. Nom japonais du *Sagina maxima* A. GRAY.

TAKENIGUSA. Nom japonais du *Macleya cordata* R. BR.

TAKI. Nom japonais, d'après Thunberg, de l'*Agaricus campestris* L. dont il existe plusieurs variétés, désignées sous les noms de *Si-Taki, Pastaki, Mostaki, Kuragi* et *Kistaki*.

TAKKA. Au Malabar, le *Tectona grandis* L. F.

TAKROURI. Synonyme de Kif.

TAL. Au Bengale le *Borassus flabelliformis* L.

TALA (BLANCO, *Fl. Filip.*, 484). Genre rapporté avec doute aux Scrofulariacées.

TALA. Les *Opuntia*. A Ceylan, c'est le *Cassia Absus* L. C'est aussi, au Brésil, une variété du *Celtis Tala* GILLIES.

TALA BLANCO. Nom argentin du *Duranta Lorentzii* GRISEB.

TALACATAC. Synonyme de *Olayan*.

TALA GATEADORA. Nom argentin des *Celtis boliviensis* et *Chichape* MIQ.

TALAGHAS (HERM., *Mus. zeyl.*, 54). Synonyme de *Corypha umbraculifera* L.

TALAMAPATRA. Synonyme ancien du *Malabathrum*.

TALAMOOT. Nom indien de l'*Agapetes variegata* D. DON.

TALAMPONAI. Nom espagnol des *Datura* L.

TALANG-GUBAT. Nom, aux Philippines, des *Diospyros* DAL.

TALARODICTYON (ENDL., *Suppl.*, III, 14). Algues-Anadyoménées, d'après Kützing; Hydrodictyées, d'après Payer. Ni l'une ni l'autre de ces deux places ne nous semble naturelle. (Voy. PAYER, *Bot. crypt.*, éd. H. BN, 25.) [CH. M.]

TALASPIC ANNUEL. Nom vulgaire de l'*Iberis amara*. Le *T. vivace* est l'*I. sempervirens*.

TALASSA. A Java, la Colocase comestible.

TALAUMA (J., *Gen.*, 281). Section du genre *Magnolia* L. (H. BN, in *Adansonia*, VII, 669; *Hist. des pl.*, I, 141). Les *T.* sont aromatiques, et l'on attribue aux fleurs du *T. Plumieri* le suave parfum des liqueurs de la Martinique.

TALCA. Synonyme de *Talch*.

TALCH, TALHA. Noms nubiens de l'*Acacia stenocarpa* HOCHST.

TALGUENEA (MIERS, *Trav. Chil.*, II, 520). Genre de Rhamnacées-Collétiées, formé de 2 arbustes chiliens, à fleurs de *Colletia* ou de *Trevoa*, mais à fruit chartacé et hirsute. (H. BN, *Hist. des pl.*, VI, 91.)

TALHA. Synonyme de *Talch*.

TALI. Nom sanscrit du *Corypha Talliera* ROXB.

TALICNONO. Nom, aux Philippines, des *Buddleia* L.

TA-LIEN-TZÉ. Nom chinois de l'*Illicium anisatum* L.

TALIERA (MART., *Progr. Palm. fam. et gen.*, 10). Synonyme de *Corypha* L.

TALIFOUC. A Madagascar, les *Nymphœa* L.

TALIGALEA (AUBL., *Guian.*, II, 625, t. 252). Synonyme de *Amasonia* L. FIL. (I, 137). Mais *Taligalea* a la priorité. (H BN, *Hist. des pl.*, XI, 97.)

TALI-GNEMON. Nom malaquais des graines des *Gnetum* L.

TALIMURONG. Nom, aux Philippines, des *Cyclostemon* BL.

TALIN. Nom français (LAMK) des *Talinum* ADANS.

TALINELLA (H. BN, in *Bull. Soc. Linn. Par.*, 569; *Hist. des pl.*, IX, 69). Genre de Portulacacées, formé de 2, 3 arbustes de Madagascar, parfois sarmenteux; distingué par 2 sépales; 4, 5 pétales; ∞ étamines autour d'un disque en cupule, en partie stériles; des loges ovariennes 2-ovulées; un fruit à 4 logettes; des feuilles alternes et charnues; une inflorescence terminale, ample et feuillée, cymigère.

TALINOPSIS (A. GRAY, *Pl. Wright.*, I, 14, t. 3 A). Genre de Portulacées, formé d'un arbuste du Nouveau-Mexique; distingué par des fleurs à sépales rigides et persistants; ∞ étamines; un fruit capsulaire, oblong; des feuilles opposées; des cymes bipares. (H. BN, *Hist. des pl.*, IX, 70.)

TALINOURO. Nom, aux Philippines, des *Capura* BLANC.

TALINUM (ADANS., *Fam.*, II, 245). Genre de Portulacacées, formé d'une dizaine d'herbes tropicales, parfois suffrutescentes;

distingué par des fleurs à 2 sépales tombant de bonne heure; 5-∞ étamines; un ovaire ∞-ovulé; une capsule 3-valve; des graines arillées; un embryon annulaire, entourant l'albumen;

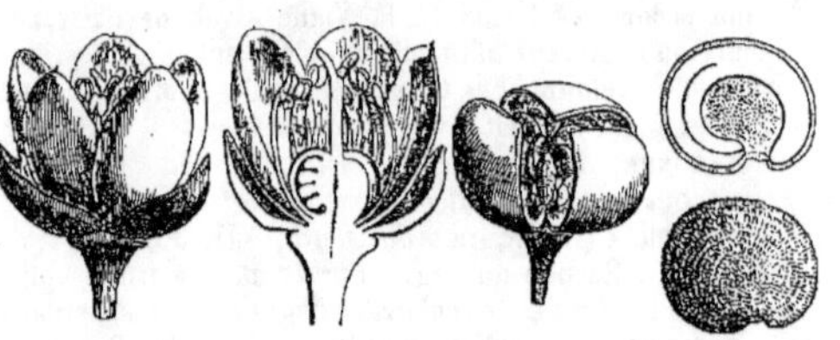

Talinum. — Fleur, entière et coupe longitudinale. Fruit déhiscent. Graine entière et coupe longitudinale.

des fleurs solitaires ou plus souvent disposées en grappes cymigères. (H. BN, *Hist. des pl.*, IX, 56, 68, fig. 76-80.)

TALIPOT. A Ceylan, le *Corypha umbraculifera* L.

TALISAI. Nom, aux Philippines, des *Terminalia* L.

TALISHAPATRI. Nom tamoul du *Flacourtia Cataphracta* W., très employé dans l'Inde comme tonique et astringent.

TALISIA (AUBL., *Guian.*, I, 349, t. 136). Genre de Sapindacées-Sapindées (H. BN, *Hist. des pl.*, V, 400). M. Radlkofer (in *Dur. Ind.*, 75) unit à ce genre les *Racaria* AUBL., *Acladodea* R. et PAV. et plusieurs *Sapindus* ou *Cupania* des auteurs. Pour lui, le genre comprend 32 espèces américaines. Les vrais *Talisia* ont été distingués par des fleurs à 5 sépales; 5 pétales à écaille longuement barbue ou soyeuse; 5-8 étamines; un fruit indéhiscent.

TALISIER. Nom français (LAMK) des *Talisia* AUBL.

TALISPUTRIE. L'un des noms du *Flacourtia Cataphracta* W.

TALL. En Suède, le *Pinus sylvestris* L.

TALLEMENT. La ramification des tiges couchées des Graminées qui *tallent*.

TALLO. Synonyme de *Taro*.

TALLOTE. A Porto-Rico, le *Sechium edule* SW.

TALLOW-TREE, BUTTER-TREE. Noms, à Sierra-Leone, du *Pentadesma butyracea* DON.

TALLUS. Nom, à Java, du *Taro*.

TALMAKHARA. La graine de l'*Hygrophila spinosa* NEES.

TALOHA AN HOMBÉ. Nom, à Madagascar, d'une Composée qui fournit un bois de construction recherché, parce qu'il s'altère difficilement, et dont le tronc est, paraît-il, celui d'un grand arbre. C'est un *Synchodendron*.

TALOLA. Synonyme de *Yantoc*.

TALON. Saillie basilaire de certains organes. Il y a, par exemple, un talon à la base de certains pétales des *Momordica* et d'autres Cucurbitacées. On a donné le même nom aux proéminences, souvent uniques, de la base de la tigelle des Cucurbitacées, pendant la germination. On a supposé que, dans la placentation centrale-libre, les ovules sont insérés sur un *talon* des feuilles carpellaires. Dans le marcottage, on appelle *talon* une languette pendante séparée par une incision qui remonte verticalement.

TALONG GUBAT. Nom, aux Philippines, des *Solanum* T.

TALPINARIA (KARST., *Fl. columb.*, I, 153, t. 76). Synonyme de *Pleurothallis* R. BR.

TALRUDA. En Algérie, le *Carum incrassatum* BOISS., à racines tubéreuses comestibles.

TALUCCA. A Amboine, le Rocouyer.

TALU-DAMA (RHEED., *Hort. malab.*, VII, 105, t. 56). Synonyme de *Boerhaavia diffusa* L.

TALU-NOLI (RHEED., *Hort. malab.*, XI, 113, t. 35). Synonyme de *Ipomœa filicaulis* BL.

TAM. Nom ancien des *Tamus* L.

TAMABOKI. Nom japonais d'un *Asparagus*.

TAMA-BOKI. Nom japonais du *Serratula coronata* L.

TAM-AGASSA-TAMAREI. Nom tamoul du *Pistia Stratiotes* L. employé dans la médecine indienne.

TAMAGO-NASUBI. Nom japonais de l'Aubergine.

TAMAHOU. A Madagascar, le *Dicrostachys tenuifolia* BENTH.

TAMALA. Nom indien du *Cinnamomum Tamala* NEES.

TAMALAPATRA (CLUS.). Le *Malabathrum*.

TAMAMURASAKI. Nom japonais de plusieurs Aulx.

TAMAPOUEL. Lycopode (?) de l'Inde, aphrodisiaque.

TAMAR. — Voy. BÉLAH.

TAMARA. Au Malabar, les *Nelumbo* T.

TAMARACK. Nom, en Californie, du *Pinus contorta* ENGELM.

TAMARAMA. Nom hindou de *Nelumbo nucifera* GÆRTN.

TAMARICÉES. Série des Tamaricacées ou Tamariscinées, distinguée par des graines à aigrette, sans albumen ou à peu près; à fleurs en épis ou en grappes (H. BN, *Hist. des pl.*, IX, 242). On en a fait une forme pétalée des Salicacées.

TAMARIN, TAMARINIER (*Tamarindus* T., *Inst.*, 660, t. 445). Genre de Légumineuses-Césalpiniées-Amherstiées, formé d'un

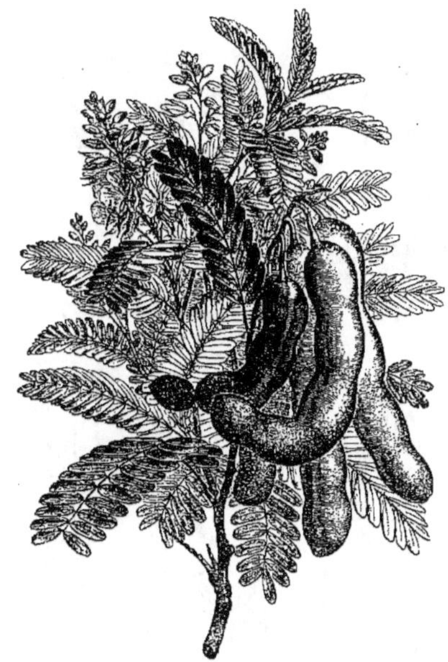

Tamarin. — Branche florifère et fructifère.

arbre des tropiques, probablement d'origine africaine; distingué par des fleurs à 4 sépales; 3 pétales développés, dont un étendard extérieur; 2 pétales rudimentaires; 9 étamines 1-adelphes, dont 3 fertiles; un fruit à 1-∞ graines, plus ou moins long, cortiqué, à mésocarpe pulpeux; les graines sans albumen; les feuilles paripinnées, à ∞ petites folioles. La pulpe du fruit est sucrée, acidule, laxative. On en fait encore un grand usage en médecine; elle est d'ailleurs comestible, fraîche et en conserves. Les *T.*

Tamarin. — Diagramme.

orientalis et *occidentalis* ne sont que des formes d'une espèce, le *T. indica* L. (H. BN, *Hist. des pl.*, 104, 182, fig. 73-76; *Tr. Bot. méd. phanér.*, 595.)

TAMARINDE. Nom ancien du Tamarinier.

TAMARIN DE L'INDE. A la Guadeloupe, la *Canthium edule* BN.

TAMARIN DOUX. L'*Inga vera* W.

TAMARISC, TAMARIS. Noms français des *Tamarix* L.

TAMARISCINÉES, TAMARICACÉES. Famille de Dicotylédones-dialypétales, formée des Tamaricacées, Réaumuriées et (?) Fouqueriées. (H. BN, *Hist. des pl.*, IX, 236.)

TAMARIX (L., *Gen.*, n. 375). Genre d'arbustes ou sous-arbris-

seaux, à fleurs régulières, 4-6-mères; les pétales hypogynes ou légèrement périgynes; 4-12 étamines libres ou 1-adelphes; l'ovaire

Tamarin. — Fleur, entière et coupe longitudinale.

1-loculaire, à 2-5 placentas pariétaux, ∞-ovulés, à 2-5 branches stylaires; le fruit capsulaire, à 2-5 valves; les graines pourvues

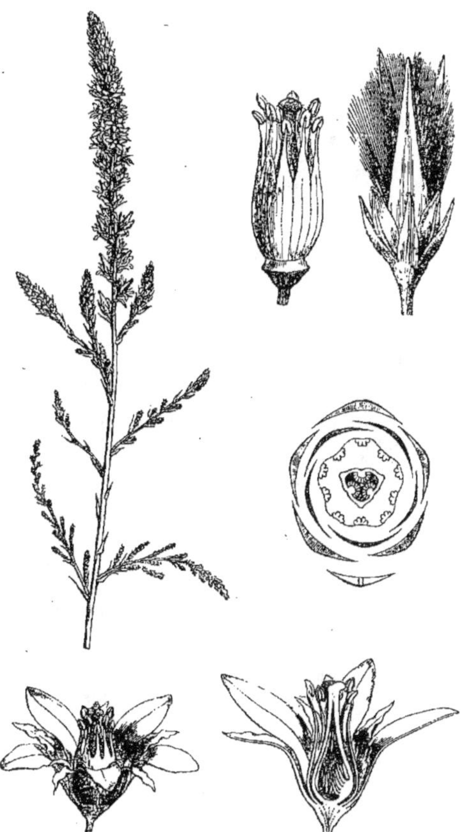

Tamarix. — Branche florifère. Fleur, entière, coupe longitudinale, et le périanthe enlevé. Diagramme. Fruit déhiscent.

d'une aigrette sessile ou stipitée, sans albumen ou à albumen membraneux. Les feuilles sont alternes, petites; les fleurs latérales ou en épis ou grappes terminaux, simples ou composés.

On cultive ces plantes sur les bords de la mer et dans les marais salins. Quelques-unes donnent de la manne et portent des galles astringentes, utilisées. (H. Bn, *Hist. des pl.*, IX, 236, 242, 244, fig. 267-278; *Tr. Bot. méd. phanér.*, 1177.)

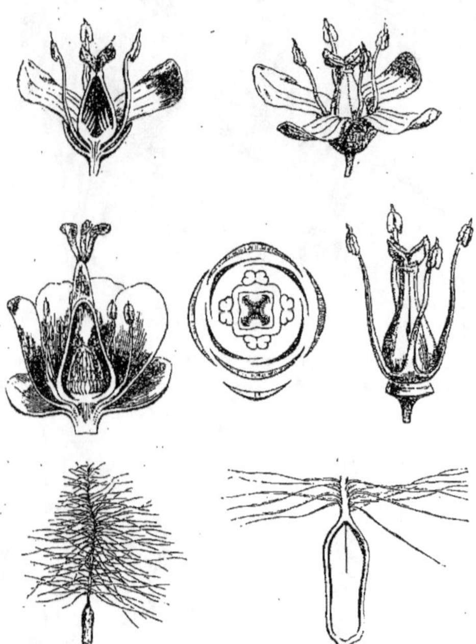

Tamarix. — Fleur, entière, coupes longitudinales et sans le périanthe. Diagramme. Graine, entière et coupe longitudinale.

TAMARO. En Italie, les *Tamus* L.

TAMARO. Nom italien des *Tamarindus* T.

TAMARON-TANKAI. Nom, au Coromandel, des *Averrhoa* L.

TAMARQUEIRA. En Portugal, les *Tamarix* L.

TAMARRHENDI (AVICENNE). Synonyme de Henné.

TAMATAVIA (HOOK. F., *Gen.*, II, 96, n. 188). Synonyme de *Chapeliera* A. RICH. (H. BN, in *Bull. Soc. Linn. Par.*, 200; *Hist. des pl.*, VII, 435.)

TAMRACO. Nom, dans l'Inde, du Tabac.

TAMBAK. Nom abyssin du *Croton macrostachys* HOCHST., dont on emploie l'écorce interne (surtout de la plante femelle), mêlée au *Cosso*, comme laxatif à petites doses, ou émétique.

TAMBALACOQUE. Nom, dans les îles orientales d'Afrique, de l'*Olea lancea* LAMK et de plusieurs *Sideroxylon.*

TAMBA-TAN. Nom tamoul (THUNB.) du *Dolichos cultratus.*

TAMBAYAN. Graines mucilagineuses du *Sterculia scaphigera*, riches en mucilage et employées contre la dysenterie, les angines, etc., par les Cochinchinois.

TAMBOOKIE. Nom, au Cap, du *Cyclopia genistoides.*

TAMBOR. Arbre à huile purgative, de l'Amérique centrale. C'est (HEMSL.) l'*Omphalea oleifera.*

TAMBOUL. Nom français (LAMK) des *Tambourissa* SONN.

TAMBOUM. — Voy. DIPLOCOS.

TAMBOURE-CISSA (FLAC., *Hist. Madag.*, 133, n. 69). Synonyme de *Tambourissa* SONNER.

TAMBOURISSA (SONNER., *Voy. Ind.*, II, 237, t. 134). Genre de Monimiacées, qui donne son nom à la série des *Tambourissées*. Les fleurs sont unisexuées. Dans les mâles, le réceptacle concave a un petit orifice apical, bordé d'un petit périanthe 4-6-mère. L'intérieur porte ∞ étamines, à anthères 2-loculaires. Dans la fleur femelle, le réceptacle a plus d'épaisseur. Les folioles du périanthe sont nombreuses, peu visibles à l'âge adulte. Les car-

pelles, enfoncés dans des fossettes du réceptacle, sont nombreux, à ovaire 1-ovulé; l'ovule descendant, à micropyle inférieur, coiffé d'un obturateur émané du funicule. Les fruits sont des drupes, à graine albuminée. Elles deviennent libres quand le réceptacle se déchire. Ce sont des arbres, des îles orientales

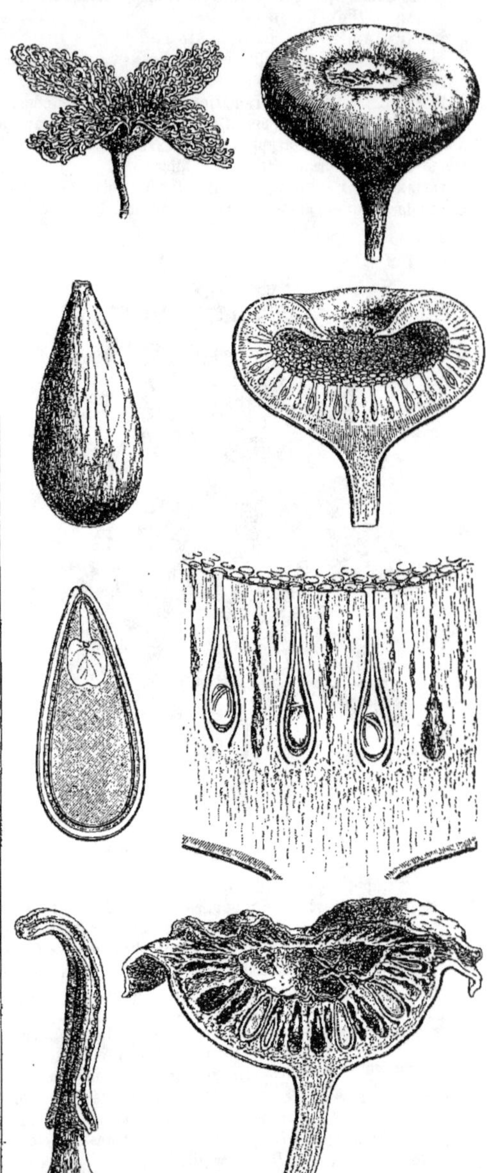

Tambourissa. — Fleur mâle. Fleur femelle, entière et coupe longitudinale. Étamine. Fruit multiple, coupe longitudinale. Carpelle mûr, entier et coupe longitudinale.

de l'Afrique et de Java, à feuilles opposées ou rarement alternes, à inflorescences terminales ou axillaires, solitaires ou en grappes, rarement en cymes. Plusieurs *Tambourissa* produisent une gomme-résine odorante, et les fruits servent à teindre. (H. BN, *Hist. des pl.*, I, 310, 337, 341, fig. 344-351.)

TAMBOURISSÉES. Série des Monimiacées, dans laquelle les carpelles sont enchâssés chacun dans une logette du réceptacle creusé d'autant de compartiments qu'il y a de drupes dans le fruit multiple. (H. Bn, *Hist. des pl.*, I, 327.)

TAMBOW (BOIS). Le *Tambourissa quadrifida* Sonner.

TAMBRACU. Nom vernaculaire du Tabac.

TAMER. Nom arabe des Truffes.

TAMIA-ASPI. Nom, au Pérou, de l'Arbre à la pluie. Spruce croit que c'est un *Acacia*, et que l'intervention de certains insectes est nécessaire pour qu'un liquide tombe de l'arbre. (Voy. *Rep. Gard. Kew* [1878], 47.)

TAMIER. Le *Tamus communis* L.

TAMINIER. Nom français des *Tamus* L.

TAMISAILLE. Le *Briza media* L.

TAMME HAUL. En Hollande, le Pavot somnifère.

TAMMON. A Macassar, nom d'une sorte de Zerumbet.

TAMMSIA (Karst., *Fl. columb.*, 179, t. 89). Section du genre *Hippotis* R. et Pav., à large calice foliacé et inégalement bilobé. (H. Bn, *Hist. des pl.*, VII, 456.)

TAM-NAI. Nom annamite de l'*Amomum Galanga* L.

TAMNUS (J., *Gen.*, 43). Pour *Tamus* L.

TAMONEA (Aubl., *Guian.*, I, 441, t. 175). Synonyme de *Miconia* R. et Pav.

TAMONEA (Aubl., *Guian.*, II, 659, t. 268). Genre de Verbénacées-Verbénées, formé de 4 espèces américaines; distingué par un calice campanulé, entourant le fruit qui est drupacé, obtus ou à 4 cornes courtes; le noyau dur et 4-locellé, avec une lacune centrale. Ce sont des herbes ou sous-arbrisseaux, à feuilles dentées ou pinnatifides; à épis terminaux ou axillaires. (H. Bn, *Hist. des pl.*, XI, 96.)

TAMONGÉ. Nom guarani des *Myrcia* DC.

TAMONOPSIS (Griseb., *Pl. Lorentz.*, 198). Synonyme (?) de *Lantana* L. (B. H., *Gen.*, II, 1142.)

TAMPOE. Fruit comestible de l'Inde, qui a été décrit (*Acad. scienc.*, IV, 325) par Debèze.

TAMRAKOOTA. Nom sanscrit (Piddingt.) du Tabac.

TAMR HINDEE. Nom arabe du Tamarin.

TAMSI. Nom, au Pérou, d'une liane qui sert de corde et de ficelle; c'est le *Clitoria minima*.

TAMURASO. Nom japonais des Sauges.

TAMUS (L., *Gen.*, n. 1119). Genre de Dioscoréacées, dont les fleurs dioïques ont, au fond, les caractères de celles des Amaryllidacées. Dans les mâles, le réceptacle peu profond supporte 6 folioles du périanthe et 6 étamines, autour d'un rudiment de gynécée. Dans les femelles, le réceptacle en sac loge l'ovaire infère dans sa concavité, et l'androcée est d'ordinaire rudimentaire. Chaque loge ovarienne contient 2 ovules. Le fruit est une baie, à graines pourvues d'un albumen dur. Ce sont 2 plantes; l'une, notre *T. communis* L., européenne, asiatique et de l'Afrique du Nord; l'autre, des Canaries; à portion souterraine épaisse et charnue, avec des branches aériennes annuelles, volubiles; des feuilles cordées et des grappes simples ou de cymes, dans l'aisselle des feuilles. Le *T. communis* est encore, sous le nom d'Herbe à la femme battue, employé au traitement des contusions; on se sert de la pulpe de son tubercule pilé. (Sibth., *Fl. græc.*, t. 958. — Webb, *Phyt. canar.*, t. 223. — H. Bn, *Iconogr. Fl. fr.*, n. 206; *Herbor. paris.*, 435.)

TAN. Poudre d'écorce de Chêne.

TANACÉE. Synonyme de Tanaisie.

TANACTION. Nom ancien de l'*Inula squarrosa* L.

TANÆCIUM (Sw., *Prodr.*, II; 9, *Fl. ind. occ.*, II, 1050). Genre de Bignoniacées, tribu des Bignoniées, comprenant 4 ou 5 espèces de l'Amérique tropicale. Ce sont des lianes à feuilles trifoliolées ou 2-foliolées, avec cirrhe. Le calice est tronqué, à 5 dents très courtes. La corolle, longuement tubuleuse, porte des étamines incluses ou subexsertes. L'ovaire renferme plus de deux séries d'ovules dans chaque loge. Le fruit est très gros, elliptique-oblong, obtus à la base et au sommet. Il s'ouvre en 2 valves très épaisses, parallèles à la cloison. Celle-ci est très mince au milieu, très épaisse au contraire sur les bords qui sont appliqués contre la partie intérieure des bords des valves; les graines, attachées sur les bords de la cloison, sur plusieurs rangs, assez épaisses, comprimées, avec ou sans aile. Ce genre ne diffère guère des *Adenocalymma* que par le nombre des séries d'ovules dans chaque loge de l'ovaire. Il n'y en a que 2 dans ce dernier genre. (H. Bn, *Hist. des pl.*, X, 38.) [B.]

TANAG. Nom, aux Philippines, des *Kleinhovia* L.

TANAHOU. Nom, à Madagascar, du *Poinciania regia* Boj.

TANAISIE DES JARDINS. Le Baume-Coq.

TANAISIE SAUVAGE. Nom ancien de plusieurs *Potentilla*, notamment du *P. anserina* L.

TANAKÁ. Nom japonais du *Vincetoxicum multinerve*.

TANAKÆA (Fr. et Sav., *En. pl. jap.*, II, 352). Genre de Saxifragacées, voisin du *Leptarrhena* R. Bn. Calice à 5 divisions; pétales 0; 10 étamines, dont 5 sont plus courtes que le calice et 5 deux fois plus longues que lui; anthères réniformes, fixées par le centre, uniloculaires, s'ouvrant tout autour en deux valves; 2 styles; ovaire uniloculaire, brièvement bilobé. Le *T. radicans* est une herbe hispide, à feuilles toutes basilaires. Ses fleurs, très petites, sont disposées en grappes composées. Il habite le Japon. [A. Fr.]

TANARIDA. Nom languedocien du *Tanacetum vulgare* L.

TANDIL. Nom, dans l'Amérique méridionale extra-tropicale, de plusieurs *Alstrœmeria* L.

TANDONIA (H. Bn, in *Adansonia*, I, 184, t. 7). Pour *Tannodia* H. Bn.

TANDONIA (Moq., in *DC. Prodr.*, XIII, II, 226). Synonyme de *Anredera* J.

TANDROOKA-ONDRI-TAKI. Nom malgache de l'*Eulophia reticulata* Ridl.

TANDROSOKY. Nom malgache du *Pentopetia androsæmifolia*.

TANE-KOJI. Amas de conidies du *Koji* (III, 177).

TANGACARA (Adans., *Fam. des pl.*, II, 147). Synonyme de *Hamelia* Jacq.

TANGAL. Nom, aux Philippines, des Mangliers.

TANGANTANGAN. Nom, aux Philippines, des Ricins.

TANGARACA. Au Brésil, le *Boerhaavia hirsuta* W.

TANGHIN (*Tanghinia* Dup.-Th., *Gen. nov. madag.*, 10). Synonyme de *Cerbera* L.

TANGHINIÉ. Nom français (Lamk) des *Tanghinia* Dup.-Th.

TANG-HWAN. Nom chinois de la Gomme-gutte.

TANGKUCI. Racine d'un succédané, en Chine, du *Gingseng*, l'*Aralia edulis* S. et Zucc.

TANG-SHEN. Médicament substitué en Chine au Ginseng et produit par le *Codonopsis Tangshen* Oliv. (*Hook. Icon.*, t. 1966.)

TANGUIN. Le *Tanghinia madagascariensis* Dup.-Th.

TANGUY. Nom d'une Pomme de terre blanche et ronde.

TANI (Rheed., *Hort. malab.*, IV, t. 10). Synonyme de *Terminalia Belerica* Roxb.

TANIBATA. Au Mexique, l'*Ipomœa stans* DC.

TANIBOUCA (Aubl., *Guian.*, 448, t. 178). Synonyme de *Terminalia* L.

TANI COTTÉ-KARANDI. Nom tamoul du *Sphæranthus indicus* L., employé dans la médecine indienne.

TANIER. Nom, à Sainte-Croix, du *Xanthosoma sagittæfolium* Schott.

TANIN. Nom africain des graines de l'*Elæis guineensis* Jacq.

TANKERVILLIA (Link; *Handb.*, I, 251). Syn. de *Phajus* Lour.

TANKURAK. Nom, à Java, du *Myrmecodia armata* Bl.

TANNE. Nom commercial de l'huile du *Camellia oleifera* Abel.

TANNER'S WATTE. — Voy. Wattle.

TANNIN. — Voy. Phytoblaste (III, 584).

TANNMARK. Nom, dans la Suisse allemande, des Valérianes.

TANNODIA (H. Bn, in *Adansonia*, I, 251; *Hist. des pl.*, V, 181). Genre d'Euphorbiacées-Jatrophées, à fleurs analogues à celles des *Jatropha*, avec 5 pétales et 10 étamines et, dans les femelles, un ovaire à 3 loges 1-ovulées. C'est un arbuste de Madagascar, à feuilles alternes, entières, penninerves; à fleurs monoïques, disposées en grappes spiciformes; les bractées 2-glanduleuses et 3-flores.

TAPEINOPHALLUS RIVIERI

a. Tubercule chargé de racines adventives, de feuilles et de bourgeons — b. Spadice — c. Spadice, la spathe enlevée à sa base et la colonne coupée en travers vers le milieu de sa hauteur — d. Étamines à une et à deux loges avant la déhiscence des anthères — e. Anthères déhiscentes, le pollen s'échappe en longues trainées — f. Gynécée dimère — g. Gynécée trimère — h. Gynécée trimère, coupe longitudinale — i. Gynécée trimère, avec une loge ouverte par le dos pour montrer l'insertion de l'ovule — j. Ovule et expansion axillaire — k. Coupe longitudinale de l'ovule.

TANOSPERMUM. — Voy. Cordaites (II, 210).

TANQUIL ASSU. Nom javanais des graines des *Gnetum* L.

TANROUGE. Nom français (Lamk) des *Weinmannia* L.

TANROUJOU (J., *Gen.*, 351, not.). Synonyme de *Hymenæa verrucosa* Gærtn.

TANSY. Nom anglais des Tanaisies.

TANTALUS (Noronh., in *Dup.-Th. Hist. vég. isl. austr. Afr.*, 37). Synonyme de *Sarcolæna* Dup.-Th.

TANTAMOU, TATAMOU. Noms malgaches du *Nymphœa capensis* Thunb. (*stellata* W.), var. *madagascariensis*.

TANTARAVEL. Nom languedocien de l'*Humulus Lupulus* L.

TAO. Nom japonais et chinois de la Pêche.

TAO-KAO. Nom annamite du Petit Cardamome.

TAONABO (Aubl., *Guian.*, 569, t. 227, 228). Synonyme de *Ternstrœmia* L. F. *Taonabo* devrait être préféré, ou, si l'on n'aime pas la forme de ce nom, celui latinisé de *Tonabea* J.

TAONIA (J. Agh, *mscr.*). Genre d'Algues-Dictyotées, que caractérise une fronde plane, comme réticulée, à cellules superficielles, petites, prenant des divergences des cellules une disposition flabelliforme. Les spores sont situées de l'un et l'autre côté de la fronde. Ces Algues jouissent d'une double forme de fructification; elles sont pourvues de deux sortes de cellules fructifères, portées sur des individus distincts. (Voy. Thur. et Bonn., *Etud. phycol.*, 56.) [Ch. M.]

TAPA. Aux Sandwich, le *Broussonetia papyrifera* Vent. C'est le nom, aux îles Tonga, de l'Arbre à pain.

TAPAGOME. Nom français (Lamk) des *Tapogomea* Aubl.

TAPAK. Nom malgache du *Ravensara ? Tapak* H. Bn.

TAPAN-TAPON. Nom taïtien du *Spondias lutea* L.

TAPEINÆGLE (Herb., in *Bot. Mag.* [1847], t. 22, fig. 4). Synonyme de *Tapeinanthus* Herb.

TAPEINANTHUS (Boiss., in *DC. Prodr.*, XII, 436). Genre de Labiées-Lamiées, formé de 2 petites herbes, de l'Orient; distingué, dans le groupe des Marrubes, par des verticillastres 2-flores; un calice à 5 dents; une corolle à tube grêle, avec un limbe à lèvre postérieure étroite et aplatie; des anthères à loges confluentes. Sect. des *Chamœsphacos*. (H. Bn, *Hist. des pl.*, XI, 40.)

TAPEINANTHUS (Herb., *Amar.*, 190). Genre d'Amaryllidacées-Amaryllées, formé d'une herbe bulbeuse, espagnole et marocaine; distingué, dans le groupe des Amaryllées à couronne, par un périanthe en entonnoir et une couronne de 6 petites squamelles. (Cav., *Icon.*, t. 207.)

TAPEINIA (J., *Gen.*, 59). Genre d'Iridacées-Sisyrinchiées, formé d'une herbe cespiteuse et humble, magellanique; distingué, parmi les Eusisyrinchiées, par une spathe 1-flore et terminale. Les autres caractères sont ceux des *Sisyrinchium*. (Hook. F., *Fl. antarct.*, II, t. 129.)

TAPEINOCHILUS (Miq., in *Ann. Mus. lugd.-bat.*, IV, 101, t. 4). Genre de Zingibéracées, formé d'une plante océanienne, à bractées récurvées; l'anthère surmontée d'un court connectif; l'ovaire à 2 loges; les inflorescences strobiliformes. [H. Bn.]

TAPEINOPHALLUS. Nom inscrit par erreur, pour *Proteinophallus*, au bas de la planche de ce dictionnaire qui représente l'*Amorphophallus Rivieri* Dur.

TAPEINOSPERMA (Hook. F., *Gen.*, II, 647, n. 14). Genre de Primulacées, établi pour quelques *Icacorea* de la Nouvelle-Calédonie, à grandes et longues feuilles et à fruit déprimé, dont le noyau aplati est sur ses bords sinué ou découpé de dents plus ou moins profondes. [H. Bn.]

TAPEINOSPORIUM (Bon., in *Bot. Zeit.* [1853], 285). Synonyme de *Septocylindrium* Bon.

TAPEINOSTEMON (Benth., in *Hook. Kew Journ.*, VI, 194). Genre de Gentianacées-Chironiées, formé de 3 herbes annuelles, du Brésil et de la Guyane; distingué par des fleurs petites, en faux capitules ou en grappes de cymes lâches et 3-chotomes; des fleurs 1-morphes, à anthères unies entre elles. (*Fl. bras.*, VI, t. 58, 59. — H. Bn, *Hist. des pl.*, X, 132.)

TAPEINOTES (DC., *Prodr.*, VII, 544). Syn. de *Sinningia* Nees.

TAPERIER. En Provence, le Câprier.

TAPESIA (Pers., *Myc. eur.*, I, 270). Sous-genre de Pézizés, à cupule petite, sessile, scutiforme ou urcéolée, tantôt glabre, furfuracée, tantôt tomenteuse à l'extérieur, comme la base mycélienne d'où elle émane et qui est souvent conidiophore. Les thèques allongées, entremêlées de paraphyses, renferment le plus souvent 8 spores oblongues ou cylindriques, hyalines. Considérés aujourd'hui comme un genre, les *Tapesia* comprennent plus de 60 espèces, des bois et ruisseaux des contrées fraîches des régions tempérées de l'Europe et de l'Amérique. [De S.]

TAPEZIA (Endl.). — Voy. Tapesia.

TAPHRIA (Fr., *Obs. myc.*, I, 217. — Kunze, *Myc.*, Heft II, 133). — Voy. Taphrina.

TAPHRINA (Fr., *Syst. myc.*, III, 520). Genre de Discomycètes, à thèques nues (Gymnoascés), parasites sur les organes des plantes qu'ils déforment souvent. Ils présentent l'aspect de taches byssoïdes, formées par des touffes de thèques claviformes à sommet tronqué, contenant plusieurs spores ovoïdes et hyalines qui donnent naissance, même dans la thèque, à des spores secondaires ou sporidioles (voy. Tul. in *Ann. sc. nat.* [1866], 126). On en a observé une quinzaine d'espèces, sur les feuilles, les rameaux verts, les fruits jeunes de Peuplier, de Tremble, de Bouleau, d'Érable, de Chêne, d'Aulne. [De S.]

TAPHROSPERMUM (C.-A. Mey., in *Ledeb. Fl. alt.*, III, 172; *Ic. Fl. ross.*, t. 320). Synonyme de *Cochlearia* L.

TAPIER. Nom français des *Cratœva* L.

TAPINA (Mart., *Nov. gen. et spec.*, III, 59, t. 225, fig. 1.) Synonyme de *Sinningia* Nees.

TAPINANTHUS (Bl.). Sous-section (B. H., *Gen.*, III, 209) du genre *Loranthus* L.

TAPINIA (Fr., *Syst. myc.*, I, 269). Tribus des Agarics-Chromospores, de la division des *Dermini*, comprenant des espèces parmi lesquelles plusieurs sont aujourd'hui rangées dans le genre *Paxillus* Fries.

TAPINOCARPUS (Dalz., in *Hook. Kew Journ.*, III, 345). Synonyme de *Theriophonum* Bl.

TAPINOSTEMMA. Section (B. H., *Gen.*, III, 209) du genre *Loranthus* L.

TAPIOCA. Fécule des *Manihot* doux et amer, préparée en grumeaux durs et légèrement élastiques, formée de très petits grains sphériques et se transformant en un empois visqueux et transparent par l'emploi de l'eau bouillante.

TAPIRIA (J.). Pour *Tapirira* Aubl.

TAPIRIRA (Aubl., *Guian.*, I, 470, t. 188). Genre de Térébinthacées-Anacardiées, formé d'environ 25 arbres ou arbustes, des régions tropicales des deux mondes; distingué par des pétales

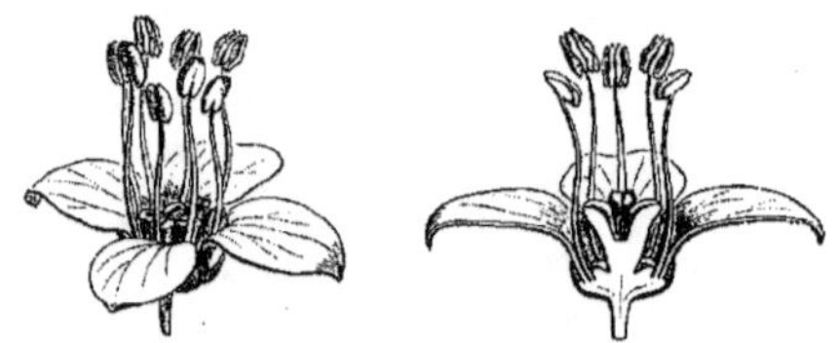

Tapirira. — Fleur mâle, entière et coupe longitudinale.

imbriqués; 10 étamines; un style à 4, 5 branches, court dans les fleurs femelles; des feuilles composées-pennées. Les autres caractères sont d'ailleurs ceux des *Sorindeia* et *Schinus*. (H. Bn, *Hist. des pl.*, V, 269, 216, fig. 302, 303.)

TAPIS. Nom inutilement donné à la couche interne (endothèque) de l'anthère.

TAPISCIA (Oliv., in *Hook. Icon.*, t. 1928). Le *T. chinensis* est un arbre singulier, à feuilles alternes, imparipennées, 5-7-foliolées, avec stipules. Les fleurs, en grappes composées, sont régulières, avec un calice tubuleux, 5 pétales hypogynes, point de disque, 5 étamines libres, alternipétales et exsertes, et un ovaire libre, à loge unique et à ovule solitaire, subdressé. Le fruit est crustacé, avec une graine albuminée. M. Oliver rapporte avec doute ce genre aux Staphyléées.

TAPOGOME. Nom français (Lamk) des *Tapogomea* Aubl.

TAPOGOMEA (Aubl., *Guian.*, I, 157, t. 60-63). Section du genre *Uragoga* L. (H. Bn, in *Adansonia*, XII, 323; *Hist. des pl.*, VII, 282.)

TAPOMANA (Adans., *Fam. des pl.*, II, 343). Synonyme de *Connarus* L.

TAPORO. Petit Citron de Taïti.

TAPURA (Aubl., *Guian.*, 126, t. 48). Genre de Dichapétalées, de l'Amérique tropicale; distingué par des fleurs à corolle gamopétale, irrégulière, et des étamines fertiles en nombre égal ou

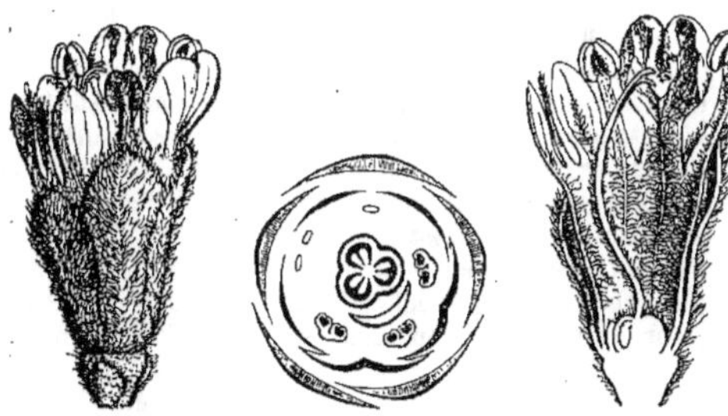

Tapura. — Fleur, entière et coupe longitudinale. Diagramme.

plus souvent moindre que celui de la corolle; un disque 1-latéral; des feuilles alternes. On en connaît 8, 9 espèces; il y en a une en Afrique. Les fleurs de ce genre sont remarquables par la symétrie particulière de leurs fleurs, dont il est question à l'article Symétrie florale (p. 138). (H. Bn, in *Adansonia*, XI, 110; *Hist. des pl.*, V, 141, 234, fig. 227-229; in *Mart. Fl. bras., Dichapet.*)

TAPURE. Nom français (Lamk) des *Tapura* Aubl.

TAPYRACOAYNANA (Pis., *Bras.*, 158). Le *Cassia grandis* L.

TARA. Aroïdée qui entre dans la composition du Curare.

TARACA. Nom péruvien du *Polymnia resinifera* Pav.

TARAKHSHAGUN. Nom arabe du Pissenlit.

TARAKTOGENOS (Hassk., *Retzia*, 127). Genre de Bixacées-Pangiées, voisin des *Hydnocarpus*, formé d'une espèce javanaise et distingué par des fleurs à 4 sépales, 8 pétales, ∞ étamines; une grosse baie. C'est peut-être une section du genre *Hydnocarpus* Gærtn. (H. Bn, *Hist. des pl.*, IV, 319.)

TARAEEA (Aubl., *Guian.*, 745, t. 298). Synonyme de *Coumarouna* Aubl.

TARATA. A la N.-Zélande (Raoul), le *Pittosporum elegans*.

TARATANA. Nom malgache du *Baronia Taratana* Bak.

TARATE. Le *Nelumbo speciosa* Sal.

TARATO. Synonyme de *Ramou*.

TARAXACUM (Hall., *St. helv.*, I, 23). Section du genre *Leontodon* L. (H. Bn, *Hist. des pl.*, VIII, 110.)

TARAY. Au Mexique, le *Varennea polystachya* DC.

TARAY. En Angleterre, les *Tamarix* L.

TARBAIS. Nom, à Fortaventure, du *Tamarix gallica* L., var: *narbonnensis*.

TARCHON. Nom arabe ancien (Bauh.) de l'Estragon.

TARCHONANTHUS (L., *Gen.*, n. 940). Genre de Composées-Hélianthées-Inulées, formé de 3 arbustes, de l'Afrique australe; distingué par des capitules en grappes composées, à involucre campanulé, avec quelques bractées sub-2-sériées; des corolles laineuses; des fruits laineux, sans aigrette. Ce sont souvent des plantes odorantes. (H. Bn, *Hist. des pl.*, VIII, 187.)

TARDAVEL (Adans., *Fam. des pl.*, II, 145). Synonyme (?) de *Spermacoce* L.

TARE. Nom anglais de l'*Ervum Ervilia* DC.

TARENNA (Gærtn., *Fruct.*, I, 139, t. 28). Synonyme de *Chomelia* L.

TARGIONE. Nom français (Lamk) des *Targionia* Micheli.

TARGIONIA (Micheli, *Nov. pl. gen.*, 3, t. 3). Genre d'Hépatiques, qui a donné son nom à un groupe des *Targionacées*, et

qui est formé de plantes d'Europe, du Cap et d'Amérique, à fronde linéaire, simple; l'épiderme poreux; les fleurs femelles placées sous l'extrémité de la fronde; l'involucre coriace, 2-valve; la coiffe persistante, 2-valve aussi; le sporange sub-

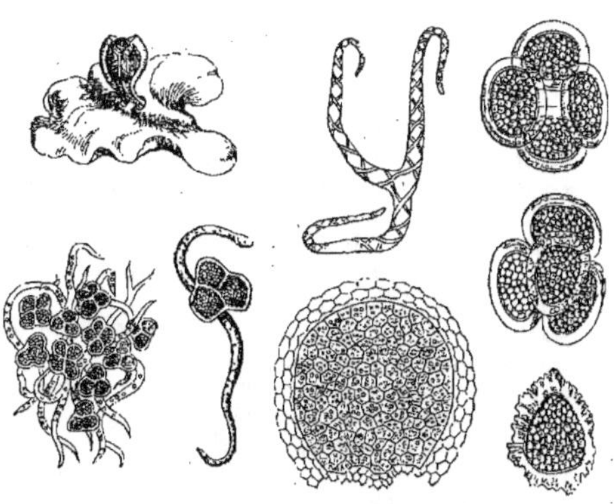

Targionia. — Port. Organes reproducteurs. Élatère.

sphérique, à pied très court, se rompant inégalement au sommet; les spores mélangées d'élatères. (Endl., *Gen.*, n. 461. — Nees, *Leberm.*, IV, 95.)

TARI. Dans l'Inde, le vin de Cocotier.

TARIPHON. Nom arabe ancien du Carthame.

TARIRI (Aubl., *Guian.*, Suppl., 37, t. 390). Genre de Rutacées-Quassiées, formé d'une vingtaine d'arbres ou arbustes américains; distingué par des fleurs 3-5-mères, à étamines super-

Tariri. — Fleur femelle, entière et coupe longitudinale.

posées aux pétales, à disque lobé; les loges ovariennes 2-ovulées; le fruit charnu, 1; 2-loculaire, à graines sans albumen. Ce sont des plantes amères, toniques et fébrifuges. (H. Bn, *Hist. des pl.*, IV, 412, 499, fig. 484, 485.)

TARNEIRINHA. En Portugal, le Seneçon.

TARO. Nom océanien des Colocases tubéreuses comestibles.

TARRAGON. Nom anglais de l'Estragon.

TARRIETIA (Bl., *Bijdr.*, 227; *Rumphia*, III, t. 172, fig. 1). Genre de Malvacées-Sterculiées, formé de 2, 3 arbres javanais et australiens, à feuilles digitées; distingué des *Sterculia* par des carpelles 1-ovulés, samaroïdes et indéhiscents à la maturité. (H. Bn, *Hist. des pl.*, IV, 121.)

TARTAGO. En Espagne, l'Épurge (*Euphorbia Lathyris* L.).

TARTAGO. Nom, à Caracas, du Ricin.

TARTARIÈGE. Nom languedocien du *Rhinanthus major* Ehrh.

TARTARIA. Nom vulgaire du *Rhinanthus Crista galli* L., dans la Savoie et dans le Dauphiné.

TARTARIE. Le *Pedicularis palustris* L.

TARTAR-PLANT. Nom anglais de l'*Osbeckia rotundifolia* Sm., employé dans son pays natal comme diurétique et altérant.

TARTAUFE, TARTUFLE. La Pomme de terre.

TARTOUCHE. Racine égyptienne astringente (?), indéterminée.

TARUM. Dans Pline, le Bois d'Agalloche.

TARUPARA. Sorte de Souchet (?) de la Guyane.

TARY. Nom indien des Vins de Palmiers.

TASERKA. Nom, au Maroc, de certains *Carduus* et *Carlina*.

TASERKINA. Nom marocain de plusieurs Thyms.

TASMANNIA (R. Br., in *DC. Syst.*, I, 445). Section du genre *Drimys* Forst. (H. Bn, *Hist. des pl.*, I, 159, fig. 205-207.)

TASMEIRA. En Portugal, le Seneçon Jacobée.

TASSA. Nom mosquito du *Castilloa elastica* Cerv.

TASSADIA (Dcne, in *DC. Prodr.*, VIII, 759). Genre d'Asclépiadacées-Asclépiadées, formé d'une dizaine de lianes américaines; distingué des *Metastelma*, dont il a la corolle, par une couronne d'écailles membraneuses, doubles, attachées au tube de l'androcée. Les cymes sont aphylles, à petites fleurs. (H. Bn, *Hist. des pl.*, X, 250.)

TASSIA. Nom italien du Turbith végétal.

TASSIGNÉ. Nom languedocien du *Viburnum Lantana* L.

TASSO. Nom italien de l'If.

TASSOLE. Nom français (Lamk) des *Boerhaavia* Vaill.

TASTA. Au Pérou, le *Stereoxylon patens* R. et Pav.

TATAIBA. — Voy. Fustet.

TATAI-IBA (Pison, *Bras.*, 163). Le *Maclura tinctoria* Don.

TATARAMOA. Nom maori des *Rubus* T.

TATARIA. Le *Rhinanthus Crista galli* L., dans la Bresse.

TATARIA. Nom hongrois du Crambé de Tartarie.

TATARKA. Nom polonais du Sarrasin.

TATEA (Seem., *Fl. vit.*, 125). Synonyme de *Bikkia* Reinw.

TATERIAYA (Marcgr., *Bras.* [ed. 1748], 33). Nom brésilien d'un *Cleome*.

TATHYRON. Synonyme d'Emburon.

TATLUNG-PULAD. Nom, aux Philippines, des *Hippocratea* L.

TATRI KAT. Nom esthonien du Sarrasin.

TATUYA. Synonyme de *Taayua*.

TATZÉ. Vermifuge africain, fruit du *Myrsine africana* L.

TAUARÉ. Nom brésilien de l'écorce d'un *Lecythis*, différent, dit-on, de l'*Ollaria*, dont l'écorce sert, sur l'Amazone, à faire des liens et des enveloppes de cigares.

TAUDIHAU. A Taïti (Fonst.), l'*Ipomœa Turpethum* R. Br.

TAU-NING. Nom japonais du Pêcher.

TAURA. Nom arabe du *Botrychium Lunaria* Sw.

TAURIHAU. A la Nouvelle-Calédonie, le Turbith végétal.

TAUROCEROS. Nom grec de la Màcre.

TAUROSTALIX (Reichb. f., in *Bot. Zeit.* [1852], 933). Synonyme (?) de *Bulbophyllum* Dup.-Th. (B. H., *Gen.*, III, 502.)

TAUSCHERIA (Fisch., in *DC. Syst.*, II, 563). Genre de Crucifères-Isatidées, formé d'une herbe annuelle, asiatique; distingué par un fruit ovale-cymbiforme, acuminé du style; les bords involutés; l'embryon à cotylédons incombants. (H. Bn, *Hist. des pl.*, III, 259.)

TAUSCHIA (Preissl., in *Flora* [1828], 43). Synonyme de *Hornemannia* Vahl.

TAUSCHIA (Schlchtl, in *Linnæa*, IX, 607). Genre d'Ombellifères-Carées, dont les fleurs, presque asépales, ont 5 pétales légèrement émarginés et des stylopodes déprimés. Le fruit est ovoïde, comprimé latéralement et resserré à la commissure, avec des carpelles 5-gones, des côtes primaires subégales, parfois épaisses, des bandelettes solitaires et un carpophore simple. La graine, concave en dedans, a des bords involutés. Ce sont d'humbles herbes vivaces, de l'Amérique centrale, surtout des régions andines du Mexique et de l'Équateur, à feuilles subradicales, pennées ou bipinnées, avec les divisions dentées, et des ombelles composées, sans involucre ou à involucres formés de quelques bractées foliacées, et à bractéoles des involucelles peu nombreuses et analogues. (Voy. *Hist. des pl.*, VII, 231, n. 63.) [H. Bn.]

TAUZIN. Le *Quercus Tozza* L.

TAVACARBÉ. Le *Lodoicea Seychellarum* Labill.

TAVARA DE ARENA. En Sardaigne, le *Tuber orenarium* Mor.

TAVARCARE (Pis., *Mant. arom.*, 213). Synonyme de *Lodoicea Seychellarum* Labill.

TAVELURE. Maladie des fruits, notamment des Poires, produite par des Cryptogames.

TAVERNIERA (DC., *Mém. Lég.*, 339, t. 52). Genre de Légumineuses-Papilionacées-Hédysarées, formé de 6, 7 sous-arbrisseaux asiatiques; distingué, dans le groupe des Euhédysarées,

par des feuilles 1-3-foliolées; une étamine vexillaire unie aux 9 autres par le milieu; une gousse à 1 article, ou à 2 articles qui se séparent l'un de l'autre. (H. Bn, *Hist. des pl.*, II, 297.)

TAVIA. Nom vulgaire, à Madagascar, d'un *Sterculia* (*S. Tavia* H. Bn), dont le bois rouge et dur sert à faire des pilons pour broyer le riz et dont l'écorce sert à faire des cordes. (Voy. H. Bn, in *Adansonia*, X, 179.)

TAVILLA. Sorte de Santal rouge du Congo.

TAVOULOU. A Madagascar, les *Tacca* Forst.

TAVOULOU-AZOU. Nom malgache du *Dilobeia Thouarsii* Rœm.

TAWA. A la Nouvelle-Zélande, le *Nesodaphne Tawa* Hook. f.

TAWHARA. Nom, à la Nouvelle-Zélande, des bractées comestibles du *Freycinetia Banksii* Cunn.

TAXA. En Perse, nom d'une sorte de résine de Cyprès.

TAXANTHEMA (Neck., *Elem.*, I, 115). Synonyme de *Statice* L.

TAXÉES, TAXINÉES, TAXACÉES. Série des Conifères, distinguée par des fleurs solitaires, pédonculées, terminales ou axillaires, avec un disque qui entoure la base de l'ovaire et du fruit. (Payer, *Leç. Fam. nat.*, 61.)

TAXINOMIE. Nous comprenons sous ce nom ce qui est relatif au mode de groupement et de classification des végétaux. Il est bon d'ailleurs, afin que nous puissions éviter des redites, que le lecteur se reporte aux généralités sur les méthodes et les systèmes de classification qui ont été énoncées en détail dans la préface de cet ouvrage.

Plus le nombre des plantes connues devient considérable, plus il est nécessaire de les classer pour les distinguer; et ceux-là seuls sont botanistes qui connaissent les végétaux. Aujourd'hui qu'on a admis jusqu'à 200000 Phanérogames et plus de 20000 Cryptogames, aucune étude de ce grand nombre d'êtres n'est possible si l'on n'établit pas parmi eux des groupes de valeur inégale, subordonnés de façon variable les uns aux autres.

Chacune des plantes qui se rencontrent à la surface du globe représente, quelle qu'elle soit, un individu.

L'ensemble des individus identiques, tous pareils entre eux, constitue une *Espèce*. Ces individus donnent naissance à des êtres qu'on regarde comme semblables à eux. De là la définition de A.-P. de Candolle : « L'espèce est la collection de tous les individus qui se ressemblent plus entre eux qu'ils ne ressemblent à d'autres; qui peuvent, par une fécondation réciproque, produire des individus fertiles, et qui se reproduisent par la génération, de telle sorte qu'on peut, par analogie, les supposer tous sortis originairement d'un seul individu. » Cette définition et toutes celles qui lui ressemblent ont été fort critiquées; mais il n'y a rien de plus difficile que de définir l'espèce dans les êtres organisés; et l'on trouve même à redire à celle de G. Cuvier : « L'espèce est la réunion des individus descendus l'un de l'autre ou de parents communs, et de ceux qui leur ressemblent autant qu'ils se ressemblent entre eux. » Il est vrai qu'au temps de Cuvier l'évolution était condamnée.

Dans l'espèce, on a distingué des variétés, des races, des variations. Pour la valeur de ces mots et de ceux d'hybrides, de métis, etc., nous renvoyons au mot Reproduction (III, 718). On peut dire, d'ailleurs, qu'il n'y a pas aujourd'hui deux botanistes qui puissent s'entendre sur la valeur de ce qu'on doit réellement appeler une espèce.

On constitue le *Genre* avec un certain nombre d'espèces auxquelles on trouve des caractères d'organisation semblables dans la fleur et le fruit. Mais ici les divergences d'opinion sont tout aussi prononcées, et on entend souvent les botanistes distinguer des genres « bien naturels » et des genres de convention qui sont considérés comme « moins naturels ». Un genre qui est naturel pour l'un ne le sera pas suffisamment pour un autre; et il en résulte que ce qui est un genre bien défini pour un auteur devient un groupe de genres distincts pour un autre botaniste, suivant que l'un ou l'autre s'appuie ou ne s'appuie pas sur tel ou tel caractère donné pour distinguer les genres. Il y a bien des auteurs sérieux qui affirment que le genre n'existe pas, qu'il n'est qu'une affaire de convention et que ce n'est qu'arbitrairement qu'on peut établir une limite entre un genre et ceux qui l'avoisinent. Pour ceux-là, il n'y a que l'espèce. Mais il faudrait savoir si la délimitation nette et précise des espèces est plus facile pratiquement que celle des genres. De là l'opinion des savants qui pensent qu'il n'y a pas d'espèces et qu'il n'y a réellement que des individus. Toutes ces discussions sont stériles : elles n'aboutiront certainement jamais à un résultat utile.

C'est pour cela qu'Adanson avait voulu classer les plantes sans laisser place à l'opinion individuelle relativement à la valeur relative des différents caractères. Nous reviendrons tout à l'heure sur le procédé qu'il avait employé et qui était des plus logiques. Seulement, la connaissance des caractères des plantes n'était pas assez complète de son temps pour qu'on pût arriver à un système indiscutable.

Nous ne parlerons pas des classifications proposées avant Linné, puisque ici, comme toujours, l'histoire de la science ne serait que l'histoire des hésitations ou des erreurs de la science. Seule la classification de Tournefort est encore intéressante à connaître, parce que c'est Tournefort le premier qui, quoi qu'on en ait dit, avant Linné, a bien conçu le genre et l'espèce, et parce qu'il y a des savants encore vivants qui ont pu voir des ouvrages et des jardins botaniques classés d'après la méthode de Tournefort. Voici le tableau de cette classification :

CLASSIFICATION DE TOURNEFORT

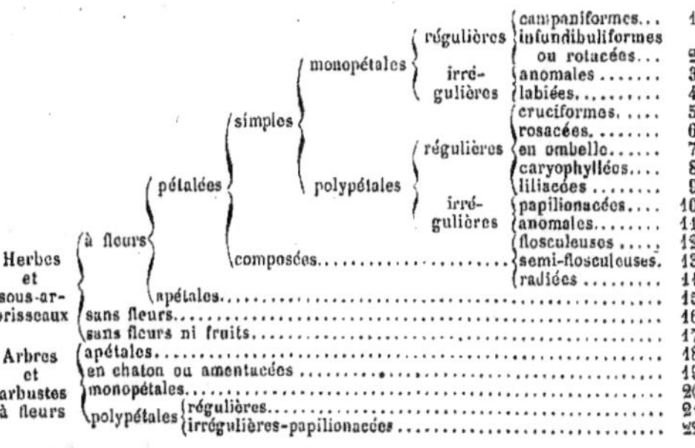

Herbes et sous-arbrisseaux :
- à fleurs
  - pétalées
    - simples
      - monopétales
        - régulières : campaniformes... 1 ; infundibuliformes ou rotacées... 2
        - irrégulières : anomales... 3 ; labiées... 4
      - polypétales
        - régulières : cruciformes... 5 ; rosacées... 6 ; en ombelle... 7 ; caryophyllées... 8 ; liliacées... 9
        - irrégulières : papilionacées... 10 ; anomales... 11
    - composées : flosculeuses... 12 ; semi-flosculeuses... 13 ; radiées... 14
  - apétales... 15
- sans fleurs... 16
- sans fleurs ni fruits... 17

Arbres et arbustes à fleurs :
- apétales... 18
- en chaton ou amentacées... 19
- monopétales... 20
- polypétales : régulières... 21 ; irrégulières-papilionacées... 22

Il faut aussi connaître, même de nos jours, ce qu'on a nommé le Système sexuel de Linné, parce que plusieurs traités généraux, ainsi que la plupart des flores descriptives publiées avant ces dernières années, avaient pour base ce mode de classement, dont voici également un tableau résumé :

SYSTÈME DE LINNÉ

Fleurs visibles :
- fleurs hermaphrodites à étamines
  - libres et distinctes
    - égales ou irrégulièrement inégales
      - définies : 1 étamine — 1 Monandrie ; 2 étamines — 2 Diandrie ; 3 étamines — 3 Triandrie ; 4 étamines — 4 Tétrandrie ; 5 étamines — 5 Pentandrie ; 6 étamines — 6 Hexandrie ; 7 étamines — 7 Heptandrie ; 8 étamines — 8 Octandrie ; 9 étamines — 9 Ennéandrie ; 10 étamines — 10 Décandrie
      - indéfinies : une douzaine d'étamines — 11 Dodécandrie ; étamines nombreuses périgynes — 12 Icosandrie (de εἴκοσι, vingt) ; étamines nombreuses hypogynes — 13 Polyandrie
    - régulièrement inégales : 4 étamines didynames — 14 Didynamie ; 6 étamines tétradynames — 15 Tétradynamie
  - soudées
    - entre elles
      - par les filets : en un seul faisceau — 16 Monadelphie ; en deux faisceaux — 17 Diadelphie ; en trois ou plusieurs faisceaux — 18 Polyadelphie
      - par les anthères — 19 Syngénésie
    - avec le pistil — 20 Gynandrie
- fleurs unisexuées ou mélangées d'hermaphrodites : mâles et femelles sur chaque pied — 21 Monœcie ; — sur des pieds distincts — 22 Dioecie ; unisexuées avec hermaphrodites — 23 Polygamie

Pas de fleurs — 24 Cryptogamie.

On voit par ce qui précède que Linné et Tournefort rassemblaient les genres en groupes plus élevés qu'on nomme des *Ordres*, et que les ordres eux-mêmes forment par leur réunion ce qu'on a appelé des *Classes*.

Linné, dont on veut toujours accoler le nom à celui de système, connaissait des ordres ; et, en 1764, il en admettait 58, après en avoir distingué 65 dès l'an 1738. Tout prouve, notamment ses entretiens avec Giseke, qu'il les voulait aussi naturels que possible. Mais, si la méthode est en théorie tout ce qu'il y a de plus naturel, et s'il est désirable de se rapprocher autant que possible d'un classement naturel, toute classification pratique, de quelque nom qu'on la décore, ne pourra jamais être qu'un système ; et nos efforts doivent tendre à ce qu'il se rapproche le plus possible de l'ordre naturel, tout en étant aussi pratique que possible dans l'application.

Le mot de méthode naturelle est toujours rattaché en France au nom des Jussieu. C'est, en effet, Bernard de Jussieu qui, en 1759, dans la plantation du jardin botanique de Trianon, réalisa ce qu'on a appelé depuis lors l'établissement d'une classification naturelle. Nous la connaissons par la liste qu'en a reproduite A.-L. de Jussieu, en tête de son *Genera plantarum* :

ORDRES NATURELS DE B. DE JUSSIEU (1759)

Fungi.	Cinarocephalæ.	Convolvuli.	Sempervivæ.
Algæ.	Corymbiferæ.	Borragineæ.	Myrtilli.
Musci.	Dipsaceæ.	Labiateæ.	Malvæ.
Naiades.	Rubiaceæ.	Cruciferæ.	Leguminosæ.
Aristolochiæ.	Umbelliferæ.	Papaveraceæ.	Campanulæ.
Orchides.	Lysimachieæ.	Capparides.	Onagræ.
Cannæ.	Veronicæ.	Ranunculi.	Cucurbitaceæ.
Musæ.	Scrofulariæ.	Lauri.	Salicariæ.
Irides.	Solaneæ.	Rutæ.	Myrti.
Narcissi.	Orobancheæ.	Gerania.	Rhamni.
Lilia.	Jasmina.	Tiliæ.	Rosaceæ.
Junci.	Verbenæ.	Caryophylleæ.	Terebinti.
Palmæ.	Acanthi.	Jalapæ.	Amentaceæ.
Aroideæ.	Gentianæ.	Salsolæ.	Euphorbiæ.
Gramineæ.	Sapotæ.	Thymeleæ.	Coniferæ.
Chicoraceæ.	Apocina.	Polygoneæ.	

Adanson connaissait cette méthode. Il était l'élève de B. de Jussieu ; mais il n'en admettait certainement pas les principes, puisque, quatre ans après, il appuya sur des bases bien différentes l'établissement de groupes qu'il voulait également naturels. Il voulait tenir compte de *tous* les caractères des végétaux pour les classer ; et s'il n'a pas mieux réussi, c'est qu'à son époque on ne connaissait pas suffisamment tous ces caractères, comme on ne les connaît pas aujourd'hui, comme on ne les connaîtra probablement jamais. Adanson n'avait à sa disposition que 65 caractères, puisqu'il n'établit que 65 systèmes, décidé à placer les genres d'autant plus près les uns des autres qu'ils se trouveraient plus proches les uns des autres dans le plus grand nombre de ces systèmes. Ceux-ci reposent sur tous les caractères organographiques alors connus, puis sur le port, les dimensions, la durée, la topographie, les propriétés, la saveur, l'odeur ; et tous ces caractères n'étaient pas considérés comme différant notablement entre eux de valeur relative. De là sortirent les 58 familles qu'admit en 1763 Adanson :

FAMILLES NATURELLES D'ADANSON

1. Byssus.	16. Composées.	31. Salicaires.	46. Anones.
2. Champignons.	17. Campanules.	32. Pourpiers.	47. Châtaigniers.
3. Fucus.	18. Bryones.	33. Joubarbes.	48. Tilleuls.
4. Hépatiques.	19. Aparines.	34. Alsines.	49. Géraniums.
5. Fougères.	20. Scabieuses.	35. Blitons.	50. Mauves.
6. Palmiers.	21. Chèvrefeuilles.	36. Jalaps.	51. Câpriers.
7. Gramens.	22. Airelles.	37. Amarantes.	52. Crucifères.
8. Liliacées.	23. Apocins.	38. Espargoutes.	53. Pavots.
9. Gingembres.	24. Bourraches.	39. Persicaires.	54. Cistes.
10. Orchis.	25. Labiées.	40. Garous.	55. Renoncules.
11. Aristoloches.	26. Verveines.	41. Rosiers.	56. Arons.
12. Eleagnus.	27. Personées.	42. Jujubiers.	57. Pins.
13. Onagres.	28. Solanums.	43. Légumineuses.	58. Mousses.
14. Myrtes.	29. Jasmins.	44. Pistachiers.	
15. Ombellifères.	30. Anagallis.	45. Tithymales.	

C'est dans son *Genera plantarum* qu'en 1789 A.-L. de Jussieu présenta le tableau le plus complet qu'on eût jusque-là donné de la méthode dite naturelle. Il est facile de voir que, conformément à ce que nous avons dit plus haut, il ne s'agit en réalité que d'un système, plus complet et plus perfectionné sans doute que les précédents, mais qui ne pouvait être, en somme, qu'un système. Voici le tableau des embranchements, des classes et des ordres ou familles de la classification de A.-L. de Jussieu :

MÉTHODE DE A.-L. DE JUSSIEU

ACOTYLÉDONES................ 1. Acotylédonie.... Champignons, Algues, Hépatiques, Mousses, Fougères, Naïades.

MONOCOTYLÉDONES

- hypogynes............ 2. Monohypogynie. Aroïdées, Massettes, Souchets, Graminées.
- périgynes............ 3. Monopérigynie.. Palmiers, Asperges, Joncs, Lis, Ananas, Asphodèles, Narcisses, Iris.
- épigynes............ 4. Monoépigynie... Bananiers, Balisiers, Orchidées, Morrènes.

DICOTYLÉDONES

Apétales à étamines
- épigynes............ 5. Épistaminie.... Aristoloches.
- périgynes........ 6. Péristaminie.... Chalefs, Thymélées, Protées, Lauriers, Polygonées, Arroches.
- hypogynes............ 7. Hypostaminie.... Amarantes, Plantains, Nyctages, Dentelaires.

Monopétales à corolle
- hypogyne............ 8. Hypocorollie.... Lysimachies, Pédiculaires, Acanthes, Jasminées, Gattiliers, Labiées, Scrofulaires, Solanées, Borraginées, Liserons, Polémoines, Bignones, Gentianes, Apocinées, Sapotilliers.
- périgyne............ 9. Péricorollie.... Plaqueminiers, Rosages, Bruyères, Campanulacées.
- épigyne (Epicorollie)
  - anthères soudées 10. Synanthérie..... Chicoracées, Cynarocéphales, Corymbifères.
  - anthères distinctes 11. Corisanthérie... Dipsacées, Rubiacées, Chèvrefeuilles.

Polypétales, à fleurs hermaphrodites, à étamines
- épigynes............ 12. Épipétalie...... Aralies, Ombellifères.
- hypogynes........ 13. Hypopétalie.... Renonculacées, Papavéracées, Crucifères, Câpriers, Savoniers, Erables, Malpighies, Millepertuis, Guttiers, Orangers, Azedarachs, Vignes, Géraines, Malvacées, Magnoliers, Anones, Ménispermes, Vinettiers, Tiliacées, Cistes, Rutacées, Caryophyllées.
- périgynes............ 14. Péripétalie..... Joubarbes, Saxifrages, Cactes, Portulacées, Ficoïdes, Onagres, Myrtes, Mélastomes, Salicaires, Rosacées, Légumineuses, Térébinthacées, Nerpruns.

unisexués
.... 15. Diclinie........ Euphorbes, Cucurbitacées, Orties, Amentacées, Conifères.

Jussieu n'avait pas cru sa classification parfaite, car il a passé la dernière moitié de sa vie à la modifier. Comme nous l'avons dit, elle est, grâce à son génie, aussi irréprochable qu'elle pouvait l'être de son temps; mais elle n'a ce caractère que parce que les principes théoriques de la méthode n'y sont pas appliqués à la lettre et que la subordination absolue des caractères n'y est pas religieusement observée. D'autres aussi, et en grand nombre, ont tenté d'améliorer cette classification. A.-P. de Candolle l'a, en somme, adoptée à peu près telle quelle, changeant seulement les noms des principales divisions de la classification de Jussieu, comme on le voit dans le tableau suivant :

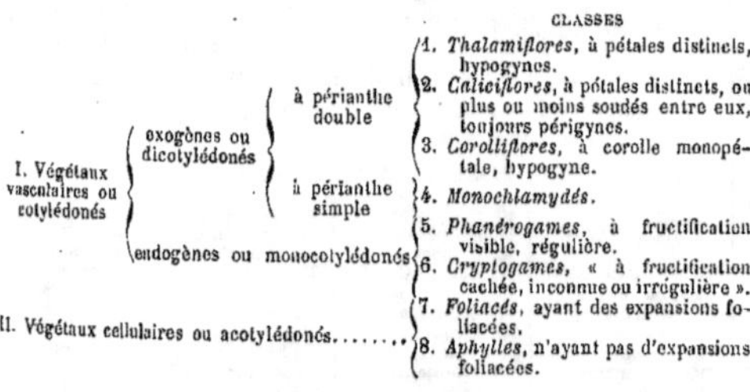

MÉTHODE DE A.-P. DE CANDOLLE

CLASSES

I. Végétaux vasculaires ou cotylédonés
- exogènes ou dicotylédonés
  - à périanthe double
    1. *Thalamiflores*, à pétales distincts, hypogynes.
    2. *Caliciflores*, à pétales distincts, ou plus ou moins soudés entre eux, toujours périgynes.
    3. *Corolliflores*, à corolle monopétale, hypogyne.
  - à périanthe simple
    4. *Monochlamydés*.
- endogènes ou monocotylédonés
  5. *Phanérogames*, à fructification visible, régulière.
  6. *Cryptogames*, « à fructification cachée, inconnue ou irrégulière ».

II. Végétaux cellulaires ou acotylédonés........
  7. *Foliacés*, ayant des expansions foliacées.
  8. *Aphylles*, n'ayant pas d'expansions foliacées.

On s'aperçoit vite, quand on analyse les plantes avec soin, qu'on ne peut arriver à les distinguer les unes des autres que par l'étude de leur gynécée. Quand on a, par exemple, affaire à des espèces dioïques et qu'on n'a pas à sa disposition l'organe femelle, on demeure généralement dans l'incertitude sur la place à donner à l'individu examiné. Les caractères primordiaux de la classification doivent donc être empruntés à l'organe femelle. Payer l'avait bien compris, rompu qu'il était, grâce à ses nombreuses recherches organogéniques, à la connaissance des organes sexuels. Aussi, dans ses *Leçons sur les familles naturelles des plantes*, se base-t-il, pour les grouper, sur le mode de placentation, étudiant d'abord celles dont la placentation est centrale, puis celles où elle est pariétale, celles enfin où elle devient axile. Sans doute, et il avait dû s'en

apercevoir, il y a des types exceptionnels, comme il y en a avec tous les modes de groupements adoptés. Ainsi, dans l'ouvrage le plus récent et le plus complet que nous possédions sur la classification des Phanérogames, le *Genera* de Bentham et de Sir J. Hooker, la méthode de classement est, à peu de chose près, celle de A.-P. de Candolle. Mais les auteurs admettent, à la fin de chaque groupe considéré par eux comme naturel, un grand nombre de types exceptionnels ou anormaux; et il ne pouvait pas en être autrement.

Aussi, et avec des restrictions analogues, c'est sur les caractères tirés de l'observation du gynécée que nous avons établi le système de classement que nous avons adopté jusqu'ici, prenant pour exemple et afin de fixer les idées, l'ensemble des végétaux de la Flore parisienne. Mais nous n'avons pas seulement tenu compte, comme on va le voir, de la placentation, qui n'est pas un caractère plus absolu que tous les autres. Nous avons aussi eu recours aux caractères tirés du mode d'agencement des carpelles, de la position relative de l'ovaire, conséquence de la forme du réceptacle floral, et, accessoirement, de l'insertion et des rapports entre elles des pièces du périanthe et de l'androcée. Il va sans dire que nous avons adopté la grande division du règne végétal en Acotylédones, Monocotylédones et Dicotylédones. Voici du reste la reproduction du tableau de classement donné dans les *Herborisations parisiennes* [1890].

On sait qu'on peut presque toujours, par le mode de nervation des feuilles, reconnaître si une Phanérogame appartient à la Dicotylédonie ou à la Monocotylédonie (il y a, comme toujours, quelques exceptions).

DICOTYLÉDONIE

On peut établir dans cet immense embranchement trois catégories différentes de familles, catégories basées sur le caractère capital du gynécée, sur les rapports qu'affectent entre elles les feuilles carpellaires qui entrent dans sa constitution.

A. — Si, par exemple, nous examinons le gynécée d'une Renoncule, nous le voyons formé d'un nombre variable de carpelles clos, indépendants les uns des autres. Dans certaines plantes de cette famille, comme le Pied-d'Alouette des moissons, l'Actée en épis, il n'y a qu'à un carpelle; mais il est fermé et forme à lui seul un ovaire uniloculaire, comme dans le cas où les carpelles sont multiples. Désignons ce mode d'organisation sous le nom de :

I. DIALYCARPELLIE

Et nous verrons qu'à ce groupe appartiennent les neuf familles suivantes de notre flore :

1. Renonculacées.	6. Urticacées.
2. Rosacées.	7. Thymélacées.
3. Légumineuses.	8. Apocynacées.
4. Berbéridacées.	9. Asclépiadacées.
5. Crassulacées.	

B. — Observant le gynécée de toutes les autres Dicotylédones de notre flore, nous voyons qu'il est formé de plusieurs feuilles carpellaires unies et que l'ensemble de ces plantes peut prendre le nom de :

II. GAMOCARPELLIE

Mais dans ce cas le placenta a trois manières différentes de se comporter relativement à l'enceinte que forment les feuilles carpellaires par leur réunion :

a. Ou bien il est central-libre, n'affectant aucun rapport avec la paroi carpellaire;

b. Ou bien le centre de l'ovaire est vide, et les placentas sont situés sur la paroi carpellaire (pariétaux);

c. Ou encore les placentas sont au centre, mais ils sont séparés les uns des autres par des cloisons formées par les rentrées des feuilles carpellaires (axiles).

On voit donc qu'en *a* et *b* l'ovaire est uniloculaire, et pluriloculaire en *c*.

Et nous constituons de la sorte les trois groupes suivants de familles gamocarpellées :

a. *Gamocarpellie à placentation centrale.*

10. Primulacées.
11. Lentibulariées.
12. Plumbaginacées.
13. Composées.
14. Chénopodiacées.
15. Polygonacées.
16. Juglandacées.
17. Loranthacées.
18. Conifères.

b. *Gamocarpellie a placentation pariétale.*

19. Papavéracées.
20. Crucifères.
21. Résédacées.
22. Cistacées.
23. Violacées.
24. Salicacées.
25. Droséracées.
26. Hypéricacées.
27. Saxifragacées.
28. Cucurbitacées.
29. Aristolochiacées.
30. Gentianacées.
31. Gesnériacées.

c. *Gamocarpellie à placentation axile.*

32. Nymphæacées.
33. Malvacées.
34. Tiliacées.
35. Géraniacées.
36. Linacées.
37. Polygalacées.
38. Euphorbiacées.
39. Sapindacées.
40. Célastracées.
41. Rhamnacées.
42. Ulmacées.
43. Castanéacées.
44. Lythrariacées.
45. Onagrariacées.
46. Cornacées.
47. Ombellifères.
48. Rubiacées.
49. Valérianacées.
50. Dipsacacées.
51. Campanulacées.
52. Portulacacées.
53. Caryophyllacées.
54. Élatinacées.
55. Plantaginacées.
56. Solanacées.
57. Scrofulariacées.
58. Convolvulacées.
59. Boraginacées.
60. Labiées.
61. Verbénacées.
62. Éricacées.
63. Ilicacées.
64. Oléacées.

Comme dans tout mode de classement, quel qu'il soit, redisons qu'il y a des exceptions auxquelles il faut bien prendre garde lors des déterminations. Exemple : le *Myrica* a l'ovule central ; nous ne l'éloignons cependant pas des Castanéacées à placentation axile. L'*Hippuris* n'a qu'une loge à l'ovaire et n'est cependant pas écarté des Onagrariacées. Les Valérianes, à un seul ovule fertile, demeurent parmi les Valérianacées qui sont pluriloculaires. L'*Adoxa* est jugé par nous voisin des Saxifrages, quoiqu'il n'ait pas leur placentation pariétale. L'*Astrocarpus*, quoique dialycarpellé, n'est pas rangé dans une autre famille que les *Reseda*, etc. Divisons maintenant les groupes primordiaux :

DIALYCARPELLIE

Renonculacées. — Réceptacle convexe et hypogynie. 1-∞ carpelles. Dialypétalie ou apétalie.

Rosacées. — Réceptacle concave et périgynie. 1-∞ carpelles. Dialypétalie ou apétalie.

Légumineuses. — Réceptacle concave et périgynie. 1 carpelle. Dialypétalie ou gamopétalie.

Berbéridacées. — Réceptacle convexe et hypogynie. 1 carpelle. Dialypétalie.

Crassulacées. — Réceptacle convexe et hypogynie. Carpelles ∞. Dialypétalie.

Urticacées. — Réceptacle convexe et hypogynie. Carpelle 1. Apétalie. Diclinie.

Thymélacées. — Réceptacle convexe et hypogynie. Carpelle 1. Apétalie. Hermaphroditisme.

Apocynacées. — 2 carpelles. Union du sommet des styles. Gamopétalie. Pollen pulvérulent.

Asclépiadacées. — 2 carpelles. Union du sommet des styles. Gamopétalie. Pollen en masses.

a. GAMOCARPELLIE CENTRALE

Primulacées. — Réceptacle convexe et hypogynie. Gamopétalie. Corolle régulière.

Lentibulariées. — Réceptacle convexe et hypogynie. Gamopétalie. Corolle irrégulière.

Plumbaginacées. — Réceptacle convexe et hypogynie. Gamopétalie. Corolle régulière. Ovule unique, suspendu à un long cordon filiforme.

Composées. — Réceptacle concave et épigynie. Corolle régulière ou irrégulière. Ovaire infère. Ovule ascendant.

Chénopodiacées. — Réceptacle convexe ou légèrement concave. Apétalie. Ovule 1, campylotrope.

Polygonacées. — Réceptacle légèrement concave et périgynie. Apétalie. Ovule 1, orthotrope.

Juglandacées. — Réceptacle (femelle) concave. Apétalie. Épisépalie. Diclinie. Ovule orthotrope.

Loranthacées. — Réceptacle concave. Asépalie. Épipétalie. Ovules orthotropes 1-3.

Conifères. — Réceptacle femelle subconvexe. Apérianthie. Ovule orthotrope.

b. GAMOCARPELLIE PARIÉTALE

Papavéracées. — Réceptacle convexe et hypogynie. Dialypétalie. Étamines 4 ou ∞. Graine albuminée.

Crucifères. — Réceptacle convexe et hypogynie. Étamines 4-dynames. Graine sans albumen.

Résédacées. — Réceptacle convexe ou à peine concave. Dialypétalie. Anisostémonie. (Dialycarpellie dans l'*Astrocarpus*.)

Cistacées. — Réceptacle convexe. Corolle régulière. Dialypétalie. Hypogynie. Pleiostémonie. Placentation pariétale.

Violacées. — Réceptacle convexe. Dialypétalie. Corolle irrégulière. Isostémonie. Androcée irrégulier.

Salicacées. — Diclinie. Apétalie. Étamines 2, 3.

Droséracées. — Réceptacle convexe. Dialypétalie. Corolle régulière. Isostémonie. Androcée régulier.

Hypéricacées. — Réceptacle convexe. Dialypétalie. Corolle régulière. Étamines ∞, hypogynes. Androcée polyadelphe.

Saxifragacées. — Réceptacle concave et périgynie ou épigynie. Dialypétalie ou apétalie. Diplostémonie.

Cucurbitacées. — Réceptacle concave et épigynie ou périgynie. Dialypétalie ou gamopétalie. Étamines 3-adelphes (2-2-1). Diclinie.

Aristolochiacées. — Réceptacle concave. Apétalie. Gynandrie ou 3-plostémonie.

Gentianacées. — Réceptacle convexe et hypogynie. Gamopétalie. Corolle régulière. Isostémonie.

Gesnériacées. — Réceptacle convexe et hypogynie. Gamopétalie. Corolle irrégulière. Didynamie.

c. GAMOCARPELLIE AXILE

Nymphæacées. — Réceptacle convexe ou concave. Dialypétalie. Pétales ∞. Étamines ∞. Carpelles ∞. Fruit charnu.

Malvacées. — Réceptacle convexe. Gamopétalie légère et union légère de l'androcée et de la corolle. Pétales 5. Étamines ∞. Carpelles ∞. Fruit formé d'achaines.

Tiliacées. — Réceptacle convexe. Dialypétalie. Étamines légèrement 5-adelphes. Étamines ∞. Ovaire 5-loculaire. Fruit sec, indéhiscent. Arbres.

Géraniacées. — Réceptacle convexe. Corolle régulière ou irrégulière. Dialypétalie. Androcée iso- ou diplostémoné. Monadelphie. Ovaire 5-loculaire. Loges 2-∞-ovulées. Fruit sec, déhiscent.

Linacées. — Réceptacle convexe. Corolle régulière, 4, 5-mère. Dialypétalie. Androcée diplostémoné ; les pièces d'un verticille réduites à l'état de staminodes. Loges ovariennes 2-ovulées ; les 2 ovules séparés par une fausse-cloison. Fruit déhiscent en 8-10 demi-loges.

Polygalacées. — Réceptacle convexe. Calice et corolle irréguliers. Sépales latéraux aliformes. Union légère des pétales entre eux et des étamines entre elles. Androcée 8-andre, diadelphe. Ovaire à 2 loges 1-ovulées. Ovule descendant. Fruit sec.

Euphorbiacées. — Fleurs apétales, unisexuées ou hermaphrodites, ∞-andres. Loges ovariennes uniovulées. Ovule descendant. Fruit sec, 2, 3-coque, déhiscent élastiquement. Graine descendante, albuminée, arillée.

Sapindacées. — Fleurs irrégulières, à corolle dialypétale, 5-mère. Étamines 7, 8. Ovaire 2, 3-loculaire, à loges 2, 3-ovulées. Fruit sec, capsulaire ou ailé. Arbres.

Célastracées. — Fleurs régulières, 4, 5-mères, à corolle dialypétale. Androcée isostémoné, à pièces alternes aux pétales. Ovaires à 4, 5-loges, 2-∞-ovulées. Arbustes.

Rhamnacées. — Fleurs régulières, 4, 5-mères, à réceptacle concave. Pétales libres. Androcée isostémoné, à pièces oppositipétales. Ovaire en partie infère, à loges 2-ovulées. Ovule ascendant. Fruit drupacé. Arbustes.

Ulmacées. — Fleurs unisexuées, apétales, isostémonées. Ovaire libre, supère, à 1, 2 loges 1-ovulées. Ovules descendants. Fruits samaroïdes ou drupacés.

Castanéacées. — Fleurs unisexuées, amentacées, apétales, avec ou sans calice infère ou supère. Ovaire supère ou infère, à 2, 3 loges 2-ovulées. Ovules ordinairement descendants. Fruit sec, souvent enclos dans une cupule. Arbres.

Lythrariacées. — Fleurs régulières, hermaphrodites, à ovaire libre au fond du tube floral qui porte les pétales à sa gorge. Dialypétalie. Iso- ou diplostémonie. Loges ovariennes, 2-∞-ovulées. Fruit sec. Herbes, à feuilles opposées.

Onagrariacées. — Fleurs régulières, à réceptacle concave. Ovaire infère, à 1, 2 loges 1-∞-ovulées. Pétales supères, libres ou 0. Herbes vivaces.

Cornacées. — Réceptacle concave. Corolle dialypétale. Androcée isostémoné. Étamines alternipétales. Ovaire infère, à 2 loges 1-ovulées. Ovule descendant, à raphé dorsal. Fruit drupacé. Arbres.

Ombellifères. — Réceptacle concave. Pétales supères, égaux ou inégaux, libres. Androcée isostémoné. Ovaire infère, à 2 loges 1-ovulées. Ovule descendant, à raphé ventral. Diachaine ou rarement fruit charnu. Herbes ou rarement arbustes. Inflorescence ombelliforme.

Rubiacées. — Réceptacle concave. Corolle supère, gamopétale, régulière. Androcée isostémoné. Ovaire infère, 2-loculaire, à ovule ascendant; le raphé ventral, ou descendant; le raphé dorsal. Fruit sec ou charnu, 2-coque. Herbes à feuilles opposées, ordinairement avec stipules souvent égales aux feuilles.

Valérianacées. — Réceptacle concave. Corolle supère, gamopétale, irrégulière. Étamines 1-3. Fruit sec. Graine descendante, non albuminée.

Dipsacacées. — Réceptacle concave. Corolle supère, gamopétale, régulière ou peu irrégulière. Étamines 4, 5. Fruit sec. Graine descendante, albuminée.

Campanulacées. — Réceptacle concave. Corolle supère, gamopétale, régulière ou irrégulière. Anthères rapprochées. Ovaire infère, à loges ∞-ovulées. Fruit sec. Graines ∞, albuminées.

Portulacacées. — Réceptacle concave ou convexe. Sépales 2. Corolle ordinairement infère, dialypétale, 5-mère. Ovaire infère ou supère, à loges complètes ou incomplètes. Ovules 1-∞, campyliotropes, insérés sur un placenta basilaire et ascendants. Graines à embryon entourant l'abumen.

Caryophyllacées. — Réceptacle convexe. Sépales 4, 5, libres ou unis. Corolle supère, dialypétale ou nulle. Ovaire supère, à loges incomplètes par résorption des placentas (placentation axile, finalement fausse-centrale). Embryon entourant l'albumen (sauf dans les *Dianthus*).

Élatinacées. — Fleurs 3, 4-mères, à réceptacle convexe. Corolle infère, dialypétale. Androcée diplostémoné. Ovaire su-

père, à 3, 4 loges ∞-ovulées. Placentation axile. Fruit capsulaire. Graines sans albumen, à embryon droit.

Plantaginacées. — Fleurs 4-mères, à réceptacle convexe. Gamopétalie. Isostémonie. Ovaire supère, 2-loculaire. Ovules 1 ou peu nombreux. Placentation axile. Pyxide. Graines albuminées, à embryon droit ou un peu arqué. Inflorescence en épi. Feuilles souvent en rosette.

Solanacées. — Fleurs régulières, 5-mères, à réceptacle convexe. Gamopétalie. Isostémonie. Ovaire supère, 2-loculaire ou 4-locellé. Ovules ∞. Fruit charnu ou capsulaire. Graines réniformes, albuminées, à embryon arqué. Feuilles alternes. Fleurs terminales ou latérales, solitaires ou en cymes.

Scrofulariacées. — Fleurs irrégulières, à réceptacle convexe. Gamopétalie. Didynamie ou diandrie. Ovaire supère, 2-loculaire, ∞-ovulé. Fruit capsulaire. Graines albuminées, à embryon droit. Feuilles alternes ou opposées.

Convolvulacées. — Fleurs régulières, à réceptacle convexe. Gamopétalie. Isostémonie. Ovaire supère, à 2, 3 loges, 2-ovulées. Ovules ascendants à micropyle extérieur. Fruit capsulaire. Embryon plissé. Plantes volubiles, à feuilles alternes ou nulles (*Cuscuta*).

Boraginacées. — Fleurs régulières ou irrégulières. Gamopétalie. Isostémonie. Ovaire supère, à 2 loges 2-ovulées, partagées en 2 logettes. Ovule à micropyle supérieur. Style souvent gynobasique. Fruit formé de 1-4 achaines. Feuilles alternes. Cymes scorpioïdes.

Labiées. — Fleurs irrégulières. Corolle labiée. Androcée didyname. Ovaire supère. Style gynobasique. Logettes ovariennes uniovulées. Ovule ascendant, à micropyle inférieur et extérieur. Fruit formé de 1-4 achaines. Herbes à branches carrées, à feuilles opposées, à fleurs en glomérules axillaires (verticillastres).

Verbénacées. — Fleurs irrégulières. Corolle labiée. Androcée didyname. Ovaire biloculaire, à style apical, non gynobasique. Ovules 4, ascendants. Herbe à branches carrées, à feuilles opposées, à épis terminaux.

Éricacées. — Fleurs régulières, à réceptacle convexe ou concave (*Vaccinium*). Androcée diplostémoné. Ovaire 4-loculaire, à placentas axiles, ∞-ovulés. Fruit sec ou charnu. Petits arbustes ou herbes. Lobes stigmatiques septaux, entourés par le sommet du tube stylaire.

Ilicacées. — Fleurs polygames. Corolle infère, subdialypétale. Androcée isostémoné. Ovaire supère, pluriloculaire. Ovules descendants, à micropyle supérieur et interne. Fruit charnu, drupacé. Arbustes à feuilles coriaces.

Oléacées. — Fleurs régulières. Corolle supère, gamopétale, 4-mère, ou 0. Androcée diandre. Ovaire supère, à 2 loges 2-ovulées. Ovules descendants, à micropyle inférieur et extérieur. Fruit charnu. Arbustes ou arbres.

MONOCOTYLÉDONIE

I. DIALYCARPELLIE

Alismacées. — Fleurs régulières, à 2 périanthes 3-mères. Hypogynie. Ovules 1-∞. Fruit sec, multiple. Plantes aquatiques.

Naïadées. — Fleurs hermaphrodites ou unisexuées. Périanthe hexamère, tétramère ou nul. Hypogynie. Étamines 1-6. Carpelles 1-6, 1-ovulés. Plantes aquatiques.

Typhacées. — Fleurs unisexuées. Périanthe représenté par des fils ou des écailles hyalines. Carpelles solitaires. Ovule 1, descendant. Plantes aquatiques.

Graminées. — Fleurs hermaphrodites ou unisexuées, en épillets pourvus de glumes et glumelles, sans vrai périanthe. Étamines 2, 3. Ovaire 1-loculaire, surmonté en général de 2 styles plumeux. Ovule 1, ascendant, à micropyle inférieur et extérieur. Caryopse. Plantes généralement terrestres, à feuilles ligulées.

Aroïdées. — Fleurs unisexuées, en spadice, entouré d'une spathe. Ovaire 1-loculaire, pluriovulé. Placentation pariétale ou subbasilaire.

Lemnacées. — Fleurs monoïques, 2-nées, 1-andres. Ovaire 1-loculaire, 1-pauciovulé. Petites herbes aquatiques, réduites à une masse verte, homogène.

II. GAMOCARPELLIE

a. *Placentation basilaire.*

Cypéracées. — Réceptacle convexe. Fleurs unisexuées. Périanthe nul. Étamines 2, 3. Styles 2, 3. Ovaire uniloculaire, à 1 ovule ascendant.

b. *Placentation axile.*

Liliacées. — Réceptacle convexe. Périanthe infère, double. Diplostémonie ou rarement isostémonie.

Amaryllidacées. — Réceptacle concave. Périanthe supère, double. Diplostémonie.

Iridacées. — Réceptacle concave. Périanthe supère, double. Isostémonie.

Hydrocharidacées. — Fleurs unisexuées. Réceptacle concave. Ovaire infère. Périanthe double. Étamines 6-12, en partie stériles. Plantes aquatiques.

c. *Placentation pariétale.*

Orchidacées. — Réceptacle concave. Périanthe supère, irrégulier. Meiostémonie. Gynandrie. Fruit infère, sec.

Après avoir rappelé encore que les caractères ci-dessus indiqués dans une famille ne s'appliquent qu'aux plantes d'une flore circonscrite, essayons d'indiquer en quelques mots ce que nous entendons par l'échelonnement des groupes sur des gradins parallèles, si l'on veut, mais qui s'élèvent à des hauteurs différentes, et dont l'échelon inférieur et le supérieur ne sont pas situés transversalement au même niveau. Les Dilléniacées, par exemple, ont le gynécée dialycarpellé des Renonculacées et leur sont en tout parallèles, sauf un genre, tel que l'*Actinidia*, qui n'a plus en face de lui une seule Renonculacée, toutes les plantes de cette famille étant dialycarpellées (l'exception des Nigelles n'est qu'apparente), tandis que l'*Actinidia* est syncarpellé. De même, les Anonacées sont dialycarpellées et sont aussi parallèles aux Renonculacées. Mais à leur dernier échelon se trouve le *Monodora*, qui est syncarpellé et à placentation pariétale et qui n'a à son niveau aucune Renonculacée. Inversement, les Brownlowiées parmi les Tiliacées, les Sterculiées parmi les Malvacées, sont dialycarpellées, mais tout le reste de ces familles est caractérisé par la syncarpellie, et c'est ce reste seul, la plus grande portion d'ailleurs, qui se trouve sur les échelons parallèles, à la même hauteur que les Ternstrœmiacées, les Chlænacées, etc. Ces exemples, qu'on pourrait considérablement multiplier, sont plus concluants que toute discussion théorique, *sine materia.* [H. Bn.]

TAXODIEÆ (B. H., *Gen.*, III, 422, 428.) Tribu (?) de la famille des Conifères.

TAXODIUM (L.-C. Rich., in *Ann. Mus.*, XVI, 298; *Conif.*, t. 10). Genre de Conifères, qui donne son nom à un groupe des *Taxodiées;* formé de 3 arbres américains, et distingué par des cônes à écailles ligneuses et dilatées au sommet, tronquées, à peine umbonées ou mucronées sur le milieu du dos, enfermant les fruits. La lame qui porte les fleurs femelles est entière sur les bords. Le type du genre est le Cyprès-chauve, dont on connaît les *bornes*, productions ligneuses et épaisses, qui s'élèvent verticalement des racines, dans les marais. (Forb., *Pin.*, t. 60. — Nutt., *Sylv.*, t. 151. — Ten., in *Mem. Moden.*, XXV, c. t. 2.) [H. Bn.]

TAXOTROPHIS (Bl., *Mus. lugd.-bat.*, II, 77, t. 26). Synonyme de *Diplocos* (voy. ce mot), dont le nom doit être abandonné comme étant moins ancien. (B. H., *Gen.*, III, 358.)

TAXUS (T.). — Voy. If.

TAYA. Au Brésil, les Colocases.

TAYAMA (Dalech.). Synonyme de *Nana.*

TA-YANG. Nom chinois d'une espèce de *Populus* qui fournit l'un des bois les plus estimés du pays.

TAYEF. A Socotora, l'aloès de l'*Aloe Perryi* Bak.

TAYLORIA (Hook., *Musc. exot.*, t. 172). Genre de Mousses-Bryacées-Splachnées, formé de plantes qui croissent dans les régions élevées de l'Europe moyenne et septentrionale, sur les rochers; distingué par une coiffe campanulée, laciniée à la base; une urne terminale, apophysée; l'opercule conoïde, courbe, rejeté finalement par la columelle devenant exserte; le périgone simple, à 32 dents allongées et rapprochées par paires. (C. Muell., *Syn. Musc.*, I, 132. — Payer, *Bot. crypt.*, 174. — Bruch et Schimp., *Bryol. eur.*, fasc. 23, 24.)

TAYNIA. Cucurbitacée employée au Brésil comme remède évacuant énergique et à laquelle S. Manso a donné le nom de *Dermophylla pendulina.*

TAYNIA DE QUIABO. Nom, au Brésil, du *Wilbrandia hibiscoides* S. Mans.

TAYNIA MINDO. Nom brésilien (S. Manso) de l'*Alternasemina Taynia* S. Manso.

Tayloria. — Port. Coiffe.

TAYOTUM (Blanc., *Fl. Filip.*, 104; ed. 2, 76. — B. H., *Gen.*, II, 690). Genre attribué avec doute aux Apocynacées, mais qui ne paraît pas en présenter les caractères.

TAYUYA. Nom brésilien d'un fruit drastique qu'on croit être celui du *Trianosperma Tayuya* Mart.

TAYUYA ABOBRA. Au Brésil, le *Perianthopodus ficifolius.*

TCHA. Nom chinois du Thé.

TCHAI, TCHAAD. Nom, au Choa, du *Catha edulis* Forsk.

TCHAOUCHE. Nom turc d'une variété de Vigne.

TCHECHUM. Nom, en Égypte, du *Cassia Absus* L., remède employé avec succès, dit-on, contre diverses ophthalmies.

TCHEOU-TCHOUN. Nom chinois de l'Ailante glanduleux.

TCHIHATCHEWIA (Boiss., in *Tchihatch. As. min. Bot.*, I, 292). Genre de Crucifères-Thlaspidées, formé d'une herbe d'Arménie; distingué par des étamines non appendiculées; un fruit grand, obovale, 2-sperme; un embryon à cotylédons accombants. (H. Bn, *Hist. des pl.*, III, 261.)

TCHINDÉ-BÉLÉ. Nom, au Gabon, de l'*Hæmatostaphis Barteri.* Ce serait aussi le nom, au Gabon, d'après M. Griffon du Bellay, du *Combretum bracteatum.*

TCHINGOLI. Nom, en Sénégambie, d'une Vigne (?) qui sert à préparer des boissons fermentées.

TCHING-TCHO-LI, TSING-TCHOCK-LI. Noms chinois, d'après Lindley, du *Prunus salicina* Lindl., vulgairement appelé chez nous *Prunier de Chine.*

TCHOU. Nom vulgaire, au Japon, d'après Miquel, du *Broussonnetia papyrifera* Vent.

TCHOU-MA. Nom du *Bœhmeria nivea* Hook. et Arn.

TCHOUN. Nom chinois du *Cedrela sinensis* J.

TCHUFFA. Pour *Chuffa* (*Cyperus esculentus* L.).

TCHUKA. Nom, au Sikkim, du *Rheum nobile* Hook. f.

TEA-BERRY. Nom anglais du *Gaultheria procumbens* L.

TEAK. Nom anglais du Bois de Teck.

TEAOIL. Nom anglais de l'huile extraite des graines du *Camellia oleifera* Abel.

TEASEL. Nom anglais des *Dipsacus* T.

TEASINTÉ. — Voy. Teosinte.

TEATINA, CUCHUNCHULLO. Noms, en Colombie, de l'*Hybanthus parviflorus* H. Bn (*Ionidium parviflorum* Vent.), petite plante légèrement purgative, qu'on recommande, dans ce pays, de donner aux enfants nourris par une femme enceinte.

TEA-TREE. En Australie, le *Melaleuca Leucadendron* DC. et le *Melaleuca nodosa.* C'est aussi le nom donné par les colons anglais au *Leptospermum scoparium.*

TEAZEL. Nom anglais des *Dipsacus* T.

TÈCHE. Au Chili, l'*Æxtoxicon punctatum* RUIZ et PAV.

TECLEA (DEL., in *Ann. sc. nat.*, sér. 2, XX, 90). Genre de Rutacées-Amyridées, formé de 2 arbres, d'Abyssinie et des Comorès; distingué par des fleurs 4, 5-mères, isostémonées, à ovaire 1-loculaire et 2-ovulé; le fruit drupacé. Les feuilles sont pétiolées, 3-foliolées, ponctuées; et les fleurs sont disposées en grappes composées, gloméruligères (H. BN, *Hist. des pl.*, IV, 485; in *Bull. Soc. Linn. Par.*, 591.)

TECMARSIS (DC., *Prodr.*, V, 93). Synonyme (?) de *Placus* LOUR. (H. BN, *Hist. des pl.*, VIII, 189.)

TECOJOTE. Le *Cratægus mexicana* SESS. et MOÇ.

TÉCOMA (J., *Gen.*, 139). Bignoniacées qui ont donné leur nom à la série des *Técomées*. Ce genre, tel qu'il a été restreint par Seemann et tel qu'on l'admet aujourd'hui, est formé d'arbres de l'Amérique du Sud, à feuilles digitées. La plupart des espèces, qui sont nombreuses, ont des feuilles caduques, et la floraison se produit pendant que l'arbre est dépouillé de son feuillage. Le calice est à cinq dents; la corolle infundibuliforme, et les étamines didynames. Il y a plus de deux séries d'ovules dans chaque loge de l'ovaire. Le fruit est cylindrique, à valves perpendiculaires à la cloison, qui porte des graines entourées d'une aile mince et transparente. (H. BN, *Hist. des plant.*, X, 42.) [B.]

TECOMANTHE (H. BN, *Hist. des pl.*, X, 11, 41). Genre de Bignoniacées-Técomées, fondé, avec quelque doute, par M. Baillon, pour une liane volubile de la Nouvelle-Guinée, dont on ne connaît ni les feuilles, ni le fruit. Les fleurs naissent sur le bois. Le calice est membraneux, à cinq lobes inégaux, triangulaires. La corolle est subbilabiée, à lobes un peu aigus. Les étamines, didynames, sont incluses. L'ovaire, entouré à la base d'un disque annulaire, est stipité. Les ovules sont disposés sur plus de deux séries dans chaque loge. [B.]

TECOMARIA (FENZL, *Darst. und Erläut.*, etc., in *Denskr. d. Königl.-Bayer. bot. Gesellsch. zu Regensb.*, Bd 2 [1841]). Genre de Bignoniacées-Técomées, comprenant 4 ou 5 espèces d'arbrisseaux non grimpants, mais à rameaux parfois sarmenteux. Ils sont tous des parties chaudes de l'Amérique. Leurs feuilles sont imparipinnées. Le calice est régulier, à 5 dents. La corolle est étroite, à tube un peu courbé et à limbe bilabié. Les étamines sont extrorses, et les anthères à loges divergentes. L'ovaire a plus de deux séries d'ovules dans chaque loge. Le fruit est linéaire, comprimé en forme de silique. Les graines sont ailées, à lobe très étroit, linéaire. (H. BN, *Hist. des pl.*, X, 40.) [B.]

TECOMATE. Au Mexique, le *Crescentia Cujete* L.

TECOMELLA (SEEM., in *Ann. Nat. Hist.*, ser. 3, X, 30). Synonyme de *Tecoma* J.

TECOMELLA (SEEM., *Journ. Bot.*, I [1863], 19). Genre de Bignoniacées-Técomées, fondé sur un arbrisseau de l'Inde, à port raide, à feuilles simples et opposées. Le calice campanulé est inégalement fendu; la corolle très ample, portant des étamines insérées presque à sa base. Les étamines sont incluses. Les loges des anthères, qui sont parallèles ou peu divergentes, se recourbent plus ou moins, par leur extrémité inférieure, en une sorte de crochet obtus. L'ovaire est entouré d'un disque annulaire et contient dans chaque loge huit rangées d'ovules. La capsule est linéaire, en forme de silique, et un peu comprimée. (H. BN, *Hist. des pl.*, X, 41.) [B.]

TECOPHILÆA (BERTER. — COLL., in *Mem. Ac. Sc. torin.*, XXXIX, 19, 55). Genre de Monocotylédones, formé de 2 herbes bulbeuses, du Chili; rapporté à une famille des *Tecophilœacées* et aux Hæmodoracées-Conanthérées (B. H., *Gen.*, III, 680); distingué par des fleurs à périanthe bleu, avec un tube court et étroit; 3 étamines fertiles, 1-latérales, et 3, situées de l'autre côté de la fleur, stériles; un ovaire en majeure partie infère, à 3 loges; un fruit loculicide; ∞ graines albuminées. On cultive depuis quelques années comme ornementale une de ces jolies petites plantes. (REG., *Gartenfl.*, t. 718.) [H. BN.]

TECTICORNIA (HOOK. F., *Gen.*, III, 65, n. 45). Genre de Chénopodiacées-Salicorniées, établi pour le *Salicornia cinerea*

F. MUELL.; distingué par des fleurs à périanthe tubuleux; l'orifice déchiré; l'embryon à radicule infère; les chatons (1-3) terminaux, à écailles persistantes. (H. BN, *Hist. des pl.*, IX, 185.)

TECTONA (L. F., *Suppl.*, 20). Genre de Verbénacées-Viticées, formé de 3 grands arbres, de l'Asie et l'Océanie tropicales; distingué par de grandes feuilles entières; des cymes très composées, multiflores; des fleurs 4-6-mères, à étamines exsertes; un style à lobes courts; un fruit drupacé, enclos dans le calice dont l'orifice se ferme. Le *T. grandis* produit le véritable Bois de Teck de l'Inde. (H. BN, *Hist. des pl.*, XI, 117.)

TECUM. Nom brésilien de l'*Astrocaryum Tucuma* MART., dont les feuilles jeunes fournissent une filasse forte et excellente.

TEEDIA (RUD., in *Schrad. Journ.*, II, 289). Genre de Scrofulariacées-Scrofulariées, formé de 2 arbustes de l'Afrique australe; distingué par des fleurs à calice profondément 5-fide;

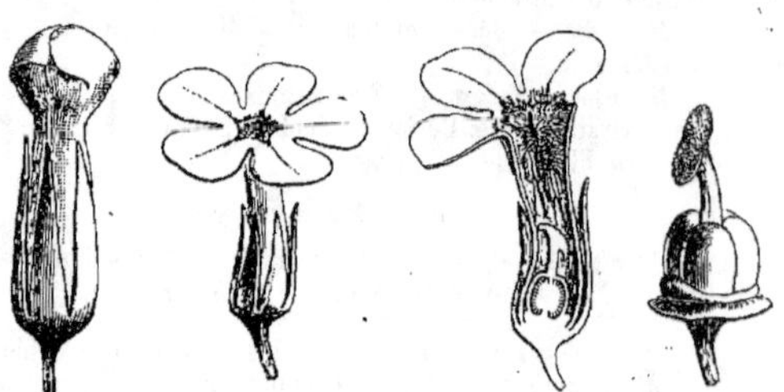

Teedia. — Bouton. Fleur, entière et coupe longitudinale. Gynécée.

une corolle à lobes peu inégaux; 4 étamines incluses, avec anthère à loges distinctes et parallèles; un fruit charnu. On en cultive une espèce. (REICHB., *Ic. pl. col.*, t. 16. — H. BN, *Hist. des pl.*, IX, 384, 432, fig. 527-530.)

TEEL. Nom abyssin du *Guizotia oleifera* DC.

TEESDALIA (R. BR., in *Ait. H. kew.*, IV, 83). Genre de Crucifères-Ibéridées, formé de 2 herbes annuelles, d'Europe et d'Asie; distingué des *Iberis* par une tige subnulle; des pétales égaux; des étamines appendiculées; un fruit largement oblong et comprimé. Les *T. nudicaulis* R. BR. et *Lepidium* DC. sont indigènes. (GREN. et GODR., *Fl. de Fr.*, I, 141. — H. BN, *Hist. des pl.*, III, 280; *Herbor. par.*, 37, 244.)

TEESO. Synonyme de *Tisso*.

TEFF. Nom vulgaire du *Poa abyssinica* AIT.

TEGANIUM (SCHM., *Icon.*, 67, t. 18). Synonyme de *Nolana* L.

TEGANOCHARIS (HOCHST., in *Flora* [1841], 369). Synonyme de *Butomopsis* K.

TEGATA-CHIDORI. Nom japonais de l'*Orchis latifolia* L.

TEGMEN. Nom latin de la Bâle des Graminées. C'est, plus souvent, en général, le tégument interne de l'ovule et de la graine. Aujourd'hui, ce mot ne saurait avoir aucun sens.

TEGMINA. Nom donné aux amphigastres des Hépatiques, etc.

TÉGUMENT. Nom des enveloppes de l'ovule et de la graine.

TEICHOSTEMMA (R. BR., in *Salt Abyss. App.*, 65). Section du genre *Vernonia* SCHREB. (H. BN, *Hist. des pl.*, VIII, 24.)

TEIGNE. La Cuscute.

TEIGNE-OEUF. La Pulsatille (*Anemone Pulsatilla* L.).

TEINOSTACHYUM (MUNRO, in *Trans. Linn. Soc.*, XXVI, 142, t. 3). Genre de Graminées-Bambusées, formé de 3 arbustes indiens; distingué par des panicules subspiciformes, à épillets 1-flores; 1, 2 glumes vides; la supérieure étroite; un fruit peu volumineux, à péricarpe assez épais (BEDD., *Fl. sylv.*, t. 323). Ce sont pour S. Kurz des *Cephalostachyum*. [H. BN.]

TEINOSOLEN (HOOK. F., *Gen.*, II, 61). Section américaine du genre *Oldenlandia* PLUM., à corolle 5-mère, étroite et allongée. (H. BN, *Hist. des pl.*, VII, 326.)

TEINTURIÈRE. Le Pastel (*Isatis tinctoria* L.).

TEJACOTE. Nom, au Mexique, du *Cratægus mexicana* MOÇ., dont le fruit, astringent et tonique, se prescrit contre les angines, les flux, les hydropisies, etc.

TEK. — Voy. TECK, TECTONA.

TELAMONIA (FR., *Syst.*, I, 210). Section du genre *Agaricus*.

TELANTHERA (R. BR., in *Tuck. Cong.*, 477, not.). Genre de Chénopodiacées-Gomphrénées, formé de 40-45 herbes ou sous-arbrisseaux, d'Amérique et d'Afrique; distingué par un périanthe sessile, souvent comprimé; un tube androcéen à 5 divisions anthérifères, et 5 sans anthères, lacérées; un ovaire surmonté d'un style à tête capitée. (H. BN, *Hist. des pl.*, IX, 212.)

TELBA. Nom, en Abyssinie, du Lin.

TELEIANDRA (NEES, in *Linnæa*, VIII, 46). Synonyme de *Ocotea* AUBL.

TELEIANTHERA (ENDL., *Gen.*, 301). Pour *Telanthera* R. BR.

TELEKIA (BAUMG., *Fl. transsylv.*, III, 149). Synonyme de *Buphthalmum* T.

TÉLÈPHE. Nom français (LAMK) des *Telephium* T.

TELEPHIASTRUM (DILL., *Hort. eltham.*, 376). Synonyme de *Anacampseros* L.

TELEPHIUM. Nom ancien des *Sedum* T.

TELEPHIUM (T., *Inst.*, 248, t. 128. — L., *Gen.*, n. 377). Genre de Portulacacées-Molluginées, formé d'une herbe vivace

Telephium. — Fleur, entière et coupe longitudinale.

de la région Méditerranéenne, le *T. Imperati* L., variable; distingué par des fleurs à 5 pétales; 5 étamines; un gynécée 3-mère; un fruit capsulaire; des feuilles à petites stipules scarieuses. (H. BN, *Hist. des pl.*, IX, 63, 77, fig. 99, 100.)

TELFAIRIA (HOOK., *Bot. Misc.*, t. 2751, 2752). Genre de Cucurbitacées, type d'une série des *Telfairiées*, dont les fleurs dioïques se distinguent par un androcée de 5 étamines (2-2-1),

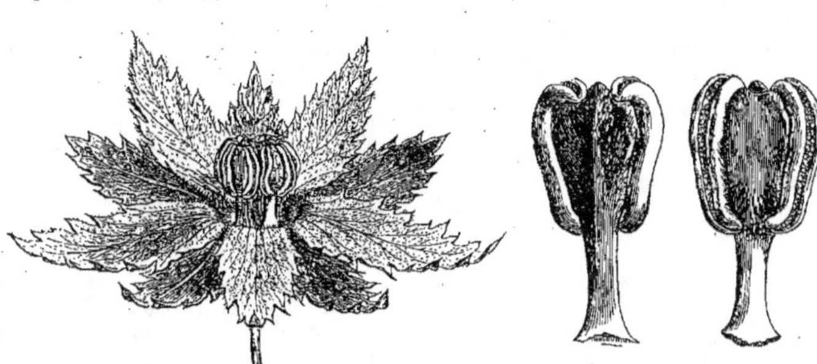

Telfairia. — Fleur mâle. Anthère, vue de dos et de face.

à anthères toutes 2-loculaires; l'ovaire infère, à 3-5 loges 2-locellées, ∞-ovulées. Il y en a 2 espèces africaines, qui sont de grandes lianes à feuilles composées-digitées. Les fleurs mâles sont disposées en grappes, et les femelles sont solitaires. (H. BN, *Hist. des pl.*, VI, 415, 456, fig. 299-301.)

TÉLI. L'*Erythrophlœum guineense* AFZEL.

TELINA (ECKL. et ZEYH., *Comm.*, 67). Sect. du g. *Lotononis* DC.

TELINARIA (PRESL, *Bot. Bem.*, 49, 135). Syn. de *Cytisus* L.

TELINE (WEBB, *Phyt. canar.*, II, 34, t. 43-45). Synonyme de *Cytisus* L.

TELIOSTACHYA (NEES, in *Mart. Fl. bras.*, IX, 74, t. 8). Synonyme de *Lepidagathis* W.

TELIPOGON (H. B. K., *Nov. gen. et spec.*, I, 335, t. 75). Genre d'Orchidacées-Vandées, formé d'une quarantaine d'herbes épiphytes, des Andes; distingué, dans le groupe des Notyliées, par des pétales bien plus larges que les sépales; 4 pollinies; un

gynostème. hispide; des feuilles distiques. (REICHB. F., *Xen. orchid.*, I, t. 97; in *Linnæa*, XLI, 3, 27, 69, 104.)

TELKOURI. Synonyme de *Kif*.

TELLICHERI. Le *Wrightia antidysenterica* R. BR.

TELLIMA (R. BR., in *Frankl. Journ. App.*, 765). Genre de Saxifragacées-Saxifragées, formé de 6 herbes de l'Amérique du Nord; distingué par des feuilles à long pétiole; des fleurs en grappe; des pétales entiers ou lobés; 10 étamines incluses; des placentas pariétaux et alternistyles; un fruit capsulaire et semi-supère. (H. BN, *Hist. des plant.*, III, 329, 425, fig. 368.)

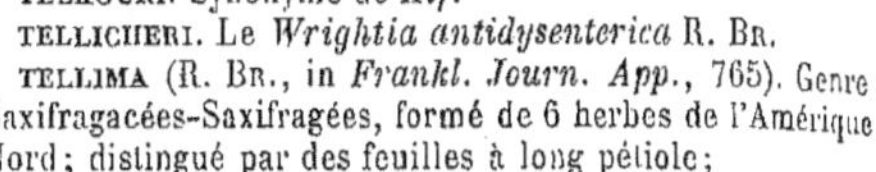

Tellima. — Fleur.

TELMATOPHACE (SCHLEID., in *Linnæa*, XIII, 391). Section du genre *Lemna*, dont les types sont les *L. gibba* L. et *polyrhiza* L.

TELMATOPHILA (MART., in *herb. mon.* — B. H., *Gen.*, II, 236, n. 37). Genre de Composées-Vernoniées, formé d'une herbe des marais du Brésil; distingué, dans le groupe des Lychnophorées, par des glomérules sessiles, axillaires, oligocéphales; les bractées spinescentes au sommet; le réceptacle commun peu développé; les fruits surmontés d'une aigrette des paillettes très inégales, sub-1-sériées. (H. BN, *Hist. des pl.*, VIII, 126.)

TELMISSA (FENZL, *Pug. pl. syr.*, 14; *Ill.*, t. 16). Synonyme de *Sedum* T.

TELOEDEMA (SCHNESB., in herb. *Webb*, ex MONT.). Synonyme de *Gelidium* KUETZ.

TELOGYNE (H. BN, *Et. gén. Euphorbiac.*, 327). Section du genre *Trigonostemon* BL. (H. BN, *Hist. des pl.*, V, 187.)

TELOPEA (R. BR., in *Trans. Linn. Soc.*, X, 197). Genre de Protéacées-Embothryées, formé de 2 arbustes australiens; distingué par des fleurs en grappes terminales denses, avec bractées colorées involucrantes, imbriquées; un disque oblique, à peu près entier; un style à sommet claviforme; un ovaire ∞-ovulé. (H. BN, *Hist. des pl.*, II, 410.)

TELOXIS (MOQ., in *Ann. sc. nat.*, sér. 2, 1, 280, t. 10). Synonyme de *Chenopodium* T.

TEMBUL-WAENNA. Nom, à Ceylan, du *Sphenoclea zeylanica*.

TEMIR-AGATSCH (Bois de fer). Nom persan du *Parrotia persica* C.-A. MEY.

TEMMINCKIA (DE VR., *Gooden.*, 7). Synonyme de *Scævola* L.

TEMNOPTERYX (HOOK. F., *Gen.*, II, 72, n. 123). Section du genre *Schizostigma* ARN., à sépales inégaux, les uns subulés; les autres pétiolés et foliacés; à gorge de la corolle barbue, à stipules entières ou lacérées. (H. BN, *Hist. des pl.*, VII, 452.)

TEMPLETONIA (R. BR., in *Ait. H. kew.*, ed. 2, IV, 269). Genre de Légumineuses - Papilionacées - Génistées, formée de 7 arbustes australiens; distingué, dans la sous-série des Bossiæées, par des feuilles 1-foliolées; des fleurs jaunes ou rouges; des anthères 2-morphes; une gousse au moins deux fois plus longue que large, convexe ou turgide des deux côtés. Le *T. retusa* est cultivé comme ornemental. (*Bot. Mag.*, t. 2088, 2334. — H. BN, *Hist. des pl.*, II, 344.)

TEMU (BERG, in *Linnæa*, XXX, 710). Sect. du g. *Myrtus*.

TEMUS (MOL. — C. GAY, *Fl. chil.*, I, 60). Synonyme douteux de *Myrtus* T.

TENA. Un des noms africains de la Datte.

TENAGEIA (REICHB., *Icon. Fl. germ.*, IX, 22, t. 416). Synonyme de *Juncus* T.

TENAGOCHARIS (HOCHST., in *Flora* [1841], 369). Synonyme de *Butomopsis* K.

TENAISIE. Nom ancien de la Tanaisie commune.

TENARIS (E. MEY., *Comm. pl. afr. austr.*, 198). Genre d'Asclépiadacées-Marsdéniées, formé d'une herbe vivace et dressée, de l'Afrique australe; distingué par des feuilles linéaires; des fleurs à corolle pourvue d'un tube court et de 5 lobes linéaires-spatulés; une couronne de 10 écailles alternes avec les anthères qui sont à peine appendiculées et rétuses. (HARV., *Thes. cap.*, t. 43. — H. BN, *Hist. des pl.*, X, 270.)

TENCHAIÉ. Nom abyssin du *Cadaba farinosa* R. BR., dont les feuilles sont employées dans le traitement des angines.

TENDANA (REICHB. F., *Ic. Fl. germ.*, XVIII, 39, t. 1271). Synonyme de *Micromeria* BENTH.

TENDEMILAHY. A Madagascar, le *Potalia* (*Anthocleista*) *madagascariensis* H. BN, plante usitée comme astringente.

TENDON. L'*Ononix Natrix* L.

TENDRE A CAILLOU. Nom vulgaire du *Calliandra tetragona* BENTH. L'écorce de cet arbre possède des propriétés astringentes très énergiques; elle est comprise dans les espèces désignées au Brésil sous le nom « d'Ecorces de jeunesse et de virginité » (voy. CALLIANDRA). Ce nom est donné également à d'autres espèces de Mimosées.

TENDRE EN GOMME. Nom vulgaire, à la Guadeloupe, de l'*Exostema caribæum* W.

TENDRETTE. Le *Raphanus sativus* L.

TENDRONS. L'un des noms, en Nivernais, de la Bugrane.

TEN MADO. Synonyme de *Tomo-Roki*.

TENOREA (COLLA, *H. ripul.*, 137). Synonyme de *Trixis* P. BR.

TENOREA (GASP., *N. gen. Fic.*, 6). Syn. de *Eusyce* (*Ficus*).

TENORIA (DENH., ex ENDL., *Gen.*, Suppl., II, 62). Synonyme de *Hygrophila* R. BR.

TENORIA (SPRENG., *Umb.*, 20). Syn. (part.) de *Astydamia* DC.

TENORIA (SPRENG., *Umbel. Prodr.*, 27). Syn. de *Bupleurum* T.

TEN PER CENT GRASS. Nom anglais du *Dactyloctenium ægyptiacum* W.

TENRINKWA. Nom japonais du *Tagetes erecta* L.

TENTACULES. Nom donné aux lobes ou poils des feuilles des *Drosera*, qui se replient sur leur proie.

TEOCOTE. Nom d'un Pin, au Mexique.

TEOSINTE. Nom, au Guatemala, du *Reana luxurians* DUR.

TÉOU-FOU. Synonyme de *Glycine hispida* S. et ZUCC.

TÉOULÉTA, TRIOULÉ, TRÉFOUL. Noms languedociens du *Trifolium pratense* L.

TÉPALE. Les pièces du périanthe des Monocotylédones.

TEPEACUILOTT. Au Mexique, le *Cornus alba* L.

TEPEGNAJE. Au Mexique, l'*Acacia acapulcensis* K.

TEPESIA (GÆRTN. F., *Fruct.*, III, 72, t. 192). Synonyme (?) de *Hamelia* JACQ.

TEPHIS (ADANS., *Fam. des pl.*, II, 276). Section du genre *Polygonum* T.

TEPHRANTHUS (NECK., *Elem.*, II, 235). Synonyme de *Meborea* AUBL. (*Phyllanthus* L.).

TEPHROSERIS (SCHUR, *Enum. pl. transs.*, 343). Synonyme de *Senecio* T.

TEPHROSIA (PERS.; *Syn.*, II, 328). Genre de Légumineuses-Papilionacées-Galégées, formé d'environ 90 herbes ou plantes ligneuses, des régions chaudes des deux mondes; distingué par des feuilles 1-∞-foliolées, à nervures souvent parallèles, striées; des fleurs à étamine vexillaire collée vers le milieu aux 9 autres; un style glabre ou pénicillé; un fruit court ou long, étroit, comprimé; les sutures peu épaisses. Ce sont parfois des plantes vénéneuses, enivrant le poisson. (H. BN, *Hist. des pl.*, II, 264.)

TEPHROTHAMNUS (SCH. BIP., in *Pollichia* [1863], 431). Synonyme de *Critoniopsis* SCH. BIP.

TEPOZAN. Au Mexique, le *Buddleia americana* L.

TEPUALIA (GRISEB., *Pfl. Phil. u. Lechl.*, 31, in *Abh. K. Ges. Wiss. Gœtt.*, VI). Genre de Myrtacées-Leptospermées, formé d'un arbuste chilien; distingué, dans la sous-série des Métrosidérées, par des feuilles opposées et petites; des fleurs à étamines libres et exsertes; des loges ovariennes pauciovulées; les ovules dressés; des pédoncules axillaires, 1-flores. C'est pour nous une section du genre *Metrosideros* BANKS. (H. BN, *Hist. des pl.*, VI, 362.)

TERAMNUS (SW., *Fl. ind. occ.*, III, 1328, t. 25). Genre de Légumineuses-Papilionacées-Phaséolées, formé de 4 herbes tro-

picales, volubiles; distingué, dans le groupe des Glycinées, par des fleurs et fruits de *Glycine*, avec des étamines 1-adelphes et 5 des anthères stériles. (H. BN, *Hist. des pl.*, II, 251.)

TÉRATOLOGIE VÉGÉTALE. Partie de la science qui traite des monstruosités des plantes. Moquin-Tandon est le premier qui ait rédigé un traité général sur cette partie. Le dernier est M. Penzig, en 1890 (*Pflanzen-Teratologie*). Celui-ci a donné une liste de tous les noms donnés aux anomalies végétales (XI) et une liste, par noms d'auteurs, de tous les cas observés; après quoi il reprend ces faits par ordre de familles, se réservant sans doute d'en tirer ensuite des conséquences. Dans notre *Éloge de Moquin-Tandon*, nous avons exprimé notre opinion sur la valeur accordée a priori aux monstruosités végétales. [H. BN.]

TERCINE. Nom donné par B.-Mirbel au nucelle.

TÉRÉBINTHE. Le *Pistacia Terebinthus* L.

TEREBINTHUS (J., *Gen.*, 374). Synonyme de *Pistacia* T.

TEREBRARIA (GREV., ex VAN HEURCK, *Micr.*, 322). Genre de Diatomacées-Fragillariées, caractérisé par des frustules à suture dentée en scie. Les valves sont dépourvues de ligne médiane, ayant des rangées transversales, très apparentes, de pores ou de perles. [CH. M.]

TERENAJABIM. Nom arabe des *Alhagi* T.

TERENIABIN (BELON). La Manne liquide récoltée par les Arabes.

TERFEZ, TERFEZIA (TUL., in *Ann. sc. nat.*, sér. 3, III, 350). Genre de Tubéracés, dont l'auteur, à l'exemple de Fries (*Summ. veg. Scand.*, II, 437), a fait une section du genre *Choiromyces*. Le type en est la Truffe des lions (*T. nivea.* —

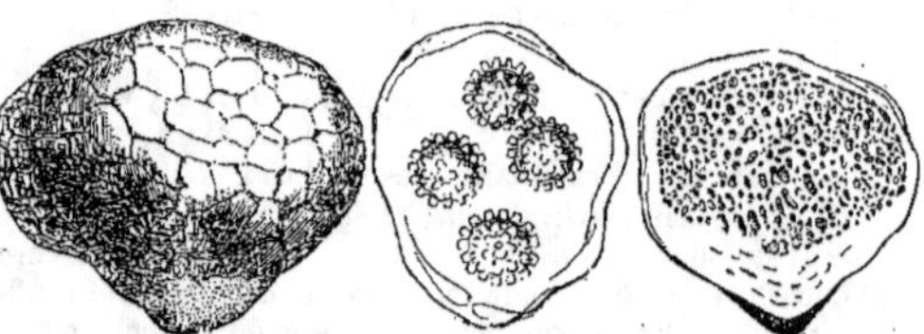

Terfezia. — Plante entière et coupe longitudinale. Sporange.

T. Leonis TUL. — *Tuber niveum* DESF.), du nord de l'Afrique et de l'Europe méridionale. Son péridium est blanc et lisse, sans veines. Les Arabes le consomment cuit à l'eau ou au lait. Sa grosseur varie de celle d'une noix à celle d'une orange. Peut-être devra-t-on rapporter à ce type le *Tirmania* CHAT. [H. BN.]

TERIAK-E-ARABISTANI. Nom persan de l'opium le plus estimé.

TERIA-ORE. Nom tahitien de l'*Hirneola Auricula Judæ* FRIES, qui est recueilli en grande quantité dans les îles de l'océan Pacifique, sur les arbres renversés, pour être importé en Chine, où l'on s'en sert pour faire des potages estimés.

TERMINALIA (L.). Nom latin des Badamiers (I, 346).

TERMINALIA (MEDIK., *Theod.*, 83). Synonyme de *Dracæna* L.

TERNATEA (H. B. K., *Nov. gen. et spec.*, VI, 415). Synonyme de *Clitoria* L.

TERNIOLA (TUL., *Podost. Monogr.*, 189, t. 13). Synonyme de *Lawia* TUL.

TERNSTROEMIA (MUT. — L. F., *Suppl.*, 39). Genre qui donne son nom à la famille des Ternstrœmiacées, et dont le nom a été

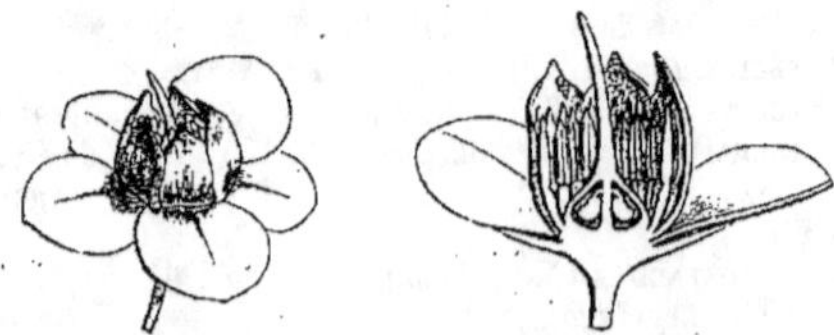

Ternstrœmia. — Fleur, entière et coupe longitudinale.

substitué à tort à celui (antérieur) de *Taonabo* AUBL. Il est formé de 25 arbres environ, asiatiques, océaniens et américains, et se distingue, dans la série des *Ternstrœmiées*, par des sépales libres, imbriqués; des pétales libres ou unis à la base, superposés aux sépales ou alternes; ∞ étamines à anthère glabre; un ovaire à loges 2-4-ovulées; les ovules pendants d'une lame qui descend du placenta. Le fruit est indéhiscent; les graines grandes; les fleurs assez grandes, accompagnées de bractées. (Payer, *Organog.*, 532. — H. Bn, in *Payer Fam. nat.*, 265; *Hist. des pl.*, IV, 234, 251, 255, fig. 261-263.)

TERNSTROEMIACÉES. Famille de la Dialypétalie, fort hétérogène et qui a besoin d'un remaniement complet. On y a placé, en effet, tous les genres qui ne cadraient pas avec les Tiliacées, Diptérocarpacées et Bixacées. Elle se distingue de celles-ci par ses placentas axiles et par son calice imbriqué; des Diptérocarpacées par le calice non aliforme. On peut y admettre provisoirement les Théées, Sauraujées, Bonnétiées, Pellicériées, Marcgraviées, Caryocarées et Chlénacées. (H. Bn, *Hist. des pl.*, IV, 228; in *Bull. Soc. Linn. Par.*, 710, 873, 951.)

Ternstrœmia.— Diagramme floral.

TERNSTROEMIÉES. Série des Ternstrœmiacées, distinguée par une corolle imbriquée; des étamines à anthère basifixe ou à peu près; un fruit rarement déhiscent; un albumen charnu, souvent pauvre; un embryon replié sur lui-même, à cotylédons à peu près de la largeur de la radicule; des pédoncules 1-flores. (H. Bn, *Hist. des pl.*, IV, 246.)

TERNUGE. L'*Agrostis* (*Agropyrum*) *canina* L.

TEROBERA (Steud., *Syn. pl. glum.*, II, 164). Synonyme de *Vincentia* Gaudich.

TERPNANTHUS (Nees et Mart., in *Nov. Act. Leop.*, XI, 152, t. 19). Synonyme de *Spiranthera* A. S.-H.

TERPNOPHYLLUM (Thw., in *Hook. Kew Journ.*, VI, 70, t. 2 C). Synonyme de *Discostigma* Hassk.

TERPSINOE (Ehrb., *Amer.* [1843], III, 30). Genre de Diatomacées, que tous les auteurs n'ont pas admis, mais qui trouve sa place assez naturellement dans les Biddulphiées. Les frustules montrent des côtes transversales, plus ou moins capitées dans la face frontale. Les valves sont dépourvues d'épines ou de lignes médianes. (Voy. V. Heurck, *Micr.*, 311.) [Ch. M.]

TERQUEMELLA (Mun., in *Compt. rend. Ac. sc.*, 29 oct. 1877). Genre non décrit de Dasycladées.

TERRAGONIA (J. Bauh.). Nom (pour *Tetragonia* ?) du Fusain d'Europe.

TERRA-GRÉPIA, ERBA-GREPIA. Noms languedociens du *Picridium vulgare* Desf.

TERRA JAPONICA (Schrœd.). Synonyme de Cachou.

TERRANEA (Coll., in *Mem. Ac. sc. Torin.*, XXXVIII, 11, t. 23). Synonyme de *Erigeron* L.

TERRE CRÉPIE. Le *Picridium vulgare* Desf.

TERRE DE LEMNOS. La pulpe du fruit du Baobab.

TERRE-MÉRITE, TERRA-MERITA. Le *Curcuma longa* L.

TERRE-NOIX. Nom français des *Bunium* L.

TERRETTE. Nom français (Lamk) des *Glechoma* (*Nepeta* L.).

TERSONIA (Moq., in *DC. Prodr.*, XIII, II, 40). Genre (?) de Phytolaccacées-Gyrostémonées, à fleurs dioïques de *Gyrostemon*, avec des étamines peu nombreuses, 1-verticillées; un fruit constitué par une vingtaine de loges unies en une masse ligneuse, indéhiscente. Ce sont 2 plantes australiennes. (H. Bn, *Hist. des pl.*, III, 42, 56.)

TERTIANAIRE. Le *Scutellaria galericulata* L.

TERTIFLE. Le Topinambour.

TERTREA (DC., *Prodr.*, IV, 481). Synonyme de *Machaonia* H. B. (H. Bn, *Hist. des pl.*, VII, 421.)

TESCALAMA. Résine extraite, au Mexique, de l'écorce du *Ficus nymphœifolia* L.

TESCHITCHI. Le *Calea Zacatechichi* Schlchtl, vanté au Mexique, son pays natal, comme remède du choléra.

TESOTA (C. Muell., in *Walp. Ann.*, IV, 479). Synonyme de *Olneya* A. Gray.

TESSARANDRA (Miers, *Ill. S. amer. pl.*, II, 83, t. 62). Synonyme de *Linociera* Sw.

TESSARANTHIUM (Kell., in *Proc. Calif. Acad.*, II, 142, fig. 41). Synonyme (?) de *Frasera* Walt.

TESSARIA (R. et Pav., *Prodr. Fl. per.*, 112, t. 24). Genre de Composées-Hélianthées-Inulées, à fleurs à peu près de *Placus*; distingué par des capitules petits, en cymes corymbiformes; les involucres formés de bractées extérieures laineuses, et d'intérieures scarieuses, brillantes. Ce sont des arbustes subsoyeux et laineux, blanchâtres. (H. Bn, *Hist. des pl.*, VIII, 190.)

TESSELLA (Ehrb., *Infus.* [1838]). Genre de Diatomacées, que Kützing a placé dans les Striatellées, et qu'on range aujourd'hui parmi les Tabellariées. Cependant quelques espèces ont été maintenues dans le genre *Striatella* Kuetz. [Ch. M.]

TESSIERA (DC., *Prodr.*, IV, 574). Synon. de *Spermacoce* L.

TESSIO. Au Japon, le *Cycas revoluta* L.

TEST (*Testa*). — Voy. Graine.

TESTE DE GRUE. Nom ancien de plusieurs *Geranium* T.

TESTICULARIA (Kl., in *Linnœa*, VII, 202). Genre de Pyrénomycètes, à petit péridium mince, sessile, ovoïde, à surface floconneuse, à déhiscence irrégulière; contenant des sporangioles arrondies, ovales, qui renferment les spores sphériques, d'un brun pâle, entremêlées de filaments. Une seule espèce épiphyte, de l'Amérique boréale. [De S.]

TESTICULE DE CHIEN. L'*Orchis mascula* L.

TESTICULUS. Nom ancien de plusieurs *Orchis*. Le *T. Morionis* est l'*Orchis Morio* L.; le *T. hirci*, l'*Orchis hircina* L.

TESTICULUS ODORATUS (Dod.). Les *Spiranthes* Rich.

TESTIDUNA (Bizz., *Fung. ven. nov.*, 1). Genre de Périsporiacés, formé pour une espèce épigée, à périthèces carbonacés, globuleux ou piriformes, astomes, s'ouvrant en formant des mailles régulières, à peu près pentagonales. Les thèques globuleuses-claviformes, portées sur un long pédicule, quelquefois rameux, contiennent en nombre variable des spores ovales, biloculaires, fuligineuses et finement verruqueuses. [De S.]

TESTUDINARIA (Salisb., in *Burch. Trav.*, II, 147). Genre de Dioscorées, formé de 2 plantes de l'Afrique australe; distingué par une tige courte, épaisse, épigée, très volumineuse, ligneuse, d'où sortent des branches grêles et grimpantes. Le fruit est celui des *Dioscorea*, avec des graines ailées. On cultive souvent dans les serres le curieux *T. elephantipes*. (*Bot. Reg.*, t. 921. — *Bot. Mag.*, t. 1347.) [H. Bn.]

TETA (Roxb., *H. bengal.*, 24). Syn. de *Peliosanthes* Andr.

TÉTARD. Arbre rabougri et renflé en tête, comme les Saules, après qu'on a coupé fréquemment les rameaux de l'année.

TETCH. Nom ouoloff du *Citrullus edulis*, dont les graines sont exportées en grande quantité sous le nom de *Beref, Beraf.*

TÊTE CORNUE. Le *Bidens tripartita* L.

TÊTE DE BÉLIER. Nom vulgaire du *Cicer arietinum* L.

TÊTE DE CLOU. Le *Pimenta officinalis* Berg.

TÊTE DE COQ. Synonyme d'Esparcette.

TÊTE DE MÉDUSE. L'*Hydnum Caput Medusæ* Bull. et l'*Agaricus annularius* Bull.

TÊTE DE MOINEAU. La Jacée des Prés.

TÊTE DE MORT. Le *Sideroxylum cinereum* L. C'est aussi le nom vulgaire de l'*Antirrhinum majus* L.

TÊTES DE SOUFRE. L'*Agaricus amarus* Bull.

TÊTE DE VIEILLARD. Le *Pilocereus senilis* Leme.

TÊTE NOIRE. Le *Plantago lanceolata* L.

TETILLA (DC., *Prodr.*, IV, 667; VII, 778). Genre de Saxifragacées-Francoées, formé d'une herbe chilienne; distingué des *Francoa* par des fleurs irrégulières. (Deless., *Ic. sel.*, III, t. 77. — H. Bn, *Hist. des pl.*, III, 342, 432.)

TÉTINE DE SOURIS. Le *Sedum album* L.

TETMEMORUS (Ralfs, in *Trans. Edinb. Bot. Soc.* [1845], 133). Genre d'Algues-Desmidiacées, à fronde simple, arrondie, droite, cylindrique ou fusiforme, légèrement comprimée vers le milieu. Chacun des hémisomates présente vers l'extrémité une modification de la disposition endochromique. (Voy. Ralfs, *Brit. Desmid.*, 145.) [Ch. M.]

TÉTRACARPÆA (Hook., *Icon.*, t. 264). Genre de Saxifragacées-Escalloniées, formé d'un arbuste de Van Diemen, à feuilles alternes et subopposées, simples; distingué par des fleurs 4-mères, à sépales libres; les pétales imbriqués, hypogynes comme les 4 étamines; 4 carpelles libres, ∞-ovulés. (H. Bn, *Hist. des pl.*, III, 448.)

TÉTRACARPUM (Mœnch, *Meth.*, Suppl., 241). Synonyme de *Schkuhria* Roth.

TÉTRACENTRON (Oliv., in *Hook. Icon.*, t. 1892). Genre de Trochodendrées, formé d'un arbre chinois, à fleurs hermaphrodites, 4-mères, apétales, 4-andres, à 4 carpelles alternes aux étamines et unis inférieurement; les loges pauciovulées; les graines albuminées, descendantes comme les ovules. Les feuilles sont alternes, 5-7-nerves, et les fleurs sont disposées en longs épis pédonculés. [H. Bn.]

TÉTRACERA (L., *Gen.*, n. 683). Genre de Dilléniacées-Hibbertiées, formé d'environ 50 espèces, des tropiques, grimpantes ou arborescentes; distingué par des fleurs hermaphrodites ou

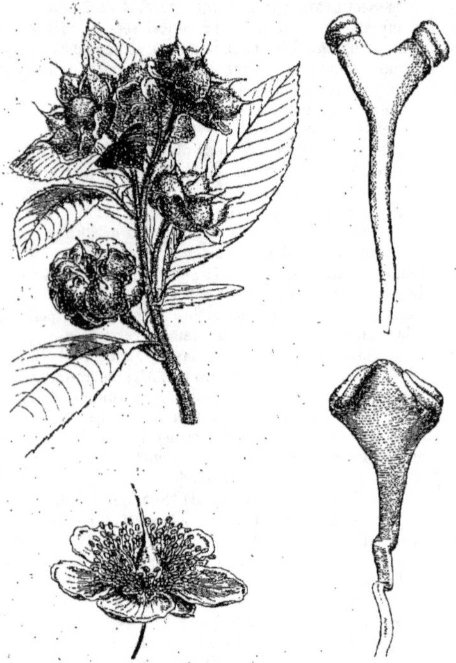

Tétracera. — Fleur. Rameau fructifère. Étamines.

polygames, à 3-6 sépales; 1-6 pétales; ∞ étamines périphériques; 1-6 carpelles à ovaire 2-∞-ovulé. Les fruits sont secs, un peu charnus, s'ouvrant en 1, 2 valves, et les graines sont axillées. Plusieurs d'entre eux sont astringents, antisyphilitiques, etc. On les cultive rarement. (H. Bn, in *Adansonia*, VI, 259, 280; *Hist. des pl.*, I, 103, 126, 130, fig. 142-145.)

TÉTRACHASTRUM (Dix., in *Micr. Journ.* [1859]). L'une des divisions des Algues Desmidiacées. Synon. de *Micrasterius* Ag.

TÉTRACHEILOS (Lehm., in *Pl. Preiss.*, II, 368). Syn. de *Acacia*.

TÉTRACHIA (Berti et Curt., ex Coolie, in *Grevillea*). Synonyme de *Spegazzinia*.

TÉTRACHNE (Nees, *Fl. afr. austr. Gram.*, 375). Genre de Graminées-Chloridées, formé d'une herbe vivace, de l'Afrique australe; distingué par des épillets écartés le long d'un axe commun; 4 glumes vides, de plus en plus grandes de bas en haut; des glumelles non aristées, rigides, 3-5-nerves au sommet. Munro en a fait une Chloridée; mais on l'attribuait d'ordinaire aux Festucées. [H. Bn.]

TETRACHOCOCCUS (Næg., ex Rabenh., *Fl. eur. Alg.*, III, 24). Synonyme de *Pleurococcus* Menegh.

TÉTRACHYRON (Schlchtl, in *Linnæa*, XIX, 744). Synonyme de *Calea* L.

TÉTRACHYTRIUM (Sorok., in *Bot. Zeit.* [1874], 305). Genre de Chytridiées, établi pour une espèce qui se développe en Russie dans les plantes en putréfaction et les Coléoptères morts submergés. Les filaments dressés, non cloisonnés, à reflet bleuâtre, portent, à l'extrémité des rameaux auxquels ils donnent naissance, un sporange globuleux, rempli de protoplasme teinté de bleu, muni d'un opercule hyalin, papilliforme, dont la chute laisse une ouverture béante. Chaque sporange contient 4 zoospores globuleuses, uniciliées, d'une couleur bleu pâle, avec un nucléole central et hyalin. [De S.]

TETRACIS (Ehrh.). Pour *Tetracmis* Brid.

TETRACLEA (A. Gr., in *Amer. Journ. sc.*, ser. 2, XVI, 98). Genre de Labiées-Ajugées, voisin des Verbénacées, formé d'une herbe du Mexique, et distingué par des fleurs à calice 5-fide, subrégulier; une corolle à tube grêle et à 5 lobes étalés, subégaux; 4 étamines exsertes; un ovaire à peine lobé en haut : de sorte que sa structure est à peu près celle des *Ovieda*. Le fruit se partage en 4 nucules, à aréole latérale, prolongée jusque vers le milieu de la face interne. (H. Bn, *Hist. des pl.*, XI, 76.)

TETRACLINIS. Section (B. H., *Gen.*, III, 424) du genre *Callitris* Vent.

TETRACMIS (Brid., *Bryol.*, I, 134). Section du genre *Tetraphis*.

TETRACOCCUS. Sous le nom de *T. dioicus* Engelm., M. Parry a décrit (in *West. Amer. Scientif.*, I [1885], 13) un genre d'Euphorbiacées qu'il nous a communiqué et dont les caractères sont les suivants : La fleur mâle a 4 sépales ou plus, et autant de pétales de même longueur, avec des glandes alternipétales. Les étamines entourent un rudiment central de gynécée et ont des anthères extrorses. Dans la fleur femelle, les 4 sépales sont étroits, et il y a aussi 4 pétales, avec 4 glandes opposées et un ovaire à 4 loges oppositisépales. Dans chaque loge il y a 2 ovules collatéraux de Phyllanthée, avec un épais obturateur. Les 4 branches stylaires sont simples. Les fleurs femelles sont en cymes 3-flores, et la fleur terminale est accompagnée de 2 très jeunes boutons latéraux. (Voy. S.-Wats., in *Mem. Amer. Acad.* [1885], 372.) [H. Bn.]

TETRACOLIUM (Kze. — Lk, *Spec.*, I, 125). — Voy. Torula.

TÉTRACOQUE. Fruit à quatre coques.

TETRACTINIUM (Braun, *Alg. unic.*, n. 4). Synonyme de *Pediastrum* Meyen.

TÉTRACTOMIA (Hook. f., *Fl. brit. Ind.*, I, 491). Genre de Rutacées-Évodiées, formé de 2 arbres malais; distingué par des feuilles opposées, 1-foliolées et ponctuées; des fleurs en cymes composées axillaires, avec 4 sépales; 4 pétales valvaires; 8 étamines; un disque épais, et un ovaire 4-lobé, à 2 ovules collatéraux. Le fruit est formé de 4 follicules coriaces, à graines ailées. Paraît être voisin des *Melicope*. (*Hook. Icon.*, t. 1512.)

Tétracoque (fruit).

TETRACYCLUS (Ralfs, in *Ann. and Mag. Nat. Hist.*, XII). Genre d'Algues-Diatomacées, de la famille des Tabellariées, dont les espèces ont été reportées parmi les genres *Gomphogramma* et *Bibbarium*. [Ch. M.]

TETRADIUM (Fries, *Botrytis*. — Schlchtl, in *Bot. Zeit.* [1852], 620). — Voy. Peronospora.

TÉTRADYNAME, TÉTRADYNAMIE. Androcée à 6 étamines, dont 4 plus grandes.

TETRÆDRON (Kuetz., *Phyc. germ.*, 129). Genre fort douteux d'Algues-Desmidiacées, que Rabenhorst a placé dans les *Mischococcus* Næg.

TETRAGAMESTUS (Reichb. f., in *Bonplandia* [1854], 21). Synonyme de *Ponera* Lindl.

TETRAGASTRIS (Gærtn., *Fruct.*, II, 130, t. 100). Synonyme de *Hedwigia* Sw.

TETRAGLOCHIN (Pœpp., *Fragm. Syn.*, 26). Synonyme de *Margyricarpus* R. et Pav.

TETRAGLOSSA (Bedd., in *Madr. Journ. sc.*, ser. 2, VI, 70). Synonyme de *Cleidion* Bl.

TETRAGONANTHOS (Stell., *Irc.*, 122). Synonyme de *Halenia* Borckh.

TÉTRAGONE (*Tetragonia* L., *Gen.*, n. 627). Genre de Mésembryanthémacées, qui donne son nom à la série des *Tétragoniées*; formé d'une vingtaine de plantes herbacées ou suffrutescentes, des rivages asiatiques, océaniens, africains et américains, et distingué par des fleurs hermaphrodites ou polygames, à réceptacle concave, logeant l'ovaire en partie ou en totalité.

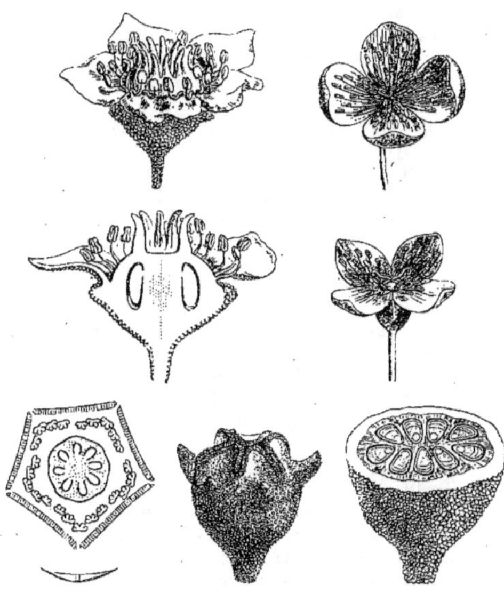

Tétragone. — Fleurs, entières et coupe longitudinale. Diagramme. Fruit, entier et coupe transversale.

Le périanthe, périgyne ou épigyne, est un calice 3-5-mère, sans corolle. Les étamines sont disposées en faisceaux de nombre variable, alternisépales; et l'ovaire infère a 1-8 loges à 1 ovule descendant; le raphé ventral; le micropyle tourné en haut et en dehors. Le fruit, sec ou drupacé, renferme des graines subréniformes, à embryon courbe. Les feuilles sont alternes, souvent charnues, linéaires, ovales ou deltoïdes. Les fleurs sont axillaires, solitaires ou disposées en cymes sessiles ou stipitées. Les T. sont comestibles, potagères, notamment le *T. expansa* ou Épinard de la Nouvelle-Zélande, et le *T. crystallina*, assez souvent cultivés pour l'usage culinaire et qui, comme légumes frais, ont rendu de grands services aux navigateurs. (H. Bn, *Hist. des pl.*, IX, 48, 51, 52, fig. 63-67.)

TETRAGONELLA (Miq., in *Pl. Preiss.*, I, 245). Synonyme de *Tetragonia* L.

TETRAGONIA. Ancien nom officinal du Fusain d'Europe (*Evonymus europæus* L.), à cause de la forme de ses fruits.

TETRAGONIACEÆ (Lindl., *Veg. Kingd.*, 527). Synonyme de Tétragoniées.

TETRAGONIEÆ. Série des Mésembryanthémacées. (H. Bn, *Hist. des pl.*, IX, 50, 52.)

TETRAGONOCARPOS (DC., *Prodr.*, III, 452). Section du genre *Tetragonia* L.

TETRAGONOCARPUS (Commel., *Hort. amst.*, II, t. 102, 103). Synonyme de *Tetragonia* L.

TETRAGONOCARPUS (Hassk., in *Flora* [1857], 99). Synonyme (?) de *Marsdenia* R. Br.

TETRAGONOLOBUS (Scop., *Fl. carniol.*, II, 87). Section du genre *Lotus* L., qui a pour type le *L. tetragonolobus* L. (H. Bn, *Iconogr. Fl. fr.*, n. 183.)

TETRAGONOSPERMA (Scheele, in *Linnæa*, XXII, 166). Synonyme de *Tetragonotheca* Dill.

TETRAGONOTHECA (L., *Gen.*, n. 976). Genre de Composées-Hélianthées, formé de 3 grandes herbes, de l'Amérique du Nord; distingué, dans le groupe des Verbésinées, par des fleurs du rayon fertiles; des capitules solitaires ou disposés en cymes lâches, avec involucre étalé, de 4 larges bractées indépendantes; l'aigrette nulle ou formée de squamelles 2, 3-sériées. (H. Bn, *Hist. des pl.*, VIII, 217.)

TETRAGRAMMA (Ehrb. [1843], ex V. Heurck, *Microsc.*, 311). Synonyme de *Terpsinoe* Ehrb.

TETRAGYNE (Miq., *Fl. ind. bat.*, Suppl., 463). Genre d'Euphorbiacées (?), imparfaitement connu (*Alchornea* (?) B. H., *Gen.*, III, 257).

TÉTRAGYNIE. Groupe de plantes à 4 carpelles.

TETRAHIT (Dill., *Nov. gen.*, 103; Mœnch, *Meth.*, 394). Synonyme de *Galeopsis* L.

TETRAHITUM (Hoffmsg et Link, *Fl. port.*, 103). Synonyme de *Betonica* L.

TETRALEPIS (Steud., *Syn. pl. glum.*, II, 159). Synonyme de *Cyathochæte* Nees.

TETRALOPHA (Hook. f., *Icon.*, t. 1072; *Gen.*, II, 120, n. 253). Section du genre *Gynochtodes* Bl., à ovules presque horizontaux, à style court, à bractées unies en une sorte de cupule annulaire, à loges ovariennes sans fausse-cloison entre les deux ovules.

TETRALIX (Griseb., *Cat. pl. cub.*, 8). Genre douteux de Bixacées (?), formé d'un arbre des Antilles, à fleurs mâles seules connues. C'est peut-être (B. H., *Gen.*, I, 971) une Tiliacée ou une Euphorbiacée.

TETRALIX (Hall., *Helv.*, I, 418). Synonyme de *Erica* T.

TETRALOBUS (A. DC., *Prodr.*, VIII, 667). Synonyme de *Polypompholyx* Lehm.

TETRAMELES (R. Br., in *Denh. et Clapp. App.*, 25). Genre de Saxifragacées-Datiscées, formé d'un grand arbre, de l'Inde et de Java; distingué des *Datisca* par des feuilles ovales ou cordées, longuement pétiolées; des fleurs unisexuées, apétales; les étamines à filet allongé; l'ovaire 1-loculaire, avec 4 styles et 4 placentas pariétaux, pauciovulés. (Benn., *Pl. jav. rar.*, t. 17. — H. Bn, *Hist. des pl.*, III, 464.)

TETRAMÉRIS (Naud., in *Ann. sc. nat.*, sér. 3, XIV, 120, t. 4). Synonyme de *Comolia* DC.

TETRAMERISTA (Miq., *Fl. ind. bat.*, Suppl., I, 534). Genre d'Ochnacées-Ouratéées, dont les fleurs sont tétramères, avec 4 sépales décussés, 4 pétales imbriqués, 4 étamines alternipétales et un gynécée à ovaire quadrilobé, dont chacune des quatre loges renferme un ovule ascendant, presque basilaire, à micropyle extérieur et inférieur. Le fruit est une drupe. C'est un arbre de Sumatra, le *T. glabra* Miq. Ses feuilles sont alternes, coriaces. Ses fleurs sont réunies en grappes, placées chacune dans l'aisselle d'une bractée, accompagnées de deux bractéoles latérales, semblables aux sépales, décurrentes sur les deux côtés du pédicelle. (H. Bn, *Hist. des plant.*, IV, 368.)

TETRAMERIUM (Gærtn. f., *Fruct.*, III, 90, t. 196). Synonyme de *Faramea* Aubl.

TETRAMERIUM (Nees, in *Sulph. Bot.*, 147, t. 48; in *DC. Prodr.*, XI, 467). Genre d'Acanthacées-Justiciées, à fleurs à peu près de *Dicliptera*; la corolle à lèvre postérieure obovale ou oblongue, entière, enveloppée; la lèvre antérieure à 3 lobes étalés; le médian enveloppant. Ce sont 5, 6 herbes ou sous-arbrisseaux américains. (H. Bn, *Hist. des pl.*, X, 462.)

TETRAMICRA (Lindl., *Gen. et spec. Orchid.*, 119). Genre d'Orchidacées-Épidendrées, formé de 5, 6 plantes américaines, terrestres ou épiphytes; distingué, dans le groupe des Læliées, par des fleurs à sépales et pétales étalés, à peu près semblables; un labelle étalé dès sa base; des tiges sans pseudobulbes, avec 1-3 feuilles à la base d'une longue hampe simple. On cultive une ou deux de ces plantes. (*Bot. Mag.*, t. 3098, 3734.) [H. Bn.]

TETRAMIS (Brid.). Pour *Tetracmis* Brid.

TETRAMOLOPIUM (Nees, *Aster.*, 203). Synonyme (part.) de *Diplostephium* Cass. (H. Bn, *Hist. des pl.*, VIII, 142) et (part.) de *Vittadinia* A. Rich., dont c'est pour A. Gray une section. (B. H., *Gen.*, II, 282.)

TETRAMORPHÆA (DC., in *Guillem. Arch.*, II, 331). Synonyme de *Centaurea* L. (H. Bn, *Hist. des pl.*, VIII, 84.)

TETRAMYXA (Gœbel, in *Flora* [1884], n. 23). Genre peu caractérisé de Plasmodiés, dont la seule espèce connue vit à l'intérieur des plantes aquatiques, sous forme de groupes de zoospores quaternées, entourées au début d'une enveloppe commune. [De S.]

TETRANDRA (A. DC., *Prodr.*, IX, 527). Section du genre *Tournefortia* L.

TETRANEMA (Aresch., *Phyc. Scand. mar.*, 192). Synonyme de *Enteromorpha* Link.

TETRANEMA (Benth., in *Bot. Reg.* [1843], t. 52). Genre de Scrofulariacées-Scrofulariées, formé d'une seule petite herbe élégante, souvent cultivée dans les serres, le *T. mexicana*; distingué par un calice 5-partite; une corolle à 2 lèvres étalées; un androcée didyname, avec un petit staminode postérieur; des feuilles sessiles, en rosette; des fleurs violettes, disposées en cyme au sommet d'une hampe commune. (*Bot. Mag.*, t. 4070. — H. Bn, *Hist. des pl.*, IX, 438.)

TETRANTHERA (Jacq., *Hort. schœnbr.*, I, 59, t. 113). Synonyme de *Litsea* Lamk (qui a la priorité). Ce sont environ 130 arbres ou arbustes, asiatiques et océaniens, à fleurs dioïques, ombellées ou capitées; l'inflorescence enveloppée d'abord d'un involucre globuleux de bractées, au nombre de 2-∞. Les fleurs

Tetranthera. — Fleur. Diagramme.

sont, ou 2-mères, avec 6 étamines, ou 3-mères, avec 9-∞ étamines. Les anthères ont 4 logettes. Le fruit est une baie, accompagnée à sa base d'une petite cupule réceptaculaire. Les feuilles sont alternes ou rarement opposées. (H. Bn, *Hist. des pl.*, II, 440, 480, fig. 256, 257. — Mez, *Laurac. amer.*, 474.)

TETRANTHUS (Sw., *Prodr.*, 116; *Fl. ind. occ.*, 1385, t. 27). Genre de Composées-Hélianthées, formé de 2 petites herbes, des Antilles; distingué, dans le groupe des Millériées, par un involucre de 4 bractées, avec 2 fleurs mâles et 2 hermaphrodites; les capitules très petits; les feuilles opposées. (H. Bn, *Hist. des pl.*, VIII, 236.)

TETRAOTIS (Reinw., in *Bl. Bijdr.*, 892). Synonyme de *Enhydra* Lour.

TETRAPANAX (C. Koch, *Voch. Gärtn. u. Pfl.* [1859], 371). Genre d'Araliées, dont le type est l'*Aralia papyrifera*, plante cultivée chez nous comme ornementale, et l'une de celles qui donnent du papier dit de Chine ou de riz. C'est une section, pour nous, du genre *Aralia* T. (Voy. *Hist. des pl.*, VII, 154.) [H. Bn.]

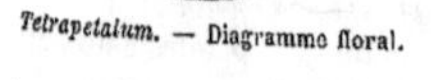

Tetrapetalum. — Diagramme floral.

TETRAPASMA (Don, *Gen. Syst.*, II, 40). Synonyme de *Discaria* Hook.

TETRAPATHÆA (Raoul, in *Ann. sc. nat.*, sér. 3, II, 122; *Ch. pl. N. Zel.*, t. 27). Synonyme de *Passiflora* L.

TETRAPELTIS (Wall., in *Lindl. Gen. et sp. Orchid.*, 212). Synonyme de *Otochilus* Lindl.

TETRAPETALUM (Miq., in *Ann. Mus. lugd.-bat.*, II, 1). Genre d'Anonacées-Uvariées, formé d'un arbuste de Bornéo, qui a des fleurs d'*Uvaria*, mais avec un calice et une double corolle dimères. (H. Bn, *Hist. des pl.*, I, 203, 282.)

TETRAPHIS (Nees, *Fl. Afr. austr. Gram.*, 270). Genre proposé pour le *Danthonia radicans* Steud. (Pour le genre de Mousses de ce nom, voy. le Supplément.)

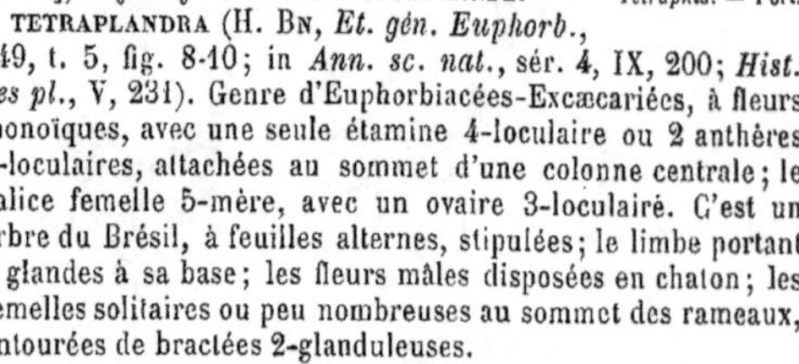

Tetraphis. — Port.

TETRAPHYLAX (De Vr., *Gooden.*, 164). Genre proposé pour le *Goodenia quadrilocularis* R. Br.

TETRAPHYLE (Eckl. et Zeyh., *Enum.*, 292, part.). Synon. de *Crassula*, sect. *Pyramidella*.

TETRAPILUS (Lour., *Fl. cochinch.*, 611). Synonyme (?) de *Olea* L.

TETRAPLACUS (Taub., in *Engl. Jahresb.* [1890]). Synonyme de *Otacanthus* Lindl.

TETRAPLANDRA (H. Bn, *Et. gén. Euphorb.*, 549, t. 5, fig. 8-10; in *Ann. sc. nat.*, sér. 4, IX, 200; *Hist. des pl.*, V, 231). Genre d'Euphorbiacées-Excæcariées, à fleurs monoïques, avec une seule étamine 4-loculaire ou 2 anthères 2-loculaires, attachées au sommet d'une colonne centrale; le calice femelle 5-mère, avec un ovaire 3-loculaire. C'est un arbre du Brésil, à feuilles alternes, stipulées; le limbe portant 2 glandes à sa base; les fleurs mâles disposées en chaton; les femelles solitaires ou peu nombreuses au sommet des rameaux, entourées de bractées 2-glanduleuses.

TETRAPLASANDRA (A. Gray, *Un.-St. expl. Exped. Bot.*, I, 727, t. 94). Section du genre *Plerandra* A. Gray. (H. Bn, *Hist. des pl.*, VII, 236.)

TETRAPLASIUM (Kze, in *Flora* [1831], 378). Synonyme de *Tetilla* DC.

TETRAPLEURA (Benth., in *Hook. Journ. Bot.*, IV, 345). Genre de Légumineuses-Mimosées-Adénanthérées, formé d'un grand arbre de l'Afrique tropicale, qui a tous les caractères d'un *Adenanthera*, mais avec de grands fruits 4-gones, un peu arqués, dilatés en 4 ailes longitudinales épaisses. (H. Bn, *Hist. des pl.*, II, 28, 64; in *Adansonia*, VI, 192, 211, t. 4, fig. 5.)

TETRAPLEURA (Parlat., in *Hook. Niger Fl.*, 131, nec Benth.). Synonyme de *Tornabenia* Parlat.

TETRAPLOA (Berk. et Br., in *Ann. nat. Hist.*, n. 457). Genre d'Hyphomycètes, dont on n'observe que les conidies, ovoïdes, brunes, muralidivisées, plus ou moins appendiculées au sommet, disposées en touffe, sans mycélium apparent, à la surface des tiges ou des chaumes. Des trois espèces exotiques connues, une seule se retrouve en Europe. [De S.]

TETRAPODISCUS (Ehrb., ex V. Heurck, *Microsc.*, 313). Synonyme de *Eupodiscus* Ehr.

TETRAPOGON (Desf., *Fl. atl.*, II, 388, t. 255). Genre de Graminées-Chloridées, formé de 4 herbes cespiteuses, africaines et asiatiques; distingué des *Chloris* par 1-3 épis à long duvet soyeux; les épillets pressés; les glumelles membraneuses, émarginées, bifides ou tronquées au sommet, avec une arête centrale. (Jaub. et Spach, *Ill. pl. or.*, t. 327, 328.) [H. Bn.]

TETRAPOMA. Une Crucifère, le *T. barbareifolia* Turcz. (*Linnæa*, X, Litt., 104), se distingue souvent par son ovaire 4-mère, à 4 placentas ∞-ovulés, et a souvent été considérée comme le type d'un genre à part. Mais A. Gray et beaucoup d'autres auteurs ont pensé que c'est uniquement une variation non constante du *Nasturtium palustre* R. Bn. (voy. H. Bn, *Hist. des pl.*, III, 186, 232, fig. 210-213). L'anomalie se reproduirait souvent par le semis dans les jardins botaniques.

TETRAPORA (Schau., in *Linnæa*, XVII, 238). Synonyme de *Bæckea* L.

TETRAPTERA (Miers, in *Lindl. Veg. Kingd.*, 172). Synonyme de *Burmannia* L.

TETRAPTERYGIUM (Fisch. et Mey., *Ind. sem. Hort. petrop.*

[1835], 39). Genre de Crucifères-Isatidées, formé d'une herbe annuelle, de Perse; distingué par de grands fruits, largement oblongs et largement 4-ptères; l'embryon à cotylédons plissés longitudinalement. (Jaub. et Spach, *Ill. pl. or.*, t. 50. — H. Bn, *Hist. des pl.*, III, 261.)

TETRAPTERYS (Cav., *Diss.*, 433, t. 260-262). Genre de Malpighiacées-Hirécées, formé d'une cinquantaine de lianes, de l'Amérique tropicale; distingué par des grappes simples ou composées; le calice ordinairement à 8 glandes; les pétales entiers ou dentés; 10 étamines, dont 5 plus grandes; 3 styles courts; un fruit sec, à ailes en croix, marginales et non dorsales. (H. Bn, *Hist. des plant.*, V, 464.)

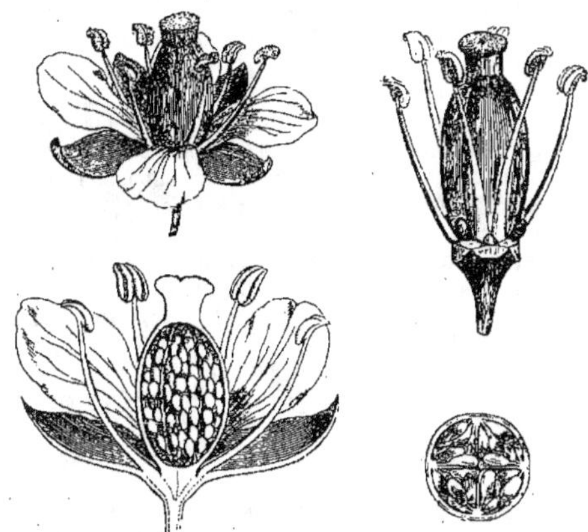

Tetrapoma. — Fleur, entière, coupe longitudinale et sans le périanthe. Ovaire, coupe transversale.

TETRARIA (Pal.-Beauv., in *Mém. Instit. Par.* [1812], II, 54). Synonyme de *Elynanthus* Nees.

TETRARRHENA (R. Br., *Prodr.*, 210). Genre de Graminées-Phalaridées, formé de 4 herbes vivaces, d'Australie; distingué par des inflorescences peu ramifiées, avec des fleurs 4-andres, 2 glumes, et la glumelle supérieure mutique, vide, plus grande que les autres. (Labill., *Pl. N.-Holl.*, t. 117. — Hook. f., *Fl. tasm.*, t. 154.) [H. Bn.]

TETRASPORA (Link [1810]. —Agh, *Syst.*, XXXII). « Algues-Ulvacées », que nous considérons comme devant être reportées dans le règne animal. [Ch. M.]

TÉTRASPORE. Spores disposées par groupes de quatre.

TETRASPORELLA (Gaill., *Ulv. Spec. Auctt. vet.*). Synonyme de *Tetraspora* Link.

TETRASPORIDEI (Kl., *Fung. exot.*, 233). Division des Hyménomycètes, comprenant les Basidiosporés-Homobasidiés.

TETRASTEMON (Hook., *Bot. Misc.*, III, 317). Synonyme de *Myrrhinium* Schott.

TETRATÆNIA (Hoffm., *Umbell.*, 175, t. 4). Section du genre *Malabaila* Hoffm. (H. Bn, *Hist. des pl.*, III, 206.)

TETRATAXIS (Hook. f., *Gen.*, I, 783). Genre de Lythrariacées-Lythrariées, formé d'un arbuste de Maurice; distingué par des fleurs apétales, à 4 sépales; 4 étamines, et une capsule septifrage, à 4 loges. (H. Bn, *Hist. des pl.*, VI, 451.)

TETRATHECA (Sm., *Bot. N.-Holl.*, t. 2; *Ex. Bot.*, t. 20-22). Genre de Trémandrées, formé d'environ 20 petits arbustes australiens; distingué par des fleurs 4, 5-mères, à anthères 2-loculaires ou 4-locellées, continues avec le filet; des feuilles alternes ou verticillées, glabres ou chargées d'un duvet glanduleux. Les loges ovariennes sont 1-3-ovulées, et le fruit loculicide est 2-valve. (H. Bn, *Hist. des pl.*, V, 68, 70.)

TETRATHYLACIUM (Pœpp. et Endl., *Nov. gen. et spec.*, III, 34, t. 240). Genre de Bixacées-Samydées, formé d'un arbre de l'Amérique tropicale; distingué par des fleurs 4-mères, à sépales unis et épaissis, charnus à la base; une baie 4-sperme; des

feuilles alternes; des fleurs en épis groupés en faisceaux sur le bois du tronc et des branches. (H. Bn, *Hist. des pl.*, IV, 308.)

TETRATHYRANTHUS (A. Gr., in *Proc. Amer. Acad.*, VI, 50). Synonyme (Seem.) de *Faradaya* et (B. H.) de *Ovieda* L.

TETRATHYRIUM (Benth., *Fl. hongk.*, 132). Genre de Saxifragacées-Hamamélidées, formé d'un arbuste d'Hongkong; distingué par des feuilles persistantes; des fleurs à pétales squamiformes; les anthères 2-valves; le connectif prolongé; le sommet du style capitellé. (H. Bn, *Hist. des pl.*, III, 458.)

TETRATOME (Pœpp. et Endl., *Nov. gen. et spec.*, II, 46, t. 163). Synonyme de *Mollinedia* R. et Pav.

TETRAULACIUM (Turcz., in *Bull. Mosc.* [1843], 53). Genre de Scrofulariacées-Gratiolées, formé d'une herbe brésilienne, hérissée et couchée; distingué, dans le groupe des Stémodiées, par un calice à divisions fort inégales; 4 étamines didynames; les anthères à une seule loge stipitée; un fruit loculicide et septicide. (H. Bn, *Hist. des pl.*, IX, 454.)

TETRAZYGIA (Rich., in *DC. Prodr.*, III, 172). Section du genre *Miconia* R. et Pav. (H. Bn, *Hist. des pl.*, VII, 54.)

TETREILEMA (Turcz., in *Bull. Mosc.* [1863], II, 199). Genre attribué aux Verbénacées, mais à tort. (B. H., *Gen.*, II, 1137.)

TETRETELEIA (Sond., in *Fl. cap.*, I, 58). Synonyme de *Polanisia* Rafin.

TETRODONTIUM (Schwægr., *Suppl.*, II, vol. I, 2, p. 102, t. 128). Genre de Mousses, souvent rapproché du genre *Tetraphis* Hedw., mais, même dans ce genre, distingué par des tiges courtes ou subnulles et annuelles. Pour Bruch et Schimper

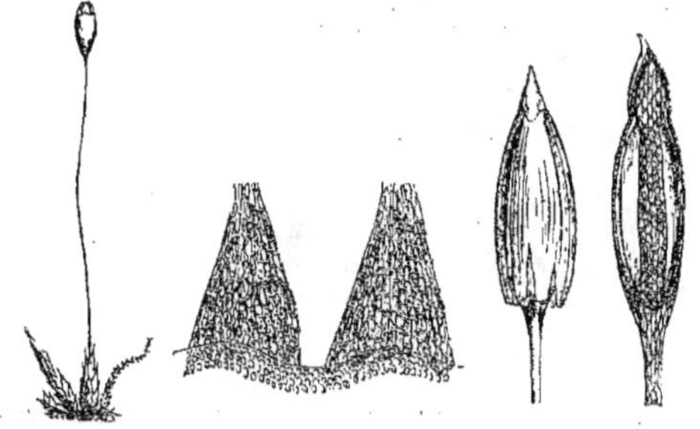

Tetrodontium. — Port. Urne, entière et coupe longitudinale. Portion du péristome.

(*Bryol. eur.*, fasc. 17), c'est même un genre du groupe des *Tétraphidées.* Pour Montagne (in *Dict. d'Orb.*, VIII, 402), c'était un genre des *Tétrodontées* (Angstr., in *Fries Summ. veg. Scand.*, I, 92. — C. Muell., *Syn. Musc.*, I, 181). Pour le dernier de ces auteurs, c'est une section du genre *Georgia* Ehri.

TÉTRODUS (Cass., in *Dict.*, LV, 264, 272). Synonyme de *Helenium* L. (H. Bn, *Hist. des pl.*, VIII, 241.)

TETRONCIUM (W., in *Ges. Nat. Fr. Berl. Mag.*, II, 17). Genre de Juncaginées, formé d'une petite herbe jonciforme, des Malouines et de la Terre de Feu; distingué par des fleurs dioïques, sans bractées, à 4 sépales; 4 étamines insérées à leur base; 4 carpelles 1-ovulés. (Hook., *Icon.*, t. 534. — Hook. f., *Fl. antarct.*, II, t. 128.) [H. Bn.]

TETRORCHIDIUM (Pœpp. et Endl., *Nov. gen. et spec.*, III, 23, t. 227). Genre d'Euphorbiacées, voisin des *Acalypha* et *Claoxylon*, et dont les fleurs dioïques sont trimères, apétales. Leur fleur mâle a un calice valvaire ou imbriqué, et, autour d'un corps central, non constant, ou trois étamines oppositisépales, 4-locellées, ou six étamines à anthère biloculaire, disposées par paires, suivant les interprétations. Dans la fleur femelle, il y a 3 sépales imbriqués; un ovaire à 3 loges uniovulées, alternes avec les sépales, et, en dessous de l'ovaire, 3 languettes pétaloïdes, alternisépales, qui, comme dans les Mercuriales, représentent les lobes d'un disque hypogyne. Les 2, 3 *Tetrorchidium* connus sont des arbres de l'Amérique centrale, à feuilles alternes, 2-glanduleuses. (*Hist. des pl.*, V, 211.) [H. Bn.]

TETTAN-KOTTA. Nom hindou du *Strychnos potatorum* L. F.

TETYPOTEIRA. Le *Vitis arbustina* de Pison.

TEUCRIDE D'ALLEMAGNE. Le *Veronica Teucrium* L.

TEUCRIDIUM (Hook. F., *Fl. N. Zeal.*, I, 203, t. 49). Genre de Verbénacées-Viticées, considéré comme reliant ces dernières aux Labiées; distingué par un calice semi-5-fide, ouvert sous le fruit; une corolle à tube court et à limbe oblique, irrégulier; 4 étamines exsertes; un fruit drupacé, semi-5-fide; des tiges herbacées; des fleurs axillaires, petites et solitaires. La seule espèce connue est de la Nouvelle-Zélande. C'est pour M. F. Mueller un synonyme de *Spartothamnus*. (Voy. H. Bn, *Hist. des pl.*, XI, 126.)

TEUCRIETTE. Le *Veronica Teucrium* L.

TEUCRIUM (T., *Inst.*, 207, t. 98). Genre de Labiées-Ajugées, formé d'une centaine d'espèces, de toutes les régions chaudes et tempérées du globe. Les fleurs ont un calice tubuleux ou enflé et 10-nerve; une corolle blanche, jaune, rouge ou bleue,

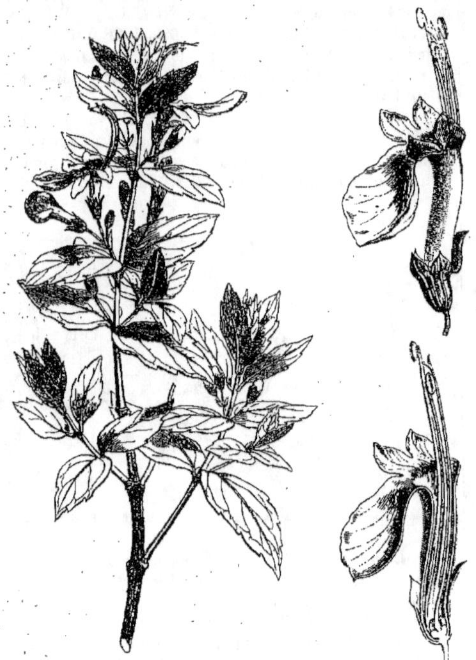

Teucrium. — Branche florifère. Fleur, entière et coupe longitudinale.

dont le limbe est fendu longitudinalement en arrière, de façon qu'il se déjette entièrement en avant avec ses 5 lobes inégaux et simule une lèvre unique. L'androcée est didyname, et les anthères sont 2-loculaires. L'ovaire est partagé en 4 logettes qui sont libres en haut. Les fruits sont ovoïdes et rugueux, avec une aréole oblique ou latérale, parfois étendue au delà du milieu de la hauteur. Ce sont des arbustes, sous-arbrisseaux et herbes, à feuilles opposées, entières, dentées, incisées ou ∞-fides; à cymes 2- ou ∞-flores, occupant en haut des branches l'aisselle des feuilles florales. Parfois l'ensemble de l'inflorescence est subcapituliforme. On emploie en médecine comme aromatiques, toniques, stimulants, le *T. Chamædrys* L. (Petit-Chêne), le *T. Scorodonia* L. (Germandrée des bois), le *T. montanum* L. (Pouliot de montagne), le *T. Botrys* L. (Germandrée femelle), le *T. Scordium* L. (Germandrée d'eau), etc. (H. Bn, *Hist. des pl.*, XI, 26, 31, 75, fig. 70, 71; *Tr. Bot. méd. phanér.*, 1253.)

TEUDANG. — Voy. Carendang.

TEURMERIC. Nom vulgaire, dans l'Amérique boréale, du *Sanguinaria canadensis* L.

TÉVÉ. Nom tahitien du *Dracontium polyphyllum* L., dont les tubercules servent, en cas de disette, d'aliment, après qu'on les a bouillis pour les priver de leur principe âcre et vésicant.

TEXIERA (Jaub. et Sp., *Ill. pl. or.*, I, t. 1). Genre de Crucifères-Isatidées, formé d'une herbe syrienne, à port d'*Isatis*; distingué par un fruit largement ovoïde-oblong, obtus aux deux extrémités, pourvu d'un exocarpe spongieux et d'un endocarpe osseux; l'embryon à cotylédons plissés longitudinalement. (H. Bn, *Hist. des pl.*, III, 262.)

TEXTORIA (Miq., in *Ann. Mus. lugd.-bat.*, I, 12). Synonyme de *Dendropanax* Dcne et Pl.

TEYER-TREE. Nom anglais du *Thrinax argentea* Lodd.

TEYKAL. Nom, dans l'Inde, du *Dillenia aurea* Sm.

TEYSMANNIA (Miq., in *Versl. Ak. Amsterd.*, 194). Synonyme de *Pottsia* Hook. et Arn.

TEYSMANNIA (Reichb. F. et Zoll., in *Linnæa*, XXXVIII, 657). Genre de Palmiers-Coryphées, formé d'une petite espèce, de Sumatra; distingué par des fleurs hermaphrodites; le rachis du spadice nu; le limbe des feuilles allongé. Le gynécée est formé de 3 carpelles libres; les styles unis; le péricarpe tessellémuriqué. (B. H., *Gen.*, III, 924.) [H. Bn.]

TEYSSMANIA. Pour *Teysmannia* Reichb. F. et Zoll.

TEYU-IBA. Nom guarani d'un *Eugenia*.

THACLA (Spach, *Suit. à Buff.*, VII, 925). Syn. de *Caltha* L.

THAL (Joh.). Médecin de Nordhausen [1542-1583], auteur du *Sylva hercynia* [1588], qui eut une deuxième édition [1574].

THALAMIA (Spreng., *Anleit.*, II, 218). Synonyme de *Phyllocladus* L.-C. Rich.

THALAMIA (Spreng., *Syst.*, III, 890). Synonyme de *Dacrydium* Soland.

THALAMIFLORES (DC.). Plantes dans la fleur desquelles la corolle et l'androcée s'insèrent sur le réceptacle ou torus.

THALAMIUM. L'hyménium ou lame proligère des Lichens.

THALAMOSTEMON. « Si stamina, dit Mœnch (*Meth.*, 4), receptaculo fructificationis inseruntur. »

THALASCOTHRIX (Grun., *Oest. Duet.* [1862], 89, t. 8, fig. 18). Synonyme de *Synedra* Ehrb.

THALASIUM (Spreng., *Syst.*, *Cur. post.*, 22, 30). Synonyme de *Panicum* L.

THALASSIA (Sol., in *Kœn. et Sims Ann. bot.*, II, 96). Genre d'Hydrocharidacées, qui donne son nom à une tribu des *Thalassiées*; formé de 2 plantes submergées, de l'Inde, de la mer Rouge et des Antilles; distingué par de longues feuilles entourées par 2, 3 d'une gaine scarieuse; les spathes 2-phylles, courtement tubuleuses à la base, 1-flores; avec un périanthe simple; 6 étamines; un ovaire longuement rostré; un fruit stipité, se partageant finalement en ∞ lobes. (Aschers., in *Neum. Anl. Wiss. Beob.*, 361.) [H. Bn.]

THALASSIEÆ. Tribu 4 (B. H., *Gen.*, III, 449) des Hydrocharidacées.

THALASSIOPHYLLUM (Post. et Rupr., *Illustr. Alg.*, 11). Algues-Laminariées, à fronde rameuse, solide, foliacée d'une façon régulière. Les soies sont irrégulièrement disposées sur la fronde. Les spores, allongées, ellipsoïdes, sont renfermées dans un périspore hyalin et entourées de paranémates inarticulés, claviformes, très resserrés. (Payen, *Bot. crypt.*, éd. H. Bn, 37.)

THALESIA (Bronn., *Traub. Reinth.*). « Classe » (2) de Vignes.

THALESIA (Mart., herb.). Synonyme de *Leptolobium* Vog.

THALIA (L., *Gen.*, n. 8). Genre de Zingibéracées-Marantées, formé de 4, 5 grandes herbes américaines; distingué par des inflorescences ramifiées, avec des bractées étalées et tombant de bonne heure, à la base des divisions; les divisions ultimes portant des épis lâches et des fleurs géminées pour chaque bractée. Les pétales sont libres ou à peine unis; le fruit capsulaire; l'embryon arqué. On cultive assez souvent comme ornemental le *T. dealbata*, dans les pièces d'eau. (Nees, in *Linnæa*, IV, t. 4. — *Bot. Mag.*, t. 1690. — H. Bn, in *Adansonia*, I, 314, t. 11.)

THALIANA (Reichb., *Nom.*, 182). Section du g. *Conringia*.

THALIANTHUS (Kl., in *Schomb. Reis. brit. Guian.*, III, 1125). Synonyme (B. H., *Gen.*, III, 651) de *Myrosma* L. F.

THALIBEU, THALIBOT. Noms du *Tragopogon pratense* L.

THALICTRELLA (A. Rich., in *Dict. class.*, IX, 34). Synonyme de *Olfa* Adans.

THALICTRUM (T., *Inst.*, 270, t. 143). Genre de Renonculacées, à fleurs de Clématite; le périanthe unique, coloré, imbriqué. Les carpelles renferment un seul ovule descendant, à micropyle intérieur, et deviennent autant d'achaines. Il peut y en avoir 4, avec même nombre de sépales; mais les uns et les

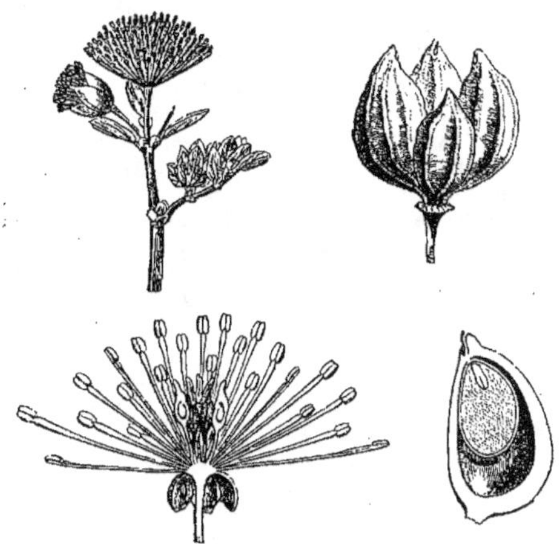

Thalictrum. — Inflorescence. Fleur, coupe longitudinale. Fruit multiple. Carpelle mûr, coupe longitudinale.

autres varient beaucoup. Ce sont des herbes vivaces, à feuilles alternes, très découpées, ordinairement plusieurs fois décomposées. Les inflorescences sont des grappes ou des corymbes de cymes. Notre vulgaire *T. flavum* L. est évacuant; c'est la Rhubarbe des pauvres. Il y a, dans le genre, bien des espèces à fleurs polygames ou même dioïques. (H. Bn, *Hist. des pl.*, I, 59, 87, fig. 97, 100.)

THALITRON. Le *Sisymbrium Sophia* L.

THALLE (*Thallus*). Le système végétatif de nombreuses Cryptogames. — Voy. Lichens, etc.

THALLOPHYTES. Les Cryptogames pourvues d'un thalle.

THALY. — Voy. Théli.

THALYSIA (L., *Syst. nat.; Fundam.*, 244). Synonyme (L.) de *Zea* L.

THAMINOPHYLLUM (Harv., *Fl. cap.*, III, 155). Section du genre *Matricaria* T. (H. Bn, *Hist. des pl.*, VIII, 275.)

THAMNACANTHA (DC., *Prodr.*, VI, 611). Section des *Kentrophyllum* Neck.

THAMNEA (Sol. — Ad. Br., in *Ann. sc. nat.*, sér. 1, VIII, 386, t. 38, fig. 3). Genre de Saxifragacées-Bruniées, formé de 4, 5 sous-arbrisseaux africains; distingué par des fleurs solitaires, à 1 ou 2 loges ovariennes incomplètes, 4-8-ovulées. (Oliv., in *Journ. Linn. Soc.*, IX, 331. — H. Bn, *Hist. des pl.*, III, 456.)

THAMNIA (P. Bn., *Jam.*, 245). Synonyme de *Lætia* Lœfl.

THAMNIUM (Kl., in *Linnæa*, XXII, 223). Synonyme de *Scyphogyne* Ad. Bn.

THAMNIUM (Schimp., *Bryol. eur.*, V). Synonyme de *Flabellaria* C. Muell.

THAMNIUM (Vent., *Tabl.*, II, 35). Synonyme (part.) de *Cenomyce* Achar.

THAMNOCALAMUS (Munro, in *Trans. Linn. Soc.*, XXVI, 33). Synonyme (?) de *Arundinaria* Michx.

THAMNOCARPUS (Kuetz., *Phyc. gen.*, 450). Algues-Floridées, de l'ordre des Céramiées, famille des Callithamniées. La fronde membraneuse, à ramules pinnées, laciniées, très souvent entières, est vaguement rameuse, monosiphoniée, formée de

plusieurs couches de cellules : les intermédiaires petites; les corticales arrondies, plus grandes. Les sphérospores sont développées dans les filaments des rameaux; elles sont nues, sphériques et se divisent en croix. Deux espèces constituent ce genre. (Voy. J.-G. Agh, *Spec., gen. et ord. Alg.*, III, 81.)

THAMNOCAULA (Hanst., in *Linnæa*, XXVI, 203). Sous-genre du genre *Gesnera* Mart.

THAMNOCHORTUS (Berg., *Pl. cap.*, 353). Genre de Restiacées, formé d'une dizaine d'herbes vivaces, de l'Afrique australe; distingué par des fleurs comprimées, à 2 sépales extérieurs ailés-carénés; les épillets des deux sexes ∞-flores; les mâles ovoïdes; les femelles oblongs et dressés; 3 étamines; l'ovaire 1-ovulé. (Rottb., *Descr. et Icon. pl.*, t. 1, fig. 1. — Mast., *Rest.*, t. 2, fig. 16-27.) [H. Bn.]

THAMNOCLONIUM (Kuetz., *Phyc.*, 302). Genre d'Algues-Floridées-Cryptonémiacées, à fronde arrondie ou plane, dichotome ou rameuse, irrégulièrement constituée par deux couches de cellules. La couche intérieure est formée de cellules allongées, très resserrées; la couche corticale, de cellules très petites, réunies en séries verticales. Les cystocarpes se développent dans le strate cortical. Les sphérospores, agrégées dans la fronde, se divisent en croix. (Voy. J.-G. Agh, *Spec., gen. et ord. Alg.*, III, 167.) [Ch. M.]

THAMNOLIA (Achar., in *litt.* [1819]). Genre de Lichens, à thalle fruticuleux, de couleur blanchâtre, à pied cylindrique, subulé-creux. Il appartient à la grande famille des Lichénacés, série des Ramolidés et tribu des Siphulés. Le strate cortical est composé de cellules petites, peu resserrées. Les gonidies et les éléments filamenteux sont situés vers la partie médullaire. Les apothécies n'ont pas encore été vues. Les spermogonies sont comme dans le genre *Bæomyces* Pers. [Ch. M.]

THAMNOPHORA (Agh, *Sp.*, I, 225). Division du genre *Plocamium*. La fronde se distingue par des ramules pinnés, alternativement géminés; les cystocarpes portés par un pédicelle. (Voy. J.-G. Agh, *Spec., gen. et ord. Alg.*, III, 347.) [Ch. M.]

THAMNOPTERIS (Presl, *Pterid.*, 105). Section du genre *Asplenium*. Brongniart (in *Dict. d'Orb.*, XIII, 84) donne ce nom à un genre de Cauloptéridées, voisin du genre *Osmunda*.

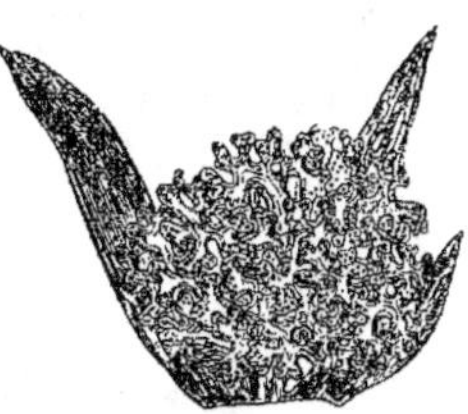

Thamnophora.

THAMNOSMA (Torr. et Frem., in *Frem. Sec. Rep.; Bot. Wippl. Exp.*, 17, t. 3). Genre de Rutacées-Rutées, formé de 2 espèces, du Mexique et du Texas; distingué par des fleurs à 4 pétales; 8 étamines; un ovaire didyme; une capsule à loges 4-8-spermes; des feuilles alternes. (A. Gray, *Gen. ill.*, t. 155. — H. Bn, *Hist. des pl.*, IV, 451.)

THAMNOSPOREÆ (Dcne, *Ess. class. Alg.* [1842], 63). Division des Algues-Floridées, qui comprenait les genres *Thamnospora* et *Ptelota* Agh, *Plocamium* Lmx, *Andium* Agh. F. Cette division est peu suivie par nos auteurs modernes.

THAMNUS (Kl., in *Linnæa*, XII, 235). Synonyme de *Plagiostemon* Kl.

THAO. Matière gélatineuse, qui est préparée dans l'extrême Orient avec des Algues comestibles.

THAOC-PHU-TU. Noms annamites du *Lukrabo.*

THAPSANDRA (Griseb., *Spic. Fl. rumel.*, II, 40). Section du genre *Celsia*; synonyme de *Arcturus* Benth.

THAPSIA (T., *Inst.*, 321, t. 171). Genre d'Ombellifères, série des Daucées, dont les fleurs, construites à peu près comme celles d'un *Laserpitium*, ont des sépales peu développés ou presque nuls, des pétales à sommet infléchi, des stylopodes petits ou coniques, parfois ondulés sur les bords ou légèrement marginés. Le fruit est ovale-oblong, comprimé par le dos, avec des côtes secondaires dilatées en larges ailes lisses; les dorsales linéaires ou développées en ailes plus étroites d'ordinaire. Les côtes primaires sont à peine saillantes. Les *Thapsia* vrais (*Euthapsia*) ont la face séminale plane; les *Elæoselinum*, que nous avons fait rentrer dans ce genre à titre de simple section,

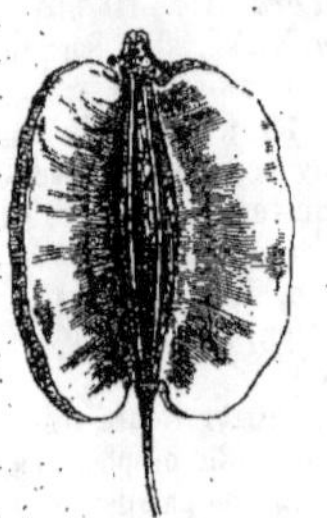
Thapsia. — Fruit.

l'ont profondément concave et involutée. Pour nous, ce caractère différentiel n'a pas, comme pour la plupart des auteurs, une valeur générique. Les *Thapsia* sont des herbes bisannuelles ou vivaces, à feuilles décomposées-pennées, avec les segments incisés-pinnatifides ou sétacés, et des fleurs jaunes, blanches ou pourprées, en ombelles composées, avec de nombreuses bractées étroites aux involucres ou aux involucelles. Plus rarement elles sont courtes ou font totalement défaut. Ces belles Ombellifères croissent dans la région Méditerranéenne et à Madère; elles sont souvent cultivées dans nos jardins botaniques, notamment les *T. villosa* et *garganica*. Ce dernier est célèbre comme plante irritante. Les anciens l'employaient, croit-on,

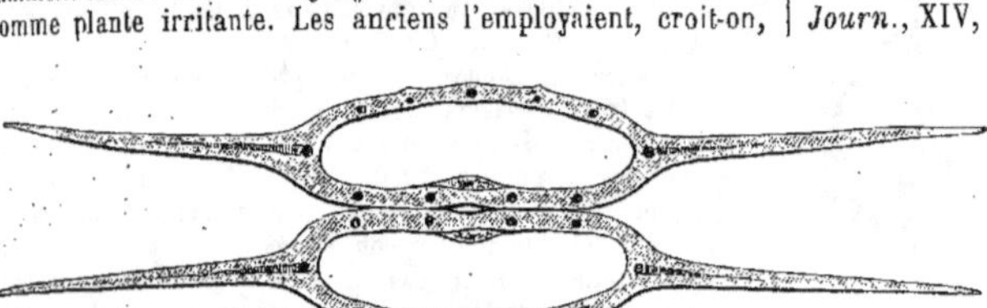
Thapsia. — Fruit, coupe transversale.

souvent comme médicament. Sa racine est surtout gorgée d'un suc âcre, drastique, très irritant, caustique. Avec son écorce fraîche les Arabes font des vésicatoires très actifs. C'est un puissant révulsif, qui enflamme la peau et les muqueuses. Il y a cependant des commerçants qui ont vendu du *T. garganica* sous le nom de *Silphium cyrenaicum*. Le *T. villosa* est aussi une plante irritante; sa racine est employée comme drastique par les Maures. Le *T. Asclepium* L. est encore un irritant et un substitutif; il servait au traitement

Thé. — Branche florifère.

des ulcères rebelles. Les *T. fœtida, maxima*, etc., sont aussi des médicaments irritants. (Voy. H. Bn, *Hist. des pl.*, VII, 92, 185, 202, fig. 75, 76.) [H. Bn.]

THAPSIE. Nom français (Lamk) des *Thapsia* T.

THAPSIÉES (*Thapsieæ* Koch). Tribu des Ombellifères. (Voy. H. Bn, *Hist. des plant.*, VII, 174, not.)

THAPSIUM (Dietr. — Reichb.). Pour *Thaspium* Nutt.

THAPSUS (Gaud., *Fl. helv.*, II, 115). Section du genre *Verbascum* T.

THASPIUM (Nutt., *Gen. amer.*, I, 196, part.). Genre d'Ombellifères; sect. du g. *Aciphylla*. (H. Bn, *Hist. pl.*, VII, 209.)

THATCH. Nom donné par les colons anglais de la Georgie et de la Caroline au *Sabal Adansoni* Guernes.

THATCH-PALM (*Palmeto royal, Palmeto-Tatch*). Noms vulgaires, à la Jamaïque, du *Thrinax parviflora* Sw.

THAUMALEOCYSTIS (Trevis., *Saggio* [1848], 79). Synonyme de *Glœocapsa* Kuetz.

THAUMASIA (Harv., in *Hook. Ic.*, 518). Algue douteuse, que Kützing rapprochait du genre *Martensia* Her.

THAUMATOCOCCUS (Benth., *Gen.*, III, 652). Genre de Zingibéracées, établi pour le *Phrynium Danielli*. (Benn., in *Pharm. Journ.*, XIV, 161, c. ic.)

THAUMATONEMA (Grev., in *V. Heurck Micr.*, 328). Synonyme de *Dicladia* Ehrb.

THAUMATOPHYLLUM (Schott, in *Bonplandia* [1859], 31). Genre d'Aracées-Philodendrées, formé d'une liane du Brésil septentrional; distingué par des feuilles pédato-pinnatiséquées; des spadices appendiculés; des fleurs mâles à étamines distinctes; les anthères stipitées et étroites. Les carpelles sont aussi indépendants, avec ∞ ovules orthotropes. [H. Bn.]

THAUMATOPTERIS (Gœpp., *Gatt. foss. Pfl.*, I, 1, t. 1-3). Genre de Fougères fossiles, rapporté aux Pécoptéridées. (Ung., *Syn. pl. foss.*, 76; *Chlor. prot.*, XLIII. — Ad. Br., in *Dict. d'Orb.*, XIII, 80.)

THAUMAZA (Salisb., *Gen. pl. Fragm.*, 15). Genre proposé pour l'*Eriospermum paradoxum* Ker.

THAUMURIA (Gaudich., in *Freyc. Voy. Bot.*, 502). Synonyme de *Parietaria* T.

THÉ (*Thea* L., *Gen.*, n. 668). Genre de Ternstrœmiacées, qui donne son nom à la série des *Théées*. Les fleurs sont régulières, à 5 sépales ou plus, imbriqués; à 5 pétales ou plus, sessiles, concaves, imbriqués. Les étamines sont en nombre indé-

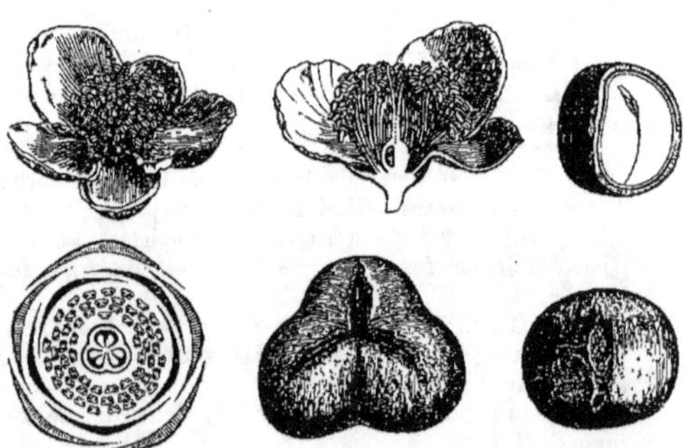
Thé. — Fleur, entière et coupe longitudinale. Diagramme, Fruit. Graine, entière et coupe longitudinale.

fini, et la base de leurs filets, unie à celle des pétales, est légèrement 1-adelphe. Les anthères sont courtes, versatiles. Le gynécée supère a un ovaire généralement 3-loculaire, surmonté d'un style partagé, à partir d'une hauteur très variable, en 3 branches tubuleuses. Dans chaque loge ovarienne, un placenta axile porte 4 ovules anatropes, descendants, rarement davantage. Le fruit, longtemps vert et charnu, devient finalement sec, loculicide, et les graines ont un épais embryon, sans albumen. Les *Camellia* représentent une section de ce genre, qui comprend une douzaine d'arbustes ou d'arbres, de l'Asie et l'Océanie tropicales. Leurs feuilles sont alternes, persistantes, membraneuses ou coriaces, entières ou dentées. Elles servent, après des préparations variées, à faire la boisson bien connue. Elles sont remarquables par la présence d'épais phytocystes, de forme très variable suivant les espèces, qui ont une paroi dure et qui, dans le Thé commun, peuvent, simples ou ramifiées, s'étendre perpendiculairement d'un épiderme à l'autre. Les fleurs occupent l'aisselle des feuilles, solitaires ou en petites cymes. (H. Bn, *Hist. des pl.*, IV, 227, 249, 252, fig. 244-253 ; *Tr. Bot. méd. phanér.*, 818, fig. 2481-2490.) — Le *Thé arabe* est le *Paronychia argentea*, le *Lippia citriodora*, le *Cistus albidus*, le *Globularia Alypum*. On y joint souvent du Poivre noir. Le *Thé de Brousse* est l'*Arctostaphylos Uva ursi*. Le

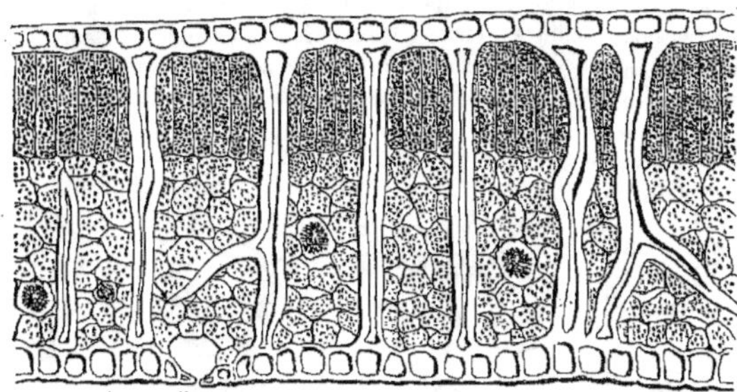

Thé. — Feuille, coupe transversale.

Thé de l'Amazone est l'*Eupatorium triplinerve*. Le *Thé de montagne* est le Grémil officinal. Le *Thé de l'île Bourbon* est l'*Angræcum fragrans* Dup.-Th. Le *Thé des Mongols* est le *Saxifraga crassifolia* L. Le *Thé rouge* est le *Gaultheria procumbens*. Le *Thé d'Espagne* est le *Chenopodium ambrosioides*. Le *Thé de Grèce* est le *Salvia officinalis* L. Le *Thé du Port de la Paix* est le *Croton Eluteria* Benn. Le *Thé de mer* est le *Plocamium coccineum* Kuetz. (Voy. Thés.)

THÉ AMÉRICAIN, T. DU NEW-JERSEY. Le *Ceanothus americanus* L., dont les feuilles se boivent en infusion et remplaçaient le Thé véritable à l'époque de la guerre de l'Indépendance des États-Unis.

THEAPHYLLUM (Nutt., ex Turcz.). Synonyme (?) de *Perrottetia* H. B. K. *Theaphylla* Rafin. est synonyme de *Thea* L.

THEBESIA (Neck., *Elem.*, II, 313). Synonyme (?) de *Knowltonia* Salisb.

THEBINK. Nom, à Curaçao, du *Pectis febrifuga* V. Hall.

THECA (J., *Gen.*, 108). Synonyme de *Tectona* L. f.

THECA. Le *Cornus chilensis* Mol.

THECA (Medic., ex Mœnch, *Meth.*, 4). « Conceptaculum variæ formæ, coriaceum v. pulposum sponte dehiscens, loculamentosum ; baccis, antris v. drupis repletum. »

THECA. Nom latin de la thèque et des loges de l'anthère.

THECACORIS (A. Juss., *Euphorb.*, 12, t. 1). Section du genre *Antidesma* Burm. (H. Bn, *Hist. des pl.*, V, 243.)

THECANTHES (Wikstr., in *Act. holm.* [1818], 271). Synonyme de *Calyptridium* Nutt.

THECOCARPUS (Boiss., in *Ann. sc. nat.*, sér. 3, II, 93 ; *Fl. or.*, II, 954). Genre d'Ombellifères-Peucédanées, dont les fleurs sont polygames, construites comme celles de cette famille en général, mais dont le fruit oblong-ovoïde ou subconique a deux carpelles indurés-ligneux, qui ne se séparent pas l'un de l'autre. Les bandelettes, comme les côtes, sont nulles ou peu développées. La graine a sa face concave. Le *T. meifolius*, seule espèce du genre, est une herbe de l'Orient, vivace, glabre, rigide, à feuilles composées-pennées, à ombelles composées et à fruit

entouré des fleurs extérieures stériles, indurées, de même que les pédicelles et les bractées, et unies finalement avec lui en une masse inégale. (Voy. *Hist. des pl.*, VII, 215.) [H. Bn.]

THECOSTELE (Reichb. f., in *Bonplandia* [1857], 37 ; *Xen. orchid.*, II, 133, t. 147 ; in *Trans. Linn. Soc.*, XXX, 144, t. 29). Genre d'Orchidacées-Vandées, formé d'une plante malaise, épiphyte ; distingué, dans le groupe des Cymbidiées, par des folioles du périanthe étalées ; un labelle adné au gynostème et formant avec lui une sorte de tube, puis défléchi, à sommet ascendant. Les pseudobulbes sont 1-foliés, et les hampes florifères sont aphylles. Reichenbach fils croit ces plantes alliées aux *Stanhopea*. [H. Bn.]

THEDENIA (Fr.). Genre proposé pour le *Jungermannia Blyttii* Moerk (Angstr., in *N. Act. upsal.*, XII, 380). Synonyme de *Pallavicinius* Gray.

THEDENIA (Schimp., *Bryol. eur.*, fasc. 49). Genre attribué aux Hypnées, puis aux Pylaiséacées et finalement (*Nya Bot. Not.*, 49), intermédiaire, d'après l'auteur, aux genres *Leskea* Hedw. et *Pylaisea* Desvx.

THÉ D'OSWEGO, T. DE PENSYLVANIE. Le *Monarda didyma* L.

THÉ DU BUG-DAGH, T. DE TRÉBIZONDE. Le *Vaccinium Arctostaphylos* L. Ce thé se prépare à Amassia et à Tokat.

THEEMACH. Nom hébreu des Figuiers.

THEIS (Alex. de). Auteur [1810] d'un Glossaire de botanique (in-8 de 542 p.). Il est mort en 1842.

THEIS (Salisb., herb.). Synonyme de *Anthodendron* Reichb.

THEK. Nom français (Lamk) des *Theka* J.

THEK. Pour *Teck*.

THEKA (J., *Gen.*, 108). Synonyme de *Tectona* L. f.

THELA (Lour., *Fl. cochinch.*, 119). Synonyme de *Plumbago* L.

THELAIA (Alef., in *Linnæa*, XXVIII, 33). Synonyme de *Pyrola* L.

THELASIS (Bl., *Bijdr.*, 385, t. 75 ; *Orch. Arch. ind.*, t. 5, 7). Genre d'Orchidacées-Vandées, formé de quelques herbes épiphytes, asiatiques et océaniennes ; distingué par une grappe terminale de petites fleurs à sépales dressés ; le labelle entier et dressé ; le gynostème apode ; le caudicule simple ; les pseudobulbes 1-foliés. (Wight, *Icon.*, t. 1732.) [H. Bn.]

THELENELLA (Nyl., *Syn. Meth. Lich.*, 67). Genre de Lichens, de la famille des Pyrénodés, tribu des Pyrénocarpes. [Ch. M.]

THELEOPHYTON (Moq., in *DC. Prodr.*, XIII, II, 115). Section du genre *Atriplex* L.

Thecocarpus. — Fruit.

THELEPHORA (Pers., in *Kütz. Spec. Alg.*, 212). Synonyme de *Palmella* Lyngb.

THÉLÉPHORE (*Thelephora* Ehrh., *Crypt.*, 178). Genre de Théléphorés, réduit aux espèces le plus souvent terrestres, à réceptacle dressé, plus ou moins stipité, membraneux, simple, piléiforme ou en entonnoir, ou claviforme et divisé. L'hyménium, lisse ou légèrement rugueux, tapisse la surface inférieure de ce réceptacle coriacé et d'un tissu résistant. Les basides sont ovoïdes ou claviformes, tétraspores. Les cystides sont peu apparents. Les spores sont hyalines, ovoïdes et lisses. Ainsi limité, ce genre comprend environ 70 espèces, dont une quinzaine habite l'Europe ; il est surtout représenté dans les contrées chaudes de l'Amérique, de l'Asie et de l'Océanie. [DE S.]

THELEPHORELLA (KARST., *Hedw.* [1889], XXVIII, 191). Genre de Téléphorés, formé pour une espèce de Théléphore épigée du Brésil, dont l'hyménium est parsemé de cystides sétiformes, colorés. Ce caractère est du reste celui des *Hymenochæte*. [DE S.]

THÉLÉPHORÉS (*Thelephorei* FR., *Epicr.*, 2e, 629). Famille d'Hyménomycètes-Basidiés, comprise par certains auteurs dans celle des Auriculariés (voy. ce mot) et appartenant à la division des Hyménomycètes chez lesquels l'hyménophore a une disposition simple, unie, « *non effiguratum* FRIES. » ; il est lisse ou un peu rugueux, accidentellement et non régulièrement papillé. Le réceptacle, dressé ou horizontal, stipité ou sessile, piléiforme, infundibuliforme ou divisé, présente un hyménium infère. Souvent aussi le réceptacle est résupiné. L'hyménium occupe la surface externe, libre, et peut être supère de fait, si le Champignon s'est développé sur du bois tombé à terre, comme cela arrive souvent chez les *Corticium*. Le tissu est rarement mou, céracé ou charnu ; il est d'ordinaire coriace, résistant ou subéreux et dur, comme chez beaucoup d'espèces exotiques. La forme simple, quelquefois rudimentaire, du réceptacle qui ne présente quelquefois qu'un hyménium issu directement du mycélium (*Hypochnus*), rend difficile la délimitation des genres. On peut prendre comme caractère d'un premier sectionnement la coloration des spores, bien que ce caractère tende aujourd'hui à perdre de sa valeur à peu près dans tous les ordres de Champignons. On a alors deux séries : les Leucospores, comprenant les genres *Thelephora, Cladoderris, Stereum, Hymenochæte, Corticium, Cyphella, Hypochnus, Exobasidium ;* et les Chromospores, comprenant les *Coniophora* et les sous-genres élevés au rang de genres : *Phylacteria, Tomentella, Phæocarpus.* [DE S.]

THELEPOGON (ROTH, *Nov. pl. Spec.*, 62). Genre de Graminées-Andropogonées, formé d'une espèce de l'Inde et de l'Abyssinie ; distingué, dans le groupe des Euandropogonées, par des épis fasciculés, à axes excavés ; les épillets sessiles ; les glumes rigides et muriquées ; une glumelle sous une fleur mâle, et une autre sous une fleur hermaphrodite ; avec un épillet pédicellé ; réduit à une écaille. (HACK., *Andropog.*, 266.)

THELEPORUS (FR., *Fung. natal.*, 18). Genre de Polyporés, formé pour une espèce qui croît dans les forêts de Natal, à la surface intérieure de l'écorce, en y formant des taches blanches très adhérentes, constituées par une membrane de 18 à 20 centimètres de long, qui offre à sa surface des pores minuscules, arrondis et présentant tous au centre une papille qui s'élève à la hauteur des pores. [DE S.]

THELESPERMA (LESS., in *Linnæa*, VI, 511). Section du genre *Bidens* T. (H. BN, *Hist. des pl.*, VIII, 221.)

THELIA (SULLIV., *Musc. Un.-St.* [1856]). Synonyme (part.) de *Anomodon* HOOK.

THELIDIUM (MASSAL., *Framm. lichen.*, 15). Section (THEOB., in *Abh. Geb. Witt.*, 383) du genre *Verrucaria* WIGG.

THELIGNYA (MASSAL. [1855], *Framm. lichen.*). Genre de Phylliscés, que Körber (*Syst.*, 395) range parmi les Collémés exotiques et les Porocyphes.

THELIGONUM (L.). Pour *Thelygonum* L.

THELIPHONOS. Nom grec de l'Aconit Napel.

THELIPHYLLUM (C. MUELL., *Syn. Musc.*, II, 468). Section du genre *Hypnum* L.

THELIRA (DUP.-TH., *Gen. nov. madag.*). Syn. de *Parinari.*

THELOSTOMI (FR., *Summ. veg. Scand.*, 381). Synonyme de *Sphæriacei.*

THELOTREMA (ACH., *Meth.*, 130). Genre de Lichens-Placodés, de la famille des Lecanorés, d'après M. Nylander. La partie extérieure du thalle est vermiforme, complète. L'excipulum est double ; l'intérieur membraneux ; le thalamum discoïde, de couleur variable. (Voy. SCHŒR., *En. crit. Lich. eur.*, 225.)[CH. M.]

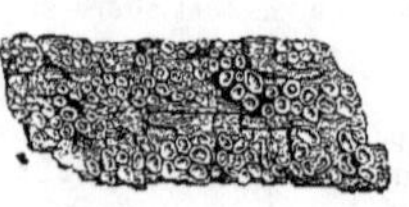

Thelotrema.

TELYCHITON (ENDL., *Prodr. Fl. norfolk.*, 32 ; *Iconogr.*, t. 29). Synonyme (?) de *Bulbophyllum* DUP.-TH.

THELYCRANIA (ENDL., *Gen.*, 798). Section du genre *Cornus* T., à tige ligneuse ; à fleurs blanches, en cymes, sans bractées.

THELYGONUM (L., *Gen.*, n. 1068). Genre qui constitue à lui seul la série des *Thélygonées* (Phytolaccacées), formé d'une petite herbe de la région Méditerranéenne, annuelle, étalée, à feuilles alternes ; les inférieures opposées ; à fleurs monoïques, axillaires, solitaires ou 2, 3-nées. La fleur mâle a 2 sépales e ∞ étamines. La fleur femelle a un ovaire 1-loculaire, et un

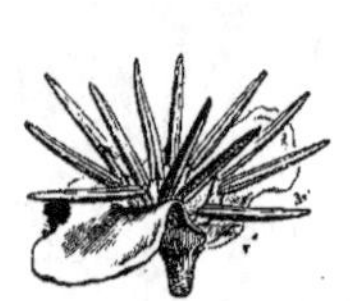

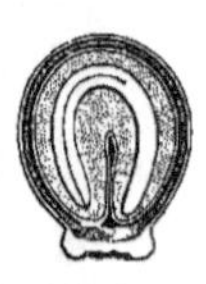

Thelygonum. — Fleurs mâle et femelle. Fruit, coupe longitudinale.

style latéral, qui parcourt un tube calicinal à sommet 3-denté. La base dilatée du calice enveloppe l'ovaire. L'ovule est presque dressé, campylotrope. Le fruit est drupacé, avec une graine albuminée, à embryon recourbé. On a aussi (B. H.) fait des Thélygonées une tribu des Urticacées. (H. BN, *Hist. des pl.*, IV, 39, 55, fig. 63-65.)

THELYMITRA (FORST., *Char. gen.*, 97, t. 49). Genre d'Orchidacées-Néottiées, formé d'une vingtaine d'herbes terrestres, océaniennes ; distingué, dans le groupe des Diacridées, par un labelle inférieur, égal à peu près aux autres pétales et aux sépales ; un gynostème court, uni par de larges ailes au clinandre en une coupe entière ou lobée ; les pollinies sans caudicules ; la tige 1-foliée. (BL., *Orch. Arch. ind.*, t. 44, 48. — HOOK. F., *Fl. tasm.*, t. 103.) [H. BN.]

THELYPHTHORION. Synonyme de *Thelythamon.*

THELYPODIUM (ENDL., *Gen.*, 876). Synonyme de *Pachypodium* NUTT.

THELYPOGON (SPRENG., *Syst.*, III, 682). Pour *Telipogon* H.B.K.

THELYPTERIS (RUPP. — PRESL, *Pterid.*, 76). Section du genre *Lastrea* BORY.

THELYSIA (SALISB., in *Trans. Hort. Soc.*, I, 303). Synonyme de *Juno* TRATT.

THELYTHAMON. Nom grec de l'Aurone femelle.

THELYTHAMNOS (SPRENG. F., *Suppl.*, 25). Synonyme de *Ursinia* GÆRTN. (H. BN, *Hist. des pl.*, VIII, 198.)

THEMEDA (FORSK., *Fl. æg.-arab.*, 178). Synonyme de *Anthistiria* L. F.

THEMIS (SALISB., *Fragm.*, 85). Synon. de *Triteleia* LINDL.

THEMISTOCLESIA (KL., in *Linnæa*, XXIV, 41, part.). Genre d'Éricacées-Vacciniées-Thibaudiées, formé de 4, 5 arbustes américains ; distingué, dans le groupe des Satyriées, par un ovaire infère, 5-gone ; une corolle tubuleuse ; des graines obtusément anguleuses. (H. BN, *Hist. des pl.*, XI, 188.)

THENARDIA (H. B. K., *Nov. gen. et spec.*, III, 209, t. 240). Section américaine du genre *Parsonsia* R. BR. (H. BN, *Hist. des pl.*, X, 201 ; in *Bull. Soc. Linn. Par.*, 763, 819.)

THEOBROMA (L.). Nom latin des Cacaoiers (I, 537).

THEODORA (CASS., in *Dict.*, LIII, 463). Synonyme de *Saussurea* DC. (H. BN, *Hist. des pl.*, VIII, 79.)

THEODORA (MEDIK., ex ECKL. et ZEYH., *Enum. pl. afr. austr.*, 261). Genre proposé pour le *Schotia speciosa* JACQ.

THEODORIA (NECK., *Elem.*, II, 286). Synon. de *Ivira* AUBL.

THEOPHRASTA (J., *Gen.*, 150). Genre de Primulacées, qui donne son nom à une série des *Théophrastées*. Il est formé de quelques arbustes, des Antilles, à tige robuste et simple ou à peu près, avec de nombreuses feuilles au sommet. Les fleurs, disposées en courtes grappes ∞-flores, sont assez grandes, hermaphrodites, à corolle cylindrique; le limbe partagé en 5 lobes courts. Devant chaque lobe est une étamine à anthère extrorse, et il y a, à la base du tube, 5 staminodes distincts ou unis en anneau continu. L'ovaire est libre, ∞-ovulé, et le fruit, assez gros, est polysperme. (LINDL., *Coll.*, t. 26. — *Bot. Mag.*, t. 4239. — RADLK., in *Sitzb. Ac. Münch.* [1889], 221. — H. BN, *Hist. des pl.*, XI, 305, fig. 300, 301.)

THEOPHRASTA (L., *Gen.*, n. 207, nec J.). Synonyme de *Clavija* RUIZ et PAV.

THÉOPHRASTE. Plumier, lui dédiant le genre *Eresia*, dit : Thæophrastus Eresius, Melanthii Fullonis filiüs, natus est Eresi, in insula Lesbo, Homo suavitate insigni, Linguæ pariter atque vitæ. Cui palma danda est ob eos quos de plantarum Historia et causis reliquit libros sexdecim, et plures, quibus simile nunquam procuderunt Romana ingenia. Vixit annos quinque et octoginta. Moriens de brevitate vitæ humanæ conquestus est. Quæ si potuisset esse longior, futurum fuisset ut omnibus perfectis artibus, omni doctrina, hominum vita erudiretur.

THÉOPHRASTE (ARBRE DE). Le *Theophrasta american* L.

THEOPHYLLA (RAFIN., in *Lond. Mag.*, VIII). Synonyme de *Thea* L.

THEOPYXIS (GRISEB., *Pl. Phil. et Lechl.*, 38). Synonyme de *Lysimachia* T.

THÈQUE. Synonyme de Sporange, etc.

THERESA (CLOS, in *C. Gay Fl. chil.*, IV, 496, t. 54). Synonyme (?) de *Veriloma* H. B. K. (B. H., *Gen.*, II, 1203.)

THERESIA (C. KOCH, in *Linnæa*, XXII, 232). Genre de Liliacées; section du genre *Fritillaria*, dont le *F. persica* L. est le type.

THERIACARIA. Le Raifort.

THÉRIAQUE D'ANGLETERRE. Le *Teucrium Chamædrys* L.

THÉRIAQUE DES ALLEMANDS, T. DES PAYSANS. Le rob de *Juniperus communis* L.

THÉRIAQUE DES PAUVRES. L'*Allium sativum* L.

THÉRIAQUE DU FOIE. La Rhubarbe.

THERIOPHONUM (BL., *Rumph.*, I, 127). Genre d'Aracées-Arées, formé de 5 herbes tubéreuses, de l'Inde; distingué, dans le groupe des Euaracées, par des feuilles sagittées ou hastées; des fleurs femelles à ∞ ovules, insérés en bas et en haut de la loge; des baies oligospermes. La fleur mâle est 1,2-andre. [H.BN.]

THERMIA (NUTT., *Gen. amer.*, I, 282). Synonyme de *Thermopsis* R. BR.

THERMOCOELIUM (KUETZ., *Phyc. gen.*, 322). Genre d'Algues, de l'ordre des Cryptospermées et de la famille des Lémanéées, à fronde subglobuleuse, vert olivâtre, creuse à l'intérieur, formée de cellules variables; les filaments médullaires peu resserrés. Une seule espèce constitue ce genre. (KUETZ., *Sp. Alg.*, 529.)

THERMOPHILA (MIERS, in *Trans. Linn. Soc.*, XXVIII, 398). Section du genre *Hippocratea* L.

THERMOPHYLLUM (WALLR., *Sched. crit.*, I, 246). Section du genre *Potentilla* T.

THERMOPSIS (R. BR., in *Ait. H. kew.*, ed. 2, III, 3). Genre de Légumineuses-Papilionacées-Podalyriées, formé de 10-12 herbes, américaines et asiatiques; distingué par des pétales presque d'égale longueur; ceux de la carène connés; une gousse linéaire ou oblongue-enflée. (H. BN, *Hist. des pl.*, II, 348.)

THEROGERON (DC., *Prodr.*, V, 283). Synon. de *Minuria* DC.

THEROLEPTA (RAFIN., ex TORR. et GR.). Synonyme de *Marshallia* SCHREB. (H. BN, *Hist. des pl.*, VIII, 227.)

THEROPOGON (MAXIM., in *Bull. Ac. Pétersb.*, XV, 89). Genre de Liliacées-Convallariées, formé d'une herbe vivace, de l'Himalaya; distingué par des fleurs en grappes, à périanthe subglobuleux; les folioles distinctes. (*Bot. Mag.*, t. 6154.) [H. BN.]

THERRYA (SACC., *Michel.*, II, 604). Genre de Sphériacés, formé pour une espèce qui vient en France, sur l'écorce de Pins longtemps immergée dans l'eau. Les périthèces, grands, disciformes, subanguleux, sont noirs et à papille peu apparente. Les thèques, accompagnées de paraphyses filiformes, contiennent 8 spores hyalines, filiformes, effilées aux deux extrémités qui se terminent par un appendice sétiforme. [DE S.]

THÉS. Le *Thé des Apalaches* est l'*Ilex vomitoria* AIT., de l'Amérique du Nord. Le *Thé de l'Abbé Gallois* est l'*Ulmus parvifolia* JACQ., de la Chine et du Japon. Le *Thé d'Europe, du Nord*, est le *Veronica officinalis* L. Le *Thé de France* est la *Mélisse officinale*, la *Sauge officinale*. Le *Thé du Mexique* est le *Chenopodium ambrosioides* L. Le *Thé du Canada, de Terre-Neuve, de Jersey, de montagne*, est le *Gaulthiera procumbens* L. Le *Thé des Canaries* est le *Cedronella triphylla* MŒNCH; le *Dracocephalum canariense* L. et le *Sida canariensis* W. Le *Thé des Européens* est l'*Épine noire* (*Prunus spinosa* L.). Le *Thé des forêts* est le *Sticta pulmonacea*. Le *Thé des Jésuites, du Chili*, est le *Psoralea glandulosa* L. Le *Thé des Mongols* est le *Saxifraga crassifolia* L. Le *Thé des Norvégiens* est le *Rubus arcticus* L. Le *Thé des Tartares* est le *Rhododendron chrysanthum* PALL. Le *Thé doux* est le *Smilax glycyphylla* SM., de la Nouvelle-Galles. Le *Thé du Brésil* est le *Stachytarpheta jamaicensis* JACQ. Le *Thé du Cap* est le *Borbonia cordata* L. (*B. cordifolia* LAMK). Le *Thé du Port de la Paix* est le *Croton Eluteria* SW. Le *Thé du Paraguay* ou *des Jésuites* est le Maté (*Ilex paraguaiensis* A. S.-H.). Le *Thé du Labrador, T. de James*, est le *Ledum palustre* L., d'Europe, d'Asie et d'Amérique. Le *Thé des Vosges* est l'*Arnica* et le *Sticta pulmonacea*. Le *Thé d'Amérique, de la Martinique, de Lima, des Antilles, des îles*, est le *Capraria biflora* L. Le *Thé de Bogota, de Santa-Fé, des Cordillères*, est le *Symplocos Alstonia* LHÉR. Le *Thé de Caroline* est le *Viburnum cassinoides* L. Le *Thé de la Grèce* est la Sauge officinale. Le *Thé de la Nouvelle-Galles* est le *Melaleuca genistifolia* SM. Le *Thé de la mer du Sud, de la Nouvelle-Hollande*, est le *Leptospermum flavescens* AIT. (*L. Thea* W. — *Melaleuca Thea* SCHRAD.) et le *Correa alba*. Le *Thé de la Nouvelle-Jersey* est le *Ceanothus americanus* L. Le *Thé de l'île Bourbon* est l'*Angræcum fragrans* DUP.-TH. Le *Thé d'Oswego* ou *de Pensylvanie*, est le *Monarda didyma* L. Le *Thé de piéton* ou *Faux-Thé*, du Brésil, est le *Lantana pseudo-Thea* A. S.-H. Le *Thé de Sainte-Hélène* est le *Beatsonia portulacifolia* ROXB. Les *Thés de Sibérie* sont les *Aspidium regidum* SW., *Verbascum phœniceum* L., *Potentilla fragarioides* POIR., *Saxifraga crassifolia* L. (*Geryonia crassifolia* SCHRANK). Le *Thé de Simon Pauli* est le *Myrica Gale* L. — Voy. aussi THÉ (p. 171.) [H. BN.]

THESIDIUM (SOND., in *Flora* [1857], 364). Genre de Santalacées, à fleurs de *Thesium*, mais dioïque, avec des feuilles petites et squamiformes. Ce sont 6 petites plantes de l'Afrique australe. (H. BN, in *Adansonia*, III, 143.)

THESIOSYRIS (REICHB., in *Mössl. Handb.*, I, 404). Section du genre *Thesium* L.

THESION. Nom français (LAMK) des *Thesium* L.

THESIUM (L., *Gen.*, n. 292). Genre de Santalacées, série des Thésiées, qui a des fleurs hermaphrodites, 4- ou plus ordinairement 5-mères, avec un réceptacle concave, campanulé ou subcylindrique, logeant dans sa concavité un ovaire infère, uniloculaire, surmonté d'un disque épigyne et d'un style à tête stigmatifère entière ou obtusément 3-lobée. Sur les bords du réceptacle s'insèrent 4, 5 pétales valvaires, d'ordinaire garnis d'un faisceau de poils sur le milieu de leur face interne. Les 4,5 étamines, superposées aux lobes du périanthe, vers la base desquels elles s'insèrent, ont un filet court, et une anthère introrse, à 2 loges déhiscentes par des fentes longitudinales. Du fond de l'ovaire se dresse un placenta central, ténu et souvent flexueux, qui porte supérieurement 2, 3 ovules orthotropes,

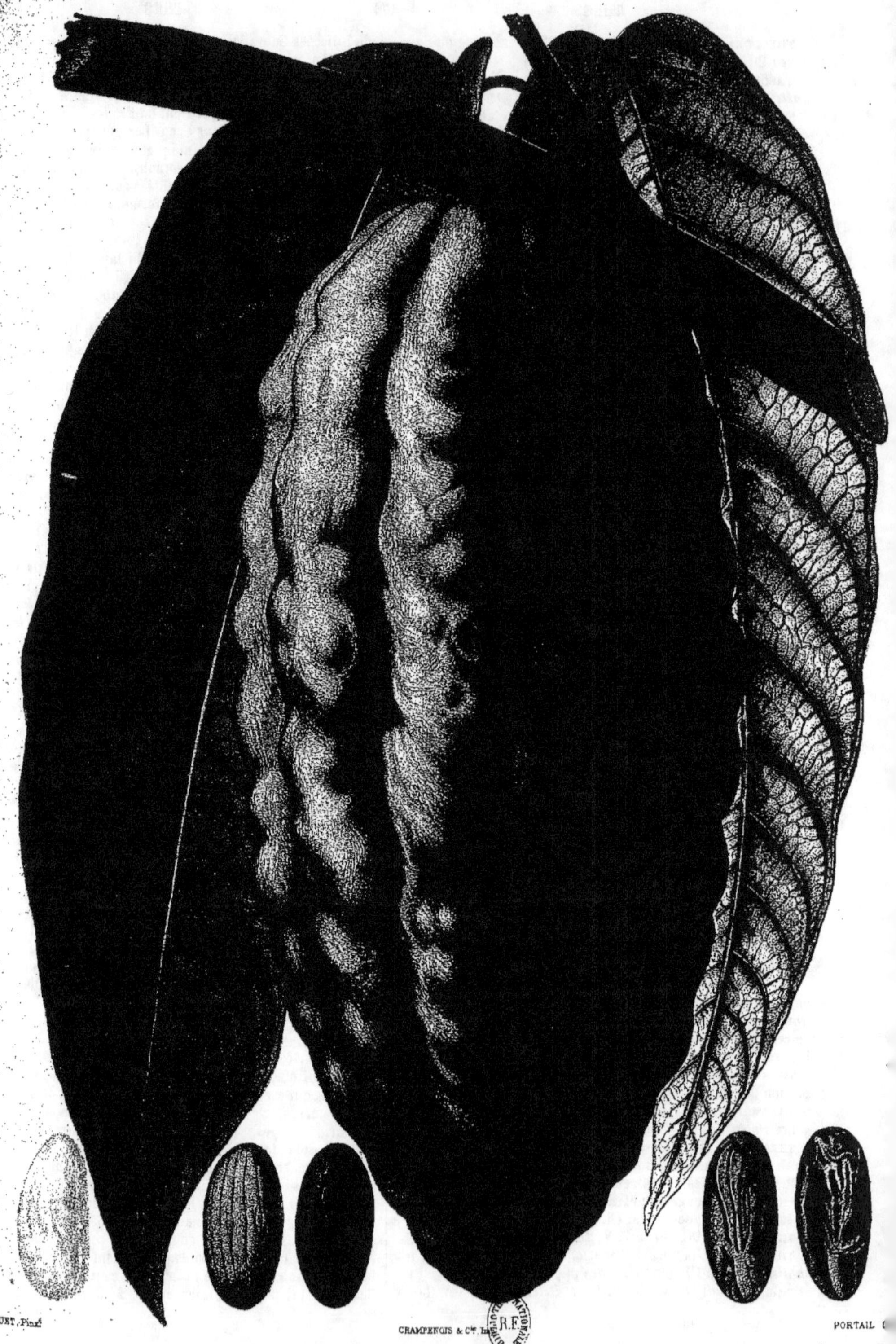

THEOBROMA CACAO

Branche portant un fruit mûr, Graine entière et sans son tégument extérieur
Embryon, Cotylédons isolés.

descendants, réduits au nucelle d'où sort à un moment donné le sac embryonnaire. Le fruit est sec ou légèrement drupacé, souvent couronné du périanthe et monosperme. La graine a un albumen charnu et un embryon axile, cylindrique, à radicule supère. Les 90-100 *Thesium* connus, originaires des pays tempérés, rarement tropicaux, sont des herbes, parfois frutescentes à la base, à feuilles alternes, linéaires, à fleurs en épis ou en grappes, simples ou de cymes 3-∞-flores. Ce sont des plantes parasites. Le *T. humifusum* est commun dans nos localités calcaires. Nous en avons observé l'organogénie florale (in *Adansonia*, IX, 3, t. 1, fig. 22-30). [H. Bn.]

THESPESIA (Corr., in *Ann. Mus.*, IX, 290, t. 8, fig. 2). Genre de Malvacées-Hibiscées, formé de 5, 6 arbres ou herbes, asiatiques, océaniens et malgaches; distingué par des fleurs accompagnées d'un calicule de 3 bractées cordées; le calice tronqué ou parfois 5-fide; l'ovaire à 5 loges ∞-ovulées; le fruit coriace et loculicide. (H. Bn, *Hist. des pl.*, IV, 150.)

Thibaudia. — Branche florifère.

THESPIDIUM (F. Muell, in *Benth. Fl. austral.*, III, 524). Genre de Composées-Hélianthées-Inulées, formé d'une petite herbe australienne; distingué, dans le groupe des Placées, par des capitules glomérulés, subsessiles; des aigrettes formées de 5-12 soies subpaléacées, avec quelques-unes plus grêles, interposées; des feuilles alternes. (Hook., *Icon.*, t. 1143. — H. Bn, *Hist. des pl.*, VIII, 191.)

THESPIS (DC., in *Guillem. Arch.*, II, 517). Genre de Composées-Astérées, formé d'une petite herbe indienne, annuelle; distingué par des capitules groupés en cymes ou glomérules denses; des fleurs femelles apétales, 2 ∞-sériées; les soies de l'aigrette élargies à la base et courtes. (H. Bn, *Hist. des pl.*, VIII, 149.)

THESSALIC. Nom ancien de l'*Artemisia pontica* L.

THESSARTHONIA (Turp., in *Mém. Mus.*, XVI, 310). Synonyme de *Cosmarium* Corda.

THESSARTHRA (Ehrb., *Abh.* [1835], 173). Synonyme de *Cosmarium* Corda.

THEVENOTIA (DC., in *Guillem. Arch.*, II, 331). Section du genre *Cousinia* Cass. (H. Bn, *Hist. des pl.*, VIII, 78.)

THEVETIA (L., *Gen.*, ed. 1, n. 177). Genre d'Apocynacées-

Vincées, formé de 6, 7 arbustes américains; distingué, dans le groupe des Cerberées, par un calice garni en dedans de ∞ glandes; une corolle en entonnoir; les bords droits recouverts; pas de disque; des feuilles alternes. On les a souvent à tort confondus avec les *Cerbera*. (H. Bn, *Hist. des pl.*, X, 192.)

THEVETIA (L., *Gen.*, 50). Synonyme de *Genipa* Plum.

THEVETIA (Vell., *Fl. flum.*, I, t. 151). Genre incertain.

THEYODIS (A. Rich., *Fl. abyss.*, I, 364). Synonyme de *Oldenlandia* Plum.

THEZERA (DC., *Prodr.*, II, 75). Section du genre *Rhus* L.

THIBAUD (Et.). Auteur [1785], à Montpellier, de *Disquisitio, utrum in plantis existat principium vitale, principio vitali in animalibus analogum?* (in-4 de 22 p.).

THIBAUDIA (Pav. — H. B. K., *Nov. gen. et spec.*, III, 268). Genre d'Éricacées, qui donne son nom à la série des *Thibaudiées*, voisine des Vacciniées, et qui s'y distingue par un réceptacle court, avec un calice supère, de 5 sépales dentiformes; une corolle tubuleuse; des étamines au nombre de 10, égales au moins à la corolle, avec des anthères surmontées de tubes qui s'ouvrent par des fentes. Les fleurs, d'un beau rouge, sont en grappes, avec des bractées peu volumineuses. Il n'y a plus que 2, 3 vrais *Thibaudia*, plantes andines du Pérou et de la Colombie. (H. Bn, *Hist. des pl.*, XI, 136, 185, fig. 146, 147.)

THIBET-TREE. Nom anglais de l'*Acacia Lebbek* W.

THIDEAR. Nom hébreu de l'Orme.

TUIEBAUT-DE-BERNEAUD (Arsène). A publié : *Du Genêt* [1810]; *Coup d'œil... sur le Monte-Cirello* [1814]; *Description des cultures de Fromont* [1824]; *Traité élémentaire de botanique et de physiologie végétale* [1837].

THIEBAUTIA (Coll., in *Mém. Soc. Linn. Par.*, III, 161, t. 4). Synonyme de *Bletia* R. et Pav.

THIEF-PALM. Le *Phœnicophorum Seychellarum* Wendl.

THIELAVIA (Zopf., in *Verh. Bot. Ver. Braud.* [1876], 101). Genre de Périsporiacés, formé pour une espèce développée sur les parties souterraines du *Senecio elegans* qu'il rend malade. Les périthèces minuscules, globuleux, astomes,

Thibaudia.—Fleur, coupe longitudinale.

sont portés sur un rameau en spirale issu du mycélium, qui se désarticule en conidies brunes et donne naissance à de petites spermogonies couronnées de soies. Les thèques, ovales, contiennent 8 spores brunes, allongées, en forme de Concombre. [De S.]

THIELEODOXA (Cham., in *Linnæa*, IX, 251). Synonyme de *Amaioua* Aubl.

THIERSIA (H. Bn, in *Adansonia*, XII, 355; *Hist. des pl.*, VII, 287, fig. 266). Genre de Rubiacées-Uragogées, dont les fleurs tétramères ont un court calice et une corolle tubuleuse, valvaire. Le gynécée est formé d'un ovaire infère, à 2 loges, avec un ovule ascendant dans chaque loge. Le *T. insignis* est un arbre de la Guyane, à rameaux alternativement comprimés et phyllodiformes. Ses feuilles sont opposées, stipulées, grandes et insymétriques; et les fleurs sont réunies, dans leur aisselle, en cymes bipares, à axe trapu, portant sous elles quatre bractées : deux dilatées à la base, acuminées, et deux autres, alternes et plus extérieures, en forme de larges lames concaves et cucullées, membraneuses, embrassant chacune une des fleurs latérales de la cyme partielle. Le fruit du *T. insignis* H. Bn n'est pas connu; mais quant à la fleur, on ne peut méconnaître les affinités de ce remarquable type avec les *Uragoga* L. [H. Bn.]

THIERY DE MENONVILLE (Nicol.-Jos.). Mort à Saint-Domingue en 1780, a écrit un *Traité de la culture du Nopal et de l'éducation de la Cochenille dans les colonies françaises de l'Amérique*, paru en 1787 (in-8 de 530 p. et 2 pl. col.).

THIESEN (Joh.). A écrit [1758], à Kœnigsberg, *De plantarum anima* (in-4 de 22 p.).

THIIGA (Mol., herb.). Synonyme de *Pavonia* Ruiz.

THIIL. A Madère, l'*Oreadaphne fœtens* Nees.

THIILCO (Feuill., *Obs.*, III, 64, t. 49). Synonyme de *Fuchsia* Plum.

THIILOA (Eichl., in *Flora* [1866], 149; *Fl. bras. Combret.*, t. 27). Section du genre *Combretum* Lœfl. (H. Bn, *Hist. des pl.*, VI, 262.)

THIM ou **TIM-HIO.** Nom, en Chine, du Bois de Garo.

THIMOTHÉE, THIMOTHY. Noms du *Phleum pratense* L.

THIMUS (Neck.). Pour *Thymus* L.

Thiersia. — Inflorescence

THINOGETON (Benth., *Sulph. Bot.*, 142). Synonyme de *Cacabus* Bernh.

THINOUIA (Pl. et Tri., in *Ann. sc. nat.*, sér. 4, XVIII, 368). Section du genre *Thouinia* Poit. (H. Bn, *Hist. des pl.*, V, 405). M. Radlkofer le conserve comme distinct. (Dur., *Ind. Phaner.*, 73.)

THIODIA (Benn., *Pl. jav. rar.*, 192). Synonyme de *Lœtia* L.

THIODIA (Griseb., *Fl. brit. W.-Ind.*, 22). Synonyme de *Zuelania* A. Rich.

THIOLLIERA (Montrous., in *Mém. Acad. Lyon*, X, 217). Synonyme (?) de *Genipa* (*Gardenia* L.). Espèces de la Nouvelle-Calédonie.

THIO-THIO. A la Guyane, le beurre de l'*Elæis guineensis* Jcq.

THIRIART. Auteur [1806] d'un *Catalogue du Jardin botanique de Cologne* (in-8 de 43, 64, 21, 34 p.).

THISANTHA (Eckl. et Zeyh., *Enum. pl. afr. austr.*, 302). Section du genre *Crassula* L.

THISBE (Falc., in *Lindl. Veg. Kingd.*, 183 c). Synonyme de *Herminium* L.

THISMIA (Griff., in *Trans. Linn. Soc.*, XIX, 341, t. 39). Genre de Burmanniacées, type d'une tribu des *Thismiées*; formé de 7, 8 espèces tropicales, des deux mondes, et distingué par un périanthe à 6 lobes, tous ou 3 seulement subulés, étalés et récurvés; les anthères non saillantes au delà du tube androcéen. (Becc., *Males.*, t. 11, 12.)

THISMIEÆ. Tribu 2 (B. H., *Gen.*, III, 456, 459) des Burmanniacées.

THISTLE. Nom, aux Antilles, de l'Argémone du Mexique.

THIUM. Nom ancien des Astragales.

THLADIANTHA (Bge, *Enum. pl. chin. bor.*, 29). Genre de Cucurbitacées-Cucurbitées, formé de 3, 4 herbes asiatiques, grimpantes, à vrilles simples; distingué par des fleurs dioïques; les mâles à

Thladiantha. — Fleur mâle, coupe longitudinale.

étamines inégales; la plus petite superposée à un sépale, tandis que les 4 autres se rapprochent 2 à 2, tout en demeurant indépendantes. Du réceptacle part une large écaille intérieure, horizontale, représentant une sorte de talon, comme celui des *Momordica*. La fleur femelle a 5 staminodes, un style 3-fide. Le fruit est une baie oblongue. On cultive chez nous 1, 2 es-

pèces du genre, dans les jardins botaniques. (H. Bn, *Hist. des pl.*, VIII, 409, 447, fig. 292.)

THLASPI (L., *Gen.*, n. 802). Genre de Crucifères-Thlaspidées, formé de 25-30 herbes, annuelles ou vivaces, des régions tempérées alpines et arctiques; distingué par des pétales égaux; des étamines non appendiculées; un fruit comprimé, émarginé au sommet, à valves carénées ou ailées. On les cultive souvent et il y en a une dizaine d'espèces indigènes dans notre pays. (H. Bn, *Hist. des pl.*, III; *Iconogr. Fl. fr.*, n. 377; *Herbor. paris.*, 35, 241.)

Thlaspi. — Fruit.

THLASPI DE MONTAGNE. L'*Iberis amara* L.

THLASPIDIUM (Gray, *Arr. brit. pl.*, II, 694). Synonyme (part.) de *Lepidium* L.

THLASPIDIUM (Spach, *Suit. à Buff.*, VI, 557). Synonyme de *Lepidium* L.

THLASPIDIUM (T., *Inst.*, 214, t. 101). Synonyme (part.) de *Biscutella* L.

THLIPHTHISA (Griseb., *Spic. Fl. rumel.*, II, 161). Section des *Galium* T.

THLIPSOCARPUS (Kze, in *Flora* [1846], 695). Synonyme de *Hyoseris* L.

THOA (Aubl., *Pl. Guian.*, II, 874, t. 336). Synonyme de *Gnetum* L.

THOMAS. Variété de Vigne américaine, qu'on dit issue du *Vitis rotundifolia*.

THOMAS (Emanuel). A écrit, à Bex en Suisse, un *Catalogue des plantes suisses* [1818], in-8 de 38 p. Il avait deux frères: Philippe, qui explora la Sardaigne, où il mourut dans l'île de Caral en septembre 1831, et Louis, mort à Naples en 1823, auquel J. Gay a dédié le genre *Thomasia*.

THOMASIA (J. Gay, in *Mém. Mus.*, VII, 450, t. 21, 22). Genre de Malvacées-Lasiopétalées, formé d'une vingtaine d'arbustes ou sous-arbrisseaux australiens; distingué par des sépales sans côtes, ordinairement colorés et veinés; des pétales

squamiformes, petits ou 0; des anthères à fentes longitudinales; un ovaire 3 ou rarement 5-loculaire; un fruit loculicide et 3-5-valve. On en cultive une couple d'espèces dans les serres. (*Bot. Mag.*, t. 1485, 1486, 1755, 4511. — H. Bn, *Hist. des pl.*, IV, 82, 136, fig. 130-133.)

THOMASIUS (Jakob). Professeur à Leipzig, a écrit : *De laudibus florum* [1652], in-4, et *Disputatio philologica de Mandragora. Von der Abraun-Wurtzel* [1655], in-4. Il était né à Leipsig en 1622 et y mourut en 1684.

THOMEN. Nom hébreu des Dattiers.

THOMPSON (John). Auteur [1798] de *Botany displayed*. C'est que R. Brown a dédié le genre *Thompsonia*. — J. Vaugh. THOMPSON a écrit [1807] un *Catalogue des plantes de Denwick-sur-la-Tweed* (in-8 de 132 p.).

THOMPSONIA (R. Br., in *Trans. Linn. Soc.*, XIII, 221). Synonyme de *Deidamia* Th. (H. Bn, *Hist. des pl.*, VIII, 485.)

THOMSON (Anth.-Todd.). Auteur [1822] de *Lectures on the elements of Botany* (in-8 de 688 p. et 10 pl.).

THOMSONIA (Wall., *Pl. as. rar.*, I, 83, t. 99). Genre d'Aracées-Pythoniées, formé de 2 herbes tubéreuses, des montagnes de l'Inde; distingué par un appendice du spadice chargé de prolongements coniques; les fleurs mâles et femelles contiguës; les fleurs mâles supérieures stériles. [H. Bn.]

THONG PIN NGAU. Nom chinois du *Saururus chinensis* H. Bn.

THONNINGIA (Vahl, in *Dansk. Selsk. Skr.*, VI, 124, t. 6). Genre de Balanophoracées, rapporté aux Langsdorffiées et formé d'une plante parasite, charnue et rouge, de l'Afrique tropicale occidentale; distingué par des écailles du périanthe mâle adnées à la corolle androcéenne et des fleurs femelles indépendantes les unes des autres. (Hook. f., in *Trans. Linn. Soc.*, XXII, t. 3. — Eichl., in *DC. Prodr.*, XVII, 141. — H. Bn, *Hist. des pl.*, VI, 505, 513.)

THORA (Hall., in *Rupp. Fl. jen.*, 67). Section du genre *Ranunculus* T.

THORA. Nom ancien de l'Aconit Napel.

THORA. Pour *Thorea* Bory.

THORACOSPERMA (Kl., in *Linnæa*, IX, 350). Synonyme de *Thamnus* Kl.

THORACOSTACHYUM (Kurz, in *Journ. As. Soc. Bengal.*, XXXVIII, 75). Section du genre *Mapania* Aubl.

THORA-PORU (Rheed., *Hort. malab.*, VI, t. 13). Synonyme de *Cajanus indicus* Spreng.

THORA VALDENSIS (Dod.). Le *Ranunculus Thora* L.

THORE (Jean). Écrivit en 1803, à Dax, un *Essai d'une Chloris du département des Landes* (in-8 de 516 p.), et [1810] *Promenade sur les côtes du golfe de Gascogne* (in-8).

THOREA (Bory, in *Ann. Mus.*, XX, 126). Genre d'Algues-Floridées, d'eau douce, de la famille des Chætophorées pour Kützing; de celle des Liagorées pour Payer, mais que l'organisation de la fronde et le mode de reproduction place auprès des Batrachospermées, dans la famille des Némaliées. La plante gélatineuse a des renflements qui lui donnent un aspect moniliforme; elle est filiforme, rameuse, et la fronde est entourée d'un mucus. De l'axe central partent des filaments, resserrés d'abord et

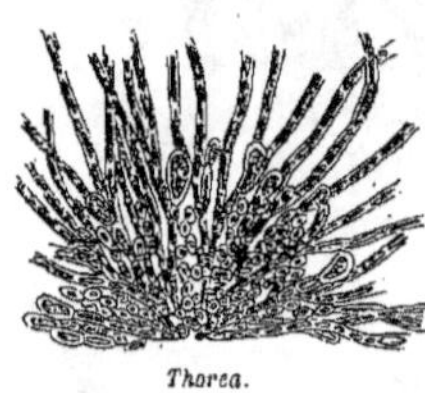

Thorea.

qui deviennent libres vers la périphérie. Les spermaties sont latérales et se trouvent à la base des filaments, libres et entourées comme d'un involucre formé de plusieurs ramules plus petites. (Voy. Rabenh., *Fl. europ. Alg.*, III, 407.)

THORN APPLE. En Angleterre, la Stramoine.

THORNTON (Rob.-John). Professeur à Londres, où il mourut en 1837, auteur de *Select plants; Practical Botany; A new family Herbal; The British Flora; Elements of Botany; Juvenile Botany; An easy introduction to the science of Botany, through the medium of familiar conversations*, etc.

THORNTONIA (Reichb., *Consp.*, 202). Syn. de *Pavonia* Cav.

THOROUGHWORT. Nom, aux États-Unis, de l'*Eupatorium perfoliatum* L.

THORSTENSEN (Petr.). Médecin norvégien, auteur [1770] de *De Scirpis in Dania sponte nascentibus* (in-4 de 16 p.).

THORWALDSENIA (Liebm., in *Lindbl. Bot. Not.* [1844], ex *Bot. Zeit.* [1846], 396). Genre d'Orchidacées, non reproduit dans les *Genera*.

THORY (Cl.-Ant.). Publia quelques opuscules sur les Roses, et [1820] un *Prodrome de la Monographie... du genre Rosier*,

puis [1829] une *Monographie du genre Groseillier* (in-8 et 24 pl.). C'est lui qui a rédigé le texte des *Roses* de Redouté.

THOTTEA (Rottb., in *Dansk. Selsk. Skr.*, ser. 2, II, 529, t. 2). Sect. du g. *Apama* Lamk. (H. Bn, *Hist. des pl.*, IX, 22.)

THOUAREA (K.). Orthographe vicieuse pour *Thuarea* Pers.

THOUARSIA (Vent., herb.). Synonyme de *Psidia* Jacq.

THOUIN (André). Fut professeur de culture au Muséum de Paris. Il a écrit une *Monographie des greffes* [1821] et un *Cours de culture* en 3 vol. [1827], dont ceux qui enseignent la culture pourraient tirer grand profit. Cuvier a écrit son *Éloge historique*, dans les *Mémoires du Muséum* (III, 205).

THOUIN. Au Gabon, le *Sapota mammosa* Gærtn.

THOUINIA (Domb., herb.). Synon. de *Lardizabala* R. et Pav.

THOUINIA (L. f., *Suppl.*, 9, 39). Synon. de *Linociera* Sw.

THOUINIA (Poit., in *Ann. Mus.*, III, 70, t. 6, 7). Genre de Sapindacées-Sapindées, formé d'une dizaine d'arbres, de l'Amérique tropicale; distingué par des fleurs à petit calice, à peine imbriqué; un fruit qui se partage en 3 carpelles ailés et indéhiscents; des ovules solitaires. (H. B., *Plant. æquin.*, t. 56. — H. Bn, *Hist. des pl.*, V, 405.)

THOUINIA (Sm., *Ic. ined.*, t. 7). Synon. de *Humbertia* Lamk.

THOUREUX. L'*Arum maculatum* L.

THOZET (A.). Établi à Rockhampton, en Australie, y a récolté des plantes qui sont actuellement au Muséum de Paris et a publié, en 1866, des notes sur les racines, bulbes et fruits dont se nourrissent ou qu'utilisent les aborigènes.

THOZETIA (F. Muell. — Benth., *Fl. austral.*, IV, 347). Genre d'Asclépiadacées-Marsdéniées, formé d'une liane de l'Australie tropicale, non charnue, à fleurs d'*Hoya*, mais avec une couronne analogue à celle des *Marsdenia*. (H. Bn, *Hist. des pl.*, X, 277.)

THRAN (Christ.). Auteur [1733] d'un *Index plantarum horti Carolsruhani tripartitus* (in-8 de 132 p.).

THRASYA (H. B. K., *Nov. gen. et spec.*, I, 120, t. 39). Section du genre *Panicum* L.

THRAUPALOS (Endl., *Syn. Conif.*, 248). Sous-section du genre *Plagiopyle* Endl.

THRELKELD (Caleb). A publié [1727], à Dublin, *Synopsis plantarum hibernicarum alphabetice dispositarum*, etc. (in-8).

THRELKELDIA (R. Br., *Prodr.*, I, 409). Genre de Chénopodiacées-Chénopodiées, formé de 3 arbuscules couchés, d'Australie; distingué par un périanthe fructifère ligneux, inerme ou armé de 5 épines dressées; la graine horizontale ou oblique. (H. Bn, *Hist. des pl.*, IX, 179.)

THRICA (S.-F. Gray, *Arr. brit. pl.*, II, 414). Synonyme de *Thrincia* Roth.

THRIDACE. Suc épaissi de Laitue.

THRIDACIA. Nom ancien de la Mandragore.

THRIDAX (Diosc.). Nom ancien de la Laitue.

THRIFT (Canary-). Nom anglais des *Statice* T.

THRINAX (L. f., in *Sw. Prodr.*, 57; *Fl. ind. occ.*, 613, t. 13). Genre de Palmiers-Coryphées, formé d'une dizaine d'espèces, souvent humbles, des Antilles et de la Floride; distingué par des feuilles flabellées, plissées et ∞-fides; des fleurs à petit périanthe cupuliforme; les anthères à filet subulé et à déhiscence introrse; l'ovaire 1-loculaire, à style en entonnoir; la graine pourvue d'un albumen subruminé, à embryon apical; le rachis du spadice vaginé. (Mart., *Hist. nat. Palm.*, III, t. 103, 163; *Palm. d'Orb.*, t. 8, fig. 1, 25 B.) [H. Bn.]

THRINCIA (Roth, *Cat.*, I, 97). Synonyme de *Leontodon* L. (H. Bn, *Hist. des pl.*, VIII, 109.)

THRIXSPERMUM (Lour., *Fl. cochinch.*, 519. — Reichb. f., *Xen. orchid.*, II, 120, t. 140). Synonyme de *Sarcochilus* R. Br. (B. H., *Gen.*, III, 575.)

THROISNE. Nom, pour les alchimistes, des *Nostoc*.

THROMBIUM (Rabenh., *Krypt.*, II, I, 23). Synonyme (Korb.) de *Verrucaria* Wigg.

THROMBIUM (Wallr., in *Kütz. Spec. Alg.*, 210). Synonyme de *Botrydina* Brebiss.

THRONE DE LA TERRE. Le *Nostoc* terrestre.

THRUOS. Nom, dans Homère (θρύος), de l'*Imperata cylindrica* PAL.-BEAUV. (HELDREICH).

THRYALLIS (L., *Gen.*, n. 533). Synonyme? (B. H.) de *Galphimia* CAV.

THRYALLIS (MART., *Nov. gen. et spec.*, III, 78, t. 230, 231). Genre de Malpighiacées-Malpighiées, formé de 3 lianes du Brésil; distingué par des fleurs à calice non glanduleux et accrescent; des anthères glabres, non appendiculées; des styles à sommet capitellé; un fruit à 3 coques séparables et indéhiscentes; des feuilles à pétiole 2-glanduleux. (*Bot. Reg.*, t. 1162. — H. BN, *Hist. des pl.*, V, 460.)

THRYOCEPHALON (FONST., *Char. gen.*, 129, t. 65). Genre rapporté par Endlicher (*Gen.*, 119) au *Kyllingia*, mais qui ne semble cependant pas présenter le caractère des Cypéracées.

THRYPTOMENE (ENDL., in *Ann. Wien. Mus.*, II, 192). Genre de Myrtacées-Chamælauciées, formé de 15-20 arbustes australiens, éricoïdes; distingué, dans un groupe des *Thryptoménées*, par des feuilles opposées; des petites fleurs à calice persistant, à pétales souvent connivents et persistants; 5-10 étamines; 2-10 ovules attachés à un placenta subbasilaire ou pariétal. (*Bot. Mag.*, t. 3160. — H. BN, *Hist. des pl.*, VI, 370.)

THUAREA (PERS., *Syn.*, I, 110). Genre de Graminées-Panicées, formé d'une plante radicante, des rives des océans Indien et Pacifique; distingué par un épi unique et 1-latéral, avec épillets 1-sériés sur l'axe; les supérieurs mâles; et 1, 2 inférieurs femelles. Les fruits sont inclus dans des dilatations de l'axe et le plus ordinairement enfouis dans le sable. (K., *Rev. Gram.*, t. 35. — PAL.-BEAUV., *Agrost.*, t. 22, fig. 9.) [H. BN.]

THUENMIG (Ludw.-Phil.). Professeur à Halle, a écrit : *Experimentum singulare de arboribus ex folio educatis* [1721] et *Versuch eine gründlichen Erläuterung der merkwürdigsten Begebenheiten in der Natur* [1723], in-8 de 270 p.

THUIA, THUJA. Pour *Thuya* T.

THUIACARPUS (TRAUTV., *Imag. pl. ross.*, 11, t. 6). Synonyme de *Juniperus* T.

THUIDIUM (SCHIMP., *Bryol. eur.*, V). Genre de Mousses, établi pour les *Hypnum tamariscinum* et *abietinum*. Synonyme (part.) de *Tamariscella* C. MUELL.

THUILLIER (J.-Louis). Auteur [1790] de la *Flore des environs de Paris*, etc. (in-8), qui eut deux éditions. Son herbier est actuellement au Muséum de Paris.

THUITES (STERNB., *Vers.*, I, 4, p. XXXVIII). Genre de Cupressinées fossiles. (ENDL., *Syn. Conif.*, 275. — AD. BR., in *Dict. d'Orb.*, XIII, 120.)

THUJOXYLON (HART., in *Bot. Zeit.* [1848], 169). Synonyme (?) de *Elate* ENDL.

THUM. Nom arabe de l'*Allium sativum* L.

THUMORAH. Nom hébreu du Dattier.

THUNBERG (Carl.-Pehr). Célèbre botaniste suédois, professeur à Upsal, né en 1743 à Jönköping, mourut en 1822. Son premier ouvrage est le *Flora japonica* [1784]. Il publia ensuite des *Icones plantarum japonicarum* [1794-1805], représentation des végétaux qu'il avait lui-même étudiés au Japon, malgré le peu de facilité qu'à cette époque les Européens avaient d'herboriser dans ce pays. De 1770 à 1779, il voyagea en Europe, en Asie et en Afrique, et il publia 4 volumes du récit de ses expéditions. En 1794, il donna ses *Descriptiones Mesembryanthemorum*, et en 1794-1800 son *Prodromus plantarum capensium*, suivi [1807-1813] du *Flora capensis* (in-8 de 578 p.). On trouvera dans Pritzel (*Thes.*, 317) une liste de ses mémoires d'importance secondaire et des thèses passées sous sa présidence, de 1780 à 1822, plus quelques notices posthumes sur les Palmiers, la flore de Java, la Gomme-ammoniaque, la Polygamie, la Monœcie et la Diœcie, etc.

THUNBERGIA (MONT., in *Act. holm.* [1773], t. 11). Synonyme de *Genipa* (*Gardenia* L.).

THUNBERGIA (RETZ., *Phys. S. Handl.* [1776], 163). Genre d'Acanthacées, qui donne son nom à la série des *Thunbergiées*, et dont les fleurs sont peu irrégulières, avec un petit calice tronqué, sinué ou découpé de languettes; une corolle presque

régulière, tordue; 4 étamines légèrement didynames; un ovaire à 2 loges 2-ovulées; les ovules collatéraux, à micropyle finalement inférieur. Le fruit est capsulaire, surmonté d'un épais bec stylaire, et loculicide; les graines à insertion ventrale, à

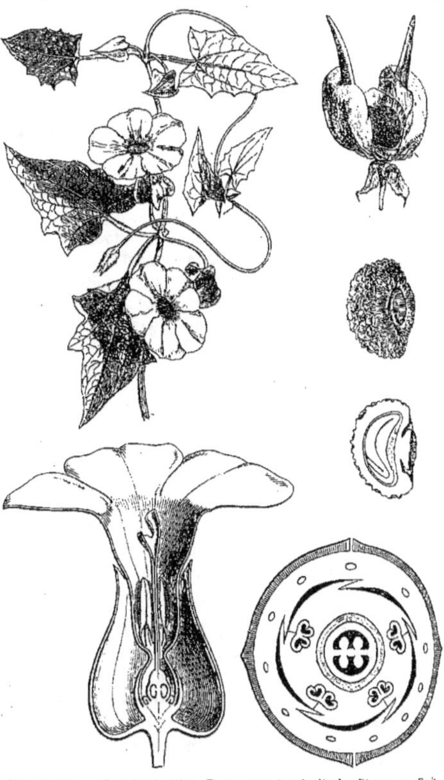

Thunbergia. — Branche florifère. Fleur, coupe longitudinale. Diagramme. Fruit déhiscent. Graine, entière et coupe longitudinale.

albumen peu épais; l'embryon à cotylédons infléchis ou pliés sur les bords. Ce sont environ 40 herbes, dressées ou volubiles, souvent suffrutescentes à la base, à feuilles opposées; à fleurs axillaires et solitaires, ou en grappes terminales. On en cultive plusieurs. (H. BN, *Hist. des pl.*, X, 403, 423, fig. 302-307.)

THUNBERGIÉES. Série des Acanthacées, à corolle tordue; les loges ovariennes à 2 ovules collatéraux; les graines attachées par leur face ventrale et dépourvues de rétinacle. (H. BN, *Hist. des pl.*, X, 419.)

THUNIA (REICHB. F., in *Bot. Zeit.* [1852], 764). Synonyme de *Phaius* LOUR.

THUONG-SON. Le *Dichroa febrifuga* LOUR.? C'est aussi le nom cochinchinois du *Cystacanthus turgidus*, employé par les indigènes comme fébrifuge.

THURARIA (MOL., *Sagg.*, 159). Genre souvent rapporté aux Ébénacées, mais trop mal défini pour qu'on puisse lui assigner une place certaine.

THURBERIA (A. GR., in *Mem. Amer. Acad.*, V, 308). Section du genre *Gossypium* L. (H. BN, *Hist. des pl.*, IV, 149.)

THURBERIA (BENTH., in *Journ. Linn. Soc.*, XIX, 58). Genre de Graminées-Tristeginées, formé de 2 herbes multicaules, du Texas et de l'Arkansas; distingué, dans le groupe, par une panicule lâche et allongée; des styles distincts; 2 glumes mutiques à l'épillet; la glumelle fertile aristée entre les dents ou les lobes terminaux. [H. BN.]

THURET (Gustave). S'est fait connaître par de beaux travaux sur les Algues. Dès 1851, il publia ses *Recherches sur les zoospores des Algues et les anthéridies des Cryptogames*, couronnées par l'Académie. En 1855-57, il donna ses *Recherches sur la fécondation des Fucacées*. Il se retira à Antibes, où il fonda un superbe jardin d'essai, riche en plantes d'Australie, du Cap, etc. A sa mort, il légua à l'État ce jardin, aujourd'hui dirigé par M. Naudin. C'est là qu'en collaboration avec M. Bornet, il s'occupa jusqu'à la fin de sa splendide publication sur les Algues et leur reproduction. (Voy. *Cat. sc. pap.*, 987.)

THURETIA (DCNE, in *Kütz. Sp. Alg.*, 673). Genre d'Algues-Floridées, de la division des Callithammées, à fronde stipitée, étendue à la partie supérieure en lame. Cette lame est spongieuse et percée d'utricules, composée de filaments callithamnoïdes, joints entre eux d'une façon réticulée, pourvue de nervures. Elle présente une nervure médiane distincte. Les thèques sont immergées dans des stichidies tuberculeuses et celluleuses. Une seule espèce constitue ce genre, que Payer place avec juste raison dans la famille des Claudéées. [CH. M.]

THURI. A Amboine, l'*Æschynomene grandiflora* L.

THURIS LIMPIDI FOLIUM (BAUH.). Le *Sarracena* T.

THURMANN (Jul.). Auteur d'une *Enumération des plantes vasculaires du district de Porrentruy* (in-8 de 54 p.), est surtout connu par son *Essai de Phytostatique*, etc., publié à Berne [1849], où sont traitées beaucoup de questions de topographie végétale. (*Cat. sc. pap.*, V, 988.)

THURNEISSER zum THURN (Leonh.). Mort à Cologne en 1596, écrivit *Historia, sive descriptio plantarum omnium* [1578], et le même ouvrage en allemand, sous un titre différent, la même année, à Berlin (in-fol. de 156 p.).

THURNHEISSERA (POHL, ex *Pfeiff. Nom.*, II, 1407). Synonyme de *Schübleria* MART.

THURNHEYSSERA (MART., herb.). Synonyme (MEISSN.) de *Symmeria* BENTH.

THURNIA (HOOK. F., in *Hook. Icon.*, t. 1407, 1408). Genre anomal de Joncacées, établi pour 2 herbes robustes, de la Guyane, qui ont des feuilles de *Cyperus*, des inflorescences de *Dasypogon*, un ovaire uniloculaire, à loges 1-∞-ovulées, avec 3 styles linéaires, distincts, et de longues graines linéaires-fusiformes, dont la structure est singulière. Le *Mnasium sphærocephalum* RDGE appartient à ce genre. [H. BN.]

THURYA (BAL. et BOISS., in *Ann. sc. nat.*, sér. 4, VII, 302, t. 13). Synonyme de *Thylacospermum* FENZL et section de ce genre. (H. BN, *Hist. des pl.*, IX, 112.)

THUS. Nom latin de l'Encens.

THUS LIBYCUM. Nom ancien de la Gomme-Ammoniaque.

THUYA (T., *Inst.*, 586, t. 358). Genre de Crucifères-Cupressinées, qui diffère des Cyprès uniquement en ce que ses fleurs femelles ne sont, sur chaque bractée, qu'au nombre de 2 en général (rarement 3 ou 5), au lieu de ∞. Les cônes sont ovoïdes ou oblongs, rarement sphériques, avec 2-6 bractées. Les fruits ont une ou deux ailes latérales. Ce sont 10-12 arbres ou arbustes verts, de l'Asie orientale et de l'Amérique du Nord, à petites feuilles opposées et squamiformes. On cultive comme ornementaux les *T. orientalis* et *occidentalis*, parfois employés en médecine; le *T. gigantea* et les espèces chinoises de la section *Biota*. Le *T. articulata* est un *Callitris*. (PAYER, *Leç. Fam. nat.*, 53.)

THUYITES (ENDL.). Pour *Thuites* STERNB.

THUYOPSIS (SIEB. et ZUCC., *Fl. jap.*, II, 32, t. 119, 120). Section du genre *Thuya* T.

THUYOXYLUM (UNG., in *Endl. Gen.*, Suppl., II, 25; *Syn. pl. foss.*, 195). Genre de Cupressinées fossiles.

THUYTES (AD. BR., in *Dict.*, LVII, 113). Synonyme de *Thuites* STERNB.

THWAITES (G.-H.-Kendr.). Fut longtemps directeur du Jardin de Peradenia à Ceylan et y rassembla les plantes du pays, aujourd'hui dans les principaux herbiers d'Europe; il les décrivit [1864] dans son *Enumeratio plantarum Zeylaniæ* (in-8). En 1856-57, il avait donné des *Reports* sur le Jardin de Peradenia.

Il a aussi publié un curieux mémoire sur la conjugation des Diatomées. (*Cat. sc. pap.*, V, 989.)

THWAITESIA (MONT., *Fl. Alg.*, 175). Synonyme de *Zygnema* AGH.

THYA (RUPP.). Pour *Thuya* T. Nom ancien des *Thuya*.

THYANA (HAM., *Prodr. Fl. ind. occ.*, 36). Synonyme de *Thouinia* POIT.

THYANOPSIS (GRISEB., *Symb. Fl. argent.*, 81). Section du genre *Thouinia* POIT.

THYION. Dans Théophraste, les *Citrus*.

THYLACANTHA (NEES et MART., in *Nov. Act. nat. cur.*, XI, 45). Synonyme de *Angelonia* H. B.

THYLACANTHUS (TUL., in *Arch. Mus.*, IV, 175). Synonyme de *Dicymbe* SPRUCE (II, 412), qui n'en est qu'une section. (H. BN, *Hist. des plant.*, II, 178.)

THYLACHIUM (LOUR., *Fl. cochinch.*, 342). Genre de Capparidacées-Capparidées, formé de 5 arbustes africains; distingué par un calice spathacé, irrégulièrement déchiré, sans corolle, ∞ étamines et un gynécée de *Capparis*. Les fleurs sont disposées en corymbes, et les feuilles 1-3-foliolées. (H. BN, *Hist. des pl.*, III, 176.)

THYLACOSPERMUM (FENZL, in *Endl. Gen.*, 967). Genre de Caryophyllacées-Lychnidées qui diffère des autres types de ce groupe par sa périgynie. Son réceptacle obconique, creux, porte sur les bords 4, 5 sépales, 4, 5 pétales, 8-10 étamines, et au fond, un gynécée libre, à ovaire pauciovulé, pseudo-1-loculaire, avec peu d'ovules (4-6), portés sur un débris de cloison. Le fruit est capsulaire, et les graines ont un embryon albuminé, périphérique. Ce genre, dans lequel nous plaçons le *Thurya* comme section, est formé de 3 plantes asiatiques, cespiteuses ou pulvinées, à fleurs solitaires ou disposées en glomérules 3-flores terminaux. (*Hist. des pl.*, IX, 112.) [H. BN.]

THYLAX (NORONH., herb.). Synonyme de *Badiera* DC.

THYLLE. Formation cellulaire intravasculaire, figurée jadis par Malpighi. Ce sont des vésicules issues des parois, qui obturent plus ou moins la cavité des vaisseaux. Elles se forment souvent à la fin de la période végétative ou pour réparer les solutions de continuité des vaisseaux sur les branches coupées. De là le nom de cellules comblantes (*Füllzellen*).

THYM (*Thymus* T., *Inst.*, 196, t. 93). Genre de Labiées-Menthées, formé d'une vingtaine de petites plantes sousligneuses, de la région Méditerranéenne, ou de l'Europe et l'Asie tempérée et de l'Afrique; distingué par des fleurs à calice 10-13-nerve, 2-labié; la gorge fermée en dedans par des poils; une corolle 2-labiée, et 4 étamines fertiles, 2-dynames; des feuilles opposées, petites et entières; des verticillastres axillaires pauciflores, ou les supérieurs disposés en épis. On connaît surtout le T. commun (*T. vulgaris*) et le Serpolet (*T. Serpyllum*), remarquables par leur odeur, due à une essence dont on retire le Thymol, employé lui-même en médecine. (H. BN, *Hist. des pl.*, XI, 12, 29, 50, fig. 34, 35; *Tr. Bot. méd. phanér.*, 1242; *Herbor. paris.*, 357.)

Thym. — Branche florifère. Gynécée.

THYMALON. Nom grec de l'If.

THYM BLANC. Le *Teucrium montanum* L.

THYMBRA (L., *Gen.*, n. 708). Genre de Labiées-Menthées, formé d'un sous-arbrisseau odorant, de la région Méditerranéenne; distingué, dans le groupe des Mélissées, par des fleurs à calice comprimé par le dos; une corolle à tube droit et exsert; des verticillastres 6-10-flores, rapprochés en courts épis terminaux. (H. Bn, *Hist. des pl.*, XI, 55.)

THYM DE CANDIE, T. DE DIOSCORIDE. Le *Thymus capitata* L.

THYM DES ANCIENS, T. DE CRÈTE. Noms vulgaires du *Satureia capitata* L.

THYM DE SAVANE. Le *Turnera montana*.

THYMELÆA (T., *Inst.*, 394 (part.). — ENDL., *Gen.*, Suppl., IV, II, 65). Genre de Thyméléacées-Thymélées, formé d'une vingtaine d'herbes ou d'arbuscules, de la région Méditerranéenne et des Canaries; distingué par des fleurs hermaphrodites, à tube de la fleur souvent urcéolé; le limbe étalé, 4-mère; l'ovaire surmonté d'un style court, à petite extrémité stigmatifère. Le fruit a un péricarpe membraneux. (REICHB., *Ic. Fl. germ.*, t. 550-552. — SIBTH., *Fl. græc.*, t. 354, 355. — H. Bn, *Hist. des pl.*, VI, 135.)

THYMELÆA MONSPELIACA. Nom ancien du Garou.

THYMÉLÉACÉES. Famille de plantes dicotylées-apétales, formée des 2 séries des *Thymélées* et des *Aquilariées*. Dans la première, le carpelle est unique, avec un seul ovule; mais dans la dernière, il y a 2 loges uniovulées à l'ovaire; ce qui rapproche le groupe des Pénéacées et des Célastrées. (H. Bn, *Hist. des pl.*, VI, 100.)

THYMÉLÉE. Le *Passerina Thymelæa* DC.

THYMÉLÉE DE MONTPELLIER, T. A FEUILLES DE LIN. Le Garou.

THYMELINA (HFFMS., *Verz.*, I, 198, f. 2). Syn. de *Gnidia* L.

THYMIANITIS (*Cortex*). Le *Liquidambar orientalis* MILL.

THYMIATITIS. Nom grec de la Quintefeuille.

THYMION. Synonyme de *Thymalon*.

THYMOPHYLLA (LAG., *Elench. H. matrit.*, 15). — Voy. THYMOPHYLLUM.

THYMOPHYLLUM (B. H., *Gen.*, II, 410). Synonyme de *Tagetes* T. (H. Bn, *Hist. des pl.*, VIII, 254.)

THYMOPSIS (BENTH., *Gen.*, II, 407). Genre de Composées-Héliantées-Héléniées, formé d'une herbe hispide, de Cuba; distingué, dans le groupe des Bæriées, par des feuilles opposées; des capitules petits et subsessiles, hétérogames; les bractées de l'involucre hispides, sub-2-sériées; les fleurs femelles à corolle tubuleuse, plus courte que le style dont les branches sont courtement appendiculées; le fruit à aigrette formé de paillettes plus ou moins connées. (H. Bn, *Hist. des pl.*, VIII, 252.)

THYMOPSIS (JAUB. et SP., *Ill. pl. or.*, I, 72, t. 37). Synonyme de *Hypericum* T.

THYMUM (MATTH.). Le *Thymus vulgaris* L.

THYOPSIS (WEDD., *Chlor. and.*, I, 165, t. 27). Synonyme de *Tafalla* DON.

THYREOMYCETES (BON., *Abh. d. Mykol.*, 78). Famille de Sphéropsidés, caractérisée par la forme dimidiée, en bouclier, du périthèce.

THYRIDIUM (SACC., *Michel.*, I, 50). Genre de Sphériacés, à périthèces globuleux, immergés dans un stroma, munis d'ostioles à peine émergents du stroma. Les thèques cylindriques contiennent de 4 à 8 spores elliptiques, muralidivisées, jaunes ou fuligineuses. Une dizaine d'espèces, observées sur le bois de Figuier, de *Catalpa*, de Myrtacées, ou sur les sarments de Vignes, sous des latitudes diverses. [DE S.]

THYRIDOSTACHYUM (NEES, in *Lindl. Introd. Nat. Syst.*, ed. 2, 379). Synonyme de *Mnesithea* K.

THYROCARPUS (HNCE, in *Ann. sc. nat.*, sér. 4, XVIII, 225). Genre de Boraginacées-Boragées, formé d'une herbe hispide, de Chine; voisin des *Omphalodes* et des Cynoglosses, et distingué par des cymes à bractées foliacées, composées; des fruits déprimés, à dos cyathifère; le bord de la cupule double; l'intérieur entier et l'extérieur denté. (H. Bn, *Hist. des pl.*, X, 378.)

THYROPHORA (NECK., *Elem.*, II, 13). Synonyme de *Cyclostigma* GRISEB.

THYRSACANTHUS (NEES, in *Mart. Fl. bras.*, IX, 97, t. 13; in *DC. Prodr.*, XI, 323). Genre d'Acanthacées-Justiciées, formé d'une vingtaine d'herbes ou d'arbustes, de l'Amérique tropicale, à fleurs de *Graptophyllum*; le tube de la corolle allongé; les 4 lobes du limbe sub-2-labiés; les inflorescences terminales, en grappes simples ou composées, avec bractées peu développées. (H. Bn, *Hist. des pl.*, X, 447.)

THYRSANTHELLA (H. Bn, *Hist. des pl.*, X, 200). Section du genre *Forsteronia* G.-F.-W. MEY., dont le type est l'*Echites difformis* WALT.

THYRSANTHEMA (NECK., *Elem.*, I, 6). Genre disjoint des *Tussilago* T.

THYRSANTHUS (BENTH., in *Hook. Journ. Bot.*, III, 245). Section du genre *Forsteronia* G.-F.-W. MEY. (H. Bn, *Hist. des pl.*, X, 200).

THYRSANTHUS (ELL., in *Journ. Acad. Philad.*, I, 371). Synonyme de *Wistaria* NUTT.

THYRSANTHUS (SCHR., in *Denkschr. Baier. Akad.* [1813], 75). Synonyme de *Naumburgia* MŒNCH.

THYRSE (*Thyrsus*). Nom vague, donné à des inflorescences composées et à des inflorescences mixtes, soit à des grappes de grappes, soit à des grappes de cymes. Ce nom devrait être abandonné, comme manquant trop de précision.

THYRSINE (GLED., *Syst.*, 286). Synonyme de *Cytinus* L.

THYRSION. Nom grec du Thym.

THYRSODIUM (BENTH., in *Hook. Kew Journ.*, IV, 17). Synonyme de *Garuga* ROXB.

THYRSOPTERIS (KUNZE, in *Linnæa*, IX, 507). Genre de Fougères-Cyathéées, formé d'une plante rare, de l'île Juan-Fernandez, attribuée aussi aux Dicksoniées; distingué par des sores globuleux, marginaux, rassemblés en une sorte de panicule indépendante des pinnules stériles. Le sporange est sessile sur un réceptacle globuleux. L'indusie, inférieure, cupuliforme, a un orifice entier et comme tronqué. Les frondes sont décom-

Thyrsopteris. — Inflorescence. Sore, entière et coupe longitudinale. Sporange.

posées : leur portion stérile bipinnée, avec des pinnules lancéolées et incisées; les fertiles sont 3-pinnées, et chaque pinnule devient une sorte de grappe à indusie stipitée. (HOOK. et BAK., *Syn. Fil.*, 15, t. 1, fig. 3.)

THYSANACHNE (PRESL, *Rel. Hœnk.*, I, 252). Synonyme de *Arundinella* RADD.

THYSANANTHES. Section (ROEM., *Fam. nat. Syn.*, II, 16, 97) du genre *Trichosanthes* L.

THYSANANTHUS (LINDENB., in *Nees Syn. Hepat.*, 286). Genre d'Hépatiques-Jubulées. (MONT., in *Dict. d'Orb.*, XII, 572.)

THYSANELLA (A. GRAY, in *Bost. Journ. Nat. Hist.*, V, 232). Genre proposé pour le *Polygonum fimbriatum* ELL.

THYSANELLA (SALISB., *Gen. pl. Fragm.*, 67). Synonyme de *Thysanotus* R. BR.

THYSANOCARPUS (HOOK., *Fl. bor. amer.*, I, 69, t. 18 A). Genre de Crucifères-Isatidées, formé de 7, 8 herbes annuelles, de l'Amérique du Nord; distingué par des fleurs à étamines non appendiculées; un fruit petit, orbiculaire, monosperme; le bord souvent ailé et perforé. (HOOK., *Icon.*, t. 39, 42. — H. Bn, *Hist. des pl.*, III, 260.)

THYSANOCLADIA (ENDL., *Gen.*, Suppl., III, 44). Genre d'Algues-Floridées, de la famille des Areschougiées, que caractérise une fronde plane, pinnée, distique, composée de trois couches de cellules diverses : la couche médullaire formée de filaments allongés, articulés, plus ou moins resserrés ; la couche moyenne, de cellules plus grandes, arrondies, anguleuses parfois. La couche corticale est formée par des cellules petites, rayonnant verticalement. Les cystocarpes sont dans le strate périphérique, souvent agrégés, pourvus d'un carpostome. Les sphérospores ne sont point connues. J.-G. Agardh a divisé le genre *Thysanocladia* en deux sections, établies sur les diverses modifications qu'éprouve la fronde. (Voy. J.-G. AGH, *Spec.*, *gen. et ord. Alg.*, III, 285.) [CH. M.]

THYSANOLÆNA (NEES, in *Pl. Meyen.*, 180). Genre de Graminées-Tristéginées, formé d'une herbe élevée, d'Asie et de l'Ile de France ; distingué par une grande inflorescence, à nombreuses branches ; les épillets fasciculés et très petits ; 2 glumes courtes, larges et mutiques ; une glumelle plus longue, vide, acuminée ; une seconde, supérieure, mutique, obtuse, ciliée et plus courte. Était considéré jadis comme un *Panicum*. (TRIN., *Spec. Gram.*, t. 87.)

THYSANOMITRION (SCHWÆGR., *Suppl.*, II, I, 61, t. 118). Synonyme (PFEIFF.) de *Campilopus* BRID.

THYSANOSPERMUM (CHAMP., in *Hook. Kew Journ.*, IV, 168). Genre de Rubiacées-Cinchonées, dont les fleurs 4, 5-mères ont des sépales libres, imbriqués et persistants ; une corolle hypocratérimorphe, à 4, 5 lobes imbriqués ou tordus ; 4, 5 étamines à anthères introrses, allongées, exsertes ; un ovaire infère, à 2 loges multiovulées, surmonté d'un disque conique-tronqué et d'un style exsert, à sommet fusiforme. Les ovules sont portés sur un placenta pelté et presque globuleux. Le fruit est une capsule didyme et loculicide ; et les graines, peltées, orbiculaires, comprimées, ont leur bord prolongé en une aile dentée ou déchiquetée. Le *T. diffusum* est un arbuste de Hongkong, grêle et couché, à feuilles opposées-distiques, ovales, accompagnées de stipules interpétiolaires, subulées et persistantes. Les fleurs sont axillaires et solitaires, petites, blanches, et leur pédoncule porte deux bractées. (Voy. *Hist. des plant.*, VII, 347, 491, n. 184.) [H. BN.]

THYSANOTUS (R. BR., *Prodr.*, 282). Genre de Liliacées-Asphodélées, formé de 18, 19 espèces océaniennes et chinoises, à rhizome épais ou court ; distingué, dans le groupe des Anthéricées, par une inflorescence composée et lâche ; un périanthe à folioles intérieures frangées ; des étamines à filet glabre ; des loges ovariennes 2-ovulées. On en cultive quelques-uns dans les jardins botaniques. (*Bot. Reg.*, t. 655, 656 ; [1838] t. 8, 50 ; [1840] t. 4. — *Bot. Mag.*, t. 2351.)

THYSANUS (LOUR., *Fl. cochinch.*, 284). Genre douteux, rapporté parfois aux Connaracées.

THYSSELINUM (ADANS., *Fam.*, II, 100). Syn. de *Selinum* L.

THYSSELINUM. Dans Pline, le *Selinum sylvestre* L.

THYSSELINUM (HOFFM., *Umbell.*, 153, nec ADANS.). Section du genre Peucédan, dans laquelle les bandelettes sont très profondément situées et ont été à tort dites séminales. (Voy. H. BN, *Hist. des pl.*, VII, 99.)

TI. Nom, à la Nouvelle-Zélande, d'un *Cordyline* et du *Taro*.

TIAIRI. L'un des noms polynésiens de l'*Aleurites moluccana* W.

TIANGUISPPETTA. Nom mexicain du *Guilleminea* H. B. K., employé comme médicament dans le pays.

TIAO-CHI. Astragale chinois qui donne des médicaments.

TIARANTHUS (HERB., *Amar.*, 302). Syn. de *Pancratium* L.

TIARE-APETAI, T.-APETAHI. Nom, à Taïti, de l'*Apetahia raiateensis*, belle Lobéliacée à fleurs blanches qu'on ne cueillait à Raiatea que pour la reine et les chefs, et qui appartient à un genre très voisin des *Isotoma*. (Voy. H. BN, *Hist. des pl.*, VIII, 364.)

Tiarella. — Fleur. Fruit.

TIARELLA (L., *Gen.*, n. 560). Genre de Saxifragacées-Saxifragées, formé de 5 herbes vivaces, de l'Amérique du Nord et

des montagnes de l'Inde ; distingué par des fleurs à 5 pétales et 10 étamines longues ; un ovaire à 2 placentas attachés vers le bas de la loge ; un fruit supère, comprimé, à 2 lobes fort inégaux. On en cultive quelques-uns dans les jardins botaniques. (*Bot. Mag.*, t. 1589. — H. BN, *Hist. des pl.*, III, 426.)

TIARIDIUM (LEHM., *Asperif.*, 13). Syn. de *Heliophytum* DC.

TIAUN. Nom, aux Philippines, des *Salix* T.

TIBEAN. A la Nouvelle-Calédonie, le Santal, fourni, d'après M. Vieillard, par le *Santalum austro-caledonicum*, arbre de moyenne grandeur, des lieux montueux et humides du littoral.

TIBIG. Synonyme de *Hauili*.

TIBIGARO. Synonyme de *Diomate*.

TIBOUCHINA (AUBL., *Guian.*, I, 446, t. 177). Genre de Mélastomacées-Mélastomées, formé d'environ 250 espèces américaines ; distingué, dans le groupe des Osbeckiées, par des fleurs à calice paléacé ou strigilleux ; des étamines, au nombre de 8-10, égales ou à peu près ; les anthères subconformes, à connectif un peu prolongé, avec 2 tubercules en avant ; un ovaire

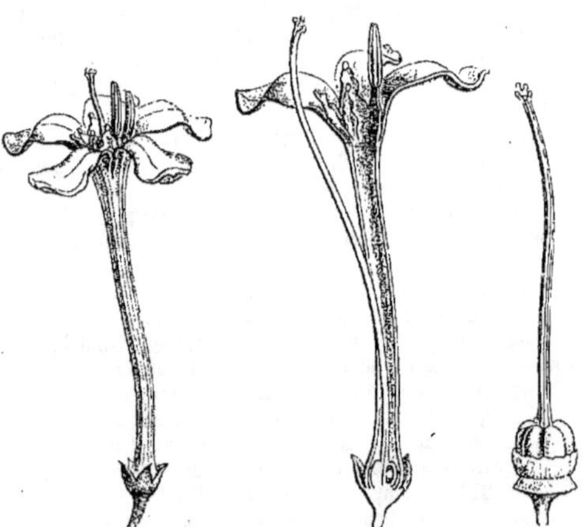

Tibouchina. — Fleurs.

à 4, 5 loges, hispide au sommet ; un fruit inclus, 4, 5-valve ; des graines cochléées. Les feuilles sont 5-7-nerves, et le port très varié. Nous avons rallié à ce genre polymorphe les *Marcetia, Chætolepis, Comolia, Purpurella, Heeria, Pterolepis, Microlepis, Nepsera, Pyramia, Bucquetia, Tulasnea, Meissneria, Svitramia, Potanthera, ? Acisanthera*, etc. (H. BN, *Hist. des pl.*, VII, 5, 39, fig. 8, 9.)

TICHIR. L'*Arrow-root* provenant du *Curcuma longa* L.

Ticorea. — Fleur, entière et coupe longitudinale. Gynécée.

TICHOCARPUS (RUPR., *Alg. Ochot.*, 320). Genre d'Algues-Floridées-Areschougiées. La fronde des espèces qui constituent ce genre est comprimée, linéaire, dichotome, et composée de trois couches distinctes de cellules : la médullaire formée de files fortement resserrées ; la moyenne, de cellules grandes, arrondies, angulaires ; et les cellules corticales se résolvent en filaments verticaux et courts. Les cystocarpes sont presque solitaires et renfermés dans un péricarpe. Les sphérospores se développent aux extrémités de la fronde et se divisent en croix. (Voy. J.-G. AGH, *Spec.*, *gen. et ord. Alg.*, III, 283.) [CH. M.]

TICOREA (AUBL., *Guian.*, II, 689, t. 277). Genre de Rutacées-Galipées, formé d'une dizaine de plantes ligneuses, du Brésil; distingué par des feuilles simples ou 1-3-foliolées, opposées ou alternes; des fleurs à calice court, à tube de la corolle plus ou moins long, à anthères appendiculées à leur base dans les étamines fertiles, au nombre de 3 à 6; les autres stériles. Le *T. febrifuga* aurait les propriétés du quinquina. (A. S.-H., *Pl. rem. Brés.*, t. 14. — H. BN, *Hist. des pl.*, IV, 382, 455, fig. 409-413; *Tr. Bot. méd. phanér.*, 853.)

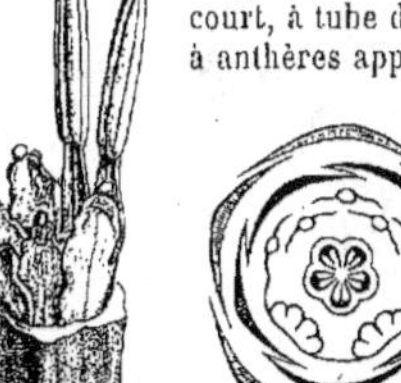

Ticorea. — Androcée. Diagramme floral.

TIEDMANNIA (DC., *Prodr.*, IV, 187; *Mém. Ombell.*, 51, t. 12). Genre d'Ombellifères, dont nous ne faisons (*Hist. pl.*, VII, 100) qu'une section du genre Peucédan. [H. BN.]

TIEN-CHU-KWEI. Nom ancien, dans l'Inde, du Cannellier.

TIEP. Nom ouoloff d'un Riz spontané, que les nègres ne mangent guère, malgré sa qualité, que lorsque le mil leur fait défaut.

TIERCE. Le *Circœa luteti ana* L.

TIEU MOC. Nom cochinchinois d'un *Hoppea*, à bois jaunâtre et recherché pour les constructions navales. C'est le *Cay-so-oden* du même pays.

TIGARÉ. Le *Tigarea aspera* AUBL.

TIGAREA (AUBL., *Pl. Guian.*, 917, t. 350, 351). Synonyme de *Doliocarpus* ROLAND.

TIGAREA (PURSH, *Fl. N.-Amer.*, I, 333, t. 15). Synonyme de *Potentilla*.

TIGE. Axe de la plante, souvent défini, mais parfois bien à tort, l'axe ascendant, et très variable comme dimensions, direction, forme et durée, de même que par le milieu qu'elle habite.

TIGES AÉRIENNES. — Les tiges de la plupart des Palmiers sont citées pour leur forme de colonne verticalement élancée dans l'air, droite, indivise, terminée par un bouquet de feuilles. On leur a donné le nom de *stipes*; ce sont de bons exemples de tiges *aériennes* simples. Là où elles ne portent plus de feuilles, on voit à la surface les cicatrices régulièrement disposées de ces dernières; il s'agit donc bien ici d'organes axiles.

Il y a des Palmiers dont la tige se ramifie; tel est le *Doum* de la Thébaïde. Un très grand nombre d'autres arbres, appartenant, comme les Palmiers, à la grande division des Monoco-

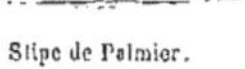

Stipe de Palmier.

tylédones, peuvent aussi posséder une tige ramifiée; ce sont notamment les Vaquois ou Bacquois (*Pandanus*) et les Dragonniers (*Dracœna*).

Quand ils sont jeunes, les Palmiers semblent pendant longtemps privés de tige. Leurs feuilles forment un bouquet qui semble sortir directement de terre. De là l'expression de plantes *acaules*, qu'on emploie souvent, mais qui répond à une erreur; car les feuilles qui forment une rosette semblant directement sortir du sol, et qu'on a nommées à tort *radicales*, sont en réalité portées par une tige très courte et qui, dans la plupart des Palmiers, par exemple, s'allongera plus ou moins avec l'âge.

Dans nos arbres dicotylédonés, la tige dure et ligneuse prend le nom de *tronc*; elle est ordinairement plus ou moins ramifiée. Ses divisions sont des *branches*, et les divisions de celles-ci sont des *rameaux*, qui euxmêmes peuvent porter des *ramules*, etc.

Il y a des tiges charnues, notamment dans les plantes dites *grasses*, comme les Ficoïdes, les Cactées; elles sont souvent cylindriques ou ovoïdes, globuleuses, parfois aplaties, avec des feuilles souvent rudimentaires ou nulles, et des épines nombreuses. Leur sommet peut être déprimé. Dans le *Welwitschia*, remarquable plante de l'Afrique tropicale, la tige ressemble à un gros champignon dur, à sommet supérieurement concave, en forme de coupe épaisse.

Quand les tiges aériennes ne durent qu'une ou quelques saisons, elles sont ordinairement herbacées, vertes, plus ou moins épaisses, tantôt pleines jusqu'au centre et tantôt creuses à l'intérieur; on les nomme en ce cas *fistuleuses*. Dans les Graminées, ces tiges fistuleuses se nomment *chaumes*; elles présentent des nœuds saillants et pleins au niveau de l'insertion des feuilles. La Canne à sucre a un chaume plein; sa cavité est remplie d'une substance molle qui contient le liquide sucré.

Chaume de Blé.

Quand les tiges herbacées sont trop peu consistantes pour se tenir dressées, elles se couchent sur la terre. Au lieu d'être ainsi simplement *couchées*, elles peuvent, de distance en distance, se fixer au sol par des racines adventives; elles sont alors dites *rampantes* et *radicantes*. Ou bien encore, trop faibles pour se soutenir elles-mêmes, les tiges sont volubiles ou grimpantes, s'appuyant sur les plantes voisines ou sur d'autres objets.

Dans les plantes *volubiles*, la tige ou ses divisions s'enroulent en spirale autour des autres plantes, soit de gauche à droite (*dextrorsum*) en montant, soit de droite à gauche (*sinistror-*

sum). Dans les plantes *grimpantes* et *sarmenteuses*, les tiges sont retenues aux objets voisins par des crocs, des *vrilles*, dont on verra, à l'article VRILLE, les diverses origines. D'autres, comme le Lierre, s'accrochent, comme l'on sait, par des crampons aux murailles, aux écorces des arbres. Ces crampons le fixent sans le nourrir, car le Lierre meurt s'il est coupé au pied. Les Cuscutes, au contraire, qui causent tant de dégâts dans nos prairies artificielles, sont des parasites à tiges grêles ; elles s'implantent et se soutiennent sur les Luzernes, les Trèfles, etc., à l'aide de suçoirs (*haustoria*) qui leur servent en même temps à y puiser de la nourriture, car elles ne souffrent pas sensiblement de la destruction, spontanée ou non, de la base de leur tige.

TIGES SOUTERRAINES. — Les tiges souterraines ou *rhizomes* ont souvent la forme cylindrique des tiges aériennes ; mais le

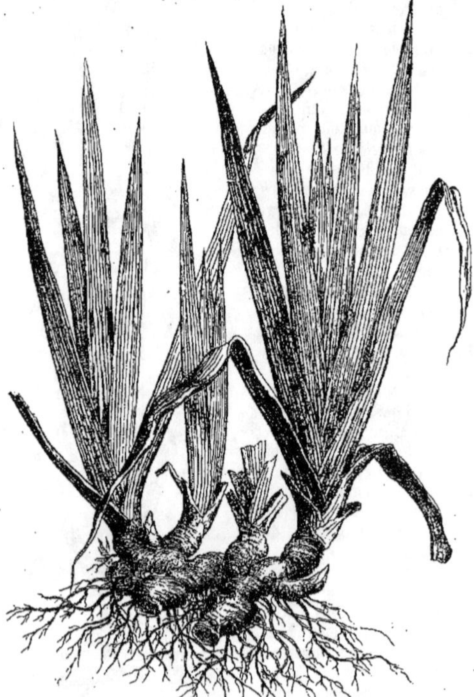

Rhizome d'Iris.

plus souvent leur couleur est différente : blanche, grise ou brunâtre, plus rarement jaune ou rougeâtre, quelquefois verdâtre ou verte, surtout parfois dans les points où elles se trouvent accidentellement éclairées. On les confond souvent à tort avec les racines. Le rhizome de l'Iris, qui est un des plus connus, a souvent été désigné sous le nom de racine d'Iris. Il porte des feuilles peu développées et grisâtres, mais disposées comme celles des tiges, et l'aisselle de ces feuilles réduites est souvent pourvue d'un bourgeon qui peut ou se développer complètement, ou s'arrêter à une époque variable de son évolution. Ces rhizomes se nourrissent à l'aide de racines adventives qui se produisent en différents points de leur surface.

Les tubercules sont des rhizomes, ordinairement plus courts, plus trapus, plus charnus. Les plus connus des rhizomes sont ceux des Pommes de terre. Celui de la Pomme de terre-Asperge, assez rarement cultivée chez nous, est cylindrique, de la longueur et de la grosseur d'un doigt, ou à peu près. Il porte de distance en distance des écailles saillantes qui représentent

autant de feuilles, et, dans l'aisselle de ces feuilles modifiées, des bourgeons qui, en s'allongeant, peuvent devenir autant de branches souterraines ou aériennes. Nos Pommes de terre

Tubercules de Pomme de terre.

longues, comme les Vitelottes, etc., sont plus courtes et plus grosses ; mais leur organisation est au fond la même. Les dépressions qui répondent à leurs *yeux* contiennent chacune un bourgeon, et ce bourgeon occupe l'aisselle d'une écaille qui, bientôt desséchée et détachée, laisse sur le tubercule une cicatrice en forme de croissant. Lorsqu'on plante un de ces tubercules ou un de ses morceaux, les bourgeons des yeux se développent en branches. Les unes sont aériennes et portent des feuilles, puis des fleurs et des fruits ; on les appelle inexactement des tiges. Les autres demeurent souterraines et constituent des cordons dont les feuilles demeurent à l'état d'écailles blanchâtres. Là où ces cordons se renflent, il se constitue une Pomme de terre. De la forme allongée des tubercules dont nous venons de parler, on passe graduellement, suivant les variétés observées, à la forme ovoïde et même presque sphérique.

Les *bulbes* sont des rhizomes dont la forme est généralement celle d'un gros bourgeon, et dans lesquels l'axe est ordinaire-

Tubercules de Pomme de terre (à droite, de P.-Asperge).

ment enveloppé par les feuilles modifiées dont le nombre est très variable, mais dont la longueur et la largeur deviennent bien plus considérables. Il y a des Iris dont le rhizome se raccourcit en forme de poire étroite et dont les écailles emboîtées forment toute la portion extérieure. Dans les Colchiques et les Safrans, l'axe des bulbes se renfle beaucoup et ne porte qu'un petit nombre de tuniques, bientôt brunies et desséchées, mais qui les enveloppaient d'abord totalement; c'est ce qu'on appelle des *bulbes solides* ou *pleins*. Ailleurs, comme dans les Lis, les Jacinthes, les Fritillaires, les écailles sont bien plus nombreuses et plus développées, mais la tige qui les porte demeure relativement peu volumineuse; on la nomme alors le *plateau*. A sa base se développent des racines adventives à chaque période de végétation. Tantôt, comme dans le Lis, les écailles représentent chacune une feuille entière; elles s'imbriquent étroitement entre elles; le bulbe est dit *écailleux*. Tantôt, au contraire, comme dans la Jacinthe, l'Oignon de cuisine, les écailles larges et amincies, s'enveloppant exactement les unes les autres, répondent seulement à la base d'une feuille dont la portion supérieure était aérienne et verte; le bulbe se nomme alors *tuniqué*. Les bulbes des Tulipes sont comme intermédiaires aux types précédents : le plateau n'y est pas volumineux; les écailles n'y sont pas nombreuses; les intérieures sont épaisses, charnues, blanches; les extérieures, amincies, desséchées, brunâtres. Dans l'aisselle des écailles, quelles qu'elles soient, d'un bulbe, il peut y avoir un bourgeon bien développé, soit en une branche aérienne, portant feuilles et fleurs, soit en un petit bulbe souterrain axillaire; c'est ce qu'on nomme un *caïeu*. L'Ail cultivé a des caïeux volumineux, qu'on nomme vulgairement et mal à propos des *gousses*.

Avec des exemples convenablement choisis, on passe donc insensiblement du rhizome au bulbe et au tubercule; ce sont autant de variétés de tiges souterraines.

Nœuds et entre-nœuds. — Dans une plante telle qu'un arbre de nos pays, les tiges ou les branches se renflent au point où s'attachent les feuilles. Avec des feuilles alternes, les renflements sont solitaires à leur niveau; avec des feuilles opposées, ils sont placés deux en face l'un de l'autre. Ces renflements répondent aux *nœuds* des axes. La portion sur laquelle s'insère la feuille se nomme *coussinet*, et assez souvent la base de la feuille s'y rattache par une articulation; c'est là même qu'elle s'en sépare d'ordinaire à la fin de la saison.

L'intervalle d'un nœud à un autre, normalement dépourvu de feuilles, est un *entre-nœud*. Quand les axes sont creux ou fistuleux dans la longueur des entre-nœuds, leur cavité disparaît d'ordinaire au niveau des nœuds. Ceux-ci sont pleins et souvent même pourvus d'une cloison transversale très résistante, comme il arrive surtout dans le *chaume* des Graminées.

RAMIFICATION. — Nous avons vu qu'il y a des tiges qui demeurent toujours simples. Cela tient, si ces tiges portent des feuilles, au non-développement de leurs bourgeons axillaires. Mais, si ces bourgeons s'allongent en autant de branches, la plante porte deux ordres d'axes aériens; puis de même des axes de troisième, de quatrième ordre, etc., si les bourgeons deviennent des branches sur les axes de deuxième, troisième génération, etc.

Si les feuilles sont seules à un niveau donné de la tige qui se ramifie, la branche qui résultera du développement de leur bourgeon axillaire se détachera isolément aussi de la tige, et il y aura ainsi des branches à droite et à gauche tout autour de la tige, mais à différentes hauteurs.

Si la tige porte deux feuilles en face l'une de l'autre à une même hauteur et que le bourgeon axillaire de l'une d'elles se développe seul en branche, l'autre demeurant rudimentaire, la ramification affectera encore le même caractère général.

Si, au contraire, les bourgeons axillaires des deux feuilles opposées se développent en même temps, la tige portera à un même niveau deux branches opposées; et comme les deux feuilles placées immédiatement au-dessus des deux premières répondent à leurs intervalles, il en sera de même des branches opposées; elles seront *décussées*. Avec des feuilles verticillées, les branches sont de même verticillées sur la tige, pourvu que tous les bourgeons axillaires se développent à un même niveau.

Une branche née de la tige à l'aisselle d'une de ces feuilles alternes peut même se développer avec assez de rapidité et d'intensité pour que son sommet dépasse de beaucoup l'extrémité de la tige principale qui est située au delà de la feuille axillante. Cette portion supérieure de la tige peut même demeurer rudimentaire ou disparaître totalement. La branche axillaire se porte alors à sa place dans la continuation de la portion inférieure de la tige. Si le même fait se reproduit successivement un grand nombre de fois, chaque entre-nœud de la tige appartient à une génération différente. Cette *pseudo-tige*, comme on l'a appelée, est alors, pour employer une expression vulgaire, formée de pièces et de morceaux, quoiqu'elle simule un axe unique. On a aussi désigné ces axes composites sous le nom de *sympodes;* il y a des sympodes aériens et des sympodes souterrains ou rhizomes sympodiques, comme dans les Fraisiers, les *Carex* vivaces. Les axes qui portent les fleurs peuvent aussi, nous le verrons, se comporter de cette manière. On reconnaît toujours un sympode à ce fait

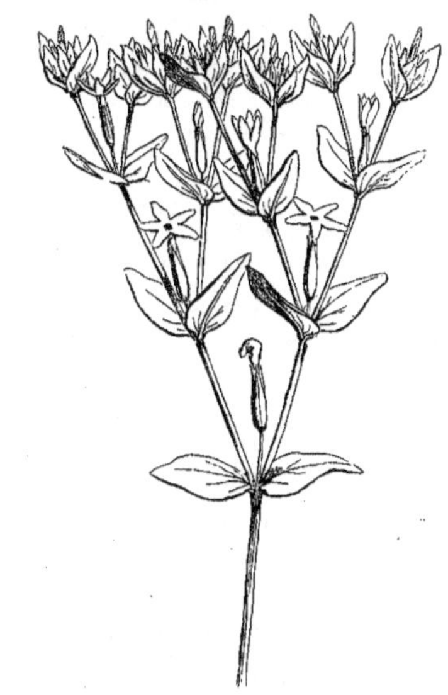

. Tige à divisions opposées-décussées de Petite-Centaurée.

que l'axe qui semble continuer la tige, quoiqu'il appartienne à une génération plus jeune qu'elle, est interposé à sa feuille axillante ou à sa cicatrice et à l'extrémité véritable de la tige ou à sa cicatrice. Quand cette extrémité subsiste, on la dit *oppositifoliée*.

Ramification indéfinie. — On a dit avec raison qu'on pouvait supposer une plante non ramifiée et dont la végétation serait indéfinie. Cette plante, herbe ou arbre, portant à droite et à gauche des feuilles qui se succèdent indéfiniment de bas en haut, les fleurs, si la plante fleurit, peuvent occuper l'aisselle des feuilles, tandis que la tige se continue toujours en haut par son bourgeon terminal, qui épanouit constamment de nouvelles feuilles. Cette hypothèse se réalise dans beaucoup de Palmiers et d'autres Monocotylédones, ainsi que dans l'Ananas où le fruit est surmonté d'un axe portant des feuilles et qui continue la plante. Les fleurs, ainsi que les divers éléments du fruit qui leur succèdent, occupent chacune l'aisselle d'une feuille modifiée, et ces feuilles reprennent de nouveau, au-dessus du fruit composé, les caractères des feuilles inférieures de la plante. Ces végétaux s'allongeraient démesurément si leur portion inférieure ne se détruisait à mesure que leur portion supérieure se développe.

Que maintenant les axes qui se développent à l'aisselle des feuilles, soient des branches feuillées et persistantes, au lieu d'axes florifères, et la plante aura une ramification indéfinie. Les branches pourront d'ailleurs porter des rameaux qui se développeront sur leur côté suivant le même mode, et ainsi de suite. La ramification sera donc indéfinie, à quelque nombre de degrés qu'elle s'étende.

Ramification définie. — Si, au contraire, une tige se comportant à la façon d'un sympode se termine par une fleur ou par un groupe floral, après avoir porté plus bas un certain nombre de feuilles latérales, son évolution est *terminée* alors que les fleurs ou les fruits qui leur succèdent ont achevé la leur. Et la plante *n'irait pas plus loin*, si un ou plusieurs bourgeons nés à l'aisselle des feuilles sous-jacentes ne se développaient à leur tour en branches portant fleurs et fruits. La végétation de ces branches est également *définie*, et de même se comporteront les branches plus jeunes qui naîtront sur elles, et ainsi de suite.

Avec les types précédents, la ramification peut être portée très loin. L'ensemble d'une plante ainsi très ramifiée peut cependant ne constituer qu'une masse peu considérable, si tous les axes sont très courts ou contractés. Si même ils sont sessiles les uns sur les autres, leur ensemble peut former une masse indivise, une sorte d'excroissance dans laquelle il devient, à l'état final, presque impossible de distinguer les diverses générations d'axes.

Il y a *dichotomie* très régulière quand une tige dont les feuilles sont opposées, produit exactement en face l'une de l'autre deux branches égales. Dans ce cas, la tige peut se continuer et persister au delà de ces deux branches et se terminer plus haut par une fleur ou par un groupe de fleurs. Ou bien, et c'est ce qui arrive souvent dans les Lilas, par exemple, ou dans certains Érables, etc., l'axe médian avorte et le fond de la bifurcation formée par les deux bourgeons ou les deux branches opposées, demeure vide.

Dans une plante à feuilles alternes, il peut aussi y avoir dichotomie; la tige ne porte, il est vrai, qu'un bourgeon à un niveau donné; mais il s'accroît assez rapidement pour devenir une branche aussi forte ou à peu près que la tige elle-même. La dichotomie est alors dite *fausse*, par opposition à celle dont nous avons parlé d'abord et qu'on dit *vraie*; il y a donc fausse dichotomie quand les deux axes qui forment la fourche ne sont pas de même génération. On voit par là que la fausse dichotomie peut se produire dans les plantes à feuilles opposées ou même verticillées, alors qu'un seul bourgeon se développe en rameau au niveau d'un nœud foliifère donné.

Il n'y a en pareil cas dichotomie vraie qu'avec des feuilles opposées dont les bourgeons axillaires se développent d'une façon égale; trichotomie avec des feuilles verticillées par trois, et ainsi de suite.

Mais, si les feuilles sont alternes ou qu'une seule de deux feuilles opposées ait son bourgeon axillaire développé, la ramification définie devient sympodique, comme on l'observe, avons-nous dit, sur la tige souterraine des *Carex* (voy. la figure à droite). Leur tige se terminant par un groupe floral qui se détruit, la végétation de la plante s'arrêterait, si un bourgeon axillaire, se comportant comme une pseudo-tige, ne la continuait à son tour en s'élevant dans l'air chargé de feuilles et de fleurs. Du même côté, un axe de la génération suivante développe à son tour des feuilles auxquelles feront suite des fleurs dans la période végétative suivante, et un jeune bourgeon de quatrième génération s'allonge déjà du même côté sur son support pour continuer la végétation de ces plantes, qu'on a quelquefois qualifiées de *voyageuses*.

Entraînement. — Le véritable caractère de la ramification d'une plante peut être altéré par des avortements. Ainsi, une plante à feuilles opposées peut, comme on l'a vu, devenir une plante à rameaux alternes par le simple avortement d'un des deux bourgeons opposés. Mais, dans beaucoup de plantes, ce sont des phénomènes d'*entraînement* qui déguisent le type réel de la ramification.

Dans les Lilas, les Chèvrefeuilles, etc., etc., par exemple, les feuilles sont normalement opposées; mais il est assez fréquent qu'au lieu d'une paire de feuilles on n'en observe qu'une seule au niveau d'un nœud. Les tiges ou les branches, sur lesquelles se produit cette anomalie, la reproduisent souvent sur une grande longueur. Elle est due à ce que l'une des feuilles, au lieu de se détacher au même niveau que celle en face de laquelle elle serait normalement située, est entraînée plus haut et n'abandonne la tige qu'à une certaine distance au-dessus. Il y a des plantes dans lesquelles cet entraînement est constant: tels sont les *Anisophyllea*, qui appartiennent à un groupe de plantes à feuilles toujours opposées et dans lesquels la feuille soulevée est, de plus, bien plus petite que l'autre. Il va sans dire que le bourgeon axillaire de la feuille ainsi

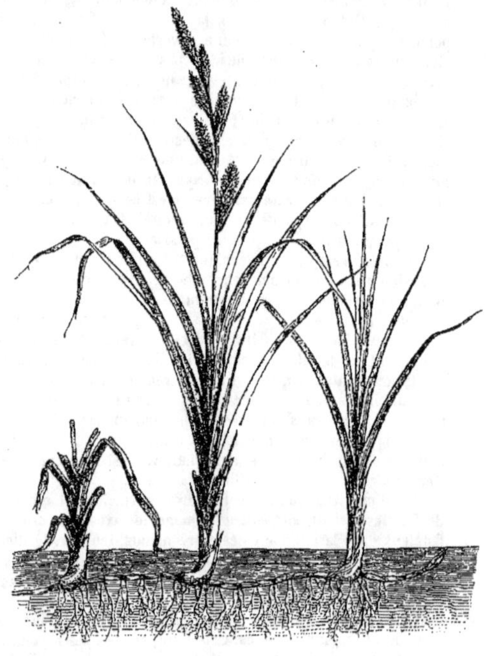

Sympode de *Carex*.

entraînée est lui-même situé plus haut que celui de la feuille qui a conservé sa place normale.

Dans beaucoup d'autres cas, les feuilles conservant leur position normale, c'est leur bourgeon axillaire, ou un de leurs bourgeons axillaires si elles en ont plusieurs, qui est ainsi entraîné. Ce bourgeon se dégage en ce cas de l'axe, ou dans l'entre-nœud immédiatement placé au-dessus de la feuille, ou dans un entre-nœud plus élevé, le second, le troisième, etc. Les rameaux qui représentent ces bourgeons développés et qui portent soit des feuilles, soit des fleurs, sont, dans le premier des cas indiqués ci-dessus, dits *supra-axillaires*.

Il est très fréquent que le rameau entraîné ne se dégage qu'au niveau précis d'un appendice plus élevé, d'une feuille par exemple. Suivant la disposition des appendices, il est alors ou *oppositifolié*, ou *latéral*, selon qu'il occupe ou non l'extrémité du diamètre de l'axe opposée à celle où s'insère la feuille. Les Solanées, les Apocynées, les Asclépiadées, les Crassulacées, les Ampélidées, les Mappiées, etc., présentent très souvent des exemples de ce genre d'entraînement.

Les bourgeons à feuilles ou à fleurs sont souvent ainsi entraînés sur leur feuille axillante ou même jusque sur une feuille située plus haut qu'eux; ils sont alors épiphylles ou même hypophylles : dispositions que nous étudierons mieux à propos de certaines inflorescences.

CARACTÈRES ESSENTIELS DES DIVISIONS DE LA TIGE (BRANCHES ET RAMEAUX). — Les branches et rameaux ont le plus souvent la forme de la tige, c'est-à-dire qu'ils sont comme elle cylindro-coniques, allongés. Ils en ont souvent aussi la consistance. Toutefois, avec une tige dure et ligneuse, beaucoup de plantes ont des rameaux verts et herbacés, et qui peuvent même périr chez nous chaque hiver, tandis que la tige, plus résistante, persiste et pousse de nouveaux rameaux herbacés à la saison de végétation suivante.

Mais les branches d'une plante peuvent être aplaties et quelquefois même au point de simuler la lame d'une feuille. On les nomme alors *cladodes*. Ceux-ci s'observent fréquemment, par exemple, dans les Fragons, les *Xylophylla*. Assez souvent même les plantes à cladodes présentent dans leurs axes une alternance de forme telle que leur tige cylindrique, par exemple, supporte des branches aplaties en cladodes. Comme d'autre part il y a des feuilles complètement cylindriques, et non aplaties, telles que celles de certains Joncs, Aulx, etc., on voit qu'un axe peut avoir la forme d'une feuille et, réciproquement, une feuille la forme d'un axe.

Comment donc peut-on distinguer facilement une branche d'une feuille ? A l'aide de cette notion : que les axes portent des appendices foliaires, plus ou moins modifiés, mais disposés sur l'axe avec une régularité parfaite et de nous connue, et que leur aisselle renferme des bourgeons à feuilles ou à fleurs, ou bien des rameaux qui ont succédé aux premiers.

Ainsi, dans le Fragon-Petit-Houx, les cladodes ne peuvent pas, malgré leur forme aplatie et leur sommet atténué en pointe piquante, être pris pour des feuilles, parce qu'ils sont placés dans l'aisselle d'une feuille, petite, il est vrai, et en forme d'écaille ; et aussi parce que, à un certain moment de l'année, on voit sur le milieu d'une des faces de ces cladodes un petit groupe de fleurs ou de fruits. Porter de tels organes et occuper lui-même l'aisselle d'un appendice, c'est le propre d'un axe ; le cladode est donc un axe déformé.

Il est vrai que dans le cas d'entraînement d'un groupe de fleurs sur la feuille, comme dans les *Helwingia*, etc., cette feuille pourrait être prise pour un cladode. Mais elle est elle-même portée par le rameau ; elle n'occupe pas l'aisselle d'une feuille, et dans le Fragon-Petit-Houx, par exemple, le groupe floral est lui-même axillaire par rapport à une petite écaille que porte au-dessous de lui le cladode : ce qui est encore le propre d'un axe.

Dans les *Xylophylla*, le cladode qui figure une feuille, est né dans l'aisselle d'un appendice, et de plus il porte lui-même, à chacune des dents de ses bords, une petite feuille, et des fleurs ou des fruits dans l'aisselle de celle-ci ; c'est là encore le caractère d'un rameau, d'un organe axile.

L'opinion des personnes qui ont considéré comme les feuilles de l'Asperge les nombreux petits organes linéaires et verts dont est chargée la cime de l'Asperge montée, ne saurait être conservée, attendu que les filaments dont il vient d'être question supportent souvent des fleurs ou des fruits, et qu'ils sont nés à l'aisselle d'une petite écaille blanchâtre, peu visible, qui est la véritable feuille.

C'est pour la même raison qu'on ne peut confondre une racine avec un rhizome, quoique leurs caractères extérieurs de forme, de couleur, de consistance et le milieu qu'ils habitent, soient souvent les mêmes. Mais le rhizome, étant une tige, porte des écailles qui représentent les feuilles, et des bourgeons dans l'aisselle de celles-ci : tandis qu'une racine peut bien accidentellement porter des bourgeons adventifs, et par suite, indirectement, des feuilles quand ces bourgeons se développent en branches ; mais ces bourgeons, placés sur la racine en un lieu indéterminé, n'y occupent pas l'aisselle d'un appendice, ne sont pas disposés avec la régularité qui appartient aux feuilles, ou à leur bourgeon axillaire ; et si la racine porte des feuilles, ce sont celles du bourgeon adventif, de sorte qu'elles sont séparées de la racine par l'axe même de ce bourgeon, au lieu d'être portées directement par elle, comme le fait aurait lieu pour une tige.

DURÉE DES TIGES. — Il y a des tiges qui ne durent que quelques mois, ou une saison : ce qui arrive dans les plantes herbacées annuelles. D'autres sont bisannuelles ou dicarpiennes. D'autres encore sont vivaces. Si, dans ce dernier cas, leur base durcit et devient ligneuse, la plante est dite suffrutescente ou sous-arbrisseau. Quand la tige se ramifie à partir à peu près de sa base et qu'on ne lui distingue guère de tronc, on nomme la plante un arbrisseau (*arbuscula*). En horticulture, on distingue comme arbuste (*frutex*) une plante dont la tige est entièrement ligneuse, non herbacée à ses extrémités. On dit aussi que l'arbuste a une tige plus petite que l'arbrisseau, et qu'elle manque chez lui de bourgeons axillaires. Mais il y a là beaucoup d'exagération et d'erreur, et le fait est qu'il y a de nombreuses transi-

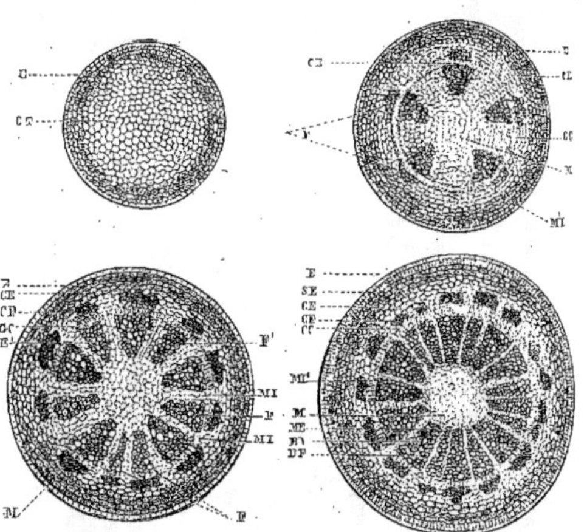

Coupes transversales de tige dicotylédonée, à divers états successifs. Dans la première, le parenchyme primitif CT s'entoure d'un épiderme E. Dans la seconde, cinq faisceaux F sont produits dans la gangue parenchymateuse. Chacun d'eux est séparé en deux portions inégales par un arc de la zone d'accroissement GG. Au centre des faisceaux le parenchyme primitif conservé constitue la moelle M. Dans les coupes 3 et 4, des faisceaux intercalaires, tout ligneux que libériens, se sont développés, de sorte que le nombre des rayons médullaires s'est accru, et qu'ils sont étroits et allongés au lieu d'être en nombre restreint (5) et à peu aussi larges que longs, comme dans la coupe 2.

tions entre ces diverses variétés de tige. L'arbre (*arbor*) est plus grand. Sa tige ligneuse représente un tronc, simple en bas, ramifié à sa partie supérieure, sauf généralement dans les stipes. Il y a des arbres qui, comme les Chênes, ont chez nous des tiges qui durent cinq ou six siècles. On a estimé que certains arbres de l'Amérique, de même que des Baobabs, des Dragonniers, étaient peut-être aussi anciens que l'ère chrétienne.

TISSU DE LA TIGE. — De même que la racine, la tige est, à son premier âge, uniquement formée de phytocystes-cellules, sans différenciation bien marquée, et de même aussi ceux de la périphérie prennent la forme tabulaire et aplatie qui appartient à l'épiderme. Seulement, il faut ici noter que cet épiderme est bien à tout âge réellement superficiel, tandis que dans la racine il était forcément d'abord recouvert par une portion plus ou moins amincie et plus ou moins allongée de la piléorhize.

Quand une différenciation un peu plus prononcée s'est produite dans le parenchyme intérieur, on peut y distinguer une zone intérieure à l'épiderme (CT), zone souvent épaisse, formée de phytocystes irréguliers ou presque réguliers, souvent entremêlés de méats, et constituant le *parenchyme cortical primaire*.

En dedans de ce parenchyme se trouve une assise, souvent unique, continue, de phytocystes à coupe transversale un peu allongée tangentiellement, à paroi mince ou inégalement épaissie en ses divers points, portant sur leurs surfaces latérales d'union des plis échelonnés plus ou moins marqués, qui les retiennent mieux fixés les uns aux autres : c'est la *couche* ou *gaine protectrice des faisceaux* de la tige. Ses éléments sont fréquemment remplis de fécule.

Immédiatement en dedans de cette gaine, et, de même que dans la racine, pour donner de la solidité aux parois aussi bien que pour livrer passage aux fluides gazeux qui vont abonder dans la jeune tige, il se forme un cercle de faisceaux fibreux (F), peu nombreux en général et régulièrement espacés autour du centre de la tige : faisceaux qui doivent constituer les éléments du liber primaire, qu'on nommé *faisceaux libériens*, et qu'on a longtemps rapportés à l'écorce de la tige.

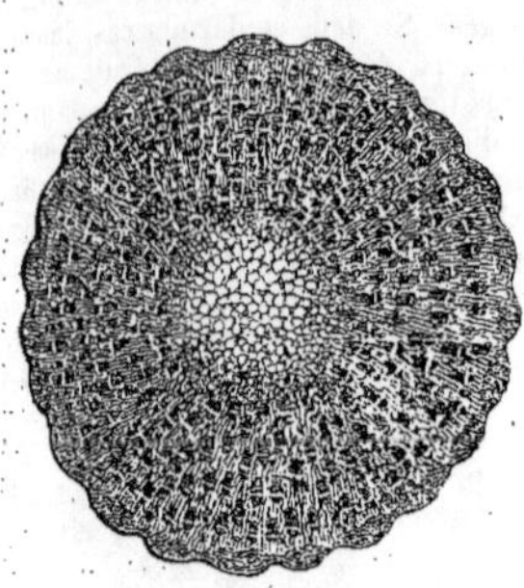

Tige herbacée d'Artichaut. — Coupe transversale.

Et en même temps ou un peu plus tard, il se produit plus intérieurement un même nombre de faisceaux formés de vaisseaux primaires, analogues à ceux des racines, avec cette différence que les plus intérieurs des vaisseaux de ces faisceaux sont des trachées déroulables et des vaisseaux annelés, les vaisseaux plus extérieurs et qui se forment après les précédents étant rayés, ponctués, réticulés, etc.

Le caractère différentiel par excellence entre la tige et la

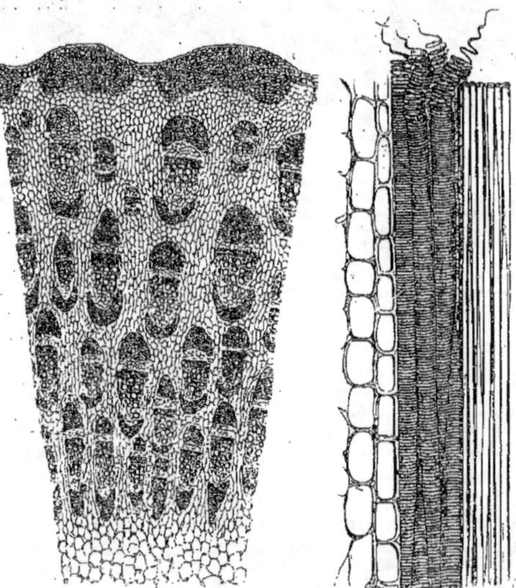

Artichaut. — Coupe transversale de tige, à faisceaux libéro-ligneux disséminés en grand nombre dans le parenchyme primitif.

Portion de faisceaux ligneux, avec fibres et vaisseaux, en partie déroulables.

racine, c'est que *chaque faisceau vasculaire est ainsi placé en face et en dedans d'un faisceau libérien*, au lieu d'alterner avec lui.

La réunion d'un faisceau vasculaire et du faisceau libérien qui est en face de lui a été considérée par beaucoup d'auteurs comme ne constituant qu'un seul faisceau complexe et nommé *faisceau libéro-vasculaire*.

Ce dernier peut être compris de la façon suivante : Dans le

parenchyme primitif de la tige, il se différencie des colonnes cylindriques, équidistantes, dont les phytocystes s'allongent suivant la direction verticale, aussi bien en dehors qu'en dedans. Les extérieurs deviennent des phytocystes-fibres (libériens) ; et les intérieurs, des phytocystes-tubules, dont l'union bout à bout constitue les vaisseaux dont il vient d'être parlé. Aux plus extérieurs de ces tubules se mêlent des phytocystes allongés aussi dans le sens vertical, dont la paroi s'épaissit, et qui ne s'abouchent pas les uns aux autres vers leurs extrémités ; ce sont des phytocystes-fibres (du bois ou ligneux). Et en même temps, les phytocystes primitifs de la portion intermédiaire du cylindre, portion dont la forme est, sur la coupe transversale circulaire du faisceau, celle d'un arc plus ou moins épais, ne se modifient guère comme forme et consistance de paroi ; mais ils emploient leur activité à se multiplier pour produire ensuite des fibres libériennes à l'intérieur de celles qui existent déjà, des vaisseaux et des fibres de

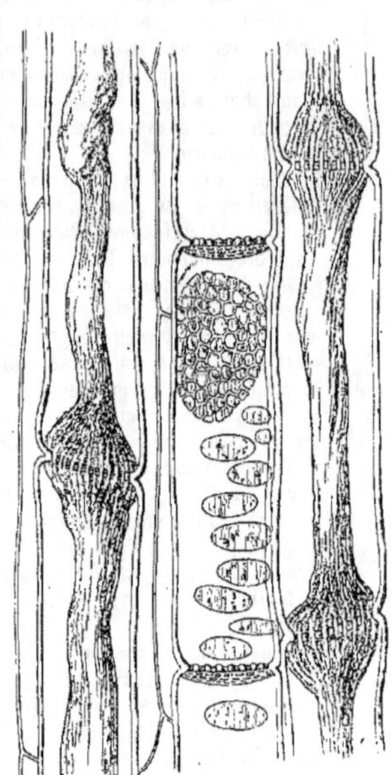

Liber mou de Potiron, avec tubes cribreux, traversés par le phytoblaste.

bois en dehors de celles qui se sont précédemment formées.

Cet arc, dont les éléments sont ainsi en activité, nous l'avons appelé *arc générateur*. Avec les arcs des autres faisceaux fibro-vasculaires de la tige, il constitue souvent un cercle ou zone circulaire, dite *zone génératrice* ou *d'accroissement* (CG).

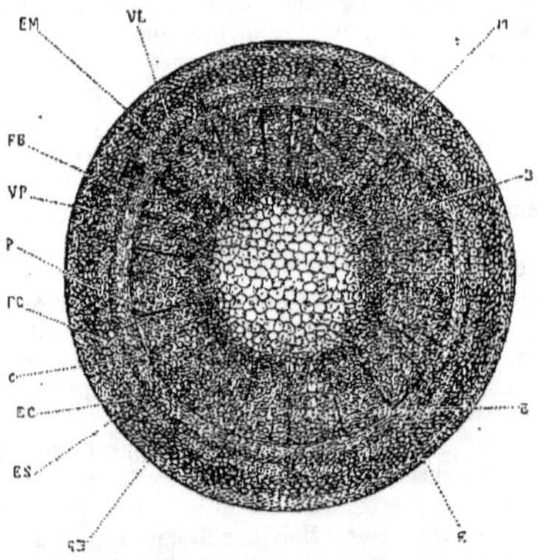

Tige d'Érable. — Coupe transversale. E, épiderme ; EC, couches corticales, subéreuses (ES) et parenchymateuse. VL, faisceaux libériens. C, zone d'accroissement. B, bois, dont la couche intérieure forme l'étui médullaire EM et dont les faisceaux sont séparés par des rayons médullaires. M, la moelle.

Quand les faisceaux d'une tige dicotylédone herbacée sont nombreux, sans être cependant disposés sur un cercle unique, la zone génératrice existe, mais elle est tourmentée et partagée en un grand nombre de petits arcs dont les extrémités ne se correspondent pas exactement.

Cette zone n'est pas partout bordée en dedans de vaisseaux et de fibres, en dehors de fibres libériennes. Elle présente autant d'interruptions qu'il y a de faisceaux, et ces points d'interruption sont formés par le parenchyme primitif, là où il persiste sous forme de bandes rayonnantes équidistantes. Ces bandes ont reçu depuis longtemps le nom de *rayons médullaires*, parce qu'elles vont aboutir au parenchyme central primitif, également persistant vers le centre de la tige et y constituant

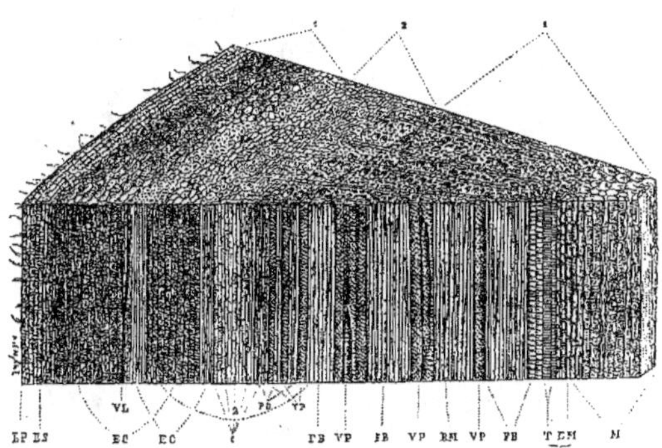

Érable. — Coupe d'une portion de la tige. EP, épiderme. ES, liège. EC, parenchyme cortical. VL, liber. Zone d'accroissement. FB, VP, faisceaux du bois, séparés par des rayons médullaires. EM, étui médullaire. M, moelle.

la *moelle*. D'autre part, ces rayons se continuent à leur extrémité périphérique avec le parenchyme cortical primitif, qu'ils relient ainsi sans interruption avec la moelle. Leurs phytocystes conservent en général des parois minces, ils prennent la forme tabulaire et sont souvent rectangulaires, avec leur plus grande longueur dans le sens du rayon. Ils sont aussi, surtout à certains moments, doués d'une grande activité évolutive et se dédoublent alors par cloisonnements tangentiels.

En ce moment, où la constitution des faisceaux primaires de la tige est accomplie, on trouve donc, en résumé, dans celle-ci, et l'on voit nettement sur une coupe transversale :

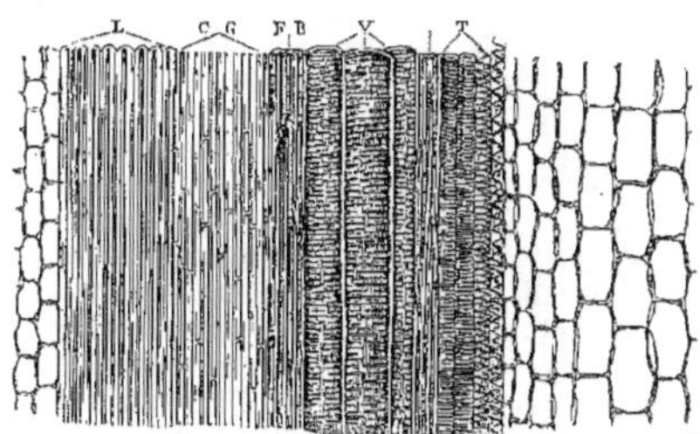

Faisceau vu sur une coupe longitudinale. A droite, la moelle. V, vaisseaux, dont les plus intérieurs sont des bractées (T) et forment l'étui médullaire. FB, fibres du bois. L, fibres du liber. A gauche, le parenchyme cortical.

1° Un système étoilé de rayons médullaires équidistants, partant tous de la moelle pour aller rejoindre le parenchyme cortical, et communiquant largement en un point de leur trajet avec la zone génératrice ;

2° En dedans de celle-ci, les fibres et les vaisseaux du bois, les plus intérieurs de ces derniers étant des trachées qui forment autour de la moelle un étui cylindrique, interrompu par les rayons, et dit *étui médullaire;*

3° En dehors de la zone génératrice, le liber, entouré de la gaine protectrice, elle-même enveloppée par le parenchyme cortical primaire que recouvre l'épiderme.

Dans les tiges ou les branches des plantes herbacées dont la

durée est courte, les choses peuvent s'arrêter là; mais dans celles qui vivent plus longtemps, et surtout dans les végétaux ligneux, arbres, arbustes, etc., à ces formations primaires viennent se joindre, en grand nombre quelquefois, des formations secondaires.

La zone génératrice, dite encore zone d'accroissement, demeure en activité continue dans les pays où la température est elle-même assez constante pour ne point amener de ralentissements dans la végétation. Au contraire, lorsque, comme dans nos pays, il y a, suivant les saisons, abaissement ou élévation de température, la zone d'accroissement s'arrête dans son évolution pendant les froids et reprend son travail aux époques où la température se relève. C'est ainsi que, tandis qu'avec une température constamment élevée une formation continue et centrifuge de vaisseaux et de fibres de bois s'opère en dedans de la zone, en même temps que du liber se produit d'une façon continue dans la direction centripète, au côté extérieur de la même zone, avec des alternatives de chaud et de froid coïncident des reprises et des arrêts dans la formation des couches internes du liber et des couches externes de vaisseaux et de fibres de bois.

Du côté du liber, il ne se forme pas seulement, dans l'ordre centripète, des couches de faisceaux de fibres, à paroi épaisse, flexible, à cavité peu considérable, mais aussi du *liber mou*, c'est-à-dire formé d'éléments qui n'ont point une paroi épaisse et incrustée de matière ligneuse, mais d'éléments tubuleux, à paroi molle, s'abouchant à leurs extrémités les uns avec les autres et qui sont principalemnt des *tubes cribreux* et des *cellules grillagées*. Leur situation dans les faisceaux libériens, relativement à celle des fibres du liber, varie d'ailleurs beaucoup d'une plante à l'autre. Il y a aussi des phytocystes-cellules dans les faisceaux libériens; ils sont dus au cloisonnement des phytocystes primitifs de cette région et jouent un rôle important dans les plantes économiques, médicinales, alimentaires, etc., en ce sens qu'ils renferment la majeure partie des substances actives que peut fournir le liber, soit qu'ils les fabriquent eux-mêmes, soit qu'ils les emmagasinent après les avoir reçues d'un parenchyme plus ou moins éloigné.

Du côté intérieur de la zone génératrice, il se produit, soit d'une façon continue, soit avec des temps d'arrêt plus ou moins prolongés, pendant les périodes de froid, de nouveaux vaisseaux et de nouvelles fibres du bois. Celles de ces nouvelles fibres qui sont encore pourvues de parois minces, peu résistantes, constituent par leur ensemble les couches de ce que l'on appelle *l'aubier*, tandis que, plus intérieurement, les tiges comportent des fibres ligneuses épaissies, dures, tout à fait *lignifiées*, solides, colorées en noir, comme dans le bois d'Ébène, ou en brun plus ou moins foncé, en rouge ou en vert : ce qui a valu à l'ensemble de ces couches le nom de *cœur* du bois ou *duramen*.

Bois de Conifère, dans lequel les couches successives (1, 2, 3) sont formées de fibres. Les ouvertures figurées L sont celles des réservoirs à résine. M, moelle. R, rayons médullaires.

Ce qu'il y a de plus remarquable dans ces nouvelles couches

du bois, c'est la nature des vaisseaux qu'elles renferment et la façon dont se comportent, dans les intervalles de leurs *quartiers*, les rayons médullaires secondaires qui séparent ceux-ci les uns des autres. Il n'y a plus, dans ces couches à évolution centrifuge de bois secondaire, ni trachées, ni souvent même de vaisseaux annelés ; leurs vaisseaux, souvent très larges, sont ou ponctués, ou plus rarement rayés. Il y a même des arbres verts en grand nombre (Conifères) où ces couches nouvelles sont uniquement composées de fibres (ponctuées avec aréoles, ou quelquefois en même temps annelées ou spiralées). Quant aux rayons médullaires secondaires, intercalés entre les rayons primitifs dans les plantes dicotylédones, ils sont d'autant plus courts qu'ils sont plus jeunes, parce que, tout en arrivant tous en dehors jusqu'à la zone d'accroissement, et pénétrant même au delà d'elle, jusque dans l'intervalle des faisceaux libériens, ils ne commencent en dedans que là où se produisent, toujours

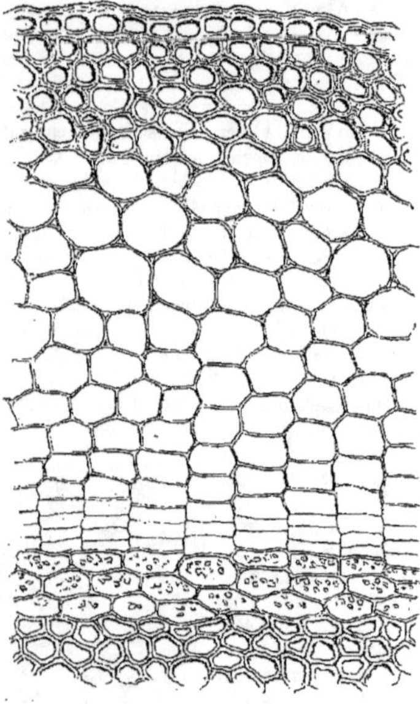

Coupe transversale de la tige du Groseillier à maquereaux. En haut, l'épiderme et en bas le liber.

de plus en plus loin du centre de la tige, les couches de plus en plus jeunes du nouveau bois. Vus sur une coupe tangentielle, ces rayons médullaires ont souvent la forme d'un fuseau ou d'une ellipse plus ou moins allongée, parce que les faisceaux du bois sont le plus souvent, de même que ceux du liber, loin d'être parallèles, mais bien plus ou moins sinueux, et que, par conséquent, ils se touchent et s'éloignent alternativement les uns des autres.

Les rayons médullaires étant formés de phytocystes-cellules, ordinairement en activité, partagent avec les éléments du parenchyme et assez souvent de la moelle la propriété de renfermer des principes actifs ou des substances médicamenteuses ; et dans les tiges ou les branches dans lesquelles, par suite de l'exfoliation d'une portion plus ou moins considérable des couches corticales, ces rayons médullaires arrivent à être en contact avec l'air par leur extrémité externe, il est possible que ces principes exsudent sous forme de liquides, puis se solidifient plus ou moins complètement à la surface.

Grâce aux productions secondaires qui se font en même temps dans la région corticale, on observe dans les tiges dicotylédones normalement constituées, notamment dans celles qui ont plusieurs années, une série de couches distinctes, dont nous connaissons maintenant l'origine d'une manière générale et que nous allons successivement passer en revue.

COUCHES SUCCESSIVES DES TIGES DES DICOTYLÉDONES. — Examinées de dehors en dedans, ces couches sont les suivantes :

A. *Épiderme*. — A partir d'un certain âge, la tige est, comme la racine, revêtue, dans la plus grande partie de son étendue, d'un épiderme, couche formée de phytocystes aplatis, tabulaires, très variables de forme quand on les considère de face. Souvent transparents ou incolores, ils renferment rarement des corps solides, comme des masses de matière colorante, de substances de réserve, des cristaux, etc. Ils sont assez souvent, dans les tiges vertes, entremêlés de stomates, et souvent aussi ils se dilatent à leur face externe en saillies diverses, et même en poils, simples, rameux, étoilés, peltés, formés tantôt d'un seul et tantôt de plusieurs phytocystes, souvent même en poils glanduleux que nous étudierons à propos des organes de sécrétion.

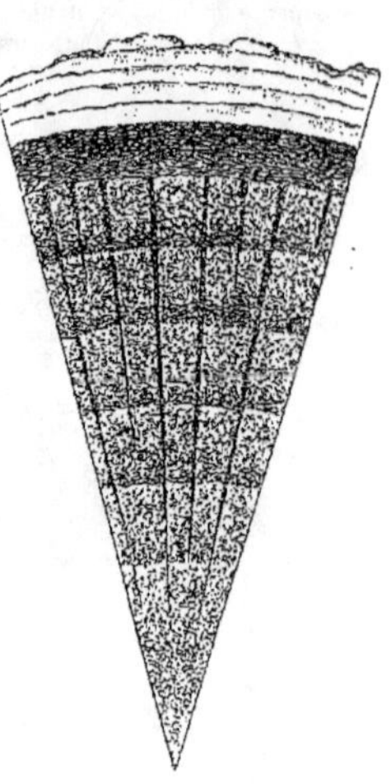

Coupe transversale de la tige du Chêne-liège. En dehors du bois, les couches subéreuses, en partie extérieurement détruites.

La paroi des phytocystes épidermiques, souvent plus épaisse en dehors, sur la surface libre, que dans ses autres portions, se *cuticularise* souvent de ce côté. La *cuticule* est pour l'épiderme et pour les parties qu'il recouvre un agent de protection contre les milieux extérieurs. Sa substance représente une modification de la cellulose du phytocyste, modification plus ou moins profonde suivant le point de l'épaisseur de la paroi que l'on considère, mais toujours telle que les réactions de la cellulose y ont disparu. La teinture d'iode, avec ou sans acide sulfurique, la colore en jaune plus ou moins brun,

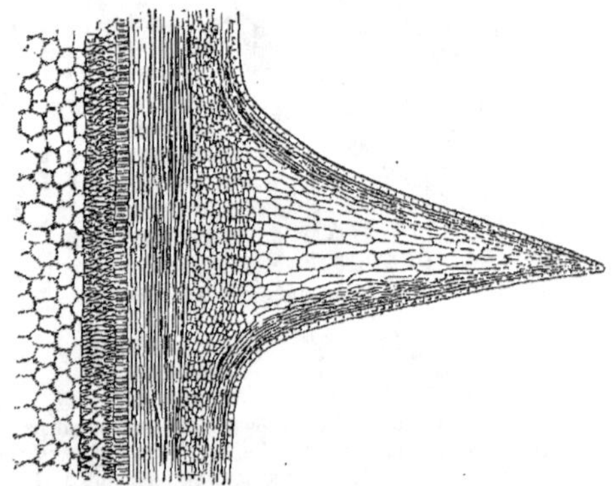

Aiguillon de Rosier. — Coupe longitudinale ; les phytocystes accrus du liège recouverts par l'épiderme distendu.

et non en bleu. L'acide sulfurique concentré ne la dissout pas, et elle est, au contraire, dissoute par l'ébullition dans la potasse. La cuticularisation peut s'étendre aux parois latérales des phytocystes épidermiques ; et sur leur surface libre, la cuticule peut projeter des saillies, nodosités, arêtes, crêtes, qui de loin peuvent ressembler à des poils courts, etc. L'action prolongée de divers liquides, parfois même de l'eau, peut séparer du reste du phytocyste la paroi cuticularisée. Le réactif de Schulze isole rapidement, sans la détruire, la cuticule de l'épiderme. La cuticule peut renfermer dans son épaisseur des substances grasses, cireuses, salines, siliceuses, etc., qui peuvent s'en échapper dans certaines circonstances. Les tiges peuvent, nous l'avons vu, porter des stomates (voy. FEUILLE, STOMATE).

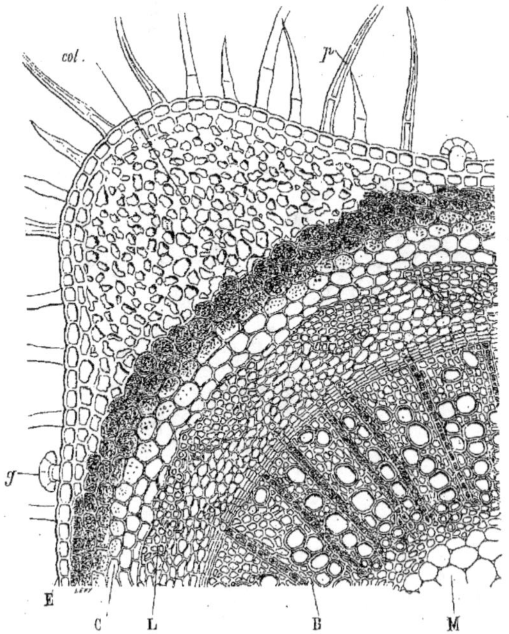

Tige de Labiée. — Coupe transversale. En dehors de la moelle M, le bois B et le liber L. Sous l'épiderme E, portant des poils p et des glandes g, on voit, au niveau des angles, le sous-épiderme collenchymateux col.

B. *Liège ou suber.* — Le *liège* ou *suber*, qui existe à la surface des tiges en dedans de l'épiderme, est une production secondaire des phytocystes corticaux qui se *subérifient;* c'est-à-dire que, tandis que leur contenu protoplasmique ou liquide disparaît vite et se trouve généralement remplacé par des gaz,

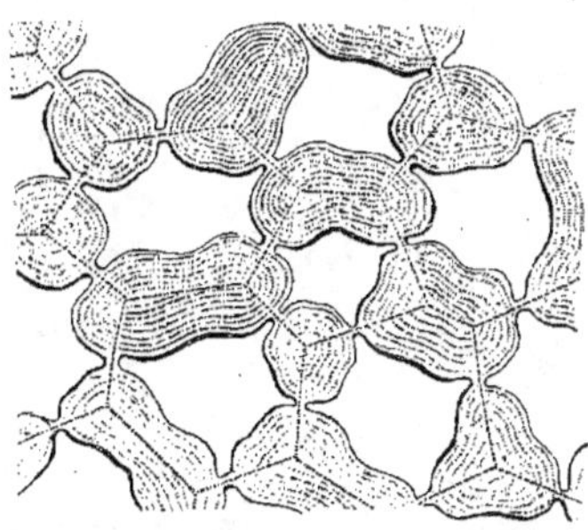

Sous-épiderme de Labiée. Tissu du collenchyme.

leur paroi présente des modifications qui, rappellent assez la cuticularisation, et ne bleuissent plus quand on les traite par la teinture d'iode et l'acide sulfurique, en même temps que l'action de l'acide azotique bouillant la transforme en acide subérique. Le chlorate de potasse et l'acide azotique donnent avec elle une substance grasse, résineuse ou cireuse, que dissolvent l'alcool et l'éther.

La plupart des phytocystes de l'écorce peuvent se subériser. Quelquefois ce sont ceux mêmes de l'épiderme, comme il arrive dans certains Saules, Poiriers, Viornes, etc. Une cloison tangentielle, se formant dans l'un d'eux, le subdivise en deux phytocystes, dont le plus antérieur se subdivise ensuite lui-même, par cloisonnement tangentiel, en un nombre variable d'éléments, qui se trouvent naturellement tous rangés en série radiale en face du phytocyste épidermique primitif. Cette multiplication des éléments est comparable à celle qui se produit dans la zone génératrice.

Plus souvent, au contraire, ce sont, en dedans de l'épiderme, des éléments du parenchyme cortical qui se subérifient. Ces éléments appartiennent à la première couche sous-épidermique, plus rarement à la deuxième, à la troisième, ou encore à une couche plus profonde, même à celle qui est en contact avec les phytocystes-fibres les plus extérieurs du liber, ou aux phytocystes-cellules interposés aux faisceaux libériens.

Les séries de phytocystes subéreux qui se produisent en pareil cas, ne sont plus, bien entendu, en rapport exact, pour les dimensions et les limites, avec les phytocystes épidermiques auxquels ils sont intérieurs; mais, dans chaque série, la production se fait soit de dedans en dehors, soit, plus fréquemment, de dehors en dedans; soit encore, pour une même série, en partie dans l'ordre centripète et en partie dans l'ordre centrifuge. Toutes les combinaisons sont, on peut dire, possibles, en passant d'une espèce à une autre. Quand le liège se produit avec régularité dans une écorce donnée, son tissu élastique, léger, creusé de cavités à peu près égales, s'emploie à divers usages bien connus, comme il arrive notamment dans le Chêne-Liège (*Quercus suber* L.), de la région méditerranéenne, et aussi, dit-on, dans une espèce voisine, à maturation biennale des fruits, le *Q. occidentalis.* C'est à l'âge de dix à quinze ans que le liège commence à pouvoir être utilement *démasclé* pour les usages industriels. Dans ces arbres, le liège se reproduit là où il a été enlevé, et surtout dans l'ordre centripète.

C'est une production de liège, plus localisée, mais analogue, qui sert à fermer les solutions de continuité peu étendues qui se montrent souvent vers la surface des écorces de nos arbres. Dans les phytocystes demeurés sains qui avoisinent ces blessures, il se forme ordinairement, par segmentations et cloisonnements répétés, de nouveaux phytocystes qui présentent bientôt tous les caractères et les réactions chimiques du suber.

Les *lenticelles* sont des sortes de taches, en forme de petites cicatrices pâles, qui abondent souvent sur l'écorce de bien des tiges, et même sur celle des racines, et qui, d'abord arrondies ou à peu près, prennent ensuite, sur les tiges ou les branches grossies, la forme d'une strie transversale. Elles n'ont généralement pas au fond d'autre origine que le liège. Là où l'épiderme est affaibli ou aminci, détruit, perforé, là principalement où il était traversé par les ostioles d'un stomate ou d'un groupe de stomates, le tissu parenchymateux sous-jacent se divise et se subérifie, et peut même venir faire saillie à la surface sous forme de phytocystes brunâtres, desséchés, morts enfin. Il y a là une solution de continuité par laquelle, écartant les éléments de la lenticelle, les racines adventives, formées, comme l'on sait, plus profondément, peuvent parfois faire saillie, venir sortir à l'extérieur de la tige.

Les aiguillons des Rosiers et de quelques autres plantes analogues n'ont pas non plus d'autre origine. Le parenchyme sous-jacent à l'épiderme y prolifie, comme dans le cas précédent, de façon à former une saillie, d'abord mousse, puis de plus en plus prononcée et même aiguë, droite ou arquée. Seulement, l'épiderme, au lieu de se laisser perforer par ces saillies subéreuses, se soulève à leur surface et, multiplie lui-même ses éléments aplatis pour pouvoir leur constituer un revêtement. Dans certaines Ronces, cette formation de liège finalement durci en aiguillons déhute, non seulement dans le parenchyme sous-jacent, mais bien dans l'épiderme lui-même, comme il arrive, nous l'avons vu, de certaines couches subéreuses non proéminentes à l'extérieur des tiges. De semblables aiguillons, plus ou moins rigides à la fin, peuvent se produire sur les feuilles, les fruits et bien d'autres organes. On peut dire, en somme, qu'en coupant à sa base un aiguillon de Rosier, on met à nu une surface cicatricielle de phytocystes subérisés, qui constitue une sorte de large lenticelle artificielle.

La limite des couches de liège est parfois formée par une zone d'une, deux ou quelques assises de phytocystes qui deviennent tabulaires, épais, plus résistants, plus foncés. On a nommé ce tissu *périderme*. Une masse de liège donnée peut être partagée en plusieurs lames par des couches de ce périderme. Elles sont nombreuses dans l'écorce des Bouleaux; elles lui permettent de s'exfolier en lames minces de périderme, séparées par des couches ténues et moins résistantes de vrai liège. Les plaques épaisses superposées, qui se séparent aussi de l'écorce des Platanes, à partir d'un certain âge, ont une origine analogue; elles sont comprises entre deux lames solides de périderme qui, n'étant pas exactement parallèles à la surface de la tige, viennent se réunir bords à bords sur certains points marginaux des plaques, points au niveau desquels s'opère la desquamation.

C. *Sous-épiderme.* — Nous avons donné ce nom général à certains tissus très variables qui, comme le liège, sont sous-jacents à l'épiderme et qui constituent pour celui-ci des organes de soutien. Ce sont quelquefois des bandes semblables aux faisceaux libériens; ou des phytocystes à paroi dure, scléreuse ou pierreuse; ou des phytocystes courts, gorgés de sucs divers, même de latex. On a aussi qualifié l'ensemble de ces tissus d'*écorce externe*, d'*hypoderme*, etc., noms qui ont été l'objet de certaines critiques. Ce tissu sous-épidermique peut être aussi du *collenchyme*. Nous savons qu'on a désigné sous ce nom des colonnes de soutien, formées de phytocystes plus ou moins allongés dans le sens vertical, épais de paroi, surtout vers les angles de réunion où il n'y a pas de méats, mais mous et se gonflant au contact de l'eau et devenant d'apparence cireuse par l'action de l'iode et de l'acide sulfurique. Ce collenchyme peut être répandu en couche continue et doublant partout l'épiderme; ailleurs, surtout avec l'âge, il se localise, notamment vers les angles saillants des tiges, au niveau desquels on peut d'ailleurs voir aussi le tissu épidermique proprement dit présenter quelquefois des modifications analogues.

D. *Parenchyme cortical.* — Formé de phytocystes-cellules de toutes sortes, avec des formes très variables, régulières ou irrégulières, sans ou avec méats, quelquefois même nombreux et très développés, avec un contenu très variable, etc., le parenchyme cortical adulte était jadis appelé en partie *couche herbacée*, là où il était riche en matière verte, c'est-à-dire en général du côté du liège. Comme partout où le phytocyste a conservé les parois minces de la cellule proprement dite, cette couche est longtemps active, fabriquant et transportant des matériaux alimentaires ou de réserve qui souvent s'accumulent dans ses éléments. Ainsi, elle peut être riche en fécule, en sucre, en tannin, en gommes, en gommes-résines et oléo-résines, en cristaux, en cristalloïdes, en latex; et ce dernier, de même que les substances gommeuses et résineuses, peut y être renfermé dans des laticifères ou dans des canaux sécréteurs, des glandes internes, etc. Les parois des phytocystes composant le paren-

chyme cortical peuvent aussi subir, en certaines régions, souvent déterminées, les transformations mucilagineuse, gommeuse, scléreuse, pierreuse, etc. Dans les poires pierreuses, par exemple, c'est dans le parenchyme cortical d'un axe compa-

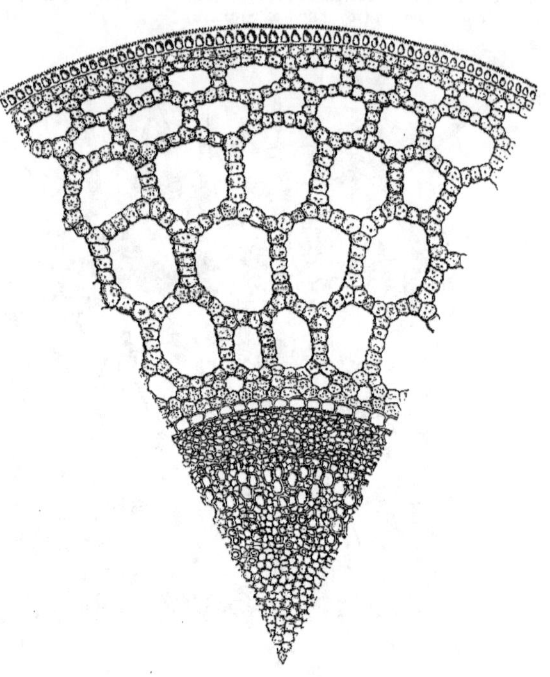

Hippuris. — Coupe transversale de la tige. Parenchyme de l'écorce, riche en méats limités par des séries simples de phytocystes.

rable à la tige que se produisent les *pierres* dont est souvent parsemée la chair de ces fruits.

On a nommé *endoderme* la zone qui, limitant en dedans l'écorce, se trouve extérieure à la zone la plus extérieure du

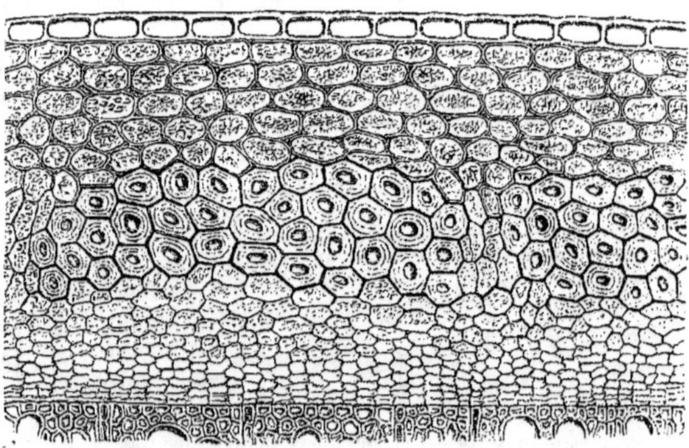

Lin. — Coupe transversale de l'écorce. En bas le bois et en haut l'épiderme. Le parenchyme cortical est séparé en deux couches par de nombreuses fibres du liber.

bois, à laquelle, entre tant d'autres noms, on a donné celui de *péricycle*.

E. *Liber.* — Nous avons vu plus haut qu'il est formé de faisceaux de fibres libériennes, de vaisseaux cribreux ou de phytocystes grillagés, disposés en couches plus ou moins régulières cî variant en nombre. A ces éléments s'interposent, d'une façon irrégulière ou quelquefois en lames très régulières, des masses parenchymateuses dont les éléments peuvent être riches en principes actifs, de même que les phytocystes de la couche précédente. Au niveau des rayons médullaires, ces phytocystes

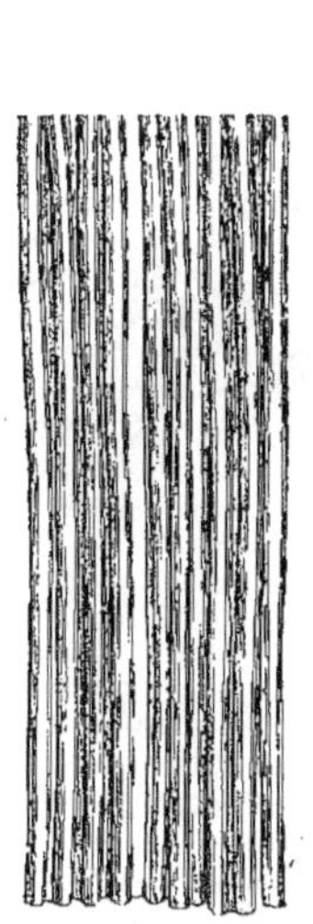

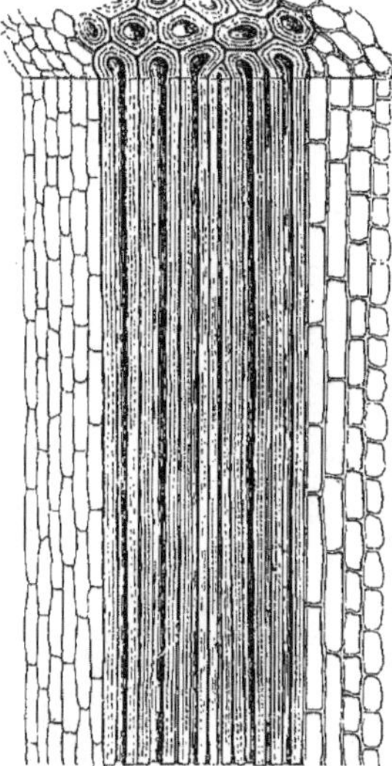

Chanvre. — Fibres libériennes.   Faisceau libérien. — Coupe longitudinale.

passent, brusquement ou non, à la variété muriforme. Très souvent aussi, il y a dans le liber des vaisseaux laticifères ou des canaux sécréteurs, qui en occupent, ou toutes les régions, ou l'intérieur, ou l'extérieur, marchant parallèlement les uns aux autres, ou obliquement, et s'anastomosant plus ou moins

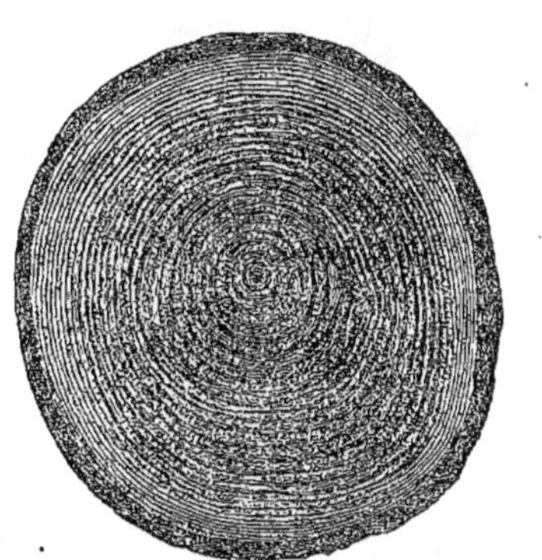

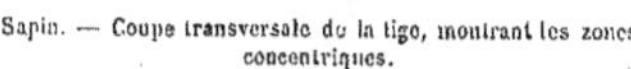

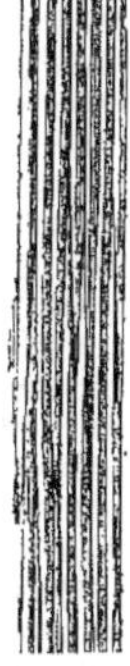

Sapin. — Coupe transversale de la tige, montrant les zones   Fibres du
concentriques.   bois.

richement entre eux par des conduits transversaux ou obliques qui peuvent traverser toute l'épaisseur des faisceaux libériens. On sait que ces conduits laticifères plus ou moins ramifiés ont été considérés, dans un certain nombre de plantes, comme des phytocystes rameux interposés aux éléments primitifs du parenchyme libérien. Rappelons qu'il est aujourd'hui absolument impossible de regarder le liber comme faisant partie de l'écorce.

F. *Zone génératrice.* — Nous connaissons aussi la compo-

sition de cette zone parenchymateuse, nommée encore *zone d'accroissement*, *zone génératrice*, et souvent aussi *cambium*, expression à laquelle il faudrait renoncer, tant sont diverses les choses auxquelles elle a été appliquée. Nous savons aussi que cette zone communique largement au point de rencontre avec chacun des rayons médullaires, et nous avons déjà fait entrevoir le rôle qu'elle joue dans la formation du bois et du liber secondaires, rôle sur lequel nous reviendrons à l'étude de l'accroissement des tiges.

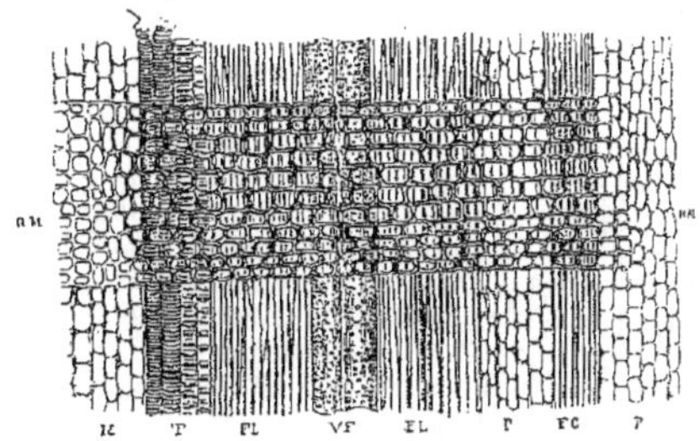

Érable. — Coupe longitudinale d'une portion de la tige, passant par un rayon médullaire RM, MM représentent, à droite la moelle et à gauche le parenchyme cortical. FL, liber. T, étui médullaire.

G. *Bois.* — Le bois est, comme nous l'avons vu, formé de zones en nombre variable suivant l'âge des tiges. A part celles de ces tiges dont l'accroissement est anormal et dont nous n'avons pas à nous occuper ici, ces zones sont concentriques et en nombre égal aux périodes de végétation qui, chez nous, grâce à l'alternance régulière des saisons, sont le plus ordinairement en même nombre que celui des années que la tige a vécu. Les plus extérieures de ces couches constituent l'aubier, et les plus intérieures, le cœur, formés de fibres ligneuses et de vaisseaux. Tout à fait en dedans du bois se trouve l'*étui*

Palmier. — Coupe transversale de la tige.

médullaire, c'est-à-dire la couche primaire de bois, contenant seule des trachées déroulables. Dans les Conifères, le bois est formé de fibres seulement. Ces couches sont d'ailleurs traversées par les rayons médullaires, et souvent aussi par d'autres organes, comme des canaux résineux, des laticifères, etc.

H. *Moelle.* — Comme presque tous les parenchymes, la moelle renferme des phytocystes-cellules de diverses variétés. Souvent leurs parois sont minces, et souvent aussi un certain nombre d'entre eux acquièrent des parois épaisses et molles, ou épaisses et en même temps scléreuses, ou pierreuses, ou ligneuses. Ces phytocystes à paroi dure peuvent être disséminés par toute la moelle, ou rapprochés vers sa périphérie, ou distribués suivant toute sa longueur en diaphragmes transversaux, continus ou interrompus. Plus souvent que les phytocystes à paroi mince, ils renferment des substances actives, parfois colorées. Les éléments à parois minces peuvent contenir les mêmes substances, de l'amidon, du tannin, des sels, etc.; mais souvent aussi, à l'âge adulte, ils ne renferment plus que des gaz. A une époque variable, quand son accroissement est moins actif que celui du bois qui l'entoure, le parenchyme de la moelle peut présenter des vides, abandonnant le centre pour ne persister, parfois en couche très mince, que vers les parois de l'étui médullaire; ou bien encore il forme, dans la cavité centrale interrompue, des diaphragmes transversaux, parallèles ou non entre eux, et souvent très nombreux.

TIGE DES MONOCOTYLÉDONES. — Ces tiges ne présentent pas, au premier âge, de différences fondamentales de tissu avec les tiges des Dicotylédones.

Sous leur épiderme il y a un parenchyme général dont nous verrons bientôt la double origine, et qui est primitivement formé uniquement de phytocystes-cellules.

Si maintenant nous supposons que cette jeune tige porte un petit nombre de feuilles, et par exemple quatre de chaque côté, on verra qu'il se forme dans la tige un nombre égal de faisceaux libéro-ligneux, correspondant chacun à une de ces feuilles; ces faisceaux comprendront, comme ceux d'une tige dicotylédonée, et de dehors en dedans, des fibres libériennes; un arc générateur, des fibres ligneuses et des vaisseaux de divers ordres, dont un seul ou quelques-uns des plus intérieurs seront des trachées.

Si les quatre feuilles de chaque côté sont supposées également espacées sur le pourtour de la tige, les quatre faisceaux seront également disposés régulièrement sur une circonférence extérieure à l'axe central de la tige.

Et si maintenant nous ajoutons :

Qu'il y a, en dedans de l'épiderme, un *sous-épiderme*, comparable à celui des Dicotylédones, un parenchyme cortical, plus intérieur, et, en dedans de celui-ci, une gaine protectrice des faisceaux, qui représente la couche intérieure de l'écorce;

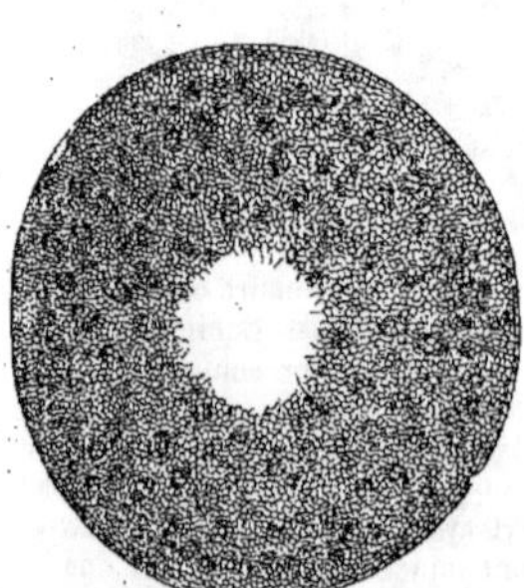

Tige fistuleuse; le parenchyme raréfié et résorbé au centre.

Puis, qu'en dedans des faisceaux du bois il subsiste un cylindre central du parenchyme primitif, lequel se continue dans l'intervalle des quatre faisceaux avec quatre rayons médullaires larges et courts;

Nous verrons que cette jeune tige est semblable en général, comme tissu, à une jeune tige de Dicotylédone, et nous n'aurons à constater entre l'une et l'autre, sur une coupe transversale, que les deux traits différentiels suivants : 1° la zone protectrice, dans tous les cas où elle forme un étui complet à la surface interne de l'étui cortical, sépare complètement le pa-

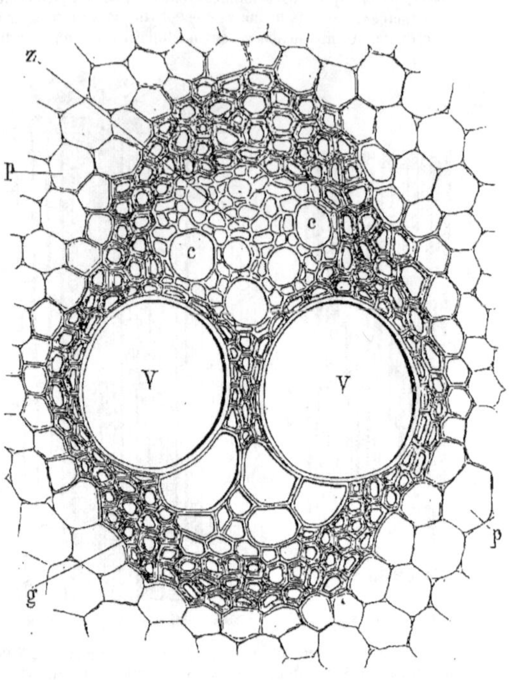

Salsepareille. — Coupe transversale d'un faisceau; P, parenchyme primitif. g, gaine enveloppant le faisceau. VV, gros vaisseaux. CC, vaisseaux plus petits, en dedans de la zone génératrice fermée (Z) du faisceau, contiguë au liber.

renchyme cortical primaire du parenchyme médullaire et de ses prolongements; 2° les faisceaux de la tige monocotylédonée, peu volumineux relativement à la masse totale de la tige, et formés aussi relativement d'un petit nombre d'éléments, principalement de phytocystes-tubules constituant les vaisseaux, ont aussi un arc générateur peu développé, qui s'arrête de bonne heure dans son évolution, qui cesse de bonne heure de former des fibres libériennes en dehors, des vaisseaux et fibres du bois en dedans, et qui produit à la périphérie du faisceau des fibres libériennes vers ses extrémités libres, ou même aussi plus intérieurement, de façon à devenir tout à fait séparé par cette ceinture fibreuse, et des régions médullaires, et des arcs correspondants des autres

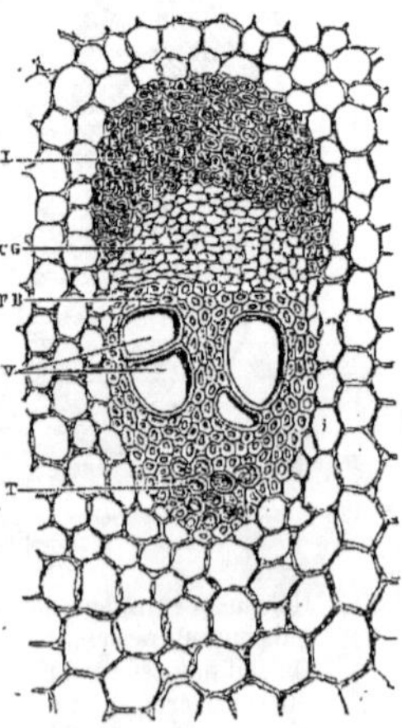

Faisceau d'une tige de Monocotylédone. — Coupe transversale.

faisceaux : de sorte qu'on peut, dans un grand nombre de cas, nommer ceux-ci, dans les Monocotylédones, des *faisceaux fermés* (par opposition avec ce qu'ils sont dans les Dicotylédoues, où on les a nommés *faisceaux ouverts*). Une troisième différence bien plus considérable s'observe, non pas sur une

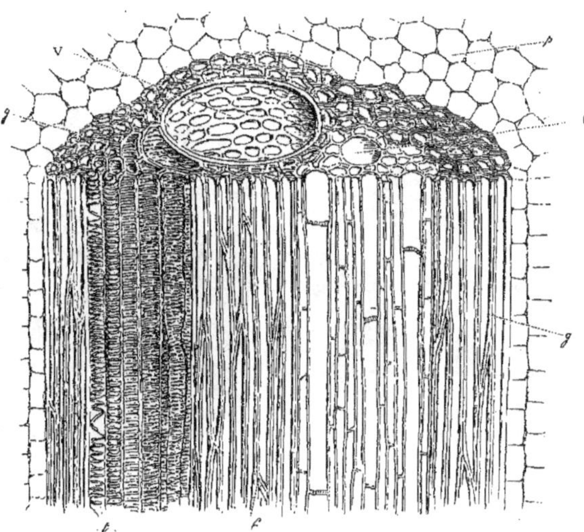

Salsepareille. — Coupe longitudinale d'un faisceau. *p*, parenchyme primitif. *gg*, gaine protectrice. V, l'un des gros vaisseaux réticulés. C, vaisseau plus étroit, voisin de l'arc générateur. *t*, trachées du côté interne du faisceau.

coupe transversale, mais sur le faisceau considéré suivant sa longueur. A mesure qu'on le suit de haut en bas dans la hau-

Dragonnier (de l'Orotava).

teur de la tige, on le voit s'atténuer, se terminer graduellement en pointe, et se réduire successivement en bas à un très petit nombre de ses éléments constituants, pour se perdre de la sorte dans la gangue parenchymateuse primitive.

D'ailleurs ces faisceaux, une fois arrivés à une certaine grosseur, ne s'épaississent plus que fort peu; l'activité de leurs arcs d'accroissement, limitée comme puissance et comme durée, fait qu'ils ne peuvent plus bientôt s'adjoindre de nouvelles fibres et de nouveaux vaisseaux. De là est venue cette singulière idée que les troncs non ramifiés ou peu ramifiés des arbres monocotylédonés, tels que le Palmier, n'augmentaient pas d'épaisseur une fois formés. Il suffit de voir, dans nos serres ou nos jardins mêmes, un Palmier de la grosseur du doigt acquérir graduellement, en vingt ou trente ans, la grosseur du corps d'un homme, pour être convaincu de tout ce que cette assertion théorique a d'exagéré.

On peut se faire, sur une Monocotylédone quelconque de notre pays, une idée de la composition d'un faisceau isolé. On le voit d'abord entouré, dans tout ou partie de son étendue, de phytocystes modifiés en étui protecteur, et qui probablement suppléent, pour lui donner de la rigidité, les fibres ligneuses qu'il possède en si petite quantité. Cette gaine est constituée par un sclérenchyme, dont les éléments tubuleux ont une paroi épaisse, souvent richement ponctuée. Sur sa ligne médiane, en dedans, le faisceau possède quelques vaisseaux spiralés, annelés, rayés, et à droite et à gauche, plus en dehors, un vaisseau large, ponctué, ou quelques vaisseaux inégaux de même nature. Plus en dehors encore, sur la ligne médiane, il y a quelques fibres ligneuses, ponctuées, aréolées ou réticulées, puis, en dehors d'un arc d'accroissement peu développé, et même, comme nous l'avons dit, vite fermé ou effacé, un liber, riche surtout en phytocystes tubuleux grillagés.

Si maintenant nous supposons qu'aux huit feuilles dont nous avons admis l'existence il vienne s'en joindre, un peu plus haut sur la tige, une, deux, trois autres, et ainsi de suite, nous verrons que le faisceau qui correspond à la neuvième feuille, à le supposer, comme précédemment, partir de la feuille pour descendre dans la tige, se porte d'abord obliquement de dehors en dedans et de haut en bas vers l'axe de la tige; que là, parvenu en dedans du faisceau de la huitième feuille, il se dirige verticalement en bas, puis en dehors, croisant obliquement le faisceau qui répond à la feuille immédiatement placée du même côté au-dessous de lui, pour se porter plus en dehors que lui, et redevenir vertical pour descendre en s'épuisant; que le dixième faisceau se comporte de même par rapport à ceux des feuilles qui sont au-dessous de la dixième, et ainsi de suite; de sorte qu'un faisceau est d'autant plus intérieur en haut et d'autant plus voisin de la surface en bas qu'il appartient à une feuille plus haut placée sur la tige. C'est du moins en vertu de cette théorie qu'on explique jusqu'ici que, lorsque de nombreux faisceaux se sont disposés les uns au dedans des autres, séparés par des espaces plus ou moins réguliers de la gangue parenchymateuse primitive, ils sont en haut beaucoup plus ténus et clairsemés à l'intérieur qu'à l'extérieur.

A mesure qu'ils deviennent ainsi plus fins et moins nombreux, le parenchyme médullaire primitif se montre relativement plus abondant, puis il occupe tout à fait seul le centre de la tige, à moins que là il ne se déchire ou se résorbe, comme dans les tiges creuses des Dicotylédones, pour laisser libre une cavité centrale, qui est surtout prononcée dans le *chaume* de la plupart des Graminées. On sait qu'en outre ce chaume est coupé de distance en distance par des cloisons pleines qui correspondent à l'insertion des feuilles et des bourgeons. A ces cloisons répondent des faisceaux transversaux ou obliques de renforcement, qui se joignent aux faisceaux longitudinaux passant verticalement d'un segment à l'autre de la tige.

Il y a d'ailleurs des Monocotylédones ligneuses, telles que les *Dracæna*, les *Yucca*, etc., dont la tige, souvent ramifiée, s'épaissit d'une façon continue et bien plus manifeste en apparence, à peu près comme celle des arbres dicotylédonés. On sait aujourd'hui qu'outre un cylindre central composé de la façon que nous venons de dire, ces tiges possèdent des faisceaux extérieurs qui naissent dans la zone parenchymateuse périphérique, sous la forme d'une zone génératrice qui produit des faisceaux

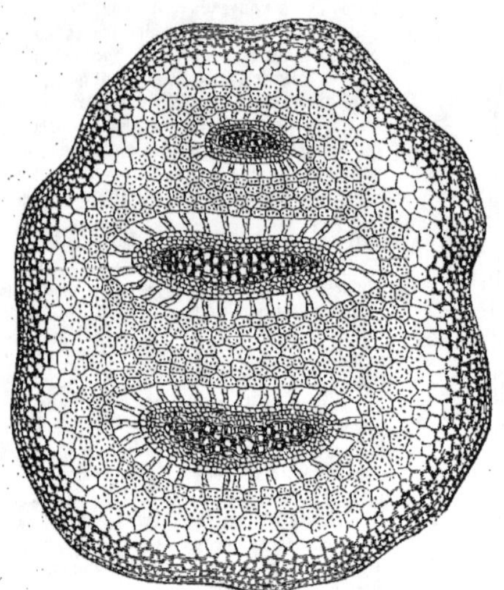

Sélaginelle. — Tige, coupe transversale.

libéro-ligneux sans connexion avec les feuilles. Dans la période végétative suivante, une nouvelle zone génératrice se produit plus en dehors encore; il s'y forme de plus jeunes faisceaux libéro-ligneux, et ainsi de suite. Aussi ces tiges peuvent-elles acquérir des dimensions considérables, comme il arrive dans les vieux Dragonniers, tels que celui d'Orotava à l'île de Ténériffe, cité par tous les voyageurs, mort aujourd'hui, mais qui avait atteint plus de 6 mètres d'épaisseur.

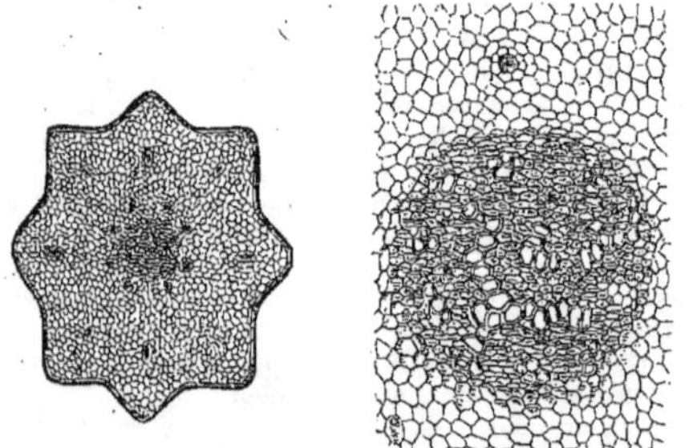

Psilotum. — Section transversale de la tige et du faisceau central.

Tige des Acotylédones. — Il faut d'abord remarquer, d'une manière générale, que dans ces tiges, toujours constituées au début par des phytocystes-cellules, le *point végétatif* du sommet est constamment formé par la cellule terminale, et non pas, comme dans les axes des Phanérogames, constitué par un triple centre d'éléments, représentant un *plérome*, un *périblème* et un *dermatogène.*

À partir de ce point végétatif, les phytocystes peuvent se modifier, comme forme et comme consistance, sans cesser

d'appartenir à la catégorie des cellules; c'est ce qui arrive dans les axes des Cryptogames dites *cellulaires*, notamment dans les Mousses, où cependant l'on distingue déjà des phytocystes épidermiques et souvent aussi des éléments intérieurs plus épais et plus allongés, répondant à des nervures et servant à donner à la tige une certaine solidité. D'autres Cryptogames, comme les Fougères, les Lycopodiacées, les Équisétacées, les Marsiléacées, sont, au contraire, dites *vasculaires*; leurs phytocystes

Sélaginelle, à tige comprimée.

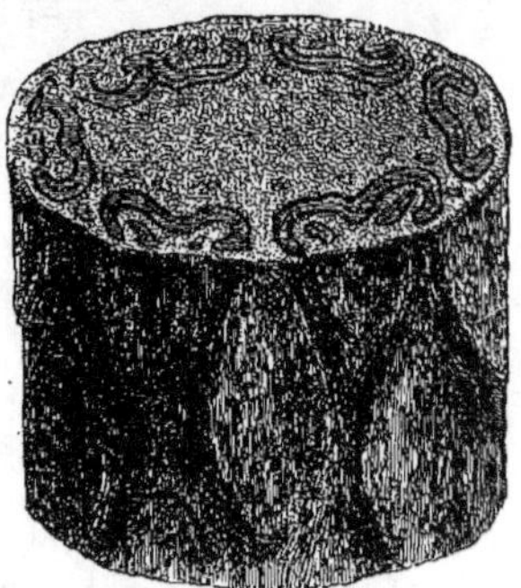

Tige de Fougère en arbre. — Coupe transversale.

intérieurs se transforment en partie pour constituer des faisceaux fibro-vasculaires.

Dans les Lycopodiacées, par exemple, où la tige cylindrique, cannelée ou comprimée, se ramifie parfois par dichotomie, égale ou inégale, les faisceaux représentent, sur une coupe transversale, des bandes plus ou moins inégales de vaisseaux *scalariformes*, c'est-à-dire de tubes annelés ou rayés qui, au lieu d'être demeurés cylindriques, ont été comme comprimés

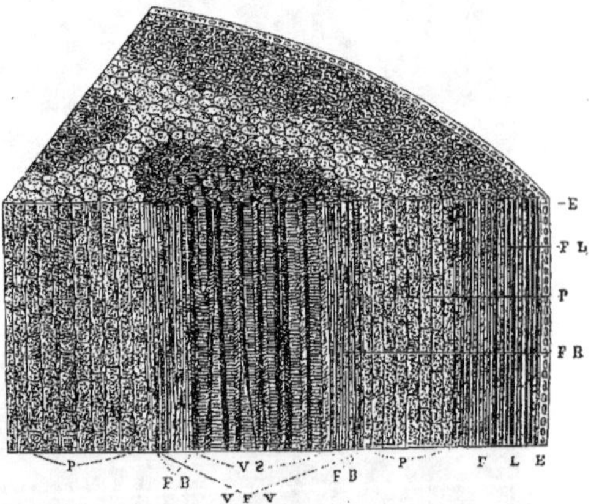

Coupe transversale et longitudinale d'une tige de Fougère. PP, parenchyme primitif. E, épiderme. VFV, faisceaux fibro-vasculaires, avec fibres ligneuses FB et vaisseaux scalariformes. VS. FL, gaine fibreuse périphérique.

les uns contre les autres et ont la coupe transversale polygonale. Aux extrémités de ces bandes se trouvent souvent des trachées, et les vaisseaux sont généralement d'autant plus gros qu'ils s'en rapprochent davantage. Une zone libérienne contenant des phytocystes grillagés entoure ces faisceaux. Dans les Sélaginelles, on compte un, deux, trois, ou un plus grand nombre de ces faisceaux, suivant les espèces; on voit qu'ils ne sont pas disposés dans un ordre circulaire et ne forment pas de cylindre central régulier. Dans les Lycopodes, ce cylindre peut exister, formé d'un nombre variable de faisceaux, entourés d'une gaine commune. En dehors se trouve une écorce parenchymateuse, traversée par les faisceaux qui se continuent avec ceux des feuilles. Dans les *Psilotum*, le faisceau central est aussi régulièrement disposé autour d'un centre médullaire.

Les Prèles ont des tiges formées de segments cylindriques, superposés et articulés, au point d'union desquels se voient des gaines tubuleuses, découpées sur leur bord supérieur d'un nombre variable de dents, qui ont été souvent considérées comme les sommets d'autant de feuilles verticillées et unies inférieurement. Les tiges sont simples ou ramifiées, et dans ce dernier cas les rameaux sont verticillés. Tige et rameaux sont cannelés; et c'est dans l'intervalle de leurs côtes verticales saillantes que sont disposés en files les stomates, cachés par des phytocystes accessoires de l'épiderme. On sait déjà que la cuticule épidermique est encroûtée de silice. Chaque entre-nœud,

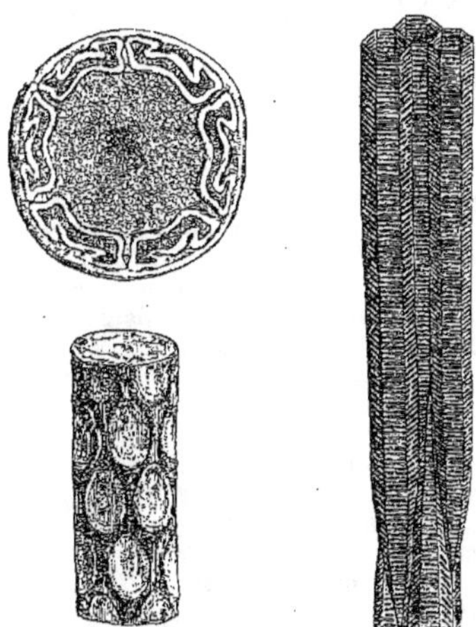

Fougère. — Coupe transversale d'une tige. Portion de tige avec cicatrices de feuilles. Vaisseaux dits scalariformes.

fermé à chacune de ses extrémités par une cloison, est formé de deux cylindres concentriques, unis entre eux par des lames verticales entre lesquelles se trouvent en même nombre des lacunes tubuleuses. Ces entre-nœuds ont un épiderme et un sous-épiderme, enveloppant un parenchyme primitif, incolore et à parois minces. Sur une section transversale, on voit un cercle unique de faisceaux vasculaires, répondant aux cannelures et alternant avec les lacunes. Tous ces faisceaux sont parallèles, et chacun d'eux s'unit en bas aux deux faisceaux voisins et alternes de l'entre-nœud situé au-dessous, par deux commissures latérales. Ils sont constitués comme ceux d'un grand nombre de Monocotylédones, notamment des Graminées.

Les Fougères n'ont quelquefois qu'un seul faisceau vasculaire axile; c'est ce qui arrive dans les axes très grêles. Mais, sur les tiges plus grosses, notamment sur celles des Fougères dites en arbre, on rencontre un réseau de faisceaux anastomosés qui constituent un cylindre creux, à larges mailles séparant le tissu fondamental en une zone médullaire et une zone corticale. Les faisceaux constituants du cylindre s'aplatissent ordinairement; ce sont comme autant d'épais rubans qui souvent même ont les bords réfléchis vers l'extérieur. De ces bords partent en nombre variable des faisceaux minces qui vont rejoindre les feuilles.

Il y a souvent, en outre, des faisceaux qui ne dépendent point de ce réseau principal et qui occupent la région médullaire. Certaines Fougères en possèdent deux ou trois, et d'autres un nombre plus considérable, qu'on voit traverser les mailles du réseau principal pour aller rejoindre les feuilles.

Les faisceaux des Fougères sont des faisceaux *fermés*, c'est-à-dire à développement défini. Ils ont un corps ligneux qu'enveloppe de toutes parts une zone libérienne. Il y a bien le plus souvent quelques vaisseaux spiralés et même déroulables, qui répondent, sur une coupe transversale, aux foyers de l'ellipse que représente le faisceau; mais le bois est formé en majeure partie de ces phytocystes qu'on a nommés vaisseaux *scalariformes*, qui sont allongés, fusiformes ou coupés obliquement aux deux extrémités, et dont la paroi est toute perforée de ponctuations aréolées, circulaires ou plus ordinairement allongées. Tous les phytocystes à parois plus molles, interposés aux éléments du bois et du liber, sont gorgés pendant la période de repos, dans les Fougères à végétation intermittente, de fécule ou d'aliments analogues, et il y a aussi dans le liber, pour le transport de ces aliments, des phytocystes cribleux et grillagés. Les larges cicatrices que laissent sur le tronc les feuilles après leur séparation, permettent de voir, disposées dans un ordre plus ou moins régulier, les solutions de continuité des nombreux faisceaux qui se rendent à ces appendices. [H. Bn.]

TIGELLE. L'axe de l'embryon, qui surmonte la radicule et porte la gemmule à son sommet, et, plus bas, latéralement, le ou les cotylédons.

TIGLI (BOIS DE), B. DE TILLY. Le *Croton Tiglium* L.

TIGLIUM (KL., in *Pl. Meyen.*, 418). Section du genre *Croton* L. (H. Bn, *Et. gén. Euphorbiac.*, 361.)

TIGNAME. Nom officinal ancien, d'après Matthiole, du Storax rouge.

TIGNOSA. Désigne en italien, avec divers adjectifs, les Amanites dont la surface du chapeau est verruqueuse.

TIGNOSSE CHEVELU. Nom de l'*Hydnum erinaceum* BULL.

TIGRIDIA (KER, in *Kœn. et Sims Ann. bot.*, I, 246). Genre d'Iridacées-Moréées, formé de 6, 7 belles herbes américaines, à bulbe tuniqué, à feuilles de Glaïeul; distingué par des fleurs en cyme unipare; le tube du périanthe subnul; les 6 segments étalés; les intérieurs bien plus petits que les extérieurs, obtus et ondulés; les styles 2-partites. On cultive comme ornementales de nombreuses variétés du *T. Pavonia*, à périanthe rouge, jaune ou parfois même blanc, tigré, et du plus bel effet. (*Bot. Mag.*, t. 532, 6295. — *Fl. serres*, t. 908, 2174. — *Bot. Repos.*, t. 178.) [H. Bn.]

TIGRIDIS FLOS (DOD.). Le *Tigridia Pavonia* Juss.

TIIPARA. Nom des *Cordyline*, à la Nouvelle-Zélande.

TIITTIIN. Nom arabe (FONSK.) et turc du Tabac.

TIKHAR. Synonyme de *Tikor.*

TIKOR. La fécule de *Curcuma.*

TIL. Aux Canaries, le bois fétide de l'*Ocotea fœtens.*

TIL, TILA. Noms sanscrits du Sésame.

TILDENIA (MIQ., in *D. Inst. reg. neerl.* (1842); *Syst. Piper.*, 69). Section du genre *Peperomia* R. et PAV.

TILESIA (G.-F.-W. MEY., *Prim. Fl. essequeb.*, 251). Synonyme de *Wulffia* NECK. (H. Bn, *Hist. des pl.*, VIII, 202.)

TILIA (T.). Nom latin des Tilleuls.

TILIACÉES (*Tiliacea*). Famille de Dicotylédones-Dialypétales, hypogynes en général; voisine des Malvacées et divisée en 4 séries : Brownlowiées, Tiliées, Prockiées, Élæocarpées. (Voy. ces mots et H. Bn, *Hist. des pl.*, IV, 161, fig. 176-210.)

TILIACORA (COLEBR., in *Trans. Linn. Soc.*, XIII, 53). Genre de Ménispermacées-Cocculées, indien et (?) africain, à fleurs de *Cocculus*, mais avec 3 sépales intérieurs bien plus longs et subpétaloïdes; des étamines à anthère allongée et introrse; des fruits multiples, formés de drupes, dont le nombre s'élève jusqu'à 12, avec une graine albuminée qui se replie en deux sur une sorte de cloison verticale. (H. Bn, *Hist. des pl.*, III, 6, 34.)

TILIÉES. Série des Tiliacées, distinguée par des sépales distincts; des pétales colorés, insérés contre le calice ou à distance, en haut d'un entre-nœud plus ou moins allongé; les pétales souvent glanduleux et à fossettes ou plaque basilaire moulée sur le réceptacle. (H. Bn, *Hist. des pl.*, IV, 177.)

TILIER. Nom ancien du Tilleul.

TILIMINGUI. L'*Erythrœa senegalensis*, dans son pays natal.

TILINGIA (Reg., in *Nouv. Mém. Soc. nat. Mosc.*, XI, 97). Synonyme de *Selinum* T.

TILLÆA (L., *Gen.*, n. 177). Section du genre *Crassula* L., à fleurs 4, 5-mères. Elle est représentée chez nous par le petit *C. muscosa*, humble herbe rougeâtre des rochers sablonneux. (H. Bn, *Hist. des pl.*, III, 314; *Herbor. paris.*, 156.)

TILLANDSIA (L., *Gen.*, n. 396). Genre de Broméliacées, qui donne son nom à une série des *Tillandsiées*, et qui est formé de plus de 100 plantes américaines, épiphytes ou saxicoles; distingué par des fleurs à sépales dressés; les pétales et les étamines libres; l'inflorescence simple ou composée, très variable; le fruit capsulaire; les graines pourvues d'un pied allongé au-dessous de son corps, avec les fils du tégument externe, et un court appendice au sommet. On cultive dans les serres de nombreuses espèces et variétés de ce genre, si bien étudiées par M. Baker, et l'on joint en général à ce genre les *Amalia*, *Strepsia*, *Phytarrhena*, *Anoplophytum*, *Pityrophyllum*, *Pletystachya*, etc.

TILLANDSIEÆ (B. H., *Gen.*, III, 659). Tribu (3) des Broméliacées.

TILLANDSIÉES. Série des Broméliacées, distinguée par des feuilles entières; un ovaire supère ou rarement un peu plongé dans le réceptacle; sessile, à large base; des ovules en nombre indéfini, ascendants; un fruit septicide; les valves cachant les graines terminées inférieurement en un pied, avec de nombreux fils provenant du tégument externe et simulant une aigrette. [H. Bn.]

TILLEAU. Synonyme de Tilleul.

TILLÉE. Le Sésame à graine noirâtre.

TILLÉE. Nom français (Lamk) des *Tillæa* L.

TILLEUL (*Tilia* T., *Inst.*, 681, t. 381). Genre qui donne son nom à la famille des Tiliacées et qui est formé d'environ

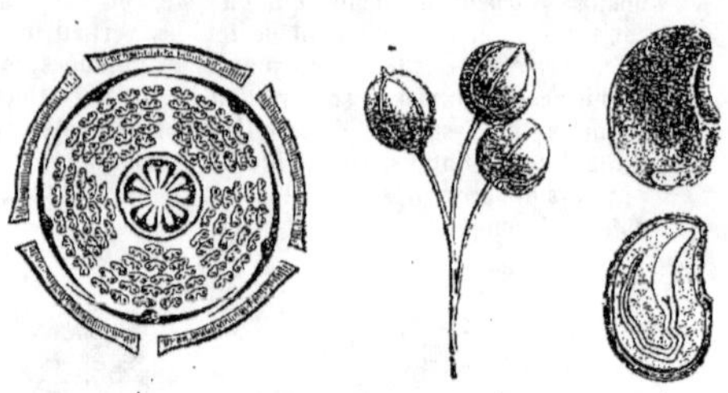

Tilleul. — Diagramme floral. Fruits. Graine, entière et coupe longitudinale.

cent. Les graines ont un albumen charnu et un embryon souvent recourbé, à cotylédons foliacés, plissés et sublobés. Ce sont des plantes à feuilles alternes, souvent insymétriques à la base, cordées, serrées; à fleurs assez souvent odorantes, disposées en sortes de grappes dans lesquelles l'une d'elles est terminale; les autres latérales, pourvues de bractées. Une bractée inférieure prend un grand développement, devient aliforme, membraneuse, et demeure adnée au pédoncule jusqu'à moitié environ. Ce sont des arbres ornementaux et à bois utile. Leurs fleurs, ordinairement blanches ou jaunâtres, petites, sont employées comme antispasmodiques. Elles développent, au contact de l'eau, comme les autres parties, une grande quantité de mucilage qui les fait aussi rechercher en médecine. Les espèces employées, communes chez nous et souvent cultivées, sont surtout les *Tilia platyphyllos*, *ulmifolia*, *grandifolia*, *parvifolia*, *argentea* et *americana*. (H. Bn, *Hist. des pl.*, IV, 163, 180, 185, fig. 176, 179-184; *Tr. Bot. méd. phanér.*, 809; *Herbor. paris.*, 261.)

TILLEUL DE HOLLANDE. Le *Tilia platyphyllos* Scop.

TILLIER. Synonyme de Tilleul.

TILLOT. Nom ancien du Tilleul.

TILOPTERIS (Kuetz., *Spec. Alg.*, 462). Genre d'Algues-Ectocarpées pour l'auteur, et de la famille naturelle des Algues-Phéosporées, que caractérise une fronde filiforme à la base, sétacée à la partie supérieure, pinnée, rameuse, articulée. Les filaments cloisonnés sont libres et nus. L'anthérozoïde est mobile, et l'oosphère immobile. [Ch. M.]

TIMÆOSIA (Kl., in *Reise Pr. Waldem.*, Bot., 138, t. 33). Synonyme de *Gypsophila* L.

TIMANDRA (Kl., in *Wiegm. Arch.*, VII, 195). Section du genre *Croton* L. (H. Bn, *Et. gén. Euphorbiac.*, 596, 647.)

TIMBIRICHI. Au Mexique, le *Bromelia Pinguin* L.

TIMBO. Médicament brésilien, qui est, d'après de Martius, la racine du *Paullinia pinnata* L. M. Barnsley pense que c'est celle du *Physalis heterophylla* Nels.

TIMEROYA (Montrous., in *Mém. Acad. Lyon*, X, 247). Synonyme de *Pisonia* Plum. (*Viellardia* An. Br.).

TIMIER. Le Sorbier des oiseleurs.

TIMMIA (Gmel., *Syst.*, I, 538). Synon. de *Cyrtanthus* Ait.

TIMMIA (W., in *Schrad. Journ.*, II, 14). Genre de Mousses, qui a donné son nom à un groupe des *Timmiacées*, caractérisé par une coiffe cuculiée; une urne symétrique à sa base; le péristome double; l'externe à 16 dents lancéolées, à sommet pâle et striguleux; l'intérieur à dents unies jusqu'au milieu par une membrane basilaire, formée d'un grand nombre de cils subulés, en partie unis. On en a fait un synonyme de *Meesia* Hedw.

TIMO. Nom, aux Fidji, du *Cucumis acidus* Jacq.

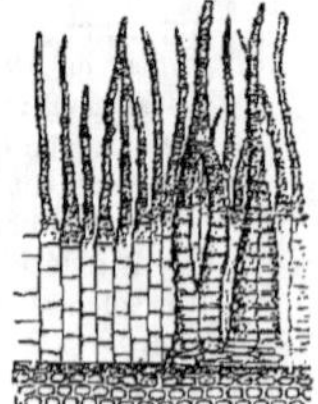

Timmia. — Péristome.

TIMONIUS (Rumph., *Herb. amboin.*, III, 246. — B. H., *Gen.*, II, 102). Genre de Rubiacées, formant pour nous une section du genre *Guettarda* L. Le nombre des loges ovariennes peut y devenir très considérable; et, dans ce

Tilleul. — Rameau florifère. Fleur, entière et coupe longitudinale.

12 arbres, des régions boréales et tempérées des deux mondes. Leurs fleurs sont hermaphrodites, à réceptacle convexe, portant 5 sépales valvaires et 5 pétales imbriqués, souvent doublés d'une écaille intérieure. Les étamines sont groupées en 5 phalanges oppositipétales et ont de courtes anthères extrorses, à loges distantes. Chaque phalange en comporte souvent une intérieure stérile et pétaloïde. L'ovaire à 5 loges, à 2 ovules ascendants; le micropyle extérieur. Le fruit est sec, indéhis-

cas, les cavités du noyau (ou les noyaux distincts) peuvent être disposées, ou sans ordre distinct, ou en séries rayonnantes régulières. La corolle y passe pour constamment valvaire ; mais il est certain que ses divisions, amincies sur les bords, peuvent se recouvrir légèrement les unes les autres. (H. Bn, *Hist. des pl.*, VII, 300, 424, fig. 288.)

TIMSA. Nom marocain de certaines Menthes.

TIN. Synonyme de Thym.

TINA (Rœm. et Sch., *Syst.*, V, 414). Genre rapporté aux *Ratonia* DC., puis distingué par M. Radlkofer en 1879 (*Dur. Ind.*, 78) et correspondant aux *Gelonium* malgaches de Du Petit-Thouars.

TINÆA (Garz., in *Rel. Ac. real.*, ann. 3-4, 24). Synonyme de *Lamarckia* Mœnch.

TINANTIA (Mart. et Gal., in *Bull. Acad. Brux.*, XI, I, 240). Synonyme de *Senkenbergia* Schau.

TINANTIA (Scheidw., in *Allg. Gartenz.* [1839], 365). Genre de Commélinacées-Tradescantiées, formé de 3 herbes américaines ; distingué par des cymes terminales à 2, 3 divisions, avec des fleurs 1-latérales ; le tout sur un pédoncule commun ; les anthères à large connectif que bordent les loges ; les 3 loges ovariennes 2-5-ovulées. On en cultive quelques-uns. (*Bot. Reg.*, t. 140, 3. — *Bot. Mag.*, t. 1340. — C.-B. Clke, *Comm.*, 285.)

TINCTORIUS FLOS (Fuchs). Le *Genista tinctoria* L.

TINDALO. Synonyme de *Ipil*.

TINDA-PARNA (Rheede, *Hort. malab.*, I, 87, t. 48). Synonyme du *Streblus asper* Lour.

TINDLOHU. Synonyme de *Voandzou*.

TINDVOKA. Nom sanscrit du *Diospyros Embryopteris* Pers.

TINEA (Biv., in *Giorn. sc. Sic.* [1833], 149). Synonyme de *Habenaria* W.

TINEA (Spreng., *N. Entd.*, II, 165). Synonyme de *Prockia* L.

TINELIER. Nom français (Lamk) des *Ardisia* (*Icacorea* Aubl.).

TINGANG-BAGUIS. Nom, aux Philippines, des *Ægiceras* Grtn.

TING-HIANG (Clou d'épice). Nom chinois du Girofle.

TINGI DA PRAYA. Un des noms du *Jacquinia armillaris* L., aux Indes occidentales.

TINGUACIBA. Au Brésil, le *Xanthoxylum Tinguassiba* A. S.-H.

TINGUARRA (Parl., in *Webb Ph. canar.*, II, 156, t. 71). Sect. du g. *Athamantha* L., à fruit légèrement rostré, à face séminale profondément sillonnée. (H. Bn, *Hist. des pl.*, VII, 219.)

TINGUI. Nom brésilien du *Magonia glabrata* A. S.-H.

TINGULONG. Nom, à Java, du *Bursera javanica* H. Bn, dont les feuilles et le fruit sont comestibles.

TINI. Nom donné à la Datte par les habitants de Schilha.

TINIARIA (Meissn. — B. H., *Gen.*, III, 99). Section du genre *Polygonum* T.

TINIER. Le *Pinus Cembro* L.

TINNEA (Kotsch. et Peyr., *Pl. Tinn.*, 25, t. 11). Genre de Labiées-Ajugées, formé de 5, 6 herbes ou sous-arbrisseaux, de l'Afrique tropicale ; voisin des *Teucrium* et distingué par un calice ovoïde et 2-labié qui, autour du fruit, se gonfle fortement en sac vésiculeux. Les fruits sont obovoïdes-claviformes, contractés à la base et à aréole latérale ; le dos pourvu d'un appendice de sétules radiantes et rigides, unies entre elles par des poils. (H. Bn, *Hist. des pl.*, XI, 75.)

TINOLEUCITE (V. Tiegh.). Synonyme de Sphère directrice.

TINOMISCIUM (Miers, in *Ann. Nat. Hist.*, ser. 2, VII, 44 ; ser. 3, XIII, 490). Genre de Ménispermacées-Pachygonées, formé de plantes asiatiques et océaniennes ; distingué par un androcée de 6 étamines, avec 9 sépales, dont 3 extérieurs bractéiformes, et un fruit d'*Aspidocarya*, fortement comprimé ; des feuilles coriaces, souvent amples, 3-5-nerves à la base. (H. Bn, *Hist. des pl.*, III, 14, 39.)

TINOPSIS (Radlk., in *Dur. Ind.*, 78). Genre de Sapindacées-Cupaniées, formé d'une plante de Madagascar (*T. apiculata* Radlk.), distingué des *Tina* par ses fleurs 5-andres.

TINOSPORA (Miers, in *Ann. Nat. Hist.*, ser. 2, VII, 38 ; ser. 3, XIII, 486). Section du genre *Chasmenthera* Hochst. (H. Bn, *Hist. des pl.*, III, 13.)

TINTICACO. Nom argentin du *Prosopis adesmioides* Griseb.

TINTINABULUM TERRÆ. Nom ancien des Pyroles.

TINUS (L., *Gen.*, n. 504). Synonyme (?) de *Clethra* L.

TINUS (T., *Inst.*, 607, t. 377). Synonyme de *Viburnum* T.

TINYAWA. Nom africain d'un *Lablab* comestible.

TIONGINE. Nom français (Lamk) des *Bæckea* L.

TIORH. Apocynacée à caoutchouc du Sénégal.

TIPA. Nom argentin du *Tipuana speciosa* Benth. (voy. Quebrado colorado) et du *Machærium pseudotipa* Griseb. (*Symb. Fl. argent.*, 110.)

TIPHA MAGNA. Nom ancien, en Allemagne, du Maïs.

TIPILLO. Nom argentin du *Cassia leptophylla* Vog.

TIP SIN NAH. Nom donné par les Indiens Sioux à la Picotiane (*Psoralea esculenta* Pursh), dont les racines féculentes constituent un de leurs aliments les plus estimés. Les Indiens de la rivière Sainte-Croix font de ces racines des offrandes au Grand Esprit. [S.]

TIPUANA (Benth., in *Journ. Linn. Soc.*, V, Suppl., 72). Genre de Légumineuses-Papilionacées-Dalbergiées, formé de 3 beaux arbres, de l'Amérique méridionale ; distingué par des fleurs à réceptacle inférieurement turbiné ou obconique ; des pétales glabres ; une grande gousse, ailée en haut et séminifère en bas, avec des nervures sur l'aile, divergentes et arquées à partir du style. (Benth., in *Mart. Flor. bras. Papil.*, t. 86. — H. Bn, *Hist. des pl.*, II, 321.)

TIPULARIA (Nutt., *Gen. amer.*, II, 195). Genre d'Orchidacées-Épidendrées, formé de 2 herbes terrestres, l'une de l'Himalaya, l'autre de l'Amérique du Nord ; distingué, dans le groupe des Lipariées, par une tige pseudobulbeuse, 1-foliée, avec des fleurs en grappe ; le labelle pourvu d'un long éperon ; le gynostème à 2 ailes étroites ; 4 pollinies, portées par un caudicule finalement filiforme. (Lindl., *Gen. et spec. Orchid.*, 252.) [H. Bn.]

TIQUILIA (Pers., *Syn.*, I, 157). Synonyme de *Coldenia* L.

TIQUINE. Au Brésil, l'*Adenanthera pavonina* L., dont les graines sont employées au traitement des ophthalmies.

TIQUIS-TIQUIS. Nom, aux Philippines, des *Sapindus* Plum.

TIRE-GORET. Le *Polygonum aviculare* L.

TIRESIAS (Bory, in *Dict. class.*). Syn. de *Œdogonium* Link.

TIROUNITTOU-PATCHE. Nom tamoul de l'*Ocimum Basilicum* L., employé comme aromate et dans la médecine indigène.

TIRUCALLI (Boiss., in *DC. Prodr.*, XV, p. II, 94). Section du genre *Euphorbia* L.

TIRUCALLI. Nom vernaculaire de l'*Euphorbia Tirucalli* L., plante grasse et laiteuse, de l'Inde et de l'Afrique tropicale, dont certains bestiaux se nourrissent.

TISONIA (H. Bn, in *Bull. Soc. Linn. Par.*, 568). Genre de Bixacées, formé de 4, 5 arbres ou arbustes de Madagascar, à feuilles alternes ; les fleurs en grappes cymigères axillaires, avec 3 sépales rédupliqués ; ∞ étamines ; un ovaire surmonté de 3 styles alternisépales, à 3 placentas ∞-ovulés ; le fruit inclus dans le calice 3-ailé. (H. Bn, *Fl. Mad.*, Atl., t. 108, 109.)

TISSA (Adans., *Fam. des pl.*, II, 507). Genre de Caryophyllacées, série des Cérastiées ou Alsinées, plus généralement décrit sous le nom de *Spergularia*, qui est postérieur. Ce genre a les fleurs des Spargoutes, mais avec 3 styles seulement. Il est formé d'herbes à feuilles opposées, accompagnées de 2 stipules scarieuses, blanches, interpétiolaires, et les feuilles secondaires, fasciculées, simulent des verticilles. Le *T. rubra* (*Spergularia campestris* Asch. — *Arenaria rubra* et *campestris* L.), à pétales roses, a été fort vanté comme remède de la gravelle. (Voy. *Hist. des pl.*, IX, 116.) [H. Bn.]

TISSELIN. Le *Selinum palustre* L.

TISSO. Substance tinctoriale, formée des fleurs des Butées.

TISSU. Réunion d'éléments ou phytocystes de nature très variable. On distingue le tissu *cellulaire*, formé de phytocystes-cellules ; le tissu *fibreux*, formé de phytocystes-fibres ; le tissu *vasculaire*, formé de phytocystes-tubules disposés en série, etc.

TISSU CONDUCTEUR. On désigne sous ce nom l'ensemble des éléments que suit ou que traverse le tube pollinique à partir du stigmate pour aboutir à l'ovule. Le mot « conducteur » n'implique point une action rectrice mystérieuse, exercée par un tissu spécial. Le grain de pollen, émettant un tube, n'est qu'une plantule mâle en germination; et le tube pollinique s'allonge naturellement à travers les éléments les mieux adaptés à son alimentation, c'est-à-dire à travers les cellules du tissu conducteur, comme la racine suit de préférence les veines du sol les plus riches en humus. Le tissu conducteur est généralement formé d'éléments allongés, fibriformes, lâchement unis, entre lesquels circule et rampe aisément le tube parasite et aux dépens desquels il se nourrit. Prenons d'abord ce tissu à sa partie supérieure, sur le sommet du stigmate. Nous le suivrons à travers le style; puis nous pénétrerons avec lui dans l'ovaire, où nous le verrons se concentrer sur les placentas, en général jusqu'au voisinage du micropyle.

1° *Tissu conducteur du stigmate.* — Il faut séparer soigneusement de ce tissu les divers appareils collecteurs du stigmate, tels que certains poils, les indusium, etc., qui retiennent le pollen sur l'extrémité de l'organe femelle sans servir à sa nutrition, et par conséquent sans être réellement conducteurs. Les éléments véritablement alimentaires et conducteurs du stigmate sont représentés par les papilles stigmatiques. Ces papilles sont comme l'épanouissement extérieur du tissu conducteur. Elles excrètent à leur surface des substances mucilagineuses ou oléagineuses, qui agglutinent le pollen, le fixent sur le stigmate et lui fournissent les matériaux indispensables à ses premiers développements. Quand le stigmate est capité, les papilles sont généralement répandues sur toute la tête stigmatique. Si le stigmate est divisé, on trouve les papilles distribuées en autant de lignes ou de bandes qu'il y a de lobes, tantôt superposées aux placentas, tantôt en alternance avec eux. Dans les *Passiflora*, le tissu conducteur stigmatique paraît déborder le stigmate, tandis que, dans d'autres plantes, les *Viola* par exemple, il se concentre sur les parois de la cavité formée par le sommet du style. Les papilles peuvent être simples, cloisonnées ou composées. Elles sont simples lorsqu'elles sont constituées par une seule cellule épidermique, et dans ce cas elles affectent les formes les plus variées : en crochet, dans les Graminées et Cypéracées; en demi-lune, dans les Seneçons; en bouteille, à col plus ou moins effilé, dans les Spirées; en massue, dans les *Anthirrinum;* en couronne, dans les *Trachystemon;* aciculaires, dans les Papilionacées; cylindriques, dans les *Salvia;* en forme de longs poils, dans les *Grevillea* et les *Philodendron*, etc. Une papille stigmatique est dite cloisonnée lorsque la cellule épidermique qui la constitue se segmente en plusieurs autres. On trouve des papilles de cette sorte mélangées aux papilles simples sur le stigmate des *Papaver*, et on les rencontre seules sur ceux des *Lopezia, Forsythia, Geranium*, etc. Enfin, les papilles composées sont constituées par plusieurs cellules épidermiques revêtant une (*Passiflora*) ou plusieurs (*Rubus, Sanguisorba*) utricules sous-jacentes. Dans ce cas, les papilles stigmatiques sont de véritables émergences, et dans les Pittosporées on peut les rencontrer mélangées avec des papilles purement épidermiques. Quelles que soient d'ailleurs leur forme et leur structure, les papilles stigmatiques gélifient diversement leur paroi au moment de la chute du pollen qu'elles nourrissent ainsi, non seulement par leur contenu, mais encore par leur cellulose devenue absorbable. A côté des stigmates papilleux, il faut citer ceux dont les cellules conductrices ne font pas saillie à l'extrémité de l'organe femelle, bien qu'en gélifiant leur membrane et en excrétant des matières mucilagineuses et oléagineuses elles jouent en définitive le même rôle que les papilles. Des stigmates lisses de cette sorte se rencontrent chez les *Euphorbia*, les *Manglesia*, les Ombellifères, les *Azalea*, etc. Dans l'*Anchusa italica*, les utricules superficielles du stigmate sont également aplaties; mais la cuticule stigmatique se relève, de distance en distance, sous forme de bouteilles dont le col supporte un petit plateau à bords crénelés; et c'est elle qui retient à la surface du stigmate les grains de pollen, en jouant le rôle des papilles normales. Enfin, à côté des stigmates à tissu conducteur papilleux ou lisse, il faut signaler ceux qui en sont

dépourvus, comme les stigmates béants de certaines fleurs cleistogames (divers *Viola, Oxalis Acetosella, Linaria spuria*, etc.), qui sont simplement traversés par le tube du grain pollinique, germé dans l'anthère même, et ne servent point de tissu conducteur à ce tube, puisqu'ils ne lui cèdent aucune parcelle de substance alimentaire.

2° *Tissu conducteur du style.* — Le tissu conducteur du style fait suite à celui du stigmate et tapisse diversement le canal stylaire, tantôt d'une couche continue, tantôt de bandes longitudinales distinctes. Quand le canal est étroit et le tissu conducteur suffisamment épaissi, ce dernier peut obstruer totalement le canal : ce qui fait que les auteurs ont décrit des styles « pleins » à côté des styles à cavité centrale. Dans les *Vinca, Solanum*, le canal est oblitéré seulement par places. Dans le style des Composées, le canal n'est représenté que par une très étroite fissure. Chez beaucoup de plantes à fruits pluricarpellés, le canal stylaire, au lieu de rester simple comme dans les plantes que nous venons de citer, se ramifie en étoile, sur une section transversale. Il apparaît trifurqué dans la plupart des Liliacées. Simple en haut chez les *Dracæna*, il se trifurque en bas. Il existe quatre ou cinq canaux stylaires dans les *Medinilla*, huit à neuf dans les *Musa* et les *Philodendron*. Tous ces canaux sont tapissés par du tissu conducteur dont les éléments, chez les *Musa*, sont pleins de mucilage et de tannin. Il n'est pas rare que l'épiderme du canal produise des papilles comme celles du stigmate (*Reseda, Forsythia*), ou même des poils conducteurs (*Spathophyllum, Glaucium*), entre lesquels glissent les tubes polliniques. Mais, généralement, le tissu conducteur du style est représenté par ces cellules fibreuses et faiblement séparables dont nous avons parlé plus haut. Lors de l'arrivée du tube pollinique, elles se dissocient par gélification mitoyenne. Chez les Orchidées, par exemple, les cellules conductrices du style semblent semées dans une gelée plus ou moins diluée aux dépens de laquelle se nourrissent les tubes polliniques. Appelons, en terminant ce qui a trait au tissu conducteur du style, l'attention des anatomistes sur un fait qui paraît leur avoir échappé : c'est que, entre le stigmate et l'ovaire, ce n'est pas toujours un tissu conducteur stylaire qui s'interpose pour favoriser le cheminement du tube pollinique. S'il faut en croire les dessins organogéniques de Payer, les stigmates des Graminées et des Polygonées se relieraient à la cavité ovarienne non point par un style ordinaire, mais par une sorte de pied à peu près cylindrique qui ne serait qu'une excroissance latérale de l'ovaire. Il y a lieu de rechercher, dans ces excroissances sans cavité, comment est constitué le tissu conducteur, vraiment plein cette fois, et aux dépens de quels éléments primordiaux de la paroi ovarienne il a pu prendre naissance.

3° *Tissu conducteur de l'ovaire.* — Il se relie directement à celui du style dont il n'est que l'épanouissement inférieur. Alors que dans le style il tapisse généralement toute la cavité, on le voit fréquemment se diviser en bandes distinctes, lors de sa pénétration dans la cavité ovarienne. C'est ainsi que dans les ovaires unicarpellés (*Rubus*, beaucoup de Légumineuses), il existe un centre de production de tissu conducteur sur chaque bord de la feuille carpellaire, dans sa région ovarienne. Chez les *Ribes*, qui ont deux feuilles carpellaires, ces centres sont au nombre de quatre, et de même dans les *Glaucium*. D'une manière générale, on peut dire que, dans les ovaires à placentation axile, il existe deux centres de formation de tissu conducteur ovarien par feuille carpellaire. Dans les ovaires à placentation centrale, au contraire (Primulacées, Théophrastées), le tissu conducteur apparaît généralement à la fois sur tout le pourtour des parois ovariennes et du placenta. Chez les Composées cependant, il constitue deux bandelettes opposées, correspondant au point d'union des deux carpelles. Quel que soit d'ailleurs le nombre des centres d'apparition, le tissu conducteur ovarien, dans beaucoup de cas, s'étend rapidement à la presque totalité de la paroi ovarienne (*Gesneria, Forsythia*); les bandelettes fusionnent, et le placenta lui-même se double uniformément de tissu conducteur. Cependant ce tissu ne des-

cend jamais plus bas, sur le placenta, que l'ovule le plus inférieur, car il serait alors inutile, et dans certaines plantes, au
niveau du micropyle, la bandelette conductrice est remplacée
par des tissus ou des éléments libres équivalents, comme l'obturateur des Euphorbiacées, le tampon conducteur des Boraginées et Labiées, les émergences que l'on observe sur la face
ventrale du funicule des *Dracæna*, des *Jasminum*, de la plupart des Liliacées, des *Basella*, des Cucurbitacées, les bouchons
micropylaires des *Statice*, les poils en pinceau qui recouvrent
le micropyle des *Daphne*, etc., tous organes destinés à favoriser
le cheminement du tube pollinique. Ajoutons que le tissu conducteur ovarien est tantôt lisse (Renonculacées, Protéacées,
beaucoup de Papilionacées), tantôt papilleux comme celui du
style et du stigmate, et dans ce cas il peut porter des papilles
simples (*Asclepias, Ribes, Reseda, Hypericum, Papaver*) ou
composées, et même des poils allongés qui recouvrent généralement le micropyle, comme cela s'observe sur les placentas
tomenteux de l'*Ornithidium*, du *Syringa*, de l'*Euphorbia
myrsinites*, du *Lychnis dioica*, des Aroïdées, etc. Dernière
remarque touchant le tissu conducteur ovarien : ce tissu peut
se séparer de la paroi qui lui a donné naissance et figurer des
bandelettes libres dans l'intérieur du fruit, comme on le voit
dans les Composées, *Geranium, Gesnera, Jasminum*, Protéacées, Crucifères, etc.

Quelle est l'origine histologique du tissu conducteur, soit sur
le stigmate, soit dans le style ou l'ovaire? Nous en avons déjà
parlé à propos des papilles stigmatiques; mais, d'une manière
générale, on peut dire qu'il dérive soit de l'épiderme, soit des
éléments sous-jacents à cet épiderme, soit à la fois de l'un et de
l'autre. Dans le style des Fumariacées et des Polygalées, par
exemple, il est formé tout simplement par l'épiderme non seg-
menté et généralisé à toute la paroi dans les Fumariacées, tandis que, dans les Polygalées, il est concentré sur deux bandes
longitudinales. Dans beaucoup de Légumineuses, Boraginées,
Labiées, Scrofulariacées, Composées, le tissu conducteur qui
descend du style au micropyle est formé par le cloisonnement
tangentiel de l'épiderme. Dans les *Solanum*, l'épiderme se
double de l'assise sous-épidermique pour constituer le tissu
conducteur ovarien, et il en est de même dans les *Glaucium*.
Dans le *Scilla*, quatre couches sous-épidermiques prennent part
à cette formation et, dans les Renonculacées, ces couches, qui
jouent le même rôle en nombre variable, ont une apparence
collenchymatoïde caractéristique. Ces éléments sous-épidermiques se cloisonnent dans certains cas pour épaissir le tissu
conducteur (Orchidées, Saxifragées, Ribésiacées, Silénées,
Euphorbiacées); et même, dans quelques plantes (*Fagelia*), on
a vu cette prolifération coexister avec la segmentation tangentielle de l'épiderme.

Il nous reste à exposer brièvement comment se conduit le
tube pollinique en rapport avec le tissu conducteur et aux
dépens de quelles substances il vit dans son trajet. Sur le stigmate, le boyau pollinique s'insinue entre les papilles et arrive
soit dans le canal stylaire, soit au milieu des éléments dissociés
qui le tapissent. Si le canal stylaire porte des papilles, il rampe
au milieu d'elles en s'attachant à celles qu'il rencontre. Si,
comme dans les *Fumaria*, l'intérieur du style n'est point papilleux, le boyau traverse le canal en s'appliquant sur sa paroi.
Quand, au contraire (surtout dans le cas où le canal est oblitéré), le boyau dissocie les cellules conductrices pour se frayer
un chemin, on voit ces dernières, à son contact, se vider et se
flétrir par suite de l'absorption de leur contenu. Dans l'ovaire,
le tube pollinique continue de suivre le tissu conducteur sous
ses formes si variables (papilles, poils, émergences, obtura-
teurs), et il arrive ainsi à une distance généralement minime
du micropyle. Là une nouvelle force attractive s'exerce. Nous
ne reviendrons point sur ce que nous en avons dit à l'article
Reproduction, auquel le lecteur voudra bien se reporter. Il y
verra qu'il n'y a peut-être là encore qu'un phénomène spécial
de nutrition. On peut dire, en somme, que, dans tout son trajet,
le tube pollinique trouve des substances pour le nourrir et le

diriger. Les papilles stigmatiques du *Convolvulus* et de l'*Ornithidium*, par exemple, sont pleines d'amidon, et les stigmates
des *Brunsfelsia, Grevillea, Stylidium*, sont couverts d'huile,
tandis que dans le *Glaucium* la matière oléagineuse demeure
enfermée dans les papilles. Les poils collecteurs des *Tulipa*
sécrètent, à leur base, du mucilage, et nous avons déjà parlé de
la gélification des papilles stigmatiques. Ces papilles peuvent
même (*Cestrum, Ribes*) se gorger de chlorophylle et produire
par conséquent de l'oxygène, utile au grain de pollen. Il ne suffit
pas aux papilles stigmatiques de fournir à ce dernier son premier
aliment. Elles sécrètent un liquide acide impropre à la vie des
infusoires qui pourraient être tentés d'entrer en concurrence
avec le pollen. Dans l'intérieur du style, les mêmes phénomènes
se reproduisent. Citons seulement, à la suite des indications
déjà données sur la gélification des éléments conducteurs, le
fait du *Deherainia* dont les poils stylaires sécrètent un mucilage, comme d'ailleurs ceux des *Symphytum*. De même pour le
tissu conducteur ovarien : c'est ainsi que les poils placentaires
des Aroïdées laissent sourdre un mucilage qui remplit tout
l'ovaire. Il est fréquent de voir le tissu conducteur ovarien se
remplir de chlorophylle, d'amidon et même d'huile. Quant à la
gélification de ses parois cellulaires, elle se rencontre parfois
(*Verbascum, Nuphar*); mais elle est en somme moins fréquente
dans l'ovaire que dans le style et le stigmate. (Dy.)

TITA. Nom, à Mishmi, de l'*Helleborus (Coptis) Teeta* H. Bn.

TITAN-COTTE. Nom altéré du *Tettan-Kotta*.

TITANIA (Endl., *Prodr. Fl. norfolk.*, 31). Synonyme de
Oberonia Lindl.

TITHONIA (Desf., in *Ann. Mus.*, I, 49, t. 4). Section du
genre *Helianthus* L. (H. Bn, *Hist. des pl.*, VIII, 47.)

TITHYMALE. L'*Euphorbia helioscopia* L.

TITHYMALOIDES (T., *Inst.*, 654). Synonyme de *Pedilanthus*,
auquel il devrait être préféré comme nom antérieur; mais il a
sans doute été écarté à cause de sa terminaison condamnée par
Linné, et aussi parce que, nous ne savons pourquoi, les noms de
genre de Tournefort ont été le plus souvent sacrifiés. [H. Bn.]

TITHYMALOPSIS (Kl. et Gucke, *Tricocc.*, 249). Section du
genre *Euphorbia* L.

TITHYMALUS (T., *Inst.*, 85, t. 18). Synonyme de *Euphorbia* L.
(auquel il serait juste, en somme, qu'on préférât le nom générique de Tournefort).

TITOKI. A la Nouvelle-Zélande, l'*Alectryon excelsum* DC.

TITRAGYNE (Salisb., *Gen. pl. Fragm.*, 9). Synonyme de
Rohdea Roth.

TITTELBACHIA (Kl., *Begon.*, 105, t. 10 A). Synonyme de
Begonia L.

TITTMANNIA (Ad. Br., in *Ann. sc. nat.*, sér. 1, VIII, 385,
t. 38, fig. 2). Genre de Saxifragacées-Bruniées, formé d'un
arbuste éricoïde, du Cap; distingué par des fleurs axillaires et
solitaires, à ovaire subglobuleux et verruqueux, à style simple;
le fruit indéhiscent. C'est pour nous un *Thamnea* anormal.
(H. Bn, *Hist. des pl.*, III, 388.)

TITTMANNIA (Reichb., *Iconogr. exot.*, I, 27, t. 38). Synonyme de *Vandellia* L.

TITYRUS (Salisb., *Gen. pl. Fragm.*). Section du genre
Narcissus T.

TJAMPACA-GUNUNG. Nom, à Java, du *Michelia montana* Bl.

TJAMPEDA. Nom annamite de l'*Artocarpus Polyphema* Pers.

TJETTEK. Nom javanais du *Strychnos Tieute* Leschen.

TJIENDAWAN MATA HARI (*Champignon en forme de Soleil*).
Nom, à Sumatra, des *Rafflesia* R. Br.

TJUMERI-WINIKU. — Voy. Urupua.

TLACAXOCHITL. Au Mexique, l'*Hedyotis americana* Cerv.

TLALCHILOTL (Hernandez, *Op.*, ed. Gomez Ortega, I, 294).
Synonyme de *Lennoa madreporoides* Llave et Lex.

TLALCOXOCHITL (Hern., *Mex.*, 231, c. ic.). Nom mexicain
du *Bouvardia Jacquini* H. B. K.

TLALPOPOLOTL. Au Mexique, le *Flourensia thurifera* DC.

TLANEPAQUELITE. Au Mexique, le *Piper sanctum* Sess.

TLATLANCUAYA. Au Mexique, l'*Achyranthes Calea*.

TMESEOPTERIS (KZE, in *Linnæa*, XXIII, 295). Pour *Tmesipteris* BERNH.

TMESIPTERIS (BERNH., in *Schrad. Journ.*, II [1800], 131). Genre de Cryptogames (*Lycopodium tannense* SPRENG.), désigné par l'auteur comme appartenant aux *Filices agyratæ*. R. Brown en fit une section du genre *Psilotum*; opinion adoptée par Endlicher (*Gen.*, n. 695 *a*), avec cette caractéristique : Tige simple, anguleuse. Feuilles assez grandes. Sporocarpes 2-loculaires, à loges 2-valves. La ligne de déhiscence est incomplète, et la cavité est remplie de spores farineuses. Les organes reproducteurs sont des microspores.

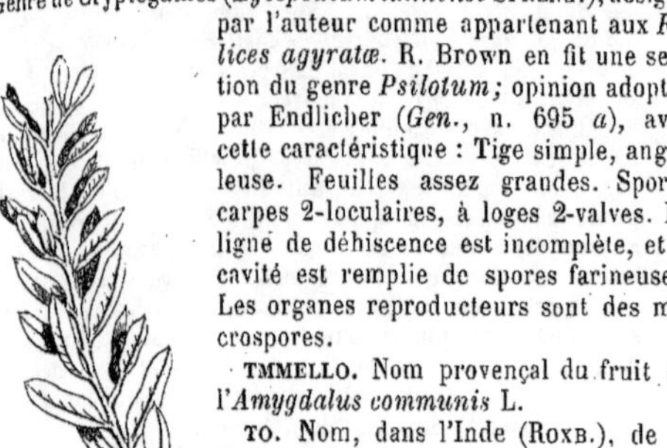
Tmesipteris.

   TMMELLO. Nom provençal du fruit de l'*Amygdalus communis* L.

   TO. Nom, dans l'Inde (ROXB.), de la Pêche ordinaire.

   TOA. Nom polynésien du *Casuarina equisetifolia* L.

   TOAD-FLAX. Nom anglais des Linaires.

   TOADSTOOL. En Angleterre, l'*Agaricus edulis* BULL.

   TOBACCO. Nom anglais des Nicotianes.

TOBACCO-PIPE. Nom anglais de l'*Aristolochia trilobata* L.

TOBANA. Nom japonais d'une variété d'*Acinos umbrosa* BNTH.

TOBAT. Nom provençal du *Nicotinia Tabacum* L.

TOBEL. Le *Borassus flabelliformis* L.

TOBERA (KÆMPF., *Amœn. exot.*, 796, c. ic.). Synonyme de *Pittosporum* BANKS.

TOBINIA (DESVX, in *Hamilt. Prodr. Fl. ind. occ.*, 56). Synonyme de *Fagara* LAMK.

TOBIRA (BL., *Bijdr.*, 1147). Section du genre *Evonymus* T.

 TOBONG-BRO (Tête de singe). Nom malais des *Nepenthes* L.

TOCERA. Au Pérou, les cendres du *Chenopodium Quinoa* L.

TOCHIBA-NINJIN. Nom japonais du *Panax repens* MAXIM.

TOCHIKU-RAN. Nom japonais du *Disporum pullum* SALISB.

TOCOCA (AUBL., *Guian.*, I, 437, t. 174). Genre de Mélastomacées-Mélastomées, formé d'environ 25 arbustes, de l'Amérique tropicale; distingué, dans le groupe des Miconiées, par des fleurs 5, 6-mères, en grappes composées; les sépales larges et obtus; les anthères à dos du connectif souvent, mais non constamment appendiculé; les feuilles souvent vésiculifères à leur base. (H. BN, *Hist. des pl.*, VII, 56.)

TOCOYENA (AUBL., *Guian.*, I, 131, t. 50. — B. H., *Gen.*, II, 83). Section du genre *Genipa*, à corolle longuement tubuleuse. Espèces de l'Amérique tropicale. (H. BN, *Hist. des pl.*, VII, 309.)

TOCOYENNE. Nom français (LAMK) des *Tocoyena* AUBL.

TOCUSSO. Nom de l'*Eleusine Tocusso* FRES.

TODAIGUSA. Nom japonais de l'*Euphorbia helioscopia* L.

TODAROA (A. RICH., in *Ann. sc. nat.*, sér. 3, III, 28). Synonyme de *Campylocentron* BENTH.

TODAROA (PARLAT., in *Webb Phyt. canar.*, II, 55, t. 14). Synonyme de *Seseli* L.

TODDALI. Nom français (LAMK) des *Toddalia* J.

TODDALIA (J., *Gen.*, 371). Genre de Rutacées, qui donne son nom à un groupe des *Toddaliées*, et qui est distingué par des fleurs unisexuées, à calice 2-5-mère; les pétales peu éclatants, imbriqués ou valvaires; 2-5 étamines; des carpelles au nombre de 2-7, 2-ovulés; des fruits 2-7-mères, ponctués, secs; des graines albuminées. Ce sont des arbustes de l'Asie et de l'Afrique, souvent sarmenteux et garnis d'aiguillons. Leurs feuilles sont 3-foliolées. Ce sont des plantes très odorantes, stimulantes, entre autres le Pied-de-poule (*T. aculeata* PERS.), espèce commune et usitée. (H. BN, *Hist. des pl.*, IV, 483.)

TODDA PANNA (RHEED., *Hort. malab.*, III, 9, t. 13-21). Synonyme de *Cycas circinalis* L.

TODDY. Nom anglais du vin de Palme.

TODE (Heinr.-Jul.). Auteur [1790-91] de *Fungi mecklenbur-*

---

genses *selecti* (2 vol. in-8 de 47 et 64 p., avec 7 et 10 pl.).

TODEA (W., *Schr. Ac. Erf.* [1802], 14). Genre de Fougères-Osmondées, distingué par des sores portés sur le dos de la portion feuillée de la fronde. C'est un petit genre, de 4, 5 espèces,

Todea. — Pinnule fructifère. Sporanges.

à port de Polypodiacées, presque confiné à la zone australe tempérée, à sporanges d'Osmonde, 2-valves, s'ouvrant en long vers le sommet. (HOOK. et BAK., *Syn. Fil.*, 427, 524, t. 8.)

   TOE-OE-PHEPARA. Nom, à Taïti, d'après Mœrenhout, du *Botryodendrum taitense* GUILLEM. (*Meryta* FORST.).

   TOE-TOE. A la Nouvelle-Zélande, l'*Arundo conspicua* FORST.

   TOFIELDIA (HUDS., *Fl. angl.*, ed. 2, 157). Genre de Liliacées-Narthéciées, formé de 12-14 herbes vivaces, de l'Amérique boréale et tempérée; distingué par des axes aériens très courts, à feuilles basilaires, linéaires; quelques-unes parfois plus haut

Tofieldia. — Fleur, entière et coupe longitudinale.

insérées sur la hampe. Les fleurs sont en épis ou en grappes, avec 6 étamines à anthère introrse et un ovaire surmonté de 3 branches stylaires très courtes; la capsule septicide. (K., *Enum.*, IV, 165. — BAK., in *Journ. Linn. Soc.*, XVII, 485.)

   TOFU. Au Japon, la gelée préparée avec le *Soja hispida* SIEB.

   TOGARASHI. Nom japonais des *Capsicum* T.

   TO-GIBOSHI. Nom japonais du *Funkia subcordata* SPRENG.

   TOGOKU-SAIKO. Nom japonais du *Bupleurum multinerve* DC.

   TO-GOMA. Nom japonais du Ricin.

   TOHI-TOHI. A la Nouvelle-Zélande, l'*Arundo conspicua*.

   TOI. Nom néo-zélandais du *Dracæna indivisa* FORST., qui sert aux indigènes à fabriquer des couvertures grossières et dont les fibres seraient applicables à la fabrication du papier.

   TOJIN-MAME. Nom japonais de l'Arachide.

   TOKELEM. A écrit [1766], à Saint-Pétersbourg, *Beschreibung der Hölzer, welche in der nördlichen Gegenden Russlands wachsen* (in-8 de 373 p. et 26 pl.).

   TOKI. Nom japonais du *Ligusticum acutilobum* SB. et ZUCC.

   TOLISANTHES (H. BN, in *Adansonia*, XII, 294; *Hist. des pl.*, VII, 286). Section du genre *Urayoga* L., à feuilles d'*Amaracarpus*, à fleurs axillaires, pédonculées, solitaires. Espèces de la Nouvelle-Calédonie.

   TOLK. Nom, au Soudan, d'une variété de Gomme.

   TOLL. Au Sénégal, le *Vahea tomentosa* LEPR.

   TOLLATIA (ENDL., *Gen.*, n. 2631). Synonyme de *Layia* HOOK. et ARN. (H. BN, *Hist. des pl.*, VIII, 230.)

   TOLLAT VON VOCHENBERG (Joh.). Auteur, en 1497, de *Ain meisterlichs büchlein der artzney fur manigerley kranckheit un siechtagen d. menschen*, etc., réimprimé plusieurs fois, de 1498 à 1532, à Augsbourg, Strasbourg, Erfurth, etc.

   TOLLBEERE. Nom allemand de la Belladone.

   TOLLKRAUT. En Allemagne, la Stramoine.

   TOLMIEA (HOOK., *Fl. bor.-amer.*, II, 44). Synonyme de *Cladothamnus* BONG.

TOLMIEA (Torr. et Gr., *Fl. N.-Amer.*, I, 582). Genre de Saxifragacées-Saxifragées, formé d'une herbe vivace, de l'Amérique du Nord; distingué par une tige simple; des feuilles péliolées; des fleurs en grappe; le calice lubuleux et fendu; 5 pétales capillaires; 3 étamines et un fruit supère, 2-rostre, déhiscent. (H. Bn, *Hist. des pl.*, III, 334, 428, fig. 373.)

Tolmiea.—Diagramme.

TOLOMANE. Les *Canna* et leur fécule.

TOLOMBO. En Portugal, le Concombre.

TOLONPATL. Nom mexicain de l'*Exogonium Jalapa* H. Bn.

TOLPHA. Nom italien de la Maune.

TOLPIDIUM (Sch. bip., herb.). Syn. (part.) de *Ascaricida* Lss.

TOLPIS (Adans., *Fam.*, II, 112). Genre de Composées-Cichoriées, formé d'une dizaine d'espèces herbacées, de la région Méditerranéenne et des Canaries, à fleurs à peu près de Chicorée; les capitules en cymes lâches; l'involucre à bractées intérieures étroites; les squamelles de l'aigrette petites et accompagnées de 3-10 soies. (H. Bn, *Hist. des pl.*, VIII, 106.)

TOLUIFERA (L., *Gen.*, ed. 1, 524). Genre de Légumineuses-Papilionacées-Sophorées, formé de 2, 3 espèces variables d'arbres de l'Amérique tropicale; distingué par un réceptacle obliquement turbiné; des pétales inégaux, étroitement lancéolés; 10 étamines libres et un ovaire 1, 2-ovulé. Le fruit, très caractéristique, est stipité, dilaté de chaque côté en longue aile

Toluifera. — Branche florifère.

étroite; 1, 2-sperme; le péricarpe lacuneux, à cavité pleine de baume. Ce sont des plantes à suc balsamique, à feuilles alternes, imparipennées; les folioles ponctuées; les fleurs en grappes axillaires ou terminales, simples ou composées. Le *T. Balsamum* L., plus connu sous le nom de *Myroxylon toluiferum*, est l'arbre au Baume de Tolu, extrait de ses fruits, et bien plus ordinairement de sa tige. Le *M. Pereiræ* n'en est qu'une variété. Selon nous, le *T. peruifera* (*Myroxylon peruiferum*) ne donne pas le Baume du Pérou, qui vient de l'Amérique du Nord et surtout d'une forme du *M. toluiferum*. L'embryon du *M. peruiferum* est ruminé. (Voy. H. Bn, *Hist. des pl.*, II, 233, 369, 383, fig. 197-200; in *Compt. rend. Ass. fr.* [1872], t. 10; *Tr. Bot. méd. phanér.*, 666.)

TOLUIFERA (Lour., *Fl. coch.*, 362). Synonyme de *Loureira* Meissn., genre douteux de Térébinthacées.

TOLYPANGIUM (Endl., *Gen.*, 520). Section du g. *Stylidium*.

TOLYPANTHUS (Bl.). Sous-section (B. H., *Gen.*, III, 209) du genre *Loranthus* L.

TOLYPELLA (A. Braun, in *Hook. Kew Gard. Misc.*, I, 199). Sous-genre du genre *Nitella* Agh.

TOLYPEUMA (E. Mey., herb.). Synonyme de *Nesæa* Comm.

TOLYPOTHRIX (Kuetz., *Phyc. gen.*, 227). Genre d'Algues-Nostochinées, de la famille des Scytonémées; formé d'espèces dont les cellules du trichome ne se multiplient que dans le sens de la longueur, et dont la gaine ne renferme qu'un seul trichome. Les ramifications produites par la déviation du trichome qui sort latéralement de la gaine sont rarement géminées et naissent au point où la continuité du trichome est interrompue par des hétérocystes. (Voy. Thur. et Bonn., *Ess. classif. Nostoch.*, 375.) [Ch. M.]

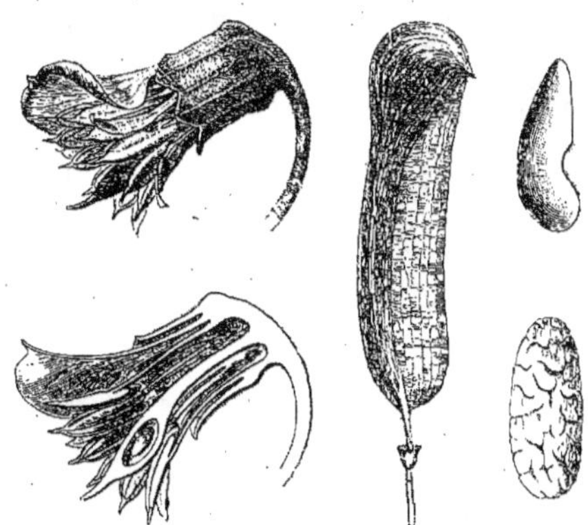

Toluifera. — Fleur, entière et coupe longitudinale. Fruit. Embryons.

TOM. Nom arabe de l'Ail.

TOMAIOSPERMA (A. DC., *Prodr.*, VIII, 378). Section du genre *Malouetia* A. DC.

TOMALLO. A Taïti, la Patate douce.

TOMANTHEA (DC., *Prodr.*, VI, 564). Synonyme de *Centaurea* L. (H. Bn, *Hist. des pl.*, VIII, 84.)

TOMATE. Le *Lycopersicum esculentum* Dun.

TOMATE DEL MONTE. Nom, dans la république Argentine, du *Potomorphe umbellata* Miq.

TOMATO. Nom anglais de la Tomate.

TOMBA. Au Brésil, nom de plusieurs Cucurbitacées purgatives, du genre *Perianthopodus* S.-Mans., entre autres dans la province brésilienne de Minas, du *Perianthopodus Espalina* S. Manso.

TOMEAO. Nom donné par les Indiens Muchogeones au *Mauritia vinifera* Mart.

TOMENTELLA (Pers., *Obs. myc.*, II, 18). Synonyme (Pfeiff.) de *Coniophora* DC.

TOMEX (Forsk., *Fl. æg.-arab.*, 32). Synonyme de *Dobera* J.

TOMÉX (L., *Amœn.*, I, 114). Syn. (Pers.) de *Callicarpa* L.

TOMEX (Thunb., *Diss. nov. gen.*, III, 65; *Fl. jap.*, 10). Synonyme de *Litsea* Lamk.

TOMILLO. En Espagne, le Thym.

TOMIOPHYLLUM. Section du genre *Scrofularia* T.

TOMMASELLI (Guis.). A écrit [1794], à Vérone, *Analisi dei vegetabili*, etc. et [1800] *Compendio di fisiologia vegetale* (in-8).

TOMMASELLIA (Massal., in *Flora* [1856], 283). Genre de Lichens, proposé pour *Arthropyrenia arthronioides* (Pfeiff., *Nom.*, 1425).

TOMMASINI (Muzio). Né à Trieste en 1794, a écrit [1839], à Halle, *Der Berg Slavnik im Küstenlande und seine botani-*

schen Merkwürdigkeiten, insonderheit Pedicularis Friderici-Augusti, avec 1 pl. col. (extrait du vol. 13 de la *Linnæa*).

TOMMASINIA (BERTOL., *Fl. ital.*, III, 414). Synonyme et section du genre Peucédan (voy. H. BN, *Hist. des pl.*, VII, 100). Boissier lui assimile le *Xanthogalum* LALLEM.

TOMOSTYLES (MONTROUS., in *Mém. Acad. Lyon*, X, 201). Synonyme de *Crossostyles* FORST.

TOMOYESO. Nom japonais de l'*Hypericum Ascyron* L.

TONA. Nom japonais du *Brassica chinensis* L.

TONABE. Nom français (LAMK) des *Tonabea* AUBL.

TONABEA (J.). Nom latinisé des *Taonabo* AUBL. Synonyme (qui a pour lui l'antériorité) de *Ternstræmia* L. F.

TO-NASU. Nom japonais du Potiron.

TONCA (RICH., *Anal. fr.*, 84). Synonyme de *Bertholletia* H.B.

TONCO-BIOU. Nom provençal de l'*Ononis repens* L.

TONDERA. En Pologne, la Stramoine Pomme épineuse.

TONDI-TEREGAM (RHEED.). Le *Callicarpa Rheedii* KOST.

TONDIN. Indiqué de la sorte par Pfeiffer (*Nom.*, 1426) : «Schilling de lepra t. 1. GMEL. [1791], *Syst.*, 635, g. Octandr.-Digyn. Quid? »

TONELLA (NUTT. — A. GRAY, in *Proc. Amer. Acad.*, VII, 378). Section (?) du genre *Collinsia* NUTT., mais souvent distingué génériquement. (H. BN, *Hist des pl.*, IX, 437. — GREENE, *Pitton.*, I, 55.).

TONG. Dans l'Inde, le tubercule de l'*Arisæma curvatum* K.

TONG. En Chine, le *Paulownia tomentosa*.

TONGA. Médicament d'origine végétale, proposé comme anti-névralgique, et qui vient des îles Fidji. M. Holmes est porté à l'attribuer au *Rhaphidophora vitiensis* SEEM. (Voy. le suivant.)

TONGA-PLANT. L'*Epipremum mirabile*, médicinal aux Fidji.

TONG-CHU. Nom, en Chine, du *Sterculia platanifolia* L.

TONGOALAHY. Nom malgache du *Loranthus pachyphyllus* BAK.

TONG-PANG-CHONG. Nom chinois du *Rhinacanthus communis* NEES, médicament antidartreux et antiherpétique.

TONG-T-SING. Nom chinois du *Ligustrum lucidum*, sur lequel vit le *Coccus Pé-la*, qui donne une cire particulière.

TONGUEA (ENDL., *Gen.*, 1419). Synonyme de *Pachypodium* WEBB.

TONINA (AUBL., *Guian.*, 856, t. 330). Genre d'Ériocaulées, formé d'une petite herbe radicante, des marais de l'Amérique tropicale, à longues branches étalées, avec de nombreuses petites

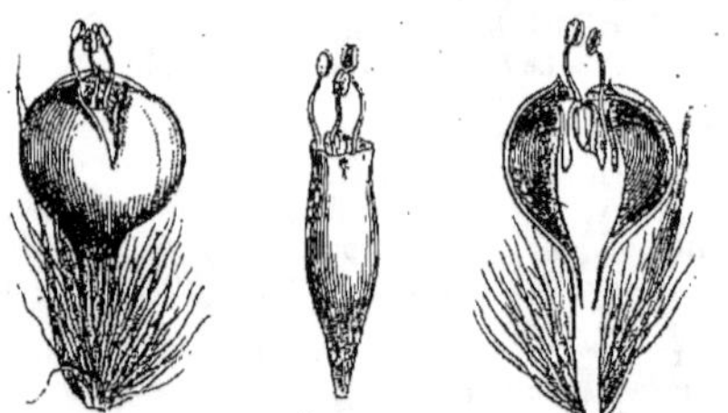

Tonina. — Fleur mâle, entière et coupe longitudinale.

feuilles, courtes ou linéaires, amplexicaules ou vaginantes, et des fleurs unisexuées, groupées en capitules axillaires. Périanthe double, de forme et de taille différentes dans les deux sexes; les étamines au nombre de 3; l'ovaire sessile, 3-lobé, avec 3 branches stylaires 2-fides et un ovule dans chaque loge, descendant et orthotrope. Le fruit est membraneux. (MART., in *N. Act. nat. cur.*, XVII, t. 4. — KŒRN., in *Mart. Fl. bras.*, III, I, 301, t. 38. — HIERON., *Pflanzenfam.*, Lief. 11, fig. 13.)

TONKA (Fève). La graine du *Coumarouna odorata* AUBL.

TONNÈRE. Le *Lychnis dioica* L.

TONNING (Henr.). Auteur [1773], à Copenhague, de *Norsk medicinsk och œkonomisk Flora* (in-4 de 185 p.).

TONNINGIA (NECK., *Elem.*, III, 185). Synonyme de *Cyanotis* DON.

TONOPLASTE. Nom donné par M. de Vries à la membrane albuminoïde des vacuoles qui précèdent les grains d'aleurone, découverte par M. Trécul.

TONSELLA (SCHREB., *Gen.*, n. 74). Synon. de *Tontelea* AUBL.

TONTANEA (AUBL., *Guian.*, I, 108, t. 42). Synonyme de *Coccocypselum* P. BR.

TONTEL. Nom français (LAMK) des *Tontelea* AUBL.

TONTELEA (AUBL., *Guian.*, I, 31, t. 10). Syn. de *Salacia* L.

TOO. Le *Guettarda speciosa* L.

TO-OBAKO. Nom japonais du *Plantago paludosa* TURCZ.

TOOC. Nom, aux Philippines, des *Bischoffia* BL.

TOODISIA. Au Japon, la Carde-Poirée.

TOOLA. Nom indigène du *Sterculia alata* ROXB.

TOOLALODH. Nom, au Bengale, du *Wendlandia tinctoria* DC.

TOOMBO. Nom sanscrit (PIDDINGT.) du *Lagenaria vulgaris*.

TOOMMY. Nom tamoul du *Leonotis Leonurus* R. BR., employé par les Indiens comme tonique et vermifuge.

TOON (BOIS DE). Les *Cedrela Toona* ROXB. et *febrifuga* BL.

TOONA (ENDL., *Gen.*, 1055). Section du genre *Cedrela* L.

TOONA (RŒM., *Syn.*, 131). Synonyme de *Cedrela* L.

TOORMUS. Nom, dans l'Inde, du Lupin blanc.

TOOT. Nom vulgaire bengalais du *Morus alba* L. var. *indica*.

TOOTH-ACHE-TREE. Nom anglais, aux États-Unis, du *Zanthoxylum clavatum* L. et de l'*Aralia spinosa* L.

TOOT-POISON-PLANT. Nom donné par les colons anglais au *Tutu* de la Nouvelle-Zélande.

TOPINAMBOUR. L'*Helianthus tuberosus* L.

TOPINAMBOUR BLANC. Au Cap, nom (?) d'un *Alstrœmeria*.

TOPOBEA (AUBL., *Guian.*, I, 476, t. 189). Section du genre *Blakea* L. (H. BN, *Hist. des pl.*, VII, 25.)

TOPOGRAPHIE VÉGÉTALE. — Voy. le Supplément.

TOPOL. En Pologne, le Peuplier noir.

TOQUE. Nom français des *Scutellaria* L.

TORA. Nom ancien de l'Aconit Napel.

TORA, TORU, TORO. Noms, à la Nouvelle-Zélande, du *Persoonia Toru* CUNN.

TORANOIVO. Nom japonais du *Lysimachia clethroides* RUB.

TORCHE-PIN. Le *Pinus Mugho* L.

TORCHON VÉGÉTAL. — Voy. LUFFA (III, 278).

TORD-COU. Le Porillon, dans le Sud-Ouest.

TORDILE. Nom français (LAMK) des *Tordylium* T.

TORDYLIOPSIS (DC., *Prodr.*, IV, 199). Section du genre Berce, dans laquelle les involucres sont formés de bractées assez développées. (Voy. H. BN, *Hist. des pl.*, VII, 205.)

TORDYLIUM (T., *Inst.*, 320, t. 170). Genre d'Ombellifères, série des Peucédanées, dont les fleurs ont des sépales courts, égaux ou inégaux, ou nuls; des pétales inégaux; les plus grands bilobés; un fruit ovale-elliptique ou suborbiculaire, avec le

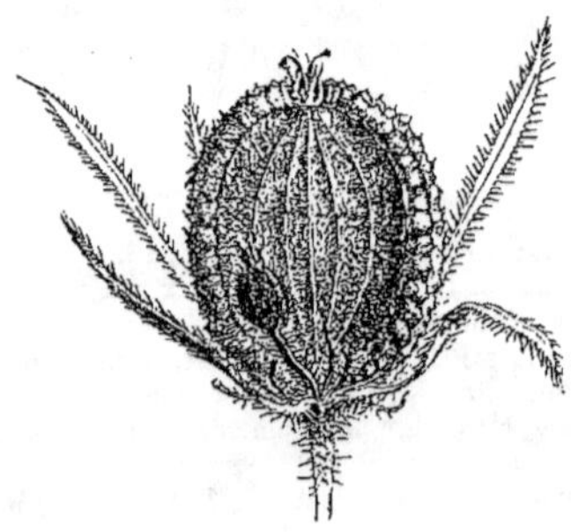

Tordylium. — Fruit.

bord des carpelles uni en un anneau épais, entier jusqu'à la déhiscence, blanc et subéreux, lisse ou pourvu de plis transversaux. Les méricarpes, très aplatis, ont des côtes très ténues, presque invisibles ou légèrement proéminentes, avec des bandelettes solitaires, géminées ou plus rarement nombreuses dans chaque vallécule, et un carpophore 2-partite. Ce sont des herbes annuelles ou rarement vivaces, de l'Europe, l'Afrique du Nord, l'Asie tempérée et l'Amérique du Nord, à feuilles

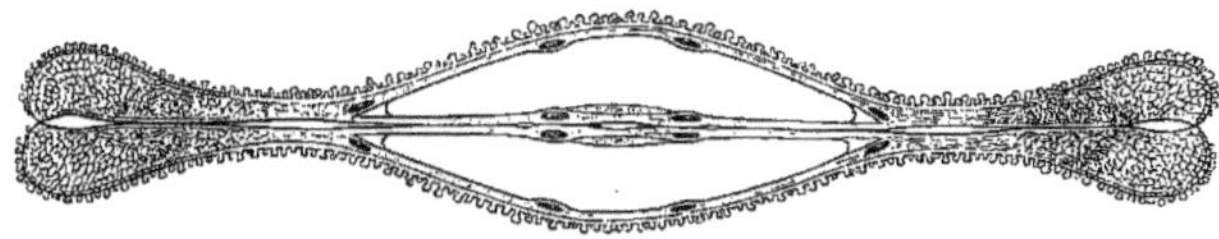

Tordylium. — Fruit, coupe transversale.

simples, composées ou décomposées-pennées, à bractées des involucres et involucelles longues, courtes ou nulles. (Voy. *Hist. des plant.*, VII, 103, 207, fig. 95, 96.) [H. Bn.]

TORE. L'Aconit Napel.

TORÈNE. Nom français (Lamk) des *Torenia* L.

TORENIA (L., *Gen.*, n. 754). Genre de Scrofulariacées-Gratiolées, dont les limites sont par nous agrandies par l'adjonction des *Ilysanthes, Bonnaya, Lindernia* et *Vandellia;* distingué par 5 sépales étroits, libres ou unis en bas ou plus haut en tube plissé ou costé, à 2-5 dents; la corolle 2-labiée, à lèvre postérieure entière, émarginée ou 2-fide; l'androcée didyname, avec

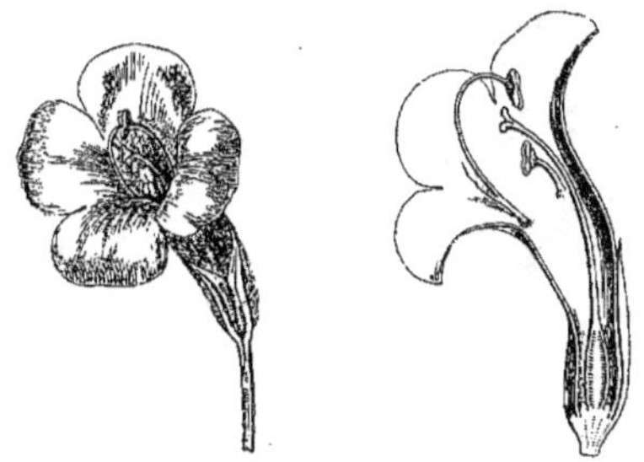

Torenia. — Fleur, entière et coupe longitudinale.

les étamines antérieures fertiles ou stériles; les loges de l'anthère confluentes. Le fruit est septicide; la cloison et les placentas finalement disjoints. Ce sont environ 60 herbes, de l'Asie, l'Océanie et l'Afrique, à feuilles opposées, souvent dentées; les fleurs, parfois belles, axillaires ou en grappes terminales. Plusieurs espèces sont cultivées dans nos serres comme ornementales. (*Bot. Mag.*, t. 3715, 4229, 4249, 5167, 6700, 6747. — H. Bn, *Hist. des pl.*, IX, 395, 458, fig. 559, 560.)

TORESIA (Pers.). Pour *Torresia* R. et Pav.

TORE-TORE. A la N.-Zélande, le *Pennantia odorata* Raoul.

TORFMOOSE. Nom allemand des *Sphagnum* Dill.

TORIBETHRON. Nom grec du *Leontice Leontopetalon* L.

TORICELLIA (DC., *Prodr.*, IV, 257). Genre de Cornacées-Cornées, formé de 2 petits arbres, de l'Himalaya et de Chine; distingué par des feuilles alternes; des fleurs 1-sexuées; les mâles à 5 pétales valvaires, à 5 étamines; les femelles à ovaire ordinairement 3-loculaire, avec 3 branches stylaires 2-fides; le fruit drupacé. (H. Bn, *Hist. des pl.*, VII, 72, 82. — Oliv., in *Hook. Icon.*, t. 1893.)

TORILIS (Adans., *Fam. des pl.*, II, 90). Genre d'Ombelliferes-Daucées, dont nous n'avons fait (*Hist. des pl.*, VII, 88) qu'une section du genre Carotte. (H. Bn, *Hist. des pl.*, VII, 88, fig. 68.)

TORMENTILLA (L., *Gen.*, n. 635). Section du genre *Potentilla* T., à fleurs 4-mères.

TORMENTILLE. Le *Potentilla Tormentilla* Schr., à petit rhizome médicinal, astringent.

TORMIGNE, TORMINAL. Le *Cratægus torminalis* L.

TORMINALIS (Med., *Phil. bot.*, I, 134). Synonyme (part.) de *Torminaria* DC.

TORMINARIA (DC., *Prodr.*, II, 636; Sch., *En. pl. transsylv.*, 207). Section du genre *Pyrus* T.

TORNABENIA (Parlat., in *Hook. Kew Journ.*, II, 370). Genre d'Ombellifères, voisin des Peucédans, dont nous n'avons fait qu'une section du genre *Melanoselinum*, caractérisée par des tiges herbacées, des fruits plus petits et à ailes marginales moins développées et pourvues de dents moins accentuées que celles des *Monizia*. (Voy. *Hist. pl.*, VII, 203.) [H. Bn.]

TORNABONA (Cœsalp., *De pl.*, lib. 8). Syn. de *Nicotiana* T.

TORNABONNE. Le *Nicotiana Tabacum* L.

TORNAPPLE. Nom anglais des *Datura* L.

TORNELIA (Gutier., ex Schlchtl, in *Linnæa*, XXVI, 382). Synonyme de *Monstera* Adans.

TORO. — Voy. Tora.

TOROLO. La Noix de Cola.

TOROMEHO. Nom, à Taïti, du *Fitchia tahitensis* Nad.

TORONJIL. Au Chili, la Mélisse officinale.

TORONJO. A la Nouvelle-Grenade, le *Citrus decumana* Risso.

TORORO, TORORO-AVI. Noms japonais de l'*Hibiscus Manihot* L.

TORPESIA (Rœm., *Syn.*, 86). Synonyme de *Portesia* Cav.

TORQUEARIA (H. Bn, in *Bull. Soc. Linn. Par.*, 333). Section du genre *Genipa* L.

TORRAGON. Nom anglais du *Dracunculus vulgaris* Schott.

TORRENTIA (Vel., *Fl. flum.*, Atl., VIII, t. 149). Synonyme de *Ichthyothere* Mart. (H. Bn, *Hist. des pl.*, VIII, 235.)

TORRESIA (R. et Pav., *Prodr. Fl. per. et chil.*, 125; *Syst.*, 251). Synonyme de *Hierochloa* Gmel.

TORREY (John). L'un des plus connus des botanistes des États-Unis, étudia d'abord les plantes de New-York, dont il donna un Catalogue en 1819. En 1824, parut son *Flora of the northern and middle sections of the United States*, avec un *Compendium* en 1826; puis [1831] *Catalogue of North-American genera* (in-8) et [1836] une Monographie des Cypéracées des États-Unis. Son *Flora of the state of New-York* est de 1843 (in-4). On lui doit aussi la description des plantes des voyages de Fremont [1845], d'Emory [1848]; des notices sur le *Darlingtonia*, le *Batis;* les *Plantæ Wrightianæ texano-neomexicanæ* [1852-53]; la botanique des voyages de Sitgreave, de Creuzfeld et de l'exploration de la Rivière Rouge. Avec A. Gray, il a composé le *Flora of North-America*, 3 vol. in-8 [1838-43]; les *Reports on the Botany of the Expedition from the Mississipi River*... et une Revision des Ériogonacées [1870]. La bibliothèque du Muséum possède ses *Icones ineditæ ad Floram Philadelphiæ illustrandam* (130 pl. col. in-4).

TORREYA (Arn., in *Ann. Nat. Hist.*, ser. 1, I, 130). Genre de Conifères-Taxées, formé de 3, 4 espèces, de l'Amérique du Nord, du Japon et de la Chine; distingué par des fleurs femelles d'abord accompagnées d'une cupule, comme celle des Ifs, mais qui, dit-on, entoure bientôt l'ovaire entier et finit par être étroitement unie au fruit sec. La graine a un albumen ruminé. Dans les fleurs mâles, les anthères sont unies en un demi-cercle. Ce sont des arbres à feuilles persistantes, étalées sur deux rangs, analogues à celles des Ifs. On cultive surtout le *T. nucifera* (Hook., *Icon.*, t. 232, 233. — S. et Zucc., *Fl. jap.*, t. 129. — *Bot. Mag.*, t. 4780). En 1860, nous avons étudié l'organogénie de la fleur femelle (in *Adansonia*, I, 5, t. 1, fig. 1-10).

TORREYA (Groom, herb., ex Torr.). Syn. de *Croomia* Torr.

TORREYA (Rafin., in *Journ. phys.*, LXXXIX, 105). Synonyme de *Cyperus*.

TORREYA (Spreng., *N. Entd.*, II, 121). Synonyme (Arn.) de *Ovieda* L.

TORRUBIA (Vell., *Fl. flum.*, Atl., III, t. 150). Synonyme de *Pisonia* L.

TORSSELL (Guss.). A écrit, à Upsal [1843], *Enumeratio Lichenum et Byssacearum Scandinaviæ* (in-8 de 55 p.).

TORTELLA (C. MUELL., *Syn. Musc.*, I, 599). Section du genre *Barbula* HEDW.

TORTELLE. Le Vélar officinal.

TORTILIA (BRUCH, SCHIMP. et GÜMB., *Bryol. eur.*, fasc. 33-36). Section du genre *Hymenostomum.*

TORTILLARD. Forme tordue et trapue de l'Orme, etc.

TORTORIEXE. Le *Rhinanthus Crista-galli* L., en Rouergue.

TORTULA (HEDW., *Fund.*, 82). Sous-genre du genre *Barbula* HEDW. (BRUCH, SCHIMP. et GUMB., *Bryol. eur.*, fasc. 46, 47.)

TORTULA (RITG., in *Schr. Marb. Ges.*, II, 91). Le *Boletus cristatus* ?

TORTULA (ROXB., in *W. Spec.*, III, 359). Synonyme de *Priva* ADANS.

TORTUMO. Nom, à Caracas, du *Crescentia Cujete* L.

TORU. — Voy. TORA.

TORULA (TURP., in *Kütz. Spec. Alg.*, 147). Synonyme de *Cryptococcus* KUETZ.

TORULARIA (BONNEM., in *Mém. Mus.*, XVI, 97, in *Kütz. Spec. Alg.*, 535). Synonyme de *Batrachospermum* BORY.

TORULINIUM (DESVX, in *Hamilt. Prodr. Fl. Ind. occ.*, 15). Section du genre *Cyperus* T.

TORUS. Nom donné au réceptacle floral et aux disques.

TORYMENES (SALISB., in *Trans. Hort. Soc. lond.*, I, 282). Synonyme de *Amomum* L.

TOSAGRIS (PAL.-BEAUV., *Agrost.*, 29, t. 8, fig. 3). Synonyme de *Podosœmum* DESVX.

TO-SAISHIN. Nom japonais d'une variété à feuilles coriaces de l'*Asarum caulescens* MAXIM.

TOSUGI. Nom arabe de la Scammonée.

TOTEI-RAN. Nom japonais du *Veronica incana* L.

TOTO. Nom, aux îles Samoa, du *Calophyllum Inophyllum* L., qui sert à préparer un poison violent.

TOUART, TOOART. Noms indigènes de l'*Eucalyptus gomphocephala* DC., espèce du Moore-River, en Australie, dont le bois est excellent.

TOUCHARDIA (GAUDICH., *Voy. Bonite*, t. 94). Genre d'Urticacées-Bœhmeriées, formé de 1, 2 arbustes océaniens; distingué par des fleurs disposées en glomérules globuleux et denses, échelonnés en petit nombre sur un pédoncule rameux; les femelles à périanthe 4-lobé et 2-sérié; l'extrémité stigmatifère du style très courtement oblongue. (WEDD., *Mon. Urtic.*, t. 13. — H. BN, *Hist. des pl.*, III, 529.)

TOUCHIROA (AUBL., *Pl. Guian.*, 384). Synonyme de *Apalatoa* AUBL.

TOUCH-ME-NOT. Un des noms anglais des Balsamines.

TOUDINGA-DAMBOU. Nom malgache du *Desmodium umbellatum* DC.

TOUDOULEY. Nom tamoul du *Solanum trilobatum* L., employé dans la médecine indienne.

TOUE-NOUI. Aux Sandwich, le *Cyanea Grimesiana* GAUDICH.

TOUFFE. Groupe de bractées, accompagnant les fleurs. Groupe de branches aériennes sortant d'une tige commune courte ou souterraine; d'où touffu (*cœspitosus*).

TOUGOU-BOU-OU. Nom malgache (CHAPEL.) du *Burasaia gracilis* DCNE.

TOUL. Nom arabe de l'*Acacia gummifera* W.

TOU-LA. Au Yun-nan, la racine de l'Aconit Napel.

TOULASSI. Nom tamoul de l'*Ocimum sanctum* L., dont les racines servent aux brahmes à faire des colliers, et sont encore usitées dans les cérémonies religieuses consacrées à Vichnou.

TOULICHIBA (ADANS., *Fam. des pl.*, II, 326). Synonyme de *Ormosia* JACKS.

TOULICIA (AUBL., *Guian.*, I, 359, t. 140). Genre de Sapindacées-Sapindées, formé d'une dizaine d'arbres, de l'Amérique tropicale; à feuilles paripinnées, avec un fruit 3-ptère, dont les lobes sont séminifères à la base. Les fleurs sont polygames-dioïques et 8-andres. (H. BN, *Hist. des pl.*, V, 419.)

TOULOUCOUNA (RŒM., *Syn.*, 123). Synonyme de *Carapa* AUBL. C'est le nom indigène du *C. procera* DC., encore nommé *C. guineensis* par Adr. de Jussieu et *C. Touloucouna* par Guillemin et Perrottet. C'est un bel arbre de l'Afrique tropicale occidentale, cultivé dans nos serres chaudes, et dont les graines fournissent une huile vantée contre les dartres, les rhumatismes, les maladies des cheveux. Son écorce est amère, riche

Touloucouna. — Branche fructifère. Graine.

en principes astringents, fébrifuge. (H. BN, *Tr. Bot. méd. phanérog.*, 976.)

TOULOUMANE. Le *Canna edulis* KER et sa fécule.

TOULOUZE (Guill.). Auteur d'un ouvrage rare, publié en 1855 à Montpellier et intitulé : *Livre de boucquets de fleurs et oyseaux faictz par G. Toulouze, maître brodeur de Montpellier*, etc. (in-fol. de 92 pl.).

TOUM. Nom arabe de l'Ail.

TOUMANOU. A Taïti, le *Calophyllum Inophyllum* L.

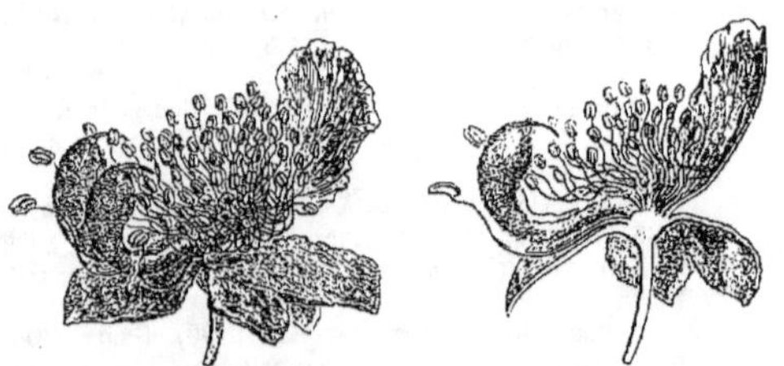

Tounatea. — Fleur dicarpellée, entière et coupe longitudinale.

TOUMATO. Nom vulgaire, en Provence, du *Lycopersicum esculentum* MILLER.

TOUMATOU. Nom indigène, à la Nouvelle-Zélande, du *Discaria Toumatou* RAOUL, arbuste dont les grandes épines coniques servaient aux habitants d'aiguilles à tatouer.

TOUMBOUBITSI. Bois, rose à l'intérieur, devenant noir à l'air et susceptible de poli, qui sert à faire les manches des sagaies des Malgaches. On peut le comparer pour ses qualités à la plus belle ébène. [ALBRUNO.]

TOUM TOM. Nom arabe (DEL.) de l'*Allium sativum* L.

TOUNATE. Nom français (LAMK) des *Tounatea* AUBL.

TOUNATEA (AUBL., *Guian.*, I, 549, t. 218). Genre de Légumineuses-Papilionacées, qui se distingue, dans la série des *Tounatées* à laquelle il donne son nom, par des fleurs à réceptacle

Tounatea. — Fleur, entière et coupe longitudinale.

creux, court, ou subnul; le calice obtus; 1 pétale vexillaire, large, corrugué, ou 0; ∞ étamines; des feuilles 1-∞-foliolées. Le bois de plusieurs espèces est utile. La fleur a parfois 2 carpelles. (H. BN, *Hist. des pl.*, II, 233, 371, fig. 201-204.)

TOUNATÉÉES. Série des Légumineuses-Papilionacées, formée d'arbres ou d'arbustes, à feuilles composées-pennées, avec ∞ ou rarement 1-3 folioles; un calice clos, valvaire, entier avant l'anthèse; ∞ étamines, rarement en nombre subdéfini, libres ou peu s'en faut. La série renferme les genres *Tounatea*, *Aldina*, *Zollernia*, *Exostyles* et (?) *Cordyla*. (H. BN, *Hist. des plant.*, II, 233.)

TOUNFAFIA. Nom nigritien de l'*Asclepias gigantea*, employé à charpenter les huttes de paille. La moelle est usitée en guise d'amadou, et les tiges servent à faire des tuyaux de pipe. Le suc laiteux est employé pour faire fermenter la bière de millet des indigènes et activer la coagulation du lait.

TOURET. Nom d'une variété de l'*Agaricus campestris* L.

TOURETRA AMBOA. Nom vulgaire, à Madagascar, du *Cyathula globulifera* MOQ.

TOURETTE. Nom vulgaire de l'*Arabis alpina* L.

TOURINA. A Taïti, le Maïs.

TOURMENTILLE. Pour Tormentille.

TOURNEBOUS. Synonyme de Chanterelle.

TOURNEFORT (Jos.-Pitton de). L'un des plus grands botanistes de la France, né à Aix en Provence en 1656, mort en 1708, fut professeur au Jardin du Roi et débuta dans la science, en 1694, par la publication de ses *Éléments de botanique* (6 vol. in-8). En 1698, il écrivit l'*Histoire des plantes* qui naissent aux environs de Paris, avec leur usage dans la médecine. En 1697, parut sa lettre à Shérard (in-8 de 27 p.), *De optima methodo instituenda in re herbaria*. Par ordre du roi, il partit pour explorer l'Orient, avec Gundelsheimer et Aubriet comme dessinateur, et en 1717 il donna la *Relation d'un voyage du Levant* (2 vol. in-4). A son retour enfin, il livra au public [1700] son œuvre capitale, les *Institutiones rei herbariæ*, 3 vol. in-4, dont 2 de planches, représentant les caractères des genres classés dans le vol. I, suivant le système qui porte son nom (voy. TAXINOMIE). Le Corollaire de cet ouvrage est de 1703 et comprend 1356 plantes du voyage d'Orient. Besnier donna en 1717 2 volumes d'un *Traité de la matière médicale*, « ouvrage posthume de M. Tournefort ».

TOURNEFORTIA (L., *Gen.*, n. 192). Genre de Boraginacées, voisin des Héliotropes, distingué par le port et des fruits qui se séparent en 4 nucules ou en 2 carpelles, finalement dédoublés, connés ou adhérents. Ce sont environ 100 arbres ou arbustes, parfois sarmenteux, de toutes les régions tropicales du globe. (H. BN, *Hist. des pl.*, X, 391.)

TOURNEFORTIA (PONTED., *Epist.*, 11, ex GÆRTN.). Synonyme de *Anthospermum* L.

TOURNESOL. Le Soleil, les Héliotropes et le *Tournesolia tinctoria*. C'est aussi le produit de ce dernier (*T. en drapeaux*) et du *Roccella tinctoria* ACHAR. (*T. en pains*).

TOURNESOL (MAGNOL, *Char. pl.*, lib. 3, 4). Synonyme de *Tournesolia* SCOP.

TOURNESOLIA (SCOP., *Introd.*, 243). Genre d'Euphorbiacées-Jatrophées, dont les caractères se sont un peu étendus depuis que nous lui avons rapporté comme sections les *Ditaxis*, *Argythamnia*, *Chiropetalum*, *Caperonia*, etc. Les fleurs sont à peu près celles des Médiciniers, monoïques ou dioïques, à 3-5 parties; les pétales libres, entiers ou lobés, ou 0. Il y a 5-15 étamines, disposées sur 1-3 verticilles, et le gynécée (variable de forme dans les fleurs mâles) est à 3 loges, devenant une capsule 3-coque. Ce sont environ 50 herbes ou arbustes, des régions tempérées et tropicales. Quant au *Speranskia* H. BN, aussi rapporté à ce genre, il est peut-être génériquement distinct. Ce sont souvent des plantes à matière colorante rouge. Le *T. tinctoria* est le Tournesol de la région Méditerranéenne (*Chrosophora* NECK.). Quelques-uns, comme le *Philyra* KL., ont l'odeur du Mélilot. Plusieurs sont spinescents (H. BN, *Hist. des pl.*, V, 181). Bentham a cru devoir supprimer ce genre, parce qu'il n'avait pas eu sous les yeux, il le dit, l'ouvrage de Scopoli, qui est, en effet, d'une certaine rareté, mais non introuvable. (H. BN, in *Adansonia*, XI, 89; *Hist. des pl.*, V, 181.)

TOURNEUXIA (COSS., in *Ann. sc. nat.*, sér. 4, XVIII, 211, t. 13). Genre de Composées-Cichoriées, formé d'une herbe annuelle, d'Algérie; distingué, dans le groupe des Scorzonérées, par des bractées de l'involucre paucisériées; les intérieures plus grandes et hyalines; des fruits obovoïdes, comprimés sur le dos, sans bec et 2-ailés; le disque pappifère oblique et finalement latéral. (H. BN, *Hist. des pl.*, VIII, 114.)

TOURNON (Dom.-Jér.). Auteur [1811] d'une *Flore de Toulouse*, qui eut une deuxième édition en 1827 (in-8 de 393 p.).

TOURNONIA (MOQ., in DC. *Prodr.*, XIII, II, 225). Genre de Chénopodiacées-Basellées, formé d'une herbe volubile, de Colombie, à fleurs de *Basella*, hermaphrodites; les 5 étamines légèrement périgynes; le fruit comprimé, inclus dans le périanthe et membraneux. (H. BN, *Hist. des pl.*, IX, 197.)

TOUROUBEA (STEUD.). Pour *Souroubea* AUBL.

TOUROULIA (AUBL., *Guian.*, 492, t. 194). Section (B. H.) du genre *Quiina* AUBL.

TOUROUTIER. Le *Sterculia Ivira* SW.

TOURRETIA (DOMB., ex J. *Gen.*, 139). Genre que nous rapportons aux Sésamées, à fleurs dimorphes. Les fleurs hermaphrodites ont une corolle irrégulière, à 2 lèvres très inégales, et un calice également partagé en 2 folioles dissemblables. L'androcée est didyname. L'ovaire, analogue à celui des Sésames, est 2-loculaire; mais une fausse-cloison centripète partage chaque loge en 2 logettes pluriovulées. Les ovules sont descendants. Le fruit est une capsule chargée d'aiguillons crochus; et les graines ailées renferment un embryon charnu, à cotylédons émarginés et inférés. Le *T. lappacea* est une liane des deux Amériques, à feuilles opposées, di-trichotomiquement divisées et souvent cirrhifères. Les fleurs sont en grappes spiciformes. Les supérieures, hermaphrodites, unisexuées (mâles) ou stériles, ont un grand calice coloré en rouge cocciné. Dans les fleurs inférieures, qui sont hermaphrodites, le calice est primilivement vert. Cette plante est parfois cultivée dans nos serres. Son port rappelle celui des *Eccremocarpus*; aussi l'a-t-on souvent placée parmi les Bignoniacées. (Bur., *Mon. Bignon.*, t. 31. — H. Bn, *Hist. des pl.*, IX, 443.)

TOURTOUR. Nom malgache du *Gluta Tourtour* March.

TOUSCHENIA (H. Bn). Section du genre *Schoutenia* Korth.

TOUSELLE, TOUSSELLE. Synonymes de Mutel. C'est une variété de Blé non barbu.

TOUTE-BLANCHE. L'*Agaricus vernus* DC.

TOUTE-BONNE. Le *Salvia Sclarea* L.

TOUTE-ÉPICE. Le *Pimenta officinalis* Berg. C'est aussi l'un des noms du *Nigella sativa* L.

TOUTE-SAINE. L'*Hypericum Androsæmum* L.

TOUTE-VENUE. Le *Senecio vulgaris* L.

TOUTOU. Nom donné en Polynésie au *Colubrina asiatica*, préconisé par les indigènes comme remède topique des plaies.

TOUZELLE. Variété de Froment.

TOVARA (Adans., *Fam. des pl.*, II, 276). Section du genre *Polygonum* T.

TOVARÉ. Nom tamoul du Cajan.

TOVARIA (Neck., *Elem.*, III, 190). Syn. de *Smilacina* Desf.

TOVARIA (R. et Pav., *Prodr.*, 49, t. 8; *Fl. per.*, III, 73, t. 309). Genre rapporté aux Capparidacées, aux Phytolaccacées et aux Papavéracées; formé d'une herbe à odeur forte, de l'Amérique tropicale; distingué par des fleurs à verticilles 6-mères, calice, corolle et androcée; un ovaire à 6-8 loges ∞-ovulées; un fruit charnu, globuleux; des graines albuminées, à embryon arqué. (Hook., *Icon.*, t. 664. — Eichl., *Fl. bras.*, *Capp.*, 239. — H. Bn, *Hist. des pl.*, III, 129.)

TOVOMITA (Aubl., *Guian.*, 956, t. 364). Genre de Clusiacées-Clusiées, formé d'une vingtaine de plantes, de l'Amérique tropicale; distingué par 4-10 pétales; ∞ étamines libres, à petite anthère; un ovaire à 4, 5 loges, surmonté de 4, 5 têtes stigmatifères distinctes; le fruit déhiscent et les graines entourées d'un arille généralisé. (H. Bn, *Hist. des pl.*, VI, 398, 420.)

TOVOMITOPSIS (Pl. et Tri., in *Ann. sc. nat.*, sér. 4, XIV, 261). Synonyme de *Chrysochlamys* Pœpp. et Endl.

TOWAI. Nom vulgaire du *Paratrophis heterophylla* Bl.

TOWATA. Nom japonais de l'*Asclepias curassavica* L.

TOWNSENDIA (Hook., *Fl. bor.-amer.*, II, 16, t. 119). Section du genre *Aster* T. (H. Bn, *Hist. des pl.*, VIII, 34.)

TOWRANERO. Nom, à Surinam, du *Bumelia nigra* Sw.

TOWSERGENT. Nom, au Maroc, du *Corrigiola telephiifolia* Pourr., employé comme parfum et comme médicament.

TOXANTHUS (Turcz., in *Bull. Mosc.* [1851], I, 176). Genre de Composées-Hélianthées-Inulées, voisin des *Eriochlamys*, établi pour 2 herbes annuelles, d'Australie; distingué par des involucres à bractées herbacées, peu nombreuses et peu inégales; des corolles grêles, récurvées; des fruits sans aigrette. (H. Bn, *Hist. des pl.*, VIII, 179.)

TOXARIUM (Bail, *Micr. Obs.*, 115). Algues-Diatomacées, de la famille des Fragillariées. Les frustules, fortement allongés, sont droits ou ondulés. Les valves, renflées au milieu, parfois irrégulièrement ponctuées sur la face valvaire, sont dépourvues de lignes médianes. Rabenhorst considérait le *Toxarium* comme synonyme de *Synedra* Ehrb. [Ch. M.]

TOXICARIA (Aepnel., ex *Steud. Nom.*, II, 694). Synonyme de *Ipo* Pers.

TOXICARIA. Nom ancien du Populage des marais.

TOXICODENDRON (Gærtn., *Fruct.*, I, 207, t. 44). Synonyme de *Schmidelia* L.

TOXICODENDRON (Thunb., in *Ak. Vet. Handl. Stockh.* [1796], 188, t. 7). Genre d'Euphorbiacées 2-ovulées, à fleurs dioïques et apétales; exceptionnel par le nombre variable (4-12) de ses sépales mâles et ses ∞ étamines. La fleur femelle a un ovaire à 3, 4 loges, qui s'ouvrent élastiquement en coques 2-valves. La graine a un embryon vert, à cotylédons elliptiques et latéraux, et un albumen abondant. La plante est ligneuse, à feuilles verticillées ou opposées; les fleurs mâles en glomérules denses; les femelles solitaires. Elle sert à empoisonner les bêtes féroces,

dans l'Afrique australe. C'est l'*Hyænanche globosa* Gærtn. L'autre espèce de Bentham, sans rapport avec celle-ci, est une Bixacée. (H. Bn, *Euphorbiac.*, t. 23; *Hist. des pl.*, V, 251.)

TOXICOPHLOEA (Harv., in *Hook. Lond. Journ.*, I, 24). Synonyme de *Acokanthera* G. Don; section du genre *Arduina* L. (H. Bn, *Hist. des pl.*, X, 147.)

TOXITES (Mich.). Professeur à Tübingen, a écrit [1574] *Onomastica duo*, où il explique les expressions de Paracelse, etc.

TOXOCARPUS (Wight et Arn., *Contrib.*, 61). Section du genre *Secamone* R. Br. (H. Bn, *Hist. des pl.*, X, 237.)

TOXONIDEA (Donkin., *Trans. micr. Journ.*, VI, 19). Cette Diatomacée était considérée par de Brébisson comme un état sporangifère du *Pleurosigma Æstuarii* Bréb. Nous avons été de son avis. Mais l'opinion a été discutée. Le *Toxonidea*, quoi qu'il en soit, est une Diatomacée à valves allongées, convexes, à côtés non symétriques, à bouts réfléchis et marginaux. Il est de la famille des Naviculées. [Ch. M.]

TOXOPHOENIX (Schott, *Nachr. Œsterr. Naturf. Bras.*, II, App.). Genre proposé pour l'*Astrocaryum Ayri* Mart. (Drude).

TOXOSIPHON (H. Bn, in *Adansonia*, X, 311; *Hist. des pl.*, IV, 381, 454). Genre de Rutacées-Cuspariées, confondu souvent avec les *Erythrochiton*; distingué par 5 sépales valvaires, persistants; une corolle dialypétale, à 5 pièces rapprochées en tube arqué, libres en haut et en bas, avec 5 étamines, dont 3 stériles, retenant par leurs filets les pétales collés; des feuilles 1-foliolées. Le *T. Lindeni* H. Bn est un arbuste du Mexique.

TOXOSTIGMA (A. Rich., *Fl. abyss.*, II, 86, t. 77). Synonyme de *Arnebia* Forsk.

TOXOTROPIS (Turcz., in *Bull. Mosc.* [1846], II, 506). Synonyme de *Olneya* A. Gray.

TOYAKU, TO-YAK. Noms japonais du *Pleurogyne rotata* Griseb.

TOZO DE CHARNECA. Nom vernaculaire (Welw.) de l'*Ulex densus* Welw.

TOZZETTIA (Parl., *Nov. gen. et spec. Monoc.*, 11). Synonyme de *Theresia* C. Koch.

TOZZETTIA (Savi, in *Mem. Soc. ital. sc.*, VIII, 477). Genre proposé pour l'*Alopecurus utriculatus* Pers.

TOZZI (Luc.). A écrit, à Lyon [1681], *Medicinæ theoreticæ* p. I. — Bruno Tozzi, auquel Micheli a dédié le genre *Tozzia*, est l'auteur [1703] de *Specimina iconum pro Catalogo plantarum Toscaniæ* (in-4 de 6 pl. gravées, sans texte).

TRABÉCULES. Filaments cellulaires qui traversent les cavités de certains parenchymes en partie résorbés ou raréfiés.

TRACHÉE. — Voy. Phytocyste.

TRACHÉIDE. Nom donné par M. Sanio aux phytocystes spiralés, comme ceux qui constituent les trachées, mais demeurent indépendants et fermés aux extrémités. (Voy., sur ces organes, Kny, *Beitr. z. Entw. d. Tracheiden* [1886]).

TRACHELANTHUS (Kl., *Begon.*, 82, t. 8 C). Synonyme de *Begonia* L.

TRACHELANTHUS (Kze, in *Bot. Zeit.* [1850], 665). Synonyme de *Solenanthus* Ledeb.

TRACHELE (*Trachelium* L.). — Voy. le Supplément.

TRACHELOCARPUS (C. Muell., in *Walp. Ann.*, IV, 909). Synonyme de *Begonia* L.

TRACHELOSPERMUM (Leme, *Jard. fleur.*, I, t. 61, c. ic.). Genre d'Asclépiadacées-Nériées, dont le type est le *Rhynchospermum jasminoides* Lindl.; formé de 3, 4 lianes, de l'Asie et l'Océanie; distingué, dans le groupe des Echitées, par un calice à ∞ glandes intérieures; une corolle hypocratérimorphe, à lobes oblongs; l'androcée attaché sous la gorge; le disque 5-lobé ou tronqué; des follicules à graines non rostrées. Le *T. jasminoides*, liane cultivée dans les serres, a de jolies fleurs blanches et odorantes. (H. Bn, *Hist. des pl.*, X, 212.)

TRACHODES (Don, in *Trans. Linn. Soc.*, XVI, 182). Synonyme de *Sonchus* T. (H. Bn, *Hist. des pl.*, VIII, 116.)

TRACHYANDRA (K., *Enum.*, IV, 573). Syn. de *Anthericum* L.

TRACHYCARPUS (Wendl., in *Bull. Soc. bot. Fr.*, VIII, 429). Genre de Palmiers-Coryphées, dont le type est le *Chamærops excelsa* ou Chanvre de Chine; formé de 4 espèces asiatiques et distingué par des feuilles digitées; des fleurs polygames-monoïques; des carpelles libres, à région stigmatique distincte et sessile; des graines à albumen continu, pourvu d'un sillon ventral, et à embryon dorsal; le rachis du spadice vaginé. (MART., *Hist. nat. Palm.*, III, t. 125. — *Bot. Mag.*, t. 5221.)

TRACHYCARYON (KL., in *Pl. Preiss.*, I, 175). Synonyme de *Adriana* GAUDICH.

TRACHYDIUM (LINDL., in *Royle Ill. himal.*, 232). Genre d'Ombellifères-Carées, dont les fleurs sont asépales ou pourvues de sépales dentiformes, et les pétales entiers ou émarginés. Les stylopodes sont coniques ou déprimés. Le fruit est ovoïde ou ovoïde-oblong, comprimé perpendiculairement à la cloison et resserré à la commissure. Son exocarpe est lâche, membraneux, avec des côtes obtuses, inégalement vésiculeuses, lisses ou sinuées-rugueuses, avec un carpophore 2-fide ou 2-partite. La graine a la face concave. Ce sont des herbes annuelles ou vivaces, de l'Asie tempérée et occidentale. Leurs feuilles inférieures sont pennées, à segments disséqués ou dentés. Leurs ombelles sont composées, avec des pédicelles souvent allongés, des involucelles à bractéoles nombreuses, étroites ou membraneuses. (Voy. *Hist. des pl.*, VII, 230.) [H. Bn.]

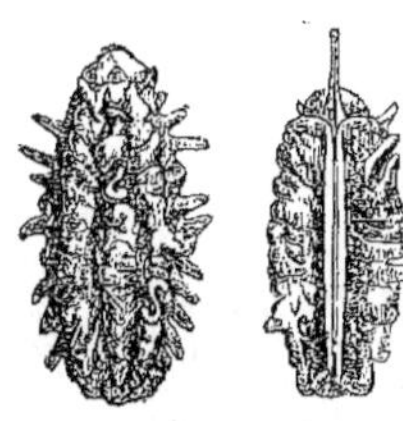

Trachydium. — Méricarpes.

TRACHYLOMA (BRID., *Bryol.*, II, 277). Genre de Mousses-Bryacées, formé de plantes dendroïdes, d'Océanie; distingué par une coiffe cuculliforme; l'une latérale, régulière à la base; l'opercule conique-subulé; le péristome double; l'extérieur à 16 dents dressées et filiformes; l'intérieur à 16 cils sétacés, émanés d'une couronne membraneuse et réticulée. (ENDL., *Gen.*, n. 586.)

TRACHYLOMIA (NEES, in *Mart. Fl. bras.*, II, I, 174). Synonyme de *Scleria* BERG.

TRACHYMARATHRUM (TAUSCH, in *Flora* [1834], 344). Genre établi pour l'*Hippomarathrum siculum* LINK.

TRACHYMENE (DC., *Prodr.*, IV, 72, nec RUDGE). Synonyme de *Siebera* REICHB.

TRACHYMENE (RUDGE, in *Trans. Linn. Soc.*, X [1811], 300, t. 21, nec DC.). Genre d'Ombellifères-Hydrocotylées, à fleurs polygames, avec un calice de 3-5 sépales, inégaux ou nuls, et une corolle de 5 pétales (blancs ou bleus) inégaux, concaves, imbriqués. Les divisions stylaires sont grêles, parfois capitées;

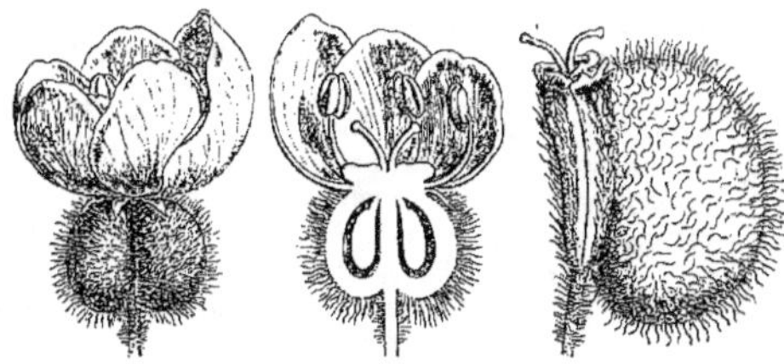

Trachymene. — Fleur, entière et coupe longitudinale. Fruit.

et les stylopodes discoïdes, plans ou cupuliformes, sont parfois peu visibles. Le fruit, fortement comprimé perpendiculairement à la cloison, est formé de deux carpelles égaux ou inégaux; l'un d'eux avortant parfois totalement, avec un carpophore simple. Les côtes primaires sont égales, filiformes, ou inégales, la dorsale, qui borde le carpelle, étant plus large ou subailée. Les bandelettes intrajugales sont ténues ou manquent. La graine est comprimée latéralement. Ce sont des herbes glabres ou revêtues de poils, originaires de l'Australie, la Nouvelle-Calédonie, etc., à feuilles dentées ou 3-natidisséquées, à om-

belles simples, avec un réceptacle concave qu'on a pris pour un involucre à folioles unies; celles-ci sont linéaires. On cultive souvent pour ses belles fleurs bleues le *T. cærulea*. (Voy. *Adansonia*, XII, 178; *Hist. des pl.*, VII, 142, 235, n. 72, fig. 162-164.) [H. Bn.]

TRACHYMITRIUM (BRID., *Bryol.*, I, 159). Genre de Mousses acrocarpées; synonyme (PFEIFF.) de *Syrrhopodon* SCHWÆGR.

TRACHYNIA (LINK, *Hort. berol.*, I, 42). Synonyme de *Brachypodium* PAL.-BEAUV.

TRACHYNOTIA (MICHX, *Fl. bor.-amer.*, I, 63). Synonyme de *Spartina* SCHREB.

TRACHY-OOGASTER (CORDA. — ZOB., in *Cord. Ic. Fung.*, VI, 72, t. 17). Section du g. *Oogaster*. Le *Tuber brumale* VITTAD.

TRACHYOZUS (REICHB., *Consp.*, 48). Synon. de *Trachys* PERS.

TRACHYPHRYNIUM (BENTH., *Gen.*, III, 654, n. 28). Genre de Zingibéracées-Marantées, formé de quelques grandes plantes africaines; distingué par une inflorescence simple ou composée, terminale, spiciforme; des bractées très caduques; les fleurs 2-nées; les pétales connivents en tube; l'ovaire papilleux, à 3 loges 1-ovulées; le fruit échiné ou tuberculé et 3-valve. [H. Bn.]

TRACHYPITYS. Section (B. H., *Gen.*, III, 402) du genre *Casuarina* RUMPH.

TRACHYPLEURUM (REICHB., *Consp.*, 43). Synonyme de *Bupleurum* T.

TRACHYPODIUM (BRID. — LEM., in *Dict.*, LV, 125). Synonyme de *Lepidopilum* BRID.

TRACHYPOGON (NEES, *Agrost. bras.*, 341, part.). Genre de Graminées-Andropogonées, formé, pour M. Hackel (*Androp.*, 323) du seul *T. polymorphus*, très variable, d'Afrique et d'Amérique; distingué des *Andropogon* par un rachis presque distinctement articulé, tenace; tous les épillets fertiles longuement pédicellés. (*Fl. bras.*, II, p. III, 263.)

TRACHYPUS (REINW. et HORNSCH., in *N. Act. Leop.* [1829], XIV, II, 708). Synonyme de *Cyrtopus* BRID.

TRACHYRHYNCHIUM (NEES, hb. *Mey.*). Syn. de *Cladium* P. Bn.

TRACHYS (PERS., *Syn.*, I, 85). Genre de Graminées-Zoysiées, formé d'une herbe annuelle, indienne; distingué, dans le groupe des Anthéphorées, par des épis 2-nés; avec fascicules 1-latéraux de 4-9 épillets, dont 2, 3 fertiles; les glumelles grandes et rigides. (ROXB., *Pl. corom.*, t. 206. — SCHREB., *Beschr.*, t. 34. — PAL.-BEAUV., *Agrost.*, t. 24, fig. 7.)

TRACHYSCIADIUM (ECKL. et ZEYH., *Enum.*, 341). Genre d'Ombellifères; section du g. *Carum*. (H. BN, *Hist. des pl.*, VII, 118.)

TRACHYSPERMA (RAFIN., in *Desvx Journ. bot.*, II, 171). Genre proposé pour le *Menyanthes trachysperma* MICHX.

TRACHYSPERMUM (LINK, *Enum. Hort. berol.*, I, 267). Section du genre *Carum* L. Les tiges y sont annuelles ou bisannuelles, et les fruits sont chargés de papilles ou de poils. (Voy. H. BN, *Hist. des pl.*, VII, 118.)

TRACHYSTACHYS (DIETR., *Spec. pl.*, II, 15). Synonyme de *Trachyozus* REICHB.

TRACHYSTEMON (DON, in *Edinb. N. Phil. Journ.* XIII, 239). Genre de Boraginacées, très voisin des Bourraches et qui s'en distingue surtout par ses lobes corollins longs, aigus, étalés ou tordus; le tube cylindrique de la corolle et ses écailles aplaties, émarginées; ses longs filets staminaux dressés et ses anthères exsertes. Ce sont des herbes vivaces, rudes, à fleurs en cymes scorpioïdes, disposées en une grappe commune. Les deux espèces connues sont de l'Orient, et l'on cultive parfois le *T. orientale* dans nos jardins botaniques. [H. BN.]

TRACHYTELLA (DC., *Syst. veg.*, I, 410). Synon. de *Delima* L.

TRADESCANT. Mort en 1638, est connu par une notice de Hamel, publiée à Leipzig en 1847, avec son portrait. — John TRADESCANT, son fils, mort en 1652, est l'auteur de *Musæum Tradescantianum, or a collection of rarities preserved at South-Lambeth near London*, comprenant aussi un catalogue de son jardin. (WATS., in *Phil. Trans.* [1749], 160.)

TRADESCANTIA (RUPP., *Fl. jen.*, 55). Genre de Commelinacées, qui donne son nom à une tribu des *Tradescantiées*, et qui s'y distingue par des cymes unies en fascicules, sessiles ou ramifiés entre les bases des feuilles; 6 étamines à loges bordant souvent un large connectif; 3 loges ovariennes 2-ovulées. On en distingue une trentaine d'espèces américaines, dont la plus

Tradescantia. — Branche florifère. Fleur. Graine, entière et coupe longitudinale.

connue est cultivée dans les parterres sous le nom d'Éphémère de Virginie. (CAV., *Icon.*, t. 75. — RED., *Liliac.*, t. 94, 95. — *Bot. Mag.*, t. 105, 1597, 1598, 2935, 3291, 3501, 3546, 5188. — C.-B. CLKE, *Commel.*, 240.)

TRADESCANTIEÆ. Tribu (3) des Commelinacées (B. H.).

TRAEVIA (NECK.). Pour *Trewia* L.

TRAGACANTHA. Les Astragales à Gomme adragante.

TRAGACANTHA (T., *Inst.*, 417, t. 237). Synon. d'Astragale.

TRAGANTHA (WALLR., ex ENDL.). Synon. de *Eupatorium* T.

TRAGANTHES (WALLR., *Schred. crit.*, I, 456). Genre proposé pour l'*Artemisia tenuifolia* W.

TRAGANTHUS (KL., in *Erichs. Arch.*, VII, 188, t. 9). Synonyme de *Bernardia* P. BR.

TRAGANUM (DEL., *Fl. Eg.*, 60, t. 22, fig. 1). Genre de Chénopodiacées-Salsolées, formé de 2 arbuscules, d'Afrique, des Canaries et d'Arabie; distingué par des feuilles alternes; des sépales unis en un tube finalement induré; des fleurs sans staminodes; une graine horizontale, à radicule centrifuge. (H. BN, *Hist. des pl.*, IX, 187.)

TRAGIA (PLUM., *Gen.*, 14, t. 12). Genre d'Euphorbiacées 1-ovulées, formé de 50-60 plantes herbacées ou suffrutescentes, des régions chaudes des 2 mondes; distingué par des fleurs apétales, monoïques, à calice 3-9-mère; 1-∞ étamines; un ovaire à 3 loges. Ce sont parfois des plantes grimpantes. Leurs organes de végétation sont hérissés de poils brûlants dont l'action peut être terrible. Les feuilles sont alternes et les fleurs

en grappes; les femelles, moins nombreuses dans la portion inférieure. (H. BN, *Euphorbiac.*, 459; *Hist. des pl.*, V, 217.)

TRAGIE. Nom français (LAMK) des *Tragia* PLUM.

TRAGIOPSIS (KARST., in *Koch Wochenschr.* [1859], 5). Synonyme de *Microstachys* A. JUSS.

TRAGIUM. Dans Avicenne, un *Stœchas*; dans Dioscoride, c'est un *Pimpinella*. Le *T. germanorum* DOD. est la Vulvaire.

TRAGIUM (SPRENG., *Umbell. Prodr.*, 26). Section du genre *Carum*, établie pour les *Pimpinella* à pétales blancs et à fruits chargés de poils ou de papilles. (H. BN, *Hist. des pl.*, VII, 120.)

TRAGOCERAS (SPRENG.). Pour *Tragoceros* H. B. K.

TRAGOCEROS (H. B. K., *Nov. gen. et spec.*, IV, 248, t. 385). Section du genre *Zinnia* L. (H. BN, *Hist. des pl.*, VIII, 219.)

TRAGON. Nom arabe de l'Estragon.

TRAGONOTOS. Le *Cucubalus Behen* L.

TRAGONOPOGOIDES (VAILL., in *Act. Acad. par.* [1721], 204). Synonyme de *Urospermum* SCOP.

TRAGOPOGON (T., *Inst.*, 177, t. 270). Nom des Salsifis. Section du genre *Scorzonera* T. (H. BN, *Hist. des pl.*, VIII, 113.)

TRAGOPYRON (BIEB., *Fl. taur.-cauc.*, III, 284). Synonyme de *Atraphaxis* L. Nom ancien du Sarrasin.

TRAGORCHIS. Nom ancien de plusieurs *Orchis* T.

TRAGORIGANUM. Section (BENTH.) du genre *Satureia* T., dont le type est le *S. Thymbra* L.

TRAGOS. Le *Carum (Pimpinella) Saxifraga* H. BN.

TRAGOSELINUM (T., *Inst.*, 309, t. 163). Genre d'Ombellifères, dont on a fait une section du genre *Carum*, à tiges vivaces ou rarement annuelles, à feuilles pennées ou décomposées, parfois indivises ou dentées. A cette section appartiennent les *C. magnum, Saxifraga* et *carvifolium*. (Voy. H. BN, *Hist. des pl.*, VII, 120.)

TRAGOTROPHON. Synonyme de *Tragopyron* WITTST.

TRAGUM (MATTH.). Le *Salsola Tragus* L. C'est également un synonyme ancien d'Estragon.

TRAGUS (HALL., *St. helv.*, II, 203). Genre de Graminées-Zoysiées, formé d'une herbe annuelle, des régions tropicales et tempérées; distingué par des épis dits simples, à fascicules lappacés, formés de 3-5 épillets; le terminal stérile; la glume inférieure minime ou 0; la deuxième plus grande, rigide et échinulée. On cultive dans les jardins botaniques notre *T. racemosus.* (K., *Rev.*, t. 120. — NEES, *Fl. germ.* — REICHB., *Ic. Fl. germ.*, t. 30. — GREN. et GODR., *Fl. de Fr.*, III, 456.)

TRAGUS. Le *Salsola Tragus* L., le *Sedum album* L. et, pour Hippocrate, un sorte de *Fucus* (?) astringent. C'est également le nom ancien des *Ephedra* T.

TRAILING POISON OAK. Nom, dans l'Amérique du Nord, du *Rhus Toxicodendron* L.

TRAILLIA (LINDL. — ENDL., *Gen.*, Suppl., I, 1419). Synonyme de *Schimpera* HOCHST. et STEUD.

TRAINASSE. L'*Agrostis stolonifera* L.

TRAINASSE. Le *Polygonum aviculare* L.

TRAJEMATA. L'un des noms officinaux des Dattes.

TRALIANTHUS (KL., in *R. Schomb. Reis. Brit. Guian.*, III, 1125). Synonymé de *Myrosma* L. F.

TRALLIANA (LOUR., *Fl. cochinch.*, 157). Synonyme douteux (B. H.) de *Caryospermum* BL.

TRAMBE. Dans Pythagore, la Marjolaine.

TRAME. — Voy. CENTINODE.

TRAMTOC. Synonyme (?) de *Aquilaria malaccensis* LAMK.

TRAN. — Voy. KIRAI.

TRANCHE. Le *Medicago falcata* L.

TRANFLE. Synonyme de Triolet.

TRANSPIRATION. Il n'y a pas que certaines surfaces des organes végétaux, pris parmi ceux qui ne sont pas enveloppés d'une couche imperméable, qui perdent de l'eau par évaporation. Toutes les cavités des phytocystes qui confinent aux chambres aérifères interposées aux éléments et communiquant finalement avec l'extérieur par les stomates, exhalent de la vapeur d'eau dans ces chambres, tant que l'atmosphère de celles-ci ne se trouve point saturée.

Dès 1724, Hales constata qu'une plante telle qu'un Grand-Soleil, haute de 1 mètre environ, perdait jusqu'à près de 1 kilogramme d'eau par la transpiration en douze heures. On a depuis lors calculé qu'un pied carré de gazon peu élevé perdait, dans un jour, près de 34 pouces cubes d'eau. Cette perte n'est pas due à une simple évaporation ; car les plantes mortes, quoique

Transpiration. Expérience de Musschenbroek, dans laquelle une cloche recouvrant une plante se charge de gouttes d'eau à l'intérieur.

encore fraîches, perdent beaucoup plus d'eau que les mêmes plantes vivantes, et une surface végétale donnée perd dans un même temps de deux à six fois moins de vapeur qu'une masse d'eau de même surface.

On ne sait pas bien encore quelle quantité d'eau une plante perd par l'évaporation, relativement à celle qu'elle absorbe par

Transpiration. Eau condensée entre deux lames de verre et provenant d'une branche feuillée plongeant dans l'eau (Pouchet).

ses divers organes ; mais l'on admet une influence de la lumière, de la température et de l'humidité de l'air sur la quantité d'eau transpirée.

Quant à la lumière, elle active tellement la transpiration, qu'on peut conserver longtemps fraîche à l'obscurité une plante qui se flétrirait bientôt par suite d'une perte d'eau considérable si elle était exposée à la lumière du soleil. Mais on n'a pas suffisamment, dans toutes les observations relatives à ce phénomène,

dégagé de l'action de la lumière l'influence de la chaleur solaire qui doit échauffer les tissus de la plante.

Transpiration. Expérience de Guettard, dans laquelle on recueille condensée la vapeur d'eau perdue par une branche d'arbre (Pouchet).

La chaleur active la transpiration ; celle-ci diminue donc avec le degré de température, mais elle existe encore à zéro et

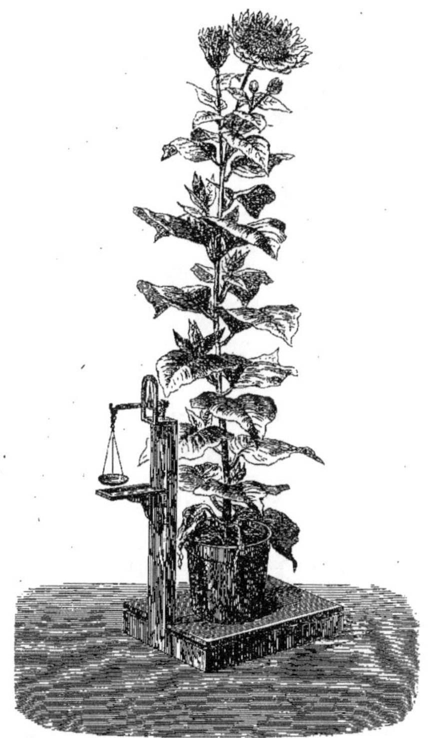

Transpiration. Expérience de Hales. Détermination du poids de l'eau perdue par un Grand-Soleil.

même à — 25 degrés. Toutefois cette question est très complexe, parce que, la température de l'air s'élevant, il deviendra relativement plus sec, et la transpiration s'accroîtra; tandis qu'avec un abaissement de température, on arrivera graduellement au point de rosée : ce qui ralentira forcément la transpiration.

Plus, en effet, l'atmosphère est sèche, plus la transpiration augmente. Cependant on a vu des plantes transpirer encore dans une atmosphère saturée, parce que la température intérieure pouvait être plus élevée que celle de l'air ambiant, et l'on a même admis qu'elles peuvent transpirer dans l'eau.

Mais la transpiration n'est pas proportionnelle au temps, au poids, au volume ou à la surface des plantes. Les plantes adultes transpirent plus que des plantes très jeunes ou vieillies. Dans une feuille aérienne donnée, qui a plus de stomates à la face inférieure qu'à la supérieure, la transpiration de la première est supérieure à celle de la dernière, qui peut être très faible ou nulle. Les feuilles qui absorbent peu d'eau sont aussi celles qui en perdent le moins par la transpiration. On pense encore qu'il y a une périodicité dans la transpiration, que le maximum a lieu la nuit, et le minimum (Unger) « entre midi et deux heures ». [H. Bn.]

TRANSSUBSTANTIATION. Fonction accessoire de la nutrition, qui transforme les aliments assimilables des plantes en leurs propres tissus.

TRAPA (L., *Gen.*, n. 157). Genre d'Haloragées, qui forme la série des *Trapées*, distinguée par des fleurs régulières, isostémonées, 4-mères, avec des ovules ordinairement solitaires, descendants, à micropyle supérieur et intérieur. Le fruit est sec, indéhiscent, épineux, et la graine sans albumen a des

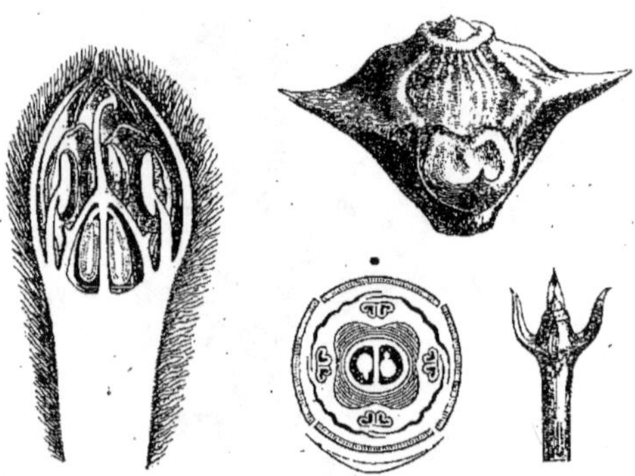

Trapa. — Fleur, entière et coupe longitudinale. Diagramme. Fruit.

cotylédons inégaux. Le *T. natans* L. est notre Mâcre ou Châtaigne d'eau, assez commune dans nos eaux douces, et dont l'embryon se mange cru et cuit. En Orient, les *T. bicornis, cochinchinensis, bispinosa* et *quadrispinosa* ont des propriétés analogues. (H. Bn, *Hist. des pl.*, VI, 473, 488, 496, fig. 453-456.)

TRAPELLA (Oliv., in *Hook. Icon.*, t. 1595). Genre de Dicotylédones-gamopétales, formé d'une plante aquatique, de Chine et du Japon, que M. D. Oliver a rapportée aux Pédalinées, quoique son ovaire infère, 1-loculaire, soit 2-ovulé. En 1888, dans son très beau mémoire sur cette plante, M. F.-W. Oliver a confirmé l'opinion de son père. Cette herbe nageante a des feuilles opposées, des fleurs axillaires pédonculées; une corolle épigyne, avec 2 étamines fertiles et 2 staminodes. Le fruit allongé est remarquable par les 5 appendices qui le surmontent, et dont 3 sont longs, rigides et incurvés-involutés en croc à leur sommet. [H. Bn.]

TRASCALAN PERFORÉ. En Provence, le Millepertuis.

TRASI. Nom ancien de plusieurs Souchets.

TRASI (Pal.-Beauv., in *Lestib. Ess. Cyper.*, 32). Synonyme de *Vincentia* Gaudich.

TRASIA (Bartl.). Pour *Trasus* S.-F. Gray. — Pal.-Beauv.

TRASUS (S.-F. Gray, *Arr. brit. pl.*, II, 53). Genre de Cypé-

racées, proposé pour les *Carex* tristyles; aujourd'hui section de ce genre.

TRATTENIKIA (Pers., *Enchir.*, II, 403). Synonyme de *Marshallia* Schreb.

TRATTINICKIA (W., *Spec.*, IV, 975). Section du genre *Hedwigia* Sw. (H. Bn, *Hist. des pl.*, V, 266, fig. 294, 295.)

TRAUBENEICBE. Nom allemand du *Quercus sessiliflora* Sm.

TRAUNSTEINERA (Reichb., *Fl. sax.*, 87). Synonyme d'*Orchis* (*O. globosa* L.).

TRAUPALOS. Dans Théophraste, la Viorne-Aubier.

TRAUTVETTERIA (F. et Mey., *Ind. sem. H. petrop.* [1835], 22). Section à fleurs apétales du genre *Ranunculus* T. (H. Bn, *Hist. des pl.*, I, 36.)

TRAVELLER'S JOY. Nom anglais des Clématites.

TRAVERSIA (Hook. f., *Handb. N. Zeal. Fl.*, 163; *Icon.*, t. 1002). Synon. de *Senecio* T. (H. Bn, *Hist. des pl.*, VIII, 258.)

TRAWA. En Bohême, le Chiendent.

TREBA JAPAN. Racine de l'Inde, antisyphilitique, antirhumatismale, etc.; c'est celle du *Rhinacanthus Nabuta* Nees.

TREBEL. Le *Piqueria trinervia* Cav.

TREBI. Nom grec de la Sarriette.

TRECHONÆTES (Miers, in *Hook. Lond. Journ.*, IV, 350; *Ill.*, I, 30, t. 7). Genre de Solanacées-Solanées, des Andes chiliennes, à fleurs de *Jaborosa;* le calice petit et non accrescent; la corolle largement campanulée; les pédoncules solitaires et 1-flores. (H. Bn, *Hist. des pl.*, IX, 336.)

TRECULIA (Dcne. — Tréc., in *Ann. sc. nat.*, sér. 3, VIII, 108, t. 3). Genre d'Ulmacées-Artocarpées, formé de 1, 2 arbres, de l'Afrique tropicale; distingué, dans le groupe des Euartocarpées, par des fleurs des deux sexes en gros capitules couverts de bractées ∞-fides enveloppant les fleurs disposées en glomérules. La fleur femelle est nue. Les fruits sont aussi groupés en une épaisse masse composée. (H. Bn, *Hist. des pl.*, VI, 201.)

TRÈFLE. Nom, à Maurice (Bojer), du *Desmodium cæspitosum* DC. Le *T. à fleurs jaunes* est l'*Æschynomene micrantha* DC.

TRÈFLE (*Trifolium* T., *Inst.*, 404, t. 228). Genre de Légumineuses-Papilionacées, qui donne son nom à une série des

Trèfle. — Branche florifère.

Trifoliées. Les fleurs ont un réceptacle variable de forme, peu concave au sommet et tapissé d'un tissu glanduleux. Le calice est gamosépale, à 5 divisions égales ou inégales. Les pétales inégaux forment une corolle papilionacée. Ils sont tous ou en partie unis par leurs onglets en un tube unique, par l'intermédiaire de la gaine staminale à laquelle ils sont adnés. L'étendard est plus long que les ailes qui dépassent la carène. Les étamines sont diadelphes (9-1) et l'ovaire court, s'atténue au sommet en un long style. Il renferme un ou quelques ovules, descendants et campylotropes. Le fruit est une gousse, souvent indéhiscente, entourée du périanthe marcescent. Les graines ont un embryon arqué. Ce sont des herbes, à feuilles digitées, ordinairement 3-foliolées, avec stipules adnées au pétiole. Les fleurs sont parfois solitaires, ordinairement en capitules ou en fausses-ombelles. Elles peuvent être dimidiées, comme on en voit surtout un exemple dans le *T. Lupinaster* et les espèces analogues. On en distingue environ 150 espèces. Plusieurs sont cultivées en grand comme plantes fourragères, notamment

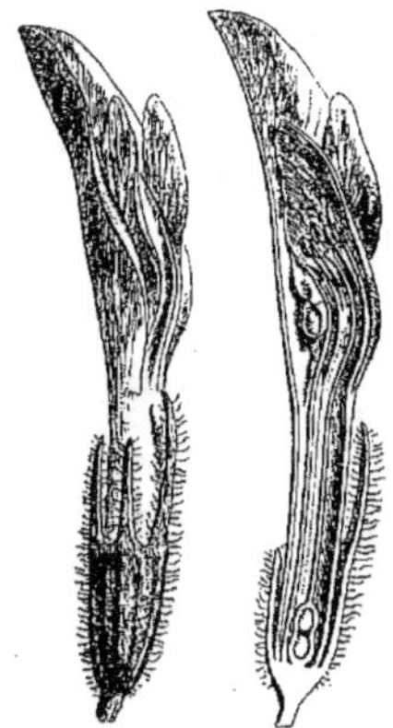

Trèfle. — Fleur, entière et coupe longitudinale.

les *T. pratense* L., *repens* L. (Triolet), *incarnatum* L. (Trèfle incarnat), *ochroleucum* L., etc. (H. Bn, *Hist. des pl.*, II, 216, 293, fig. 171-173.)

TRÈFLE AIGRE. L'*Oxalis Acetosella* L.

TRÈFLE A LA FIÈVRE. Le Ményanthe à trois feuilles.

TRÈFLE BITUMINEUX, T. ODORANT, T. DES JARDINS. Noms du *Psoralea bituminosa* L.

TRÈFLE BLANC. Le *Trifolium repens* L.

TRÈFLE BRUN, T. HOUBLON. Le *Trifolium procumbens* L.

TRÈFLE CORNU, T. JAUNE. Le *Lotus corniculatus* L.

TRÈFLE D'EAU, T. DE CASTOR, T. DE CHÈVRE, T. DES MARAIS. Le Ményanthe à trois feuilles.

TRÈFLE DE BOURGOGNE. La Luzerne cultivée.

TRÈFLE DE CHEVAL, T. ODORANT. Le Mélilot officinal.

TRÈFLE DES CHAMPS. Le *Trifolium arvense* L.

TRÈFLE DES JARDINIERS. Le *Cytisus sessilifolius* L.

TRÈFLE DE VIRGINIE. Le *Ptelea trifoliata* L.

TRÈFLE (GRAND), T. DE HOLLANDE, T. D'ESPAGNE, DU PIÉMONT, T. COMMUN, T. CULTIVÉ, T. ROUGE DE HOLLANDE. Le *Trifolium pratense* L.

TRÈFLE JAUNE. L'*Anthyllis vulneraria* L. L'*Oxalis stricta* L.

TRÈFLE MUSQUÉ, T. MIELLÉ. Le *Trigonella cœrulea* DC.

TRÈFLE NOIR. La Lupuline.

TRÈFLE NORMAND (GRAND). Le *Trifolium pratense* L., var. *caletense*.

TRÈFLE (PETIT) DE HOLLANDE. Le Triolet.

TRÈFLE (PETIT) JAUNE. La Lupuline.

TREFOIL. Nom anglais des Trèfles.

TREICHELIA (Vtke, in *Linnæa*, XXXVIII, 700). Genre mal connu de Campanulacées, que l'auteur ne paraît pas avoir vu et qu'il a fondé pour le *Leptocodon longebracteatum* Sond., plante de l'Afrique australe, introuvable dans l'herbier de Sonder. (H. Bn, *Hist. des pl.*, VIII, 360.)

TREISIA (Haw., *Syn. pl. succ.*, 131). Section du genre *Euphorbia* L.

TREISTERIA (Griff., *Notul.*, IV, 113, part.). Synonyme de *Curanga* J.

TRELOTRA (H. Bn, *Et. gén. Euphorbiac.*, 425). Section du genre *Echinus* Lour. (*Mallotus* Lour.).

TREMA (Lour., *Fl. cochinch.*, 562). Genre d'Ulmacées-Celtidées, formé d'une vingtaine d'arbres, des régions chaudes des deux mondes; distingué des Micocouliers par des fleurs polygames; le calice mâle à 4, 5 sépales valvaires-induppliqués

ou à peine imbriqués; un ovaire à style central; un fruit drupacé; des feuilles 3-nerves, à stipules latérales; un embryon involuté, à cotylédons étroits. (H. Bn, *Hist. des pl.*, VI, 187.)

TREMANDRA (R. Br., in *App. Flind. Voy.*, II, 544). Genre d'arbustes australiens, qui donne son nom aux *Trémandracées*; distingué par des anthères 2-loculaires, articulées sur le filet; des feuilles opposées, à pubescence étoilée. Une espèce est parfois cultivée en serre. (H. Bn, *Hist. des pl.*, V, 70.)

TRÉMANDRACÉES. Petite famille de plantes australiennes, souvent considérée comme représentant la forme régulière des Polygalacées et formée des genres *Tremandra*, *Tetratheca* et *Platytheca*. (H. Bn, *Hist. des pl.*, V, 67, XXXVIII.)

TREMANTHUS (Pers., *Syn.*, I, 467). Synonyme de *Styrax* L.

TRÉMATÉE. Le *Baccharis brasiliana* L., qui sert parfois à traiter les ophthalmies.

TREMATOCARPUS (Kuetz., *Phyc. gen.*, 410). Genre d'Algues-Sphærococcoïdées, dont la fronde est composée de trois couches de cellules diverses : la couche médullaire, de cellules allongées, petites, très resserrées; la couche intermédiaire, de cellules espacées, plus grandes; la couche corticale, de cellules très petites et arrondies. Les cystocarpes sont latéraux, sessiles. Les tétrachocarpes sont épars. (Voy. Kuetz., *Sp. Alg.*, 785.) [Ch. M.]

TREMATODON (Rich. — Michx, *Fl. bor.-amer.*, II, 289). Genre formé de Mousses annuelles, des régions tempérées de l'hémisphère boréal; distingué par une coiffe cuculliforme; l'urne terminale, à apophyse sub-strumeuse; l'opercule subulé-rostré; le péristome simple, à 16 dents linéaires-lancéolées et perforées. (C. Muell., *Syn. Musc.*, I, 456. — Bruch, Schimp. et Gümb., *Bryol. eur.*, fasc. 33-36.)

TREMATOSPERMA (Urb., in *Ber. Deutsch. Bot. Ges.* [1883], 182). Le *T. cordatum* Urb., arbuste tomenteux, rapporté du pays des Somalis par Hildebrandt et cultivé au Jardin de Berlin, est un arbuste à feuilles alternes, qui a été attribué avec doute aux Olacacées. Ses branches, comprimées et sillonnées, por-

Trematodon. — Port. Urne.

tent des feuilles alternes, pétiolées, à limbe mou, orbiculaire-cordé, sub-5-plinerve à la base. Les fleurs hermaphrodites, très petites, sont géminées un peu au-dessus de l'aisselle des feuilles, sessiles et à périanthe simple, valvaire, pubescent, généralement 4-mère. Avec ses divisions alternent 4 étamines, à filet libre, à anthère sagittée, introrse; les 2 loges obliques, divergeant en bas, déhiscentes par des fentes longitudinales. L'ovaire a dans sa loge 2 ovules descendants, qui rappellent effectivement beaucoup ceux des Mappiées, et il est surmonté d'un épais et très court style obtusément lobé. Nous avons observé, sur la plante cultivée, une fleur à ovaire 2-loculaire, avec 2 ovules également dans chaque loge. [H. Bn.]

TREMATOSYCEA (Miq., in *Lond. Journ. Bot.*, VII, 451). Section du genre *Ficus* T.

TREMATOXYLON (Hart., in *Bot. Zeit.* [1848], 187, 190). Genre d'Abiétinées fossiles.

TREMBLADERILLA. Nom espagnol des Cotylioles.

TREMBLE. Le *Populus Tremula* L.

TREMBLEYA (DC., *Prodr.*, III, 125). Section du genre *Microlicia* Don. (H. Bn, *Hist. des plant.*, VII, 42.)

TREMELLA (Dill., *Musc.*, IX, fig. 16. — Bull., *Herb. Fr.*, t. 84). Synonyme de *Nostoc* Vauch.

TREMELLODON (Pers., *Mycol. eur.*, II, 172). Section du genre *Hydnum* L.

TREMÈNE. Le *Trifolium pratense* L.

TREMENTHINA. A Santa-Fé de Bogota, la résine de l'*Espeletia grandiflora* H. B.

TRÉMIER. La Rose-trémière.

TRÉMIL. Nom provençal du *Triticum œstivum* L.

TREMISCUS (PERS., *Myc. eur.*, I, 103). Section du g. *Tremella*.

TREMME. L'*Agrostis stolonifera* L.

TREMOU. Nom agenais du *Boletus aurantiacus*.

TRÉMOUL. Nom languedocien du *Populus Tremula* L.

TREMOULO. Nom vulgaire du *Boletus scaber* FR.

TREMULA (DUMORT., in *V. Hall Bijdr. tot. nat. Wet.*, I [1826]). Genre disjoint des *Populus* T.

TRENDELENBURGIA (KL., in *Abh. Ak. Berl.* [1855], 52, t. 3 B). Synonyme de *Begonia* L.

TRENTEPOHLIA (BŒCKEL., in *Bot. Zeit.* [1858], 249). Genre proposé pour le *Cyperus cephalotus* VAHL.

TRENTEPOHLIA (HOFFM., *Fl. germ.*, II, 17). Sous ce nom a été décrit un genre de Mousses, synonyme de *Bryum* L. Le genre *Trentepohlia* MART. (*Erlang.*, 351) était jadis indiqué comme synonyme douteux de *Byssus* L. (ENDL., *Gen.*, 21). Ce sont des Chlorophycées, du groupe des *Trentepohliées*, dont le système gonidial a reçu le nom de *Chroolepus*. On les considère comme formant la portion gonidiale de certains Lichens, et on les place aujourd'hui à côté des *Cladophora*, dont ils se distinguent par leur coloration, leur station généralement terrestre et leur mode de fructification. Ils ont souvent l'odeur de violette. Comme tant d'autres Algues vertes, ce sont des plantes polymorphes. M. Hariot en a fait une étude détaillée, dans le *Journal de Botanique* de M. Morot, en une série d'articles, à partir du vol. III, p. 345, et les a divisés en espèces à cellules cylindriques et en espèces à cellules toruleuses ou moniliformes. Beaucoup avaient été décrits comme Conferves, *Cœnogonium*, *Scytonema*, etc.

TRENTEPOHLIA (ROTH, *N. spec.*, 325). Syn. de *Heliophila* BRM.

TRÉPA-CHIVAL. Nom languedocien donné à l'*Echinops sphœrocephalus* L. et au *Centaurea melitensis* L.

TREPOCARPUS (NUTT., ex DC. *Mém. Ombell.*, 56, t. 14). Section américaine du genre Cumin, à 5 côtes primaires peu saillantes, glabres. (Voy. H. BN, *Hist. des pl.*, VII, 201.)

TRESANTHERA (KARST., *Fl. columb.*, 37, t. 19). Synonyme de *Rustia* KL.

TRÉSCALAN, TRASCALAN JAOUNE. Noms languedociens de l'*Hypericum perforatum* L.

TRES FOLHAS BRANCAS. Au Brésil, le *Ticorea febrifuga* A. S. H.

TRES FOLHAS VERMELLAS. Synonyme de *Laranjerio do mato*.

TRETOCARYA (MAXIM., *Mél. biol. Bull. Acad. Pétersb.*, XI, 270). Genre de Boraginacées-Eritrichiées. Les fleurs sont celles d'un *Eritrichium*; mais les achaines sont fort différents et creusés d'une profonde fossette sur le dos, comme ceux de beaucoup de Cynoglossées. Le sommet de l'achaine longuement prolongé au-dessus de l'aréole, et la fossette dépourvue de bord saillant, éloignent cependant le *Tretocarya* des Cynoglossées. C'est une herbe vivace, acaule, hérissée, à fleurs en cymes dichotomes. Une espèce, de la Chine occidentale. (H. BN, *Hist. des pl.*, X, 377.) [A. FR.]

TRETORRHIZA (RENEALM., *Spec. hist. pl.*, 74). Le *Gentiana Cruciata* L.

TREVESIA (VIS., in *Mem. Acad. Tor.*, ser. 2, IV, 262, c. ic.). Synonyme de *Gastonia* COMM. (H. BN, *Hist. des pl.*, VII, 250.)

TRÉVIER. Nom français (LAMK) des *Trewia* L.

TREVIRANA (PŒPP. et ENDL., *Nov. gen. et spec.*, III, 8, t. 107). Synonyme de *Diastema* BENTH.

TREVIRANA (W., *Enum. Hort. berol.*, 637). Synonyme de *Achimenes* P. BR.

TREVIRANIA (SPRENG.). Pour *Trevirana* W.

TREVOA (MIERS, *Trav. Chil.*, II, 529; in *Ann. Nat. Hist.*, ser. 3, V, 488; *Contrib.*, t. 40). Genre (?) de Rhamnacées, voisin des *Colletia*, formé de 2, 3 espèces de l'Amérique austro-occidentale, distingué par des feuilles opposées et 3-nerves; des fleurs à disque à peu près nul; des fruits drupa-

cés, ovoïdes, entourés de la base du périanthe et du réceptacle. (H. BN, *Hist. des pl.*, VI, 92.)

TREVOUXIA (SCOP., *Introd.*, 152). Synon. de *Turia* FORSK.

TREWIA (L., *Gen.*, n. 1239). Genre d'Euphorbiacées 1-ovulées, formé de 2 arbres, de l'Inde; distingué par des fleurs dioïques et apétales, ∞-andres; les anthères à loges parallèles; un gynécée 2-4-mère; les styles longuement linéaires et indivis; un fruit charnu, à 2-4 loges, ou 2-4-valve; des feuilles opposées et 3-5-nerves. (H. BN, *Euphorbiac.*, t. 18.)

TRIACHNE (CASS., in *Bull. philom.* [1817], 11). Synonyme de *Nassauvia* COMMERS. (H. BN, *Hist. des pl.*, VIII, 97.)

TRIACHYRUM (HOCHST., in *Steud. Syn. pl. glum.*, I, 176). Synonyme de *Sporobolus* R. BR.

TRIACIS (GRISEB., *Fl. brit. W.-Ind.*, 297). Synonyme de *Turnera* L.

TRIACTINA (HOOK. F. et THOMS., in *Journ. Linn. Soc.*, II, 90). Genre (?) de Crassulacées, à fleurs de *Sedum*, 4, 5-mères, avec 3 carpelles. Herbe annuelle, de l'Himalaya. (H. BN, *Hist. des pl.*, III, 307, 322.)

TRIADELPHES (Étamines). Celles qui sont unies en trois faisceaux; d'où *Triadelphie* (égale ou inégale).

TRIADENIA (MIQ., *Fl. ind. bat.*, II, 459). Synonyme (?) de *Trachelospermum* LOUR. (B. H., *Gen.*, II, 720.)

TRIADENIA (SPACH). Section du genre *Hypericum* T.

TRIADENUM (RAFIN., in *Desvx Journ. bot.*, II, 171). Synonyme de *Elodea* PURSH.

TRIADICA (LOUR., *Fl. coch.*, 610). Synon. de *Excœcaria* L.

TRIÆNA (H. B. K., *Nov. gen. et spec.*, I, 178, t. 61). Synonyme de *Triathera* DESVX.

TRIÆNANTHUS (NEES, in *DC. Prodr.*, XI, 169). Synonyme de *Strobilanthes* BL.

TRIAINOLEPIS (HOOK. F., *Gen.*, II, 126. — HIERN, *Fl. trop. Afr.*, III, 219). Section du genre *Uragoga* L., à fleurs 4-7-mères, à cymes composées terminales. Plantes de l'Afrique tropicale. (H. BN, in *Adansonia*, XII, 325; *Hist. des pl.*, VII, 284.)

TRIANA (José). Mort en 1890, âgé de 62 ans, à Paris, où il était consul de la Colombie, son pays natal, avait débuté par une exploration botanique de cette contrée, dont il décrivit quelques types avec M. Karsten. Puis il commença la description de la flore avec Planchon, qui l'abandonna bientôt, on ne sait pourquoi. On doit à la même collaboration un travail sur les Guttifères, inséré dans les *Annales des sciences naturelles*. Triana avait écrit seul un grand mémoire sur les Quinquinas. Dans ses dernières années, il avait renoncé à la botanique.

TRIANÆA (PL., in *Lind. Prix cour.* [1853-54]). Synonyme de *Dyssochroma* MIERS.

TRIANDRIE. Classe de plantes, à fleurs pourvues de 3 étamines.

TRIANEA (KARST., in *Linnæa*, XXVIII, 424). Synonyme de *Limnobium* L.-C. RICH.

TRIANOPTILES (FENZL, in *Endl. Gen.*, n. 969). Genre de Cypéracées-Rhynchosporées, distingué par des épillets 1, 2-flores; la fleur supérieure fertile. L'ovaire est accompagné de 3 écailles, plumeuses à la base et 3-dentées au sommet. Il y a 3 étamines, et le style est 3-fide. C'est une herbe cespiteuse, de l'Afrique australe. (*Hook. Icon.*, t. 1348.) [H. BN.]

TRIANOSPERMA (MART., *Syst. Mat. med bras.*, 79). Synonyme de *Perianthopodus* S.-MANS.

TRIANOSPERMA (TORR. et GR., *Fl. N.-Amer.*, I, 540). Section du genre *Bryonia* T.

TRIANTHA (NUTT., *Gen.*, I, 235). Sect. du g. *Tofieldia* HUDS.

TRIANTHÆA (DC., *Prodr.*, V, 23). Section du g. *Vernonia*.

TRIANTHEMA (L., *Gen.*, n. 537). Genre de Portulacacées-Aizoïdées, à fleurs hermaphrodites ou parfois polygames, apétales. Le réceptacle concave porte sur ses bords les sépales imbriqués et des étamines périgynes, au nombre de 5-∞. Le gynécée est à 2 loges, incomplètes, avec 1-∞ ovules dans chacune d'elles, insérés tout en bas de l'angle interne de la loge et ascendants. Il y a une espèce dont le gynécée est réduit à un carpelle (*T. monogyna*). Le fruit est membraneux et se détache circulairement par sa base. Les 10-12 *Trianthema* connus sont herbacés ou suffrutescents, charnus, à feuilles opposées, à fleurs axillaires, solitaires, en glomérules ou en cymes. Ils appartiennent aux régions chaudes des deux mondes (H. Bn, *Hist. des pl.*, IX, 74). Quelques auteurs (B. H., *Gen.*, I, 855) en font des Ficoïdées. [H. Bn.]

TRIANTHOCYTISUS (Griseb., *Spic. Fl. rumel.*, I, 9). Le *Cytisus triflorus* Lhér.

TRIANTHUS (Hook. f., *Fl. antarct.*, II, 320). Synonyme de *Mastigophorus* Cass.

TRIARISTA (C. Koch, in *Linnæa*, XXI, 422). Section du genre *Bromus* L.

TRIAS (Lindl., *Gen. et spec. Orchid.*, 60). Genre d'Orchidacées-Épidendrées, formé de 3 herbes cespiteuses ou à rhizome rampant, de l'Inde; distingué par des pseudobulbes 1-foliés; des hampes 1-flores; des fleurs à sépales également étalés; l'anthère pourvue d'un prolongement 2, 3 fois égal aux loges. (Wall., *Pl. as. rar.*, t. 70.) [H. Bn.]

TRIASCIDIUM (Phil., ex *Linnæa*, XXXIII, 93). Synonyme de *Huanaca* Cav.

TRIASPIS (Burch., *Trav.*, II, 280; *Icon.*, 290). Genre de Malpighiacées-Hiræées, formé d'environ 4 arbustes africains; distingué par un calice sans glandes; des pétales frangés; 10 étamines fertiles; 3 styles; des samares scutiformes. (H. Bn, *Hist. des pl.*, V, 465.)

TRIATHERA (Desvx, in *Nouv. Bull. Soc. philom.*, II, 188). Synonyme de *Bouteloua* Lag.

TRIATHERA (Roth, herb. — Pfeiff., *Nom.*, 1451). Synonyme de *Danthonia* Pal.-Beauv.

TRIBELES (Phil., in *Linnæa*, XXXIII, 307). Genre rapporté aux Pittosporées et Saxifragées, et que nous croyons synonyme de *Chalepoa* Hook. f. (*Icon.*, t. 1082). Les fleurs y sont hermaphrodites, avec 5 étamines hypogynes et un ovaire à 3 placentas pariétaux. Le fruit est loculicide et les graines albuminées. (H. Bn, in *Bull. Soc. Linn. Par.*, 465.)

TRIBLEMMA (Mart. — Lem., in *Dict.*, LV, 190). Synonyme de *Bertolonia* Raddi.

TRIBOLACIS (Griseb., *Fl. brit. W.-Ind.*, 297). Synonyme (B. H.) de *Turnera* L.

TRIBONANTHES (Endl., *Nov. st. Dec.*, 27; *Iconogr.*, t. 109). Genre de Conostylées, formé de 5 herbes australiennes; distingué par des fleurs laineuses, en cymes ou solitaires; les sépales étalés, connés en bas; les filets staminaux dressés, courts, à appendices entiers ou dentés; le gynécée libre. [H. Bn.]

TRIBRACHYA (Korth., in *Ned. Kruidk. Arch.*, II, 254. — B. H., *Gen.*, II, 118). Section du genre *Morinda*, à fleurs réunies en grappe composée terminale lâche, avec cymules de trois fleurs connées; à loges uniovulées. Espèces de Sumatra. (H. Bn, in *Bull. Soc. Linn. Par.*, 205; *Hist. des pl.*, VII, 293.)

TRIBRACHYUM (Lindl., *Coll. bot.*, t. 41). Synonyme de *Bulbophyllum* Dup.-Th.

TRIBU. Division des ordres ou familles.

TRIBULA (Hill., *H. kew.*, 91). Syn. (part.) de *Libanotis* Scop.

TRIBULASTRUM (B. Juss., herb.). Synonyme de *Neurada* L.

TRIBULOIDES (T., *Inst.*, 655, t. 431). Synonyme de *Trapa* L.

TRIBULOPSIS (R. Br., in *Sturt Exp. App.*, 70). Section du genre *Tribulus* L.

TRIBULUS (T.). Nom latin des Herses (III, 50).

TRIBULUS AQUATICUS. Nom ancien de la Màcre.

TRICALYSIA (A. Rich., *Rubiac.*, 144). Section du genre *Hypobathrum* Bl.

TRICARDIA (Torr., in *S.-Wats. Bot. 40th parall.*, 258, t. 24). Genre de Boraginacées-Phacéliées, formé d'une herbe de l'Amérique du Nord, vivace, humble, à feuilles alternes; distingué par des cymes unipares, pauciflores; 5 sépales, dont 3 extérieurs grands et cordiformes; une corolle largement campanulée; des lobes stylaires courts; un fruit 2-valve. (H. Bn, *Hist. des pl.*, X, 399.)

TRICARPELLITES (Bowerb., *Foss. Fr.*, I, 79). Genre fossile, incertain. (Ung., *Syn. pl. foss.*, 253; *Chlor. protog.*, 88.)

TRICARYUM (Lour., *Fl. coch.*, 557). Synonyme de *Cicca* L.

TRICENTRUM (DC., *Prodr.*, III, 123). Synonyme (B. H.) de *Comolia* DC.

TRICERA (Sw., *Fl. ind. occ.*, 331, t. 7). Section du genre *Buxus* T.

TRICERAIA (W., in *Ræm. et Sch. Syst.*, IV, 803). Synonyme de *Turpinia* Vent.

TRICERAS (Andrz. — Reichb., *Consp.*, 185). Synonyme (part.) de *Matthiola* R. Br.

TRICERAS (Lobarz., in *Linnæa*, XIV, 272). Synonyme (?) de *Phycastrum* Kuetz.

TRICERASTES (Presl, *Rel. Hænk.*, II, 88, t. 64). Synonyme de *Datisca* L.

TRICERATIA (A. Rich., *Fl. cub.*, 298, t. 44³). Synonyme de *Sicydium* Schlchtl.

TRICERCANDRA (A. Gray, in *Perr. Jap. Exp.*, II, 318). Synonyme de *Chloranthus* Sw. et section de ce genre.

TRICERMA (Liebm., in *Vid. Medd. Nat. For. Kjob.* [1853], 97). Synonyme de *Maytenus* Feuill.

TRICEROS (Griff., *Notul.*, IV, 606). Synonyme de *Gomphogyne* Griff.

TRICEROS (Lour., *Fl. cochinch.*, 184). Genre qu'on peut considérer comme le type des Sapindacées-Staphyléées, et dont les fleurs 5-mères ont des pétales et 5 étamines périgynes, avec 2, 3 carpelles, indépendants en totalité ou en partie, 2-4-ovulés, qui deviennent des follicules à graine albuminée; le tégument extérieur charnu; Ce sont environ 10 arbres et arbustes, asiatiques, océaniens et américains, à feuilles opposées, simples ou imparipinnées, à fleurs disposées en cymes bipares. (H. Bn, *Hist. des pl.*, V, 342, 392, fig. 336-338.)

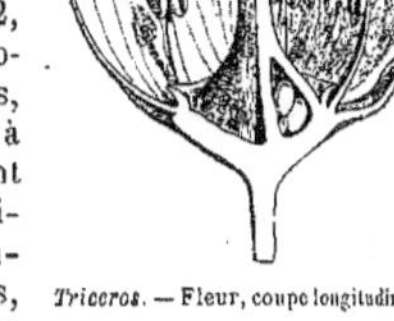

Triceros. — Fleur, coupe longitudinale.

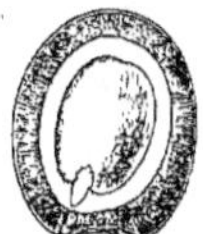

Triceros. — Fruit, coupe longitudinale. Graine, coupe longitudinale.

TRICHACANTHUS (Zoll., in *Nat. en Gen. Arch.*, II, 572. — Miq., *Fl. ind. bat.*, II, 819). Genre d'Acanthacées-Acanthées, formé d'une herbe de Java, grêle et rampante; distingué des Acanthes par un calice à 4 sépales; les extérieurs 3-nerves; les filaments des étamines antérieures épais; des postérieures, grêles; les rétinacles à peu près nuls; l'épi terminal, garni de bractées scarieuses, imbriquées sur 4 rangs. Les fleurs sont aussi à peu près celles des *Blepharis*. (H. Bn, *Hist. des pl.*, X, 439.)

TRICHACHNE (Nees, *Agrost. bras.*, 85). Section du genre *Panicum* L.

TRICHADENIA (Thw., in *Hook. Kew Journ.*, VII, 196, t. 8). Genre de Bixacées-Pangiées, formé d'une espèce de Ceylan; distingué par des calices s'ouvrant en travers; 5 étamines; des placentas 1-ovulés; des feuilles alternes, à stipules foliacées. (H. Bn, *Hist. des pl.*, III, 318.)

TRICHÆTA (Pal.-Beauv., *Agrost.*, 86, t. 17, fig. 8). Genre établi pour le *Trisetum ovatum* Pers.

TRICHANDRUM (Neck., *Elem.*, I, 84). Syn. de *Helichrysum*.

TRICHANTHA (Karst. et Tri., in *Linnæa*, XXVIII, 437). Synonyme de *Breweria* R. Br.

TRICHANTHERA (Ehrenb., in *Linnæa*, IV, 401). Synonyme de *Hermannia* L.

TRICHANTHERA (Griseb., in *Linnæa*, XIII, 197). Section du genre *Banisteria* L.

TRICHANTHERA (HIERN, in *Trans. Cambr. Phil. Soc.*, XII). Section du genre *Maba* FORST.

TRICHANTHERA (K., in *H. B. K. Nov. gen. et spec.*, II, 243). Genre d'Acanthacées-Ruelliées, formé d'une espèce du nord-ouest de l'Amérique méridionale; arborescente, à fleurs en grappe composée; 5 sépales imbriqués; une corolle tordue; des étamines didynames; des loges ovariennes 4-ovulées; une capsule 4-8-sperme, à rétinacles aigus ou 2-dentés. C'est le *Besleria surinamensis* MIQ. (H. BN, *Hist. des pl.*, X, 428.)

TRICHANTHODIUM (SOND. et F. MUELL., in *Linnæa*, XXV, 489). Synon. de *Gnephosis* CASS. (H. BN, *Hist. pl.*, VIII, 180.)

TRICHARIS (SALISB., *Gen. pl. Fragm.*, 24). Synonyme de *Dipcadi* MEDIC.

TRICHASMA (WALP., in *Linnæa*, XIII, 510). Synonyme (B. H.) de *Argyrolobium* ECKL. et ZEYH.

TRICHASTEROPHYLLUM (W. — LINK, *Jahrb.*, III, 69). Synonyme de *Helianthemum* T.

TRICHAURUS (W. et ARN., *Prodr.*, 40). Synon. de *Tamarix*.

TRICHELOSTYLIS (LESTIB., *Ess. Cyper.*, 40). Section du genre *Fimbristylis* VAHL.

TRICHERA (SCHRAD., *Cat. sem. Hort. gœtt.* [1814]). Synonyme de *Dipsacus* T.

TRICHEROSTIGMA (KL. et GRCKE, *Tricocc.*, 248). Section du genre *Euphorbia* L.

TRICHIA (HALL., *Helv.*, III, 114). Genre de Champignons, qui donne son nom à une tribu des *Trichiacées*, et qui est caractérisé, d'après Endlicher (*Gen.*, n. 308), par un péridium variable, simple, membraneux, persistant, finalement inégalement rompu à son extrémité; des sporidies logées dans un capillitium dense, avec flocons adnés vers leur base et tordus les uns sur les autres, qui se séparent élastiquement les uns des autres. Ce sont des petits Champignons durs, dont l'aspect est très variable et qui sont pour la plupart automnaux. Endlicher y comprenait les *Goniosporum* LK et *Hemyarcyria* FR. (PAYER, *Bot. crypt.*, 122.) [H. BN.]

Trichia.

TRICHILIA (L., *Gen.*, 528). Genre de Méliacées, qui donne son nom à une série des *Trichiliées*, formé d'une trentaine d'arbres et arbustes, de l'Amérique et l'Afrique tropicales;

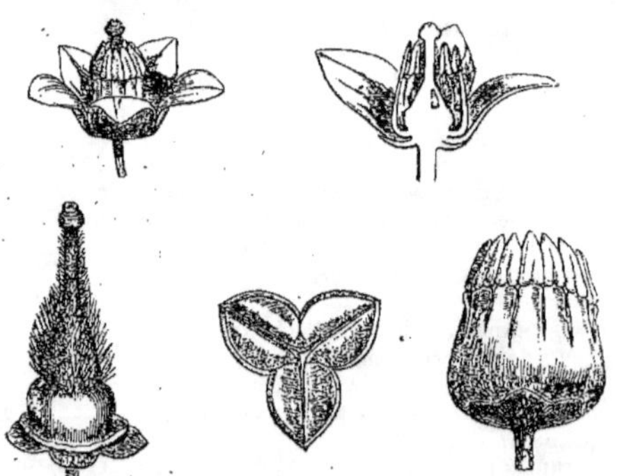

Trichilia. — Fleur, entière et coupe longitudinale. Androcée. Gynécée. Fruit ouvert.

distingué par des fleurs à 4, 5 sépales imbriqués; un disque annulaire; une capsule loculicide; des graines arillées. (H. BN, *Hist. des pl.*, V, 470, 496, fig. 462-464.)

TRICHINIUM (R. BR., *Prodr.*, 414). Genre de Chénopodiacées-Amarantées, formé d'une cinquantaine d'herbes ou arbuscules océaniens; distingué, dans le groupe des Achyranthées, par des sépales connés à la base, colorés; 1-3 filets staminaux généralement stériles; des feuilles alternes; des fleurs 2-brac-

téolées, souvent élégantes. (FIELD, *Sert.*, t. 52, 53. — *Bot. Reg.* [1839], t. 28. — H. BN, *Hist. des pl.*, IX, 205.)

TRICHIPTERIS (PRESL, *Del. prag.*, 172). Section (ENDL.) du genre *Alsophila* R. BR.

TRICHLIS (HALL., *Hort. gœtt.* [1743], 26). Synonyme (part.) de *Mollugo* L.

TRICHLOLOBOS (TURCZ., in *Bull. Mosc.* [1854], II, 90). Synonyme de *Sisymbrium* L.

TRICHLORA (BAK., in *Hook. Icon.*, t. 1237). Genre de Liliacées-Alliées, formé d'une espèce du Pérou, bulbeuse; la fleur sans couronne, à périanthe de 3 folioles; les filets staminaux unis en large urcéole, à 5, 6 lobes; 3 lobes anthérifères et 2, 3 stériles. [H. BN.]

TRICHLORIS (FOURN., *Gram. mex.*, 142). Genre de Graminées-Chloridées, formé de 4, 5 herbes assez élevées; distingué par un pédoncule portant ∞ épillets rapprochés et formant une panicule dense, échinée de ∞ arêtes molles et longues; 2 glumes; une glumelle 3-aristée; les supérieures vides, amoindries ou réduites à 3 arêtes. (B. H., *Gen.*, III, 1166.)

TRICHOA (PERS., *Syn.*, II, 634). Synon. de *Batschia* THUNB.

TRICHOBALLIA (PRESL, *Symb.*, I, 9, not.). Section du genre *Elynanthus* PAL.-BEAUV.; synonyme de *Sclerochœtium* NEES.

TRICHOCALYX (BALF. F., in *Proc. Roy. Soc. Edinb.*, XII, 87; *Bot. Soc.*, 221, t. 73). Genre d'Acanthacées-Justiciées, formé de 2 arbuscules, de Socotora; les feuilles entières; les cymes axillaires denses; les fleurs à 5 sépales linéaires; la corolle 2-labiée, avec 2 bosses intruses au tube; 2 étamines, avec 1, 2 loges de l'anthère éperonnées. (H. BN, *Hist. des pl.*, X, 441.)

TRICHOCARPUS (NECK., *Elem.*, II, 70). Synon. de *Persica* T.

TRICHOCARPUS (SCHREB., *Gen.*, 366). Syn. de *Ablania* AUBL.

TRICHOCARYA (MIQ., *Fl. ind. bat.*, I, I, 357; Suppl., I, 116). Genre (?) de Rosacées-Chrysobalanées, formé de 2 arbres ou arbustes, de Sumatra et Bornéo; distingué par un tube floral, rempli du gynophore; l'ovaire inséré latéralement à la gorge, 1-loculaire; l'androcée circulairement disposé. (H. BN, *Hist. des pl.*, II, 482.)

TRICHOCENTRUM (PŒPP. et ENDL., *Nov. gen. et spec.*, II, 11, t. 115). Genre d'Orchidacées-Vandées, formé de 7, 8 herbes épiphytes, de l'Amérique tropicale; distingué, dans le groupe des Oncidiées, par des fleurs solitaires ou 2-nées, moyennes; le labelle uni en urcéole avec le gynostème; l'éperon assez long; le gynostème épais et court; les pseudobulbes 1-foliés. (REICHB. F., *Xen. orchid.*, t. 177; in *Saund. Ref. bot.*, t. 77.) [H. BN.]

TRICHOCEPHALUS (AD. BR., in *Ann. sc. nat.*, sér. 1, X, 374, t. 17). Synonyme de *Phylica* L.

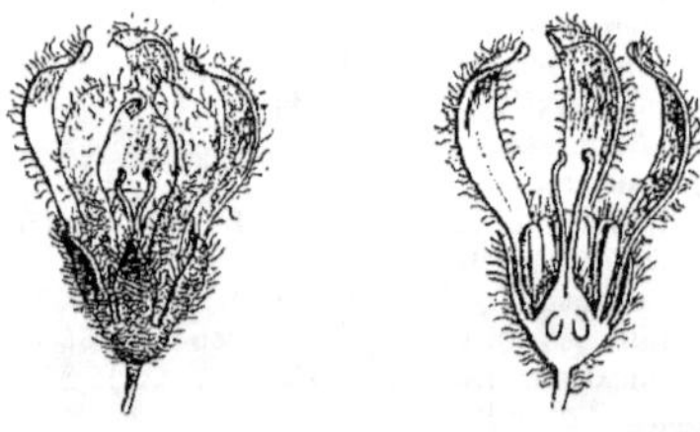

Trichocladus. — Fleur, entière et coupe longitudinale.

TRICHOCEROS (H. B. K., *Nov. gen. et spec.*, I, 337, t. 76). Genre d'Orchidacées-Vandées, formé de 6, 7 herbes américaines, épiphytes; distingué, dans le groupe des Notyliées, par un pseudobulbe 1-folié; des grappes simples; des sépales et pétales étalés; les lobes latéraux du labelle oblongs ou allongés; le médian semblable aux pétales; le caudicule simple; le large clinandre rétus, 2, 3-lobé. (REICHB. F., *Xen. orchid.*, I, t. 9, 97.) — H. B., *Pl. æquin.*, t. 28.) [H. BN.]

TRICHOCLÆTA (STEUD., *Syn. pl. glum.*, II, 155). Genre proposé pour le *Rhynchospora barbata*.

TRICHOCHILA (LINDL., *Orchid. gen.*, 347). Section du g. *Disa*.

TRICHOCHLOA (PAL.-BEAUV., *Agrost.*, 20, t. 8, fig. 2). Synonyme de *Podosemum* DESVX.

TRICHOCLADUS (PERS., *Syn.*, II, 597). Genre de Saxifraga-cées-Hamamélées, formé de 2 arbustes, de l'Afrique australe; distingué par des feuilles persistantes; des fleurs 5-mères, à sépales libres; à anthères mucronées et 1-valves. Les autres caractères sont ceux des *Hamamelis*. On cultive le *T. crinitus* dans les jardins botaniques. (H. BN, *Hist. des pl.*, III, 458.)

TRICHOCLINE (CASS., in *Bull. philom.* [1817]; in *Dict.*, LV, 215). Section du genre *Gerbera* GRONOV. (H. BN, *Hist. des pl.*, VIII, 95). Les *Amblysperma* BENTH., qui en ont été considérés comme synonymes, sont distingués génériquement dans le *Flora australiensis* (III, 676). Ils ont le réceptacle de l'inflorescence nu et les étamines à anthères longuement caudées, à filets lisses.

TRICHOCOLEA (NEES, *Eur. Leberm.*, III, 101, 103). Genre de Jungermanniacées-Ptilidiées, formé d'herbes des marais, épigées, composées et décomposées-pennées; les feuilles incubes et ∞-fides; l'involucre femelle né dans la dichotomie des frondes, arrondi, coriace; ses folioles unies inférieurement en tube; la coiffe nulle; le sporange 4-valve jusqu'à la base; les élatères à fil double; les anthéridies latérales dans les portions supérieures de la tige et axillaires. Les types du genre sont les *Jungermannia lanata* HOOK. et *tomentella* EHRH.

TRICHOCORONIS (A. GRAY, *Pl. Fendler.*, 65). Section du genre *Adenostemma* FORST. (H. BN, *Hist. des pl.*, VIII, 131.)

TRICHOCREPIS (VIS., *St. dalm.*, 19, t. 7). Synonyme de *Pterotheca* CASS.

TRICHODES (DC., *Prodr.*, VI, 507). Section du g. *Berkheya*.

TRICHODESMA (R. BR., *Prodr.*, 496). Genre de Boraginacées-Boraginées, formé de 8-10 herbes rudes, de l'Asie, l'Afrique et l'Australie chaudes; distingué par des feuilles souvent opposées; des cymes souvent lâches; le calice pyramidal ou vésiculeux autour du fruit, dont les achaines sont adnés à un réceptacle largement conique, ou immergés. La corolle porte 5 étamines exsertes, à anthère dressée et longuement acuminée. (H. BN, *Hist. des pl.*, X, 381.)

TRICHODESMIUM (CHEVALL., *Fl. par.*, 382). Synonyme de *Graphiola* POIT.

TRICHODIA (GRIFF., *Notul.*, IV, 570). Syn. de *Paropsia* NOR.

TRICHODIUM (MICHX, *Fl. bor.-amer.*, I, 41, t. 8). Synonyme de *Agrostis* L.

TRICHODRYMONIA (ŒRST., *Gesn. centr.-amer.*, 38). Synonyme de *Episcia* MART.

TRICHOGALIUM (DC., *Prodr.*, IV, 599). Sous-section des *Rubia* de la section *Eugalium*.

TRICHOGAMILA (P. BR., *Hist. Jam.*, 218). Synonyme (ENDL.) de *Styrax* L.

TRICHOGLOTTIS (BL., *Bijdr.*, 359, part.). Genre d'Orchidacées-Vandées, formé de 4, 5 herbes épiphytes, malaises; distingué, dans le groupe des *Sarcanthées*, par des pédoncules courts, avec fleurs solitaires ou peu nombreuses, petites; un labelle adné au gynostème par un long pied horizontal, formant un menton, mais sans éperon, étalé et non charnu en haut; des pollinies à caudicule étroit. (REICHB. F., *Xen. orchid.*, t. 117.) [H. BN.]

TRICHOGONIA (GARDN., in *Hook. Lond. Journ.*, V, 459). Synonyme (part.) de *Adenostemma* FORST. (H. BN, *Hist. des pl.*, VIII, 131.)

TRICHOGONIUM (DC., *Prodr.*, IV, 195). Sect. du g. *Heracleum*.

TRICHOGONUM (PAL.-BEAUV. — DESVX, *Journ. bot.*, I, 123). Synonyme de *Lemanea* BORY.

TRICHOGRAMME (FISCH. et MEY., *Sert. petrop.*, I, t. 6). Section du genre *Nemophila* NUTT.

TRICHOGYNE (LESS., in *Linnæa*, VI, 231). Synonyme de *Ifloga* CASS. (H. BN, *Hist. des pl.*, VIII, 185.)

TRICHOGYNE. Phytocyste-poil, dont le rôle dans la fécondation a été comparé à celui du style. Il surmonte le *système carpogène* des Algues.

TRICHOLÆNA (SCHRAD., in *Rœm. et Sch. Syst.*, II, Mantiss., 163). Section du genre *Panicum* T.

TRICHOLEA (DUM., *An. fam.*, 69). Syn. de *Tricholea* NEES.

TRICHOLECHIA (MASSAL. — PFEIFF., *Nom.*, 1462). Synonyme de *Byssoloma* TREVIS.

TRICHOLECONIUM (CORD., *Icon. Fung.*, I, 17). — Voy. SARCOPODIUM.

TRICHOLEPIS (DC., in *Guillem. Arch.*, II, 515; *Prodr.*, VI, 563). Section (?) du genre *Centaurea* L. (H. BN, *Hist. des pl.*, VIII, 85.)

TRICHOLOBUS (BL., *Mus. lugd.-bat.*, I, 236). Genre de Connaracées-Cnestidées, formé de 3 arbres, de Cochinchine et de l'archipel Indien, à port de *Connarus*, avec 5 sépales valvaires, 5 pétales, 10 étamines et 1 carpelle qui devient une gousse à graine arillée. (H. BN, *Hist. des pl.*, II, 9, 20, fig. 14.)

Tricholobus. — Fruit ouvert.

TRICHOLOMA (BENTH., in *DC. Prodr.*, X, 426). Synonyme de *Glossostigma* ARN.

TRICHOLOPHUS (SPACH, *Suit. à Buff.*, XI, 112). Synonyme de *Polygala* T.

TRICHOMANES (L., *Hort. Cliff.*, 476). Genre de Fougères-Hyménophyllées, à sores marginaux et terminant toujours une nervure; plus ou moins plongés dans la fronde. L'indusium est tubuleux, 1-phylle, avec la texture de la fronde elle-même; son orifice tronqué, ou ailé, ou légèrement 2-labié. Le réceptacle est allongé et grêle, souvent considérablement prolongé au delà de l'orifice de l'indusium et portant les sporanges principalement à sa base. Les sporanges sont d'ailleurs sessiles, déprimés, entourés d'un anneau large et entier, qui s'ouvre verticalement. Le genre est très analogue aux *Hymenophyllum* par le port et la délicatesse des parties, et le caractère fourni par la forme de l'indusium partage ici un groupe très naturel en deux portions presque égales. La distribution géographique est analogue à

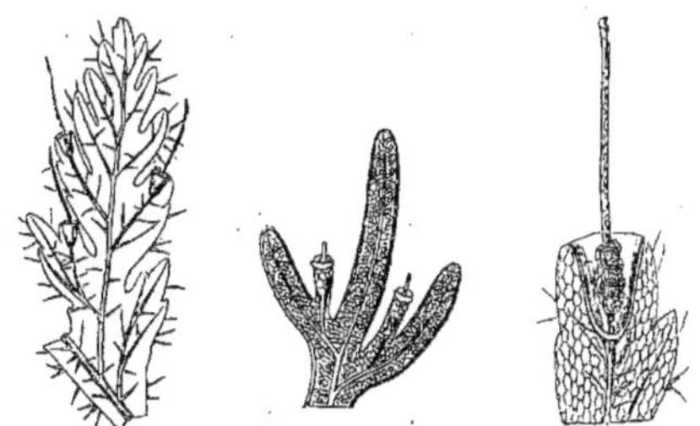

Trichomanes. — Portions de frondes fructigères.

celle des *Hymenophyllum*. Ce sont environ 80 plantes élégantes, des régions tropicales et tempérées. On en cultive quelques-unes en serre obscure, non sans peine. (Hook. et Bak., *Syn. Fil.*, 71, t. 2, fig. 17.)

TRICHOMANES (T., *Inst.*, 539, t. 315). Synonyme (part.) de *Asplenium* L.

TRICHOMANITES (Gœpp., *Syst. Fil. foss.*, 174, 263 ; *Gatt. foss. Pflanz.*, I, 57). Genre fossile de *Sphenopterides*. (Ung., *Syn. pl. foss.*, 71 ; *Chlor. protog.*, XLII.)

TRICHOME. Nom donné au phytocyste-poil.

TRICHOMITRIUM (Reichb., *Consp.*, 32). Syn. de *Lasia* Brid.

TRICHONEMA (Ker, in *Bot. Mag.*, t. 375). Synonyme de *Romulea* Maratt.

TRICHONEURA (Anders., in *K. Vet. Akad. Stock. Handl.* [1853], 148). Genre proposé pour le *Leptochloa Lindleyana* K.

TRICHOON (Roth, in *Rœm. Arch.*, I, III, 37). Genre créé pour l'*Arundo Karka* Retz.

TRICHOPEPLUS (Kœrn., in *Linnœa*, XXVII, 599). Sous-genre du genre *Eriocaulon* L.

TRICHOPETALUM (Lindl., in *Bot. Reg.*, t. 1535). Synonyme de *Bottoniœa* Coll.

TRICHOPHORA (Bonnem., in *Journ. phys.*, XCIV, 176). Synonyme de *Oscillaria* Bosc.

TRICHOPHORE ou APPAREIL TRICHOPHORIQUE. Nom donné par Nægeli à l'ensemble des futurs cystocarpes et du phytocyste unicellulaire dont ils sont surmontés.

TRICHOPHORUM (Pers., *Syn.*, I, 69). Genre de Cypéracées ; section du genre *Eriophorum* L. (B. H., *Gen.*, III, 1052.)

TRICHOPHYLLUM (Ehrh., *Phytoph.*, n. 41). Synonyme de *Scirpidium* Nees.

TRICHOPHYLLUM (Nutt., *Gen. amer.*, II, 166). Synonyme de *Eriophyllum* Lagasc.

TRICHOPILIA (Lindl., *Introd.*, ed. 2, 446 ; *Bot. Reg.*, t. 1863). Genre d'Orchidacées-Vandées, formé de 15, 16 herbes épiphytes, américaines, à pseudobulbes 1-foliés ; distingué, dans le groupe des Oncidiées, par des fleurs solitaires ou peu nombreuses, insérées sur le rhizome ; les sépales libres, dressés ou étalés ; le clinandre large, membraneux, cilié ou frangé ; le labelle adné à la base du gynostème, sans éperon. On en cultive plusieurs. (*Bot. Mag.*, t. 3739, 4654, 4857, 5035, 5550, 5949.)

TRICHOPLACIA (Massal. — Pfeiff., *Nom.*, 1464). Synonyme de *Bacidia* Not. — Trevis.

TRICHOPODIUM (Lindl., in *Bot. Reg.*, sub t. 1543). Synonyme de *Trichopus* Gærtn.

TRICHOPTERIS (Kuetz., in *Bot. Zeit.* [1847], 166). Synonyme de *Trilopteris* Kuetz.

TRICHOPTERIS (Neck., *Elem.*, I, 110). Genre disjoint des *Knautia* L.

TRICHOPTERIS (Presl. — Spreng., *Syst.*, IV, 124). Synonyme (Hook. et Bak.) de *Alsophila* R. Br.

TRICHOPTERYX (Nees, in *Lindl. Introd.*, ed. 2, 449). Genre de Graminées-Avénées, formé d'une dizaine d'espèces, d'Afrique et du Brésil ; distingué, dans le groupe des Euavénées, par des épillets épars sur les divisions de l'axe de l'inflorescence composée ; l'arête des glumelles terminale, entre les lobes ; les épillets à 2 fleurs ; l'inférieure mâle ; la supérieure hermaphrodite ou femelle. [H. Bn.]

TRICHOPTILIUM (A. Gray, in *Torr. Emor. Exp. Bot.*, 97 ; *Pacif. Railr. Expl. Bot.*, t. 5). Section (?) anormale du genre *Psathyrotes* A. Gray. (H. Bn, *Hist. des pl.*, VIII, 242.)

TRICHOPUS (Gærtn., *Fruct.*, I, t. 14). Synonyme de *Trichopodium* Lindl.

TRICHORMUS (Allman, in *Ann. and Mag. Nat. Hist.* [1843], XI, 161). Synonyme de *Anabaina* Bory.

TRICHORRHIZA (Lindl., ex *Steud. Nom.*, I, 461). Le *Cymbidium triste* W.

TRICHOSACME (Zucc., in *Abh. K. Baier. Akad. Wiss.*, IV, II, 11). Genre d'Asclépiadacées-Gonolobées, formé d'une liane du Mexique ; distingué par des fleurs à peu près de *Gonolobus* ; les lobes de la corolle surmontés d'un long appendice grêle et plumeux ; la couronne annulaire. (H. Bn, *Hist. des pl.*, X, 287.)

TRICHOSANDRA (Dcne, in *DC. Prodr.*, VIII, 625). Genre d'Asclépiadacées-Marsdéniées, formé d'un arbuste volubile, des îles Mascareignes ; distingué par des corolles subcampanulées, à lobes enveloppant par leur bord gauche ; sans couronne ; les styles surmontés d'un appendice pelté et hémisphérique. (H. Bn, *Hist. des pl.*, X, 276.)

TRICHOSANTHES (L., *Gen.*, n. 1089). Genre de Cucurbitacées-Cucurbitées, formé d'une trentaine d'herbes grimpantes, d'Asie et d'Océanie ; distingué par des sépales entiers ; des pétales frangés ou terminés en vrille ; ∞ graines polymorphes. On en cultive quelques-uns. (H. Bn, *Hist. des pl.*, VIII, 409, 446.)

TRICHOSATHERA (Ehrh., *Phytoph.*, n. 91). Le *Stipa capillata* L.

TRICHOSCYPHA (Hook. f., *Gen.*, I, 423). Genre de Térébinthacées-Anacardiées ; synonyme (March.) de *Sorindeia* Dup.-Th. (H. Bn, *Hist. des pl.*, V, 315.)

TRICHOSERIS (Sch. bip., ex *Pfeiff. Nom.*, II, 1465). Synonyme de *Lagoseris* Bieb.

TRICHOSIPHON (Schott, *Melet.*, 34). Synonyme de *Brachychiton* Schott.

TRICHOSMA (Lindl., in *Bot. Reg.* [1842], t. 21). Genre d'Orchidacées-Épidendrées, formé d'une herbe épiphyte, des montagnes de Khasye ; distingué, dans le groupe des Cœlogynées, par une tige non renflée, 2-feuillée ; des fleurs assez grandes, en grappe, avec les sépales étalés ; les latéraux gibbeux ; le clinandre élevé et denté ; 8 pollinies. Lindley en avait fait un *Cœlogyne*, et Reichenbach un *Eria*. [H. Bn.]

TRICHOSORUS (Liebm., *Mexic. Bregn.* [1849], 129). Synonyme (Kunze) de *Lophosoria* Presl.

TRICHOSPERMUM (Bl., *Bijdr.*, 56). Genre de Tiliacées-Tiliées, formé de 2 arbres océaniens ; distingué par ∞ étamines libres, toutes fertiles ; un fruit nu, déhiscent au sommet et ∞-sperme. (H. Bn, *Hist. des plant.*, IV, 194.)

TRICHOSPHÆRIA (Benth., *Labiat.*, 95). Section du genre *Hyptis* Jacq.

TRICHOSPIRA (H. B. K., *Nov. gen. et spec.*, IV, 27, t. 312). Genre de Composées-Hélianthées, formé d'une ou quelques espèces américaines, herbes à feuilles alternes et opposées ; distingué, dans le groupe des Bidentées, par des capitules axillaires et sessiles ; des involucres à bractées libres, peu inégales ; les extérieures seules herbacées ; les fleurs du rayon nulles ; les fruits oblongs-cunéiformes, à 2, 3 arêtes rigides. (H. Bn, *Hist. des pl.*, VIII, 226.)

TRICHOSPORUM (Don, in *Edinb. N. Phil. Journ.*, VII, 84). Synonyme de *Æschynanthus* Jack.

TRICHOSTACHYS (Hook. f., *Gen.*, II, 128, n. 271). Section du genre *Uragoga* L., à inflorescences terminales, à folioles de l'involucre très découpées. Espèces de l'Afrique tropicale. (H. Bn, in *Adansonia*, XII, 325 ; *Hist. des plant.*, VII, 283.)

TRICHOSTEGIA (J. Sm., in *Lond. Journ. Bot.*, I, 666). Section du genre *Alsophila* R. Br.

TRICHOSTEMA (L., *Gen.*, n. 733). Genre de Labiées-Ajugées, formé de 6 herbes de l'Amérique du Nord ; distingué par un calice régulier ou oblique ; une corolle à tube grêle et à 5 lobes du limbe subégaux, étalés ; des étamines didynames et exsertes ; l'ovaire profondément 4-lobé ; l'aréole des fruits latérale ou oblique. (Torr., *Bot. Emor. Exp.*, t. 40. — H. Bn, *Hist. des pl.*, XI, 76.)

TRICHOSTEMMA (Cass., in *Dict.*, XLVI, 407). Synonyme de *Wedelia* Jacq.

TRICHOSTEPHUS (Cass., in *Dict.*, LX, 618). Synonyme de *Wedelia* Jacq.

TRICHOSTIGMA (A. Rich., *Fl. cub.*, II, 306). Synonyme de *Villamilia* R. et Pav.

TRICHOSTOMUM (Hedw., *Fund.*, 90 ; *Spec. Musc.*, 107). Genre de Mousses-Bryacées, qui donne son nom au groupe des *Trichostomées ;* formé de plantes cespiteuses, vivaces, croissant dans le monde entier, sur la terre ou sur les troncs d'arbres ; distingué par une coiffe cuculliforme ; une urne terminale, comprimée d'un côté, à peu près régulière à sa base ; un opercule conique-allongé, suboblique ; un péristome à 16 dents distinctes, 2-4-fides suivant leur longueur. (ANGSTR., in *Fries Summ. veg. Scand.*, I, 94. — C. MUELL., *Syn. Musc.*, I, 567. — BRUCH, SCHIMP. et GÜMB., *Bryol. eur.*, fasc. 18-20.)

Trichostomum. — Ports. Portion du péristome.

TRICHOSTYLIUM (CORDA, in *Sturm Jungerm.*, 116). Genre d'Hépatiques-Monocléées; syn. (PFEIFF.) de *Aneura* DUMORT.

TRICHOTHALAMUS (LEHM., in *N. Act. Acad. cæsar.*, X, 585, t. 49). Synonyme de *Potentilla* T.

TRICHOTHECIUM (LINK, in *Berl. Mag.*, III, 18; VII, 37; in *Schrad. N. Journ.*, III, 18). Genre d'Hyphomycètes, attribué par Fries aux Trichomycés et par Rabenhorst aux Sporotrichés, par Bonorden aux Dendrinés et par Corda aux Bactridiacés; caractérisé par des filaments rampants, cloisonnés, rameux; les branches et leurs divisions également

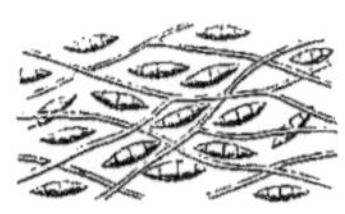

Trichothecium. — Sporidies.

septées; des sporidies oblongues ou fusiformes et cloisonnées en travers. (PAYER, *Bot. crypt.*, 73.) [H. BN.]

TRICHOTHEMELIUM (KZE, in *Linnæa*, XXIV, 251). Sousgenre du genre *Grammitis* Sw.

TRICHOTOME. Axe qui se sépare en 3 axes de l'ordre suivant.

TRICHOTOMIE. Disposition des axes qui se partagent en 3 autres axes de la génération suivante, souvent équidistants.

TRICHOTOSIA (BL., *Bijdr.*, 342, t. 11). Syn. de *Eria* LINDL.

TRICLICERAS (DC., *Pl. rar. Jard. Gen.*, 56). Synonyme de *Wormskioldia* SCHUM. et THONN.

TRICLINIUM (FÉE, *Crypt. écorc. méd.*, 147, t. 34). Synonyme de *Hypochnus* FRIES.

TRICLINIUM (RAFIN., *Fl. ludov.*, 79). Synonyme de *Sanicla* DC.

Triclisia.
Embryon.

TRICLISIA (BENTH., *Gen.*, I, 39). Genre de Ménispermacées-Pachygonées, formé de 5 lianes, de l'Afrique tropicale et de Madagascar; distingué par 2-4 verticilles de 3 sépales; les intérieurs grands et valvaires; pas de corolle (?); 3-6 étamines, à anthère subinfléchie. (H. BN, *Hist. des pl.*, III, 9, 38, fig. 14; in *Bull. Soc. Linn. Par.*, 458.)

TRICLISPERMA (RAFIN., *Specch.*, I, 117). Genre établi pour le *Polygala pauciflora* MUEHL.

TRICLISSA (SALISB., *Gen. pl. Fragm.*, 75). Synonyme de *Kniphofia* MŒNCH.

TRICOCCÉES. Synonyme, en général, d'Euphorbiacées; on a parfois donné ce nom à d'autres plantes dont le fruit est tricoque.

TRICOILOCARYON (F. MUELL., in *Trim. Journ.*, VII, 312). Genre de Sapindacées (?) fossiles.

TRICOMARIA (HOOK. et ARN., in *Bot. Misc.*, III, 158, t. 101). Genre de Malpighiacées-Banistériées, formé d'un arbuste de Mendoza; distingué par des fleurs à calice 8-glanduleux; 10 étamines fertiles; des styles courts, tubuleux au sommet; des lobes ovariens longuement pénicillés. (H. BN, *Hist. des pl.*, V, 462.)

TRICONDYLUS (SALISB., in *Knight Proteac.*, 121). Synonyme de *Lomatia* R. BR.

TRICOQUES (*Tricoccæ* L.). — Voy. EUPHORBIACÉES.

TRICORYNE (R. BR., *Prodr.*, 278). Genre de Liliacées-Johnsoniées, formé de 6 herbes australiennes, à court rhizome; les tiges virgées, rameuses, à feuilles petites ou peu nombreuses; les fleurs en petits faisceaux; le périanthe 6-mère, tordu après l'anthèse; 6 étamines et 3 loges ovariennes 2-ovulées. Le fruit est formé de 1-3 nucules. (ENDL., *Iconogr.*, t. 61. — BAUER, *Ill. pl. N.-Holl.*, t. 11.) [H. BN.]

TRICOSTULARIA (NEES, in *Pl. Preiss.*, II, 83). Genre de Cypéracées, dont les caractères ont été donnés au mot *Discopodium* (II, 450); mais *Tricostularia* est antérieur et doit être préféré.

TRICRATUS (LHÉR., ex W., *Spec.*, I, 807). Syn. de *Abronia* J.

TRICUSPIDARIA (R. et PAV., *Prodr.*, 64, t. 36). Section du genre *Crinodendron* MOL. (H. BN, *Hist. des pl.*, V, 198.)

TRICUSPIS (B. H., *Gen.*, III, 1176). Section du genre *Triodia* R. BR.

TRICUSPIS (PERS., *Syn.*, II, 9). Synonyme de *Tricuspidaria* R. et PAV.

TRICYCLA (CAV., *Icon. rar.*, VI, 79, t. 598). Nyctaginacée épineuse, de l'Amérique du Sud, qui a les caractères des *Bougainvillea* et que nous avons rapprochée, comme section, de ce genre, attendu qu'elle n'en diffère que par son involucre 1-flore, et non 3-flore. Le *T. spinosa* CAV. est la seule espèce. [H. BN.]

TRICYCLE. Nom français (LAMK) des *Tricycla* CAV.

TRICYRTIS (WALL., *Tent. Fl. nepal.*, 61, t. 4 i). Genre de Liliacées-Uvulariées, formé de 5 herbes vivaces, asiatiques; distingué par des fleurs axillaires ou en cyme terminale 2-chotome; les pièces du périanthe dressées, conniventes et étalées supérieurement; les extérieures dilatées en sac à leur base; le fruit septicide. On cultive surtout dans les jardins botaniques le *T. hirta*. (*Bot. Mag.*, t. 4955, 5355, 6544.) [H. BN.]

TRIDACTYLINA (DC., *Prodr.*, VI, 61). Sect. du g. *Pyrethrum*.

TRIDACTYLITES (HAW., *Saxifr.*, 21). Synon. de *Saxifraga*.

TRIDAPS (ENDL.). Pour *Iridaps* COMM.

TRIDAX (L., *Gen.*, n. 972). Genre de Composées-Hélianthées, formé de 6, 7 herbes américaines, à feuilles opposées, entières ou pennées-disséquées; distingué, dans le groupe des Galinsogées, par des capitules radiés; les bractées de l'involucre 2-sériées, membraneuses, ou les extérieures herbacées; l'aigrette formée de paillettes plumeuses-ciliées. (REICHB., *Ic. exot.*, t. 13. — H. BN, *Hist. des pl.*, VIII, 227.)

TRIDENS (BENTH., in *DC. Prodr.*, X, 409). Sect. du g. *Torenia*.

TRIDENS (R. et SCH., *Syst.*, II, 34). Syn. de *Tricuspis* B. H.

TRIDENTEA (HAW., *Syn. pl. succ.*, 34). Syn. de *Stapelia* L.

TRIDESMIS (LOUR., *Fl. cochinch.*, 576). Synonyme de *Croton*.

TRIDESMIS (SPACH, in *Ann. sc. nat.*, sér. 2, V, 351, t. 6). Synonyme de *Cratoxylon* BL.

TRIDIA (KORTH., in *Hœv. et De Vr. Tijdschr.*, III, 17, t. 1). Synonyme de *Hypericum* T.

TRIDIANISIA (H. BN, in *Bull. Soc. Linn. Par.*, 197). Genre de Mappiées, dont la corolle est en apparence gamopétale, tubuleuse, comme dans les *Leptaulus*. C'est une plante malgache, à feuilles opposées et à cymes axillaires, composées. Le calice est large et foliacé, à 5 divisions inégales. Les 5 étamines sont inégales, attachées à des hauteurs différentes sur le tube. L'ovaire est 2-ovulé. La plante est peut-être sarmenteuse.

TRIDIMERIS (H. BN, in *Adansonia*, IX, 218). Le *T. Hahniana* H. BN est un arbuscule du Mexique, de la famille des Anonacées, qui se distingue par des fleurs à double corolle 2-mère; ∞ étamines; un seul carpelle ∞-ovulé.

TRIDONTIUM (HOOK., *Icon.*, t. 248). Genre de Mousses-Bryacées, de Van Diemen, plante aquatique, à coiffe mitriforme, fendue d'un côté; l'urne terminale, turbinée; l'opercule longuement conique-rostré, tombant de bonne heure; la columelle incluse; le péristome simple, à 16 dents allongées, réfléchies par la dessiccation, formées chacune de 3 cils articulés. (ENDL., *Gen.*, n. 505 a.)

TRIDOPHYLLUM (NECK., *Elem.*, II, 93). Synonyme de *Potentilla* T.

TRIDYNIA (RAFIN., ex *Steud. Nom.*, II, 84). Synonyme de *Lysimachia* T.

TRIENTALE. Nom français (LAMK) des *Trientalis* RUPP.

TRIENTALIS (RUPP. — L., *Gen.*, ed. 1, n. 309). Genre de Primulacées-Primulées, formé de 2 espèces, les *T. europœa* et *americana*, herbacées, à rhizome rampant; à feuilles subverticillées; à fleurs de Lysimaque, mais 5-9-mères; les pédoncules grêles, 1-3; le fruit à 5 valves (NEES, *Gen. Fl. germ.* — REICHB., *Ic. Fl. germ.*, t. 1083. — BART., *Fl. N.-Amer.*, II, t. 48. — GREN. et GODR., *Fl. de Fr.*, II, 465). Le genre n'existe peut-être pas en France. (H. BN, *Hist. des pl.*, XI, 344.)

TRIFOLET. Synonyme de Triolet.

TRIFOLIASTRUM (MICHELI, *Nov. pl. gen.*, 26, t. 25). Synonyme de *Trifolium* T.

TRIFOLIASTRUM (MŒNCH, *Meth.*, 123). Synonyme de *Grammocarpus* SER.

TRIFOLIUM (BURM., *Thes. zeyl.*, 226, t. 106). Synonyme de *Stylosanthes* Sw.

TRIFOLIUM. Le *Cytisus sessilifolius* L.

TRIFOLIUM (PRESL, *Symb. bot.*, I, 48). Synonyme de *Lagopus* KOCH.

TRIFOLIUM ACETOSUM (MATTH.). L'*Oxalis Acetosella* L.

TRIFOLIUM ASPHALTITE (MATTH.). Le *Psoralea bituminosa* L.

TRIFOLIUM AUREUM. Nom ancien de l'Hépatique.

TRIFOLIUM BITUMINOSUM. Nom ancien des *Psoralea* L.

TRIFOLIUM ODORATUM. Nom ancien du Mélilot.

TRIFOLIUM PALUSTRE (DOD.). Le Ményanthe.

TRIFURCARIA (HERB., in *Bot. Mag.*, n. 3779). Synonyme (ENDL.) de *Cypella* HERB.

TRIFURCIA (HERB., in *Bot. Mag.*, sub t. 3779). Synonyme de *Alophia* HERB.

TRIGASTROTHECA (F. MUELL., in *Hook. Kew Journ.*, IX, 16). Synonyme de *Mollugo* L. (B. H., *Gen.*, I, 857.)

TRIGLOCHIN (L., *Gen.*, n. 453). Genre de Naiadacées-Juncaginées, formé d'une dizaine d'herbes vivaces, des marais des régions froides et tempérées des deux mondes; à feuilles étroites et allongées, à fleurs en épis ou en grappes, généralement hermaphrodites, avec 3-6 folioles au périanthe; 6 étamines hypogynes et 6 carpelles, dont souvent 3 stériles et impar-

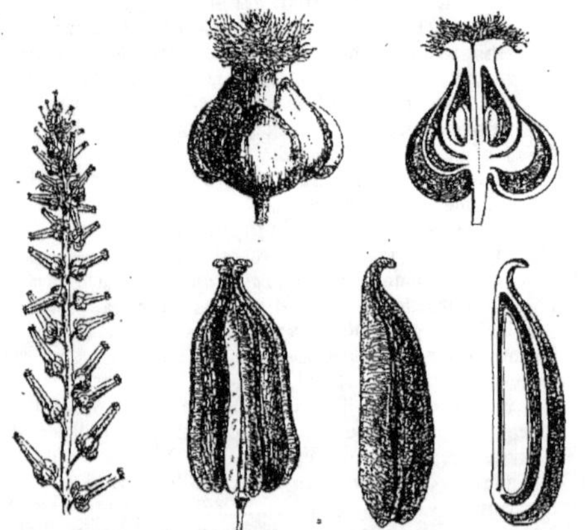

Triglochin. — Inflorescence. Fleur, entière et coupe longitudinale. Fruit. Carpelle, entier et coupe longitudinale.

faits. L'ovule est solitaire dans chacun d'eux, ascendant et anatrope. Le fruit est formé de carpelles unis ou indépendants, secs, indéhiscents ou déhiscents en dedans, et les graines renferment un embryon conforme et charnu. (RICH., in *Ann. Mus.*, XVII, t. 5. — NEES, *Gen. Fl. germ.*, *Monoc.*, II, n. 23. — GODDEM., in *Adansonia*, III, 12. — GREN. et GODR., *Fl. de Fr.*, III, 309. — H. BN, *Herbor. par.*, 376.)

TRIGLOCHINE. Nom français (LAMK) des *Triglochin* L.

TRIGLOSSUM (FISCH., *Cát. Jard. Gorenk.* [1812], c. ic.). Synonyme de *Arundinaria* MICHX.

TRIGONEA (PARL., in *Occhio* [1839], 161; *Fl. ital.*, II, 583). Synonyme de *Nectaroscordium* LINDL.

TRIGONELLE (*Trigonella* L., *Gen.*, n. 898. Genre de Légumineuses-Papilionacées-Trifoliées, formé d'une cinquantaine d'herbes, souvent odorantes, de l'ancien monde; distingué par des feuilles pennées, 3-foliolées; des fleurs à carène obtuse; une gousse droite ou arquée, falciforme, épaisse et rostrée, ou plate et large, ou linéaire, indéhiscente ou s'ouvrant en 1, 2 valves. L'espèce la plus connue est le Fenu-grec, odorant et mucilagineux, employé dans les arts et en médecine. (H. BN, *Hist. des pl.*, II, 295; *Tr. Bot. méd. phanér.*, 652, fig. 2214-2217.)

TRIGONIA (AUBL., *Guian.*, I, 390, t. 149, 150). Genre de Vochysiacées, qui donne son nom à une série des *Trigoniées*; formé d'environ 25 arbustes grimpants, du Brésil et de la Guyane; distingué par des feuilles opposées; des fleurs irrégulières, à 5 pétales; 5-12 étamines; un ovaire à 3 loges ∞-ovulées; un fruit septicide et des graines enveloppées d'une laine cotonneuse. (H. BN, *Hist. des pl.*, V, 97, 103, fig. 138-142.)

TRIGONIASTRUM (MIQ., *Fl. ind. bat.*, Suppl., I, 394). Genre rapporté aux Poly-

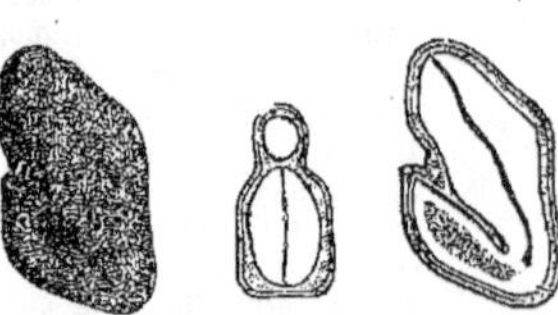

Trigonella. — Fruit. Graine, entière, et coupes longitudinale et transversale.

galacées, formé d'un arbuste de Sumatra et Penang; distingué par des sépales peu inégaux; 5 étamines; un ovaire à 3 loges 1-ovulées et un fruit à 3 ailes. (H. BN, *Hist. des pl.*, V, 91.)

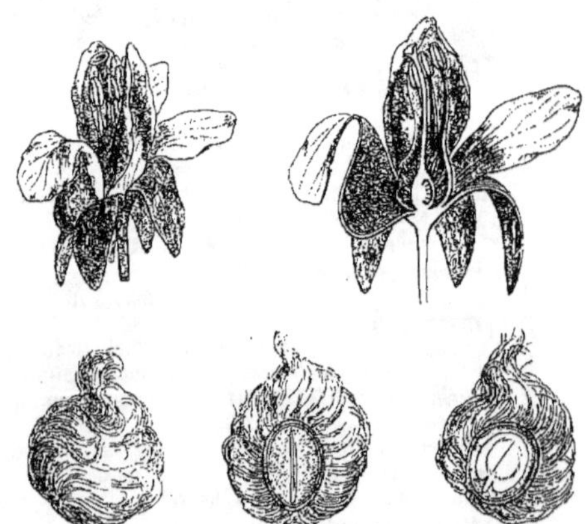

Trigonia. — Fleur, entière et coupe longitudinale. Graine, entière et coupes longitudinales.

TRIGONIDIUM (LINDL., *Bot. Reg.*, t. 1923). Genre d'Orchidacées-Vandées, formé de 7, 8 herbes épiphytes, américaines; distingué, dans le groupe des Oncidiées, par des hampes 1-flores; tous les sépales cohérents ou connivents en tube; le gynostème court et non ailé; le labelle étroit, dressé et embrassant le gynostème. (Reichb. f., in *Walp. Ann.*, VI, 502, part.)

TRIGONIER. Nom français (Lamk) des *Trigonia* Aubl.

TRIGONIS (Jacq., *St. amer.*, t. 102). Synon. de *Cupania* L.

TRIGONOCARPUM (Ad. Br., in *Dict.*, LVII, 137; *Prodr.*, 137). Genre fossile, attribué aux Scitaminées. (Endl., *Gen.*, n. 1653. — Ung., *Syn.*, 173; *Chlor. protog.*, LXVIII.)

TRIGONOCARPUS (Vell., *Fl. flum.*, IV, t. 14, 15). Synonyme de *Cupania* L.

TRIGONOCARPUS (Wall., *Cat.*, n. 6520). Genre (non décrit) de Bignoniacées (?).

TRIGONOCARYUM (Trautv., *Aliq. sp. nov. pl.* [1875], 12). Genre de Boraginacées-Boraginées, formé d'une herbe du Daghestan, annuelle; distingué par une corolle de *Myosotis*, tordue, à tube court; des étamines incluses; des achaines posés sur un réceptacle aplati, oblongs, lisses, obtusément 3-gones; l'aréole basilaire, large et bordée. (H. Bn, *Hist. des pl.*, X, 369.)

TRIGONOCHLAMYS (Hook. f., in *Trans. Linn. Soc.*, XXIII, 170, t. 27). Synonyme de *Santiria* Bl.

TRIGONOCYSTIS (Hass., *Brit. freshw. Alg.*, 352). Synonyme de *Phycastrum* Kuetz.

TRIGONOPTERUM (Steetz, in *Trans. Ac. Stock.* [1853], 161). Synonyme de *Lipochæta* DC.

TRIGONOSCIADIUM (Boiss., in *Ann. sc. nat.*, sér. 3, I, 344; *Fl. or.*, II, 1051). Genre d'Ombellifères, dont nous avons fait (*Hist. des pl.*, VII, 205) une section du genre Berce (*Heracleum* T.), à carpelles pourvus d'un bord assez épais. [H. Bn.]

TRIGONOSPERMUM (Less., *Syn.*, 214). Section (?) du genre *Chrysogonum* L. (H. Bn, *Hist. des pl.*, VIII, 232.)

TRIGONOSTEMON (Bl., *Bijdr.*, 600). Genre d'Euphorbiacées-Jatrophées, formé d'une quinzaine d'arbres et arbustes, de l'Asie et l'Océanie tropicales; distingué par des fleurs mâles à 3-5 étamines, sessiles en haut d'une colonne centrale; des fleurs femelles à branches stylaires 2-fides; un calice imbriqué; 5 pétales libres (H. Bn, *Ét. gén. Euphorbiac.*, 340, t. 11; *Hist. des pl.*, V, 187). Nous adjoignons à ce genre les *Dimorphocalyx*, *Telogyne*, *Silvæa*, *Anisotaxis*, *Cheilosopsis* : de sorte que les verticilles quinaires de l'androcée peuvent s'élever à 2 ou 3; le supérieur souvent incomplet. Le fruit est capsulaire, 3-coque.

TRIGONOTHECA (Hochstett., in *Flora* [1841], 662). Synonyme de *Catha* Forsk.

TRIGONOTHECA (Sch. bip., in *Pl. Krauss. Natal.*, ex B. H.). Synonyme de *Wulffia* Neck.

TRIGONOTIS (Stev., in *Bull. Mosc.* [1851], I, 603). Genre de Boraginacées-Boragées, formé de 8, 9 herbes d'Asie; voisin des *Mertensia* et des *Myosotis* et distingué par une corolle à tube court et à limbe étalé, pourvue d'écailles à la gorge; des achaines lisses, brillants ou couverts de poils; l'aréole petite et fréquemment stipitée. De Candolle en a fait des *Eritrichium*. (H. Bn, *Hist. des pl.*, X, 387.)

TRIGOSTEMON (Bl., *Bijdr.*, 600). Syn. de *Trigonostemon* Bl.

TRIGUERA (Cav., *Diss.*, I, 41, t. 11). Synonyme de *Laguna* Cav.

TRIGUERA (Cav., *Diss.*, II, *App.* 1, t. A). Genre de Solanacées-Solanées, formé d'une herbe annuelle, de l'Espagne méridionale, à odeur de musc; les feuilles sinuées-dentées; les fleurs à pédicelle solitaire; le calice accru et subétalé sous le fruit; la corolle largement tubuleuse-campanulée, incurvée, bleue ou blanchâtre; le limbe oblique; les étamines à anthère plus longue que le filet; le fruit sec et indéhiscent. (Willk., *Ill. pl. hisp.*, t. 96. — H. Bn, *Hist. des pl.*, IX, 327.)

TRIGUÈRE. Nom français (Lamk) des *Triguera* Cav.

TRIGULA (Noronh. — Lém., in *Dict.*, LV, 309). Genre attribué d'abord aux Rubiacées, et dont De Candolle (*Syst.*, I, 151) a fait un *Clematis*.

TRIGYNEIA (Schlchtl, in *Linnæa*, IX, 328). Section du genre *Unona* L. (H. Bn, *Hist. des pl.*, I, 210.)

TRIGYNIE. Nom appliqué au cas des gynécées à 3 carpelles.

TRIHILATÆ (L., *Phil. bot.*, 33). Ordre (50) de plantes.

TRIKALIS (Rafin., *Fl. tell.*, 47). Synonyme de *Suœda* Forsk.

TRILEPIS (Nees, in *Edinb. N. Phil. Journ.*, XVII, 267). Synonyme de *Kobresia* W.

TRILEPISIUM (Dup.-Th., *Gen. nov. madag.*, 22). Genre incertain.

TRILISA (Cass., in *Bull. philom.* [1818]; in *Dict.*, LV, 310). Section du genre *Kuhnia* L. (H. Bn, *Hist. des pl.*, VIII, 134.)

TRILIX (L., *Mantiss.*, II, n. 1313). Synonyme de *Prockia* L.

TRILLER (Dan.-Wilh.). Auteur [1716] de *Moly homericum detectum*; de *De morte subita ex nimio Violarum odore oborta* [1762]; *De planta quadam venenata ejusque furioso effectu Lithostoropho* [1765]; *De Brassica puerperis ipso festo Amphidromiorum die oblata atque apposita* [1781].

TRILLIACEÆ (Lindl., *Veg. Kingd.*, 218). Syn. de Liliacées.

TRILLIDIUM (K., *Enum.*, V, 120). Synonyme de *Trillium* L.

TRILLIE. Nom français (Lamk) des *Trillium* L.

TRILLIUM (Mill. — L., *Gen.*, n. 456). Section du genre *Paris*, à fleurs 3-mères.

TRILOPHUS (Fisch., ex *Pfeiff. Nom.*, II, 1479). Synonyme de *Menispermum* T.

TRILOPUS (Mitch., in *Act. nat. cur.* [1748], VIII, App., 219). Synonyme de *Hamamelis* L.

TRIMATIUM (Fröhl., ex *Pfeiff. Nom.*, II, 1479). Synonyme de *Coscinodon* Spreng.

TRIMATOPTERIS (Presl, *Suppl. Pterid.*, 291). Section du genre *Psaronius* Cott.

TRIMENIA (Seem., *Fl. vit.*, 425, t. 99). Genre (?) de Monimiacées, des Fidji, à fleurs polygames; les folioles du périanthe (ou bractées) en nombre indéfini, imbriquées; 9-12 étamines à filet très court; un seul carpelle. Les feuilles sont opposées. On a comparé ce genre au *Piptocalyx* Oliv.

TRIMERANTHES (Cass., in *Dict.*, XLIX, 115). Synonyme de *Siegesbeckia* L.

TRIMERANTHUS (Karst., *Fl. columb.*, I, 193, t. 96). Synonyme de *Chætolepis* Miq.

TRIMERIA (Harv., *Gen. s.-afr. pl.*, Suppl., 47). Genre de Bixacées-Flacourtiées, formé de 2 arbustes, de l'Afrique australe; distingué par des fleurs petites, à 3-5 sépales, à peine imbriqués; autant de pétales; un fruit légèrement charnu et s'ouvrant cependant au sommet; des feuilles alternes, 3-∞-nerves; des épis disposés en grappes axillaires. (H. Bn, *Hist. des pl.*, IV, 304.)

TRIMERIS (Presl, *Mon. Lobel.*, 46). Section du genre *Lobelia* L. (H. Bn, *Hist. des pl.*, VIII, 332.)

TRIMERISMA (Presl, *Bot. Bem.*, 73). Synonyme de *Platylophus* Don.

TRIMERIZA (Lindl., *Bot. Reg.*, sub t. 1543). Synonyme de *Bragantia* Lour.

TRIMETRA (Sess. et Moç. — DC., *Prodr.*, VII, 262). Synonyme de *Borrichia* Adans.

TRIMEZIA (Salisb., in *Trans. Roy. Hort. Soc. lond.*, I, 308). Genre d'Iridacées-Morées, formé de 5, 6 plantes à bulbe tuniqué, américaines; distingué par des fleurs à périanthe de *Cyphella*, avec des branches stylaires non prolongées au delà de la portion stigmatique, ou à 2 dents très courtes; les dents obtuses ou sétacées. Le fruit est loculicide au sommet. Il y a ∞ fleurs pédicellées dans la spathe. (Red., *Liliac.*, t. 172. — *Bot. Mag.*, t. 416. — *Fl. bras.*, III, I, t. 67, 68.) [H. Bn.]

TRIMORPHÆA (Cass., in *Bull. philom.* [1817]; in *Dict.*, XXXVII, 462, 482; LV, 348). Synonyme de *Erigeron* L. (H. Bn, *Hist. des pl.*, VIII, 143.)

TRIMORPHANDRA (Ad. Br. et Gr., in *Ann. sc. nat.*, sér. 5, II, 148). Section du genre *Hibbertia* Andr.

TRIMORPHE. Cette épithète s'applique aux plantes hétérostylées dont les fleurs affectent trois formes différentes, dites dolichostylée, mésostylée et brachystylée. Certains *Lythrum*, *Oxalis* et *Pontederia* offrent de bons exemples de fleurs hétérostylées trimorphes. (Voy. Dimorphisme.) [T.]

TRIMUNDIA (Endl., *Gen.*, 1079). Section du genre *Mundia* K.

TRINACTE (Gærtn., *Fruct.*, II, 415). Synonyme de *Jungia* L. f. (H. Bn, *Hist. des pl.*, VIII, 100.)

TRINAX (DIETR.). Pour *Thrinax* Sw.

TRINCA-TALIA. Nom languedocien du *Polygonum aviculare* L.

TRINCHINETTIA (ENDL., *Gen.*, n. 2605[1]). Synonyme de *Geissopappus* BENTH. (H. BN, *Hist. des pl.*, VIII, 257.)

TRINCIATELLA (ADANS., *Fam. des pl.*, II, 112). Synonyme de *Hyoseris* L.

TRINCOMALE-WOOD. Nom donné par les Anglais au bois utile du *Berrya Amomilla* ROXB.

TRINEURIA (PRESL, *Bot. Bem.*). Synonyme de *Aspalathus* L.

TRINEURON (HOOK. F., *Fl. antarct.*, I, 23, t. 17). Synonyme de *Abrotanilla* CASS.

TRINIA (HOFFM., *Gen. Umb.*, 92. — DC., *Prodr.*, IV, 103). Synonyme de *Apinella* NECK. (H. BN, *Hist. des pl.*, VII, 223.)

TRINITAIRE. L'*Anemone Hepatica* L.

TRINITARIA (BORY, in *Duperr. Voy. Coq.*, 216, t. 24, fig. 2). Synonyme de *Desmaretia* LAMX.

TRINITAS (CÆS., *De pl.*, lib. 14). Syn. de *Hepatica* RUPP.

TRINITAS (MATTH.). L'*Anemone Hepatica* L.

TRINIUSA (STEUD., *Syn. pl. glum.*, I, 328). Genre proposé pour le *Bromus Danthonia* TRIN.

TRINTANELLE. Synonyme de Garou.

TRINTANELLE-MALHERBE. Le *Passerina Tarton-Raira* DC.

TRIODALLUS (RAFIN. — REICHB., *Nom.*, 103). Section des *Specularia* HEIST.

TRIODEX (RAFIN., in *Journ. phys.*, LXXXIX, 106). Sousgenre du genre *Carex* L.

TRIODIA (JACQ. F., *Eclog.*, t. 16). Syn. de *Windsoria* NUTT.

TRIODIA (PAL.-BEAUV., *Agrost.*, 76). Synonyme de *Sieglingia* BERNH.

TRIODIA (R. BR., *Prodr.*, 182). Genre de Graminées-Festucées, formé d'au moins 20 herbes vivaces, des deux Amériques; l'inflorescence composée, étroite ou ample et ∞-flore; les glumelles 3-dentées, avec la dent médiane mucroniforme ou courtement aristée. Il y en a aussi quelques espèces en Océanie. (PAL.-BEAUV., *Agrost.*, 76, t. 15, fig. 9.) [H. BN.]

TRIODIA (REICHB., *Consp.*, 53). Synonyme (part.) de *Graphephorum* DESVX.

TRIODIEÆ. Sous-tribu (2) des Graminées-Festucées.

TRIODON (DC., *Prodr.*, IV, 566). Genre de Rubiacées, voisin des *Spermacoce* par la fleur, mais à port bien différent, car ce sont des arbustes très rameux, de l'Amérique tropicale, à petites feuilles et à épis de glomérules. Leur fruit se partage en deux coques indéhiscentes, et les divisions du calice y sont au nombre de 2-4, avec dents stipulaires interposées. L'ovaire est biloculaire, surmonté d'un style à deux branches papilleuses-hérissées. On en distingue 4, 5 espèces. (Voy. *Hist. des pl.*, VII, 265, 393, n. 6.) [H. BN.]

TRIODON (RICH., ex *Pers. Syn.*, I, 60). Synonyme de *Spermodon* PAL.-BEAUV.

TRIODUS (RAFIN.). Synonyme de *Carex* L.

TRIOÏQUE. Darwin donne ce nom aux plantes polygames chez lesquelles les trois formes sexuelles, hermaphrodite, mâle, femelle, se rencontrent sur des individus distincts. Le Frêne commun (*Fraxinus excelsior* L.) en offre un bon exemple. Darwin (*Des différentes formes de fleurs dans les plantes de la même espèce*, trad. Heckel, 12) s'exprime ainsi au sujet de ce Frêne. « Ainsi, j'examinais durant le printemps et l'automne quinze de ces arbres végétant dans le même champ, et parmi eux huit produisaient seulement des fleurs mâles sans porter cet automne aucune graine; quatre ne donnèrent que des fleurs femelles qui grainèrent abondamment; trois enfin, hermaphrodites, eurent un aspect différent des autres pendant la floraison, et deux d'entre eux produisirent à peu près autant de semences que les pieds femelles, tandis que le troisième remplissait la fonction de mâle. Cependant la séparation des sexes n'est pas complète dans le Frêne, car les fleurs femelles portent des étamines qui tombent de bonne heure et dont les anthères indéhiscentes contiennent généralement une matière pulpeuse au lieu de pollen. Dans quelques pieds femelles, néanmoins, je trouvai quelques anthères pourvues de grains polliniques,

sains en apparence. Sur les pieds mâles, le plus grand nombre des fleurs renferme un pistil qui tombe également de bonne heure et dont les ovules (qui finalement avortent) sont très réduits, comparés à ceux des fleurs femelles du même âge. » [T.]

TRIOLÆNA (NAUD., in *Ann. sc. nat.*, sér. 3, XV, 328; XVI, t. 18). Section du genre *Bertolonia* RADD. (H. BN, *Hist. pl.*, VII, 45.)

TRIOLET. Le *Trifolium repens* L.

TRIOLET JAUNE. La Lupuline.

TRIOLET ORDINAIRE. Le *Trifolium pratense* L.

TRIOMMA (HOOK. F., in *Trans. Linn. Soc.*, XXIII, 171). Section du genre *Boswellia* ROXB. (H. BN, *Hist. des pl.*, V, 312.)

TRIONÆA (MEDIC., ex DC.). Synonyme de *Trionum* L.

TRIONELLA (DC., *Prodr.*, I, 493). Section du genre *Hermannia* L.

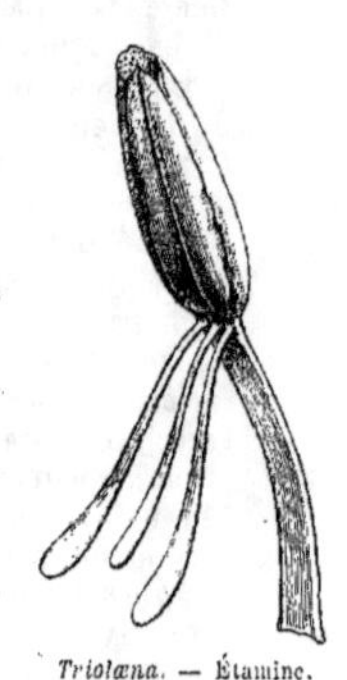

Triolæna. — Étamine.

TRIONFETTI (Giov.-Bat.). Professeur à Rome [1658-1708]. Auteur célèbre d'un *Syllabus*, d'un *Prælusio* et d'un *Vindiciarum veritatis*. Le genre *Triumfetta* lui a été dédié par Plumier qui dit de lui : « Cl. D. Joannes Baptista Triumfetti bononiensis, philosophiæ ac medicinæ doctor, rei herbariæ diligentissimus et peritissimus perscrutator et professor, insuper arcanorum physicæ oculatissimus observator. Perspicacitatis ejus ingenii specimen ostentant observationes ejus de ortu ac interitu plantarum, cum novarum stirpium Historia, iconibus elegantissimis illustrata. Romæ, typis Dom. Ant. Herculis, ann. 1685, in-quarto. »

TRIONUM (L., *Gen.*, 207). Synonyme de *Hibiscus* L. et section de ce genre.

TRIONYCHION (C.-A. MEY., in *Ledeb. Fl. alt.*, II, 460). Section des *Phelipæa* DESF.

TRIONYCHION (WALLR.). Section du genre *Orobanche* L. (B. H., *Gen.*, II, 985.)

TRIOPTERIS (ROXB., *Pl. corom.*, II, 32, t. 160). Synonyme de *Aspidopterys* A. JUSS.

TRIOPTERYS (L., *Gen.*, n. 574). Genre de Malpighiacées-Hiréées, formé de 3 lianes, du Mexique et des Antilles; distingué par des fleurs en grappes simples ou composées; le calice à 8 glandes; les 5 pétales subentiers; 10 étamines, dont 5 longues; 3 styles courts et tronqués; des samares à ailes 3-lobées. On en cultive parfois une espèce dans les serres chaudes. (H. BN, *Hist. des pl.*, V, 464.)

TRIORCHIS (HALL., in *Rupp. Fl. jen.*, 298). Synonyme de *Spiranthes* RICH.

TRIORCHIS. Nom ancien de plusieurs *Ophrys* RUPP.

TRIOSTE. Nom français (LAMK) des *Triosteum* L.

TRIOSTEOSPERMUM (DILL., *Hort. eltham.*, 394). Synonyme de *Triosteum* L.

TRIOSTEUM (L., *Gen.*, n. 134). Genre de Rubiacées-Lonicérées, dont les fleurs sont irrégulières, avec un ovaire infère logé dans la concavité du réceptacle ovoïde. Le calice a 5 lobes subulés et foliacés; et la corolle est irrégulière, tubuleuse-campanulée, gibbeuse au côté antérieur, à 5 lobes inégaux, imbriqués. Les 5 étamines, insérées sur le tube de la corolle, ont les filets libres et les anthères introrses, incluses. L'ovaire, surmonté d'un disque et d'un style à sommet stigmatifère entier ou 3-5-lobé, est à 3-5 loges, avec un seul ovule descendant dans chaque loge; le raphé dorsal. Le fruit, charnu ou coriace, est surmonté du calice et renferme 1-5 graines lisses, albuminées, avec un petit embryon apical. Ce sont des herbes vivaces, de l'Amérique du Nord et des montagnes de l'Asie tempérée, à feuilles opposées, sessiles; à fleurs axillaires, solitaires ou disposées en glomérules, ou, les feuilles étant remplacées par des bractées, en épis terminaux chargés de glomérules. On en distingue 3 espèces, dont 2 américaines. Le *T. perfoliatum* L., qui est de ce pays, a une racine évacuante, diurétique, qui constitue un des Ipécacuanhas de Virginie, et le *Fever-root* (Racine à la fièvre) ou *Wild Ipecacuanha* des Américains. On cultive quelquefois une ou deux espèces de ce genre dans les jardins botaniques. (Voy. H. Bn, in *Adansonia*, I, 359; *Hist. des plant.*, VII, 358, 382, 500, n. 199.) [H. Bn.]

TRIPA DE JUDAS. Au Mexique, le *Cissus tiliacea* K.

TRIPE DE ROCHE. Nom vulgaire donné à deux Lichens, les *Gyrophora erosa* et *proboscidea* Acuar., dont les voyageurs aux régions arctiques ont souvent fait usage comme aliment.

TRIPE-MADAME. Pour Trique-Madame.

TRIPETALEIA (S. et Zucc., in *Abh. Ak. Wiss. Mun.*, III, 731, t. 3, fig. 2). Synon. de *Elliottia* Muehl. (espèces japonaises).

TRIPETELUS (Lindl., in *Mitch. Thr. Exped.*, II, 14). Synonyme de *Sambucus* T.

TRIPETHELIUM (Spreng., *Anleit.*, III, 350, t. 10, fig. 95). Genre de Lichens, formé d'espèces corticoles, des régions tropicales; distingué dans la tribu des *Tripetheliacés*, par un noyau gélatineux, avec des périthèces confluents, multiloculaires, logés dans une verrucosité proéminente, hétérogène, avec un ostiole simple. Les conceptacles propres sont carbonacés. (Ach., *Lich. univ.*, 58, 306, t. 4, fig. 8, 9; *Syn. Lich.*, 104. — Eschw., *Syst. Lich.*, 18. — Fée, in *Ann. sc. nat.*, sér. 1, XXIII, 410.) [H. Bn.]

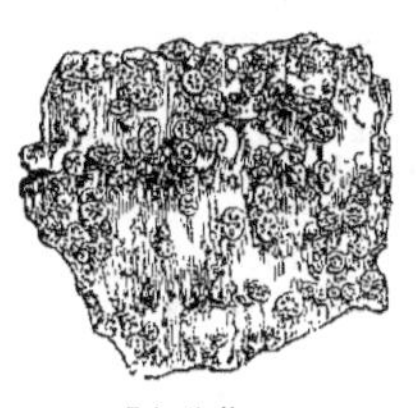
Tripethelium.

TRIPETTE. Le *Clavaria coralloides* L.

TRIPHA (Noronh., *A. B. V.*, 67). Synon. de *Cupania* Plum.

TRIPHACA (Lour., *Fl. coch.*, 577). Synonyme de *Sterculia*.

TRIPHANE (Reichb., *Ic. Fl. germ.*). Synonyme de *Arenaria*.

TRIPHASIA (Lour., *Fl. cochinch.*, 152). Section du genre *Limonia* L. (H. Bn, *Hist. des pl.*, IV, 399.)

TRIPHELIA (R. Br. — Endl., in *Hueg. Enum.*, 48). Synonyme de *Actinodium* Schau.

TRIPHORA (Nutt., *Gen. amer.*, II, 192). Syn. de *Pogonia* J.

TRIPHYLLOIDES (Ponted. — Mœnch, *Meth.*, 509). Synonyme de *Lagopus* Koch.

TRIPHYLLON (Gaud., *Fl. helv.*, III, 377). Section du genre *Potentilla* T.

TRIPHYLLUM (Medic., *Vorles*, II, 383). Synonyme de *Falcatula* Brot.

TRIPHYSARIA (Fisch. et Mey., *Ind. sem. H. petrop.*, II, 52). Synonyme de *Orthocarpus* Nutt.

TRIPINNA (Lour., *Fl. cochinch.*, 391). Synonyme de *Vitex* T. (H. Bn, in *Bull. Soc. Linn. Par.*, 714.)

TRIPINNARIA (Pers., *Syn.*, II, 173). Syn. de *Tripinna* Lour.

TRIPLACHNE (Link, *H. berol.*, II, 241). Genre de Graminées-Agrostées, formé d'une herbe annuelle, cespiteuse, de la région Méditerranéenne; distingué, dans le groupe des Euagrostées, par la glumelle florifère hyaline, bien plus courte que les glumes, avec une arête dorsale et 2 lobes latéraux prolongés en soie. Le port est celui des *Gastridium*, auxquels la plante a aussi été rapportée. (Coss. et Dur., *Exp. Alg.*, t. 40, fig. 1.)

TRIPLADENIA (Don, in *Proc. Linn. Soc.* [1839], 46). Synonyme de *Kreysigia* Reichb.

TRIPLANDRON (Benth., *Bot. Sulph.*, 73, t. 38). Synonyme de *Clusia* L.

TRIPLARIDÉES. Série des Polygonacées, à tiges dressées; les feuilles alternes, à ocrea petit ou 0; les fleurs sur un rachis commun, avec bractées vaginantes ou spathacées; le périanthe 6-mère et 3-∞ étamines; l'albumen lobé ou ruminé.

TRIPLARIS (Lœfl. — L., *Gen.*, n. 103). Genre de Polygonacées, qui donne son nom à une tribu des *Triplaridées;* formé d'une douzaine d'arbres américains, à tige fistuleuse; distingué par des fleurs dioïques; le périanthe mâle en entonnoir, avec 9 étamines; le périanthe femelle enveloppant le fruit et à 3 ailes extérieures oblongues, scarieuses et veinées; le fruit 3-gone, à faces planes; la graine pourvue d'un abondant albumen lobé ou ruminé. (*Fl. bras.*, V, t. 24, 25. — Schomb., in *Proc. Bot. Soc. lond.*, t. 2.)

TRIPLASANDRA (Seem., in *Journ. Bot.*, VI, 139, 165). Section du genre *Plerandra* Gr. (H. Bn, *Hist. des pl.*, VII, 255.)

TRIPLASIS (Pal.-Beauv., *Agrost.*, 81, t. 16, fig. 10). Genre de Graminées-Festucées, formé de 2 herbes vivaces, de l'Amérique du Nord, et de 4, 5 australiennes; distingué, dans le groupe des Triodiées, par des glumelles florifères 3-lobées et 3-aristées; une inflorescence ramifiée, très dense, molle, ou allongée et lâche. [H. Bn.]

TRIPLATEIA (Bartl., in *Rel. Hœnk.*, II, 11, t. 50). Synonyme de *Hymenella* Moç. et Sess.

TRIPLATHERA (Endl., *Gen.*, 94, n. 847 d). Synonyme de *Polyodon* H. B. K.

TRIPLECTRUM (Don, in *W. et Arn. Prodr.*, I, 324). Synonyme (B. H.) de *Medinilla* Gaudich.

TRIPLEURA (Lindl., in *Bot. Reg.*, sub t. 1618). Synonyme de *Zeuxine* Lindl.

TRIPLEUROSPERMUM (Sch. bip., *Tanac.*, 31). Synonyme de *Matricaria* T. (H. Bn, *Hist. des pl.*, VIII, 274.)

TRIPLIMA (Rafin., in *Journ. phys.*, LXXXIX, 106). Sousgenre du genre *Carex* L.

TRIPLOCENTRON (Cass., *Dict.*, XLIV, 38). Synonyme de *Calcitrapa*, section du genre *Centaurea* L.

TRIPLOCOMA (De la Pyl., in *Desvx Journ.*, V, 7). Synonyme de *Dawsonia* R. Br.

TRIPLOLEPIS (Turcz., in *Bull. Mosc.* [1848], I, 251). Synonyme de *Streptocaulon* W. et Arn.

TRIPLORHIZA (Ehrh., *Phytoph.*, n. 96). Synonyme de *Gymnadenia* R. Br.

TRIPLOSPERMA (G. Don, *Gen. Syst.*, IV, 134). Synonyme de *Ceropegia* L.

TRIPLOSPORITES (R. Br., in *Ann. and Mag. Nat. Hist.*, ser. 2, I, 376). Genre de plantes fossiles, voisin, d'après l'auteur, des *Lepidodendron* Sternb.

TRIPLOSTEGIA (Wall., ex *DC. Not. Valér.*, 19, t. 5; *Prodr.*, IV, 642). Genre anormal de Dipsacées, à fleurs presque régulières, 4, 5-mères, 4, 5-andres, à corolle gamopétale supère et à ovaire infère, 1-loculaire, 1-ovulé, avec un fruit sec et une graine descendante, albuminée. Ces fleurs ont l'ovaire, de même que le fruit, enveloppé d'un involucelle sacciforme, lui-même entouré de 4 bractées glandulifères. Le *T. glandulifera* Wall. est une herbe grêle de l'Himalaya, qui a le port des Valérianacées, mais non leur odeur, et qui a quelquefois aussi été placé dans cette dernière famille. Ses feuilles sont opposées, incisées-pinnatifides, et ses fleurs sont disposées en petites cymes terminales, 3-chotomes, composées. (Voy. *Hist. des plant.*, VII, 523, 532, n. 4.) [H. Bn.]

TRIPODANDRA (H. Bn, in *Adansonia*, IX, 317; *Hist. des pl.*, III, 20). Genre mal connu de Ménispermacées, à fleur mâle pourvue de 6 sépales, 6 pétales et 3 étamines; les filets unis en une longue colonne grêle; les loges de l'anthère extrorse. C'est une liane de Madagascar, à grappes axillaires.

TRIPODANTHERA (Rœm., *Syn.*, II, 48). Synonyme de *Scotanthus* Naud.

TRIPODANTHUS (Eichl.). Sous-section (B. H., *Gen.*, III, 214) du genre *Loranthus* L.

TRIPODION (Medic., *Phil. bot.*, I, 219). Genre établi pour l'*Anthyllis tetraphylla* L.

TRIPOGON (Roth, *Nov. pl. spec.*, 79). Genre de Graminées-Chloridées, formé de 7, 8 herbes, annuelles ou vivaces, de l'Inde et de l'Afrique tropicale; distingué par une longue inflorescence, spiciforme et grêle; les glumelles florifères 3-aristées; les arêtes latérales parfois réduites à de courtes pointes. (Jaub. et Sp., *Ill. pl. or.*, t. 332, 333. — Hook. f., in *Journ. Linn. Soc.*, VII, 230.)

TRIPOLIUM (Nees, *Aster.*, 152). Synonyme de *Aster* T. (H. Bn, *Hist. des pl.*, VIII, 32.)

TRIPOSPORIUM (Corda, *Ic. Fung.*, I, 16, t. 4, fig. 220). Genre rapporté par l'auteur aux Helminthosporiacés et distingué par des filaments dressés, septés; les stériles à branches solitaires, plus ou moins étalées; les fertiles plus courts, portant au sommet une sporidie étoilée, solitaire, sessile, puis le plus souvent très courtement pédicellée. Pour Rabenhorst (*Krypt.*, I, 116), c'est un genre de Rhacodiés; et pour Bonorden (*Handb.*, 85), un genre d'Acmosporiacés. [H. Bn.]

Triposporium.

TRIPSAC. Nom français (Lamk) des *Tripsacum* L.

TRIPSACUM (L., *Gen.*, n. 1044). Genre de Graminées-Maydées (B. H.), formé de 1-3 espèces américaines; distingué par des inflorescences en épis épais, pédonculés; les nœuds inférieurs femelles, à épillets 1-flores; la glumelle fructifère dure comme la pierre; l'entre-nœud du rachis également induré et épaissi. On en cultive un au moins dans les jardins botaniques; c'est une belle plante vivace et rustique. (K., *Enum.*, I, 468. — Lamk, *Ill.*, t. 750, fig. 1. — Pal.-Beauv., *Agrost.*, 118, t. 22, fig. 1.) [H. Bn.]

TRIPTERANTHUS (Wall., mss., ex Lindl.). Synonyme de *Burmannia* L.

TRIPTERELLA (Michx, *Fl. bor.-amer.*, I, 19, t. 3). Synonyme de *Burmannia* L.

TRIPTERIS (Less., in *Linnæa*, VI, 95). Genre de Composées-Calendulées, formé de 25-28 herbes ou arbustes africains; distingué par des feuilles alternes ou opposées; les fruits du rayon ordinairement 2-ailés; ceux du disque tous vides. (Kotsch., *Pl. arab.*, t. 1. — H. Bn, *Hist. des pl.*, VIII, 195.)

TRIPTERIUM (DC., *Syst.*, I, 169). Section du g. *Thalictrum*.

TRIPTEROCALYX (A. Gray, in *Amer. Journ. sc.*, ser. 2, XV, 319). Sous-genre du genre *Abronia* J.

TRIPTEROCARPUS (Meissn., *Gen.*, 52; *Comm.*, 37). Synonyme de *Bridgesia* Berter.

TRIPTEROCOCCUS (Endl., in *Enum. plant. Huegel.*, 17; *Gen.*, n. 5764). Synonyme de *Stackhousia* Sm.

TRIPTEROSPERMUM (Bl., *Bijdr.*, 849). Syn. de *Crawfurdia*.

TRIPTERYGIUM (Hook. f., *Gen.*, I, 368, n. 32). Genre de Célastracées-Célastrées, formé d'un arbuste de Formose; distingué par des fleurs de *Celastrus*; à ovaire incomplètement 3-loculaire; le fruit 1-loculaire, à 3 larges ailes; les feuilles alternes; les fleurs disposées en courtes grappes axillaires et terminales. (H. Bn, *Hist. des pl.*, VI, 41.)

TRIPTILION (R. et Pav., *Prodr. Fl. per.*, 102, t. 22). Section du genre *Nassauvia* Commers. (H. Bn, *Hist. des pl.*, VIII, 98.)

TRIPTILODISCUS (Turcz., in *Bull. Mosc.* [1851], II, 66). Synon. de *Argyrocome* Gærtn. (H. Bn, *Hist. pl.*, VIII, 174.)

TRIPTOLEMÆA (Mart. — Benth., in *Ann. Wien. Mus.*, II, 102). Synonyme de *Dalbergia* L. f.

TRIQUE-MADAME. Les *Sedum acre* L., *album* L., etc.

TRIRAPHIS (Nees, *Fl. afr. austr. Gram.*, 270). Genre créé pour le *Danthonia radicans* Steud.

TRIRAPHIS (R. Br., *Prodr.*, 185). Genre de Graminées-Festucées, formé de 5, 6 herbes vivaces, australiennes et africaines; distingué par une panicule lâche et allongée, ou très dense et flexible; les glumelles florifères 3-lobées et 3-aristées.

TRISANTHUS (Lour., *Fl. cochinch.* [ed. 1790], 175). Synonyme de *Hydrocotyle* T.

TRISCENIA (Griseb., in *Mem. Amer. Acad.*, ser. 2, VIII, 534). Genre de Graminées-Tristéginées, de Cuba, formé d'une herbe cespiteuse, mal connue; les épillets distants et peu nombreux sur les axes de la panicule; 3 glumes inégales, vides; la glumelle florifère plus courte; toutes mutiques. [H. Bn.]

TRISCHIDIUM (Tul., in *Ann. sc. nat.*, sér. 2, XX, 141, t. 4). Synonyme de *Tounatea* Aubl.

TRISCIADIA (Hook. f., *Gen.*, II, 68, n. 111). Synonyme de *Cœlospermum* Bl. (H. Bn, in *Bull. Soc. Linn. Par.*, 195; *Hist. des pl.*, IV, 415.)

TRISECUS (W. — Schult., *Syst.*, VI, 641). Genre incertain (Euphorbiacées? Meissn.).

TRISEMA (Hook. f., in *Hook. Kew Journ.*, IX, 47, t. 1). Section du genre *Hibbertia* Andr. (H. Bn, *Hist. des plant.*, I, 101.)

TRISETARIA (Forsk., *Fl. æg.-arab.*, 27). Genre de Graminées-Agrostées, formé de 2 espèces, d'Abyssinie, d'Égypte et de Syrie, plantes annuelles; distingué, dans le groupe des Euagrostées, par une inflorescence étroite, hérissée de nombreuses arêtes; les 2 lobes latéraux des glumelles florifères finement aristés; l'arête dorsale longue et flexueuse. (Labill., *Dec. pl. syr.*, V, t. 7. — Del., *Fl. d'Eg.*, t. 12, fig. 3.)

TRISETASTRUM (Griseb., in *Ledeb. Fl. ross.*, IV, 416). Section du genre *Avena* T.

TRISETUM (Pers., *Syn.*, I, 97). Genre de Graminées-Avénées, formé d'une cinquantaine d'herbes annuelles ou vivaces, cespiteuses, des régions tempérées des deux mondes; l'inflorescence composée, ordinairement dense; les épillets 2-6-flores; les fleurs hermaphrodites et la rhachilla prolongée; les glumes finement membraneuses ou scarieuses, carénées, 2-dentées ou 2-aristées au sommet, outre l'arête dorsale. (Nees, *Gen. Fl. germ.*, Monoc., I, n. 46. — K., *Enum.*, I, 295; *Rev. Gram.*, t. 60, 142, 175. — Gren. et Godr., *Fl. de Fr.*, III, 521.) [H. Bn.]

TRISIOLA (Rafin., in *Journ. phys.*, LXXXIX, 104). Synonyme de *Uniola* L.

TRISMEGISTA (Endl., *Gen.*, 1111). Section du g. *Mercurialis*.

TRISMERIA (Fée, *Gen. Fil.*, 164). Synonyme (Hook. et Bak.) de *Gymnogramme* Desvx.

TRISSAGO (Matth.). Le *Teucrium Chamædrys* L. Le *T. altera* Matth. est le *Teucrium Botrys* L.

TRISSÉTA. Nom languedocien du *Stellaria media* Vill.

TRISTACHYA (Nees, *Agrost. bras.*, 458). Genre de Graminées-Avénées, formé de 7, 8 herbes américaines, asiatiques et africaines; distingué, dans le groupe des Euavénées, par des épillets 2-flores; la fleur supérieure mâle; la glumelle florifère pourvue, entre ses lobes, d'une arête terminale; les épillets sessiles ou courtement et également pédicellés, 3-nés au sommet des divisions de l'inflorescence générale. (K., *Rev. Gram.*, t. 140, 141. — *Fl. bras.*, II, III, t. 31. — Grant, in *Trans. Linn. Soc.*, XXIX, t. 115.)

TRISTAGMA (Pœpp. et Endl., *Nov. gen. et spec.*, II, 28, t. 140). Genre de Liliacées-Alliées, formé de 3 herbes chiliennes, à bulbe tuniqué; distingué, dans le groupe des Eualliées, par un périanthe subhypocratérimorphe ou urcéolé; une couronne de 3 écailles à la gorge; des étamines insérées sur 2 séries au tube commun de l'androcée. [H. Bn.]

TRISTAN (Jean). Auteur [1656], à Paris, de *Traité du Lys, symbole de l'espérance* (in-4). Il mourut en 1656.

TRISTAN (Jul.-Mar.-Cl. de). Botaniste d'Orléans [1776-1861], a écrit des mémoires sur la situation botanique de l'Orléanais [1840]; sur les aigrettes des Composées et le genre *Zinnia* [1811]; sur les organes caulinaires des Asperges [1813], et un *Tableau des époques de la végétation observées aux environs d'Orléans* [1818], in-8 de 16 p. et 3 tableaux.

TRISTANIA (Poir., ex *Steud. Nom.*, II, 714). Synonyme de *Spartina* Schreb.

TRISTANIA (R. Br., in *Ait. Ht. kew.*, ed. 2, IV, 447). Genre de Myrtacées-Leptospermées, formé d'environ 20 arbres et arbustes océaniens; distingué, dans le groupe des Métrosidérées, par des feuilles alternes, rarement opposées; des cymes axillaires; 5 pétales; des étamines 5-adelphes; des fruits loculicides, s'ouvrant parfois seulement au sommet. Nous avons adjoint à ce genre les *Neriophyllum* et *Lophostemon*. On en cultive quelques espèces océaniennes dans les jardins botaniques. (H. Bn, *Hist. des pl.*, VI, 361.)

TRISTANIOPSIS (Ad. Br. et Gr., in *Ann. sc. nat.*, sér. 5, II, 130). Section du genre *Tristania* R. Br.

TRISTEGINEÆ. Tribu (4) des Graminées.

TRISTEGIS (Nees, *Hor. phys. berol.*, 47, 54, t. 7). Synonyme de *Melinis* Pal.-Beauv.

TRISTELLATEIA (Dup.-Th., *Gen. nov. madag.*, 47). Genre de Malpighiacées-Hirééés, formé d'une dizaine d'arbustes, malgaches et océaniens; distingué par des feuilles opposées ou 4-nées; un calice à glandes minimes ou 0; un ou rarement 2 styles; un fruit ∞-ailé; les ailes étalées en tout sens en étoile. (H. Bn, *Hist. des pl.*, V, 467.)

TRISTEMMA (J., *Gen.*, 329). Section du genre *Osbeckia* L. (H. Bn, *Hist. des pl.*, VII, 38.)

TRISTEMON (Kl., in *Linnæa*, XII, 245). Synonyme de *Scyphogyne* Ad. Bn.

TRISTEMON (Scheele, in *Linnæa*, XXI, 586). Le *Cucurbita Pepo* L., d'après M. Naudin.

TRISTERIX (Mart., in *Flora* [1830], 108). Synonyme de *Loranthus* L.

TRISTICHA (Dup.-Th., *Gen. nov. madag.*, 3). Genre de Podostémacées-Lawiéés, qui a les caractères des *Lawia*, avec une et exceptionnellement deux étamines. Ce sont 3 herbes aquatiques, musciformes, des régions tropicales des deux mondes, à feuilles tristiques, à rameaux florifères d'ordinaire disposés en corymbe. (Wedd., in *DC. Prodr.*, XVII, 45. — H. Bn, *Hist. des pl.*, IX, 257, 267, fig. 315, 316.)

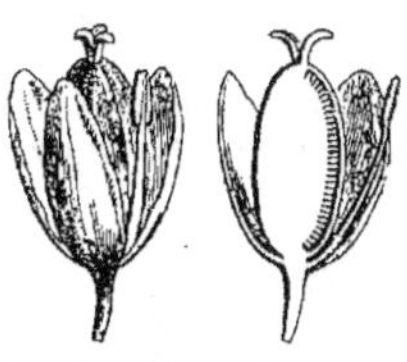

Tristicha. — Fleur, entière et coupe longitudinale.

TRISTICHITIS (Ehrh., *Phytoph.*, n. 59). Synon. de *Mœsia* Hedw.

TRISTICHOCALYX (F. Muell., *Fragm.*, IV, 27). Section (?) du genre *Cocculus* Bauh. — L., à triple calice. (H. Bn, *Hist. des plant.*, III, 2.)

TRISTIMEX (Rafin., in *Ser. Bull.*, I). Synonyme de *Carex* L.

TRISTYLIUM (Turcz., in *Bull. Mosc.* [1858], I, 247). Section du genre *Cleyera* DC.

TRISYNGYNE (H. Bn, in *Adansonia*, XI, 136; *Hist. des pl.*, V, 153, not.). Genre attribué avec doute à la famille des Euphorbiacées et qui est remarquable par la forme de ses fleurs mâles, groupées en grappes ramifiées de cymes. Leur calice membraneux, gamosépale, a la forme d'un cornet obconique, valvaire, à quatre ou cinq dents, et il entoure un androcée formé d'un nombre indéfini d'étamines centrales, à filet libre, très grêle, oscillant, et à anthère linéaire, apiculée, à deux loges presque latérales, légèrement introrses, à déhiscence longitudinale. Les fleurs femelles, encore incomplètement connues, sont groupées sur un petit rameau rigide, en petites cymes comprimées et triflores, entourées de bractées imbriquées, écailleuses. Leur gynécée semble être celui d'une Euphorbiacée. On connaît deux espèces de ce genre; ce sont des arbustes de la Nouvelle-Calédonie, à feuilles alternes, simples, penninerves, coriaces, et à bourgeons écailleux : le *T. codonocalyx* et le *T. Balansæ*. [H. Bn.]

TRITÆNICUM (Turcz., in *Bull. Mosc.* [1847], I, 169). Synonyme de *Asteriscium* Cham. et Schlchtl.

TRITICUM (L.). Nom latin des Blés. (I, 428.)

TRITOMANTHE (Link, *Enum. Hort. berol.*, I, 333). Synonyme de *Kniphofia* Mœnch.

TRITOMIUM (Link, *Handb.*, I, 170). Synonyme de *Kniphofia* Mœnch.

TRITONIA (Ker, in *Kœn. et Sims Ann.*, I, 227). Genre d'Iridacées-Ixiées, formé de plus de 20 plantes bulbeuses, de l'Afrique australe; distingué par un périanthe à tube étroit, long ou court; le limbe campanulé ou concave, régulier ou oblique; un style à 3 branches grêles ou renflées en massue; un fruit ovoïde ou oblong, loculicide; des feuilles droites ou arquées en faux; des spathes membraneuses, courtes et souvent dentées. (Klatt, in *Linnæa*, XXXII, 755. — Bak., in *Journ. Linn. Soc.*, XVI, 161.)

TRITONIXIA (Klatt, *Erg. u. Ber.*, 21). Section du genre *Tritonia* Ker. (B. H., *Gen.*, III, 708.)

TRITOPHUS (Lestib., in *Ann. sc. nat.*, sér. 2, XV, 341). Synonyme de *Kæmpferia* L.

TRIUMFETTA (Plum. — L., *Gen.*, n. 600). Genre de Tiliacées-Grewiées, formé d'une quarantaine d'herbes et d'arbustes, des tropiques; distingué par un fruit d'ordinaire peu volumineux, sphérique, indéhiscent ou séparable en coques. L'ovaire a 2-5 loges 2-ovulées. Les feuilles, à pubescence étoilée, sont entières ou lobées. Ce sont des plantes mucilagineuses et astringentes. (H. Bn, *Hist. des pl.*, IV, 169, 195.)

TRIURIDACÉES. Petite famille de Monocotylédones, placée souvent au voisinage des Alismacées et caractérisée par des fleurs polygames ou unisexuées; le périanthe régulier ou irrégulier, 3-8-mère, avec 2-6 étamines dans la fleur mâle; les sépales aigus ou atténués en une longue queue; la fleur femelle à ∞ carpelles 1-loculaires, réunis sur un réceptacle renflé; les fruits multiples, charnus ou celluleux, à graine ascendante. La famille est formée des deux genres *Triuris* et *Sciaphila*.

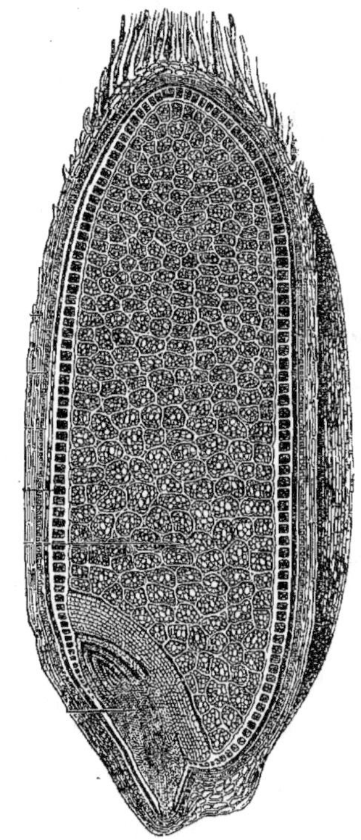

Triticum. — Fruit de Blé, coupe longitudinale.

TRIURIS (Miers, in *Trans. Linn. Soc.*, XIX, 78, t. 7; XXI, 57). Genre qui donne son nom à la famille des *Triuridées* et qui s'y distingue par un périanthe 3-6-lobé; les anthères plongées dans un grand réceptacle conoïde; l'ovaire surmonté d'un style terminal ou à peu près. Ce sont des herbes de l'Amérique tropicale, très petites, diaphanes, blanches ou jaunâtres, à tige grêle et 2-4-flore. (Gardn., in *Trans. Linn. Soc.*, XIX, 157, t. 15.) [H. Bn.]

TRIVALVARIA (Miq., in *Ann. Mus. lugd.-bat.*, Suppl., 381). Synonyme (B. H.) de *Polyalthia* Bl.

TRIXAGO (Mœnch, *Meth.*, 398). Synonyme de *Betonica* L.

TRIXAGO (Stev., in *Mém. Soc. Mosc.*, VI, 4). Synonyme de *Bartsia* L.

TRIXIDE. Nom français (Lamk) des *Proserpinaca* L.

TRIXIS (Gærtn., *Fruct.*, I, t. 24). Synonyme de *Proserpinaca* L.

TRIXIS (P. Br., *Jam.*, 312). Genre de Composées-Mutisiées, formé d'une trentaine d'herbes ou arbustes américains, à feuilles alternes; distingué par des capitules solitaires ou en cymes; les bractées de l'involucre 2-sériées; les soies de l'aigrette simples; le réceptacle nu ou un peu folié au pourtour. (H. Bn, *Hist. des pl.*, VIII, 99.)

TRIXIS (Sw., *Fl. ind. occ.*, III, 1374, t. 26). Synonyme de *Clibadium* L.

TRIXOSTIS (Rafin., in *Ser. Bull.*, I, ex *Linnæa*, VIII, *Litt.*, 85). Genre de Graminées, établi pour l'*Aristida gracilis*.

TRIZEUXIS (Lindl., *Coll. bot.*, t. 2). Genre d'Orchidacées-Vandées, formé d'une petite herbe, de la Colombie, à pseudobulbe 1-folié; distingué, dans le groupe des Oncidiées, par de très petites fleurs en grappe composée; les sépales latéraux connés dans une grande étendue; le labelle dressé; le gynostème court et sans ailes. (Hook., *Fl. exot.*, t. 126.)

TRIZYGIA (Royle, *Ill. himal.*, V, I, 92). Genre fossile, rapporté aux Marsiléacées. (Ung., *Syn.*, 114; *Chlor. protog.*, LIII.)

TROCHANTHA (Bge, in *Mém. Mosc.*, VII [1824], 207). Section du genre *Gentiana* T.

TROCHERA (L.-C. Rich., in *Journ. Phys.*, XIII, 225, t. 3). Synonyme de *Ehrharta* Thunb.

TROCHETIA (DC., in *Mém. Mus.*, X, 106, t. 7, 8). Section du genre *Dombeya* Cav. (H. Bn, in *Bull. Soc. Linn. Par.*, 481.)

TROCHETIANTHA. Section du genre *Dombeya* Cav. (H. Bn, in *Bull. Soc. Linn. Par.*, 483.)

TROCHETIELLA. Section du genre *Dombeya* Cav. (H. Bn, in *Bull. Soc. Linn. Par.*, 483.)

TROCHETINA. Section du genre *Dombeya* Cav. (H. Bn, in *Bull. Soc. Linn. Par.*, 483.)

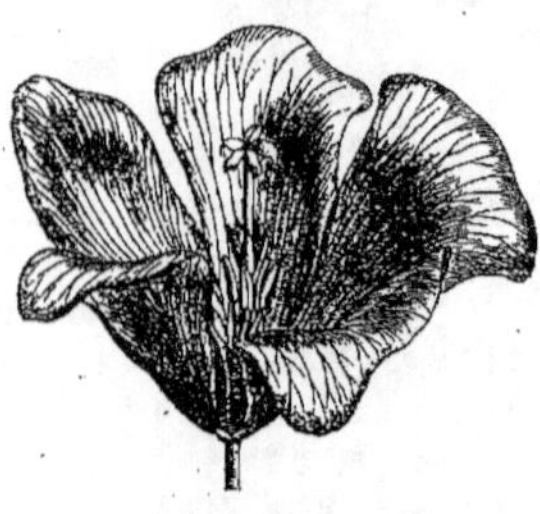

Trochetia. — Fleur.

TROCHISCANTHES (Koch, *Umb.*, 103, fig. 95). Genre d'Ombellifères, réduit au rang de section du genre *Meum* T., caractérisée par une inflorescence dans laquelle les ombelles sont réunies sur un axe racémiforme aphylle et subverticillées (H. Bn, *Hist. des plant.*, VII, 210). Le type est le *T. nodiflora* Koch (*Meum nodiflorum* H. Bn), espèce française, assez souvent cultivée dans les jardins botaniques. [H. Bn.]

TROCHOCARPA (R. Br., *Prodr.*, 548). Genre d'Éricacées-Styphéliées, formé d'environ 6 arbustes australiens; distingué par des fleurs à une bractée et 2 bractéoles; la corolle à lobes récurvés, glabres ou barbus en dedans; l'ovaire 10-loculaire. (H. Bn, *Hist. des pl.*, XI, 203.)

TROCHODENDRON (S. et Zucc., *Fl. jap.*, 83, t. 30, 40). Genre de *Trochodendrées*, tribu des Magnoliacées pour certains auteurs; pour nous plutôt des Hamamélidées; formé d'arbres du Japon que caractérisent des fleurs sans périanthe, à ∞ étamines libres et ∞ carpelles verticillés sur une seule série, ∞-ovulés. Le fruit subdrupacé est aussi ∞-carpellé, avec des noyaux cartilagineux, et ∞ graines descendantes. Les feuilles sont alternes, persistantes, pétiolées, largement losangiques; et les fleurs sont en grappes. (H. Bn, *Hist. des pl.*, I, 163, 191.)

TROCHOMERIA (Hook. F., *Gen.*, II, 822, n. 6). Section du genre *Gymnopetalum* Arn. (H. Bn, *Hist. des pl.*, VIII, 445.)

TROCHOMERIOPSIS (Cogn., *Cucurb.*, 661). Genre de Cucurbitacées-Cucurbitées, représenté jusqu'ici par une seule espèce de Madagascar, à feuilles les unes entières ou lobées, et les autres trifoliolées (*T. diversifolia*), et qui a le port d'une Passiflorée grimpante, avec des vrilles simples. Mais ses fleurs sont remarquables par l'étroitesse et la longueur de leur tube réceptaculaire et leurs pétales étroits et subulés. Les anthères sont sessiles, allongées et rectilignes, uniloculaires, et s'ouvrent suivant leur longueur. Quatre d'entre elles sont rapprochées par paires et simulent deux anthères biloculaires. L'ovaire, long et étroit,

est surmonté d'un style dont la tête se dilate en trois lobes pétaloïdes, bilobés. Il renferme trois placentas pariétaux, qui sont multiovulés et se dilatent plus tard de façon à enclore dans autant de logettes distinctes les ovules horizontaux. Le fruit est étroit et allongé. (Voy. *Hist. des pl.*, VIII, 453.) [H. Bn.]

TROCHOPTERIS (Gardn., in *Lond. Journ. Bot.*, I, 73). Genre de Fougères, établi pour une plante brésilienne, rappelant un *Aneimia* nain, mais avec les portions fertile et stérile de la fronde non distinctes; les sporanges sessiles, petits, disposés sans ordre autour du sommet de la face inférieure des lobes les plus inférieurs, légèrement contractés, de la fronde. (Hook. et Bak., *Syn. Fil.*, 436, t. 8, fig. 67.)

TROCHOSERIS (Endl., *Gen.*, n. 3018). Synonyme de *Troximon* Nutt. (H. Bn, *Hist. des pl.*, VIII, 110.)

TROCHOSTIGMA (S. et Zucc., in *Abh. Akad. Wiss. Münch.*, III, 726, t. 2, fig. 2). Synonyme de *Actinidia* Lindl.

TROÈNE D'ÉGYPTE. Le Henné.

TROLLE. Nom français des *Trollius* L.

TROLLIUS (L., *Gen.*, n. 700). Genre de Renonculacées-Aquilégiées, à fleurs régulières, avec 5-∞ sépales colorés, ∞ étamines hypogynes et 5-∞ carpelles ∞-ovulés, qui deviennent des follicules. Entre les étamines et le calice se voient 5-8 nectaires ou staminodes, souvent nommés pétales, étroits et nectarifères. Ils manquent dans les *Calathodes* et les *Caltha* que nous avons considérés comme sections de ce genre : ce qui porte à une vingtaine le nombre d'espèces du genre qui appartient aux régions tempérées des deux mondes. (H. Bn, *Hist. des pl.*, I, 21, 85, fig. 37-42; in *Adansonia*, IV, 48; *Iconogr. Fl. fr.*, n. 14, 184.)

Trollius. — Fleur.

TROMOTRICHE (Haw., *Syn. pl. succ.*, 14). Synonyme de *Stapelia* L.

TROMPE. Le *Lychnis dioica* L.

TROMPETO. Nom, à Bogota, du *Bocconia frutescens* L., dont l'huile, extraite des graines, sert à détruire les poux de la tête et les petits Acariens qui s'introduisent sous la peau.

TROMPETTE. Variété du *Lagenaria vulgaris* Ser.

TROMPETTE (BOIS). Le *Cecropia peltata* L.

TROMPETTE DES MORTS. Le *Craterellus cornucopioides* Pers.

TROMPETTE DU JUGEMENT. Les *Datura arborea* et *fastuosa* L.

TROMPILLO. À Ocana, le *Guarea surinamensis* Miq. C'est aussi le nom, en Colombie, du *Siegesbeckia cordifolia*.

TROMSDORFFIA (Bl., *Bijdr.*, 762). Synon. de *Chirita* Ham.

TROMSDORFFIA (R. Br., in *Benn. Pl. jav. rar.*, 116). Synonyme de *Dichrotrichium* Reinw.

TROMSDORFFIA (Mart., *Nov. gen. et spec.*, II, 40, t. 139). Section du genre *Hebanthe* Mart.

TROMUGO. Nom provençal du *Triticum repens* L.

TRONC. L'axe principal aérien, dressé et nu, surtout des grands végétaux ligneux, arbres et arbustes.

TRONICENA (Steud., *Nom.*). Synon. (Miq.) de *Æginetia* L.

TROOLIE. Nom guyanais du *Manicaria saccifera* Gærtn., dont les feuilles servent à couvrir les toits des cases des Indiens.

TROOSTWYCKIA (Miq., *Fl. ind. bat.*, Suppl., I, 531). Synonyme de *Hemiandrina* Hook. F. (H. Bn, *Hist. des plant.*, II, 4.)

TROPÆOLÉES. Série des Géraniacées, distinguée par des fleurs irrégulières, à éperon libre; les étamines périgynes en 2 verticilles de 4; les 3 carpelles 1-ovulés, se séparant de la columelle à la maturité. (H. Bn, *Hist. des pl.*, V, 28.)

TROPÆOLUM (L.). Nom latin des Capucines (I, 621).

TROPHIANTHUS (Scheidw., in *Allg. Gartenz.* [1844], 218). Synonyme de *Aspasia* Lindl.

TROPHIS (P. Br., *Jam.*, 357, t. 37, fig. 1. — L., *Gen.*, n. 1103). Genre d'Ulmacées-Morées, formé de 3, 4 arbres ou arbustes américains; distingué, dans le groupe des Eumorées, pár des fleurs mâles en épis lâches ou interrompus ; des femelles en épis pauciflores et courts ; le périanthe femelle en tube, avec 4 dents, uni au péricarpe dans le fruit qui est charnu. Les étamines sont infléchies dans le bouton. (Bur., in *DC. Prodr.*, XVII, 252. — H. Bn, *Hist. des pl.*, VI, 192.)

TROPHIS D'AMÉRIQUE. Le *Celtis obliqua* Mœnch.

TROPHOPYLE. Synonyme de Hétéropyle. Orifice du testa séminal, voisin de la chalaze et servant au passage des vaisseaux nourriciers de l'extérieur à l'intérieur de la graine.

TROPHOSPERME. Synonyme de Placenta.

TROPIDIA (Lindl., *Bot. Reg.*, sub t. 1618). Genre d'Orchidacées-Néottiées, formé de 5 herbes terrestres, de l'Inde et de l'Océanie ; distingué, dans le groupe des Corymbiées, par des fleurs en épis denses et courts, solitaires ou en petit nombre au sommet des rameaux ; les sépales latéraux courtement unis en menton à leur base ; le labelle sessile, concave, dilaté à la base en éperon court ou en sac ; le gynostème court. (Reichb. f., *Ot. hamburg.*, 51. — Bl., *Orch. Arch. ind.*, t. 40, 41.) [B. M.]

TROPIDICE (Griseb., *Spic. Fl. rumel.*, II, 299). Section du genre *Statice* T.

TROPIDOCARPUM (Hook., *Icon.*, t. 43, 52). Genre de Crucifères-Camélinées, formé de 5, 6 plantes californiennes ; distingué par des tiges annuelles, à fleurs axillaires ; le fruit linéaire, 1-loculaire, un peu comprimé de côté. (H. Bn, *Hist. des pl.*, III, 277.)

TROPIDOLEPIS (Tausch, in *Flora* [1829], 68). Synonyme de *Chilotrichum* Cass.

TROPIDOPETALUM (Turcz., in *Bull. Mosc.* [1859], I, 265). Genre douteux d'Olacées.

TROPOCARPA (D. Don.). Synonyme (Meissn.) d'*Orites* R. Br.

TROQUET, TURQUET, TURQUIE. Noms du *Zea Mais* L.

TROS (Haw., *Mon. Narc.*, 5). Section du genre *Narcissus*.

TROSCART. Le *Triglochin palustre* L.

TROSCHELIA (Kl., in *Rich. Schomb. Reis. Guian.*, 1066). Synonyme de *Schieckia* Meissn.

TROTUMA (Commers, herb.). Synonyme de *Nesæa* Commers.

TROVO. Nom, dans les colonies anglaises, de la Tomate.

TROXIMON (Gærtn., *Fruct.*, II, 360). Genre hétéroclite, formé d'espèces de *Scorzonera* T. et de *Krigia* Schreb.

TROXIMON (Nutt., in *Fras. Cat.* [1813] ; *Gen. n.-amer.*, II, 127, 128). Section du genre *Leontodon* L. (H. Bn, *Hist. des pl.*, VIII, 110.)

TROZELIUS (Cl.-Blechert). Professeur à Lund [1719-1794], a publié, outre plusieurs petites notices en suédois, une notice *De generatione ac nutritione arborum* [1763], et un *Specimen graduale de Sacerdote botanico* [1772], in-4 de 15 p.

TRUCHERAN. Nom ancien du Millepertuis.

TRUE LOVE. Nom anglais du *Paris quadrifolia* L., dont la baie noirâtre servait jadis à préparer des philtres amoureux.

TRUFFE (*Tuber* T., *Inst.*, 565 (part.), t. 333). Genre de Champignons, qui donne son nom au groupe des Tubéracés et que caractérise un péridium verruqueux ou tuberculeux, plus rarement lisse, ferme et indéhiscent, en dedans duquel se

 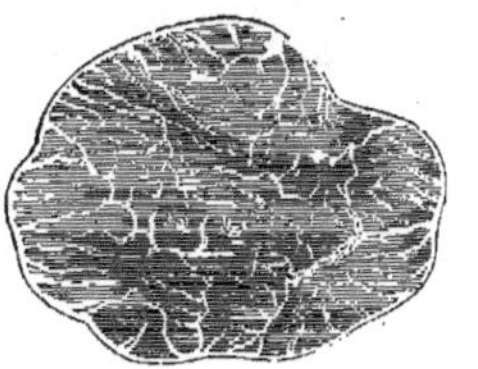

Truffes. — Plante entière et coupe longitudinale.

rouve une trame charnue et marquée de veines sinueuses. Les asques intérieurs renferment des spores elliptiques et réticulées. Outre les espèces dont on trouvera le nom ci-dessous, la plus connue est notre *T. cibarium* Sibth. (Truffe

noire, T. d'hiver, *Rabassa* des Provençaux), qui consiste en masses souterraines, fongueuses, à surface noire, rugueuse, plus ou moins crevassée. Sa chair, intérieurement blanchâtre, plus tard d'un gris noirâtre, est parcourue de veines ramifiées. Les asques, répandus dans sa masse, renferment 2-4 spores, elliptiques ou presque sphériques, hérissées. On trouve cette

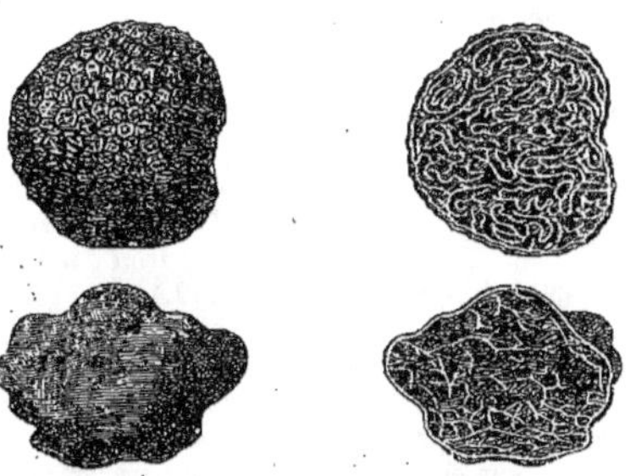

Truffes, entières et coupes longitudinales.

plante dans des bois sablonneux, plantés surtout de Chênes, Châtaigniers, Hêtres, sur lesquels on a supposé son mycélium parasite. Le T. de Bourgogne est le *Tuber uncinatum* Chat. Les T. de cerf sont des *Elaphomyces*. La T. de lion est le *Terfezia nivea*. (H. Bn, *Tr. Bot. méd. crypt.*, 125, fig. 150-158.)

TRUFFE D'EAU. Nom vulgaire du *Trapa natans* L.

TRUFFE DE CERF, T. JAUNE. Le *Scleroderma cervinum* Pers.

TRUFFE DE LA SAINT-JEAN. Nom vulgaire du *Tuber æstivum* Vittad.

TRUFFE D'HIVER. Nom vulgaire du *Tuber cibarium* Sibth.

TRUFFE DOUCE. La Patate.

TRUFFE DU CANADA. Nom (Colin) du Topinambour.

TRUFFE GRISE. Nom vulgaire du *Tuber magnatum* Pico.

TRUFFE GROSSE-FOUINE. Nom bourguignon du *Tuber mesentericum* Vittad.

TRUFFELLE. La Pomme de terre.

TRUFFE NOIRE. Nom vulgaire du *Tuber cibarium* Sibth.

TRUFFE SAMARQUO. Nom vulgaire (dans le Condomois) du *Tuber mesentericum* Vittad.

TRUFFE VIOLETTE. Nom périgourdin du *Tuber melanosporum* Vittad.

TRUFFINELLE. Nom donné par Turpin aux spores des Truffes.

TRUFFLAS. La Mâcre.

TRUFFO. Nom languedocien du *Tuber cibarium* Sibth.

TRUFLIER. Le Troène.

TRUFO. Nom toulousain du *Tuber brumale* Vittad.

TRUFO NEGRO. Nom, dans le Languedoc, des Truffes noires.

TRUJANOA (Llav. et Lex., *Nov. veg. descr.*, II, 1). Genre incertain, rapporté avec doute aux Euphorbiacées.

TRULLULA (Cesat., in *Kl. Herb. viv. Myc.*, Cent. 17). Genre disjoint des *Blennoria* Moug.

TRUMPET CREEPER. Aux États-Unis, les *Tecoma* J.

TRUMPET-TREE. Nom anglais du *Cecropia peltata* L.

TRUMSHAH. Nom donné à une variété de Dattier d'Afrique.

TRUNCARIA (DC., *Prodr.*, III, 106). Syn. de *Adelobotrys* DC.

TRUNGIUM. Nom arabe de la Mélisse.

TRYMALIUM (Fenzl, in *Hueg. Enum.*, 20). Genre de Rhamnacées-Rhamnées, formé de 4, 5 arbustes australiens, à port de *Pomaderris* ; distingué par des fleurs pédicellées, à bractées décidues ; des pétales enveloppant les anthères petites ; un fruit capsulaire, libre au sommet. (H. Bn, *Hist. des pl.*, VI, 86.)

TRYMATOCOCCUS (Pœpp. et Endl., *Nov. gen. et spec.*, II, 30, t. 142 ; in *Mart. Fl. bras.*, IV, I, t. 25). Genre d'Ulmacées, formé de 2 arbres, l'un de l'Amazone, l'autre de l'Afrique tropicale ; distingué par des étamines de Morée ; le réceptacle de l'inflorescence cylindrique ou turbiné, plus tard presque sphérique, avec une fleur femelle au fond, et les mâles en glomérules autour de l'orifice; le périanthe propre de la fleur femelle denté. (H. Bn, in *Adansonia*, XI, 300; *Hist. des pl.*, VI, 199.)

TRYMENIUM (Lindl., *Fol. orchid.*, 14). Section du genre *Odontoglossum* H. B. K.

TRYPHERA (Bl., *Bijdr.*, 540). Synon. de *Mollugo Glinus* L.

TRYPHIA (Lindl., in *Bot. Reg.*, sub t. 1701). Synonyme de *Holothrix* L.-C. Rich.

TRYPHOSTEMMA (Harv., *Thes. cap.*, t. 51; *Fl. cap.*, II, 499). Genre de Passifloracées, formé de 2, 3 arbustes, de l'Afrique australe; distingué par des fleurs apétales, 4, 5 étamines et 3, 4 branches stylaires. Dans les espèces à vrille, celle-ci porte les fleurs vers sa base et, née dans l'aisselle d'une feuille, a son sommet enroulé et prenant. (*Hook. Icon.*, t. 1484, 1838. — H. Bn, in *Bull. Soc. Linn. Par.*, 779.)

TSAJA MARUM (Rheed., *Hort. malab.*, III, 17, t. 26-28). Synonyme de *Artocarpus integrifolia* L. Fil.

TSANGUNGTZU. Nom, à Hupeh, du *Betonica Sieboldi*.

TSANTSIMIR. Nom provençal des *Jasminum* T.

TSAO-CHIO. Nom chinois du *Gleditschia sinensis* Lamk.

TSAO-TCHONG. Le *Sphæria chinensis* Bak., aphrodisiaque.

TSAOUSI. Nom d'une variété de Raisin.

TSCHA. Nom chinois du Thé.

TSCHAIR. Au Turkestan, le *Ferula fœtidissima* Rgl et Schm.

TSCHATA. En Arménie, le *Morus alba* L.

TSCHETSCHEVITZA. Nom russe de la Fève.

TSCHETTIK. Nom javanais du *Strychnos Tieute* Lesch., dont l'écorce sert à faire une décoction pour empoisonner les flèches.

TSCHIHATCHEFF (Pierre de). Mort en 1890, est surtout connu par son *Histoire naturelle de l'Asie Mineure*, qui renferme une partie botanique importante. Il avait traduit et annoté l'ouvrage de Grisebach sur la géographie botanique.

TSCHILI. Dans Avicenne, le *Capsicum annuum* L.

TSCHOKKO, MITCHAMITCHO. En Abyssinie, noms de l'*Oxalis anthelminthica* A. Rich.

TSCHUDYA (DC., *Prodr.*, III, 155; *Mém. Melast.*, t. 9). Synonyme de *Oxymeris* DC.

TSEISSO. Nom provençal du *Lathyrus sativus* L.

TSE-MOU. Nom chinois des *Catalpa* J.

TSENTEL. Nom provençal de l'*Ervum Lens* L.

TSE-TAU. — Voy. Bois de roses.

TSEU-BARAPAN. — Voy. Modagam.

TSHETTIK (Horsf., in *Verh. Bat. Gen.*, VII). Synonyme de *Strychnos Tieute* Lesch.

TSHINKA (Pis., *Mant. arom.*, 177). Synonyme de Giroflier.

TSI. Au Japon, le *Limonia trifoliata* L.

TSIA (Adans., *Fam. des pl.*, II, 450). Synonyme de *Thea* L.

TSIAM-CUMULA (Rheed.). L'*Aphyllon uniflorum* (*Anoplanthus uniflorus* Endl.).

TSIANA (Gmel., *Syst.*, I, 9). Synonyme de *Costus* L.

TSICOUN. Nom provençal du *Lactuca sativa* L.

TSIEM-CUMULU (Rheede). Synon. de *Æginetia indica* Roxb.

TSIEM-TANI (Adans., *Fam.*, II, 303). Synon. de *Rumphia* L.

TSIKOTRAKOTRA. Nom malgache de l'*Hypericum japonicum* Thunb.

TSI-MAGNOTA. Nom, à Nossi-Bé, d'une Rubiacée à fruits comestibles, qui a les feuilles d'un *Garcinia*, et que nous avons considérée comme le type d'une section *Clusiophyllea* du genre *Canthium*, sous le nom de *C. Pervilleanum*. Le fruit a, dit-on, le goût du Citron. [H. Bn.]

TSIMANDATS (Flac., *Hist. isle Madag.*, 133). Nom indigène du *Glyphia lucida* Cass.

TSIMBRÉ. Nom provençal du *Juniperus communis* L.

TSINÉS, TSINESTO. Noms provençaux du *Genista* (*Sarothamnus*) *scoparia* Wim.

TSINGILA. Nom malgache du *Cussonia Bojeri* Seem.

TSINOMA (Hern., *Mex.*, 434). Synonyme de *Porophyllum* Vl.

TSIO. Au Japon, le *Bœhmeria nivea* Hook.

TSIOVANNA (Rheed., *Hort. malab.*, VI, 81). Synonyme de *Ophioxylon* L.

TSISJANO-KI. Nom japonais (Sieb.) du *Styrax serrulata* Roxb.

TSIURA-CRANTI (Rheed., *Hort. malab.*, XI, 123, t. 60). L'*Ipomœa Quamoclit* L.

TSJA. Nom japonais du Thé.

TSJACA-MARUM (Rheed., *Hort. malab.*, III, 17, t. 26-28). Synonyme de *Artocarpus integrifolia* L.

TSJAKA. Nom indien du Jacquier.

TSJANDANA. Nom malais du Santal citrin.

TSJEKANI. — Voy. Chacani.

TSJERAM COTTAM (Rheed., *Hort. malab.*, V, t. 11). Synonyme de *Embelia* J.

TSJERAM-THESA (Rheed.). L'*Ovieda bracteosa* H. Bn.

TSJERIAM-COTTAM (Rheed., *Hort. malab.*, V, 21, t. 11). Synonyme de *Embelia* Burm.

TSJEROU-KANDEL (Rheed., *Hort. malab.*, VI, t. 35). — Voy. Kandelia.

TSJERUCANIRUM (Adans., *Fam. des pl.*, II, 80). Synonyme (?) de *Cansjera* J.

TSJERU-KALIVALLI (Rheed., *Hort. malab.*, VII, t. 5). Synonyme de *Strychnos minor* Bl.

TSJERU-KARA (Rheed., *Hort. malab.*, V, 73, t. 37). Nom indigène du *Canthium parviflorum* Lamk.

TSJERU-MANNELI (Rheed., *Hort. malab.*, IX, t. 39). Synonyme (Dennst.) de *Dentella* Forst.

TSJEU-BARAPEN. Nom, au Malabar, de la graine comestible du *Fagræa auriculata* Jack.

TSJINKIN (Adans., *Fam. des plant.*, II, 401). Synonyme de *Lagerstrœmia* L.

TSJUMPADAHA. — Voy. Champada.

TSOLOTTO. Nom provençal de l'*Allium ascalonicum* L.

TSONG-LIU. Arbre dont l'écorce sert en Chine aux pauvres faire des habits. C'est, dit-on, le *Trachycaryon Fortunei*.

TSORI. Dans les Ecritures, le Baume.

TSOUNC, TSOUNCO. Noms provençaux des *Juncus* T.

TSOUNQUILLO. Nom provençal du *Narcissus Jonquilla* L.

TSOWA. Nom japonais du *Senecio Kœmpferi* DC.

TSUBAKI (Kæmpf., *Amœn.*, 851). Synonyme de *Camellia* L.

TSUBOKUSA. Nom japonais de l'*Hydrocotyle asiatica* L.

TSUBO-SUMIRE. Nom japonais du *Viola japonica* Lgs.

TSUCHI-AKIBI. Au Japon, les fruits séchés du *Yonnia japonica* Maxim., employés contre les maladies génito-urinaires.

TSUCHIGURI. Nom japonais des Potentilles.

TSUGA (Cass., *Conif.*, 185). Genre de Conifères-Pinées, qui a les fleurs mâles des *Abies*, avec le cône analogue à celui des *Picea*. Ses feuilles sont plates, comme dans les *Abies*, et, quand elles se sont détachées, elles laissent sur l'axe un tubercule élevé, à peu près comme dans les *Picea*. Pour d'autres, c'est simplement une section du genre Pin. On en connaît 5 espèces : 3 de l'Amérique du Nord, 2 de l'Asie. (Sieb. et Zucc., *Fl. jap.*, t. 106. — Nutt., *N.-amer. sylv.*, t. 116. — Newber., *Bot. Will. Exp.*, t. 7.) [H. Bn.]

TSUGA (Endl., *Syn. Conif.*, 83). Section des *Sapinus* Endl.

TSUKIMIGUSA. Nom japonais de l'*Œnothera rosea* L.

TSUMAKURENAI. Nom japonais de la Balsamine.

TSUME-KUSA. Nom japonais du Triolet.

TSUNACO. Nom japonais du *Corchorus capsularis* L.

TSURI. Au Japon, une des variétés du Radis Daïkon.

TSURUGASHIWA. Nom japonais du *Vincetoxicum macrophyllum* Sieb. et Zucc.

TSURU-MAME. Nom japonais du *Glycine Soja* Sieb. et Zucc.

TSURUMURASAKI. Nom japonais du *Basella rubra* L.

TSURUSOBA. Nom japonais du *Polygonum chinense* L.

TSUSIA (Maxim., *Rhodod. as. or.*, 32). Section du genre *Rhododendron* L.

TSUSIOPHYLLUM (Maxim., *Rhod. as. or.*, 12, t. 3, fig. 1-8). Genre d'Éricacées, formé d'un petit arbuste très rare, du Japon, voisin des *Rhododendron* L. (dont il est peut-être une section) et distingué par une corolle tubuleuse; 5 étamines, à anthères déhiscentes par des fentes longitudinales; un ovaire à 3 loges ∞-ovulées. (H. Bn, *Hist. des pl.*, XI, 171.)

TSU-TSONG. Nom chinois du *Rhapis humilis* Bl.

TSUTSUSI (G. Don, *Gen. Syst.*, III, 345). Section du genre *Rhododendron* L.

TSUTSUSI (Kæmpf., *Amœn.*, 845). Syn. de *Rhododendron* L.

TUAMINA. L'un des nombreux genres en lesquels M. Alefeld a démembré les *Vicia* T.

TUBAH. Plante de Singapour, dont la racine tue les insectes, les poissons, etc. On croit que c'est le *Derris elliptica*.

TUBAL. Nom mexicain du *Piqueria trinervia* Vent.

TUBANTHERA (Commers., mss., ex H. Bn, *Hist. des pl.*, VI, 77). Synonyme de *Colubrina* L.-C. Rich.

TUBE CRIBREUX. — Voy. Phytoblaste.

TUBE POLLINIQUE. Arrivé à maturité et devenu apte à la fécondation, le grain de pollen cesse de s'accroître dans toutes ses dimensions, de former des épaississements, des pores ou des plis; toute son activité vitale se concentre dans la production du tube pollinique. Que le lecteur veuille bien se reporter au mot Pollen. Il y verra que les grains polliniques les plus simples, ceux de certaines plantes aquatiques (*Naïas, Zostera, Ruppia, Zannichellia*), n'ont qu'une enveloppe très mince. Ils trouvent immédiatement, en quittant l'étamine, l'eau nécessaire à leurs premiers développements, et bientôt on voit un diverticulum se produire sur leur surface, à la façon d'un doigt de gant constitué par une dilatation de la membrane d'enveloppe, et que remplit un protoplasma presque homogène. Dans les *Zostera*, par exemple, où les grains de pollen sont filamenteux et flottent dans l'eau, en restant réunis sous la forme de légers flocons, chaque grain émet, au voisinage de l'une de ses extrémités, un tube pollinique constitué comme nous venons de le dire. Mais il est rare que les faits soient aussi simples. D'habitude, la membrane d'enveloppe du tube pollinique se dédouble en deux couches, l'exine et l'intine, dont la première, ferme, inextensible, est celle qui porte les saillies si diverses que l'on a décrites à la surface des grains de pollen, et dont la seconde seule se développera en un boyau pollinique tel que celui du *Zostera*. Il existe même des pollens dont la membrane d'enveloppe s'est différenciée en trois couches distinctes (*OEnothera, Clarkia*); mais, dans ce cas encore, c'est la couche la plus intérieure, demeurée seule extensible, qui se dilate et s'allonge en un tube pollinique, tandis que la couche extérieure ou les deux couches extérieures s'ouvrent ou se déchirent pour leur livrer passage. Lorsque les grains de pollen sont lisses et n'ont ni plis, ni pores, le tube pollinique peut faire effraction à travers l'exine, en un point quelconque de sa paroi (*Canna, Musa, Ranunculus*). Mais, lorsqu'il existe des plis ou des pores, c'est-à-dire des points amincis de la couche extérieure, c'est à leur niveau que se produit l'effort d'expansion, et le tube pollinique sort à travers l'un d'eux, en soulevant parfois comme une sorte de couvercle ou d'opercule, découpé dans l'exine à leur niveau (*Cucurbita*). Il peut même arriver qu'en ce point, et cela se voit encore chez les Cucurbitacées, l'intine, partout ailleurs mince, soit parfaitement épaissie; et que, lors de la formation du tube pollinique, cet épaississement se gélifie en majeure partie, pour fournir à l'accroissement de la membrane cellulaire.

Il faut au grain de pollen, pour émettre le boyau pollinique, de l'humidité, de la chaleur, de l'oxygène. Le pollen des plantes qui fleurissent sous l'eau, adapté à ce milieu, y développe normalement son tube pollinique, tandis que le pollen de la plupart des végétaux aériens, plongé subitement dans l'eau, y éclate brusquement, sans émettre de tube, et disperse dans le liquide ambiant sa substance protoplasmique désormais improductive. Ce qu'il faut à ce pollen, pour l'émission régulière du tube, c'est la légère humidité, ce sont les substances alimentaires (huiles, mucilages, etc.) qu'il rencontre sur le stigmate, qui, d'une manière générale, est le véritable terrain d'élection de la germination du pollen. Faisons cependant remarquer ici que cette germination peut s'effectuer dans l'étamine même, comme M. Baillon l'a décrit dans les *Helianthemum*, et comme cela se voit chez les Asclépiadées, dont les pollinies se rompent à leur partie interne pour laisser échapper tout un faisceau de tubes polliniques qui se rendent au stigmate. Dans le *Juncus bufonius*, le pollen germe dans l'anthère et pareil fait s'observe dans nombre de fleurs cleistogames. On a même vu, paraît-il, dans certaines d'entre elles, le tube traverser la paroi staminale pour se rendre au stigmate.

Il y aurait lieu, dans une étude complète du tube pollinique, d'envisager son action sur le stigmate, de le voir dans l'ovaire à travers le style, jusqu'au placenta, jusqu'au micropyle ovulaire, mieux que cela, jusqu'à l'oosphère. Le lecteur trouvera, sur ces divers points, les renseignements indispensables à Tissu conducteur et Reproduction. Bornons-nous à donner ici quelques détails complémentaires. Le tube, dans son cheminement intracarpellaire, s'allonge diversement suivant les plantes. Dans la Tigridie, par exemple, on a constaté qu'il avançait de 25 centimètres en quatre heures et demie, dans les conditions ordinaires. Dans le *Zostera*, le tube met douze heures pour arriver du stigmate à l'ovule, et trois jours chez le *Gladiolus*. Dans les Conifères, le grain de pollen, arrivé à la chambre pollinique, émet un tube qui progresse par étapes régulières et reste d'abord stationnaire pendant plusieurs semaines et même pendant un an, suivant que les fruits doivent atteindre leur maturité en une année ou en deux (Genévrier, Pin). Dans ce cas, le tube pollinique attend, avant de poursuivre sa route, la constitution complète du sac embryonnaire. Disons enfin que le tube peut atteindre plusieurs milliers de fois la longueur du grain de pollen (Maïs, *Crocus*), et que, dans quelques cas, on l'a vu se ramifier, par exemple chez les Cupressinées, où un seul tube pollinique, étalé sur toutes les rosettes des corpuscules, projette au centre de chacune d'elles une branche qui pénètre jusqu'à leur oosphère.

Nous serons très bref en ce qui touche les substances incluses dans le tube pollinique. Les principales d'entre elles sont, naturellement, le protoplasme amorphe et le noyau. On se reportera à l'article Reproduction pour tout ce qui touche à la division de ce dernier en deux, trois ou quatre cellules séparées ou non par une cloison cellulosique, suivant qu'il s'agit des Conifères, des Cycadées, des Gnétacées, des Monocotylédones ou des Dicotylédones. Quant au protoplasme amorphe, il apparaît toujours homogène et dense à l'extrémité du tube où s'accomplit son principal travail. Un peu en arrière de cette extrémité, il est légèrement granuleux et creusé de vacuoles pleines de suc cellulaire. Plus loin de l'extrémité, il disparaît, et le tube se montre alors rempli d'un liquide hyalin, ou même complètement vide. La vérité est que, au fur et à mesure que l'élongation se produit, le protoplasme quitte l'arrière du tube, voyage dans son intérieur et se concentre vers son extrémité, comme ferait un mineur perçant une galerie. En beaucoup de cas, il laisse derrière lui, de distance en distance, des bouchons de cellulose amorphe qui le séparent du reste du tube. Dans l'intérieur de ce dernier, on peut trouver encore de l'amidon, de l'huile, de la saccharose, etc., qui proviennent de la digestion des tissus conducteurs traversés par le boyau. Lorsque le tube est arrivé en contact avec l'oosphère, il se vide, et son noyau générateur fusionne avec le noyau femelle, comme il a été expliqué à l'article Reproduction. Nous ne reviendrons point ici sur ces phénomènes d'un si extrême intérêt, et nous nous bornerons à faire remarquer, en terminant, qu'il y aurait peut-être quelques recherches à faire sur le tube pollinique après qu'il a perdu son protoplasme intérieur et ses noyaux lors de la fécondation. Que devient-il dans les fruits à style persistant? Se gélifie-t-il pour servir à l'accroissement du fruit? Disparaît-il complètement ou bien peut-on retrouver, dans certains fruits adultes, quelques traces de boyau conducteur? Les auteurs sont muets sur cette phase ultime de la plantule mâle. [Dy.]

TUBER (Cæsalp., *De plant.*, lib. 3). Synonyme de *Melia* L.

TUBER. Nom latin du Tubercule et des Truffes (p. 226).

TUBERARIA (Dun., in *DC. Prodr.*, I, 270). Section du genre *Helianthemum* T.

TUBERARIA NOSTRAS (Bauh., *Hist.*, II, 12). Synonyme de *Helianthemum Tuberaria* Mill.

TUBERCULE. — Voy. Racine, Rhizome, Tige.

TUBERES (PLINE). Nom (?) de la Pêche et d'autres fruits.

TUBÉREUSE. Le *Polianthes tuberosa* L.

TUBÉRIDIES (en allemand *Scheinknollen*). Nom donné par Schleiden aux pseudobulbes des Orchidacées-Ophrydées.

TUBÉRISATION. Épaississement des axes en tubercules.

TUBEROSA (MEDIC., in *Act. theor.-pal.*, VI, 430). Synonyme de *Polianthes* L.

TUBEROSTYLES (STEETZ, in *Seem. Her.*, 142, t. 29). Sect. du g. *Adenostemma* FORST. (H. BN, *Hist. des pl.*, VIII, 131.)

TUBER REGIUM (RUMPH., *Herb. amboin.*, VI, 120, t. 57). Nom d'un *Lentinus* d'Amboine.

TUBICAULIS (CORDA, *Dendrolith.*, 19). Genre de Fougères fossiles. (GŒPP., *Syst. Fil. foss.*, 171, 453. — UNG., *Syn. pl. foss.*, 108; *Chlor. protog.*, LI.)

TUBIFERA (DC., *Prodr.*, V, 386). Section du g. *Conyza* L.

TUBIFERA (GMEL., *Syst.*, 1472). Synonyme de *Tubulina* PERS.

TUBIFLORA (GMEL., *Syst.*, 27). Synonyme de *Elytraria* MICHX.

TUBILIUM (CASS., in *Bull. philom.* [1817], 153; in *Dict.*, LVI, 19). Synonyme de *Pulicaria* GÆRTN. (H. BN, *Hist. des pl.*, VIII, 159.)

TUBIPORA (GLED., in *Mém. Acad. Berl.* [1749]; V [1751], 135). Genre de plantes fossiles (?).

TUBO-AVELLANA (SPACH, *Suit. à Buff.*, XI, 213). Section du genre *Corylus* T.

TUBOCYTISUS (DC., *Prodr.*, II, 155). Section du g. *Cytisus* L.

TUBULARIA (T., *Inst.*, 575, t. 342). Synonyme de *Enteromorpha* LINK.

TUBULIFLORES. Composées à corolle tubuleuse, régulière ou à peu près.

TUCARI. Nom brésilien des graines du *Bertholettia excelsa*.

TUCKAHOO, TUCKAHOE. Noms indiens du *Pachyma Cocos* (*Sclerotium giganteum* TORREY), employé comme alimentaire. Nom, dans l'Amérique du Nord, d'une masse (comestible ?) qu'on a prise pour un Champignon souterrain, et qui n'est, d'après M. Berkeley, qu'un état particulier de certaines racines hypertrophiées, riches en acide pectique.

TUCKERMANNIA (KL., in *Arch. Naturg.* [1841], I, 248). Synonyme de *Oakesia* TUCKERM.

TUCKERMANNIA (KL., in *Wiegm. Arch.*, VII, 248). Synonyme de *Corema* DON.

TUCKERMANNIA (NUTT., in *Trans. Amer. Phil. Soc.*, ser. 2, VII, 363). Synonyme de *Coreopsis* L. Section du genre *Bidens* T. (H. BN, *Hist. des pl.*, VIII, 222.)

TUCKEY (Jam.-Hingston). A publié, en 1818, *Narrative of an expedition to explore the river Zaire usually called the Congo*. C'est dans un appendice (V) à cet ouvrage que R. Brown a imprimé ses observations sur la collection de Christ. Smith.

TUCKEYA (GAUDICH., in *Voy. Bonite*, t. 26, fig. 10-20). Synonyme de *Pandanus* L. F.

TUCK-TUCK. Nom, en Colombie, du *Pinus nobilis* DOUGL.

TUCUM. Nom brésilien de l'*Astrocaryum vulgare* MART., dont les jeunes feuilles sont utilisées par les Indiens du Rio Negro pour faire des hamacs, souvent ornés de plumes, etc.

TUCUMBA-IVI. Nom indien du *Bactris inundata* MART.

TUDANO. Aux îles Fidji, le *Carumbium pedicellatum* H. BN.

TUE. Nom, aux Philippines, des *Dolichandrone* FENZL.

TUE-BREBIS. Le *Pinguicula vulgaris* L.

TUE-CHIEN. Le Colchique d'automne.

TUE-COCHON. L'*Aristolochia grandiflora* Sw.

TUE-HYÈNE. L'*Hyænanche globosa* LAMB.

TUE-LOUP. L'*Helleborus hyemalis* L.

TUE-LOUP BLEU. Nom vulgaire de l'*Aconitum Napellus* L.

TUE-MOUCHES. Nom vulgaire de l'*Agaricus muscarius* L.

TUE-POULE. La Jusquiame noire.

TUE-SOURIS. Les Aconits et Actées.

TUFA. Nom arabe de la Pomme.

TUGA (HOOK. F., in *Bot. Mag.*, t. 6282). Pour *Tunga* ROXB.

TUGA (ROXB., *Fl. ind.*, I, 184). Synonyme de *Hypolythrum*.

TUGGUR. Nom indigène de l'*Aquilaria Agallocha* ROXB.

TULA (ADANS., *Fam.*, II, 500). Synonyme (B. H.) de *Nolana*.

TULASNE. Des deux frères de ce nom, l'un seul, Louis-René, né en Touraine en 1816, a signé la plupart des travaux faits en commun et dont Charles a généralement dessiné les plantes. Seuls les *Selecta Fungorum Carpologia* (3 vol. in-fol.) portent les deux noms; ils ont été publiés de 1861 à 1865. Les autres travaux sont *Fungi hypogœi* [1851]; la monographie des Podostémacés [1852], qui a eu pour collaborateur H.-A. Weddell. L.-R. Tulasne a encore donné une monographie des Monimiacées, dans les *Annales du Muséum* [1855], des mémoires sur les Légumineuses américaines, les Lichens, divers groupes de Champignons, etc., dans les *Annales des sciences naturelles*. Il a traité, dans le *Flora brasiliensis*, des Antidesmées, Gnétacées, Monimiacées et Podostémacées, et publié dans les *Annales des sciences naturelles* quelques Fragments de la flore de Madagascar. Il était aide de botanique au Muséum et membre de l'Académie des sciences. Retiré à Cannes dans ses dernières années et ayant totalement renoncé aux études d'histoire naturelle, il y est mort le 22 décembre 1885.

TULASNEA (NAUD., in *Ann. sc. nat.*, sér. 3, II, 142, t. 2; XII, 276). Section du genre *Tibouchina* AUBL. (H. BN, *Hist. des pl.*, VII, 40.)

TULASNEA (WIGHT, *Ic.*, t. 1919, 1920). Pour *Dalzellia* WGT.

TULASNEINIA (ZOB., in *Corda Ic. Fung.*, VI, 64, t. 16). Synonyme de *Terfezia* TUL.

TULBAGE. Nom français (LAMK) des *Tulbaghia* L.

TULBAGHIA (L., *Mantiss.*, n. 1300). Genre de Liliacées-Alliées, formé de 8-10 herbes africaines, à rhizome court et épais; distingué, dans le groupe des Abumonées, par des fleurs à périanthe aréolé ou subhypocratérimorphe, à gorge pourvue d'une couronne de 3 écailles entières ou 2-partites, libres ou unies, 6 étamines 2-sériées, incluse dans le tube. On en cultive quelques-uns dans les jardins botaniques. (*Bot. Mag.*, t. 806, 3547, 3555.) [H. BN.]

TULE. Nom indien du *Scirpus lacustris* L., dont les misérables tribus de la Californie et du Sud Orégon mangent les rhizomes.

TULEMA. Synonyme de *Toulema*.

TULIPAN. Nom provençal du *Tulipa oculus-solis* ST.-AMANS. C'est le nom ancien des Tulipes en général.

TULIPARIA (SPACH, *Suit. à Buff.*, VII, 477). Section du genre *Magnolia* L.

TULIPASTRUM (SPACH, *Suit. à Buff.*, VII, 481). Section du genre *Magnolia* L.

TULIPE (*Tulipa* T., *Inst.*, 373, t. 199, 200). Genre de Liliacées, qui donne son nom à une tribu des *Tulipées* et qui s'y distingue par la forme de son périanthe campanulé ou subinfundibuliforme; les folioles souvent tachées près de leur base, sans fossette glanduleuse; les étamines à anthère oblongues-linéaires, dressées, avec le filet attaché dans une cavité basilaire; les fleurs généralement dressées. On connaît le rôle des Tulipes comme plantes d'ornement, de même que la *Tulipomanie*. Les belles espèces sont la plupart d'origine orientale. (K., *Enum.*, IV, 219. — BAK., in *Journ. Linn. Soc.*, XIV, 275.)

TULIPEÆ. Tribu (14) des Liliacées. (B. H., *Gen.*, III, 750.)

TULIPE DES PRÉS. Le *Fritillaria Meleagris* L.

TULIPE DU CAP. L'*Hæmanthus coccineus* L.

TULIPE EN ARBRE. Le Tulipier de Virginie.

TULIPÉES. Série des Liliacées, distinguée par un bulbe tuniqué ou formé d'écailles épaisses et charnues; une tige dressée, portant 1-∞ feuilles; des fleurs solitaires ou en cymes racémiformes lâches, peu nombreuses; des folioles du périanthe libres; un fruit généralement loculicide. (Genres *Tulipa*, *Fritillaria*, *Erythronium*, *Lilium*, *Gagea*, *Lloydia*, etc.)

TULIPIFERA (HERM., *Hort. lugd.-bat.*, 612). Synonyme de *Liriodendron* L.

TULIPIER (*Liriodendron* L., *Gen.*, n. 689). Genre de Magnoliacées-Magnoliées, à fleurs de *Magnolia*; le réceptacle plus court et sessile; les ovaires 2-ovulés; les fruits devenant des samares à aile supérieure rigide. On cultive dans nos parcs le *L. tulipifera* L., de l'Amérique du Nord, bel arbre à feuilles tronquées, stipulées, rappelant une lyre par leur forme, et à fleurs verdâtres et d'un jaune orangé. Son écorce très aromatique, stimulante, fébrifuge, est employée à parfumer certaines liqueurs. (H. Bn, in *Adansonia*, VI, 66; *Hist. des pl.*, I, 143, 182, 188, fig. 175-178.)

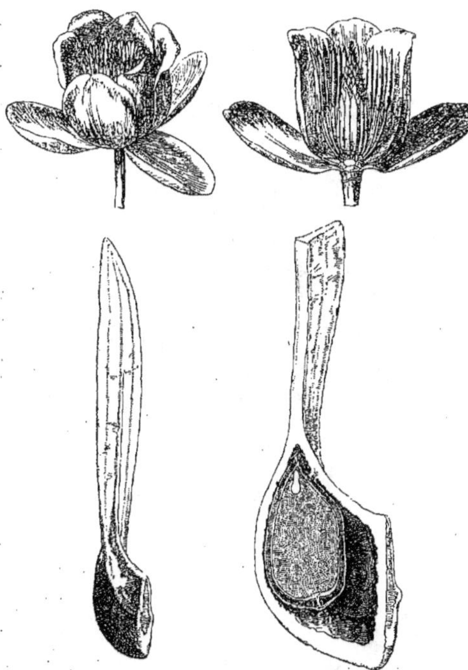

Tulipier. — Fleur, entière et ouverte. Samare, entière et coupe longitudinale.

TULIPO. Nom provençal du *Tulipa sylvestris* L.

TULLIA (Leavenw., in *Sillim. Journ.*, XX, 343, t. 5). Synonyme de *Pycnanthemum* Michx.

TULO-AVELLANA (Spach, in *Ann. sc. nat.*, sér. 2, XVI, 106). Section du genre *Corylus* L., caractérisée par un involucre fort allongé en tube au delà du fruit.

TULOCARPUS (Hook. et Arn., in *Beech. Voy. Bot.*, 298, t. 63). Synonyme de *Guardiola* H. B.

TULODISCUS (DC., *Prodr.*, VI, 296). Section du g. *Erechtites*.

TULONGO, TOULONGA ALA. Noms malgaches du *Dicoryphe Noronhæ* Tul.

TULOSTOMA (Pers., *Tent. disp.*, 6; *Syn.* XIV, 139). Genre de Dermatocarpés, formé de Champignons radicants et stipi-

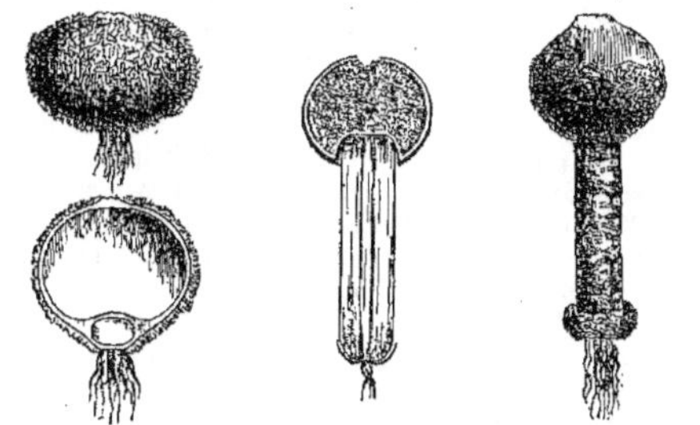

Tulostoma. — Plantes, entières et coupes longitudinales.

tés, vivant dans les terrains sablonneux; distingué par un péridium papyracé, dont la couche extérieure s'exfolie et qui s'ouvre étroitement à son sommet; des sporidies rapprochées

en grand nombre, avec des filaments entremêlés, adnés au péridium. Pour Fries (*Syst.*, III, 5), ce sont des Lycoperdés, de même que pour Corda (*Ic. Fung.*, V, 23; *Mycol.*, 92). Léveillé (in *Dict. d'Orb.*, VII, 505) a donné leur nom à une tribu des *Tulostomés*. [H. Bn.]

TULPAI. Nom, dans l'Inde, des *Elæocarpus* L.

TULPE (Nicol.), en latin Tulpius. Auteur de *Observationes medicæ* [1652], in-8 de 403 p., avec planches, où sont compris des articles botaniques sur le Thé, le *Phallus*, etc.

TUMATLE. Nom, au dix-septième siècle (Bauh.), de la Tomate.

TUMBA-CODIVELI (Rheed.). Synon. de *Plumbago zeylanica* L.

TUMBE. Nom, en Sénégambie, du *Strychnos innocua* Del.

TUMBEKI. Synonyme de *Teymbeki*.

TUMBO. En Afrique, plusieurs Aloès et le *Welwitschia* H. F.

TUMBOA (Welw.). Synonyme de *Welwitschia* Hook. F.

TUMBONG-ASO. Nom, aux Philippines, des *Morinda* Vaill.

TUNA (Dill., *Ht. elth.*, 383-397). Synonyme de *Opuntia* T.

TUNGA (Roxb., *Fl. ind.*, ed. Car. et Wall., I, 187). Synonyme de *Hypolytrum* Rich.

TUNG-TSAOU. Nom, à Formose, de l'*Aralia papyrifera* Hook.

TUNICA (Scop., *Fl. carniol.*, I, 300). Section du genre *Dianthus* L. (H. Bn, *Hist. des pl.*, IX, 111.)

TUNIQUE. Écaille membraneuse des bulbes. Se dit parfois des téguments ovulaires; d'où *Tuniqué*. (Voy. Bulbe.)

TUNO. Dans l'Amérique centrale, le suc du *Sapota Mülleri* Bl.

TUNO. Nom, en Colombie, du *Miconia granulosa* Naud., qui sert aux Indiens à teindre leurs étoffes en jaune.

TUPA (G. Don, *Gen. Syst.*, III, 700). Section du genre *Lobelia* L. (H. Bn, *Hist. des pl.*, VIII, 332.)

TUPEIA (Cham. et Schlchtl, in *Linnæa*, III, 203). Genre de Loranthacées-Loranthées, à fleurs dioïques; les mâles à 4 pétales valvaires, avec 4 étamines opposées; les femelles à périanthe aussi 4-mère; l'ovaire infère à ovule de *Viscum*; le fruit charnu; la graine albuminée; les feuilles opposées ou alternes. On en distingue 2 espèces, de la Nouvelle-Zélande et du Chili. (H. Bn, in *Adansonia*, III, 106.)

TUPEICAVA (Pison, *Bras.*, t. 108). Synonyme de *Scoparia* L.

TUPELO (Adans., *Fam. des pl.*, II, 80). Nom des *Nyssa* Gron. Le T. de montagne est le *N. sylvatica* Michx.

TUPIDANTHUS (Hook. F. et Thoms., in *Bot. Mag.*, t. 4908). Section du genre *Plerandra* A. Gray. On dit que l'ovaire y contient des loges « ultra 90 ». Le type en est l'*Aralia pulchella*, cultivé comme plante d'ornement et qui fleurit assez souvent dans nos serres. C'est, dans l'Inde, une liane très élevée.

TUPISTRA (Ker, in *Bot. Mag.*, t. 1655). Genre de Liliacées-Aspidistrées, formé de 3, 4 herbes asiatiques; voisin des *Aspidistra* et distingué par des fleurs en épi cylindrique; le

Tupistra. — Fleur, entière et ouverte.

périanthe généralement 3-mère, à lobes étalés; le sommet du style épais, pelté ou 3-6-lobé. On cultive dans les serres quelques-unes de ces curieuses plantes. (*Bot. Reg.*, t. 704, 1223. — *Bot. Mag.*, t. 3054.) [H. Bn.]

TUPPER (J.-B.). Auteur [1811], à Londres, de *An essay on the probability of sensation in vegetables*, etc., qui eut une deuxième édition en 1817 (in-8 de 142 p.).

TUPURUBO. Nom, au Brésil, du *Tachia guianensis* Aubl.

TURAIE. Nom ancien de la Nielle des blés.

TURANGA (Bge, *Rel. Lehm.*, 322). Section du g. *Populus* T.

TURANJABIN. Nom arabe de la manne de l'*Alhagi*.

TURARI. Au Brésil, le *Paullinia grandifolia* A. S.-H.

TURBAN, TURBANES. Synonymes de Pépon.

TURBINARIA (Benth., in *DC. Prodr.*, XII, 130). Section du genre *Hyptis* Jacq.

TURBITH. — Voy. GLOBULAIRE, IPOMŒA.

TURBITH (TAUSCH, in *Fl.* [1834], 343). Syn. de *Athamantha* L.

TURBITH BLANC. Le *Globularia Alypum* L.

TURBITH DE MONTAGNE. Nom du *Laserpitium asperum* Cn.

TURBITH FAUX. L'un des noms du *Thapsia villosa* L.

TURBITH FAUX, T. BATARD. Le *Laserpitium latifolium* L.

TURBITH NOIR. L'*Euphorbia palustris* L.

TURBITH VÉGÉTAL. L'*Ipomœa Turpethum* L.

TURCRE. Nom persan du Cédratier.

TURCZANINOW (Nicol.). Mort par accident à Kharkow en 1864, décrivit beaucoup de plantes exotiques, souvent d'une façon peu exacte. Il est surtout connu comme auteur du *Flora baicalensi-dahurica* [1842-56].

TURCZANINOWIA (DC., *Mém. Comp.*, t. 4; *Prodr.*, V, 257). Sect. du g. *Aster* T. (H. BN, *Hist. des pl.*, VIII, 34.)

TURGENIA (HOFFM., *Umbell.*, 59). Genre d'Ombellifères, dont nous n'avons fait qu'une section du genre *Daucus* T. (*Hist. des pl.*, VII, 89.) [H. BN.]

TURGENIOPSIS (BOISS., in *Ann. sc. nat.*, sér. 3, II, 53). Genre d'Ombellifères-Daucées, qui est pour nous une simple section du genre Carotte. (*Hist. des pl.*, VII, 89.) [H. BN.]

TURGESCENCE. État des phytocystes gorgés de sucs.

TURGOSEA (HAW., *Rev. pl. succ.*, 14). Synonyme de *Crassula* L.

TURGOT (Et.-Fr. marquis de Cousmont). A écrit [1758], à Lyon : *Mémoire instructif sur la manière de rassembler, de préparer, de conserver et d'envoyer les diverses curiosités d'histoire naturelle* (in-8 de 146 p. et 25 pl.).

TURIA (FORSK. — RŒM., *Syn.*). Synon. de *Luffa* CAV.

TURIO (Bernard). Auteur [1806] d'un travail sur les plantes des Apennins (in-4 de 32 p.).

TURKEY-BERRY. Nom anglais du *Solanum verbascifolium* L.

TURKEY OAK. Nom anglais du *Quercus Cerris* L.

TURMAS. Nom hindoustani (PIDDINGT.) du Lupin blanc.

TURMERIC. Nom anglais des *Curcuma* L.

TURNEPS, TORNEP, TORNIP. Le *Brassica Rapa* L.

TURNER. Nom de plusieurs botanistes anglais. — Rob. TURNER fut en 1687 l'auteur d'un *Botanologia* (in-8). — Dawson TURNER [1775-1858] publia en 1802 un *Synopsis of the British Fuci* (2 vol. in-8), puis *Muscologiæ hibernicæ Spicilegium* [1804]; *Remarks upon some parts of the Hedwigian system of Mosses* [1804], avec une monographie des *Bartramia; Fuci*, grand ouvrage en 4 vol. gr. in-4, avec de nombreuses planches coloriées [1808-1819]; *Specimen of a Lichenographia britannica* [1839]; enfin, avec L.-W. Dillwyn, *The botanists guide through England and Wales* [1805], 2 vol. in-8. — Le plus célèbre est William TURNER [1515-1568], né à Morpeth et qui se réfugia à Cologne pour échapper à la reine Marie. Il est l'auteur de *A New Herbal*, dont la première partie fut imprimée en 1551, et la deuxième en 1552. Plumier dit de lui, en lui dédiant le genre *Turnera* : « Guillelmus Turnerus Anglus, Medicinæ doctor, vir solidæ eruditionis et judicii, emisit plantarum Historiam Angliæ, anno 1551, in qua figuras Fuchsii plurumque adhibuit, nomina expressit latine, græce, anglice, germanice, gallice, ordinem alphabeticum secutus. » On lui attribue aussi un traité des plantes, publié à Cologne en 1544, ouvrage que Pritzel n'a pu voir.

TURNERA (PLUM., *Gen.*, 15, t. 12). — Voy. TURNÉRÉES.

TURNÈRE. Nom français (LAMK) des *Turnera* PLUM.

TURNÉRÉES. Série des Bixacées, souvent considérée comme famille distincte (*Turnéracées*), caractérisée par des fleurs hermaphrodites, à périanthe (réceptacle?) tubuleux. Pétales rarement appendiculés, insérés à la gorge et périgynes. Androcée isostémoné. Étamines insérées avec les pétales (périgynes) ou plus ou moins bas et jusque dans l'ovaire (hypogynes). Ovaire libre, 3-mère. Styles distincts, simples ou divisés au

sommet. Fruit capsulaire. Graines arillées. Pour nous, ce groupe n'est guère formé que du genre *Turnera*. M. Urban a fait une étude spéciale des Turnéracées, et non seulement il les maintient comme famille, mais il y conserve comme distincts

Turnera. — Branche florifère. Fleur. Fruit déhiscent. Graine.

tous les genres qui y ont été successivement établis. (H. BN, *Hist. des pl.*, IV, 286, 293, 321, fig. 329-342.)

TURPENTINE GUM. En Australie, l'*Eucalyptus Stuartiana*.

TURPENTINE-TREE. Nom anglais du Gomart.

TURPIN (Pierre-J.-Fr.). Né à Vire en 1775 et mort à Paris en 1840, fut un botaniste habile et un bon dessinateur de plantes. On lui doit un Mémoire sur l'inflorescence des Graminées et des Cypéracées [1819]; une Organographie végétale [1827], un Mémoire sur les tubercules des *Solanum* et *Helianthus* [1828], des Observations sur les Cactées [1830], sur une chloranthie de Saule Marceau [1833]; un Mémoire de Nosologie végétale [1833]; des Observations sur l'organogénie et la physiologie des végétaux [1835]; une Notice sur une maladie des Mûriers [1838] et une Iconographie végétale, parue seulement en 1841. Il a donné dans le Dictionnaire des sciences naturelles une série de planches remarquables sur les caractères des principaux genres de plantes, et c'est à lui qu'on doit la plupart des observations premières sur le rôle que jouent les végétaux inférieurs dans les fermentations, découvertes que d'autres se sont plus ou moins complètement attribuées. (Voy. H. BN, *Tr. Bot. méd. crypt.*, 188, 196, etc.)

TURPINIA (H. B., *Pl. æquin.*, I, 113, t. 33). Synonyme de *Fulcaldea* POIT. (H. BN, *Hist. des pl.*, VIII, 104.)

TURPINIA (LL. et LEX., *Nov. veg. descr.*, I, 24). Synonyme de *Turpinium* H. BN.

TURPINIA (PERS., *Syn.*, II, 314). Synonyme de *Poiretia* VENT.

TURPINIA (Rafin., in *Desvx Journ. bot.*, II, 170). Synonyme de *Lobadium* Rafin.

TURPINIA (Vent., *Ch. de pl.*, t. 31). Genre de Staphyléées. Section pour nous du genre *Triceros* Lour. (Turp., in *Dict. sc. nat.*, Atl., t. 273. — H. Bn, *Hist. des pl.*, V, 343.)

TURPINIUM (H. Bn, *Hist. des pl.*, VIII, 25). Section du genre *Vernonia* Schreb.

TURQUETTE. L'*Herniaria glabra* L.

TURQUIE (BLÉ DE). Le *Zea Mais* L.

TURRA (Ant.). Professeur à Vicence, auteur [1764] de *Istoria del arbore della China*; de *Farsetia, nov. gen.* [1765], et de *Floræ italicæ Prodromus* [1780] (in-8 de 68 p.).

TURRÆA (L., *Mantiss.*, 1306). Genre de Méliacées-Méliées, formé d'une vingtaine d'arbres ou arbustes, de l'ancien monde tropical; distingué par des fleurs 4, 5-mères, à calice fendu;

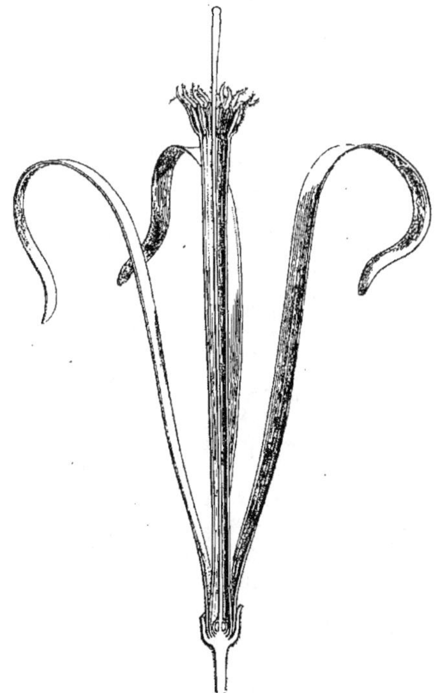

Turræa. — Fleur, coupe longitudinale.

les pétales allongés et libres; le tube de l'androcée allongé, sans disque; des feuilles alternes, simples; des fleurs axillaires. (H. Bn, *Hist. des pl.*, V, 472, 495, fig. 465. — C. DC., *Meliac.*, 435.)

TURRE (Georg. a) ou G. DALLA TORRE. Directeur du jardin de Padoue dès 1649, a publié un catalogue des plantes de ce jardin [1662] et un *Historia plantarum. Dryadum, Amadryadum*, etc. [1685]. C'est à lui que Linné dédia le genre *Turræa*.

TURRÉE. Nom français (Lamk) des *Turræa* L.

TURRIGERA (Dcne, in *DC. Prodr.*, VIII, 590). Genre d'Asclépiadacées-Asclépiadées, formé de 2 lianes américaines; distingué par des fleurs à corolle campanulée, avec 5 lobes étroits; une large couronne, insérée en haut du tube, lobée et cupuliforme, ou à écailles indépendantes; le style longuement rostré au sommet. (H. Bn, *Hist. des pl.*, X, 262.)

TURRITA. Nom ancien des *Arabis* L.

TURRITIS (L., *Gen.*, 819). Synonyme de *Arabis* L.

TURSENIA (Cass., in *Dict.*, XXXVIII, 480). Synonyme de *Baccharis* L.

TURUCASA. Le *Guaiacum hygrometricum* H. Bn.

TURUNJABEEN. Dans l'Inde, les galles des *Tamarix indica* W., *dioica* Roxb. et *Furas*, employées comme médicament et pour la préparation des peaux.

TUSAI (Clus.). Le *Fritillaria imperialis* L.

TUSCA. Nom argentin de l'*Acacia Aroma* Gill.

TUSILLA. Nom, au Vénézuela, du *Dorstenia tubicina* R. et Pav., plante vantée contre la morsure des serpents.

TUSSAC (F.-R. de). Auteur [1808-1827] du *Flora Antillarum*, botanique économique, rural et industriel (4 vol. in-fol.).

TUSSACA (Rafin., *Dec. somiol.* [1819]; in *Journ. phys.*, LXXXIX, 261). Synonyme de *Goodyera* R. Br. (B. H, *Gen.*, III, 602.)

TUSSACIA (Kl., ex Beer, *Bromel.*, 99). Synonyme de *Catopsis* Grised.

TUSSACIA (Reichb., *Ic. exot.*, I, 28, t. 41). Genre de Gesnériacées-Cyrtandrées, formé de 4, 5 herbes vivaces, américaines; distingué par un large calice campanulé, tronqué, coloré, parfois 5-lobé; des anthères incluses, libres; des cymes rapprochées en masse corymbiforme terminale. (*Bot. Mag.*, t. 1146. — H. Bn, *Hist. des plant.*, X, 91.)

TUSSACIA (W. — Sch., *Syst.*, VII, 10, 57). Genre incertain.

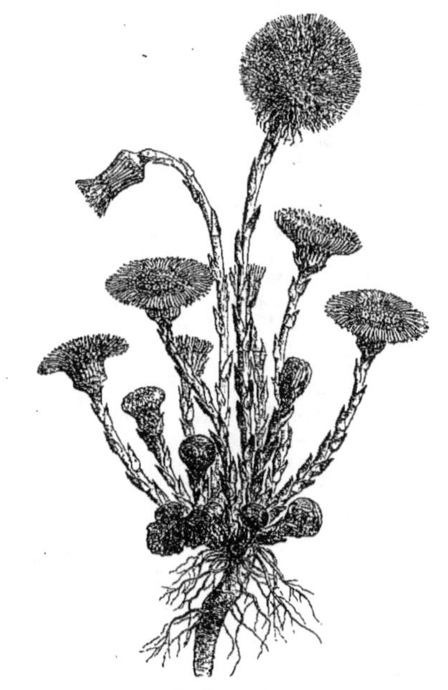

Tussilage. — Port.

TUSSILAGE. Le *Petasites* (*Tussilago*) *Farfara* H. Bn, dont le nom vient de ses propriétés pectorales.

TUSSILAGE DES ALPES. Le *Cacalia alpina* L.

TUSSILAGO sive **FARFUGIUM** (Matth.). Le *Trollius palustris* L.

TUSSILAGO (T., *Inst.*, 487, t. 276). Section du genre *Petasites* T. (H. Bn, *Hist. des pl.*, VIII, 272, fig. 101.)

TU-TU. Nom, à la Nouvelle-Zélande, du *Coriaria ruscifolia*. C'est aussi le nom maori du *Phyllocladus trichomanoides*, dont les fibres servent à broder les manteaux des indigènes.

TWAYBLADE. Aux États-Unis, le *Liparis lilifolia*.

TWEEDIA (Hook. et Arn., in *Hook. Journ. Bot.*, I, 291). Synonyme de *Oxypetalum* R. Br.

TWENT (A.-P.). Auteur, à la Haye [1800], de *Proeve of eenige aanteekeningen wegens het planten op Duinen van Raaphorst, aan liefhebbers van planten*, etc. (in-8 de 104 p.).

TWIN-LEAF. Aux États-Unis, le *Jeffersonia diphylla* Pers.

TWISTED BRANCHED PINE. Le *Pinus contorta* Eng.

TYDÆA (Dcne, in *Rev. hort.* [1848], 468). Synonyme de *Isoloma* Benth.

TYDLOOZEN. Nom flamand du Colchique d'automne.

TYLANTHUS (Reiss., in *Endl. Gen.*, 1101). Synonyme de *Phylica* L.

TYLKOWSKI (Adalb.). Auteur [1669], à Cracovie, de *Physica curiosa* (in-4), dont la p. VIII (453) traite des végétaux.

TYLLOMA (Don, in *Trans. Linn. Soc.*, XVI, 238). Synonyme de *Chætanthera* R. et Pav.

TYLOCHILUS (Nees, in *Verh. Gartenb. Ges. Berl.*, VIII, 191, t. 3). Synonyme de *Cyrtopodium* R. Br.

TYLODERMA (Miers, in *Trans. Linn. Soc.*, XXVIII, 413). Section du genre *Hippocratea* L.

TYLODONTIA (Griseb., *Cat. pl. cub.*, 175). Synonyme (?) de *Astephanus* R. Br.

TYLOGLOSSA (Hochst., in *Flora* [1842], Beil., I, 144). Synonyme de *Justicia* L.

TYLOMIUM (Presl, *Prodr. Mon. Lobel.*, 31). Section du genre *Lobelia* L.

TYLOPHORA (R. Br., in *Mem. Werner. Soc.*, I, 28). Genre d'Asclépiadacées-Marsdéniées, formé d'une quarantaine de lianes, rarement d'herbes dressées, de l'ancien monde; distingué par des fleurs à corolle rotacée, tordue; le bord droit recouvrant; une couronne de 5 écailles comprimées latéralement, charnues, longuement adnées en dedans, parfois prolongées horizontalement à la base; des pollinies globuleuses ou courtement ovoïdes, petites. Ce sont des plantes âcres. Le *T. asthmatica* W. et Arn. est l'Ipecacuahna de l'Inde. (H. Bn, *Hist. des pl.*, X, 273; *Tr. Bot. méd. phanér.*, 1299.)

TYLOSEPALUM (Kurz, ex Teysm. et Binn., in *Bat. Natuurk. Tijdscr.*, XXVI, 50). Synonyme (?) de *Codiæum* (M. Arg.) ou de *Trigonostemon* (Benth.).

TYLOSTYLIS (Bl., *Fl. Jav. Præf.*, 6). Syn. de *Callostylis* Bl.

TYLOTHRASYA (Dœll, in *Mart. Fl. bras.*, II, II, 295, t. 37). Sous-section des *Thrasya* (*Panicum* L.).

TYMPANANTHE (Hassk., in *Flora* [1847], 757). Synonyme de *Dictyanthus* Dcne.

TYMPANIS (Tode, *Fung. meckl.*, I, 23, t. 4, fig. 37). Genre de Champignons, rapporté par Persoon aux Lythothéciés et par Fries (*Pl. homon.*, 114) aux Patellarés. Pour Endlicher qui (*Gen.*, n. 380) l'attribue aux Tympanidés, il est caractérisé par un périthèce cyathiforme, marginé et ouvert, recouvert d'un voile ténu et fugace. Le disque, placé sur un réceptacle (*Stra-*

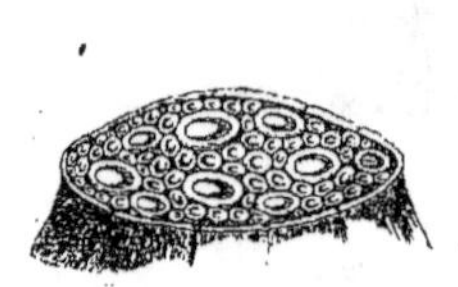
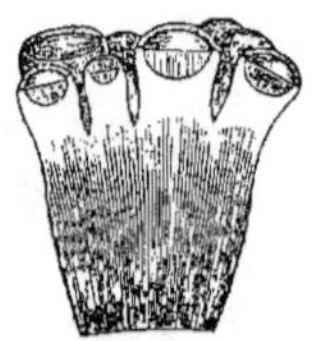

Tympania. — Réceptacle et coupe longitudinale.

tum proprium), se détruit finalement. Les asques sont filiformes et fixes. Ces petits Champignons vivent en groupes et deviennent bientôt noirs; ils sortent de l'épiderme des ramules des arbres. Léveillé en a fait des Cénangiés (in *Dict. d'Orb.*, VIII, 490), de même que Bail (*Syst.*, 60, t. 19); et pour Bonorden (*Handb.*, 205), ce sont des Pezizés. (Grev., *Scot.*, t. 338.) [H. Bn.]

TYNANTHUS (Miers, *Rep. plants Weir*, in *Proc. Roy. Hort. Soc. lond.*, III [1863], 179). Genre de Bignoniacées, tribu des Bignoniées, comprenant 7 espèces de l'Amérique du Sud. Ce sont des lianes, à feuilles 3-foliolées ou 2-foliolées, avec cirrhe. Le calice est à 5 dents; la corolle bilabiée, la lèvre postérieure dressée, l'antérieure étalée. Le disque est nul ou à peine apparent. Les étamines sont didynames. L'ovaire a 4 séries d'ovules dans chaque loge. Le fruit est en forme de silique, comprimé-

tétragone. Les valves sont parallèles à la cloison et portent une sorte de crête parallèlement à chacun de leurs bords. Elles se séparent de bas en haut. Les graines, très plates, avec un hile linéaire, sont entourées d'une aile transparente, très développée latéralement. (H. Bn, *Hist. des pl.*, X, 32.) [B.]

TYPE. On considère comme le *type spécifique* d'une plante la somme des caractères communs entre les individus d'une même espèce. On dit aussi qu'un genre est le *type* d'une famille, d'une tribu, etc., quand il la représente par des caractères aussi complets que possible, sans déviations dues au dédoublement, à la multiplication, à l'avortement, etc. Dans les collections, le *type* d'une plante est l'échantillon primitif sur lequel le genre ou l'espèce a été établi.

TYPHA (T., *Inst.*, 530, t. 301). Genre de Monocotylédones, qui donne son nom à la famille des *Typhacées*, et qui est formé d'une dizaine d'herbes des marais, à rhizome épais, rampant dans la vase, à longues feuilles basilaires, ensiformes, rectinerves; à inflorescences formant, au sommet d'une hampe, un ou plusieurs cylindres dans lesquels les fils du périanthe retiennent rapprochés intimement les fleurs monoïques et les fruits. Ces fils représentent des périanthes à folioles grêles, souvent spathulées. Les fleurs mâles sont représentées par de nombreuses étamines à filet grêle et à anthère 2-loculaire. Dans les fleurs femelles, il y a un ovaire étroit, surmonté d'un style, avec un ovule descendant et anatrope. Le fruit est sec. La graine a un albumen farineux. (L.-C. Rich., in *Ann. Mus.*, XVII, t. 5, fig. 8, 9. — Nees, *Gen. pl. germ.*, *Monoc.*, III, n. 41. — Reichb., *Ic. Fl. germ.*, t. 319-323. — Gren. et Godr., *Fl. de Fr.*, III, 533. — H. Bn, *Herbor. paris.*, 377.)

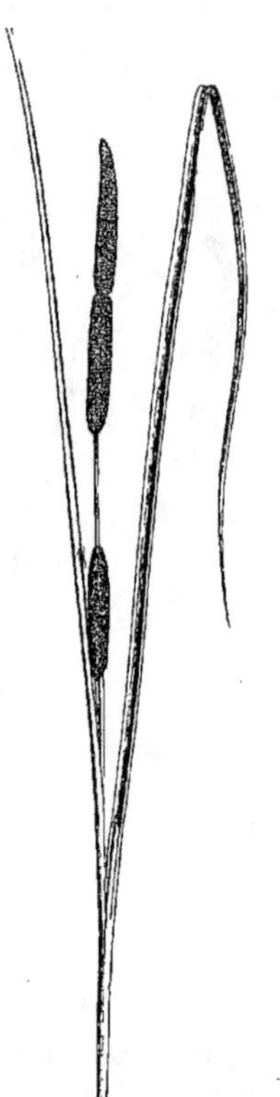

Typha. — Branche florifère.

TYPHACÉES. Famille formée des genres *Typha* T. et *Sparganium* T. — Voy. ces mots.

TYPHODIUM (Link, in *Fries Syst. myc.*, III, 363). Synonyme de *Epichloe* Tul.

TYPHOIDES (Mœnch, *Meth.*, 201). Synonyme de *Baldingera* Gærtn.

TYPHONIUM (Schott, in *Wien. Zeitschr.*, III, 72). Genre d'Aracés-Arées, formé d'une douzaine d'herbes tubéreuses, asiatiques et océaniennes; distingué par des spathes à tube convoluté; l'ovaire à 1, 2 ovules basilaires; la baie à 1, 2 graines; les feuilles sagittées, lobées ou pédatiséquées. On en cultive quelques curieuses espèces dans les jardins botaniques. (*Bot. Mag.*, t. 339, 3234, 6180.) [H. Bn.]

TYPHONODORUM (Schott, in *Œstr. Wochenbl.* [1857], 70; *Gen. Aroid.*, 43). Genre d'Aracées-Colocasiées, formé de 2 plantes malgaches, à tige robuste; les feuilles triangulaires-hastées; l'ovaire à un seul ovule basilaire. (Engl., *Arac.*, t. 331; in *Bot. Jahrb.*, I, 188.)

TYPHOPSIS. Section (B. H., *Gen.*, III, 865) du genre *Xerotes* R. Br.

TYPHULA (Pers., *Syn.*, XVIII). Sous-genre des *Clavaria*, élevé par Fries au rang de genre. Le réceptacle minuscule est formé d'un stipe filiforme, portant une clavule, mince, céracée, dont il est distinct; il naît souvent d'un sclérote. L'hyménium, qui tapisse la surface de la clavule, est formé de basides à 2 ou 4 spores. Les cystides sont nuls ou peu apparents. 47 espèces, dont une quarantaine observées en Europe sur des débris végétaux pourrissant. [De S.]

TYRBOEA (Moç. et Sess., *Icon. mex. ined.*, ex A. DC.). Synonyme de *Icacorea* Aubl.

TYRIA (Kl. — Endl., *Gen.*, Suppl., IV, 88). Section du genre *Croton* L.

TYRIA (Kl., in *Linnœa*, XXIV, 21). Genre proposé pour le *Ceratostenia Salapa* de Bentham et rapporté par celui-ci au genre *Macleania* Hook. (*Gen.*, II, 566.)

TYRIMNUS (Cass., in *Bull. philom.* [1818], 168; in *Dict.*, XLI, 335). Section du genre *Carduus* T. (H. Bn, *Hist. des plant.*, VIII, 6.)

TYROQUI. Au Brésil, l'*Hedysarum gyrans* L. (?)

TYRTAMIA (Bronn., *Traub. Reinth.*, 11, 12). « Classe » de Vignes.

TYSONIA (Bolus, in *Hook. Icon.*, t. 1942). Genre de Boraginacées-Boraginées, fondé sur une herbe de l'Afrique australe, à grandes feuilles scabres, ovales ou lancéolées; à grappe terminale composée, cymigère; distingué par une corolle subrotacée, avec 10 écailles à la gorge, et un fruit formé de 1-3 nucules subdisciformes, dont une plus grande s'étale en une grande aile marginale, cartilagineuse, ruguleuse. Les autres ont une bordure plus étroite. Nous sommes forcé, à cause du genre de Tiliacées *Tisonia*, de changer ce nom en celui de *Neobolusia* [H. Bn.]

TYSSELINUM (offic.). Le *Selinum palustre* L.

TYTONIA (Don, *Gen. Syst.*, I, 719). Synonyme de *Hydrocera* Bl.

TZOUFELS. Nom arabe du *Thapsia garyanica* L.

U. Graminée aquatique du Japon (KÆMPF.), dite comestible.

UAPACA (H. BN, *Et. gén. Euphorbiac.*, 595; in *Adansonia*, XI, 176; *Hist. des pl.*, V, 246). Genre d'Euphorbiacées 2-ovulées (Phyllanthées), formé de 7, 8 arbres et arbustes, d'Afrique et de Madagascar; distingué par des fleurs apétales, dioïques; les mâles en chatons courts, et les femelles solitaires, incluses d'abord dans un involucre de 4-6 feuilles. Il n'y aurait donc pas de vrai calice. Autour du gynécée rudimentaire, la fleur mâle compte 4, 5 étamines, et l'ovaire est à 3 loges; les branches du style ramifiées et dilatées. (*Hook. Icon.*, t. 1287.)

UAPOUE. L'*Euryale* (*Victoria*) *amazonica* PŒPP.

UARANAZEIRO. Au Brésil, le *Paullinia sorbilis* MART.

UBA-YURI. Nom japonais du *Lilium cordifolium* THUNB.

UBI. Nom malais du *Dioscorea alata* L. C'est le nom vernaculaire, en Amérique, de la Pomme de terre et des Ignames.

UBI, UFI. Synonymes de *Papa*.

UBIÆA (J. GAY, in *A. Rich. Fl. abyss.*, I, 447). Le *Schnittspahnia Schimperi* SCH.

UBILLA. Nom, à Bogota, du *Coriaria thymifolia* H. B. K. et du *Cestrum parviflorum*, dont les fruits, surtout ceux du premier, servent à fabriquer une encre qui résiste à l'eau de mer.

UBIUM (RUMPH., *Hb. amb.*, V, 364). Syn. de *Roxburghia* JON.

UCACEA (CASS., in *Dict.*, XXVII, 9; XXIX, 493). Synonyme de *Blainvillea* CASS.

UCACOU (ADANS., *Fam. des pl.*, II, 131). Synonyme (part.) de *Synedrella* GÆRTN. (H. BN, *Hist. des pl.*, VIII, 226.)

UCHO-RAN. Nom japonais du *Gymnadenia rupestris* MIQ.

UCHURI. Nom indien du *Tariri* (*Picramnia*) *Lindenianum* H. BN, que les Indiens Lecos emploient pour teindre en violet.

UCHU-UCHU USI-ASI. Nom péruvien du *Ceratostema grandiflorum* R. et PAV.

UCRIA (Bern. de). Auteur [1789] d'un *Hortus regius panhormitanus* (in-4 de 498 p.).

UCRIA (TARG., ex *Rœm. Arch.*, 70). Synonyme de *Ambrosinia* BASS.

UCRIANA (CHAM. et SCHLCHTL, in *Linnæa* [1819], 181). Synonyme de *Augusta* POHL.

UCRIANA (W., *Spec.*, I, 961). Snonyme de *Tocoyena* AUBL.

UCUUBA. Nom brésilien du *Myristica surinamensis* BOL., dont le fruit fournit une matière grasse, dont on fait des chandelles, un peu aromatiques, plus durables que celles de suif.

UDANI (RUMPH. — ADANS., *Fam. des pl.*, II, 22). Synonyme de *Quisqualis* L.

UDO. Nom japonais de l'*Aralia cordata* THUNB.

UDORA (NUTT., *Gen. nov. amer.*, II, 242). Synonyme de *Elodea* MICHX.

UDOTEA (LAMX, *Exp. méth.*, 27). Genre d'Algues-Siphonées, que Reichenbach rapporte aux Corallinées, et Endlicher (*Gen.*, Suppl., III) aux *Udotéées*. On en fait généralement des Halimédées. Elles sont caractérisées par un thalle flabelliforme, aplati ou involuté inférieurement, composé de tubules parallèles et imbriqués, assez régulièrement ramifiés, marqué de zones concentriques obscures. (PAYER, *Bot. crypt.*, 32.)

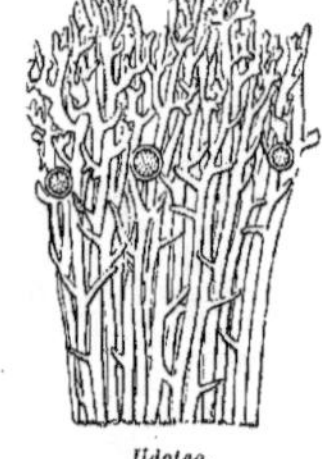

Udotea.

UDROLEA (ADANS.). Pour *Hydrolea* L.

UEBELINIA (HOCHST., in *Flora* [1841], 664). Genre de Caryophyllacées-Lychnidées, formé de 2 herbes africaines; distingué par des fleurs à 5 pétales sans écailles; 8-10 étamines, dont 5 souvent seules fertiles; 5 styles; un fruit à 4, 5 valves; des fleurs solitaires dans les dichotomies. (OLIV., in *Hook. Icon.*, t. 1492. — H. BN, *Hist. des pl.*, IX, 108; in *Bull. Soc. Linn. Par.*, 603.)

UECHTRITZ (Max-F.-S. v.). A écrit [1820], à Breslau, *Kleine Reisen eines Naturforschers* (in-8 de 354 p.).

UFI. Synonyme de *Ubi*.

UGENA (CAV., *Icon.*, t. 594, 595). Synon. de *Lygodium* Sw.

UGGUR (Huile d'). Celle de l'*Aquilaria Agallocha* ROXB.

UGNI. Nom, au Chili, de l'*Eugenia Ugni* HOOK. et ARN.

UGNI (TURCZ., in *Bull. Mosc.* [1848], I, 579). Synonyme de *Myrtus* T. et section de ce genre.

UGOLA (ADANS., *Fam.*, II, 5). Synon. (part.) de *Peziza* DILL.

UGONA (ADANS., *Fam.*, II, 22). Synonyme de *Hugonia* L.

UHDEA (K., *Ind. sem. Hort. berol.* [1847]). Synonyme de *Montanoa* LLAV. et LEX.

UIKIYO. Nom japonais du Fenouil.

UITENIA (NOR., *Verh. Bot. Gen.*, V, ex MIQ., *Fl. ind. bat.*, I, II, 574). Synonyme de *Erioglossum* BL.

UKKIN-KO. Nom japonais d'une plante à racine aromatique, qu'on croit être le *Sumbul*.

UKKURITZ. Nom esthonien du Concombre.

UKON. Nom japonais du *Curcuma longa* L.

UKSHADU. Nom sanscrit (ROXB.) du Noyer.

ULA (RHEED., *H. malab.*, VII, t. 22). Synon. de *Gnetum* L.

ULANTHA (HOOK., *Bot. Mag.*, LVII). Syn. de *Chloræa* LINDL.

ULASSIUM (RUMPH., *Herb. amboin.*, III, t. 42). Synonyme (?) de *Echinus* LOUR.

ULAVA. Nom sanscrit du *Lagenaria vulgaris* SER.

ULÉ. L'un des noms espagnols du *Castilloa elastica* CERV.

ULEK (BAUMG.). Synonyme (PFEIFF. de *Telekia* BAUMG.

ULEQUAHUITL. Nom aztèque du *Castilloa elastica* CERV.

ULEX (L., *Gen.*, n. 881). Genre de Légumineuses-Papilionacées-Génistées, formé d'une dizaine d'arbustes épineux, européens ou africains; distingué, dans le groupe des Spartiées, par un calice coloré, à 2 lèvres; la supérieure à 2 dents, et l'inférieure à 3; les feuilles réduites à des rudiments ou 0. La plus connue de nos espèces est l'*U. europæus* L. ou Ajonc landier, des terrains arides, employé à une foule d'usages économiques, et qui fleurit même l'hiver. (H. BN, *Hist. des pl.*, II, 335; *Iconogr.*, *Fl. fr.*, n. 131; *Herbor. par.*, 30, fig.)

ULGE-JABBA. Nom macassar du *Cardiopteris Rumphii* H. BN.

ULITZSCH (K.-Aug.). Auteur [1796], à Torgau, de *Botanische Schattenrisse, nebst einer Kurzen Einleitung*, etc. (in-4, 80 pl.).

ULLGREN (Olof-Math.). Auteur [1815], à Upsal, de *De plantis tinctoriis suecanis* (in-4 de 14 p.). Il mourut en 1819.

ULLOA (PERS., *Syn.*, I, 218). Synon. de *Juanulloa* R. et PAV.

ULLUCOS. Nom bolivien de l'*Ullucus tuberosus* CALD., dont les tubercules peuvent se cultiver sous les climats les plus rigoureux, et constituent le plus médiocre légume de la Bolivie.

ULLUCUS (CALDAS. — LOZ., in *Senan. N.-Granad.* [1809], 185. — DC., *Prodr.*, III, 360). Genre de Chénopodiacées-Basellées, formé d'une herbe de l'Amérique méridionale andine, vivace, charnue, à branches herbacées, étalées ou volubiles; les fleurs hermaphrodites, à calice membraneux; les 5 lobes acuminés et prolongés en queue; 5 étamines périgynes; l'ovaire supère, à un ovule dressé et campylotrope; le style court, à tête stigmatifère obtuse. Le fruit charnu est en partie inclus dans le périanthe. La tige souterraine et tubéreuse de cette plante (*U. tuberosus*) est comestible; on a voulu en faire un succédané de la Pomme de terre. (H. BN, *Hist. des pl.*, IX, 147, 197.)

ULMACÉES. Famille qui, pour certains auteurs, fait partie des Urticacées. Nous y avons réuni les Ulmées (avec les Celtidées), Morées, Artocarpées et Cannabinées. (H. BN, *Hist. des pl.*, VI, 137, Fam. 50.) [H. BN.]

ULMARIA. Nom ancien officinal de la Reine des prés.

ULMARIA (T., *Inst.*, 265, t. 141). Synonyme de *Spiræa* L.

ULMINIUM (UNG., in *Endl. Gen.*, Suppl., II, 101). Genre de bois fossile. (*N. Jarb. Miner.* [1842], 174.)

ULMITES (ENDL., *Gen.*, Suppl., IV, 33). Genre d'Ulmacées fossiles.

ULMUS. Nom latin des Ormes (III, 468).

ULMUS (UNG., *Chlor. protog.*, 91, t. 24, 25). Synonyme de *Ulmites* ENDL.

ULOCLADIUM (PREUSS, *Fung. Hoyersw.*, et in *Sturm Deutschl. Fl.*, III, 83, t. 42). Synon. de *Stemphylium* WALLR.

ULOCOLLA (BREF., *Untersuch.*, VII, 95). Genre de Trémellinés, à réceptacle de Trémelle; à baside globuleux, se divisant en deux stérigmates bacillaires. Les spores réniformes deviennent biloculaires et, à la germination, donnent naissance à des filaments courts, portant à leur sommet une couronne de petites conidies baculiformes. Peut être considéré comme un sous-genre du genre *Tremella* DILL. [DE S.]

ULODENDRON (RHOD., *Beitr.*, t. 3). Genre fossile, rapporté aux Lépidodendrées. (LINDL. et HUTT., *Foss. Fl.*, I, 22, t. 5, 6. — ENDL., *Gen.*, 70. — UNG., *Syn. pl. foss.*, 134; *Chlor. protog.*, LVIII. — AD. BR., in *Dict. d'Orb.*, XIII, 91. — STERNB., *Vers.*, II, 185 [*Lycopodiacites*].)

ULOLOBUS (DC., *Prodr.*, IV, 457). Section du g. *Guettarda*.

ULOPTERA (FENZL, in *Flora* [1843], 461). Genre d'Ombellifères, dont le type est le *Ferula lophoptera* BOISS., et qui a été réuni aux *Ferulago* KOCH.

ULOSPERMUM (LINK, *Enum. Hort. berol.*, I, 267). Synonyme de *Capnophyllum* GÆRTN.

ULOSPERMUM (POMEL, *Mat. p. serv. à la fl. foss. du terr. jur. de la France*, in *Amtl. Ber. d. Vers. deutsch. naturf.* [Aachen 1849], 346). Synonyme de *Cycadinocarpus* SCHIMP.

ULOSTOMA (G. DON, *Gen. Syst.*, IV, 196). Syn. de *Gentiana*.

ULOZYGODON (C. MUELL., *Syn. Musc.*, I, 680). Sect. du g. *Zygodon*, dont le type est l'*Anæctangium lapponicum* HEDW.

ULPIC. Nom ancien de plusieurs *Allium* T.

ULPU. Boisson fermentée faite avec le *Milium nigricans* PAV.

ULRICIA (JACQ., ex *Steud. Nom.*, II, 25). Synonyme de *Lepechinia* W.

ULUXIA (J., in *Dict. sc. nat.*, X, 103). Synonyme de *Columellia* R. et PAV.

ULVASTRUM (DC., *Bot. gall.*, II, 958). Section du g. *Ulva*.

ULVOIDITES (STNB., *Vers.*, II, 20). S.-ordre des *Algacites*.

UMARA. Nom, à Otaïti, du *Convolvulus chrysorhizus* SOL.

UMARI (MARCGR., *Bras.*, 121). Synonyme de *Geoffroya* JACQ.

UMBELLA. Nom latin de l'Ombelle. *Umbellatus*, disposé en ombelle. *Umbelliformis*, en forme d'ombelle.

UMBELLARIA (BENTH., *Labiat.*, 133). Section du g. *Hyptis*.

UMBELLIFERÆ. — Voy. OMBELLIFÈRES.

UMBELLULARIA. Ce genre de Lauracées, considéré comme distinct par Nuttall (*N.-amer. Sylv.*, I, 103), qui l'a aussi nommé *Drimophyllum* (*loc. cit.*, 101, t. 22), a été conservé par Nees (*Syst. Laur.*, 462) comme section du genre *Oreodaphne*. Il ne comprend qu'un arbre californien, à feuilles alternes, odorantes, persistantes et à fleurs disposées en ombelles (?) nombreuses occupant les aisselles supérieures et les sommets des rameaux. Les fleurs sont celles des *Litsæa*, sinon que les anthères de celles du quatrième verticille sont extrorses. Le fruit est une baie, garnie à sa base du réceptacle persistant. (*Bot. Mag.*, t. 5320. — MEZ, *Laur. amer.*, 482.) [H. BN.]

UMBILICUS (DC., in *Bull. philom.* [1801]; *Prodr.*, III, 399). Section du genre *Cotyledon* L.

UMBILICUS VENERIS (MATTH.). Le *Cotyledon Umbilicus* L. L'*U. veneris alter* MATTH. est le *Saxifraga Aizoon* L.

UMBIMVANI-ININYANE. Nom cafre du *Trichocladus crinitus*, à bois très apprécié à Natal pour faire les rayons des roues.

UMBOMVO-UMBABO. Nom cafre du *Calodendron capense* THUNB., qui sert à Natal à faire les jougs de bœufs.

UMBOMVU. Nom cafre du *Mimusops obovata* SOND., dont le bois, égal en qualité à celui de Teck, est employé à Natal pour les constructions navales et la menuiserie.

UMBRACULARIA (C. MUELL., *Syn. Musc.*, I, 146). Section du genre *Splachnum* L.

UMBUZEIRO. A Rio Grande, le *Papaya quercifolia* H. BN.

UMCOBA. Nom cafre du *Podocarpus pruinosus*, employé à Natal dans la charpente et la menuiserie, mais inférieur comme qualité à l'*Umbomvu*.

UMDAGANA. Nom cafre de l'*Apodytes dimidiata* E. MEY., employé à Natal pour la confection des chariots et des jantes.

UMEAU. Synonyme d'Ormeau.

UMEDA GOBO. Au Japon, une des variétés du *Gobo*.

UMSEMA (RAFIN., in *Desvx Journ. bot.*, II, 170). Synonyme de *Pontederia* L.

UMTATA. Nom cafre du *Ptæroxylon utile* ECK. et ZEYH., employé à Natal dans la construction des ponts et des moulins.

UNA DE GATTO. Dans l'Uruguay, l'*Acacia bonariensis* GILL.

UNAMO. Nom, sur les bords du Meta, du *Jessenia polycarpa* KARST., dont les fibres servent à faire des cordes, hamacs, etc.

UNANUE (Jos.-Hipol.). Professeur à Lima, a écrit [1794] une dissertation sur la Coca, sa culture et ses propriétés (in-4).

UNANUEA (R. et PAV., *Ic. sc. Fl. per. ined.*). Synonyme de *Stemodia* L.

UNCARIA (BURCH., *Trav.*, I, 536). Synonyme de *Harpagophytum* DC.

UNCARIA (SCHREB., *Gen.*, I, 125). Synonyme de *Ourouparia* AUBL. (H. BN, *Hist. des plant.*, IV, 495.)

UNCARIOPSIS (KARST., *Fl. columb.*, I, 181, t. 90). Genre de Rubiacées, très voisines, à ce qu'il semble, des *Schradea*, et qui ont, dit-on, le port d'un *Morinda*, avec des inflorescences globuleuses, capituliformes, longuement pédonculées, et un ovaire infère, biloculaire et pluriovulé. C'est un arbuste du Vénézuela. (B. H., *Gen.*, II, 67, n. 106. — H. BN, *Hist. des plant.*, VII, 455.)

UNCIFERA (LINDL., in *Journ. Linn. Soc.*, III, 39). Genre d'Orchidacées-Vandées, formé de 2 herbes épiphytes, de Khasye; distingué par des fleurs petites et en grappes spiciformes denses; les sépales et pétales étalés-dressés; le labelle pourvu d'un éperon fortement arqué; les caudicules dilatés et sub-2-lobés au sommet. Le genre est d'ailleurs voisin des *Saccolabium* BL. [H. BN.]

UNCINARIA (REICHB., *Nom.*, 230). Syn. de *Ourouparia* AUBL.

UNCINIA (PERS., *Syn.*, II, 534). Genre de Cypéracées-Caricées, formé de 25 espèces environ, des régions froides et tempérées, surtout de l'hémisphère austral; distingué par des fleurs femelles à utricules fermés jusqu'à leur orifice oblique ou 2-denté; les rhachilles exsertes et oncinées ou réfléchies-glo-

UNEFEUILLE. Nom ancien du *Maianthemum bifolium* DC.

UNGER (Franz). Célèbre professeur de l'université de Vienne [1800-1870]. Son premier ouvrage fut *Die Exantheme der Pflanzen* [1833]. Il écrivit ensuite *Ueber den Einfluss des Bodens auf die Vertheilung der Pflanzen* [1836]; des Aphorismes sur l'anatomie et la physiologie végétales [1838], un travail sur la structure de la tige des Dicotylédones [1840], sur les cristaux des plantes [1840], sur leur pathologie [1840]; un *Synopsis plantarum fossilium* [1845]. Son *Grundzüge* est de 1846; et l'année suivante il publia son *Chloris protogæa*

Groupes de Palmiers (*Unamos Jessenia polycarpa*).

chidiées à leur extrémité. (K., *Enum.*, II, 524. — HOOK. F., *N. Zel. Fl.*, t. 64; *Fl. antarct.*, t. 51, 145; *Fl. tasm.*, t. 152, 153. — C. GAY, *Fl. chil.*, t. 72. — RAOUL, *Ch. de plant. Nouv. Zél.*, t. 5.) [H. BN.]

UNCOMOCOMO. Nom cafre du *Lastrea athamantica* MOORE, remède que les Zoulous emploient surtout contre le tænia.

UNDAY. Nom indigène du *Genipa Jovis tonantis* H. BN, qui, fixé au toit des cases, passe pour les préserver de la foudre.

UNDERWOOD (John). Auteur [1802] d'un catalogue des plantes cultivées dans le jardin de la Société botanique de Dublin, et [1804] d'un catalogue du jardin de Glasvenin à Dublin (in-8).

UNEDO (LINK et HFFMSG, *Fl. port.*, I, 415). Synonyme (part.) de *Arbutus* L.

(in-4 av. 50 pl.). On lui doit beaucoup de mémoires sur les végétaux fossiles. En 1860-66 parut son *Sylloge plantarum fossilium.* Avec Kotschy il composa un livre sur l'île de Chypre. Très actif et très laborieux, il a écrit un grand nombre de traités et de mémoires sur les questions générales d'anatomie et de physiologie. — J.-G. UNGER fut l'auteur, en 1731, d'une notice sur le *Papyrus* (in-4 de 42 p.), publiée à Leipsig.

UNGERIA (SCHOTT et ENDL., *Melet.*, 27, t. 4). Genre de Malvacées-Hélictérées, formé d'un arbre de l'île Norfolk, à loges ovariennes 1-ovulées et à fruit pourvu de 5 angles ailés; les graines non ailées. (H. BN, *Hist. des pl.*, IV, 66, 124.)

UNGERNIA (BGE, in *Bull. Mosc.* [1875], II, 271). Genre d'Amaryllidacées-Amaryllées, formé d'une plante bulbeuse, de

Perse; distingué des *Sternbergia* par de grandes inflorescences ombelliformes; le périanthe en entonnoir; le fruit loculicide et membraneux. [H. Bn.]

UNGER-STERNBERG (Fr. v.). Professeur à Dorpat, a écrit, en 1866, *Versuch einer Systematik der Salicornier*. On a publié un travail détaillé de lui sur ces plantes dans les *Comptes rendus* du Congrès botanique de Florence. Il est mort en 1868.

UNGIUS (Nic.-Thom.). Auteur [1636], à Upsal, de *Encomion historiæ plantarum, seu oratio de plantis*, etc. (in-4).

UNGNAD (Chr.-Sam.). A écrit [1757], à Francfort-sur-le-Veser, *De Malo Persica* (in-4 de 34 p.). Il est mort en 1653.

UNGNADIA (ENDL., *Atakt.*, 36). Genre de Sapindacées-Sapindées, formé d'un petit arbre du Texas, à feuilles imparipennées; distingué par des fleurs à 5 sépales; 4, 5 pétales inégaux; 7-10 étamines; 2 ovules dans chaque loge; un fruit loculicide. L'*U. speciosa* ENDL., à fleurs roses, est parfois cultivé dans les jardins botaniques. (A. GR., *Gen. ill.*, t. 178, 179. — H. Bn, *Hist. des pl.*, V, 423.)

UNGUACHA (HOCHST., in exs. *Schimp.*). Syn. de *Strychnos* L.

UNGUELLUS (WALCH, in *Nat. d. Verst.*, II, 119). Synonyme de *Lepidodendron* STERNB.

UNGUICULARIA (DC., *Prodr.*, II, 400). Section du g. *Vigna*.

UNGUIS. Nom latin de l'Onglet. *Unguiculatus*, organe (pétale, etc.) pourvu d'un onglet.

UNGUIS. — Voy. ONGLET.

UNGUIS-CATI (BENTH., in *Lond. Journ. Bot.*, III, 197). Section du genre *Pithecolobium* MART.

UNHA DE BOG. — Voy. OXHOOF.

UNICOMOCOMO (Racine). Celle de l'*Aspidium athamanticum* KZE, employée, dit-on, comme vermicide.

UNIFOLIUM. Nom ancien du *Maianthemum bifolium* DC.

UNIJUGUÉ. — Voy. FEUILLE (II, 602).

UNIOLA (L., *Gen.*, n. 85). Genre de Graminées-Festucées, formé de 4 grandes plantes de l'Amérique du Nord; distingué, dans le groupe des Eufestucées, par une inflorescence large et ample ou étroite et allongée; des épillets larges et plats, 3-20-flores; 3 étamines; 3-6 écailles inférieures de l'épillet stériles. (K., *Enum.*, I, 424; *Rev. Gram.*, t. 72. — PAL.-BEAUV., *Agrost.*, 74, t. 15, fig. 6.)

UNISEMA (RAFIN., in *Journ. Phys.*, LXXXIX, 261). Synonyme de *Pontederia* L.

UNJALA (REINW., *Cat. H. Buit.* [1828]). Genre non décrit.

UNKOTHA. Nom sanscrit (PIDD.) du Noyer.

UNNOPERKEN (FEUILL.). Nom du *Linum aquilinum* MOLIN., espèce américaine, dite apéritive et stomachique.

UNONA (L. F., *Suppl.*, 44, 270). Genre d'Anonacées, complexe, et qui donne son nom à la série des *Unonées*. Il a les

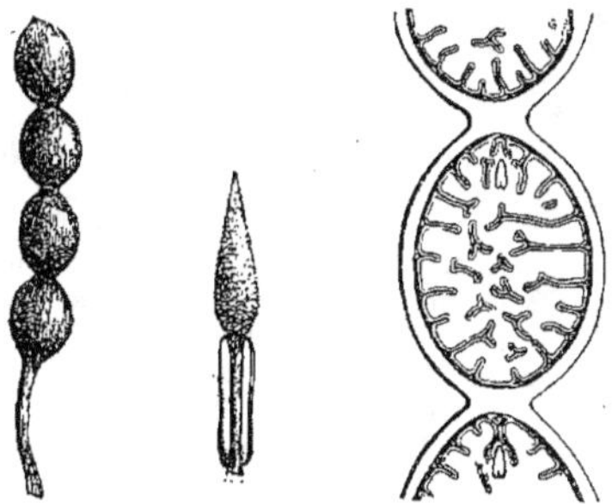

Unona. — Étamine, Fruit, entier et coupe longitudinale.

caractères généraux des *Uvaria* (voy. ce mot), sinon que ses pétales sont valvaires. Ce sont des arbres et arbustes de l'ancien monde. (H. Bn, *Hist. des pl.*, I, 208, 283, fig. 237-240.)

UNONELLA (H. Bn, in *Bull. Soc. Linn. Par.*, 340). Section du genre *Unona* L. F.

UNONIUS (Olaus). Auteur, à Upsal [1647], de *Disputatio physica de plantis* (in-4 de 10 p.). Il est mort à Upsal en 1662.

UNO-PERQUEN. Nom chilien de *Wahlenbergia linarioides* DC.

UNSTEETLA. Nom que les Indiens de l'Amérique du Nord donnent au *Spigelia marylandica* L.

UNTA MOOL. Nom bengalais du *Tylophora asthmatica* W.

UNXIA (COLL., in *Mém. Ac. taur.*, XXXVIII, 37, t. 32). Synonyme de *Blennosperma* LESS. (H. Bn, *Hist. des pl.*, VIII, 251.)

UNXIA (H. B. K., *Nov. gen. et spec.*, IV, 279, t. 401, 402). Synonyme de *Villanova* LAG.

UNXIA (L. F., *Suppl.*, 56). Synonyme de *Melampodium* L. (H. Bn, *Hist. des pl.*, VIII, 231.)

UNZER (Joh.-Aug.). A écrit, à Leipzig [1766], *Sammlung Kleiner Schriften. Physikalische* (in-8 de 440 p.).

UPAS-ANTIAR. L'*Antiaris toxicaria* LESCH.

UPAS-BIDJI. Nom, à Java, de l'*Anticholerica* de Rumphius, qui est le *Sophora tomentosa* L.

UPAS-TIEUTÉ. Le *Strychnos Tieute* LESCH.

UPATA (ADANS., *Fam. des pl.*, II, 201). Syn. de *Avicennia* L.

UPOXIS (ADANS., *Fam. des pl.*, II, 20). Pour *Hypoxis* L.

UQUÉ. Nom donné par les Indiens Paunacos au *Mauritia vinifera* MART.

URACHNE (TRIN., *Fund.*, 109). Synon. de *Oryzopsis* MICHX.

URA-GIKU. Nom japonais de l'*Aster Tripolium* L.

URAGOGA (L., *Gen.*, ed. 1, 378, n. 934). Genre de Rubiacées-Uragogées, plus connu sous le nom de *Psychotria* (L., *Gen.*, ed. 6, n. 229) qui est postérieur, et dont les fleurs sont hermaphrodites ou polygames, à 5, plus rarement 4, 6 parties. Leur ovaire infère, obconique, ovoïde ou obovoïde, est surmonté d'un calice court ou grand, entier, denté ou lobé, persistant et accrescent ou plus souvent caduc, à lobes entiers, ciliés ou parfois pinnatiséqués. La corolle est tubuleuse, infundibuliforme, sub-

Uragoga. — Port.

campanulacée ou subrotacée, à tube court ou long, droit ou arqué, à gorge glabre ou velue, à 4, 5 ou plus rarement 6-8 lobes, valvaires, ou cucullés, ou pourvus en haut d'une corne dorsale pleine. L'androcée est isostémoné, et les anthères introrses, ou à déhiscence marginale, sont incluses ou exsertes, avec connectif parfois épaissi sur le dos. L'ovaire infère, à 2, ou plus rarement 3-8 loges, est surmonté d'un disque épigyne variable, et d'un style à 2-8 branches stigmatifères, de forme variable. Dans l'angle interne de chaque loge s'insère près de la base un ovule subdressé, anatrope, à micropyle tourné en bas et en dehors. Le fruit est drupacé, à exocarpe charnu, souvent presque sec et peu épais, à noyaux souvent pourvus de côtes longitudinales ou d'ailes courtes; à face plane, concave ou convexe, à columelle variable ou nulle. Les graines, solitaires dans

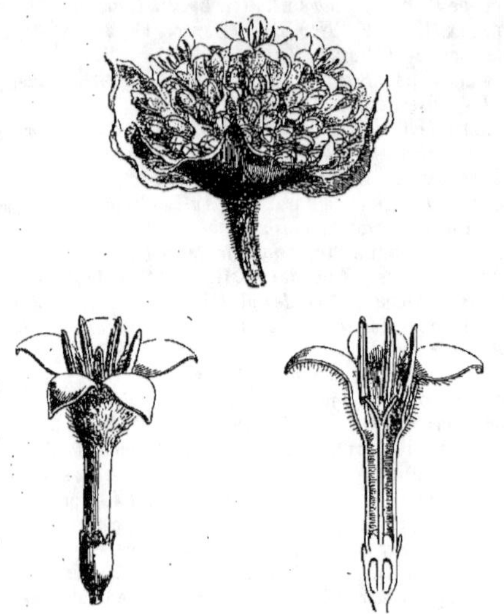

Uragoga. — Inflorescence. Fleur, entière et coupe longitudinale.

chaque noyau, ont un albumen charnu ou corné, homogène, rugueux ou ruminé, avec un embryon à radicule infère. Ce sont des arbres ou plus souvent des arbustes, quelquefois des plantes suffrutescentes ou herbacées, rarement grimpantes ou épiphytes, à feuilles opposées, parfois verticillées, à stipules inter- ou intrapétiolaires, libres ou connées, variables de formes; à fleurs terminales ou plus rarement axillaires, soli-

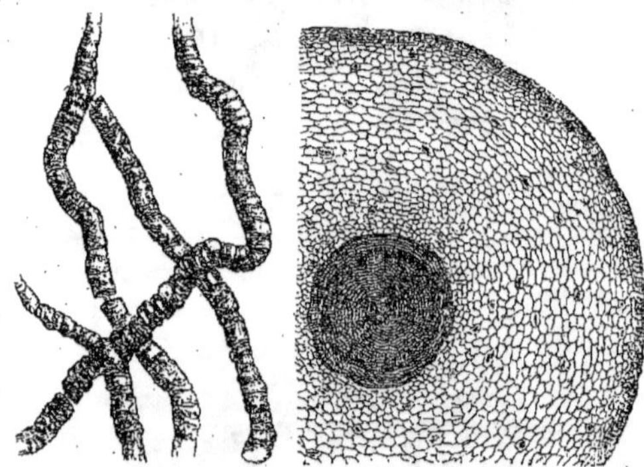

Uragoga. — Racines et leur tissu, coupe transversale.

taires, en cymes ou glomérules, plus souvent en grappes ramifiées de cymes ou en faux-capitules, formés de cymes contractées, avec bractées petites ou parfois larges, colorées et involucrantes. On en compte au moins 800 espèces, de toutes les régions chaudes du globe. Beaucoup sont évacuantes, notamment celles qui donnent des Ipécacuanhas (voy. ce mot). A ce genre nous avons uni les *Geophila, Tapogomea, Trichostachys, Patabea, Rudgea, Nomatelia, Palicourea, Psathyra, Grumilea, Triainolepis, Cephaelis, Mapouria, Straussia, Luteria,*

Calycosia, Proscephalium, Cleisocratera, Amaracarpus, Litosanthes, Margaritopsis, et nous l'avons divisé en 34 sections. (Voy. *Adansonia,* XII, 324; *Hist. des plant.,* VII, 280, 370, 408, n. 35, fig. 262-265.) [H. Bn.]

URAGOGÉES. Série des Rubiacées. (H. Bn, *Hist. d. pl.,* VII.)

URALEPIS (Nutt., *Gen. amer.,* 1, 62). Syn. de *Triodia* R. Br.

URALEPSIS (Nutt.). Pour *Uralepis* Nutt.

URANANTHUS (Griseb., *Gen. et spec. Gentian.,* 118). Synonyme de *Eustoma* Salisb.

URANDRA (Thw., in *Hook. Kew Journ.,* VII, 211). Synonyme de *Lasianthera* Pal.-Beauv.

URANEDE. A la N.-Zélande, le *Danthonia Unarede* Raoul.

URANIA (Schreb., *Gen.,* 212). Synon. de *Ravenala* Adans.

URANTHERA (Naud., in *Ann. sc. nat.,* sér. 3, XII, 282). Synonyme de *Acisanthera* P. Br.

URARI. Synonyme de Curare.

URARIA (Desvx, *Journ. bot.,* I (III), 122, t. 5). Genre de Légumineuses-Papilionacées-Hédysarées, à peine séparable des *Desmodium,* distingué par un ovaire à 2-∞ ovules; le tube floral à peine accru après l'anthèse; les sépales sétacés ou subulés. (H. Bn, *Hist. des plant.,* II, 315.)

URARI-UNA. Au Calderâo, le *Strychnos Castelnœana* Wedd.

URASHIMASO. Variété de l'*Arisœma Thunbergii* Schott.

URASPERMUM (Nutt., *Gen. nov. amer.,* I, 192, nec J.). Synonyme de *Osmorhiza* Rafin.

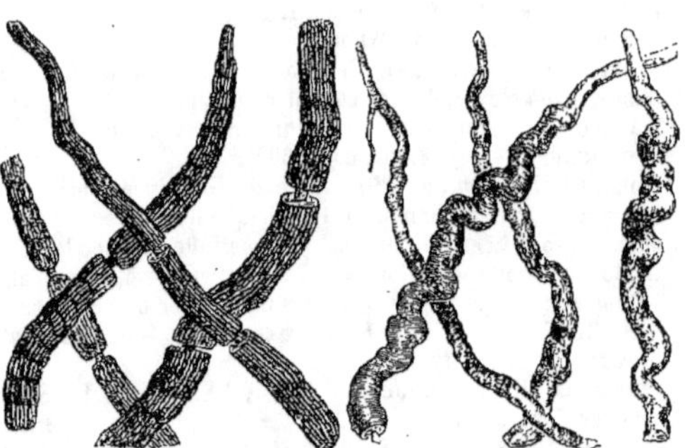

Uragoga divers. — Racines.

URBANELLA (Pierre, *Not. bot.,* 25). Section du genre *Lucuma* Mol. (H. Bn, *Hist. des pl.,* XI, 282.)

URBANIA (Vtke, in *Œsterr. Bot. Zeitschr.* [1875], 10). Synonyme (B. H., *Gen.,* II, 945) de *Lyperia* Benth.

URBANODENDRON (Mez, *Thês. Laur.; Laur. amer.,* 80). Genre de Lauracées, établi pour l'*Aydendron verrucosum* Nees, du Brésil; distingué par les 2 glandes volumineuses qui accompagnent la base des étamines de toutes les séries.

URCELARIA (Goth., *Disp.,* 10). Syn. de *Schradera* Vahl.

URCEOLA (Roxb., in *As. Res.,* V, 167). Genre d'Apocynacées-Nériées, formé de 6 lianes malaises; distingué, dans le groupe des Ecdysanthérées, par des fleurs à calice non glanduleux; une corolle aréolée ou globuleuse, valvaire-subindupliquée ou plus souvent légèrement tordue; le bord droit des lobes recouvrant; un disque entier ou 5-lobé. Quelques-uns sont, dit-on, des plantes à caoutchouc. (H. Bn, *Hist. des pl.,* X, 207.)

URCÉOLAIRE. Nom français (Lamk) des *Cyathodes* Labill.

URCEOLARIA (Herb., *App.,* 28). Synon. de *Urceolina* Reichb.

URCEOLINA (Reichb., *Consp.,* 61). Genre d'Amaryllidacées-Amaryllées, formé de 3 herbes bulbeuses, des Andes; distingué par des fleurs à périanthe droit ou recourbé; le tube contracté au-dessus de l'ovaire; la gorge dilatée; les lobes du limbe courts; les étamines pourvues en bas d'une dilatation membraneuse, mais indépendantes; les loges ovariennes ∞-ovulées; le fruit 3-lobé ou 3-dyme. (*Bot. Mag.,* t. 3615, 4952, 5464.) [H. Bn.]

URCHIN. L'*Hydnum repandum* L.

URECHITES (M. arg., in *Bot. Zeit.* [1860], 22; in *Linnœa,*

XXX, 440). Section du genre *Echites* L. (H. Bn, ɪn *Bull. Soc. Linn. Par.*, 772; *Hist. des pl.*, X, 215.)

UREDO. — Voy. le Supplément.

URENA (L., *Gen.*, n. 844). Genre de Malvacées, qui donne son nom à la série des *Urénées*, formé de 4, 5 espèces, des deux mondes; distingué par des fleurs à 5 bractéoles connées et des fruits glochidiés. (H. Bn, *Hist. des pl.*, IV, 90, 145, fig. 150.)

URÉNÉES. Série des Malvacées, qui a les caractères généraux des Malvées, avec la colonne de l'androcée anthérifère en dehors et tronquée ou 5-dentée au sommet; 10 branches stylaires; 5 carpelles qui se détachent de l'axe à la maturité. (H. Bn, *Hist. des plant.*, IV, 104, 146.)

Urena. — Diagramme floral.

URERA (Gaudich., in *Freycin. Voy. Bot.*, 496). Genre d'Urticacées, qui donne son nom au groupe des *Urérées*, et qui est formé de 18 arbustes, de l'Amérique, l'Océanie et des îles Mascareignes; distingué par des fleurs en grappes composées de glomérules; le calice femelle 4-lobé, devenant un peu charnu autour du fruit qu'il entoure au moins en partie; le style capité-pénicillé à son sommet. (*Fl. bras.*, IV, t. 66. — Bl., *Mus. lugd.-bat.*, II, t. 22. — Wedd., *Mon. Urtic.*, t. 2. — H. Bn, *Hist. des pl.*, III, 520.)

URGINEA (Steinh., ɪn *Ann. sc. nat.*, sér. 2, I, 321, t. 14). Section du genre *Scilla* L., dont le type est le *S. maritima* L., grande espèce indigène, médicinale (IV, 41).

URI. Dans le nord de la France, la Mercuriale annuelle.

URI-KAWA. Nom japonais du *Sagittaria pygmæa* Miq.

URINARIA (Herm. — Burm., *Thes. zeyl.*, 230). Synonyme de *Phyllanthus* L.

URIRANDRA (Mirb.). Pour *Ouvirandra* Dup.-Th.

URITUNSINGA. Nom appliqué au *Cinchona officinalis* L. (*C. Condaminea* K.), parce qu'il a été observé d'abord dans les montagnes d'Uritusinga dans l'Équateur. [H. Bn.]

URITZ. Nom esthonien du Concombre.

URMENETEA (Phil., *Fl. atacam.*, 26, t. 3). Genre mal connu de Composées; synonyme (?) de *Onoseris* DC. (H. Bn, *Hist. des plant.*, VIII, 95.)

URMERISTEM. En allemand, le Méristème primitif.

URNE. Le sporange des Mousses. C'est aussi la feuille ascidiée des *Nepenthes, Sarracena, Cephalotus*, etc.

UROCARPUS (G. Drumm., in *Hook. Kew Journ.*, VII, 54). Genre de Rutacées-Boroniées, formé de 4 sous-arbrisseaux australiens; distingué par des fleurs disposées en fausses-ombelles, 5-mères, 10-andres; l'ovaire 2, 3-lobé en haut; le style central, à 2, 3 lobes stigmatifères. (Hook., *Icon.*, t. 724, 767. — H. Bn, *Hist. des pl.*, IV, 466.)

UROCHLÆNA (Nees, *Fl. afr. austr. Gram.*, 437). Genre de Graminées-Festucées, formé d'une humble herbe annuelle, de l'Afrique australe; distingué, dans le groupe des Sesfériées, par un capitule unilatéral d'épillets, se séparant plus ou moins tôt du genou supérieur de l'axe par désarticulation, avec la feuille florale; les glumes 5-7-nerves, aristées. (*Hook. Icon.*, t. 1363.) [H. Bn.]

UROCHLOA (K., *Rev. Gramin.*, I, 31, t. 103). Synonyme de *Trichachne* Nees.

UROCHLOA (Pal.-Beauv., *Agrost.*, 52, t. 11, fig. 1). Genre proposé pour le *Panicum Helopus* Trin.

URODESMIUM (Naud., in *Ann. sc. nat.*, sér. 3, XV, 338; XVI, t. 25). Synonyme de *Pachyloma* DC. (H. Bn, *Hist. des plant.*, VII, 60.)

URODON (Turcz., in *Bull. Mosc.* [1849], II, 16). Synonyme de *Pultenæa* Sm.

UROMORUS (Bun., in *DC. Prodr.*, XVII, 236). Synonyme (B. H.) de *Paratrophis* Bl.

UROPAPPUS (Nutt., in *Trans. Amer. Phil. Soc.*, ser. 2, VII, 424). Synonyme de *Microseris* Don. (H. Bn, *Hist. des pl.*, VIII, 20.)

UROPEDIUM (Lindl., *Orchid. Linden.*, 28). Genre proposé pour un *Selenipedium* de la Nouvelle-Grenade, dont le labelle est remplacé par une languette non cucullée et semblable aux autres pétales. On a lieu de supposer que c'est une monstruosité persistante.

UROPETALUM (Ker, in *Bot. Reg.*, t. 156). Synonyme de *Dipcadi* Medic.

UROPHYLLUM (Jack, ex Wall., in *Roxb. Fl. ind.* (ed. Car.), II, 184). Genre de Rubiacées-Génipées, à petites fleurs axillaires, disposées en cymes ou glomérules; dont l'ovaire a 2-5 loges pluriovulées, surmonté d'un petit calice 4-8-denté et d'une petite corolle subrotacée, valvaire, 4-8-lobée. L'ovaire infère a les loges complètes ou incomplètes, multiovulées, et le fruit est une petite baie. Les inflorescences sont pauciflores dans une espèce à gynécée dimère dont on a fait le genre *Pauridiantha*. Ce sont des arbustes glabres ou à duvet varié, de l'Asie et de l'Océanie tropicales, de Madagascar et de l'Afrique tropicale occidentale, à feuilles opposées, pétiolées, à stipules intra- ou interpétiolaires, quelquefois très développées. On en distingue une trentaine d'espèces. (Voy. *Hist. des plant.*, VII, 320, 452, n. 114.) [H. Bn.]

UROSKINNERA (Lindl., in *Gardn. Chron.* [1857], 36). Genre de Scrofulariacées-Scrofulariées, formé de 2 grandes herbes américaines, à feuilles opposées et molles; distingué par un calice campanulé et denté; une corolle à 5 lobes étalés, peu inégaux; un androcée didyname, avec un staminode postérieur, claviforme; une capsule dont les valves sont septifères au milieu et abandonnent les placentas. On en cultive une jolie espèce dans les serres chaudes. (*Bot. Mag.*, t. 5009. — H. Bn, *Hist. des pl.*, IX, 437.)

UROSPATHA (Schott, *Aroid.*, 3, t. 7-10; *Gen. Aroid.*, t. 86). Genre d'Aracées-Orontiées, formé d'environ 10 herbes des marais, américaines; distingué, dans le groupe des Lasiées, par des feuilles hastées; une spathe allongée et acuminée; un ovaire à 2 loges 2-∞-ovulées; le tissu stigmatique couronnant l'ovaire. (*Fl. bras.*, III, II, t. 23. — Peyr., *Ar. Reis. Maxim.*, t. 16.) [H. Bn.]

UROSPERMUM (Scop., *Introd.*, n. 366). Section du genre *Scorzonera* T. (H. Bn, *Hist. des pl.*, VIII, 114.)

UROSTELMA (Bge, *Enum. pl. Chin. bor.*, 44). Synonyme de *Metaplexis* R. Br.

UROSTIGMA (Gasp., *Nov. gen. Fic.*, 7; *Ric. Caprif. e Fic.*, t. 7). Section du genre *Ficus* T.

UROSTYLIS (Meissn., *Gen.*, 207). Synonyme de *Madaroglossa* DC.

UROUNA. Nom sanscrit d'une sorte de Garance tinctoriale.

URSIN. Nom de l'*Hydnum repandum* L.

URSINE FAUSSE. La Grande-Berce.

URSINELLA (Turp., in *Mém. Mus.*, XVI, 316). Synonyme de *Cosmarium* Corda.

URSINIA (Gærtn., *Fruct.*, II, 462, t. 174). Genre de Composées-Arctotidées, formé de plus de 50 herbes ou arbustes, de l'Afrique australe; distingué, dans le groupe des Euarctotées, par des capitules à réceptacles garnis de paillettes et à fleurs du rayon stériles; les fruits pourvus de 5 côtes subéquidistantes et dédoublées; les paillettes de l'aigrette imbriquées-convolutées, 1-sériées. (Lamk, *Ill.*, t. 716. — *Bot. Reg.*, t. 604. — *Bot. Mag.*, t. 544, 3042. — H. Bn, *Hist. des pl.*, VIII, 198.)

URSINUS (Joh.-Heinr.). Auteur [1663], à Nuremberg, de *Arboretum biblicum* (in-8), qui eut trois éditions. — Leonh. Ursinus [1618-1664] a écrit : *De botanices utilitate; Tulipa de Alepo; de Rosa menstrua* [1661]; *Lilium album plenum* (in-4).

URTICA. Nom latin des Orties (III, 472).

URTICACÉES. Famille de Dicotylédones apétales, caractérisée (dans le sens le plus restreint) par des fleurs unisexuées, à étamines oppositisépales, hypogynes; à ovaire uniloculaire, avec un seul ovule, subdressé. Weddell, le monographe de cette famille, l'a divisée en Orties proprement dites (Urticées ou Urérées), Procridées, Bœhmériées, Pariétariées et Forskholiées. (H. Bn, *Hist. des pl.*, III, 496.)

URUA. Nom brésilien du *Maximiliana insignis* Mart.

URUCU (Pison, *Bras.*, 65). Synonyme de *Bixa* L.

URUCURI. Nom brésilien de l'*Attalea excelsa* Mart., dont on brûle souvent les fruits pour dessécher le caoutchouc.

URUK. Nom turc de la Prune.

URUNDEL, URUNDEY. Noms argentins (Grised.) de l'*Astronium juglandifolium* Griseb.

URUPARIBA. Syn. (Mrcgr.) de *Guirapariba*.

URUPIBA. Nom d'une Anonacée (*Cananga*), qui entre dans la composition du Curare. Une autre est le *Tjumeri-winiku*.

URVILLEA (H. B. K., *Nov. gen. et spec.*, V, 505, t. 440). Genre de Sapindacées-Sapindées, formé d'une dizaine de lianes américaines; distingué par des loges ovariennes 1-ovulées; 3 samares indéhiscentes, séminifères vers le milieu de leur hauteur; des feuilles 3-foliolées, avec stipules. (A. S.-H., *Fl. Bras. mer.*, t. 74. — H. Bn, *Hist. des pl.*, V, 418.)

URZEDOW (Marcin). Auteur, à Cracovie [1595], de *Herbarz polski, to iest o przyrodzeniu ziol'y drzew rozmaitych*, etc.

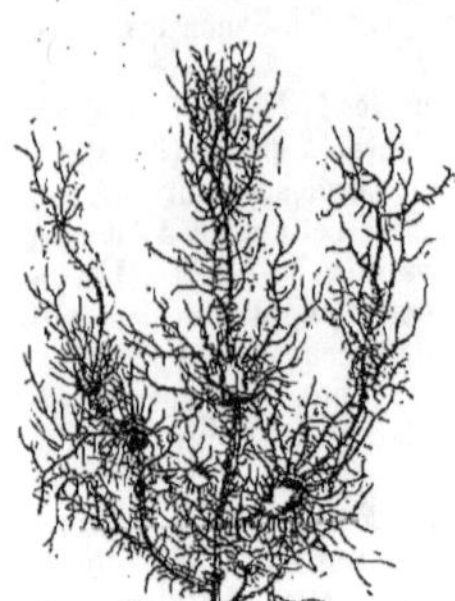

Usnea. — Port.

la couche médullaire qui est filamenteuse; des apothécies peltées et terminales, avec un excipulum thalloïde qui borde le disque égal. Ce sont des Lichens saxicoles et qui, bien plus souvent, pendent des arbres, comme des barbes. (Achar., *Lich. univ.*, 127. — Kœrb., *Lich. germ.*, 3. — Endl., *Gen.*, n. 179. — Nyl., in *Mém. Soc. Cherb.*, II, 12.)

USNÉE HUMAINE, DE CRANE HUMAIN. Le *Lichen saxatilis* L.

USSAKOLI. Nom vernaculaire du *Luculia gratissima* Sweet.

USTERI (Paul). Médecin de Zurich [1768-1864], est connu par la publication [1790-93] de ses *Delectus opusculorum botanicorum edidit notisque illustravit* (2 vol. in-8).

USTERIA (Cav., *Ic.*, II, 15, t. 116). Syn. de *Maurandia* Ort.

USTERIA (Med., in *Ust. Ann.*, II, 11). Syn. de *Agraphis* Link.

USTERIA (W., in *Schr. Ges. Nat. Fr. Berl.*, X, 51, t. 2). Genre de Strychnées, formé d'une liane de l'Afrique tropicale occidentale, et qui se distingue par un androcée réduit à une étamine fertile. (K. et Sims, *Ann. bot.*, I, t. 7. — Hook., *Niger Fl.*, t. 45; *Icon.*, t. 795. — H. Bn, *Hist. des pl.*, IX, 344.)

USTILAGO (Pers.), **USTILAGINÉS.** — Voy. le Supplément.

USUBE. Nom français (Lamk) des *Ornitrophe* J.

USUBIS (Burm., *Fl. ind.*, t. 32). Synonyme de *Schmidelia* L.

UTANIA (Don, *Gen. Syst.*, IV, 663). Syn. de *Fagræa* Thunb.

UTEA (J.-S.-H., *Expos. fam.*, II, 203). Pour *Outea* Aubl.

UTERVERIA (Bertol., *Pl. nov. Hort. bonon.*, II, 8). Synonyme de *Capparis* T.

UTLERIA (Bedd., in *B. H. Gen.*, II, 743). Genre d'Asclépiadacées-Périplocées, formé d'un arbre de l'Inde, à feuilles alternes, lancéolées, avec des cymes florales pédonculées; des corolles rotacées; la couronne formée de 5 petites écailles rapprochées des étamines et opposées. L'*U. salicifolia* est tout à fait exceptionnel par son port dans la famille. (*Hook. Icon.*, t. 1432. — H. Bn, *Hist. des pl.*, X, 295.)

UTREJ. Nom arabe (Roxb.) du Cédratier.

UTRICARIA (Pluken., *Phytogr.*, t. 237, fig. 3). Synonyme de *Nepenthes* L.

UTRICULAIRE (*Utricularia* L., *Gen.*, ed. 1, n. 15). Genre qui donne son nom à la famille des *Utriculariées* et la constitue avec les *Pinguicula* et *Genlisea*. Il est distingué par des fleurs irrégulières qui ont le périanthe des Scrofulariacées et l'ovaire à placenta central-libre des Pri-

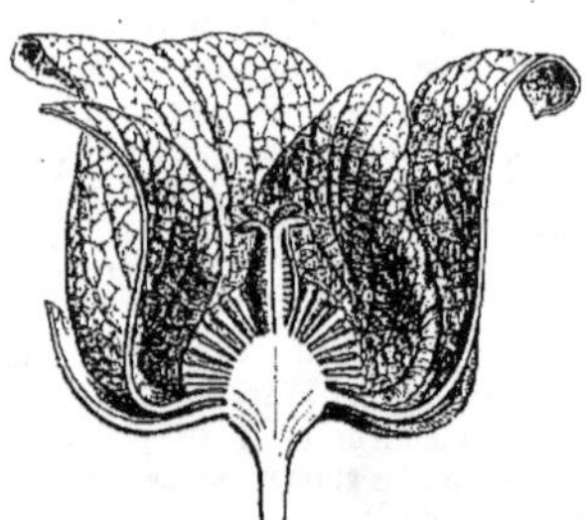

Uvaria (Asimina). — Branche florifère. Fleur, coupe longitudinale.

USAO. Nom du *Nephelium Litchi* Cambess.

USCHEK. Nom, dans la Susiane, du *Dorema Aucheri* Boiss.

USCHEK. — Voy. Zuh.

USERDAS. Nom catalan de la Luzerne.

USHAK. Nom persan du *Ferula (Dorema) Ammoniacum* H. Bn.

USLAR (Joh.-Jul. v.). Auteur [1794], à Brunswig, de *Fragmente neurer Pflanzenkunde* (in-8 de 188 p.). Il mourut à Herzberg en 1838.

USNÉE (*Usnea* Dill., *Hist. Musc.*, 56, t. 11-13). Genre de Lichens, qui donne son nom aux *Usnéacées* et qui est distingué par un thalle à couche corticale crustacée, se détachant de

mulacées. Le calice est formé de 2 lèvres herbacées, inégales, et la corolle a un tube court et 2 grandes lèvres inégales. L'androcée, porté sur la corolle, est réduit à 2 étamines antérieures, et le style est terminé par 2 lèvres fort inégales. Le fruit est capsulaire, 2-valve ou irrégulièrement rompu. Les graines, irrégulières, ont un embryon charnu, sans albumen. Ce sont environ 150 herbes annuelles, de toutes les parties du globe, terrestres et à feuilles basilaires en rosette, ou aquatiques et, dans ce cas, pourvues de feuilles multifides, à divisions capillaires, avec des utricules de forme singulière qu'on a dites destinées à remplir dans ces plantes une fonction insectivore.

Quand ces sacs sont en partie pleins de gaz, ils servent à élever la plante jusqu'à la surface de l'eau, et là elle déploie ses grappes de fleurs, qui chez nous sont d'un beau jaune éclatant. Quelques espèces terrestres, à grandes fleurs, sont parfois cultivées dans les serres (*Bot. Mag.*, t. 5923. — *Fl. serr.*, t. 1942). Nos 4 espèces françaises sont aquatiques. (GREN. et GODR., *Fl. de Fr.*, II, 444. — H. BN, *Herbor. paris.*, 162.)

UTRICULE. Synonyme de Cellule. C'est aussi l'enveloppe sacciforme des fleurs femelles des *Carex*, qui paraît être de nature appendiculaire. L'Utricule pollinique de Mirbel est le phytocyste-mère des grains de pollen.

UTSUBOSUGA. Nom japonais de la Prunelle commune.

UTSUGI. Nom japonais du *Deutzia scabra* THUNB.

UTTA LATA, U. TUER. Noms, à Amboine, du *Cardiopteris Rumphii* H. BN.

UVACA DO CAMPO. Nom brésilien du *Psidium radicans* BERG.

UVA CAMARONA. Le fruit du *Thibaudia macrophylla* K.

UVA DEL MONTE. Nom donné, au Pérou, aux drupes du *Chondodendron convolvulaceum* PŒPP. et ENDL., qui sont recherchées comme comestibles, légèrement acides et mucilagineuses.

UVA DE SERRA. Nom péruvien du *Vaccinium cylindraceum*.

UVA LUPINA. Nom ancien du *Paris quadrifolia* L.

UVA MARINA. Nom ancien de l'*Ephedra distachya* L.

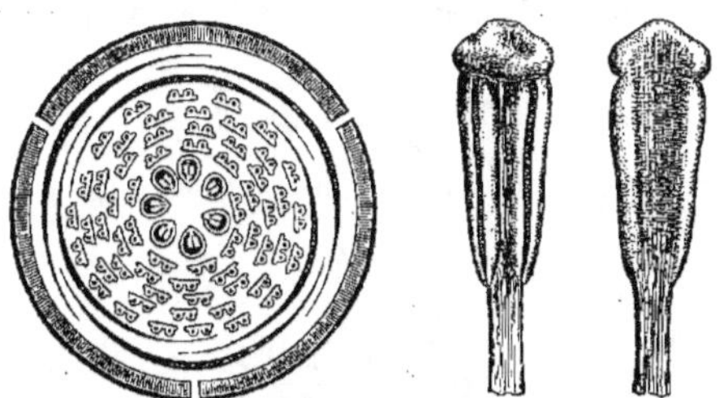

Uvaria (Asimina). — Diagramme floral. Étamine, vue de face et de dos.

UVARIA (L., *Amœn.*, 131). Genre d'Anonacées, qui donne son nom à la série des *Uvariées*, caractérisée par une corolle imbriquée et des étamines à organisation particulière, dites d'Uvariées. Le genre est distingué par des sépales valvaires; un réceptacle peu élevé; le sommet du connectif tronqué ou appendiculé, ∞ carpelles 2-∞-ovulés. Nous avons adjoint à ce genre, de toutes les régions chaudes du globe, les *Asimina*, *Fitzalania*, *Porcelia*, *Sapranthus*, *Ellipanthus*, *Marenteria*, *Ano-*

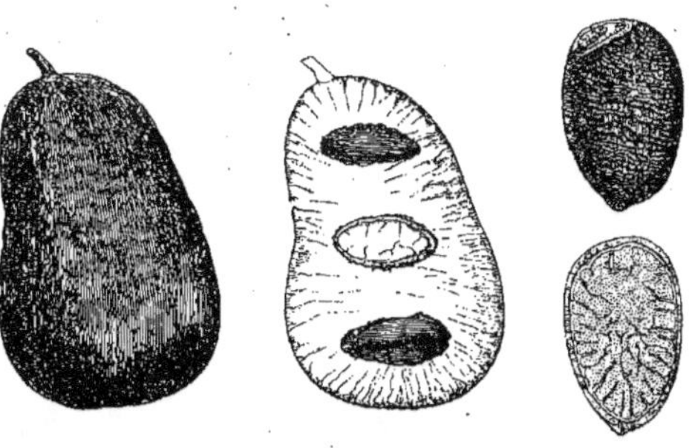

Uvaria (Asimina). — Fruit, entier et coupe longitudinale. Graine, entière et coupe longitudinale.

mianthus, qui y forment autant de sections. Il renferme ainsi environ 50 espèces. (H. BN, in *Adansonia*, VI, 253; VII, 377; VIII, 301; *Hist. des pl.*, I, 193, fig. 220-229.)

UVA SPINA. Nom ancien du Groseillier à maquereau.

UVA-URSI (T., *Inst.*, 599). Synon. de *Arctostaphylos* ADANS.

UVA VERSA. Nom ancien du *Paris quadrifolia* L.

UVEDALIA (R. BR., *Prodr.*, 440). Synonyme de *Mimulus* L.

UVETTE. Nom français des *Ephedra* T.

UVICA. Le *Cestrum tinctorium* JACQ.

UVIFERA (L., *Hort. Cliff.* [1737], 487). Genre incertain.

UVILLO. Au Chili, le *Monttea chilensis* C. GAY.

UVULARIA (L., *Gen.*, n. 412, port.). Genre de Liliacées, qui donne son nom à une tribu des *Uvulariées*, formé de 4, 5 herbes vivaces, de l'Amérique du Nord; distingué par un rhizome traçant; les branches aériennes peu ramifiées; les fleurs terminales, pendantes, à folioles du périanthe conniventes; le sommet étalé. On en cultive une couple d'espèces dans les jardins botaniques. (*Bot. Mag.*, t. 955, 1112, 1402.) [H. BN.]

UWAROWIA (BGE, in *Bull. sc. Ac. Pétersb.*, VII [1840], 278). Synonyme de *Verbena* T.

UZI. Nom indien de l'*Acrocomia Totai* MART.

V

VAA-SOUI. A Madagascar, le *Sarcolæna grandiflora* Dup-Th.

VACACOUA. Nom, dans le nord de Madagascar, d'un *Strychnos*. (H. Bn, in *Bull. Soc. Linn. Par.*, 242.)

VACCARIA (Medik. — Dod. — DC., *Prodr.*, I, 365). Synonyme de *Saponaria* L.

VACCET. Le *Muscari comosum* W.

VACCINIÉES, VACCINIACÉES. Série des Éricacées, dont on a souvent fait une famille à part; distinguée par une corolle

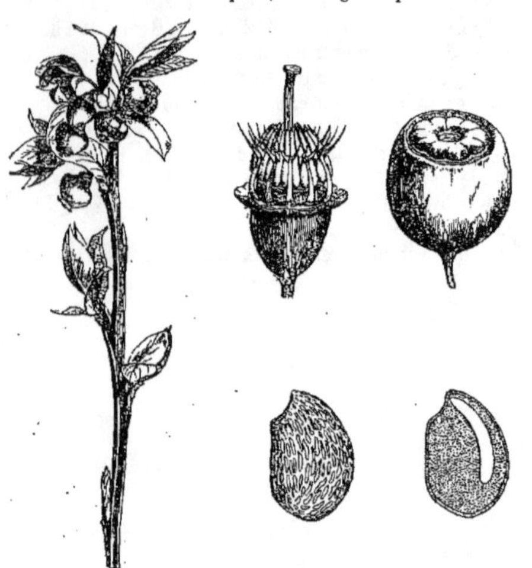

Vaccinium. — Branche florifère. Fleur, sans le périanthe. Fruit. Graine, entière et coupe longitudinale.

gamopétale, régulière, petite, membraneuse ou coriace et mince; des étamines à filets courts ou longs, ordinairement indépendants; un ovaire et un fruit infères; ce dernier charnu; une tige frutescente. Le groupe ainsi défini ne comprend pas les Thibaudiées. (H. Bn, *Hist. des pl.*, XI, 160.)

VACCINIUM. Nom latin des Vaciets. On croit que le *Vaccinium* de Virgile est l'*Iris germanica* L.

VACHE. L'*Agaricus lactifluus aureus* Hoff.

VACHE BLANCHE. Le *Lactarius piperatus* Fries.

VACHELLIA (W. et Arn., *Prodr.*, 272). Section du genre *Acacia* T., dont le type est l'*A. Farnesiana* W.

VACHE ROUGE. Nom, dans les Vosges, de l'*Agaricus (Lactaria) subdulcis* Bull.

VACHOTTE. Nom, en Lorraine, de l'*Agaricus (Lactarius) Volemus* Fries.

VACIET, VACCIET. Le *Muscari comosum* Mill.

VACIET (*Vaccinium* Rupp., *Fl. jen.*, 46. — L., *Gen.*, n. 483). Genre d'Éricacées, qui donne son nom à la série des *Vacciniées* et qui s'y distingue par un ovaire complètement infère;

Vacquois. — Port.

la corolle variable de forme, à 4, 5 dents ou lobes; les étamines au nombre de 8-10, à anthère mutique ou aristée sur le dos, avec des tubes courts ou longs. Ce sont des arbustes des régions tempérées de l'hémisphère boréal et des montagnes de la région chaude, à feuilles souvent persistantes, à fleurs solitaires, en grappes ou en cymes. On connaît surtout le *V. Myrtillus* L. ou Airelle, à fruits noirs, comestibles, servant à faire des liqueurs et des conserves; les *V. Vitis-idæa* L. et *uliginosum* L., espèces de notre pays. (H. Bn, *Hist. des pl.*, XI, 134, 182, fig. 141-145; *Iconogr. Fl. fr.*, n. 215; *Herbor. par.*, 367.)

VACOUA. Nom vulgaire des *Pandanus.* — Voy. **Vacquois.**

VACQUOIS, VAQUOIS (*Pandanus* L. f., *Suppl.*, 64). Genre d'arbres et arbustes monocotylédones, qui donne son nom à la famille des Pandanacées et qui la constitue avec le genre *Freycinetia.* Ce sont des plantes dressées, à tiges courtes ou plus souvent assez élevées, et qui, dans ce dernier cas, ont à peu près le port des Palmiers, avec de nombreuses et épaisses racines adventives qui étayent le tronc et descendent obliquement vers le sol. Ils portent de longues feuilles rectinerves, insérées en spirale sur la portion supérieure du tronc ou des branches, engaînantes à la base, acuminées, récurvées, carénées, ordinairement dentées-spinescentes sur la carène et sur les bords et pouvant causer de graves blessures. Les fleurs dioïques sont groupées en spadices : les mâles solitaires ou en inflorescences composées; les femelles souvent retombants lors de la maturité des fruits, avec feuilles florales souvent spathacées et colorées. Dans l'inflorescence mâle, on observe ∞ étamines, à filets libres ou connés, à anthères basifixes. Dans les femelles, il y a

VAGINARIA (Lindl., *Orchid. gen.*, 350). Section du g. *Disa.*

VAGINARIA (Pers., *Syn.*, I, 70). Genre proposé pour le *Fuirena scirpoidea* Michx.

VAGINATA (Nees, *Syst.*, 191). Section du genre *Agaricus* T.

VAGINELLA (C. Muell., *Syn. Musc.*, I, 492). Section du genre *Bartramia* L.

VAGINULARIA (Fée, *Gen. Fil.*, 97). Synonyme (Hook. et Bak., *Syn. Fil.*, 375) de *Monogramme* Spreng.

VAGINULATI (Brid., *Meth. Musc.*, XII). Section des *Musci frondosi.*

VAGINULE. L'étui qui entoure la base de la soie des Mousses. — Voy. Mousses (III, 387).

VAGNERA (Adans., *Fam. des pl.*, II, 496). Synonyme (?) de *Polygonatum* T.

VAGON. Le *Triticum repens* L.

VAHEA (Lamk, *Ill.*, t. 169; in Poir. *Suppl.*, V, 409). Genre d'Apocynacées-Arduinées, formé d'une vingtaine de lianes, de l'Afrique chaude et de Madagascar; distingué par des cymes terminales de fleurs à corolle portant les étamines près de la base du tube; les divisions du limbe étroites; une grosse baie,

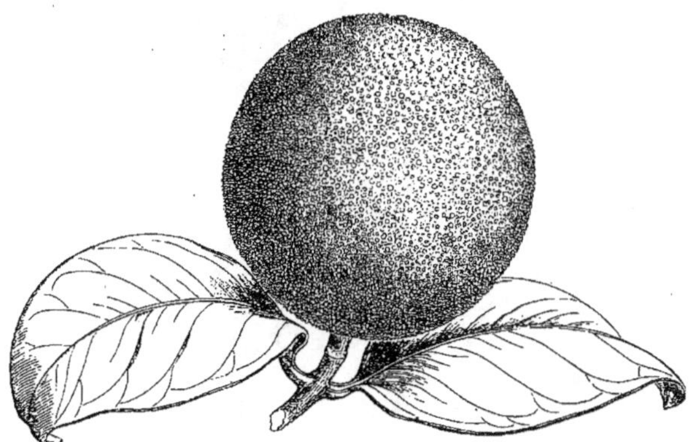

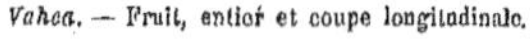

Vahea. — Fruit, entier et coupe longitudinale.

de nombreux ovaires, libres ou unis en phalanges 1-∞-loculaires. Leur sommet est épaissi, tronqué ou renflé, parfois prismatique, entier ou divisé et de forme variable. Chaque cavité ovarienne renferme un seul ovule ascendant, à insertion pariétale, avec funicule. Le fruit est un syncarpe, souvent volumineux. Mûrs, les carpelles sont drupacés ou ligneux, souvent unis en groupes. Leur graine est dressée, étroite, fusiforme, albuminée. Ce sont environ 50 plantes, de l'Asie, l'Océanie et l'Afrique tropicale continentale ou de ses îles orientales. On se sert des feuilles de plusieurs espèces, notamment du *P. utilis*, pour la confection de nattes, vêtements, toitures, etc. (K., *Enum.*, III, 94, 583. — Solms, in *Bot. Zeit.* [1878]; in *Linnæa*, XLII, 1; in *Ann. Jard. Buitenz.*, III, II, 89. — *Bot. Mag.*, t. 4736, 5014, 6347.)

VACUOLE. Les espaces du phytoblaste occupés par le suc cellulaire.

VADA-KODI (Rheede, *Hort. malab.*, IX, t. 42). Synonyme de *Gendarussa* Rumph. (*Justicia*).

VAGARIA (Herb., *Amar.*, 226). Genre d'Amaryllidacées-Amaryllées, formé d'une herbe de Syrie, bulbeuse, à feuilles loriformes; décrit comme *Pancratium* par Redouté (*Lil.*, t. 471) et distingué par des fleurs à périanthe en entonnoir; les lobes étroits; les filets staminaux dilatés inférieurement en membrane et 2-dentés; les membranes à peine unies en coupe; le fruit membraneux. [H. Bn.]

VAGINA. Gaine; d'où portion *vaginale* de la feuille.

VAGINALES (L., *Phil. bot.*, 30). Ordre (27) des plantes.

VAGINARIA (K., *Enum.*, V, 693). Synon. de *Vagaria* Herb.

à ∞ graines anguleuses, dont l'albumen est corné. Ce sont les principales des lianes à caoutchouc de l'Afrique, notamment le *V. gummifera* Lamk. (*Bot. Mag.*, t. 6963. — H. Bn, *Tr. Bot. méd. phanér.*, 1275; *Hist. des pl.*, X, 146, 167, 175, fig. 111, 112.)

VAHÉ-FISSOC. Nom malgache de l'*Iodes madagascariensis.*

VAHÉ-FOUTSI. Nom malgache du *Cissampelos Pareira* L.

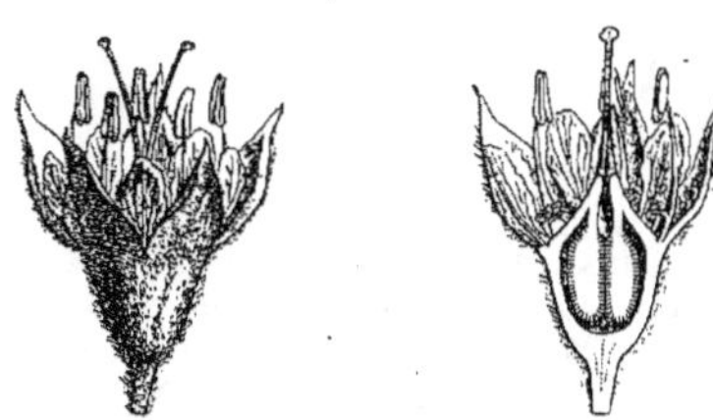

Vahlia. — Fleur, entière et coupe longitudinale.

VAHING-VILOMA. Nom malgache (Noronh.) du *Deidamia Noronhiana* DC.

VAHL (Martin). Célèbre professeur de Copenhague [1749-1804], a écrit : *Symbolæ botanicæ* [1790-94]; *Eclogæ americanæ* [1796-1807]; *Icones illustrationi plantarum americanarum*, etc. [1798-99]; *Enumeratio plantarum* [1804-06]. — Jens-Lor.-Muest. Vahl, bibliothécaire du jardin de Copenhague, a écrit des *Observations sur la végétation en Islande* [1841].

VAHLE. Nom français (LAMK) des *Vahlia* THUNB.

VAHLIA (DAHL, *Obs. bot.*, 40). Synonyme de *Assonia* CAV.

VAHLIA (THUNB., *Nov. gen.*, II, 36). Genre de Saxifragacées-Saxifragées, formé de 4, 5 herbes, d'Asie, d'Afrique et de Madagascar; distingué par des branches dichotomes; des feuilles opposées; des fleurs solitaires, 5-mères, à ovaire infère, 1-loculaire, avec 2 placentas ∞-ovulés, pendants. Le fruit infère est capsulaire. (WIGHT, *Ill.*, t. 115; *Icon.*, t. 562, 563. — H. BN, *Hist. des pl.*, III, 334, 429, fig. 374, 375.)

VAHLODEA (FRIES, in *Bot. Notiz.* [1842]; *Summ. veg. Scand.*, 242). Genre créé pour le *Deschampsia atropurpurea*.

VAIANU. Nom, à Taïti, de l'*Adenostemma viscosum* FORST.

VAILLANT (Sébast.). Célèbre professeur du Jardin du Roi, né à Vigny en 1669 et mort en 1722, est l'auteur de *Sermo de structura florum* [1717], du *Botanicon parisiense* [1723], qui eut une deuxième édition en 1743, et qui reparut, modifié et posthume, sous le même titre en 1727, avec des dessins de Cl. Abriel. En 1718, il établit le genre *Araliastrum*, sur lequel il publia une notice. Son herbier fait partie de celui du Muséum, et le catalogue manuscrit existe dans le fonds de Jussieu.

VAILLANTIA (T., in *Act. Acad. par.* [1705], 234). Genre de Rubiacées; section du genre *Rubia* T., à fleurs ternées; la médiane hermaphrodite, 4-mère; les latérales mâles, 3-mères. Le pédicelle de ces dernières persiste sur le pédoncule recourbé de la fleur femelle. (H. BN, *Hist. des pl.*, VII, 259.)

VAINILLA. A Cumana, le *Pothos cannæformis* CURT.

VAIS. Synonyme de *Tusca.*

VAISSEAU. — Voy. PHYTOCYSTE (III, 571).

VAISSELLE DE L'ISLE PRASLIN. Portion du fruit du Coco des Seychelles, servant de vaisselle aux îles Seychelles.

VALANTIA (L., *Gen.*, n. 1151). Synonyme de *Vaillantia* T.

VALARUM (SCHUR, *Enum. pl. transs.*, 54). Synonyme de *Sisymbrium* L.

VALCARCELIA (LAG. —LINDL., *Nat. Syst.*, ed. 2, 157). Genre douteux de Légumineuses.

VALCARENGHI (Paolo). A écrit [1758], à Crémone, *In Ebenhitar tractatum de Malis Limoniis Commentaria* (in-4).

VALDESIA (R. et PAV., *Prodr.*, 67, t. 11). Syn. de *Blakea* L.

VALDIA (PLUM., *Gen.*, 11, t. 24). Synonyme de *Ovieda* L.

VALDIVIA. Nom du *Picrolemma Valdivia* G. PL., dont le fruit a été confondu avec celui du Cédron et passe, d'après M. Restrepo, pour avoir à peu près les mêmes propriétés. (H. BN, *Tr. Bot. méd. phanér.*, 878.)

VALDIVIA (REMY, in *C. Gay. Fl. chil.*, III, 43, t. 29). Genre de Saxifragacées-Escalloniées, formé d'un humble sous-arbrisseau chilien; à feuilles lancéolées, membraneuses; à courtes grappes axillaires de fleurs construites comme celles des *Escallonia* et 5-7-mères. (H. BN, *Hist. des pl.*, III, 352, 437.)

VALENTE (Ant.). Auteur [1803], à Rome, d'un catalogue du jardin de F. Caetani (in-8 de 167 p., avec portrait de F. Caetani).

VALENTIA. Nom ancien de l'Armoise.

VALENTIANA (RAFIN., *Specch.*, I, 87). Genre douteux de Caprifoliacées.

VALENTINI (Chr.-Bernh.). Professeur de Giessen, auteur [1715] de *Tournefortius contractus* (in-fol.). — Mich.-Bernh. VALENTINI [1657-1729] est l'auteur de *Museum museorum* [1704-1714], de *Historia simplicium reformata* [1716]; d'un *Prodromus Historiæ naturalis Hassiæ* [1707] et [1719] d'un *Viridarium reformatum* (584 p. et 384 pl.).

VALENTINIA (NECK., *Elem.*, II, 450). Synonyme de *Tachigali* AUBL.

VALENTINIA (SW., *Prodr.*, 63; *Fl. ind. occ.*, 689). Synonyme de *Guidonia* PLUM. (H. BN, *Hist. des pl.*, IV, 306.)

VALENZUELIA (BERTER., ex CAMBESS., in *N. Ann. Mus.*, III, 236, t. 14). Genre de Sapindacées-Sapindées, formé d'un arbuste des Andes chiliennes; distingué par des feuilles opposées et un fruit globuleux, 1-sperme, 3-valve. (H. BN, *Hist. des pl.*, V, 417.)

VALERANDA (NECK., *Elem.*, II, 33). Synonyme (?) de *Orphium* E. MEY.

VALÉRIANACÉES. Famille de Gamopétales irrégulières, à fleurs pourvues d'un réceptacle concave, qui porte une corolle irrégulière, gibbeuse ou éperonnée d'un côté, entourée ou non d'un calice variable. L'androcée est formé de 1-4 étamines, insérées sur la corolle, et l'ovaire infère a 1-3 loges, mais seule-

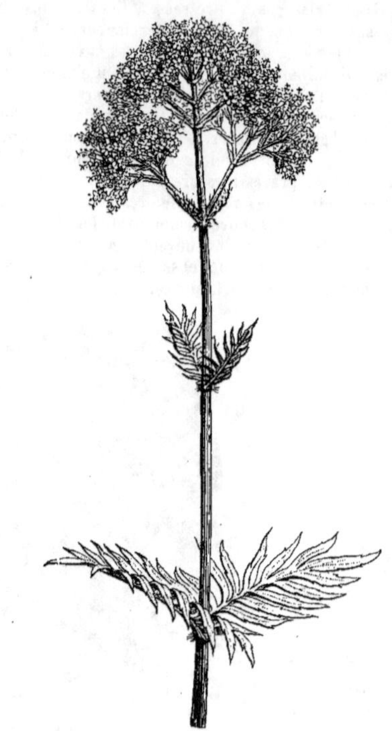

Valériane. — Rameau florifère.

ment une fertile, à ovule descendant. Le fruit indéhiscent renferme une graine non albuminée. Ce sont des herbes ou rarement des arbustes, à feuilles opposées, sans stipules, à fleurs en cymes souvent très composées. On y comprend 8 genres : *Nardostachys, Patrinia, Valerianella, Phyllactis, Plectritis, Fedia, Valeriana* et *Centranthus.* (H. BN, *Hist. des pl.*, VII, 504.)

VALERIANA MINIMA (DOD.). La Valériane dioïque.

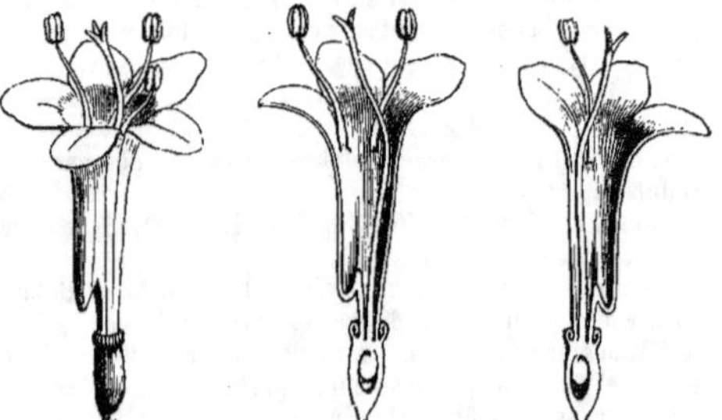

Valériane. — Fleur, entière et coupes longitudinales.

VALÉRIANE (*Valeriana* T., *Inst.*, 131, t. 52). Genre qui donne son nom à la famille des *Valérianacées*, mais qui n'en représente qu'un type amoindri, les fleurs irrégulières n'ayant que 3 étamines, dont une antérieure. Le calice est remplacé par ∞ soies subulées, qui s'enroulent au-dessus de l'ovaire et qui finalement s'étalent pour disséminer le fruit. L'ovaire n'a qu'une loge fertile et 2 stériles. Ce sont des herbes vivaces, dressées ou sarmenteuses, de l'hémisphère boréal des deux mondes

Valériane. — Fruit, entier et coupe longitudinale.

et de l'Amérique australe extratropicale, à feuilles opposées, entières ou très découpées. Ces plantes répandent une odeur désagréable qui les fait rechercher par les chats. On emploie en médecine plusieurs d'entre elles comme antispasmodiques, sur-

VALLEA (MUT., in *L. fil. Suppl.*, 42). Genre de Tiliacées-Élæocarpées, formé de 1-3 arbres américains; voisin des *Sloanea* et distingué par des sépales valvaires; des pétales 3-lobés, imbriqués sur 2 séries; un disque peu épais; un fruit capsulaire, muriqué, à 3-5 valves. (H. BN, *Hist. des pl.*, IV, 200.)

VALLÉCULES. Dépressions longitudinales du fruit des Ombellifères, interposées à leurs côtes primaires et souvent occupées par les bandelettes. Les côtes secondaires ou suturales, quand elles existent, répondent à la ligne médiane des vallécules.

VALLES (Franc.). Auteur [1588], à Lyon, de *De iis quæ scripta sunt physice in libris sacris, sive de sacra philosophia liber singularis* (in-8), ouvrage qui eut six éditions.

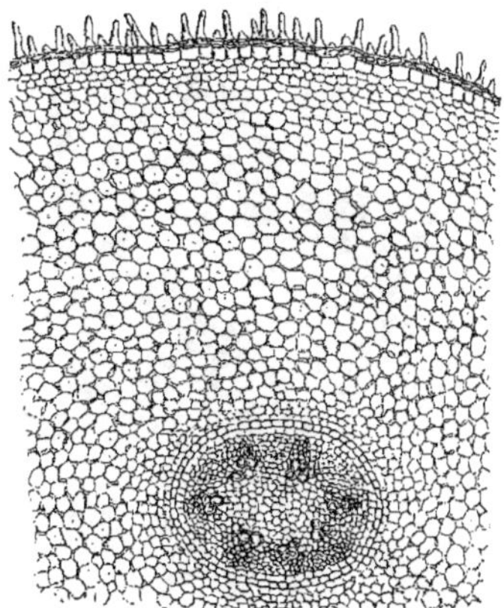

Valérianella. — Fruit.

Valériane. — Portion souterraine. Tissu de la racine, coupe transversale.

tout les *V. officinalis* et *dioica*. Leur prétendue racine est formée en partie du rhizome. (H. BN, *Hist. des pl.*, VIII, 507, 511, 517, fig. 396, 404-408; *Iconogr. Fl. fr.*, n. 226; *Herbor. par.*, 310.)

VALÉRIANE AQUATIQUE, V. DES MARAIS. Le *Valeriana dioica* L.

VALÉRIANE BLEUE, V. GRECQUE. Le *Polemonium cœruleum* L.

VALÉRIANE FRANCHE, V. DES JARDINS. Le *Valeriana Phu* L.

VALERIANELLA (T.). Nom latin des Mâches. (Voy. le Supplément.)

VALÉRIANELLE. Synonyme de Mâche.

VALÉRIANE PETITE. Nom ancien de la Mâche.

VALÉRIANE ROUGE. Le *Centranthus ruber* DC.

VALÉRIANE SAUVAGE. Nom du *Valeriana officinalis* L.

VALERIENNE. Nom ancien des Valérianes.

VALIKAHA (ADANS., *Fam. des pl.*, II, 84). Synonyme de *Memecylon* L.

VALINIÉ. Le *Viburnum Lantana* L.

VALLA (G.). Auteur [1528] de *De simplicium natura liber unus Argentinæ per Henricum Sybold* (in-8).

VALLARAI. Nom tamoul de l'*Hydrocotyle asiatica* L.; d'où le nom de *vellarine*, donné à son principe actif.

VALLARIS (BURM., *Fl. ind.*, 51). Genre d'Apocynacées-Nériées, formé de 4, 5 lianes, de l'Asie tropicale; distingué par un calice avec ou sans glandes intérieures; le tube de la corolle court, et son limbe développé; les anthères souvent pourvues d'un épaississement calleux dorsal; le disque à 5 lobes; les 2 ovaires libres ou unis. (WIGHT, *Icon.*, t. 429, 438. — H. BN, *Hist. des pl.*, X, 200.)

VALLE (Fél.). Mort en 1747, auteur d'un *Florula Corsicæ*, publié par Car. Allioni, dans les *Miscellanea taurica* (II, 204).

VALLESIA (R. et PAV., *Prodr. Fl. per.*, 28, t. 5). Genre d'Apocynacées-Vincées, formé de 3 arbustes, des deux Amériques et d'Hawaï; distingué par des feuilles alternes; des fleurs en cymes latérales; des fruits drupacés; un embryon droit ou arqué; la radicule infère; l'albumen mince et corrugué. (H. BN, *Hist. des pl.*, X, 189.)

VALLÉSIE. Nom français (LANK) des *Vallesia* R. et PAV.

VALLET (Pierre). Était « brodeur ordinaire » de Henri IV, et publia, en 1600, *le Jardin du roi très chrestien Henri IV* (in-fol. de 73 pl.). J. Robin y ajouta la description de quelques plantes exotiques, rapportées d'Espagne par son fils.

VALLEY OAK. Aux États-Unis, le *Quercus alba* L.

VALLI-CANIRAN (RHEED., *Hort. malab.*, VII, 5, t. 3). Synonyme de *Cocculus radiatus* DC.

VALLI-FILIX (DUP.-TH., *Gen. nov. mad.*, n. 1). Synonyme de *Lygodium* Sw.

VALLISNÈRE (*Vallisneria* MICHELI, *Nov. pl. gen.*, 12, t. 10. — L., *Gen.*, n. 1097). Genre d'Hydrocharidacées, qui donne son nom à une tribu des *Vallisnériées* et qui est formé d'une petite herbe submergée, des régions tempérées et chaudes des deux mondes. Ses fleurs sont dioïques, incluses dans une spathe. Les mâles occupent le sommet d'une courte hampe droite et sont groupées en un faux capitule. Elles ont un petit périanthe 3-mère et 2, 3 étamines. Les fleurs femelles sont solitaires dans leur spathe, avec un ovaire infère, allongé, ∞-ovulé, surmonté de 3 sépales et 3 staminodes. Le pédoncule est très long et enroulé en spirale. Il se déroule quand la fleur femelle doit arriver à la surface de l'eau pour être fécondée par le pollen des inflorescences mâles, à ce moment détachées et flottantes. Les poètes ont chanté ces « noces » du *V. spiralis*, qui a de nombreuses feuilles basilaires et linéaires et qu'on cultive souvent dans les jardins botaniques. Son fruit est membraneux, et ses graines ne sont pas albuminées. Ce fruit mûrit sous l'eau; la hampe spiralée se rétractant après la fécondation. [H. BN.]

VANDA TRICOLOR

a Fleur grossie, vue par le sommet _ b. Coupe longitudinale de la fleur _ c Masses polliniques
avec le candicule et le retinacle _ d Loges de l'anthère avec l'opercule écarté

VALLISNERIEÆ. Tribu 2 (B. H., *Gen.*, III, 449) des Hydrocharidées.

VALLISNIERI DE VALLISNERA (Ant.). Professeur à Padoue [1661-1730], donna à Venise en 1710 son *Prima raccolta d'osservazioni e d'esperienze*. Ses *Opere diversi* sont de 1715. En 1733, son fils publia à Venise ses *Opere fisico-mediche*.

VALLONÉE. Cupule d'un gland de *Quercus*, propre à la teinture et qui forme un des articles d'exportation de la Grèce moderne.

VALLOT (J.-Nic.). Médecin de Dijon, mort vers 1856, écrivit [1828] l'*Histoire de la botanique en Bourgogne* (in-8 de 51 p.).

VALLOTA (Herb., *App.*, 29; *Amar.*, 133, 414). L'un des nombreux genres détachés des *Amaryllis*; formé d'une espèce

VAMI. Nom vulgaire du *Cephalotus follicularis* Labill.

VAMPI. En Chine, le *Cookia punctata* Sonner.

VANALPHENA (Lesch. — Reichb., *Handb.*, 302). Synonyme de *Reinwardtia* Dumort.

VANALPHIMIA (Lesch., ex *Steud. Nom.*, II, 516). Synonyme de *Saurauja* W.

VANANTHES (Reichb., *Consp.*, 158). Syn. de *Grammanthes*.

VANCHENDORF. Nom français (Lamk) des *Wachendorfia* Burm.

VANCOUVERIA (Morr et Dcne, in *Ann. sc. nat.*, sér. 2, II, 351). Section du genre *Epimedium* T. (H. Bn, *Hist. des pl.*, III, 56; in *Bull. Soc. Linn. Par.*, 407.)

VANDA (R. Br., in *Bot. Reg.*, t. 506). Genre d'Orchidacées, qui donne son nom à la série des Vandées et qui est formé d'une vingtaine de belles plantes épiphytes, de l'Asie et l'Océanie tropicales; distingué, dans le groupe des Sarcanthées, par des sépales et pétales très étalés, assez épais, ordinairement rétrécis à la base; le caudicule des pollinies large. Les inflorescences sont des grappes simples, et les tiges ne sont

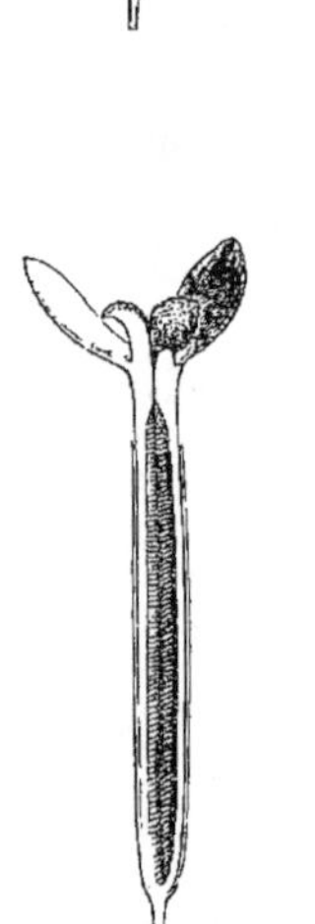

Vallisnère. — Ports. Fleur femelle, entière et coupe longitudinale.

de l'Afrique australe et distingué par des cymes ombelliformes, à pédicelles courts, à bractées involucrantes, souvent au nombre de 3; le périanthe en entonnoir, avec un tube court et les sinus des lobes pourvus d'une petite callosité; des graines à aile inférieure. (*Bot. Reg.*, t. 552. — *Bot. Mag.*, t. 1430.) [H. Bn.]

VALONIA OAK. Nom anglais du *Quercus Ægilops* L.

VALORADIA (Hochst., in *Flora* [1842], 239). Synonyme de *Ceratostigma* Bge.

VALTHÈRE. Nom français (Lamk) des *Waltheria* L.

VALVICIDE. Déhiscence par panneaux des anthères (Lauracées, Monimiacées, *Berberis*, etc.). Les capsules peuvent aussi être valvicides (Campanules, Pavots, etc.).

VALVULE. Synonyme de Glumelle. C'est aussi le nom du panneau de déhiscence des anthères valvicides.

pas pseudo-bulbeuses. On cultive dans les serres chaudes plusieurs de ces magnifiques végétaux. (*Bot. Mag.*, t. 2245, 3416, 4114, 4432, 5174, 5611, 5759, 5834, 6173, 6328.)

VANDALE (Racine de). Nom ancien des Valérianes.

VANDAMME (Henri). Pharmacien d'Hazebrouck, publia en 1838 un *Mémoire sur les maladies des Graminées et sur les moyens de préserver ces végétaux*, etc., et en 1840-1860 la *Flore de l'arrondissement d'Hazebrouck* (in-8 de 334 p.).

VANDEÆ (B. H., *Gen.*, III, 463). Tribu (2) des Orchidacées

VANDÉES. Série des Orchidacées, qui se distingue par des fleurs à une anthère postérieure, operculaire, et appliquée ou incombante au rostellum, avec des loges ordinairement confluentes lors de l'anthèse. Les pollinies sont céracées, ordinairement au nombre de 2-4, appliquées l'une contre l'autre (l'antérieure contre la postérieure). Lorsque l'anthère s'ouvre (souvent dans le bouton même), ces pollinies sont attachées à un prolongement du rostellum (glande ou pied), isolément ou par paires, et elles forment avec le prolongement une pollinie indépendante. On a divisé cette série en 8 groupes

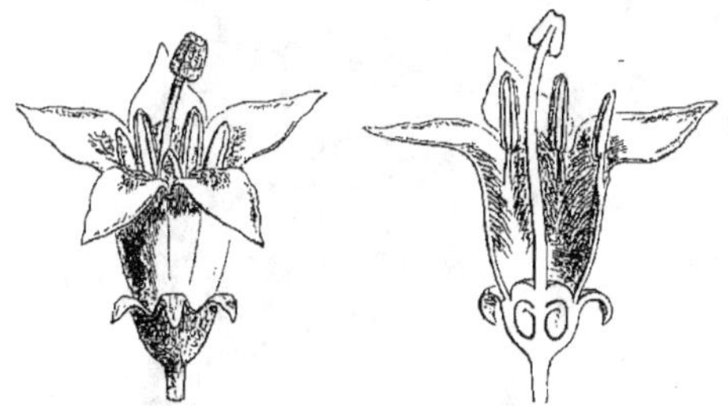

Vanda. — Fleur, coupe longitudinale.

secondaires (Cymbidiées, Eulophiées, Cyrtopodiées, Maxillariées, Stanhopéées, Oncidiées, Podochilées, Sarcanthées).

VANDELLE. Nom français (LAMK) des *Vandellia* L.

VANDELLI (Dom.). Professeur à Lisbonne, publia en 1768 son *Dissertatio de arbore Draconis;* puis [1770] *Memoria sobre la utilidade dos jardinos botanicos; Fasciculus plantarum* [1771]; *Diccionario dos termos technicos de historia natural* [1788]; *Floræ lusitanicæ et brasiliensis Specimen* [1788]. En 1789, il édita le *Viridarium lusitanicum* de Grisley.

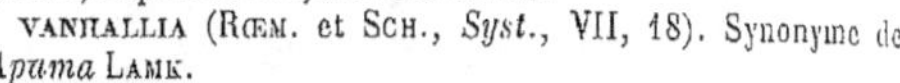

Vangueria. — Fleur, entière et coupe longitudinale.

VANDELLIA (L., *Mantiss.*, n. 1265). Section du genre *Torenia* L. (H. BN, *Hist. des pl.*, IX, 459.)

VANDERCOLME (Edm.-Hil.). Médecin à Bourbourg, mort en 1891, à l'âge de 56 ans, a écrit, en 1871, une thèse remarquable sur les Salsepareilles. (Voy. *Adansonia*, X, 74.)

VANDESIA (SALISB., in *Trans. Hort. Soc. lond.*, I, 332). Synonyme de *Bomarea* MIRB.

VANELLE. Nom français des *Stylidium* SW.

VANGASAILLE. Nom, à Rodrigues, d'une variété d'Oranger.

VANG-NUA. Nom annamite du *Garcinia Hanburyi* HOOK. F.

VANGUERIA (COMMERS., in *J. Gen.*, 206). Section du genre *Canthium* LAMK, à ovaire 4, 5-loculaire (H. BN, in *Adansonia*, XII, 189, 191; *Hist. des plant.*, VII, 301, 425, fig. 290-292). Plantes africaines et asiatiques. Le *V. edulis* VAHL (*Canthium edule* H. BN) a un fruit drupacé et comestible, médiocre.

VANGUERIEÆ (B. H., *Gen.*, II, 22). Tribu (17) des Rubiacées.

VANGUIER. Le *Canthium edule* H. BN.

VANGUIERA (PERS., *Syn.*, I, 205). Synonyme de *Vangueria* COMMERS.

VANGUI-NANG-BOUA. Nom, à Madagascar, d'après Poivre, d'un *Gardenia*.

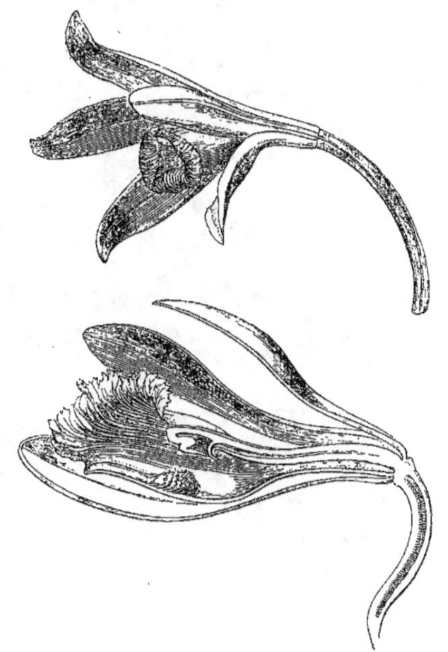

Vangueria. — Diagramme floral.

VANHALLIA (RŒM. et SCH., *Syst.*, VII, 18). Synonyme de *Apama* LAMK.

VAN HOUTTEA (LEME, in *Ill. hort.*, ex DCNE). Synonyme de *Houttea* DCNE.

VANIERIA (LOUR., *Fl. cochinch.*, 564). Genre d'Artocarpées (?), peut-être (B. H.) *Cudrania* ou *Plecospermum* (?).

VANIERIA (MONTROUS., in *Mém. Ac. Lyon*, X, 176). Synonyme (B. H.) de *Trisema* AD. BR. et GR.

VANILLA (PLUM., *N. gen.*, 25, t. 28). Syn. de *Epidendrum* L.

VANILLE (*Vanilla* SW., in *N. Act. Soc. upsal.*, VI, 66, t. 5). Genre d'Orchidacées-Néottiées, formé d'une vingtaine de lianes, des régions tropicales des deux mondes, à racines adventives aériennes, à feuilles alternes, coriaces ou charnues; les fleurs

Vanille. — Fleur, entière et coupe longitudinale.

en épis ou grappes, axillaires et courts; le labelle pourvu d'un onglet adné à la base du gynostème; son limbe concave, portant en dedans un faisceau de lames parallèles déchiquetées. Le fruit est allongé, finalement pulpeux, s'ouvrant en long, le plus souvent par une seule fente. Dans le *V. claviculata* SW., ce fruit blet est peu odorant; il le devient davantage dans les variétés dites *planifolia*, *sativa*, etc., et dans ce cas il est employé en médecine, dans l'économie domestique et les arts, à cause

VANILLA CLAVICULATA

a. Branche florifère __ b. Fleur, coupe longitudinale __ c. Gynostème __ d. Sommet du gynostème
l'anthère relevée. __ e. Anthère __ f. Anthère, coupe longitudinale __ g. Ovaire, coupe transversale.

de son suave parfum. Originaire du Mexique, la bonne Vanille est aujourd'hui cultivée dans un grand nombre de pays chauds. Pour la faire fructifier, on la féconde artificiellement, le pollen étant enfermé dans une sorte de capuchon dont il ne peut de lui-même sortir pour aller se porter sur la surface stigmatique. (H. Bn, *Tr. Bot. méd. phanér.*, 1438, fig. 3472, 3473.)

VANILLEÆ (B. H., *Gen.*, III, 463). Sous-tribu (1) des Néottiées.

VANILLEN. Nom allemand des Héliotropes.

VANILLENKRAUT. En Allemagne, l'*Heliotropium europæum*.

VANILLON. Vanille de qualité inférieure, courte, molle, un peu visqueuse, produite (?) par le *Vanilla Pompona* SCHIED.

VANILLOPHORUM (NECK., *Elem.*, III, 134). Syn. de *Vanilla*.

VANILLOSMA (SCH. BIP., in *Linnæa*, VI, 630). Synonyme de *Piptocarpha* R. BR.

VANILLOSMOPSIS (SCH. BIP., in *Pollichia* [1861], 166). Genre de Composées-Vernoniées, formé de 6, 7 arbustes brésiliens; distingué par des inflorescences à involucre ovoïde ou

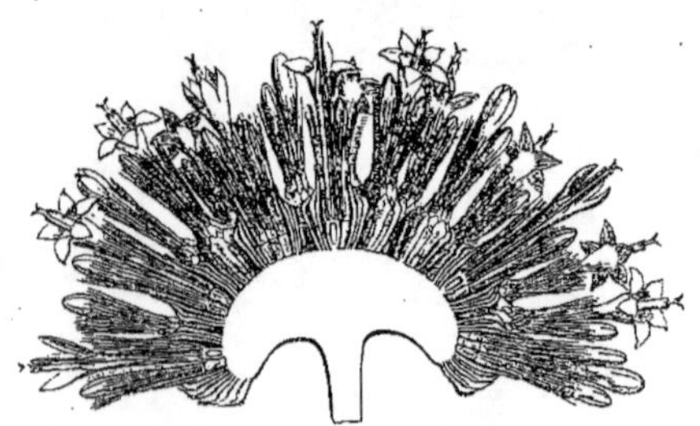
Vanillosmopsis. — Inflorescence, coupe longitudinale.

cylindrique; des fruits 10-costés, avec aigrette de ∞ soies. L'inflorescence est surtout caractéristique; elle consiste en un capitule de nombreux glomérules, à évolution centrifuge. (H. Bn, *Hist. des pl.*, VIII, 27, 119, fig. 40.)

VAN-MONS. Célèbre pomologiste, né en 1705, mort à Louvain en 1871. Son éloge a été écrit [1871] par E. Pynaert.

VANRHEEDIA (PLUM., *Gen.*, 45, t. 18). Synon. de *Rheedia* L.

VANTANE. Nom français (LAMK) des *Vantanea* AUBL.

VANTANEA (AUBL., *Guian.*, 572, t. 229). Genre d'Humiriées. Nous n'en faisons qu'une section des *Houmiri* AUBL., caractérisée par ses étamines en nombre supérieur à trente. Dans le *V. guianensis*, prototype du genre, le calice est à cinq dents, petites et non contiguës. (Voy. *Hist. des pl.*, V, 53.) [H. BN.]

VANTANEOIDES. L.-C. Richard a ainsi nommé une plante analogue au *Vantanea*, dont les fleurs ont des étamines nombreuses, mais dont le calice est imbriqué. Nous en avons fait une sect. du g. *Houmiri* AUBL. (Voy. *Adansonia*, X, 369; *Hist. des pl.*, V, 54.)

VAQUERELLE. Nom français (LAMK) des *Actinotus* LABILL.

VAQUETTE. L'*Arum maculatum* L.

VAQUOIS. Nom français des *Pandanus* L. F.

VARAIRE. Nom français des *Veratrum* T.

VARANGON. Le *Paspalum frumentaceum* ROTTL.

VARASIA (PHIL., *Fl. atacam.*, 35, t. 5). Genre créé pour (?) le *Gentiana sedifolia* H. B. K. (B. H., *Gen.*, II, 816.)

VARCHOUDRE. Nom madécasse du Riz *Varemanche*, semé de façon à produire ses fruits l'hiver.

VARE. A Taïti, le Tabac.

VAREC, VARECH. Noms des Algues en général.

VARECA (GÆRTN., *Fruct.*, I, 290, t. 60). Synonyme de *Guidonia* PLUM. (H. BN, *Hist. des pl.*, IV, 307.)

VARECA (ROXB., *Fl. ind.*, I, 647). Synonyme de *Rinorea* AUBL. (H. BN, *Hist. des pl.*, IV, 349.)

VAREC DES CHEVAUX. Le *Laminaria saccharina* LAMX.

VARENGEANE. Le *Solanum esculentum* DUN.

VARENNEA (DC., *Prodr.*, II, 522). Synonyme de *Eysenhardtia* H. B. K.

VARGASIA (BERTER., in *Spreng. Syst.*, II, 283). Synonyme de *Thouinia* POIT.

VARGASIA (DC., *Prodr.*, V, 676). Synonyme (part.) de *Galinsoga* R. et PAV.

VARIÉTÉ. — Voy. TAXINOMIE.

VARILLA (A. GRAY, in *Mem. Amer. Acad.*, I, 106). Genre de Composées-Hélianthées, formé de 2 arbustes mexicains; distingué, dans le groupe des Verbésinées, par des capitules longuement pédonculés, à réceptacle conique, sans fleurs ligulées; les branches du style obtuses; les feuilles opposées, ou les supérieures alternes, linéaires et entières. (H. BN, *Hist. des pl.*, VIII, 213.)

VARINGA. Nom indien de plusieurs Figuiers.

VARIOLE. Dans le midi de l'Europe, l'Antrachnose ou Tacon.

VARO. Nom, à Madagascar, de l'*Hibiscus tiliaceus* L.

VARONTHE (J., ex REICHB., *Consp.*, 212 d). Synonyme de *Physena* NOR.

VARO-SANTO. Nom, en Amérique, des *Triplaris* LŒFL.

VARREKA. Le fruit de l'Arbre à pain.

VARRON (Marc.-Ter. *Varro*). Né dans la Sabine, vers 114 avant J.-C. Son célèbre livre *De re rustica libri tres* fut édité à Venise en 1472. Il eut jusqu'en 1795 de nombreuses éditions.

VARRONIA (L., *Gen.*; n. 258). Synonyme de *Cordia* L.

VARTHEIMIA (DC., *Prodr.*, V, 473). Synon. de *Iphiona* CASS.

VARTINGUI. A Pondichéry, le Bois de Sappan.

VASA PROPRIA (H. MOHL). Parenchyme particulier, qui fait partie du liber mou.

VASARGIA (STEUD.). Pour *Vargasia* DC.

VASCOA (DC., *Mém. Légum.*, 186). Syn. de *Rafnia* THUNB.

VASCONCELLA (A. S.-H., *Deux. Mém. Résédac.*, II, 13). Section du genre *Papaya* T. (H. BN, *Hist. des pl.*, IV, 285.)

VASCONCELLIA (MART., *Herb. Fl. bras.*, 252). Synonyme de *Arrabidæa* DC.

VASCULOSÉ. — Voy. CELLULOSE.

VASEYA (THURB., in *Proc. Ac. nat. sc. Philad.* [1863], 79). Genre proposé pour le *Muehlenbergia comata* THURB.

VASIVÆA (H. BN, in *Adansonia*, X, 191). Genre de Tiliacées, à fleurs diclines, représentant le type réduit des Grewiées; car les étamines sont, dans les fleurs mâles, insérées sur le haut d'une colonne assez courte, dont la base porte quatre sépales et quatre pétales, garnis, en dedans de leur base, d'une plaque glanduleuse à bords ciliés. Les fleurs femelles ont le même périanthe; un androcée formé de plusieurs pièces stériles ou çà et là fertiles, et un ovaire non ailé, à quatre loges uniovulées, avec un style court, à quatre lobes inégaux, presque pétaloïdes. Entre les genres analogues aux *Grewia*, celui-ci correspond donc au *Carpodiptera* parmi les Brownlowiées. La seule espèce connue du genre, le *V. alchorneoides*, est un arbre de la Guyane et des pays voisins, dont les fleurs mâles sont réunies en longues grappes de cymes, parfois foliées. (Voy. *Hist. des plant.*, IV, 195.) [H. BN.]

VASQUESIA (PHIL., *Fl. atacam.*, 31, t. 5). Synonyme (B. H.) de *Villanova* LAG.

VASSALLI (Antonmaria). Auteur [1788], à Turin, de *Spiegazione delle esperienze recate contro l'influsso dell' elletricità nella vegetatione da S. Ingenhousz e Schwankhardt*, etc. En 1802, il publia *Della fecondazione artificiale delle piante*, et en 1807 *Saggio teorico-pratico sopra l'Arachis hypogæa* (in-8).

VASSUMBOU. Nom tamoul de l'*Acorus Calamus* L.

VATAIREA (AUBL., *Guian.*, 755, t. 302). Genre de Légumineuses, souvent rapporté (B. H.) aux *Pterocarpus* comme synonyme, mais qui en est probablement distinct. (H. BN, *Hist. des pl.*, II, 323.)

VATER (Christ.). Professeur à Wittenberg, où il mourut en 1732, y avait publié, en 1692, *Rei herbariæ æstimatoribus et cultoribus*, etc. (in-4). — Abrah. VATER [1684-1751], également professeur à Wittenberg, fut l'auteur de *Balsami de Mecca natura et usus* [1720], d'un catalogue du jardin de Wittenberg, avec suppléments; d'un catalogue de son propre musée [1726]; *De Ruta*; *De Cereo americano*; *De Laurocerasi indole venenata*; un *Syllabus plantarum* (du jardin de Wittenberg); un *Anatome trunci Ulmi cui cornu cervinum ino-*

litum [1741]; et *Cornu cervi monstrosum a trunco arboris Fagi, cui adhæsit, resectum* [1744], in-4 de 8 p.

VATERIA (L., *Gen.*, n. 666). Genre de Diptérocarpacées-Dryobalanopsées, formé d'une douzaine d'arbres, à suc oléo-résineux, de l'Asie tropicale; distingué par un calice imbriqué; 15-∞ étamines, à anthères mutiques et inéquivalves; un ovaire 3-loculaire; les sépales réfléchis sous le fruit. (WIGHT, *Ill.*, I, t. 36. — BL., *Mus. lugd.-bat.*, II, t. 4. — H. BN, *Hist. des pl.*, V, 215.)

VATICA (L., *Mantiss.*, n. 1311). Genre de Diptérocarpacées-Dryobalanopsées, formé d'une dizaine d'arbres résineux, de l'Asie tropicale; distingué par des fleurs 15-andres, dont le calice est, avant l'anthèse, subvalvaire ou ouvert, et dont les sépales, accrus autour du fruit, s'étalent dès leur base. (WIGHT, *Icon.*, t. 26. — BL., *Mus. lugd.-bat.*, II, t. 7. — H. BN, *Hist. des pl.*, IV, 214.)

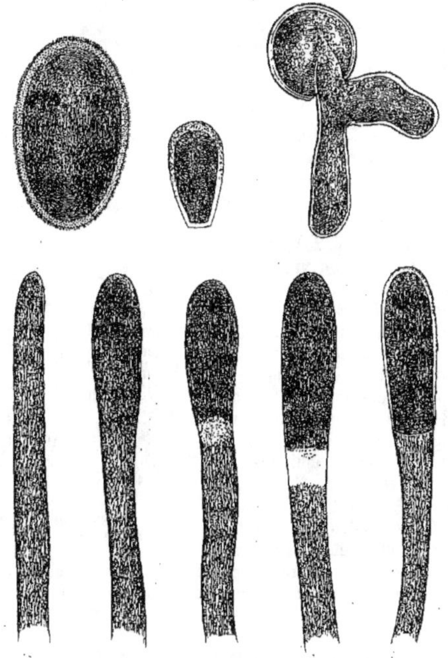

Vaucheria. — Spore. Germination. Formation des spores.

VATO-LELA. Synonyme de *Bato, Batu.*

VATTI. Nom, dans l'Inde, d'une boisson fermentée, populaire, qui se prépare avec les graines de l'*Abrus precatorius* L.

VAUANTHES (HAW., *Rev. pl. succ.*, 18). Synonyme de *Grammanthes* DC.

VAUCHER (J.-Pierre-Et.). Professeur à Genève [1763-1841], débuta en 1800 par un *Mémoire sur les graines des Conferves*; puis il publia [1803] son *Histoire des Conferves d'eau douce*; ses *Monographies des Prêles* [1822], des *Orobanches* [1827]; la *Chute des feuilles* [1828], et [1830 et 1841] deux *Histoires physiologiques des plantes d'Europe.* Vaucher a observé, relativement à la reproduction des Algues, beaucoup de faits que des botanistes plus récents ont cru être les premiers à apercevoir.

VAUCHERIA (DC., in *Vauch. Conf.*, 25). Genre d'Algues inarticulées et Chlorospermées, de la famille des *Vaucheriacées*, établi d'abord par Vaucher de Genève, sous le nom de *Ectosperma*, nom que De Candolle a changé en celui de *Vaucheria*, qui a été généralement adopté. C'est une Algue à filaments simples ou rameux, tubuleux, non cloisonnés, remplis à

leur état parfait d'un endochrome de couleur verte. La fructification se fait au moyen de capsules ovoïdes ou globuleuses, sessiles ou pédicellées, solitaires, géminées ou réunies en plus ou moins grand nombre, remplies de sporules d'un vert foncé. Parmi les *Vaucheria*, quelques espèces se multiplient par zoospores et d'autres par spores immobiles. L'extrémité d'une branche se sépare du reste, devient un zoosporange où tout le corps protoplasmique se concentre pour former une grosse zoospore, couverte dans toute son étendue de cils vibra-

Vaucheria. — Germination. Formation des spores.

tiles très courts. Le genre *Vaucheria* a été divisé, pour faciliter la détermination des espèces, en deux groupes basés sur la disposition des capsules qui sont géminées ou solitaires. Ces Algues sont d'une détermination difficile. On les trouve dans les rivières et les mares, où elles forment de larges touffes d'un beau vert. Leurs fructifications peu communes se développent au printemps, dans les localités exondées ou dans des points où les eaux sont peu courantes. (Voy. RABENH., *Fl. europ. Alg.*, III, 266.) [CH. M.]

VAUCHÉRIACÉES. Les Algues de cette famille sont Siphonées. D'après Payer, elles appartenaient à l'ordre des Phycées. Longtemps avant, Agardh les avait placées parmi les Ulvacées. La plante la plus simple de cette famille est l'*Hydrogastrum*, qui consiste en une utricule gonflée en forme de ballon. Cette utricule s'allonge-t-elle en un long tube? Nous avons des *Vaucheria* si le tube est quelque peu rameux; des *Bryopsis* si les rameaux sont nombreux et pennés; des *Valonia* si les rameaux sont verticillés. La propagation se fait par des oospores ou par des zoogonidies. Rabenhorst a placé les Vauchériacées dans l'ordre des Syphophycées. (Voy. PAYER, *Bot. crypt.*, éd. H. BN, 29.) [CH. M.]

VAUCHERIEÆ (KUETZ., *Phyc. gen.*, 302). Famille d'Algues-Cœloblastées, dans laquelle l'auteur avait placé les genres *Botrydium, Vaucheria, Sciadium, Bryopsis* et *Rhipidosiphon.* (Voy. VAUCHÉRIACÉES.)

VAUDE. Synonyme de Gaude.

VAUGHINIA. Nom, à Madagascar, des *Vahea* LAMK.

VAUG-NUA. Nom annamite du *Garcinia Hanburyi* HOOK. F.

VAUPELL (Christ.). Mort à Copenhague en 1862, a écrit sur les faisceaux vasculaires des rhizomes des Dicotylédones [1855]; *Planterigets Naturhistorie* [1854], qui eut 3 éditions; un mémoire sur la fructification des *Œdogonium* [1859]; *De Danske Skove* [1863], in-8, avec fig. sur bois.

VAUPELLIA (GRISEB., *Fl. brit. W.-Ind.*, 460). Synonyme de *Gesneria* L.

VAUQUELIN (Nic.-Louis). Ce célèbre chimiste a publié [1799] des *Expériences sur la sève des végétaux* (in-8 de 32 p.).

VAUQUELINIA (CORR., in *H. B. Pl. æquin.*, I, 141, t. 40). Genre de Rosacées-Quillajées, formé d'un arbre mexicain; distingué par des feuilles alternes et opposées, dentées; des fleurs disposées en cymes corymbiformes; des fruits secs, se séparant en 5 coques 2-valves et 2-spermes. (H. BN, *Hist. des pl.*, I, 398, 472, fig. 452-455.)

VAUR, VAR. Noms, à Rodrigue, de l'*Hibiscus tiliaceus* L.

VAUSAGESIA (H. BN, in *Bull. Soc. Linn. Par.*, 871). Genre de Violacées, fondé sur une herbe du Congo, à feuilles alternes, linéaires-lancéolées, dont les fleurs en cymes rappellent celles des *Sauvagesia*, avec 5 sépales, 5 pétales, 5 étamines et 5 staminodes pétaloïdes, oppositipétales. L'ovaire a 3 placentas pariétaux, et le fruit se divise en 3 panneaux placenticides.

VAUTHIERA (A. RICH., *Fl. Nov. Zel.*, 106, t. 20). Synonyme de *Lepidosperma* LABILL.

VAVÆA (BENTH., in *Hook. Lond. Journ.*, II, 212). Section du genre *Quivisia* COMMERS. (H. BN, *Hist. des pl.*, V, 495). Cependant beaucoup d'auteurs conservent le genre distinct.

VAVALLI. Le *Mimusops Elengi* L.

VAVANGA (ROHR, in *Act. Soc. hafn.*, II, 208, t. 7). Synonyme de *Vangueria* VAHL.

VAVANGUE. Nom vulgaire du *Canthium edule* H. BN.

VAWRA (Heinr.). Médecin de Vienne, qui devint un haut dignitaire du service de santé officiel de l'Autriche, avait publié, avec J. Peyritsch, un *Sertum benguelense* [1860]; puis il rédigea le compte rendu botanique du voyage de Maximilien Ier, empereur du Mexique, au Brésil [1866]. On lui doit, entre autres, des descriptions assez nombreuses de Broméliacées, *Vriesia*, *Tillandsia*, etc. (*Œsterr. Bot. Zeitschr.*). Il est mort en 1887, et M. Balfour fils a publié une notice sur ses travaux.

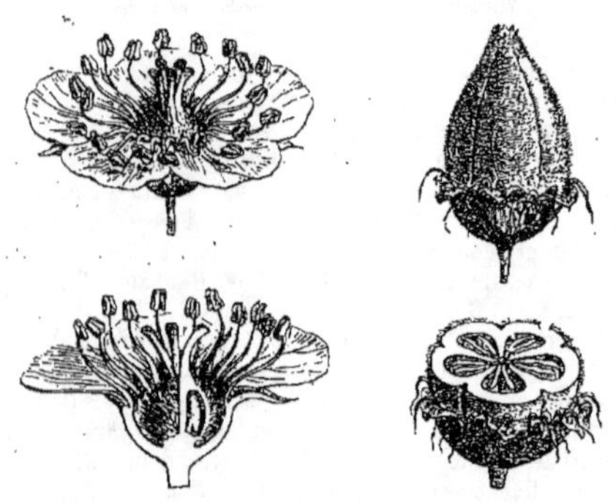

Vauquelinia. — Fleur, entière et coupe longitudinale. Fruit, entier et coupe transversale.

VAYNILLA. Nom vulgaire, au Pérou, d'après Ruiz et Pavon, de l'*Heliotropium peruvianum* L.

VAYOU-VELLASSE, VELVELUNGUM. Noms tamouls de l'*Embelia Ribes* BURM., dont le fruit servait à falsifier le poivre noir.

VEATCHIA. D'après M. Brandegee (*Pl. Baja Calif.* [1889], 140), le *V. discolor* BENTH. diffère des *Rhus* par des sépales valvaires, des pétales accrescents et un fruit à péricarpe mince. C'est le *Schinus? discolor* BENTH. (*Bot. Sulph.*, 11, t. 9) et le *Rhus Veatchii* KELL.; le *V. cedrocensis* A. GRAY et le *Bursera pubescens* S.-WATS. Le *Veatchia* (KELL., in *Proc. Calif. Acad.*, II, 11) a été considéré comme syn. de *Calliprora* LINDL.

VEGELIA (NECK., *Elem. bot.*, III, 355). Pour *Weigela* THUNB.?

VÉGÉTAL. Synonyme de Plante.

VEGIGA DE PERRO. En Espagne, le Coqueret.

VEILLEUSE. Synonyme de Veillote.

VEILLOTTE. Le Colchique d'automne.

VEINE. Division des nervures; d'où Veiné (*venosus*), et Veinule (*venula*), division des veines.

VEITCHIA (LINDL., in *Gord. Pin. Suppl.*, 105). Nom donné à une Conifère (*Picea?*) monstrueuse.

VEITCHIA (H. WENDL., in *Seem. Fl. vit.*, 271, t. 81). Genre de Palmiers océaniens, formé de 3, 4 espèces, à feuilles pinnatiséquées; distingué, dans le groupe des Arécées, par des fleurs mâles 6-andres, à sépales connés à la base, chartacés; des fleurs femelles bien plus grandes, à pétales inclus dans le calice; un gros fruit fibreux; des segments foliaires tronqués. Le genre est incomplètement connu. [H. BN.]

VELÆA (DC., *Prodr.*, IV, 230). Synonyme (B. H.) de *Arracacia* BANCR.

VELA ESCAMADA. Nom mexicain du *Verbascum Thapsus* L.

VELAGA (GÆRTN., *Fruct.*, II, t. 133). Sect. du g. *Lagerstrœmia*.

VELAME. Nom, au Brésil, de plusieurs *Solanum* médicinaux (*S. jubatum, bullatum*, etc.).

VELAMEA (H. BN, in *Adansonia*, IV, 310). Section du genre *Croton* L.

VELAME DO CAMPO. Au Brésil, le *Croton campestre* A. S.-H.

VELAMEN. Nom latin du Voile.

VELANDSROT, VELAMSROT. Noms suédois des Valérianes.

VELANI, VELANÈDE. Le *Quercus Ægilops* L.

VÉLAR OFFICINAL. L'*Erysimum officinale* L. (*Sisymbrium officinale* SCOP. — *Chamæplium officinale* WALLR.), astringent, acerbe, vanté contre les laryngites, les catarrhes pulmonaires, bronchiques, etc. (H. BN, *Tr. Bot. méd. phanér.*, 751.)

VELASQUEZIA (BERTOL., *Fl. guatem.*, 39, t. 11). Synonyme de *Triplaris* L.

VELDRIGELLE. En Hollande, le *Nigella sativa* L.

VELEZA. En Espagne, le *Plumbago europœa* L.

VELÈZE. Nom français (LAMK) des *Velezia* L.

VELEZIA (L., *Gen.*, n. 447). Section du genre *Dianthus* L. (H. BN, *Hist. des pl.*, IX, 111.)

VELLA (GRAY, *Arr. brit. plant.*, II, 690). Synonyme de *Carrichtera* DC.

VELLA (L., *Gen.*, n. 797). Genre de Crucifères-Lunariées-Succovinées, formé de 3 arbustes espagnols; distingué par des feuilles entières; de grands fruits siliqueux, turgides, gibbeux, surmontés d'un large rostre linguiforme; les fausses-loges 1, 2 spermes. Le *V. Pseudocytisus* est cultivé dans les jardins botaniques. (H. BN, *Hist. des pl.*, III, 205, 279, fig. 284, 285.)

VELLAL, VAYOU VELLAM, VELVELUNGUM. Noms tamouls de l'*Embelia Ribes* BURM., qui est employé dans l'Inde pour falsifier le poivre, auquel ses fruits ressemblent d'ailleurs beaucoup.

VELLAROUGOU. Nom tamoul de l'*Exacum hyssopifolium* WIDD., employé, dit-on, comme fébrifuge dans la médecine indienne.

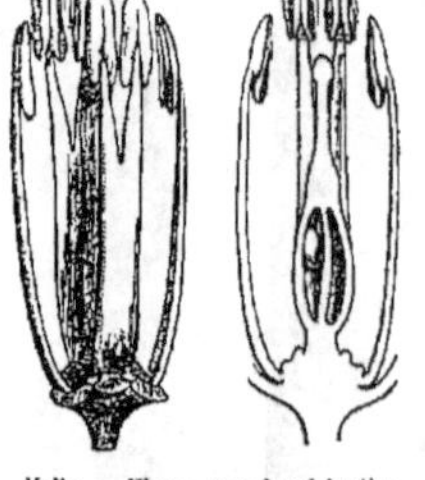

Vella. — Fleur, sans le périanthe et coupe longitudinale.

VELLEIA (SM., in *Trans. Linn. Soc.*, IV, 217). Genre de Campanulacées-Goodéniées, dont les fleurs sont à peu près celles des *Goodenia*, avec un réceptacle si peu profond que l'ovaire, imparfaitement septé, est, comme le fruit, libre. Ce sont une douzaine d'herbes australiennes. (H. BN, *Hist. des pl.*, VIII, 340, 369, fig. 181-185.)

VELLÉ-OUMATÉ. Nom tamoul du *Datura Metel* ROXB., employé fréquemment, assure-t-on, dans un but criminel par les natifs.

VELLEY (Thom.). Auteur [1795] de *Coloured figures of marine plants found on the southern coast of England, illustrated with descriptions and observations*, etc. (in-fol.).

VELLOSO (José Marianno da Conceição). Mort à Rio-de-Janeiro en 1812, est célèbre par la publication du *Flora fluminensis* [1790], suivie de celle des *Icones* (11 vol. in-fol.), parus en 1827. Le texte, incomplet, est actuellement rare relativement aux planches. De Martius a raconté l'histoire de cette publication dans le *Flora* de 1837. Velloso est aussi l'auteur de l'*Alographia* [1798], in-8, et du *Quinografia portugueza* [1799].

VELLOZIA (VAND., *Fl. lusit. et bras. Spec.*, 32, t. 2, fig. 12). Genre d'Amaryllidacées, qui donne son nom à la série des *Velloziées* (dont on a souvent fait une famille), et qui s'y distingue par des fleurs dont le tube ne se prolonge pas ou à peine au-dessus de l'ovaire. Ce sont environ 50 arbres curieux, du Brésil, de l'Afrique et de Madagascar, à tige dressée, souvent dichotomes; les branches chargées de gaines foliaires persistantes; les feuilles ordinairement rigides et piquantes; les fleurs souvent belles, blanches, jaunes, violettes ou bleues. Ces plantes donnent un cachet particulier à la végétation des localités où elles croissent. Elles fleurissent rarement en serre. (*Bot. Mag.*, t. 5803. — *Fl. bras.*, III, I, 73. — Mart., *Nov. gen. et spec.*, t. 6, 9.) [H. Bn.]

VELLOZIÉES. Série des Amaryllidacées, caractérisée par une tige ligneuse, souvent ramifiée, avec des feuilles rapprochées au sommet des rameaux; les fleurs solitaires ou en petit nombre entre les feuilles; le périanthe supère, souvent persistant; 6-18 étamines (genres *Vellozia* et *Barbacenia*).

VÉLO. Nom, en Champagne, de l'*Agaricus Volemus* Fr.

VELOTE. Synonyme de *Dillwynia* Sm.

VELOUTÉ (*velutinus*). — Voy. Pubescence.

VELOUTINE. L'un des noms vulgaires du *Tagetes patula* L.

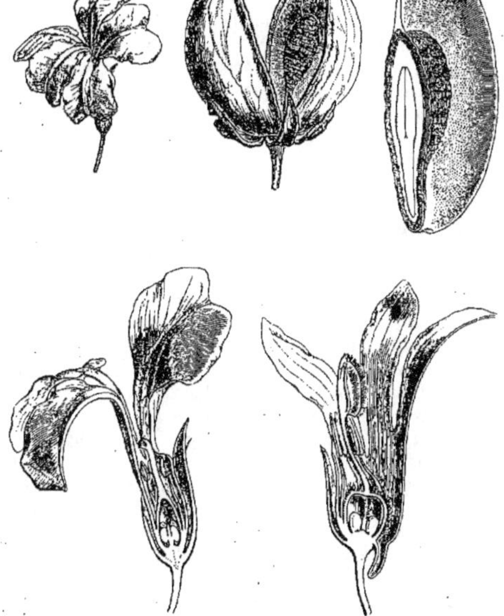

Vellcia. — Fleurs, entière et coupes longitudinales. Fruit déhiscent et coupe longitudinale.

VELPEAULIA (Gaudich., *Voy. Bonite*, t. 109). Synonyme (?) de *Dolia* Lindl.

VELTHEIMIA (Gled., in *Act. Ac. berol.* [1769], 66). Genre de Liliacées-Scillées, formé de 3 plantes bulbeuses, de l'Afrique australe; distingué par des fleurs pendantes, en épis ou en grappes; le périanthe cylindrique, à lobes très courts; le fruit scarieux et 3-ailé. On en cultive quelques-uns dans les serres. (Red., *Lil.*, t. 440. — *Bot. Mag.*, t. 501, 1091, 3456.) [H. Bn.]

VELTIS (Adans., *Fam. pl.*, II, 116). Synonyme de *Centaurea*.

VELUETTE. L'*Hieracium Pilosella* L.

VELUETTE. Synonyme de Piloselle.

VELVET-LEAF. Nom anglais du *Cissampelos Pareira* L.

VELVOTE. Les *Linaria Elatine* Desf. et *spuria* Mill.

VELVOTE SAUVAGE. Le *Veronica arvensis* L.

VENANA (Lamk, *Ill.*, II, 99, t. 131). Genre de Saxifragacées; synonyme de *Brexia* Dup.-Th., qui n'a pas la priorité : de sorte que le nom de la série des Brexiées doit être changé en celui de *Vénanées*. Ce sont 1, 2 arbres de Madagascar, très variables, à feuilles alternes, persistantes, entières ou dentées-épineuses; les fleurs en cymes au sommet d'un cladode étroit, à calice infère, 5-mère; 5 pétales imbriqués; 5 étamines et autant de staminodes alternes; l'ovaire à 5 loges plus ou moins

incomplètes, ∞-ovulées; le fruit drupacé, puis dur, à ∞ graines dont l'albumen est très mince. On cultive plusieurs curieux *Venana* dans les serres chaudes, où ils fleurissent fréquemment. (H. Bn, *Hist. des plant.*, III, 358, 441, fig. 412-415.)

Venana. — Branche florifère.

VENCENUCO. Nom, en Colombie, de plusieurs *Asclepias*, *Hamelia*, etc.

VENDANGEUSE. L'*Amaryllis lutea* L.

VENDELROD, VENDINGSROD. Noms norvégiens des Valérianes.

VENDU BOUNTJEE. Synonyme de Cajan.

VÈNE, VEGNE. Nom ghioloff du *Pterocarpus erinaceus* Lamk.

VENEGAZIA (DC., *Prodr.*, VI, 43). Genre de Composées-Hélianthées-Héléniées, formé d'une herbe californienne, à feuilles alternes et dentées; distingué, dans le groupe des Jauméées, par d'assez grands capitules, solitaires ou peu nombreux, à large involucre de bractées lâches et étalées; le réceptacle plan; les fruits dépourvus d'aigrette. (H. Bn, *Hist. des pl.*, VIII, 258.)

VENELIA (Commers., herb.). Synonyme de *Erythroxylon* K.

Venana. — Fleur, entière et coupe longitudinale. Diagramme.

VENETZ (Ign.). Auteur [1817] d'un Catalogue des plantes spontanées du Valais. Il était ingénieur et mourut en 1859.

VENGAY. Nom tamoul du *Pterocarpus Marsupium* Roxb.

VENIDIUM (Less., in *Linnæa*, VI, 91 ; *Syn.*, 29). Section du genre *Arctotis* L. (H. Bn, *Hist. des pl.*, VIII, 197.)

VENIERA (Salisb., *Gen. pl. Fragm.*, 101). Section du genre *Narcissus* T.

VENILIA (G. Don, *Gen. Syst.*, IV, 507). Section du genre *Scrofularia* T.

VENKEL. En Hollande, le Fenouil.

VENTAISON. Désigne vulgairement la stérilité des plantes, quand elle est due au défaut de fécondation.

VENTENAT (Et.-Pierre). Né à Limoges en 1757 et mort à Paris en 1808, fut bibliothécaire de Sainte-Geneviève, après avoir été chargé des collections botaniques de l'impératrice Joséphine. Il a publié un *Tableau du règne végétal* [1794];

des *Principes de botanique* [1795]; une *Description des plantes du jardin de Cels* [1800]; une *Monographie des Tilleuls* [1802]; un *Choix de plantes* (aussi du jardin de Cels); le *Jardin de la Malmaison* [1803, 1804]; *Decas generum novorum aut parum cognitorum* [1808]. Son riche herbier est aujourd'hui à Genève; il faisait partie des collections Delessert.

VENTENATA (KŒL., *Gram. gall. et germ.*, 272). Genre de Graminées-Avénées, formé de 2 herbes annuelles, d'Europe et d'Orient, et présentant les caractères des *Trisetum*, avec des épillets plus longs; sans arête dorsale dans la glumelle inférieure; les glumes rigides et ∞-nerves. Kunth et Trinius en ont fait des *Trisetum*, et Host un *Avena*. (NEES, *Gen. Fl. germ., Monoc.*, I, n. 47. — GREN. et GODR., *Fl. de Fr.*, III, 509.)

VENTENATIA (PAL.-BEAUV., *Fl. owar. et ben.*, I, 29, t. 17). Synonyme de *Oncoba* FORSK.

Ventilago. — Fleur, entière et coupe longitudinale.

VENTENATIA (SM., *Exot. Bot.*, II, 13, t. 66, 67). Synonyme de *Candollea* LABILL. (*Stylidium* Sw.).

VENTILAGO (GÆRTN., *Fruct.*, I, 223, t. 49). Genre de Rhamnacées-Rhamnées, formé d'une douzaine d'arbustes, des régions tropicales de l'ancien monde; à fleurs de *Rhamnus*, à ovaire en partie infère, surmonté du style persistant, dilaté en aile verticale, aplatie, rigide. (H. BN, *Hist. des pl.*, VI, 56, 80, fig. 46-48.)

VENTRU. Nom vulgaire du *Chorisia ventricosa*.

VENTURI (Ant.). A publié [1835], à Brescia, un catalogue de son jardin; en 1845, *I Miceti dell' agro Bresciano* (in-fol. de 48 p. et 64 pl.).

VÉNUS (Bain de). Nom vulgaire du *Dipsacus sylvestris* L.

VEPRECELLA (NAUD., in *Ann. sc. nat.*, sér. 3, XV, 312, t. 15). Section (?) du genre *Gravesia* NAUD. (H. BN, *Hist. des plant.*, VII, 45.)

VEPRIS (COMMERS. — A. JUSS., *Rutac.*, 126). Synonyme de *Toddalia* J.

VERATAXUS (SENIL., *Pin.*, 168). Synonyme de *Taxus* T.

VERATREÆ. Tribu (20) des Liliacées. (B. H., *Gen.*, III, 750.)

VÉRATRÉES. Série des Liliacées, jadis confondue avec les Colchicées, distinguée par des tiges élevées, bulbeuses ou non, foliées ou aphylles; des fleurs en grappes simples ou composées; souvent polygames; le réceptacle souvent un peu concave; les 6 étamines à déhiscence extrorse; les loges confluentes, puis étalées; les loges ovariennes libres en haut et se continuant en autant de styles distincts; le fruit septicide. [H. BN.]

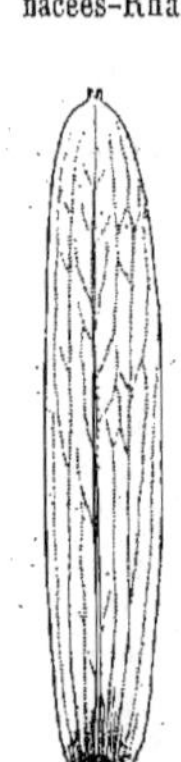

Ventilago.
Fruit.

VERATRONIA (MIQ., *Fl. ind. bat.*, III, 553). Genre douteux d'Uvulariées (?), proposé pour le *Veratrum? malayanum* JACK.

VERATRUM (T., *Inst.*, 272, t. 145). Genre de Liliacées, qui donne son nom à la série des *Vératrées* et qui s'y distingue par des branches aériennes à feuilles larges, plissées-veinées, sans pétiole et rétrécies en gaine; un réceptacle floral cupuliforme;

les folioles du périanthe un peu rétrécies à la base. Ce sont des herbes vivaces, de l'Europe, de l'Asie septentrionale, de

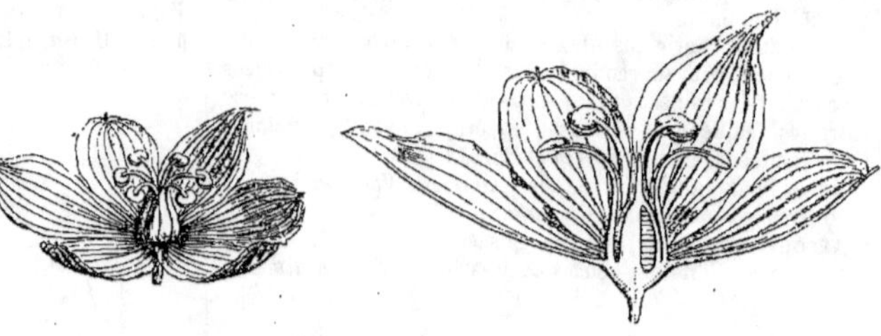

Veratrum. — Fleur, entière et coupe longitudinale.

l'Amérique du Nord. On emploie en médecine nos *V. album* et *nigrum*, et le *V. viride* de l'Amérique du Nord. Mais ces plantes, actives, vénéneuses même, ne servent pas, paraît-il, à l'extraction de la Vératrine. (NEES, *Gen. Fl. germ., Monoc.*, II, n. 32. — REICHB., *Ic. Fl. germ.*, t. 422, 423. — GREN. et GODR., *Fl. de Fr.*, III, 172. — H. BN, *Tr. Bot. méd. phanér.*, 1403, fig. 3435, 3436.)

VERATRUM NIGRUM (DOD.). Nom de plusieurs Hellébores.

VERBASCUM. Nom latin des Molènes (III, 369).

VERBASCUM ODORATUM (FUCHS). Le *Primula officinalis* L. Le *Verbascum non odoratum* du même auteur est le *Primula elatior* JACQ.

VERBASCUM SYLVESTRE (MATTH.). Le *Phlomis fruticosa* L.

VERBENA. Nom latin des Verveines.

VERBENACA. Nom ancien de la Verveine officinale.

VERBENACA NODIFLORA (BAUH.). Le *Lippia nodiflora* RICH.

VERBÉNACÉES. Famille de Gamopétales, qui, dans ses formes irrégulières, a les caractères des Labiées; le style apical et non gynobasique, et qui, par ses formes régulières, se rapproche des Boraginacées; l'ovule généralement ascendant, à micropyle tourné en bas et en dehors. Nous avons (*Hist. des pl.*, XI, 78) divisé cette famille en cinq séries : Verbénées, Phrymées, Stilbées, Viticées et Avicenniées. [H. BN.]

VERBENELLA (SPACH, *Suit. à Buff.*, IX, 237). Synonyme de *Verbena* T.

VERBESINA (L., *Gen.*, n. 975). Genre de Composées-Hélianthées, formé d'environ 180 plantes herbacées, suffrutescentes ou frutescentes, des régions tropicales et sous-tropicales des deux mondes; distingué par des capitules moyens ou petits, souvent en cymes corymbiformes; les fleurs du rayon fertiles ou 0; les fruits comprimés, à 2 ailes et 2 arêtes. Les feuilles sont opposées ou alternes. On en cultive plusieurs espèces dans les jardins botaniques. Nous unissons à ce genre les *Blainvillea, Ximenesia, Aspilia, Wedelia, Pascalia, Helianthella, Oligogyne*, etc. (H. BN, *Hist. des pl.*, VIII, 204.)

VERBESINA. Nom ancien du *Bidens cernua* L.

VERBOUISSET. En Languedoc, le Fragon épineux.

VERDELIER. Le *Salix vitellina* L.

VERDET. L'*Agaricus Chamæleo* BULL.

VERDETTE. Nom, en bas Languedoc, de l'*Agaricus* (*Russula*) *furcatus* PERS.

VERDIAU. L'un des noms du *Salix purpurea* L.

VERDOISIS, VERDOISON. Noms vulgaires du *Salix vitellina* L.

VERDOLAGA. A Caracas, le Pourpier commun.

VERDOLAGA DE AGUA. Nom vulgaire mexicain du *Ludwigia* (*Jussieæa*) *Swartziana* DC.

VERDRIES (J.-Melch.). Professeur à Giessen, où il naquit et mourut [1679-1735]. A écrit [1807] *De succi nutritii in plantis circuitu* (in-4 de 33 p.).

VERDURE D'HIVER, V. DE MER. Le *Pyrola rotundifolia* L.

VEREA (W., *Spec.*, II, 471). Synonyme de *Kalanchoe* ADANS.

VEREIA (ANDR., *Bot. Repos.*, t. 2). Syn. de *Kalanchoe* ADANS.

VEREK. Nom indigène de l'*Acacia Senegal* W.

VERGE A BERGER, **V. DE PASTEUR**. Les *Dipsacus pilosus* L. et *sylvestris* DC

VERGE D'OR, **V. DORÉE (GRANDE)**. Le *Solidago Virga aurea* L.

VERGERETTE, **VERGEROLE**. Noms français (LAMK) des *Erigeron*.

VERGE SANGUINE. L'un des noms vulgaires du *Cornus sanguinea* L.

VERGETTE A CHIENDENT. L'*Andropogon Ischæmum* L.

VERGNE. Nom vulgaire de l'Aune commun (*Alnus glutinosa*).

VERHUELLIA (MIQ., *Syst. Pip.*, 47). Genre de Pipéracées-Pipérées, formé de 2 herbes très délicates, des Antilles; distingué des *Peperomia*, dont il est voisin, par des épis grêles; 2 étamines, à loges d'anthère globuleuses et séparées par un large connectif; l'ovaire couronné de 3, 4 branches stylaires. (C. DC., *Prodr.*, XVI, I, 391. — H. BN, *Hist. des pl.*, III, 473, 494.)

VERIJOBOCA. Nom donné par les Indiens Bauros au *Mauritia vinifera* MART.

Vernonia. — Branche florifère.

VERINEA (POM., *Nouv. matér. Fl. atl.*, 1). Genre proposé pour l'*Asphodelus fistulosus* L.

VÉRINGEANE. Le *Solanum esculentum* DUN.

VERJUS. Suc acide du Raisin non mûr.

VERLANGIA (NECK., *Elem. bot.*, II, 125). Genre disjoint des *Rhamnus* T.

VERMICULAIRE BRULANTE. Le *Sedum acre* L.

VERMICULARIA (MŒNCH, *Meth.*, Suppl., 50). Synonyme de *Stachytarpheta* VAHL.

VERMICULARIS. Nom ancien de plusieurs *Sedum* T.

VERMICULATA (BARREL., *Icon.*, 888). Synonyme de *Reaumuria* HASSELQ.

VERMIFUGA (R. et PAV., *Prodr. Fl. per.*, 114, t. 24). Synonyme de *Flaveria* J.

VERMILLON D'ESPAGNE. Le Carthame tinctorial.

VERMINE PUANTE. Le *Petiveria alliacea* L.

VERMONTEA (COMM., ex *Steud. Nom.*, ed. 2, II, 572). Synonyme de *Blackwellia* COMM.

VERMOUI. Nom, à la Nouvelle-Calédonie, du *Discostigma corymbosa* PANCH. et SÉB. (*Bois Nouv.-Caléd.*, 224.)

VERNATION (*Vernatio*). Synonyme de Préfoliaison.

VERNICIA (LOUR., *Fl. cochinch.*, 586). Synonyme de *Dryandra* THUNB.

VERNIS DE CHINE, **V. DU JAPON**. Le *Rhus vernix* L. Le Faux-Vernis du Japon est l'Ailante glanduleux.

VERNIS DE SIAM. Suc résineux, analogue à un vernis, obtenu par incision des tiges du *Melanorrhœa usitata* WALL.

VERNIX (ADANS., *Fam.*, II, 342). Syn. de *Toxicodendron* T.

VERNONELLA (SOND., in *Linnæa*, XXIII, 62). Synonyme de *Polydora* FENZL.

VERNONIA (SCHREB., *Gen.*, II, 541). Genre de Composées, qui donne son nom à la série des *Vernoniées*, et qui s'y distingue, dans le groupe des Euvernoniées, par des tiges herbacées ou ligneuses; des capitules variés; un réceptacle nu ou fovéolé; des fruits à 10 côtes; une aigrette à soies ou paillettes extérieures variables ou 0, à moins que le

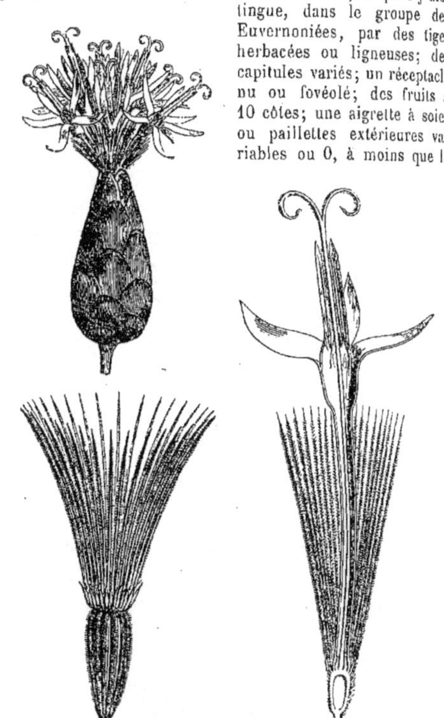

Vernonia. — Capitule. Fleur, coupe longitudinale. Fruit.

fruit ne soit à 4, 5 angles, avec une aigrette à ∞ soies extérieures. Il y a un *V. anthelminthica* W., cultivé, et plusieurs espèces (*V. cinerea* L., *odoratissima* K., etc.) sont médicinales. (H. BN, *Hist. des pl.*, VIII. 22, 118, fig. 35-38.)

VERNONIÉES, **VERNONIACÉES**. Série des Composées, caractérisée par des capitules homogames, à fleurs toutes régulières; la corolle tubuleuse; les étamines à anthère sagittée ou appendiculées à la base (*Euvernoniées*), ou subentières et non appendiculées (*Eupatoriées*). Style à branches étroites ou subulées, à papilles saillantes (*Euvernoniées*), ou à branches souvent plus arrondies et plus obtuses, avec les papilles plus courtes (*Eupatoriées*). Fruits surmontés d'une aigrette formée de soies ou de paillettes, ou 0. Plantes souvent odorantes, herbacées, plus rarement ligneuses, à feuilles alternes ou opposées. (H. BN, *Hist. des pl.*, VIII, 70.)

VERONICA FOEMINA (offic.). Le *Linaria spuria* MILL.

VERONICA MAS (offic.). Le *Veronica officinalis* L.

VERONICASTRUM (B. H., *Gen.*, II, 965). Section du genre *Veronica* T.

VERONICELLA (DC., in *Mém. Mus.*, VII, 233). Section du genre *Draba* L.

VÉRONIQUE (*Veronica* T., *Inst.*, 143, t. 60). Genre de Scrofulariacées-Digitalées, qui constitue le type d'une sous-série des *Véronicées*. Le calice y est 4- ou 5-mère. La corolle n'a qu'un tube court ou étiré. L'androcée n'est formé que de 2 étamines ou de 4, légèrement inégales, dont les anthères ont des loges parallèles ou divergentes, confluentes au sommet; les étamines, quand il n'y en a que deux, sont latérales. Les 2 loges de l'ovaire sont pluri- ou biovulées. Le fruit est une capsule loculicide, renfermant un nombre variable de graines albuminées, avec un embryon droit. Les Véroniques sont le plus souvent herbacées, plus rarement ligneuses. Leurs feuilles sont opposées ou verticillées. Elles deviennent presque alternes dans certains cas. Les

Véronique (*Beccabunga*). — Port.

fleurs sont, en général, disposées en épis. Les espèces les plus intéressantes de notre pays sont : *V. Beccabunga* L., commun dans les lieux humides, à tige radicante, à feuilles opposées, ovales, charnues, à fleurs bleutées; il passe pour diurétique; *V. Teucrium* L., dite Germandrée bâtarde; *V. Chamædrys* L., Véronique Petit-Chêne ou Fausse-Germandrée, passant pour stomachiques et stimulantes. Le *V. officinalis* L., dit Thé d'Europe, est commun dans nos bois. Ses feuilles sont opposées,

Véronique. — Fleur, entière et coupe longitudinale. Diagramme. Fruit déhiscent.
Graine, entière et coupe longitudinale.

poilues; ses fleurs lilas pâle, disposées en grappes simulant des épis. En infusion, il jouit des mêmes propriétés que les deux précédents. Ce sont en somme des plantes peu énergiques. En Amérique, au contraire, existe une Véronique, dont on a fait le type d'un genre *Leptandra* NUTT., qui ne peut que rentrer comme section dans le genre Véronique : c'est le *V. virginica* L., à longue corolle tubuleuse, à étamines exsertes. Il est originaire des États-Unis et se trouve quelquefois cultivé dans nos jardins botaniques. Son rhizome figure dans la pharmacopée de son pays natal; il a une saveur âcre et amère. On utilise l'extrait ou la teinture alcoolique de ce rhizome, qui doit à la présence d'un principe mal défini, la leptandrine, des pro-

priétés évacuantes énergiques. C'est un médicament vanté contre la diarrhée des enfants et que l'on associe à la quinine contre les fièvres paludéennes; il n'est guère jusqu'ici employé en Europe. (Voy. H. BN, *Tr. Bot. méd. phanér.*, 1228, fig. 3149-51 ; *Hist. des pl.*, 399, 465, fig. 576-82.) [F. H.]

VÉRONIQUE-CHÉNETTE, V. DES BOIS, V. DES HAIES, V. GERMANDRÉE, V. PETIT-CHÊNE. Le *Veronica Chamædrys* L.

VÉRONIQUE CRESSONÉE. Le *Veronica Beccabunga* L.

VÉRONIQUE DES JARDINS. Le *Lychnis Flos-cuculi* L.

VÉRONIQUE DES PRÉS, V. TEUCRIETTE. Le *Veronica Teucrium* L.

VÉRONIQUE MALE. Le *Veronica officinalis* L.

VÉRONIQUE MOURON. Le *Veronica Anagallis* L.

VERPA (Sw., in *Act. holm.* [1815], 129). Genre de Champignons, que Link rapportait aux Helvellés, et Fries aux Mitratés. Il est caractérisé par un réceptacle en forme de masse ou de chapeau, défléchi, conique, concave en dessous et tout couvert en dessus de l'hyménium, qui est lisse ou ruguleux et persistant. Les asques sont fixes. Ce sont des plantes terrestres, charnues-membraneuses, à stipe creux, éloigné du chapeau. C'était pour Léveillé un Morchellé. [H. BN]

Verpa, entier et coupe longitudinale.

VERQUET. Le Gui blanc (*Viscum album* L.).

VERRABIA. Nom ancien de la Garance tinctoriale.

VERREAUXIA (BENTH., *Fl. austral.*, IV, 105). Section du genre *Dampiera* R. BR. (H. BN, *Hist. des pl.*, VIII, 371.)

VERRINE. Nom angevin des Prêles.

VERRUCAIRE. L'*Heliotropium europæum* L.

VERRUCARIA. Le Souci officinal, la Lampsane et l'Héliotrope d'Europe.

VERRUCARITES (GŒPP., *Ubers.*, 195). Genre de Lichens (?) fossiles. (UNG., *Syn. pl. foss.*, 17.)

VERRUCULARIA (A. JUSS., *Mon. Malpigh.*, 65, t. 7). Genre de Malpighiacées-Malpighiées, formé d'un arbuste brésilien; distingué par des pétales inégaux; des étamines à filet glabre, à loges d'anthère appendiculées au sommet; des carpelles simples à la base. (H. BN, *Hist. des pl.*, V, 456.)

VERSCHAFFELTIA (WENDL., in *Ill. hort.*, XII, *Misc.*, 5). Genre de Palmiers-Arécées, du groupe des Iguanurées, formé d'un Palmier élevé, des Seychelles, à feuilles oblongues ou cunéiformes-obovées, 2-fides et plissées; distingué par une tige épineuse; des fleurs à 6 étamines; les filets courts; les anthères didymes; l'ovaire 2-loculaire; le fruit sphérique, à noyau intérieurement sillonné; les graines à albumen ruminé. [H. BN]

VERSICOLOR. De couleur changeante ou de deux couleurs à la fois. S'applique surtout à la corolle.

VERT. Nom de l'*Agaricus (Russula) virescens* SCHÆFF.

VERT-BONNET. Synonyme de Palombette.

VERT-BOUTEILLE. L'*Agaricus bifidus* BULL.

VERT DE CHINE. Nom d'un *Rhamnus* tinctorial.

VERTEBRARIA (ROUSS., *Fl. Calv.*). Synonyme de *Lemanea* BORY. Le *Vertebraria* de Royle (*Ill. himal.*, V, I, 29) est une Marsiléacée (?) fossile. (UNG., *Syn. pl. foss.*, 114.)

VERTET. La Coulemelle.

VERTICILLARIA (R. et PAV., *Prodr. Fl. per. et chil.*, 81, t. 15). Synonyme de *Rheedia* L.

VERTICILLASTRE (*Verticillastrum*). Glomérules verticillés qui constituent l'inflorescence des Labiées, etc.

VERTICILLATÆ (L., *Phil. bot.*, 34, Ord. 58). Les Labiées.

VERTICILLE, VERTICILLÉ. Les feuilles, bractées et branches sont verticillées quand elles sont au nombre de plus de deux autour d'un même niveau des axes. Verticilles floraux indiquent le calice, la corolle et les organes sexuels, alors même qu'ils ne seraient pas exactement disposés sur un même cercle.

VERTICORDIA (DC., *Prodr.*, III, 209). Genre de Myrtacées-Chamælauciées, formé de près de 40 arbustes australiens, souvent élégants, éricoïdes; distingué par des fleurs dont le calice a 5-10 lobes profondément divisés sur les bords en languettes subulées, ciliiformes ou plumeuses; un androcée qui peut être,

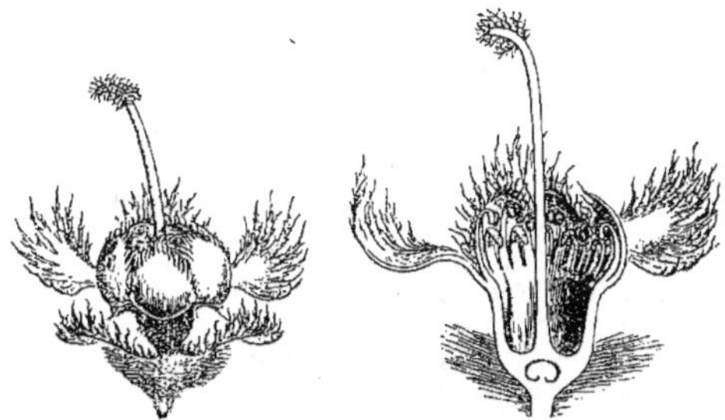

Verticordia. — Fleur, entière et coupe longitudinale.

suivant les espèces, celui d'un *Darwinia* ou celui d'un *Chamœlaucium*. On en cultive quelques jolies espèces en serre froide. (H. Bn, *Hist. des pl.*, VI, 321, 368, fig. 309, 310.)

VERUAINE. Orthographe ancienne pour Verveine.

VERULAMIA (DC., ex Poir., *Dict.*, VIII, 543). Synonyme de *Baconia* DC.

VERUTINA (Cass., in *Dict.*, XLIV, 38). Genre proposé pour le *Centaurea Verutum* S.

VERUTUM (Pers., *Enchir.*, II, 488). Section du g. *Centaurea*.

VERVAIN. Nom, aux Antilles anglaises, du *Stachytarpheta iamaicensis* Vahl.

VERVEINE (*Verbena* T., *Inst.*, 200, t. 94). Genre qui donne son nom à la famille des *Verbénacées* et à la série des *Verbénées*. Ses fleurs irrégulières ont une corolle à 5 lobes inégaux et imbriqués, à tube droit ou arqué; un androcée didyname

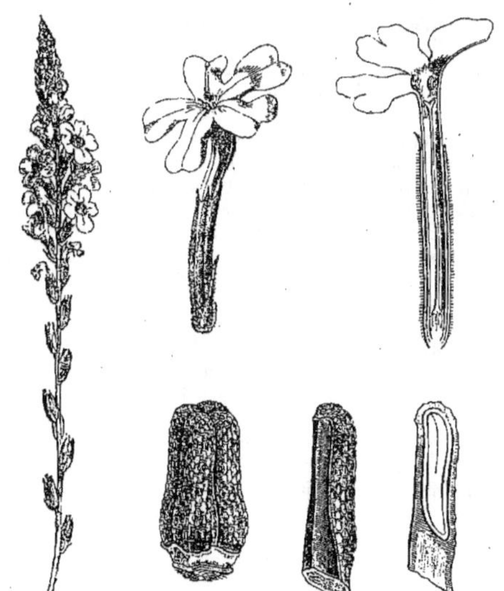

Verveine. — Inflorescence. Fleur, entière et coupe longitudinale. Graines rapprochées et isolée, entières et coupe longitudinale.

ou 2-andre, inclus; un gynécée supère, à ovaire 2-loculaire, avec 4 logettes 1-ovulées. Le style se termine par 2 lobes inégaux. Le fruit est sec et se sépare en 4 achaines. Les graines ont un albumen mince ou 0. Ce sont environ 75 herbes ou sous-arbrisseaux, de tous les pays chauds et tempérés des deux mondes, à feuilles opposées, verticillées ou alternes, à fleurs en

épis ou en corymbes. Notre espèce indigène, le *V. officinalis* L., présidait jadis aux enchantements; on l'emploie peu en médecine. On cultive beaucoup le *V. Melindres*, etc. (H. Bn, *Hist. des pl.*, XI, 78, 96, fig. 72-77; *Tr. Bot. méd. phanér.*, 1255; *Iconogr. Fl. fr.*, n. 376; *Herbor. par.*, 365.)

VERVEINE CARAIBE. Nom, à la Martinique, du *Wedelia carnosa* Rich.

VERVEINE ODORANTE, V. CITRONELLE, V. DU PÉROU. Le *Lippia citriodora* K.

VERVEINE PUANTE. Le *Petiveria alliacea* L.

VERVERT. L'*Agaricus Chamœleo* Bull.

VERWILDERT (devenu sauvage). Expression appliquée en Allemagne aux espèces de plantes introduites et naturalisées.

VERZASCHA (Bernh.). Auteur, à Basle [1678], de *Neu vollkommenes Kräuterbuch* (in-fol. de 792 p. et xyl.).

VERZELLE. Le Troëne commun.

VESALEA (Mart. et Gal., in *Bull. Acad. Brux.*, XI, 242). Synonyme de *Abelia* R. Br.

VESCE (*Vicia* T., *Inst.*, 396, t. 221). Genre de Légumineuses-Papilionacées, qui donne son nom à la série des *Viciées*, et s'y distingue par des corolles dont les ailes adhèrent à la

Vicia Faba. — Diagramme.

carène; des étamines dont le tube a un orifice oblique; un ovaire à 2-∞ ovules, avec un style filiforme ou un peu comprimé en haut, pourvu au sommet d'un faisceau dorsal de poils ou entouré

Vicia Faba. — Port.

de poils, rarement glabre. Les *V. sativa* L. et *Faba* L. sont deux de nos plantes fourragères les plus répandues. (H. Bn, *Hist. des pl.*, II, 197, 237, fig. 138-142; *Herbor. par.*, 139.)

VESCE DE SIBÉRIE. Le *Vicia biennis* L.

VESCE NOIRE. L'*Ervum Ervilia* L.

VESCE ORIENTALE. Le *Vicia Nissoliana* L.

VESCERON. Le *Vicia sylvatica* L.

VESCICARIA. En Italie, le Baguenaudier.

VESÉ. En Provence, l'Osier.

VÉSICAIRE. Nom français (LAMK) des *Vesicaria* LAMK.

VESICARIA (CRANTZ, *St. austr.*, 412). Section du g. *Trifolium*.

VESICARIA (G. DON, *Gen. Syst.*, I, 180). Synonyme de *Anodontea* DC.

VESICARIA (LAMK, *Ill.*, t. 559). Genre de Crucifères-Alyssées, formé d'une vingtaine d'herbes, européennes, asiatiques et américaines; distingué par des feuilles entières ou lobées, à duvet étoilé; des fleurs jaunes ou parfois pourprées, à calice variable; un fruit souvent globuleux, ∞-sperme; le style grêle. (H. BN, *Hist. des pl.*, III, 273. — GREN. et GODR., *Fl. de Fr.*, I, 114.)

VESICARIA. Nom ancien de l'Alkékenge et du Pois de cœur.

VESICARIA REPENS (MATTH.). Le *Cardiospermum Halicacabum* L.

VESICASTRUM (GREN. et GODR., *Fl. de Fr.*, I, 26). Section du genre *Ranunculus* T.

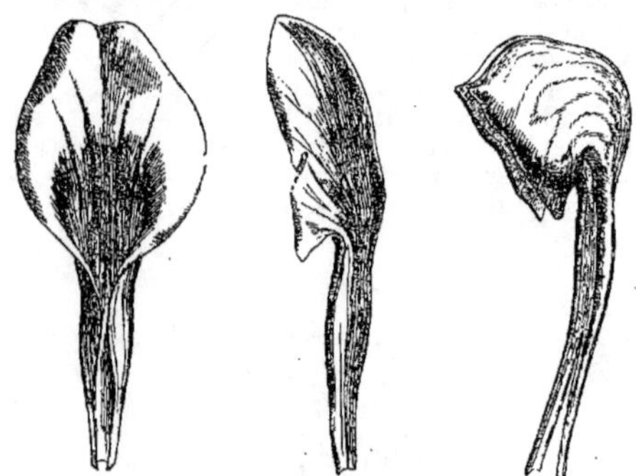

Vicia Faba. — Pétales.

VESICASTRUM (SER., in *DC. Prodr.*, II, 202). Section du genre *Trifolium* T.

VESICULARIA (C. MUELL., *Syn. Musc.*, II, 233). Sous-section du genre *Omalia* BRID.

VÉSICULE EMBRYONNAIRE. — Voy. REPRODUCTION, SAC EMBRYONNAIRE.

VÉSICULES CRISTALLIGÈNES. Nom donné par M. Trécul à des vésicules dans lesquelles la matière albuminoïde se dépose sous forme de cristalloïdes.

VESICULIFERA (HASS., *Brit. freshwat. Alg.*). Synonyme de *Œdogonium* LINK.

VESLING (Joh.). Professeur à Padoue, auteur [1638] de *De plantis ægyptiis Observationes*; de *Catalogues du jardin de Pavie* [1642 et 1644]; de *De cognato anatomici et botanici studio* [1638] et *Opobalsami veteribus cogniti Vindiciæ* [1644].

VESLINGIA (HEIST. — FABR., *Hort. helmst.*, 363). Synonyme de *Aizoon* L.

VESLINGIA (VIS., in *N. Sagg. Ac. sc. Padov.*, V, 269). Synonyme de *Guizotia* CASS.

VESME. L'*Isatis tinctoria* L.

VESPUCCIA (PARLAT., *Nov. gen. et spec. Monoc.*, 55). Synonyme de *Hydrocleis* L.-C. RICH.

VESQUIA. Taxinée fossile, du terrain aachénien de Tournai. (BERTR., in *Compt. rend. Ac. sc. Par.* [1883], 1382.)

VESSE-LOUP, VESSE DE LOUP. Les *Lycoperdon* T.

VEST (Lor.-Chrysanth v.). Professeur à Gratz, auteur [1805] d'un *Manuale botanicum* (in-8 de 818 p.); de *Anleitung zum gründlichen Studium der Botanik* [1818]; de *Versuch einer systematischen Zusammenstellung der in Steyermark cultiviren Weinreben, mit ihren Diagnosen*, etc. [1826], in-8.

VESTI (Just.). Professeur à Erfurth, auteur [1694] de *De symbolo Pythagoræ : Fabis abstineto* (in-4 de 30 p.).

VESTIA (W., *Enum. Hort. berol.*, 208). Genre de Solanacées-Cestrées, formé d'un arbuste chilien, parfois cultivé dans les jardins botaniques; distingué par un calice à dents courtes; une corolle à long tube qui se détache au-dessus de sa base en travers; un androcée exsert. (H. BN, *Hist. des pl.*, IX, 356.)

VESTIBULE. — Voy. STOMATE.

VETCH. Nom anglais des *Vicia* T.

VÉTÉROLLE. Nom français (LAMK) des *Pomaderris* LABILL.

VETIVER. Nom vulgaire de l'*Hemidesmus indicus* R. BR.

VETIVER (pour *Vittie-vayr*). Portion souterraine d'une plante odorante des Indes, qui ressemble au Chiendent à balai, et dont on extrait une essence commerciale. On l'attribue à l'*Andropogon muricatus* RETZ. Il y a de faux Vetivers, les *A. Nardus, Iwarancusa, citratus* et *Parancura*.

VETIVERIA (DUP.-TH., ex VIREY, in *Journ. Pharm.*, sér. 1, XIII, 499). Section du genre *Andropogon* L.

VETIVERIA (VIR., ex *Steud. Nom.*, 1, 92). L'*Andropogon muricatus* RETZ.

VETONICA. Dans Dioscoride, synonyme de *Britannica*.

VETRA, VETUS. Noms sanscrits du *Calamus Rotang* L.

VETRIX (DUMORT., in *V. Hall. Bijdr.* [1826], I). Section du genre *Salix* T.

VEXILLAIRE (*vexillaris*). Qui répond à l'étendard. Celui-ci est le pétale *vexillaire*. De son côté se trouve le bord *vexillaire* de la fleur et du gynécée. L'étamine *vexillaire* est celle qui, postérieure, est d'ordinaire libre dans les Papilionacées.

VEXILLARIA (BENTH., in *Ann. Wien. Mus.*, II, 117). Synonyme de *Centrosema* DC.

VEXILLUM. Le pétale *vexillaire*. — Voy. ÉTENDARD.

VI. A Taïti, le *Spondias cytherea* SONNER. — LAMK.

VIALIA (VIS., *Ind. H. pat.* [1840]). Syn. de *Melhania* FORSK.

VIAU. Nom de l'*Agaricus* (*Lactarius*) *Volemus* FR.

VIBA (PIS., *Bras.*, 109). Nom de la Canne à sucre.

VIBO (MEDIC., *Phil. bot.*, I, 178). Le *Rumex spinosus* L.

VIBO (MŒNCH, *Meth.*, 318). Synonyme de *Emex* NECK.

VIBORG (Erik-Nessen). Professeur à Copenhague [1759-1822]. Auteur [1788] de *Efterretning om Sandvexterne... af Jyland*; d'une *Botanique économique* [1788], reproduite et accrue en 1790, et de divers mémoires de systématique.

VIBORGIA (MŒNCH, *Meth.*, 132). Le *Cytisus supinus* L.

VIBORGIA (SPRENG). Pour *Wiborgia* THUNB.

VIBORGIA (THUNB., *Fl. cap.*, 560). Genre de Légumineuses-Papilionacées-Génistées, formé de 7 arbustes de l'Afrique australe; distingué par des feuilles 3-foliolées, pétiolées; une gousse ovale ou oblongue, aplatie et indéhiscente. (H. BN, *Hist. des pl.*, II, 340.)

VIBORQUIA (ORTEG., *Dec.*, 66, t. 9). Synonyme de *Eysenhardtia* H. B. K.

VIBURNÉES. Synonyme de Sambucées.

VIBURNUM (T., *Inst.*, 607, t. 367). Nom latin des Viornes. Genre de Rubiacées-Sambucées, qui a les caractères des Sureaux et qui se distingue seulement par des fleurs en cymes corymbiformes ou des grappes composées-cymigères; des étamines simples; un ovaire 1-loculaire, mais parfois aussi à 2, 3 loges. Ce sont environ 80 arbres et arbustes, des régions tempérées de l'hémisphère boréal et des Andes. On trouve communément chez nous les *V. Opulus* L. et *Lantana* L., dont les propriétés sont probablement celles du *V. prunifolium*, recommandé contre l'avortement. (H. BN, *Hist. des pl.*, VII, 361, 502.)

VICAIRE. Nom vulgaire du *Conium maculatum* L.

VICARYA (WALL., ex *Voight Hort. suburb. Calc.*, 544). Synonyme de *Myriopteron* GRIFF.

VICAT (Phil.-Rud.). Médecin de Lausanne, auteur [1776] d'une *Matière médicale* tirée de Haller (in-8), et [1776] d'une *Histoire des plantes vénéneuses de la Suisse* (in-8 de 112 p.).

VICATIA (DC., *Prodr.*, IV, 243). Section du genre *Conium* L., à larges pétales ovales. (H. BN, *Hist. des pl.*, VII, 229.)

VICHA. Nom sanscrit de l'*Aconitum ferox* WALL.

VICHALLO. *Capparis* des régions occidentales de l'Amérique méridionale, employé en médecine.

VICHULLO. Nom, en Bolivie, du *Chulquisa* du Pérou.

VICIA. Nom latin des Vesces (p. 256).

VICIÉES. Série des Légumineuses-Papilionacées, formée d'herbes à feuilles paripinnées; la nervure médiane terminée par une soie courte ou, plus souvent, transformée en vrille; les folioles souvent denticulées au sommet; les étamines 2-adelphes (9-1) où sub-1-adelphes; la gousse 2-valve. (H. Bn, *Hist. des pl.*, II, 373.)

VICILLA (Schur, *En. pl. transs.*, 170). Synonyme de *Vicia*.

VICOA (Cass., in *Ann. sc. nat.*, sér. 1, XVII, 418). Synonyme de *Pentanema* Cass.

VICTORIA (Lindl., *Mon.* [1837]; *Bot. Reg. Misc.* [1838], 9). Sect. amér. du g. *Euryale* Salisb. (H. Bn, *Hist. pl.*, III, 88.)

VICTORIALIS LONGA (offic.). L'*Allium victoriale* L.

VICTORIALIS ROTUNDA (offic.). Le Glaïeul commun.

VICTORIOLA. Le *Ruscus Hypoglossum* L.

VICTORIPERREA (Gaudich., in *Hombr. et Jacquin. Voy. Astrol., Bot., Monoc.*, t. 1). Synonyme de *Freycinetia* Gaudich.

VICUIDA. Au Brésil, le *Myristica fragrans* Hoult.

VID. En Espagne, la Vigne.

VIDALIA (F. Vill., ex Vid., *Syn. pl. lenos Filip.*, 42, t. 12). Genre de Clusiacées, placé près des *Kayea*, et qui s'en distingue surtout par un stigmate 3, 4-denticulé et un fruit drupacé, coriace, subdéhiscent. Ses fleurs sont 4-mères et polyandres. Ce sont des arbres à feuilles coriaces, finement veinées, et à fleurs jaunes, disposées d'une façon variable. On en connaît déjà 3 espèces, des Philippines. [H. Bn.]

VIDEAU. Nom de l'*Agaricus sinuatus* Fr.

VIDEIRA. En Portugal, la Vigne.

VIDRO. A Cumana, le *Sesuvium Portulacastrum* L.

VIDUA (Coult., *Mém. Dips.*, 39). Section du g. *Scabiosa* T.

VIE (bois de). Le *Guaiacum sanctum* L.

VIÉDASE. En Provence, l'Aubergine.

VIEILLE-FILLE. A Maurice, le *Lantana Camara* L.

VIELLARDIA (Ad. Br. et Gr., in *Ann. sc. nat.*, sér. 5, I, 338). Section du genre *Pisonia* Plum. (H. Bn, *Hist. des pl.*, IV, 9). Espèces de la Nouvelle-Calédonie.

VIELLARDIA (Montrous., in *Mém. Acad. Lyon*, X, 196). Synonyme douteux (B. H.) de *Castanospermum* Cunn.

VIENNE. Le *Clematis Vitalba* L.

VIER. En Hollande, le *Zostera marina* L.

VIERÆA (Webb, *Phyt. canar.*, II, 225, t. 84). Section du genre *Pulicaria* Gærtn. (H. Bn, *Hist. des pl.*, VIII, 159.)

VIETZ (Ferd.-Bernh.). Auteur d'*Icones plantarum medico-œconomico-technologicarum*, etc. (10 vol. publiés à Vienne, de 1800 à 1822). L'auteur était mort à Zara en 1815.

VIEUSSEUXIA (Delaroch., ex DC., in *Ann. Mus.*, II, 136, t. 42). Synonyme de *Moræa* L. et section de ce genre. (B. H., *Gen.*, III, 688.)

VIGIA (Vell., *Fl. flum.*, Atl., IX, t. 128). Genre incertain.

VIGIER (Joao). A écrit [1718] une *Historia das plantas da Europa e das mais uzadas que vem de Asia, de Affrica e da America* (2 vol. in-8 de 866 p., avec fig. sur bois).

VIGIERA (Vell., *Fl. flum.*, Atl., II, t. 73, 74). Synonyme de *Escallonia* L. F.

VIGINEIXIA (Pom., *Nouv. mat. Fl. atl.*, 12). Synonyme de *Crepis* L. (H. Bn, *Hist. des pl.*, VIII, 108.)

VIGNA (Dom.). A publié à Pise [1625] des *Animadversiones sive observationes* sur Théophraste (in-4 de 117 p.).

VIGNA (Sav., *Mem. Phas.*, III, 7). Genre de Légumineuses-Papilionacées-Phaséolées, formé d'une trentaine d'espèces, des régions chaudes des deux mondes; distingué des Haricots par une corolle à carène sans rostre ou à rostre oblique et fortement incurvé, mais ne formant pas une véritable spire. Quelques-uns sont cultivés comme légumes dans les pays chauds. (H. Bn, *Hist. des pl.*, II, 242.)

VIGNALDIA (A. Rich., *Fl. abyss.*, I, 357). Synonyme de *Pentas* Benth.

VIGNANTHA (Schur, *Enum. pl. transs.*). Syn. de *Carex* L.

VIGNATICO. Aux Canaries, le *Persea indica* Spreng.

VIGNATICO. Nom brésilien de l'*Echyrospermum Balthasari* Allem.

VIGNE. L'un des noms de l'*Ulex europæus* Sm.

VIGNE (*Vitis* T., *Inst.*, 613, t. 384). Genre qui donne son nom à une famille, placée souvent au voisinage des Rhamnacées et qui leur est, en effet, très analogue. Les fleurs sont hermaphrodites ou unisexuées, régulières, à réceptacle légèrement conique ou déprimé, souvent épaissi en disque parfois considérable. Le calice court est entier ou à 4, 5 dents, parfois profondes. La corolle est formée de 4, 5 pétales valvaires, à sommet parfois infléchi. Dans certaines espèces, les pétales

Vigne. — Branches florifère et fructifère. Fleur, avec et sans la corolle. Fruit. Graine entière et coupe longitudinale.

demeurent collés les uns aux autres par le sommet et sont enlevés ensemble, comme un capuchon, par les étamines qui se redressent. Celles-ci, au nombre de 4, 5, insérées en dedans des pétales, leur sont superposées. Leur filet est souvent replié sur lui-même dans le bouton et se redresse lors de l'anthèse, pour devenir exsert, avec l'anthère biloculaire et introrse qu'il supporte. Le gynécée, rudimentaire dans les fleurs mâles, est formé d'un ovaire dont l'extrémité est stigmatifère ou se prolonge en un style de longueur variable. Dans la loge unique de l'ovaire s'insèrent en général 4 ovules basilaires, anatropes, à micropyle extérieur et inférieur. En même temps s'avancent des parois deux ou quatre cloisons centripètes, plus ou moins complètes, qui laissent entre elles un vide central, souvent linéaire et n'ont point de rapports avec les ovules centraux. Le fruit est une baie plus ou moins pulpeuse, plus rarement une véritable drupe, à endocarpe mince, mais dur. Les graines dressées, variables de forme, ont un albumen plus ou moins dur et un petit embryon à courte radicule infère. Ce sont environ 250 arbustes, des régions chaudes du globe, ordinairement grimpants et pourvus de vrilles oppositifoliées sur la nature desquelles on a beaucoup discuté et qui sont des axes modifiés. Les feuilles sont alternes, pétiolées, simples ou composées, parfois 2-pinnées, à folioles entières ou dentées, parfois ponctuées. Les fleurs, portées par des pédoncules généralement oppositifoliés, sont disposées en cymes composées ou en grappes ou épis de

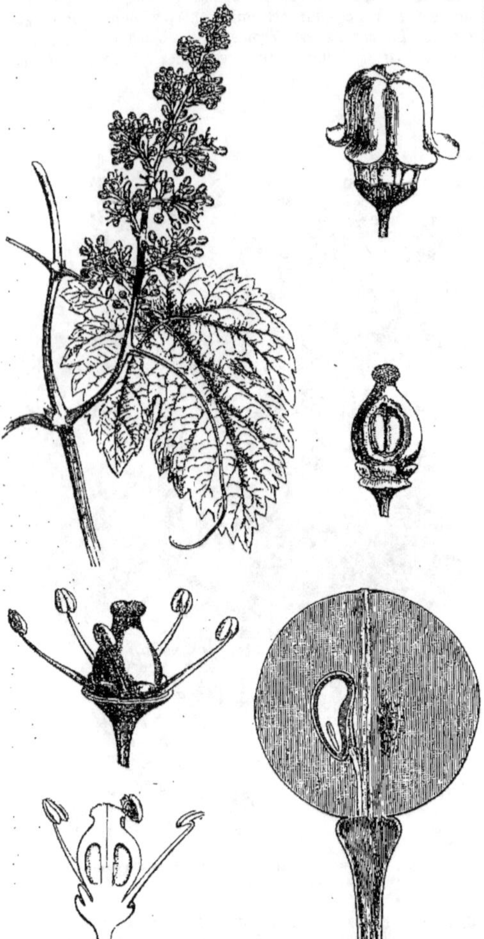

Vigne. — Branche florifère. Fleur, sans le périanthe, et coupe longitudinale. Gynécée ouvert. Fruit, coupe longitudinale.

cymes. Elles sont souvent odorantes. Beaucoup d'auteurs joignent à ce genre les *Cissus, Pterisanthes*, etc. Le dernier qui en ait traité, dans les Suites au *Prodromus*, est J.-E. Planchon. Son travail, des plus imparfaits, présente un grand morcellement, peu acceptable, du genre *Vitis* en 10 genres : *Vitis, Ampelocissus, Pterisanthes, Clematicissus, Tetrastigma, Landukia, Parthenocissus, Ampelopsis, Rhoicissus* et *Cissus*. On a introduit de nos jours un grand nombre de vignes américaines en Europe, surtout pour greffer sur elles notre V. indigène, qui est le *Vitis vinifera* L., attaqué, comme l'on sait, par une foule de maladies. Quoique son origine ait été longtemps considérée comme orientale ou africaine, les études paléontologiques semblent indiquer qu'elle existe à l'état fossile dans notre sol.

MM. Portes et Ruyssen ont étudié toutes les questions relatives au *V. vinifera* dans leur magnifique Traité de la Vigne. [H. Bn.]

VIGNEA (Pal.-Beauv., in *Lestib. Ess. Cyper.*, 22). Genre de Cypéracées, proposé pour les *Carex* distyles ; aujourd'hui section de ce genre.

VIGNE A CAOUTCHOUC. L'*Urceola elastica* Roxb.

VIGNEAU. Synonyme d'Ajonc landier.

VIGNE-BLANC. Nom vulgaire forézien du *Bryonia dioica* L.

VIGNE BLANCHE. La Bryone.

VIGNE BLANCHE, V. DE SALOMON. Le *Clematis Vitalba* L.

VIGNE DE JUDÉE. La Douce-amère.

VIGNE DE L'IDA. Le *Vaccinium Vitis-idæa* L.

VIGNE DE MALGACHE (Sonner.). Synonyme de *Buddleia madagascariensis* Lamk.

VIGNE DE SALOMON. Le *Clematis Vitalba* L.

VIGNE DU DIABLE. La Bryone.

VIGNE DU MEXIQUE. L'*Agave mexicana* Lamk.

VIGNE DU NORD. Le Houblon.

VIGNE NOIRE. Le *Tamus communis* L.

VIGNE SAUVAGE. Le *Pareira-brava*.

VIGNE SAUVAGE (Matth.). La Douce-amère.

VIGNETTE. La Mercuriale annuelle et la Reine des prés.

VIGNEUX (A.). Auteur [1812] d'une *Flore pittoresque des environs de Paris* (in-4 de 214 p., avec [1814] un supplément).

VIGNE VIERGE, V. FOLLE. Le *Cissus quinquefolia* L.

VIGNOBLE. Le *Mercurialis annua* L.

VIGNOT. L'*Ulex nanus* Sm.

VIGO (Gior.-Bern.). A écrit [1776], à Turin, *Tubera terræ*, poème sur la Pomme de terre (in-4 de 47 p.).

VIGOLINA (Poir., ex *Steud. Nom.*, I, 656). Synonyme de *Galinsoga* R. et Pav.

VIGUIER (L.-G.-Alex.). Auteur [1814], à Montpellier, d'une *Histoire naturelle médicale des Pavots et des Argémones* (in-4).

VIGUIERA (H. B. K., *Nov. gen. et spec.*, IV, 224). Section du genre *Helianthus* L. (H. Bn, *Hist. des pl.*, VIII, 47.)

VIKUSA. Nom sanscrit d'une Garance.

VILFA (Adans.; *Fam. pl.*, II, 495). Synonyme de *Agrostis* L.

VILFA (Pal.-Beauv., *Agrost.*, 16, t. 5, fig. 8). Synonyme de *Sporobolus* R. Br.

VILLA (Estevan de). Auteur [1637], à Burgos, du livre très rare, intitulé : *Ramillete de plantas* (in-4). On lui doit aussi *Libro de simples incognitos en la medicina* [1643], in-4, en 2 part.

VILLAMILLA (R. et Pav., *Fl. per. et chil. Ic. ined.*, t. 402). Section du genre *Rivina* Plum. (Moq., in *DC. Prodr.*, XIII, II, 10), conservé cependant comme distinct par plusieurs auteurs. (B. H., *Gen.*, III, 81.)

VILLAM-PAJAM. Nom tamoul du *Feronia Elephantum* Corr., qui fournit une gomme très soluble, très employée dans l'Inde contre les diarrhées et dysenteries, et qui serait susceptible d'applications avantageuses dans les arts et la peinture.

VILLANOVA (Lag., *Elench. pl. H. matr. gen. et spec. nov.*, 31). Genre de Composées-Hélianthées-Héléniées, formé de 6, 7 herbes annuelles, américaines, glanduleuses, à feuilles en grande partie opposées, 3-nati-pennées ou disséquées ; les capitules en cymes lâches, radiées ; les bractées de l'involucre assez larges, sous-tendant les fleurs du rayon ; les branches stylaires courtement appendiculées ; le fruit non aigretté. (*Bot. Mag.*, t. 6422. — H. Bn, *Hist. des pl.*, VIII, 250.)

VILLANOVA (Orteg., *Dec.*, 48, t. 6). Syn. de *Parthenium* L.

VILLAR ou VILLARS (Domin.). Né à Villar (Hautes-Alpes) en 1745, mourut à Paris en 1814. Il a publié en 1779 un *Prospectus de l'histoire des plantes du Dauphiné*, et est beaucoup plus connu par sa remarquable *Histoire des plantes du Dauphiné* (3 vol. in-8), publiée de 1788 à 1789. En l'an II, il écrivit un *Catalogue des substances végétales qui peuvent servir à la nourriture de l'homme* ; et en l'an IV, un *Mémoire sur les moyens d'accélérer les progrès de la botanique*. En 1804 parurent ses mémoires sur la Topographie et sur les animaux et plantes microscopiques. En 1806 et 1807, il publia des notices sur le jardin de l'École de médecine de Strasbourg. Avec

G. Lauth et Nestler il a écrit le *Précis d'un voyage botanique fait en Suisse* [1812], in-8 de 64 p. et 4 pl.

VILLARESIA (R. et PAV., *Fl. per.*, III, 9, t. 231). Genre de Térébinthacées-Mappiées, formé de 10-12 arbustes, américains et océaniens; distingué par des feuilles alternes; des grappes simples ou composées; des fleurs à pétales libres, imbriqués; un style court, à sommet stigmatifère oblique; un fruit drupacé et monosperme. (H. BN, *Hist. des pl.*, V, 334.)

VILLARIA (GUETT., *Mém. min.*, I, 170, ex DC., *Prodr.*, VI, 542). Synonyme de *Arctium* LAMK.

VILLARSIA (NECK., *Elem.*, II, 110). Syn. de *Cabomba* AUBL.

VILLARSIA (VENT., *Ch. de pl.*, t. 9, part.). Genre de Gentianacées-Ményanthées, formé d'une dizaine d'herbes, africaines et australiennes, souvent aquatiques; distingué par des feuilles basilaires, longuement pétiolées, entières ou sinuées-dentées; un fruit d'ordinaire 4-valve au sommet. (*Bot. Reg.*, t. 1533. — *Bot. Mag.*, t. 1029, 1328. — *Hook. Icon.*, t. 725. — H. BN, *Hist. des pl.*, X, 145.)

VILLEBRUNEA (GAUDICH., *Bot.*, *Bonite*, t. 91, 92). Genre d'Urticacées, formé de 7, 8 arbres ou arbustes, asiatiques et océaniens; distingué par des feuilles alternes; des glomérules floraux capituliformes, axillaires et sessiles ou groupés en cyme; le périanthe femelle étroitement uni à l'ovaire, légèrement charnu autour du fruit; l'ovaire surmonté d'un pinceau stigmatique cilié; le péricarpe dur, subcrustacé. (WEDD., *Mon. Urt.*, t. 15. — H. BN, *Hist. des plant.*, III, 530.)

VILLÉE. Synonyme de Liset.

VILLEMETIA (MOQ., in *Ann. sc. nat.*, sér. 2, I, 206, t. 9). Pour *Willemetia* MŒRCKL.

VILLIQUE. Nom français (LAMK) des *Willichia* MUT.

VILLOCUSPIS (A. DC., *Prodr.*, VIII, 162). Section du genre *Chrysophyllum* L.

VILMORIN (Pierre-Louis-François Levêque de). Né à Paris en 1816, a écrit un *Essai de catalogue des froments* [1850]; *Description des plantes potagères* [1856]. On lui doit des expériences sur la sélection et la fixation des races de plantes.

VILMORINIA (DC., *Prodr.*, II, 239). Genre de Légumineuses-Papilionacées-Galégées, formé d'un arbuste de Saint-Domingue, à feuilles imparipinnées; distingué par un réceptacle et un calice tubuleux; une corolle à pétales oblongs; la carène plus longue que les ailes; la gousse acuminée et non ailée. (H. BN, *Hist. des pl.*, II, 270.)

VILSHENICA (DUP.-TH. — REICHB., *Consp.*, 212 d). Genre incertain.

VILVA-MARUM. Nom tamoul de l'*Ægle Marmelos* CORR.

VIMEN (DUMORT., in *V. Hall Bijdr.*, I). Division du g. *Salix*.

VIMEN (P. BR., *Jam.*, 369). Synonyme de *Alina* ADANS.

VIMINARIA (SM., in *Ann. Bot.*, I, 507; *Ex. Bot.*, 51, t. 27). Genre de Légumineuses-Papilionacées-Podalyriées, formé d'un arbuste australien, à branches junciformes; distingué par des feuilles à pétiole allongé et filiforme, à limbe 1-3-foliolé, peu développé ou 0; des fleurs à calice courtement 5-denté; une gousse ovoïde et indéhiscente; des graines à petit arille. (VENT., *Choix de pl.*, t. 6. — H. BN, *Hist. des plant.*, II, 354.)

VINA. Nom donné par les Indiens de la Bolivie à l'*Iriartea phœocarpa* MART.

VINAGRILLO. A Caracas, l'*Oxalis corniculata* L.

VINAIGRETTE. Nom vulgaire de certains *Oxalis* L.

VINAIGRIER. Nom de plusieurs Sumacs.

VINAIGRILLO. Au Pérou, l'*Oxalis dodecandra*.

VINATICO. Nom, à Madère, du *Persea indica* SPRENG.

VINCA (MEDIC., *Vorles*, IV, I, 258). Synonyme de *Lochnera* REICHB.

VINCA. Nom latin des Pervenches.

VINCÉES. Série des Apocynacées, caractérisée par une corolle tordue ou rarement valvaire; des anthères non adhérentes au style, avec des loges non appendiculées et pollinifères jusqu'à la base; des ovaires généralement libres, surmontés d'un style unique; des fruits distincts (ordinairement des follicules); des graines généralement peltées, le plus souvent sans aigrette. (H. BN, *Hist. des pl.*, X, 150, 165, 180.)

VINCENS (J.-Cés.). Auteur, en 1802, avec Baumes, d'une *Topographie de Nismes et de sa banlieue* (in-4 de 588 p.), avec une partie botanique (p. 322).

VINCENTIA (BOJ., in *Hook. Bot. Misc.*, I, 293, t. 62). Synonyme de *Grewia* L.

VINCENTIA (GAUDICH., in *Freycin. Voy. Bot.*, 417). Section du genre *Cladium* P. BR.

VINCENTIUS BELLOVACENSIS. Auteur [1473-76] du *Speculum naturale* (in-fol.), publié à Strasbourg, qui eut plusieurs éditions ultérieures [1483, 1494, 1624]. Vogel a écrit sa biographie.

VINCETOXICUM (MŒNCH, *Meth.*, 717). Genre d'Asclépiadacées-Cynanchées, à fleurs 5-mères, analogues à celles des *Cynanchum*, mais à couronne simple, 5-10-lobée, sans appendices intérieurs. Ce sont environ 70 herbes ou arbustes des pays

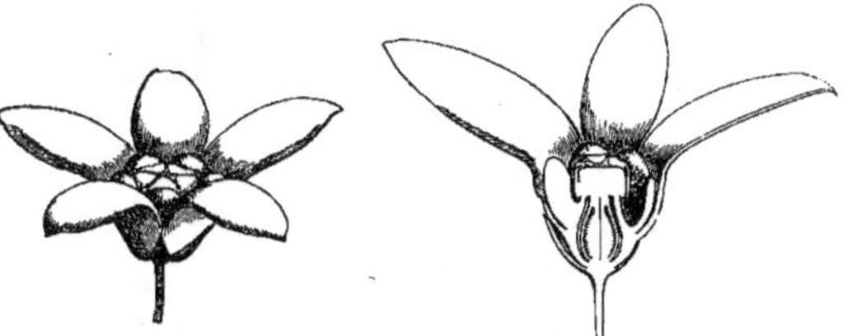

Vincetoxicum. — Fleur, entière et coupe longitudinale.

tempérés ou même chauds, à feuilles opposées, verticillées ou alternes, à fleurs en cymes terminales ou interfoliaires, entraînées, pédonculées. Le Dompte-venin (*V. officinale* MŒNCH), dont le nom dit assez les propriétés supposées, est très commun chez nous. Section, pour nous, du genre *Cynanchum*. (H. BN, *Tr. Bot. méd. phanér.*, 1173, 1278; *Hist. des pl.*, X, 246.)

VINCI (Léonard de). Le célèbre artiste [1452-1519], dans son *Trattato della pittura*, a traité, au livre VI (p. 391-438) : *Degli alberi e verdure*.

VINDICTA. En Italie, le *Botrychium Lunaria* Sw.

VINETTE. Le *Rumex Acetosa* L. C'est le nom ancien des Oseilles en général et des *Oxalis* L.

VINETTE (PETITE). Le *Rumex Acetosella* L.

VINETTIER. Le *Berberis vulgaris* L.

VINONAN. Nom donné par les Indiens Pacaguaros au *Mauritia vinifera* MART.

VINOTIER. En Poitou, l'Épine-vinette.

VINOUS. L'*Agaricus campestris* L.

VINSONIA (GAUDICH., in *Voy. Bonite, Bot.*, t. 17, 23, 31). Synonyme de *Pandanus* L. F.

VINTENATIA (CAV., *Icon.*, IV, 28, t. 348). Synonyme de *Astroloma* R. BR. et de *Melichrus* R. BR.

VINTICENA (STEUD., *Nom.*, II, 769). Pour *Vincentia* BOJ.

VIOCHE. Le *Clematis Vitalba* L.

VIOLA. Nom latin des Violettes.

VIOLA ALBA. Dans Pline, le *Leucoium vernum* L.

VIOLA AQUATILIS. Nom ancien du *Primula palustris* BN.

VIOLA CALATHIANA. Dans Pline, la Digitale.

VIOLACÉES, VIOLARIÉES. Famille de Dicotylédones-Dialypétales, distinguée par un ovaire supère, à placentas pariétaux; divisée en 3 séries des Paypayrolées, Violées et Sauvagésiées. (H. BN, *Hist. des plant.*, IV, 333.)

VIOLA DENTARIA (DOD.). Les Dentaires.

VIOLÆOIDES (MICHX, herb.). Synonyme de *Noisettia* H. B. K.

VIOLA GIALLA. En Italie, le *Cheiranthus Cheiri* L.

VIOLA LATIFOLIA (DOD.). La Lunaire.

VIOLA MARIANA. Nom ancien du *Campanula Medium* L.

VIOLA MARTIA, V. MARTIANA. Le *Viola odorata* L.

VIOLA MATRONALIS. La Julienne.

VIOLA NIGRA. Nom ancien du *Viola odorata* L.

VIOLA SYLVESTRIS (offic.). La Pensée sauvage.

VIOLA TRINITATIS (offic.). Le *Viola tricolor* L.

VIOLÉES. Série des Violacées, à fleurs irrégulières et isostémonées; l'androcée irrégulier, sans staminodes; le fruit loculicide. (H. BN, *Hist. des pl.*, IV, 336, 343, 351.)

VIOLETA CAMPO. Nom mexicain de l'*Anoda triangularis* DC.

VIOLET D'ÉTÉ. Le *Matthiola annua* DC.

VIOLETTA (REICHB., *Nom.*, 186). Section du genre *Viola* T.

VIOLETTE (*Viola* T., *Inst.*, 419, t. 236). Genre qui a donné son nom à la famille des *Violacées* ou *Violariées*. Leurs fleurs sont hermaphrodites et irrégulières. Sur leur réceptacle convexe

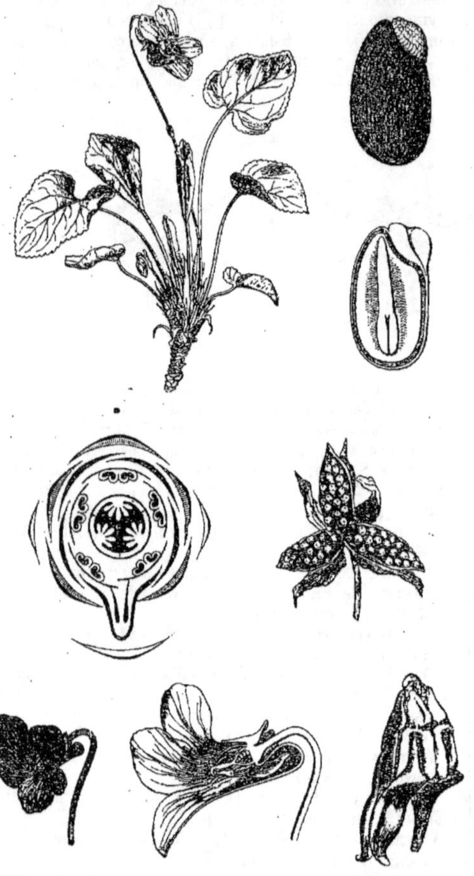

Violette. — Port. Fleur, entière et coupe longitudinale. Diagramme. Androcée. Fruit déhiscent. Graine, entière et coupe longitudinale.

se voient : un calice de 5 sépales, plus ou moins inégaux, dont la base est décurrente au-dessous de leur point d'insertion, et qui sont disposés dans le bouton en préfloraison quinconciale. La corolle est dialypétale, irrégulière ; elle est formée de cinq folioles inégales, de coloration identique ou, plus ordinairement, différente. Le plus remarquable des pétales est l'antérieur, qui se prolonge au-dessous de son insertion en un éperon libre, plus ou moins allongé ; il est, dans la préfloraison imbriquée, enveloppé par les deux pétales latéraux, que recouvrent à leur tour les deux supérieurs, ordinairement d'une teinte plus foncée que les autres. L'androcée est formé de cinq étamines alternipétales. Toutes sont composées d'un filet large et court et d'une anthère biloculaire, introrse, déhiscente par deux fentes longitudinales, que surmonte un prolongement membraneux du con-

nectif. En outre, les deux étamines antérieures présentent, sur le bord antérieur de leur filet, un prolongement descendant, nectarifère au sommet, qui va se loger dans la cavité de l'éperon du pétale antérieur. Le gynécée, libre et supère, est formé d'un ovaire uniloculaire, surmonté d'un style renflé d'une façon variable à son sommet, près duquel il est creusé d'une cavité, de forme diverse, et dont l'intérieur et les bords sont chargés de papilles stigmatiques. La cavité ovarienne renferme trois placentas pariétaux, dont deux antérieurs, chargés d'ovules anatropes en nombre indéfini. Le fruit est une capsule loculicide, ordinairement déhiscente avec élasticité, en trois panneaux sur le milieu desquels se trouve intérieurement un placenta polysperme. Les graines renferment sous leurs téguments un embryon axile, allongé, entouré d'un albumen charnu. Elles se dilatent au pourtour de leur région ombilicale en un petit arille charnu, qui quelquefois s'étend jusqu'à la région micropylaire et se prolonge souvent dans une légère étendue du raphé. Les Violettes sont des plantes herbacées ou, plus rarement, suffrutescentes, qui habitent la plupart des régions tempérées du globe. Leurs feuilles sont alternes, simples, entières ou découpées, accompagnées à leur base de deux stipules latérales. Leurs fleurs sont axillaires et ordinairement solitaires. On en décrit actuellement une centaine d'espèces, partagées en un certain nombre de sections (voy. PENSÉE, NOMINIUM). La Violette la plus connue est le *V. odorata* L., renommé pour ses fleurs odorantes, qui servent à extraire une essence et dont on aromatise des pâtes, sirops, etc. Elle sert aussi à préparer une teinture colorée, dont a fait longtemps un grand usage comme réactif dans les laboratoires de chimie. Les portions souterraines des Violettes, notamment des *V. odorata, hirta, sylvestris*, sont émétiques et employées quelquefois comme telles dans la médecine des campagnes. On emploie aussi les Violettes dites Pensées (voy. ce mot) à plusieurs usages. (Voy. H. BN, *Hist. des plant.*, IV, 336, 352, fig. 363-369.)

VIOLETTE BLANCHE DE THÉOPHRASTE. Nom ancien des *Leucoium* RUPP.

VIOLETTE D'EAU. En Amérique, le *Primula* (*Hottonia*) *inflata* H. BN.

VIOLETTE DE CALIFORNIE. L'*Herpetion reniforme*.

VIOLETTE DE FÉVRIER. Le *Galanthus nivalis* L.

VIOLETTE DE MARIE. Nom vulgaire du *Campanula Medium* L.

VIOLETTE DES MATRONES. Nom ancien de la Julienne.

VIOLETTE DES SORCIERS. Le *Vinca minor* L.

VIOLETTE-GIROFLÉE, VIOLIER. La Giroflée jaune.

VIOLIER. Nom ancien des Narcisses et des *Leucoium* RUPP.

VIOLIER BULBEUX, V. D'HIVER. Le *Galanthus nivalis* L.

VIOLIER COMMUN, V. DE MARS. Le *Viola odorata* L.

VIOLIER D'HIVER. La Quarantaine.

VIOLIER JAUNE. La Giroflée jaune.

VIONÆA (NECK., *Elem.*, I, 107). Genre disjoint des *Protea* L.

VIORNA (PERS.). Section du genre *Clematis* L.

VIORNANEMA (H. BN, in *Bull. Soc. Linn. Par.*, 336). Section du genre *Clematis* L., à périanthe imbriqué dans le bouton.

VIORNE. Nom français des *Viburnum* T.

VIORNE DES PAUVRES. L'Herbe aux gueux.

VIORNE LANTANE, V. DES PAUVRES. Le *Viburnum Lantana* L.

VIORNE MENTIANNE. Le *Viburnum Lantana* L.

VIOULETTA. En Auvergne, l'*Erythronium Dens Canis* L.

VIOULTE. L'*Erythronium Dens Canis* L.

VIPERINA (offic.). Synonyme de Serpentaire.

VIPÉRINE. Nom français des *Echium* T.

VIPÉRINE DE VIRGINIE. L'*Aristolochia serpentaria* L.

VIRARU. Nom argentin du *Ruprechtia Viraru* GRISEB.

VIRDIKA (ADANS., *Fam. pl.*, II, 19). Synonyme de *Albuca* L.

VIRÆA (VAHL, in *Hornem. Hort. hafn.*, 759 ex DC.). Synonyme de *Helminthia* J.

VIRAYA (GAUDICH., in *Freycin. Voy., Bot.*, 466, t. 89). Synonyme de *Waitzia* WENDL.

VIREA (ADANS., *Fam. pl.*, II, 112). Synonyme de *Leontodon*.

VIRECTA (SM., in *Rees Cyclop.*, XXXVI, nec L. F.). Genre de

Rubiacées-Oldenlandiées, à fleurs 4-7-mères, avec un calice à lobes inégaux, linéaires ou foliacés, ou subspathulés, avec des languettes interposées ; une corolle en entonnoir, glabre ou velue (*Pentas*) à la gorge ;

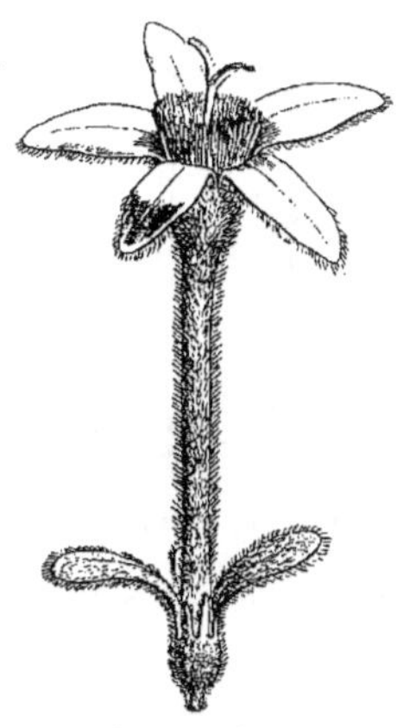

Virecta. — Fleur.

5 étamines, à filets courts ou longs, et un ovaire infère, à 2 loges multiovulées, avec un disque simple ou 2-lobé et un style à 2 branches courtes ou linéaires, entièrement chargées de papilles. Le fruit est sec, avec un exocarpe qui se sépare de l'endocarpe corné, loculicide, avec 2 valves persistantes (dans les *Pentas*) ou dont une seule persiste (dans les *Virecta* vrais), l'autre se séparant. Les graines sont nombreuses, petites, albuminées. Ce sont des herbes ou des sous-arbrisseaux, de l'Afrique tropicale et de Madagascar, à feuilles opposées, stipulées, à fleurs en cymes terminales, corymbiformes ou ombelliformes. On cultive chez nous quelques jolies espèces de la section *Pentas*, notamment le *V. rosea*. On en distingue d'ailleurs une dizaine d'espèces. (Voy. *Hist. des plant.*, VII, 330, 467, n. 140, fig. 322, 323.) [H. Bn.]

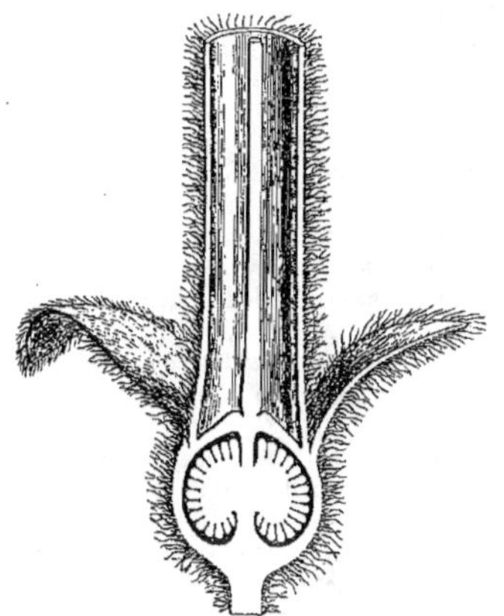

Virecta. — Base de la fleur, coupe longitudinale.

VIRESCENCE. État monstrueux des parties colorées des fleurs, qui deviennent vertes et plus ou moins foliacées.

VIREY (Julien-Jos.). A écrit : *Des médicaments aphrodisiaques* [1813]; sur le *Café* [1816], in-12 de 36 p., et une *Philosophie de l'histoire naturelle, ou phénomènes de l'organisation des animaux et des végétaux* [1835], in-8 de 512 p.

VIREYA (BL., *Bijdr.*, 854). Synonyme de *Rhododendron* L.

VIREYA (RAFIN., *Specch.*). Synonyme de *Alloplectus* MART.

VIRGA (HILL, *Hort. kew.*, 75). Synonyme de *Solidago* L.

VIRGA AUREA (offic.). La Verge d'or.

VIRGA-AUREA (T., *Inst.*, 483, t. 275). Synon. de *Solidago* L.

VIRGA PASTORIS (offic.). Le *Dipsacus pilosus* L.

VIRGA REGIA (CÆSALP., *De pl.*, lib. 8). Syn. de *Digitalis* T.

VIRGARIA (RAFIN., ex DC., *Prodr.*, V, 243). Synonyme (part.) de *Aster* T.

VIRGARIA (TRIN., in *Mém. Ac. Pétersb.* [1835], I, 247). Section du genre *Panicum* L.

VIRGA SANGUINEA (DOD.-MATTH.). Le Cornouiller sanguin.

VIRGAUREA (DC., *Prodr.*, V, 330). Section du g. *Solidago*.

VIRGAUREA (RUPP., *Fl. jen.*, 169). Synonyme de *Erigeron*.

VIRGILIA (LAMK, *Ill.*, t. 326, fig. 2). Genre de Légumineuses-Papilionacées-Sophorées, formé d'un arbre de l'Afrique australe ; distingué par des feuilles pennées ; des fleurs d'un rose pourpré, à large étendard ; l'ovaire sessile et pauciovulé ; la gousse aplatie, comprimée, coriace, non ailée et 2-valve. (*Bot. Mag.*, t. 1590. — H. BN, *Hist. des plant.*, II, 360.)

VIRGILIA (LHÉR., *Diss. Virg.*, c. 2 tab.). Synonyme de *Gaillardia* FOUGER.

VIRGINIA. Nom, à Caracas, du *Verbena chamædrifolia* J.

VIRGINIA CREEPER. Aux États-Unis, le *Cissus quinquefolia*.

VIRGINIAN POKE. Aux États-Unis, le *Phytolacca decandra* L.

VIRGINIAN SNAKE-ROOT. Aux États-Unis, l'*Aristolochia serpentaria* L.

VIRGINIE (CHANVRE DE). L'*Acnida cannabina* L.

VIRGIN'S BOWER. L'un des noms anglais des Clématites.

VIRGULARIA (MART., *Nov. gen.*, III, 5, t. 203, 204). Synonyme de *Esterhazya* MIK.

VIRGULARIA (R. et PAV., *Prodr. Fl. per.*, 92, t. 19). Synonyme de *Gerardia* L.

VIRIDINE (*viridis*, vert). Nom ancien de la Chlorophylle.

VIRLETIA (SCH. BIP., herb., ex B. H.). Synonyme de *Eriophyllum* LAG.

VIROLA (AUBL., *Guian.*, 904, t. 345). Synon. de *Myristica* L.

VIROLLE. Synonyme de Chanterelle.

VIRSON (ADANS., *Fam. pl.*, II, 13). Synonyme de *Fucus* L.

VISCAGO. Nom ancien du *Silene Viscaria* L.

VISCAGOGA (H. BN, in *Adansonia*, XII, 227 ; *Hist. des pl.*, VII, 284). Section du genre *Uragoga* L., à feuilles de *Loranthus*, à inflorescences terminales, à ovaire 2-5-loculaire. Plantes parasites, de l'Amérique tropicale. Le type de cette section est le *Psychotria parasitica* SW.

VISCAINOA. Nom générique attribué au *Staphylea geniculata* KELL., qui n'appartient pas à ce dernier genre. M. Greene (*Pitton.*, I, 163) inclinait à le placer parmi les Buxacées ou Euphorbiacées. Mais Miss M. Curran, qui a étudié des échantillons fleuris d'Orcult, distribués sous le nom de *Chitonia simplicifolia* WATS., pense que c'est une Zygophyllée et que vraisemblablement elle pourra rentrer dans le genre *Chitonia* modifié. (*Proc. Calif. Acad.*, ser. 2, I, 228.)

VISCALEUS. Nom ancien du Gui.

VISCARIA (GRISEB., *Gent.*, 101). Section du g. *Chironia* L.

VISCARIA (RŒHL., ex ENDL., *Gen.*, 973). Synon. de *Lychnis*.

VISCÉES. Division des Loranthacées.

VISCHENOU-KARAUDI. Nom tamoul de l'*Evolvulus alsinoides* L., très employé dans la médecine indienne, principalement comme antidiarrhéique et antidysentérique.

VISCOIDES (JACQ., *St. amer. Hist.*, 73, t. 51). Synonyme de *Ronabea* AUBL.

VISCOIDES (PLUM., herb.). Synonyme de *Vedela* ADANS.

VISCUM (T.). Nom latin des Guis (II, 752).

VISENIA (HOUTT., ex ENDL., *Gen.*, 1004). Section du genre *Melochia* L.

VISIANI (Domen.). Professeur à Gênes [1772-1840], auteur des *Annali di Botanica* [1802-1804], puis d'un *Elenchus* du jardin de Gênes [1802] et de *Floræ italicæ Fragmenta* [1808]. Son *Floræ lybicæ Specimen* est de 1824, et la même année il donna sa *Flore de Corse*. En 1831, il publia 4 *Décades de plantes d'Égypte* ; en 1832, *Della struttura degli organi elementari nelle piante* ; en 1834-38, *I funghi d'Italia* ; en 1838, *Memoria sopra alcuni plagi in botanica* (in-8 de 40 p.).

VISIANIA (DC., *Prodr.*, VIII, 289). Synonyme de *Ligustrum*.

VISIANIA (GASP., *N. gen. Fic.*, 9). Synonyme de *Urostigma*.

VISMEA (H. B. K.). Pour *Vismia* VELL.

VISMEA (SCHREB.). Pour *Visnea* L.

VISMIA (VELL., in *Vand. Fl. lus.*, 51, t. 3). Genre d'Hypéricacées, qui a donné son nom aux *Vismiées* et qui est formé d'environ 15 espèces ligneuses, de l'Amérique (et de l'Afrique?)

tropicales; distingué par des étamines groupées en 5 faisceaux oppositipétales; les loges ovariennes ∞-ovulées; le fruit charnu; les graines sans albumen. Ces plantes rappellent beau-

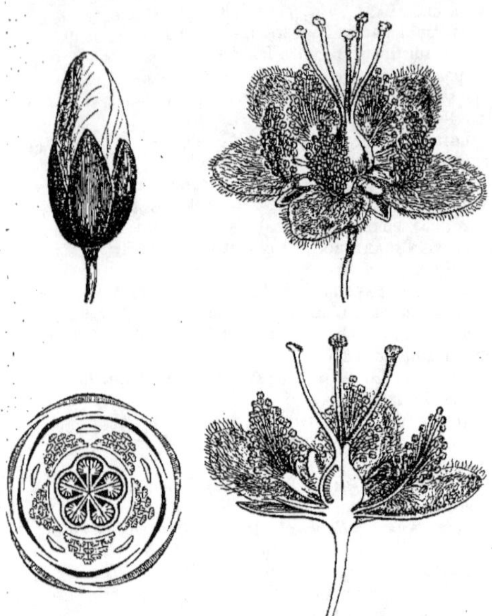

Visnia. — Bouton. Fleur, entière et coupe longitudinale. Diagramme.

coup les Myrtacées; mais leurs branches stylaires sont distinctes. (H. BN, *Hist. des pl.*, VI, 379, 389, fig. 340-343.)

VISNAGA (GÆRTN., *Fruct.*, I, 92, t. 21). Synon. de *Ammi* T.

VISNEA (L. F., *Suppl.*, 36). Genre de Ternstrœmiacées-Ternstrœmiées, formé d'un arbre, des Canaries, à feuilles alternes, persistantes; les fleurs subsessiles, à réceptacle peu profond, avec les autres caractères des *Ternstrœmia*; l'ovaire à 3 styles; le fruit entouré du calice devenu charnu et adhérent à sa base. Le *V. Mocanera* est cultivé dans les jardins botaniques. (WEBB, *Phyt. canar.*, t. 69 B. — H. BN, *Hist. des pl.*, IV, 233, 251, 257, fig. 264.)

VISNEA (STEUD., ex ENDL.). Synonyme de *Barbacenia* VAND.

VISSADALI (ADANS., *Fam. des pl.*, II, 145). Synonyme de *Knoxia* L.

Visnea. — Fruit.

VISTNU (ADANS., *Fam. des pl.*, II, 245). Synonyme (part.) de *Evolvulus* L.

VITALBA. L'Herbe aux gueux.

VITALBA (SPACH, *S. à Buff.*, VII, 276). Section du g. *Clematis*.

VITALIANA (SESL., *Epil.*, t. 10, fig. 1). Synonyme de *Gregoria* DUBY.

VITALIS. La Joubarbe des toits.

VIT DE CHIEN. Nom vulgaire de l'*Arum maculatum* L.

VITELLARIA (GÆRTN. F., *Fruct.*, III, 131, t. 205). Synonyme de *Butyrospermum* KOTSCH. (I, 531), ainsi que l'a vu M. Pierre. Les *Vitellaria* de L.-C. Richard et de MM. Radlkofer et Engler sont des *Lucuma* américains. (H. BN, in *Bull. Soc. Linn. Par.*, 910; *Hist. des pl.*, XI, 260, 288, fig. 271, 272.)

VITELLARIOPSIS (H. BN, in *Bull. Soc. Linn. Par.*, 942). Section du genre *Mimusops* L., dont le type est le *Butyrospermum? Kirkii* BAK.

VITEN. — Voy. GATTILIER.

VITENIA (NOR., ex *Steud. Nom.*, II, 776). Synonyme de *Erioglossum* BL.

VITERINGE. Nom français (LAMK) des *Witheringia* LHÉR.

VITES (J., *Gen.*, 267). Synonyme de Ampélidées.

VITEX (L.). Nom latin des Gattiliers (II, 677).

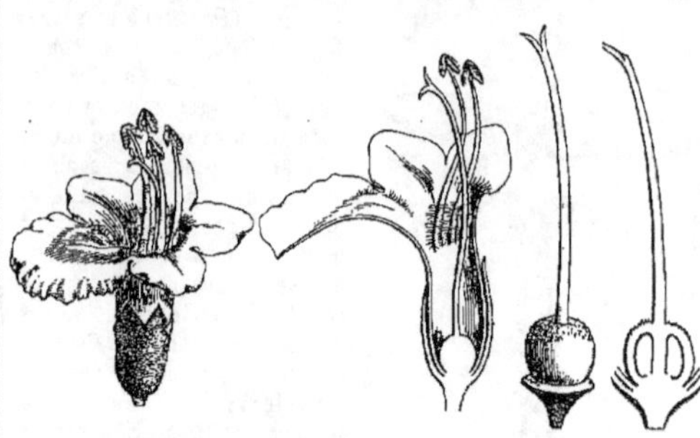

Vitex. — Fleur, entière et coupe longitudinale. Gynécée, entier et coupe longitudinale.

VITICASTRUM (PRESL, *Bot. Bem.*, 147). Synonyme de *Sphenodesma* JACK.

VITICÉES. Série des Verbénacées, à fleurs irrégulières ou parfois régulières, en cymes (centrifuges) plus ou moins composées et axillaires, opposées ou disposées en grappe ramifiée terminale. Ovaire à 2-∞ placentas pariétaux, 2-lobés, contigus ou non, 2-ovulés. Fruit drupacé. Graine généralement sans albumen. Feuilles opposées ou verticillées, simples ou digitées, ou composées-pennées. (H. BN, *Hist. des pl.*, XI, 91.)

VITICELLA (DILL. — MŒNCH, *Meth.*, 296). Section du genre *Clematis* L. (H. BN, *Hist. des pl.*, I, 54.)

VITICELLA (MITCH., in *Act. phys.-med. Ac. nat. Cur.*, VIII [1748], 220). Synonyme (?) de *Hydrophyllon* T. Pour De Candolle, c'est un *Galax*.

VITICULA. — Voy. COULANT.

VITIFLORA. Nom ancien de l'Œnanthe fistuleuse.

VITIFOLIA. Nom ancien de la Staphisaigre.

VITIS. Nom latin des Vignes.

VITIS ALBA (MATTH.). La Bryone.

VITIS-IDÆA (A. GRAY). Section du genre *Vaccinium* L.

VITIS-IDÆA (T., *Inst.*, 607, t. 377). Syn. de *Vaccinium* L.

VITIS NIGRA (MATTH.). Le *Tamus communis* L.

VITIS-SALIX (DUMORT., in *V. Hall Bijdr.* [1826], I). Section du genre *Salix* T.

VITIS SYLVESTRIS. Dans Dioscoride, la Douce-amère.

VITMAN (Fulg.). Auteur [1770] de *De medicatis herbarum facultatibus*; d'un *Saggio dell' istoria erbaria delle Alpi di Pistoja, Modena e Lucca* [1773] et d'un *Summa plantarum quæ hactenus innotuerunt*, etc. [1789-92].

VITMANIA (TURR., ex *Cav. Ic.*, III, add.). Synonyme de *Oxybaphus* VAHL.

VITMANNIA (VAHL, *Symb. bot.*, III [1794], 51, t. 60). Synonyme de *Samandura* L.

VITRIOLE. Synonyme de Pariétaire.

VITRIOL VÉGÉTAL. Le Nostoc.

VITTA. Nom latin des Bandelettes.

VITTADINI (Carlo). Botaniste italien [1800-1865], dont Garovaglio a écrit la biographie. Il fut l'auteur d'un *Tentamen mycologicum, seu Amanitarum illustratio* [1826], d'un *Monographia Tuberacearum* [1831], d'un ouvrage de 364 p. et 44 pl. col. sur les champignons comestibles et vénéneux de l'Italie [1835], et d'un *Monographia Lycoperdineorum* [1842] publié dans le vol. 5 des *Memoires de l'Académie de Turin*.

VITTADINIA (A. RICH., *Fl. N. Zel.*, 250). Section du genre *Erigeron* L. (H. BN, *Hist. des pl.*, VIII, 143.)

VITTARIA (DUCHS., *Obstk.*, I, 215). « Genre » de Pommiers.

VITTARIA (SM., in *Mem. Ac. Torin.*, V, 413). Genre de Fougères, caractérisé par des sores disposés en lignes marginales ou un peu intramarginales. C'est un petit genre d'une quinzaine d'espèces presque complètement tropicales; les veines libres, et les frondes herbacées, subcoriaces. Dans le *Synopsis* de Hooker et Baker (395, t. 6), on le considère comme voisin des *Lindsaya*. Fée a publié une monographie de ce genre; mais les auteurs précités réduisent de beaucoup le nombre des espèces qu'il a admises. [H. Bn.]

VITTMANNIA (W. et Arn., *Prodr.*, 166). Synonyme de *Noltia* Reichb.

VIUDA. Nom mexicain de l'*Œnothera grandiflora* Lind.

VIVAONA. Nom malgache du *Dilobeia Thouarsi* Rœm. et Sch.

VIVIANIA (Cav., in *Ann. cienc. nat.*, VII, 240, t. 9). Genre de Géraniacées, tribu des Balbisiées ou des *Vivianiées*, dont les fleurs régulières, hermaphrodites, ont quatre ou cinq sépales valvaires; des pétales alternes, libres, tordus ou imbriqués; un

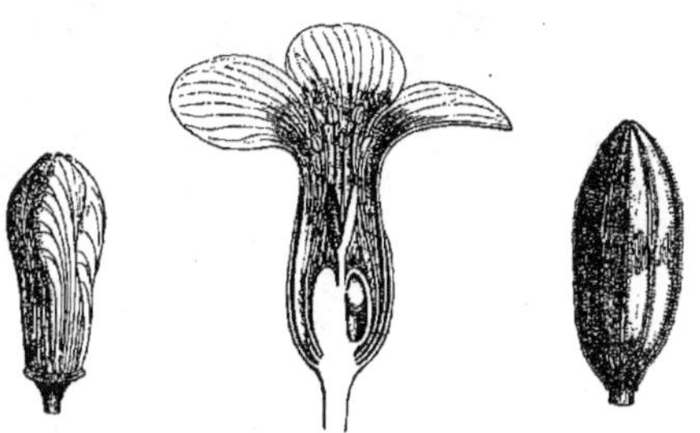

Viviania. — Boutons, avec et sans calice. Fleur, coupe longitudinale.

nombre double d'étamines libres, disposées sur deux verticilles, dont cinq alternipétales ont à leur base une glande entière ou bilobée, et un gynécée supère, à ovaire triloculaire, surmonté d'un style à trois branches plus ou moins profondément séparées et stigmatifères en dedans. Dans chaque loge se trouvent deux ovules descendants, à micropyle extérieur et supérieur. Le fruit est une capsule triloculaire, et les graines renferment sous leurs téguments un albumen charnu et un embryon arqué ou plus ou moins enroulé en spirale. Les *Viviania* sont des plantes frutescentes ou suffrutescentes, de l'Amérique méridionale, surtout de sa région andine. Leurs feuilles sont opposées, et leurs fleurs sont groupées en cymes ramifiées, souvent corymbiformes. Ce genre renferme environ huit espèces. Il faut y comprendre les genres *Cambessedea, Cissarobryon, Linostigma* et *Macræa*. (H. Bn, *Hist. des plant.*, V, 13, 38, fig. 28-30.)

VIVIANIA (Coll., in *Mém. Soc. Linn. Par.*, IV, 25, t. 2). Synonyme de *Billiottia* DC.

VIVIANIA (Raddi, in *Mem. Moden.* [1822], XIX, 42). Synonyme (Nees) de *Symphyogyna* Nees et Mtgne.

VIVIANIA (Rafin., *Specch.*, I, 117). Synonyme de *Guettarda*.

VIVIANIA (W., herb.). Synonyme de *Pleionactis* DC.

VIVIANIACÉES. Série des Géraniacées. Synonyme de Balbisiées.

VIVIANIÉES. Tribu de la famille des Géraniacées, formée du seul genre *Viviania* Cav., et que nous avons fait rentrer dans la série des Balbisiées; les *Viviania* ne différant essentiellement de celles-ci que par leur calice valvaire.

VLAKTE ANYSWORTEL. — Voy. Anesorhiza.

VLAMINGIA (De Vr., in *Pl. Preiss.*, I, 398). Synonyme de *Hybanthus* Jacq. (H. Bn, *Hist. des pl.*, IV, 352.)

VOA (VOUA). Nom malgache des arbres.

VOACACANGA (Dup.-Th., *Nov. gen. madag.*, 10). Genre d'Apocynacées-Vincées, voisin des *Tabernæmontana*, formé d'environ 15 plantes, de l'Afrique et de l'Océanie tropicales; distingué par un calice à large tube, avec ∞ glandes intérieures; une corolle hypocratérimorphe; de grands fruits charnus, ∞-spermes; des fleurs grandes, en cymes, faussement axillaires au sommet des rameaux. (H. Bn, *Hist. des pl.*, X, 196.)

VOA-FOUTSI. A Madagascar, le *Ravenala madagascariensis*.

VOA-LAVA. Le *Venana madagascariensis* Lamk.

VOA-MANTORA. Synonyme de *Voa-mene*.

VOA-MENE (Flac.). Nom malgache de l'*Abrus precatorius* L.

VOANC-SILA. Nom, au nord de Madagascar, du *Mespilodaphne Bernieri* H. Bn.

VOANDZEIA (Dup.-Th., *Gen. nov. madag.*, 23). Genre de Légumineuses-Papilionacées-Phaséolées, formé d'une petite herbe qui se cultive beaucoup dans l'Afrique tropicale, le *V. subterranea*, ainsi nommé parce que ses fleurs femelles ont un ovaire qui s'enterre pour mûrir, comme celui des Arachides. Les graines sont comestibles. Les autres caractères floraux sont d'ailleurs ceux des *Vigna*. (H. Bn, *Hist. des pl.*, II, 243.)

VOANDZOU (Flac., *Hist. de la grande isle Madag.*, 118). Synonyme de *Voandzeia* Dup.-Th.

VOAN-TALANGHE. Synonyme de *Voa-lava*.

VOARAVENDSARA (Flac.). Synonyme de *Ravensara* Sonner.

VOA-SORINDI. Nom, à Madagascar, du *Sorindeia madagascariensis* Dup.-Th.

VOA-SOU-VOARA. Nom malgache du *Chrysopia fasciculata*.

VOA-TONTOUC. L'*Osbeckia* (*Tristemma*) *virusana* H. Bn.

VOA-VANGUIER. A Madagascar, le *Canthium edule* H. Bn.

VOA-VOUNTAC. Le *Strychnos* (*Brehmia*) *spinosa* Lamk.

VOCHY (Aubl., *Guian.*, I, 18, t. 6). Synonyme de *Vochisia* J.

VOCHYA (Vand.). Pour *Vochisia* J.

VOCHYSIA (J., *Gen.*, 424). Genre qui donne son nom à la famille des *Vochysiacées*, mais qui n'en représente qu'un type amoindri, car il a les fleurs des *Salvertia*, avec d'ordinaire

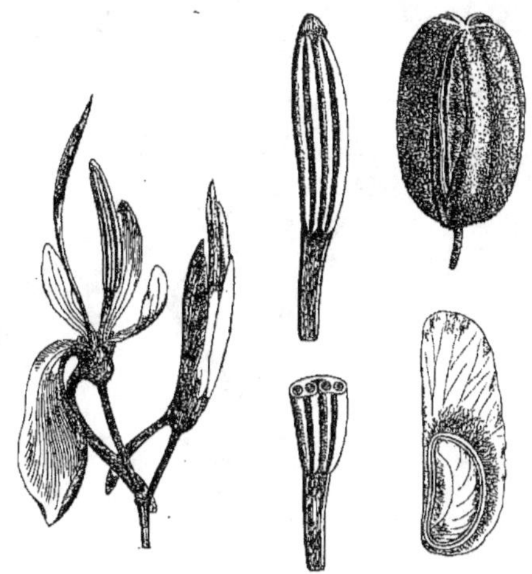

Vochysia. — Portion d'inflorescence. Étamine, entière et coupe transversale. Fruit déhiscent. Graine.

3 pétales. L'ovaire a 3 loges 2-ovulées. Ce sont environ 40 arbres de l'Amérique tropicale, à feuilles opposées ou verticillées; à belles fleurs jaunes et odorantes, disposées en grappes composées. (H. Bn, *Hist. des pl.*, V, 95, 101, fig. 127-131.)

VOCHYSIACÉES. Famille de Dicotylédones-Dialypétales, à fleurs irrégulières, avec 5 sépales; le postérieur gibbeux ou éperonné; 1-5 pétales inégaux; 5 étamines, dont ordinairement une seule fertile; un ovaire à 1-3 loges, à 2-∞ ovules; le fruit sec, capsulaire ou en samare. Ce sont de beaux arbres résineux, de l'Amérique tropicale, à feuilles opposées ou verticillées. Nous admettons dans la famille les 3 séries des Salvertiées, Erismées et Trigoniées. (H. Bn, *Hist. des pl.*, V, 93, Fam. 40.)

VOELCKERIA (Kl. et Karst., in *Endl. Gen.*, Suppl., IV, 66). Synonyme (B. H.) de *Ternstrœmia* L. f.

VOERANTONG. Nom malgache du *Mimusops coriacea*.

VOGEL. Nom de plusieurs botanistes allemands. — Ben.-Christ. Vogel [1745-1825], professeur à Altdorf, a écrit : *Programma de generatione plantarum* [1768]; *Index plantarum horti medici Alttorfini* [1790] et *Ueber die Amerika-*

nische Agave [1800]. — Rud.-Aug. VOGEL [1724-1774], professeur à Gœttingue, fut l'auteur d'un *Historia Materiæ medicæ* [1760] et de *De statu plantarum, quo noctu dormire dicuntur* [1759]. — Theod. VOGEL et Ed. VOGEL, explorateurs de l'Afrique, y moururent, l'un en 1841, et l'autre, assassiné, en 1856. Des

terbuch der botanischen Kuntsprache [1803]; *Darstellung des natürlichen Pflanzensystems v. Jussieu* [1806]; *System der Botanik* [1808]; *Catalogue des plantes des jardins d'Iéna et du Belvédère* [1812]; *Flore du jardin grand-ducal d'Iéna* [1819]; *Lehrbuch der Botanik* [1827]; *Geschichte der Pflan-*

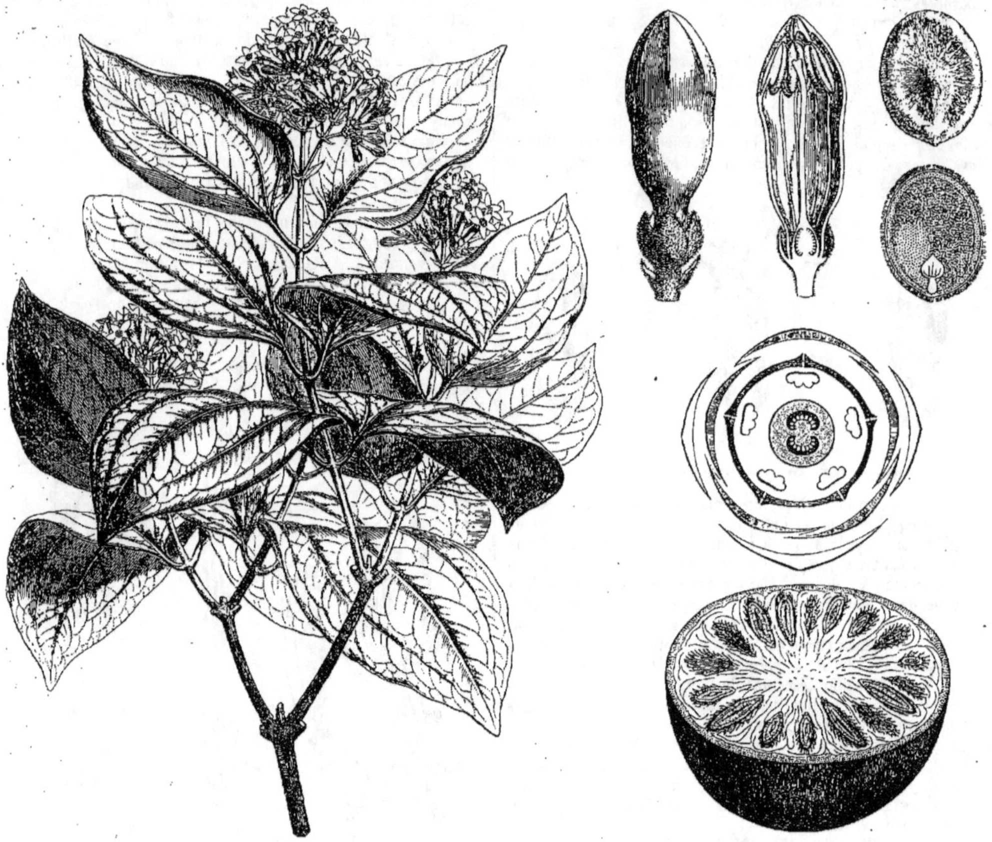

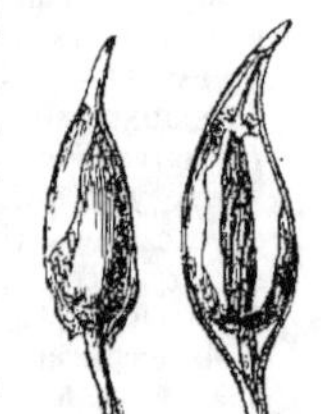

Vomiquier. — Branche florifère. Bouton, entier et coupe longitudinale. Diagramme floral. Fruit, coupe transversale. Graine, entière et coupe longitudinale.

notices biographiques ont été écrites, sur le premier dans le *Linnæa* en 1842, et sur le dernier dans le *Bonplandia* en 1862.

VOGÈLE. Nom français (LAMK) des *Vogelia* LAMK.

VOGELIA (GMEL., *Syst.*, II, 107). Synonyme de *Burmannia* L.

VOGELIA (LAMK, *Ill.*, II, 147, t. 149). Genre de Plumbaginacées, formé de 2 arbustes, de l'Inde, l'Arabie et l'Afrique australe; distingué des *Plumbago* par un calice non glanduleux, à sinus pourvus d'une membrane translucide, veinée, rédupliquée; des étamines libres; des fleurs en épis; des feuilles alternes. (WIGHT, *Icon.*, t. 1075. — HARV., *Thes. cap.*, t. 198.)

VOGELIA (MEDIC., *Pflanzengatt.*, 32). Le *Myagrum paniculatum* L. (*Neslia* DESVX).

VOGLER (Joh.-Andr.). Médecin de Weilburg, auteur d'une notice sur deux Graminées, le *Bromus scaber* et l'*Avena strigosa* [1776]; *Abhandlung vom Sommerspeltz oder Emmer* [1777] et d'un essai sur le Kermès du Chêne [1780], in-4 de 10 p.

VOGLERIA (GÆRTN., MEY. et SCHERB., *Fl. wett.*, II, 480). Section du genre *Genista* T. (KOCH, *Syn. Fl. germ.*, 153.)

VOHIRIA (LAMK, *Ill.*, I, 490, t. 109). Synon. de *Voyria* AUBL.

VOICE. En Anjou, le *Vicia sativa* L.

VOIGHT (Fried.-Siegm.). Professeur à Iéna [1781-1850], a écrit : une *Dissertation sur les hybrides* [1802]; *Handwör-*

zenreichs [1847]; *Handbuch der praktischen Botanik* [1850]. — Gottfr. VOIGHT a écrit [1668] *Curiositates physicæ*, réédité à Leipzig en 1698. — Joh.-Ott. VOIGHT, chirurgien danois, a écrit *Hortus suburbanus calcuttensis* [1845], ouvrage posthume. — Joh.-K.-W. VOIGHT est l'auteur, à Weimar [1802-05], de *Versuch einer Geschichte der Steinkohlen* (2 vol. in-8).

VOIGHTIA (KL., in *Hayn. Arzn.*, XIV, subt. 15). Section du genre *Bathysa* PRESL, à filets staminaux glabres. (H. BN, *Hist. des plant.*, VII, 474.)

VOIGHTIA (ROTH, in *Ust. Mag.*, X, 17). Synonyme (ENDL.) de *Rothia* SCHREB.

VOILE (*Velamen*). — Voy. RACINE (III, 683).

VOIROUCHI. A Cayenne, le *Myristica sebifera* Sw.

Voitia. — Urne, entière et coupe longitudinale.

VOIT (Joh.-Gotll.-W.). Médecin de Schweinfurt [1786-1813], a écrit *Historia Muscorum frondosorum in Magno Ducatu Herbipolitano crescentium*, imprimé à Nuremberg en 1812 (in-8 de 231 p. et 1 pl.).

VOITIA (HORNSCH., *De Voit. et Syst.* [1818], 5). Genre de

Mousses-Phascacées (Bruch et Schimp., *Bryol. eur.*, fasc. 1), qui a donné son nom à un groupe des *Voitiacées* (C. Muell., in *Bot. Zeit.* [1847], 102). Synonyme (Pfeiff.) de *Bruchia* Schwægr. (I, 504).

vola. L'un des noms sanscrits de la Myrrhe.

volandero. Nom, à Panama, du *Cavanillesia platanifolia* K., dont l'écorce sert à faire du papier.

volant d'eau. Les Nénufars et le *Myriophyllum* L.

volckamer (Joh.-Chr'st.). Botaniste de Nuremberg [1644-1720], auteur de *Nürnbergische Hesperides*, histoire des orangers, qui eut une suite. — Son fils Joh.-G. Volckamer [1662-1744] est l'auteur d'un *Flora noribergensis* [1700], in-4 de

volkmannia (Sternb., *Vers.*, I, 4, XXIX). Genre de Naïadées fossiles (*Flora* [1827], I, 343). Pour Brongniart, c'est un genre de classe incertaine (*Dict.*, LVII, 157). Plus tard, Sternberg en fit un *Equisetoides* (*Vers.*, II, 52), et Unger un genre d'Astérophyllitées (in *Bot. Zeit.* [1844], 181; *Syn. pl. foss.*, 30; *Chl. protog.*, XXXII).

volkruid. En Hollande, l'Arnica.

volta (Giov.-Saraf.). Auteur [1795], à Mantoue, de *Nuovo ricerche ed osservazioni sopra il sessualismo di alcune piante*, travail publié dans les *Mémoires de l'Académie de Mantoue*.

voltzia (Ad. Br., in *Dict.*, LVII, 112; *Prodr.*, 108). Genre de Conifères fossiles (Lindl., *Foss. Fl.*, t. 195). Endlicher

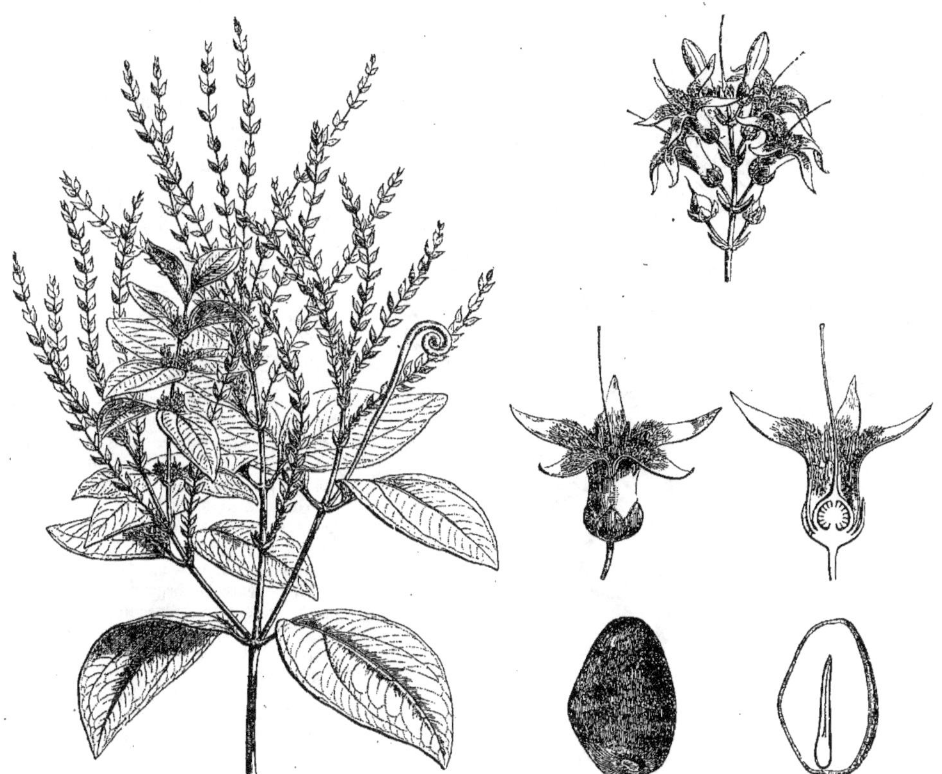

Vomiquier. — Branche florifère. Inflorescence. Fleur, entière et coupe longitudinale. Graine, entière et coupe longitudinale.

407 p. avec planches. Pancer a écrit sur lui une notice, avec des lettres de Boerhaave et de Tournefort.

volema (Dochn., *Obstk.*, II, 3). « Genre » de Poiriers.

volet. Les Nénufars.

volet blanc. Nom vulgaire du *Nymphæa alba* L.

volet jaune. Le *Nuphar luteum* Sibth.

volet (petit). Le *Villarsia nymphoides* Vent.

volkameria (Burm., *Prodr.*, 17). Synonyme de *Capparis*.

volkameria (L., *Gen.*, n. 788). Synon. de *Clerodendron* L.

volkameria (P. Br., *Hist. Jam.*, 214, t. 21, fig. 1). Synonyme de *Tinus* L.

volkameria (P. Br., *Jam.*, 214, t. 21). Synonyme de *Clehra* Gærtn.

volkamier. Nom français (Lamk) des *Volkameria* P. Br.

volkmannia (Jacq., *Hort. schœnbr.*, III, 48, t. 338). Synonyme de *Ovieda* L. (H. Bn, *Hist. des pl.*, XI, 114.)

(*Gen.*, Suppl., II, 27) le place parmi les Abiétinées, de même qu'Unger (*Syn. pl. foss.*, 202). Enfin, Endlicher en fait une Cupressinée, dans le 4e Supplément de son *Genera* (n. 1816[17]) et dans son *Synopsis Coniferarum*. (Schimp. et Moug., *Pl. foss. Vosg.*, 21, t. 6-15. — Ad. Br., in *Dict. d'Orb.*, XIII, 123.)

volubilaria (Lamx, in *Dict. class.*, V, 387). Synonyme (Endl.) de *Dictyomenia* Grev.

volubilis. Nom vulgaire de l'*Ipomœa purpurea* Lamk.

volutarella (Cass., in *Bull. philom.* [1816]; in *Dict.*, LVIII, 451). Synonyme de *Volutaria* Cass.

volutaria (Cass., in *Dict.*, XXXIX, 500). Section du genre *Centaurea* L. (H. Bn, *Hist. des pl.*, VIII, 85.)

volutella (Forsk., *Fl. æg.-arab.*, 84). Syn. de *Cassytha* L.

volve (*Volva*). — Voy. Champignons.

volvulus (Medic., *Phil. bot.*, 42). Synonyme de *Calystegia* R. Br.

VOLVYCIUM (RAFIN., in *N.-York Med. Rep.*, II, hex. V, 356). Genre douteux de Champignons.

VOMIQUE. Nom français (LAMK) des *Strychnos* L.

VOMIQUIER (*Strychnos* L., *Gen.*, n. 253). Genre ordinairement rapporté aux Loganiacées, et dont les fleurs sont celles des

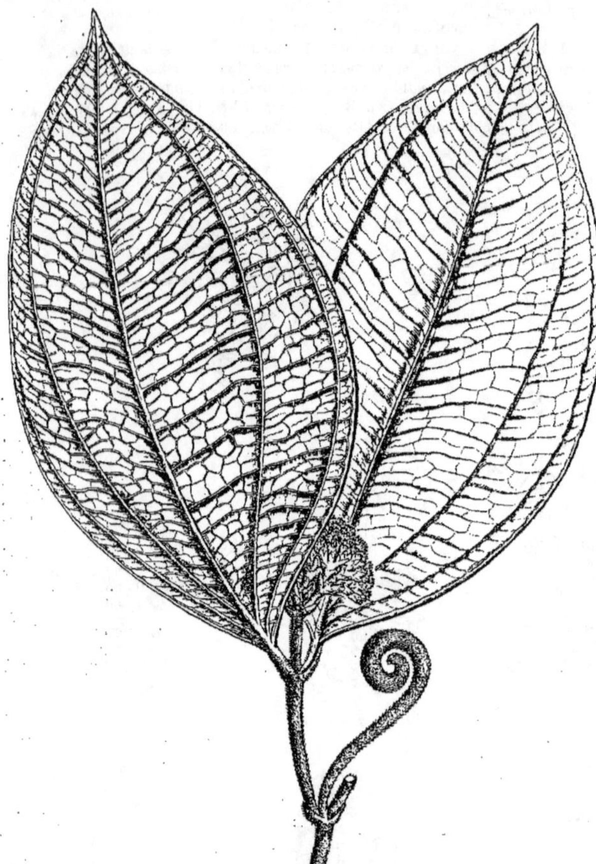

Vomiquier. — Branche florifère.

Solanées, avec 4, 5 sépales imbriqués; une corolle gamopétale, à tube de longueur variable et à 4, 5 lobes valvaires; 4, 5 étamines alternes, insérées vers la gorge, et un ovaire supère, à 2 loges ∞-ovulées, surmonté d'un style variable et rarement accompagné d'un disque à sa base. Le fruit est une baie, souvent cortiquée. Sa pulpe renferme une ou plusieurs graines, nichées dans la pulpe, variables de forme, sphériques, aplaties ou anguleuses, parfois nummuliformes, à albumen dur et abondant, à embryon rectiligne ou arqué, avec des cotylédons foliacés. Ce sont des arbres et arbustes, souvent grimpants à l'aide de crocs axillaires, à feuilles opposées, entières, 3-7-nerves; à fleurs petites et blanches, en cymes terminales ou axillaires, plus ou moins composées. Les plus célèbres espèces sont le *S. Nux-vomica* L., dont la graine est la Noix vomique; le *S. Ignatii* BERG., dont la graine est la Fève de Saint-Ignace; les *S. Tieute, colubrina, Icaja, Gautheriana* (*Hoang-nang*), tous vénéneux, tétanisants, originaires de l'ancien monde. En Amérique se trouvent les *S.* à curare, tels que *S. Castelnœana* WEDD., *toxifera* BENTH., *Crevauxiana* H. BN, *triplinervia* MART., *dépauperata* H. BN, *guianensis* H. BN, *brasiliensis* MART., etc.

(H. BN, *Hist. des pl.*, IX, 292, 324, 341, fig. 375-388; *Tr. Bot. méd. phanér.*, 1211.)

VONCKHOUT (STERB., *Th. Fung.*, 262). Synonyme (ENDL.) de *Dædalea* PERS.

VONO. Aux îles Fidji, l'*Alyxia stellata* RŒM. et SCH.

VONTAC. A Madagascar, les *Strychnos* L.

VOQUI. Nom chilien de l'*Echites chilensis* A. DC. (*Elytropus* M. ARG.).

VORBLATT. En Allemagne, la Préfeuille.

VORDRE. Le Saule Marceau.

VORGE. L'Ivraie.

VORM (Hobius v. der). Auteur [1661], à Amsterdam, de *Atriplex salsum vulgo dictum Soutenelle, essentia*, etc. (in-12 de 94 p.).

VORM-GRASS. Nom anglais du *Spigelia Anthelmia* L.

VORMIA (ADANS., *Fam.*, II, 284). Syn. de *Selago* L.

VORSE, VORGINA, VORGINE. Noms foréziens du *Salix cinerea* L.

VORSTIA (ADANS., *Fam. des pl.*, II, 23). Synonyme de *Thryallis* L.

VORTICELLA PYRARIA (MUELL., *Verm.*, I, 126). Synonyme de *Gomphonema* AGH.

VOSACAN (ADANS., *Fam. des pl.*, II, 130). Synonyme de *Helianthus* L.

VOSSIA (ADANS., *Fam. des pl.*, II, 243). Synonyme (part.) de *Mesembryanthemum* L.

VOSSIA (WALL. et GRIFF., in *Journ. As. Soc. bengal.*, V, 572, t. 23). Genre de Graminées-Andropogonées, très voisin des *Rotboellia*, formé pour M. Hackel (*Andropog.*, 269) d'une seule espèce de l'Inde, qui ne diffère des *Ischæmum* que par ses épis généralement multiples et des glumelles florifères non aristées de *Rotboellia.* (GRANT, in *Trans. Linn. Soc.*, XXIX, t. 116.) [H. BN.]

VOTOMITA (AUBL., *Guian.*, I, 90, t. 35). Genre douteux de Rubiacées (?) ou d'Apocynacées (?). (H. BN, *Hist. des pl.*, VII, 364.)

VOUACAPOUA (AUBL., *Guian.*, Suppl., 9, t. 373). Genre de Légumineuses-Cæsalpiniées, placé par nous (in *Adansonia*, IX, t. 4; *Hist. des pl.*, II, 93, 177) près des *Batesia*, et formé d'un arbre de la Guyane; les fleurs à réceptacle floral turbiné, creux, au fond duquel s'insère l'ovaire 1-ovulé, avec 5 sépales, 5 pétales et 10 étamines périgynes. Le fruit est obové, coriace, il s'ouvre comme un follicule et renferme une graine descendante, sans albumen. [H. BN.]

VOUACNE. L'*Urceola elastica* ROXB. (?).

VOUA-HEM. Le *Faterna elastica* SIEBER.

VOUA-LATAK. Nom, à Madagascar (BOJER), du *Cæsalpinia Bonducella* FLEM.

Vouacapoua. — Fleur, entière et coupe longitudinale.

VOUA-MATOURI. Nom, à Madagascar (BOJER), du *Tamarindus indica* L.

VOUANE-SIVOURE. Nom malgache (BERN.) du *Gouania glandulosa* BVN.

VOUAPA (Aubl., *Guian.*, 25, t. 7). Genre de Légumineuses-Cæsalpiniées, formé d'arbres américains et africains, à fleurs irrégulières; le réceptacle concave, avec 4, 5 sépales; 5 pétales; le supérieur très grand; les inférieurs plus petits ou 0;

Vouacapoua. — Branche florifère et fructifère.

l'androcée 9-andre, mais avec plusieurs étamines stériles; l'ovaire 2-∞-ovulé; le fruit oblique, comprimé, 1-sperme; la graine sans albumen. Les feuilles sont pari- ou imparipinnées, et les fleurs en grappes simples ou composées, avec 2 bractéoles

Vouapa. — Fleur, entière et coupe longitudinale.

coriaces, enveloppant le bouton et valvaires. (H. Bn, *Hist. des pl.*, II, 107, 182, fig. 77-80; in *Adansonia*, VI, 177; IX, 223.)

VOUARANA (Aubl., *Guian.*, Suppl., 12, t. 374). Genre de Sapindacées, souvent considéré comme synonyme de *Cupania* L. M. Radlkofer (in *Dur. Ind.*, 77) le conserve finalement comme distinct; synonyme, suivant lui, à la fois de certains *Crudya, Touchiroa, Matayba* et *Ephielis*. (H. Bn, *Hist. des pl.*, V, 398.)

VOUA-VOUNTAK. Nom indigène du *Brehmia spinosa* Lamk.

VOUAY (Aubl., *Guian.*, II, App., 99). Synonyme de *Gynestum* Poit.

VOUÈDE. Synonyme de Pastel.

VOULATZARA. Nom, à Madagascar, du *Poinciana regia* Boj.

VOULILY. Nom, à Mouroundava, d'un *Buettneria*.

VOULOU. Nom français (Lamk) des *Nastus* J.

VOULOUMBOUR. Nom malgache de l'*Acacia* (*Zygia*) *Sassa*.

VOURI. Nom malgache du *Myristica Vouri*. (H. Bn, in *Bull. Soc. Linn. Par.*, 454.)

VOYÈRE. Nom français (Lamk) des *Voyria* Aubl.

VOYRA (Reichb., *Consp.*, 133). Pour *Voyria* Aubl.

Voyria. — Fleur, entière et coupe longitudinale.

VOYRIA (Aubl., *Guian.*, I, 208, t. 83). Genre de Gentianacées-Chironiées, à fleurs 4, 5-mères; le calice tubuleux ou campanulé; la corolle hypocratérimorphe, à tube allongé, souvent atténué en haut, à lobes obtus ou acuminés. Les 4, 5 étamines ont des anthères libres ou collées entre elles, à loges obtuses ou acuminées en bas, parfois prolongées en soies légèrement plumeuses. L'androcée est d'ordinaire inclus, et les bords placentaires de la capsule sont peu intrus. Ce sont, au nombre d'une quinzaine, des herbes aphylles, pseudo-parasites, colorées, à fleurs solitaires ou en cymes denses. Elles croissent en Amérique, sauf une espèce de l'Afrique tropicale. (Splitg., in *Hœv. et Vr. Tijdschr.* [1840], 130, t. 1, 2. — Prog., in *Mart. Fl. bras.*, VI, t. 60-62. — H. Bn, *Dist. des pl.*, X, 131.)

VOYRIELLA (Miq., *St. surin.*, 146). Genre de Gentianacées-Chironiées, voisin des *Voyria*, établi pour une herbe naine, de la Guyane et du Brésil boréal, à cyme terminale et subcapituliforme. (*Walp. Ann.*, III, 82.) [H. Bn.]

VRAI CAILLE-LAIT. Le *Rubia* (*Galium*) *vera* H. Bn.

VRAIRE. Pour Varaire.

VRATCHIA (Kell., in *Proc. Calif. Acad.*, II, 11). Synonyme de *Calliphora* Lindl.

VREILLE. Le *Polygonum Convolvulus* L.

VRIESIA (Hassk., in *Flora* [1842], *Beibl.*, 27). Synonyme de *Lindernia* All.

VRIESIA (Lindl., in *Bot. Reg.* [1843], t. 10). Section (B. H., *Gen.*, III, 670) du genre *Pitcairnia* L.

VRILLE. Les vrilles sont des organes de nature axile ou appendiculaire, qui, en s'enroulant autour d'un support ou en s'attachant à lui par des crampons, permettent aux tiges trop grêles pour se soutenir elles-mêmes de s'appuyer sur les plantes voisines, sur un tronc, sur un rocher, sur un mur, d'en opérer l'escalade, en d'autres termes, pour s'étaler en pleine lumière et exposer une plus large surface verte à l'action des rayons du soleil. Nous n'avons point à parler ici des tiges volubiles, bien que les phénomènes dont elles sont le siège touchent à ceux que l'on observe chez les vrilles et que les unes ne soient en réalité que les adjuvants et comme le complément des autres. Cela est si vrai, qu'il n'est peut-être pas un seul végétal pourvu de vrilles chez lequel on ne puisse constater en même temps des faits de nutation ou de volubilité dans la tige. Cela s'observe admirablement surtout chez les Cucurbitacées où, tandis que la vrille se livre, pour découvrir les supports, aux mouvements que nous décrirons plus loin, la tige sur laquelle elle s'insère promène elle-même son extrémité dans l'espace afin d'accroître l'envergure de la zone d'action de son organe préhensif. Mais pour tout ce qui a trait aux tiges volu-

Vrilles de *Nepenthes*.

biles, à leur enroulement et à leur nutation, nous renvoyons le lecteur à l'article TIGE, et nous nous restreignons ici à ce qui concerne les vrilles.

Les vrilles, avons-nous dit, peuvent être d'origine axile ou

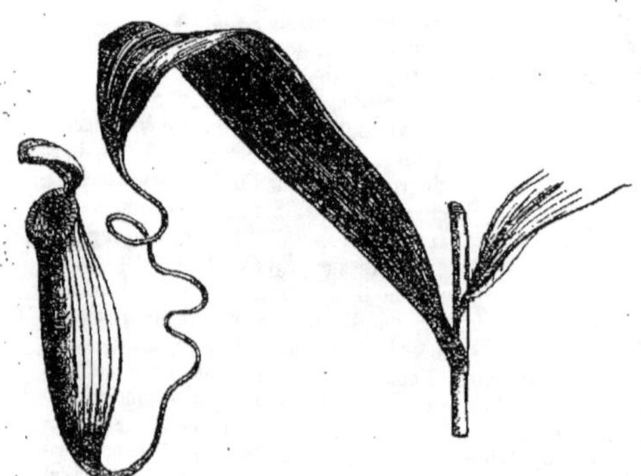

Vrille de *Nepenthes*.

appendiculaire. Quand elles sont appendiculaires, ce sont des feuilles ou des folioles, ou même de simples stipules, plus ou moins transformées, qui s'adaptent à leurs fonctions nouvelles. Quand ce sont des axes, on peut avoir affaire non seulement à

des tiges, mais même à des racines. C'est ainsi qu'on a cité les racines de certains *Lycopodium*, qui s'enrouleraient autour de leur support, et celles de la Vanille, qui se conduiraient de même, pourvu que le support fût assez mince. Divers *Philodendron*, du Brésil, enroulent leurs longues racines autour du tronc des arbres, et une Mélastomée, le *Dissochæta*, a des rameaux qui pendraient à la façon de ceux du Saule pleureur, si leurs innombrables racines adventives ne s'enroulaient pas autour des tiges des plantes voisines. Mais ces vrilles-racines, si curieuses, sont encore mal connues au point de vue anatomique et physiologique, et nous nous limitons forcément à ces quelques indications.

Les feuilles-vrilles sont plus nombreuses et bien mieux étudiées. Chez les unes, la feuille remplit son rôle de vrille sans que son apparence extérieure soit modifiée, c'est-à-dire sans perdre son limbe, tandis que chez les autres le limbe disparaît et fait place à un ou plusieurs filaments qui ressemblent à des nervures. Donnons d'abord quelques exemples de feuilles nor-

Vrille de *Pisum sativum*.

males susceptibles de s'enrouler en forme de vrilles. Celles de diverses espèces de *Clematis* saisissent avec leur pétiole, lorsqu'elles sont jeunes, les petites branches voisines, les embrassent, les enveloppent; puis le pétiole adhérent se gonfle, se durcit, et la vrille devient permanente. Il est à remarquer que les folioles opposées se meuvent individuellement, indépendamment l'une de l'autre. A l'hiver, dans le *Clematis Vitalba*, les limbes tombent, mais leurs pétioles contournés persistent et peuvent maintenir la plante, deux années de suite, dans sa position première. Des feuilles irritables du même genre se rencontrent dans les *Tropæolum*. Il suffit de les frotter légèrement chez certaines espèces, pour qu'en trois minutes leur pétiole se courbe et arrive, en six minutes, à figurer un anneau complet. Notons dès maintenant un fait que l'on peut considérer comme général chez les vrilles : le pétiole courbé se redresse plus ou moins longtemps après que le frottement a cessé. C'est un phénomène dont nous donnerons l'explication quand nous en serons arrivé aux considérations générales. Les pétioles des feuilles du *Rhodochiton volubile* s'enroulent également autour des rameaux des plantes voisines; mais il est à remarquer que s'ils ne rencontrent pas ces rameaux, il ne se produit pas la plus légère trace de vrille. La feuille ne se courbe donc que sous l'influence d'une excitation étrangère. Les pétioles des feuilles de *Lophospermum, Linaria cirrhosa, Fumaria officinalis, Solanum jasminoides*, se conduisent de même, et il est à noter que, dans cette dernière plante, les pétioles enroulés autour d'une branche depuis peu de temps se déroulent lentement lorsque l'on enlève cette branche et se disposent ainsi à profiter d'un nouveau tuteur. Les *Nepenthes* grimpent sur les plantes voisines en les entourant d'une vrille constituée par la portion de leur pétiole intermédiaire au limbe et à l'urne. Contrairement à ce que nous venons de signaler dans le *Rhodochiton*, ce segment de pétiole se tord sur lui-même sans l'inter-

réduites à leur nervure principale. Il y a donc là une plante à état transitoire, qu'elle soit en train de perdre ses vrilles ou plutôt en voie d'en perfectionner la forme et la structure. Ce qui nous fait parler ainsi, c'est que, dans une plante très voisine, le *Dicentra thalictrifolia*, la métamorphose des folioles en vrilles est complète. Quoi qu'il en soit, les vrilles du *Corydalis claviculata* sont des plus sensibles. Elles sont constamment, nuit et jour, en travail pour découvrir un support auquel elles s'accrochent, et, dans ce but, leur extrémité décrit sans repos des ellipses, qu'elle met environ deux heures à parcourir. Les vrilles des *Bignonia* sont constituées par les trois folioles terminales de la feuille, modifiées de manière à ressembler à certaines pattes d'oiseau lorsqu'elles embrassent une branche. Dans plusieurs espèces, l'extrémité de ces folioles-vrilles se développe en une petite pelote irrégulière qui adhère fortement au support (*Bignonia capreolata*). Parfois (*Bignonia speciosa*) ces vrilles, après s'être accrochées à un tuteur, l'abandonnent et le ressaisissent à plusieurs reprises, ou bien en vont chercher un autre, apparemment mieux approprié à leurs besoins. Leur extrémité s'introduit souvent dans les fentes des murs ou les crevasses des arbres, comme feraient des racines; et il ne suffit pas, pour expliquer complètement le phénomène, de dire (ce qui est vrai d'ailleurs) que les vrilles fuient la lumière. Il y a là, en effet, une action rectrice spéciale qui se manifeste mieux encore dans certains cas, par exemple quand ces vrilles refusent de s'enrouler autour de tubes de verre intérieurement noircis et s'en éloignent même avec une sorte de répugnance. Une autre Bignoniacée, l'*Haplolophium*, a des vrilles plus précocement adaptées à leurs fonctions que celles des *Bignonia*, puisqu'elles possèdent des extrémités renflées en disque même avant tout contact avec un support. Parmi les Polémoniacées, le *Cobœa scandens* se fait remarquer par des vrilles plus sensibles et d'un enroulement plus prompt que celles de presque toutes les autres plantes. Elles possèdent des ramifications très nombreuses, fortement élastiques, terminées par un double crochet et qui saisissent tout, même la peau des mains qui les heurte. Elles rampent sur les murs et pénètrent dans les crevasses. Quand elles vieillissent, on les voit se contracter en spires confuses. Leur rôle étant achevé, elles deviennent rigides et, comme celles de toutes les autres plantes, perdent tout mouvement. Parmi les Légumineuses, le *Pisum sativum* a des vrilles très sensibles et celles du *Lathyrus grandiflorus* s'accrochent sans s'enrouler. Toutes les folioles des feuilles du *Lathyrus Aphaca* se transforment en vrilles, et leurs stipules élargies et vertes remplissent seules le rôle ordinairement dévolu aux feuilles, conjointement avec le parenchyme vert de la tige. Chez les Composées, les plantes à vrilles sont extrêmement rares. Pourtant les *Mutisia*, qui appartiennent à cette famille, ont des feuilles à sept ou huit folioles terminées par des vrilles à trois divisions en général, et dont l'extrémité constamment en mouvement décrit des ellipses assez régulières à la recherche d'un support. Parmi les Liliacées, les *Smilax* possèdent des vrilles qui sont des stipules modifiées, ou bien les folioles inférieures de leurs feuilles qui, dans ce cas, seraient trifoliolées. Signalons enfin, parmi les Légumineuses, les *Orobus* qui n'ont pas de vrilles, à la vérité, mais dont la foliole terminale est remplacée par une pointe, inutile aujourd'hui, mais qui peut-être, dans le passé, a été une vrille, ou bien qui se prépare à en constituer une dans les siècles à venir.

Vrilles de *Feuillea*.

vention excitatrice (ou paralysante, comme nous le verrons plus loin) d'un support quelconque. Il y a donc ici une adaptation plus complète aux fonctions à remplir, et comme une habitude héréditaire plus intimement acquise.

Arrivons aux vrilles foliaires dont le limbe a plus ou moins complètement avorté pour faire place à un organe qui rappelle soit le pétiole, soit une nervure, soit un assemblage de nervures de la plante. L'exemple d'une Monocotylédone, le *Flagellaria indica*, est peut-être le plus simple que nous puissions donner. Quand l'extrémité de la feuille de cette plante, prolongée en pointe, ne rencontre point un corps étranger, elle se dessèche promptement et tombe. Si, au contraire, elle se heurte à une branche, immédiatement elle s'enroule; sa face supérieure occupant l'intérieur de la spire. Le *Corydalis claviculata* a des vrilles foliaires de deux sortes : les unes dont les folioles, quoique très amoindries, sont encore parfaitement apercevables; les autres dans lesquelles ces folioles sont

Arrivons maintenant à la description des vrilles axiles. Les plus simples sont constituées par les rameaux eux-mêmes, qui, sans se modifier, saisissent et entourent leur support avec leur extrémité.

C'est le cas des *Securidaca* et aussi, d'après Mohl, celui des extrémités de la tige ramifiée du *Corydalis claviculata*, qui se conduisent comme les feuilles qu'elles portent. Mais, généralement, l'axe, en devenant vrille, subit des modifications analogues à celles de la feuille. Il s'amincit et s'effile pour adopter le type ordinaire de la vrille. Parfois cette vrille est très courte, ne fait autour du support qu'un tour ou un tour et demi, et se lignifie de bonne heure, pour former ce qu'on a nommé les « crochets ». Parmi les Rubiacées, les *Uncaria* ont des crochets constitués par des pédoncules floraux axillaires et qui deviennent si durs, qu'ils pénètrent par leur extrémité dans le tissu même du support. Chez les *Ancistrocladus*, végétaux alliés aux Diptérocarpées, on rencontre des sympodes de vrilles au nombre de

les vrilles ont la même signification morphologique et chez lesquelles elles sont les plus sensibles et les plus agiles de toutes. Leur sommet, en quête d'un support, décrit en effet (*Passiflora elegans* et *P. sicyoides*) des ellipses en quarante minutes. Frottées vingt et une fois, à des intervalles divers, on les a vues se courber autant de fois pour se redresser ensuite. On dit même que ces vrilles entrelacées les unes avec les autres ne se saisissent pas, faut-il dire par une sorte d'instinct qui les empêche de se considérer elles-mêmes comme des supports ? Des observations diverses tendraient à faire croire que la vrille des Passiflores peut être un bourgeon axillaire, tandis que nous l'avons certainement vue, dans des cas peut-être différents, s'insérer elle-même sur le rameau axillaire feuillé, dont elle représente alors le bourgeon le plus inférieur.

A côté des plantes précédentes, on peut encore citer un *Acacia* de Ceylan, qui grimpe à l'aide de petites branches transfor-

Vrilles de *Fevillea*.

Vrilles de *Passiflora*.

cinq ou six, régulièrement superposées et terminées par un crochet sur lequel, avec un peu d'attention, on aperçoit encore quelques rudiments de feuilles. Les *Artabotrys*, qui ont aussi des ramifications terminées en crochets et surmontées d'un petit bourgeon, sont des plantes très suggestives pour qui veut étudier la morphologie des Ampélidées. Leurs crochets sont en effet opposés aux feuilles ; et M. Treub, qui les a étudiés sur place, dit qu'ils sont indubitablement des rameaux nés un entrenœud plus bas et demeurés concrescents avec l'axe qui les porte. Parmi les Olacinées, certains *Olax* possèdent des crochets qui, devenus ligneux, compriment si violemment leur support, qu'ils contractent avec lui, s'il est vivant, des sortes de soudures. Les *Hugonia*, dit-on, qui sont des Linées, et les *Strychnos* ont également des crochets, recourbés en spirale chez ces derniers, et qui sont des pédoncules avortés.

A côté des plantes à crochets, il faut citer les *Cardiospermum* (*C. Halicacabum*), dont les vrilles véritables sont, elles aussi, d'abord recourbées en crochet avant de s'enrouler en hélice ; les *Brunnichia* (Polygonée) ; les *Modecca*, dont les vrilles sont également des pédoncules floraux modifiés ; les Passiflores, dont

mées en vrilles convolutées et pourvues de crochets pointus, et un *Cæsalpinia*, dont les rameaux–vrilles, nés « à côté », dit-on, de rameaux-feuillés, c'est-à-dire probablement sur leur base, meurent et tombent s'ils ne réussissent pas à se fixer ; mais les principales vrilles de cette catégorie sur lesquelles nous ayons à insister tout particulièrement, ce sont assurément celles des Ampélidées. Dans le *Cissus quadrangularis*, elles sont formées par un filament unique, non ramifié. Dans le *Vitis vinifera*, elles ont généralement deux branches, avec une écaille à la base de l'une d'elles. Le *Cissus quinquefolia*, ou Vigne-Vierge, en a davantage, et d'autres *Cissus* jusqu'à huit ou dix. Ces vrilles, au contact d'un support, se renflent en forme de disque adhésif à leur extrémité, et il peut même arriver (*Vitis pterophora*, *Ampelopsis Veitchii*) que ces sortes de ventouses se forment avant tout contact. Von Lengerken prétend même que, dans les vrilles chez lesquelles le contact déterminera la production de pelotes, on peut toujours, avant toute fixation, découvrir des traces de formation de ventouses. Ces vrilles sont manifestement des rameaux modifiés comme les inflorescences, et l'inflorescence des Ampélidées n'est qu'une vrille devenue fructifère après avoir multiplié ses ramifications. La vrille peut se rencontrer à tous les nœuds, en opposition avec les feuilles (*Cissus orientalis, C. angustifolia*); mais bien plus souvent elle existe à certains nœuds déterminés et fait défaut à d'autres. Dans la Vigne ordinaire, dans la Vigne-Vierge par exemple, on rencontre deux feuilles avec vrilles, une feuille sans vrille opposée, deux feuilles avec vrilles, etc. L'une des questions les plus discutées de la morphologie végétale est sans contredit celle de l'origine réelle de ces bourgeons transformés que l'on trouve constamment sans feuille axillante. On a dit que la vrille des Ampélidées est l'axe principal déjeté par un bourgeon axillaire. Mais l'étude organogénique, *suivie dès le début,* prouve que jamais le mamelon originaire de la vrille n'est terminal. Il fallait donc abandonner l'hypothèse du sympode. On l'a pourtant maintenue, en prétendant que parfois les axes de second ordre

Vrilles de *Sicyos.*

empiètent tellement sur ceux du premier (sur lesquels ils s'insèrent pourtant), que ces axes de second ordre peuvent déjeter, dès leur début, l'axe-père de premier ordre; et c'est ainsi, concluait-on, que la vrille, axe de premier ordre, était détrônée du sommet végétatif, dès son apparition, par le bourgeon axillaire. On peut jouer avec les mots; on doit compter avec les faits. Or les faits sont là : la vrille naît constamment sur le

Vrilles de *Luffa* et de *Cyclanthera.*

flanc du sommet végétatif. On doit donc la tenir pour secondaire. D'autres botanistes ont pourtant cherché un terrain de conciliation. La vrille, ont-ils dit, n'est pas le sommet végétatif : elle en est une portion ; ce sommet subit une partition qui produit le bourgeon d'une part, la vrille de l'autre. Outre qu'une étude organogénique bien faite n'a jamais montré cette partition, il suffit de considérer simultanément la vrille et le rameau issu du bourgeon adjacent pour voir aussitôt que leur organisation contredit formellement la doctrine de la bipartition. S'il s'était produit une division, les deux moitiés devraient porter des

organes symétriquement distribués à droite et à gauche. Il n'en est rien, et la doctrine de la bipartition croule. Il ne reste plus, le terrain étant déblayé, que deux interprétations possibles : ou bien la vrille est un bourgeon à situation anormale, sans autre exemple dans le règne végétal ; ce qui est possible après tout, mais ce qui est plutôt peut-être l'explication de ceux qui n'en ont point à fournir ; ou bien elle est un bourgeon né à l'aisselle d'une feuille inférieure, demeuré concrescent avec un ou plusieurs entre-nœuds au sommet desquels il se dégage de la tige au niveau d'une feuille supérieure à celle à laquelle il correspond en réalité. Nous citions tout à l'heure les *Artabotrys* dont les vrilles, insérées elles aussi en face des feuilles, proviennent, d'après M. Treub, de l'aisselle de feuilles immédiatement inférieures. Pourquoi la situation, si extraordinaire, des vrilles des Ampélidées ne serait-elle pas due à un phénomène du même genre ? Dans la Vigne-Vierge et dans le *Cissus tuberculata,* qui sont comme une sorte de type central par rapport aux autres

Vrilles de *Cucurbita Pepo.*

formes si variées des Ampélidées, certaines feuilles (au-dessus desquelles se trouvent les vrilles par groupes binaires) sont totalement dépourvues de bourgeons axillaires. Pourquoi n'existerait-il pas une relation entre ces feuilles sans bourgeons axillaires et ces vrilles sans feuilles axillantes ? Nous avons posé cette question sans nous dissimuler les objections qu'elle pourrait soulever. Ajoutons que les Ampélidées présentent des anomalies fréquentes qui prouvent bien que l'on a affaire ici à un type mal fixé et très variable. Nous ne parlerons pas de celles qui montrent la vrille à l'état de rameau feuillé. Elles prouvent seulement que la vrille est un rameau métamorphosé : ce dont personne ne doute. Mais il en est d'autres infiniment plus instructives. D'abord, il est fréquent de voir la vrille quitter la tige à un centimètre au-dessus ou *au-dessous* de la situation qu'elle devrait normalement occuper. Il y a là déjà une indication. Mais nous avons pu constater une monstruosité plus probante : une vrille sortait manifestement de l'aisselle d'une feuille, à côté du bourgeon normal ; restait accolée au rameau, sur lequel elle faisait saillie en haut-relief, s'en dégageait vers le milieu de l'entre-nœud, suivait parallèlement, en pleine liberté, la marche supérieure de cet entre-nœud et, à son sommet, se déjetait perpendiculairement au rameau, à la façon de vrilles normales. De tels faits n'ont qu'une explication : c'est que la vrille des Ampélidées provient bien réellement de l'aisselle d'une feuille sous-jacente. Mais laissons de côté cette question purement morphologique pour rappeler d'autres particularités intéressantes. Chez certains *Cissus* (*Cissus discolor*), la vrille est verticale, et la tige se courbe à son extrémité pour laisser aux bras de la vrille, agissant comme de vrais tentacules à la recherche d'un support, la pleine liberté de leurs mouvements. Lorsque les vrilles des Ampélidées ont rencontré ce support, elles s'y enroulent et forment, en dehors de cet enroulement, entre lui et la base de l'organe, une spire complémentaire qui rapproche encore davantage la branche de son tuteur. Quand l'extrémité des vrilles porte des pelotes adhésives, celles-ci se fixent si fortement à leur support que chaque bras de la vrille peut soutenir près de 800 grammes. Ce n'est pas tout. Ces vrilles, solides et élastiques, peuvent persister pendant une quinzaine d'années. On comprend tout de suite comment la Vigne-Vierge, collée contre un mur, peut résister aisément aux vents les plus violents. Si ces vrilles, si durables quand elles trouvent emploi, sont restées inutiles faute d'un support à proximité, on les voit se dessécher et tomber, comme si l'arbre jugeait superflu de leur continuer la nourriture et la vie.

Après cette revue des vrilles foliaires et des vrilles raméales, nous arrivons à celles qui, dans leur partie inférieure, sont des rameaux et, dans leur partie supérieure, des feuilles. Nous voulons parler de celles des Cucurbitacées. On sait quelle est leur apparence. Les plus simples, celles de la Bryone par exemple, sont constituées par un filament rectiligne inférieurement, enroulé dans ses deux tiers supérieurs. Les plus compliquées, celles des *Cucurbita maxima*, *perennis*, etc., sont formées d'une sorte de pied, toujours rectiligne comme dans la Bryone et surmonté d'une quantité variable de « bras » qui, eux, s'enroulent comme les deux tiers supérieurs de la vrille de la Bryone. Qu'est-ce que le support droit? Que sont ces bras enroulés en spirales? L'organogénie est là pour donner une réponse définitive. La vrille du *Cucurbita maxima* naît sur la base du rameau feuillé axillaire par un mamelon arrondi. Est-ce une feuille? Est-ce un axe? Il est impossible de le dire à ce moment; mais on va le savoir bientôt. Peu de temps après, en effet, on voit sur ce mamelon basilaire apparaître d'autres mamelons *dans un ordre spiral*, comme apparaîtraient des feuilles sur une branche, et non pas, qu'on le remarque, comme apparurent jamais, sur un pétiole, des nervures de limbe. Par suite, un premier point se trouve jugé. Puisque jamais une feuille ne produit une autre feuille, il est évident que la partie basilaire de la vrille, celle qui va de son insertion à ses « bras », est un rameau. Mais les bras, que sont-ils? Car enfin il pourrait se faire qu'ils fussent, eux aussi, des axes insérés dans l'ordre spiral sur l'axe basilaire? Ce sont des feuilles; car on voit souvent, dans le Pâtisson par exemple, des bourgeons à leur aisselle; car ils se transforment fréquemment en vraies feuilles, avec un limbe complet ou partiel. Cela dit pour les vrilles les plus compliquées, passons aux plus simples, à celles de la Bryone. Celles-ci débutent également par un mamelon qui deviendra toute la portion inférieure rectiligne, et, sur le flanc de son sommet végétatif, on voit bientôt poindre un second mamelon aplati de haut en bas. Appliquons à la Bryone le même raisonnement qu'au *Cucurbita maxima*, et nous conclurons qu'elle est formée d'une partie inférieure qui est un axe et d'une partie supérieure qui est une feuille. Dans les

vrilles les plus complexes, comme dans les plus simples, ce sont les portions appendiculaires qui s'enroulent, et les portions axiles sous-jacentes qui restent rigides. Ceci entendu, il reste une question à régler, celle de l'insertion réelle de la vrille des Cucurbitacées. Elle n'est pas un organe issu d'une aisselle de feuille inférieure, comme celles des Ampélidées. Elle est la ramification la plus inférieure du bourgeon axillaire feuillé, comme l'étude organogénique le démontre irréfutablement. Il se peut que la vrille des *Cucumis*, par exemple, semble indépendante du rameau axillaire à l'état adulte. C'est pourtant sur le mamelon qui est le rameau axillaire qu'on la voit très nettement apparaître, et nous nous empressons d'ajouter que l'anatomie confirme les résultats organogéniques. Cela étant

Vrilles de *Citrullus Colocynthis*.

connu, il est aisé d'expliquer toutes les monstruosités qui ont si fort dérouté les auteurs. On a vu la feuille axillaire transformée en une vrille et la vrille transformée en feuille. Quoi d'étonnant, puisque la *portion enroulante* d'une vrille est une feuille? On a vu deux vrilles à la même aisselle de feuille : c'est que les deux bourgeons inférieurs du rameau axillaire normal s'étaient changés en vrilles. On a constaté une vrille à la place du rameau axillaire feuillé : c'est que le rameau formé d'un axe supportant des appendices avait avorté pour produire un axe (la partie rectiligne de la vrille) supportant un ou plusieurs appendices, les bras, c'est-à-dire des feuilles réduites à leur nervure médiane. Mais laissons de côté le point de vue morphologique pour nous occuper de certains détails intéressant l'évolution des mêmes vrilles. Quand elles saisissent un support, on les voit s'enrouler en hélices irrégulières. Souvent elles se présentent enroulées en crosse dans le bouton, à la façon des frondes de Fougères. Elles se déroulent en se développant et, lorsqu'elles saisiront un support, elles s'enrouleront en sens contraire. Celles de l'*Echinocystis*, une fois à l'état adulte, décrivent des ellipses de 40 centimètres de diamètre environ, à la découverte d'un point d'appui. Des gouttes d'une pluie violente ne provoquent point leur courbure, tandis qu'il suffit d'un léger frottement avec un brin de paille pour déterminer un enroulement qui, du reste, ici comme ailleurs, ne persiste pas. Si l'on courbe la plante vers le sol, alors qu'elle avait auparavant une direction parfaitement ascendante, on voit, au bout de peu d'heures, les jeunes vrilles se relever et chercher plus haut un appui qui leur permette de redresser la plante elle-même. Il est à noter que la vrille, lorsqu'elle a trouvé ce support avec sa pointe, se meut d'arrière en avant sur lui par un mouvement vermiculaire jusqu'à ce qu'elle ait constitué trois ou quatre tours à sa périphérie. Dans l'*Hamburya*, un des deux bras de la vrille se projette à angle droit comme un éperon court et rigide, et embrasse la branche-support, tandis que l'autre bras s'enroule autour d'elle. Bientôt, au contact de la branche, les cellules de la vrille se gonflent comme celle des disques des Ampélidées, mais sur

Vrilles de *Cucumis Melo*.

une longueur de 3 à 4 centimètres et non plus à la pointe de l'organe, et après vingt-quatre heures l'adhérence est complète. Quand les vrilles sont fixées à leur support, la portion foliaire demeurée libre continue de s'enrouler en tire-bouchon, mais dans des sens divers, et, quoi qu'on en ait dit, sans que le nombre des tours dans un sens égale nécessairement celui des spires constituées dans un autre sens.

C'est quelque chose assurément que de connaître la forme d'un organe, son origine morphologique et son développement, même l'ensemble des mouvements et des actes pour ainsi dire instinctifs qu'il peut accomplir; mais ce n'est point assez quand il s'agit d'organes doués de fonctions aussi étranges que celles dont les vrilles sont le siège et qui semblent par cela même trancher si absolument sur le reste des phénomènes de la vie végétale. Il faut tâcher d'aller plus loin et de serrer de plus près la cause de ces mouvements elliptiques des vrilles qui ressemblent à ceux de certains polypes en quête d'une proie, et aussi de ces enroulements et déroulements alternatifs qui parfois ne paraissent nullement réglés par le pur hasard. En ce qui concerne la circumnutation de la vrille, il importe d'abord de rappeler qu'on rencontre des mouvements de ce genre dans les tiges et les feuilles, et qu'on les y constate presque à tout âge. Dans les tiges, la ligne du plus fort allongement des éléments se déplace

progressivement tout autour de l'axe et détermine par suite, dans le sommet de la tige, un mouvement elliptique. Dans les feuilles, il se produit également des inégalités de croissance qui en font voyager le sommet autour de son axe virtuel, et dans les *Cissus*, par exemple, le mouvement est presque circulaire. Dans les vrilles, les phénomènes de circumnutation ont plus d'ampleur que dans les autres organes; mais ce n'est qu'une différence de quantité: voilà un premier point. Deuxième point: la sensibilité de la vrille au choc ou à la pression, et la courbure qui en est la conséquence, ne sont pas des phénomènes isolés dans le règne végétal. La sensibilité y est une fonction d'ordre général, et le protoplasma végétal ne diffère point du plasma animal à ce point de vue. Le mouvement, si facile à constater chez tant de végétaux inférieurs, à certaines phases

Vrilles d'*Arrabidæa*.

de leur évolution, se rencontre pareillement chez les végétaux supérieurs, malgré les apparences. Il ne faut point oublier que le frottement détermine dans la plupart des jeunes organes en voie d'accroissement une courbure, faible il est vrai, mais reconnaissable. A quoi est due cette courbure? A l'action du protoplasma; cela est certain. Le frottement produit sur lui soit une excitation, soit, comme l'a écrit M. Baillon, une paralysie. Comment cette excitation ou cette paralysie peuvent-elles amener la production d'une courbure? Par l'expulsion d'une partie du plasma des cellules frottées qui se déverse dans les éléments indemnes, les gonfle et, par cette turgescence unilatérale, détermine la courbure en sens opposé. Ceci n'est point une pure théorie sans base. Faites, dans une vrille de Cucurbitacée en train de se courber, une fente longitudinale avec un instrument très fin qui tranche les tissus en les froissant le moins possible, puis plongez cette vrille dans l'eau pure. Au bout de peu de temps le mouvement de courbure s'accentuera, parce que les cellules en train d'expulser leur plasma emprunteront moins d'eau que les autres dont la turgescence croissante augmentera forcément l'action. Faites l'expérience inverse et plongez la même vrille dans du sirop de sucre. Ce sirop enlèvera de l'eau à tous les éléments de la vrille, mais principalement à ceux qui en contiennent le plus. Il diminuera donc la turgescence de ces dernières, et l'on verra la vrille se redresser rapidement et parfois même se courber en sens inverse. Mais ce n'est pas tout pour une vrille que de se courber, il faut qu'elle s'enroule. Supposons un premier choc ou frottement contre un support. La vrille s'incline vers lui et, au fur et à mesure qu'elle se courbe, de nouvelles portions d'elle-même entrent en relation avec le support; il se produit de nouveaux contacts qui déterminent de nouvelles courbures, et peu à peu la vrille s'applique sur le tuteur suivant une grande partie de sa longueur et demeure adhérente, puisque le contact qui a produit l'enroulement persiste. Graduellement, les tissus se durcissent, les parois cellulaires s'incrustent de cellulose, et c'est en vain qu'alors on supprimerait le tuteur. La vrille garde désormais son enroulement hélicoïdal. Supposons au contraire que l'on enlève le support très peu de temps après que la vrille l'a enveloppé et tandis qu'elle reste encore flexible : l'excitation disparaît. Les cellules irritées ou paralysées récupèrent le plasma qu'elles avaient cédé aux éléments voisins, et la courbure cesse. Sans doute cette explication ne satisfait qu'à l'ensemble du phénomène, et nous n'en sommes point à savoir pourquoi la vrille si souvent tâtonne avant de s'arrêter définitivement sur un tuteur et abandonne celui qui ne lui convient pas pour se reporter sur les autres. Mais c'est déjà quelque chose, dans l'explication des faits naturels, que d'entrevoir la vérité.

Pour quel motif, chez les Cucurbitacées, la vrille rampe-t-elle à la surface des branches de manière à les envelopper à cinq ou six reprises, au lieu de s'attacher à elles par une simple courbure en crochet? C'est encore là un fait que nous ne saurions expliquer, pas plus que beaucoup d'autres, à l'heure actuelle. On ne sait guère mieux pour quelle raison tant de vrilles, qui ne sont entrées en contact avec aucun corps étranger, s'enroulent en hélice, comme si elles avaient subi une irritation quelconque. On a rappelé qu'elles ont presque toujours une symétrie fasciculaire bilatérale et que, la résistance des tissus de l'une de leurs deux faces étant moindre, l'enroulement doit se produire fatalement. Mais les feuilles de la plupart des plantes sont également dépourvues de symétrie axile, et on ne voit pas que cela suffise pour provoquer leur enroulement. On a dit encore que si les vrilles restées libres s'enroulent, c'est qu'elles ont en elles la raison, disons le mot, la vertu de leur enroulement. Mieux vaut confesser son ignorance d'abord, et chercher mieux ensuite. Il est clair que les Cucurbitacées, dont les vrilles ont des bras d'abord enroulés en crosse, les déroulent par un simple phénomène d'extension des éléments de la face supérieure, comme cela se produit chez les Fougères. On sait également à peu près pourquoi ces bras se recourbent en sens inverse sous l'action directe d'un support. Avouons que nous ignorons pourquoi elles s'enroulent en vieillissant sans avoir subi aucun contact. Tout ce que l'on sait sur ce point, c'est que l'enroulement, dans ce dernier cas, est beaucoup plus lent que lorsqu'il se produit sous l'action persistante d'un tuteur. En raisonnant par analogie, on pourrait sans doute dire que les vrilles restées libres s'enroulent pour une raison analogue à celle qui fait que certaines autres vrilles produisent des pelotes adhésives avant d'être entrées en contact avec le rocher ou le mur contre lequel elles doivent s'appliquer. Il y aurait lieu, dans ce cas, de faire appel à l'hérédité et aux caractères dont elle pénètre peu à peu les espèces. Mais de telles considérations seraient oiseuses pour le présent et ne sauraient être abordées qu'après une nouvelle étude plus complète et plus approfondie des faits. [Dy.]

VRILLÉE (GRANDE). Le *Calystegia sepium* R. Br.

VRILLÉE (GRANDE) BATARDE. Le *Polygonum dumetorum* L.

VRILLÉE (PETITE). Le *Convolvulus arvensis* L.

VROGNE. L'Aurone des jardins.

VROGNE (GROSSE). Nom vulgaire du *Clematis Vitalba* L.

VROLIKIA (Spreng., *Syst.*, III, 149). Synonyme de *Heteranthia* Nees et Mart.

VRONCELLE. Synonyme de Liset.

VRONE (GROSSE). Le *Clematis Vitalba* L.

VRYDAGZENIA (Bl., *Orch. Arch. Ind.*, 71, t. 17, 19, 20). Genre d'Orchidacées-Néottiées, formé de 8 herbes océaniennes, terrestres, à port de *Hetaria;* distingué, dans le groupe des Spiranthées, par des tiges feuillées; des fleurs à labelle sessile; le limbe peu développé ou 2-lobé au-dessus d'un sac ou d'un éperon long, avec 2 callosités longuement stipitées, descendant dans l'éperon de la base du gynostème. (Reichb. f., *Ot. hamburg.*, 51.) [H. Bn.]

VUGA. Nom indigène du *Metrosideros viticnsis.*

VULNÉRAIRE, V. DES PAYSANS. Noms vulgaires de l'*Anthyllis Vulneraria* L.

VULPIA (Gmel., *Fl. bad.*, I, 8). Section du genre *Festuca* L.

VULPIN. Nom français des *Alopecurus* L.

VULVAIRE. Le *Chenopodium Vulvaria* L.

VUNNÉE. Nom tamoul du *Prosopis spicigera* L. (*Adenanthera aculeata* Roxb.), qui fournit une gomme en partie soluble dans l'eau, dit-on, et dont les graines sont entourées, comme celles de plusieurs autres Légumineuses, d'une substance farineuse et douce que mangent les indigènes.

VUTTATA-MARUM. Nom tamoul du *Macaranga tomentosa* R. Bn., qui fournit une gomme rouge, transparente, très bonne, dit-on, pour prendre des impressions.

VYENOMUS (Presl, *Bot. Bem.*, 32). Synonyme de *Evonymus.*

W

WABBA. A Amboine, le *Cerbera Manghas* L.

WAB-ES-I-PINIG. Nom donné par les Indiens Chippewas au *Sagittaria variabilis*, dont ils recueillent avec soin les tubercules pour en faire leur nourriture, soit crus, soit cuits.

WABOO. Nom, aux États-Unis, de l'*Evonymus atropurpureus* Jacq., employé comme évacuant.

WACHELIA (Endl.). Pour *Vachellia* Wight.

WACHENDORF (Everard Jac. van). Professeur à Utrecht [1702-1758], a écrit *Oratio botanico-medica de plantis immensitatis intellectus divini testibus locupletissimis* [1743], in-4 de 55 p., et un *Catalogue du jardin d'Utrecht* [1747], in-8 de 394 p.

WACHENDORFIA (L., *Gen.*, n. 61). Genre d'Hæmodoracées, formé de 3, 4 herbes vivaces, de l'Afrique australe; à fleurs 6-mères, irrégulières, 3-andres; l'ovaire à 3 loges 1-ovulées, surmonté d'un style simple; le fruit 3-dyme, loculicide; les

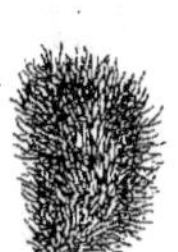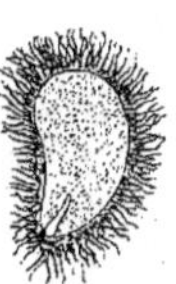

Wachendorfia. — Fruit déhiscent. Graine, entière et coupe longitudinale.

graines souvent échinées, albuminées. Les feuilles sont ensiformes, linéaires, et les inflorescences composées, à divisions cymigères. On cultive dans les jardins botaniques le *W. thyrsiflora*, à belles fleurs jaunes. (Sm., *Ic. pict.*, t. 5. — Red., *Lil.*, t. 93. — *Bot. Mag.*, t. 614, 616, 1060, 1166, 2610.) [H. Bn.]

WACHHOLDER. Nom allemand des Genévriers.

WACHSBLUME. Nom allemand des *Cerinthe* T.

WACHWACHOR. Bois tonique, astringent, du Sénégal.

WADADURI. Nom guyanais du *Lecythis grandiflora* Lindl., dont le bois est employé en ébénisterie.

WADAPU (Rheed.). Nom malabare du *Gomphrena globosa* L.

WADAPUS (Rafin., *Fl. tell.*, n. 723). Synon. de *Gomphrena*.

WADDAGHAS. A Ceylan, la Rose de Chine.

WADDINGTONIA (Phil., *Fl. atamasc.*, 41, t. 5). Synonyme (?) de *Petunia* J.

WADE (Walt.). Professeur à Dublin, auteur d'un catalogue des plantes du comté de Dublin [1794], in-8 de 275 p., et de *Plantæ rariores in Hibernia inventæ* [1804]. On lui doit aussi un essai sur les Saules [1811], in-8 de 56 p. et 1 pl. col.

WADSCHMIDIA (Wigg., *Prim. Fl. holsat.*, 19). Synonyme de *Limnanthemum* Gmel.

WAECHTER (J.-K.). A écrit [1840], à Hanovre, *Ueber die Reproductionskraft der Gewächse, insbesondre der Holzpflanzen.*

WAG. A Tripoli, le Bananier.

WAGATEA (Dalz., in *Hook. Kew Journ.*, III, 90). Genre de Légumineuses-Césalpiniées-Eucésalpiniées, formé d'un arbuste grimpant, indien; distingué par des fleurs en épis allongés, à pétales oblongs et à 10 étamines courtes; la gousse oblongue-linéaire et coriace. (Wight, *Ic.*, t. 1995. — H. Bn, *Hist. des pl.*, II, 174.)

WAGENER (Phil.-Chr.). A composé, avec F. Gruber [1798], une *Flore de Hildesheim* (in-fol. avec 10 pl. col.).

WAGENERIA (Kl., *Begon.*, 112, t. 10 C). Synonyme de *Begonia* L.

WAGENHEIMIA (Mœnch, *Meth.*, 200). Genre de Graminées-Chloridées, formé d'une herbe annuelle, de la région Méditerranéenne occidentale; distingué par une inflorescence dense, spiciforme; des glumes vides, subégales, étroites, égales à l'épillet; des glumelles acuminées, non aristées, 3-nerves. La plante a souvent été décrite comme un *Cynosurus*. (Desf., *Fl. atl.*, t. 19. — Cav., *Icon.*, t. 91.)

WAGNER (Joh.-Gerh.). Mort à Lubeck en 1759, est l'auteur de *Arboreti sacri perfectioris specimen, sistens Laurum*, etc. — Dan. Wagner a publié en 1828 son *Pharmaceutisch-medizinische Botanik*, gr. in-fol. av. 249 pl. col.

WAGT-EN-BEETZE. Nom employé dans l'Afrique australe pour désigner l'*Acacia detinens*, dont les épines causent de vifs tourments aux voyageurs.

WAHABIA (Fenzl, in *Flora* [1844], 312). Genre établi pour le *Barleria acanthoides* Nees.

WAHLBERG (Joh.-Aug.). Mort à N'gami, dans l'Afrique australe, en 1857, âgé de 47 ans, avait écrit *Fungi natalenses*, que Fries a publié en 1848. — Pehr-Fred. Wahlberg fut professeur à Stockholm, écrivit une *Flore de Gotheborg* [1820-24] et *Ansvisning till Swenska Foder-Växternas Kännedom* [1835].

WAHLBERGELLA (Fries, *Summ. veg. Scand.*, 155). Synonyme de *Lychnis* T.

WAHLBOME. Nom français (Lamk) des *Wahlbomia* Thunb.

WAHLBOMIA (Thunb., *Vet. Ac. Handl.* [1790], 215, t. 9. — Lamk, *Ill.*, t. 285). Synonyme de *Tetracera* L.

WAHLENBERG (Göran). Professeur d'Upsal [1780-1851], est l'auteur [1808] d'un *Berättelse*, ouvrage de topographie végétale; du *Flora lapponica* [1812]; *De vegetatione et climate in Helvetia septentrionali*, etc. [1813]; *Flora Carpatorum principalium* [1814]; *Flora upsaliensis* [1820]; *Flora suecica* [1824-1826], et d'une histoire du jardin de l'Université d'Upsal [1837].

WAHLENBERGIA (BL., *Cat. Hort. Buitenz.*, 14). Synonyme de *Chomelia* L. (*Tarenna* GÆRTN.).

WAHLENBERGIA (R. BR., in *Cat. Wall.*). Synonyme de *Dichapetalum* R. BR.

WAHLENBERGIA (REICHB., *Nom.*, 103). Synonyme de *Lobelioides* DC.

WAHLENBERGIA (SCHRAD., *Cat. Hort. gœtt.* [1814]. — A. DC., *Mon. Camp.*, 129). Genre de Campanulacées-Campanulées, formé d'environ 80 plantes herbacées ou suffrutescentes, des régions chaudes et tempérées des deux mondes; distingué par une corolle gamopétale ou 5-partite; des étamines à filets souvent dilatés en bas, et à anthères libres; un style à lobes stigmatifères étroits; un fruit capsulaire qui, lorsque ses valves sont en nombre égal à celui des sépales, a ces valves oppositisépales. Le joli petit *W. hederacea* REICHB. est la plus connue de nos deux espèces françaises. (H. BN, *Hist. des pl.*, VIII, 321, 353, fig. 146; *Herbor. par.*, 315.)

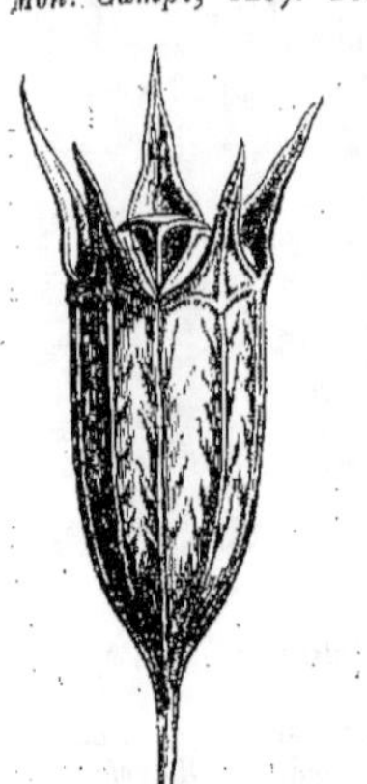

Wahlenbergia. — Fruit déhiscent.

WAHLENBERGIA (SCHUM. et THÖNN., *Beskr. Guin. Plant.*, 387). Synonyme de *Enhydra* LOUR. (H. BN, *Hist. des plant.*, VIII, 213.)

WAHOO. Nom, aux États-Unis, de l'*Evonymus atropurpureus* JACQ.

WAILESIA (LINDL., in *Journ. Roy. Hort. Soc. Lond.*, IV, 261). Synonyme de *Dipodium* R. BR.

WAINATUA. Nom, à la Nouvelle-Zélande, de l'*Euphorbia glauca* FORST. et du *Rhabdothamnus Solandri* A. CUNN.

WAITZ (K.-Fried.). Auteur, à Altenbourg [1805], de *Beschreibung der Gattung und Arten der Heiden nebst einer Anweisung zur zweckmässigen Kultur derselben* (in-8 de 355 p.).

WAITZIA (REICHB., *Consp.*, 60). Synonyme de *Tritonia* KER.

WAITZIA (WENDL., *Collect.*, II, 13, t. 42). Section du genre *Helichrysum* GÆRTN. (H. BN, *Hist. des pl.*, VIII, 174.)

WAJOWAN. Le *Metroxylon elatum* MART.

WAKEFIELD (Priscilla). Écrivit [1796] *An introduction to botany in a series of familiar letters* (in-12), traduit en français.

WAKEGI. Nom japonais de l'Échalote.

WAKERE. Nom, à la Nouvelle-Calédonie, du *Chrysophyllum Wakere* PANCH. et SÉB. (*Bois Nouv.-Caléd.*, 193).

WAKE ROBIN. En Angleterre, l'*Arum maculatum* L.

WAKINAKIM. A la baie d'Hudson, l'écorce du Genévrier.

WALAFRIDA (E. MEY., *Comm. pl. Afr. austr.*, 272). Synonyme de *Selago* L.

WALCHIA (STERNB., *Vers.*, I, 22). Genre fossile de Fougères anomales, qu'on croit synonyme de *Lycopodites* AD. BR. Pour Ad. Brongniart, c'était en 1849 (in *Dict. d'Orb.*, XIII, 119) un genre d'Abiétinées fossiles. Ce sont des arbres du terrain permien. (Voy. PALÉONTOLOGIE VÉGÉTALE, III, 497.)

WALCOTT (John). Auteur [1778], à Bath, de *Flora britannica indigena* (in-8 de 8 p. et 168 pl.).

WALCOTTIA (F. MUELL., *Fragm. phyt. Austral.*, I, 241). Synonyme de *Lachnostachys* HOOK.

WALCUFFA (BRUCE, *Trav.*, 67, ic.). Genre que Steudel, sous le nom de *Walkuffa* (*Nom.*, II, 783), attribue aux Malvacées.

WALDHEIMIA (KAR. et KIR., in *Bull. Mosc.* [1842], 125). Section du genre *Cancrinia* KAR. et KIR. (H. BN, *Hist. des pl.*, VIII, 278.)

WALDSCHMIDIA (WIGG., *Prim. Fl. holsat.*, 19). Synonyme de *Limnanthemum* GMEL.

WALDSCHMIDTIA (SCOP., *Introd.*, 100). Synonyme de *Crudya* DC.

WALDSCHMIEDT (Joh.-Jak.). A écrit, à Marburg [1788], *De vegetabilium ortu, vita et morte.* — W.-Ulr. WALDSCHMIEDT est l'auteur de plusieurs programmes d'herborisations près Kiel

[1696 à 1702]; de *De Sexu ejusdem plantæ gemino* [1705], in-4 de 22 p.; de travaux sur les Aloès d'Amérique.

WALDSTEIN (Fr.-Adam, comte de). Auteur, avec Kitaibel, de *Descriptiones et icones plantarum rariorum Hungariæ* (Vienne [1802-1812], 3 vol. in-fol.).

WALDSTEINIA (W., in *Nov. Act. Soc. ber.*, II, 105, t. 4, fig. 1). Section du genre *Geum* L. (H. BN, *Hist. des pl.*, I, 376, fig. 433, 434.)

WALKERA (SCHREB., *Gen.*, 378). Genre d'Ochnacées, établi pour le *Mœsia* de Gærtner (*Fruct.*, I, 344, t. 70), et qui, selon J. Planchon (in *Hook. Lond. Journ.*, V, 593), ne peut être conservé, vu qu'il a été fondé d'après une figure erronée de l'*Hortus malabaricus* de Rheede et une analyse imparfaite du fruit.

WALKERIA (EHRET, in *Phil. Trans.*, LIII, 130, t. 10). Synonyme de *Nolana* L.

WALKING-LEAF. Aux États-Unis, le *Camptosorus rhizophyllus*.

WALLABA. Nom guyanais de l'*Eperua falcata* AUBL., dont la résine passe pour un remède contre les blessures et dont le bois est excellent pour les constructions navales, etc.

WALLACE (Jam.). A écrit *A description of the isles of Orkney* (in-8), avec un catalogue des plantes des Orcades [1700].

WALLACEA (SPRUCE, in *B. H. Gen.*, I, 320, n. 12). Genre d'Ochnacées-Luxemburgiées, dont les fleurs, analogues à celles des *Godoya*, ont 5 sépales allongés, étalés, sans appendices axillaires. Leurs étamines fertiles sont au nombre de 5 et déclinées; elles sont entourées de staminodes sub-3-sériés. Leur fruit est une capsule bivalve. Le *W. insignis*, seule espèce du genre, est un petit arbre du Brésil boréal, à feuilles alternes, obovées-oblongues, simples, coriaces, à nervures secondaires nombreuses, parallèles, obliques. Ses fleurs sont axillaires, solitaires ou géminées, pédonculées, élégantes, roses. Ce mode d'inflorescence suffirait à distinguer le *Wallacea* de toutes les autres plantes du groupe. (H. BN, *Hist. des pl.*, IV, 372.)

WALL-BARLEY. Nom anglais de l'*Hordeum murinum* L.

WALL-BIKH. Synonyme de *Bishet Bishy.*

WALL-CRESS. Nom anglais des Arabettes.

WALLENIA (SW., *Prodr. Fl. ind. occ.*, 31; *Fl.*, I, 247, t. 6). Genre de Primulacées-Myrsinées, formé de 3, 4 arbustes des Antilles; distingué des *Myrsine* par des fleurs dioïques; en grappes composées terminales; la corolle gamopétale, tubuleuse, imbriquée; les étamines longuement exsertes. (MART., *Nov. gen. et spec.*, III, t. 237, fig. 2. — H. BN, *Hist. des pl.*, XI, 334.)

WALLENIUS (Joh.-Fred.). Auteur [1810], à Abo, de *Novæ Ammeos species* (in-4 de 13 p.). Il est mort en 1836.

WALLERIA (KIRK, in *Trans. Linn. Soc.*, XXIV, 497, t. 52). Genre de Liliacées, rapporté aux Uvulariées et aux Conanthérées; formé de 3 herbes tubéreuses, de l'Afrique australe; distingué par une tige élevée, simple; des fleurs axillaires, à tube du périanthe très court; les 6 lobes étalés; les 6 étamines à anthère s'ouvrant par 2 pores terminaux; le style indivis; les loges ovariennes ∞-ovulées. (BAK., in *Journ. Linn. Soc.*, XVII, 498; in *Trans. Linn. Soc., Bot.*, I, 262.) [H. BN.]

WALLERIUS (Joh.-Gotsch.). Professeur à Upsal [1709-1785], auteur de *Decades 2 thesium medicarum* [1741]; *De principiis vegetationis* [1751], in-4 de 21 p.; *De artificiosa fecundatione* [1752]; *De vestigiis diluvii universalis* [1760]; *De origine oleorum in vegetabilibus* [1761], in-4 de 12 p.; *De vegetatione seminum vegetabilium per mortem* [1761], in-4 de 8 p.

WALLFLOWER. En Angleterre, la Giroflée jaune.

WALLIA (ALEF., in *Bonplandia* [1861], 335). Synonyme de *Juglans* L.

WALLICH (Nathan.). Né à Copenhague en 1786, vécut longtemps dans l'Inde et mourut à Londres en 1854. Il écrivit à Calcutta, en 1818, *Descriptions of some rare Indian plants.* Chargé par la Compagnie des Indes de recueillir les végétaux du pays, il dressa une *List of Indian woods collected*, puis [1828] *A numerical List of dried specimen of plants in the East-India Company's Museum.* On lui doit un *Tentamen Floræ napalensis illustratæ* [1824-26] et *Plantæ asiaticæ rariores* [1830-32], 3 vol. in-fol. Ses herbiers se trouvent dans les principales collections de l'Europe, rarement complets.

WALLICHIA (DC., in *Mém. Mus.*, X, 104, t. 6). Synonyme de *Eriolœna* DC.

WALLICHIA (Reinw., ex Bl., in *Flora* [1825], 107). Synonyme de *Urophyllum* Jack.

WALLICHIA (Roxb., *Pl. corom.*, III, t. 295). Genre de Palmiers-Arécées, formé de 2, 3 espèces indiennes, à tige humble; les feuilles inégalement pinnatiséquées; les spathes nombreuses; la fleur mâle régulière, 6-andre, à calice tubuleux et tronqué; les styles terminaux; le fruit 1, 2-sperme; l'albumen continu. (Mart., *Hist. nat. Palm.*, III, 189, 315, t. 136. — *Bot. Mag.*, t. 4584.) [H. Bn.]

WALLIN (Georg). Évêque de Gothenborg [1686-1760], auteur de *Gamos phuton, sive Nuptiœ arborum* [1729], in-4, c. ic. xyl.

WALLINIA (Moq., in *DC. Prodr.*, XIII, II, 143). Synonyme de *Lophiocarpus* Turcz.

WALLISIA (Reg., ex B. H., *Gen.*, III, 669). Section du genre *Tillandsia* L.

WALLMAN (Joh.-Hacq.). A écrit [1818], à Upsal, *De systematibus vegetabilium* (in-4 de 16 p.).

WALLROTH (Karl-Fried.-Wilh.). Médecin de Nordhausen [1792-1837], écrivit, en 1812, *Geschichte des Obtes der Alten;* en 1815, *Annus botanicus,* et en 1822 *Schedulœ criticœ.* En 1825, il donna *Orobanches generis Diaskeue,* et en 1825-27 *Naturgeschichte der Flechten.* Son *Rosœ generis historia* date de 1828. En 1829, il écrivit une monographie du genre *Cenomyce,* et en 1831-33 un *Flora cryptogamica germanica.* On lui doit encore : *Erster Beitrag zur Flora hercynica* [1840]; *Beiträge zur Botanik* [1842-44], gr. in-8. Sa biographie a été écrite par Kützing en 1857, dans le *Bonplandia,* p. 147.

WALLROTHIA (Roth, *Nov. sp.*, 317). Synonyme de *Vitex* T.

WALLROTHIA (Spreng., in *Rœm. et Sch. Syst.*, VI, 45). Synonyme de *Seseli* L.

WALPERS (W.-Gerh.). Né à Mülhausen en Thuringe [1816], se tua près de Berlin en 1853. Il écrivit [1839] des *Animadversiones* sur les Légumineuses du Cap, et il commença en 1842 la publication du *Repertorium;* en 1848, celle des *Annales botanices systematicœ,* recueils des plus utiles aux botanistes, qui eurent l'un 6 et l'autre 7 volumes. Les deux derniers volumes sont de C. Müller.

WALPERSIA (Harv. et Sond., *Fl. cap.*, II, 26). Genre de Légumineuses-Papilionacées-Podalyriées, formé d'un arbuste de l'Afrique australe; distingué, dit-on, dans le groupe des Lipariées, par des feuilles révolutées sur les bords et des pétales adhérents à la gaine de l'androcée; des bractéoles foliacées sous le calice. (H. Bn, *Hist. des pl.*, II, 347.)

WALPERSIA (Reiss., in *Endl. Gen.*, 1100). Syn. de *Phylica* L.

WALPERT (H.). Auteur [1852] de *Alphabetisch-synonymisches Wörterbuch der deutschen Pflanzennamen sowie der pflanzlichen Erzeugnisse* (in-8 de 205 p.), et [1855] de *Synonyma der Phanerogamen und cryptogamischen Gefässpflanzen* (d'Allemagne et de Suisse).

WALSURA (Roxb., *Fl. ind.*, II, 386). Section du genre *Heynea* Roxb. (H. Bn, *Hist. des pl.*, V, 497.)

WALTER (F.). Jardinier-chef à Kunnersdorf, publia un traité de culture horticole, avec un essai sur la flore de Mittelmark [1815], in-8 de 60 p. Kunth et Chamisso y ont ajouté des documents sur la flore de Berlin.

WALTER (Thom.). Né à Hampshire vers 1740, partit pour l'Amérique et rédigea un *Flora caroliniana secundum systema vegetabilium perillustris Linnœi,* etc. (in-8), qui fut publié à Londres en 1788, 48 ans après sa mort à la Caroline.

WALTHERIA (L., *Gen.*, n. 827). Genre de Malvacées-Hermanniées, formé d'une quinzaine d'espèces tropicales, des deux mondes; distingué par des fleurs à calice campanulé, sans staminodes, avec un seul ovaire 1-carpellé et 1-loculaire, 2-ovulé; un fruit 2-valve. (Deless., *Ic. sel.*, III, t. 24. — A. S.-H., *Fl. Bras.*, t. 30; *Pl. us. Bras.*, t. 36. — H. Bn, *Hist. des plant.*, IV, 129.)

WALTL (Jos.). A écrit [1829], à Nuremberg, *Das Amylon und Inulin. Chemische Abhandlung,* etc. (in-8 de 60 p.).

WAMPEE. L'un des noms du *Cookia punctata* Sonner.

WANA RAJAH (*Roi des bois*). Nom, à Ceylan, de l'*Anœctochilus setaceus.*

WANDERING JEW. Nom anglais du *Tradescantia zebrina,* souvent cultivé comme ornemental.

WANDFLECHTE. Nom allemand du *Parmelia parietina* Ach.

WANDOR. Le *Cajanus indicus* Spr.

WANGA. Aux Célèbes, le *Metroxylon elatum* Mart.

WANGENHEIM (Fried.-Adam-Jul. v.). A écrit [1781], à Göttingue, *Beschreibung einiger Nordamerikanischer Holz- und Buscharten* (in-8), et [1787] *Beitrag zur..... Anpflanzung Nordamerikanischer Holzarten,* etc. (in-fol., av. 31 pl.).

WANGENHEIMIA (Dietr., ex Steud.). Synonyme (Endl.) de *Gilibertia* R. et Pav.

WANG-JANG-VE. Nom chinois de la Rose de Fortune.

WANZENSAAMEN. Nom allemand des *Corispermum* J.

WANZEY. Synonyme de *Cordia* L.

WAPI, WAPO. Le *Pouteria guianensis* Aubl.

WAPPATOO. Nom indien du *Sagittaria sagittifolia* L., dont les sauvages de Vancouver mangeaient abondamment les racines avant l'introduction de la pomme de terre.

WARACABOUCA. Nom, au Brésil, de plusieurs Poivres stimulants, sialagogues, etc.

WARANGIN. Synonyme de *Sundek.*

WARAS. Le *Flemingia congesta* Roxb., plante vermicide et parfois substituée, dans l'Inde, au *Kamala.*

WARATAN. En Australie, les *Telopea* R. Br.

WARBURTONIA (F. Muell., *Fragm. phyt. Austral.*, I, 229, t. 9). Genre proposé pour l'*Hibbertia grossulariœfolia* Salisb.

WARBWORT SPURGE. Nom anglais de l'*Euphorbia avicularis.*

WARD (Nathan.-Basgshaw). A écrit [1842] *On the growth of plants in closely glazed cases* (in-8 de 84 p.). C'est dans des serres portatives et généralement closes, dites *Serres à la Ward,* que, suivant ses préceptes, on transporte si souvent aujourd'hui les plantes vivantes.

WARDIA (Harv. et Hook., *Bot. Mag. Comp.*, II, 183, t. 25). Genre de Mousses, créé pour une plante aquatique du Cap; distingué par une coiffe dimidiée; une urne terminale, régulière à la base; un opercule à rostre arqué et conique; finalement adné à la columelle exserte; un péristome simple, membraneux et court, strié en long et en travers, crénelé, puis irrégulièrement fendu. (Hampe, in *Linnœa*, XX, 81.)

WAREA (Nutt., in *Journ. Ac. Philad.*, VII, 83, t. 10). Genre de Crucifères-Cheiranthées, formé d'une herbe annuelle, de la Floride; distingué par des feuilles entières; des inflorescences corymbiformes; des fleurs à sépales courts; des pétales larges; des étamines à anthère droite; une silique à long pied. (A. Gray, *Gen. ill.*, t. 66. — H. Bn, *Hist. des pl.*, III, 245.)

WAREMOKO. Nom japonais du *Sanguisorba tenuifolia* Max.

WARIA (Aubl., *Guian.*, 604, t. 243). Synonyme de *Xylopia.*

WARIONIA (Coss., ex B. H., *Gen.*, II, 474). Genre de Composées-Carduées, formé d'une plante saharienne du Maroc; distingué par de grands capitules, à involucre de ∞ bractées lancéolées et inermes; le réceptacle fovéolé-dentelé; les fleurs 1-morphes; les fruits à aigrettes de soies simples et rigides. (H. Bn, *Hist. des pl.*, VIII, 80. — Bonn. et Maur., in *C. rend. Assoc. fr. av. sc.* [1889].)

WARMINGIA (Reichb. f., *Ot. hamburg.*, 87). Genre d'Orchidacées, du Brésil, dit intermédiaire aux *Rodriguezia* et *Macradenia,* et que Bentham (*Gen.*, III, 477) laisse parmi les Oncidiées incertaines.

WARNER (Rich.). Auteur [1771], à Londres, de *Plantæ woodfordienses* (in-8 de 238 p.), avec additions posthumes [1784]. Il mourut en 1775.

WARNERIA (Mill., *Icon.*, II, 190, t. 285). Syn. de *Hydrastis* L.

WAROES. L'un des noms indiens du *Kamala.*

WAROU-LINGI. Nom, à Java (Perrotet), d'un *Hibiscus* à feuilles réputées fébrifuges.

WARRACOOVI. Nom guyanais de l'*Icica altissima* AUBL., dont le bois léger et aromatique sert à faire des canots et des rames.

WARRATAH. En Australie, le *Telopea speciosissima* R. BR.

WARREA (LINDL., *Bot. Reg.* [1843], *Misc.*, 14). Genre d'Orchidacées-Vandées, formé de 2 (?) herbes américaines, terrestres; distingué par une grappe simple, à belles fleurs lâches; les sépales concaves et subétalés; le labelle à lobes latéraux petits; le moyen étalé, à lignes saillantes sur la face interne. Les caractères sont d'ailleurs ceux des Cyrtopodiées. (REICHB. F., *Xen. orchid.*, t. 24, fig. 1-9. — *Bot. Mag.*, t. 4235.) [H. BN.]

WARSCEWICZ (Jos.). Botaniste voyageur, mort à Cracovie en 1866, inspecteur du Jardin botanique, a rapporté de l'Amérique tropicale de nombreuses plantes vivantes et des herbiers.

WARSCEWICZIA (KL., in *Mon. Ak. Wiss. Berl.* [1853], 496). Section du genre *Calycophyllum* DC., à graines non ou à peine ailées; à cymes unipares, portées sur un long axe spiciforme ou racémiforme. (H. BN, *Hist. des plant.*, VII, 490.)

WARSZEWICZELLA (REICHB. F., in *Bot. Zeit.* [1852], 635). Synonyme de *Zygopetalum* HOOK.

WARTMANNIA (M. ARG., in *Linnæa*, XXXIV, 218). Synonyme de *Carumbium* REINW. (H. BN, in *Adansonia*, VI, 348.)

WARTON (Simon). Auteur de *Schola botanica*, catalogue des jardins de Paris et de Leyde, sous Tournefort et Hermann, publié par S. W. A. en 1689, à Amsterdam.

WARZENKRAUT. Nom allemand des Héliotropes.

WASABI. Nom japonais de l'*Eutrema Wassabi* MAXIM.

WASCHKRAUT. En Allemagne, la Saponaire officinale.

WASHINGTONIA (H. WENDL., in *Bot. Zeit.* [1879], 68). Genre de Palmiers-Coryphées, formé de 1, 2 arbres élevés, de la Californie et de l'Arizona, à feuilles orbiculaires, plissées-flabellées; les fleurs hermaphrodites, 6-andres, à ovaire 3-lobé; le style grêle et long; le fruit 1-sperme; l'albumen continu; l'embryon subbasilaire; le rachis du spadice vaginé. (FENZL, in *Bull. Soc. ort. tosc.*, I, 116, c. ic. — S.-WATS., in *Bot. Calif.*, II, 211, 485.) [H. BN.]

WASHINGTONIA (WINSL., ex *Hook. Kew Journ.*, VII, 29). Synonyme de *Sequoia* ENDL.

WASKIZA. Nom marocain de l'*Euphorbia terracina* L., dont la racine est employée comme émétique.

WASSERLILIE. En Allemagne, le *Nymphæa alba* L.

WASSERVIOLE. Nom allemand des Butomes.

WASSUNTA-GUNDA. Synonyme de *Kamala*.

WASURE-GUSA. Nom japonais de l'*Hemerocallis fulva* L.

WATA. Nom japonais du *Gossypium indicum* LAMK.

WATELET (Ad.). Auteur [1865-66] de *Description des plantes fossiles du bassin de Paris* (in-4 de 257 p. et 60 pl.). Sa collection-type est au Muséum de Paris.

WATER-APPLE-TREE. L'*Anona palustris* L.

WATER-HEMLOCH. Nom anglais de l'*Œnanthe crocata* L.

WATERHOUSE (Benj.). Auteur, à Boston [1811], de *The botanist*, leçons professées à l'université de Cambridge.

WATERLEAF. Nom anglais des *Hydrophyllon* T.

WATER-LEMON. En Angleterre, le *Passiflora laurifolia* L.

WATER-LILY. Nom anglais des Nénuphars.

WATER LOWAGE. Nom anglais de l'Œnanthe safranée.

WATER-OAK. Aux États-Unis, le *Quercus aquatica* NUTT.

WATERPANNA. A Sainte-Croix, le *Sabinea florida* DC.

WATER-SENSITIVE. Nom anglais des *Neptunia* LOUR.

WATER-WHITE OAK. Aux États-Unis, le *Quercus lyrata* WALT.

WATER-YAM. Nom anglais des *Ouvirandra*.

WATSONIA (MILL., *Dict.*). Genre d'Iridacées-Iridées, formé d'environ 25 herbes bulbeuses, de l'Afrique australe; distingué par un périanthe régulier, à tube arqué, dilaté en haut; des étamines à filets assez longs; un fruit loculicide; des spathes oblongues, lancéolées ou étroites, souvent nombreuses, 1-flores. On en cultive quelques espèces assez ornementales dans les jardins botaniques. (KLATT, in *Linnæa*, XXXII, 735. — *Bot. Mag.*, t. 418, 441, 533, 537, 601, 608, 631, 1072, 1193-1195, 1406, 1530.) [H. BN.]

WATTAHAKA (ENDL., *Gen.*, 596). Section du g. *Hoya* R. BR.

WATTAKAKA (HASSK., in *Flora* [1857], 99). Synonyme de *Dregea* E. MEY.

WATTI. Boisson préparée avec les graines de *Jequirity*.

WATTLE-BARK. Nom commun, en Australie, aux écorces de plusieurs *Acacia* riches en tannin et qui servent à préparer les peaux. Le *Broad-leaf Wattle* est l'*A. pycnantha*, aussi nommé *Golden* et *Green Wattle*. Le *Black Wattle* est l'*A. decurrens*. Le *Silver Wattle* est l'*A. dealbata*. Le *Tanner's Wattle*, de l'Australie occidentale, est l'*A. saligna*.

WAUTERS (Pierre-Engelb.). A écrit, à Gand [1785], *Dissertatio botanico-medica de quibusdam plantis belgicis in locum exoticarum sufficiendis* (in-8 de 80 p.), et *Repertorium remediorum indigenorum* [1810], in-8 de 302 p.

WAYAKASH. Nom indien, à la baie d'Hudson, de l'écorce de l'*Abies balsamea* DC.

WAYTHORN. Nom anglo-saxon du Nerprun.

WEBB (Phil.-Barker). Riche botaniste-amateur, né en 1793, dans le comté de Surrey, mourut à Paris en 1854. Il est l'auteur de *Iter hispaniense* [1838], *Otia hispanica* [1839] et, avec Sab. Berthelot, du *Phytographia canariensis* (in-4), dont Montagne a écrit la partie cryptogamique. On lui doit aussi des *Fragmenta Florulæ æthiopico-ægyptiacæ* [1854]. Webb avait formé à Paris un magnifique herbier, qu'à sa mort il a légué au Musée de Florence, où il a été installé par Parlatore.

WEBBIA (DC., *Prodr.*, V, 72). Section du genre *Vernonia* SCHREB. (H. BN, *Hist. des pl.*, VIII, 26.)

WEBBIA (SCH. BIP., in *Walp. Rep.*, II, 970). Synonyme de *Conyza* L. (H. BN, *Hist. des pl.*, VIII, 143.)

WEBBIA (SPACH). Synonyme de *Hypericum* T.

WEBER. Nom de plusieurs botanistes allemands. — G. Heinr. WEBER [1752-1828] est l'auteur d'un *Spicilegium Floræ gœttengensis* [1778] et de *Primitiæ Floræ holsaticæ* [1787]. — Fried. Weber [1781-1823] fut professeur à Kiel. Il publia, en 1804, *Botanische Briefe an Prof. K. Sprengel*, puis, avec Mohr, *Naturhistorische Reise durch einen Theil Schwedens* [1804]. Il est l'auteur des *Archiv für die systematische Naturgeschichte* [1804], de *Beiträge zur Naturkunde* [1805-1810] et d'un *Botanische Taschenbuch auf das Jahr* 1807. En 1813, il donna un tableau (in-fol.) des genres de Mousses; en 1815, *Historiæ Muscorum hepaticorum Prodromus*, et en 1822 son *Hortus kiliensis* (in-8).

WEBERA (CRAM., *Disp. syst.*, 38). Synonyme de *Canthium*.

WEBERA (EHRH., *Btr.*, I, 17, 177). Syn. de *Diphyscium* MOHR.

WEBERA (GMEL., *Syst.*, 820). Synonyme de *Blakea* P. BR.

WEBERA (HEDW., *Fund. Musc.*, II, 95). Genre de Mousses, dont on a fait une section du genre *Bryum* L., « à fleurs hermaphrodites » (ENDL., *Gen.*, n. 542, *a*). Pour d'autres, c'est une section des *Hypnum* (REBENT., *Neom.*, 264). Les types du genre sont les *Bryum trichodes*, *pyriforme* et *Halleri*. (HAMPE, in *Linnæa*, VI, 85. — BRUCH, SCHIMP. et GUMB., *Bryol. eur.*, fasc. 46, 47.)

WEBERA (SCHREB., *Gen.*, 794). Synonyme de *Chomelia* L.

WEDDELL (Hugues-Algernon). D'origine anglaise, vint de bonne heure à Paris étudier la médecine et la botanique et obtint plusieurs missions pour l'Amérique du Sud, où il alla d'abord accompagner l'expédition de Castelnau. En 1850, il publiait des *Additions à la flore de l'Amérique du Sud*; puis, à la suite d'une mission en Bolivie, son superbe travail intitulé *Histoire naturelle des Quinquinas* [1849]. C'est là qu'il a décrit le *Cinchona Calisaya*. En 1856, il écrivit sa belle *Monographie des Urticées*, un des modèles du genre, et de 1835 à 1857 les 2 vol. de son *Chloris andina*. On lui doit aussi un grand mémoire sur le *Cynomorium coccineum* qu'il était allé récolter au Maroc. Il distribua les plantes boliviennes de Mandon. Aide de Brongniart au Muséum, il résigna cette fonction en présence des agissements de Decaisne, et refusa depuis lors toute position officielle. Il se retira à Poitiers, où il s'occupa beaucoup de l'étude des Lichens. C'était un savant d'un grand esprit et d'un commerce des plus aimables, laborieux, sincère, indépendant et ennemi de l'intrigue.

WEDDELLINA (TUL., in *Ann. sc. nat.*, sér. 3, XI, 113; *Podost. Monogr.*, 194, t. 13). Genre de Podostémonacées, type d'une série des *Weddélinées*, qui se distingue par des fleurs régulières, à calice formé de 5 grands sépales quinconciaux, avec 5-25 étamines hypogynes et libres. Le gynécée est dimère,

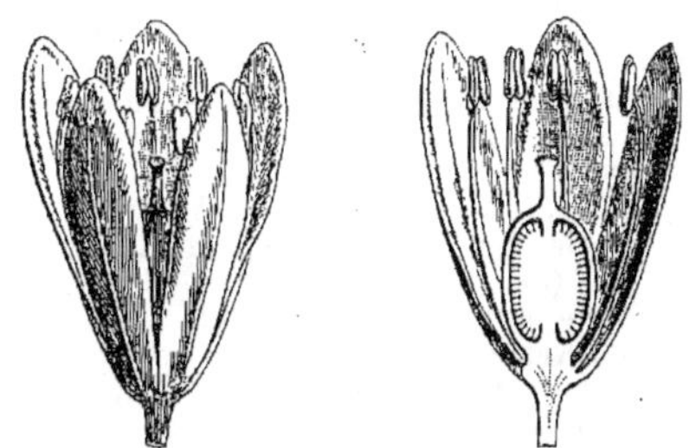

Weddelina. — Fleur, entière et coupe longitudinale.

semblable à celui des *Podostemon*, et la capsule a 2 valves égales. Ce sont 2 herbes des torrents du Brésil septentrional et de la Guyane, à frondes ramifiées, délicates et élégantes; à fleurs pédonculées et vaginées. (H. BN, *Hist. des pl.*, IX, 258, fig. 317, 318.)

WEDEL (G.-Wolfg.). Professeur à Iéna, où il mourut en 1721, âgé de 76 ans, écrivit en 1674 son *Opiologia*, puis [1677] un *Pharmacia in artis formam redacta;* et, de 1701 à 1720, *Centuriæ 2 exercitationum medico-philologicarum* (dont on trouvera la liste dans Pritzel, ainsi que celle des thèses soutenues sous sa présidence). — Joh.-Wolfg. WEDEL [1708-1757] est l'auteur d'un *Tentamen botanicum* [1747] et de *Sendschreiben an seines Herrn Vetters des Herrn Hofrath Haller in Göttingen Wohlgeboren*, etc. [1748]. — Joh.-Ad. WEDEL, professeur à Iéna [1675-1747], a écrit *De Scordio, De Vincetoxico, De Verbena, De Fungis*. A l'exemplaire de la bibliothèque de Banks sont joints des *Icones Fungorum* de Seyffert.

WEDELIA (JACQ., *St. amer.*, 217, t. 130). Section du genre *Verbesina* L. (H. BN, *Hist. des plant.*, VIII, 205.)

WEDELIA (L., in *Lœfl. It.*, 180). Synonyme de *Allionia* L.

Weigelia. — Branche florifère.

WEDMANN (Achatz-Fried.). Auteur, à Leipsig [1723], de *Hortus Caspar Bosianus* (jardin de C. Bosens, in-8 avec 1 pl.).

WEICHBAST. Nom allemand du Liber mou.

WEICHSEL. Nom allemand de la Griotte.

WEIDE. En Allemagne, les Saules.

WEIGEL (Chr.-Ehr.). Professeur à Greifswald [1748-1831], a écrit un *Flora Pomerano-Rugica* [1769], avec un supplément [1773]; *Observationes botanicæ* [1772]; *Eintadungsschrift vom Nutzen der Botanik* [1773]; le catalogue du jardin de Greifswald [1773] et une dissertation académique sur ce jardin [1782]. Il a traité des camphres, au sujet de la thèse de F. Hornstedt sur les fruits comestibles de Java [1786], dont il tint la présidence. — Joh.-Ad.-Val. WEIGEL [1740-1806] a écrit *Schesischer Pflanzenkalender, oder Verzeichniss der in Schlesien*, etc. [1791].

WEIGELA (THUNB., in *Act. holm.* [1780], 135, t. 5). Synonyme de *Diervilla* T.

WEIGELIA (PERS., *Syn.*, I, 176). Pour *Weigela* THUNB.

WEIGELTIA (A. DC., in *Trans. Linn. Soc.*, XVII, 102; *Prodr.*, VIII, 114). Section du genre *Cybianthus* MART., à lignes de déhiscence des anthères très courtes.

WEIGELTIA (REICHB., *Consp.*, 155). Genre incertain de Cératoniées.

WEIHE (K.-Ern.-Aug.). Mort à Minden en 1834, a écrit *De nectariis* (in-8 de 44 p.), et, avec Nees, une *Monographie des Rubus d'Allemagne* [1822]. — K. WEIHE est l'auteur de *De Umbelliferis officinalibus* [1817], in-8 de 30 p.

WEIHEA (ECKL., *Verz.*, 22). Synonyme de *Rochea* SALISB.

WEIHEA (REICHB., *Consp.*, 212 b). Synonyme de *Burtonia* R. BR.

WEIHEA (SPRENG., *Syst.*, II, 559). Genre de Rhizophoracées-Macarisiées, formé d'une dizaine d'arbres de l'Afrique tropicale, de Madagascar et de Ceylan, à fleurs de *Cassipourea*, 4-6-mères et 15-30-andres; l'ovaire à 3 loges 2-ovulées; le fruit septicide; les feuilles opposées et les fleurs axillaires. (H. BN, *Hist. des pl.*, VI, 304.)

WEILBACHIA (KL. et ŒRST., *Begon.*, 119, t. 11, A). Synonyme de *Begonia* L.

WEINGÆRTNERIA (BERNH., *Fl. Erf.*, 51). Synonyme de *Corynephorus* PAL.-BEAUV. (H. BN, *Herbor. par.*, 398.)

WEINMANN (G.-A.). Mort en 1858, a écrit en 1810 sur le Jardin de Dorpat; un *Elenchus plantarum horti imperialis Parolowskiliensis et agri petropolitani* [1824] et *Hymeno- et Gasteromycetes* de la Russie. — Joh.-G. WEINMANN est l'auteur [1769] d'un *Tractatus de Chara Cæsaris*. — Joh.-W. WEINMANN, apothicaire de Regensburg, a écrit un *Thesaurus rei herbariæ locupletissimus* [1787], in-8 de 184 p., et un *Phytanthoza iconographia* (4 vol. in-fol.).

WEINMANNIA (L., *Gen.*, n. 493). Genre de Saxifragacées-Cunoniées, formé d'environ 60 arbres et arbustes, des régions chaudes des deux mondes, à feuilles opposées, simples ou 3-∞-foliolées, stipulées; distingué par des fleurs à calice imbriqué; 4, 5 pétales; 8-10 étamines, libres, insérées à la base d'un disque; un gynécée 2-mère; un fruit capsulaire, septicide, à ∞ graines, petites, oblongues, souvent chargées de poils. Ce genre est assez peu distinct, en somme, des *Cunonia*. (H. BN, *Hist. des plant.*, III, 447.)

WEINREICHIA (REICHB., *Consp.*, 152). Synonyme de *Echinodiscus* DC.

WEINRICH (G.-Alb.). Auteur [1780] d'une thèse inaugurale sur le Bois de Campêche (in-4 de 38 p.).

WEINSTOCK. En Allemagne, la Vigne.

WEISIA (HEDW., *Fund. hist. Musc.*, II, 83, 90). — Voy. WEISSIA.

WEISS (Simon). Auteur [1694] de *Dissertatio physica de excrescentiis plantarum animatis* (in-4 de 24 p.). — Fr.-W. WEISS a écrit *Plantæ cryptogamicæ floræ gœttingensis* [1770]; *Entwurf einer Forstbotanik* [1775], in-8 de 358 p. et 8 pl., et d'autres traités didactiques sur la botanique.

WEISSIA (HEDW., *Musc. frond.*, I, 7, 8, 38). Genre de Mousses, qui donne son nom aux *Weissiacées*, *Weissiées* et *Weissioidées* (FURNR.); distingué par une coiffe cuculliforme; une urne terminale, régulière à la base, avec un opercule rostellé; le péristome simple, à 16 dents dressées et équidistantes. Ce sont des Mousses cespiteuses, croissant dans toutes les régions du globe, sur la terre ou les rochers, plus rarement sur les arbres. (ENDL., *Gen.*, n. 516. — HAMPE, in *Linnæa*, XI, 81; XIII, 41. — C. MUELL., *Syn. Musc.*, I, 648 (Pottiacées). — BRUCH, SCHIMP. et GUMB., *Bryol. eur.*, fasc. 46, 47.)

WEISSITES (Gœpp., *Syst. Fil. foss.*, 14). Genre de Fougères fossiles, dont le type est le *Filicites vesicularis* Schloth. Pour Sternberg (*Vers.*, II, 175), c'est un genre douteux de *Filicites*, et une Fougère fossile douteuse pour Unger. (*Syn. pl. foss.*, 106; *Chlor. protog.*, LI.)

WEITENWEBER (W.-Rud.). Mort à Prague en 1870, auteur [1835] de *Der arabische Kaffee in naturhistorischer, diätelischer und medizinischer, Hins icht geschildert* (in-8).

WEIZENBECK (G.-Ant.). A écrit, à Munich [1784], *Botanische Unterhaltungen; Linné's wollständiges deutsches Pflanzensystem* [1785]; *Anzeige der meisten um München wildwachsanden oder allgemein gebauten Pflanzen*, etc. [1786], in-8.

WELDEN (Ludw-Freih. v.). Général autrichien, mort à Gratz en 1853, a écrit *Der Monte Rosa* [1824], étude de topographie et d'histoire naturelle (in-8 de 166 p. et 8 pl.).

WELDENIA (Reichb., in *Mössl. Handb.*, I, 61). Genre incertain de « Dilléniées ».

WELDENIA (Schult., in *Flora* [1829], 3, t. 1). Genre de Commélinacées-Tradescantiées, formé d'une herbe américaine, tubéreuse; distingué par des feuilles pressées au sommet d'une courte tige, enveloppant une cyme sessile et dense; le calice longuement tubuleux, à 2, 3 lobes apicaux, et fendu longitudinalement; la corolle 3-lobée, à très long tube; 6 étamines; à anthère lancéolée; le connectif étroit; l'ovaire à 3 loges ∞-ovulées.(*Hook. Ic.*, t. 1236. — C.-B. Clke, *Commel.*, 319.) [H. Bn.]

WELFIA (H. Wendl. — B. H., *Gen.*, III, 915). Genre de Palmiers-Arécées, formé de 2 grandes espèces, de l'Amérique centrale, à feuilles pinnatiséquées; les divisions foliacées, acuminées; les fleurs mâles pourvues d'environ 20 étamines, à anthère allongée et subulée. [H. Bn.]

WELL (Joh.-Jak. v.). Mort en 1787, est l'auteur [1785] de *Kurz verfasste Gründe zur Pflanzenlehre* (in-8 de 236 p.).

WELLING (Chr.-Fried. v.). Auteur [1791], à Gotha, de *Allgemeine historisch-physiologis. Naturgeschichte der Gewächse*.

WELLINGTONIA (Lindl., in *Gard. Chron.* [1853], 823). Synonyme de *Sequoia* Endl.

WELLINGTONIA (Meissn., *Gen. Comm.*, 207). Synonyme de *Meliosma* Bl.

WELLSTEDIA (Balf. F., in *Proc. Roy. Soc. Edinb.*, XIII, 407; *Bot. Soc.*, 212, t. 83 A). Genre de Boraginacées-Héliotropiées, exceptionnel dans le groupe; à 4 sépales; la corolle 4-mère, avec 4 étamines; l'ovaire adné inférieurement au réceptacle, 2-loculaire et à style 2-fide; mais avec une seule loge fertile, à ovule descendant. C'est un petit sous-arbrisseau pulviné, de Socotora, à feuilles alternes, à petites cymes 1-pares. (H. Bn, in *Bull. Soc. Linn. Par.*, 858; *Hist. des pl.*, X, 391.)

WELSCH (Chr.-Ludw.). Mort à Leipzig en 1719, auteur de *Basis botanica*, etc. [1697]. — G.-Hier. Welsch, médecin d'Augsbourg [1626-1678], a écrit [1660] *De ægagropilis* (in-4).

WELTRICHIA (Braun, in *Flora* [1847], I, 86; II, 705, t. 2). Genre de Rafflésiacées fossiles.

WELWITSCH (Fried.). Professeur à Lisbonne, fut chargé par le gouvernement portugais d'une importante mission à Angola et y récolta de très belles collections qui se trouvent aujourd'hui dans les grands herbiers de l'Europe. Il avait débuté par une étude des Nostochinées de l'Europe; il a publié à Londres quelques-unes des plantes de ses voyages, notamment les Légumineuses, les Cucurbitacées, les Térébinthacées, etc.

WELWITSCHIA (Hook. F., in *Trans. Linn. Soc.*, XXIV, 1, t. 1-14). Dans le superbe travail ci-dessus indiqué, Sir J. Hooker a décrit sous ce nom une plante singulière des sables de l'Afrique austro-occidentale, trouvée par Welwitsch, qui l'avait nommée *Tumboa*. Elle est rapportée aux Gnétacées, et on en a même fait le type d'une famille particulière. Elle est formée d'un épais tronc ligneux, qui ressemble à un gigantesque Champignon et qui, dilaté et concave en haut, porte deux grandes feuilles sessiles, retombantes, plus ou moins déchirées, qu'on avait considérées comme des cotylédons persistants. Du plateau naissent les fleurs dioïques, en épis ou chatons chargés de bractées opposées ou ternées, imbriquées, régulièrement 4-6-sériées.

Les fleurs mâles ont, dit-on, un périanthe membraneux, à 2 lobes valvaires, antérieur et postérieur, avec 2 bractéoles latérales carénées. L'androcée forme un tube qui porte en haut 6 anthères déhiscentes par 3 pores confluents en fentes. Dans la fleur femelle, considérée souvent comme gymnosperme, il y a un ovaire qui se prolonge en un tube stylaire et contient un ovule dressé et orthotrope, réduit au nucelle. Mais dans la fleur mâle le gynécée stérile représente un ovaire conique, surmonté d'un bien plus long style tordu, à large expansion terminale. Aussi cette fleur mâle rappelle-t-elle extérieurement tout à fait celle d'une Polygonée. Le fruit est comprimé, 2-ailé, et la graine albuminée est construite comme celle des Conifères et Gnétacées en général. (Mac Nab, in *Trans. Linn. Soc.*, XXVIII, 507, t. 40. — Hook. f., in *Bot. Mag.*, t. 5368, 5369; *Gen.*, III, 409, n. 1.)

WELWITSCHIA (Reichb., *Handb.*, 194. — Endl., *Gen.*, Suppl., 1403). Synonyme de *Huegelia* Benth.

WELWITSCHIACÉES. Famille de la « Gymnospermie », établie à tort pour le genre *Welwitschia* Hook. F. (Car., in *Nuov. Journ. bot. ital.* [1879], 16.)

WENDEROTH (G.-W.-Fr.). Professeur de Marbourg [1774-1861], a écrit sa thèse sur la matière médicale de la Hesse [1802], puis *Ueber das Studium der Botanik* [1805]; un *Lehrbuch der Botanik* [1821], in-8 de 590 p.; un essai sur la flore de la Hesse [1832]; des remarques sur les plantes du jardin de Marbourg; plusieurs notices sur les plantes de la Hesse, résumées dans son *Flora hassiaca* [1846], et plusieurs catalogues et mémoires sur le jardin de sa ville natale.

WENDEROTHIA (Schlchtl, in *Linnæa*, XII, 330). Synonyme de *Canavalia* Adans.

WENDIA (Hoffm., *Umb.*, 136). Synonyme de *Heracleum* L.

WENDLAND. Famille de botanistes hanovriens, qui furent de père en fils et sont encore à la tête du jardin de Herrenhausen près Hanovre. — H.-Lud. Wendland [1792-1869] a écrit *De Acaciis aphyllis*. — Joh.-Ch. Wendland [1755-1828] est l'auteur de *Hortus herrenhusanus* (in-fol.), de *Botanische Beobachtungen*; de *Ericarum Icones* (in-4 de 162 pl.), et de *Collectio plantarum*, etc. [1808-19], 3 vol. in-4.

WENDLANDIA (Bartl., ex DC., *Prodr.*, IV, 411, part.). Genre de Rubiacées-Portlandiées, à fleurs très analogues à celles des *Rondeletia*, hermaphrodites ou polygames, 4, 5-mères, avec une corolle imbriquée ou tordue; des étamines insérées vers l'orifice de la corolle; un ovaire infère, à 2 loges multiovulées, surmonté d'un style dont le sommet, renflé ou claviforme, est subentier ou bilobé. Ce sont des arbustes de l'Océanie et de l'Asie tropicales; il y en a un qui, sous le nom de *Sestinia*, a été observé au Turkestan. On en connaît une douzaine d'espèces. Les tiges sont souvent grêles, à feuilles opposées ou ternées, stipulées, à fleurs disposées en grappes terminales fort ramifiées, et dont les petits axes sont chargés de glomérules. (Voy. *Hist. des plant.*, VII, 335, 474, n. 153.) [H. Bn.]

WENDLANDIA (W., *Spec.*, II, 275). Synonyme de *Cocculus* DC.

WENDT (G.-Fried.-Karl.). Auteur [1804], à Eisenach, de *Deutschlands Baumzucht oder Verzeichniss der Holzarten*, etc. — Jos.-Christ. Wendt [1778-1838] a écrit, à Copenhague, *Answiisning til at indsamle, torre og conservere de i Dannemark og Norge vildvaxande medicinske planter*, et un travail historique et chimique sur les Euphorbes [1823].

WENDTIA (DC., *Prodr.*, IV, 194). Section du g. *Heracleum*.

WENDTIA (Meyen, *Reise*, I, 307). Genre de Géraniacées, de la série des Balbisiées, dont les fleurs sont construites comme celles des *Balbisia*. Elles en diffèrent principalement en ce que leur gynécée est trimère, au lieu d'être pentamère, et en ce que chaque loge ovarienne ne renferme que 2 ovules. On ne connaît de ce genre qu'une espèce, le *W. gracilis* Meyen, qui croît dans les Andes de l'Amérique du Sud. C'est cette petite plante que Guillemin a nommée *Martiniera potentilloides*. Ses feuilles sont opposées, 3-5-lobées ou disséquées, et ses fleurs sont terminales. (H. Bn, *Hist. des plant.*, V, 12, 38.)

WENNEWELLE-GETTE. Nom cingalais du *Coscinium fenestratum* Colebr.

WENSEA (WENDL., *Coll.*, III, 24, t. 84). Synonyme de *Pogostemon* DESF.

WEPFER (Joh.-Jak.). A écrit, à Basle [1679], *Cicutæ aquaticæ historia et noxæ* (in-4, av. 4 pl.), et des dissertations sur le Thé de Suisse et la Cymbalaire, publiées en 1716 par Th. Zwinger.

WEPFERIA (HEIST., ex *Pfeiff. Nom.*, II, 1611). Synonyme de *Æthusa* L.

WERGSTENGEL. Nom allemand du *Stypocaulon scoparium* Kz.

WERINNUA (HEYN., *Tract. Ind.*, 49, ex AINSL.). Synonyme de *Guizotia* CASS.

WERINNUA. Synonyme de *Ram-till.*

WERMUTH. En Allemagne, l'Absinthe.

WERNECK (Ludw.-Fréd.-Fr. v.). Auteur [1791], à Francfort-sur-le-Mein, de *Anleitung z. gemeinnützlichen Kenntniss der Holzpflanzen* (in-8 de 376 p.), et [1807] *Versuch einer Pflanzenpathologie und Therapie* (in-8 de 60 p.).

WERNECKINCK (Fr.). Professeur à Munster [1764-1839], a publié [1798] *Icones plantarum sponte nascentium in Episcopatu Monasteriensi, additis differentiis specificis* (in-fol.).

WERNER (Ludw.-Reinh. v.). A écrit [1756], à Custrin, *De scriptoribus historiam plantarum borussicarum illustrantibus* (in-4 de 16 p.). — Alex. WERNER a publié à Vilna [1815] *De Herba Rubi Chamæmori* (in-8 de 24 p.).

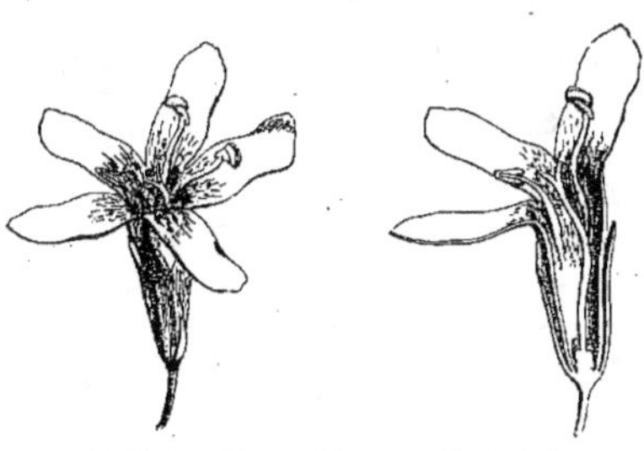

Westringia. — Fleur, entière et coupe longitudinale.

WERNERIA (H. B. K., *Nov. gen. et spec.*, IV, 189, t. 368, 369). Genre de Composées-Sénécionées, formé d'au moins 15 herbes des Andes; distingué, dans le groupe des Othonnées, par des involucres largement hémisphériques ou campanulés; les bractées 1-sériées, égales, unies plus ou moins haut en coupe lisse. Les autres caractères sont d'ailleurs ceux des Seneçons. (H. BN, *Hist. des pl.*, VIII, 269.)

WERNISCHECK (Jak.). Médecin de Vienne, a composé [1763] un *Genera plantarum* où les plantes sont disposées et classées suivant le nombre des parties de la corolle (in-8 de 430 p.).

WERNISEKIA (SCOP., *Introd.*, 273). Syn. de *Houmiri* AUBL.

WEST. A Sainte-Croix, le *Calliandra purpurea* BENTH.

WEST (H.). Auteur, à Copenhague [1793], d'un ouvrage sur les îles de Sainte-Croix, Saint-Thomas, Saint-Jean, Tortola, etc. La flore de ces îles est exposée à la page 259.

WESTENBERG (Ernst-Wilh.). A écrit [1709] *Viridarii academiæ Ducatus Gebriæ et Comitatus Zutphaniæ, quod est Harderovici, herbarum ac usualium plantarum Catalogus.*

WESTERHOFF (Remb.). A décrit [1822] une vingtaine de plantes de Groningue, dans un in-4 de 125 p.

WESTIA (VAHL, in *Skr. Naturh. Selsk.*, VI, 117). Le *W. grandiflora* VAHL est, d'après M. Oliver, le *Berlinia acuminata* SOL. On suppose que le *W. parviflora* VAHL, également de l'Afrique tropicale occidentale, est d'un tout autre genre.

WEST-INDIAN CEDAR. Nom anglais du *Cedrela odorata* L.

WESTMACOTT (Will.). Auteur [1694], à Salisbury, d'un *Theobotanologia, sive historia vegetabilium sacra* (in-12).

WESTON (Rich.). Auteur [1770-77], à Londres, de *Botanicus universalis et Hortulanus*, etc. (4 vol. in-8); *The English Flora* [1775], in-8 de 120 p., avec un supplément [1780]; *A catalogue of stone plants cultivated in England* [1775].

WESTONIA (SPRG., *Syst.*, III, 230). Syn. de *Rothia* PERS.

WESTRING (Joh.-Pet.). Auteur [1805], à Stockholm, de *Svenska Lafvarnas Färghistoria*, etc. (in-4, av. 21 pl.), traduit en partie (un fascicule) en allemand par Ulrich [1805].

WESTRINGIA (SM., *Tracts*, 279, t. 3). Genre de Labiées-Prostanthérées, formé d'environ 10 arbustes australiens, à feuilles verticillées par 3, 4; distingué des *Prostanthera* par un calice 5-denté, subrégulier; une corolle à lèvre supérieure à peu près aplatie; 2 étamines fertiles, dont l'anthère est dimidiée, sans prolongement du connectif. On en cultive quelques-uns en serre froide. (*Bot. Reg.*, t. 1481. — *Bot. Mag.*, t. 3308. — H. BN, *Hist. des plant.*, XI, 23, 73, fig. 65, 66.)

WE-SUK-A-PUP. Le *Kalmia angustifolia* L., pour les Indiens de la baie d'Hudson.

WETCHUS-Y-USK-WA. Nom indien, à la baie d'Hudson, d'un Poirier sauvage, usité, dit-on, vulgairement comme astringent.

WETHERELLIA (BOWERB., *Foss. fr.*, I, 89). Genre incertain. (UNG., *Syn. pl. foss.*, 253.)

WETRIA (H. BN). Section (M. ARG.) du genre *Alchornea* SOL. (H. BN, *Hist des pl.*, V, 213.)

WETTENIEÆ. Sous-tribu des Arécées. (B. H., *Gen.*, III, 872.)

WETTINIA (PŒPP., in *Endl. Gen.*, 243). Genre de Palmiers-Arécées, formé de 1, 2 arbres, des Andes péruviennes; distingué, dans un groupe spécial des *Wettiniées*, par des feuilles à segments dimidiés-lancéolés; des fleurs mâles à sépales libres; des pétales allongés; des étamines à grandes anthères, au nombre de 12-16; des pétales femelles allongés et libres; un style grêle; des fruits à facettes; l'endocarpe ligneux. (K., *Enum.*, III, 198, 589. — MART., *Hist. Palm.*, III, t. 166, fig. 7.)

WEUL. Synonyme de *Hakur.*

WHANGEE. Nom d'une sorte de Bambou, importée en Europe, et qui est le *Phyllostachys nigra*, d'après M. Jackson (in *Journ. Linn. Soc.*, XVI, 1).

WHATTLE. Nom, en Australie, des *Acacia melanoxylon, pycnantha, homalophylla, decurrens, saligna, dealbata*, etc.

WHAU. A la Nouvelle-Zélande, l'*Entelea arborescens* R. BR.

WHEAT. Nom anglais du Froment.

WHEELERA (SCHREB., *Gen.*, II, 725). Genre douteux, placé entre les *Ophioxylon* et les *Brabejum* L.

WHIN. Nom anglais du Houx.

WHIPPLEA (TORR., *Bot. Whippl. Exped.*, 34, t. 7). Genre de Saxifragacées-Hydrangées, formé d'un sous-arbrisseau californien; distingué par des fleurs à 5, 6 pétales; 4-12 étamines; un ovaire en grande partie libre, à 3-5 branches stylaires; les ovules solitaires. (H. BN, *Hist. des plant.*, III, 350, 436.)

WHIP-STICK-FERN. En Australie, l'*Alsophila Leichardtiana.*

WHISTLING (Chr.-Gottfr.). A écrit [1805-07], à Leipzig, *Œkonomische Pflanzenkunde für Land und Hauswirthe, Gärtner, Künstler*, etc. (4 vol. in-18). Il est mort en 1807.

WHITE (John). Auteur [1808], à Dublin, de *Essay on the indigenous grasses of Ireland* (in-8 de 156 p. et 2 pl. col.).

WHITE-ALDER. Aux États-Unis, les *Clethra* L.

WHITE ALLING. Nom anglais du *Bontia daphnoides* L.

WHITE-BARK. Nom, aux Antilles, du *Canella alba* MURR., et l'un des noms de l'écorce du *Cinchona ovalifolia* H. B.

WHITE-CEDAR. Nom anglais du *Tecoma leucoxylon* MART.

WHITE-FLAG. Nom anglais de l'Iris de Florence.

WHITE GENTIAN. Aux États-Unis, le *Laserpitium latifolium.*

WHITE GUM. En Australie, plusieurs *Eucalyptus* (*E. stellulata, coriacea, paniculata, albens, pauciflora, rostrata, Stuartiana, redunca*, etc.)

WHITEHEADIA (HARV., *Gen. s.-afr. pl.*, ed. 2, 396). Genre de Liliacées-Scillées, formé d'une plante mal connue, de l'Afrique australe; distingué par un épi court, à bractées herbacées, dépassant la fleur et cucullées; des périanthes à tube court; des filets staminaux unis en bas en un anneau saillant (*Bot. Mag.*, t. 840.)

WHITE LILY. Nom anglais du *Pancratium caribæum* L.

WHITE MAHOGONY. En Australie, l'*Eucalyptus robusta.*

WHITE MANGROVE. Nom anglais du *Laguncularia racemosa.*

WHITE MANJACK. Nom anglais du *Cordia alba* Rœm. et Sch.

WHITE MARAN. Nom anglais du *Croton astroites* Ait.

WHITE-NUT. Nom anglais du *Juglans regia* L.

WHITE OAK. Aux États-Unis, le *Quercus alba* L.

WHITE-PINE. Le *Pinus flexilis* Jam.

WHITE-POLICE. Nom anglais de l'*Acacia sarmentosa* Desvx.

WHITE-SPRUCE. Nom anglais du *Pinus alba* Ait.

WHITE VIS. Nom anglais du *Serjania lucida* Schum.

WHITE WOOD-CABBAGE-TREE. Nom, à Sainte-Hélène, du *Petrobium arboreum* R. Br.

WHITFIELDIA (Hook., in *Bot. Mag.*, t. 4155). Genre d'Acanthacées-Ruelliées, formé de 2, 3 arbustes, de l'Afrique tropicale, à 5 sépales membraneux et colorés; la corolle droite ou arquée, subenflée à la base; les 5 lobes peu inégaux et tordus. Les 4 étamines sont peu inégales, et leurs anthères ont un connectif indupliqué qui rapproche leurs 2 loges parallèles. L'ovaire a les loges 2-ovulées, et le sommet du style est obtus ou très brièvement 2-lobé. Le fruit est celui des *Ruellia*. Les fleurs, disposées en grappes, ont 2 bractéoles semblables aux sépales. On cultive souvent en serre le *W. lateritia*, à fleurs rougeâtres. (H. Bn, *Hist. des pl.*, X, 436.)

WHITIA (Bl., *Bijdr.*, 774). Synonyme de *Cyrtandra* Forst.

WHITLAVIA (Hook., in *Bot. Mag.*, t. 4813). Synonyme de *Phacelia* J.

WHITLEYA (Don, in *Sweet Brit. fl. Gard.*, t. 125). Synonyme de *Scopolia* Jacq.

WHITLOW-GRASS. Nom anglais des *Draba* L.

WHITNEYA (A. Gray, in *Proc. Amer. Acad.*, VI, 549). Genre de Composées-Hélianthées-Héléniées, formé de 2 plantes vivaces, californiennes; distingué, dans le groupe des Bœriées, par des feuilles opposées; des capitules à involucre campanulé; les bractées embrassant les fruits du rayon; les branches stylaires surmontées d'appendices lancéolés; les fruits couronnés de poils de la corolle réfléchis, mais sans aigrette véritable.

WIASEMSKYA (Kl., ex *Bot. Zeit.* [1847], 594). Genre douteux de Rubiacées.

WIBEL (Aug.-W.-Eberh.-Christoph.). A écrit, à Iéna, une *Flore de Wertheim* [1791 et 1799], in-8 de 372 p., et [1800], à Francfort, *Beiträge zur Beförderung der Pflanzenkunde* (in-8 de 116 p. et 2 pl.).

WIBELIA (Bernh., in *Schrad. Journ.*, II, 122). Genre établi pour le *Trichomanes multifidum* Forst.

WIBELIA (Pers., *Syn.*, I, 210). Synon. de *Paypayrola* Aubl.

WIBELIA (Roehl., *Deutschlands Fl.*, II, 426). Synonyme de *Chondrilla* T. (H. Bn, *Hist. des pl.*, VIII, 116.)

WIBORGIA (H. B. K., *Nov. gen. et spec.*, IV, 256). Synonyme de *Sabazia* Cass.

WIBORGIA. Pour *Viborgia* Thunb.

WIBORGIA (Roth, *Cat.*, II, 112). Syn. de *Galinsoga* R. et Pav.

WICHURA (Max). Botaniste d'une expédition au Japon, mourut asphyxié à Berlin en 1866, et a écrit [1865], à Breslau, *Die Bastardbefruchtung im Pflanzenreich* (in-4 de 95 p. et 2 pl.).

WICHURÆA (Rœm., *Syn. Am.*, 277). Syn. de *Bomarea* Mirb.

WICHUREA (Nees, in *Pl. Preiss.*, II, 290). Synonyme de *Cryptandra* Sm.

WIDDRINGTONIA (Endl., *Con.*, 31). Syn. de *Callitris* Vent.

WIDDRINGTONITES (Endl., *Syn. Conif.*, 271; *Gen.*, Suppl., IV, n. 1816 ^{5}). Genre de Cupressinées fossiles. (Ad. Br., in *Dict. d'Orb.*, XIII, 121.)

WIDJIN. Nom malais (Rumph.) du Sésame.

WIDNMANN (Fried.). A composé un catalogue du jardin de l'évêché d'Eystett [1805], classé d'après le système de Linné.

WIEDEMANNIA (F. et Mey., *Ind. sem. H. petrop.*, IV, 51). Genre de Labiées-Lamiées; section pour nous du genre *Lamium* T. (H. Bn, *Hist. des plant.*, XI, 3.)

WIEDJEN-ALBAS. Nom malais du Sésame sauvage.

WIED-NEUWIED (Max.-Alex.-Phil. pr. de). Auteur [1823-24] d'un *Beitrag zur Flora brasiliensis* (in-4 de 54 p. et 14 pl.).

WIEGMANN (A.-F.). Mort à Brunswig en 1853; a écrit [1828] *Ueber das Einsaugungsvermögen der Wurzeln; Ueber die Bastarderzeugung im Pflanzenreiche* [1828]; *Ueber die Entstehung, Bildung und das Wesen des Torfes* [1837]; *Die Krankheiten und krankhaften Missbildungen der Gewächse* [1839]; et, avec Polstorff [1842], *Ueber die anorganischen Bestandtheile der Pflanzen*, etc. (gr. in-8 de 55 p.).

WIEGMANNIA (Meyen, ex Walp., in *Pl. Meyen.*, 354, t. 9). Synonyme de *Kadua* Cham. et Schlchtl.

WIELANDIA (H. Bn, *Et. gén. Euphorbiac.*, 568, t. 22; *Hist. des pl.*, V, 142, fig. 230-233). Genre d'Euphorbiacées 2-ovulées, formé d'un arbuste des Seychelles, à feuilles alternes et glabres;

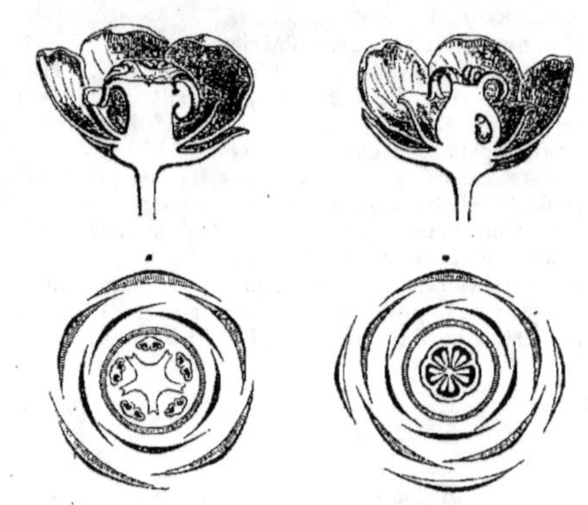

Wielandia. — Fleurs mâle et femelle, coupes longitudinales. Diagrammes mâle et femelle.

à fleurs monoïques, avec 5 sépales, 5 pétales, 5 étamines 1-adelphes et un ovaire à 5 loges; le fruit capsulaire. C'est le type le plus complet connu des Euphorbiacées 2-ovulées.

WIERZBICKIA (Reichb., *Icon. Fl. germ.*, 212). Synonyme de *Arenaria* L.

WIESTIA (Sch. bip., *Scel. Syst. Cichor.*, 4). Genre disjoint des *Lactuca* T.

WIGAND (Joh.). Évêque de Poméranie [1523-1587], auteur [1590] de *De succino borussico; de alce borussica* (in-8), etc.

WIGANDIA (H. B. K., *Nov. gen. et spec.*, III, 126). Genre de Boraginacées-Phacéliées, distingué, dans le groupe des Namées, par de hautes tiges hispides, avec grandes feuilles; des cymes scorpioïdes; des fleurs à large corolle campanulée; les étamines souvent exsertes et le fruit 2-valve. On cultive aujourd'hui comme ornementaux les *W. Vigieri, caracasana, macrophylla*, etc. (H. Bn, *Hist. des plant.*, X, 400.)

WIGANDIA (Neck., *Elem.*, I, 95). Syn. de *Disparago* Gærtn.

WIGGERSIA (Gærtn., G. Mey. et Scherb., *Fl. wett.*, III, I, 6, 33). Synonyme (part.) de *Vicia* T.

WIGGERSIA. L'un des nombreux genres démembrés des *Vicia* T. par M. Alefeld.

WIGGHIA (Haw., *Gen. south-afric. plants*, 366). Synonyme de *Naccaria* Endl.

WIGHTIA (Wall., *Pl. as. rar.*, I, 71, t. 81). Genre de Scrofulariacées-Scrofulariées, formé de 3 arbustes grimpants, de l'Inde et de Java; distingué par des fleurs à calice campanulé, avec 3, 4 lobes inégaux; la corolle à lobe antérieur étalé; le postérieur dressé; l'androcée didyname, à anthères glabres et sagittées; le fruit septicide. (H. Bn, *Hist. des pl.*, IX, 433.)

WIKSTROEMIA (Endl., *Prodr. Fl. norfolk.*, 47; *Iconogr.*, t. 22). Genre de Thymélæacées, à peine distinct des *Daphne*, dont on le sépare par son disque 2-4-fide; le style court, à sommet stigmatifère dilaté. Ce sont environ 20 arbustes océaniens et asiatiques, dont quelques-uns servent, au Japon, à faire d'excellents papiers. (H. Bn, *Hist. des pl.*, VI, 132.)

WIKSTROEMIA (Schrad., in *Gœtt. Anz.* [1821], 710). Synonyme de *Laplacea* H. B. K.

WIKSTROEMIA (Spreng., *Syst.*, III, 434). Synonyme de *Critonia* DC.

WILBERFORCIA (Hook. F., ex *Pfeiff. Nom.*, II, 1615). Synonyme de *Codonanthus* Don.

WILBRAND (Joh.-Bernh.). Professeur à Giessen [1779-1846], auteur d'un *Handbuch der Botanik* [1819]; de *Uebersicht der Vegetation Deutschlands*, etc. [1824]; *Die natürlichen Pflanzenfamilien*, etc. [1834]; *Allgemeine Physiologie* [1833] et, avec F.-A. Ritgen, de *Gemälde der organischen Natur in ihrer Verbreitung auf der Erde* [1821], in-8 de 128 p. et 4 pl.

WILBRANDIA (S.-Mans., *En. subst. cat. Bras.*, 30). Genre de Cucurbitacées-Melothriées, formé de 6 herbes vivaces, du Brésil, souvent grimpantes; distingué par des fleurs mâles en épis; le tube floral allongé; les anthères à connectif non prolongé au sommet; le fruit rostré. (H. Bn, *Hist. des pl.*, VIII, 449.)

WILCKE (Sam.-Gust.). Professeur de Greifswald, auteur [1765] de *Flora gryphica* (in-8) et de *Hortus gryphicus* [1765]. — G.-W. Wilcke publia [1788] *Versuch einer Anleitung, die widen Bäume und Sträucher*, etc. (in-8 de 325 p. et 3 pl.).

WILCKEA (Scop., *Introd.*, 170). Synonyme (part.) de *Vitex*.

WILCKIA (Scop., *Introd.*, 317). Synon. de *Malcomia* R. Br.

WILD ALFALFA. Aux États-Unis, le *Medicago sativa* L.

WILD BLACK SHERRY. Aux États-Unis, le *Prunus serotina* Ehrh.

WILD CHAMOMILLE. Le *Matricaria Chamomilla* L.

WILD CHERRY. Nom anglais de l'*Erythroxylum ovatum* Cav.

WILD CINNAMOM TREE. Nom anglais du *Cinnamodendron corticosum* Miers.

WILD CLIMBER. En Angleterre, le *Clematis Vitalba* L.

WILD CLOVE. Nom anglais du *Pimenta acris* Wight.

WILD COFFEE. Aux Antilles, le *Faramea odoratissima* DC.

WILD COTTON. Nom, à Natal, de l'*Ipomœa Gerrardi*.

WILDE JAMBOESEN. Le *Barringtonia alba* Hassk.

WILD ELDER. Nom, aux États-Unis, de l'*Aralia hispida* Michx.

WILD GINGER. Aux États-Unis, les *Asarum* T.

WILD IPECACUANA. Nom anglais de l'*Asclepias curassavica* L.

WILD IPECACUANHA. L'écorce du *Triosteum perfoliatum* L.

WILD IRISHMAN. Nom que donnent les colons de la Nouvelle-Zélande au *Discaria Toumatou*.

WILD LETTUCE. Nom anglais du *Lactuca virosa* L.

WILD MAMEY. Aux Antilles anglaises, le *Clusia alba* L.

WILD MANGO. Nom donné au Gabon, par les colons anglais, à l'*Irvingia gabonensis* H. Bn.

WILD PINE. Nom anglais du *Tillandsia utriculata* L.

WILD PLUM. Au Cap, le fruit du *Pappœ acapensis* E. et Zeyh.

WILD RHEA. Nom anglais du *Conocephalus niveus*, plante à fibres textiles.

WILD SARSAPARILLA. Nom américain de l'*Aralia nudicaulis*.

WILD SOURSOAP. Nom de l'*Anona laurifolia* Dun.

WILD SPANIARD. A la Nouvelle-Zélande, l'*Aciphylla Colensoi*.

WILD TANIER. Nom anglais de l'*Anthurium cordifolium* K.

WILD THYME. A la Nouv.-Zélande, le *Samolus repens* Forst.

WILD TOBACO. Nom anglais du *Wedelia buphthalmoides*.

WILDVOGEL (Christ.). Auteur [1791] de *De jure florum* (in-4).

WILD YELLOW JESSAMINE. Aux États-Unis, le *Gelsemium sempervirens* Ait.

WILG. En Hollande, le *Salix alba* L.

WILHELM (Franz). Auteur [1882] d'un *Flora herbipolitana*. — Gott.-Tob. Wilhelm a écrit [1810-22] *Unterhaltungen aus der Naturgeschichte* (in-8, avec 616 pl.).

WILHELMSIA (C. Koch, in *Linnæa*, XXI, 400). Synonyme de *Kœleria* Pers.

WILHELMSIA (Reichb., *Cons.*, 206). Syn. de *Merckia* Fisch.

WILKESIA (A. Gray, in *Proc. Amer. Acad.*, V, 136). Genre de Composées-Hélianthées, voisin des *Argyroxiphium*, mais distingué par le défaut d'involucre et de fleurs de la série extérieure. Le *W. gymnoxiphium* est des îles Sandwich. (H. Bn, *Hist. des pl.*, VIII, 231.)

WILKIEA (F. Muell., in *Trans. Phil. Inst. Vict.*, II, 64). Synonyme de *Kibara* Endl.

WILKOMMIA (Hack., in *Abh. Bot. Ver. Prov. Brandenb.*, XXX, 145). Genre de Graminées africaines, comparé aux *Craspedorrhachis*, *Schedonnardus* et *Cynodon*; diffère de tous par des glumes non carénées, de taille et de structure différentes; du dernier par les épis épars et le manque de lodicules; du premier par son rachis non marginé et sa glumelle florifère dépassant les glumes; du *Schedonnardus* par son épi non articulé, son fruit court et l'absence de lodicules. [H. Bn.]

WILLARDIA (Rose, in *Contr. U.-S. Nat. Herb.* [1891], 97). Genre de Légumineuses-Papilionacées, décrit d'abord (S.-Wats.) comme un *Coursetia*, et qui en différerait surtout par son calice tronqué et son style glabre. Il serait surtout (Taub.) allié aux *Lennea* Kl. Le *W. mexicana* est un arbre de 10 à 30 pieds.

WILLDENOW (Karl-Ludw.). Le plus célèbre des botanistes prussiens, naquit en 1765 et mourut en 1812 à Berlin, où il fut professeur et où se trouve son herbier. Il écrivit en 1787 un *Floræ berlinensis Prodromus*, puis un *Traité des Achillées* [1789] et *des Amarantes* [1790]. En 1792 parut son *Grundriss*, qui eut 5 éditions et fut traduit en anglais, en danois et en russe. Son *Phytographia* date de 1794, et son *Berhnische Baumzucht*, de 1796. En 1800, il imprima son *Geranologia*, « in amicorum usum », et en 1805 un *Caricologia*. On lui doit encore l'*Enumeratio plantarum Horti regii botanici berolinensis* [1809] et l'*Hortus berolinensis* [1816], achevé par Link. Avec Homeyer, il a publié [1801] *Gekrönte pomologische Preisschriften*. En 1804 parut son *Anleitung*. Mais l'ouvrage le plus souvent cité de ce maître est le *Species plantarum* de Linné, qui fut réimprimé six fois. J.-A. Schultes a écrit des observations sur cet ouvrage, en 1809, et De Schlechtendal a écrit la biographie de Willdenow, dans le vol. 6 du *Berliner Ges. Naturf. Freunde*.

WILLDENOWA (Cav., *Icon.*, I, 64, t. 9). Synonyme de *Adenophyllum* Pers.

WILLDENOWIA (Gmel., *Syst.*, II, 362). Synonyme de *Rondeletia* Plum.

WILLDENOWIA (Thunb., in *K. Vet. Ac. Nya Handl. Stockh.* [1790], 26, t. 2; *Gen. nov.*, 103). Genre de Restiacées, formé de 7, 8 herbes vivaces, de l'Afrique australe; les tiges virgées, simples ou rameuses; les épillets mâles ∞-flores; les femelles 1-flores, solitaires ou 2-nés; la fleur enveloppée d'environ 6 grandes bractées; les divisions du périanthe mâle linéaires; celles du périanthe femelle courtes, transparentes, appliquées finalement contre la base du fruit. Le style a 2 branches, et le fruit est lisse. (M.-Mast., in *Journ. Linn. Soc.*, X, t. 8 D; *Restiac.*, 391, t. 2.) [H. Bn.]

WILLD-MASSAMBEE. Nom du *Cleome pungens* W.

WILLD OLIVE. A Sainte-Hélène, le *Nesiota elliptica* Hook. f.

WILLEMET (Les). Botanistes de Nancy. — Remi Willemet [1735-1807] est l'auteur d'une *Phytographie économique de la Lorraine* [1780]; de *Willemetia*, nouveau genre créé par M. de Necker; d'une *Monographie des plantes étoilées* [1791] et d'une *Flore de l'ancienne Lorraine* [1805]. — Pierre-René Fr. de Paule Willemet, son fils, né en 1762 et mort dans l'Inde en 1790, a écrit *An vires plantarum ex characteribus botanicis sunt inferendæ?* [1782] et un *Herbarium mauritianum* [1798].

WILLEMETIA (Ad. Br., in *Ann. sc. nat.*, sér. 1, X, 370, t. 16, fig. 1). Synonyme de *Noltia* Reichb.

WILLEMETIA (Mærckl., in *Schrad. Journ. Bot.*, I, 329). Synonyme de *Chenolea* Thunb.

WILLEMETIA (Neck., *Elem.*, I, 50). Syn. de *Chondrilla* L.

WILLEN-ARVY. A Java, le *Phyllanthera bifida* Bl.

WILLIAMIA (H. Bn, *Et. gén. Euphorbiac.*, 559, t. 27; *Hist. des pl.*, V, 253). Section du genre *Phyllanthus* L.

WILLIAMIANDRA (Griseb., in *Nachricht. der Kœnigl. Gesellsch. d. Wissensch. Univ. Gœtting* [1865], 171). Synonyme de *Williamia* H. Bn.

WILLIAMSONIA. Genre fondé en 1868 par M. Carruthers pour des échantillons fossiles, trouvés dans les grès bathoniens du Yorkshire, et qui fut d'abord regardé, surtout par Ad. Brongniart, comme appartenant aux *Zamites*. M. Nathorst les considéra en 1880 comme voisins des Balanophorées. En 1881, M. de Saporta les a vaguement comparés aux Aroïdacées, Broméliacées, Pandanées. (*Comptes rend. Ac. sc. Par.*, 1185.)

WILLICH (Chr.-Ludw.). A écrit: *Observationes quædam bota-*

tanicæ et medicæ [1747]; *De plantis quibusdam observationes* [1762], in-8 de 76 p.; *Illustrationes quædam botanicæ* [1766], in-8 de 55 p. Il est mort à Clausthal en 1773.

WILLICHIA (L., *Mantiss.*, n. 1537). Synon. (?) de *Sibthorpia*.

WILLISELLUS (GRAY, *Arr.*, II, 736). Synonyme de *Elatine* L.

WILLOUGHBEIA (ROXB., *Pl. corom.*, III, 77, t. 280). Genre d'Apocynacées-Arduinées, formé d'environ 8 arbustes grimpants, de l'Asie tropicale; distingué par des fleurs en cymes denses, axillaires; 5-mères; les étamines insérées vers la base du tube de la corolle; l'ovaire 1-loculaire, à 2 placentas pariétaux, ∞-ovulés; le fruit grand, charnu; les graines sans albumen. (H. BN, *Hist. des pl.*, X, 178.)

WILLOW. Nom anglais des Saules.

WILLOW-OAK. Aux États-Unis, le *Quercus Phellos* L.

WILLUGBÆYA (NECK., *Elem.*, I, 82). Genre disjoint des *Eupatorium* L.

WILLUGHBEIA (KL., in *Pet. Moss.*, *Bot.*, 281). Synonyme de *Landolphia* PAL.-BEAUV. (*Vahea* LAMK.).

WILLUGHBEIA (SCOP., in *Schreb. Gen.*, 162). Synonyme de *Ambelania* AUBL.

WILMER (B.). A écrit, en 1781, un livre sur les plantes vénéneuses indigènes ou cultivées de l'Angleterre (in-8 de 103 p.).

WILSON (W.). Est l'auteur du *Bryologia britannica*. Il est mort en 1871. — J. WILSON a écrit en 1744 un *Synopsis* des plantes d'Angleterre, suivant la méthode de Ray (in-8 de 272 p.).

Winter (Fausse écorce de). *Cinnamodendron corticosum.* — Branche florifère.

WILSONIA (GILL. et HOOK., *Bot. Misc.*, I, 172, t. 49). Synonyme de *Dipyrena* HOOK.

WILSONIA (R. BR., *Prodr.*, 490). Genre de Convolvulacées-Cressées, formé de 3 herbes ou sous-arbrisseaux australiens; distingué par un calice gamosépale; un ovaire 2-ovulé et un style 2-fide. (H. BN, *Hist. des pl.*, X, 330.)

WIMMER (Friedr.). Professeur de Breslau [1803-1868]. Auteur, seul et avec Grabowzki, de plusieurs flores de la Sibérie. Il a édité [1848] des fragments de la Phytologie d'Aristote. En 1853, il publia *Das Pflanzenreich* (in-8 de 223 p.), et en 1866 les *Salices europœæ* (in-8 de 386 p.).

WIMMERIA (SCHLCHTL, in *Linnœa*, VI, 427). Genre de Célastracées, semblable pour le port, le feuillage, les fleurs, aux *Celastrus* de la section *Putterlickia*, mais dont le fruit sec, oblong, indéhiscent, cordé à la base, porte trois larges ailes

membraneuses et verticales. Les deux ou trois *Wimmeria* connus sont mexicains. (*Hist. des plant.*, VI, 38.) [H. BN.]

WINANCK. En Virginie, le Sassafras.

WINCH (Nath.-J.). Auteur de plusieurs ouvrages sur la flore de Northumberland et de *Contributions à la flore du Cumberland* (in-4 de 17 p.). Il est mort à Newcastle en 1838.

WINCHIA (A. DC., *Prodr.*, VIII, 326). Genre d'Apocynacées-Arduinées, formé d'une seule espèce ligneuse, de Martaban; distingué des *Arduina* par une corolle à gorge nue; les étamines insérées sous le sommet du tube; le disque nul; les inflorescences en grappes terminales et composées de cymes; les feuilles verticillées par 3. (H. BN, *Hist. des pl.*, X, 174.)

WINCKLER (Nic.). Auteur [1571] d'un *Chronica herbarum, florum, seminum, fructuum, radicum, succorum, animalium atque corum partium*, etc. (in-fol.).

WINC-PALM. Nom anglais du *Caryota urens* L.

WINDMANNIA (P. BR., *Jam.*, 212). Synon. de *Weinmannia* L.

WIND-ROOT. L'*Asclepias tuberosa* L.

WINDSORIA (NUTT., *Gen. pl. nov. amer.*, I, 70). Synonyme de *Tricuspis* PAL.-BEAUV.

WINDT (L.-G.). Auteur [1806] de *Der Berberitzenstrauch, ein Feind des Wintergetreides* (in-8 de 173 p.).

WINKLERA (REG., in *Act. H. petrop.* [1886], 617). Genre de Crucifères, voisin, d'après l'auteur, des *Hutchinsia*, établi pour une herbe vivace, du Turkestan, différant, dit-on, des *Hutchinsia* par des pétales blancs; un stigmate sessile et 2 graines dans chaque logette du fruit.

WINKLERIA (REICHB., *Nom.*, 236). Synonyme de *Platynema* SCHR.

WINNEKEN (Chr.). A écrit [1745] *Beschreibung des wahren Opobalsambaumes* (in-8).

WINSLOW (Jak.). Ce célèbre anatomiste [1669-1760] est l'auteur [1694] de *Spicilegium anatomico-botanicum generale de machinæ plantanimalis œconomia analogica* (in-8 de 20 p.).

WINTER (Écorce de). Celle du *Drimys Winteri* et de ses nombreuses formes (H. BN, *Tr. Bot. méd. phanér.*, 503). L'E. de Winter fausse est celle du *Cinnamodendron corticosum* MIERS.

WINTERA (H. B., *Pl. œquin.*, I, t. 58). Synonyme de *Drimys* FORST.

WINTERA (MURR., *Syst.*, 417). Synonyme de *Drimys* FORST.

WINTERANA (L., *Gen.*, n. 598). Syn. de *Canella*.

WINTER-ASTERN. Nom allemand des Chrysanthèmes d'hiver.

WINTER CRESS. Nom anglais des *Barbarea* R. B.

WINTEREICHE. Nom allemand du *Quercus sessiliflora* SM.

WINTER-GREEN. En Angleterre, les Pyroles et le *Gaultheria procumbens* L.

WINTERLIA (DENNST., *Schl. Hort. malab.*, 27). Synonyme de *Limonia* L.

WINTERLIA (MŒNCH, *Meth.*, 74). Le *Prinos glaber* L.

WINTERLIA (SPRENG., *Syst.*, I, 519). Syn. de *Ammania* L.

WINTERSCHMIDT (Joh.-Sam.). Auteur [1818-21] d'une flore de Nuremberg (in-8 de 108 p.), ouvrage inachevé. Il mourut à Nuremberg en 1824.

WIONIUS (Georg). Auteur [1644] de *Botanotrophium* (in-12).

WIPACHER (Dav.). Auteur [1726] de *Flora lipsiensis bipartita* (in-8 de 80 p.).

WIRSING (Ad.-Ludw.). Né et mort à Dresde [1734-1797], auteur des *Eclogæ botanicæ e dictionario*, etc. [1778].

WIRTGEN (Phil.). Professeur à Coblenz [1806-1870], auteur de *Leitfaden für den Unterricht in der Botanik an Gymnasien*, etc.; d'un *Flora des Regierungsbezirks Coblenz* [1841]; de *Prodromus der Flora der preussichen Rheinlande* [1842]; d'un *Herbarium Mentharum rhenanarum* [1855]; d'un *Rheinische Reiseflora*; d'un *Flora der preussichen Rheinprovinz* et d'un *Flora der preussischen Rheinlande;* d'un *Anleitung zur landwirthschaftlichen und technischen Pflanzenkunde,* etc.

WIRTGENIA (JUNGH., in *Flora* [1844], 624). Synonyme (HASSK.) de *Odina* ROXB. et de *Spondias* L. (part.).

WIRTGENIA (SCH. BIP., in *Flora* [1842], 435). Synonyme de *Aspilia* DUP.-TH.

WIRU. Nom javanais du *Licuala spinosa* WURMB.

WISCHENKA. Nom russe de la Griotte.

WISCHNA. Nom serbe et bohême de la Griotte.

WISLIZENIA (ENGELM., *Wisliz. Exped. Bot.,* 15, not.). Genre de Capparidacées, à fleurs de *Cleome,* mais avec un ovaire longuement stipité, à loges didymes et courtes. C'est une herbe annuelle, de l'Amérique du Nord, à feuilles 3-foliolées et à grappes courtes. (H. BN, *Hist. des pl.,* III, 149, 174.)

WISNERIA (M. MICH., *Alism.,* 82). Genre d'Alismacées-Alismées, formé de 3 herbes aquatiques, de l'Inde, l'Afrique centrale et Madagascar; distingué par des fleurs monoïques, en verticilles sur une hampe commune, grêle; avec 3 étamines et 3-6 carpelles. Leur feuille est parfois sans limbe. [H. BN.]

WISSADULA (MEDIK., *Malv.,* 25). Genre de Malvacées-Malvées, formé de 4, 5 arbustes, américains, asiatiques et africains; distingué, dans le groupe des Abutilées, par des fleurs sans calicule; les carpelles divergents au sommet et intérieurement appendiculés en travers. Pour Grisebach, ce sont des *Sida.* (H. BN, *Hist. des pl.,* IV, 143.)

WISSAK-MAL. A Ceylan, le *Dendrobium Maccarthiæ* HOOK. F.

WISTAR (Casp.). Président de l'*American Philosophal Society,* mort en 1818, auquel fut dédié le genre *Wistaria.*

WISTARIA (NUTT., *Gen. nov. amer. pl.,* II, 115). Genre de Légumineuses-Papilionacées, dont le type est notre Glycine, si souvent cultivée; distingué, dans le groupe des Galégées-Téphrosiées, par ses tiges ligneuses et volubiles; les grappes terminales; les fleurs des *Milletia,* mais des fruits facilement déhiscents, à valves plus minces et convexes. De l'Asie orientale et de l'Amérique du Nord. (H. BN, *Hist. des pl.,* II, 267.)

WISTERIA (DC.). Pour *Wistaria* NUTT.

WITCH HAZEL (Noisetier de sorcière). Nom, aux États-Unis, de l'*Hamamelis virginica* L.

WITGATBOOM. Nom, au Cap, du *Capparis albitrunca* BURCH.

WITGENANG. Nom sundaïque de l'*Hedyotis rugosa* KORTH.

WITHAMIA (UNG., in *Endl. Gen.,* Suppl., II, 102; *Syn. pl. foss.,* 261; *Chlor. protog.,* LXXXIX). Genre de bois fossile, d'affinités douteuses.

WITHANIA (PAUQ., *Diss. Bellad.*). Genre de Solanacées-Solanées, formé de 4 arbustes blanchâtres, de l'Europe méridionale, l'Orient et l'Afrique du Nord; distingué par des fleurs sessiles ou courtement pédicellées, en cymes; un calice qui s'accroît autour du fruit et devient enflé, étalé ou presque clos au sommet; une corolle étroitement campanulée, à 5 lobes valvaires. (H. BN, *Hist. des pl.,* IX, 332.)

WITHERING (Will.). Médecin de Birmingham [1741-1799], auteur de *A botanical arrangement of all the vegetables naturally growing in Great Britain* (in-8), qui eut 8 éditions. — Son fils, W. WITHERING, mort en 1832, publia [1822] les *Miscellaneous Tracts* de son père, avec la biographie de ce dernier.

WITHERINGIA (LHÉR., *Sert. angl.,* I, t. 1). Synonyme de *Bassovia* AUBL.

WITHERINGIA (MIERS, in *Ann. Nat. Hist.,* ser. 2, III, 145; *Ill.,* II, t. 35, nec LHÉR.). Synonyme de *Athenœa* SENDTN.

WITLAVIA (HOOK., in *Bot. Mag.,* t. 4813). Synonyme de *Phacelia* J. et section de ce genre.

WITLOOF. Nom flamand d'une forme de Chicorée à grosse racine, qui se force et s'étiole pour produire une sorte de Barbe-de-Capucin pommée, recherchée dans le Nord comme légume.

WITMAN (Ern.). Auteur d'un ouvrage sur la terminologie des Phanérogames [1812], écrivit aussi [1816] sur les Champignons d'Autriche (Vienne, in-8).

WITPEER. Nom, au Cap, du *Pterocelastrus rostratus* MEISSN.

WITSÈNE. Nom français (LAMK) des *Witsenia* THUNB.

WITSENIA (THUNB., *Gen. nov.,* 34, t. 17). Genre d'Iridacées-

Sisyrinchiées, formé d'une plante ligneuse, de l'Afrique australe, assez souvent cultivée; distingué par des spathes 1-flores, avec bractées plus longues, imbriquées-décussées; un périanthe à long tube cylindrique; les lobes égaux et courts; les filets staminaux libres; le style 3-denté. (RED., *Lil.,* t. 245, 463. — *Bot. Reg.,* t. 5. — *Fl. des serres* [août 1846], t. 4.)

WITT (J.-Const.). Écrivit, à Halle [1802], *De legibus quibusdam ad processum vegetationis pertinentibus* (in-8 de 47 p.).

WITTEA (K., in *Abh. Berl. Akad.* [1848], 32). Synonyme de *Clintonia* LINDL.

WITTEBOOM. Au Cap, le *Leucadendron argenteum* R. BR.

WITTEDOORN. Au Cap, l'*Acacia horrida* W.

WITTELSBACHIA (MART., *Nov. gen. et spec.,* I, 80, t. 55). Synonyme de *Cochlospermum* K.

WITTSTEIN (G.-C.). Auteur d'un curieux *Etymologisch-botanisches Handwörterburch* [1852], où il modifie l'orthographe de la plupart des noms génériques. Il est mort en 1887.

WITTSTEINIA (F. MUELL., *Fragm. phyt. Austral.,* II, 136; III, 166). Genre rapporté avec doute aux Éricacées-Vacciniées, formé d'un arbuste à feuilles rapprochées par 2, 3, serrées; les fleurs 5-mères, à ovaire infère; la corolle valvaire et l'androcée isostémoné; les 2, 3 loges ovariennes ∞-ovulées; le fruit charnu, avec quelques graines à très petit embryon. C'est peut-être un genre du groupe des Cornacées.

WOACROOLIE. La racine du *Sarcocephalus esculentus* AFZ.

WOAD. Nom anglais de l'*Isatis tinctoria* L.

WODUR (ADANS., herb.). Synonyme (ENDL.) de *Odina* ROXB.

WOEHLERIA (GRISEB., *Pfl. trop.-amer.,* 11). Genre douteux de Chénopodiacées-Gomphrénées, formé d'une petite herbe de Cuba; distingué par un périanthe nu, arrondi et 4-mère; une étamine à filet dilaté; un ovaire à 2 lobes stigmatiques linéaires et récurvés. (H. BN, *Hist. des pl.,* IX, 211.)

WOHLLEBEN (J.-Fried.). Auteur [1796] d'un *Supplementum ad Leysseri Floram halensem* (in-8 de 44 p. et 1 pl.).

WOIJA. Nom persan du *Ferula persica* W.

WOLF (Nath. Matth.). Médecin de Dantzig [1724-1784], auteur de *Genera et species plantarum vocabulis characteristicis definita.* — El. WOLF écrivit, en 1817, *De Pyrola umbellata,* et G.-A. WOLF, en 1831, *De radice Caincæ.* — Joh. WOLF, mort à Nuremberg en 1824, est l'auteur de *Deutschlands Gemüse.*

WOLFF (Christ. Fr. v.). Mort à Halle en 1754, âgé de 75 ans, a écrit [1750] *Entdeckung der wahren Ursache von der wunderbaren Vermehrung des Getreydes,* avec une suite. — Joh.-Fried. WOLFF, de Schweinfurt, est connu par son *Commentatio de Lemna* [1801]. — Kasp.-Fried. WOLFF, de Saint-Pétersbourg, écrivit un *Theoria generationis* qui eut 2 éditions [1759, 1774]. — Chr. v. WOLFF est l'auteur de 3 *Vernünfligen Gedanken: von der Würkungen der Natur* [1723]; *von den Asichten der natürlichen Dinge* [1724]; *von dem Gebrauche der Theile* [1725]. Il a aussi écrit, en 1727, *Phœnomenon singulare de Malo pomifera absque floribus* (in-4 de 20 p.).

WOLFFIA (HORK. — SCHLEID., in *Linnæa,* XIII, 389). Genre dont le *Lemna arhiza* L. est le type et qui a été distingué par ses fleurs sortant de la surface des frondes dépourvues de racines. L'androcée est réduit à une étamine, dont l'anthère est uniloculaire. On distingue 12 *Wolffia,* d'Europe, de l'Inde, de l'Asie tropicale et des régions chaudes de l'Amérique. (HEGELM., *Lemnac.,* 121.) [H. BN.]

WOLFGANG (Jan). Professeur de Vilna [1776-1859], auteur d'un livre sur la flore de Vilna [1822], in-8 de 59 p.

WOLFS-THORN. Synonyme, au Cap, de *Haenderspoor.*

WOLKENSTEINIA (REG., *Gartenfl.,* XIV, 134, t. 471). Synonyme de *Ouratea* AUBL.

WOLLASTONIA (DC., in *Dcne Herb. timor.,* 86; *Prodr.,* V, 546). Section du genre *Wedelia* JACQ.

WOLLEBIUS (Luc.). Auteur, à Bâle [1711], de *Dissertatio medica de methodo herbas lustrandi,* avec corollaires (in-4).

WOLVES' N' GUAAP. Nom, au Cap, de l'*Hoodia Bainii* DYER.

WONDERFUL-LEAF. Le *Bryophyllum calycinum* SALISB.

WOODBINE. L'un des noms anglais des Chèvrefeuilles.

WOODFORDIA (SALISB., *Par. lond.*, t. 42). Genre de Lythrariacées-Lythrées, dont le type est le *Grislea tomentosa* ROXB., asiatique et africain; distingué par des fleurs irrégulières, à tube arqué; un androcée décliné, attaché vers la base du tube; un fruit sessile, allongé, loculicide; ∞ graines papilleuses-poilues. Les feuilles sont opposées, et les inflorescences sont axillaires. On en cultive une espèce. (H. BN, *Hist. des pl.*, VI, 449.)

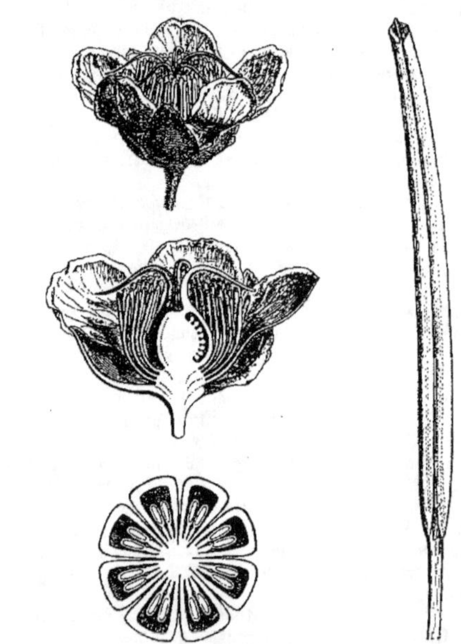

WOODRUFF. Nom anglais de l'*Asperula tinctoria* L.

WOOD-SORREL. Nom anglais des *Oxalis* L.

WOODVILLE (Will.). Auteur, à Londres [1790-93], d'un *Medical Botany* (in-4) qui eut 2 éditions [1790, 1810]; la dernière en 5 vol. in-4.

WOODVILLEA (DC., *Prodr.*, V, 318). Synonyme, probablement (TORR. et GR.), de *Erigeron glaucus* KER.

WOODWARDIA (SM., in *Act. Ac. Turin* [1791], V, 411). Genre de Fougères, formé d'une demi-douzaine de plantes de la zone boréale tempérée, s'étendant un peu vers les tropiques; distingué par des sores linéaires ou linéaires-oblongues, plongées dans des cavités de la fronde, qui est généralement ample et pinnatifide; disposées en rangées parallèles et contiguës aux nervures moyennes des pinnules. L'induvium est subcoriace, de même forme que les sores et les enfermant dans une cavité. (HOOK. et BAK., *Syn. Fil.*, 188, t. 4, fig. 36.)

Woodwardia.
Pinnule sorifère.

WOODWARDITES (GŒPP., *Syst. Fil. foss.*, 175, 288). Genre de Pécoptéridées. (UNG., *Syn.*, 77. — ENDL., *Enchir.*, 43.)

WOOGINOS (BRUCE). Le *Brucea antidysenterica* MILL.

WOOLLY-BUTT. En Australie, l'*Eucalyptus longifolia*.

WOOLSIA (F. MUELL., *Fragm.*, VIII, 52, 55). Section du genre *Lysinema* R. BR.

WOONDO. Synonyme de *Cajanus indicus* SPRENG.

WOORHELM (George). A écrit [1752], à Haarlem, *Traité sur la Jacinte, contenant la manière de la cultiver*, etc.

WOORST (Ad. v.). Professeur à Leyde [1597-1663], a écrit un catalogue du jardin académique de cette ville, qui eut beaucoup d'éditions, de 1633 à 1657.

WORM-GRASS. Aux États-Unis, le *Spigelia Anthelmia* L.

WORMIA (ROTTB., in *N. Act. hafn.* [1783]. — DC., *Syst.*, I, 433). Genre de Dilléniacées-Dilléniées, formé de 10 espèces arborescentes, d'Asie, d'Océanie et d'Afrique; distingué des *Dillenia* par des fleurs à 5-15 sépales; des étamines dont les anthères s'ouvrent par 2 fentes courtes; des carpelles ∞-ovulés, au nombre de 5-10, ordinairement déhiscents et à peine adhérents à la columelle du fruit, latéralement libres dans la fleur. Ce sont peut-être des *Dillenia* L. (H. BN, in *Adansonia*, VI, 281; *Hist. des pl.*, I, 112, 131, fig. 155-158.)

WORMIA (VAHL, in *Scr. Nat. Selsk. Kjobenh.*, VI, 104). Synonyme d'*Ancistrocladus* WALL.

WORMSEED. Aux États-Unis, le *Chenopodium ambrosioides*.

WORMSKIOLDIA (POST. et RUPR., *Ill. Alg.*, 15). Synonyme de *Cryptopleura* KUETZ.

WORMSKIOLDIA (SCHUM. et THÖNN., *Beskr. Pl. guin.*, 165). Genre dont, malgré les différences d'aspect, nous n'avons pu faire (*Hist. des pl.*, IV, 287) qu'une section du genre *Turnera* PLUM. Ce sont 4, 5 plantes de l'Afrique tropicale. [H. BN.]

WORM-WEED. Nom anglais du *Spigelia Anthelmia* L.

WORMWOOD. Nom anglais de l'Absinthe.

WOUAIE. Synonyme (POIT.) de *Gynestum* POIT.

WOUNDWORT. Nom anglais des Épiaires.

WOURARA, WOURARII. Synonymes de Curare.

WREDE (E.-Chr.-C.). Écrivit, à Brunswig [1814], *Verzeichniss meiner Rosen nach einer genauen systematischen Bestimmung* (in-8).

WREDOW (Joh.-Chr.-Lud.). Botaniste mecklembourgeois [1773-1823], a écrit un livre sur les Phanérogames de ce pays et une *Flore économique et technique du Mecklembourg* [1811-12].

WREDOWIA (ECKL., *Verz. Pfl. Samml.*, 16). Synonyme (STEUD.) de *Aristea* SOLAND.

WRENCIALA (A. GRAY, *Bot. amer. expl. Exp.*, 180, not.). Synonyme de *Lawrencia* HOOK.

WRIGHT (Will.). Auteur d'une notice sur le *Simarouba* [1778], mourut en 1827. — Ch. WRIGHT, explorateur d'une portion de l'Amérique, entre autres de Cuba, est celui dont Grisebach a publié les riches récoltes cubaines, sous le nom de *Plantæ cubenses Wrightianæ*.

WRIGHTIA (R. BR., in *Mem. Werner. Soc.*, I, 73). Genre d'Apocynacées-Nériées, formé d'une douzaine d'arbustes, asiatiques, océaniens et africains; distingué par des cymes ordinairement terminales, parfois réduites à une fleur; le calice à 5-10 glandes intérieures; la corolle à tube variable, avec 5-∞ écailles à la gorge; les lobes du limbe tordus, ordinairement recouvrant par le bord gauche; les follicules à graines pourvues d'une aigrette à leur extrémité inférieure; l'embryon à cotylédons convolutés. Ce sont parfois des plantes astringentes. (H. BN, *Hist. des pl.*, X, 203.)

WRIGHTIA (SOLAND., herb.). Synonyme de *Meriania* SW.

WRIGHTIA (ROXB., *Fl. ind.*, III, 621). Synonyme de *Wallichia* ROXB.

WUENSCHE (Joh.-G.). Auteur [1804] de *Enumeratio plantarum circa Vitebergiam in aquis, locis paludosis et humidis precipuarum necnon officinalium sponte crescentium* (in-8 de 101 p.).

WUERSCHMITTIA (SCH. BIP., in *Flora* [1841], *Erganz.*, 27). Synonyme de *Melanthera* ROHR.

WUERTHIA (REG., in *Gartenfl.*, II, 98, t. 46). Syn. de *Ixia* L.

Wormia. — Fleur, entière et coupe longitudinale. Étamine. Ovaire, coupe transversale

WULFEN (Fr.-Xav. v.). Professeur à Klagenfurt [1728-1805], auteur de *Cryptogama aquatica* [1803]; *Plantarum rariorum descriptiones* [1805]; *Flora norica phanerogama* [1858], in-8.

WULFENIA (JACQ., *Misc.*, II, 62). Genre de Scrofulariacées-Digitalées, formé de 4 herbes vivaces, de l'Europe orientale et de l'Asie; distingué par des feuilles basilaires, en rosettes; des axes floraux simples, terminés par un épi ou une grappe; la corolle à tube cylindrique et décliné; 2 étamines; un fruit septicide et loculicide. (H. BN, *Hist. des pl.*, IX, 467.)

WULFF (Joh.-Chr.). Auteur de deux livres sur la flore prussienne. Son *Flora borussica*, publié à Kœnigsberg en 1765, est un in-8 de 267 p. Il est mort en 1767.

WULFFIA (NECK., *Elem.*, I, 35). Genre de Composées-Hélianthées, formé de 20-22 herbes scabres, de l'Amérique tropicale; distingué par des fleurs 1, 2-morphes, d'*Helianthus;* celles du rayon fertiles, stériles ou 0; celles du disque hermaphrodites; les anthères à base entière ou obtusément auriculées; l'aigrette de ∞ soies, ou 2, 3, ou 0. Nous avons uni à ce genre les *Chylodia, Tilesia, Melanthera, Lipotriche*, etc. (H. BN, *Hist. des pl.*, VIII, 202.)

WULLSCHLÆGELIA (REICHB., in *Griseb. Fl. brit. W.-Ind.*, 639). Genre d'Orchidacées-Néottiées, formé de 2 herbes terrestres, aphylles, des Antilles et du Brésil; distingué, dans le groupe des Spiranthées, par des sépales latéraux unis en bas en un menton calcariforme, long ou court; un labelle éperonné ou gibbeux à sa base, entre les sépales; une hampe aphylle, grêle, à fleurs très petites. Swartz en avait fait un *Cranichis.* (*Fl. ind. occ.*, t. 29, fig. 1.)

WU-LUNG. Nom japonais de l'*Aleurites cordata* (*Elæococca*).

WUNDERLICHIA (BGE, mss. — B. H., *Gen.*, II, 489). Genre de Composées-Mutisiées, formé de 2, 3 arbustes brésiliens, à branches épaisses, laineuses, chargées de cicatrices foliaires. Les feuilles sont épaisses et molles, obtuses. Les capitules sont volumineux; le réceptacle couvert de soies ou de paillettes; les fruits oblongs, laineux, à soies de l'aigrette simples. Les corolles sont régulières, à divisions valvaires et révolutées. (H. BN, in *Bull. Soc. Linn. Par.*, 285. — A. FRANCH., in *Journ. Bot.* [1891], c. ic.)

WUNDKLEE. Nom allemand de l'*Anthyllis Vulneraria* L.

WUNSCHMANN (Fried.). Auteur [1833] de *Deutschlands gefährliche Giftpflanzen naturgetreu dargestellt und nach ihren Wirkungen und Gegenmitteln beschrieben*, etc., et [1851] d'un manuel de botanique pour les gymnases.

WURDEMANNIA (HARV., *Ner. bor.-amer.*, II, 245; in *Flora* [1853], 677). Genre d'Algues, dont la place est douteuse parmi les Rhodospermées. C'est peut-être une Gélidiée.

WURFFBAIN (Fr.-Sig.). A écrit [1707] *De Rubra tinctorum* (in-4 de 28 p.).

WURFRAINIA (GIS., *Prœl.*, 206). Synon. de *Greenwaya* GIS.

WURMBEA (THUNB., *Nov. gen.*, 18, t. 1). Genre de Liliacées-Anguillariées, peu distinct des *Bœometia;* le périanthe à tube court; les lobes plus longs, étalés; l'épi terminal, à fleurs subsessiles. On en compte 7 espèces, originaires de l'Australie et de l'Afrique australe. (*Bot. Mag.*, t. 694, 1291.)

WURMBÉE. Nom français (LAMK) des *Wurmbea* THUNB.

WURMMOSS. En Allemagne, la Mousse de Corse.

WURRUS. Synonyme de *Waras*.

WURTZIA (H. BN, in *Adansonia*, I, 186, t. 7). Syn. de *Cicca*.

WURZELFADERN. En Allemagne, le *Rhizoclonium obtusangulum* KUETZ.

WURZELKNOTEN. En allemand, le *Nœud radical* des *Chara*.

WÜSTEMANN (Ern.-Fried.). Professeur à Gotha [1799-1856], a écrit *Ueber die Kunsgärtnerei bei den altern Römern* [1846], in-8 de 32 p., et [1854] *Unterhaltungen aus der alten Welt für Gartenund Blumenfreunde* (in-8 de 68 p.).

WU-WAY-TSY. Nom chinois du *Schizandra chinensis* HOR., dont on mange les petits fruits balsamiques.

WYATTIA (TREVIS., *Syn. Gen. Alg.* [1849]). Synonyme de *Chlorosiphon* KUETZ.

WYDLERIA (DC., *Mém. Omb.*, 36, t. 7; *Prodr.*, IV, 103). Genre d'Ombellifères, rapporté comme section au genre *Carum* L. (*Voy. Hist. des pl.*, VII, 118.)

WYETHIA (NUTT., in *Journ. Acad. Philad.*, VII, 39, t. 5). Section du genre *Helianthus.* (H. BN, *Hist. des pl.*, VIII, 48.)

WYLIA (HOFFM., *Umbell.*, I, 3, t. 2). Section du genre *Scandix* T., à rostre du fruit subarrondi ou comprimé latéralement. (H. BN, *Hist. des pl.*, VII, 234.)

WYNGAARD. En Hollande, la Vigne.

X

XAHUALI. Nom vernaculaire du *Genipa americana* L.

XANG, XONG. Nom annamite de quelques *Pluchea* (*P. myrio-cephala, balsamifera*), que les Cochinchinois cultivent comme plantes médicinales. Leur jus, légèrement salé, se boit contre les aphthes et s'applique sur la muqueuse, après qu'on l'a nettoyée avec l'huile du poisson *Cacui*. Les feuilles sont vulnéraires, sudorifiques et sont parfois ajoutées à l'eau des bains qu'on prend contre la fatigue, les douleurs, etc.

XANTANTHUS (GRISEB., *Gent.*, 116). Section du g. *Chlora* L.

XANTHLÆA (REICHB., *Fl. exc.*, 442). Section du g. *Erythræa*.

XANTHAPARINE (DC., *Prodr.*, IV, 606). Section des *Galium*.

XANTHE (SCHREB., *Gen.*, 710). Synonyme de *Quapoya* AUBL.

XANTHIDIUM (DELP., *Stud. Artemis.*, 62). Synonyme de *Franseria* CAV.

XANTHIOPHÆA (MART. — BENTH., *Labiat.*, 97). Section du genre *Hyptis* JACQ.

XANTHIOPYXIS (EHRENB., in *Ber. Berl. Akad.* [1844], 262). Synonyme de *Pyxidicula* EHRENB.

XANTHISMA (DC., *Prodr.*, V, 94). Section du genre *Hyste-rionica* W. (H. BN, *Hist. des pl.*, VIII, 156.)

XANTHIUM (T., *Inst.*, 438, t. 252). Genre de Composées-Ambrosiées, à fleurs d'*Ambrosia*, monoïques, avec les capitules

Xanthium. — Rameau florifère.

femelles 2-flores; l'involucre ovoïde et clos, à sommet perforé et 2-rostré; le style à 2 branches exsertes. Ce sont des herbes annuelles, inermes ou spinescentes, à feuilles alternes, à capitules axillaires, solitaires ou en glomérules. On en distingue 3,

4 espèces, des régions chaudes et tempérées des deux mondes. (H. BN, in *Adansonia*, I, 117; *Hist. des plant.*, VIII, 287.)

XANTHO (REMY, in *Ann. sc. nat.*, sér. 3, XII, 191). Synonyme de *Hologymne* BARTL. (*Lasthenia* CASS.).

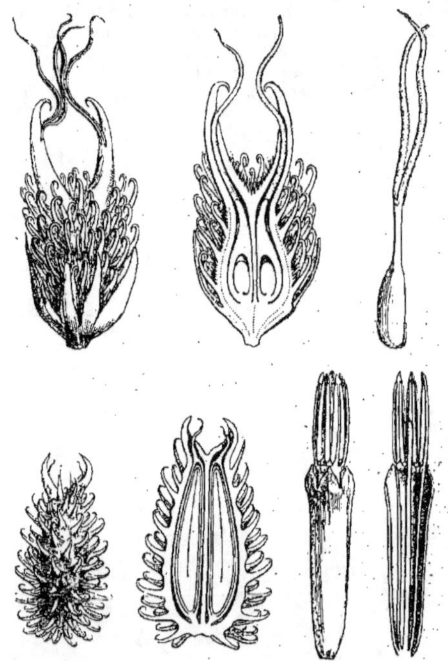

Xanthium. — Fleurs mâle et femelle, entières et coupes longitudinales. Gynécée. Fruit, entier et coupe longitudinale.

XANTHOCEPHALUM (W., in *Ges. Nat. Fr. Berl. Mag.* [1807], 140). Genre de Composées-Astérées, formé d'une trentaine d'espèces, des deux Amériques; distingué, dans le groupe des Homochromées, par des involucres larges, avec ∞ fleurs ligulées; des fruits à aigrette nulle ou réduite à une courte couronne. (H. BN, *Hist. des pl.*, VIII, 157.)

XANTHOCERAS (BGE, *Enum. pl. chin. bor.*, 11). Genre de

Sapindacées-Sapindées, formé d'un arbre chinois, le *X. sorbifolia*, cultivé chez nous; distingué par ses fleurs régulières, à 5 grands pétales blancs, imbriqués; son disque prolongé en

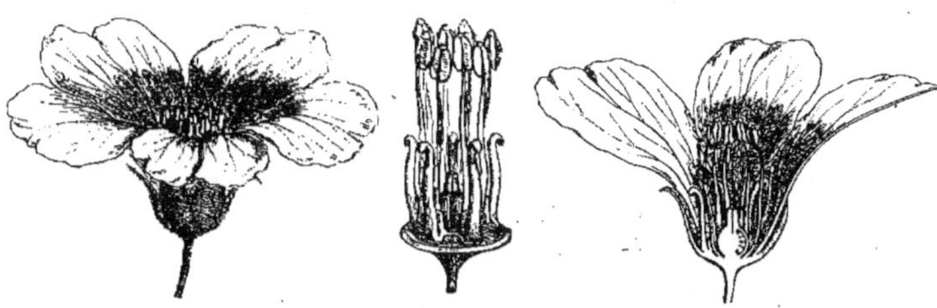

Xanthoceras. — Fleur, entière, sans le périanthe, et coupe longitudinale.

5 cornes à sommet récurvé; son fruit loculicide et 3-valve. Les fleurs sont dimorphes. La plante fleurit et fructifie bien chez nous. (H. BN, *Hist. des pl.*, V, 358, 413, fig. 372-374.)

XANTHOCERCIS (H. BN, in *Adansonia*, IX, 293). Genre de Légumineuses-Papilionacées-Dalbergiées, voisin des *Lonchocarpus*, à calice campanulé, tronqué; 4 pétales subspathulés, atténués en bas; le cinquième plus large, 2-auriculé; 10 étamines, 2-adelphes, munies d'une écaille intérieure au filet; un ovaire∞-ovulé. C'est un arbre de Madagascar, à feuilles paripinnées; à fleurs en grappes ramifiées, terminales et axillaires. (H. BN, *Hist. des pl.*, II, 506; in *Bull. Soc. Linn. Par.*, 439.)

XANTHOCHRYSUM (TURCZ., in *Bull. Mosc.* [1851], I, 199, t. 4). Synonyme de *Helichrysum* GÆRTN. (H. BN, *Hist. des pl.*, VIII, 174.)

XANTHOCHYMUS (ROXB., *Pl. corom.*, II, 51, t. 196; III, t. 270). Section du genre *Garcinia* L. (H. BN, *Hist. des pl.*, VI, 402, fig. 372-375.)

XANTHOCOMA (H. B. K., *Nov. gen. et spec.*, IV, 310, t. 412). Synonyme de *Xanthocephalum* W.

XANTHOCROMYON (KARST., in *Bot. Zeit.* [1847], 694). Synonyme de *Trimezia* SALISB.

XANTHOGALUM (LALLEM., in *Fisch. et Mey. Ind. sem. Hort. petrop.*, VIII, 73). Plante espagnole, dont on a fait un genre d'Ombellifères, rapporté par les uns aux Férules et par les autres aux véritables Peucédans. (B. H., *Gen.*, I, 918. — H. BN, *Hist. des pl.*, II, 99.) [H. BN.]

XANTHOLEPIS (W., herb., ex LESS.). Synonyme de *Cacosmia* H. B. K.

XANTHOLEUCITE. Nom inutilement donné aux plastides qui sont d'abord colorées en jaune.

XANTHOLINE. Le *Semen-contra*.

XANTHOLINUM (REICHB., *Handb.*, 306). L'un des genres démembrés des Lins.

XANTHOPHTHALMUM (SCH. BIP., *Tanac.*, 17). Genre proposé pour le *Chrysanthemum segetum* L. Le *Xanthophthalmum* SCH. BIP., in *Bonplandia*, VIII, 369, est différent; c'est le *Chrysanthemum trifurçatum* DESF.

XANTHOPHYLLE. Nom donné par Berzelius à un principe jaune, supposé dérivé de la chlorophylle.

XANTHOPHYLLÉES. — Voy. POLYGALACÉES.

XANTHOPHYLLIDRINE. Nom donné par M. Macchiati (*Gazz. chim.* [1886], XVI) à une substance séparée de la chlorophylle, insoluble dans l'alcool, dans l'éther et dans la benzine.

XANTHOPHYLLUM (ROXB., *Pl. coromand.*, III, t. 24). Genre de Polygalacées, qui donne son nom à une tribu des *Xanthophyllées*, parce que ses fleurs, d'ailleurs construites comme celles des *Polygala*, ont un ovaire uniloculaire à deux placentas pariétaux, 2-6-ovulés, et un fruit coriace-charnu, à graines sans

albumen. Les sept ou huit espèces de ce genre sont des arbres et arbustes de l'Asie et de l'Océanie tropicales, à feuilles alternes, glabres, coriaces, à grappes simples ou composées. (Voy. H. BN, *Hist. des pl.*, V, 91.)

XANTHOPHYTUM (REINW., in *Bl. Bijdr.*, 989. — B. H., *Gen.*, II, 53, n. 73). Genre de Rubiacées; section du genre *Lerchea* L., à gorge de la corolle glabre, à branches stylaires courtes et épaisses, à fleurs en cymes pédonculées. (H. BN, *Hist. des pl.*, VII, 465.)

XANTHOPSIS (DC., *Prodr.*, VI, 561). Section du genre *Amberboa* DC.

XANTHORHIZA (MARSH. — SCHREB., *Gen.*, 727). Genre de Renonculacées-Aquilégiées, à petites fleurs 5-mères; 5 pétales glanduliformes, dilatés-émarginés en haut; 5-10 étamines, et 5-10 carpelles libres, 2-ovulés. Ils deviennent des follicules. Le *X. apiifolia* est un petit arbuste nain, de l'Amérique du Nord, cultivé dans les jardins

Xanthorhiza. — Port. Fleur. Pétale.

botaniques. Ses feuilles sont pinnatiséquées; et ses fleurs brunes, vernales, sont disposées en grappes composées. C'est, dans son pays, une plante médicinale. (A. GRAY, *Gen. ill.*, t. 17. — H. BN, in *Adansonia*, IV, 44; *Hist. des pl.*, I, 6, 81, 84, fig. 13, 14; *Tr. Bot. méd. phanér.*, 472, fig. 1130-1132.)

XANTHORIA (Fr., *Pl. homon.*, 243). Section du g. *Parmelia*.

XANTHOSELINUM (Schur, *Enum. pl. transsyl.*, 264). Synonyme (?) de *Eupeucedanum*. (H. Bn, *Hist. des pl.*, VII, 96.)

XANTHOSIA (Rudge, in *Trans. Linn. Soc.*, X, 301, t. 22). Genre d'Ombellifères-Hydrocotylées, dont les fleurs polygames ont cinq sépales développés, à base cordée ou peltée, souvent décurrents, auriculés, imbriqués, colorés; cinq pétales à acumen indupliqué, valvaires-indupliqués ou imbriqués. Les stylopodes sont plans ou en forme d'écaille épaisse, concave en dedans. Le fruit est obovoïde ou subovoïde, comprimé perpendiculairement à la cloison, émarginé ou cordé à la base, avec un carpophore simple. Les côtes primaires sont ténues, arquées ou rameuses, et les secondaires sont parfois nombreuses, inégales. Ce sont des herbes ou des sous-arbrisseaux de petite taille, d'Australie. On en distingue 17 espèces. Leurs feuilles sont entières, dentées, lobées ou disséquées. Leurs ombelles sont composées, et ont un involucre

Xanthosia. — Fleur.

formé de bractées, ou étroites, ou parfois larges, foliacées, colorées, inégales ou unilatérales. Les fleurs sont parfois peu nombreuses ou même solitaires. On cultive quelques *Xanthosia* à bractées ornementales dans nos serres. (Voy. H. Bn, *Hist. des pl.*, VII, 142, 235, n. 73, fig. 165.) [H. Bn.]

XANTHOSOMA (Schott, *Melet.*, I, 19; *Gen. Aroid.*, t. 46). Genre d'Aracées-Colocasiées, formé d'environ 25 plantes laiteuses, de l'Amérique tropicale, à rhizome tubéreux ou à tige aérienne allongée; distingué par des feuilles coriaces, souvent grandes, sagittées ou pédatiséquées; des spathes qui enveloppent les fleurs femelles, puis les fruits, de leur tube; des fleurs femelles à ovaires distincts en bas, plus haut dilatés, épaissis et réunis, 2, 3-loculaires, avec ∞ ovules attachés à la cloison. On cultive dans les serres plusieurs de ces belles plantes. (Engl., *Arac.*, 468. — *Bot. Mag.*, t. 4989.)

XANTHOSTEMON (F. Muell., in *Hook. Kew Journ.*, IX, 17). Sect. du g. *Metrosideros* Banks. (H. Bn, *Hist. des pl.*, VI, 362.)

XANTHOTHECA (Schuch., *Syn. Trem.*, in *Flora* [1854], 475). Section du genre *Tetratheca* Sm.

XANTHOXYLUM. Synonyme de *Zanthoxylum* L.

XANTORRHOEA (Sm., in *Trans. Linn. Soc.*, IV, 219). Genre de Liliacées-Xérotées, formé d'une dizaine d'espèces australiennes; distingué par une tige souterraine ou plus souvent par un stipe arborescent et dressé, avec de nombreuses feuilles rapprochées au sommet de la tige, linéaires, rigides, fragiles;

Xantorrhœa. — Fleur, entière et coupe longitudinale. Fruit déhiscent. Graine.

leurs bases persistantes sur l'axe. L'inflorescence est supportée par un long pédoncule et formée de beaucoup de petites fleurs rapprochées en long épi cylindrique et dense. Chacune a une bractée et plusieurs bractéoles. Il y a 3 sépales concaves ou subcucullés; 3 pétales plus minces, souvent 5-nerves, à limbe transparent ou pétaloïde; 6 étamines hypogynes, exsertes, à anthère introrse et 2-loculaire. L'ovaire sessile a 3 loges pauciovulées et est surmonté d'un style subulé. Le fruit est loculicide, à loges 1, 2-spermes; l'albumen charnu ou subcartilagi-

neux; l'embryon linéaire, droit ou arqué. Les tiges sont souvent gorgées d'un suc résineux, jaune ou brun, qui sert à beaucoup d'usages économiques et médicaux. Quelques espèces sont cultivées en serre. (*Bot. Mag.*, t. 4722, 6075, 6297.) [H. Bn.]

XATARDIA (Meissn., *Gen.*, 145 (105). Genre d'Ombellifères, réduit au titre de section dans le genre *Seseli* L. (H. Bn, *Hist. des pl.*, VII, 217.)

XAVERIA (Endl., *Gen.*, Suppl., IV, 30). Synonyme de *Anemonopsis* Sieb. et Zucc.

XELEON. Nom grec ancien de la Jusquiame noire.

XENIATRUM (Salisb., *Gen. pl. Fragm.*, 58). Synonyme de *Clintonia* Rafin.

XENISMIA (DC., *Prodr.*, V, 509). Synonyme (?) de *Oligocarpus* Less.

XENOCARPUS (Cass., in *Dict.*, LIX, 108). Synonyme de *Cineraria* L. (H. Bn, *Hist. des pl.*, VIII, 260.)

XENOCHLOA (Lichst., in *Rœm. et Sch. Syst.*, II, 29, 501). Genre de Graminées, du Cap, mal défini. (B. H., *Gen.*, III, 1096.)

XENODOCHUS (Schlchtl, in *Linnæa*, I, 237). Genre d'Hyphomycètes, dont le mycélium, à filaments incolores, septés et ramifiés, porte des branches dressées, olivâtres, qui donnent naissance à des spores ovoïdes, brunes, en chapelet. Ce genre ne paraît guère se distinguer des *Torula* que par la différenciation des filaments sporophores et des filaments mycéliens. Deux espèces ont attiré l'attention, par le rôle qu'on leur a attribué dans la pourriture rouge des Conifères et dans une maladie de l'Ail. M. Saccardo a conservé le nom de *Xenodochus* à l'espèce de Schlechtendal, qui est un Urédiné à téleutospores noires et moniliformes. [De S.]

XENOMYCES (Ces., *Mycet. in itin. Born.*, 26). Genre incertain, comme les *Sclerocystis* dont l'auteur le rapproche, et caractérisé par des aggrégations de sporanges (?) ampulliformes, durs, formés d'hyphes rigides, irrégulièrement ramifiées et intriquées. [De S.]

XENOPHONTA (Vell., *Fl. flum.*, 346; Atl., VIII, t. 85). Synonyme de *Barnadesia* Mut.

XENOPHONTIA (Arrab., ex *Steud. Nom.*, II, 791). Genre incertain de Composées.

XENOPHYA (Schott, in *Ann. Mus. lugd.-bat.*, I, 124). Genre mal connu d'Aracées, à fleurs monoïques, rapprochées dans des spadices différents : les mâles diandres (?); les femelles réduites à un gynécée dont l'ovaire uniloculaire renferme environ 6 ovules basilaires et anatropes. Le *X. brancæfolia* Schott est une herbe tuberculeuse, de la Nouvelle-Guinée, à feuilles pinnatipartites. On ne connaît pas ses véritables affinités, et on l'a placé parmi les Pythoniées. (Engl., *Arac.*, 526.)

XENOPOMA (W., in *Ges. Naturfr. Berl. Mag.*, V, 399). Synonyme de *Micromeria* Benth.

XENOTHYMUS (Griseb., *Pl. Lorentz.*, 188). Section du genre *Xenopoma* Bc.

XEODOLON (Salisb., *Gen. pl. Fragm.*, 18). Synonyme de *Ledebouria* Roth.

XERACTIS (B. H., *Gen.*, III, 1022). Section du genre *Pæpalanthus* Mart.

XERACTIS (Mart., in *Nov. Act. Leopold.*, XVII, I, 13). Synonyme de *Eulepis* Bong.

XERANDRA (Rafin., ex Moq., in *DC. Prodr.*, XIII, II, 339). Synonyme de *Iresine* L.

XERANTHEMUM (Neck., *Elem.*, I, 83). Synon. de *Helipterum*.

XERANTHEMUM (T., *Inst.*, 499, part.). Genre de Composées-Carduées, formé d'environ 8 herbes annuelles, méditerranéennes et orientales; distingué par des tiges annulées, inermes, à feuilles étroites; les capitules pédonculés et solitaires; les fleurs du rayon neutres, à corolle 2-labiée; celles des fleurs hermaphrodites courtement 5-fides; les filets staminaux libres; les paillettes de l'aigrette aristées en haut (H. Bn, *Hist. des pl.*, VIII, 82). Le *X. annuum* est cultivé comme ornemental, et c'est une des Immortelles du commerce.

XERANTHUS (Miers, *Trav. Chil.*, II, 529). Synonyme de *Grahamia* Gill.

XEROBIUS (Cass., in *Dict.*, LIV, 127). Syn. de *Egletes* Cass.

XEROBOTRYS (Nutt., in *Trans. Amer. Phil. Soc.*, ser. 2, VIII, 267). Synonyme de *Arctostaphylos* Adans.

XEROCARPA (G. Don, *Gen. Syst.*, III, 728).Sect. du g. *Scævola*.

XEROCARPUS (Guillem. et Perr., *Fl. Sen. Tent.*, 169, t. 144). Synonyme de *Rothia* Pers.

XEROCHLÆNA (DC., *Prodr.*, VI, 187). Section du genre *Chrysolepis* DC.

XEROCHLAMYS (Bak, in *Trim. Journ.* [1882], 45). Section du genre *Sarcolæna* Dup.-Th. (H. Bn, in *Bull. Soc. Linn. Par.*, 565, 571.)

XEROCHLOA (R. Br., *Prodr.*, 196). Genre de Graminées-Panicées, formé de 3 espèces australiennes, dressées; distingué par des épis très courts, inclus dans une bractée spathacée et rigide, avec 4 écailles, dont les inférieures sont larges et presque transparentes; la paillette de la fleur mâle inférieure très grande.

XEROCLADIA (Harv., *Fl. cap.*, II, 278). Genre (?) de Légumineuses-Mimosées-Adénanthérées, formé d'un arbuste de l'Afrique australe, à fleurs sessiles; l'ovaire 1-ovulé; le fruit petit, aplati, indéhiscent. (H. Bn, *Hist. des pl.*, II, 30, 65.)

XEROCOCCUS (Œrst., in *Vid. Med. Kjob.* [1852], 52). Synonyme de *Hoffmannia* Sw. (H. Bn, *Hist. des pl.*, VII, 446.)

XERODERMA (DC., *Prodr.*, IX, 509). Section du genre *Ehretia* L.; synonyme de *Rhabdia* Mart.

XEROLEPIS (Kœrn., in *Bull. Mosc.* [1862], I, 66). Synonyme de *Myrosma* L. F.

XEROLOMA (Cass., in *Dict.*, LIV, 120). Synonyme de *Xeranthemum* T.

XERONEMA (Br. et Gr., in *Bull. Soc. bot. Fr.*, XI, 316; in *N. Arch. Mus.*, IV, 2, t. 1). Genre de Liliacées-Asphodélées, formé d'une plante vivace, de la Nouvelle-Calédonie; distingué par une grande grappe simple, horizontale au sommet d'une hampe infléchie; les 6 folioles du périanthe linéaires, dressées, comme les étamines plus longues; les 3 loges ovariennes ∞-ovulées; le fruit loculicide. (*Ill. hort.*, XXIV, t. 297.)

XEROPAPPUS (Wall., *Cat.*, n. 2980). Syn. de *Dicoma* Cass.

XEROPÉTALUM (Del., *Cent. pl. Caill.*, 84). Synonyme de *Dombeya* Cav.

XÉROPHILES. Nom donné par Thurmann aux plantes qu'il suppose aimer la sécheresse.

XEROPHYLLUM (Michx, *Fl. bor.-amer.*, I, 210). Genre de Liliacées-Narthéciées, formé de 1-3 plantes vivaces, de l'Amérique du Nord; distingué par de longues feuilles basilaires rigides; une grappe simple, terminale, en pyramide serrée, puis s'allongeant beaucoup; des fleurs à anthères subextrorses; 3 branches stylaires; 2-4 ovules dans chaque loge ovarienne; une capsule loculicide. (Pursh, *Fl. Amer. sept.*, t. 9. — *Bot. Reg.*, t. 1613. — *Bot. Mag.*, t. 748.) [H. Bn.]

XEROPHYTA (J., *Gen.*, 50). Synonyme de *Vellozia* Vand.

XÉROPHYTE. Nom français (Lamk) des *Xerophyta* J.

XEROSIPHON (Turcz., in *Bull. Mosc.* [1843], 55). Section du genre *Gomphrena* L.

XEROSPERMUM (Bl., *Rumphia*, III, 99). Genre de Sapindacées-Sapindées, formé de 5, 6 arbres de l'Inde et de l'archipel Indien; distingué par des fleurs à 4, 5 sépales; 4, 5 pétales, sans écaille; un style à sommet stigmatique épais; un fruit à coques tuberculées, et des graines sans arille. (H. Bn, *Hist. des pl.*, V, 396. — Radlk., in *Dur. Ind.*, 76.)

XEROTEÆ (B. H., *Gen.*, III, 862). Tribu (1) des Juncacées.

XEROTES (R. Br., *Prodr.*, 259). Genre de Liliacées, série des Dasypogonées; distingué par des fleurs dioïques, accompagnées de bractées sèches, à réceptacle plus profond dans les fleurs mâles qui ont 6 étamines périgynes, que dans les femelles qui ont des staminodes (parfois nuls) et un ovaire à 3 loges, contenant chacune un ovule hémitrope, à micropyle inférieur et extérieur. Le fruit est une capsule loculicide. Les *Xerotes* sont, au nombre d'une trentaine, des herbes vivaces de l'Océanie, à rhizome court, à feuilles linéaires, rigides; à glomérules disposés sur un axe commun, à bractées souvent spinescentes. Les inflorescences femelles sont souvent capituliformes. [H. Bn.]

XEROTHAMNUS (DC., *Prodr.*, V, 311). Synonyme de *Osteospermum* L.

XEROTINUS (Reichb., *Consp.*, 14, n. 343). Synonyme de *Xerotus* Fries.

XEROTIUM (Bl. et Fing., *Fl. germ.*, II, 343). Synonyme de *Filago* T. (H. Bn, *Hist. des pl.*, VIII, 184.)

XÉROTROPISME (Borzi). L'ensemble des mouvements exécutés par les plantes vivantes, sous l'influence de la sécheresse.

XESTÆA (Griseb., in *Linnæa*, XXII, 35). Synonyme de *Schultesia* Mart.

XEYLARIA (A. Lib., *Crypt. ardenn. exs.*, 1). Synonyme de *Cheilaria* A. Lib.

XIMENES. Plumier lui a dédié le genre *Ximenia*, avec cette indication : Reverendus P.-F. Franciscus Ximenes Hispanus, Ordinis Minorum Provinciæ sancti Gabrielis, unus ex primis duodecim Patribus Minorum qui Indis Occidentalibus Evangelii lucem intulerunt. Mexicanum idioma cum optime calleret, scripsit de natura et virtutibus arborum, plantarum et animalium Novæ Hispaniæ, et præsertim regionis Mexicanæ, quorum usus est in medicina, libros quatuor in urbe mexicana impressos A. C. 1615, a Joanne de Laet in suo opere de novo orbe passim commendatos.

XIMENESIA (Cav., *Icon.*, II, 60, t. 178). Section du genre *Verbesina* L. (H. Bn, *Hist. des pl.*, VIII, 205.)

XIMENIA (L., *Gen.*, n. 477). Genre d'Olacées, formé de 4, 5 espèces, américaines, océaniennes et africaines; distingué par des fleurs 4, 5-mères, à pétales valvaires; diplostémonées; l'ovaire libre, à placenta central, 3-ovulé; mais le placenta relié dans une grande étendue aux parois par des cloisons qui manquent tout à fait en haut. Ce sont des arbustes, souvent épineux, à feuilles alternes, à fruit drupacé, parfois utile. (H. Bn, in *Adansonia*, II, t. 9, fig. 5, 6; III, 128.)

XIPHIDION. Nom grec ancien des *Sparganium* T.

XIPHIDIUM (Aubl., *Guian.*, 33, t. 11). Genre d'Hæmodoracées, formé de 1, 2 plantes vivaces, de l'Amérique tropicale, à rhizome court; distingué par des fleurs à ovaire libre, en grappes composées, glabres, avec 3 étamines et des loges ovariennes ∞-ovulées. Le fruit est loculicide. (*Bot. Mag.*, t. 5055.)

XIPHION (T., *Inst.*, 362, t. 189). Synonyme de *Iris* L.

XIPHIZUSA (Reichb. f., in *Bot. Zeit.* [1852], 919). Synonyme de *Bulbophyllum* Dup.-Th.

XIPHOCARPUS (Presl, *Symb.*, I, 13, t. 7). Synonyme de *Tephrosia* Pers.

XIPHOCHÆTA (Pœpp. et Endl., *Nov. gen. et spec.*, III, 44, t. 250). Synonyme de *Stilpnopappus* Mart.

XIPHOCOMA (Stev., in *Bull. Mosc.* [1852], t. 7). Synonyme de *Ranunculus* T.

XIPHOLEPIS (Steetz, in *Pet. Moss., Bot.*, 344). Synonyme de *Centrapalus* Cass.

XIPHOPHYLLUM (Ehrh., *Phytoph.*, n. 67). Synonyme de *Cephalanthera* L.-C. Rich.

XIPHOPTERIS (Kaulf., *Enum. Filic.*, 85). Synonyme (Hook. et Bak.) de *Polypodium* T.

XIPHOSIUM (Griff., *It. Not.*, 78; *Icon. pl. asiat.*, t. 316). Synonyme de *Eria* Lindl.

XIPHOSTYLIS (Gasp., in *Rend. Ac. Borb.* [1853], I, 183). Synonyme de *Trigonella* L.

XIPHOTHECA (Eckl. et Zeyh., *Enum.*, 166). Synonyme de *Priestleya* DC.

XIQUEXIQUE. Nom brésilien de l'*Astrocaryum Chonta* Mart.

XIRIS (Vandell.). Pour *Xyris* L.

XOCHITL. Au Mexique, nom vulgaire de l'Œillet d'Inde.

XOCOT. Nom mexicain vulgaire du *Malpighia glabra* L.

XOCOYOLE. Nom vulgaire mexicain des *Oxalis Netzahualcotti* Barcena, *violacea* L. et *tetraphylla* Cav.

XOLANTHA (Rafin., ex Lem., in *Dict.*, LIX, 152). Genre disjoint des *Helianthemum* T.

XOLISMA (Rafin., in *Amer. Monthl. Mag.* [1819]). Synonyme de *Lyonia* Nutt.

XOSSE. Synonyme de *Josse*.

XOXONITZTAL. Nom mexicain de l'*Eupatorium febrifugum* SESS. (*Piqueria trinervis* CAV.).

XUARÈSE. Nom français (LAMK) des *Xuarezia* R. et PAV.

XUARESIA (PERS.). Pour *Xuarezia* R. et PAV.

XUARÉZIA (R. et PAV., *Prodr. Fl. per.*, 24, t. 4). Synonyme de *Capraria* L.

XULINOSPRIONITES (BOWERB., *Foss. fr.*, I, 43). Genre de Papilionacées fossiles. (UNG., *Syn. pl. foss.*, 247; *Chlor. protog.*, LXXXVI.)

XUONG RAONG LA. Nom, en Cochinchine, de l'*Euphorbia edulis* LOUR.

XURIS (ADANS.). Pour *Xyris* L.

XYLADENIUS (DESVX, in *Hamilt. Prodr. Fl. ind. occ.*, 41). Synonyme de *Banara* AUBL.

XYLANTHEMA (NECK., *Elem.*, I, 67). Syn. de *Lamyra* CASS.

XYLANTHORANDIA (H. BN, in *Adansonia*, XII, 246; *Hist. des pl.*, VII, 310). Section du genre *Genipa* PLUM. (*Randia*), dont les grandes fleurs, à corolle infundibuliforme, naissent sur le bois des rameaux. Espèces javanaises.

XYLÈME. Nom créé, inutilement comme tant d'autres, pour désigner l'ensemble du Bois; d'où *Protoxylème* et *Métaxylème*, pour les bois primitif et secondaire.

XYLIA (BENTH., in *Hook. Journ. Bot.*, IV, 417). Genre de Légumineuses-Mimosées-Eumimosées, formé de 3, 4 espèces, de l'Asie tropicale et de Madagascar; distingué par des fleurs en capitule globuleux; le fruit assez grand, largement falciforme, ligneux, aplati et 2-valve; les graines transversales. (H. BN, *Hist. des pl.*, II, 26, 63; in *Bull. Soc. Linn. Par.*, 353.)

XYLISSUS (RAFIN., in *Desvx Journ. Bot.*, II, 177). Synonyme (?) de *Dacrymyces* NEES.

XYLOALOE. Nom ancien du Bois d'aigle.

XYLOALOE (RUMPH., in *Misc. nat. Cur. Dec.* [1685], II, *Ann.*, III, 74). Synonyme de *Agallochum* RUMPH.

XYLOBALSAMUM. Le bois du Baumier de la Mecque.

XYLOBIUM (LINDL., *Bot. Reg.*, sub t. 897). Genre d'Orchidacées-Vandées, formé d'une quinzaine d'herbes épiphytes, américaines; à fleurs de *Maxillaria;* le caudicule simple. Le port et l'inflorescence sont d'ailleurs ceux des *Bifrenaria*. (*Bot. Mag.*, t. 2806, 2955, 3981.)

XYLOCALYX (BALF. F., in *Proc. Roy. Soc. Edinb.*, XII, 84). Genre de Scrofulariacées, à fleurs de *Micrargeria;* le calice devenant ligneux et accru autour du fruit qui est loculicide. Le *X. asper* BALF. F. est un sous-arbrisseau de Socotora. (H. BN, *Hist. des pl.*, IX, 472.)

XYLOCARPUS (KŒN. — A. JUSS., *Meliac.*, 91, t. 9). Section du genre *Carapa* AUBL.

XYLOCOCCUS (NUTT., in *Trans. Amer. Phil. Soc.*, ser. 2, VIII, 258). Synonyme de *Arctostaphylos* ADANS.

XYLOCORYNE (FRIES, in *Nov. Act. upsal.* [1851], I, 124). Tribu des *Xylaria* HILL. — PERS.

XYLOCYSTE (P. BR., *Jam.*, 372). Genre incertain.

XYLOMATITES (GŒPP., *Uebers. Arb. Ver.* [1844], 123). Synonyme de *Xylomites* UNG.

XYLOMELUM (SM., in *Trans. Linn. Soc.*, IV, 214). Genre de Protéacées-Grévilléées, formé de 4 arbres australiens; distingué par des fleurs à calice presque droit, avec 4 glandes sous l'ovaire qui a 2 ovules attachés latéralement; le fruit ovoïde, épais, ligneux, finalement 2-valve; les graines prolongées en aile. Les feuilles sont opposées, et les fleurs en épis. (H. BN, *Hist. des pl.*, II, 391, 426, fig. 226.)

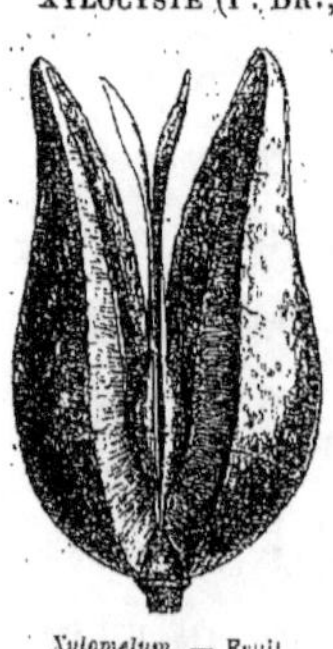

Xylomelum. — Fruit déhiscent.

XYLOMITES (UNG., *Chlor. protog.*, 1, 3, t. 1, fig. 2; *Syn. pl. foss.*, 18). Genre de Champignons fossiles.

XYLON (T., *Inst.*, 101, t. 27). Synonyme de *Gossypium* L.

XYLON EFFENDI. A Chypre, le *Liquidambar orientale* L.

XYLOOLÆNA (H. BN, *Dict.*, II; in *Bull. Soc. Linn. Par.*, 410, 566). Genre de Chlænacées, distingué par un sac ligneux enveloppant le fruit et qui, autour de la fleur, est une cupule accompagnée ordinairement de 2 bractées extérieures. Le bord de ce sac est garni de ∞ baguettes chargées de poils, formant une collerette qui obture en partie le sac. La fleur, blanche ou rosée, rappelle celle des *Camellia*, à 5 sépales inégaux, avec ∞ étamines. Le disque est formé de 5 grandes écailles alternisépales. L'ovaire est 3-loculaire, avec jusqu'à 15, 16 ovules dans chaque loge. Par son organisation, le *X. Richardi* H. BN, de Madagascar, unit complètement les Chlænacées aux Ternstrœmiacées. [H. BN.]

XYLOPE. Nom français (LAMK) des *Xylopia* L.

XYLOPHYLLA (SCHREB., *Gen.*, 200). Section du genre *Phyllanthus* L., à rameaux dilatés en cladodes. (H. BN, *Hist. des pl.*, V, 149, fig. 248-250.)

XYLOPHYLLOS (RUMPH., *Herb. amboin.*, VII, 19, t. 12). Synonyme de *Exocarpus* LABILL.

XYLOPIA (L., *Gen.*, n. 1027). Genre d'Anonacées, qui donne son nom à la série des *Xylopiées* et s'y distingue par des pétales extérieurs rétrécis dans leur portion supérieure; des étamines à anthère généralement tronquée; un réceptacle en forme de coupe, dont la périphérie se relève en cadre portant les étamines. Ce sont des arbres et arbustes aromatiques,

Xylophylla. Cladode florifère.

de l'Asie, l'Afrique et l'Amérique tropicale. Plusieurs espèces ont une écorce utile. D'autres, comme le *X. æthiopica*, sont

Xylopia. — Branche fructifère

des épices et ont un fruit employé comme une sorte de poivre. (H. BN, *Hist. des pl.*, I, 223, 277, 284, fig. 261-266; *Tr. Bot. méd. phanér.*, 516.)

XYLOPICRUM. Le *Xanthoxylum Clava-Herculis* L.

XYLOPLEURUM. L'un des genres démembrés par Spach des *Œnothera* L.

XYLORHIZA (NUTT., in *Trans. Amer. Phil. Soc.*, ser. 2, VII, 297). Section du genre *Aster* T.

XYLORHIZA (SALISB.). L'un des nombreux genres démembrés des *Allium* T.

XYLOSMA (Forst., *Prodr.*, 72). Genre de Bixacées-Flacourtiées, formé d'environ 25 arbustes, des régions chaudes des deux mondes; distingué par des fleurs dioïques, apétales; les 3-5 sépales imbriqués; ∞ étamines, souvent entourées d'un disque; l'ovaire, accompagné d'un disque, à 2-6 placentas pariétaux, 2-pauci-ovulés; le fruit charnu; des feuilles souvent dentées; des branches souvent épineuses. (H. Bn, *Hist. des pl.*, IV, 269, 303, fig. 301, 302.)

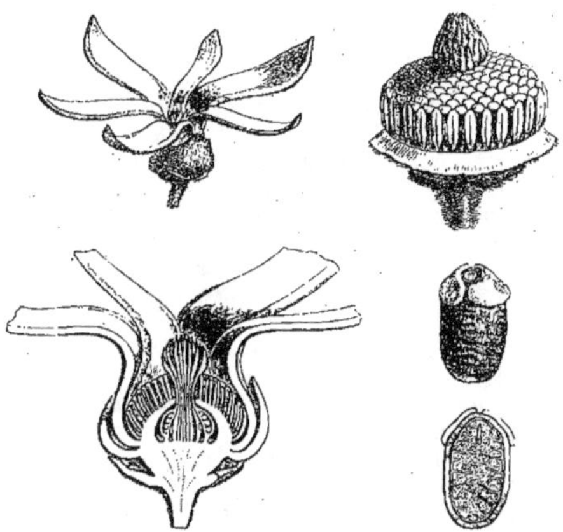

Xylosma. — Fleur femelle, entière et coupe longitudinale.

XYLOSTEON (T., *Inst.*, 609, t. 379). Section du genre *Lonicera* L., à fleurs géminées, libres ou plus ou moins connées par leurs ovaires. (H. Bn, *Hist. des plant.*, VII, 500.)

XYLOSTEUM (Torr., *Fl. Un.-St.*, I, 242). Synonyme de *Xylosteon* T.

XYLOTHECA (Hochst., in *Flora* [1843], 69). Synonyme de *Oncoba* Forsk.

Xylopia. — Fleur entière, coupe longitudinale, et sans le périanthe. Graine, entière et coupe longitudinale.

XYMALOS (H. Bn, in *Bull. Soc. Linn. Par.*, 650). Genre de Bixacées, établi pour le *Toxicodendron acutifolium* Benth. (*Xylosma monospora* Harv., *Thes. cap.*, 181), qui a des fleurs mâles à étamines nombreuses, disposées sans ordre, et des femelles à calice gamosépale, avec un ovaire uniloculaire, renfermant un ovule descendant, à style hémisphérique épais, papilleux. C'est un arbuste de l'Afrique australe. [H. Bn.]

XYNOPHYLLA (Montrous., in *Mém. Acad. Lyon*, X, 250). Synonyme (?) de *Exocarpus* Labill.

XYPHANTHUS (Rafin.). Pour *Xiphanthus* Endl.

XYPHERUS (Rafin., in *Journ. Phys.*, LXXXIX, 260). Synonyme de *Amphicarpæa* DC.

XYPHION (Parl. — Bak.). Synonyme de *Iris* T. et section de ce genre.

XYRIDANTHE (Lindl., *Swan Riv. App.*, 23). Synonyme de *Argyrocome* Gærtn. (H. Bn, *Hist. des pl.*, VIII, 174.)

XYRIDÉES. Famille de Monocotylédones hypogynes, rappro-chée des Commélinacées et Restiacées; les fleurs peu irrégu-lières, en groupes terminaux et capituliformes; le périanthe coloré; l'extérieur nul ou formé d'une foliole extérieure en enveloppant une intérieure; l'intérieur 3-mère; 3 étamines; l'ovaire ∞-ovulé, à 3 loges complètes ou non; les ovules ortho-tropes (genres *Xyris* et *Abolboda*).

XYRIDION (Klatt, in *Bot. Zeit.* [1872], 497). Synonyme de *Iris* T.

XYRIS (L., *Gen.*, n. 64). Genre de Monocotylédones, qui donne son nom aux *Xyridacées*, et dont l'inflorescence en capitule est formée de fleurs à réceptacle convexe, avec une foliole péta-loïde très large, 2-carénée ou double, enveloppant 3 folioles pétaloïdes (corolle) auxquelles sont superposées 3 étamines hypogynes, avec ou sans staminodes. L'ovaire supère a 3 loges ∞-ovulées et est surmonté d'un style partagé en haut en

Xyris. — Port. Fruit déhiscent. Graine, entière et coupe longitudinale.

3 branches. Le fruit est 3-valve, et les graines sont albuminées. Ce sont 25-30 herbes, des régions les plus chaudes des deux mondes, à feuilles basilaires, linéaires, rigides; à capitules ter-minant une hampe dressée. (K., *Enum.*, IV, 2. — W., *Phy-togr.*, t. 1. — Labill., *N. Holl.*, t. 10. — Endl., *Iconogr.*, t. 13. — *Bot. Mag.*, t. 1158. — *Bot. Cab.*, t. 205. — *Fl. bras.*, III, t. 22-29.)

XYRIS. Nom ancien de l'*Iris fœtidissima* L.

XYROIDES (Dup.-Th., *Nov. gen. madag.*, n. 12). Synonyme (?) de *Xyris* L.

XYSMALOBIUM (R. Br., in *Mem. Werner. Soc.*, I, 38). Sec-tion du genre *Asclepias* L. (H. Bn, *Hist. des pl.*, X, 226.)

XYSTIDIUM (Trin., *Fund. Agrostogr.*, 102). Synonyme de *Perotis* Ait.

XYSTRIS (Schreb., *Gen.*, I, 138). Genre incertain. (Rœm. et Sch., *Syst.*, IV, 489.)

YABA. Nom, dans le Yucatan, de l'écorce de l'arbre appelé *Macallo* par les Mexicains (*Andira excelsa* K.).

YABU-HAGI. Nom japonais du *Desmodium japonicum* MIQ.

YABUKARASHI. Nom japonais du *Vitis pentaphylla* THUNB.

YABU-SUMIRE. Nom japonais du *Viola sylvestris* KIT.

YACAL. Nom philippinais du *Dipterocarpus plagatus*, dont le bois, d'un jaune sale, est recherché pour les constructions navales et pour faire des encadrements.

YAH-KIN. Nom chinois d'un *Curcuma*, fourni par le *Curcuma angustifolia* ROXB.

YAITOBANA. Nom japonais du *Pæderia fœtida* L.

YAI-YO. Nom birman du *Morinda angustifolia* ROXB.

YALLHOY. Le *Monnina polystachya* R. et PAV.

YAM. Nom, au Brésil, de plusieurs *Dioscorea* PLUM.

YAMADOU. Nom brésilien du *Virola sebifera* AUBL. (*Myristica*), dont les graines, traitées par l'eau bouillante, donnent une matière grasse utilisée pour faire des chandelles.

YAMPAH. Nom donné par les Indiens Serpents et Shoshones de l'Amérique du Nord à l'*Anethum graveolens* dont ils mangent les racines, et dont les fruits leur servent à parfumer leurs mets.

YANAGI. Nom, au Japon, de certains Saules.

YANAGIRAN, YANAGISO. Noms japonais de l'*Epilobium spicatum* LAMK.

YANDEBUY. Nom indigène du *Ferula alliacea* BOISS.

YANDEE. En Australie, l'*Eucalyptus loxophleba*.

YANGMAE. Nom, en Chine, du *Myrica Nagi* THUNB.

YANGO. Nom, au Chili, du *Linum aquilinum* MOLIN., employé dans le pays comme rafraîchissant et fébrifuge.

YANGUA (SPRUCE, in *Journ. Linn. Soc.*, III, 197). Synonyme de *Cybistax* MART.

YANGUÉ-BÈRE. Nom, au Gabon, d'une sorte de Gingembre.

YANTOC. Nom, aux Philippines, des *Dæmonorops* BL.

YAPANA. Pour *Ayapana*.

YAPON. Synonyme de *Gongonha*. On l'appelle aussi *Maté*, parce qu'on le substitue parfois à l'*Ilex* de ce nom.

YARI-YARI. Nom guyanais du *Duguetia quitarensis* LINDL., dont le bois sert aux Indiens à faire la pointe de leurs flèches. Encore peu développé, il est très employé pour fabriquer des manches de fouets et des lignes à pêcher.

YARKASURA (Noix de). Fruit indéterminé, indiqué comme remède des herpès.

YARRA-WOOD. L'*Eucalyptus marginata*.

YARROW. Nom anglais de l'*Achillæa Millefolium* L.

YASMYN. Nom arabe du Jasmin.

YATES (Jam.). Auteur, à Londres [1843] de *Textrinum antiquorum, an account of.... weaving among the ancients* (in-8).

YATI. En Malaisie, le *Tectona grandis* L.

YAYE-MUGURA. Nom japonais du *Rubia (Galium) Aparine* H. BN.

YAYO. En Colombie, le *Y. colorado* est l'*Odontandra Karstenii*; et le *Y. blanco*, l'*O. appendiculata*.

YBAVIYU. Nom guarani de l'*Eugenia Ybaviyu* PAROD.

YCARO. Nom guarani du *Sapindus divaricatus*, dont le fruit est employé par les Indiens pour remplacer le savon, ou pour les usages domestiques. Les Jésuites en avaient planté, dans les Missions, autour de toutes les fontaines, pour l'usage des Indiens. L'endocarpe, noir, dur et lisse sert à faire des colliers et des chapelets.

Y-DZI. En Chine, le *Coix chinensis* TOD., dit « herbe de la vie et de la santé ».

YEBI-DZURU. Nom japonais du *Vitis ficifolia* BGE.

YÈBLE. Synonyme de Hièble.

YECOTL (GREW., *Mus.*, 200). Synonyme de *Raphia vinifera* PAL.-BEAUV.

YEDRA. Au Mexique, le *Pharbitis violacea* BOJ., l'*Hydrocotyle americana* L., le *Cobæa scandens* CAV. et le *Sida triloba* CAV.

YEEGAAR. Nom somali du *Boswellia* qui produit le *Luban-Meyeti* ou *Matti*, sorte estimée d'encens.

YE-GOMA. Nom japonais du *Perilla ocimoides* L.

YEIT. Nom, en Australie, de l'*Eucalyptus cornuta* LABILL.

YELLOW-BARKED OAK. Aux États-Unis, le *Quercus tinctoria*.

YELLOW CEDAR. Nom anglais du *Tecoma stans* J.

YELLOW GUM. En Australie, l'*Eucalyptus Stuartiana*.

YELLOW-GUM. Nom, à Sierra-Leone, de la gomme-copal du *Guibourtia copallina* BENN. (*Copaifera*).

YELLOW-JESSAMINE. Aux États-Unis, le *Gelsemium sempervirens* PERS.

YELLOW-NICKARS. Nom anglais du Bonduc.

YELLOW PAREIRA-BRAVA. Syn. de *Coutoubea spicata* AUBL.

YELLOW-PINE. Aux États-Unis, le *Pinus australis* MICHX.

YELLOW-PRICKLE. Nom du *Zanthoxylum Ochroxylum* DC.

YELLOW RESIN-TREE. Nom, à la Nouvelle-Galles du Sud (WHITE), du *Xantorrhœa hastilis* R. BN., qui produit une résine dont l'odeur, quand elle est brûlée, rappelle à la fois celle du benjoin et du Baume de Tolu. Les indigènes font des piques avec ses hampes florales durcies.

YELLOW-ROOT. Aux États-Unis, l'*Hydrastis canadensis* L. et le *Xanthorhiza apiifolia* LH.

YELLOW SANDER. Nom anglais du *Zanthoxylum flavum* VAHL.

YELLOW-WATER-DROPWORT. En Angleterre, l'*Œnanthe safranée*.

YELMO. Nom chilien des *Decostea* R. et Pav.

YENDEBUY. Nom, à Kerman, du *Ferula alliacea* Boiss., qui passe pour produire de l'Asa-fœtida.

YENDO. Nom japonais du Pois cultivé.

YEN YE. Nom cochinchinois (Lour.) du Tabac.

YERAN. Nom japonais d'un *Pandanus*.

YERBA. A Buenos-Ayres, le Maté.

YERBA ALACRAN. Nom mexicain du *Plumbago scandens* L.

YERBA AMARGA. Nom vulgaire mexicain de l'*Ambrosia artemisiæfolia* L.

YERBA BUENA. Au Mexique, le *Mentha viridis* L.

YERBA DE LA DONCELLA. Au Mexique, le *Begonia gracilis* H. B., médicament évacuant.

YERBA DE LA GOLONDRINA. Au Mexique, l'*Euphorbia maculata* L.

YERBA DEL ALACRAN. Au Mexique, le *Plumbago scandens* L.

YERBA DEL ANGEL. Au Mexique, l'*Eupatorium sanctum* et l'*E. Collinii* DC.

YERBA DE LA PERDIZ. Nom urugayen du *Margyricarpus setosus* Pav.

YERBA DE LA PUEBLA. Synonyme de *Itzcuimpatli*.

YERBA DE LA PUEBLA, Y. DE LOS PERROS. Noms, au Mexique, du *Senecio canicida* Pharm. mex.

YERBA DE LAS ANIMAS. Au Mexique, l'*Helenium autumnale* L., substitutif de l'*Arnica*.

YERBA DEL AYRE. A Guaymas, une plante indéterminée qui guérit, dit-on, les paralysies.

YERBA DEL BURRO. Nom argentin du *Cassia bicapsularis* L.

YERBA DEL CANCER. Au Mexique, le *Lythrum alatum* Pursh.

YERBA DEL CARBO. Nom du *Baccharis multiflora* H. B. K.

YERBA DEL CLAVO. Au Mexique, le *Juliana caryophyllata* Llv., plante réputée antispasmodique.

YERBA DEL GOLPE. Nom mexicain de l'*Allionia incarnata* L.

YERBA DEL INDO. Au Mexique, l'*Aristolochia fœtida* K., dont la racine est narcotique et se prescrit contre les coliques.

YERBA DEL MARAVEDIS. Aux Antilles, le *Myginda Uragoga* L.

YERBA DEL NEGRO. Le *Malva angustifolia* Cav.

YERBA DE LOMBRICES. Nom espagnol du *Spigelia anthelmia* L.

YERBA DE LOS PERROS. Synonyme de *Itzcuimpatli*.

YERBA DEL PALLO. Au Mexique, le *Tradescantia erecta* Jacq. vanté dans le pays comme hémostatique.

YERBA DEL PARAGUAY. Nom, à Médellin, du *Vandellia diffusa*.

YERBA DEL TABARDILLO. Synonyme de *Tlatlancuaya*.

YERBA DE PARA. L'un des noms du *Panicum molle* Sw.

YERBA DE VIBORA. Nom argentin du *Conyza serpentaria*.

YERBA DULCE. Au Mexique, les *Lippia graveolens* L. et *dulcis* Trev.

YERBA MATE. L'*Ilex paraguaiensis* Lamb.

YERBA NEGRA. Nom chilien du *Mulinum spinosum* Pers.

YERBA SAGRADA. Le *Lantana brasiliensis*.

YERBA SANTA. L'*Eriodictyon californicum*, plante usitée comme pectorale.

YERBA SANTA. Synonyme de *Tlanepaquelite*.

YERMOLOFIA (Belang., *Voy.*, *Icon.*). Synonyme de *Lagochilus* Bge.

YERUK. Synonyme de *Chagaret*, nom arabe du *Parmelia parietina* Ach., et de *Jarra*, le *Lathyrus sativus* L.

YERVA DEL CURA. Au Brésil, le *Ternstrœmia sylvatica* Schl.

YERVA MORADERA. La Ficoïde-Glaciale.

YERVA VERGONHADA. Nom portugais du *Biophytum Sensitiva*.

YESCA DE PANAMA. Nom donné à la Havane à une sorte d'amadou hémostatique, fabriqué avec les poils laineux du *Melastoma holosericea* L.

YESGOS. Au Mexique, l'*Urtica mexicana* (*Fl. mex. ined.*).

YEUSE. Le *Quercus Ilex* L.

YEUX. Synonyme de Bourgeons.

YEUX DE BOURRIQUE. Les graines du *Mucuna urens* DC.

YEW. Nom anglais des Ifs.

YMNITRICHUM (Neck., *Elem.*, III, 329). Genre disjoint des *Polytrichum* L.

YMNOSTEMA (Neck., *Elem.*, I, 133). Genre disjoint des *Lobelia* L.

YNGMUNYON. Nom indigène de l'*Owenia cepiodora* F. Muell.

YOANIA (Maxim., in *Bull. Ac. Pétersb.*, XVIII, 68; *Mél. biol.*, VIII, 645). Genre d'Orchidacées-Néottiées, formé d'une herbe aphylle (et parasite?) du Japon; distingué par des grappes lâches et pauciflores; des sépales charnus, libres; un labelle connivent en cloche avec les pétales et subforniqué au sommet; un gynostème aplati, rectangulaire, 2-ailé; 2 caudicules polliniques. Le *Y. japonica* Maxim. s'emploie comme antigonorrhéique et contre les maladies rénales; on conserve, dans ce but, ses fruits séchés, ou *Tsuchi-akibi*. (*Hook. Icon.*, t. 1364.)

YOLOCHIAHITL. Au Mexique, le *Psoralea glandulosa* L.

YOLOMBO. Nom, à Medellin, d'un *Andripetalum*. (Posad.-Arang., in *Adansonia*, X, 186.)

YOLOXILTIC. Synonyme de *Xoxonitztal*.

YOLOXOCHITL. Le *Magnolia mexicana* Sess. et Moç.

YONÉ. A Calderon, le *Petiveria tetandra* Gom., qui entre dans la composition du Curare.

YORUBA INDIGO. Nom anglais du *Lonchocarpus cyanescens*.

YOUNGIA (Cass., *Opusc. phyt.*, III, 86). Synonyme de *Crepis* L. (H. Bn, *Hist. des pl.*, VIII, 108.)

YOYOTE. Au Mexique, le *Thevetia Iccotli* DC.

YPADU. Au Brésil, la *Coca*.

YPOBALLUS (Neck., *Elem.*, III, 326). Genre disjoint des *Bryum* Brid.

YPRÉAU. Nom vulgaire des Peupliers blancs.

YPSILANDRA (Fr., *Pl. David. sin.*, II, 131, t. 17). Genre de Liliacées-Narthéciées, établi pour une plante de la Chine occidentale, qui a le port d'un *Heloniopsis*. Ses fleurs un peu penchées, à 6 divisions étalées, ont leurs étamines à insertion basilaire et tout à fait indépendante des pétales. Les anthères uniloculaires sont courbées en fer à cheval ou en U renversé au sommet des filets sur lesquels elles s'insèrent par le milieu. Le style unique s'élève au milieu de la dépression centrale de l'ovaire. La capsule est trilobée au sommet, avec les lobes comprimés latéralement, et renferme un grand nombre de graines fusiformes, subulées aux deux extrémités. [A. Fr.]

YPSILONIA (Lév., in *Ann. sc. nat.* [1846], 284). Genre de Sphéropsidés, à périthèces minimes, sessiles, globuleux, naissant d'une base rayonnante. Les spores allongées sont hyalines, en fourche, ou à trois rayons. Une seule espèce, vivant à la face inférieure des feuilles d'Anonacées à Manille. [De S.]

YSANO. Au Pérou, le *Tropæolum tuberosum* R. et ses variétés.

YUANGSCHEN. Plante galactogène, indéterminée, usitée en Chine.

YUCCA (L., *Gen.*, n. 429). Genre de Liliacées, qu'Endlicher rapporte à la tribu des Aloïnées. Ses fleurs sont, à peu de chose près, celles des Tulipes; elles sont formées d'un périanthe à 6 divisions conniventes, d'un double verticille d'étamines, et d'un ovaire triloculaire, multiovulé; il est surmonté de 3 branches stylaires, courtes ou presque sessiles, à large surface stigmatique, toutes trois connées à la base. Le fruit a la forme d'une baie; c'est une capsule polysperme, déhiscente en 3 valves, d'abord loculicides, puis septicides. Ce sont des plantes arborescentes ou à tige peu élevée au-dessus du sol, garnie à son sommet d'un bouquet de feuilles lancéolées, allongées, dont l'extrémité du limbe s'effile fréquemment en un aiguillon. Leurs bords sont parfois spinescents. Du centre du bouquet foliaire, s'élève une belle hampe, chargée de fleurs insérées à l'aisselle de bractées blanchâtres, à pédicelle infléchi, très ornementales. On cultive fréquemment dans nos jardins les *Yucca*, qui sont représentés par une vingtaine d'espèces, originaires des régions chaudes de l'Amérique du Nord. Leurs sépales se mangent en salade. (K., *Enum.*, IV, 274.) [F. H.]

Yucca. — Fruit.

YUCCÆOPSIS (Rœm., *Fam. nat. Syn.*, IV, 11, 71). Section du genre *Crinum* L.

YUCCITES (Mart., in *D. Regensb. Ges.* [1822], II). Genre de plantes fossiles, attribué aux Liliacées. (Ung., *Syn.*, 170, *Chlor. protog.*, LXVII. — Voy. Sternb., *Vers.*, III, 23. — Schimp. et Moug., *Vosg.*, 42.)

YUKISSÉ. — Voy. Œnocarpus.

YULANIA (Spach, *Suit. à Buff.*, VII, 462). Section du genre *Magnolia* L. (H. Bn, *Hist. des pl.*, I, 137, fig. 171, 172.)

YURAPANGA. Au Pérou, l'*Andromachia igniaria* H.

YUYU. Nom bolivien du *Chenopodium Quinoa* L.

YVART (J.-Aug.-Vict.). Mort à Paris en 1831, fut un agronome distingué, et l'un des premiers qui signala, dans une brochure instructive [1816], les effets pernicieux du *Berberis vulgaris* sur le froment.

YVRAIE. Nom français (Lamk) des *Lolium* L.

YXEMIA (Hampe, ex *Bot. Zeit.* [1847], 817). Synonyme de *Clathropteris* Ad. Br.

Z

ZAB. Nom hongrois de l'Avoine.

ZABILA. Au Mexique, l'*Aloe variegata* L.

ZABUCAIO. Le *Lecythis Ollaria* L.

ZACATE DE LA PLAYA. Nom mexicain du *Russelia junceum*.

ZACATLASCALE. Au Mexique, le *Cuscuta americana* L.

ZACINTHA (T., *Inst.*, 476, t. 269). Genre de Composées-Cichoriées, formé de 5 espèces, de l'Asie centrale et occidentale et de la région Méditerranéenne; distingué, dans le groupe des Rhagadiolées, par un involucre à bractées indurées, concaves, finalement sphérique-urcéolé; les fruits allongés, sans bec, couronnés de ∞ soies caduques et courtes. Nous avons uni à ce genre comme sections les *Acanthocephalus* KAR. et KIR. et les *Heteracia* F. et MEY. (H. BN, *Hist. des pl.*, VIII, 111.)

ZACINTHA (VELL., *Fl. flum.*, 276; Atl., VIII, t. 9). Synonyme de *Clavija* R. et PAV.

ZACYNTHA (ADANS.). Pour *Zacintha* T.

ZACZATEA (H. BN, in *Bull. Soc. Linn. Par.*, 806; *Hist. des pl.*, X, 295). Genre d'Asclépiadacées, d'Angola, formé d'un arbuste glabre, à fleurs de *Tacazzea*, avec 5 sépales lancéolés et des groupes de glandes géminées alternes; la corolle campanulée; la couronne double; 2 grandes languettes subulées, sous l'anthère; puis, plus en dehors, sur la corolle, 5 paires de petites saillies dentiformes et triangulaires. Une baguette, prolongement du corpuscule bursiculé, porte simultanément les grains polliniques provenant de deux loges voisines d'anthères différentes.

ZAEHRINGIA (BRONN., *Traub. Rheinth.*, 11). « Classe », pour l'auteur, de Vignes.

ZAFRAN. Nom arabe (ROYLE) du Safran.

ZAHLBRUCKNER (Joh.). Mort à Gratz en 1850, auteur de *Darstellungen der pflanzengeographischen Verhältniss des Erzherzogthums Oesterreichs unter der Enns* [1831], in-8.

ZAHLBRUCKNERA (REICHB., *Fl. germ. exc.*, 551). Section du genre *Saxifraga* T. (H. BN, *Hist. des pl.*, III, 328.)

ZAIT. Nom hébreu de l'Olivier.

ZAKEDA. Nom abyssin du *Sium simense* GAY.

ZALA (LOUR., *Fl. cochinch.*, 405). Synonyme de *Pistia* L.

ZALACCA (REINW., in *Syll. Ratisb.*, II, 3). Genre de Palmiers-Lépidocaryées, formé de 7, 8 espèces acaules, de l'Assam et de l'archipel Malais; distingué, dans le groupe des Calamées, par des feuilles pennées, à nervures parallèles et à segments acuminés; des fleurs réunies en grand nombre sur des ramules amentiformes, avec ∞ spathes persistantes. (MART., *Hist. nat. Palm.*, t. 118, 119, 123, 136, 159, 173, 174. — WALLR., *Pl. as. rar.*, t. 222.) [H. BN.]

ZALEYA (BURM., *Fl. ind.*, 110, t. 31, fig. 3). Synonyme de *Trianthema* L.

ZALICO. Nom, d'origine hindoue, donné par Adanson au *Rhizophora cylindrica* L.

ZALIL. Nom afghan d'un *Delphinium* dont les fleurs jaunes sont médicinales, toniques, etc., et servent aussi en teinture.

ZALLINGER (Joh.-Bapt.). Botaniste de Botzen [1731-1785], a écrit *De ortu frugum ex mechanismo plantarum* [1769]; *De incremento frugum* [1771], in-4; *De morbis plantarum cognoscendis et curandis*, etc. [1773], in-8 de 137 p.

ZALUZANIA (COMMERS., ex GÆRTN. F., *Fruct.*, III, t. 192, fig. 6). Synonyme de *Bertiera* AUBL.

ZALUZANIA (PERS., *Syn.*, II, 473). Genre de Composées-Hélianthées, formé de 6, 7 arbustes ou sous-arbrisseaux mexicains; distingué, dans le groupe des Verbésinées, par des capitules en cymes corymbiformes; un réceptacle conique; les fleurs du rayon fertiles; les fleurs hermaphrodites à branches stylaires un peu obtuses; les feuilles alternes, entières, incisées ou disséquées. (H. BN, *Hist. des pl.*, VIII, 212.)

ZALUZIANSKIA (J.-W. SCHM., in *Ust. Ann.*, VI, 116). Genre de Scrofulariacées-Chænostomées, formé d'une quinzaine de petites herbes ou sous-arbrisseaux, de l'Afrique australe; distingué par des fleurs à calice 2-partite ou 2-labié; la corolle à tube grêle, à limbe peu irrégulier; 4 étamines : les antérieures petites ou 0, à anthère transversale; les postérieures plus grandes, à anthère incluse, oblongue et longitudinale. On en cultive quelques jolies espèces, sous le nom de *Nycterinia*. (HARV., *Thes. cap.*, t. 58. — *Bot. Reg.*, t. 748. — *Bot. Mag.*, t. 2504. — H. BN, *Hist. des pl.*, IX, 447.)

ZALUZIANSKY A ZALUZIAN (Adam). Auteur [1604] de *Methodi herbariæ libri tres* (in-4, avec 1 pl.), imprimé à Prague. Rœper a écrit sur cet ouvrage en 1835.

ZAMARIA (RAFIN., in *Ann. gén. Phys.* [1820], VI, 85). Synonyme de *Cupia* DC.

ZAMBONI (Guis.). Auteur, à Florence [1721], de *Parnassi botanici fragmenta* (in-4).

ZAMBOU. Nom, à Madagascar, du *Ropalocarpus triplinervius* H. BN (*Buettneria triplinervia* BVN.).

ZAMBUGEIRO. Nom portugais de l'Olivier sauvage.

ZAMIA (L., *Gen.*, n. 1227). Genre de Cycadacées-Encéphalartées-Zamiées, formé de 25-30 arbres, à tronc élevé ou court, simple ou ramifié, portant quelques feuilles pennées, avec strobiles solitaires ou 2-nés; les mâles cylindriques-oblongs, à écailles superposées sur ∞ séries, juxtaposées-valvaires, peltées; le sommet pelté épais, tronqué et nu à son extrémité. Les écailles portent en dessous et sur le pied ∞ loges polinifères sessiles. Dans les strobiles femelles, les écailles sont analogues, et les fleurs femelles (ovules des gymnospermistes) sont ovoïdes et sessiles. Tous les *Zamia* sont américains; on en cultive beaucoup d'espèces dans nos serres; leur tige est épigée ou en partie hypogée. Son parenchyme est souvent un riche réservoir de fécule. (L.-C. Rich., *Conif. et Cyc.*, t. 27, 28. — *Fl. bras.*, IV, I, t. 108, 109. — Seem., *Her. Bot.*, t. 43. — *Bot. Mag.*, t. 1741, 1838, 1851, 1969, 2006, 5242.) [H. Bn.]

ZAMIÉES. Groupe de Cycadacées, distingué par des feuilles à divisions non costées, à nervures parallèles; des cônes à écailles superposées en séries verticales; leurs sommets peltiformes 6-gones et juxtaposés-valvaires (genres *Zamia, Microcycas, Bowenia, Ceratozamia*).

ZAMIOCULCARIEÆ. Tribu (10) des Aracées. (B. H., *Gen.*, III, 962.)

ZAMIOCULCAS (Schott, *Syn. Aroid.*, 71). Genre d'Aracées, qui constitue à lui seul la série des *Zamioculcasiées;* distinguée par des fleurs unisexuées, par avortement, dans un spadice non appendiculé : les inférieures femelles, avec les anthères stériles ou 0; les supérieures mâles, avec ovaires abortifs. Le périanthe est 4-mère. On distingue 2 de ces plantes, de l'Afrique tropicale orientale; elles sont acaules, vivaces, à court rhizome émettant des tubercules, avec des feuilles imparipinnées ou 2-pinnées; le rachis articulé. On cultive assez souvent ces curieuses Aracées dans nos serres. (*Bot. Cab.*, t. 1408. — *Bot. Mag.*, t. 5985, 6026.) [H. Bn.]

ZAMIOSTROBUS (Endl., *Gen.*, 72). Genre de Cycadacées fossiles, établi pour le *Zamia macrocephala* Hensl. (Ung., *Syn. pl. foss.*, 161; *Chlor. prot.*, 65.)

ZAMITES (Ad. Br., *Prodr.*, 94). Genre fossile de Cycadacées, de l'oolithe et du lias; distingué par des frondes pennées, à pinnules rapprochées, subimbriquées, auriculées ou cordées à la base, aiguës au sommet, avec des nervures arquées et divergentes, parfois bifurquées (Endl., *Gen.*, 72). Le *Zamites* Sternb. (*Vers.*, II, 195, 198) est synon. de *Nilssonia* Ad. Br.

ZANAHORIA. Nom espagnol des Carottes.

ZANARDINIA (Nard., in *Att. d. 2ª Riun. nat. Torin.*, 189). Synonyme de *Padina* Adans.

ZANG, ZEEN. Synonymes de *Quercus Mirbeckii.*

ZANGA-VASA. Au Gabon, l'*Adenanthera pavonina* L.

ZANICHELLE. Nom français (Lamk) des *Zannichellia* Mich.

ZANN (Joh.-Heinr.). Auteur [1783] d'une thèse sur le *Rhododendron chrysanthum.*

ZANNICHELLI (Gian-Girol.). Célèbre apothicaire de Venise [1662-1729], a écrit un catalogue des plantes terrestres et marines dont sa maison était ornée « *in festo corporis Christi* » [1711]; *De Myriophyllo pelagico* [1714]; de *Rusco* [1727]. Son fils a publié ses *Opuscula botanica posthuma*, en 1730. Il a écrit [1733] *Lettera intorno alle facoltà dell' Ippocastano*, et donné, en 1735, un catalogue des objets d'histoire naturelle du Musée Zannichelli.

ZANNICHELLIA (Micheli, *Nov. pl. gen.*, 70, t. 34). Genre de Naïadacées, qui donne son nom à une série des *Zannichelliées*, et qui s'y distingue par des fleurs monoïques, sans périanthe ; avec une étamine à filet grêle; des carpelles au nombre de 2-9, arqués. Il n'y en a probablement qu'une espèce, très variable, des marais, submergée, à rhizomes grêles; les feuilles linéaires, généralement opposées, dilatées à leur base en gaine stipuliforme. Les fleurs, d'abord terminales, deviennent axillaires par « usurpation » du rameau. (Nees, *Gen. Fl. germ.*, *Monoc.*, III, n. 46. — L.-C. Rich., in *Mém. Mus.*, XVII, t. 5. — Gren. et Godr., *Fl. de Fr.*, III, 320.)

ZANNICHELLIÉES. Série des Naïadacées, formée d'herbes submergées, à fleurs axillaires et 1-sexuées; le périanthe hyalin ou nul. Dans la fleur mâle, il y a une étamine à filet allongé, ou 2, 3 anthères sessiles ou unies. Dans la fleur femelle, les carpelles, au nombre de 2-9, sont 1-ovulés; l'ovule descendant et orthotrope. L'embryon a son extrémité cotylédonaire apicale ou sous-apicale, atténuée, indupliquée ou involutée (genres *Zannichellia, Lepilæna, Althenia*).

ZANON (Antonio). Né et mort à Udine [1696-1770], a écrit un volume sur l'Agriculture, etc., et [1767] *Delle coltivazione e del uso delle patate e d'altre piante comestibili* (in-8).

ZANONE. Nom français (Lamk) des *Zanonia* L.

ZANONI (Giac.). Directeur du jardin de Bologne, né en 1615, auteur de l'*Istoria botanica* [1675] et de *Rariorum stirpium historia* publié par Monti en 1742. Plumier lui a dédié un genre *Zanonia*, et a dit de lui : « Cl. D. Jacobus Zanoni, botanicus et in Horto publico Bononi ensi præfectus, plantarum ab antiquis memoratarum discretor perspicacissimus, et dissertator sapientissimus, Historiam Botanicam edidit, in qua tum antiquorum, tum recentiorum plantæ non antea observatæ ac ex variis orbis partibus advectæ, ad vivum tabulis æncis repræsentantur et genuinis descriptionibus referuntur. Extat opus Bononiæ apud Jos. Longhi, 1675, fol. »

ZANONIA (Cram., *Enum.*, 75). Synonyme de *Campelia* Rich.

ZANONIA (L., *Gen.*, n. 1117). Genre de Cucurbitacées, formé de 2, 3 lianes, de l'Asie et de l'Océanie tropicales; distingué

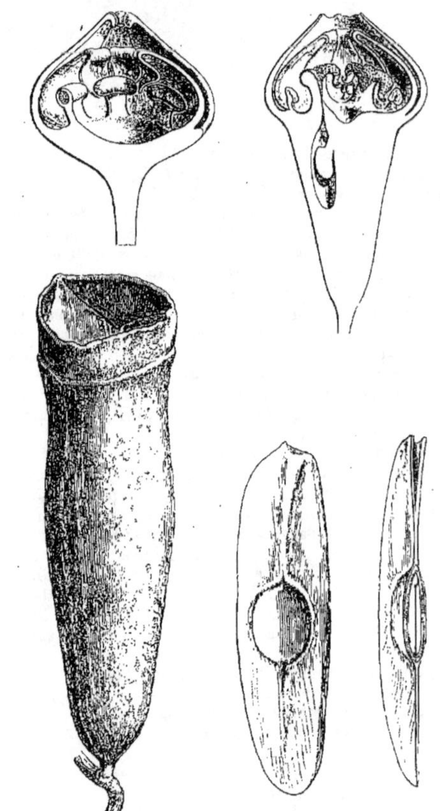

Zanonia. — Fleurs mâle et femelle, coupes longitudinales. Fruit déhiscent. Graine, entière et coupe longitudinale.

par des fleurs dioïques, à calice 3-mère ; 5 étamines, à anthère 1-loculaire, déhiscente en travers; un ovaire infère, à 3 loges 2-ovulées; les 3 branches stylaires 2-fides; le fruit cylindrique ou claviforme, à sommet déhiscent par 3 panneaux triangulaires ; les graines pourvues d'une aile épaisse. (H. Bn, in *Compt. rend. Ass. fr.* [1878], t. 7, fig. 1, 2; *Hist. des plant.*, VIII, 425.)

ZANONIÉES. Tribu des Cucurbitacées. Synonyme (part.) de Fevilléées.

ZANTEDESCHIA (C. Koch, *Ind. sem. H. berol.* [1854], *App.*, 9). Synonyme de *Schismatoglottis* Zoll. et Mor.

ZANTEDESCHIA (Spreng., *Syst.*, III, 765). Genre d'Aracées-

Philodendrées, qui a pour prototype le *Calla æthiopica* L., souvent cultivé sous le nom de *Richardia africana* K., et qui renferme avec lui 3, 4 autres espèces de l'Afrique australe. Ce sont des herbes des marais, à rhizome épais, à feuilles sagittées, parfois tachées de blanc ; la spathe, parfois colorée et odorante, à limbe se détachant de sa base qui s'accroît autour des fruits. Les fleurs mâles et femelles sont contiguës ; l'ovaire à 2-5 loges, accompagné de staminodes ; les ovules attachés dans l'angle interne des loges et anatropes ; les fruits charnus ; les graines à embryon axile et albuminé. (Schott, *Gen. Aroid.*, t. 62. — *Bot. Mag.*, t. 832, 5140, 5176, 5765.) [H. Bn.]

ZANTHORHIZA (Lhér., *St. nov.*, t. 38). Pour *Xanthorhiza*.

ZANTHOXYLÉES. Séric des Rutacées, à fleurs régulières, souvent diclines, à réceptacle convexe ou rarement cupuliforme ; les pétales libres, égaux ou 0. Androcée iso- ou diplostémoné, à pièces libres. Carpelles libres (Euzanthoxylées) ou unis par l'ovaire (Toddaliées). Ovules 2 ou rarement 1, descendants, à micropyle extérieur. Fruit sec, déhiscent ou charnu, avec ou sans noyau. Graine avec ou sans albumen. Arbres ou arbustes, à feuilles alternes ou opposées, simples ou 3-foliolées, ou pennées, ordinairement ponctuées. (H. Bn, *Hist. des pl.*, IV, 429.)

ZANTHOXYLUM (L., *Gen.*, n. 1109). Genre de Rutacées, qui donne son nom à la série des *Zanthoxylées*. Il est formé de près de 100 arbres et arbustes, des régions chaudes des deux mondes, et a des fleurs polygames ou rarement hermaphrodites, à calice 3-5-mère ; 3-5 pétales ou 0 ; 3-5 étamines hypogynes,

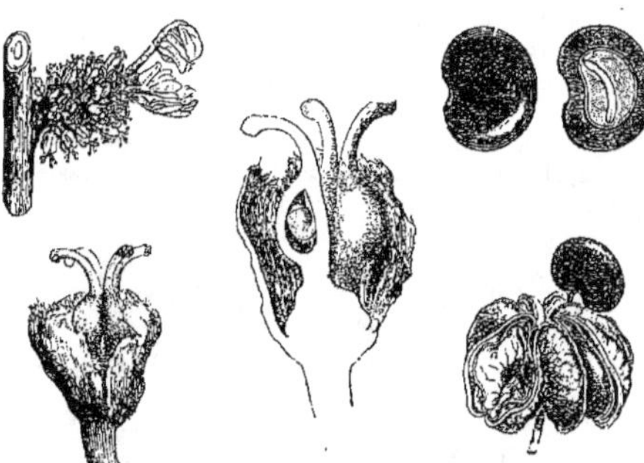

Zanthoxylum. — Inflorescence. Fleur femelle, entière et coupe longitudinale. Fruit déhiscent. Graine, entière et coupe longitudinale.

stériles ou 0 dans les fleurs femelles. Celles-ci ont 1-5 carpelles 2-ovulés. Le fruit est formé de 1-5 coques, sèches ou drupacées, et les graines ont un albumen. Les feuilles sont très variables, 1-∞-foliolées, ponctuées, odorantes. Les branches sont souvent chargées d'aiguillons. Les inflorescences sont très variables. Ce sont des plantes aromatiques, stimulantes, condimentaires souvent. Les genres *Geigera* F. Muell. et *Coatesia* F. Muell. nous paraissent appartenir à celui-ci, distingués seulement par des fleurs hermaphrodites et des feuilles non composées. (H. Bn, *Hist. des pl.*, IV, 389, 437, 468, fig. 433-438 ; Tr. *Bot. méd. phanér.*, 855.)

ZAPALITO. Nom, au Mexique, de plusieurs Cucurbitacées à fruit comestible.

ZAPALLO CASPI. Nom argentin du *Pisonia Zapallo* Griseb.

ZAPALLO. Synonyme de *Cucurbita Pepo* L.

ZAPANE. Nom français (Lamk) des *Zapania* Scop.

ZAPANIA (Scop. — J., in *Ann. Mus.*, VII, 72). Synonyme de *Lippia* L.

ZAPOTA. Nom espagnol de la Sapotille.

ZAPOTE BLANCO. Au Mexique, le *Casimiroa edulis* Llv.

ZAPOTE BORRACHO. Au Mexique, le *Lucuma salicifolia* K.

ZAPOTE PRIETO. Au Mexique, le *Diospyros obtusifolia* W.

ZARA (B. II., *Gen.*, III, 964). Orthographe vicieuse pour *Zala* Lour.

ZARABELLIA (Neck., *Elem. bot.*, I, 10). Synonyme de *Berkheya* Ehrh.

ZARAGATONA. Au Mexique, les graines du *Plantago Psyllium* L.

ZARCOA (Llav., in *Mem. Ac. cienc. Madr.*, IV, 501). Synonyme de *Bridelia* W.

ZABOLLE. Nom français (Lamk) des *Goodenia* Sm.

ZARZA. Les Salsepareilles.

ZARZAMORA. Au Mexique, le Groseillier noir.

ZARZA-PARILLA. Nom espagnol, en Amérique, des Salsepareilles médicinales.

ZASMIDIUM (Fr., *Summ. veg. Scand.*, II, 407). Genre de Périsporiacés, à mycélium brun, noir, abondant, donnant naissance à de petits périthèces sphériques, astomes, colorés, plus ou moins hirsutes. Les thèques, sphériques, contiennent 8 spores brunes à la maturité. Une espèce a été bien caractérisée : c'est le *Z. cellare*, qui se développe sur le bois dans les caves. [De S.]

ZATARIA (Boiss., *Diagn. or.*, V, 18). Genre de Labiées, formé d'un arbuscule de la Perse, de l'Afghanistan et du Belouchistan, voisin des Thyms et distingué par un calice 5-nerve ; une corolle subbilabiée ; 4 étamines peu inégales. (H. Bn, *Hist. des pl.*, XI, 52.)

ZATER. Nom, au Maroc, de l'*Origanum compactum* Benth.

ZAUSCHNERIA (Presl, *Rel. Hænk.*, II, 28, t. 52). Genre d'Onagrariacées-Onagrariées, formé d'un arbuste californien ; distingué par des fleurs d'*Epilobium*, avec un tube réceptaculaire prolongé au-dessus de l'ovaire en un tube infundibuliforme. La fleur est d'ailleurs 8-andre, et le fruit capsulaire ; les graines ailées. Le *Z. californica*, à jolies fleurs rouges, est cultivé. (*Bot. Mag.*, t. 4493. — H. Bn, *Hist. des pl.*, VI, 491.)

ZAVIRA (Const.-Joh.). Auteur, à Pesth [1787], de *Onomatologia Botanike tetraglottos*, etc. (in-8).

ZAWADSKI (Alex.). Professeur à Lemberg [1798-1868], a donné une *Énumération des plantes de la Gallicie et de la Bucovine* [1835] et [1836] un *Flora der Stadt Lemberg* (in-8).

ZAZALE. Au Mexique, le *Mentzelia hispida* W.

ZAZINTHA (Hall. — Rupp.). Pour *Zacintha* T.

ZEA. Chez les anciens, l'Épeautre et le Froment Locular.

ZEA (L.). Nom latin des Maïs. (III, 299.)

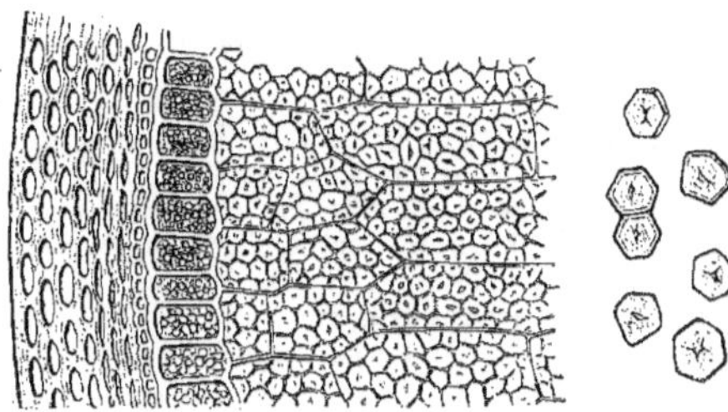

Zea Mais. — Tissu du fruit et de la graine. Fécule.

ZEB, ZEB ARBI, ZEB EL TURCO. Noms arabes du *Cynomorium coccineum* L.

ZEBRINA (Schnitzl., in *Bot. Zeit.* [1849], 870). Genre de Commélinacées-Tradescantiées, formé de 2 herbes, du Mexique et du Texas, pendantes ou grimpantes ; distingué par de larges spathes terminales et 2-nées, compliquées et enveloppant des cymes courtes ; le calice 2, 3-fide ; la corolle à tube long et grêle ; les lobes étalés ; les anthères à loges séparées par un connectif allongé en travers ou divariqué ; les 3 loges ovariennes 1, 2-ovulées. On cultive assez souvent ces plantes comme ornementales. (C.-B. Clke, *Commel.*, 317.) [H. Bn.]

ZEDDI. Nom abyssin du *Juniperus procera* A. Rich.

ZÉDOAIRE. Nom français (Lamk) des *Kæmpferia* L.

ZÉDOAIRE JAUNE. Le *Zinziber zanthorhizon* Roxb.

ZEDUBA (Hamilt., herb., ex Meissn.). Syn. de *Calanthe* R. Bn.

ZEENA-SEAH. Nom, dans l'Inde, du *Carum nigrum* H. Bn.

ZEHNERIA (Endl., *Prodr. Fl. norfolk.*, 69; *Gen.*, n. 5127). Synonyme de *Melothria* L. (H. Bn, *Hist. des pl.*, VIII, 410.)

ZEITA. Nom, dans le Sahara, du *Limoniastrum Guyonianum*.

ZEITLOSE. Nom allemand des Colchiques.

ZELEZNIK. En Pologne, la Verveine officinale.

ZELIM. En Abyssinie, le *Jasminum floribundum* R. Br.

ZELKOUA. Nom du *Planera crenata* Desf.

ZELKOVA (Spach, in *Ann. sc. nat.*, sér. 2, XV, 356). Synonyme de *Abelicea* Bell.

ZELLPLATTE. — Voy. Plaque cellulaire.

ZEMPOALXOCHITL. Au Mexique, le *Tagetes erecta* L.

ZEN. — Voy. Zang.

ZÉNALE (*Haloragis* Forst., *Char. gen.*, 61, t. 31). Genre d'Onagrariacées, série des Haloragées, formé d'environ 40 espèces, d'Asie et d'Océanie, herbacées ou suffrutescentes; distingué par des fleurs hermaphrodites ou unisexuées, à

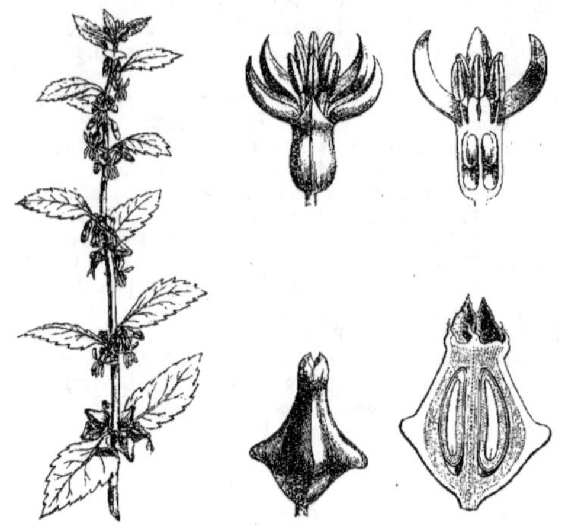

Zénale. — Branche florifère. Fleur entière et coupe longitudinale. Fruit entier et coupe longitudinale.

4 pétales; 8 étamines; un ovaire à 1-4 loges, avec un ovule descendant dans chacune d'elles; le raphé dorsal. Le style est à branches plumeuses. Les feuilles sont opposées, ou les supérieures alternes; les fleurs sont axillaires ou disposées en grappes. (H. Bn, *Hist. des pl.*, VI, 474, 497, fig. 457-461.)

ZENI-AVI. Nom japonais de la Grande-Mauve.

ZENKER (Jon.-Karl). Professeur à Iéna [1799-1837]. Auteur [1830] de *Die Pflanzen und ihr wiss. Studium überhaupt;* de *Merkantilische Waarenkunde* [1831-35], 3 vol. in-4; de *Beiträge zur Naturgeschichte der Urwelt* [1833], in-fol.; de *Plantæ indicæ* (récoltées par B. Schmidt); de travaux sur la flore d'Iéna et de la Thuringe. Ce dernier ouvrage fut continué par Schlechtendal et Langethal.

ZENKERIA (Arn., in *Mag. Zool. et Bot.*, II, 548). Synonyme de *Apuleia* Mart.

ZENKERIA (Trin., in *Linnæa*, XI, 150, t. 3). Genre de Graminées-Avénées, formé de 2 herbes indiennes, vivaces; distingué, dans le groupe des Airées, par une inflorescence ramifiée, composée, très floribonde; les épillets petits; les rhachilla et les carènes des glumes ciliées; les glumelles obtuses ou mucronées-subaristées. (Benth., in *Journ. Linn. Soc.*, XIX, 93; *Gen.*, III, 1155.)

ZENNECK (Ludw.-Heinr.). Professeur à Hohenheim [1779-1822], auteur [1822] d'un *Flora von Stuttgart* (in-4) et [1822] d'un *Oekonomische Flora* (in-4).

ZENOBIA (Don, in *Edinb. N. Phil. Journ.*, XVII, 158). Genre d'Éricacées-Andromédées, formé d'un arbuste de l'Amérique du Nord, souvent rapporté aux *Andromeda* et distingué par

une corolle campanulée, large relativement à sa longueur, et des étamines à anthères terminées par 2 tubes 2-aristés et poricides au sommet. C'est un joli arbuste d'ornement. (H. Bn, *Hist. des pl.*, XI, 177.)

ZENON. Nom hébreu du Raifort.

ZENOPOGON (Link, *Handb.*, II, 481). Synonyme de *Barba Jovis* T.

ZEOBROMUS (Griseb. — B. H., *Gen.*, III, 1201). Section du genre *Bromus* L.

ZEOCRITON (Pal.-Beauv., *Agrost.*, 114, t. 21, fig. 2). Section du genre *Hordeum* T.

ZEOPYRON (G. Bauh.). Synonyme de *Gymnocriton* J. Bauh.

ZEOPYRUM (Trin., ex *Isis* [1825], 679). Synonyme de *Zeocriton* Pal.-Beauv.

ZEPA DE CAVALLO. Au Mexique, le *Xanthium spinosum* L.

ZEPHYRA (Don, in *Edinb. N. Phil. Journ.*, XIII, 236). Genre d'Hæmodoracées, formé d'une herbe chilienne; distingué, dans le groupe des Conanthérées, par un périanthe à tube court et étroit; 6 étamines, dont 4 fertiles et 2 stériles. (Miers, in *Trans. Linn. Soc.*, XXIV, 503, t. 53.)

ZEPHYRANTHES (Herb., *App.*, 36; *Amar.*, 170, t. 24, 29, 35). Genre d'Amaryllidacées-Amaryllidées, formé d'une trentaine de plantes bulbeuses, américaines, souvent cultivées; distingué par une hampe 1-flore, avec une bractée spathacée double; un périanthe à tube court ou assez long, avec des écailles petites ou 0 autour des étamines. (*Bot. Mag.*, t. 239, 1586, 2464, 2485, 2537, 2583, 2593, 2594, 2607, 3596.)

ZERBIN. Le Cèdre du Liban.

ZERDANA (Boiss., in *Ann. sc. nat.*, sér. 2, XVII, 84). Genre de Crucifères-Sisymbriées, formé d'une herbe cespiteuse, alpine, de Perse; distingué par des feuilles pressées, tomenteuses et glanduleuses, linéaires; des hampes pauciflores; 4 sépales égaux à la base; un fruit arrondi; le style distinct, à 2 branches stigmatifères. (H. Bn, *Hist. des pl.*, III, 242.)

ZERI. Nom japonais de plusieurs Fenouils.

ZERISHK, ZURUNJ, ZURAK. Noms persans des *Berberis*.

ZERNA (Panz., in *Denkschr. Akad. Münch. f.* 1813, 296). Synonyme de *Bromus* L.

ZERR-EICHE. En Allemagne, le *Quercus Cerris* L.

ZERUMBET. L'*Amomum Zerumbet* L.

ZERUMBET (Lestib., in *Ann. sc. nat.*, sér. 2, XV, 329). Section du genre *Zingiber* Adans.

ZERUMBET (Rumph., *Herb. amboin.*, V, t. 68). Synonyme de *Curcuma* L.

ZERUMBET (Wendl., *Sert. hann.* [1798], I, fasc. IV, t. 19). Synonyme (?) de *Alpinia* L.

ZETOCAPNIA (Link et Ott., ex *Steud. Nom.*, I, 224; II, 798). Synonyme de *Cætocapnia* Link. et Ott.

ZÉTOUTT. Nom arabe de l'*Iris Juncea* Desf., dont le rhizome est comestible.

ZETTERSTEDT (J.-Wilh.). Né en 1785, professeur à Lund, fut l'auteur de *De fæcundatione plantarum* [1810], in-4; *Resa genom Sveriges och Norriges Lappmarker* [1822], in-8; *Resa genom Umed Lappmarker* [1833], in-8 de 398 p.; et d'un catalogue du jardin de Lund en 1834-37.

ZEUGITES (Schreb., *Gen.*, 810). Genre de Graminées-Festucées, formé de 5, 6 espèces américaines; distingué, dans le groupe des Centothécées, par des tiges fortes et élevées ou grêles et tombantes; une inflorescence composée, lâche ou dense; des épillets ∞-flores, avec une fleur inférieure fertile et 2-5 supérieures mâles. (Pal.-Beauv., *Agrost.*, 110, t. 12, fig. 9.) [H. Bn.]

ZEUGNEMA (Link). Pour *Zygnema* Agh.

ZEUGOPHYLLITES (Ad. Br., in *Dict.*, LVII, 123; *Prodr.*, 121). Genre de Palmiers fossiles. (Endl., *Gen.*, 257. — Ung., *Syn.*, 183; *Chlor. prot.*, 70. — M'Coy, in *Ann. and Mag.*, XX, 152.)

ZEUXINE (Lindl., *Bot. Reg.*, sub t. 1618). Genre d'Orchidacées-Néottiées, formé d'une quinzaine d'herbes terrestres, asiatiques, africaines et océaniennes; distingué par des sépales libres; un gynostème non appendiculé; des tiges feuillées; un labelle concave, sans vrai éperon, souvent à 2 callosités intérieures. (BL., *Orch. arch. ind.*, t. 19, 22, 23.)

ZEXMENIA (LLAV. et LEX., *Nov. veg. descr.*, I, 13). Section du genre *Dimerostemma* CASS. (H. BN, *Hist. des pl.*, VIII, 202.)

ZEYHER (J.-Mich.). Directeur du jardin de Schwetzingen, où il est mort en 1843, a écrit un catalogue de ce jardin, et, avec Chr. Rœmer, *Beschreibung der Gartenanlagen zu Schwetzingen* [1809]. Avec Rieger, il a publié, en 1826, *Schwetzingen et son jardin* (in-8 de 182 p et 8 pl.). — Karl-Ludw.-Phil. ZEYHER, explorateur de l'Afrique australe, avec Ecklon, est mort au Cap en 1858. (*Bonplandia* [1857], 354.)

ZEYHERA (SPRENG. F., *Diss.*, 92, ex LESS.). Synonyme de *Geigeria* GRIESS.

ZEYHERIA (MART., *Nov. gen. et spec.*, II, 65, t. 159). Genre de Bignoniacées-Técomées, formé de 2 arbustes brésiliens;

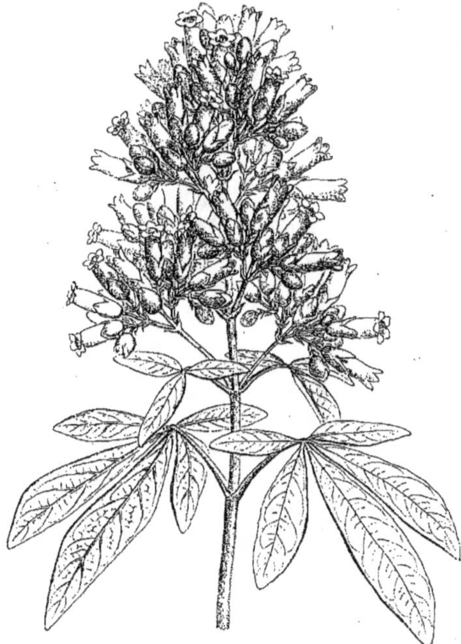

Zeyheria. — Branche florifère.

distingué par un duvet étoilé; une inflorescence ample et composée; un calice qui se fend en 2, 3, lors de l'anthèse; un fruit suborbiculaire-obovale comprimé, chargé de tubercules mous ou d'écailles. (BUR., *Bignon.*, t. 18. — H. BN, *Hist. des pl.*, X, 14, 50, fig. 29-37.)

ZEYLANIDIUM (TUL., in *Ann. sc. nat.*, sér. 3, XI, 104; in *Arch. Mus.*, VI, 138). Synonyme de *Griffithella* TUL.

ZEYSOUM. Nom, en Égypte, du *Santolina fragrantissima* FORSK., qui sert à préparer des infusions digestives.

ZIBEBEN. Nom maure de la Vigne.

ZIB-EL-ARD. Nom arabe du *Cynomorium coccineum* L.

ZICHYA (HUEG., *Bot. Arch.*, t. 1). Syn. de *Kennedya* VENT.

ZIEGER (Chr.-Gottl.). Auteur, à Leipzig [1757], de *De vita inter plantas optimo sanitatis tuendæ præsidio* (in-4 de 12 p.).

ZIEGRA (Chr.-Sam.). Auteur, à Witteberg [1680], de *De morte plantarum. Disputatio physica* (in-4 de 24 p.).

ZIERIA (SM., in *Trans. Linn. Soc.*, IV, 216). Genre de Ru-

tacées-Boroniées, formé d'une quinzaine d'arbres et arbustes australiens, assez souvent cultivés; distingué par des feuilles

Zieria. — Fleur, entière et coupe longitudinale.

opposées, ordinairement 3-foliolées, ponctuées; des fleurs 4-mères, à 4 pétales ponctués; 4 étamines, insérées contre un disque 4-mère. (H. BN, *Hist. des pl.*, IV, 387, 462, fig. 424, 425.)

ZIERVOGLIA (NECK., *Elem.*, I, 254). Genre disjoint des *Cynanchum* L.

ZIETENIA (GLED., *Syst.*, 184). Synonyme de *Betonica* L.

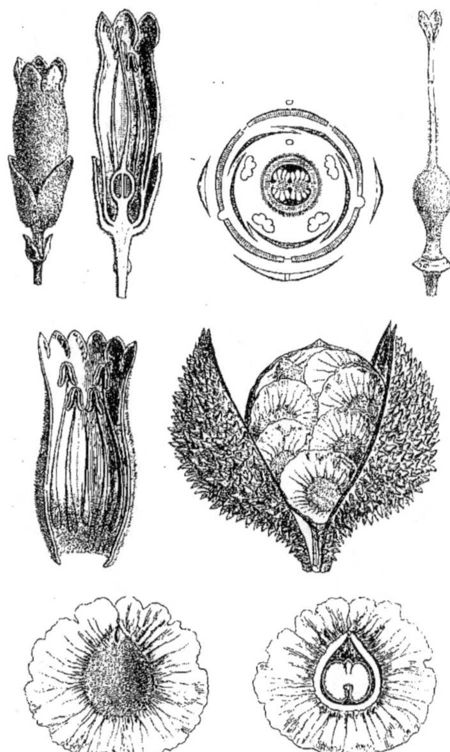

Zeyheria. — Fleur, entière et coupe longitudinale. Diagramme. Corolle et androcée. Gynécée. Fruit déhiscent. Graine, entière et coupe longitudinale.

ZIGADENUS (MICHX). Pour *Zygadenus* MICHX.

ZIGNOA (TREV., in *Kütz. Spec. Alg.*, 479). Synonyme de *Enteromorpha* LINK.

ZIGNOELLA (SACC., *Michel.*, I, 346). Genre de Sphériacés, formé aux dépens des *Sphæria*, pour des espèces à périthèces souvent minuscules, groupés, à demi émergents, noirs et papillés. Les thèques, le plus souvent entourées de paraphyses, contiennent 8 spores oblongues, hyalines, bi- ou pluriloculaires, quelquefois non cloisonnées, au moins au début. Près de 70 espèces épixyles, presque toutes de l'hémisphère boréal. [DE S.]

ZI-GOMA. Nom, au Japon, des *Perilla*, dont on extrait une huile qui sert à imperméabiliser les papiers.

ZIGRA (Joh.-Herm.). Jardinier de Riga, a écrit un *Dendro-logisch-œkonomisch-technische Flora der im Rossischen Kais-serreiche bis jetz bekannten Bäume und Sträucher, nebst deren vollständiger Kultur*, etc. (in-8 de 461, 393 p.).

ZILLA (Forsk., *Fl. æg.-arab.*, 121; *Ic.*, t. 17 A). Genre de Crucifères-Isatidées, formé de 4 herbes suffrutescentes, d'Afrique, d'Arabie et de Perse; à fruits ovoïdes ou pyramidaux, crustacés, parfois ailés, rostrés et à 2 logettes; un embryon à cotylédons condupliqués. (H. Bn, *Hist. des plant.*, III, 265.)

céenne. Ce groupe contient les Cannées, Marantées et Zingi-bérées.

ZINGIBÉRÉES. Série des Zingibéracées, à calice tubuleux ou spathacé; l'anthère fertile à 2 loges; le labelle entier ou 2-lobé; les placentas ∞-ovulés; les fruits ∞-spermes; l'embryon droit et central. Les loges ovariennes y sont complètes ou incomplètes (Globbées).

ZINN (Joh.-Gottfr.). Professeur à Gœttingue [1727–1759], a écrit *Observationes quædam botanicæ et anatomicæ de vasis*

Zingibéracées. — Port. Bulbilles. Fleurs. Diagramme.

ZIMMERMANN (Joh.-G.). Auteur [1751] de *Dubia ex Linnæi Fundamentis botanicis* (Gœttingue, in-8).

ZINGI (Bauh.). Nom ancien de la Badiane.

ZINGIBER (Adans.). Nom latin des Gingembres. (II, 700.)

ZINGIBÉRACÉES. Famille de Monocotylédones, à fleurs irrégu-lières; l'ovaire infère, à loges 1-∞-ovulées. L'irrégularité n'est pas due au périanthe 6-mère, mais à l'androcée, ordinairement transformé en partie en lames pétaloïdes inégales. Des 3 éta-mines épigynes et oppositipétales, une seule est fertile, à an-thère 1, 2-loculaire. Les deux autres, entières ou dédoublées, libres ou unies entre elles, sont transformées en staminodes pétaloïdes. Le labelle est, dans ces plantes, d'origine andro-

subtilioribus oculi et cochlea auris internæ [1753] e un catalogue des plantes du jardin et de la campagne de Gœttingue.

ZINNIA (L., *Gen.*, n. 974). Genre de Composées-Hélianthées, formé d'une douzaine d'herbes mexicaines, parfois suffrutes-centes; distingué, dans le groupe des *Zinniées*, par des feuilles opposées et entières; des capitules solitaires, à réceptacle conique ou cylindrique, avec les fleurs du disque stériles; les fruits, au moins les intérieurs, à 1-3 arêtes. On cultive ces belles plantes dont on est parvenu à modifier considérablement les capitules comme forme, taille et coloration, rouges, jaunes, blancs et violets. (H. Bn, *Hist. des pl.*, VIII, 219.)

ZINOWIEWIA (Turcz., in *Bull. Mosc.* [1859], I, 275). Genre de Célastracées, dont les organes de végétation, les feuilles opposées, les inflorescences en cymes et les fleurs sont les mêmes que dans les *Elæodendron*, mais qui en diffère par son fruit. Celui-ci est une samare monosperme, prolongée supérieurement et, surtout d'un côté, en une aile dolabriforme. Le seul *Z.* connu a reçu le nom de *integerrima*; c'est un arbuste du Mexique. (Voy. *Hist. des plant.*, VI, 35.) [H. Bn.]

ZINZEYD. Nom, en Perse, des *Elæagnus hortensis* et *orientalis*.

ZIPPEA (Corda, *Fl. d. Worw.*, 76, t. 26). Genre fossile, attribué par l'auteur aux Protoptéridées et rangé par Ad. Brongniart (in *Dict. d'Orb.*, XIII, 84) parmi les Cauloptéridées.

ZIPPELIA (Bl., in *Rœm. et Sch. Syst.*, VII, 1614). Section du genre *Piper*; synonyme de *Steffensia* (C. DC., *Prodr.*, XVI, I, 256). Mais d'autres auteurs (B. H., *Gen.*, III, 128, n. 4) conservent le genre comme distinct, à cause de ses 6 étamines, son fruit glochidié, ses fleurs pédicellées dans une spathe concave. (Benn., *Pl. jav. rar.*, t. 16. — Miq., *Ill. Piper.*, t. 92.)

Zingibéracées. — Fleur. Pétales. Androcée.

ZIPPELIA (Reichb., ex Endl., *Gen.*, Suppl., II, 6). Synonyme de *Brugmansia* Bl.

ZIRKIN. A Socotora, l'*Allophylus* (*Schmidelia*) *rhusiphyllus* Balf. f.

ZITELLINA (C.-Mun., in *C. rend. Ac. sc.*, 29 oct. 1877). Genre non décrit d'Algues calcaires (Dasycladées).

ZITUNA. Nom africain de l'Olive.

ZIZANE. Nom français (Lamk) des *Zizania* L.

ZIZANIA (L., *Gen.*, n. 1062, part.). Genre de Graminées-Oryzées, formé de 2 herbes aquatiques, de l'Amérique du Nord, du Japon et de la Russie orientale; distingué par une longue et riche panicule androgyne, avec des épillets étroits, 1-sexués; 2 glumes et 6 étamines. (Pal.-Beauv., *Agrost.*, t. 22, fig. 6. — Lamb., in *Trans. Linn. Soc.*, VII, t. 13. — *Fl. bras.*, II, II, 12, t. 3.) [H. Bn.]

ZIZANIE. Le *Lolium temulentum* L.

ZIZANIOPSIS (Dœll, in *Mart. Fl. bras.*, II, II, 12, t. 3). Section du genre *Zizania* L.

ZIZIA (Koch, *Umbell.*, 129). Genre d'Ombellifères, qui unit les *Pimpinella* aux *Carum*, et dont nous n'avons fait (*Hist. des plant.*, VII, 120) qu'une section de ce dernier genre. [H. Bn.]

ZIZIOIDES (H. Bn, *Hist. des pl.*, VII, 120). Section du genre *Carum*, établie pour les *Zizia* à vallécules plurivittées.

ZIZIPHORA (L., *Gen.*, n. 36). Genre de Labiées-Monardées, formé d'une douzaine d'herbes ou de sous-arbrisseaux, méditerranéens et asiatiques; distingué, dans le groupe des Eumonardées, par un calice 2-labié et 13-nervé; la gorge velue en dedans et souvent fermée après l'anthèse par la connivence des dents; les verticillastres pauciflores, à pédicelles souvent aplatis. (Lamk, *Ill.*, t. 18. — *Bot. Mag.*, t. 906, 1093. — H. Bn, *Hist. des pl.*, XI, 64.)

ZIZYPHUS (T.). Nom latin des Jujubiers. (III, 157.)

ZOACANTHE. Nom français (Lamk) des *Exoacantha*.

ZOADULE. Nom donné par Gaillon aux masses des *Némazoaires*, constituant par leur union ce qu'il appelait *Némate*. Ce mode d'union est d'ailleurs très variable. [Ch. M.]

ZOAPATLE. Nom mexicain du *Montagnea tomentosa* Lall.

ZOEGEA (L., *Mantiss.*, 15). Section du genre *Centaurea* L. (H. Bn, *Hist. des pl.*, VIII, 85.)

ZOJOJI-BIYAKUSHJ. Nom japonais de l'*Heracleum barbatum* L.

ZOLLERNIA (Mart., in *N. Act. nat. cur.*, XIII, p. XIII, t. C, D). Genre de Légumineuses-Papilionacés-Tounatéées, formé de 3, 4 arbres ou arbustes brésiliens; distingué par des

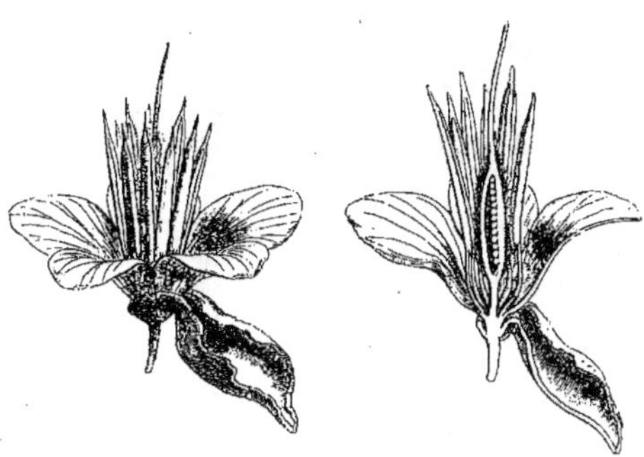

Zollernia. — Fleur, entière et coupe longitudinale.

feuilles 1-foliolées; des fleurs à calice acuminé; le réceptacle très court; 5 pétales; 9-13 étamines; un fruit ovoïde, épais et 2-valve. (H. Bn, *Hist. des pl.*, II, 236, 372, fig. 207, 208.)

ZOLLIKOFERIA (DC., *Mém. Comp.*, t. 18; *Prodr.*, VII, 183). Synonyme de *Microrhynchus* Less.

ZOLLIKOFERIA (Nees, in *Bl. et Finger. Fl. germ.*, II, 305). Synonyme de *Chondrilla* L.

ZOLLINGER (Heinr.). Botaniste-voyageur, mort en 1859 à Java, où il a fait de remarquables collections, en a écrit le Catalogue (*Syst. Verzeichniss*) avec Moritz, en 1854-55.

ZOLLINGERIA (Kurz, in *Journ. As. Soc. Beng.*, XLI, II, 303). Genre de Sapindacées-Lépisanthées, dont les caractères ont été modifiés par M. Pierre (in *Bull. Soc. Linn. Par.*, 634). Ce sont 3 arbres, de Birmanie, de Chine et de Cochinchine, à fleurs hermaphrodites ou polygames, avec 5 sépales; 4, 5 pétales inégaux, avec ou sans écaille; 7-9 étamines intérieures au disque. Le gynécée est excentrique, à ovaire 3-loculaire. Le fruit est capsulaire, à 3 ailes, et la graine n'a pas d'albumen. Les cotylédons sont variables de forme. Les feuilles sont pennées, et les inflorescences sont composées. (Hiern, in *Hook. f. Fl. brit. Ind.*, I, 692.)

ZOLLINGERIA (Sch. bip., in *Flora* [1854], 273). Synonyme de *Rhynchospermum* Reinw.

ZOMICARPA (Schott, *Syn. Aroid.*, 33; *Gen. Aroid.*, t. 23). Genre d'Aracées-Zomicarpées, formé de 3 espèces brésiliennes, à feuilles 3-séquées ou pédatiséquées; l'ovaire 1-loculaire, à 6-9 ovules allongés. (Saund., *Ref. bot.*, t. 15. — Peyr., *Ar. Maxim. Reis.*, t. 1-3. — *Fl. bras.*, III, II, t. 50.)

ZOMICARPEÆ. Tribu (3) des Aroïdées (B. H., *Gen.*, III, 958), formée d'herbes tubéreuses; distinguée par un spadice appendiculé; les fleurs sans périanthe : les mâles, à étamines distinctes, avec anthères didymes; les femelles, à ovaire 1-loculaire; les ovules orthotropes (genres *Zomicarpa* Schott et *Zomicarpella* Bn.).

ZOMICARPELLA (N.-E. Br., in *Gardn. Chron.* [1881], II, 266; in *Ill. hort.*, XXVIII, 144). Genre d'Aracées, distingué des *Zomicarpa* par un ovaire 1-ovulé et des feuilles ovales, cordées ou sagittées. C'est une plante tubéreuse, de Colombie.

ZONANTHUS (Griseb., in *Journ. Linn. Soc.*, VI, 145). Genre de Gentianacées-Chironiées, formé d'un arbuste de Cuba, à feuilles opposées et penninerves; distingué par de grandes fleurs axillaires, solitaires, pédonculées, verdâtres; le calice ovoïde; la corolle à tube inclus, à lobes oblongs et étalés; les 2 placentas pariétaux se rejoignant au centre de l'ovaire. (H. Bn, *Hist. des pl.*, X, 139.)

ZONARIA (Agh, *Syst.*, p. XXXVII). Genre d'Algues-Dictyotées. La fronde, dont la base est tomenteuse, est plane, flabelliforme, entière ou à divisions rayonnantes. Les cellules superficielles sont disposées en lignes, et leur ensemble présente l'image d'un éventail. Les sores, qui contiennent les

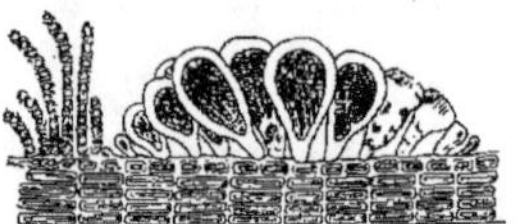

Zonaria. — Port. Sores.

spores, distribués par toute la fronde, sont tantôt arrondis, tantôt linéaires. Les paranémates sont claviformes, articulés. Une dizaine d'espèces constituent ce genre. (Voy. J.-G. Agh, *Spec., gen. et ord. Alg.*, I, 106.) [Ch. M.]

ZONARITES (Sternb., *Vers.*, II, 34). Genre d'Algues fossiles, rapporté aux Fucoïdées. (Ung., in *Endl. Gen.*, Suppl., III, 54; *Syn. pl. foss.*, 6; *Chlor. prot.*, 26.)

ZONATE. — Voy. Calonophus.

ZONE GÉNÉRATRICE, ZONE PROTECTRICE. — Voy. Racine, Tige.

ZONENBLATT. Nom allemand du *Zonaria Pavonia* Agh.

ZONOTRICHIA (J. Agh [1842], *Alg. Med.*, 9). Genre d'Algues-Rivulariées, caractérisé par un thalle ferme, à zones concentriques et à trichomes qui rayonnent d'un même point central, mais qui sont toujours dépourvus d'hétérocystes. Ce genre d'Algues assez nombreuses renferme des espèces fluviatiles, saumâtres et marines. (Voy. Rabenh., *Fl. eur. Alg.*, II, 212.)

ZOOCHLORELLA. Masses vertes, considérées jadis comme des corps chlorophylliens dont seraient pourvus les organismes animaux inférieurs, ce qui leur permettrait de réduire les hydrocarbures. Aujourd'hui on les regarde comme des Algues parasites (Dangeard), du groupe des Protococcées, voisines des *Coccochloris* Spreng.

ZOOGALACTINA (Sette, *Mem. Ven.* [1824]). Synonyme de *Palmella* Lyngb.

ZOOGLOEA (Cohn, in *Nov. Act.*, XXVI, 123). Synonyme de *Palmella* Lyngb. [Ch. M.]

ZOONYCHON. Nom ancien de l'Alchimille vulgaire.

ZOOPHTHALMON. Nom grec de la Grande Joubarbe.

ZOOPHTHALMUM (P. Br., *Jam.*, 295, t. 31). Section du genre *Mucuna* Adans.

ZOOPHYCOS (Massal., *Nov. gen. plantarum fossilium*, Vérone [1855]). Genre incertain.

ZOOPSIS (Hook. f. et Tayl., *Fl. antarct.*, I, 167, t. 66, fig. 6). Genre d'Hépatiques, rapporté aux Codoniées par Nees (*Syn. Hepat.*, 473) et caractérisé par un périchèse formé de quelques écailles lancéolées; le calice né de la nervure de la fronde, pédicellé, ovoïde-oblong, fendu en plusieurs languettes. Ce sont des plantes à fronde linéaire, peu ramifiée, formée de cellules 6-gonales, turgides; les bords de la fronde crénelés ou sinués. Le type du genre est le *Jungermannia argentea* Hook. f. et Tayl. [H. Bn.]

ZOOSPORANGE. Le sporange qui produit intérieurement des zoospores.

ZOOSPORES. Les zoospores sont des corps reproducteurs propres plus particulièrement aux Algues-Zoosporées. Ces corps sont généralement globuleux, ovoïdes; ils résultent de la condensation de la substance protoplasmique de la plante; ils sont pourvus de cils vibratiles, organes de locomotion, et se meuvent en dirigeant en avant le rostre, qui est la partie incolore

et amincie de la zoospore. Tantôt ces cils sont de même longueur, en nombre variable, et sont fixés au même point. D'autres fois leur direction est opposée, et leur longueur différente. Enfin, chez les *Vaucheria*, l'oospore entière est garnie de cils vibratiles. Les zoospores, devenues libres, s'agitent, s'abandonnent à des mouvements rapides, le plus souvent dirigés vers la lumière, et comme instinctifs. Cette faculté de locomotion est passagère; bientôt le mouvement s'arrête, et la spore passe de la vie animale à la vie végétale. (Voy. Thur., *Etud. phyc.* — H. Bn, *Des mouv. dans les org. repr. des pl. et dans les prod.*) [Ch. M.]

ZOOTHÈQUE. Synonyme de Anthéridie.

ZOPATLE. Au Mexique, le *Montagnœa tomentosa* DC.

ZOPOA (Walp., *Rep.*, V, 843). Section du genre *Pozoa* Lag.

ZOPYROS. Dans Pline, le Clinopode commun.

ZORN (Barth.). Médecin de Berlin [1639-1717], auteur [1714] d'un *Botanologia medica*. — Joh. Zorn [1739-1799] est l'auteur de *Icones plantarum medicinalium* (in-8 de 336 p. et 500 pl. col.).

ZORNIA (Gmel., *Syst. nat.*, 1076). Genre de Légumineuses-Papilionacées-Hédysarées, formé d'une douzaine d'herbes, d'Amérique et d'Afrique; distingué par des fleurs à 2 bractées stipuliformes, libres, herbacées, veinées; le calice à 2 sépales latéraux et petits; le tube floral court; les fleurs disposées en épis interrompus; les feuilles digitées, à 2-4 folioles. (H. Bn, *Hist. des pl.*, II, 311.)

ZORNIA (Mœnch, *Meth.*, 410). Synonyme (part.) de *Dracocephalum* L. et de *Lallemantia* Fisch. et Mey.

ZOROTATY. A Madagascar, le *Grewia calvata* Bak.

ZOSIMA (Phil., *Sert. Mendoc. alt.*, 29). Synonyme (?) de *Philibertia* H. B. K.

ZOSTÉRACÉES, ZOSTÉRÉES. Série des Naïadacées, formée de plantes marines, submergées, à feuilles linéaires; les fleurs 1-sexuées dans un spadice aplati, 1-latérales, sans périanthe; les mâles à une anthère sessile, 1-loculaire; le pollen confervoïde; les femelles à carpelle solitaire, 1-ovulé; l'ovule descendant; l'embryon à extrémité cotylédonaire vermiforme (genres *Zostera* et *Phyllospadix*).

ZOSTÈRE (*Zostera* L., *Gen.*, n. 1032). Genre de Naïadacées-Zostérées, formé de 4 herbes marines, submergées, de l'ancien monde; distingué par des fleurs monoïques, dans le même spadice ou des spadices différents, et un carpelle ovoïde. Le

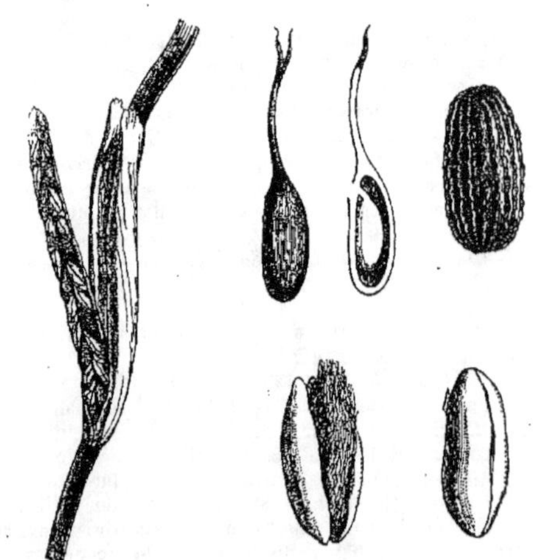

Zostère. — Inflorescence. Carpelle, entier et coupe longitudinale. Fruit. Graine.

Z. marina L. sert à faire des matelas, coussins, etc. (Gærtn., *Fruct.*, I, t. 19. — Nees, *Gen. Fl. germ. Mon.*, III, n. 43. — Mirb., in *Ann. Mus.*, XVI, t. 19. — K., *Enum.*, III, 115. — Gren. et Godr., *Fl. de Fr.*, III, 325. — Laness., in *C. rend. Ass. fr. av. sc.* [1875], t. 6, 7.)

ZOSTEREÆ. Tribu (G) des Naïadacées. (B. H., *Gen.*, III, 1011.)

ZOSTERITES (AD. BR., in *Dict.*, LVII, 117; *Prodr.*, 114). Genre de Naïadacées fossiles; syn. de *Amphibolis* AGH et *Potamophyllites* NILSS. (UNG., *Chlor. prot.*, 46, t. 16; *Syn.*, 175.)

ZOSTEROSPERMON (P.-BEAUV., in *Lestib. Ess. Cyper.*, 28). Synonyme de *Rhynchospora* VAHL.

ZOSTEROSTYLIS (BL., *Bijdr.*, 418, t. 32). Synonyme de *Cryptostylis* R. BR.

ZOYDIA (PERS.). Pour *Zoysia* W.

ZOYSIA (W., in *Ges. Nat. Fr. Berl. N. Schr.*, III, 440). Genre de Graminées, qui donne son nom au groupe des *Zoysiées*, et s'y distingue par des tiges rampantes; des épis rigides; des épillets subsessiles, apprimés contre le rachis; 2 glumes, dont l'inférieure est stérile, mutique, compliquée-carénée. Ce sont 2, 3 plantes marines, asiatiques et océaniennes. (PAL.-BEAUV., *Agrost.*, t. 4, fig. 1. — K., *Enum.*, I, 471.)

ZOYSIEÆ. Tribu (5) des Graminées. (B. H., *Gen.*, III, 1075.)

ZOZIMIA (BOISS., in *Ann. sc. nat.*, sér. 3, I, 339; *Fl. or.*, II, 1052). Genre d'Ombellifères; section du genre *Malabaila* HOFFM. (H. BN, *Hist. des pl.*, VII, 206.)

ZSCHOKKIA (M. ARG., in *Mart. Fl. bras.*, VI, 20, t. 6, 7). Synonyme de *Lacmellia* KARST.

ZUCCA (COMMERS. — DC., *Prodr.*, III, 319). Synonyme (NAUD.) de *Momordica* L.

ZUCCAGNI (Attilio). Mort à Florence, en 1807, a écrit [1775] une *Dissertation sur le Tef des Abyssins;* puis *De naturali Liliorum*, etc. [1796]; une lettre à Cavanilles sur le *Lopezia racemosa* (in-8 de 11 p. et 1 pl.); *Centuria prima observationum botanicarum* (sur les plantes du jardin de Florence), et un catalogue des plantes de ce jardin [1806].

ZUCCAGNIA (CAV., *Icon.*, V, 2, t. 403). Genre de Légumineuses-Cæsalpiniées, formé d'un petit arbuste des Andes chiliennes, qui a des fleurs de *Cæsalpinia*, mais à ovaire 1-ovulé et à courte gousse 2-valve. Les feuilles sont alternes et composées-pennées. (H. BN, *Hist. des pl.*, II, 81, 171; in *Adansonia*, IX, 227.)

ZUCCAGNIA (THUNB., in *Ræm. Arch.*, II, 2). Synonyme de *Dipcadi* MEDIC.

ZUCCARINI (Jos.-Gerrh.). Professeur de Munich [1777-1848], auteur d'une *Monographie des Oxalis américains* [1825], de divers opuscules sur les plantes du jardin de Munich, sur les *Agave*, *Fourcroya*, sur les végétaux rares de l'herbier de Munich; est surtout connu par sa collaboration avec v. Siebold à la *Flore du Japon*.

ZUCCARINIA (BL., *Bijdr.*, 1006, nec SPRENG.). Genre douteux de Rubiacées (MIQ., *Fl. ind. bat.*, II, 197. — B. H., *Gen.*, II, 97). C'est un arbre de Java, peut-être voisin des *Lucinæa*. (H. BN, *Hist. des pl.*, VII, 317, 364.)

ZUCCARINIA (MÆRKL., in *Ann. Wett. Ges.*, II, 252). Genre donné comme affine à la fois aux *Verbena* et aux *Buchnera*.

ZUCCARINIA (SPRENG., *Syst.*, *Cur. post.*, 50, nec BL.). Synonyme de *Jackia* WALL. (nec BL.).

ZUCCHA. Nom italien des *Lagenaria* SER.

ZUCCHE. Nom américain (OVIEDO) des *Lagenaria* SER. (?).

ZUCCHELLIA (DCNE, in *DC. Prodr.*, VIII, 492). Synonyme de *Raphionacme* HARV.

ZUCHO. En Crète, les Laitrons.

ZUCKERTIA (H. BN, *Et. gén. Euphorb.*, 495, t. 4, fig. 10-13). Genre d'Euphorbiacées uniovulées, rapporté aux *Tragia* par M. Mueller d'Argovie et par Bentham (*Gen.*, II, 329) qui ne l'avait, dit-il, jamais vu. Ses fleurs monoïques ont 5 sépales valvaires; ∞ étamines (jusqu'à 50). Dans les femelles, il y a jusqu'à 8 sépales 2-sériés. C'est un sous-arbrisseau (?) volubile, du Mexique, à feuilles alternes, à inflorescences bifurquées. (H. BN, *Hist. des pl.*, V, 218.)

ZUELANIA (A. RICH., *Fl. cub.*, 82, t. 12). Synonyme de *Guidonia* PLUM.

ZUH. Nom indigène du *Peucedanum Aucheri* H. BN.

ZULATIA (NECK., *Elem.*, II, 117). Genre disjoint des *Melastoma*.

ZUMAGLINI (Ant.-Maur.). Auteur [1849-1860] d'un *Flora pedemontana* (in-8). Il est mort à Biella en 1866.

ZUMAQUE. Au Mexique, le *Rhus Toxicodendron* L.

ZURAK. Nom persan des *Berberis* L.

ZURLOA (TEN., ex *Rev. bot.*, II, 127). Synonyme (H. BN, in *Bull. Soc. Linn. Par.*, 128) de *Carapa* AUBL.

ZURUNJ. Nom persan des *Berberis* L.

ZUURBESJES. Nom, au Cap, du *Dovyalis zizyphoides* E. MEY., arbuste à fruits comestibles.

ZUXINE (WIGHT). Pour *Zeuxine* LINDL.

ZWAARDEKRONIA (KORTH., in *Ned. Kruidk. Arch.*, II, 245). Synonyme de *Psychotria* L. (*Uragoga* L.).

ZWACKIA (SENDTN., in *Reichb. Ic. Fl. germ.*, XXVIII, 65, t. 1316). Genre de Boraginacées, formé d'une herbe vivace, de l'Europe austro-orientale; distingué par un port de *Moltkia;* une corolle oblique, en entonnoir, avec des lobes très inégaux; 5 écailles sous les étamines subincluses; des achaines solitaires par avortement, épais, rugueux et plus ou moins carénés en dedans. Nous avons, artificiellement peut-être, à l'exemple de bien des auteurs, placé ce genre à fleurs irrégulières parmi les Échiées. (Voy. *Hist. des pl.*, X, 389.) [H. BN.]

ZWANZIGER (Ign.). Auteur [1853] d'une Flore de Lungau (in-8).

ZWENKE. En Allemagne, les *Brachypodium* PAL.-BEAUV.

ZWINGER (Fried.). Professeur à Bâle [1707-1776], auteur de *Positiones anatomico-botanicæ* [1731] et *Theses anatomico-botanicæ* [1733]. — Theod. ZWINGER, mort à Bâle en 1724, est l'auteur de *Theatrum botanicum* [1696] et de *Lucubrationes academicæ circa plantarum doctrinam in genere* [1698]. On lui attribue aussi un *Fasciculus dissertationum medicarum* [1710]. En 1714, parut son *Examen plantarum nasturcinarum* (in-4 de 92 p.). On a imprimé des thèses *de Cymbalaria* et *de Thee helvetico*, qu'il a probablement inspirées.

ZWINGERA (HOFER, in *Act. helv.*, V, 267, t. 1). Synonyme de *Nolana* L.

ZWINGERA (SCHREB., *Gen.*, II, 802). Syn. de *Simaba* AUBL.

ZWISCHENWANDDRUSEN (Glandes des cloisons). Nom allemand des organes sécréteurs versant leur produit dans l'épaisseur des parois intercellulaires.

ZYCAS (RITG.). Pour *Cycas* L.

ZYGADENUS (MICHX, *Fl. bor.-amer.*, I, 213, t. 22). Genre de Liliacées-Vératrées, anormal par son réceptacle plus ou moins concave, ce qui rend l'ovaire en partie infère. Le périanthe, inséré aux bords du réceptacle, est formé de 6 folioles imbriquées, dont la face interne présente inférieurement une ou deux taches nectarifères. Il y a 6 étamines, également périgynes, à anthères extrorses, confluentes-uniloculaires, finalement étalées et peltées. L'ovaire multiovulé est supérieurement partagé en 3 cornes prolongées en style réfléchi, stigmatifère en dedans. Le fruit est formé de 3 follicules, et les graines sont albuminées. Ce sont des herbes vivaces, de l'Amérique du Nord et de l'Asie orientale, à rhizome ou à bulbe allongé, à branches aériennes portant des feuilles alternes, la plupart ou toutes basilaires, et se terminant par des inflorescences en grappes simples ou ramifiées inférieurement. On en distingue 12 espèces, en comprenant dans ce genre les *Anticlea* K. [H. BN.]

ZYGIA (BENTH., in *Hook. Lond. Journ.*, III, 92). Synonyme (B. H.) de *Albizzia* DURRAZZ.

ZYGIA. Dans Pline, l'Érable; dans Théophraste, le Charme.

ZYGIA (DESVX, in *Ham. Prodr. Fl. ind. occ.*, 46). Synonyme de *Micromeria* BENTH.

ZYGIA (P. BR., *Jam.*, t. 22, fig. 3). Synonyme de *Pithecolobium* MART.

ZYGIS. Dans Dioscoride, le Thym.

ZYGIS (PERS., *Syn.*, II, 131). Section du genre *Thymus* T.

ZYGNEMA (AGH, *Syst. Alg.*, 77 (part.). — KUETZ., *Phyc. gen.*, 580). Genre d'Algues-Conjuguées, de l'ordre des Zygophycées, famille des Zygnémacées. Les filaments sont simples, cloisonnés. L'endochrome est granuleux, disposé en une ou deux masses plus ou moins distinctes et rayonnantes, renfermant un nucléus central, amylacé. La reproduction se fait par conjugaison. Les *Zygnema* sont généralement d'un vert plus intense que les autres Conjuguées, et un peu muqueux au tact. Ils abondent

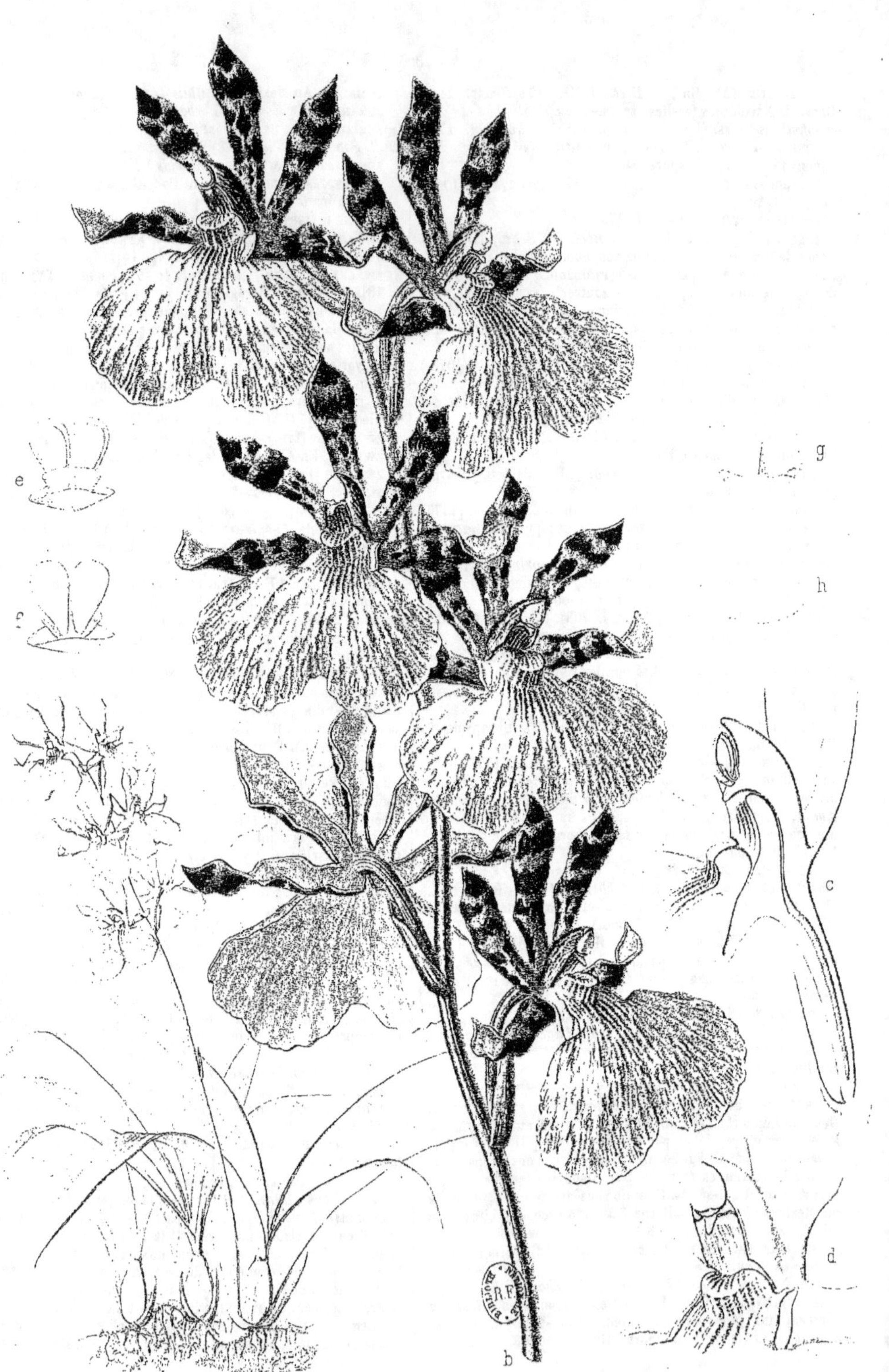

ZYGOPETALON MACKAII

a. Port — b. Inflorescence — c. Fleur, coupe longitudinale — d. Cynostème
e. f. Pollinies — g. h. Opercule.

dans les mares et les ruisseaux alimentés par une eau vive et tranquille. Ils ont une tendance particulière à s'élever par leurs extrémités à la surface des eaux, en faisceaux souvent pointus. [Ch. M.]

ZYGNEMA (Bory, in *Dict. class.*, I, 595). Synonyme de *Mougeotia* Agh.

ZYGNEMACEÆ (Rabenh., *Fl. europ. Alg.*, III, 229). Grande division des Algues-Zygophycées, filamenteuses, non ramifiées, à masse chlorophyllienne mal déterminée ou disposée en spirale. La reproduction se fait par des zygospores qui sont le résultat de la conjugaison de deux cellules. Cette conjugaison est tantôt latérale, comme dans le *Rhynchonema* ; tantôt scalariforme, comme dans le *Spirogyra*. Ailleurs, les articles sont recourbés, comme dans le *Mesocarpus*. Les Zygnémacées se subdivisent en deux grandes familles : les Zygnémées et les Mésocarpées. [Ch. M.]

ZYGOCAPNOS (Reichb., *Nom.*, 184). Section du genre *Corydalis* DC.

ZYGOCEROS (Ehr., *Leb. Krud.* [1840]). Genre de Diatomacées, dont les espèces ont été reportées dans les genres *Plagiogramma*, *Hemaulus* et *Biddulphia*. [Ch. M.]

ZYGOCOLAX. Nom donné par M. Rolfe à un « genre » hybride de *Zygopetalum* et de *Colax*.

ZYGODESMUS (Corda, *Ic. Fung.*, I, 11, t. 2, fig. 164, 165). Genre, pour l'auteur, de Sporothricacés, distingué par des filaments rampants, cloisonnés, rameux, dépourvus de ramules subulés. En 1842, l'auteur (*Ic. Fung.*, V, 8; *Mycol.*, 30) en fit un genre de Céphalocladiés. Pour Lindley (*Veg. Kingd.*, 43), ce sont des Sépédoniés; pour Fries, des Mucédinés (*Summ. veg. Scand.*, II, 494); pour Léveillé (in *Dict. d'Orb.*, VIII, 494), des Botrytidés; pour Bonorden (*Handb.*, 93), des Pleurosporiacés. [H. Bn.]

Zygodesmus.

ZYGODIA (Benth., *Gen.*, II, 716, n. 70). Genre d'Apocynacées-Nériées, formé de 4, 5 arbustes grimpants, de l'Afrique tropicale; distingué par des petites fleurs en cymes denses, axillaires et subsessiles; le calice sans glandes; la corolle courtement campanulée ou suburcéolée, à 5 lobes recouvrant un peu à droite; les carpelles entourés en bas d'un disque annulaire. (H. Bn, *Hist. des pl.*, X, 207.)

ZYGODON (Hook. et Tayl., *Musc. brit.*, 70). Genre de Mousses, qui donne son nom au groupe des *Zygodontacées* (Bruch et Schimp., *Bryol. eur.*, III, 111). La coiffe y est cuculliforme et lisse. L'urne, terminale, est subapophysée, avec un opercule subobliquement rostré; le péristome double; les dents de l'extérieur au nombre de 16, étroitement cohérentes par paires et réfléchies; l'intérieur formé de 8 cils, alternes avec les paires de dents, subhorizontaux en dedans. Ce sont des Mousses vivaces, des régions tempérées des deux mondes, croissant sur les arbres ou plus rarement sur le sol. (C. Muell., in *Linnæa*, XVIII, 670. — Rabenh., *Krypt.*, II, 3, 174.)

Zygodon. Urne.

ZYGOGLOSSUM (Reinw., in *Syll. pl. Ratisb.*, II, 4). Synonyme de *Cirrhopetalum* Lindl.

ZYGOGYNUM (H. Bn, in *Adansonia*, VII, 296, 372; *Hist. des pl.*, I, 160, 190, fig. 208-210). Genre de Magnoliacées-Illiciées, voisin des *Drimys* par tous ses caractères, mais à gynécée formé de carpelles unis; l'ovaire à ∞ loges ∞-ovulées, surmonté d'autant de petits styles très courts et capités. C'est un petit arbre de la Nouvelle-Calédonie, à feuillage de *Magnolia*, à fleurs solitaires et terminales; le pédoncule articulé.

ZYGOLEPIS (Turcz., in *Bull. Mosc.* [1848], II, 573). Synonyme (Radlk.) de *Arytera* Bl.

ZYGOMENEA (Salisb., in *Trans. Hort. Soc. lond.*, I, 271). Synonyme de *Cyanotis* Don.

ZYGOMERIS (Sess. et Moç., *Fl. mex. ined.*). Synonyme de *Amicia* K.

ZYGOON (Hiern, *Fl. trop. Afr.*, III, 113). Synonyme de *Hypobathrum* Bl. et section de ce genre. (H. Bn, in *Adansonia*, XII, 204; *Hist. des plant.*, VII, 442.)

ZYGOPELTIS (Fenzl, *Enum. pl. syr.*, ex Endl.). Synonyme de *Heldreichia* Boiss.

ZYGOPETALUM (Hook., *Bot. Mag.*, t. 2748). Genre d'Orchidacées-Vandées, formé d'une quarantaine d'espèces américaines, épiphytes et pseudobulbeuses; distingué, dans le groupe des Cyrtopodiées, par des fleurs solitaires ou en grappes; le calice étalé; le labelle aplati, pourvu à sa base d'une crête interne et transversale; le gynostème arqué; le caudicule large et court. On en cultive dans nos serres plusieurs belles espèces, très variables. Blume a uni le genre aux *Eulophia*. (*Bot. Mag.*, t. 2748, 2819, 3402, 3674, 3686, 3877, 5567, 5582, 6003, 6331, 6458.)

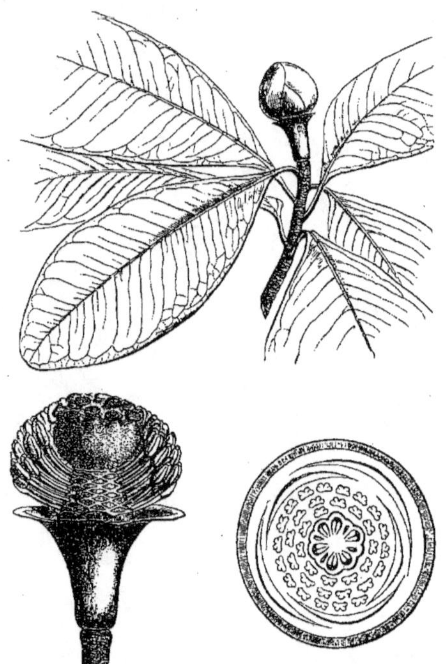

Zygogynum. — Branche florifère. Fleur, sans le périanthe. Diagramme.

ZYGOPHYCEÆ (Rabenh., *Fl. europ. Alg.*, III, 101). Seconde division des Algues-Chlorophyllophycées, composée de genres unicellulaires ou à frondes cloisonnées, sans vraie ramification. La reproduction se fait au moyen de zygospores, qui sont le résultat de la conjugaison de deux filaments. La masse chlorophyllienne est distribuée tantôt en lame, tantôt en une masse plus ou moins rayonnante. Les *Zygophyceæ* ont été divisées en deux grandes familles : les Desmidiées et les Zygnémées. [Ch. M.]

ZYGOPHYLLACÉES, ZYGOPHYLLÉES. Famille de Dicotylédones-dialypétales-hypogynes. Pour nous, série des Rutacées, caractérisée par des fleurs hermaphrodites, régulières ou irrégulières, rarement apétales. Étamines en nombre égal, double ou triple de celui des pétales. Filets souvent accompagnés d'une écaille basilaire intérieure. Gynécée à 2-12 loges, 1-∞-ovulées. Ovules généralement descendants, à micropyle extérieur. Fruit sec, crustacé ou coriace, ou à 2-12 coques, ou à loges septicides. Graines avec ou sans albumen. Plantes herbacées ou ligneuses, non amères, non ponctuées; les rameaux souvent articulés; les feuilles opposées ou alternes; avec stipules, généralement composées. Fleurs entraînées et finalement latérales au niveau des feuilles. (H. Bn, *Hist. des pl.*, IV, 431.)

ZYGOPHYLLIDIUM (Boiss., *Ic. Euphorb.*, t. 27-30). Section du genre *Euphorbia* L.

ZYGOPHYLLUM (L., *Gen.*, n. 530). Genre de Rutacées, qui donne son nom à la série des *Zygophyllées*, et qui s'y distingue

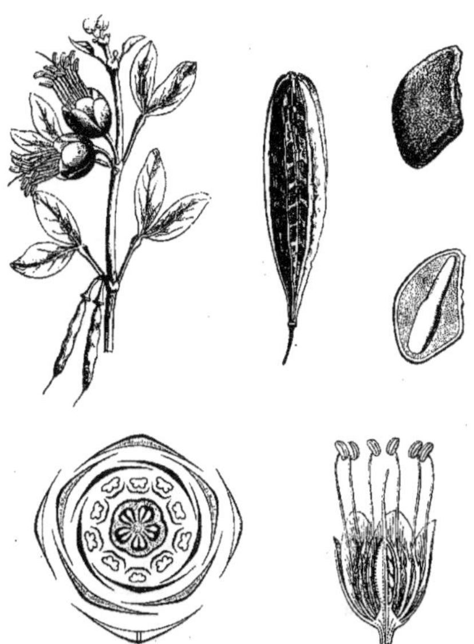

Zygophyllum. — Rameau florifère. Fleur, coupe longitudinale. Diagramme. Fruit déhiscent. Graine, entière et coupe longitudinale.

par ses fleurs 4, 5-mères, à 8-10 étamines; les filets avec ou sans écaille basilaire; l'ovaire sessile, à 4, 5 loges, avec 2-∞ ovules axiles; des feuilles opposées, à 1, 2 folioles. On cultive souvent la Fabagelle (*Z. Fabago* L.) dans les jardins botaniques. Ce sont des plantes d'Orient, de l'Afrique australe, des Canaries et de l'Australie. On en compte plus de 50 espèces. (H. Bn, *Hist. des pl.*, IV, 415, 443, 504, fig. 497-503.)

ZYGOPTERIS (Corda, *Beitr. Fl. Vorw.*, 81). Genre de Phthoroptéridées, établi pour le *Tubicaulis primarius* Cotta, et qui pour Ad. Brongniart (in *Dict. d'Orb.*, XIII, 85) est un genre de Rachioptéridées.

ZYGOSEPALUM (Reichb. f., in *Bot. Zeit.* [1852], 668). Section du genre *Zygopetalum* Hook. (B. H., *Gen.*, III, 543.)

ZYGOSPORE. Spore produite par conjugaison. — Voy. Algues.

ZYGOSTATES (Lindl., *Bot. Reg.*, sub t. 1927). Genre d'Orchidacées-Vandées, formé de 3, 4 petites herbes épiphytes, du Brésil, qui ont le port des *Ornithocephalum* et s'en distinguent par un rostellum incurvé et un labelle 2-auriculé à sa jonction avec le gynostème. On les cultive rarement. (Reichb. f., in *Walp. Ann.*, VI, 563, 928.)

ZYGOSTELMA (Benth., *Gen.*, II, 740). Genre d'Asclépiadacées-Périplocées, formé d'une liane de Siam, à feuilles opposées; distingué par une corolle rotacée et charnue, avec 5 lobes recouvrant à droite; une couronne à écailles subulées, dupliquées et divergeant en haut; des cymes pauciflores et irrégulières. (H. Bn, *Hist. des pl.*, X, 299.)

ZYGOSTELMA (Fourn., in *Mart. Fl. bras.*, VI, IV, 232, t. 63). Synonyme de *Lagoa* Th. Dur.

ZYGOSTIGMA (Griseb., *Gen. et spec. Gent.*, 150). Genre de Gentianacées, très voisin des *Sabbatia*, dont il ne diffère que par sa corolle pourvue d'un tube cylindrique. On en connaît deux espèces, de l'Amérique méridionale extratropicale. (H. Bn, *Hist. des pl.*, X, 135.)

ZYGOTE. Synonyme de Isospore. Spore résultant de la fusion de deux zoospores (Strasburger).

ZYGOTRICHIA (Brid., *Bryol. univ.*, I, 520). Genre de Mousses, créé pour le *Barbula leucostoma* R. Bn. Pour l'auteur, ce fut, en 1827 (*Bryol. univ.*, II, 271), une section du genre *Climacium*, et de même pour Endlicher (*Gen.*, n. 585 *b*). Pour C. Mueller, ce n'est qu'un *Barbula*.

ZYGOXANTHIUM (Ehrb., in *Rabenh. Fl. eur. Alg.*, III, 222). Synonyme de *Xanthidium* Ehrend.

ZYMUM (Noronh., ex Dup.-Th., *Hist. vég. isl. Afr. austr.*, 69). Synonyme de *Tristellateia* Dup.-Th.

ZYRPHELIS (Cass., in *Dict.*, LX, 597). Synonyme de *Mairia* Nees.

ZYTHINIA (Fries, *Summ. veg. Scand.*, II, 400). Section du genre *Sphæronema* Fries.

ZYTHUM. Chez les anciens, une bière préparée avec de l'Orge et des Lupins.

ZYTO. Nom slave du Seigle.

ZYZYGIUM (Ad. Br., *En. genr.*, 123). Pour *Syzygium* Gærtn.

SUPPLÉMENT

A

AA (Reichb. f., *Xen. orchid.*, I, 18). Genre créé pour l'*Altensteinia paleacea* H. B. K.

AACHENOSAURUS. Fossile considéré comme un Dinosaurien et qui est de nature végétale. (M. Hovel., in *Bull. Soc. belg. géol.* [1889], 59.)

ABACACHI. Nom, à Fernambouc, d'un Ananas comestible.

ABAURIA (Becc., *Males.*, I, 169). Genre de Légumineuses-Césalpiniées-Cassiées, formé d'un grand arbre de Bornéo, à fleurs très petites, en inflorescences terminales, ramifiées; le tube floral courtement conique; 5 pétales très étroits; 5 étamines égales; un ovaire sessile et 1-ovulé; des feuilles imparipinnées. On a rapproché ce genre des *Martia* Benth.

ABBOTTIA (F. Muell., *Fragm. phyt. Austral.*, IX, 181). Section du genre *Guettarda* L. (H. Bn, *Hist. des pl.*, VII, 425.)

ABILDGAARDIA. Considéré aujourd'hui (B. H.) comme une section du genre *Fimbristylis* Vahl.

ABOBRA (Naud.). Section du genre *Perianthopodus* S.-Mans. (H. Bn, *Hist. des pl.*, VIII, 388.)

ABRET, ABRÉTIER. Noms vulgaires des *Vaccinium*. L'*A. rouge* est le *V. Vitis-idæa* L. L'*A. noir* est le *V. Myrtillus* L.

ABROJO. En Colombie, le *Tribulus terrestris* L.

ABRUS (L.). Voy. H. Bn, *Tr. Bot. méd. phanér.*, 632, fig. 2194 (*Jéquirity*).

ABUMON (Adans., *Fam. des pl.*, II, 54). Nom générique antérieur à celui de *Agapanthus* Lhér.

ACANOS (Adans., *Fam.*, II, 116). Syn. de *Onopordon* Vaill.

ACANTHOCARPUS (Lehm., in *Pl. Preiss.*, II, 274). Genre de Liliacées-Xerotées, formé d'une herbe australienne, vivace; distingué par des tiges souvent ramifiées, foliées; des fleurs petites, en un groupe terminal; un ovaire à 3 loges 1-ovulées. [H. Bn.]

ACANTHOCHITON (Torr., in *Sitgr. Rep.*, 170, t. 13). Genre de Chénopodiacées-Amarantées, formé d'une herbe annuelle, des régions chaudes de l'Amérique du Nord; distingué par des fleurs dioïques; les femelles incluses dans de grandes bractées compliquées; le fruit déhiscent en travers. (H. Bn, *Hist. des pl.*, IX, 201.)

ACANTHOGONUM (Torr., *Whippl. Exp. Bot.*, 132). Synonyme de *Chorizanthe* R. Br.

ACANTHOMINTHA (A. Gray, in *Proc. Amer. Acad.*, VIII, 368). Genre de Labiées-Menthées, formé d'une herbe annuelle, californienne, à fleurs de *Clinopodium*; le casque de la corolle étroit, falciforme; les verticillastres ∞-flores, avec des bractées à dents épineuses. (H. Bn, *Hist. des pl.*, XI, 56.)

ACANTHONEMA (Hook. f., in *Bot. Mag.*, t. 5339). Genre de Gesnériacées-Cyrtandrées, de l'Afrique tropicale occidentale, à

fleurs de *Jerdonia*, 2-4-andres; les anthères adhérentes par paires, à loges confluentes; le fruit 2-valve (?); les graines striées et umbonées. C'est une herbe à feuille unique, basilaire; à cymes ∞-flores. (H. Bn, *Hist. des pl.*, X, 94.)

ACANTHOPANAX. Section du genre *Aralia* T. (H. Bn, *Hist. des pl.*, VII, 155.)

ACANTHOPHIPPION (Bl.). Pour *Acanthophippium* Bl.

ACANTHOPHOENIX (Wendl., in *Fl. serres*, t. 181). Genre de Palmiers-Arécées, formé de 3, 4 arbres des Mascareignes, épineux, à segments foliaires acuminés; les sépales mâles orbiculaires, petits; 6 étamines ou plus; les anthères versatiles; le fruit petit; les stigmates latéraux ou presque basilaires; l'albumen ruminé. A ce genre appartiennent plusieurs anciens *Areca*. (Mart., *Hist. nat. Palm.*, III, 174, 176, t. 154, 155.)

ACANTHOPSIS (Harv., in *Hook. Lond. Journ.*, I, 28). Genre d'Acanthacées-Acanthées, formé de 2, 3 herbes, de l'Afrique tropicale et australe; distingué par un calice à segment antérieur 6-10-nerve; le segment postérieur 7-11-nerve; les filets staminaux anthérifères au sommet; les feuilles carduacées. (H. Bn, *Hist. des pl.*, X, 438.)

ACANTHORHIZA (Wendl. et Drude, in *Bot. Zeit.* [1879], 147). Genre de Palmiers-Coryphées, formé de 2, 3 arbres inermes, de l'Amérique centrale; distingué par des spadices à divisions accompagnées à leur base de bractées spathacées; des fleurs hermaphrodites, à filets staminaux libres; des carpelles et des styles distincts. Le type du genre est le *Chamærops Mocinni*. (Mart., *Hist. nat. Palm.*, III, 252. — *Ill. hort.*, XXVI, t. 367.)

ACANTHOSICYOS. La fleur femelle est aujourd'hui connue. (H. Bn, *Hist. des pl.*, VIII, 442.)

ACANTHOSPORA (Spreng., *Syst.*, II, 25). Synonyme de *Bonapartea* R. et Pav.

ACANTHOSTACHYUM (Link, Kl. et Ott., *Ic. pl. rar.*, I, 24, t. 9). Synonyme de *Ananas* Adans.

ACANTHOSTEMMA (Bl., *Mus. lugd.-bat.*, I, 57, t. 10). Synonyme de *Hoya* R. Br.

ACANTHYLLIS (Pom., *Nouv. mat. Fl. atl.*). Synonyme de *Vulneraria* DC.

ACARPHA (Griseb., *Pl. Phil. et Lechl.*, 37). Synonyme de *Boopis* J. (H. Bn, *Hist. des pl.*, VII, 526.)

ACCA (O. Berg, in *Linnæa*, XXVII, 138). Syn. de *Psidium* L.

ACEDILANTHUS (Trautv., in *Midd. Reis. Fl. ochot.*, 94). Synonyme de *Veratrum* L.

ACENTRA (Phil., ex *Dur. Ind.*, 510). Genre de Violacées.

ACHÆTA (Fourn., *Gram. mex.*, 109). Synonyme de *Calamagrostis* Roth.

ACHÆTOGERON (A. Gray, *Pl. Fendl.*, 72). Section (?) du genre *Erigeron* L. (H. Bn, *Hist. des pl.*, VIII, 143.)

ACHARITEA (Benth., *Gen.*, II, 1142, n. 17). Genre de Verbénacées-Verbénées, formé de 1, 2 herbes de Madagascar; distingué par des fleurs de *Nesogenes*, mais sessiles; le calice tubuleux-campanulé, assez grand; le péricarpe membraneux; des feuilles opposées; des inflorescences de Labiée, terminales et spiciformes; les fleurs 1-3-nées. (H. Bn, *Hist. des pl.*, XI, 104.)

ACHASMA (Griff., *Notul.*, III, 426; *Ic.*, t. 355-357). Synonyme de *Amomum* L.

ACHATOCARPUS (Tri.). Voy. H. Bn, *Hist. des pl.*, IX, 171.

ACHIMENES (Vahl, *Symb.*, II, 71). Synonyme de *Artanema* Don.

ACHIRIDA (Horan., *Prodr. Mon. Scitam.*, 18, t. 2). Synonyme de *Canna* L.

ACHLÆNA (Griseb., *Cat. pl. cub.*, 228). Genre de Graminées-Oryzées, formé d'une herbe vivace, élevée, de Cuba; distingué par des fleurs hermaphrodites; des épillets étroits; 4 bractées; une glume inférieure aristiforme; une deuxième, lancéolée et aristée; au-dessus, une écaille acuminée; plus haut, une écaille plus petite, hyaline. [H. Bn.]

ACHLYA (Nees). Voy. *Pringsh. Jahrb.* [1874].

ACHNATHERUM (Pal.-Beauv., *Agrost.*, 19, t. 6, fig. 7). Synonyme de *Lasiagrostis* Link.

ACHNERIA (Munro, in *Harv. Gen. pl. cap.*, ed. 2, 449). Genre de Graminées-Avénées, formé de 7, 8 herbes africaines, vivaces et cespiteuses; distingué par des épillets à 2 fleurs hermaphrodites; la rhachilla un peu prolongée au delà; les glumes sans ou à peu près sans arête. (K., *Rev. Gram.*, t. 216, 217.)

ACHYRANTHES (L.). Voy. H. Bn, *Hist. des pl.*, IX, 153, 207, fig. 221-223.

ACHYRONYCHIA (Torr. et Gray, in *Proc. Amer. Acad.*, VII, 330). Genre de Caryophyllacées-Illécébrées, formé de 2 herbes de l'Amérique du Nord; distingué des *Pollichia* par une fleur à tube réceptaculaire coriace; le calice scarieux; 2-4 ovules dressés. (H. Bn, *Hist. des pl.*, IX, 128.)

ACHYROPAPPUS (H. B. K.). Synonyme de *Schkuhria* Roth. (H. Bn, *Hist. des pl.*, VIII, 244.)

ACHYROPSIS (Moq.). Section du genre *Pandiaka* Moq. (H. Bn, *Hist. des pl.*, IX, 208.)

ACHYROSPERMUM (Bl.). Voy. H. Bn, *Hist. des pl.*, XI, 39.

ACIANTHERA (Scheidw., in *Allg. Gartenz.* [1842], 292). Synonyme de *Pleurothallis* R. Br.

ACICARPHA (J.). Voy. H. Bn, *Hist. des pl.*, VII, 526, 534.

ACIDOCROTON (Griseb., *Fl. brit. W.-Ind.*, 42). Genre d'Euphorbiacées 1-ovulées, formé d'un arbuste de Cuba; distingué des Médiciniers par des aiguillons 2-nés; des feuilles entières, petites; des cymes de fleurs à petit calice, ∞ étamines; un fruit 2-coque. (H. Bn, *Hist. des pl.*, V, 201.)

ACIPHYLLA (Forst.). Voy. H. Bn, *Hist. des pl.*, VII, 209.

ACISANTHERA (DC.). Section du genre *Tibouchina* Aubl. (H. Bn, *Hist. des pl.*, VII, 39.)

ACLINIA (Griff., *Notul.*, 320; *Icon.*, t. 351 A, f. 21). Synonyme de *Dendrobium* Sw.

ACMISPON (Rafin., *New Fl.*, I, 53). Synonyme de *Lotus* L.

ACNISTUS (Schott). Voy. H. Bn, *Hist. des pl.*, IX, 334.

ACOELORRHAPHE (H. Wendl., in *Bot. Zeit.* [1879], 148). Genre de Palmiers-Coryphées, connu seulement de nom.

ACOKANTHERA (G. Don). Section du genre *Arduina* L. Plantes africaines. (H. Bn, in *Bull. Soc. Linn. Par.*, 727, 755; *Hist. des pl.*, X, 147.)

ACOMA (Benth., *Bot. Sulph.*, 29, t. 17). Synonyme de *Coreocarpus* Benth.

ACOMIS (F. Muell.). Voy. H. Bn, *Hist. des pl.*, VIII, 178.

ACONCEVEIBUM (Miq., *Fl. ind. bat.*, I, II, 389). Genre douteux d'Euphorbiacées.

ACONITUM LUTEUM. Dans l'*Hortus floridus*, c'est le nom de l'*Helleborus hiemalis* L.

ACOPHORUM (Gaud. — Dur., *Ind.*, 511). Genre incertain.

ACOSTA (Lour., *Fl. cochinch.*, 276). Synonyme (?) de *Agapetes* G. Don. (B. H., *Gen.*, II, 572.)

ACRÆA (Lindl., in *Benth. Pl. Hartweg.*, 155). Synonyme de *Pterichis* Lindl.

ACRANTHERA (Arn.). Voy. H. Bn, *Hist. des pl.*, VIII, 449 (section du genre *Mussaenda* L.).

ACRIULUS (Ridl., in *Journ. Linn. Soc.*, XX, 336). Genre de Cypéracées-Scilériées, formé de quelques herbes de Madagascar et d'Angola, vivaces, scabres, à larges feuilles coriaces; à inflorescences composées, terminales; les épillets 1-sexués, 3, 4-flores, avec 3, 4 glumes vides; pas de soies; 3 étamines; un style articulé, dilaté à sa base, profondément 3-fide. [H. Bn.]

ACROCARPUS (Nees, in *Mart. Fl. bras.*, II, I, 157, t. 16, 17). Synonyme de *Cryptangium* Schrad.

ACROCEPHALUS (Benth.). Voy. H. Bn, *Hist. des pl.*, XI, 67.

ACROCORYNE (Turcz., in *Bull. Mosc.* [1852], II, 316). Synonyme de *Metastelma* R. Br.

ACROELYTRUM (Steud., in *Flora* [1846], 20). Synonyme de *Lophatherum* Ad. Br.

ACROGLOCHIN (Schrad.). Voy. H. Bn, *Hist. des pl.*, IX, 169.

ACROLEPIS (Schrad., *Anal. Fl. cap.*, 42, t. 2, fig. 5). Synonyme de *Ficinia* Schrad.

ACRONIA (Presl, *Symb.*, II, 9, t. 57). Synonyme de *Pleurothallis* R. Br.

ACROPHYLLUM (E. Mey., ex Radlk., in *Dur. Ind.*, 77). Synonyme de *Pappea* Eckl. et Zeyh.

ACROPSELION (Bess., ex Trin., in *Mém. Acad. Pétersb.*, sér. 6, I, 59). Synonyme de *Trisetum* Pers.

ACROPYLÉ (H. Bn). Ovaire pourvu d'un acropyle.

ACROPYLE. Orifice du sommet de l'ovaire, situé entre les bases des styles et dans lequel peut pénétrer le pollen ou par lequel le sommet de l'ovule fait hernie. (H. Bn, in *Bull. Congr. internat. Pétersb.* [1884], 59, t. 3.)

ACROSANTHES (Eckl. et Zeyh.). Voy. H. Bn, *Hist. des pl.*, IX, 75.

ACROSPIRA (Welw. — Bak., in *Trans. Linn. Soc.*, I, 255, t. 34). Genre de Liliacées-Asphodélées, formé d'une herbe vivace, d'Angola; distingué, dans le groupe des Anthéricées, par des inflorescences d'*Anthericum*; les étamines plus courtes que le périanthe, à larges et courts filets, à grandes anthères, à loges ovariennes ∞-ovulées. [H. Bn.]

ACROSTEMON (Kl., in *Linnæa*, XII, 237). Synonyme de *Grisebachia* Kl. (H. Bn, *Hist. des pl.*, XI, 169.)

ACROTOME (Benth.). Voy. H. Bn, *Hist. des pl.*, XI, 44.

ACROTRICHE (R. Br.). Voy. H. Bn, *Hist. des pl.*, XI, 201.

ACTINANTHUS (Ehrenb.). Voy. H. Bn, *Hist. des pl.*, VII, 213.

ACTINEA (H. B. K., *Nov. gen. et spec.*, IV, 297). Synonyme de *Helenium* L.

ACTINEA (J., in *Ann. Mus.*, II, 246, t. 61, fig. 2). Synonyme de *Cephalophora* Cav.

ACTINELLA (Nutt.). Voy. H. Bn, *Hist. des pl.*, VIII, 242.

ACTINOCARYA (Benth., *Gen.*, II, 846, n. 19). Genre de Boraginacées-Boragées, formé d'une herbe du Thibet; distingué par des tiges diffuses; des fleurs très petites, pédicellées, axillaires; des achaines radiants, oblongs et glochidiés, attachés par l'extrémité seulement à un petit réceptacle. (H. Bn, *Hist. des pl.*, X, 374.)

ACTINOCYCLUS (Kl., in *Mon. Berl. Akad.* [1857], 24). Synonyme de *Pyrola* L.

ACTINODIUM (Schau.). Voy. H. Bn, *Hist. des pl.*, VI, 367.

ACTINOLEPIS (DC.). Voy. H. Bn, *Hist. des pl.*, VIII, 246.

ACTINOMERIS (Nutt.). Voy. H. Bn, *Hist. des pl.*, VIII, 205. Synonyme de *Ridan* Adans.

ACTINOPHLŒUS (Becc., *Males.*, I, 41). Section du genre *Drymophlæus* Zipp.

ACTINORHYTIS (Wendl. et Drud., in *Linnæa*, XXXIX, 184). Genre de Palmiers-Arécées, formé d'un arbre de l'archipel Malais; distingué par des fleurs 24-30-andres; les femelles bien plus grandes. Le type du genre est le *Seaforthia Calap-*

paria. (MART., *Hist. nat. Palm.*, III, 313. — SCHEFF., in *Ann. Jard. Buitenz.*, I, t. 22, 23.)

ACTINOSCHOENUS (BENTH., in *Hook. Icon.*, t. 1346; *Gen.*, III, 1058, n. 30). Genre de Cypéracées-Rhynchosporées, formé de 3 herbes annuelles, asiatiques et africaines; voisin des *Fimbristylis*, à épillets réunis en capitules; les extérieurs subréfléchis et masquant les bractées; 3 étamines; un style à base épaissie et à 3 branches; les tiges junciformes et aphylles. [H. BN.]

ACTINOSTEMMA (GRIFF.). Voy. H. BN, *Hist. des pl.*, VIII, 381, 426, fig. 223-225.

ACTINOSTIGMA (TURCZ.). Synonyme de *Seringia* J. GAY.

ACTINOTUS (LABILL.) Voy. H. BN, *Hist. des pl.*, VII, 242.

ACUNNA (R. et PAV.). Pour *Acuna* R. et PAV.

ADA (LINDL., *Fol. orchid.* [1853]). Genre d'Orchidacées-Vandées, formé d'une herbe épiphyte, des Andes de Colombie; distingué, dans le groupe des Oncidiées, par de belles fleurs penchées, sur une hampe simple; les sépales libres; le labelle étalé, étroit et entier; le gynostème court, à ailes basilaires embrassant le gynostème. On cultive souvent en serre l'*A. aurantiaca*. (*Ill. hort.*, XIX, t. 107. — *Bot. Mag.*, t. 5435.)

ADAMIA (WALL.). Synonyme de *Dichroa* LOUR. (H. BN, *Hist. des pl.*, III, 345.)

ADAPHUS (NECK., *Elem.*, II, 240). Genre douteux.

ADELASTER. Acanthacée citée dans les ouvrages horticoles, à feuillage panaché.

ADELIA (L., *Gen.*, n. 1137, part.). Genre d'Euphorbiacées 1-ovulées, souvent mal défini et confondu avec les *Bernardia*, distingué par des cymes axillaires; des fleurs mâles à 8-15 étamines; les loges des anthères contiguës et parallèles; la fleur mâle sans gynécée rudimentaire; les branches stylaires lacérées; les rameaux rarement spinescents. Ce sont 6, 7 arbustes américains. (Voy. M. ARG., in *DC. Prodr.*, XV, II, 729, part.)

ADELOBOTRYS (DC.). Voy. H. BN, *Hist. des pl.*, VII, 59 (section du genre *Meriania* Sw.).

ADELONEMA (SCHOTT, *Prodr. Aroid.*, 316). Synonyme (ENGL.) de *Homalonema* SCHOTT.

ADELONENGA (BECC., *Males.*, I, 26, t. 2, fig. 10-17). Genre (B. H.) de Palmiers-Arécées, formé de 2 espèces grêles, de la Nouvelle-Guinée; distingué par des feuilles à segments prémordus; des fleurs femelles à sépales et pétales semblables; des graines à albumen ruminé.

ADELOSA (BL.). Voy. H. BN, *Hist. des pl.*, XI, 115, not. 1 (section du genre *Ovieda* L.).

ADELOSTIGMA (STEETZ). Voy. H. BN, *Hist. des pl.*, VIII, 148.

ADENACANTHUS (NEES). Synonyme de *Strobilanthes* BL. (H. BN, *Hist. des pl.*, X, 434.)

ADENACHÆNA (DC.). Synonyme de *Phymaspermum* LESS. (H. BN, *Hist. des pl.*, VIII, 282.)

ADENANTHERA (L.). Voy. H. BN, *Tr. Bot. méd. phanér.*, 574.

ADENARIA (H. B. K.). Voy. H. BN, *Hist. des pl.*, VI, 430, 448, fig. 396, 397.

ADENESMA (G. DON, *Gen. Syst.*, IV, 201). Synonyme de *Enicostema* BL.

ADENIUM (R. et SCH.). Voy. H. BN, *Hist. des pl.*, X, 212.

ADENOCALYMMA. Préférable, dit-on, à *Adenocalymna* MART. (Voy. H. BN, *Hist. des pl.*, X, 6, 36, fig. 5-16.)

ADENOCAULON (HOOK.). Voy. H. BN, *Hist. des pl.*, VIII, 239.

ADENOCHILUS (HOOK. F., *Fl. N. Zel.*, I, 246, t. 56 A). Genre d'Orchidacées-Néottiées, formé de 2 herbes terrestres, océaniennes; distingué par des fleurs solitaires; le sépale postérieur subgaléiforme; le labelle dressé, à larges lobes latéraux; le gynostème largement ailé; l'axe aérien portant vers son milieu une feuille ovale. [H. BN.]

ADENOCHLÆNA (BOIV.). Voy. H. BN, *Hist. des pl.*, V, 220.

ADENOCLINE (TURCZ.). Voy. H. BN, *Hist. des pl.*, V, 210 (section du genre *Mercurialis* T.).

ADENOGYNUM (REICHB. F. et ZOLL., in *Linnæa*, XXVIII, 325). Synonyme de *Chloradenia* H. BN.

ADENONCOS (BL.). Synonyme de *Sarcochilus* R. BR.

ADENOPAPPUS (BENTH.). Voy. H. BN, *Hist. des pl.*, VIII, 253 (section du genre *Tagetes* T.).

ADENOPETALUM (KL. et GRCKE, *Tricocc.*, 250). Section du genre *Euphorbia* L.

ADENOPHÆDRA (M. ARG., in *Mart. Fl. bras.*, XI, II, 385, t. 101). Genre d'Euphorbiacées, voisin des *Bernardia*, formé d'un arbuste brésilien; distingué par 2, 3 étamines unies à la base; les loges d'anthère pendantes; les styles unis, dit-on, en une sorte de disque qui couronne l'ovaire. (H. BN, *Hist. des pl.*, V, 202.)

ADENOPHORA (FISCH.). Section du genre *Campanula* T. (H. BN, *Hist. des pl.*, VIII, 319.)

ADENOPHYLLUM (PERS.). Voy. H. BN, *Hist. des pl.*, VIII, 253.

ADENOPLEA (RADLK., in *Abh. Nat. Ver. Brem.*, VIII, 406). Genre de Buddleiées, dont le type est le *Buddleia madagascariensis* LAMK, à fleurs 4-mères, à fruit charnu. Ce sont des arbustes à feuilles opposées, des îles orientales de l'Afrique tropicale. (H. BN, *Hist. des pl.*, IX, 347.)

ADENOPLUSIA (RADLK., in *Abh. Nat. Ver. Brem.*, VIII, 462). Section du genre *Nicodemia* TEN. (H. BN, *Hist. des pl.*, IX, 347.)

ADENOPUS (BENTH.). Voy. H. BN, *Hist. des pl.*, VIII, 444.

ADENOSACME (R. BR.). Voy. H. BN, *Hist. des pl.*, VII, 450.

ADENOSMA (NEES). Voy. H. BN, *Hist. des pl.*, IX, 453.

ADENOSTEGIA (BENTH.). Synonyme de *Cordylanthus* NUTT.

ADENOSTEMMA (FORST.). Voy. H. BN, *Hist. des pl.*, VIII, 131.

ADENOSTYLES (CASS.). Voy. H. BN, *Hist. des pl.*, VIII, 135.

ADHATODA (NEES). Voy. H. BN, *Hist. des pl.*, X, 444.

ADINA (SALISB.). Voy. H. BN, *Hist. des pl.*, VII, 494.

ADORMIDERA. Nom mexicain du *Papaver somniferum* L.

ADOXA (L.). D'après M. Pax et plusieurs autres auteurs, ce genre doit être rapproché des Saxifragacées. (Voy. H. BN, *Tr. Bot. méd. phanér.*, 773.)

ADROMISCHUS (LEME, ex *Dur. Ind.*, 120). Synonyme de *Cotyledon* L.

ADUPHA (BOSC, ex J. S.-H., *Exp.*, I, 65). Syn. de *Scirpus*.

ÆCHMANTHERA (NEES). Voy. H. BN, *Hist. des pl.*, X, 435.

ÆCHMOLEPIS (DCNE). Voy. H. BN, *Hist. des pl.*, X, 302.

ÆCHMOPHORA (SPRENG., *Gen.*, I, 74). Genre incertain.

ÆGIALEA (KL.). Synonyme (?) de *Picris* DON. (H. BN, *Hist. des pl.*, XI, 133.)

ÆGIALITIS (R. BR., *Prodr.*, 426). Genre de Plumbaginacées-Staticées, dont la fleur est à peu près celle des *Statice*, avec un fruit qui rappelle par sa forme celui des *Ægiceras* et qui renferme une graine arquée, sans albumen. C'est un arbuste qui croît, comme les Palétuviers, dans les marais saumâtres, en Asie et en Océanie. (H. BN, in *Bull. Soc. Linn. Par.* [1891]; *Hist. des pl.*, XI, 360, fig. 415, 416.)

ÆGICERAS (GÆRTN.). Voy. H. BN, *Hist. des pl.*, XI, 313, 336, fig. 347-350.

ÆGINETIA (L.). Voy. H. BN, *Hist. des pl.*, IX, 111.

ÆGOPODIUM (L.). Section du genre *Carum* T. (H. BN, *Hist. des pl.*, VII, 119.)

ÆOLANTHUS (MART.). Voy. H. BN, *Hist. des pl.*, XI, 68.

ÆRANGIS (REICHB. F., in *Flora* [1865], 190). Genre d'Orchidacées, formé de 2 plantes d'Angola; séparé des *Angræcum* DUP.-TH., à cause du caudicule semi-bifide.

ÆRVA (FORSK.). Voy. H. BN, *Hist. des pl.*, IX, 207.

ÆSCHYNANTHUS (JACK). Voy. H. BN, *Hist. des pl.*, X, 64, 86, fig. 62, 63.

ÆTHEILENEA (R. BR.). Voy. H. BN, *Hist. des pl.*, X, 432.

ÆTHERIA (ENDL.). Pour *Hetaria* BL.

ÆTIA (ADANS., *Fam.*, II, 84). Synonyme de *Combretum* L.

AGALLOSTACHYS (BEER, *Bromel.*, 35). Synonyme de *Bromelia* L.

AGALMYLA (BL.). Voy. H. BN, *Hist. des pl.*, X, 87.

AGANIPPEA (DC.). Voy. H. BN, *Hist. des pl.*, VIII, 221 (section du genre *Heliopsis* PERS.).

AGANOSMA (DON). Voy. H. BN, *Hist. des pl.*, X, 209.

AGAPANDO. Nom vulgaire mexicain de l'*Agapanthus umbellatus* Ker. (*Abumon*).

AGAPANTHE. Le nom de *Abumon* Adans. est antérieur.

AGAPATEA (Steud., *Pl. Lechl.*; in *Bot. Zeit.* [1856], 391). Synonyme de *Distichia* Nees et Meyen.

AGAPETES (Dun., in DC. *Prodr.*, VII, 554). Synonyme de *Vaccinium* L.

AGARDHIA (Spreng., *Syst.*, I, 4). Synon. de *Qualea* Aubl.

AGARISTA (G. Don). Genre d'Éricacées, aujourd'hui conservé (H. Bn, *Hist. des pl.*, XI, 178), formé d'une vingtaine d'arbustes américains et distingué par une corolle urcéolée ou conique; des anthères à 2 tubes courts, avec grands pores de déhiscence; les placentas adnés à l'axe; le fruit à columelle persistante.

AGASTA (Miers, in *Trans. Linn. Soc.* [1875], 54, t. 11, 12). Synonyme de *Barringtonia*. (H. Bn, *Hist. des pl.*, VI, 516.)

AGATHELPIS (Chois.). Voy. H. Bn, *Hist. des pl.*, 423 (Scrofulariacées).

AGATHOPHORA (Bge, ex *Dur. Ind.*, 338). Synonyme de *Cornulaca* Del.

AGATHOPHYLLUM (Bl., ex *Dur. Ind.*, 349). Synonyme de *Mespilodaphne* Nees.

AGAURIA (DC., *Prodr.*, VII, 602). Genre d'Éricacées-Andromédées, conservé aujourd'hui comme distinct (H. Bn, *Hist. des pl.*, XI, 178), formé de 4 arbustes africains et distingué par des fleurs à corolle cylindrique, renflée à la base; des anthères à 2 tubes déhiscents par des pores obliques; des ovules portés sur des placentas ascendants; un fruit sans columelle centrale.

AGEM LILAG. Le Lilas de Perse.

AGGEIANTHUS (Wight). Synonyme de *Eria* Lindl.

AGLÆA (Pers.). Synonyme de *Melasphœrula* Ker.

AGLAIOPSIS (Miq. — Dur., *Ind. Phaner.*, 61). Synonyme de *Hearnia* F. Muell.

AGOURÉ. Nom russe des Concombres.

AGRETTA (Eckl.). Synonyme de *Tritonia* Ker.

AGRIANTHUS (Mart.). Voy. H. Bn, *Hist. des pl.*, VIII, 129 (section du genre *Eupatorium* T.).

AGRIOPHYLLUM (Bieb.). Voy. H. Bn, *Hist. des pl.*, IX, 176.

AGRITO. Nom vulgaire mexicain de l'*Oxalis Acetosella* L.

AGROSTARIUM (Micheli, *Nov. pl. gen.*, 35). Genre non décrit.

AGROSTIDIUM (Massal., in *Flora* [1853], 130, t. 3). Genre de « Graminées fossiles ».

AGROSTOCRINUM (F. Muell., *Fragm.*, II, 94). Genre de Liliacées-Asphodélées, formé d'une herbe vivace, d'Australie; distingué, dans le groupe des Anthéricées, par une inflorescence peu ramifiée; un périanthe détaché en travers après l'anthèse; des anthères à pore terminal. [H. Bn.]

AGROSTOMIA (Cerv., in *La Natur.* [1869-70], 345). Genre incertain.

AGU, AGOUL. Noms arabes de l'*Alhagi Maurorum* T.

AGUILLON. L'*Uvaria longifolia* Lamk.

AGYLLA (Phil., in *An. Un. Chil.*, I, 643). Synonyme de *Cladium* P. Br.

AIGUILLON. — Voy. Tige (IV, 190).

AILANTHUS. Orthographe vicieuse pour *Ailantus* Desf.

AILE. Nom vulgaire mexicain de l'*Alnus acuminata* Kunth.

AIMENIA (Commers.). Synonyme de *Cissus* L.

AINSLIÆA (DC.). Voy. H. Bn, *Hist. des pl.*, VIII, 92.

AINSWORTHIA (Boiss.). Synonyme de *Tordylium* L. (H. Bn, *Hist. des pl.*, VII, 207.)

AIOLOTHECA (DC.). Voy. H. Bn, *Hist. des pl.*, VIII, 233 (section du genre *Parthenium* L.).

AIPHANES (W.). Synonyme de *Martinezia* R. et Pav.

AIPYANTHUS (Stev., in *Bull. Mosc.* [1851], I, 599). Synonyme de *Macrotomia* DC.

AIRIDIUM (Steud.). Synonyme de *Deschampsia* P.-Beauv.

AIROCHLOA (Link). Synonyme de *Kœleria* Pers.

AITCHISONIA (Hemsl., in *Journ. Linn. Soc.*, XIX, 166). Genre de Rubiacées-Pœdériées, formé d'un sous-arbrisseau de l'Afghanistan, à fleurs 2-morphes; le calice subnul; 5 étamines, dont 3 incluses; l'ovaire didyme; l'ovule dressé; le fruit papilleux, 2-coque; les feuilles opposées, les fleurs disposées en glomérules capituliformes. Le genre est dit voisin des *Putoria* et *Leptodermis*. [H. Bn.]

AIZOON (Andr., ex *Dur. Ind.*, 154). Syn. de *Sesuvium* L.

AIZOON (L.). Voy. H. Bn, *Hist. des pl.*, IX, 58, 73, fig. 87-91.

AIZOON. Section (Gray) du genre *Sedum* T.

AJOVEA (Bl., ex *Dur. Ind.*). Genre douteux (de Lauracées?).

AJUGA (L.). Voy. H. Bn, *Hist. des pl.*, XI, 24, 74, fig. 67-69.

AJUVEA (Schult.). Pour *Aiouea* Aubl.

AKEE. Nom indigène du *Blighia sapida* Kœn.

AKENTRA (Benj.). Synonyme de *Utricularia* L. (H. Bn, *Hist. des pl.*, XI, 347).

AKENTRON (Miq., in *Pl. Preiss.*, I, 643). Section du genre *Callitris* Vent.

ALAFIA (Dup.-Th.). Voy. H. Bn, *Hist. des pl.*, X, 209.

ALAMANIA (Ll. et Lex., *Nov. veg. descr.*, II, *Orch.*, 31). Genre d'Orchidacées-Épidendrées, formé d'une herbe épiphyte, du Mexique; distingué, dans le groupe des Læliées (B. H., *Gen.*, III, 526), par de courtes tiges, à 2 feuilles; des scapes latéraux, aphylles, couverts de gaines scarieuses; un gynostème uni au labelle jusqu'au milieu; 4 pollinies. Ce genre a besoin d'être étudié de nouveau. [H. Bn.]

ALAMO. Nom vulgaire mexicain du *Populus alba* L.

ALANG-ALANG. L'*Imperata arundinacea* Cyrill.

ALANIA (Colens., in *Lond. Journ. Bot.*, I, 301). Synonyme de *Dacrydium* Soland.

ALANIA (Endl., *Gen.*, n. 1168). Genre de Liliacées-Johnsoniées, formé d'une herbe vivace, australienne; distingué par des tiges ramifiées et diffusées; des feuilles pressées, linéaires-subulées; des fleurs en faux capitules; le périanthe à 6 folioles, avec 6 étamines et des loges ovariennes pauciovulées. (K., *Enum.*, IV, 644.)

ALATRÆA (Neck., *Elem.*, I, 374). Synon. de *Phelipæa* Desf.

ALBATRELLUS (Gray, *Arr. brit. pl.*, I, 597). Synonyme de *Boletus* T.

ALBELLA. Section (Ser. — Math.) du genre *Salix* T.

ALBERSIA (K.). Synonyme de *Amarantus* T.

ALBERTINIA (Spreng.). Voy. H. Bn, *Hist. des pl.*, VIII, 27, 119, fig. 39.

ALBERTISIA (Becc., *Males.*, I, 161). Genre de Ménispermacées, de la Nouvelle-Guinée, à fleurs monoïques; 6 sépales; les intérieurs grands, unis en fausse corolle tubuleuse-urcéolée, 3-lobée; ∞ étamines unies en une colonne conique; une fleur femelle à 6 pétales courts; 5, 6 carpelles 1-ovulés; 1-4 drupes à graines non albuminées. [H. Bn.]

ALCANFOR. Nom vulgaire mexicain de l'*Achillea Millefolium* L.

ALCIOPE (DC.). Voy. H. Bn, *Hist. des pl.*, VIII, 273.

ALCYTOPHYLLUM (W., ex Schlchtl, in *Linnæa* [1856], 491). Genre de Rubiacées, formé d'arbustes de l'Amérique tropicale, à fleurs 5-mères; le tube de la corolle épais; les étamines exsertes; le fruit 2-valve, couronné du calice; 8, 9 graines anguleuses dans chaque loge. L'*Hedyotis caracasana* H. B. K. est le type de ce genre, conservé comme distinct dans l'*Index* de M. Durand (n. 3088).

ALDROVANDIA (Monti). Voy. H. Bn, *Hist. des pl.*, IX, 227, 233, fig. 249-251.

ALECTRA (Thunb.). Voy. H. Bn, *Hist. des pl.*, X, 475.

ALECTRYON (Gærtn.). M. Radlkofer unit à ce genre les *Spanoghea* Bl. et le divise en 5 sections. (*Dur. Ind.*, 77.)

ALEPIDEA (Laroche). Voy. H. Bn, *Hist. des pl.*, VII, 241 (section du genre *Eryngium* T.).

ALEPYRUM (Hier., *Central.*, 103). Synonyme (B. H.) de *Gaimardia* Gaudich.

ALEXANDRA (Bunge). Voy. H. Bn, *Hist. des pl.*, IX, 195.

ALEXITOXICUM (Saint-Lag., ex *Dur. Ind.*, 270). Synonyme de *Cynanchum* L.

ALFILERELLO. Nom vulgaire mexicain de l'*Erodium cicutarium* Lhér.

ALHELI. Nom vulgaire mexicain du *Cheiranthus Cheiri* L.

ALIBERTIA (A. RICH.). Voy. H. BN, *Hist. des pl.*, VII, 434.

ALIBREXIA (MIERS). Synonyme de *Dolia* LINDL. (H. BN, *Hist. des pl.*, IX, 352.)

ALISMACÉES. Voy. MICHELI, in *DC. Mon. Phaner.*, III, 1.

ALKANNA (TAUSCH). Voy. H. BN, *Hist. des pl.*, X, 371.

ALKEKENGI (T., *Inst.*, 160, t. 64). Synonyme de *Physalis* L.

ALLÆNDEA (LL. et LEX.). Voy. H. BN, *Hist. des pl.*, VIII, 272.

ALLÆOPHANIA (THW.). Voy. H. BN, *Hist. des pl.*, VII, 410.

ALLAGOPAPPUS (CASS.). Voy. H. BN, *Hist. des pl.*, VIII, 159 (section du genre *Pulicaria* GÆRTN.).

ALLAGOPTERA (NEES). Synonyme de *Diplothemium* MART.

ALLAGOSTACHYUM (NEES, ex STEUD., *Nom.*, 50). Genre incertain.

ALLAMANDA (L., *Mantiss.*, II, 146). Voy. H. BN, *Hist. des pl.*, X, 148, 179, fig. 113-116.

ALLANBLACKIA (OLIV.). Voy. H. BN, *Hist. des pl.*, VI, 420.

ALLANTOMA (MIERS, in *Trans. Linn. Soc.*, XXX, 170, 291, t. 36 A). Section du genre *Lecythis* LŒFL. (H. BN, *Hist. des pl.*, VI, 376). Pour O. Berg, c'était un *Couratari*.

ALLARDIA (DCNE). Synonyme de *Waldheimia* KAR. et KIR. (H. BN, *Hist. des pl.*, VIII, 278.)

ALLETOTHECA (STEUD., *Syn. pl. glum.*, I, 117). Synonyme de *Lophatherum* AD. BR.

ALLIBERTIA (MARION, in *Rev. hort. Bouch. Rhôn.* [1882]). Synonyme de *Agave* L.

ALLIONIA (LŒFL., *It.*, 181). Synonyme de *Oxybaphus* VAHL.

ALLMANIA (R. BR., in *Wall. Cat.*, n. 6890). Genre de Chénopodiacées-Amarantées, formé de 3, 4 herbes asiatiques; distingué par des inflorescences capituliformes; un style à sommet stigmatique capité; le fruit sec, déhiscent en travers; les graines pourvues d'un arille. (H. BN, *Hist. des pl.*, IX, 203.)

ALLOCHRUSA (BGE, in *Boiss. Fl. or.*, I, 559). Synonyme de *Acanthophyllum* C.-A. MEY.

ALLODAPE (ENDL., *Enchir.*, 363). Synonyme de *Lebetanthus* ENDL. (H. BN, *Hist. des pl.*, XI, 197.)

ALLOISPERMUM (W.). Pour *Alloiospermum*.

ALLOMORPHA (BL.). Pour *Allomorphia*.

ALLOPHYLUS (L.). M. Radlkofer préfère ce nom à celui de *Schmidelia* L. (*Dur. Ind.*, 73).

ALLOTERRHOPSIS (PRESL). Synonyme de *Panicum* T.

ALLOTROPA (TORR. et GR., *Un. St. expl. Exped.*; in *Proc. Amer. Acad.*, VII, 368). Genre d'Éricacées-Monotropées, formé d'une plante californienne, parasite; distingué par des fleurs à périanthe unique, 4, 5-mère; les anthères 2-loculaires, pendantes en dedans; 5 loges ovariennes ∞-ovulées; une inflorescence en épi. (H. BN, *Hist. des pl.*, XI, 205.)

ALMYRA (SALISB., in *Trans. Hort. Soc. lond.*, I, 336). Synonyme de *Pancratium* L.

ALOMIA (H. B. K.). Voy. H. BN, *Hist. des pl.*, VIII, 131.

ALONA (LINDL.). Voy. H. BN, *Hist. des pl.*, IX, 352.

ALONSOA (R. et PAV.). Voy. H. BN, *Hist. des pl.*, IX, 425.

ALOPHIA (HERB., in *Bot. Mag.*, sub t. 3779). Genre d'Iridacées-Moréées, formé de 3, 4 plantes bulbeuses, américaines; distingué par une fleur sans tube; les pétales bien plus petits que les sépales, dressés, plats et aigus; les branches du style à 2 lobes linéaires ou un peu épaissis. (LODD., *Bot. Cab.*, t. 1547. — *Bot. Mag.*, t. 3862.) [H. BN.]

ALSEIS (SCHOTT). Voy. H. BN, *Hist. des pl.*, VII, 484.

ALSEUOSMIA (A. CUNN.). Voy. H. BN, *Hist. des pl.*, VII, 499.

ALSINODENDRON (H. MANN). Voy. H. BN, *Hist. des pl.*, IX, 115.

ALSOBIA (HANST.). Synonyme de *Episcia* MART. (H. BN, *Hist. des pl.*, X, 90.)

ALSOMITRA (RŒM.). Voy. H. BN, *Hist. des pl.*, VIII, 379, 424.

ALSTONIA (R. BR.). Voy. H. BN, *Hist. des pl.*, X, 184.

ALTERNANTHERA (MART.). Voy. H. BN, *Hist. des pl.*, IX, 212.

ALTHOFFIA (SCHUM., in *Engl. Bot. Jahrb.* [1887]). Genre de Tiliacées, de l'Asie tropicale, à fleurs régulières et dioïques; les 5 sépales valvaires; 5 pétales; les étamines monadelphes, stériles dans la fleur femelle; l'ovaire 4, 5-mère; le fruit loculicide, à ∞ graines laineuses.

ALVELOS. Au Brésil, l'*Euphorbia heterodoxa* M. ARG.

ALVISIA (LINDL., *Fol. orchid.* [1859]). Syn. de *Eria* LINDL.

ALVORDIA (BRANDEG., in *Proc. Calif. Acad.*, ser. 2, II, 174). Genre de Composées, placé près des *Viguiera*, formé d'une plante suffrutescente, de Baja en Californie; distingué par des capitules hétérogames, glomérulés; les fleurs du rayon neutres; celles du disque hermaphrodites; l'involucre étroit, à bractées paucisériées; les branches stylaires linéaires-cunéiformes; les fruits surmontés d'une aigrette de 2-4 paillettes, avec 2, 3 fois autant d'intermédiaires, plus petites. Les feuilles sont opposées et presque entières. [H. BN.]

ALYXIA (BANKS). Synonyme de *Gynopogon* FORST. (H. BN, *Hist. des pl.*, X, 188.)

Amanites vénéneuses (*Amanita verna* et *Mappa*).

ALYXIA (WALL., *Cat.*, n. 1607). Synon. de *Winchia* A. DC.

AMAIOUA (AUBL.). Voy. H. BN, *Hist. des pl.*, VII, 434.

AMANCAES. Nom péruvien de l'*Ismene Macleana* HOOK.

AMANITA. Pour les caractères des principales espèces utiles et vénéneuses, voy. H. BN, *Tr. Bot. méd. crypt.*, 85.

AMAPOLA ROJA. Nom vulgaire mexicain du *Papaver Rhœas* L.

AMARA (RUMPH, ex *Dur. Ind.*, 516). Synonyme de *Trichosanthes* L.

AMARABOYA (LIND., ex *Dur. Ind.*, 516). Synonyme (RADLK.) de *Blakea* L.

AMARACARPUS (BL.). Voy. H. BN, *Hist. des pl.*, VII, 286 (section du genre *Uragoga* L.).

AMARACUS (MŒNCH). Section du genre *Origanum* T. (H. BN, *Hist. des pl.*, XI, 50.)

AMARALIA (WELW., ex *B. H. Gen.*, II, 90, n. 170). Voy. H. BN, *Hist. des pl.*, VII, 309 (sect. du genre *Genipa* PLUM.).

AMARANTÉES. Série des Chénopodiacées. (H. BN, *Hist. des pl.*, IX, 154, 160, 200.)

AMARORIA (A. GRAY). Voy. H. BN, *Hist. des pl.*, IV, 502.

AMASONIA (L. F.). Synonyme de *Taligalea* AUBL., qui doit être préféré.

AMAURIA (BENTH.). Voy. H. BN, *Hist. des pl.*, VIII, 251.

AMBELANIA (AUBL.). Voy. H. BN, *Hist. des pl.*, X, 172.

AMBERBOI (ISN.). Synonyme de *Volutarella* CASS.

AMBLIRION (RAFIN.). Synonyme de *Fritillaria* L.

AMBLOGYNE (RAFIN.). Synonyme de *Amarantus* T.

AMBLYACHYRUM (HOCHST.). Synonyme de *Apocopis* NEES.

AMBLYANTHUS (A. DC.). Voy. H. BN, *Hist. des pl.*, XI, 332.

AMBLYOCALYX (BENTH., *Gen.*, II, 698, n. 23). Genre d'Apocynacées-Vincées, formé de 1, 2 plantes de Bornéo, à feuilles verticillées-3-nées; distingué par des cymes terminales; le calice courtement 5-lobé; la corolle tordue, avec les bords droits des lobes extérieurs; sans disque. (H. BN, *Hist. des pl.*, X, 189.)

AMBLYOCARPUM (FISCH. et MEY.). Voy. H. BN, *Hist. des pl.*, VIII, 162.

AMBLYOGLOSSUM (TURCZ., in *Bull. Mosc.* [1852], II, 310). Synonyme de *Tylophora* R. BR.

AMBLYOPAPPUS (HOOK. et ARN.). Voy. H. BN, *Hist. des pl.*, VIII, 252.

AMBLYORRHINUM (TURCZ.). Synonyme de *Phyllactis* PERS. (H. BN, *Hist. des pl.*, VII, 516.)

AMBLYSTIGMA (BENTH., *Gen.*, II, 748, n. 34). Genre d'Asclépiadacées-Asclépiadées, formé de 2 lianes boliviennes; distingué par des feuilles tomenteuses; des cymes peu ramifiées; des fleurs à large corolle campanulée, tomenteuse; les lobes courts; le tube de l'androcée court; le style umboné à son sommet. (H. BN, *Hist. des pl.*, X, 267.)

AMBRINA (SPACH, *Suit. à Buff.*, V, 205. — H. BN, *Hist. des pl.*, IX, 131). Synonyme de *Chenopodium* T.

AMBROSIE. Voy. H. BN, *Hist. des pl.*, VIII, 286.

AMECHANIA (DC.). Synonyme de *Agarista* DON. (H. BN, *Hist. des pl.*, XI, 178.)

AMEERO. Nom, à Socotora, d'un *Boswellia*.

AMELETIA (DC.). Synonyme de *Rotala* L.

AMELIA (ALEF., in *Linnæa*, XXVIII, 25). Synonyme de *Pyrola* L.

AMELINA (C.-B. CLKE, *Comm. et Cyrt. Beng.*, t. 26). Synonyme de *Aneilema* R. BR.

AMERINA (DC., in *Meissn. Gen.*, 278; *Comm.*, 186). Synonyme de *Ægiphila* JACQ. (H. BN, *Hist. des pl.*, XI, 119.)

AMETHYSTEA (L.). Voy. H. BN, *Hist. des pl.*, XI, 77.

AMIANTANTHUS (K., *Enum.*, IV, 179). Synonyme de *Amianthium* GRAY.

AMMANELLA (MIQ.). Synonyme de *Ammania* L. (H. BN, *Hist. des pl.*, VI, 437.)

AMMANIA (HOUST.). Voy. H. BN, *Hist. des pl.*, VI, 437, 456, fig. 418-424.

AMMI (L.). Voy. H. BN, *Hist. des pl.*, VII, 221.

AMMIANTHUS (SPRUCE, herb., n. 2248). Synonyme de *Retiniphyllum* H. B.

AMMIOPSIS (BOISS.). Section du genre *Daucus* T. (H. BN, *Hist. des pl.*, VII, 90.)

AMMOBIUM (R. BR.). Section du genre *Helichrysum* GÆRTN. (H. BN, *Hist. des pl.*, VIII, 175.)

AMMOBROMA (TORR.). Voy. H. BN, *Hist. des plant.*, XI, 156, 208.

AMMOCHARIS (HERB., *App.*, 17; *Amar.*, 241, t. 33). Genre d'Amaryllidacées-Amaryllées, formé de 2 herbes bulbeuses, de l'Afrique australe; distingué par des cymes ombelliformes; les pédicelles assez longs; le tube floral droit, de moyenne longueur; les lobes étroits, allongés, révolutés; l'ovaire souvent courtement rostré. (*Bot. Reg.*, t. 139, 1219. — *Bot. Mag.*, t. 1443.) [H. BN.]

AMMOLIRION (KAR. et KIR.). Synonyme de *Eremurus* BIEB.

AMMOSERIS (LESS., ex ENDL., *Gen.*, n. 3017). Synonyme de *Microrhynchus* LESS. (H. BN, *Hist. des pl.*, VIII, 116.)

AMOMOPHYLLUM (ENGL., in *Gardn. Chron.* [1877], I, 139). Synonyme de *Spathiphyllum* SCHOTT.

AMOMUM (L., *Gen.*, n. 2). Genre de Zingibéracées, aujourd'hui fort morcelé, mais comprenant encore une cinquantaine d'espèces; distingué, dans le groupe des Zingibérées, par des fleurs unies en strobile, au sommet d'une hampe aphylle, courte ou longue, rarement feuillée, avec les bractées ordinairement 2, 3-flores et imbriquées. Le filet staminal est court, et les loges de l'anthère sont divergentes; le connectif diversement dilaté ou prolongé. Ce sont des plantes asiatiques, africaines et océaniennes, tropicales. L'*A. Cardamomum* L. et les *A. maximum* ROXB., *xanthioides* WALL., *angustifolium* SONN., *Meleguetta* ROSC. sont seuls employés aujourd'hui. Ce sont des plantes à Cardamomes. (H. BN, *Tr. Bot. méd. phanér.*, 1433.)

AMORFA. Nom vulgaire mexicain de l'*Amorpha glabra* DESF.

AMORPHOSPERMUM (F. MUELL., *Fragm.*, VII, 112). Genre de Sapotacées-Buméliées-Lucumées, formé d'un grand arbre australien, à fleurs 5-mères; la corolle campanulée, avec 5 étamines superposées et souvent, en outre, 2, 3 plus petites interposées. L'ovaire a 3 (ou 4, 5) loges. Le fruit est globuleux, charnu, avec une graine dont presque toute la surface est rude, ombilicale. L'embryon sans albumen, globuleux, a les cotylédons épais, conferruminés. (H. BN, *Hist. des pl.*, XI, 285.)

AMPELOCISSUS (PL., in *DC. Mon. Phanér., Ampel.*, 368). L'un des genres inconsciemment démembrés des *Vitis* par l'auteur.

AMPELOSICYOS (DUP.-TH.). Le genre demeure incertain et ne se rapporte pas aux *Telfairia* HOOK.

AMPHIANTHUS (TORR.). Voy. H. BN, *Hist. des pl.*, IX, 457.

AMPHIBLEMMA (NAUD.). Section du genre *Gravesia* NAUD. (H. BN, *Hist. des pl.*, VII, 45.)

AMPHIBOLIS (AGH, *Syst. Alg.*, 192). Genre de Naiadacées-Posidoniées, formé d'une herbe australienne, vivace, submergée; distingué par des feuilles distiques; des fleurs unisexuées, nues; les mâles à 4 étamines connées; les femelles à carpelle solitaire; l'ovaire surmonté d'une masse stylaire sessile, plus volumineuse que lui; la graine dressée, avec un embryon macropode, à extrémité cotylédonaire atténuée et oblique. (LABILL., *N.-Holl.*, II, t. 264. — GAUDICH., in *Freycin. Voy. Bot.*, t. 40, fig. 2.)

AMPHICALYX (BL., *Fl. jav. Præf.*, VII). Synonyme de *Diplycosia* BL. (H. BN, *Hist. des pl.*, XI, 181.)

AMPHICOME (ROYLE, *Ill. himal.*, 296, t. 72, fig. 1). Voy. H. BN, *Hist. des pl.*, X, 52.)

AMPHIDETES (FOURN., in *Mart. Fl. bras.*, VI, IV, 213). Genre d'Asclépiadacées-Asclépiadées, formé de 2 lianes brésiliennes; distingué, dit-on, par des sépales à glandes intérieures lancéolées et lobuliformes; une corolle campanulée, imbriquée; une couronne turriforme, adnée à la corolle. Ces plantes nous sont inconnues. (H. BN, *Hist. des pl.*, X, 249.)

AMPHIDOXA (DC.). Voy. H. BN, *Hist. des pl.*, VIII, 172.

AMPHIGENES (JANK., in *Linnæa*, XXX, 619). Synonyme de *Festuca* L.

AMPHIGLOSSA (DC.). Section du genre *Elythropappus* CASS. (H. BN, *Hist. des pl.*, VIII, 183.)

AMPHILOPHIUM (H. B. K.). Voy. H. BN, *Hist. des pl.*, X, 37.

AMPHIOLANTHUS (GRISEB., *Cat. pl. cub.*, 186). Synonyme de *Micranthemum* MICHX.

AMPHION (SALISB., *Fragm.*, 66). Synonyme de *Semele* K.

AMPHISCOPIA (NEES). Synonyme de *Dianthera* L.

AMPHISTELMA (GRISEB., *Fl. brit. W.-Ind.*, 417; *Cat. pl. cub.*, 174). Section du genre *Metastelma* R. BR. (H. BN, *Hist. des pl.*, X, 250.)

AMPHITECNA (MIERS, in *Trans. Linn. Soc.*, XXVI, 159. — H. BN, in *Rev. hort.* [1882], 464; in *Bull. Soc. Linn. Par.*, 386; *Hist. des pl.*, X, 54). Genre de Bignoniacées-Crescentiées, distingué par un ovaire à 2 loges ∞-ovulées; la corolle droite ou arquée, plus ou moins irrégulière; le fruit cortiqué dans l'*A. nigripes* H. BN.

AMPHITEINIA (MIERS, ex *Dur. Ind.*, 309). « Synonyme de *Crescentia* L. » (*Amphitecna?*).

AMPHIZAMA (MIERS). Synonyme de *Salacia* L.

AMPHOCHÆTA (ANDERS., in *K. Vet. Akad. Handl. Stock.* [1853], 136; *Galap. Veg.*, 45, t. 1, fig. 1). Synonyme (B. H.) de *Pennisetum* PERS.

AMPHORICARPOS (VIS.). Section du genre *Xeranthemum* T. (H. BN, in *Bull. Soc. Linn. Par.*, 265; *Hist. des pl.*, VIII, 83.)

AMPHOROCALYX (BAK., in *Journ. Linn. Soc.*, XXII, 476).

Genre de Mélastomacées-Oxysporées, allié aux *Veprecella* et *Rousseauxia*, à calice urcéolé, ∞-strié ; 4 pétales ; 8 étamines égales, à anthère droite, s'ouvrant par un pore ; le connectif prolongé à sa base et 2-éperonné en arrière. L'*A. multiflorus* Bak. est un arbuste de Madagascar central.

AMSINCKIA (Lehm.). Voy. H. Bn, *Hist. des pl.*, X, 376.

AMSONIA (Walt.). Voy. H. Bn, *Hist. des pl.*, X, 180.

AMYDRIUM (Schott, in *Ann. Mus. lugd.-bat.*, I, 127). Genre d'Aracées-Callées, mal connu, formé d'une herbe de l'archipel Malais ; distingué par des fleurs femelles à ovaire 2-loculaire ; « le stigmate capité » ; des ovules solitaires et attachés, dans chaque loge, à la base de la cloison. (Engl., *Arac.*, 100.)

ANABASIS (L.). Voy. H. Bn, *Hist. des pl.*, IX, 189.

ANABATA (W.). Synonyme de *Faramea* Aubl.

ANACAMPSEROS (L.). Voy. H. Bn, *Hist. des pl.*, IX, 70.

ANACAMPTA (Miers, *S.-amer. Apoc.*, 65, t. 9 B). Synonyme de *Tabernæmontana* L. (H. Bn, *Hist. des pl.*, X, 196.)

ANACHYRIUM (Nees). Synonyme de *Paspalum* L.

ANACYCLUS (L.). Section du genre *Matricaria* T. (H. Bn, *Hist. des pl.*, VIII, 275.) — Voy. Pyrèthre (III, 77).

ANADELPHIA (Hack., in *Engl. Jahrb.*, VI, 40). Synonyme de *Andropogon* L. (Hack., *Androp.*, 394.)

ANADENDRON (Schott, in *Bonplandia* [1857], 45 ; *Gen. Aroid.*, t. 78). Genre d'Aracées-Callées, formé de 4, 5 plantes malaises, frutescentes, rampantes ou grimpantes ; distingué par un ovaire 1-loculaire, 1-ovulé ; l'ovule basilaire ; la graine sans albumen ; l'embryon macropode. (Miq., *Fl. ind. bat.*, III, t. 39.) [H. Bn.]

ANAGALLIDIUM (Griseb.). Synonyme de *Swertia* L.

ANAGALLIS (T.). Voy. H. Bn, *Hist. des pl.*, XI, 321, 345, fig. 377-382.

ANAGLYPHA (DC.). Voy. H. Bn, *Hist. des pl.*, VIII, 184.

ANAGZANTHE (Baudo, in *Ann. sc. nat.*, sér. 2, XX, 347). Synonyme de *Lysimachia* T. (H. Bn, *Hist. des pl.*, XI, 343.)

ANAMIRTA (Colebr.). Voy. H. Bn, *Tr. Bot. méd. phanér.*, 709.

ANANASSA (Lindl., *Bot. Reg.*, sub t. 1068 ; t. 1081). Synonyme de *Ananas* T.

ANANTHERIX (Nutt., *Gen. n.-amer.*, I, 169). Section du genre *Asclepias* L. (H. Bn, *Hist. des pl.*, X, 225.)

ANANTHODIUM (Less., ex *Dur. Ind.*, 206). Synonyme de *Ichthyothere* Mart.

ANAPHRENIUM (E. Mey.). Section du genre *Rhus* L. (H. Bn, *Hist. des pl.*, V, 321.)

ANAPHYLLUM (Schott, *Gen. Aroid.*, t. 83). Genre d'Aracées-Orontiées, formé d'une herbe élevée, de l'Inde ; distingué, dans le groupe des Dracontiées, par des feuilles pédati-pinnatiséquées ; une spathe lancéolée et longuement acuminée ; un ovaire 1-loculaire, couronné du stigmate, avec un ovule pariétal. [H. Bn.]

ANARMODIUM (Schott, in *Bonplandia*, IX, 368). Synonyme de *Dracunculus* Schott.

ANARRHINUM (Desf.). Voy. H. Bn, *Hist. des pl.*, IX, 428.

ANARTIA (Miers, *S.-amer. Apoc.*, 80, t. 11 B). Section du genre *Tabernæmontana* L. (H. Bn, *Hist. des pl.*, X, 196.)

ANASSER (J., *Gen.*, 150). Synonyme de *Geniostoma* Forst.

ANASTRABE (E. Mey.). Voy. H. Bn, *Hist. des pl.*, IX, 432.

ANASTRAPHIA (Don). Section du genre *Chuquiraga* J. (H. Bn, *Hist. des pl.*, VIII, 91.)

ANASTROPHEA (Wedd.). Synonyme de *Sphærothylax* Bisch. (H. Bn, *Hist. des pl.*, IX, 271.)

ANAXETON (Cass., in *Dict.*, XXXIV, 37). Section du genre *Helichrysum* Gærtn. (H. Bn, *Hist. des pl.*, VIII, 175.)

ANCALANTHUS (Dur.). Pour *Angkalanthus* Balf. f.

ANCHUSOPSIS (Bisch.). Synonyme de *Lindelofia* Lehm.

ANCHYLOTECNA (H. Bn, in *Bull. Soc. Linn. Par.*, 386 ; *Hist. des pl.*, X, 54). Section du genre *Enallagma* Miers.

ANCISTROCARPHUS (A. Gray). Synonyme de *Stylocline* Nutt.

ANCISTROCARPUS (H. B. K., *Nov. gen. et spec.*, II, 186, t. 122). Synonyme de *Microtea* Sw.

ANCISTROCARYA (Maxim., in *Bull. Ac. Pétersb.*, XVII, 443 ; *Mél. biol.*, VIII, 543 ; IX, 451 ; XX, 471). Genre de Boraginacées-Boragées, formé d'une herbe vivace, japonaise, à fleurs de *Lithospermum* ; la corolle infundibuliforme-tubuleuse ; la gorge velue ; les 5 étamines incluses ; un fruit de 1-4 achaines à base plane, attachée à une aréole du réceptacle déprimé ; des feuilles lancéolées ; des cymes scorpioïdes allongées, simples ou conjuguées. (H. Bn, *Hist. des pl.*, X, 384.)

ANCISTROPHYLLUM (Wendl. et Mann, in *Kerch. Denterg. Palm.*, 230 ; in *Trans. Linn. Soc.*, XXIV, 432, t. 38 D, 41 G, 43 C). Genre de Palmiers-Lépidocaryées, formé de 3, 4 lianes, de l'Afrique tropicale occidentale ; distingué par des spadices terminaux, engainés dans les spathes ; des fleurs hermaphrodites, distiques, accompagnées de bractées et bractéoles. Pour plusieurs auteurs, c'est un sous-genre du genre *Calamus* L. (Drude, in *Bot. Zeit.* [1877], t. 5, fig. 45.) [H. Bn.]

ANCRUMIA (Harv. — Bak., in *Hook. Icon.*, t. 1227). Genre de Liliacées-Alliées, formé d'une herbe bulbeuse, chilienne ; distingué par un tube floral campanulé ; le limbe à 6 folioles 2-sériées : les extérieures lancéolées ; les intérieures plus courtes, linéaires ; une couronne de 6 écailles ; 3 filets staminaux, dont 2 anthérifères ; tous dilatés à leur base. [H. Bn.]

ANCYLANTHUS (Desf.). Voy. H. Bn, *Hist. des pl.*, VII, 425 (section du genre *Canthium* Lamk).

ANCYLOGYNE (Nees). Synonyme de *Sanchezia* R. et Pav. (H. Bn, *Hist. des pl.*, X, 429.)

ANDERSONIA (R. Br.). Voy. H. Bn, *Hist. des pl.*, XI, 196.

ANDERSONIA (Schlchtl, in *Ræm. et Sch. Syst.*, V, 21). Synonyme de *Gærtnera* Lamk.

ANDICUS (Dur.). Pour *Andiscus* Vell.

ANDRADEA (Allem.). Voy. H. Bn, *Hist. des pl.*, IX, 199.

ANDREOSKIA (DC.). Synonyme de *Dontostemon* Andrz.

ANDREUSIA (Vent.). Pour *Andrewsia* Vent.

ANDRIALA (L.). Voy. H. Bn, *Hist. des pl.*, VIII, 109 (section du genre *Hieracium* T.).

ANDROCENTRUM (Leme). Voy. H. Bn, *Hist. des pl.*, X, 420.

ANDROCHILUS (Liebm., in *Forh. Skand. Nat. Möde*, IV, 197). Genre d'Orchidacées, mal connu ; synonyme peut-être (B. H. *Gen.*, III, 1225) de *Liparis* Rich.

ANDROGRAPHIS (Wall.). Voy. H. Bn, *Hist. des pl.*, X, 464.

ANDROLEPIS (Ad. Br., in *Morr. Cat. Brom.*). Synonyme de *Lamprococcus* Beer.

ANDROMEDA (L.). Voy. H. Bn, *Hist. des pl.*, XI, 131, 177, fig. 135-137.

ANDROMYCIA (A. Rich., *Fl. cub.*, II, 282, t. 89). Synonyme de *Xanthosoma* Schott.

ANDROSCEPIA (Ad. Br.). Synonyme de *Themeda* Fonsk.

ANDROSELLE (*Androsace*). Voy. H. Bn, *Hist. des pl.*, XI, 318, 338, fig. 364, 365.

ANDROSTEMMA (Lindl.). Synonyme de *Conostylis* R. Bn.

ANDROSTEPHIUM (Torr., in *Emor. Exp. Bot.*, 218). Genre de Liliacées-Alliées, formé de 2 herbes bulbeuses, de l'Amérique du Nord ; distingué, dans le groupe des Eualliées, par un périanthe à tube dilaté en haut ; égal à peu près aux lobes de son limbe ; 6 étamines 1-adelphes, insérées à la gorge. [H. Bn.]

ANDROSTOMA (Hook. f.). Synonyme de *Cyathodes* Labill.

ANDROSYNE (Salisb., ex *Dur. Ind.*, 487). Genre incertain.

ANDZOU. Nom, au Japon, de l'Abricotier.

ANECHITES (Griseb., *Fl. brit. W.-Ind.*, 410). Section du genre *Echites* L. (H. Bn, *Hist. des pl.*, X, 215). Le genre est à supprimer à la page 190 de cet ouvrage. Les anthères ne sont pas celles des Vincées (Plumériées).

ANECOCHILUS (Bl.). Pour *Anœctochilus* Bl.

ANEILEMA (R. Br.). Maintenu comme genre distinct de Commélinacées-Commélinées ; formé d'une soixantaine d'espèces des deux mondes ; distingué par des cymes petites et lâchement groupées en grappes composées ; 3 étamines fertiles, à anthère formée de loges parallèles et contiguës ; un ovaire à 2, 3 loges 2-∞-ovulées. (C.-B. Clke, *Commel.*, 195.)

ANEILEMA (R. Br.). Synonyme de *Anilema* K.

ANEMAGROSTIS (Trin.). Synonyme de *Apera* Adans.

ANEMOCHEMA (Fr., in *Bull. Soc. bot. Fr.* [1886], 363). Section du genre *Anemone* Hall.

ANEMONOPSIS (S. et Zucc.). Section du genre *Actæa* L. (H. Bn, in *Adansonia*, VIII, 14; in *Bull. Soc. Linn. Par.*, 223.)

ANEMOPÆGMA (Mart.). Voy. H. Bn, *Hist. des pl.*, X, 36.

ANEPSIAS (Schott, *Gen. Aroid.*, t. 73. — Engl., *Arac.*, 230). Synonyme (B. H., *Gen.*, III, 991) de *Rhodospatha* Pœpp. et Endl.

ANERINCLEISTUS (Korth.). Section du genre *Blastus* Lour. (H. Bn, *Hist. des pl.*, VII, 49.)

ANESORHIZA (Cham. et Schlchtl). Voy. H. Bn, *Hist. des pl.*, VII, 209 (section du genre *Aciphylla* Forst.).

ANETANTHUS (Hiern, ex B. H., *Gen.*, II, 1025, n. 71). Genre de Gesnériacées-Cyrtandrées, formé de 5, 6 petites herbes américaines; distingué, dans le groupe des Didymocarpées, par des pédoncules grêles, axillaires, ∞-flores; 5 sépales; une corolle à tube cylindrique; un fruit ovoïde-oblong, capsulaire, inclus ou à peine exsert. (H. Bn, *Hist. des pl.*, X, 101.)

ANGADENIA (Miers, *S.-amer. Apoc.*, 173, t. 27 B). Section du genre *Echites* L. (H. Bn, *Hist. des pl.*, X, 215.)

ANGÉLIQUE. Voy. H. Bn, *Hist. des pl.*, VII, 207.

ANGELONIA (H. B. K.). Voy. H. Bn, *Hist. des pl.*, IX, 425.

ANGELOPHYLLUM (Rupr.). Synonyme de *Angelica* T.

ANGIANTHUS (Wendl.). Synonyme de *Siloxerus* Labill. (H. Bn, *Hist. des pl.*, VIII, 180.)

ANGKALANTHUS (Balf. f., in *Proc. Roy. Soc. Edinb.*, XII, 88; *Bot. Soc.*, 224, t. 76). Genre d'Acanthacées, voisin des *Justicia*, distingué par 5 sépales 3-5-nerves; la corolle 2-labiée, à 3 lobes révolutés à la lèvre antérieure; 2 étamines à anthère sagittée. L'*A. paucifolius*, de Socotora, est un arbuste à longs épis axillaires et terminaux. (H. Bn, *Hist. des pl.*, X, 441.)

ANGOLÆA (Wedd.). Voy. H. Bn, *Hist. des pl.*, IX, 272.

ANGOURIA (*Anguria* L.). Voy. H. Bn, *Hist. des pl.*, VIII, 416, 457, fig. 302-304.

ANISACANTUA (R. Br.). Voy. H. Bn, *Hist. des pl.*, IX, 179.

ANISACANTHUS (Nees). Voy. H. Bn, *Hist. des pl.*, X, 448.

ANISANTHA (Koch). Synonyme de *Bromus* L.

ANISANTHERA (Griff., *Notul.*, IV, 100). Synonyme de *Adenosma* R. Br.

ANISEIA (Chois., *Conv. or.*, 99). Synonyme de *Ipomœa* L. (H. Bn, *Hist. des pl.*, X, 321.)

ANISILLO. Nom vulgaire mexicain du *Tagetes pusilla* H. B. K.

ANISOCALYX (Hance).Syn. de *Bramia* Lamk.

ANISOCHÆTA (DC.). Voy. H. Bn, *Hist. des pl.*, VIII, 94.

ANISOCHILUS (Wall.). Voy. H. Bn, *Hist. des pl.*, XI, 69.

ANISOCOMA (Torr. et Gr.). Voy. H. Bn, *Hist. des pl.*, VIII, 110 (section du genre *Leontodon* L.).

ANISOCOQUE. Se dit d'un fruit dont les coques sont dissemblables, inégales.

Anisocoque (Fruit).

ANISODUS (Link et Ott.). Synonyme de *Scopolia* Jacq. (H. Bn, *Hist. des pl.*, IX, 350.)

ANISOLOBUS (A. DC.). Section du genre *Echites* L. (H. Bn, *Hist. des pl.*, X, 216.)

ANISOMELES (R. Br.). Voy. H. Bn, *Hist. des pl.*, XI, 39.

ANISOMETROS (Hassk., in *Flora* [1847], 602). Synonyme de *Murrithia* Zoll.

ANISOPAPPUS (Hook. et Arn.). Voy. H. Bn, *Hist. des pl.*, VIII, 163 (section du genre *Buphthalmum* T.).

ANISOPHYLLEA (R. Br.). Voy. H. Bn, *Hist. des pl.*, VI, 292, 304. — *Hook. Icon.*, t. 1551.

ANISOPLECTUS (Œrst., *Gesn. centr.-amer.*, 46). Synonyme de *Alloplectus* Mart.

ANISOSPERMA (S.-Mans.). Section du genre *Fevillea* L. (H. Bn, *Hist. des pl.*, VIII, 378.)

ANISOSTACHYA (Nees). Synonyme de *Justicia* L. (H. Bn, *Hist. des pl.*, X, 414.)

ANISOSTICHUS (Bur.). Synonyme de *Doxantha* Miers. (H. Bn, *Hist. des pl.*, X, 30.)

ANISOTAXIS (M. Arg., in *Linnæa*, XXXIV, 213). Synonyme de *Tritaxis* H. Bn.

ANISOTES (Lindl.). Synonyme (part.) de *Pleurophora* Don.

ANISOTES (Nees). Voy. H. Bn, *Hist. des pl.*, X, 443.

ANISOTHÈQUE. Se dit d'une anthère ou d'un ovaire dont les deux loges sont inégales ou ont un contenu différent.

ANISOTOMARIA (Presl, *Bot. Bem.*, 103). Synonyme de *Anisotome* Fenzl.

ANISUM (Eckl. et Zeyh., ex Dur. Ind., 59). Synonyme de *Carum* L.

ANISUM (Rumph., ex Dur. Ind., 166). Synonyme de *Panax* L.

ANKALAKI. Le *Polygala butyracea.*

Anisothèques (Loges ovariennes).

ANODENDRON (A. DC.). Voy. H. Bn, *Hist. des pl.*, X, 211.

ANODISCUS (Benth., *Gen.*, II, 998; in *Hook. Icon.*, t. 1199). Section du genre *Isoloma* Benth. (H. Bn, *Hist. des pl.*, X, 80.)

ANOECTOCALYX (Tri.). Voy. H. Bn, *Hist. des pl.*, VII, 55.

ANOECTOMARIA. Nom donné par M. Rolfe à un « genre » hybride d'*Anœctochilus* et d'*Hœmaria*.

ANOGEISSUS (Wall., *Cat.*, n. 4014). Section du genre *Terminalia* L. (H. Bn, *Hist. des pl.*, VI, 265, 280, fig. 238, 239.)

ANOGYNA (Nees). Synonyme de *Lagenocarpus* Nees.

ANOIGANTHUS (Bak., in *Trim. Journ.* [1878], 76). Genre d'Amaryllidacées-Amaryllées, formé de 2 herbes de l'Afrique australe, à bulbe tuniqué; distingué par des cymes ombelliformes, 1-∞-flores; le tube floral en entonnoir; 6 étamines attachées à sa gorge, à anthère sagittée-2-lobée, à fruit 3-quèlre et 3-valve. (Harv., *Thes. cap.*, t. 139.) [H. Bn.]

ANOMALANTHUS (Kl.). Synonyme de *Simocheilus* Kl.

ANOMALOTIS (Steud., *Syn. pl. glum.*, I, 198). Synonyme de *Trisetaria* Forsk.

ANOMANTHODIA (Hook. f.). Section du genre *Genipa* L. (H. Bn, *Hist. des pl.*, VII, 309.)

ANOMAZA (Salisb.). Synonyme de *Lapeyrousia* Pourr.

ANOMORHEGMIA (Meissn.). Synonyme de *Stauranthera* Bth.

ANOMOSANTHES (Bl.). Synonyme de *Lepis* Bl.

Anonacées. — Fleurs. Organes sexuels.

ANONACÉES. Un grand nombre de plantes de cette famille ont été découvertes à Java, Bornéo et en Afrique, etc., depuis la publication de la caractéristique de cette famille.

ANONYMOS (Walt., *Fl. carol.*, 127). Synonyme de *Saururus* L.

ANOPLANTHUS (Endl.). Synonyme (part.) de *Phelipæa* Desf. et de *Aphyllon* Mitch.

ANOPLOCARYUM (Leder., *Fl. ross.*, III, 154). Synonyme (?) de *Eritrichium* Schrad.

ANOPLOPHYTUM (Beer). Synonyme de *Tillandsia* L.

ANOSPORUM (Lees). Synonyme de *Cyperus* T.

ANOTIS (DC.). Voy. H. Bn, *Hist. des plant.*, VII, 326.

ANPLECTRUM (A. Gray). Section du genre *Dissochæta* Bl. (H. Bn, *Hist. des plant.*, VII, 51.)

ANREDERA (J.). Voy. H. Bn, *Hist. des pl.*, IX, 147, 198, fig. 208-210.

ANTAGONIA (Griseb.). Synonyme de *Perianthopodus* S.-Mans. (H. Bn, *Hist. des pl.*, VIII, 386.)

ANTENNARIA (Gærtn.). Section du genre *Gnaphalium* L. (H. Bn, *Hist. des pl.*, VIII, 169.)

ANTHACANTHUS (Nees). Voy. H. Bn, *Hist. des pl.*, X, 458.

ANTHADENIA (V. Houtte). Synonyme de *Sesamum* L.

ANTHELIA (Schott). Genre incertain. (*Dur. Ind.*, 487.)

ANTHERICLIS (Rafin.). Synonyme de *Tipularia* Nutt.

ANTHEROTOMA (Hook. f.). Section du genre *Osbeckia* L. (H. Bn, *Hist. des pl.*, VII, 38.)

ANTHERURA (Lour.). Genre incertain.

ANTHERYLIUM (Rohr). Voy. H. Bn, *Hist. des pl.*, VI, 451.

ANTHISTIRIA (L.). Synonyme de *Themeda* Forsk.

ANTHOCEPHALUS (Rich.). Voy. H. Bn, *Hist. des pl.*, VII, 496 (section du genre *Sarcocephalus* Afz.).

ANTHOCERCIS (Labill.). Voy. H. Bn, *Hist. des pl.*, IX, 417.

ANTHOCHLAMYS (Fenzl). Voy. H. Bn, *Hist. des pl.*, IX, 176.

ANTHOCHORTUS (K., *Enum.*, III, 484). Synonyme de *Willdenowia* Thunb.

ANTHOCLEISTA (Afzel.). Section du genre *Potalia* Aubl. (H. Bn, *Hist. des pl.*, IX, 306.)

ANTHOCOMETES (Nees). Synonyme de *Monothecium* Hochst.

ANTHOPHYLLUM (Steud.). Synonyme de *Scirpus* T.

ANTHOPTERUS (Hook.). Voy. H. Bn, *Hist. des pl.*, XI, 188.

ANTHOSACHNE (Steud.). Synonyme de *Agropyrum* R. et Sch.

ANTHOSPERMUM (L.). Voy. H. Bn, *Hist. des pl.*, VII, 266, 396, fig. 237, 238.

ANTHOTIUM (R. Br.). Voy. H. Bn, *Hist. des pl.*, VIII, 370.

ANTHOTROCHE (Endl.). Voy. H. Bn, *Hist. des pl.*, IX, 358.

ANTHRISCUS (Hoffm.). Section du genre *Chærophyllum* T. (H. Bn, *Hist. des pl.*, VII, 232.)

ANTHYLLIS (L.). Voy. H. Bn, *Tr. Bot. méd. phanér.*, 650, fig. 2210-2212.

ANTICHARIS (Endl.). Voy. H. Bn, *Hist. des pl.*, IX, 418.

ANTICLEA (K., *Enum.*, IV, 191). Syn. de *Zygadenus* Michx.

ANTICORYNE (Turcz., in *Bull. Ac. Pétersb.* [1852], 332). Genre de Myrtacées, qui a pour synonymes, dit-on, *Cyathostemon* Turcz. et *Myrtella* F. Muell., et qui comprend deux (?) plantes de la Nouvelle-Guinée. (*Dur. Ind.*, 126.)

ANTIPHYTUM (DC.). Voy. H. Bn, *Hist. des pl.*, X, 383.

ANTIRHÉE. Voy. H. Bn, *Hist. des pl.*, VII, 423 (section du genre *Guettarda* L.).

ANTIRRHINUM (L.). Voy. H. Bn, *Hist. des pl.*, IX, 380, 427, fig. 516-521.

ANTISTROPHE (A. DC.). Voy. H. Bn, *Hist. des pl.*, XI, 331.

ANTITHRIXIA (DC.). Section du genre *Leyseria* L. (H. Bn, *Hist. des pl.*, VIII, 167.)

ANTOCHORTUS (Nees, in *Lindl. Introd.*, ed. 2, 451). Synonyme de *Willdenowia* Thunb.

ANTONIA (Pohl). Voy. H. Bn, *Hist. des pl.*, IX, 343.

ANTONIA (R. Br., in *Wall. Pl. as. rar.*, III, 65). Synonyme de *Rhynchoglossum* Bl.

ANVILLEA (DC.). Voy. H. Bn, *Hist. des pl.*, VIII, 164.

ANYCHIA (Michx). Voy. H. Bn, *Hist. des pl.*, IX, 122.

APACTIS (Thunb.). Synonyme (?) de *Stixis* Lour. (B. H.)

APAMA (Lamk). Antérieur à *Bragantia* Lour. (H. Bn, in *Bull. Soc. Linn. Par.*, 547; *Hist. des pl.*, IX, 21.)

APATEMONE (Schott). Synonyme de *Schismatoglottis* Zoll. et Mor.

APEGIA (Neck., *Elem.*, I, 251). Synonyme de *Ceropegia* L.

APERA (Adans., *Fam.*, II, 495). Genre de Graminées-Agrostées, formé de 1, 2 herbes annuelles, de l'Europe et de l'Orient; distingué par une inflorescence ramifiée, à divisions grêles, avec de petits épillets; la deuxième glume dépassant les autres; la glumelle florifère transparente, courtement 2-fide, avec une arête dorsale grêle. (Host, *Gram. austr.*, t. 47, 48. — Nees, *Gen. Fl. germ., Monoc.*, I, n. 30.) [H. Bn.]

APERULA (Bl.). Synonyme de *Lindera* Thunb.

APETAHIA (H. Bn, in *Bull. Soc. Linn. Par.*, 310; *Hist. des pl.*, VIII, 364). Genre de Campanulacées, formé d'un arbuste de l'île Raiatea, à fleurs de *Delissea*; l'ovaire infère, à 2 placentas pariétaux; le fruit sec. L'*A. raiateensis* H. Bn, remar-

quable par la beauté de ses fleurs, n'est cueilli, dit-on, que pour le souverain et les chefs.

APETALON (Wight, *Ic.*, V, 22, t. 1758). Synonyme de *Didymoplexis* Griff.

APHANACTIS (Wedd.). Voy. H. Bn, *Hist. des pl.*, VIII, 214.

APHANIA (Bl.). M. Radlkofer conserve le genre comme distinct, avec 10 espèces. (*Dur. Ind.*, 74.)

APHANISMA (Nutt.). Voy. H. Bn, *Hist. des pl.*, IX, 167.

APHANOCOCCUS (Radlk., in *Dur. Ind.*, 74). Genre de Sapindacées-Aphaniées, formé d'une espèce des Célèbes; très voisin, dit-on, des *Hebecoccus* et s'en distinguant par des coques crustacées et plus haut unies.

APHANOPLEURA (Boiss., *Fl. or.*, II, 855). Genre d'Ombellifères, rapproché avec doute des *Szovitzia* Fisch. et Mey. (H. Bn, *Hist. des pl.*, VII, 224.)

APHANOSTEPHUS (DC.). Voy. H. Bn, *Hist. des pl.*, VIII, 146.

APHANTOCHÆTA (Torr.). Synonyme de *Pentachæta* Hillebr.

APHELANDRA (R. Br.). Voy. H. Bn, *Hist. des pl.*, X, 417, 450, fig. 333, 334.

APHORA (Neck.). Synonyme de *Virgilia* Lamk.

APHRAGMIA (Nees). Synonyme de *Ruellia* L. (H. Bn, *Hist. des pl.*, X, 407.)

APHYLAX (Salisb., in *Trans. Hort. Soc. lond.*, I, 271). Synonyme de *Aneilema* R. Bn.

APHYLLON (Mitch., in *Act. Ac. nat. cur.*, VIII [1748], 221). Genre de Gesnériacées-Orobanchées, formé de 8, 9 herbes colorées et parasites, américaines; distingué par un calice gamosépale, à lobes inégaux; une corolle à 2 lèvres inégales; des anthères à loges aiguës ou mucronées en bas; 2 placentas pariétaux, entiers ou 2-lobés; un style dilaté-pelté ou obtusément 2-lobé; une capsule 2-valve. (H. Bn, *Hist. des pl.*, X, 108.)

APIASTRUM (Nutt.). Voy. H. Bn, *Hist. des pl.*, VII, 223.

APINAGIA (Tul., in *Ann. sc. nat.*, sér. 3, XI, 97; *Podost.*, 96, t. 7, 8, I). Genre de Podostémacées-Mourérées, formé d'environ 18 espèces américaines; distingué par des fleurs presque régulières, à 2-5 étamines ou plus; le verticille souvent imparfait, avec 2-5 écailles alternes aux étamines; 2 loges à l'ovaire; les styles libres ou unis à la base; les 2 valves du fruit égales. (H. Bn, *Hist. des pl.*, IX, 269.)

APINELLA (Neck., *Elem.*, n. 326). Genre d'Ombellifères-Carées, formé de 8, 9 plantes vivaces, de l'Asie tempérée et de l'Europe moyenne et méridionale; distingué par des fleurs polygames-dioïques; les pétales souvent entiers; le fruit des *Apium* ou à peu près, ovale ou didyme, resserré à la commissure; les côtes primaires lisses ou rugueuses-plissées. Nous avons joint comme sections à ce genre les *Rumia*. Il est surtout connu chez nous par l'*A. dioica* H. Bn, qui est le *Trinia vulgaris* DC. (H. Bn, *Hist. des pl.*, VII, 223; *Herbor. par.*, 300.)

APIOCARPUS (Montrous., in *Mém. Ac. Lyon*, X, 190). Rapporté aux *Akania* Hook. f. Mais M. Radlkofer (*Dur. Ind.*, 82) le considère comme genre douteux, à cause des caractères de son disque périgyne et de ses feuilles entières.

APIONKI. En Russie, le Mousseron.

APIOPETALUM (H. Bn, in *Adansonia*, XII, 133; *Hist. des pl.*, VII, 158, 246, fig. 197-199). Genre d'Ombellifères-Araliées, formé de 2 arbustes, de la Nouvelle-Calédonie, à feuilles alternes et simples; à fleurs en corymbes pédonculés et ombellifères, pourvues de 5 sépales étroits; 5 pétales onguiculés, aigus et infléchis au sommet; un ovaire en partie infère, à 2-4 loges, avec 2-4 styles et un fruit drupacé, oblong. C'est un des genres qui rapprochent les Araliées des Ombellifères vraies.

APIROPHORUM (Neck., *Elem.*, II, 72). Synonyme de *Pyrus*.

APIUM (T.). Voy. H. Bn, *Hist. des pl.*, VII, 124, 222, fig. 125.

APLECTRUM (Nutt., *Gen. pl. n.-amer.*, II, 197). Genre d'Orchidacées-Épidendrées, formé d'une herbe de l'Amérique du Nord, à rhizome grêle, se renflant chaque année en pseudobulbe sphérique, portant une feuille et une hampe racémigère; le labelle à peu près de la longueur des sépales; le gynostème assez long, apode et non ailé. Les autres caractères sont ceux des Lipariées en général. (Torr., *Fl. N.-York*, t. 127.) [H. Bn.]

APLEURA (PHIL.). Voy. H. BN, *Hist. des pl.*, VII, 237 (section du genre *Azorella* LANK).

APLEXIA (RAFIN., in *Ser. Bull.*, I, 220). Syn. de *Leersia* Sw.

APLOCARYA (LINDL.). Synonyme de *Dolia* LINDL.

APLOSTELLIS (DUP.-TH., *Orch. isl. Afr.*, t. 24). Synonyme de *Pogonia* J.

APLOSTEMON (RAFIN., in *Journ. Phys.*, LXXXIX, 105). Synonyme de *Scirpus* T.

APOBALLIS (SCHOTT). Synonyme de *Schismatoglottis* ZOLL. et MOR.

APOCHORIS (DUBY). Section dialypétale du genre *Lysimachia* T. (H. BN, *Hist. des pl.*, XI, 343.)

APOCOPIS (NEES). Le genre est conservé comme distinct par Bentham et Hooker (*Gen.*, III, 1128).

APOCYN. Voy. H. BN, *Hist. des pl.*, X, 160, 207, fig. 143-145.

APOCYNACÉES. Voy. H. BN, *Hist. des pl.*, X, 146.

APOCYNONERIUM (L.). Genre incertain.

APODANTHERA (ARN.). Voy. H. BN, *Hist. des pl.*, IX, 450.

APREVALIA (H. BN, in *Bull. Soc. Linn. Par.*, 428, *Fl. madag.*, Atl., I, t. 25, 26). Genre de Légumineuses-Cæsalpiniées, dont on ne connaît que les fleurs et les feuilles, remarquables par leur pétale unique, le vexillaire. Le calice 4, 5-mère est le plus souvent valvaire. Il y a 2 verticilles d'étamines libres, et de très nombreux ovules. Les feuilles se développent après les fleurs, 2-pinnées, avec 1-3 paires de pinnules.

APTERANTHES (MIK.). Synonyme de *Boucerosia* W. et ARN. (H. BN, *Hist. des pl.*, X, 281.)

APTOSIMUM (BURCH.). Voy. H. BN, *Hist. des pl.*, IX, 418.

APTOTHECA (MIERS, *S.-amer. Apoc.*, 150, t. 21 B). Genre d'Apocynacées-Nériées, établi pour le *Crypteronia corylifolia* GRISEB., de Cuba; distingué par une corolle à tube cylindrique; pas de disque; un ovaire cylindrique à 2 loges; un fruit septicide, à carpelles finalement béants en dedans. (H. BN, *Hist. des pl.*, X, 205.)

ASÆMIA (HARV., *Fl. cap.*, III, 186). Section (?) du genre *Athanasia* L. (H. BN, *Hist. des pl.*, VIII, 281.)

ASAJUR. Nom, à Valdivia, du *Callyxene polyphylla* HOOK.

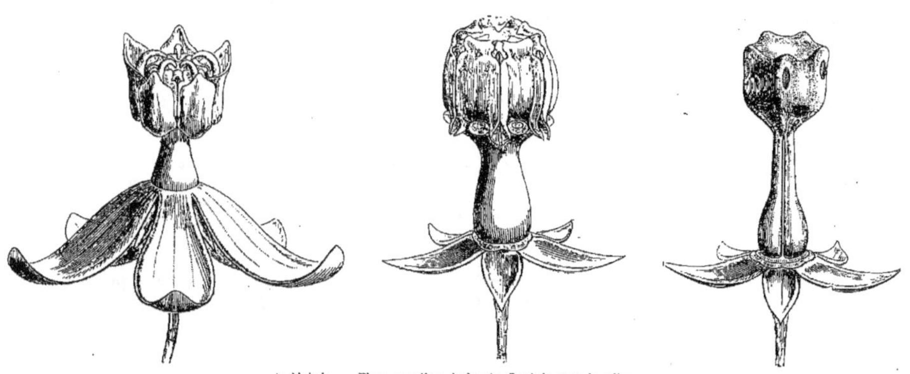

Asclépiade. — Fleur complète. Androcée. Gynécée, avec le calice.

APODANTHES (POIT.). Voy. H. BN, *Hist. des pl.*, IX, 24.

APODOCEPHALA (BAK., in *Journ. Linn. Soc.*, XXI, 417). Genre de Composées-Eupatoriées, établi pour un arbuste de Madagascar, à port de *Vernonia*; les capitules homogames, 3, 4-flores; toutes les fleurs hermaphrodites, à corolle tubuleuse, régulière; le fruit linéaire, surmonté d'une cupule peu visible; les feuilles alternes; les capitules groupés en une large grappe composée. [H. BN.]

APODOLIRION (BAK., in *Trim. Journ.* [1878], 74; in *Hook. Icon.*, t. 1388). Genre d'Amaryllidacées-Amaryllées, formé de 4 herbes bulbeuses, de l'Afrique australe; distingué par des fleurs solitaires, à tube floral en long entonnoir; les étamines à filet très court, attachées à des hauteurs très diverses. [H. BN.]

APOGANDRUM (NECK., *Elem.*, I, 316). Synonyme de *Erica*.

APOGETON (SCHRAD.). Pour *Aponogeton* THUNB.

APOGON (ELL.). Section du genre *Lapsana* T. (H. BN, *Hist. des pl.*, VIII, 111.)

APOGONIA (FOURN., *Gram. mex.*, 63). Synonyme de *Rotbœllia* L. F.

APOLEPSIS (BL.). Synonyme de *Lepidagathis* W.

APOPHRAGMA (GRISEB.). Synon. de *Curtia* CH. et SCHLCHTL.

APORHIZA (RADLK. [1878], ex *Dur. Ind.*, 78). Genre de Sapindacées-Cupaniées, maintenu pour une espèce de l'Afrique centrale.

APOROCACTUS (LEME, ex *Dur. Ind.*, 153). Synonyme de *Cereus* HAW.

APPELLA (ADANS., *Fam. pl.*, II, 84). Synonyme de *Laurus* T.

APPENDICULARIA (DC.). Section du genre *Tibouchina* AUBL. (H. BN, *Hist. des pl.*, VII, 39.)

APPUNIA (HOOK F.). Voy. H. BN, *Hist. des pl.*, VII, 415.

ASAPHES (SPRENG.). Synonyme (B. H.) de *Morina* L.

ASCARINA (FORST.). Voy. H. BN, *Hist. des pl.*, III, 495.

ASCENDANT. Le funicule ovulaire peut être ascendant, alors que l'ovule lui-même est ventrifixe, ni ascendant, ni descendant.

ASCHENBORNIA (SCHAU.). Voy. H. BN, *Hist. des pl.*, VIII, 130.

ASCLÉPIADACÉES. Voy. H. BN, *Hist. des plant.*, X, 221.

ASCLÉPIADE. Voy. H. BN, *Hist. des pl.*, X, 221, 245, fig. 157-165; *Tr. Bot. méd. phanér.*, 1281.

ASCLEPIANTHE (H. BN, *Hist. des pl.*, X, 226). Section du genre *Asclepias* L.

ASCLEPIELLA (H. BN, *Hist. des pl.*, X, 226). Section du genre *Asclepias* L.

Ascendants (Funicules).

ASCLEPIODORA (A. GRAY, in *Proc. Amer. Acad.*, XII, 66). Section du genre *Asclepias* L. (H. BN, *Hist. des pl.*, X, 225.)

ASEMNANTHA (HOOK. F.). Voy. H. BN, *Hist. des pl.*, VII, 420.

ASPARAGOPSIS (K.). Synonyme de *Asparagus* T.

ASPASIA (LINDL.). Bentham (*Gen.*, III, 560, n. 149) conserve le genre comme distinct. Plusieurs espèces sont quelquefois cultivées. (*Bot. Reg.*, t. 1907. — *Bot. Mag.*, t. 3679, 3962.)

ASPASIA (SALISB., *Fragm.*, 34). Synonyme de *Ornithogalum* T.

ASPEGRENIA (PŒPP. et ENDL.). Synon. de *Octomeria* R. BR.

ASPERUGO (T.). Voy. H. BN, *Hist. des pl.*, X, 375, fig. 253.

ASPÉRULE. Voy. H. BN, *Hist. des pl.*, VII, 394.

ASPHODELOPSIS (STEUD., in *Hohen. exs. ind.*, n. 1311). Synonyme de *Chlorophytum* KER.

ASPIDOGLOSSUM (E. MEY.). Syn. de *Schizoglossum* E. MEY.

ASPIDOSPERMA (Mart. et Zucc.). Synonyme de *Macaglia* Rich. (H. Bn, *Hist. des pl.*, X, 186.)

ASPILIA (Dup.-Th.). Section du genre *Verbesina* L. (H. Bn, *Hist. des pl.*, VIII, 205.)

ASPRELLA (W., *En. Hort. berol.*, 132). Genre de Graminées-Hordéées, formé de 3 herbes vivaces, de l'Amérique du Nord et de la Nouvelle-Zélande; distingué, dans le groupe des Ely-mées, par des épillets 2-∞-flores; les glumes stériles nulles ou très réduites dans les épillets inférieurs, subulées; les glumelles florifères aristées. Le genre est voisin des *Elymus* L. On cultive l'*A. Hystrix* dans les jardins botaniques. (Jacq., *Ic. rar.*, t. 305. — Hook. f., *Fl. N. Zel.*, t. 70.) [H. Bn.]

ASPRIS (Adans., *Fam.*, II, 496). Synon. de *Airopsis* Desvx.

ASTEMMA (Less.). Voy. H. Bn, *Hist. des pl.*, VIII, 240.

ASTEMON (Rgl). Synonyme de *Bystropogon* Lhér.

ASTEPHANIA (Oliv., in *Hook. Icon.*, t. 1506). Genre de Composées-Buphthalmées, formé d'une herbe africaine; dis-tingué par des capitules radiés, hétérogames, homochromes; les fleurs du rayon 1-sériées, et celles du disque hermaphro-dites, fertiles; l'involucre à bractées 2, 3-sériées; les branches stylaires oblongues-linéaires, obtuses; les fruits tronqués, sans aigrette, à 10 fortes côtes; les feuilles alternes.

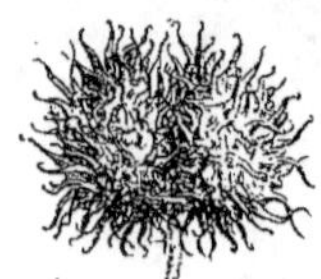 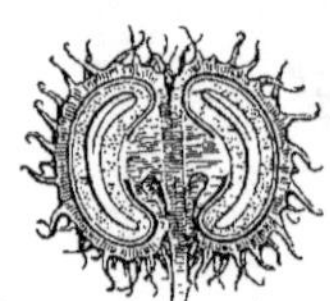

Asperula. — Fruit, entier et coupe longitudinale.

ASTEPHANOCARPA (Bak., in *Journ. Linn. Soc.*, XXII, 493). Genre de Composées-Inulées, de Madagascar, dont les capitules homogames sont 2, 3-flores et dont le port est celui des *Steno-cline*, mais avec des fruits sans aigrette.

ASTEPHANUS (R. Br.). Voy. H. Bn, *Hist. des pl.*, X, 265.

ASTER (T.). Voy. H. Bn, *Hist. des pl.*, VIII, 32, 135, fig. 44, 45.

ASTERACANTHA (Nees). Synonyme de *Hygrophila* R. Br. (H. Bn, *Hist. des pl.*, X, 430.)

ASTÉRÉES. Voy. H. Bn, *Hist. des pl.*, 32, 71, 135.

ASTERIDIA (Lindl.). Synonyme de *Athrixia* Ker.

ASTERISCIUM (Cham. et Schlchtl). Voy. H. Bn, *Hist. des pl.*, VII, 239.

ASTEROGYNE (Wendl., ex B. H., *Gen.*, III, 914, n. 65). Genre de Palmiers-Arécées, formé de quelques arbres inermes, de l'Amérique centrale; distingué, dans le groupe des Géono-mées, par un port arundinacé; 6 étamines, à loges d'anthère pendantes; un disque uni à la corolle et se détachant avec elle; un style terminal; un fruit ellipsoïde.

ASTEROLINON (Link et Hffmsg). Voy. H. Bn, *Hist. des pl.*, XI, 344.

ASTEROPSIS (Less., *Syn. Comp.*, 188). Synonyme de *Podo-coma* Cass. (H. Bn, *Hist. des pl.*, VIII, 34.)

ASTEROSCHOENUS (Nees, in *Mart. Fl. bras.*, II, I, 124). Synonyme de *Rhynchospora* Vahl.

ASTEROSTEMMA (Dcne). Voy. H. Bn, *Hist. des pl.*, X, 272.

ASTEROSTIGMA (Schott). Synon. de *Staurosperma* Scheidw.

ASTETILIA (Cass., ex *Dur. Ind.*, 193). Syn. de *Grindelia* W.

ASTHOTHECA (Miers, ex Pl. et Tri., *Clus.*). Syn. de *Clusia* L.

ASTIANTHUS (D. Don). Voy. H. Bn, *Hist. des plant.*, X, 44.

ASTOMA (DC.). Section du genre *Coriandrum* T. (H. Bn, *Hist. des pl.*, VII, 227.)

ASTRADELPHUS (Remy, in *Ann. sc. nat.*, sér. 3, XII, 185). Synonyme de *Erigeron* L.

ASTRANCE. Voy. H. Bn, *Hist. des pl.*, VII, 148, 241, fig. 173-175.

ASTREBLA (F. Muell., in *Benth. Fl. austral.*, VII, 602).

Genre de Graminées-Chloridées, formé de 2, 3 herbes austra-liennes; distingué par des épis, au nombre de 1-3, dressés, assez épais, poilus; des glumelles florifères 3-fides au sommet; le lobe moyen aristé; les latéraux rigides.

ASTREPHIA (Dufr.). Section du genre *Phyllactis* Pers. (H. Bn, *Hist. des pl.*, VII, 516.)

ASTROCARPUS (Neck. — Gren. et Godr., *Fl. de Fr.*, I, 190).

ASTROGLOSSUS (Reichb. f., ex B. H., *Gen.*, III, 589). Synonyme de *Trichoceros* H. B. K.

ASTROLINOIDES (Baudo, in *Ann. sc. nat.*, sér. 2, XX). Genre non conservé.

ASTROLOBIUM (DC., *Prodr.*, II, 311). Syn. (part.) de *Coronilla* et de *Ornithopus*.

ASTROLOMA (R. Br.). Voy. H. Bn, *Hist. des pl.*, XI, 202.

ASTRONIA (Bl.). Voy. H. Bn, *Hist. des pl.*, VII, 22, 62, fig. 30-34.

ASTROTEMMA (Benth., in *Hook. Icon.*, t. 1311). Genre d'Asclépiadacées-Asclépia-dées, formé d'un arbuste épiphyte, de Bor-néo, aphylle à la floraison; distingué par une corolle à tube turbiné; le limbe tordu; la couronne simple, à 5 lobes étalés; les étamines attachées à la base de la corolle; l'anthère surmontée d'une petite membrane infléchie. (H. Bn, *Hist. des pl.*, X, 254.)

ASTROTRICHA (DC.). Voy. H. Bn, *Hist. des pl.*, VII, 247.

ASYSTASIA (Bl.). Voy. H. Bn, *Hist. des pl.*, X, 459.

Astrocarpus. — Branche florifère.

AUCUBA (L.). Voy. H. Bn, *Hist. des pl.*, VII, 70, 81, fig. 54-56.

AUDIBERTIA (Benth., in *Bot. Reg.*, t. 1469). Section du genre *Salvia* T. (H. Bn, *Hist. des pl.*, XI, 62.)

AUGANTHUS (Link, *Handb.*, II, 414). Synon. de *Primula* L.

AUGUSTA (Pohl). Voy. H. Bn, *Hist. des plant.*, VII, 475.

AUGUSTINEA (Karst., in *Linnæa*, XXVIII, 395). Synonyme de *Bactris* Jacq.

AULACOCALYX (Hook. f.). Voy. H. Bn, *Hist. des pl.*, VII, 430.

AULACOPHYLLUM (Reg., *Gartenfl.* [1876], 141). Synonyme de *Zamia* L.

AULACODISCUS (Hook. f.). Voy. H. Bn, *Hist. des pl.*, VII, 451.

AULAXANTHUS (Ell.). Synon. de *Anthænanthia* P.-Beauv., de même qu'*Aulaxia* Nutt.

AULAYA (Harv.). Synonyme de *Harveya* Hook.

AULAYA (Salisb.). Synonyme de *Epidendrum* L.

AULONEMIA (Goud.). Synonyme de *Arthrostylidium* Rupr.

AURELIA (J. Gay). Synonyme de (B. H.) de *Narcissus* T.

AURELIANA (Sendtn., in *Mart. Fl. bras.*, X, 138, t. 19). Synonyme de *Bassovia* Aubl. (p. 381).

AUSTRALINA (Gaudich.). Voy. H. Bn, *Hist. des pl.*, III, 537.

AUSTROBUXUS (Miq., *Fl. ind. bat.*, Suppl., 444). Synonyme (B. H.) de *Sarcococca* Lindl.

AUXEMMA (Miers, in *Trans. Linn. Soc.*, ser. 2, I, 23, t. 5). Genre de Boraginacées-Cordiées, formé d'un arbre du Brésil, qui a tous les caractères des *Cordia* (dont il constitue peut-être une section), avec un calice fortement accru autour du fruit, pyramidé-cordé et pourvu en dehors de 5 ailes saillantes et arrondies. (Allem., *Trab. comm. expl. Bras.*, c. tab. — H. Bn, *Hist. des pl.*, X, 396.)

AVELLANITA (Phil., in *Linnæa*, XXXIII, 237). Genre d'Eu-phorbiacées 1-ovulées, formé d'un arbuste non laiteux, du Chili; distingué, dit-on, par des fleurs ∞-andres, à calice val-vaire; des fascicules floraux terminaux; des feuilles entières sub-3-plinerves. (B. H., *Gen.*, III, 289.)

AVELLINIA (Parl., *Pl. nov.*, 59; *Fl. ital.*, I, 415). Genre de Graminées-Festucées, formé d'une petite herbe annuelle, de la région méditerranéenne; distingué, parmi les Eragrostées, par une panicule étroite ; la glume inférieure sétiforme ; la deuxième vide, bien plus grande que les glumelles qui sont étroites, convolutées et courtement aristées. [H. Bn.]

AVENELLA (Parl., *Fl. ital.*, I, 244). Synonyme de *Deschampsia* Pal.-Beauv.

AVICENNIA (L.). Voy. H. Bn, *Hist. des pl.*, XI, 88, 120, fig. 103-105.

AVICEPS (Lindl.). Synonyme de *Satyrium* Sw.

AXENFELDIA (H. Bn, *Ét. gén. Euphorbiac.*, 8; *Hist. des pl.*, V, 136). Section du genre *Echinus* L.

AXIA (Lour., *Fl. cochinch.*, 35). Synonyme de *Boerhaavia* L.

AXILE. Qui dépend de l'axe, qui est de la nature de l'axe. Ex. : les branches, rameaux. Le placenta axile est celui qui occupe l'angle interne des loges de l'ovaire, celui-ci étant cloisonné.

AXINÆA (R. et Pav.). Section du genre *Meriania* Sw. (H. Bn, *Hist. des pl.*, VII, 59.)

AXINANDRA (Thw.). Voy. H. Bn, *Hist. des pl.*, VII, 65 ; in *Bull. Soc. Linn. Par.*, 126. C'est un genre de Mélastomacées-

Blakéées. Le monographe si autorisé de cette famille, M. Cogniaux (*Mon. Phanér.*, VII, 1113), ne pouvait, après des analyses soigneuses, être que de cet avis, malgré la doctrine erronée de la méthode parasite.

AXINANDRÉES (V. Tiegh.). Synonyme de Mémécylées.

AXINIPHYLLUM (Benth.). Voy. H. Bn, *Hist. des pl.*, VIII, 209.

AXYRIS (L.). Voy. H. Bn, *Hist des pl.*, IX, 172.

AYATITO. Nom vulgaire mexicain du *Cyclobothra flava* (Lind.).

AYDENDRON (Nees et Mart.). Voy. Mez, *Laur. amer.*, 111 (*Endlicheria*).

AYTONIA (L. f.). Pour *Aitonia* Thunb.

AZUCENA AMARILLA. Nom vulgaire mexicain de l'*Hemerocallis flava* L.

AZUCENA BLANCA. Nom vulgaire mexicain du *Lilium candidum* L.

AZUCENA DISCIPLINADA. Nom vulgaire de l'*Amaryllis hybrida*.

AZUCENA ROJA. Nom vulgaire mexicain de l'*Amaryllis pediculata* L.

B

BACO. — Voy. Membrico.

BACOPA (Aubl.). Voy. H. Bn, *Hist. des pl.*, IX, 449.

Baselle. — Fleur, entière et coupe longitudinale. Diagramme.

BACTÉRIENS. Voy. H. Bn, *Tr. Bot. méd. crypt.*, 138.

BADIUSIA (Reichb., ex *Dur. Ind.*). Synonyme de *Sophora* L.

BADULA (J.). Synonyme de *Icacorea* Aubl. (H. Bn, *Hist. des pl.*, XI, 308.)

BAHEL (Adans., *Fam. des pl.*, II, 210). Synonyme de *Artanema* Don.

BAHIA (Lagasc.). Voy. H. Bn, *Hist. des pl.*, VIII, 244 (section du genre *Schkuhria* Roth.).

BAHIOPSIS (Kellog). Synonyme de *Vigueira* H. B. K.

BAICALIA (Stell., *Irc.*, 567). Synonyme de *Astragalus* T.

BAILLONIA (Bocq.). Voy. H. Bn, in *Bull. Soc. Linn. Par.*, 880; *Hist. des pl.*, XI, 102.

BAISSEA (A. DC.). Voy. H. Bn, *Hist. des pl.*, X, 210.

BALANCOUNFA. Zingibéracée purgative et ténicide de l'Afrique occidentale, le *Ceratanthera Beaumetzi* Heck.

BALANGUE (Gærtn.). Syn. de *Jasminum* T.

Blé. — Germination.

BALANOPHORA (Forst.). Voy. H. Bn, *Hist. des pl.*, VI, 500, 510, fig. 482-485.

BALANOPHORACÉES. Voy. H. Bn, *Hist. des pl.*, VI, 500.

BAMBOGA (B. H., *Gen.*, II, 25). Pour *Mamboga* Blanco.

BANEBERRY. Nom anglais des Actées.

BARNIZ DE PASTO. Le suc de l'*Elæagia utilis* Wedd.

BASELLE, BASELLÉES. Voy. H. Bn, *Hist. des pl.*, IX, 145, 197, fig. 203-207 (Chénopodiacées).

BATJITJOR. Le *Vernonia nigritiana* Oliv. et Hiern.

BELLA INÉS. Nom vulgaire mexicain du *Castilleja canescens* DC.

BEMBERIENA. Au Mexique, le *Rhus Toxicodendron* Michx.

BHUE-CHAMPA. Nom, au Bengale, du *Kœmpferia rotunda* L.

BIBO. Nom vulgaire du *Semecarpus Anacardium* L. f.

BIDARA-LAOET. A Timor, le *Strychnos colubrina* L.

BIZNAGA. Nom vulgaire mexicain du *Mamillaria sphærica*.

Boronia. — Fleur, coupe longitudinale.

BLACK HORN. Aux États-Unis, le *Viburnum prunifolium* L.

BLASTEMA. Nom donné par Wallroth au thalle des Lichens.

BLÉ. Voy. H. Bn, *Tr. Bot. méd. phanér.*, 1365, fig. 3389-3391.

BOIS GANDINE. Nom, à l'île Rodrigue, du *Mathurinia penduliflora* J.-B. Balf.

BONNET DE PRÊTRE. Dans la Charente-Inférieure, le *Verpa agaricoides* Pers.

BOOPIDÉES (H. Bn, *Hist. des plant.*, VII, 527). Série des Dipsacées, caractérisée par une corolle valvaire, des étamines syngénères, l'absence d'involucelles et des feuilles alternes. Cette série relie les Dipsacées vraies aux Composées.

Bractées imbriquées sous la fleur.

BORNE. — Voy. Taxodium (IV, 160).

BORO-DINA. Nom, aux îles Fidji, du *Solanum antropophagorum* Seem.

BORONIA. Voy. *Bot. Mag.*, t. 6046, 6285.

BOUKOURIOU. Champignon comestible du Japon, le *Rhizopogon Usselii* F.-Bell.

BRACTÉES. Dans bien des cas, notamment dans les Santalées, Olacées, etc., il est difficile de distinguer ces organes des pièces d'un véritable calice.

Bulbille latéral.

BROSSE DU LIN. Le *Centaurea Cyanus* L.

BRUNETTE. Dans la Charente-Inférieure, le *Clitocybe Auricula* Fn.

BRYOPHYTA. Nom parfois donné à l'ensemble des Hépatiques et des Mousses.

BUGINVILLÉE. Nom français (LAMK) des *Bougainvillea* COMM.

BUISSONS. Fraisiers dépourvus de filets. On distingue en horticulture des B. blancs, rouges, etc.

BULBILLE. Il peut s'en développer de latéraux sur les axes.

C

CACUR. Nom du *Cucumis myriocarpus*, espèce médicinale.

CAUCHO. Nom de pays du *Darien-Rubber*, sorte de caoutchouc. (HOOK. F., in *Trans. Linn. Soc.*, ser. 2, II, 209).

CHILCHA. Nom péruvien d'un *Eupatorium* (?) médicinal.

CLÉMATITE. — Voy. la récente Monographie de M. Kunze.

COCHLANTHUS (BALF. F., in *Proc. Roy. Soc. Edinb.*, XII, 78; *Bot. Soc.*, 166, t. 49). Genre d'Asclépiadacées-Périplocées, formé d'une liane de Socotora, à feuilles opposées; à cymes composées terminales; le calice urcéolé,

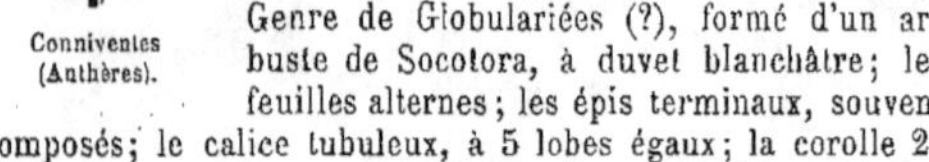

Comprimés (Ovaire et graine).

avec 5 écailles intérieures, dentées; une corolle campanulée; le bord droit des lobes recouvrant; une couronne de 5 écailles conniventes, 2-lobées; des anthères deltoïdes; un style à sommet deltoïde; des graines scrobiculées et aigrettées. (H. BN, *Hist. des pl.*, X, 301.)

COCKBURNIA (BALF. F., in *Proc. Roy. Soc. Edinb.*, XII, 90; *Bot. Soc.*, 231, t. 78). Genre de Globulariées (?), formé d'un arbuste de Socotora, à duvet blanchâtre; les feuilles alternes; les épis terminaux, souvent composés; le calice tubuleux, à 5 lobes égaux; la corolle 2-labiée, avec une lèvre antérieure plus longue, étalée, à 3 lobes

Conniventes (Anthères).

subégaux; les autres caractères étant ceux des Globulaires. (H. BN, *Hist. des pl.*, IX, 424.)

COELOCARPUS (BALF. F., in *Proc. Roy. Soc. Edinb.*, XII, 90; *Bot. Soc.*, 233, t. 79). Genre (?) de Verbénacées-Verbénées, formé d'un arbuste de Socotora, pubescent, à feuilles opposées; les grappes courtes, terminales; le calice tubuleux-campanulé; la corolle à tube cylindrique, avec un limbe à 5 lobes; les 2 postérieurs plus petits; un androcée didyname et inclus; l'ovaire à 4 loges 1-ovulées; le fruit drupacé, à 2 noyaux osseux, 2-locellés, avec une lacune centrale; les graines sans albumen. (H. BN, *Hist. des pl.*, XI, 100.)

COMPRIMÉ. Se dit aussi des pétioles (Tremble), des semences, etc. Un organe peut être comprimé d'avant en arrière ou latéralement (*a latere compressus*).

CONNIVENTS. Organes qui se rapprochent les uns des autres, sans cependant être unis ou soudés.

CRYPTOSPORIA. Les frères Tulasne (*Sel. Fung. Carpol.*, III, 115) donnent les *Cryptosporia epiphylla* FRIES comme synonymes de *Rhytisma*. Mais Fries a écrit *Cryptosporium acerinum* (*Summ. veg. Scand.*, 423), qu'il donne comme synonyme de *Melasmia acerina* LÉV.

CUCURBITACÉES. Dans cette famille, les fruits peuvent être à la fois insymétriques et déhiscents latéralement.

Cucurbitacée à fruit déhiscent.

D

DADI-GOGO. Synonyme africain de *Balancounfa*.

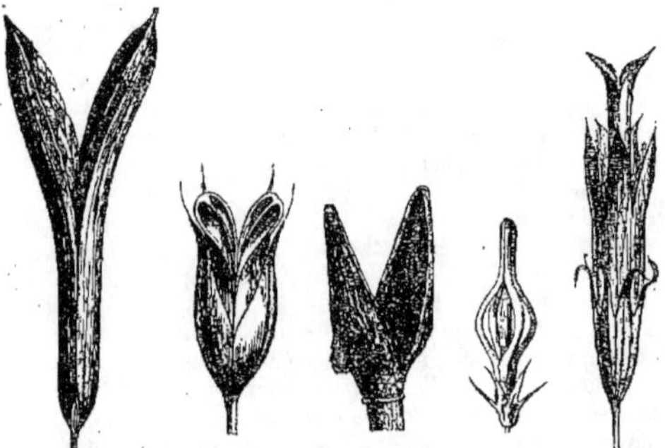

Déhiscence variable de plusieurs fruits secs.

DARI. Nom du *Sorghum tartaricum*, à fruit alimentaire.

DÉHISCENCE. La façon dont s'ouvrent les anthères, les fruits, etc., présente des formes qui échappent à toutes les classifications données jusqu'à ce jour. Ainsi, une capsule peut s'ouvrir par le milieu de sa longueur (comme le montre une des figures ci-contre), sans que son sommet et sa base soient déhiscents.

DESMOCLADUS (NEES). Synonyme de *Loxocarya* R. BR.

DIABELES (ÉCORCE DE). Celle de l'*Anacardium occidentale* L.

DIANDRE. Fleur à deux étamines.

DOSSINIMARIA. Nom donné par M. Rolfe à un « genre » hybride de *Dossinia* et d'*Hœmaria*, obtenu artificiellement, dans les cultures, en Angleterre.

Diandre (Fleur).

DOUNDAKÉ. Nom, en Guinée, du *Sarcocephalus esculentus* AFZ.

DREBBELIA (ZOLL., *Obs. bot. nov.*, 16, in *Nat. Tijdschr. Ned. Ind.*, XIV). Synonyme (HIERN) de *Olax* L.

DREIZAK. Nom allemand des Troscarts.

DYSOURGHIS. — Voy. LIGNEUX.

E

ÉCAILLE (*Squama*). Se dit de certains poils larges et aplatis, et aussi de beaucoup d'organes qui accompagnent les pétales, les étamines, etc. Les Quassiées, Zygophyllées, etc., par exemple, ont la base de leur filet staminal doublé d'une écaille. Les glandes du disque sont souvent squamiformes, etc.

Ecailles, à la base de l'androcée.

ECHINOGLOCHIN (A. Gray, in *Proc. Amer. Acad.*, XII, 163). Section du genre *Echinospermum* Sw. (*Lappula*).

EDELRAUTE. Nom allemand de l'*Artemisia Mutellina* Vill.

ELEOGITON (Link, *Hort. berol. Descr.*, I, 284). Synonyme de *Isolepis* R. Br.

ELEUTHÉROGYNE, ELEUTHÉROGYNIE. Gynécée formé de carpelles indépendants, et dans lequel la placentation n'est pas axile. Chaque carpelle est donc clos et porte généralement ses ovules dans l'angle interne. La placentation devient de la sorte pariétale. Mais les ovules peuvent exceptionnellement être basilaires ou même, comme il arrive dans les *Astrocarpus*, avoir une insertion dorsale. Vu l'importance prépondérante des caractères du gynécée pour la classification, nous avons distingué avec soin les cas où il y a éleuthérogynie ou dialycarpellie. (*Herbor. par.*, 95, 98.)

EMMELLIÉ. Nom provençal de l'Amandier commun.

ERESIA (Plum., *Gen.*, 8). Syn. de *Theophrasta* Lindl. Devrait avoir la priorité.

ESCOLEA AMARGA CONFITILLA. A Cuba, le *Parthenium hysterophorus* L.

ESPINOSILLA. Nom mexicain du *Lœselia coccinea* J.

ESPUELA DE CARBO. Nom mexicain du *Delphinium Ajacis* L.

ESTRELLA DE AGUA. Nom mexicain de l'*Aganippea bellidiflora* Moç.

ESTRELLA S. NICOLAS. Nom mexicain du *Milla biflora* Cav.

ESTRELLITAS. Nom mexicain du *Galinsoga parviflora* Cav.

Eleuthérogyne (Fleur).

F

FABO DE BOUT. Nom provençal de l'*Helleborus fœtidus* L.

FERIFERY. Nom malgache du *Piper pachyphyllum* Bak.

FILIX FLORIBUS INSIGNIS (Bauh.). L'Osmonde royale.

FISTULARIA (Dod.). Nom ancien des Pédiculaires.

FLOR DE CRISTAL. Nom mexicain de l'*Eucomis regia* Ait.

FLOR DE CUERNO. Nom mexicain du *Cereus flagelliformis* L.

FLOR DEL HIELO. Nom mexicain du *Gentiana calyculata*.

FLOR NOCHE BNA. Au Mexique, l'*Euphorbia heterophylla* L.

FLOR VERDE. Nom mexicain du *Gonolobus uniflorus* H. B. K.

FOENOGRÆCUM (Matth.). Le *Trigonella Fœnum græcum* L.

FOT SIMIVADIKA. Nom vulgaire malgache du *Pipturus integrifolia* Bak.

FRANA. Nom africain du *Telfairia pedata* Hook.

FRUIT DE LOUP. — Voy. Loup.

FRUMENTUM TURCICUM (Dod.). L'un des noms anciennement donnés au Maïs.

G

GÆRDTIA (Kl., *Begon.*, 49, t. 3 A). Synonyme de *Begonia* T.

GALEOBDOLON (Mœnch, *Meth.*, 394). Genre proposé pour le *Lamium Galeobdolon* Cr.

GALEOPSIS (Mœnch, *Meth.*, 397, nec L.). Synonyme de *Betonica* L.

GALION (Matth.). Le *Rubia* (*Galium*) *vera* H. Bn.

GALIOPSIS (Matth.). Le *Lamium maculatum* L.

GALLITRICHUM (Jord. et Fourr., *Ic. Fl. europ.*, II, 17, t. 256-265). Synonyme de *Plethiosphace* Benth.

GAOU. Nom provençal du *Calendula arvensis* L.

GARAMBULLO. Nom mexicain du *Rosa Montezumæ* H. B. K.

GARBANCILLO. Au Mexique, le *Peganum mexicanum* A. Gr.

GARYOPHYLLEUS FLOS (Matth.). Nom ancien des *Armeria*.

GELSIMINUM. Nom ancien des Jasmins.

GENISTA (Matth.). Le *Sarothamnus scoparius* Wimm.

GENISTELLA HERBACEA (Bauh.). Le *Genista sagittalis* L.

GESNERA (Mart., *Nov. gen. et spec.*, III, 27). Synonyme (part.) de *Isoloma* Benth.

GIGANTE. Nom mexicain de l'*Eucalyptus Globulus* Labill.

GIRDAGAN. Nom persan du Noyer.

GLORIA. Nom mexicain du *Solanum macrantherum* Dun.

GOLDREGEN. En Allemagne, le *Cytisus Laburnum* L.

GONZUI. Au Japon, l'*Euscaphis staphyleoides* Sieb. et Zucc.

GORDOLOBO. Nom mexicain du *Gnaphalium canescens* DC.

GOUROU. Synonyme de *Kola*.

GRIFOUL. Nom provençal de l'*Ilex aquifolium* L.

GROENLAND (Joh.). Né en 1824 à Altona, mort en 1891, a écrit sur les *Zostera*, les *Holcus* (avec M. Balansa), les *Ægilops*; collabora à la *Revue horticole*. Il s'occupait beaucoup des préparations microscopiques. Après la guerre de 1870, il reçut du gouvernement allemand, comme récompense de ses services à Paris, une chaire de chimie agricole à Dahme.

GRONODIÉ. Nom provençal du *Punica Granatum* L.

GROSELLERO SILVT. Nom mexicain du *Ribes campanulatus*.

GUACHAMACA. Nom américain du *Malouetia nitida* SPRUCE.

GUIMOBO. Nom provençal de l'*Althœa officinalis* L.

GUTTA-TERBOW-MERA. A Malacca, d'après Mme Errington de la Croix, le *Palaquium malaccense* PIERRE.

GYMINDA. M. Sargent (*Not. amer. trees*, XXI) élève au rang de genre cette section (GRISEB.) du genre *Myginda*, pour le *M. integrifolia* LAMK, espèce observée d'abord à la Martinique et dont le fruit est une baie pulpeuse et fusiforme.

GYNAMPIS (RAFIN., *Herb. Rafin.*, 48). Synonyme, croit-on, de *Bolelia* RAFIN.

H

HAMARIA (KZE). Synonyme (antérieur) de *Lastarriœa* REMY (III, 203). Voy. H. BN, *Hist. des pl.*, XI.

Hiles dits basilaires, de formes diverses.

HAUPANKE. Au Chili, le *Francoa appendiculata* CAV.

HAYA. Écorce africaine, vantée comme anesthésique, et qu'on croit être celle de l'*Erythrophlœum guineense* G. DON.

HEIMHA. A Socotora, l'*Arthocarpum gracile* BALF. F.

HENO-PEQUENO. Nom vulgaire mexicain du *Tillandsia recurvata* H. B. K.

HEXENBESEN. En Allemagne, le Balai de sorcière.

HIEDRA ROJA. Nom mexicain du *Quamoclit coccinea* MAEN.

HILE ou OMBILIC. La cicatrice qui répond à l'insertion de l'ovule ou de la graine sur le placenta, et qui est très variable de situation, de forme et d'étendue, suivant la façon dont la graine s'attache; tantôt court et régulier, circulaire ou à peu près, tantôt allongé, linéaire. Dans les graines de certaines Sapotacées, presque toute la surface de la semence est de nature ombilicale : ce qui répond à un accroissement du placenta tout autour du point dilaté où s'attachait primitivement l'ovule.

HUINARI. Nom mexicain du *Sida rhomboidea* ROXB.

HUITZIZILIN. Nom mexicain du *Lœselia coccinea* J.

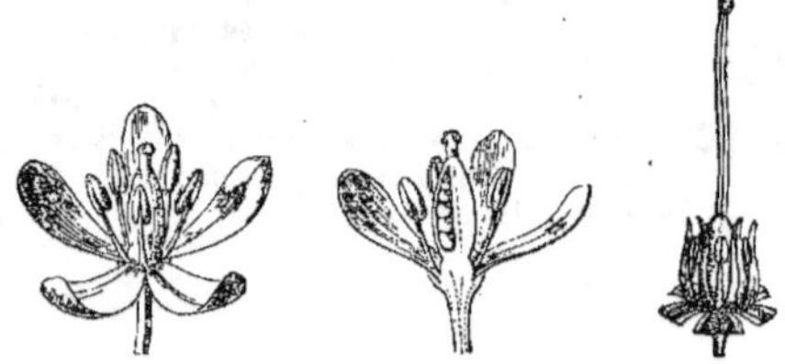

Hypogynes (Androcées).

HYPOGYNES. Organes floraux insérés sous le gynécée.

HYPOGYNIE. Insertion sous le gynécée. Elle répond à un réceptacle floral de forme convexe et s'applique aussi bien aux pièces du périanthe qu'à celles de l'androcée.

I

INFÈRE. L'ovaire est infère, en général, quand le périanthe est supère. On dit aussi assez souvent infère pour inférieur, quand il s'agit, par exemple, de la radicule de l'embryon tournée en bas.

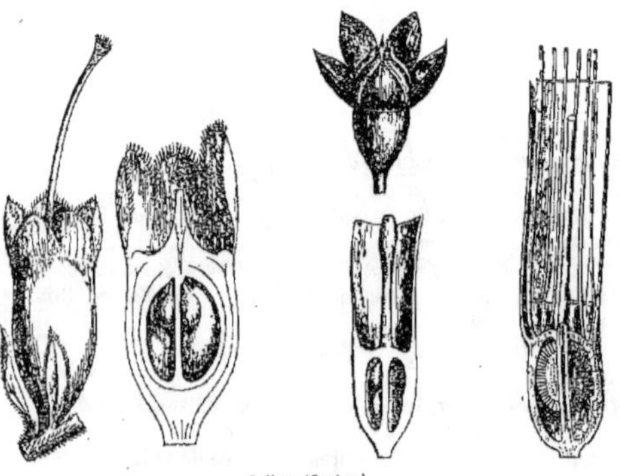

Infères (Ovaires).

INFÉROVARIÉE. Fleur dont l'ovaire est infère, par suite de la forme concave du réceptacle.

INSYMÉTRIQUE (*asymmetricus, inæqualis*). Se dit d'un organe dont les deux moitiés latérales ne sont pas superposables quand on replie l'organe sur sa ligne médiane.

INVOLUCRE. Enveloppe à proprement parler commune à plusieurs fleurs et formée soit de feuilles, soit de bractées.

IOXYLON (RAFIN., in *Amer. Monthl. Mag.*, II, 118 [1817]). Synonyme (antér.) de *Maclura* NUTT. (E. GREENE.)

ISA. A Saint-Thomas, le *Treculia africana* DCNE.

ISOSTÉMONIE. S'est parfois même appliqué aux cas où l'on compare le nombre des étamines à celui des loges ovariennes.

ITOORI-WALLADA. L'*Eperua Jenmani* OLIV., avec la racine duquel les Indiens traitent les maux de dents.

Involucre.

ITZQUINPATTI. Au Mexique, le *Senecio canicida* Fl. med. mex.

IZOTL. Nom mexicain de l'*Iturbidea augusta*.

J

JACKSONIA (Rafin., *Med. Rep. N. York* [1808], V, 352, non R. Br.). Synonyme (antér.) de *Polanisia* Rafin. (E. Greene).

JUBIS. En Provence, les Raisins secs.

JUDWAR. Nom arabe des Zédoaires.

JUNCARIA. Nom officinal de l'*Asperula cynanchica* L.

JUNCIA AVELLANA. En Espagne, le Souchet comestible.

JUNIPERUS MAJOR. Nom officinal ancien de l'Oxycèdre.

JUNONIA ROSA (Pline). Le Lis blanc.

JURICUARA (Pis.). Plante brésilienne, indéterminée, qui s'applique, dit-on, avec succès sur les ulcères rebelles.

JUU. Au Japon, une variété d'Oranger.

JUVIA, JUVIAS. Le fruit du *Bertholletia excelsa* K.

K

KAMMÉ. A Alep, le *Terfezia Claveryi* A. Chat.

KANNAFF. Plante textile du Taschkent (*Hibiscus?*).

KAO-PEN. Le *Ligusticum sinense* Oliv., plante médicinale qui est récoltée à Hupeh.

KARYOKINESIS. Mode de division du noyau végétal.

KEI-YAP. Nom annamite du *Garcinia Balansæ* H. Bn, arbre à embryon oléagineux.

KINKELIBA. Le *Combretum Raimbaultii* Heck., remède, dans l'Afrique tropicale, de la fièvre hématurique bilieuse.

KNOETERIG. Nom allemand des Renouées.

KOERBERIA (Massal., *Gencac. lich.* [1854]). Genre de Lichens, attribué (Koerb., *Syst. Lich. germ.*, 395) aux Collémacés.

KOMMABACILLE. Le Bacille virgule du choléra de K. Koch.

KOU-T'ENG. Le *Nauclea sinensis* Oliv., dont les crocs sont employés comme médicament.

KRAUNHIA (Rafin., *Med. Repos. N. York* [1808], 352). Synonyme (antér.) de *Wisteria* Nutt. (E. Greene).

L

LINÉAIRE. S'applique à presque tous les organes, même à certains ovules. Pour être considéré comme linéaire, un organe n'est pas forcément étroit; mais ses bords sont sensiblement parallèles dans la plus grande partie de leur longueur : ce qui n'est guère réalisé dans la nature d'une façon mathématique. Mais on a étendu l'expression à des organes dont les bords, devant se rencontrer, ne sont pas réellement parallèles vers les extrémités.

Linéaires (Ovules).

LINOCIERA (Sw.). Le nombre des espèces est réduit à environ trente-cinq. (H. Bn, *Hist. des pl.*, XI, 247.)

LINZIA (Sch. bip.). Syn. de *Vernonia* Schreb. (H. Bn, *Hist. des pl.*, VIII, 24.) C'est, d'après la plupart des auteurs, un simple synon. de *Gymnanthemum* Cass., *Chelinsia* Sch. bip., *Lysistemma* Steetz et *Ambassa* Steetz.

LIPPIA (L.). Voy. H. Bn, *Hist. des pl.*, XI, 101, fig. 86.

Liriosma. — Fleur, entière et coupe longitudinale.

LIRIOSMA (Pœpp. et Endl.). Section, à ovaire en partie infère, du genre *Olax* L.

M

MACHE (*Valerianella* Mœnch, *Meth.*, 493, part.). Genre de

Mâche. — Fruit.

Macre. — Fruit.

Valérianacées, formé de plus de 40 herbes annuelles, à ramifi-

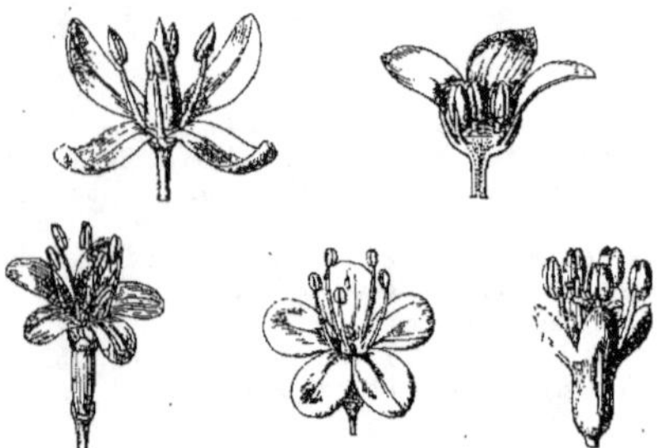

Mâles (Fleurs), entières et coupe longitudinale.

cation dichotomique ; les feuilles basilaires en rosette ; les fleurs

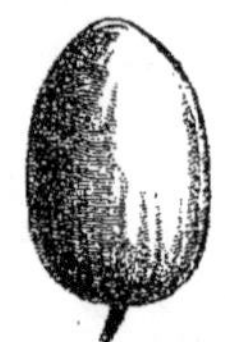

Marginées (Graines).　　　　*Marlea.* — Fruit, entier et coupe transversale.

en cymes composées, parfois condensées en un faux capitule ; distinguées par 3 étamines ; une corolle presque régulière, sans éperon. Le fruit, souvent de forme singulière, a une loge fertile ; et celles qui sont vides sont nerviformes ou se développent de façon variable, surmontées du calice dont le limbe est petit, oblique, ou accru et denté, lobé, aristé, cornu, mais non en forme d'aigrette. Ce sont des plantes de l'Europe et l'Asie tempérées, l'Afrique et l'Amérique du Nord. Elles sont potagères, principalement le *V. olitoria* ou Mâche d'hiver, Salade d'hiver, S. de blé, spontané et cultivé chez nous. La plupart de nos espèces françaises sont remarquables par la forme, souvent singulière, de leur fruit, notamment les *V. carinata* L., *Auricula* DC., *echinata* DC., *Morisonii* DC., *eriocarpa* Desvx, *coronata* DC. et *vesicaria* Mœnch. Il y a aussi des espèces exotiques. (H. Bn, *Hist. des pl.*, VII, 506, 515, fig. 401.)

MACRE. Le *Trapa bicornis* L. F. est le *Ling* des Chinois. Sur les usages variés des Macres, voy. Rosenth., *Syn. pl. diaphor.*, 910.

MALE (FLEUR). Celle qui ne possède que des étamines.

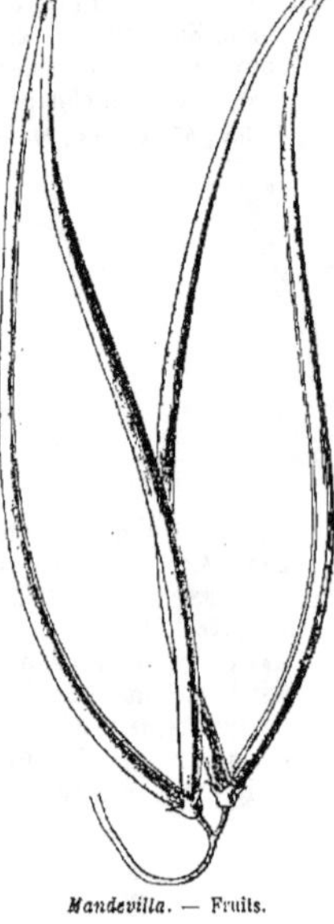

Mandevilla. — Fruits.

MANDEVILLA. Le *M. suaveolens*, cultivé dans le midi et l'ouest de la France, y fleurit bien et donne souvent même des fruits mûrs, figurés ci-contre. On écrit souvent aussi *Mandevillea*. C'étaient des *Echites* pour P. Browne.

MARGINÉ. Entouré sur les bords d'une aile ou bandelette étroite. S'applique surtout aux graines et aux fruits.

MARLEA (Roxb.). Section du genre *Alangium* Lamk.

MONADELPHIE. C'était la classe 26 des plantes du système de Linné ; elle renfermait une Pentandrie, une Décandrie et une Polyandrie.

Monadelphie (Diagramme d'un androcée).

N

NÆMATOCOLLA (Link, *Handb.*, III, 341). — Voy. Myxosporium.

NÆMATOGONUM (Streiz, *Nom.*). — Voy. Nematogonium.

NÆMATOTHECII (Pers., *Syn. Fung.*, XIX). Ordre de Champignons, à forme byssoïde, d'ailleurs mal défini.

NÆMOSPHÆRA (Karst., *Diagn. Fung. nov.*; *Rev. mycol.*, X, 73). Genre de Sphéropsidés, à périthèce superficiel, noir, conoïde, muni d'un rostre cylindrique. Dans ce genre, les spores elliptiques sont légèrement colorées. [De S.]

NÆVIA (Fr., *Summ. veg. Scand.*, 373). Genre de Discomycètes, voisin des *Stictis*, à petit disque maculiforme, se développant sous l'épiderme des tiges et des feuilles. Les thèques claviformes ou étroites, entremêlées de paraphyses, renferment des spores hyalines. Sept ou huit espèces ont été observées, en Europe, sur des tiges et des feuilles de Graminées, de Cypéracées, d'Équisétacées, etc. [De S.]

NAPICLADIUM (Thum., in *Hedwigia* [1875], 3). Genre d'Hyphomycètes, à filaments courts, dressés et groupés, donnant naissance à une grande spore oblongue, pluriloculaire, brunâtre. Les trois espèces connues forment des taches à la surface des feuilles du Laurier-cerise, des *Phragmites*, des Trembles, sur lesquels ce Champignon cause une véritable maladie, en s'attaquant surtout aux feuilles jeunes. [De S.]

NASSULA (Fr., *Summ. veg. Scand.*, 456). Genre de Myxomycètes, très voisin des *Cribraria* Schrad., et qui n'a pas été adopté.

NATALIA (Fr., in *Vet. Ac. Forhandl.* [févr. 1847]). Nom changé plus tard par l'auteur (*Fung. natal.*) en *Levieuxia*.

NAUCORIA (Fr., *Syst. myc.*, I, 260). Tribu de la série *Dermini* des Agaricinés-Chromospores, considérée comme un genre par plusieurs auteurs. Le chapeau plan, convexe ou conique, est plus ou moins charnu, à bord primitivement infléchi. Le stipe est cartilagineux, creux ou spongieux au centre, à cortine fugace ou nulle. Les lamelles sont libres ou adnées; les spores, ferrugineuses. Ces caractères génériques se confondent avec ceux de beaucoup d'*Hebeloma*. Aussi M. Quélet les a réunis aux *Naucoria*, qui ne forment ainsi qu'une tribu d'un genre nouveau, l'*Hylophyla* (*Enchir. Fung.*, 98-104). Les *Naucoria* sont épixyles ou épigés. Ils ont une soixantaine de représentants en Europe. Presque autant sont exotiques, et une dizaine appartiennent à la fois à l'Europe et à diverses régions des Indes et de l'Australie. [De S.]

NECTRIA (Fr., *Summ. veg. Scand.*, 387). Genre de Pyrénomycètes, à périthèces mous, plus ou moins épais, de couleur claire, glabres et rarement villeux, à ostiole papillé; séparés ou réunis sur un stroma conidifère. Les thèques cylindriques, atténuées au sommet, contiennent 8 spores allongées, fusiformes ou elliptiques, biloculaires, translucides, très rarement brunâtres. Plusieurs espèces des genres *Tubercularia*, *Prosthemium*, *Fusarium*, *Solenosporium*, *Ileosporium*, se rattachent aux *Nectria*, dont elles représentent des états de fructification secondaire. Les 184 espèces qui sont énumérées par M. Saccardo se rencontrent sur les rameaux morts, les écorces, les tiges pourrissantes, les thalles et les réceptacles de Lichens et de Champignons, et par là elles confinent quelquefois aux *Hypomyces*. Ce genre a des représentants dans toutes les parties du monde. [De S.]

NECTRIEÆ (Fuck., *Symb. myc.*, 175). — Voy. Nectriei.

NECTRIEI (Tul., *Sel. Fung. Carp.*, III, 3). Division des Pyrénomycètes, comprenant les genres *Torrubia*, *Epichloe*, *Hypomyces*, *Hypocrea*, *Nectria*, *Sphærostilbe*.

NECTRIELLA (Fuck., *Symb. myc.*, 175. — Sacc., *Mich.*, I, 51; *Syll. Fung.*, II, 448). Genre démembré des *Nectria*, formé, pour Fuckel, des espèces à périthèces très petits et disséminés; et pour M. Saccardo, des espèces à spores uniloculaires, caractère bien plus précis.

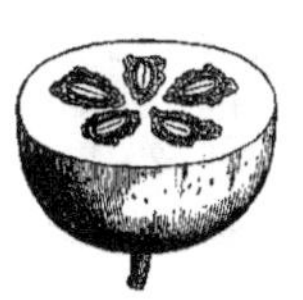

Nèfle, coupe transversale.

M. Saccardo en énumère 30 espèces, distribuées en deux groupes, suivant que le périthèce est glabre ou velu. Elles habitent les rameaux morts, l'écorce, le bois, les fruits, les tiges herbacées de végétaux divers, sous toutes les latitudes. [De S.]

NECTRIELLÆ (Tul., *Sel. Fung. Carp.*, III, 93). Subdivision des *Nectria* Fr., comprenant les espèces à stroma presque nul et à périthèces glabres ou légèrement tomenteux.

NÈFLE. Dans ce fruit, qui est une véritable drupe à cinq noyaux épais, la portion charnue appartient au réceptacle.

NEMASPORA (Fr., *Summ. veg. Scand.*, 413). — Voy. Næmaspora.

NEMATOMYCETES (Nees, *Rad. Plant. myc.*, 8). Synonyme de *Nematomyci* et de *Hyphomycetes*.

NEMATOMYCI (Nees, *Syst. d. Pilze*, 79). Champignons constitués par des filaments, comprenant les *Trichodesma* et les Mucorinés.

NEMOSERIS (E. Greene, *Pitton.*, II, 192). Synonyme de *Rafinesquia* Nutt. (non Rafin.).

NEOBOLUSIA (H. Bn, in *Dict. Bot.*, IV, 234). Nom substitué à celui de *Tysonia* Bolus.

NEOLECTA (Speg., *Fung. argent.*, IV, 83). Genre de Discomycètes, voisin des *Spathularia* Pers., mais à spores globuleuses et à hyménium sans paraphyses. Une seule espèce a été décrite, rencontrée au Brésil, sur des feuilles et fibrilles putréfiées. [De S.]

NEOLINDENIA (H. Bn, in *Bull. Soc. Linn. Par.*, 851; *Hist. des pl.*, 420). Synonyme de *Louteridium* S.-Wats.

NEOPECKIA (Sacc., *Syll. Fung.*, Add., I-IV, 126). Genre de Sphériacés, dont une seule espèce connue a été rencontrée sur les feuilles de Pin, dans les Montagnes Rocheuses. Le périthèce globuleux, noir, s'ouvre par la chute d'une papille terminale, en un ostiole béant; il contient de très nombreuses paraphyses filiformes, entremêlées de thèques allongées, à spores didymes, fuligineuses. [De S.]

Nez-coupé. — Fleur, coupe longitudinale.

NEOPRINGLEA (S.-Wats., in *Proc. Amer. Acad.*, XXVI, 134). Synonyme de *Llavea* Liebm. (non Lag.). M. Watson le croit plutôt voisin du genre *Alvaradoa*.

NEOTIELLA (Cooke, *Mycogr.*, 261). Sous-genre de Pezizes, caractérisé par le tomentum blanc qui couvre la face externe de la cupule sessile. [De S.]

NEOTTIOSPORA (Desmaz., *Not. crypt.*, X, 12; *Ann. sc. nat.* [juin 1843]). Genre de Sphéropsidés, à périthèce membraneux, sphérique, s'ouvrant par un ostiole orbiculaire ou irrégulier. Le nucléus gélatineux est expulsé, sous une forme analogue aux cirrhes, entraînant les spores fusiformes, ornées au sommet d'un pinceau de 3 ou 4 filaments très ténus. Deux espèces européennes, observées sur les feuilles mortes de *Carex* et sur du vieux crottin de mouton. [De S.]

NEUROBLEPHARUM. Section du genre *Tricuspis* Pal.-Beauv. (Griseb., *Pl. Lor.*, 211.)

NEZ-COUPÉ. C'est aussi le nom de plusieurs autres *Staphylea* L.

NGAI-FEN. Le *Blumea balsamifera* DC., plante chinoise, qui donne une sorte de camphre.

Nicodemia. Fleur.

NICODEMIA (Ten.). Voy. H. Bn, *Hist. des pl.*, IX, 346 (Solanacées-Buddleiées).

NICOLIA (M. Hov., in *Bull. Soc. belg. géol.* [1869], 64). Fossile de nature végétale, pris pour une mâchoire de reptile. On a supposé que c'était une Pipéracée.

NOYAU. C'est aussi la couche profonde des drupes (*Putamen*). Elle n'a pas pour origine, généralement, comme on le dit, l'épiderme interne de la feuille carpellaire, mais bien une portion intérieure de son mésoderme. (H. Bn, *Anat. et phys. vég.*, 144, fig. 180.)

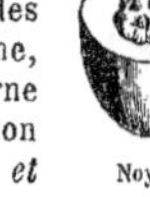

Noyau.

NYLANDERA (Har., in *Morot Journ. Bot.* [1890], 85). Genre voisin des *Trentophlia*, et qui n'en différerait que par ses articles sétifères sur le dos. Le *T. tentaculata* Har. a été observé sur des écorces d'arbres.

O

OAKESIA (S.-Wats., in *Proc. Amer. Acad.*, XIV, 269). Synonyme (B. H.) de *Uvularia* L.

OCHROLARIA (III, 443). Lisez *Ochrolasia*.

OCIMUM (L.). Voy. H. Bn, *Hist. des pl.*, XI, 20, 64, fig. 60, 61.

OCIMÉES. Série des Labiées.

OCTANDRE, OCTANDRIE. Androcée de huit étamines.

OOKTEHAW. Nom indien (?) de l'*Apios tuberosa* et (?) du *Psoralea esculenta* Pursh.

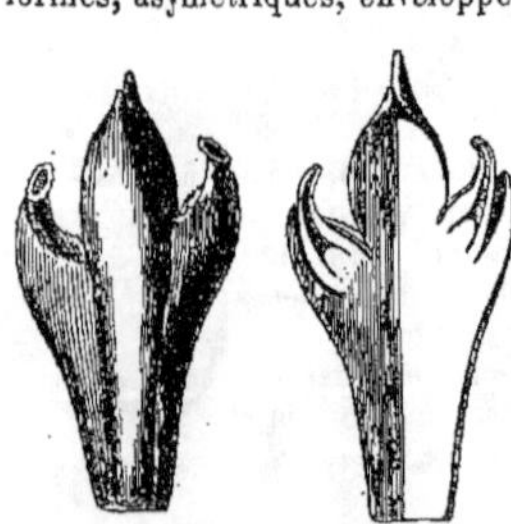

Octandres (Androcée à deux verticilles).

 OREANTHES (Benth.). Voy. Kl., in *Linnœa*, XXIV, 25. — H. Bn, *Hist. des pl.*, XI, 186.

OSCILLATORIA (Vauch.). Date de 1803 et est antérieur à *Oscillaria* Poll. (*Viagg. Mont. Baldo*, 36), qui date de 1816.

OSHA. Nom, au Colorado, du *Ligusticum filicinum* S.-Wats., Ombellifère à racine comestible.

OSMARONIA (E. Greene, in *Pitton.*, II, 189). Synonyme de *Nuttallia* Torr. et Gr. (non Bart.).

OCTARRHENA (Thw.). Synonyme ? (Dur., *Ind. Phaner.*, n. 6782) de *Phreatia* Lindl.

P

PA-CHAN-TEOU. Nom, au Yun-nan, du *Phaseolus radiatus* L.

PAPIER MÉTÉORIQUE. Nom donné à des productions papyracées, constituées par un feutrage d'Algues filamenteuses (*Cladophora, Œdogonium*, etc.).

PERCONTONOBOULY. Le *Diospyros tetrasperma* Gærtn. f.

PEYRITSCHIELLA (Thaxt., in *Proc. Amer. Acad.* [1890], 5]. Genre de Champignons parasites, du groupe des Laboulbéniacés. Le réceptacle pluricellulé, muni de pseudoparaphyses qui s'élèvent de plusieurs points différents, présente un ou deux périthèces. Quand il n'y en a qu'un, il est terminal, subconique, avec un rostre proéminent, quadrilobé. Les spores sont fusiformes, asymétriques, enveloppées de mucilage. [De S.]

PHYCOTONIS (Bory, ex Kuetz., *Spec. Alg.*, 425). Genre d'Algues, non conservé, partagé aujourd'hui entre les *Chroolepus, Ptormidium, Palmella*, etc.

PHYLLOCLADUS. Les figures ci-contre sont empruntées à l'ouvrage de L.-C. Richard.

PHYSACTIS (Kuetz., *Phyc. gen.*, 235). Synonyme (Rabenh.) de *Rivularia* Roth.

Phyllocladus. — Cladode florifère femelle.

PHYSCOPHORA (Kuetz., *Phyc. gen.*, 434). Genre d'Algues-Polysiphoniées, que l'auteur considère comme une division du genre *Bryothamnion*, de la famille des *Rhodomeleæ*. Il a été rattaché définitivement à ce genre et n'a pas été admis par J.-G. Agardh (*Spec., gen. et ord. Alg.*, IV, 850). [Ch. M.]

PHYSIDRUM (D. Chiag. — Kuetz., *Spec. Alg.*, 866). Synonyme de *Gastroclonium* Kuetz.

PHYSOCAULON (Kuetz., *Phyc. gen.*, 352). Algue-Fucacée, que l'auteur a placée plus tard parmi les Ozothalliées et que J.-G. Agardh considère comme un *Fucodium*. (*Spec., gen. et ord. Alg.*, I, 200.) [Ch. M.]

PHYSODICTYON (Kuetz., *Spec. Alg.*, 482). Genre d'Algues-Entéromorphées. La fronde est très petite, verte, plus ou moins arrondie et vésiculeuse. Elle est formée d'une petite membrane à cellule comme réticulée. Bias considère ce genre comme synonyme de *Hydrodictyon* Roth. [Ch. M.]

PHYSOPHLOEA (Kuetz., *Spec. Alg.*, 568). Synonyme de *Cladothele* Hook. f. et Harv.

PIERRES (DES FRUITS). — Voy. Tige (IV, 191).

PODODISCUS. Sous ce nom, Kützing (*Bacill.*, 51) a décrit, en 1844, un genre d'Algues-Mélosirées (*Spec. Alg.*, 26, n. 21), qui, pour d'autres (Trevis., *Alg. coccot.*, 96), doit être rapporté aux Eulysigoniées.

POISON-PEACH. A Sainte-Hélène, nom anglais du *Royena pallens* Thunb.

POLYSTICTA (Fr., *Syst. myc.*, I, 384). Section des Polypores résupinés, à pores distants, mais non prolongés en tubes, dont les espèces sont rapportées aujourd'hui au genre *Poria* Hill.

POLYSTIGMA (Pers., in *Moug. et Nestl.*, n. 270). Genre de Sphériacés, dont les périthèces se développent à l'intérieur de feuilles vivantes, en y formant des taches brunes, rouges ou jaunâtres. Les thèques renferment 8 spores hyalines, ovoïdes. Sur le même stroma se développent des périthèces attribués à des *Libertella*, renfermant des microconidies filiformes, et qui sont un organe de reproduction conidienne des *Polystigma*. Trois espèces, observées sur les feuilles vivantes de Prunier, de Cerisier, en Europe, et de *Bumelia*, dans l'Arkansas. [De S.]

POLYSTIGMINA (Sacc., *Syll. Fung.*, III, 622). Genre de Sphéropsidés, regardé par l'auteur comme un appareil conidien des *Polystigma* DC. et démembré du genre *Septoria* Fries.

POLYSTOMELLA (Speg., *Fung. guaran.*, II, 51). Genre de Sphériacés, dont la seule espèce connue, originaire de la République Argentine, habite les feuilles vivantes d'un *Solanum*, en y formant un stroma noir, perforé supérieurement de 20 à 30 ostioles, réticulé inférieurement, creusé de petites logettes irrégulières, munies d'un ostiole qui renferme des thèques obclaviformes, entremêlées de paraphyses rares. Les spores, un peu piriformes, biloculaires, sont hyalines. [De S.]

POLYTHRINCIUM (Kze., *Mykol.*, Heft I, 13). Genre d'Hyphomycètes, à filaments dressés, courts, étranglés de distance en distance, devenant noirs et épais et portant au sommet une spore ovoïde, biloculaire, olivâtre. Une seule espèce, que M. Saccardo considère comme l'état conidien du *Phyllachora Trifolii*, et qui se développe sur les feuilles du *Trifolium*, en Europe et dans l'Amérique du Nord. [De S.]

POMPHOLYX (Corda, in *Sturm Deutsch. Fl.*, III, 47). Genre de Gastéromycètes-Hypogés, dont une seule espèce connue vient en Bohême. Le péridium coriace, globuleux, brun, lisse, contient une gleba violacée, noirâtre, veinée. Les spores, brunes, verruqueuses, remplissent les veines de la gleba. Le *P. sapida* Corda est alimentaire et très parfumé.

PORIA (Hill, *Hist.* [1751]). Synonyme de *Fistulina* (Adans., *Fam. des pl.*, II, 10). Désigne les Polypores.

PORIA (Pers., *Syn.*, 542). Sous-genre de Polypores, élevé maintenant au rang de genre pour des espèces résupinées, chez lesquelles le mycélium donne presque immédiatement naissance à des tubes petits, céracés ou subéreux. Les pores, alvéolés ou anguleux, sont blancs ou deviennent ocracés, jaunes ou carnés, rouges, gris ou noirâtres, ferrugineux. C'est d'après cette couleur des pores que M. Saccardo groupe en sous-sections les 4 sections sous lesquelles il range 225 espèces épixyles, observées dans toutes les régions du globe. Beaucoup de ces espèces ne sont sans doute pas légitimes. Plusieurs Polypores à chapeau sessile, ayant une tendance à devenir résupinés, peuvent avoir été pris pour des *Poria* Hill. [De S.]

PORIUM (Hill, *Hist.* [1751]). Désignait jadis des Polypores.

PORODERMEI (Pers., *Myc. eur.*, II, 34, 35). Division des Hyménomycètes, comprenant les Bolets, les Polypores, les Fistulines, tous les genres ayant pour caractère de présenter des pores sur la partie hyménifère du chapeau.

POROIDEA (Gött., in *Wint. Pilzfl.*, I, 271). État conidifère du genre *Craterocolla* Bref. (*Ombrophila* Quél.).

PORONIA (W., *Fl. berol. Prodr.*, 400). Genre de Sphériacés, à réceptacle en forme de Pezize, composé d'un stroma en cupule aplatie, noire ou noirâtre, quelquefois blanchâtre sur le disque, qui est ponctué par les ostioles des périthèces enfoncés dans la partie supérieure et disciforme du stroma. A l'état jeune, le stroma est claviforme et porte souvent des conidies, comme les *Coryne* par rapport aux Pezizes. Les thèques cylindriques renferment 8 spores elliptiques, brunes, enveloppées de mucilage. On en connaît six espèces, qui sont en général fimicoles, en Europe, dans l'Amérique du Sud et en Australie. [De S.]

PRADELLI (Sterb., *Theatr. Fung.*, t. 1. — Paul., *Trait. Champ.*, I, 121, 148, 518). Divers Agaricinés, venant dans les prés, tels que Agarics champêtres, Faux Mousserons, etc.

PRADÉLOS (Cordier, *Champ. de Fr.*, 89). L'Agaric champêtre.

PRATELLE (*Pratella* Pers., *Syn.*, 417. — *Pratelli* Fn., *Epicr.*, 2ᵉ, 277). Sous-genre d'Agarics, devenu pour Fries une division contenant plusieurs sous-genres d'Agarics, et pour beaucoup d'auteurs contemporains, une tribu groupant des genres d'Agaricinés, tels que *Psalliota, Hypholoma, Stropharia, Psilocybe, Psathyra*, et quelques autres moins importants et moins généralement acceptés. Ils reproduisent, dans la série des chromospores à spores violacées-brunes, les caractères de plusieurs types leucospores, tels que *Lepiota, Tricholoma, Mycena*, avec une disposition à présenter un tissu aqueux qui rapproche la structure des Pratelles de celle des Agarics mélanospores, Coprinaires et Coprins. Pour M. Gillet, *Pratella* est un genre ayant à peu près les limites du genre *Psalliota*. [De S.]

PRATEOLI (Cæsalp., *Libr. de plant.* [1583]). Même signification que *Pradelli* Sterb.

PRÊLE (*Equisetum* T., *Inst.*, 532, t. 307). Seul genre survivant aujourd'hui de la famille des Équisétacées, si riche en types divers dans les époques géologiques antérieures. Examinons, comme type du genre, la plus belle espèce de Prêle de notre pays, l'*Equisetum maximum* Lamk (*E. Telmateia* Ehrh.). Pendant la belle saison, les organes végétatifs sont représentés par des branches aériennes, qui peuvent atteindre plus d'un mètre de hauteur; elles sont cylindriques, blanchâtres et articulées au niveau des nœuds où s'insèrent des collerettes, composées de 20 à 30 bractées connées. Chaque entre-nœud est fistuleux, cannelé longitudinalement sur sa surface externe. Ces cannelures alternent d'un entre-nœud au suivant. A la base de la collerette, en face des cannelures, naissent des rameaux situés chacun à l'aisselle d'une des bractées, et par suite verticillés, comme ces dernières. Ces rameaux ont sensiblement la même structure que l'axe principal : ils sont grêles, très longs, et présentent, sur une coupe transversale, une forme polygonale régulière. Quant aux organes reproducteurs, on ne peut, dans

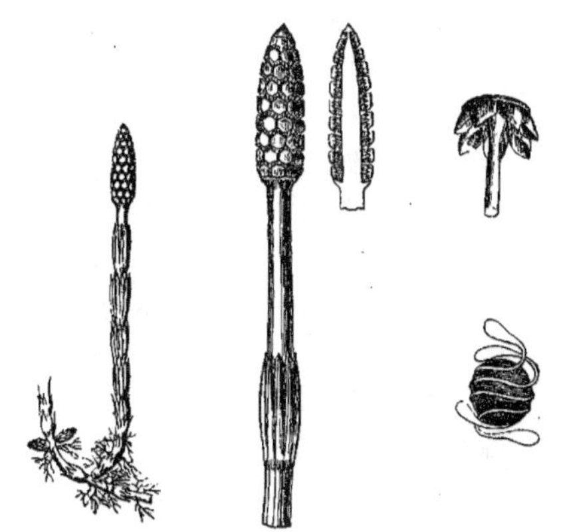

Prêle. — Port. Épi, entier et coupe longitudinale. Clou sporangifère. Spore.

cette espèce, les observer qu'au premier printemps. A cette époque, la Prêle émet hors du sol, des axes d'une couleur jaune rougeâtre pâle, porteurs de collerettes analogues à celles des axes végétatifs et d'une collerette rudimentaire dite anneau, terminés par une sorte d'épi, en forme de cône allongé, obtus au sommet. Insérés sur toute la surface externe de cet épi, des corps se dressent, d'abord hémisphériques, puis avec l'âge sous forme de clous, dont la tige serait enfoncée dans le tissu de l'axe et dont la tête, plane et polygonale par pression réciproque, regarderait au dehors. A la face interne de cette tête on trouve un nombre variable de sacs, dits sporanges, eux-mêmes remplis d'une fine poussière, dont chaque grain est une spore. Ces axes végétatifs ou reproducteurs ne sont pas, en réalité, des tiges, comme on l'a dit à tort : ce sont des branches, nées sur un axe principal qui représente la véritable tige; mais cet axe est souterrain : c'est donc un rhizome. Le rhizome des Prêles atteint parfois des dimensions considérables en longueur; il est rameux et rampe plus ou moins profondément dans le sol, tantôt glabre, lisse (*E. limosum, palustre*), ou villeux (*E. maximum, sylvaticum*). Dans certaines espèces, il se renfle de distance en distance, sur toute l'étendue d'un entre-nœud. Il forme ainsi de véritables tubercules, ovoïdes (*E. arvense*, par ex.) ou coniques (*E. maximum*), gorgés d'amidon et susceptibles de donner, par la suite, naissance à de nouvelles tiges. Les bourgeons qui se développeront en ramifications de la tige ont un mode de développement curieux, bien étudié par Janczewski (in *Mém. Soc. sc. nat. Cherbourg*, XX). Ces bourgeons sont exogènes, et c'est une cellule périphérique de la tige qui leur donne naissance. La gaine foliaire qui les entoure, vient, après leur apparition, se souder (?) au tissu de la tige, enveloppant le bourgeon dans une cavité, qu'il devra ensuite perforer pour se montrer au dehors. Ce processus donne au nouvel organe une apparence endogène. A la partie inférieure de ces bourgeons, et dès leur apparition, on voit se différencier un mamelon dont le développement est plus ou moins rapide : c'est l'origine d'une racine. Ce mamelon radiculaire a une destinée différente, suivant qu'il apparaît sur un bourgeon du rhizome ou sur un bourgeon de la tige. Dans le premier cas, il se développe rapidement en une racine, et entraîne ainsi l'avortement du bourgeon primordial; dans le deuxième cas, au contraire, il peut ne pas s'allonger, et ce n'est qu'à partir d'un certain âge

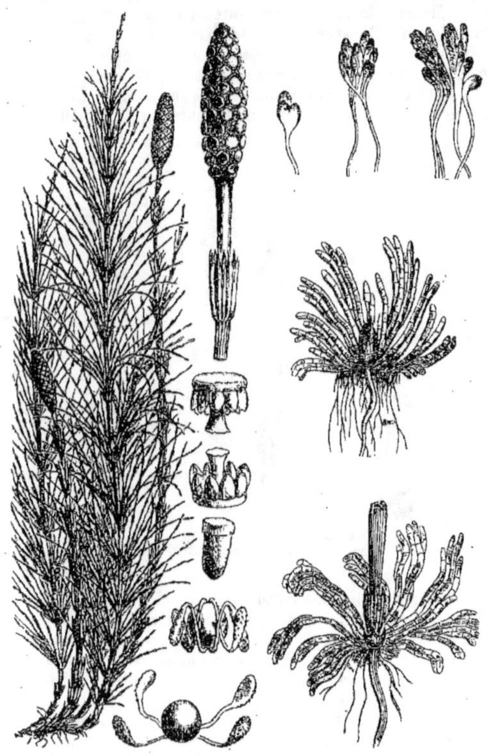

Prêle. — Port. Organes sexuels. Germination.

que la racine apparaît. Comme chez les Fougères, c'est une cellule tétraédrique qui donne naissance par ses cloisonnements à la racine. L'assise périphérique du cylindre central se différencie de bonne heure en plages libériennes et ligneuses; elle cesse donc rapidement d'être visible. Autre particularité : l'endoderme se dédouble, et c'est l'assise externe qui porte les plissements caractéristiques. Les futures radicelles naîtront dans l'assise endodermique interne, au lieu de prendre naissance dans le péricycle.

La tige croît également aux dépens d'une cellule tétraédrique initiale. Elle possède, à l'âge adulte, un épiderme à parois fortement silicifiées et où les stomates ne sont répartis que suivant des files déterminées au fond des cannelures. Dans les côtes saillantes, on trouve, au-dessous de l'épiderme, un massif de sclérenchyme, qui court parallèlement à la côte. L'écorce reste, au contraire, molle en face des sillons et se creuse à cet endroit d'une lacune aérifère. Toutes les cellules externes corticales sont riches en chlorophylle. C'est ici la tige qui est chargée de

l'assimilation du carbone, à laquelle les feuilles scarieuses et incolores ne peuvent prendre part. C'est surtout en face des stomates, c'est-à-dire au fond des sillons, que la chlorophylle s'accumule. Un endoderme très net entoure le cylindre central. Les faisceaux libéro-ligneux résorbent leur parenchyme, à la pointe du bois, et se creusent ainsi d'une lacune pleine d'air. Le parenchyme médullaire se résorbe aussi de bonne heure dans toute l'étendue des entre-nœuds; il persiste au niveau des nœuds, sous forme de diaphragme. A l'encontre des branches, les rhizomes peuvent n'être point fistuleux. La partie périphérique de la moelle peut parfois se différencier en un véritable endoderme interne. Dans certaines espèces, les deux bandes endodermiques ondulent. Si les parties inverses de ces courbes viennent à se rencontrer, on a des faisceaux entourés chacun d'un endoderme distinct.

Les sporanges se développent aux dépens d'une bosselure pluricellulaire, où une cellule hypodermique se cloisonne. Chacune des cellules nées de ce cloisonnement est une cellule mère. Ce petit groupe de cellules est séparé de l'extérieur par trois assises de cellules, dont les deux internes se résorbent, laissant l'assise externe servir de paroi au sporange. Par suite de cette résorption, les cellules mères sont mises en liberté dans un liquide granuleux, où elles sont en suspension par groupes de quatre ou de huit. Dans chacune d'elles, on voit ensuite se produire quatre spores qui, mises en liberté par disparition de la membrane de la cellule mère, se montrent entourées de trois couches de coloration différente. La couche la plus externe s'épaissit beaucoup et se sépare des deux internes; excepté en un seul point. L'épaississement a d'ailleurs été inégal, et il en résulte deux rubans enroulés autour de la spore et dont les tours sont isolés les uns des autres par résorption de la partie intermédiaire, demeurée mince. Chaque ruban est formé de deux couches : l'externe cutinisée, et l'interne qui ne l'est pas. Il en résulte qu'en présence de l'humidité les deux couches s'imprègnent inégalement d'eau, et le ruban s'enroule autour de la spore dans une atmosphère humide, tandis qu'il se déploie dans une atmosphère sèche. Il forme en se déployant une sorte de croix, dont chaque bras est terminé par une petite palette. Ces organes de dissémination ont reçu le nom d'*élatères*, et les soubresauts qu'ils impriment à la spore, en présence des variations de l'état hygrométrique, constituent un spectacle des plus curieux. Les spores sont mises en liberté par l'ouverture du sporange : ouverture provoquée par la mise en jeu d'éléments munis d'épaississements pariétaux, à la manière des cellules de déhiscence de l'anthère. Les spores, en tombant sur le sol, se rapprochent en général les unes des autres par le jeu de leurs palettes; et comme les corps auxquels elles donnent naissance, par le fait de leur germination, sont ordinairement unisexués, la reproduction est de ce chef parfaitement assurée.

La spore, en germant, se partage en deux cellules inégales : l'une, hyaline, s'allonge en un poil absorbant; l'autre, riche en chlorophylle, se cloisonne dans différentes directions et donne un prothalle, formé d'une seule assise de cellules. Cette lame se lobe sur ses bords et prend une forme plus ou moins frangée, tandis que certaines cellules s'allongent à la partie inférieure en poils absorbants. Les prothalles mâles, d'ordinaire sensiblement plus petits que les femelles, portent, à l'extrémité de leurs lobes, des anthéridies. Celles-ci mettent en liberté de nombreux anthérozoïdes, plus grands que ceux des autres Cryptogames vasculaires. Le corps de l'anthérozoïde, uniquement formé aux dépens du noyau de la cellule mère, ainsi que l'ont définitivement établi les différentes recherches de M. Guignard, fait sur lui-même deux ou trois tours de spires. Le bec de l'anthérozoïde porte, inséré uniquement à sa pointe, et non, comme on le croyait, sur une portion assez notable de la spire, de longs cils vibratiles, derniers vestiges du protoplasma de la cellule primordiale. A la portion la plus élargie du corps adhère une sphérule protoplasmique, non utilisée pour la croissance de l'anthérozoïde. Les archégones sont semblables à ceux des Fougères, avec ces différences que l'ouverture de leur col se montre à la face supérieure du prothalle, au lieu de regarder le sol, et que, la cellule de canal n'occupant qu'une portion du col, les quatre cellules supérieures, pour laisser l'orifice béant, se recourbent en dehors. La segmentation de l'œuf se produit suivant le même mode que chez les Fougères. La jeune tige, une fois formée, développe latéralement à sa base une tige de deuxième ordre; celle-ci une de troisième, et c'est cette fausse qui s'enfonce dans le sol pour former le rhizome, lequel se ramifiera, à son tour, en rhizomes secondaires.

Les Prêles ne jouent dans la végétation de notre époque qu'un rôle très effacé; leurs restes diminuant de fréquence dans les divers terrains, à mesure que l'on se rapproche de l'époque actuelle. Quelques-unes des Prêles fossiles atteignaient des dimensions colossales. L'exemple classique est celui de l'*E. arenaceum*, des grès de Stuttgart, d'âge triasique; ses tiges de 10 mètres de hauteur, portant des verticilles d'une centaine de feuilles, ne sont pas rares. Les *Calamites* ont succédé pendant le trias et le permien aux genres *Phyllotheca* et *Schizoneura*, très voisins des *Equisetum*. Leur tige est cannelée, à feuilles très probablement caduques, et atteint, dans certaines espèces, 3 à 4 mètres de hauteur. Les usages des Prêles sont peu nombreux. En vertu de leur incrustation siliceuse, toutes les espèces peuvent servir à polir les bois ou les métaux et sont employées à cet usage par les ébénistes et les orfèvres. Certaines jouissent ou ont joui d'une certaine vogue dans la médecine des campagnes. L'*E. maximum*, commun dans les lieux marécageux, est usité comme diurétique et astringent. Ce serait même une plante assez énergique, paraît-il, pour provoquer, à dose élevée, de l'hématurie. On l'a vanté également, probablement à cause de son astringence, contre les fièvres paludéennes et comme agent cicatriciel dans la tuberculose pulmonaire. Ses jeunes pousses sont comestibles dans le midi de l'Europe. L'*E. arvense*, dit vulgairement Petite Prêle, Queue de chat, Q. de renard, etc., appartient à la même section que la précédente; elle s'en distingue par sa petite taille et ses collerettes à trois ou quatre dents; elle a été prescrite contre les affections néphrétiques et les métrites. La section du genre, à laquelle se rapportent ces deux espèces, a pour caractère des axes fructifères distincts des axes végétatifs et apparaissant avant ces derniers. On a fait une autre section des espèces où les organes végétatifs apparaissent en même temps que les branches fertiles, à rameaux rudimentaires. L'*E. sylvaticum* est le type de cette section. C'est une plante assez rare aux environs de Paris et qui croît surtout dans les sapinières. L'*E. hyemale* L. se distingue des autres espèces en ce que ses rameaux persistent pendant l'hiver et demeurent verts dans cette saison; ses collerettes sont 6-8-dentées. C'est une plante septentrionale, aux États-Unis, où elle se rencontre comme en Europe. On la vante comme hydragogue. Ses propriétés sont peut-être dues à un acide dit équisétique par Braconnot, qui l'a découvert. L'*E. fluviatile* L. fait partie de la pharmacopée allemande, sous le nom de *Herba Equiseti majoris*. Les *E. palustre* L. et *limosum* L., espèces également vantées comme diurétiques et astringentes, nous intéressent surtout comme types d'une autre section du genre où toutes les branches sont vertes, les fertiles comme les stériles. L'épi y est persistant après la dissémination des spores. Ce sont toutes deux des plantes aquatiques. (Voy. H. Bn, *Tr. Bot. médic. cryptog.*, 33, fig. 43-56. — Duval-Jouve, *Hist. nat. des Equis. de France.*) [F. H.]

PREUSSIA (Fuck., *Symb.*, 91). Synonyme de *Perisporium* Fr.

PRISMARIA (Preuss, in *Sturm Deutsch. Fl.*, fasc. 35, 109). Genre d'Hyphomycètes, à filaments dressés, non cloisonnés, se divisant au sommet en un bouquet de branches prismatiques, fusiformes, considérées comme des conidies acrogènes qui ont, dans une des deux espèces du genre, une apparence pluriloculaire. Se développe sur l'écorce de l'Aune ou le bois pourri. [De S.]

PROMYCÉLIUM. Terme servant à désigner les filaments issus d'une spore ou d'une conidie de Champignons au moment de la germination, et qui forment un mycélium donnant naissance à d'autres conidies, d'où sortira le mycélium sur lequel se formera le réceptacle. [De S.]

PROPHYTROMA (Sorok., *Mitth. u. mikrosc. Pilze*, in *Hedwig.* [1877], 87). Genre d'Hyphomycètes, voisin des *Dematium*. La seule espèce, étudiée en Russie, présente un mycélium grisâtre, ramifié, cloisonné, rampant sur des poutres pourries. Ce mycélium donne naissance à des filaments dressés, courts, peu ramifiés, portant à leur sommet des chapelets de conidies globuleuses, noirâtres, réunies entre elles par des rétrécissements cylindriques en forme de pédicelles qui pénètrent à l'intérieur des conidies. Celle qui se forme la dernière au sommet du chapelet paraît seule pouvoir germer. [De S.]

PROPOLIDIUM (Sacc., *Consp. gen. Discom.*, 11). Genre de Discomycètes, formé pour des espèces de *Stictis* et de *Propolis* dont la cupule plane, céracée, a les bords souvent irréguliers, un peu involutés, et les spores oblongues, hyalines ou colorées, biloculaires. Les quatre espèces sont corticoles, sauf une qui se rencontre sur les feuilles d'*Abies canadensis*, dans l'Amérique du Nord. [De S.]

PROPOLINA (Sacc., *Consp. gen. Discom.*, 11). Genre proposé pour une espèce de *Propolis*, à cupule céracée, présentant des bords un peu déchiquetés, à paraphyses filiformes, ramifiées au sommet, et à spores courbes. [De S.]

PROPOLIS (Cord., *Anleit.*, 125). Genre de Discomycètes, voisin des *Stictis*, dont la cupule plane est subépidermique. Elle s'ouvre en déchirant l'épiderme et laissant apparaître le disque à bords plus ou moins irréguliers, de couleur claire, portant un hyménium à paraphyses et à thèques. Celles-ci contiennent 8 spores hyalines, allongées. Ces plantes possèdent quelquefois des appareils conidiens spéciaux ou mêlés aux éléments de l'hyménium. Une vingtaine d'espèces, corticoles, observées sous toutes les latitudes. [De S.]

PROSTENIUM (Mont., in *Westend. Herb. crypt.*, 337). — Voy. Pestalozzia.

PROSTHECIUM (Fres., *Beitr. z. Mykol.*, 62). — Voy. Pseudovalsa.

PROSTHEMIELLA (Sacc., *Michel.*, II, 356). Genre de Sphéropsidés, séparé des *Prosthemium*, à cause de ses spores hyalines et de l'absence de périthèce, ce qui l'a fait ranger par M. Saccardo dans les Mélanconiées.

PROSTHEMIUM (Kze, *Myk.*, Heft I, 17). Genre de Sphéropsidés, à périthèce carbonacé, globuleux, noir, renfermant des spores pluriloculaires, colorées, groupées en formant une étoile au sommet d'un sporophore filiforme. Deux espèces corticoles, européennes. [De S.]

PROTEOIDES (Fr., *Syst. myc.*, III, 35). Division du genre *Lycoperdon* T., comprenant des espèces du type *L. gemmatum* Fr.

PROTOBASIDIOMYCÈTES (Bref., *Unters. Myk.*, VII, Heft II, 27). Division des Champignons-Basidiosporés, comprenant des types considérés comme inférieurs, à basides moins spécialisés, pluriloculaires, ovoïdes ou cylindriques. Ce groupe, très naturel, avait déjà été formé par M. Patouillard (*Hymen. d'Eur.*, 89), sous le nom de *Hétérobasidiés*.

PROTOCHYTRIUM (Borzi, in *Giorn. bot. ital.* [1884]). Genre de Chytridinés, dont une seule espèce connue vit à l'intérieur des cellules d'un *Spirogyra*, en donnant naissance à des spores dormantes, renfermées dans une vésicule globuleuse, remplie d'un protoplasma hyalin, et à des zoospores atténuées au sommet, à un seul cil, renfermées en grand nombre dans des zoosporanges globuleux. [De S.]

PROTODERMA (Rost., *Mon.*, 90). — Voy. Protodermium.

PROTODERMACEÆ (Rost., *Mon. Protodermiaceæ.* — Sacc., *Syll. Fung.*, VII, 328). Famille de Myxomycètes, comprenant le genre *Protodermium* Rost.

PROTODERMEÆ (Rost., *Mon. Protodermiaceæ*, 90). Division des Myxomycètes, à péridium simple et sans capillitium. (Voy. Saccardo, *Sylloge Protodermieæ.*)

PROTODERMIUM (*Protoderma* Rost., 90). Genre de Myxomycètes, à péridium simple, hémisphérique, brun, brillant, renfermant des spores globuleuses, lisses, d'un violet noir. Une seule espèce, en Europe, sur le bois pourri.

PROTOMONAS (Hœckel, *Biol. Stud.*, I, 71). Genre voisin des Myxomycètes, à zoospores ciliées, formant un plasmode vivant dans les Algues d'eau douce ou les Diatomées. 3 espèces. [De S.]

PROTOMYCELIUM. — Voy. Promycelium.

PROTOMYCES (Ung., *Exanth.*, 341). Genre de Champignons, se développant sous l'épiderme des feuilles, sur lesquelles ils occasionnent des taches colorées, et produisant des spores sphériques, grandes, à enveloppe épaissie, translucide ou jaunâtre.

Psalliote. — Port. Coupe. Organes sexuels.

Une vingtaine d'espèces ont été observées, sous toutes les latitudes, dans les feuilles, les pétioles ou les pédoncules d'un grand nombre de végétaux.

PROTOMYCETACEÆ (Sacc.), **PROTOMYCETEI** (De By, in *Streinz Nom. Fung.*, 722). Division des Champignons-Entophytes, placée entre les Péronosporés et les Mucorinés.

PROTOMYXA (Zopf, *Pilzth.*, 128). Genre de Champignons inférieurs, voisin des Myxomycètes, dont le plasmode se distingue de celui des *Protomyces* par sa forme réticulée-ramense. Les zoospores sont uniciliées. Une espèce connue vit à l'intérieur du *Spirula Peronii*, sur les côtes des Canaries.

PROTOSTEGIA (Cooke, in *Grevill.* — Sacc., *Syll. Fung.*, III, 690). Genre de Sphéropsidés, à réceptacle discoïde, denté ou fimbrié sur les bords. Les spores filiformes, pédicellées, sont réunies sur le disque gélatineux. Deux espèces, dont l'une paraît être l'état conidien d'un *Pseudopeziza*. [De S.]

PROTOTREMELLA (Pat., in *Journ. Bot.* [août 1888], 267). Genre de Trémellinés, caractérisé par des basides formés d'une cellule oblongue, possédant, en guise de stérigmates, 4 longues cellules qui se cloisonnent quelquefois, portent une spore au sommet et sont considérées par l'auteur comme de vrais basides monospores. Le *P. Tulasnei* forme de petites plaques minces, tuberculeuses, de consistance molle, sur le bois des Saules et des Peupliers. On le considère d'habitude comme un *Corticium*. [De S.]

PROTOTRICHIA (Rost., *Mon.*, 38). Genre de Trichiacés, qui se distingue par l'origine du capillitium, naissant de la base du péridium ou de sa paroi interne. Deux espèces, observées sur le bois pourri. [De S.]

PROTOVENTURIA (Berl. et Sacc., in *Soc. venet.* [1886]). Genre de Sphériacés, à grands périthèces carbonacés, fragiles, sphériques, aplatis, ornés au sommet de longues soies rigides, très noires, et, à la base, de petits poils tortueux, pâles, septés, portant un ostiole grand et arrondi. Les thèques oblongues sont munies d'un court pédicule et ne sont pas mêlées de paraphyses. Les spores biloculaires, didymes, sont enfumées. Une

seule espèce, observée sur les rameaux morts du *Rosa alpina*, au mont Cenis. [De S.]

PSALLII (Wallr., *Fl. crypt. germ.*, VI, 649). Voy. Psalliote.

PSALLIOTE (*Psalliota* Fn., *Syst. myc.*, I, 280). Tribu d'Agarics, qui reproduit, parmi les Chromospores, les caractères que présentent les Lépiotes dans la série des Leucospores. Élevés successivement au rang de sous-genre, puis de genre, les Psalliotes ont pour type l'*Agaricus campestris* L., le seul Champignon, avec la Truffe, qui soit cultivé sur une grande échelle, et vulgairement nommé Champignon de couche. Le stipe charnu, sans volve et muni d'un anneau membraneux, est facilement séparable du chapeau. Les lamelles sont libres, et les spores de couleur purpurine. M. Saccardo, qui les range sous le nom générique d'*Agaricus*, en a décrit 72 espèces, dont 24 découvertes dans les Indes; 27 en Europe; les autres inégalement réparties sous toutes les latitudes. [De S.]

PSALLIOTÉES (Roze, in *Bull. Soc. bot. Fr.*, XXIII). Famille d'Agaricinés-Sarcopodés, comprenant le genre Psalliote.

PSATHYRA (Fr., *Syst. myc.*, I, 295). Tribu d'Agarics Chromospores, élevée au rang de genre. Leur réceptacle mycéniforme est grêle, fragile, aqueux, à stipe fistuleux, à chapeau conique ou campanulé, membraneux, pâlissant en séchant; à lamelles adnées, brunes ou purpurines, et à spores noires, en masse brun-pourpre par transparence. 55 espèces, croissant dans les terrains herbeux et sur le bois pourri. La moitié sont européennes; les autres appartiennent aux Indes et à l'Amérique méridionale. [De S.]

PSATHYRELLA (Fr., *Epicr.* 2°, 313). Sous-genre d'Agaricinés-Chromospores, élevé au rang de genre pour des espèces souvent grêles et de consistance aqueuse, à voile fugace, à stipe fistuleux, à chapeau membraneux, strié à la marge; à lamelles adnées, noires. Les spores sont noires en masse, et d'un brun purpurin au microscope. 46 espèces, épigées, lignicoles ou fimicoles, répandues surtout en Europe. [De S.]

PSECADIA (Fr., *Summ. veg. Scand.*, 414. — Bon., *Abh. d. Mykol.*, 131). Synonyme de *Cytispora* Fr.

PSEUDOASCOBOLÉS (Boud., *Discom. charn.*, 19). Groupe d'Ascobolés, comprenant les espèces chez lesquelles les spores sont incolores, et les thèques dépassent ordinairement peu l'hyménium.

PSEUDODIPLODIA (Karst., *Symb. myc. fenn.*, XV, 156). Sous-genre de *Diplodia*, fondé pour une espèce lignicole, à périthèces céracés, charnus, d'abord clos, puis s'ouvrant par un large ostiole, et à spores biloculaires, olivâtres.

PSEUDOERINEUM (Lusch, *Ueb. Auftr. d. Fleischpilze*). — Voy. Erineum.

PSEUDOFARINACEUS (Batt., *Fung. Agr. arim.*, 29). Agaric qui paraît être l'*Amanita vaginata* Lam.

PSEUDOGRAPHIS (Nyl., *Herb. fenn.*, 96). Genre de Sphériacés, voisin des *Hysterium*, à périthèce souvent allongé, courbe, rugueux, s'ouvrant en deux lèvres écartées. Les thèques, entremêlées de paraphyses filiformes, sont claviformes et contiennent 8 spores oblongues, d'un jaune clair, pluriloculaires. Ce genre, qui a quelques affinités avec les Phacidiés, ne compte que 3 ou 4 espèces corticoles, de l'Europe et de l'Amérique. [De S.]

PSEUDOHELOTIUM (Fuck., *Symb. myc.*, 298). Genre démembré des *Helotium*, pour les espèces à cupules sessiles, céracées, minuscules, et à spores étroites, lancéolées ou cylindriques, non cloisonnées.

PSEUDOMBROPHILA (Boud., *Discom. charn.*, 18). Genre de Pézizés, de la famille des Ciliariés, à cupule stipitée ou obconique, et à spores de couleur pâle.

PSEUDOPEZIZA (Fuck., *Symb. myc.*, 290). Genre de Pézizés, formé pour de petites espèces épiphytes, sessiles, glabres, à cupules planes ou très peu concaves, à marge crénelée, obscure, et à spores hyalines, rarement cloisonnées.

PSEUDOPHACIDIUM (Karst., *Rev.*, 155). Genre de Discomycètes, intermédiaire entre les *Patellaria* et les *Phacidium*, à stroma urcéolé, puis scutelliforme, presque carbonacé, noir, largement ouvert et à bords laciniés. Ces spores sont ovoïdes, hyalines. Neuf espèces, observées sur des rameaux de Bruyères, de *Rhododendron*, de Saules et de Ronces. [DE S.]

PSEUDOPLECTANIA (FUCK., *Symb. mycol.*, 324). Genre de Pézizés, à cupule stipitée ou subsessile, brune, un peu charnue, légèrement tomenteuse ou glabre à l'extérieur. Les thèques cylindriques renferment 8 spores sphériques, hyalines ou légèrement fuligineuses. On connaît dans ce genre trois espèces, épigées ou épixyles. [DE S.]

PSEUDOSPORA (CIENK., *Beitr. Ken.*, I, 203). Genre de Myxomycètes, à plasmode encore inconnu et à petites zoospores uniciliées, pénétrant dans les cellules de diverses Algues, et très voisins de certains Amibes. Ne serait même, d'après M. Dangeard, qu'un genre de Protozoaires se rattachant aux infusoires de la famille des Flagellés. (*Rech. organ. inf.* [1886], 33.)

PSEUDOSPOREÆ (ZOPF, *Pilzth.*, 115). Famille de Myxomycètes douteux, placés tantôt dans le règne végétal, tantôt dans le règne animal.

PSEUDOSPORES. Nom donné aux spores des Champignons qui germent pour donner naissance à de nouvelles spores, comme chez les Ustilaginés. [DE S.]

PSEUDOSPORIDIUM (ZOPF, *Pilzth.*, 128). Genre douteux de Myxomycètes.

PSEUDO-TIGE. — Voy. TIGE (IV, 184).

PSEUDOTIS (BOUD., *Discom. charn.*, 14). Genre de Pézizés, voisin du genre *Otidea* PERS., mais à cupule non dimidiée.

PSEUDOTRYBLIDIUM (REHM, *Krypt. Fl. Deutsch.*, *Discom.* [1890]). Genre de Discomycètes, à cupule émergente, arrondie, à disque aplati, noir, céracé, présentant des paraphyses cloisonnées et des thèques elliptiques-arrondies, qui contiennent de 4 à 8 spores fusiformes, souvent distiques, avec cloison médiane ; d'abord incolores, plus tard brunes. [DE S.]

PSEUDOVALSA (CES. et DE NOT., *Schem. Sfer.*, 32). Genre de Sphériacés, à stroma naissant sous l'épiderme des rameaux de Bouleau, de Charme, d'Orme, d'Aulne, de Platane, devenant ensuite plus ou moins proéminent et contenant des périthèces sphéroïdes, circulairement disposés et à ostioles peu apparents. Les thèques, entourées de paraphyses, contiennent 6 à 8 spores ovoïdes, allongées, pluriloculaires, colorées, avec ou sans appendice. On observe chez plusieurs espèces des pycnides classées dans le genre *Hendersonia* ou qui s'en rapprochent, et des conidies, connues comme Hyphomycètes, sous le nom de *Steganosporium* et de *Stilbospora*. Dix-sept espèces, observées en Europe et dans l'Amérique septentrionale. [DE S.]

PSILOCYBE (FR., *Syst. myc.*, I, 289). Tribu d'Agarics-chromospores, de la section des Pratelles, considérée aujourd'hui comme genre, rappelant les caractères des leucospores du type *Collybia*. Le stipe, souvent radicant, médulleux au centre, devenant fistuleux, n'est pas séparable du chapeau. Celui-ci est peu charnu, glabre, à marge primitivement incurvée ou d'un pourpre foncé ; les spores ovoïdes, grandes, tantôt rugueuses, tantôt lisses. Une soixantaine d'espèces, épigées ou au voisinage des troncs. Plus de 30 habitent l'Europe ; une dizaine l'Amérique du Nord. Quelques espèces, d'un tissu plus résistant, sont originaires des contrées chaudes de l'Asie et de l'Amérique. [DE S.]

PSILONEMA (THUR., *Ess. class. Nostoch.*, 377). Genre type de la famille des *Psilonémées* (Algues-Phycochromophycées), considérée par l'auteur comme une sous-tribu des Cryptophycées, et caractérisée par des filaments non pilifères. [CH. M.]

PSILONIA (FR., *Syst. myc.*, III, 495). Genre d'Hyphomycètes, mal défini, et dont les espèces ont trouvé place dans d'autres genres. Une caractéristique nouvelle peut lui être donnée, sur une espèce rapportée à ce genre par M. Richon, le *P. cuneiformis*, formant des taches noires, tomenteuses, sur le vieux bois. Il présente des filaments bruns, noirâtres, dressés, cloisonnés et munis au niveau de chaque cloison d'une petite gaine courte, irrégulière. Les spores, brunes et cunéiformes, terminales, sont mises en liberté par la rupture de la cellule à l'intérieur de laquelle elles se sont développées et dont la base persistante forme les gaines observées le long du filament, celui-ci s'allongeant après la chute d'une spore. Des dispositions analogues se retrouvent chez un *Cladotrichum* et un *Helminthosporium*, dont le *Psilonia* ne semble différer que par sa spore uniloculaire. Berkeley et Broome ont figuré l'espèce découverte par M. Richon, comme l'appareil conidien du *Sphæria cupulifera* BERK. et BR. [DE S.]

PSILONIEÆ (PAYER, *Bot. crypt.*, 77). Tribu de Champignons exosporés, comprenant des genres très éloignés d'Hyphomycètes et d'Urédinés.

PSILONIELLA (COST., *Mucéd. simpl.*, 190). Syn. de *Psilonia*.

PSILOPEZIA (BERK., *Dec. Fung.*, n. 138). Genre de Pézizés, à cupule plan-convexe, un peu charnue ; très voisin des *Humaria*. Les spores elliptiques sont hyalines. Six espèces, des régions tempérées de l'Europe et de l'Amérique. [DE S.]

PSILOSPORA (KLOT., *Herb. myc.*, II, n. 450). Synonyme de *Hysterium* DC.

PSILOSTROPHE (DC., *Prodr.*, VII [1838], 261). Synonyme (antér.) de *Riddellia* NUTT. (E. GREENE).

Q

QUATERNARIA (TUL., *Sel. Fung. Carpol.*, II, 104). Genre de Sphériacés, voisin des *Diatrype*, à stroma byssoïde, très ténu, de couleur claire et fugace. On y distingue çà et là des aréoles punctiformes, plus foncées, s'étendant et circopscrivant une substance céracée, qui agglutine des spermaties filiformes, arquées. De petits cônes plus foncés, nés du stroma, indiquent le premier développement des périthèces. Ceux-ci, enfoncés dans le stroma, sont petits, globuleux, munis d'un ostiole porté par un court pédicule. Les thèques, très nombreuses, étroites, se prolongent à la base en un long filament, plus étroit ; elles contiennent 8 spores cylindriques, obtuses, courbées, brun foncé. La membrane des thèques se liquéfie promptement et met ainsi en liberté les spores qui se montrent comme une poudre visqueuse, couleur de suie. Quatre espèces connues se développent dans l'écorce du Hêtre, du Charme, du Châtaignier, du Tilleul, du Chêne, du Saule et de l'Ormeau. [DE S.]

QUELETIA (FR., in *Quél. Champ. Jura*, 366). Genre de Gastéromycètes, à péridium simple, porté par un stipe formé de la base du péridium. Les spores, jaunes, sphériques, verruqueuses, munies d'un petit pédicelle, sont entremêlées d'un capillitium court, simple ou ramifié, fugace. La seule espèce connue, le *Q. mirabilis*, se développe sous terre ; elle est portée au dehors par l'allongement du stipe fibrilleux, qui se déchire et se détruit rapidement. Croît dans le Jura. [DE S.]

QUENOUILLES (PAUL., *Tr. Champ.*, II, 214). *Agaricus* rapporté par Léveillé à l'*A. colus* FR.

QUERCUS (Don., *Hist. Nat. Adriat.*, 34, pl. V, f. 1). Synonyme de *Sargassum* Agh.

QUERWANDSPORE. En Allemagne, les spores cloisonnées, comme celles des *Phragmidium* Link.

QUILLES (Paul., *Trait. Champ.*, II, 423). Le *Clavaria pistillaris*.

QUINTRAL. Nom vulgaire, au Chili, de plusieurs espèces parasites du genre *Loranthus* L.

R

RABENHORSTIA (Fr., *Summ. veg. Scand.*, 410). Genre de Sphéropsidés, à stroma carbonacé, hémisphérique ; à logettes multiples, contenant des spores ovoïdes-oblongues, appendiculées, hyalines. Cinq à six espèces, dont plusieurs douteuses, et dont une est la pycnide de l'*Hercospora Tiliæ*, se rencontrent sur l'écorce du Cytise et du Tilleul, en Europe. [De S.]

RACEMELLA (Cesat., *Comm. Soc. critt. ital.* [1861], n. 2, 65). — Voy. Cordyceps.

RACIBORSKIA (Berl., in *Sacc. Syll. Fung.*, VII, 400). Genre de Myxomycètes, à péridium nu, globuleux, muni d'un stipe qui se prolonge en une columelle deux ou trois fois plus courte que le péridium, divisée au sommet en branches courtes et grêles. Celles-ci se divisent à leur tour et s'anastomosent à leur terminaison pour former un réseau sphérique. Les spores, hérissées de pointes fines, sont d'un violet foncé. Une seule espèce, observée dans le jardin botanique de Cracovie. [De S.]

RACIBORSKIACEÆ (Sacc., *Syll. Fung.*, VII, 400). Famille de Myxomycètes, instituée pour le seul genre *Raciborskia*.

RACODIUM (Pers., *Syn. Fung.*, II, 701). Production mycélienne appartenant à divers genres de Champignons.

RADULUM (Fr., *Elench.*, 148). Genre d'Hydnés, à réceptacle diffus, résupiné ; à hyménophore tuberculeux, céracé. Les basides sont tétraspores. Une vingtaine d'espèces, de couleur claire ou ferrugineuse, vivent sur les écorces de la plupart des arbres d'Europe. Deux ou trois se rencontrent dans les régions équatoriales. [De S.]

RALFSIA (Berkel., in *Engl. Bot.*, Suppl., t. 2886). Genre d'Algues-Fucoïdées, de la famille des Chordariées pour l'auteur, de celle des Mésogloeacées pour Kützing. La fronde de ces Algues est plane, orbiculaire, coriace, crustacée, à zones concentriques, composées de filaments verticaux, très resserrés. Les spores sont situées dans un périspore hyalin, obovale. Les sporidies se développent dans les cellules de la fronde. Trois espèces constituent ce genre, dédié à Ralfs, savant algologiste. (Voy. J.-G. Agh, *Spec., gen. et ord. Alg.*, I, 61.)

RAMALODEI (Nyl., *Syn. Meth. Lich.*, 65). L'une des grandes divisions des Lichénacés, la troisième. Ces Lichens sont caractérisés par un thalle fruticuleux, comprimé-cylindrique, dépourvu de folioles horizontales. Les fructifications sont lécanorinés et aplaties. [Ch. M.]

RAMARIA (Holmsk., *Beat. rur. et Fung. dan.*, 79). — Voy. Clavaria.

RAMIFICATION. — Voy. Tige (IV, 184).

RAMULARIA (Ung., *Exanth.*, 169). Genre d'Hyphomycètes épiphytes, dont le mycélium se développe sous l'épiderme des feuilles et envoie par les stomates des filaments dressés, rarement ramifiés, portant des spores terminales, fusiformes, uni- ou pluriloculaires. On en connaît plus de 100 espèces, parasites sur les feuilles d'un grand nombre de végétaux des climats tempérés. Elles forment des taches et peuvent occasionner des maladies. Deux d'entre elles paraissent être l'état conidien de Sphériacés. [De S.]

RAPHONEIS (Ehrenb., in *Ber. Berl. Akad.* [1844], 74). Genre de Diatomacées-Fragillariées. La face frontale est étroite,

linéaire. Les valves, lancéolées ou elliptiques, sont pourvues de stries transversales, moniliformes, et souvent radiantes. Le pseudo-raphé est plus ou moins apparent. Les extrémités sont sans nodule et assez souvent pourvues de ponctuations fines. [Ch. M.]

RASPELPILZ. Nom allemand des *Radulum* Fr.

RAVENELIA (Berk., in *Gardn. Chron.* [1853], 211). Genre d'Urédinés exotiques, à téleutospores colorées, globuleuses, aplaties, ayant des loges fertiles nombreuses et présentant à la base des cellules hyalines, sessiles ou pédicellées. Les urédospores verruqueuses, à épispores fuligineux, sont ovales, et les écidiospores globuleuses sont parfois irrégulières. Une douzaine d'espèces vivent sur des feuilles ou des rameaux de plantes exotiques. (Voy. Parker, *Morpholog. of R. glandulæformis*, in *Proc. Amer. Acad.* [1886], 205.) [De S.]

RAVENELULA (Speg., *Fung. argent.*, IV, n. 229). Genre de Discomycètes, à cupule plane, sessile, lisse, noire, présentant un hyménium sans paraphyses. Les thèques claviformes, atténuées en pédicelle, contiennent 16 spores elliptiques, didymes, fuligineuses. Une espèce foliicole, dans la Floride. [De S.]

REBENTISCHIA (Karst., *Myc. fenn.*, II, 14). Genre de Sphériacés, à périthèces noirs, isolés, émergents, glabres, papillés. Les thèques étroites, claviformes, sans paraphyses, contiennent 8 spores pluriloculaires, brunes, à loge inférieure hyaline, prolongée en pédicelle. Cinq espèces, sur l'écorce, les sarments, les chaumes de diverses plantes européennes. [De S.]

REESSIA (Fisch., *Beitr. Kennt. Chytr.*). Genre de Chytridinés, dont la seule espèce connue vit dans les cellules des *Lemna*. Les zoosporanges se prolongent en un col assez long. Les zoospores qui en sont issues, s'accouplent pour produire une spore durable. Les cellules, envahies par ce parasite, blanchissent. [De S.]

REGENSCHIRMSCHWAMM. Nom allemand du *Lepiota procera* Scop.

REHMIELLA (Wint., in *Hedw.* [1883], 2). Genre de Sphériacés, à périthèces immergés, membraneux, munis d'un rostre allongé, souvent courbé. Les thèques contiennent beaucoup de spores hyalines et didymes. Cette pluralité de spores distingue ce Pyrénomycète du *Gnomonia*. Le *R. alpina* se rencontre au Righi, sur les feuilles pourries d'*Alchemilla alpina*. [De S.]

RENBEDTIA (H. Bn). Nom donné (anagrammatiquement) au genre *Berendtia* A. Gray (non Gœpp.), qui appartient aux Scrofulariacées et est voisin des *Tetranema*. Il est formé de 2, 3 arbustes américains, à feuilles opposées, dentées ; à cymes axillaires ; le calice tubuleux-campanulé ; l'androcée didyname ; le fruit à valves septifères et placentifères au milieu. (H. Bn, *Hist. des pl.*, IX, 438.)

RENDU, RENDIE. Noms donnés, dit-on, à certaines Algues de l'Indo-Chine, réputées alimentaires.

RESHCHWAMM. Nom allemand d'un Hydne comestible, l'*Hydnum imbricatum* L.

RETICULARIA (Bull., *Champ. Franc.*, 95, t. 446. — Rost., *Mon.*, 240). Genre de Myxomycètes, à péridium plus ou moins irréguliers, disposés en *Æthalium* recouvert d'un cortex papyracé, fragile. Les spores brunes sont réticulées ou verruqueuses. Le capillitium et la columelle sont de même couleur. Le *R. Lycoperdon* est très commun sur les vieux troncs d'arbres. Les autres espèces du genre sont litigieuses. [De S.]

RETICULARIACEÆ (Rost., *Mon. Mycet.*). Groupe de Myxomycètes, dont M. Rostafinski a fait une famille, pour les genres *Siphoptychium* et *Reticularia* Bull..

RHABDONEMA (Kuetz,, *Bacill.*, 126). Genre de Diatomacées, à frustules composés. Les valves, lancéolées ou linéaires, sont pourvues d'une ligne médiane et ont généralement les extrémités blanches ; elles sont munies de côtes ou de stries. La réunion des frustules forme un filament plat, courtement stipité, où l'on distingue facilement des fausses-cloisons. L'endochrome épars est granuleux. Ce genre appartient à la famille des Tabellariées. [Cn. M.]

RHABDONIA (Hook. et Harv., *Alg. tasm.*, II). Algues-Floridées, de la famille des Halyméniées pour Kützing ; de celle des Soliériées pour J.-G. Agardh, à fronde tubuleuse, continue, stipitée et pourvue de rameaux tubuleux. La partie solide est formée, de dedans au dehors, de rameaux longitudinaux qui s'entre-croisent, et de cellules arrondies-anguleuses, qui deviennent plus petites vers la périphérie. Les cystocarpes sont immergés dans l'enveloppe corticale, où se trouvent également les sphérospores qui se divisent en croix. Le genre a été divisé en deux sections, caractérisées par la disposition de la fronde et des rameaux. (J.-G. Agh, *Spec.*, *gen. et ord. Alg.*, III, 590.) [Cn. M.]

RHABDOSIRA (Ehrenb. [1869], ex V. Heurck, *Microsc.*, 322). Synonyme de *Synedra* Ehrenb.

RHABDOSPORA (Dur. et Mont., *Fl. Algér.*, 592). Genre de Sphéropsidés, à périthèces globuleux, immergés, munis d'une ostiole, et à spores baculiformes, droites ou courbes, avec ou sans cloisons. Sous cette caractéristique un peu vague se rangeaient une douzaine d'espèces. M. Saccardo a refondu ce genre en plaçant parmi les *Septoria* les espèces de *Rhabdospora* à spores cloisonnées, et en rapportant aux *Rhabdospora* les *Septoria* à spores uniloculaires. Ce caractère primordial, tiré de la structure des spores, s'est du reste trouvé d'accord avec quelques autres caractères secondaires. C'est ainsi que les périthèces des *Rhabdospora* produisent rarement une tache autour d'eux sur le tissu végétal qu'ils habitent, ce qui est l'ordinaire pour les *Septoria*. Ces derniers se rencontrent plus souvent sur les feuilles que les espèces de *Rhabdospora*. Ainsi constitué, le genre *Rhabdospora* compterait environ 100 espèces, dont le plus grand nombre se rencontrent dans les régions tempérées de l'Europe et de l'Amérique du Nord, et quelques-unes en Algérie et dans l'Amérique méridionale, sur des rameaux, des sarments ou des tiges herbacées. [De S.]

RHABDOSPORIUM. — Voy. Rhabdospora.

RHACOPHYLLUS (Berk., *Fung. ceyl.*, n. 301). Genre d'Agaricinés, dont la seule espèce connue se développe sur le bois ou les rameaux morts, à Ceylan. Elle présente un chapeau très mince, cylindrique ou digitiforme, porté par un stipe dilaté à la base, atténué au sommet. Les lamelles sont groupées, à lobes oblongs, irréguliers, flexueux, de couleur lilas, comme le chapeau. [De S.]

RHAPHIDIOSPORA (Rabenh.). — Voy. Rhaphidospora.

RHAPHIDIUM (Kuetz., *Phyc. germ.*, 144). Synonyme (part.) de *Scenedesmus* et de *Ankitrodesmus*.

RHAPHIDOGLOEA (Kuetz., *Bacill.*, 110). Diatomacées-Naviculées, dont les valves sont semblables à celles des *Amphipleura*, manquant de nodule central. On trouve leurs frustules généralement resserrés entre eux, disposés en filaments rayonnants, enfermés dans une masse muqueuse. [Cn. M.]

RAPHIDOPHORA (Ces. et De Not., *Schem. Sfer.* [1861], 233). Nom substitué à celui de *Rhaphidospora* Fr. et Mont., qui désignait déjà un genre d'Aracées, et que M. Saccardo a remplacé par celui d'*Ophiobolus*, proposé en 1853 par M. Riess.

RHAPHIDOSPORA (Fr., *Summ. veg. Scand.*, 401. — Mont., *Syll.*, 251). Nom donné à un genre de Sphériacés, bien que déjà employé dans la famille des Acanthacées, et qui a été remplacé par celui d'*Ophiobolus*. (Voy. Saccardo, *Syll. Fung.*, II, 337.)

RHAPHIDOSPOREI (Fries, *Summ. veg. Scand.*, 401). Division des Sphériacés, caractérisée par la longueur et le cloisonnement des spires.

RHINOCLADIUM (Sacc. et March., *Champ. copr. Belg.*, 33). Genre d'Hyphomycètes, à filaments bruns, dressés, ramifiés assez régulièrement, et portant à leur extrémité et latéralement, sur de fines denticules, des spores globuleuses ou ovoïdes, d'un brun noirâtre, longtemps adhérentes à leur support. Deux espèces, dont l'une coprophile et l'autre corticole. [De S.]

RHINOTRICHUM (Cord., *Icon. Fung.*, I, 17). Genre d'Hyphomycètes, dont le mycélium rampe dans les substances pourries et donne naissance à des filaments dressés, simples, cloisonnés, portant au sommet, sur de courtes denticules, des spores oblongues, hyalines ou légèrement colorées. Une trentaine d'espèces, présentant des teintes diverses, se retrouvent sous toutes les latitudes. [De S.]

RHIPIDIUM (Corn., in *Bull. Soc. bot. Fr.*, XVIII, 58). Genre de Saprolégniés, à filament épaissi, duquel partent en rayonnant des rameaux munis çà et là d'étranglements. Les zoosporanges ovales laissent épancher leur protoplasma qui s'entoure d'une mince vésicule au dedans de laquelle s'organisent les zoospores, analogues à celles des *Pithyum* et qui crèvent aussi la vésicule pour se disséminer. Les oogones ne contiennent qu'une oospore, à paroi épaisse, blanche, quelquefois étoilée. Quatre espèces vivent dans les eaux à courant très lent. [De S.]

RHIPIDONEMA (Matt., in *N. Giorn. bot. ital.* [1881], 259). Genre de Théléphorés, à réceptacle coriace, membraneux ou fibrilleux, portant un hyménium infère, aréolé, sillonné, presque gélatineux, à basides courts et polymorphes, et présentant, surtout à la surface supérieure, des conidies virescentes en chapelet. Huit espèces, des régions chaudes (Brésil, Cuba, Surinam), sur des troncs d'arbres. [De S.]

RHIPIDOPHORA (Kuetz., *Bacill.*, 121). Diatomacée à frustule cunéiforme, à valves hyalines et finement striées, pourvues d'une ligne médiane. Rabenhorst considère le *Rhipidophora* comme une division du genre *Podosphenia*. D'autres auteurs le regardent, non sans raison, comme synonyme de *Lichnophora*.

• RHIPIDOPTERIS (Schott). C'est le *R. flabellata* qui est figuré au mot *Acrostichum* (I, 40).

RHIPIDOSIPHON (Mont., in *D'Urv. Voy. Pôle Sud, Crypt.*, 22). Genre d'Algues marines, de la famille des Vauchériées pour Kützing ; de celle des Acétabulariées pour Payer. La fronde est verte, stipitée, formée de rameaux tubuleux, dichotomes, anastomosés et couverts d'une croûte calcaire. [Cn. M.]

RHIPOCEPHALUS (Kuetz., *Phyc. gen.*, 311). Genre d'Algues marines, d'une structure analogue à celle du *Corallocephalus* ; dont le capitule terminal est formé de filaments dichotomes, articulés, à disposition flabelliforme. Ces Algues trouvent leur place naturelle parmi les Corallinées. [Cn. M.]

RHIPOZONIUM (Kuetz., *Phyc. gen.*, 309). Synon. de *Udotea*.

RHIZIDIOMYCES (Zopf, *Zur Kennt. Phycom.*, 48). Genre de Chytridinés, formé pour une espèce parasite des oogones de l'*Achlya racemosa*, dont les zoospores ovoïdes, uniciliées, sont renfermées dans un zoosporange globuleux, se déformant en ballon de chimie dont le col s'atténuerait en un filament mycélien ramifié. [De S.]

RHIZIDIUM (A. Braun, *Ueb. Chytr.* [1856]). Genre de Chytridinés, dont les sporanges sont constitués par deux cellules : l'une inférieure, stérile, et en rapport avec des filaments radiciformes ; l'autre supérieure, se développant tantôt en zoosporange, tantôt en sporange durable. Ce dernier donne naissance, après un peu de temps, à une cellule globuleuse qui devient un zoosporange. Une douzaine d'espèces se développent sur divers organismes végétaux. [De S.]

RHIZINA (Fr., *Obs. myc.*, I, 161). Genre de Discomycètes, à réceptacle charnu, en forme de croûte gaufrée, à bords infléchis, émettant par la partie inférieure de nombreux appendices radiciformes et présentant à la partie supérieure un hyménium lisse, coloré, composé de paraphyses et de thèques cylindriques qui contiennent des spores ovoïdes, grandes, hyalines. Huit espèces épigées, en Europe, aux Indes et à Cuba. [DE S.]

RHIZOCLONIUM (KUETZ., *Phyc. gen.*, 261). Genre d'Algues-Chlorophyllées, de la famille des Confervacées, à filaments articulés et dont certaines cellules émettent comme une prolification radiciforme. On rencontre cette Algue dans les eaux saumâtres, douces ou thermales. Son mode de propagation est inconnu. (RABENH., *Fl. europ. Alg.*, III, 292.) [CH. M.]

RHIZOCOCCUM (DESMAZ., in *Ann. sc. nat.*, sér. 1, XXII, 217). Synonyme de *Hydrogastrum* DESVX.

RHIZOCORYNE (KUETZ., mss.). Synonyme de *Laurencia* LMX.

RHIZOCTONIA (DC., in *Mém. Mus.*, II, 209 [1815]). Mycélium parasite sur les organes souterrains de diverses plantes, qui s'agglomère par places en tubérosités sclérotiformes, simplement feutrées, ou en vraies sclérotes, et qui cause des maladies funestes à plusieurs plantes cultivées, le Safran, l'Échalote, la Luzerne. Chez cette dernière, un vrai périthèce est formé par le *Rhizoctonia*. Fuckel en avait fait le genre *Byssothecium*, et M. Saccardo a fait rentrer le *B. Medicaginis* dans le genre *Leptosphæria*. [DE S.]

RHIZOGASTER (REINSCH, *Contr. Alg. et Fung.*). Genre de Chytridinés, établi pour une espèce qui vit dans les feuilles de Mousses. Une seule cellule, à forme radiculaire inférieurement, constitue tout le Champignon, qui présente à sa partie supérieure des utricules ovales, ternées, cohérentes par la base, jouant le rôle de sporanges et de zoosporanges. [DE S.]

RHIZOMORPHE (*Rhizomorpha* PERS., *Syn. Fung.*, 704). Genre de Champignons, considéré aujourd'hui comme un organe mycélien, au même titre que les sclérotes. Les rhizomorphes sont formés par la réunion de filaments mycéliens en cordelettes plus ou moins ramifiées. Une différenciation se produit entre les éléments du centre qui conservent les caractères des hyphes mycéliennes, et ceux de la périphérie dont les enveloppes se cuticularisent et se colorent en brun pour former une écorce de teinte foncée qui contribue à donner aux Rhizomorphes l'apparence de racines. Ils végètent sous terre ou dans les lieux humides, et, quand les circonstances sont favorables, émettent des fructifications appartenant à divers ordres de Champignons. Le rhizomorphe de plusieurs espèces, après s'être mis en connexion avec les racines de diverses plantes, pénètre dans le tronc et prend entre l'écorce et le bois une forme membraneuse, analogue à celle des productions appelées *Racodium* ou *Xylostroma*. Il gêne alors la végétation de l'arbre et peut le tuer. C'est par ce procédé que l'*Agaricus melleus* WAHL. est funeste aux plantations de Mûriers, aux arbres fruitiers, comme aux arbres d'agrément et aux Pins des forêts; ses ravages sont considérables. Il en est de même de plusieurs autres appartenant aux genres *Trametes*, *Thelephora*, etc. [DE S.]

RHIZOMYXA (BORZI, *Nuov. Ficom.*, 6). Genre de Saprolégniés, institué pour une espèce trouvée à Messine, à l'intérieur des racines de plantes diverses, souvent tuées par ce parasite. Un plasmode diffus occupe la cavité de la cellule envahie. Il s'arrondit, et il se forme à son intérieur dix à trente petits noyaux lenticulaires. Il s'entoure d'une cuticule mince et présente un appendice conique par où sortent des zoospores sphériques, uniciliées, munies d'un rostre hyalin, très court. D'autres fois, au lieu de se transformer en zoospores, le plasmode forme des spores hibernantes. Les oogones globuleux sont monospores, et les anthéridies claviformes, courtes, appendiculées, pénètrent dans l'oogone. [DE S.]

RHIZONOTIA (EHRENB. [1843], ex V. HEURCK, *Microsc.*, 316). Synonyme de *Amphora* EHRENB.

RHIZOPHIDIUM (SCHENK., *Ægol. Mitth.* [1858]). Genre de Chytridinés, à zoosporanges unicellulaires, portés par des filaments mycéliens ramifiés, munis aux sommets de plusieurs ostioles. Les zoospores sont uniciliées. Quatre espèces vivent à l'intérieur des Algues d'eau douce ou sur la terre humide. [DE S.]

RHIZOPHYLLEÆ (J.-G. AGH, *Spec., gen. et ord. Alg.*, II, V). Tribu des Algues-Floridées et Gongylospermées, de l'ordre des Cryptonémées. Cette division est caractérisée par une fronde membraneuse, toute formée de cellules arrondies, anguleuses. Les favelles du nucléus sont simples et se développent dans des expansions verruciformes de la fronde. Les sphérospores sont inconnues. Un seul genre, le *Rhizophyllis* KUETZ., constitue cette famille. [CH. M.]

RHIZOPHYLLIS (KUETZ., *Phyc. germ.*, 334). Algues-Floridées, de la famille des Rhodyméniacées. Elles sont caractérisées par une fronde plane, linéaire, dentée, rameuse et constituée par deux couches de cellules. Les cellules centrales sont oblongues et quelque peu anguleuses vers la superficie. Les cellules corticales sont petites. Les cystocarpes, assez nombreux, sont immergés dans des némathécies spongieuses, hémisphériques. Les nucléus, situés dans un périsperme hyalin, renferment des gemmidies arrondies. Les sphérospores sont inconnues. (Voy. J.-G. AGH, *Spec., gen. et ord. Alg.*, III, 351.) [CH. M.]

RHIZOPOGON (FR., *Symb. Gaster.* — TUL., *Fung. hyp.*, 85). Genre de Gastéromycètes hypogés, à péridium tubériforme, tantôt épais, tenace, tantôt presque membraneux et fugace. La glèbe lacuneuse est dense, blanche, puis colorée, et enfin diffluente et fétide. Les cloisons, très minces, pellucides, sont recouvertes par l'hyménium, à basides portant de 2 à 8 spores subsessiles, elliptiques, hyalines ou faiblement teintées. Une douzaine d'espèces, observées en général dans les bois sablonneux, en Europe, dans l'Amérique septentrionale et à la Nouvelle-Zélande. [DE S.]

RHIZOPUS (EHRENB., *De Mycetoz.*, in *Nov. Act.*, X, 198). Genre de Mucorinés, caractérisé par la végétation en stolons formés d'un filament rampant, portant des crampons rhiziformes au point où s'élèvent en se dressant les filaments sporangifères. Ceux-ci portent la columelle sur un renflement aplati. Entre la columelle bombée et l'enveloppe du sporange globuleux se forment des spores un peu anguleuses, munies d'un épispore coloré et cuticularisé en crêtes. Le mycélium à stolons et les sporophores prennent une teinte brune. Une dizaine d'espèces vivent sur des matières organiques en putréfaction, des fruits, du crottin de cheval. [DE S.]

RHIZOSOLENIA (EHRENB., *Amer.*, 134). Genre de Diatomacées-Chætocérées, à frustules annelés, cohérents, allongés. Les deux extrémités sont semblables et calyptriformes; elles sont terminées par une épine ou un processus mucroné qui est souvent très peu siliceux. [CH. M.]

RHIZOSPORIUM (RABENH., *Handb.*, 319. — FR., *Summ. veg. Scand.*, 497). Genre indéterminé, dont les espèces ont été rapportées à des Urédinés ou à des Péronosporés.

RHODOCALLIS (KUETZ., in *Bot. Zeit.* [1847], 36). Synonyme de *Psilota*.

RHODOCLADIA (SOND., *Pl. Muell.*, 679). Synonyme de *Callophyllis* KUETZ.

RHODOCEPHALUS (CORD., *Anleit.*, 63). Syn. de *Penicillium*.

RHODODACTYLIS (J. AGH, mss.). Algues-Floridées, de la famille des Hypnéacées, que caractérise une fronde arrondie, terminée par des rameaux filiformes, étalés. Les cellules corticales sont petites. Les cystocarpes renferment, dans un péricarpe ovale, un nucléus composé de plusieurs nucléoles. Ce péricarpe est pourvu d'un carpostome. Les sphérospores sont inconnues. (Voy. J.-G. AGH, *Spec., gen. et ord. Alg.*, III, 566.) [CH. M.]

RHODODERMEÆ (J.-G. AGH, *Spec., gen. et ord. Alg.*, II, IX). Tribu d'Algues-Floridées, de l'ordre des *Squamarieæ*, de la grande famille des *Gongylospermeæ*. La fronde est membraneuse. Les sphérospores, logées entre des paranémates rigides, éparses, se divisent en croix. Les *Rhododermeæ* ont beaucoup d'affinités avec les *Nitophylleæ*. [CH. M.]

RHODODERMIS (CROUAN. — J.-G. AGH, *Spec., gen. et ord. Alg.*, II, XII). Genre d'Algues, de la tribu des *Rhododermeæ*, et qui a tous les caractères de la tribu.

RHODODERMIS (HARV., ex KUETZ., *Spec. Alg.*, 695). Synonyme de *Hildenbrandtia* NARD.

RHODOMELA (GUILLON, *Res thalass.*, 55). Algues-Floridées, qui formaient pour Agardh l'un des genres les plus nombreux. Grand nombre des espèces qui le composaient ont été reportées dans les genres *Lophura, Gigartina*, etc. Mais il en reste encore assez pour constituer l'un des genres les plus intéressants des Floridées. Ces Algues appartiennent à la famille des Rhodomélées, tribu des Alsidiées. Leur fronde est de couleur pourpre foncé, filiforme, parfois comprimée, solide, rameuse, inarticulée. L'axe est composé de cellules concentriques, oblongues et hyalines. La périphérie est formée par des couches de cellules petites, irrégulières, colorées. Les kéramidies, ovales ou globuleuses, formées par la transformation des rameaux, contiennent, dans un péricarpe celluleux, pourvu d'un carpostome, des gemmidies piriformes, logées dans l'article terminal de filaments articulés qui rayonnent du placenta. Les sphérospores se développent dans les rameaux renflés, à peine transformés, et sont disposées en double série longitudinale. Elles se divisent en croix. (Voy. W. Harv., *Phyc. brit.*, II, 99.) [Ch. M.]

RHODOMELACEÆ (Harv., *Phyc. brit.*, VII). Grande division des Algues-Floridées, à fronde rouge ou noirâtre, aréolée ou réticulée, généralement filiforme et composée ultérieurement de cellules polygonales. La fructification est double. Les conceptacles externes, généralement de forme obovale, sont munis d'un carpostome contenant des spores piriformes qui rayonnent d'un placenta. Les tétraspores immergées dans les rameaux renferment les stichidies. Les Rhodomélacées ont été divisées en trois grandes sections, selon la forme de la fronde qui est aplatie, pinnatifide, complètement inarticulée, ou filiforme, partiellement ou généralement articulée. Les genres *Odonthalia, Rhodomela* et *Polysiphonia* représentent respectivement ces trois divisions. [Ch. M.]

RHODOMELEÆ (J. Agh, *Symb.*, in *Linnæa*, XV, 23). L'une des familles les plus nombreuses des Algues-Floridées, composées d'espèces les plus variées par leurs couleurs et par la disposition des rameaux. La fronde est tantôt monosiphonée, tantôt polysiphonée, quelquefois aréolée en zone; nue ou recouverte extérieurement de cellules plus petites que les autres. Les cystocarpes sont à l'extérieur de la fronde, munis du péricarpe celluleux, et ouverts par un carpostome. Les filaments gemmidifères rayonnent d'un placenta central, et les gemmidies piriformes se trouvent dans un article terminal et claviforme. Les sphérospores, développées dans des cellules péricentrales, sont en série. Ces Algues, le plus souvent roses ou pourpres, lorsqu'on les recueille, changent souvent de couleur par la dessiccation. Les unes deviennent noir pourpré; d'autres, tout à fait noires. Quelques-unes conservent leurs couleurs primitives. Enfin il en est qui blanchissent. La fronde est variée également quant à la forme : elle est tantôt arrondie, tantôt aplatie. Ronde quelquefois au pied, elle se comprime à la partie supérieure. La famille des Rhodomélées forme sept grandes tribus, parmi lesquelles on compte les *Polysiphoneæ*, les *Dasyeæ*, les *Alsidieæ*, etc. (Voy. J.-G. Agh, *Spec., gen. et ord. Alg.*, IV, 787.) [Ch. M.]

RHODOMENIA (Grev., ex Kuetz., *Spec. Alg.*, 778). Synonyme de *Sphærococcus* Stackh.

RHODONEMA (Mart., ex Kuetz., *Spec. Alg.*, 796). Synonyme de *Dasya* Agh.

RHODOPELTIS (Harv., *Phyc. austr.*, t. 264). Genre d'Algues-Squamariées, caractérisé par une fronde horizontale, étendue, pourvue de filaments verticaux, articulés, stipités, plongés dans un mucus assez dense. Les cystocarpes ovoïdes sont immergés et formés de filaments sporifères, à divisions dichotomiques. Ces filaments rayonnent de l'axe en verticille. (Voy. J.-G. Agh, *Spec., gen. et ord. Alg.*, III, 391.) [Ch. M.]

RHODOPHYCEÆ (Rabenh., *Fl. eur. Alg.*, III, 396). Grande famille d'Algues; la dernière des cinq divisions établies par l'auteur, et formée d'Algues multicellulaires, à végétation terminale non limitée, à fronde formée par des couches de cellules diverses, ou nue, ou recouverte d'une couche corticale cellulaire, de forme variée, tantôt membraneuse (*Porphyridium*), tantôt crustacée (*Hildenbrandtia*), d'autres fois filamenteuse, verticillée (*Batrachospermum*). Le cytoplasma est généralement rouge et renferme souvent des granules amylacés ou des

gouttelettes d'huile. La propagation est tantôt sexuée et se fait par des organes mâles appelés anthéridies et des organes femelles (cystocarpes). Elle est aussi asexuée et se fait au moyen de tétraspores. Les *Rhodophyceæ*, à l'exception d'un petit nombre, sont des Algues marines. [Ch. M.]

RHODOPHYLLEÆ (J.-G. Agh, *Spec., gen. et ord. Alg.*, III, 340). L'une des tribus de la grande famille d'Algues-Rhodyméniacées. Les cellules corticales de la fronde sont anguleuses. Les cystocarpes se développent dans un péricarpe externe. Le nucléus est composé. Les nucléoles, rayonnants autour d'un point central du cystocarpe, sont entourés de filaments stériles. Quatre genres constituent cette tribu; ce sont les *Euthora, Rhodophyllis, Hydrolapathum* et *Neurophyllis*. [Ch. M.]

RHODOPHYLLIS (Kuetz., in *Bot. Zeit.* [1847]). Famille d'Algues-Rhodyméniacées pour Agardh; Sphérococcées pour Kützing. La fronde est membraneuse, comprimée à la partie supérieure, avec des segmentations marginales, parfois pinnatifides, et pourvue d'une nervure plus ou moins apparente. Les cellules constituant la partie intérieure sont arrondies-angulaires, assez grandes et disposées en deux séries. Les cystocarpes sessiles, placés sur le bord, contiennent des spermaties anguleuses ou arrondies. Les sphérospores sont immergées dans les processus marginaux de la fronde. Ils se divisent en zones. (Voy. J.-G. Agh, *Spec., gen. et ord. Alg.*, III, 361.) [Ch. M.]

RHODOPLEXIA (Harv., in *Hook. Icon.*, XIII, 613). Synonyme de *Haloplegma* Mont.

RHODOSERIS (Harv., *Syn. Phyc. austral.*, LXII). Genre d'Algues-Floridées, de la famille des Délessériées, caractérisé par une fronde cartilagineuse, épaisse vers le milieu, et dont les parties marginales sont plus ténues. Elle est palmée-laciniée, formée de plusieurs séries de cellules. Celles qui constituent la partie marginale sont comme aréolées. Les coccidies sont encore inconnues. Les sores sont développés dans des processus foliiformes, petits et arrondis et produisent des sphérospores qui se divisent triangulairement.

RHODOSPERMEÆ (Harv., *Phyc. brit.*, VII). L'une des grandes divisions des Algues, qui renferme des familles aussi intéressantes par leurs formes et leurs couleurs que par leur étude physiologique. Elle se compose des Rhodomélacées, Laurenciacées, Corallinacées, Delessérinées, Rhodyméniacées, Cryptonémiacées et Céramiacées. Ces Algues sont toutes marines, de couleur rouge ou brunâtre. [Ch. M.]

RHODYMENIA (Grev., *Alg. brit.*, 84). Genre d'Algues-Floridées, de la famille des Rhodyméniées. Ces Algues sont caractérisées par une fronde plane, membraneuse, dichotome ou palmée et souvent rameuse. Deux couches de cellules la constituent. Celles de la partie intérieure sont oblongues. Les corticales sont plus petites et rayonnent verticalement. Les cystocarpes, épais sur la fronde, se trouvent dans un péricarpe hémisphérique, pourvu d'un carpostome. Le nucléus est simple, arrondi, sublobé. Les sphérospores, le plus souvent réunies dans des sores, se divisent en croix. (Voy. J.-G. Agh, *Spec., gen. et ord. Alg.*, III, 328.) [Ch. M.]

RHODYMENIACEÆ (J.-G. Agh, *Spec., gen. et ord. Alg.*, 307). Grande division des Algues-Floridées, à fronde inarticulée, membraneuse, celluleuse ou tubuleuse; à cellules le plus souvent solidifiées, et entremêlées vers la partie extérieure à des filaments verticaux. Les cystocarpes sont ou immergés dans la fronde, ou logés dans un péricarpe externe. Le nucléus est arrondi. Les sphérospores sont immergées sans ordre dans la fronde, ou se développent dans un sporophyle propre. Cette famille a été divisée en trois grandes tribus par l'auteur. [Ch. M.]

RHODYMENIEÆ (J.-G. Agh, *Spec., gen. et ord. Alg.*, III, 308). Division des Algues-Rhodyméniacées. Les cystocarpes sont immergés dans la fronde ou plus souvent situés dans un péricarpe propre, apparent. Dans l'un ou l'autre cas, le nucléus est arrondi ou lobé. Huit genres constituent cette division, parmi lesquels les *Chryshymenia, Rhodhymenia* et *Plocamium*, etc. Ces genres sont caractérisés par les divisions diverses des sphérospores. [Ch. M.]

RHOICOSIGMA (GRUN., ex V. HEURCK; *Microsc.*, 319). Synonyme de *Pleurosigma* W.-SM.

RHOICOSPHENIÆ (GRUN., *Novara*, VIII [1860]). Genre de Diatomacées-Gomphonémées, à valves cunéiformes, dissemblables. La supérieure n'a qu'un pseudo-raphé et pas de nodules. L'inférieure est munie d'un vrai raphé et est pourvue de nodules. La face suturale du frustule est recourbée. (V. HEURCK, *Syn. Diatom. Belg.*, 127.)

RHOIKONEIS (GRUN., *Verh.* [1863], t. 13, fig. II). Synonyme (part.) de *Navicula* et de *Achnanthes* BORY.

RHYNCHOCOCCEÆ (KUETZ., *Phyc. gen.*, 390). Famille d'Algues-Périblastées, à frondes cartilagineuses, filiformes ou foliacées. Les cystocarpes sont exserts; les spermaties deux par deux ou en série, longuement pétiolées et portées par un spermopode central. Les tétrachocarpes, en série de quatre, sont épars sur la fronde. On comprend deux genres dans cette famille : *Rhynchococcus* et *Calliblepharis*. [CH. M.]

RHYNCHOCOCCUS (KUETZ., *Phyc. gen.*, 403). Algues-Rhyncococcées, à fronde arrondie à la base, dilatée à la partie supérieure, comme pinnée, rameuse et composée de trois couches diverses de cellules. Les cystocarpes sont situés dans des ramules marginaux et comme spinescents. Les tétrachocarpes, en séries de 4, se trouvent épars dans le strate cortical de la partie supérieure de la fronde. (Voy. KUETZ., *Spec. Alg.*, 754.) [CH. M.]

RHYNCONEMA (KUETZ., *Spec. Alg.*, 443). Genre d'Algues-Chlorophyllées, de la famille des Zygnémées, ordre des Zygophycées. La fronde est articulée, et chaque article ou cellule végétative renferme une bandelette chlorophyllienne, disposée en spirale. Dans quelques espèces, on observe deux spires chlorophylliennes dans chaque article. La copulation se fait entre deux cellules voisines d'un même filament. La masse chlorophyllienne d'une cellule passe dans une cellule voisine, se joint à la chlorophylle de celle-ci; et de ce mélange il se forme une zygospore placée dans la cellule matricule, qui est souvent plus ou moins manifestement renflée. (Voy. RABENH., *Fl. eur. Alg.*, 110.) [CH. M.]

RICARDIA (DERB. et SOL., in *Ann. sc. nat.* [1856], 209). Genre d'Algues-Chondriées. La fronde est légèrement stipitée, vésiculeuse, souvent obovale, quelquefois lobée. Elle est constituée par deux couches de cellules. Les cellules centrales sont grandes, allongées; et les cellules extérieures, petites, arrondies-anguleuses, comme entourées d'une couche transparente. Les cystocarpes sont à peu près sphériques. Plusieurs sont juxtaposés dans un péricarpe pourvu d'un carpostome. Les gemmidies sont piriformes. Les sphérospores, nombreuses aux extrémités de la fronde, sont formées dans des cellules subcorticales; elles sont arrondies et se divisent en croix. (Voy. J.-G. AGH, *Spec., gen. et ord. Alg.*, III, 637.) [CH. M.]

RICASOLIA (DCNE, ex NYL., *Syn. Meth. Lich.*, 365). Genre de Lichens-Phyllodés, tribu des Parméliés, voisin du genre *Sticta*. La fronde de cette plante est lobée, divisée ou laciniée, de couleur pâle, quelque peu soridifère, pourvue de quelques rhizines fasciculées. Les apothécies sont souvent lécanorines, éparses, rarement marginales, de couleur foncée; les paraphyses petites, articulées; les spores fusiformes, souvent allongées, incolores généralement. Les espèces de ce genre sont propres aux régions équinoxiales. [CH. M.]

RICHONIA (BOUD., in *Rev. mycol.* [oct. 1885], 224). Genre de Pyrénomycètes, à périthèces durs, carbonacés, hémisphériques, et même déprimés en dessous, astomes. Les thèques, larges, claviformes, contiennent de 2 à 6 spores, grandes, didymes, resserrées à la cloison, d'abord hyalines, puis olivâtres et enfin noires, ruguleuses et difformes. De nombreuses et fines paraphyses, très ramifiées, entourent les thèques. Une

seule espèce, à Montmorency, sur les racines d'asperges arrachées et jetées sur le sol; fréquente au printemps. [DE S.]

RIEDERA (FR. et HOFFM., *Sc. anal.*, 98). Genre de Discomycètes, assez incertain, et que M. Saccardo considère comme devant être rapproché des *Actinoscypha* KARST.

RIMARIA (KUETZ., *Spec. Alg.*, 48). L'une des six divisions des Diatomacées du genre *Synedra*. Ces sections avaient été créées par Kützing, pour faciliter la détermination des espèces. Elles étaient assez naturelles. Les *Synedra* de la section *Rimaria* sont à frustules cohérents, avec des angles alternants. [CH. M.]

RINGENT (*ringens*). Corolle gamopétale, irrégulière, sans être réellement personnée ou labiée.

RINODINA (ACH., *Lich. univ.*, 344). Synonyme de *Lecanora*.

Ringentes (Corolles).

RISSOELLA (J. AGH, in *Act. Holm.* [1849]). Algues-Floridées, de l'ordre des Areschougiées. Ces Algues sont caractérisées par une fronde non siphonée, aplatie, laciniée, gélatino-cartilagineuse, constituée par deux couches diverses. La couche médullaire est composée de filaments disposés en réseau et s'anastomosant; la couche extérieure, de filaments verticaux, moniliformes, formant par leur ensemble un mucus qui se solidifie. Les cystocarpes sont situés dans un péricarpe propre. Les sphérospores, immergées dans le strate cortical, se divisent en zone. (Voy. J.-G. AGH, *Spec., gen. et ord. Alg.*, III, 288.) [CH. M.]

RIVULARIA (ROTH, *Cat.*, I, 212). Genre d'Algues-Rivulariées, de la grande division des Nostochinées. Le trichome, fusiforme, allongé, semble sortir d'une utricule globuleuse, appelée hétérocyste, qui se termine, à la base et à la partie supérieure, par un poil hyalin dont les cellules, allongées et dépourvues d'endochrome, sont d'un diamètre beaucoup plus petit que les articles ordinaires du trichome. Ces trichomes sont contenus dans une gaine simple, homogène, gélatineuse. La reproduction du *Rivularia* se fait par la séparation du trichome de certaines cellules, appelées hormogonies, qui, entourées d'une enveloppe mucilagineuse, à une extrémité, donnent naissance à un hétérocyste, et à l'autre extrémité s'amincit en un poil hyalin. Les *Rivularia* se trouvent dans les eaux douces et marines : de là une division des espèces en deux grandes sections. (Pour la reproduction, voy. les *Etudes phycologiques* de Thuret et Bornet. — RABENH., *Fl. eur. Alg.*, II, 206.) [CH. M.]

RIVULARIACEÆ (RABENH., *Fl. eur. Alg.*, II, 2). Algues-Phycochromophycées, de l'ordre des Nématogonées. Le thalle est gélatineux; et les trichomes articulés, vaginés, simples, atténués à la partie supérieure, le plus souvent terminés par un long poil hyalin. Ils prennent tantôt une disposition parallèle, tantôt une disposition rayonnante. A la base, ils sont terminés par une cellule différente des autres, plus renflée et globuleuse. Les spores (*manubria* KUETZ.), sorties de la cellule renflée de la base et des cellules végétatives, sont souvent grandes, cylindriques et d'une coloration obscure. Les principaux genres de cette famille sont les *Rivularia, Zonotrichia, Gloiotrichia*, etc. (Voy. RABENH., *Fl. eur. Alg.*, II, 200.) [CH. M.]

RIVULARIEÆ (KUETZ., *Phyc. gen.*, 235). Division de la famille des Rivulariacées, caractérisée par un thalle arrondi, gélatineux, mou, et par un trichome pseudorameux, rayonnant. Cette section des Rivulariacées a été elle-même l'objet de deux divisions. Rabenhorst a distingué les Rivulariées dont le trichome a une base sporigène, et celles qui sont dépourvues de sporigène à la base. (RABENH., *Fl. eur. Alg.*, II, 200.) [CH. M.]

S

SAPOTACÉES. Voy. H. Bn, *Hist. des pl.*, XI, 255. MM. Engler et Pierre ont, dans ces derniers temps, étudié les Sapotacées d'une façon toute spéciale. Nous renvoyons surtout le lecteur à leurs remarquables travaux.

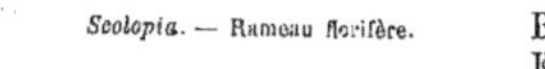

Sapotacées. — Corolle et androcée.

SAUCE ALONE. En Angleterre, l'Alliaire.

SCLEROGRAPHIUM (Berk., *Dec. Fung.*, 47, 48, in *Lond. Journ.*). Genre d'Hyphomycètes, à filaments coalescents, étroitement unis, devenant libres au sommet. Les spores, portées sur ces filaments libres, sont pluriloculaires, fuligineuses dans la seule espèce connue et qui se développe sur la face inférieure de la feuille d'un *Indigofera*. [De S.]

SCLEROPLEÆ (Sacc., *Syll. Fung.*, II, 277). Division des *Pleospora*, à périthèces durs.

SCLEROSTOMA (Nits., in *Sacc. Syll. Fung.*, I, 607). Division établie dans le genre *Diaporthe*, à périthèces agrégés.

SCOLOPIA. Ce genre de Bixacées doit, d'après M. O. Kunze (*Revis.*, 45), prendre

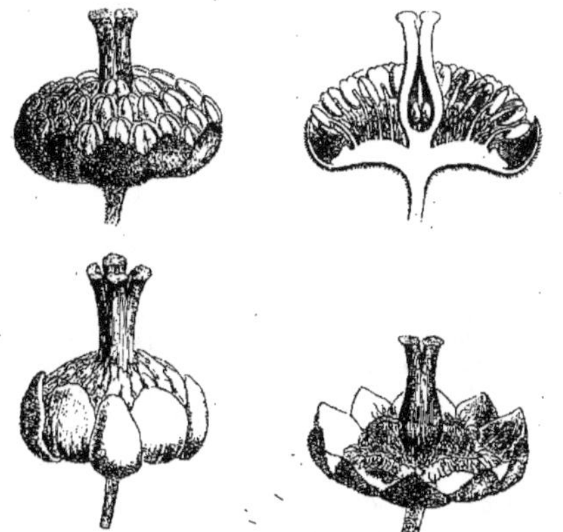

Scolopia. — Rameau florifère.

le nom de *Rhamnicastrum* qui est de Linné et date de 1747 (*Fl. zeyl.*, 193), relégué d'ordinaire jusqu'ici parmi les genres

Scolopia. — Fleurs mâle et femelle, entières et coupes longitudinales.

obscurs de la Polyandrie. Il comprend les *Embilla* Burm. ou *Aembilla* O. K., les *Eriudaphus* Nees, etc.

SCOPTRIA (Nits., *Pyr. germ.*, 83). Synonyme de *Eutypella*.

SCROFULARIACÉES. Contrairement à l'opinion de bien des auteurs, nous avons placé dans cette famille les Salpiglossées et, en un mot, les genres dont la fleur a un androcée didyname. C'est la seule différence absolue avec les Solanacées, avec lesquelles elles ne forment peut-être qu'un seul et même groupe naturel. La corolle est généralement régulière dans les Solanacées; mais elle peut y être aussi un peu irrégulière, et elle peut être presque régulière dans les Scrofulariacées. [H. Bn.]

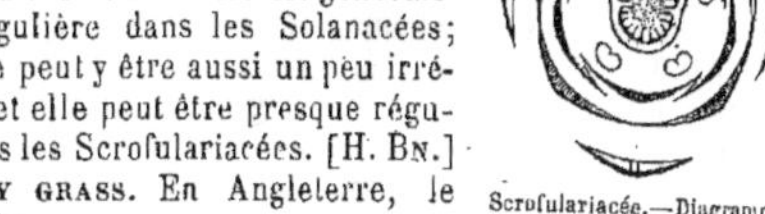

Scrofulariacée. — Diagramme.

SCURVY GRASS. En Angleterre, le Cochléaria.

SEA ROCKET. En Angleterre, le *Cakile maritima* Scop.

SE-KI-TEOU. Nom, au Yunnan, du *Phaseolus vulgaris* L.

SÉTIFORME (*setiformis*). En forme de soie. S'applique à un grand nombre d'organes grêles, entre autres de ceux qui font partie de la fleur, et à des éléments tels que des phytocystes-poils.

SITILLIAS (Rafin., *N. Fl.* [1836], 86). Synonyme (antér.) de *Pyrrhopappus* DC. (E. Greene).

SOJA. Le *Glycine hispida* Mœnch.

SPATHYEMA (Rafin., *Med. Rep. N. York* [1808], 352). Synonyme (antér.) de *Ictodes* Bigel. (E. Greene).

Sétiformes (Appendices intracorollins).

SPEARWOORT. Nom anglais des Renoncules qui forment le groupe des Douves.

STELMATION (Fourn., in *Mart. Fl. bras.*, VI, IV, 226). Section du genre *Metastelma* R. Br. (H. Bn, *Hist. des pl.*, X, 250.)

STYLE. Est la plus variable, comme forme et dimensions relatives, des portions du gynécée et présente souvent des configurations très anormales, notamment parmi

Styles anormaux.

les Campanulacées irrégulières (fig. ci-contre) qui ont le sommet des branches stylaires enveloppé d'une induvie.

STYPHÉLIÉES. Série (H. Bn) des Éricacées. Il y en a qui relient les Éricacées aux Épacridacées des auteurs (H. Bn, *Hist. des pl.*, XI, 148, 161, 198). Nous avons compris dans cette série les genres *Styphelia*, ? *Leucopogon*, *Cyathopsis*, *Lissanthe*, *Acrotriche*, *Oligarrhena*, *Monotoca*, *Brachyloma*, *Needhamia*, *Coleanthera*, *Melichrus*, *Cyathodes*, *Astroloma*, *Conostephium*, *Pentachondra*, ? *Trochocarpa*, *Decatropa*. Tous ont la corolle gamopétale et des anthères déhiscentes par une fente; le style inséré au sommet de

Styphéliée. — Diagramme.

figure de l'ovaire; un seul ovule descendant dans chaque loge ovarienne; un fruit supère, indéhiscent et souvent drupacé.

T

TACOMITE. Nom mexicain du *Tigridia Pavonia* RED.

TAGUA. Nom, à Santa-Fé, d'un *Loranthus.*

TAMA-GOBOU. Le *Statice japonica* SIEB. et ZUCC.

TAMOTO-JURI. Le *Lilium japonicum* THUNB.

TANAKAAO. A la Nouvelle-Zélande, le *Phyllocladus trichomanoides* DON.

TONERICO. Au Japon, le *Fraxinus longicuspis* SIEB. et ZUCC.

TREPTACANTHA (KUETZ., *Phyc. gen.*, 349). Genre d'Algues-Cystosirées. La fronde est pourvue de rameaux en spirale, terminés par des productus également disposés en spires, mais renflés à la base; les parties foliacées, très rarement planes, pourvues d'une nervure peu apparente. Les cryptostomes et les aérocystes sont nuls. (Voy. KUETZ., *Spec. Alg.*, 593.)

TRICERATIUM (EHR., *Bacill.*, 138). Genre de Diatomacées, admis par Kützing, Rabenhorst et W.-Smith, mais non adopté par les auteurs modernes, qui ont, non sans raison, placé les espèces qui le constituaient dans les Biddulphiées, les Eupodiscées et les Coscinodiscées.

TRICHOCARPUS (RUP., *Alg. Ochot.*, 320). Genre d'Algues-Floridées, de la famille des Areschougiées. Elles se caractérisent par une fronde comprimée, linéaire, dichotome, dépourvue de siphon axillaire articulé. Cette fronde est formée de trois couches. La couche médullaire est constituée par des filaments très resserrés. Les cellules de la couche moyenne sont arrondies, anguleuses; et celles de la couche corticale constituent des filaments corticaux très courts. Les cystocarpes sont immergés dans des productus ciliifères latéraux. Les sphérospores se développent dans les sommets renflés de la fronde. (Voy. J.-G. AGH, *Spec., gen. et ord. Alg.*, III, 283.) [CH. M.]

TRICHOCERAS (KUETZ., in *Bot. Zeit.* [1847], 35). Synonyme de *Ceramium* AGH.

TRICHOCYSTIS (KUETZ., *Tab. phyc.*, 20). Synonyme (RABENH.) de *Anacystis* MENEGH.

TRICHODESMIUM (EHR., in *Poggend. Ann.* [1830], 506). Genre d'Algues-Nostocées, de la famille des Lyngbiées. Les filaments de ces Algues sont dépourvus d'hétérocystes et agglutinés en petits faisceaux flottants. [CH. M.]

TRICHODICTYON (KUETZ., *Phyc. germ.*, 153). Synonyme de *Penium* BRÉB.

TRICHOGLOEA (KUETZ., in *Bot. Zeit.*, 53). Algues-Mésoglœacées pour l'auteur; Helminthocladiacées, tribu des Liagorées pour J.-G. Agardh. La fronde de ces Algues est filiforme, pinnée, rameuse et comme gélatineuse, renfermée dans une substance calcaire, à axe et à strate périphérique continu. Des filaments allongés, articulés, dichotomes, constituent la partie axillaire; et la couche périphérique est représentée par des filaments recourbés, simples et comme moniliformes. Les cystocarpes se développent entre les filaments extérieurs, dans de très courts rameaux. (Voy. J.-G. AGH, *Spec., gen. et ord. Alg.*, III, 513.) [CH. M.]

TRICHOGONUS (PALIS., in *Kuetz. Spec. Alg.*, 527). Synonyme de *Lemanea* BORY.

TRIGENIA (SOND., in *Bot. Zeit.* [1845], 47). Genre d'Algues-Rhodomélées, que caractérise une fronde arrondie, pourvue de rameaux ténus et courts et composée de plusieurs couches de cellules; les corticales très petites et arrondies. Les kéramidies sont dans des rameaux sessiles et arrondis, dans un péricarpe celluleux, muni d'un carpostome. Les sphérospores sont dans des rameaux claviformes et se divisent triangulairement. (Voy. J.-G. AGH, *Spec., gen. et ord. Alg.*, III.) [CH. M.]

TUMION (E. GREENE, *Pitton.*, II, 193). Synonyme de *Torreya* ARN. (non EXT.).

U

URÉDINÉS (TUL., in *Ann. sc. nat.* [1854], 166). Famille de Champignons-Hypodermés, à mycélium fin, cloisonné, développé dans le tissu des plantes vivantes, à fructifications polymorphes, souvent hétéroïques, dont les différents types sont : 1° l'Écidie (*Ecidium*), formée par un pseudopéridium contenant des spores appelées écidiospores, grandes, en chapelets parallèlement disposés; 2° les Téleutospores, représentées par les Puccinies (*Puccinia*), cellules claviformes, pédicellées, à une ou plusieurs loges, à enveloppe épaisse et multiple, groupées sans être protégées par un pseudopéridium. Ces téleutospores donnent naissance à un promycélium qui développe des sporidies. Celles-ci produisent, par leur germination sur un organe végétal approprié, des spermogonies punctiformes, à pseudopéridium analogue à un périthèce, qui apparaît de très bonne heure et qui renferme de petites microconidies, expulsées avec un mucilage, sous forme de cire, par un pore apical. Plus tard, dans le courant de l'été, apparaît l'*Uredo*, formé de spores-urédospores, groupées le plus souvent sans pseudopéridium, grandes comme les écidiospores, mais non disposées en chapelet et présentant, comme les Puccinies, des pores germinatifs. Les spermogonies et les *Uredo* d'une même espèce habitent d'ordinaire la même plante, tandis que la Puccinie de cette même espèce se rencontre sur un autre végétal. Cette hétéroecie rend difficile à connaître la filiation des différentes espèces de Puccinies et d'*Uredo* ou d'*Ecidium*, décrites comme genre distinct. Jusqu'à ce que l'on ait des données certaines sur toutes les espèces connues, les flores doivent comprendre dans la famille des Urédinés, à titre de genres distincts, ces différents modes de fructification : de sorte que les espèces décrites se trouvent au moins trois fois plus nombreuses qu'elles ne sont en réalité. On rapporte à cette même famille les genres *Uromyces, Melampsora, Cronartium, Gymnosporangium, Phrag-*

*midium, Coleosporium, Chrysomyxa, Endophyllum, Triphragmium,Ravenelia,Rœstelia, Peridermium,*dont l'existence n'est pas plus autonome. Le développement parasitique de ces Champignons les rend nuisibles aux plantes dont ils envahissent divers organes. Ils occasionnent les maladies connues sous le nom de Rouille, tant redoutées pour les céréales. [DE S.]

UREDO (PERS., *Syn. Fung.*, 214). Genre d'Urédinés, à spores pédicellées, souvent apiculées, formant des groupes ou sores sous- ou sus-épidermiques, jaune orangé, pulvérulents. Cent cinquante espèces, y compris les *Cœoma* comme sous-genre, habitent les feuilles vivantes, sous toutes les latitudes. [DE S.]

USTILAGINÉS (TUL., in *Ann. sc. nat.* [1847], 14). Famille de Champignons-Hypodermés, à mycélium fugace, se développant surtout dans les lacunes aérifères des plantes et donnant naissance à des spores réunies en groupes appelés sores. Les spores plus ou moins fortement chlamydées, tantôt simples, tantôt cloisonnées, forment en germant un promycélium dont les rameaux simples s'anastomosent dans plusieurs espèces ou produisent des sporidies qui s'anastomosent et germent elles-mêmes pour engendrer soit de nouvelles sporidies, soit des filaments de mycélium. C'est d'après les caractères tirés de ces diverses phases de la germination que M. Schrœter a classé les Ustilaginés, suivant que le promycélium est simple ou cloisonné, qu'il produit ou non des sporidies. Les subdivisions sont fondées sur la disposition des spores solitaires, géminées ou en glomérules. M. de Toué, dans le *Sylloge* de M. Saccardo, a basé sa classification sur les caractères des spores simples, didymes ou pluriloculaires. La première division comprend les *Ustilago, Tilletia, Cintractia, Entyloma, Melanotœmia, Sphacelotheca;* la deuxième, les *Schizonella* et *Schrœteria;* la troisième, les *Tolyposporium, Doassansia, Tuburcinia, Thecaphora, Sorosporium, Urocystis.* Ces Champignons vivent en parasites sur les feuilles, les diverses parties de la fleur et les fruits; ils les déforment et les détruisent souvent. [DE S.]

USTILAGO (PERS., *Syn. Fung.*, 224). Genre d'Ustilaginés, à mycélium très fugace, ramifié, portant au sommet des spores qui forment à leur maturité une masse pulvérulente, de couleur foncée. L'épiderme des plantes distendu se fend, et leur livre passage. Elles se désagrègent en une poussière foncée ou noirâtre. En germant, elles forment un promycélium qui pousse le long de ses branches des sporidies secondaires. Cent vingt espèces, sous toutes les latitudes, attaquent les feuilles, tiges, chaumes, et surtout les organes de reproduction des fleurs, ovaires ou anthères. [DE S.]

V

VERMICULARIA (TODE, *Fung. meckl.*, II, 15). Genre de Champignons, rapportés souvent aux Sphériacés-Dothidinés et formé de petites espèces épiphytes, séteuses; distingué par un périthèce déprimé, astome, déhiscent par déchirure. Les asques sont annulés et vermiculés. Pour Léveillé, c'était un Cryptocliné; pour Fries, un Sphéropsidé; pour Mathieu (*Belg.*, II, 422), un Sporidesmié. Pour beaucoup d'auteurs encore, la place du genre est actuellement douteuse. [H. BN.]

W

WALKER-ARNOTT (Georg.-Arn.). Né et mort à Édimbourg [1799-1868], a écrit : *Disposition méthodique des espèces de Mousses* [1825]; un article *Botany* pour l'*Encyclopedia britannica.* Il fut, avec R. Wight, l'auteur [1834] du *Prodromus Florœ peninsulœ Indiœ* (in-8 de 480 p.). — Voy. *Proc. Linn. Soc.* [1869], 101; *Cat. sc. pap.*, I, 98.

WITTIA (K., *Enum.*, V, 156). Synonyme de *Bolelia* RAFIN.

WUHS. Nom persan du Noyer commun.

X-Y

XYLOTHERMIA (E. GREENE, *Pitton.*, II, 188). Synonyme de *Pickeringia* NUTT., *Fl.*, I, 388 (non *Journ. Ac. Phil.*, VII, 95).

YELLOW ROCKET. L'un des noms vulgaires anglais du *Barbarea vulgaris* R. BR.

FIN DU TOME QUATRIÈME